식품안전기사
필기시험문제

식품안전기사 출제 예상 문제
식품안전기사 모의고사 3회

좋은 책은 내가 먼저 산다!

이 책을 발행하며

급속한 경제 성장 및 사회 전반에 따른 발전과 더불어 식생활 문화도 다양한 형태로 빠르게 변해 가고 있습니다. 이에 따라 식품에 대한 욕구도 양적인 측면보다는 맛과 영양, 안전성 등을 고려한 질적인 측면으로 변해 가고 있고, 식품 제조 및 가공 기술 또한 급속하게 발달하면서 식품을 제조하는 공장의 규모도 커지고 공정도 다양해지고 있습니다.

따라서 이렇게 방대하고 다양해지는 식품 분야에 대한 기본적인 지식을 바탕으로 식품 재료의 선택에서부터 새로운 식품의 기획, 연구개발, 분석, 검사 등의 업무 담당은 물론 식품 제조 및 가공 공정, 식품의 보존과 저장 공정에 대한 유지관리, 위생관리·감독의 업무 등을 수행할 수 있는 전문 기술 인력에 대한 필요성이 그 어느 때보다 절실한 상황입니다.

이처럼 식품안전기사 양성과 이에 대한 인재수요 및 관심도가 증가함에 따라 식품안전기사 시험을 준비하는 수험생들이 많아지고 있는 만큼 시험의 합격률을 높일 수 있는 좋은 수험서에 대한 필요성도 더욱 높아지고 있습니다.

이 교재는 식품안전기사 자격시험을 준비하는 응시자들을 위해 과목별 주요 핵심 이론을 완벽하게 요약 설명하였고 출제 예상 문제를 수록하여 수험자들의 이론에 대한 이해도를 바로 확인할 수 있게 구성하였습니다. 또한 시험에 출제될 확률이 높은 문제만을 엄선한 실전 모의고사 문제 3회분을 수록하여 식품안전기사 시험을 준비하는 수험생들이 합격이라는 꿈을 실현하는 데 큰 도움이 되도록 하였습니다.

그동안 산업 현장에서 쌓은 실무 경험과 수험생들을 지도·강의하면서 정리한 이론을 바탕으로 정성껏 집필한 이 교재로 식품기사 시험을 준비하는 모든 분들에게 합격의 영광이 있기를 바랍니다.

끝으로 이 책이 나오기까지 도움을 주신 교수님들과 크라운출판사 이상원 회장님 및 편집부 임직원 여러분께 깊은 감사를 드립니다.

저자 일동

※ 크라운출판사의 아름다운 저자 서비스를 이용하시기 바랍니다.
　이 책에 대한 문의는 chakj56@hanmail.net으로 하시면 상세한 답변을 얻으실 수 있습니다.

제1과목

1 식품안전 (제1과목)

01 식품안전관리기준

1. 식품위생행정과 법규
  1) 식품위생관리 법령   14
  2) 식품 및 축산물 안전관리인증기준   26
  3) 식품등의 기준 및 규격   31

2. 식품 및 축산물 안전관리인증기준(HACCP)
  1) 정의   41
  2) HACCP 7원칙 12절차   41
  3) HACCP 시스템 주요구성   42

3. 선행요건 관리
  1) 선행요건이란?   43
  2) 식품(식품첨가물 포함) 제조·가공업소, 건강기능식품제조업소 및 집단급식소식품판매업소, 축산물작업장·업소   43

4. 식품안전관리인증기준(HACCP) 관리
  1) HACCP의 7원칙 12절차   57
  2) 식중독   98

02 제품검사관리

1. 안정성 평가시험
  1) 제품검사 및 관능검사   108

2. 식품위생 검사
  1) 식품위생 검사의 목적   118
  2) 검사 방법   118
  3) 검체의 채취 및 취급요령[식품공전]   118
  4) 식품위생 검사 방법   121

◆ 출제예상문제   128

2 식품화학 (제2과목)

01 식품의 일반성분

1. 수분
    1) 식품 중 수분의 역할 — 216
    2) 유리수와 결합수 — 216
    3) 수분 활성도 — 217
    4) 등온 흡습 및 탈습 곡선 — 218

2. 탄수화물
    1) 탄수화물의 분류 — 219
    2) 탄수화물의 구조 — 219
    3) 단당류 — 220
    4) 2당류 — 222
    5) 다당류 — 223
    6) 탄수화물의 변화 — 226

3. 지질
    1) 지질의 분류 — 228
    2) 지방산 — 228
    3) 단순지질 — 229
    4) 복합지질 — 230
    5) Sterol류 — 230
    6) 지방의 물리적 성질 — 231
    7) 지방의 화학적 성질 — 232
    8) 지질의 변화 — 233

4. 단백질
    1) 아미노산의 분류 — 235
    2) 아미노산의 성질 — 235
    3) 단백질의 분류 — 237
    4) 단백질의 성질 — 237
    5) 단백질의 구조 — 238
    6) 단백질의 변화 — 239

5. 무기질
- 1) 주요 무기질　241
- 2) 산도 및 알칼리도　243
- 3) 무기질의 변화　244

6. 비타민
- 1) 지용성 비타민　246
- 2) 수용성 비타민　247
- 3) 비타민의 변화　249

7. 효소
- 1) 효소 반응에 영향을 미치는 인자　251
- 2) 효소의 분류　252

02 식품의 특수성분

1. 맛 성분
- 1) 단맛　253
- 2) 짠맛　254
- 3) 신맛　255
- 4) 쓴맛　255
- 5) 매운맛　256
- 6) 감칠맛　257
- 7) 떫은맛　257
- 8) 맛 성분의 변화　258

2. 냄새 성분
- 1) 식물성 식품의 냄새 성분　259
- 2) 동물성 식품의 냄새 성분　260
- 3) 냄새 성분의 변화　260

3. 색소 성분
- 1) 색소의 분류　262
- 2) 식물성 색소　262
- 3) 동물성 색소　266
- 4) 색소 성분의 변화　267

03 식품의 물성

1. 식품의 물성
1) 식품의 교질성 270

2. Rheology 특성
1) Rheology 특성 272

04 유해물질

1. 유해물질
1) 식품 중의 신종유해물질이란? 273
2) 식품제조 가공 중 생성되는 유해물질 273
3) 부정유해물질 276
4) 방사성물질 277
5) 내분비계 장애물질 278

05 식품첨가물

1. 식품첨가물의 개요
1) 식품첨가물의 정의 281
2) 식품첨가물의 구비조건 281
3) 식품첨가물의 종류 및 용도 282

◆ 출제예상문제 298

3 식품 가공 · 공정공학 (제3과목)

01 농산식품 가공

1. 곡류 및 서류 가공
1) 곡류 가공 — 380
2) 서류 가공 — 391

2. 두류 가공
1) 두부류 — 396
2) 장류 — 398

3. 과채류 가공
1) 과채류의 특성 — 401
2) 과실 및 채소의 통조림, 병조림 — 402
3) 과실주스의 제조 — 405
4) 젤리, 마멀레이드 및 잼류 — 408
5) 토마토의 가공 — 411
6) 건조 과실 및 건조 채소 — 412
7) 침채류 — 413

02 축산식품 가공

1. 유가공
1) 우유(Cow's milk)의 정의 — 414
2) 우유 성분의 조성 — 414
3) 시유(City milk, Market milk) — 417
4) 아이스크림 — 421
5) 버터 — 424
6) 치즈 — 428
7) 연유(Condensed milk) — 431
8) 분유 — 434
9) 발효유 — 436

2. 식육 가공
1) 원료육의 생산 — 438
2) 우리나라 지육등급기준 — 439
3) 식육의 화학적 성분 조성 — 446
4) 근육의 구조 특성 — 447

      5) 근육의 사후 변화   448
      6) 식육 가공의 기본이론   449
      7) 훈연(Smoking)   451
      8) 향신료   452
      9) 햄 제조   453
      10) 소시지 제조   455
      11) 베이컨 제조   456
      12) 축육통조림 제조   457
      13) 건조육의 제조   458
  3. 알가공
      1) 계란의 구조와 조성   459
      2) 계란의 등급   460
      3) 계란의 선도검사   462
      4) 계란 가공품 제조   464

03 유지 가공

  1. 유지 가공
      1) 유지 채취법   466
      2) 유지의 정제   467
      3) 식용 유지의 용도   468
      4) 식용 유지의 가공   469

04 식품 공정공학

  1. 식품 공정공학의 기초
      1) 단위와 차원   470
      2) 물질수지   475
      3) 에너지 수지   476
  2. 식품 공정공학의 응용
      1) 반응 속도론   478
      2) 유체역학   481
      3) 흡착 및 추출   487
      4) 기계적 분리 및 막 분리   494
      5) 분쇄 및 혼합   498

3. 식품의 포장
1) 식품 포장의 목적 ... 503
2) 식품 포장 재료 ... 504
3) 포장재의 구비조건 ... 505
4) 각종 식품의 포장 ... 505
5) 포장 목적에 따른 재질의 종류 ... 505

제4과목 ◆ 출제예상문제 ... 506

4 식품 미생물 및 생화학 (제4과목)

01 식품 미생물

1. 미생물의 분류
1) 미생물의 분류와 위치 ... 592

2. 식품 미생물의 특징 및 이용
1) 세균(Bacteria)류 ... 594
2) 곰팡이(Mold, Mould)류 ... 599
3) 효모(酵母, Yeast)류 ... 606
4) Bacteriophage ... 612
5) 방선균(Actinomycetes) ... 613
6) 버섯 ... 614

02 미생물의 생리

1. 미생물의 증식과 환경인자
1) 미생물의 균체 성분 ... 616
2) 미생물의 증식 ... 617
3) 미생물의 증식과 환경 ... 619

03 미생물의 분리 보존 및 균주개량

1. 미생물의 분리 보존
1) 미생물의 분리 ... 621
2) 미생물의 보존 ... 622

2. 미생물의 유전자 조작 ... 625

04 발효공학

1. 발효식품
   1) 주류 — 629
2. 대사생성물의 생성 — 639
3. 균체 생산 — 647

05 생화학

1. 효소
   1) 효소의 작용 – 촉매작용 — 651
   2) 효소의 본체 — 651
   3) 효소의 명명 — 651
   4) 효소의 분류 — 652
   5) 효소 활성에 영향을 주는 인자 — 653
   6) 저해제(Inhibitor) — 654
   7) 효소의 기질 특이성 — 654
   8) 부활체(Activator) — 655
   9) Coenzyme(보조 효소, 보효소, 조효소) — 655
2. 탄수화물
   1) 탄수화물의 대사 — 656
3. 지질
   1) 지질의 대사 — 661
4. 단백질
   1) 단백질 및 아미노산의 대사 — 663
5. 핵산
   1) 핵산의 구성성분과 분류 — 669
   2) 천연에 존재하는 nucleotide와 그 기능 — 669
   3) DNA와 RNA의 비교 — 670
   4) 단백질의 생합성 — 671

◆ 출제예상문제 — 672

◆ 식품안전기사 모의고사 문제 1~3 — 784

출·제·기·준

직무분야	식품가공	자격종목	식품안전기사	적용기간	2025. 1. 1. ~ 2027. 12. 31.
직무내용	식품의 기획, 연구개발, 시험·검사 등의 업무를 담당하며 식품의 제조·가공, 보존·저장 공정에 대한 품질 관리 및 안전관리 업무를 수행하는 직무이다					
필기검정방법	객관식	문제수	80	시험시간	2시간

식품기사 출제기준(필기)

시험과목		주요 항목
식품안전	20	1. 식품안전관리인증기준(HACCP) 2. 제품검사관리 3. 식품가공연구개발 안전관리
식품화학	20	1. 식품의 일반성분 2. 식품의 특수성분 3. 식품의 물성 4. 유해물질 5. 식품성분분석 6. 식품첨가물
식품가공 공정공학	20	1. 농산식품 가공 2. 축산식품 가공 3. 수산식품 가공 4. 유지가공 5. 식품공정공학 6. 제품 개발
식품 미생물 및 생화학	20	1. 식품 미생물 2. 미생물 생리 3. 미생물의 분리보존 및 균주개량 4. 발효공학 5. 생화학

제1과목

식품안전

01 식품안전관리기준
02 제품검사관리
◆ 출제예상문제

01 식품안전관리기준

❶ 식품위생행정과 법규

1. 식품위생관리 법령

(1) 식품위생법 제1조 [목적]

이 법은 식품으로 인하여 생기는 위생상의 위해(危害)를 방지하고 식품영양의 질적 향상을 도모하며 식품에 관한 올바른 정보를 제공함으로써 국민 건강의 보호·증진에 이바지함을 목적으로 한다.

(2) 식품위생법 제2조 [정의]

1) "식품"이란

모든 음식물(의약으로 섭취하는 것은 제외한다)을 말한다.

2) "식품첨가물"이란

식품을 제조·가공·조리 또는 보존하는 과정에서 감미, 착색, 표백 또는 산화방지 등을 목적으로 식품에 사용되는 물질을 말한다. 이 경우 기구·용기·포장을 살균·소독하는 데에 사용되어 간접적으로 식품으로 옮아갈 수 있는 물질을 포함한다.

3) "기구"란

다음 각 목의 어느 하나에 해당하는 것으로서 식품 또는 식품첨가물에 직접 닿는 기계·기구나 그 밖의 물건(농업과 수산업에서 식품을 채취하는 데에 쓰는 기계·기구나 그 밖의 물건 및 「위생용품 관리법」 제2조 제1호에 따른 위생용품은 제외한다)을 말한다.

4) "식품위생"이란

식품, 식품첨가물, 기구 또는 용기·포장을 대상으로 하는 음식에 관한 위생을 말한다.

5) "공유주방"이란

식품의 제조·가공·조리·저장·소분·운반에 필요한 시설 또는 기계·기구 등을 여러 영업자가 함께 사용하거나, 동일한 영업자가 여러 종류의 영업에 사용할 수 있는 시설 또는 기계·기구 등이 갖춰진 장소를 말한다.

6) "집단급식소"란

영리를 목적으로 하지 아니하면서 특정 다수인에게 계속하여 음식물을 공급하는 다음 각 목의 어느 하나에 해당하는 곳의 급식시설로서 대통령령으로 정하는 시설을 말한다.

① 기숙사

② 학교

③ 병원

④ 「사회복지사업법」 제2조 제4호의 사회복지시설

⑤ 산업체

⑥ 국가, 지방자치단체 및 「공공기관의 운영에 관한 법률」 제4조 제1항에 따른 공공기관 ⑦ 그 밖의 후생기관 등

7) "식중독"이란

식품 섭취로 인하여 인체에 유해한 미생물 또는 유독물질에 의하여 발생하였거나 발생한 것으로 판단되는 감염성 질환 또는 독소형 질환을 말한다.

8) "식품이력추적관리"란

식품을 제조·가공단계부터 판매단계까지 각 단계별로 정보를 기록·관리하여 그 식품의 안전성 등에 문제가 발생할 경우 그 식품을 추적하여 원인을 규명하고 필요한 조치를 할 수 있도록 관리하는 것을 말한다.

(3) 식품위생법 제14조 [식품등의 공전]

식품의약품안전처장은 다음 각 호의 기준 등을 실은 식품등의 공전을 작성·보급하여야 한다. [시행일 2019.3.14]

1) 제7조제1항에 따라 정하여진 식품 또는 식품첨가물의 기준과 규격

2) 제9조제1항에 따라 정하여진 기구 및 용기·포장의 기준과 규격

(4) 식품위생법 제57조 [식품위생심의위원회의 설치 등]

식품의약품안전처장의 자문에 응하여 다음 각 호의 사항을 조사·심의하기 위하여 식품의약품안전처에 식품위생심의위원회를 둔다.

① 식중독 방지에 관한 사항

② 농약·중금속 등 유독·유해물질 잔류 허용 기준에 관한 사항

③ 식품등의 기준과 규격에 관한 사항

④ 그 밖에 식품위생에 관한 중요 사항

(5) 식품위생법 제57조 [품목 제조정지 등]

식품의약품안전처장 또는 특별자치시장·특별자치도지사·시장·군수·구청장은 영업자가 다음 각 호의 어느 하나에 해당하면 대통령령으로 정하는 바에 따라 해당 품목 또는 품목류에 대하여 기간을 정하여 6개월 이내의 제조정지를 명할 수 있다.

① 제7조 제4항을 위반한 경우
② 제9조 제4항을 위반한 경우
③ 제31조 제1항을 위반한 경우

* 제7조(식품 또는 식품첨가물에 관한 기준 및 규격) 제4항

기준과 규격이 정하여진 식품 또는 식품첨가물은 그 기준에 따라 제조·수입·가공·사용·조리·보존하여야 하며, 그 기준과 규격에 맞지 아니하는 식품 또는 식품첨가물은 판매하거나 판매할 목적으로 제조·수입·가공·사용·조리·저장·소분·운반·보존 또는 진열하여서는 아니 된다.

* 제9조(기구 및 용기·포장에 관한 기준 및 규격) 제4항

기준과 규격이 정하여진 기구 및 용기·포장은 그 기준에 따라 제조하여야 하며, 그 기준과 규격에 맞지 아니한 기구 및 용기·포장은 판매하거나 판매할 목적으로 제조·수입·저장·운반·진열하거나 영업에 사용하여서는 아니 된다

* 제31조(자가품질검사 의무) 제1항

식품등을 제조·가공하는 영업자는 총리령으로 정하는 바에 따라 제조·가공하는 식품등이 제7조 또는 제9조에 따른 기준과 규격에 맞는지를 검사하여야 한다.

(6) 식품위생법 시행규칙 제9조의2 [위생검사등 요청기관]

"총리령으로 정하는 식품위생검사기관"이란 다음 각 호의 기관을 말한다.

㉠ 식품의약품안전평가원
㉡ 지방식품의약품안전청
㉢ 보건환경연구원

(7) 식품위생법 시행규칙 제31조 [자가품질검사]

① 자가품질검사는 별표 12의 자가품질검사기준에 따라 하여야 한다.
② 자가품질검사에 관한 기록서는 2년간 보관하여야 한다.

(8) 식품위생법 시행규칙 제31조의2 [자가품질검사의무의 면제]

식품 안전 관리 인증 기준 적용 업소의 자가품질검사 의무를 면제하는 경우는 해당 식품 안전 관리 인증 기준 적용 업소에 대하여 제66조 제1항에 따른 조사·평가를 한 결과가 만점의 90퍼센트 이상인 경우로 한다.

(9) 식품위생법 시행규칙 제36조 [업종별 시설기준]

법 제36조에 따른 업종별 시설기준은 별표 14과 같다.

(10) 식품위생법 시행규칙 제38조 [식품소분업의 신고대상]

① "총리령으로 정하는 식품 또는 식품첨가물"이란 영 제21조제1호 및 제3호에 따른 영업의 대상이 되는 식품 또는 식품첨가물(수입되는 식품 또는 식품첨가물을 포함한다)과 벌꿀[영업자가 자가채취하여 직접 소분(小分)·포장하는 경우를 제외한다]을 말한다. 다만, 다음 각 호의 어느 하나에 해당하는 경우에는 소분·판매해서는 안 된다.
  ㉠ 어육 제품
  ㉡ 특수용도식품(체중조절용 조제식품은 제외한다)
  ㉢ 통·병조림 제품
  ㉣ 레토르트식품
  ㉤ 전분
  ㉥ 장류 및 식초(제품의 내용물이 외부에 노출되지 않도록 개별 포장되어 있어 위해가 발생할 우려가 없는 경우는 제외한다)

(11) 식품위생법 시행규칙 제39조 [기타 식품판매업의 신고대상]

영 제21조 제5호 나목6)의 기타 식품판매업에서 "총리령으로 정하는 일정 규모 이상의 백화점, 슈퍼마켓, 연쇄점 등"이란 백화점, 슈퍼마켓, 연쇄점 등의 영업장의 면적이 300제곱미터 이상인 업소를 말한다.

(12) 식품위생법 시행규칙 제45조 [품목제조의 보고 등]

① 식품 또는 식품첨가물의 제조·가공에 관한 보고를 하려는 자는 품목제조보고서에 다음 각 호의 서류를 첨부하여 제품생산 시작 전이나 제품생산 시작 후 7일 이내에 등록관청에 제출하여야 한다. 이 경우 식품제조·가공업자가 식품을 위탁 제조·가공하는 경우에는 위탁자가 보고를 하여야 한다.
  ㉠ 제조방법설명서
  ㉡ 식품의약품안전처장이 지정한 식품전문 시험·검사기관 또는 총리령으로 정하는 시험·검사기관이 발급한 식품등의 한시적 기준 및 규격 검토서
  ㉢ 식품의약품안전처장이 정하여 고시한 기준에 따라 설정한 소비기한의 설정사유서

(13) 식품위생법 시행규칙 제49조 [건강진단 대상자]

① 건강진단을 받아야 하는 사람은 식품 또는 식품첨가물(화학적 합성품 또는 기구등의 살균·소독제는 제외한다)을 채취·제조·가공·조리·저장·운반 또는 판매하는 일에 직접 종사하는 영업자 및 종업원으로 한다. 다만, 완전 포장된 식품 또는 식품첨가물을 운반하거나 판매하는 일에 종사하는 사람은 제외한다.
② 건강진단을 받아야 하는 영업자 및 그 종업원은 영업 시작 전 또는 영업에 종사하기 전에 미리 건강진단을 받아야 한다.
③ 건강진단은 「식품위생 분야 종사자의 건강진단 규칙」에서 정하는 바에 따른다.

(14) 식품위생법 시행규칙 제50조 [영업에 종사하지 못하는 질병의 종류]

영업에 종사하지 못하는 사람은 다음의 질병에 걸린 사람으로 한다.
㉠ 제2급감염병 중 결핵(비전염성인 경우 제외)
㉡ 콜레라, 장티푸스, 파라티푸스, 세균성이질, 장출혈성대장균감염증, A형 간염
㉢ 피부병 또는 그 밖의 고름형성(화농성) 질환
㉣ 후천성 면역 결핍증(성매개 감염병에 관한 건강진단을 받아야 하는 영업에 종사하는 자에 한함)

(15) 식품위생법 시행규칙 제52조 [교육시간]

① 법 제41조 제1항에 따라 영업자와 종업원이 받아야 하는 식품위생교육 시간
  ㉠ 식품제조·가공업, 즉석판매제조·가공업, 식품첨가물제조업, 식품운반업, 식품소분·판매업, 식품보존업[식용얼음판매자, 식품자동판매기영업자는 제외], 용기·포장류제조업, 식품접객업 영업에 해당하는 영업자 : 3시간
  ㉡ 유흥주점영업의 유흥종사자 : 2시간
  ㉢ 집단급식소를 설치·운영하는 자 : 3시간
② 법 제41조 제2항에 따라 영업을 하려는 자가 받아야 하는 식품위생교육 시간
  ㉠ 식품제조·가공업, 즉석판매제조·가공업, 식품첨가물제조업에 해당하는 영업을 하려는 자 : 8시간
  ㉡ 식품운반업, 식품소분·판매업, 식품보존업에 해당하는 영업을 하려는 자 : 4시간
  ㉢ 식품접객업 영업을 하려는 자 : 6시간
  ㉣ 집단급식소를 설치·운영하려는 자 : 6시간

(16) 식품위생법 시행규칙 제62조 [식품안전관리인증기준 대상 식품]

① 법 제48조제2항에서 "총리령으로 정하는 식품"이란 다음 각 호의 어느 하나에 해당하는 식품을 말한다.
　㉠ 수산가공식품류의 어육가공품류 중 어묵·어육소시지
　㉡ 기타수산물가공품 중 냉동 어류·연체류·조미가공품
　㉢ 냉동식품 중 피자류·만두류·면류
　㉣ 과자류, 빵류 또는 떡류 중 과자·캔디류·빵류·떡류
　㉤ 빙과류 중 빙과
　㉥ 음료류[다류(茶類) 및 커피류는 제외한다]
　㉦ 레토르트식품
　㉧ 절임류 또는 조림류의 김치류 중 김치(배추를 주원료로 하여 절임, 양념혼합과정 등을 거쳐 이를 발효시킨 것이거나 발효시키지 아니한 것 또는 이를 가공한 것에 한한다)
　㉨ 코코아가공품 또는 초콜릿류 중 초콜릿류
　㉩ 면류 중 유탕면 또는 곡분, 전분, 전분질원료 등을 주원료로 반죽하여 손이나 기계 따위로 면을 뽑아내거나 자른 국수로서 생면·숙면·건면
　㉪ 특수용도식품
　㉫ 즉석섭취·편의식품류 중 즉석섭취식품
　㉬ 즉석섭취·편의식품류의 즉석조리식품 중 순대
　㉭ 식품제조·가공업의 영업소 중 전년도 총 매출액이 100억원 이상인 영업소에서 제조·가공하는 식품

(17) 식품위생법 시행규칙 제62조의2 [인증 유효 기간의 연장신청 등]

① 인증기관의 장은 인증 유효 기간이 끝나기 90일 전까지 다음 각 호의 사항을 식품 안전 관리 인증 기준 적용 업소의 영업자에게 통지하여야 한다. 이 경우 통지는 휴대전화 문자메시지, 전자우편, 팩스, 전화 또는 문서 등으로 할 수 있다.
　㉠ 인증 유효 기간을 연장하려면 인증 유효 기간이 끝나기 60일 전까지 연장 신청을 하여야 한다는 사실
　㉡ 인증 유효 기간의 연장 신청 절차 및 방법

(18) 식품위생법 시행규칙 제69조의2 [식품이력추적관리 등록 대상]

법 제49조제1항 단서에서 "총리령으로 정하는 자"란 다음 각 호의 자를 말한다.
　㉠ 영유아식(영유아용 조제식품, 성장기용 조제식품, 영유아용 곡류 조제식품 및 그 밖의 영유아용 식품을 말한다) 제조·가공업자
　㉡ 임산·수유부용 식품, 특수의료용도 등 식품 및 체중조절용 조제식품 제조·가공업자
　㉢ 영 제21조 제5호 나목6) 및 이 규칙 제39조에 따른 기타 식품판매업자

(19) 식품위생법 시행령 제2조 [집단급식소의 범위]

「식품위생법」(이하 "법"이라 한다) 제2조제12호에 따른 집단급식소는 1회 50명 이상에게 식사를 제공하는 급식소를 말한다.

(20) 식품위생법 시행령 제4조 [위해평가의 대상 등]

① 법 제15조제1항에 따른 식품, 식품첨가물, 기구 또는 용기·포장(이하 "식품등"이라 한다)의 위해평가(이하 "위해평가"라 한다) 대상은 다음 각 호로 한다. 이하생략
② 위해평가에서 평가하여야 할 위해요소는 다음 각 호의 요인으로 한다.
- 잔류농약, 중금속, 식품첨가물, 잔류 동물용 의약품, 환경오염물질 및 제조·가공·조리 과정에서 생성되는 물질 등 화학적 요인
- 식품등의 형태 및 이물(異物) 등 물리적 요인
- 식중독 유발 세균 등 미생물적 요인

③ 위해평가는 다음 각 호의 과정을 순서대로 거친다. 다만, 식품의약품안전처장이 현재의 기술수준이나 위해요소의 특성에 따라 따로 방법을 정한 경우에는 그에 따를 수 있다.
- 위해요소의 인체 내 독성을 확인하는 위험성 확인과정
- 위해요소의 인체노출 허용량을 산출하는 위험성 결정과정
- 위해요소가 인체에 노출된 양을 산출하는 노출평가과정
- 위험성 확인과정, 위험성 결정과정 및 노출평가과정의 결과를 종합하여 해당 식품등이 건강에 미치는 영향을 판단하는 위해도 결정과정

(21) 식품위생법 시행령 제17조 [식품위생감시원의 직무]

① 식품등의 위생적인 취급에 관한 기준의 이행 지도
② 수입·판매 또는 사용 등이 금지된 식품등의 취급 여부에 관한 단속
③ 「식품등의 표시·광고에 관한 법률」 제4조부터 제8조까지의 규정에 따른 표시 또는 광고기준의 위반 여부에 관한 단속
④ 출입·검사 및 검사에 필요한 식품등의 수거
⑤ 시설기준의 적합 여부의 확인·검사
⑥ 영업자 및 종업원의 건강진단 및 위생교육의 이행 여부의 확인·지도
⑦ 조리사 및 영양사의 법령 준수사항 이행 여부의 확인·지도
⑧ 행정처분의 이행 여부 확인
⑨ 식품등의 압류·폐기 등
⑩ 업소의 폐쇄를 위한 간판 제거 등의 조치
⑪ 그 밖에 영업자의 법령 이행 여부에 관한 확인·지도

(22) 식품위생법 시행령 제21조 [영업의 종류]
    ① 식품제조 · 가공업
    ② 즉석판매제조 · 가공업
    ③ 식품첨가물제조업
    ④ 식품운반업
    ⑤ 식품소분 · 판매업
        ㉠ 식품소분업
        ㉡ 식품판매업
            • 식용얼음판매업
            • 식품자동판매기영업
            • 유통전문판매업
            • 집단급식소 식품판매업
            • 기타 식품판매업
    ⑥ 식품보존업
        ㉠ 식품조사처리업
        ㉡ 식품냉동 · 냉장업
    ⑦ 용기 · 포장류제조업
        ㉠ 용기 · 포장지제조업
        ㉡ 옹기류제조업
    ⑧ 식품접객업
        ㉠ 휴게음식점영업
        ㉡ 일반음식점영업
        ㉢ 단란주점영업
        ㉣ 유흥주점영업
        ㉤ 위탁급식영업
        ㉥ 제과점영업
    ⑨ 공유주방 운영업

(23) 식품위생법 시행령 제23조 [허가를 받아야 하는 영업 및 허가관청]
허가를 받아야 하는 영업 및 해당 허가관청은 다음 각 호와 같다.
    ① 식품조사처리업 : 식품의약품안전처장
    ② 단란주점영업과 같은 호 라목의 유흥주점영업 : 특별자치시장 · 특별자치도지사 또는 시장 · 군수 · 구청장

(24) 식품위생법 시행령 제25조[영업신고를 하여야 하는 업종]

① 특별자치시장·특별자치도지사 또는 시장·군수·구청장에게 신고를 하여야 하는 영업은 다음 각 호와 같다.
  ㉠ 즉석판매제조·가공업
  ㉡ 식품운반업
  ㉢ 식품소분·판매업
  ㉣ 식품냉동·냉장업
  ㉤ 용기·포장류제조업(자신의 제품을 포장하기 위하여 용기·포장류를 제조하는 경우는 제외한다)
  ㉥ 휴게음식점영업, 일반음식점영업, 위탁급식영업 및 제과점영업

(25) 식품위생법 시행령 제36조 [조리사를 두어야 하는 식품접객업자]

법 제51조 제1항 각 호 외의 부분 본문에서 "대통령령으로 정하는 식품접객업자"란 제21조 제8호의 식품접객업 중 복어독 제거가 필요한 복어를 조리·판매하는 영업을 하는 자를 말한다. 이 경우 해당 식품접객업자는 「국가기술자격법」에 따른 복어 조리 자격을 취득한 조리사를 두어야 한다.

(26) 식품위생 분야 종사자의 건강진단규칙 제2조 [별표]

대상	건강진단 항목	횟수
식품 또는 식품첨가물(화학적 합성품 또는 기구 등의 살균·소독제는 제외한다)을 채취·제조·가공·조리·저장·운반 또는 판매하는데 직접 종사하는 사람. 다만, 영업자 또는 종업원 중 완전 포장된 식품 또는 식품첨가물을 운반하거나 판매하는 데 종사하는 사람은 제외한다.	• 장티푸스 • 폐결핵 • 파라티푸스	년 1회

(27) 축산물 위생관리법 제2조 [정의]

㉠ "축산물"이란 식육·포장육·원유·식용란·식육가공품·유가공품·알가공품을 말한다.
㉡ "원유"란 판매 또는 판매를 위한 처리·가공을 목적으로 하는 착유상태의 우유와 양유를 말한다.
㉢ "집유"란 원유를 수집, 여과, 냉각 또는 저장하는 것을 말한다.
㉣ "식용란"이란 식용을 목적으로 하는 가축의 알로서 총리령으로 정하는 것을 말한다.
㉤ "식육가공품"이란 판매를 목적으로 하는 햄류, 소시지류, 베이컨류, 건조저장육류, 양념육류, 그 밖에 식육을 원료로 하여 가공한 것으로서 대통령령으로 정하는 것을 말한다.
㉥ "유가공품"이란 판매를 목적으로 하는 우유류, 저지방우유류, 분유류, 조제유류, 발효유류, 버터류, 치즈류, 그 밖에 원유 등을 원료로 하여 가공한 것으로서 대통령령으로 정하는 것을 말한다.

ⓢ "알가공품"이란 판매를 목적으로 하는 난황액, 난백액, 전란분, 그 밖에 알을 원료로 하여 가공한 것으로서 대통령령으로 정하는 것을 말한다.
ⓞ "작업장"이란 도축장, 집유장, 축산물가공장, 식용란선별포장장, 식육포장처리장 또는 축산물보관장을 말한다.
ⓩ "축산물가공품이력추적관리"란 축산물가공품(식육가공품, 유가공품 및 알가공품)을 가공단계부터 판매단계까지 단계별로 정보를 기록·관리하여 그 축산물가공품의 안전성 등에 문제가 발생할 경우 그 축산물가공품의 이력을 추적하여 원인을 규명하고 필요한 조치를 할 수 있도록 관리하는 것을 말한다.

(28) 축산물 위생관리법 제12조 [축산물의 검사]
① 도축업의 영업자는 작업장에서 처리하는 식육에 대하여 검사관의 검사를 받아야 한다.
② 집유업의 영업자는 집유하는 원유에 대하여 검사관 또는 제13조제3항에 따라 지정된 책임수의사의 검사를 받아야 한다.
③ 축산물가공업, 식육포장처리업 및 식육즉석판매가공업의 영업자는 총리령으로 정하는 바에 따라 그가 가공한 축산물이 가공기준 및 성분규격에 적합한지 여부를 검사하여야 한다.

(29) 축산물 위생관리법 제13조 [검사관과 책임수의사]
① 식품의약품안전처장 또는 시·도지사는 이 법에 따른 검사 등을 하게 하기 위하여 대통령령으로 정하는 바에 따라 수의사 자격을 가진 사람 중에서 검사관을 임명하거나 위촉한다.
② 제11조제1항 및 제12조제1항에 따른 검사를 실시하는 검사관은 제33조제1항제1호부터 제4호까지에 해당하는 경우로서 필요한 조치를 함으로써 그 위해요소를 해소할 수 있다고 판단할 때에는 도축업의 영업자에게 위해요소의 즉시 제거 등 필요한 조치를 하게 하거나 작업중지를 명할 수 있으며, 영업자는 정당한 사유가 없으면 이에 따라야 한다. 이 경우 영업자의 조치 결과 위해요소가 해소된 것으로 인정되면 검사관은 지체 없이 작업중지 명령을 해제하거나 그 밖에 필요한 조치를 통하여 작업이 계속될 수 있게 하여야 한다.

(30) 축산물 위생관리법 제14조 [검사원]
① 식품의약품안전처장은 제13조제1항에 따른 검사관의 검사 업무를 보조하게 하기 위하여 검사원을 채용하여 배치하여야 한다. 다만, 도서·벽지에 있는 작업장 등 대통령령으로 정하는 작업장에는 배치하지 아니할 수 있다.
② 제22조제1항에 따라 허가를 받은 자 중 대통령령으로 정하는 작업장의 허가를 받은 자는 책임수의사의 검사 업무를 보조하게 하기 위하여 대통령령으로 정하는 바에 따라 검사원을 두어야 한다.

(31) 축산물 위생관리법 제21조 [영업의 종류 및 시설기준]
① 다음 각 호의 어느 하나에 해당하는 영업을 하려는 자는 총리령으로 정하는 기준에 적합한 시설을 갖추어야 한다.
- ㉠ 도축업
- ㉡ 집유업
- ㉢ 축산물가공업
- ㉣ 축산물가공업의 식용란선별포장업
- ㉤ 식육포장처리업
- ㉥ 축산물보관업
- ㉦ 축산물운반업
- ㉧ 축산물판매업
- ㉨ ㉧의 식육즉석판매가공업
- ㉩ 그 밖에 대통령령으로 정하는 영업

(32) 축산물 위생관리법 제21조 [판매 등의 금지]
① 다음 각 호의 어느 하나에 해당하는 축산물은 판매하거나 판매할 목적으로 처리·가공·포장·사용·수입·보관·운반 또는 진열하지 못한다. 다만, 식품의약품안전처장이 정하는 기준에 적합한 경우에는 그러하지 아니하다.
- ㉠ 썩었거나 상한 것으로서 인체의 건강을 해칠 우려가 있는 것
- ㉡ 유독·유해물질이 들어 있거나 묻어 있는 것 또는 그 우려가 있는 것
- ㉢ 병원성미생물에 의하여 오염되었거나 그 우려가 있는 것
- ㉣ 불결하거나 다른 물질이 혼입 또는 첨가되었거나 그 밖의 사유로 인체의 건강을 해칠 우려가 있는 것
- ㉤ 수입이 금지된 것을 수입하거나 「수입식품안전관리 특별법」 제20조제1항에 따라 수입신고를 하여야 하는 경우에 신고하지 아니하고 수입한 것
- ㉥ 제16조에 따른 합격표시가 되어 있지 아니한 것
- ㉦ 제22조제1항 및 제2항에 따라 허가를 받아야 하는 경우 또는 제24조제1항에 따라 신고를 하여야 하는 경우에 허가를 받지 아니하거나 신고하지 아니한 자가 처리·가공 또는 제조한 것
- ㉧ 해당 축산물에 표시된 소비기한이 지난 축산물
- ㉨ 제33조의2제2항에 따라 판매 등이 금지된 것

② 제1항에 따른 영업의 세부 종류와 그 범위는 대통령령으로 정한다.

(33) 축산물 위생관리법 제50조의2 [위생교육 대상자]
법 제30조제3항에 따라 축산물 위생에 관한 교육을 받아야 하는 영업자는 다음 각 호와 같다.
- ㉠ 도축업의 영업자
- ㉡ 집유업의 영업자
- ㉢ 축산물가공업의 영업자
- ㉣ 식용란선별포장업의 영업자
- ㉤ 식육포장처리업의 영업자
- ㉥ 축산물판매업 중 식육판매업·식육부산물전문판매업 및 식용란수집판매업의 영업자
- ㉦ 식육즉석판매가공업의 영업자

(34) 축산물위생관리법 시행규칙 제7조의4[영업자 등에 대한 교육훈련]
① 법 제9조제10항에 따라 자체안전관리인증기준을 작성·운용하여야 하는 영업자 및 안전관리인증작업장 등의 인증을 받은 자에게 실시하는 교육훈련의 종류 및 시간은 다음 각 호와 같다.
  ㉠ 정기 교육훈련: 영업을 개시한 연도 또는 인증을 받은 연도의 다음 연도를 기준으로 매년 1회 이상 총 4시간 이상. 다만, 법 제9조의3제1항 및 제2항에 따른 조사·평가 결과가 그 총점의 95퍼센트 이상인 점수에 해당하는 경우에는 다음 연도의 정기 교육훈련을 면제할 수 있다.
  ㉡ 수시 교육훈련: 축산물 위해사고의 발생 및 확산이 우려되는 경우에 실시하는 교육훈련으로서 1회 8시간 이내
② 영업자등이 자체안전관리인증기준 또는 안전관리인증기준의 총괄적인 관리 업무를 담당하는 종업원을 지정한 경우 영업자등을 대신하여 그 종업원에 대하여 교육을 실시할 수 있으며, 교육을 받은 종업원이 그 관리 업무를 더 이상 하지 아니하게 된 경우에는 영업자등이나 그 관리 업무를 새로 담당하는 직원에게 다시 교육을 실시할 수 있다.

(35) 축산물위생관리법 시행규칙 제5조의2 [자가소비 또는 자가 조리·판매하는 가축 또는 식육의 검사 등]
① 소·말·돼지 및 양을 제외한 가축 중에서 "총리령으로 정하는 가축"이란 사슴을 말한다.
② 법 제7조제8항 전단에 따른 검사의 요청에 관하여는 제58조제2항 및 제3항을 준용하며, 검사의 항목·방법 및 기준에 관하여는 제9조제3항을 준용한다.

(36) 축산물 위생관리법 시행령 제2조 [가축의 범위 등]
①「축산물 위생관리법」제2조제1호에서 "대통령령으로 정하는 동물"이란 다음 각 호의 동물을 말한다.
  ㉠ 사슴   ㉡ 토끼
  ㉢ 칠면조   ㉣ 거위
  ㉤ 메추리   ㉥ 꿩
  ㉦ 당나귀

(37) 축산물 위생관리법 시행령 제15조 [책임수의사의 자격·임무 등]

① 법 제13조제3항에 따른 책임수의사는 수의사의 자격을 가진 사람으로서 법 제30조제3항에 따른 교육을 받은 사람으로 한다.

② 제1항에 따른 책임수의사의 임무는 다음 각 호와 같다.
㉠ 원유의 검사
㉡ 영업장 시설의 위생관리
㉢ 종업원에 대한 위생교육
㉣ 검사에 불합격한 원유의 처리
㉤ 검사기록의 유지 및 검사에 관한 보고
㉥ 검사원의 업무이행 여부 확인
㉦ 착유하는 소 또는 양의 위생관리에 관한 지도
㉧ 그 밖에 원유의 위생관리에 관련된 업무

(38) 축산물 위생관리법 시행령 제17조 [검사원을 두어야 하는 작업장]

법 제14조제2항에서 "대통령령으로 정하는 작업장"이란 집유장을 말한다.

2. 식품 및 축산물 안전관리인증기준

(1) 안전관리인증기준 제2조[정의]

㉠ "식품 및 축산물 안전관리인증기준(HACCP)"이란 식품·축산물의 원료 관리, 제조·가공·조리·선별·처리·포장·소분·보관·유통·판매의 모든 과정에서 위해한 물질이 식품 또는 축산물에 섞이거나 식품 또는 축산물이 오염되는 것을 방지하기 위하여 각 과정의 위해요소를 확인·평가하여 중점적으로 관리하는 기준을 말한다(이하 "안전관리인증기준(HACCP)"이라 한다).

㉡ "위해요소(Hazard)"란 인체의 건강을 해할 우려가 있는 생물학적, 화학적 또는 물리적 인자나 조건을 말한다.

㉢ "위해요소분석(Hazard Analysis)"이란 식품·축산물 안전에 영향을 줄 수 있는 위해요소와 이를 유발할 수 있는 조건이 존재하는지 여부를 판별하기 위하여 필요한 정보를 수집하고 평가하는 일련의 과정을 말한다.

㉣ "중요관리점(Critical Control Point : CCP)"이란 안전관리인증기준(HACCP)을 적용하여 식품·축산물의 위해요소를 예방·제어하거나 허용 수준 이하로 감소시켜 당해 식품·축산물의 안전성을 확보할 수 있는 중요한 단계·과정 또는 공정을 말한다.

㉤ "한계기준(Critical Limit)"이란 중요관리점에서의 위해요소 관리가 허용범위 이내로 충분히 이루어지고 있는지 여부를 판단할 수 있는 기준이나 기준치를 말한다.

㉥ "모니터링(Monitoring)"이란 중요관리점에 설정된 한계기준을 적절히 관리하고 있는지 여부를 확인하기 위하여 수행하는 일련의 계획된 관찰이나 측정하는 행위 등을 말한다.

㉦ "개선조치(Corrective Action)"란 모니터링 결과 중요관리점의 한계기준을 이탈할 경우에 취하는 일련의 조치를 말한다.

ⓞ "선행요건(Pre-requisite Program)"이란 「식품위생법」, 「건강기능식품에 관한 법률」, 「축산물 위생관리법」에 따라 안전관리인증기준(HACCP)을 적용하기 위한 위생관리프로그램을 말한다.
㉣ "안전관리인증기준 관리계획(HACCP Plan)"이란 식품·축산물의 원료 구입에서부터 최종 판매에 이르는 전 과정에서 위해가 발생할 우려가 있는 요소를 사전에 확인하여 허용 수준 이하로 감소시키거나 제어 또는 예방할 목적으로 안전관리인증기준(HACCP)에 따라 작성한 제조·가공·조리·선별·처리·포장·소분·보관·유통·판매 공정 관리문서나 도표 또는 계획을 말한다.
㉤ "검증(Verification)"이란 안전관리인증기준(HACCP) 관리계획의 유효성(Validation)과 실행(Implementation) 여부를 정기적으로 평가하는 일련의 활동(적용 방법과 절차, 확인 및 기타 평가 등을 수행하는 행위를 포함한다)을 말한다.
㉥ "안전관리인증기준(HACCP) 적용업소"란 안전관리인증기준(HACCP)을 적용·준수하여 식품을 제조·가공·조리·소분·유통·판매하는 업소와 「축산물 위생관리법」에 따라 안전관리인증기준(HACCP)을 적용·준수하고 있는 안전관리인증작업장·안전관리인증업소·안전관리인증농장 또는 축산물안전관리통합인증업체 등을 말한다.
㉦ "관리책임자"란 「축산물 위생관리법」에 따른 자체안전관리인증기준 적용 작업장 및 안전관리인증기준(HACCP) 적용 작업장 등의 영업자·농업인이 안전관리인증기준(HACCP) 운영 및 관리를 직접 할 수 없는 경우 해당 안전관리인증기준 운영 및 관리를 총괄적으로 책임지고 운영하도록 지정한 자(영업자·농업인을 포함한다)를 말한다.
㉧ "통합관리프로그램"이란 축산물안전관리통합인증업체에 참여하는 각각의 작업장·업소·농장에 안전관리인증기준(HACCP)을 적용·운용하고 있는 통합적인 위생관리프로그램을 말한다.
㉨ "중요관리점(CCP) 모니터링 자동 기록관리 시스템"이란 중요관리점(CCP) 모니터링 데이터를 실시간으로 자동 기록·관리 및 확인·저장할 수 있도록 하여 데이터의 위·변조를 방지할 수 있는 시스템(이하 "자동 기록관리 시스템"이라 한다)을 말하며, 이 시스템을 적용한 안전관리인증기준을 "스마트해썹"이라 한다.

(2) 안전관리인증기준 4조(적용품목 및 시기 등)

① 식품의약품안전처장은 다음 각 호 중 어느 하나에 해당하는 「식품위생법 시행규칙」 제62조 제13호에 따른 안전관리인증기준(HACCP) 의무적용 대상 업소가 필요하다고 요청한 경우에는 6개월 범위 내에서 의무적용 시기를 유예할 수 있다. 제2호의 경우 전년도 생산실적보고 완료일 이전에 요청하여야 한다.
  1. 안전관리인증기준(HACCP) 적용업소가 신규로 식품유형을 추가하려는 경우. 다만, 「식품위생법 시행규칙」제62조 제1항제1호부터 제12의2호에 해당하는 식품은 제외한다.
  2. 전년도 매출액이 100억원 이상이 되어 해당연도에 신규 의무적용 대상이 된 경우
    * 「식품위생법 시행규칙」 제62조[식품안전관리인증기준 대상 식품] : 19쪽 해설 참조

(3) 안전관리인증기준 제5조[선행요건 관리]

① 안전관리인증기준(HACCP) 적용업소(도축장, 농장은 제외한다)는 다음 각 호와 관련된 별표 1의 선행요건을 준수하여야 한다.

㉠ 식품(식품첨가물 포함)제조·가공업소, 건강기능식품제조업소, 집단급식소식품판매업소, 축산물작업장·업소, 집단급식소, 식품접객업소(위탁급식영업), 운반급식(개별 또는 벌크 포장)

  가. 영업장 관리   나. 위생 관리
  다. 제조·가공·조리 시설·설비 관리   라. 냉장·냉동 시설·설비 관리
  마. 용수 관리   바. 보관·운송 관리
  사. 검사 관리   아. 회수 프로그램 관리

② 안전관리인증기준(HACCP) 적용업소 중 도축장, 농장은 다음 각 호와 관련된 선행요건을 준수하여야 한다.

㉠ 도축장

  가. 위생관리기준   나. 영업자·농업인 및 종업원의 교육·훈련
  다. 검사관리   라. 회수프로그램관리
  마. 제조·가공 시설·설비 등 환경 관리(영업장, 방충·방서, 채광 및 조명, 환기, 배관, 배수, 용수, 탈의실, 화장실 등)

㉡ 농장

  가. 농장 관리(부화장 제외)   나. 위생 관리
  다. 사양 관리(부화장 제외)   라. 반입 및 출하 관리
  마. 원유 관리(젖소농장에 한함)   바. 알 관리(닭·오리농장에 한함)
  사. 종축 등 관리(종축장에 한함)   아. 부화 관리·부화장 관리(부화장에 한함)

(4) 안전관리인증기준 제6조[안전관리인증기준 관리]

① 안전관리인증기준(HACCP) 적용업소는 다음 각 호의 안전관리인증기준 적용원칙과 별표 2의 안전관리인증기준 적용 순서도에 따라 제조·가공·조리·소분·유통·판매하는 식품, 가축의 사육과 축산물의 원료관리·가공·선별·처리·포장·유통 및 판매에 사용하는 원·부재료와 해당 공정에 대하여 적절한 안전관리인증기준 관리계획을 수립·운영하여야 한다.

 ㉠ 위해요소 분석   ㉡ 중요관리점 결정
 ㉢ 한계기준 설정   ㉣ 모니터링 체계 확립
 ㉤ 개선조치 방법 수립   ㉥ 검증 절차 및 방법 수립
 ㉦ 문서화 및 기록 유지

② 제1항에 따른 안전관리인증기준(HACCP) 관리계획은 과학적 근거나 사실에 기초하여 수립·운영하여야 하며, 중요관리점, 한계기준 등 변경사항이 있는 경우에는 이를 재검토하여야 한다.

③ 안전관리인증기준(HACCP) 적용업소는 제1항에 따른 안전관리인증기준 관리계획의 적절한 운영을 위하여 다음 각 호의 사항을 포함하는 안전관리인증기준 관리기준서를 작성·비치하여야 한다.

[식품(식품첨가물 포함)제조·가공업소, 건강기능식품제조업소]
㉠ 안전관리인증기준(HACCP)팀 구성   ㉡ 제품설명서 작성
㉢ 용도 확인   ㉣ 공정 흐름도 작성
㉤ 공정 흐름도 현장 확인
㉥ 원·부자재, 제조·가공·조리·유통에 따른 위해요소 분석
㉦ 중요관리점 결정   ㉧ 중요관리점의 한계기준 설정
㉨ 중요관리점 모니터링 체계 확립   ㉩ 개선 조치방법 수립
㉪ 검증 절차 및 방법 수립   ㉫ 문서화 및 기록유지방법 설정

(5) 안전관리인증기준 제9조[안전관리인증기준팀 구성 및 팀장의 책무 등]

① 안전관리인증기준(HACCP) 적용업소의 영업자·농업인은 안전관리인증기준 관리를 효과적으로 수행할 수 있도록 안전관리인증기준 팀장과 팀원으로 구성된 안전관리인증기준 팀을 구성·운영하여야 한다.

② 안전관리인증기준 팀장은 종업원이 맡은 업무를 효과적으로 수행할 수 있도록 선행요건관리 및 안전관리인증기준 관리 등에 관한 교육·훈련 계획을 수립·실시하여야 한다.

③ 안전관리인증기준 팀장은 원·부재료 공급업소 등 협력업소의 위생관리 상태 등을 점검하고 그 결과를 기록·유지하여야 한다. 다만, 공급업소가 안전관리인증기준 적용업소일 경우에는 이를 생략할 수 있다.

④ 안전관리인증기준 팀장은 원·부자재 공급원이나 제조·가공·조리·소분·유통 공정 변경 등 안전관리인증기준 관리계획의 재평가 필요성을 수시로 검토하여야 하며, 개정이력 및 개선조치 등 중요 사항에 대한 기록을 보관·유지하여야 한다.

⑤ 도축장의 관리책임자는 별표 3의 안전관리인증기준(HACCP) 적용 도축장의 미생물학적 검사요령에 따라 해당 도축장에 대하여 대장균(Escherichia Coli Biotype 1) 검사를 실시하고 그 결과에 따라 적절한 조치를 하여야 한다.

(6) 안전관리인증기준 제10조 [안전관리인증기준 적용업소 인증신청 등]

제1항 및 제2항의 식품·축산물 안전관리인증계획서란 다음 각 호의 자료를 말한다.
① 중요관리점 및 한계기준
② 모니터링 체계
③ 개선조치 및 검증 절차 및 방법

(7) 식품 및 축산물 안전관리인증기준 제14조(인증서의 반납)

① 「식품위생법」 제48조제8항 또는 「축산물 위생관리법」 제9조의4에 따라 안전관리인증기준(HACCP) 인증취소를 통보 받은 영업자 또는 영업소 폐쇄처분을 받거나 영업을 폐업한 영업자는 제11조제3항 또는 제12조제3항에 따라 발급된 안전관리인증기준(HACCP) 적용업소 인증서를 한국식품안전관리인증원장에게 지체 없이 반납하여야 한다.

② 이하생략

* [식품위생법 제48조제8항]
  - 식품안전관리인증기준을 지키지 아니한 경우
  - 거짓이나 그 밖의 부정한 방법으로 인증을 받은 경우
  - 제75조 또는 「식품 등의 표시·광고에 관한 법률」 제16조제1항·제3항에 따라 영업정지 2개월 이상의 행정처분을 받은 경우
  - 영업자와 그 종업원이 제5항에 따른 교육훈련을 받지 아니한 경우
  - 그 밖에 제1호부터 제3호까지에 준하는 사항으로서 총리령으로 정하는 사항을 지키지 아니한 경우

(8) 안전관리인증기준 제20조 [교육훈련 등]

① 식품의약품안전처장은 안전관리인증기준(HACCP) 관리를 효과적으로 수행하기 위하여 안전관리인증기준 적용업소 영업자 및 종업원에 대하여 안전관리인증기준 교육훈련을 실시하여야 하며, 기타 안전관리인증기준 적용업소로 인증을 받고자 하는 자, 안전관리인증기준 평가를 수행할 자와 식품 또는 축산물위생관련 공무원에 대하여 안전관리인증기준 교육훈련을 실시할 수 있다.

③ 안전관리인증기준 적용업소 영업자 및 종업원은 신규교육훈련을 안전관리인증기준 적용업소 인증일로부터 6개월 이내에 이수하여야 한다.

④ 안전관리인증기준 적용업소 영업자 및 종업원이 받아야 하는 신규교육훈련시간은 다음 각 호와 같다. 다만, 영업자가 제1호 나목의 안전관리인증기준 팀장 교육을 받은 경우에는 영업자 교육을 받은 것으로 본다.

㉠ 식품
  가. 영업자 교육 훈련: 2시간
  나. 안전관리인증기준(HACCP) 팀장 교육 훈련: 16시간
  다. 안전관리인증기준(HACCP) 팀원, 기타 종업원 교육 훈련: 4시간

㉡ 축산물
  가. 영업자 및 농업인 : 4시간 이상,
  나. 종업원 : 24시간 이상.
  다. 가목에도 불구하고 종업원을 고용하지 않고 영업을 하는 축산물운반업·식육판매업 영업자는 종업원이 받아야 하는 교육훈련을 수료하여야 하며, 이 경우 영업자가 받

아야 하는 교육훈련은 받지 아니할 수 있다.
⑥ 안전관리인증기준(HACCP) 적용업소의 안전관리인증기준 팀장, 안전관리인증기준 팀원 및 기타 종업원과「축산물 위생관리법 시행규칙」제7조의4제1항에 따라 영업자 및 농업인은 식품의약품안전처장이 지정한 교육훈련기관에서 다음 각 호에 따라 정기 교육 훈련을 받아야 한다.
  ㉠ 식품 : 매년 1회 이상 4시간. 다만, 안전관리인증기준 팀원 및 기타 종업원 교육훈련은「식품위생법 시행규칙」제68조의4제1항에 따른 내용이 포함된 교육훈련 계획을 수립하여 안전관리인증기준 팀장이 자체적으로 실시할 수 있으며, 조사·평가 결과가 그 총점의 95퍼센트 이상인 경우 다음 연도의 정기 교육훈련을 면제한다.
  ㉡ 축산물 : 매년 1회 이상 총 4시간 이상. 다만, 조사·평가 결과가 그 총점의 95퍼센트 이상인 점수에 해당하는 경우에는 다음 연도의 정기 교육훈련을 면제할 수 있다.

3. 식품등의 기준 및 규격

(1) 식품공전[제1장 총칙 1. 일반원칙]

2. 가공식품의 분류
- 가공식품에 대하여 다음과 같이 식품군(대분류), 식품종(중분류), 식품유형(소분류)으로 분류한다.
  - 식품군(대분류) : '제5. 식품별 기준 및 규격'에서 대분류하고 있는 음료류, 조미식품 등을 말한다.
  - 식품종(중분류) : 식품군에서 분류하고 있는 다류, 과일·채소류 음료, 식초, 햄류 등을 말한다.
  - 식품유형(소분류) : 식품종에서 분류하고 있는 농축과·채즙, 과·채주스, 발효식초, 희석초산 등을 말한다.

8. 표준온도는 20°C, 상온은 15~25°C, 실온은 1~35°C, 미온은 30~40°C로 한다.

13. 정하여진 시험은 별도의 규정이 없는 경우 다음의 원칙을 따른다.
   ① 원자량 및 분자량은 최신 국제원자량표에 따라 계산한다.
   ② 따로 규정이 없는 한 찬물은 15°C 이하, 온탕 60~70°C, 열탕은 약 100°C의 물을 말한다.
   ③ 용액의 농도를 (1→5), (1→10), (1→100) 등으로 나타낸 것은 고체시약 1g 또는 액체시약 1mL를 용매에 녹여 전량을 각각 5mL, 10mL, 100mL 등으로 하는 것을 말한다. 또한 (1+1), (1+5) 등으로 기재한 것은 고체시약 1g 또는 액체시약 1mL에 용매 1mL 또는 5mL 혼합하는 비율을 나타낸다.
   ④ 데시케이터의 건조제는 따로 규정이 없는 한 실리카겔(이산화규소)로 한다.
   ⑤ 건조 또는 강열할 때 "항량"이라고 기재한 것은 다시 계속하여 1시간 더 건조 혹은 강열할 때에 전후의 칭량차가 이전에 측정한 무게의 0.1% 이하 임을 말한다.

(2) 식품공전[제1장 총칙 3. 용어풀이]

1. '식품유형'은 제품의 원료, 제조방법, 용도, 섭취형태, 성상 등 제품의 특성을 고려하여 제조 및 보존·유통과정에서 식품의 안전과 품질 확보를 위해 필요한 공통 사항을 정하고 제품에 대한 정보 제공을 용이하게 하기 위하여 유사한 특성의 식품끼리 묶은 것을 말한다.
12. '건조물(고형물)'은 원료를 건조하여 남은 고형물로서 별도의 규격이 정하여 지지 않은 한, 수분함량이 15% 이하인 것을 말한다.
18. '유탕 또는 유처리'라 함은 식품의 제조공정상 식용유지로 튀기거나 제품을 성형한 후 식용유지를 분사하는 등의 방법으로 제조·가공하는 것을 말한다.
20. '소비기한'이라 함은 식품에 표시된 보관방법을 준수할 경우 섭취하여도 안전에 이상이 없는 기한을 말한다.
21. '최종제품'이란 가공 및 포장이 완료되어 유통 판매가 가능한 제품을 말한다.
31. 원료의 '부패·변질'이라 함은 미생물 등에 의해 단백질, 지방 등이 분해되어 악취와 유해성 물질이 생성되거나 식품 고유의 냄새, 빛깔, 외관 또는 조직이 변하는 것을 말한다.
35. '냉장'또는 '냉동'이라 함은 이 고시에서 따로 정하여진 것을 제외하고는 냉장은 0~10℃, 냉동은 -18℃ 이하를 말한다.
36. '차고 어두운 곳' 또는 '냉암소'라 함은 따로 규정이 없는 한 0~15℃의 빛이 차단된 장소를 말한다.
38. '살균'이라 함은 따로 규정이 없는 한 세균, 효모, 곰팡이 등 미생물의 영양 세포를 불활성화시켜 감소시키는 것을 말한다.
39. '멸균'이라 함은 따로 규정이 없는 한 미생물의 영양세포 및 포자를 사멸시키는 것을 말한다.
41. '초임계추출'이라 함은 임계온도와 임계압력 이상의 상태에 있는 이산화탄소를 이용하여 식품원료 또는 식품으로부터 식용성분을 추출하는 것을 말한다.
42. '심해'란 태양광선이 도달하지 않는 수심이 200m 이상 되는 바다를 말한다.
63. 미생물 규격에서 사용하는 용어(n, c, m, M)는 다음과 같다.
    ① n : 검사하기 위한 시료의 수
    ② c : 최대허용시료수, 허용기준치(m)를 초과하고 최대허용한계치(M)이하인 시료의 수로서 결과가 m을 초과하고 M 이하인 시료의 수가 c 이하일 경우에는 적합으로 판정
    ③ m : 미생물 허용기준치로서 결과가 모두 m 이하인 경우 적합으로 판정
    ④ M : 미생물 최대허용한계치로서 결과가 하나라도 M을 초과하는 경우는 부적합으로 판정
    ※ m, M에 특별한 언급이 없는 한 1g 또는 1mL 당의 집락수(CFU)이다.
64. '영아'라 함은 생후 12개월 미만 인 사람을 말한다.
65. '유아'라 함은 생후 12개월부터 36개월까지 인 사람을 말한다.

(3) 식품공전[제2장 식품일반에 대한 공통기준 및 규격 1. 원료 등의 구비조건]

1. 식품의 제조에 사용되는 원료는 식용을 목적으로 채취, 취급, 가공, 제조 또는 관리된 것이어야 한다.
2. 원료는 품질과 선도가 양호하고 부패·변질되었거나, 유독유해 물질 등에 오염되지 아니한 것으로 안전성을 가지고 있어야 한다.
3. 식품제조·가공영업등록 대상이 아닌 천연성 원료를 직접 처리하여 가공식품의 원료로사용하는 때에는 흙, 모래, 티끌 등과 같은 이물을 충분히 제거하고 필요한 때에는 식품용수로 깨끗이 씻어야 하며 비가식부분은 충분히 제거하여야 한다.
7. 식품용수는「먹는물관리법」의 먹는 물 수질기준에 적합한 것이거나, 「해양심층수의 개발 및 관리에 관한 법률」의 기준·규격에 적합한 원수, 농축수, 미네랄탈염수, 미네랄농축수이어야 한다.
13. 원유에는 중화·살균·균증식 억제 및 보관을 위한 약제가 첨가되어서는 아니되며, 우유와 양유는 동일작업 시설에서 수유하여서는 아니되고 혼입하여서도 아니된다.
21. 식용곤충은 「곤충산업의 육성 및 지원에 관한 법률」의 식용곤충사육기준에 적합한 것이어야 한다.

(4) 식품공전[제2장 식품일반에 대한 공통기준 및 규격 2. 제조가공기준]

14. 유가공품의 살균 또는 멸균 공정은 따로 정하여진 경우를 제외하고 저온 장시간 살균법(63~65℃에서 30분간), 고온단시간 살균법(72~75℃에서 15초 내지 20초간), 초고온순간처리법(130~150℃에서 0.5초 내지 5초간) 또는 이와 동등 이상의 효력을 가지는 방법으로 실시하여야 한다. 그리고 살균제품에 있어서는 살균 후 즉시 10℃ 이하로 냉각하여야 하고, 멸균제품은 멸균한 용기 또는 포장에 무균공정으로 충전·포장하여야 한다.
15. 식품 중 살균제품은 그 중심부 온도를 63℃ 이상에서 30분간 가열살균 하거나 또는 이와 동등 이상의 효력이 있는 방법으로 가열 살균하여야 하며, 오염되지 않도록 위생적으로 포장 또는 취급하여야 한다. 또한, 식품 중 멸균제품은 기밀성이 있는 용기·포장에 넣은 후 밀봉한 제품의 중심부 온도를 120℃ 이상에서 4분 이상 멸균처리하거나 또는 이와 동등 이상의 멸균 처리를 하여야 한다. 다만, 식품별 기준 및 규격에서 정하여진 것은 그 기준에 따른다.
16. 멸균하여야 하는 제품 중 pH 4.6 이하인 산성식품은 살균하여 제조할 수 있다. 이 경우 해당제품은 멸균제품에 규정된 규격에 적합하여야 한다.

(5) 식품공전[제2장 식품일반에 대한 공통기준 및 규격 3. 식품일반의 기준 및 규격]

1) 오염물질

① 중금속 기준

㉠ 농산물

대상식품		납(mg/kg)	카드뮴(mg/kg)
곡류 (현미 제외)		0.2 이하	0.1 이하 (밀, 쌀은 0.2 이하)
서류		0.1 이하	0.1 이하
두류		0.2 이하	0.1 이하 (대두는 0.2 이하)
견과 종실류	땅콩 또는 견과류	0.1 이하	0.3 이하
	유지 종실류	0.3 이하 (참깨, 들깨에 한함)	0.2 이하 (참깨에 한함)
과일류		0.1 이하	0.05 이하
엽채류 (결구엽채류 포함)		0.3 이하	0.2 이하

(6) 식품공전[제2장 식품일반에 대한 공통기준 및 규격 3. 일반식품의 기준 및 규격]

1) 식품조사처리 기준

① 식품조사처리에 이용할 수 있는 선종은 감마선, 전자선 또는 엑스선으로 한다.

② 감마선을 방출하는 선원으로는 ^{60}Co을 사용할 수 있고, 전자선과 엑스선을 방출하는 선원으로는 전자선가속기를 이용할 수 있다.

③ ^{60}Co에서 방출되는 감마선 에너지를 사용할 경우 식품조사처리가 허용된 품목별 흡수선량을 초과하지 않도록 하여야 한다.

④ 식품 조사처리는 허용된 원료나 품목에 한하여 위생적으로 취급·보관된 경우에만 실시 할 수 있으며, 발아억제, 살균, 살충 또는 숙도조절이외의 목적으로는 식품조사처리 기술을 사용하여서는 아니 된다.

(7) 식품공전[제2장 식품일반에 대한 공통기준 및 규격 4. 보존 및 유통기준]

1) 보존 및 유통온도
① 별도로 보존 및 유통온도를 정하고 있지 않은 경우, 실온제품은 1~35℃, 상온제품은 15~25℃, 냉장제품은 0~10℃, 냉동제품은 -18℃ 이하, 온장제품은 60℃ 이상에서 보존 및 유통하여야 한다.

2) 소비기한 설정
① 제품의 소비기한 설정은 해당 제품의 포장재질, 보존조건, 제조방법, 원료배합비율 등 제품의 특성과 냉장 또는 냉동보존 등 기타 유통실정을 고려하여 위해방지와 품질을 보장할 수 있도록정하여야 한다.
② "소비기한"의 산출은 포장완료(다만, 포장 후 제조공정을 거치는 제품은 최종 공정종료)시점으로 하고 캡슐제품은 충전·성형 완료시점으로 한다. 다만, 달걀은 '산란일자'를 소비기한 산출시점으로 한다.
③ 해동하여 출고하는 냉동제품(빵류, 떡류, 초콜릿류, 젓갈류, 과·채주스, 치즈류, 버터류, 기타 수산물가공품(살균 또는 멸균하여 진공 포장된 제품에 한함))은 해동시점을 소비기한 산출시점으로 본다.

(8) 식품공전[제4장 장기보존식품의 기준 및 규격 1. 병·통조림식품]

"통·병조림식품"이라 함은 제조·가공 또는 위생처리 된 식품을 12개월을 초과 하여 실온에서 보존 및 유통할 목적으로 식품을 통 또는 병에 넣어 탈기와 밀봉 및 살균 또는 멸균한 것을 말한다.

1) 제조·가공기준
① 멸균은 제품의 중심온도가 120℃ 이상에서 4분 이상 열처리하거나 또는 이와 동등 이상의 효력이 있는 방법으로 열처리하여야 한다.
② pH 4.6을 초과하는 저산성식품(low acid food)은 제품의 내용물, 가공장소, 제조일자를 확인할 수 있는 기호를 표시하고 멸균공정 작업에 대한 기록을 보관하여야 한다.

2) 규격
① 성상 : 관 또는 병 뚜껑이 팽창 또는 변형되지 아니 하고, 내용물은 고유의 색택을 가지고 이미·이취가 없어야 한다.
② 주석(mg/kg) : 150 이하(알루미늄 캔을 제외한 캔제품에 한하며, 산성 통조림은 200 이하이어야 한다.)
③ 세균발육 : 음성이어야 한다.

(9) 식품공전[제5장 식품별 기준 및 규격 6. 두부류 또는 묵류]

1) 정의두부류라 함은 두류를 주원료로 하여 얻은 두유액을 응고시켜 제조·가공한 것으로 두부, 유바, 가공두부를 말하며, 묵류라 함은 전분질이나 다당류를 주원료로 하여 제조한 것을 말한다.

2) 원료 등의 구비요건
   ① 원료는 전처리 과정을 거쳐서 흙, 모래, 짚 등과 같은 이물을 충분히 제거한 것이어야 한다.
   ② 두류분은 진공포장, 진공 후 질소 충전 또는 냉장 유통·보관되고 있는 것이어야 한다.

3) 제조·가공기준
   ① 최종 제품은 포장을 권장한다.
   ② 포장하지 아니한 두부에는 타사 제품과 구분될 수 있도록 제조업소의 상호나 상표를 성형·표시하여야 한다.
   ③ 유바제조에 사용되는 두유는 반드시 가열처리하거나 이와동등 이상의 효력을 갖는 방법으로 처리한 것을 사용하여야 한다.
   ④ 두부류 제조 시에는「환경정책기본법시행령」[별표1] 환경기준 중 3.라.1)과 4)의 수질기준에 적합한 해수(염지하수포함)에 한하여 사용할 수 있다.

4) 식품유형
   ① 두부두류(두류분 포함, 100%, 단식염 제외)를 원료로 하여 얻은 두유액에 응고제를 가하여 응고시킨 것을 말한다.
   ② 유바두류를 일정한 온도로 가열 시 형성되는 피막을 채취하거나 이를 가공한 것을 말한다.
   ③ 가공두부두부 제조 시 다른 식품을 첨가하거나 두부에 다른 식품이나 식품첨가물을 가하여 가공한 것을 말한다(다만, 두부가 30% 이상이어야 한다).
   ④ 묵류전분질 원료, 해조류 또는 곤약을 주원료로 하여 가공한 것을 말한다.

5) 규격
   ① 대장균군 : $n=5, c=1, m=0, M=10$(충전, 밀봉한 제품에 한한다.)
   ② 타르색소 : 검출 되어서는 아니된다.

(10) 식품공전[제5장 식품별 기준 및 규격 9-1 다류]

1) 정의
다류라 함은 식물성 원료를 주원료로 하여 제조 · 가공한 기호성 식품으로서 침출차, 액상차, 고형차를 말한다.

2) 원료 등의 구비요건

3) 제조 · 가공기준
① 원료를 추출할 경우에는 물, 주정 또는 이산화탄소를 용제로 사용하여 원료의 특성에 따라 냉침, 온침 등 적절한 방법을 사용하여야 하며, 카페인 제거 목적으로 초산에틸을 사용할 수 있다.
② 쌍화차는 백작약, 숙지황, 황기, 당귀, 천궁, 계피, 감초를 추출 여과한 가용성 추출물을 원료로 하여 제조하여야 하며 이때 생강, 대추, 잣 등을 넣을 수 있다.

4) 식품유형
① 침출차식물의 어린 싹이나 잎, 꽃, 줄기, 뿌리, 열매 또는 곡류 등을 주원료로 하여 가공한 것으로서 물에 침출하여 그 여액을 음용하는 기호성 식품을 말한다.
② 액상차식물성 원료를 주원료로 하여 추출 등의 방법으로 가공한 것이거나 이에 식품 또는 식품첨가물을 가한 시럽상 또는 액상의 기호성 식품을 말한다.
③ 고형차식물성 원료를 주원료로 하여 가공한 것으로 분말 등 고형의 기호성 식품을 말한다.

5) 규격
① 타르색소 : 검출되어서는 아니 된다.
② 납(mg/kg) : 침출차는 5.0 이하 , 액상차 0.3 이하, 고형차 2.0 이하
③ 카드뮴(mg/kg) : 0.1 이하(액상차에 한한다)
④ 주석(mg/kg) : 150 이하(알루미늄캔 이외의 액상 캔제품에 한한다)
⑤ 세균 수 : n=5, c=1, m=100, M=1,000(액상제품에 한한다)
⑥ 대장균군 : n=5, c=1, m=0, M=10(액상제품에 한한다)

(11) 식품공전[제5장 식품별 기준 및 규격 16. 농산가공식품류]

농산가공식품류라 함은 농산물을 주원료로 하여 가공한 전분류, 밀가루류, 땅콩 또는 견과류 가공품류, 시리얼류, 찐쌀, 효소식품등을 말한다. 다만, 따로 기준 및 규격이 정하여진 것은 제외한다.

16-1 전분류

1) 정의

전분류라 함은 전분질 원료를 사용하여 마쇄, 사별, 분리 등의 과정을 거쳐 얻은 것 이거나 이에 식품 또는 식품첨가물을 가하여 가공한 것을 말한다.

2) 원료 등의 구비요건

3) 제조 · 가공기준

① 전분제조 시 원료의 종류가 다른 전분은 일절 혼합할 수 없다.

4) 식품유형

① 전분

감자, 고구마 등의 전분질 원료를 사용하여 마쇄, 사별, 분리 등의 과정을 거쳐 얻은 분말을 말한다.

② 전분가공품

전분을 가공한 것이거나, 이에 식품 또는 식품첨가물을 가하여 가공한 것을 말한다.

5) 규격

① 성상 : 적합하여야 한다.(전분가공품에 한한다)

② 이물 : 적합하여야 한다.(전분가공품에 한한다)

③ 수분(%)

　㉠ 감자전분 : 20.0 이하

　㉡ 고구마전분 : 18.0 이하

　㉢ 기타전분 : 15.0 이하

④ 회분(%) : 0.4 이하(전분가공품은 제외한다)

⑤ 산도(0.02N 수산화나트륨액의 소비량) : 3mL 이하(전분가공품은 제외한다)

⑥ 대장균군 : n=5, c=1, m=0, M=10(전분가공품 중 살균제품에 한한다)

⑦ 세균수 : n=5, c=0, m=0(전분가공품 중 멸균제품에 한한다)

⑧ 대장균 : n=5, c=1, m=0, M=10(비살균 전분가공품 중 더 이상 가공, 가열조리를 하지 않고 그대로 섭취하는 제품에 한한다)

(12) 식품공전[제5장 식품별 기준 및 규격 19. 유가공품류]

유가공품류라 함은 「축산물위생관리법」에 따른 원유를 주원료로 하여 가공한 우유류, 가공유류, 산양유, 발효유류, 버터유, 농축유류, 유크림류, 버터류, 치즈류, 분유류, 유청류, 유당, 유단백 가수분해식품, 유함유 가공품을 말한다. 다만, 커피 고형분이 0.5% 이상 함유된 음용을 목적으로 하는 제품은 제외한다.

19-1 우유류 (*축산물가공품)

1) 정의

우유류라 함은 원유를 살균 또는 멸균처리한 것(원유의 유지방분을 부분 제거한 것 포함)이거나 유지방 성분을 조정한 것 또는 유가공품으로 원유 성분과 유사하게 환원한 것을 말한다.

2) 원료 등의 구비요건

3) 제조·가공기준

① 우유류는 살균 또는 멸균처리를 하여야 한다.

② 우유류는 유지방을 감하여 표준화할 수 있다.

③ 우유류에는 일체의 다른 물질을 혼합하여서는 아니된다. 다만, 환원유는 원유와 유사한 것을 첨가할 수 있다.

4) 식품유형

① 우유·원유를 살균 또는 멸균처리한 것을 말한다(원유 100%).

② 환원유·유가공품으로 원유 성분과 유사하게 환원하여 살균 또는 멸균처리한 것으로 무지유고형분 8% 이상의 것을 말한다.

5) 규격

① 산도(%) : 0.18 이하(젖산으로서)

② 유지방(%) : 3.0 이상(다만, 저지방 제품은 0.6~2.6, 무지방제 품은 0.5 이하)

③ 세균 수 : n=5, c=2, m=10,000, M=50,000(멸균제품의 경우 55°C에서 1주 또는 30°C에서 2주 보관 후 일반세균수 시험법에 의할 때 n=5, c=0, m=0이어야 한다. 다만, 유산균 첨가 제품은 제외한다)

④ 대장균군 ; n=5, c=2, m=0, M=10(멸균제품은 제외 한다.)

⑤ 포스파타제 : 음성이어야 한다(저온장시간 살균제품, 고온단시간 살균제품에 한한다)

⑥ 살모넬라 : n=5, c=0, m=0/25g

⑦ 리스테리아모노사이토제네스 : n=5, c=0, m=0/25g

⑧ 황색포도상구균 : n=5, c=0, m=0/25g

*이외 식품 등은 [식품공전] 참조

(13) 기구 및 용기·포장 공전 Ⅱ. 공통기준 및 규격 1. 공통제조기준

1) 원재료 기준
① 기구 및 용기·포장의 제조 가공에 사용되는 원재료는 품질이 양호하고, 유독 유해물질 등에 오염되지 아니한 것으로 안전성과 건전성을 가지고 있어야 한다.
② 기구 및 용기·포장의 식품과 접촉하는 부분에 제조 또는 수리를 위하여 사용하는 금속 중 납은 0.1% 이하 또는 안티몬은 5.0% 이하여야 한다.
③ 기구 및 용기·포장의 식품과 접촉하는 부분에 사용하는 도금용 주석은 납을 0.1% 이상 함유하여서는 아니 된다.

2) 제조가공기준(공통기준)
① 기구 및 용기, 포장의 식품과 직접 접촉하는 면에는 인쇄를 하여서는 아니된다. 다만, 식품용 기구 중 식품과 일부 접촉하는 면에 인쇄하는 경우, 잉크성분이 용출되어 식품으로 이행될 우려가 없고 안전성에 문제가 없는 경우 제외한다.
② 식품과 직접 접촉하지 않는 면에 인쇄를 하고자하는 경우에는 인쇄잉크를 반드시 건조시켜야 한다. 이 경우 잉크성분인 벤조페논의 용출량은 0.6mg/L이하이어야 한다. 또한 식품과 직접 접촉하지 않는 면이 인쇄된 합성수지포장재 중 내용물 투입 시 형태가 달라지는 포장재의 경우, 잉크성분인 톨루엔의 잔류량은 $2mg/m^2$ 이하이어야 한다.

(14) 기구 및 용기·포장 공전 Ⅱ. 공통기준 및 규격 4. 기구 및 용기·포장의 기준 및 규격 적용

① 전분, 글리세린, 왁스 등 식용물질이 식품과 접촉하는 면에 접착되어 있는 용기포장에 대해서는 총 용출량의 규격 적용을 아니 할 수 있다.
② 식품 또는 식품첨가물에 접촉되는 재질이 돌 또는 착색되지 아니한 유리제 등 기타 천연의 원재료로 만들어져 위해 우려가 없는 기구 및 용기 포장에 대하여는 규격 적용을 아니할 수 있다.

(15) 기구 및 용기·포장 공전 Ⅱ. 공통기준 및 규격 2. 공통규격

① 기구 및 용기·포장은 물리적 또는 화학적으로 내용물을 쉽게 오염시키는 것이어서는 아니 된다.
② 식품의 용기·포장을 회수하여 재사용하고자 할 때에는 「먹는 물 관리법」의 수질기준에 적합한 물, 「위생용품관리법」에 따른 세척제 등으로 깨끗이 세척하여 일체의 불순물 등이 잔류하지 아니하였음을 확인한 후 사용하여야 한다.

(16) 기구 및 용기·포장 공전 Ⅱ. 공통기준 및 규격 6. 검체의 채취 및 취급방법

1) 포장된 검체의 채취
① 검체 채취 시 상자 등에 넣어 유통되는 기구 및 용기포장은 가능한 한 개봉하지 않고 그대로 채취한다.
② 대형상자에 넣은 기구 및 용기 포장은 검사대상 전체를 대표할 수 있는 일부를 채취할 수 있다.

❷ 식품 및 축산물 안전관리인증기준(HACCP)

1. 정의

HACCP은 위해요소분석(Hazard Analysis)과 중요관리점(Critical Control Point)의 영문 약자로서 "해썹" 또는 "식품안전관리인증기준"이라 한다.

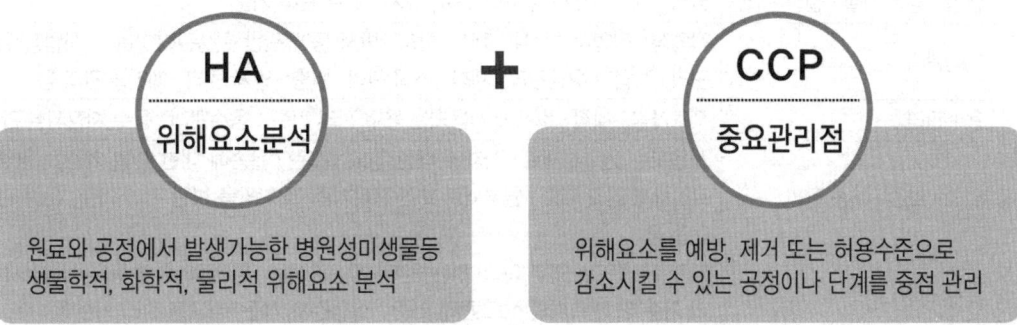

HACCP은 식품의 원료 및 제조공정에서 생물학적, 화학적, 물리적 위해요소들이 존재할 수 있는 상황을 과학적으로 분석하고 사전에 위해요소의 잔존, 오염될 수 있는 원인들을 차단하여 소비자에게 안전하고 위생적인 식품을 공급하기 위한 시스템이며, 위해 방지를 위한 사전 예방적 식품안전관리체계이다.

2. HACCP 7원칙 12절차

HACCP 관리는 7원칙 12절차에 의한 체계적인 접근 방식을 적용하고 있다. HACCP 12절차란 준비단계 5절차와 본 단계인 HACCP 7원칙을 포함한 총 12단계의 절차로 구성되며, HACCP 관리체계 구축 절차를 의미한다.

3. HACCP 시스템 주요구성

(1) 선행요건 관리기준

선행요건 관리기준	
영업장 관리	식품을 취급하는 환경(건축물, 외부환경 등)과 관련된 관리 기준 : 건축물 관리, 작업장 관리, 부대시설 관리, 외부환경 관리, 폐기물 처리시설 관리 등
제조 · 가공 시설 · 설비 관리	식품 취급에 사용되는 시설 · 설비의 관리 기준
냉장 · 냉동 시설 · 설비 관리	냉장 · 냉동 시설 · 설비의 구축, 유지 · 보수 관리 기준
위생관리	작업장, 작업자, 시설 · 설비, 방충 · 방서 등에 관한 위생관리 기준 : 작업장 위생관리, 작업자 위생관리, 세척 · 소독 관리, 방충 · 방서 관리, 폐기물 관리 등
용수관리	제조가공, 세척 · 소독에 사용되는 용수 관리 기준 : 용수관리, 용수 저장시설 관리
입고 · 보관 · 운송 관리	사용되는 원 · 부재료, 자재에 대한 입고 · 보관 · 운송에 대한 관리 기준 : 원부재료, 자재 입고 기준, 원부재료 보관 관리기준, 화학약품 보관 관리 기준, 운송 관리 기준 등
검사 관리	자체 실시(또는 외부 의뢰) 하는 원부재료, 공정품, 완제품, 환경 등의 실험검사 관리 기준 및 계측기의 정도 관리 기준 : 실험검사 기준, 검교정 관리 기준 등
회수 관리	출고 된 제품의 회수상황 발생 시 조치 기준

(2) HACCP 관리기준

HACCP 관리기준	
팀 구성	식품 취급과 관련된 담당자(모니터링 담당자 및 위생관리 담당자)의 지정 및 업무분장 : 팀 조직도, 팀원 별 업무분장, 인수인계 내용 등
제품설명서	영업장에서 취급되는 제품의 상세 내용 : 제품설명서(원 · 부재료, 제품규격, 포장단위, 제품 용도, 섭취 방법 등 포함)
제조공정도	식품의 취급하는 전체 과정(주요 취급 기준 및 방법 포함) : 제조공정도, 공정별 가공방법
작업장 평면도	작업장 내 · 외부의 전체적인 평면도 : 작업장 평면도, 작업장 동선도, 시설 · 설비 배치도, 위생설비 배치도, 검사 측정부위 등
위해요소분석	원 · 부재료, 작업자, 작업환경 등으로부터 기인할 수 있는 식품위해(생물학적, 화학적, 물리적)를 규명하는 과정 : 심각성 평가기준, 발생가능성 평가기준, 위해분석 목록표 등
중요관리점 결정	사용되는 원 · 부재료, 자재에 대한 입고 · 보관 · 운송에 대한 관리 기준 : 원부재료, 자재 입고 기준, 원부재료 보관 관리기준, 화학약품 보관 관리 기준, 운송 관리 기준 등
한계기준 설정	식품 위해를 규격 내로 관리하기 위한 공정기준(또는 관리기준) : 한계기준 설정 근거
모니터링 방법 설정	한계기준의 준수사항을 확인할 수 있는 방법 기준
개선조치 방법 설정	중요관리점의 한계기준 이탈 시 올바른 상태로 돌릴 수 있는 방법 기준
검증	수립된 선행요건, HACCP 관리기준의 유효성, 적합성을 확인하는 기준 : 검증 계획서, 검증 실시 보고서 등
문서화 및 기록 유지	선행요건 관리기준, HACCP 관리기준 양식, 점검표 양식 등의 내용 및 보관에 관한 기준
교육 · 훈련	전체 작업자, HACCP 팀원, 모니터링 담당자 등의 교육 · 훈련 계획 및 실시 내용에 관한 기준

③ 선행요건 관리

 1. 선행요건이란?

식품제조가공 현장에서 안전한 식품을 생산하기 위해 지켜야 하는 기본적인 위생조건 및 방법을 규정하는 기준으로 HACCP을 도입하고자 하는 현장에서는 우선적으로 지켜야하는 사항이며 또한, HACCP 시스템의 효과를 높이기 위해서 필수적인 전제조건이다.

식품안전관리인증기준에는 영업장 관리, 위생관리, 제조·가공 시설·설비 관리, 냉장·냉동 시설·설비 관리, 용수관리, 보관·운송 관리, 검사관리 및 회수관리의 기준을 수립하고 준수하도록 하고 있다.

 2. 식품(식품첨가물 포함)제조·가공업소, 건강기능식품제조업소 및 집단급식소식품판매업소, 축산물작업장·업소

(1) 영업장 관리

1) 작업장

> 1. 작업장은 독립된 건물이거나 식품취급 외의 용도로 사용되는 시설과 분리(벽·층 등에 의하여 별도의 방 또는 공간으로 구별되는 경우를 말한다. 이하 같다.)되어야 한다.
> 2. 작업장(출입문, 창문, 벽, 천장 등)은 누수, 외부의 오염물질이나 해충·설치류 등의 유입을 차단할 수 있도록 밀폐 가능한 구조이어야 한다.

① 건물의 적법성

작업장 건물은 건축법, 소방법, 환경법 등에 영향을 받으며 관련법령에 의거한 적법한 건물에 위치하여야 한다. 따라서 우리 작업장이 어디에 위치하며 건물은 어떠한 상태인지, 주기적으로 확인이 필요한 법령(가설건축물설치신고 등)은 어떠한 것이 있는지 확인한다.

② 건물의 구조

작업장 건물의 구조, 재질, 면적 등은 취급하려하는 식품에 나쁜 영향을 주지 않아야 한다. 또는, 이와 관련한 문제성을 인지하고 있을 경우에 개선 및 관리 방법을 수립한다.

- 구조 – 건축물의 전반적인 구조 확인 및 밀폐성
- 재질 – 바닥, 벽, 천장 등의 재질 영향성
- 면적 – 취급하려고하는 식품의 생산량을 고려한 넓이의 적정성

> 3. 작업장은 청결구역(식품의 특성에 따라 청결구역은 청결구역과 준청결구역으로 구별할 수 있다.)과 일반구역으로 분리하고, 제품의 특성과 공정에 따라 분리, 구획 또는 구분할 수 있다.

① 작업장 구역 설정 관리

작업장의 각 실은 공정(또는 작업조건)에 따라 청결구역, 준청결구역(생략가능), 일반구역으로 설정한다.

*구역 설정 예시

구분		내포장 이전에 가열(또는 소독)공정이 있는 경우	내포장 이후에 가열(또는 소독) 공정이 있는 경우	전체 공정에 가열(또는 소독) 공정이 없는 경우
청결 구역	청결 구역	가열공정 이후의 작업구역 중 식품이 노출상태로 취급되는 제조 가공구역 및 내포장 작업구역	식품이 노출상태로 취급되는 작업구역 중 제조가공 작업구역 및 내포장 작업구역	식품이 노출상태로 취급되는 작업구역 중 제조가공 작업구역 및 내포장 작업구역
	준청결 구역	가열 공정이 포함된 작업구역	식품이 노출상태로 취급되는 작업구역 중 전처리 외 구역	식품이 노출상태로 취급되는 작업구역 중 전처리 외 구역
일반 구역		식품을 내포장 상태로 취급하는 구역, 전처리 작업구역	식품을 내포장 상태로 취급하는 구역, 전처리 작업 구역	식품을 내포장 상태로 취급하는 구역, 전처리 작업구역

② 작업장 내부 관리

작업장 내부는 식품을 취급하기 위한 바탕 장소로 많은 요소(출입문, 창문, 조명 등)를 포함하고 있고 그 각각에 대한 설치 목적 및 그에 대한 관리 기준이 수립한다.

2) 건물 바닥, 벽, 천장

> 4. 원료 처리실, 제조·가공실 및 내포장실의 바닥, 벽, 천장, 출입문, 창문 등은 제조·가공하는 식품의 특성에 따라 내수성 또는 내열성 등의 재질을 사용하거나 이러한 처리를 하여야 하고, 바닥은 파여 있거나 갈라진 틈이 없어야 하며, 작업 특성상 필요한 경우를 제외하고는 마른 상태를 유지하여야 한다. 이 경우 바닥, 벽, 천장 등에 타일 등과 같이 홈이 있는 재질을 사용한 때에는 홈에 먼지, 곰팡이, 이물 등이 끼지 아니하도록 청결하게 관리하여야 한다.

① 작업장 재질

작업장의 바닥, 벽, 천장, 창문 등은 사용 시간이 지남에 따라 먼지, 식품찌꺼기 등의 축적으로 세척·소독을 실시하여야 한다. 세척·소독의 방법은 다양하나 실시가 쉽고 효과가 좋은 방법이 물세척이기 때문에 기본적으로 내수성을 확보하는 것이 유리하다. 또한, 가열 시설의 사용, 부식성이 강한 제품의 취급 등 그 제품 특성 및 공정 특성에 따라 적절한 재질을 사용하여야 한다.

3) 배수 및 배관

> 5. 작업장은 배수가 잘 되어야 하고 배수로에 퇴적물이 쌓이지 아니하여야 하며, 배수구, 배수관 등은 역류가 되지 아니 하도록 관리하여야 한다.

① 작업장 배수 및 배관
- 작업장은 공정 용수 및 청소 용수를 배출하기 위해 배수로(또는 배수구)를 갖추고 관리한다.
- 배수로(또는 배수구)는 경사가 양호하여 물의 배출이 잘 되어야 하며 퇴적물이 쌓이지 않도록 내부는 매끈한 상태를 유지해야 한다. 또한, 하수의 역류 및 해충, 쥐 등의 유입을 방지하기 위한 설비가 되어있어야 한다.

4) 출입구

6. 작업장의 출입구에는 구역별 복장 착용 방법을 게시하여야 하고, 개인위생관리를 위한 세척, 건조, 소독 설비 등을 구비하여야 하며, 작업자는 세척 또는 소독 등을 통해 오염가능성 물질 등을 제거한 후 작업에 임하여야 한다.

5) 통로

7. 작업장 내부에는 종업원의 이동경로를 표시하여야 하고 이동경로에는 물건을 적재하거나 다른 용도로 사용하지 아니 하여야 한다.

① 작업장 출입구 및 이동경로
- 작업장은 외부와 직접적으로 연결되지 않도록 물류의 출입구에는 완충구역(또는 이에 합당한 관리 방안), 작업자의 출입구에는 위생전실을 두어 관리한다.
- 작업장의 통로에는 작업자의 이동 간 교차오염이 발생할 수 있고, 화재 시 대피로 등을 차단할 수 있으므로 물건을 적재하지 않는 것이 좋다.
- 작업장에서 이동이 제한적인 부분(일반구역 → 청결구역, 위생전실을 통과하지 않는 작업장 출입구 등)에는 작업자가 인지할 수 있도록 이동경로를 표시하거나 이동할 수 없도록 출입문 손잡이, 개방방향 등을 관리한다.

6) 창

8. 창의 유리는 파손 시 유리조각이 작업장 내로 흩어지거나 원·부자재 등으로 혼입되지 아니 하도록 하여야 한다.

① 작업장 창문
- 작업장의 창문은 자연채광, 환기 등과 관련된 구성요소로 우리 작업장의 창문 재질(일반유리, 강화유리, 아크릴 등)을 확인하여 파손되었을 때 유리가 흩어질 수 있는 재질인 경우 혼입을 예방할 수 있도록 적절히 관리한다.
- 작업장의 창문 파손은 날씨 상황, 주변 환경, 작업 중 부주의 등으로 인해 발생할 수 있으며 파손되어 유리가 흩어질 경우에 직접적으로 혼입 또는 비산된 후 청소관리가 제대로 되지 않아 혼입이 발생될 수 있으므로 파손되기 전부터 흩어지는 것을 예방관리 한다.
- 일반적인 창문에는 청소관리를 위한 물구멍, 방충망으로는 차단되지 않는 틈새 등이 있을 수 있으므로 이에 대한 확인 및 해충유입 차단 관리도 필요하다.

7) 채광 및 조명

9. 작업실 안은 작업이 용이하도록 자연채광 또는 인공조명장치를 이용하여 밝기는 220룩스 이상을 유지하여야 하고, 특히 선별 및 검사구역 작업장 등은 육안확인이 필요한 조도(540룩스 이상)를 유지하여야 한다.
10. 채광 및 조명시설은 내부식성 재질을 사용하여야 하며, 식품이 노출되거나 내포장 작업을 하는 작업장에는 파손이나 이물 낙하 등에 의한 오염을 방지하기 위한 보호장치를 하여야 한다.

① 작업장 조명 기구 및 적정 조도 유지
- 작업장은 원활한 작업이 이루어질 수 있도록 적정한 조명을 갖추어야 하며 선별, 검사 등 육안으로 원료 또는 공정품을 확인하는 위치에서는 육안확인에 적절한 조도가 확보되어야 하며 일반적으로 조도는 540Lux(50피트 촉광) 이상이어야 한다.
- 조도는 조명의 방향, 작업자의 작업위치, 작업대의 위치 등 여러 상황에 따라 달라질 수 있으므로 실제 작업 상황을 고려하여 조명의 위치를 조정하는 것이 바람직하다.
- 조명기구 자체가 유리이기 때문에 파손 방지 및 파손 시 비산 방지를 위해 덮개를 설치하여야 한다.

8) 부대시설

11. 화장실, 탈의실 등은 내부 공기를 외부로 배출할 수 있는 별도의 환기시설을 갖추어야 하며, 화장실 등의 벽과 바닥, 천장, 문은 내수성, 내부식성의 재질을 사용하여야 한다. 또한, 화장실의 출입구에는 세척, 건조, 소독 설비 등을 구비하여야 한다.
12. 탈의실은 외출복장(신발 포함)과 위생복장(신발 포함)간의 교차 오염이 발생하지 아니 하도록 분리 또는 구분·보관하여야 한다.

① 화장실 관리
- 화장실은 작업장에서 가장 위험요소가 많고 항상 위험요소가 존재하는 곳으로 공간에 대한 관리와 사용 후 작업자에 대한 관리가 철저하게 이루어져야 하는 곳이다.
- 따라서 청소관리가 쉬운 재질로 되어있어야 하며, 강제적인 환기가 이루어져야 하고 사용 후 작업자가 손을 세척·소독할 수 있는 설비가 구비되어 있어야 한다.

② 탈의실 관리
- 식품을 취급하기 위한 준비를 갖추고 작업장 내부로 작업자로 인한 오염원이 확산되는 것을 방지하는 1차 방어선이다.
- 탈의실의 구비 목적은 작업자가 외부에서 착용하는 의복을 작업장 내부에서 착용하는 청결한 위생복장으로 갈아입는 공간을 마련하는 것이다. 또한, 작업자가 식품을 취급하러 들어가려한다는 인식을 갖추는 공간입니다.
- 위생복과 외출복의 보관방법, 탈의실의 관리방법에 대한 기준을 수립하여 관리가 필요하다.

(2) 위생관리

1) 작업 환경 관리

- 동선 계획 및 공정간 오염방지

> 13. 원·부자재의 입고에서부터 출고까지 물류 및 종업원의 이동 동선을 설정하고 이를 준수하여야 한다.

① 작업자 이동 동선관리
- 작업자의 불필요한 이동, 무분별한 작업 공간 활용은 제품에 교차오염을 유발할 수 있다. 작업자는 오염 확산의 주된 요인이므로 엄격한 교육 및 통제가 필요하다.
- 작업자의 동선에 대한 계획을 수립하고 작업장에서 작업자가 반드시 이동하지 않아야 할 곳은 출입문 관리, 동선 표시 등으로 제한할 필요가 있다.

> 14. 원료의 입고에서부터 제조·가공·보관·운송에 이르기까지 모든 단계에서 혼입될 수 있는 이물에 대한 관리계획을 수립하고 이를 준수하여야 하며, 필요한 경우 이를 관리할 수 있는 시설·장비를 설치하여야 한다.

① 공정 중 이물관리
- 식품의 원료 및 제조가공 과정 중에는 다양한 이물이 혼입될 수 있다.
- 식품제조 과정의 특성 상 모든 이물을 100% 제어할 수 없으나 식품을 섭취하는 대상에 따라 다양한 영향을 줄 수 있으며 식품제조업체의 이미지 등 관리를 위해 혼입될 수 있는 이물을 최소화하는 관리가 필요하다.

> 15. 청결구역과 일반구역별로 각각 출입, 복장, 세척·소독 기준 등을 포함하는 위생 수칙을 설정하여 관리하여야 한다.

① 구역별 작업자의 출입절차 및 복장 착용 관리
- 작업자는 해당 작업공정에서 필요로 하는 위생수준에 따라 적당한 출입절차 및 작업 시 복장 기준을 수립하고 준수하여야 한다.
- 출입 절차는 각 실에 해당하는 복장을 착용한 후 이물제거, 손세척, 손건조 등 실시하여야 하는 위생수칙의 순서와 이동방향 설정 및 이에 관한 안내에 해당한다.
- 위생복장은 요구되는 위생수준을 감안하여 마스크, 앞치마, 위생장화 또는 위생화 등 작업자가 구역별로 구분될 수 있도록 설정하는 것이 바람직하다.
- 전체적인 통일성 및 작업자의 실행성을 고려한 바람직한 기준 수립이 필요하다.

② 세척·소독 기준 수립
- 작업장과 시설 설비의 세척 소독 기준 이외의 위생설비, 청소도구, 기타 시설·설비 및 작업장에 필요한 모든 것들의 세척·소독 기준을 수립하여 관리한다. 세척·소독은 중요한 위생관리 요소 중 하나로 올바르고 이해하기 쉬우며 현실적인 기준(주기, 방법 등)을 수립하여야 한다.
- 기준 수립에는 대상의 누락이 없이 작성하는 것도 중요하지만 하나의 대상 중 세척·소독을 빠뜨리기 쉬운 부위, 어려운 부분 등을 작성해 두는 것도 중요하다.

- 온도 · 습도 관리

16. 제조 · 가공 · 포장 · 보관 등 공정별로 온도 관리계획을 수립하고 이를 측정할 수 있는 온도계를 설치하여 관리하여야 한다. 필요한 경우 제품의 안전성 및 적합성을 확보하기 위한 습도관리계획을 수립 · 운영하여야 한다.

- 환기시설 관리

17. 작업장 내에서 발생하는 악취나 이취, 유해가스, 매연, 증기 등을 배출할 수 있는 환기시설을 설치하여야 한다.

① 환기시설 관리
- 작업장 내부는 공정, 작업자의 활동 등으로 인해 유해가스, 증기, 열기 등이 발생할 수 있다. 이러한 요인들이 작업장 내부에 정체되어 있을 경우 제품뿐만 아니라 작업자의 위생, 건강 등에 영향을 줄 수 있으므로 효과적으로 외부로 배출할 수 있는 설비를 구비하여야 한다.
- 작업장에 설치되어 있는 환기(흡 · 배기구) 설비의 종류, 환기의 정도, 공기의 흐름, 설비의 정상작동 여부를 확인할 수 있는 기준을 수립 관리하여야 한다.

- 방충 · 방서 관리

18. 외부로 개방된 흡 · 배기구 등에는 여과망이나 방충망 등을 부착하여야 한다.

- 외부와 연결되어 있는 흡 · 배기구에는 필터, 방충망 등을 설치하여 가동 중 및 미가동 시에 들어올 수 있는 해충에 대해 차단 관리할 수 있도록 기준을 수립하여 관리한다.

19. 작업장은 방충 · 방서관리를 위하여 해충이나 설치류 등의 유입이나 번식을 방지할 수 있도록 관리하여야 하고, 유입 여부를 정기적으로 확인하여야 한다.
20. 작업장 내에서 해충이나 설치류 등의 구제를 실시할 경우에는 정해진 위생 수칙에 따라 공정이나 식품의 안전성에 영향을 주지 아니 하는 범위 내에서 적절한 보호 조치를 취한 후 실시하며, 작업 종료 후 식품취급시설 또는 식품에 직 · 간접적으로 접촉한 부분은 세척 등을 통해 오염물질을 제거하여야 한다.

① 방충 · 방서 위생관리
- 식품 제조 작업장은 기본적으로 해충, 쥐 등의 먹이가 될 수 있는 식품을 취급하는 공간이기 때문에 항상 해충, 쥐 등이 침입할 수 있다는 점을 인지하고 방충 · 방서 관리를 실시하여야 한다.
- 방충은 작업장 내부에서 시작하는 것이 아니라 ① 외부에서부터 발생을 예방하고, 외부환경에서 자연적으로 발생할 수밖에 없다면 ② 내부로의 유입을 차단하며, 원료와 함께 또는 작업자와 함께, 틈새, 배수구 드응로 유입되는 해충이 ③ 작업장 내에 서식하지 않도록 계속적으로 관리하여야 한다.
- 방충에는 날아다니는 해충(파리, 날파리 등)과 걸어 다니는 해충(개미, 귀뚜라미, 그리마 등)으로 구분할 수 있으며 두 종류의 해충을 모두 차단할 수 있도록 방비하여야 한다.

- 쥐는 작업장에 침입하여 원료의 손상, 질병을 퍼뜨리는 매개체가 되는 동물로 작업장 건물이 식품위생법에 적합한 건물이고 관리가 양호할 경우 내부에서 서식할 우려가 낮으므로 외부에서의 침입을 사전에 차단하는 관리가 필요하다.
- 방충·방서 관리는 유입을 완전하게 차단할 수 없기 때문에 작업장에서 실시할 수 있는 다양한 방법을 동원하여 관리가 필요하다.
- 작업장의 해충 유입이 너무 많은 경우 내·외부에 구제(살충제 등 살포)가 필요할 경우가 있으며 이 같은 화학제가 제조과정에 영향을 주었을 경우 사람에 심각한 위해를 줄 수 있으므로 엄격한 관리 방안 수립이 필요하다.
- 사용되는 약제, 사용되는 부위, 방법, 담당자, 효과적인 제거 수단 등 기준을 수립하여 관리가 필요하다.

2) 개인위생 관리

> 21. 작업장 내에서 작업 중인 종업원 등은 위생복·위생모·위생화 등을 항시 착용하여야 하며, 개인용 장신구 등을 착용하여서는 아니 된다.

3) 폐기물 관리

> 22. 폐기물·폐수처리시설은 작업장과 격리된 일정장소에 설치·운영하며, 폐기물 등의 처리용기는 밀폐 가능한 구조로 침출수 및 냄새가 누출되지 아니 하여야 하고, 관리계획에 따라 폐기물 등을 처리·반출하고, 그 관리기록을 유지하여야 한다.

① 폐기물 관리
- 폐기물은 작업 공정 중 발생하는 비가식 부위, 탈락부분, 제품화 할 수 없는 부분 등을 얘기하며 잘 못 관리될 경우 생물학적 위해요소의 서식처, 해충 발생 및 유인의 장소가 될 수 있으므로 작업장 내에서는 덮개가 있는 용기에 보관하여 주기적으로 반출하며 작업장 주변에 방치되지 않도록 관리가 필요하다.

4) 세척 또는 소독

> 23. 영업장에는 기계·설비·기구·용기 등을 충분히 세척하거나 소독할 수 있는 시설이나 장비를 갖추어야 한다.
> 24. 세척·소독 시설에는 종업원에게 잘 보이는 곳에 올바른 손 세척 방법 등에 대한 지침이나 기준을 게시하여야 한다.

① 세척·소독 게시물 관리
- 작업장의 세척·소독을 할 수 있는 위치나 세척·소독이 필요한 곳에는 올바른 세척·소독 방법 및 절차를 표시한 게시물을 부착한다.
- 세척·소독 게시물은 교육을 통해 들은 내용을 항상 눈으로 확인하면서 습관화하기 위한 목적이다. 따라서 작업자의 특성(연령, 국정 등)을 고려하여 이해하기 쉽도록 게시물을 부착하여 실행성을 향상 시킬 수 있도록 관리한다.

> 25. 영업자는 다음 각 호의 사항에 대한 세척 또는 소독 기준을 정하여야 한다.
>   - 종업원
>   - 위생복, 위생모, 위생화 등
>   - 작업장 주변
>   - 작업실별 내부
>   - 식품제조 시설(이송배관포함)
>   - 냉장·냉동 설비
>   - 용수저장시설
>   - 보관·운반 시설
>   - 운송차량, 운반도구 및 용기
>   - 모니터링 및 검사 장비
>   - 환기시설 (필터, 방충망 등 포함)
>   - 폐기물 처리용기
>   - 세척·소독 도구
>   - 기타 필요사항
> 26. 세척 또는 소독 기준은 다음의 사항을 포함하여야 한다.
>   - 세척·소독 대상별 세척·소독 부위
>   - 세척·소독 방법 및 주기
>   - 세척·소독 책임자
>   - 세척·소독 기구의 올바른 사용 방법
>   - 세제 및 소독제(일반명칭 및 통용명칭)의 구체적인 사용 방법

① 세척·소독 기준
- 작업장과 시설·설비의 세척 소독 기준 이외의 위생설비, 청소 도구, 기타 시설·설비 및 작업장에 필요한 모든 것들의 세척·소독 기준을 수립하여 관리한다.
- 세척·소독은 중요한 위생관리 요소 중 하나로 올바르고 이해하기 쉬우며 현실적인 기준(주기, 방법 등)을 수립하여야 한다.
- 기준 수립에는 대상의 누락이 없이 작성하는 것도 중요하지만 하나의 대상 중 세척·소독을 빠뜨리기 쉬운 부위, 어려운 부분 등을 작성해 두는 것도 중요하다.

> 27. 세척 및 소독용 기구나 용기는 정해진 장소에 보관·관리되어야 한다.

① 세척·소독용 기구 보관 관리
- 세척·소독에 사용되는 세제와 소독제는 환기장치가 있는 별도의 창고에 보관하며 잠금장치를 하여 관리한다.
- 세제와 소독제는 세제 및 소독수 사용방법에 정해진 농도로 사용한다.
- 세제와 소독제는 사용 후 잔류물이 남지 않도록 완전히 제거한다.
- 신규 소독제는 관련 법령에 적정한 것을 사용한다.

> 28. 세척 및 소독의 효과를 확인하고, 정해진 관리계획에 따라 세척 또는 소독을 실시하여야 한다.

(3) 제조 · 가공 시설 · 설비 관리

- 제조 시설 및 기계 · 기구류 등 설비 관리

> 29. 제조 · 가공 · 선별 · 처리 시설 및 설비 등은 공정간 또는 취급시설 · 설비 간 오염이 발생되지 아니하도록 공정의 흐름에 따라 적절히 배치되어야 하며, 이 경우 제조가공에 사용하는 압축공기, 윤활제 등은 제품에 직접 영향을 주거나 영향을 줄 우려가 있는 경우 관리대책을 마련하여 청결하게 관리하여 위해요인에 의한 오염이 발생하지 아니하여야 한다.

① 시설 · 설비 배치의 적절성
- 시설 · 설비의 배치는 작업장 건물의 구조, 생산의 흐름, 작업자의 이동 등을 고려하여 배치를 하며 이동간의 오염 가능여부, 세척 · 소독 및 유지 · 보수가 원활하도록 위치를 설정하여야 한다.
- 우리 작업장의 시설 · 설비 배치에 의해 이동과정, 세척 · 소독 시 문제점이 발생할 수 있다면 해당부분을 파악하여 관리할 수 있는 기준을 수립한다.

  * 시설 설비는 벽, 바닥, 다른 시설 · 설비 등과 충분한 간격을 두고 설치

> 30. 식품과 접촉하는 취급시설 · 설비는 인체에 무해한 내수성 · 내부식성 재질로 열탕 · 증기 · 살균제 등으로 소독 · 살균이 가능하여야 하며, 기구 및 용기류는 용도별로 구분하여 사용 · 보관하여야 한다.
> 31. 온도를 높이거나 낮추는 처리시설에는 온도변화를 측정 · 기록하는 장치를 설치 · 구비하거나 일정한 주기를 정하여 온도를 측정하고, 그 기록을 유지하여야 하며 관리계획에 따른 온도가 유지되어야 한다.

① 시설 · 설비의 특징 파악 및 유지 · 보수 기준 수립
- 우리 작업장에서 사용되는 시설 · 설비 · 도구 등의 재질, 구조, 사용방법, 유지 · 보수 방법을 정확하게 파악하고 적합한 관리기준을 수립하여야 한다.
- 시설 · 설비에 대해 올바르게 파악하는 것이 관리를 쉽게 할 수 있고 유지 · 보수비용을 줄이며 시설 · 설비에 대한 수명을 연장 시킬 수 있는 방법이다.

② 온도를 높이거나 낮추는 설비의 온도계 설치 및 유지 관리
- 공정 중 온도를 높이거나 낮추는 설비(가열기, 냉각기 등)은 목표로 하는 온도에 적절히 도달할 수 있도록 온도를 확인할 수 있는 장치를 설치하고 해당 온도 확인 장치가 올바르게 작동할 수 있도록 유지 · 보수 관리가 필요하다.

> 32. 식품취급시설 · 설비는 정기적으로 점검 · 정비를 하여야 하고 그 결과를 보관하여야 한다.

(4) 냉장·냉동시설·설비 관리

> 33. 냉장시설은 내부의 온도를 10℃ 이하(다만, 신선편의식품, 훈제연어, 가금육은 5℃ 이하 보관 등 보관온도 기준이 별도로 정해져 있는 식품의 경우에는 그 기준을 따른다.), 냉동시설은 -18℃ 이하로 유지하고, 외부에서 온도변화를 관찰할 수 있어야 하며, 온도 감응 장치의 센서는 온도가 가장 높게 측정되는 곳에 위치하도록 한다.

① 냉장·냉동 시설·설비의 배치에 대한 관리
- 냉장·냉동 시설·설비는 제품의 온도관리에 중요한 설비로 이전 공정으로부터 신속하게 이어질 수 있는 위치(원료, 공정, 완제품 모두 해당)에 설치되는 것이 유리하다.
- 사용 중 노후화 또는 설치 과정의 문제점으로 문, 벽 등에 응결수가 발생할 수 있어 물로 인한 오염요인을 발생 시킬 수 있다. 또한 냉동설비의 경우 냉동기의 가동으로 응축수가 발생하기 때문에 배수로 또는 별도의 방법으로 관리될 수 있도록 기준 수립이 필요하다.

② 냉장·냉동 시설·설비의 온도관리
- 냉장·냉동 시설·설비는 기준 온도가 적절히 관리되고 있는지, 설비의 상태 및 온도 확인 장치가 올바르게 관리되고 있는지 확인 하여야 한다.

(5) 용수관리

> 34. 식품 제조·가공에 사용되거나, 식품에 접촉할 수 있는 시설·설비, 기구·용기, 종업원 등의 세척에 사용되는 용수는 수돗물이나「먹는물 관리법」제5조의 규정에 의한 먹는물 수질기준에 적합한 지하수이어야 하며, 지하수를 사용하는 경우, 취수원은 화장실, 폐기물·폐수처리시설, 동물사육장 등 기타 지하수가 오염될 우려가 없도록 관리하여야 하며, 필요한 경우 살균 또는 소독장치를 갖추어야 한다.
>
> 35. 식품 제조·가공에 사용되거나, 식품에 접촉할 수 있는 시설·설비, 기구·용기, 종업원 등의 세척에 사용되는 용수는 다음 각 호에 따른 검사를 실시하여야 한다.
>   가. 지하수를 사용하는 경우에는 먹는물 수질기준 전 항목에 대하여 연1회 이상(음료류 등 직접 마시는 용도의 경우는 반기 1회 이상) 검사를 실시하여야 한다.
>   나. 먹는물 수질기준에 정해진 미생물학적 항목에 대한 검사를 월 1회 이상(지하수를 사용하거나 상수도의 경우는 비가열식품의 원료 세척수 또는 제품 배합수로 사용하는 경우에 한한다) 실시하여야 하며, 미생물학적 항목에 대한 검사는 간이검사키트를 이용하여 자체적으로 실시할 수 있다.

① 용수관리
- 사용할 수 있는 용수는 국가에서 관리하는 상수도와 먹는물 수질기준에 적합한 지하수 이어야하며 이는 주기적으로 확인 관리하여야 합니다.
- 상수도는 상수도사업본부(또는 사업소)에서 정수 처리하여 배관을 통해 각 작업장으로 보내지며 배관의 이상이나 사용되는 용수의 적절성을 확인하기 위해 정해진 주기에 따라 먹는물 수질기준의 생물학적 항목을 작업장 내 배관에서 채취하여 확인관리가 필요하다.

- 소규모 업체의 경우 실험인력과 장비가 부족한 관계로 상수도사업본부(또는 사업소)에서 월 1회 실시하는 검사결과를 확인하고 주위 배관의 상태를 수시로 관리하는 것이 필요하다.

36. 저수조, 배관 등은 인체에 유해하지 아니한 재질을 사용하여야 하며, 외부로부터의 오염물질 유입을 방지하는 잠금장치를 설치하여야 하고, 누수 및 오염여부를 정기적으로 점검하여야 한다.
37. 저수조는 반기별 1회 이상 청소와 소독을 자체적으로 실시하거나, 저수조청소업자에게 대행하여 실시하여야 하며 그 결과를 기록·유지하여야 한다.
38. 비음용수 배관은 음용수 배관과 구별되도록 표시하고 교차되거나 합류되지 아니 하여야 한다.

① 용수 저장시설 관리
- 식품 작업장은 안정적인 용수공급과 수처리 등을 위해 저수조를 두는 경우가 있다. 저수조를 설치하는 경우 외부에서 의도적 또는 비의도적으로 오염물질이 유입되지 않도록 하기 위해 잠금장치를 설치하고 주기적(6개월 1회 이상)으로 청소·소독을 통해 내부 위생관리가 필요하다.
- 한 작업장 내에 음용이 가능한 용수와 음용이 불가능한 용수가 같이 들어와 있는 경우는 혼용되지 않도록 관리가 필요하다.

(6) 보관·운송관리

- 구입 및 입고

39. 검사성적서로 확인하거나 자체적으로 정한 입고기준 및 규격에 적합한 원·부자재만을 구입하여야 한다.

- 협력업소 관리

40. 영업자는 원·부자재 공급업소 등 협력업소의 위생관리 상태 등을 점검하고 그 결과를 기록하여야 한다. 다만, 공급업소가 「식품위생법」이나 「축산물위생관리법」에 따른 HACCP 적용업소일 경우에는 이를 생략할 수 있다.

① 입고관리 및 협력업체 관리
- 적합한 원료를 사용하기 위해서는 원료를 공급하는 협력업체에서부터 적절하게 위생관리가 이루어지고 있는지 확인하고 입고되는 원료의 상태를 협력업체의 시험성적서 또는 육안으로 확인하여 사용한다.
- 협력업체는 가공, 유통 등 상황에 따라 해당업체에서 주의해야할 사항들을 적절하게 지키는지 확인하고 입고되는 원료는 원료의 종류, 특성 등에 따라 확인해야할 항목들의 규격을 정해두고 꾸준히 관리하도록 한다.

- 운송

> 41. 운반 중인 식품·축산물은 비식품·축산물 등과 구분하여 교차오염을 방지하여야 하며, 운송차량(지게차 등 포함)으로 인하여 운송제품이 오염되어서는 아니 된다.
> 42. 운송차량은 냉장의 경우 10℃ 이하(단, 가금육 -2~5℃ 운반과 같이 별도로 정해진 경우에는 그 기준을 따른다), 냉동의 경우 -18℃ 이하를 유지할 수 있어야 하며, 외부에서 온도변화를 확인할 수 있도록 온도 기록 장치를 부착하여야 한다.

① 운송관리
- 식품의 운송과정은 원료의 운송, 작업장 내부에서 운송, 완제품의 운송으로 구분할 수 있으며 각각의 운송과정에는 교차오염 및 이물혼입이 되지 않도록 위생적으로 관리하여야 하며, 냉장, 냉동식품을 운송하는 경우 공정 중을 제외하고는 냉장 온도와 냉동 온도 기준을 준수하여 운송되는지 확인 관리하여야 한다.

- 보관

> 43. 원료 및 완제품은 선입선출 원칙에 따라 입고·출고상황을 관리·기록하여야 한다.
> 44. 원·부자재, 반제품 및 완제품은 구분관리 하고, 바닥이나 벽에 밀착되지 아니 하도록 적재·관리하여야 한다.
> 45. 부적합한 원·부자재, 반제품 및 완제품은 별도의 지정된 장소에 보관하고 명확하게 식별되는 표식을 하여 반송, 폐기 등의 조치를 취한 후 그 결과를 기록·유지하여야 한다.

① 보관관리
- 원료 및 반제품, 완제품을 보관할 때는 먼저 들어온 것이 먼저 사용되어 나갈 수 있도록 관리하여야 한다.
- 또한, 냉장, 냉동 창고에 원료 및 완제품을 보관할 경우 너무 밀착되며 냉기의 순환이 적절하지 못하여 온도의 문제가 발생할 수 있고 상온창고나 반제품을 바닥에 보관할 경우 작업 중 부주의로 인해 교차오염이나 이물이 혼입될 우려가 높으므로 관리가 필요하다.
- 부적합한 제품은 자체 부적합품 처리기준에 따라 재가공 또는 폐기할 수 있도록 별도의 장소에 보관 관리 기준을 수립하여 관리한다.

> 46. 유독성 물질, 인화성 물질 및 비식용 화학물질은 식품취급 구역으로부터 격리되고, 환기가 잘되는 지정 장소에서 구분하여 보관·취급하여야 한다.

① 비식용 화학물질 보관관리
- 작업장에서 사용하는 유독성 물질, 인화성 물질 및 비식용 화학물질은 잘 못 보관하여 관리하였을 경우 의도적 또는 비의도적으로 식품에 혼입되어 제품 및 그것을 섭취한 소비자에게 큰 위해가 될 수 있으므로 적절한 보관기준을 가지고 일정한 장소에 보관하여야 한다.
- 보관 장소는 환기가 잘 되는 곳에 잠금장치를 설치하여 관리자가 취급할 수 있도록 구비가 필요하다.

(7) 검사 관리
- 제품검사

> 47. 제품검사는 자체 실험실에서 검사계획에 따라 실시하거나 검사기관과의 협약에 의하여 실시하여야 한다.
> 48. 검사결과에는 다음 내용이 구체적으로 기록되어야 한다.
>   - 검체명
>   - 제조년월일 또는 소비기한(품질유지기한)
>   - 검사 연월일
>   - 검사항목, 검사기준 및 검사결과
>   - 판정결과 및 판정연월일
>   - 검사자 및 판정자의 서명날인
>   - 기타 필요한 사항

① 시험검사 관리
- 식품업체에서 실시하는 제품검사에는 원료 단계에서 자체적으로 설정한 생물학적, 화학적 규격에 따른 입고검사와 공정 단계에서 위해의 유무 및 증감을 확인하는 공정품 검사, 최종제품에서 설정된 자사규격에 따른 완제품검사로 구분할 수 있다.
- 입고검사는 원료의 종류, 특성에 따라 발생할 수 있는 위해의 종류가 다르고 사용량에 따라 구입되는 양이 다르므로 원료의 규격에 확인해야할 항목, 적정주기 등을 설정하여 관리한다.

- 시설 설비 기구 등 검사

> 49. 냉장·냉동 및 가열처리 시설 등의 온도측정 장치는 연 1회 이상, 검사용 장비 및 기구는 정기적으로 교정하여야 한다. 이 경우 자체적으로 교정검사를 하는 때에는 그 결과를 기록·유지하여야 하고, 외부 공인 국가교정기관에 의뢰하여 교정하는 경우에는 그 결과를 보관하여야 한다.

① 검·교정 관리
- 식품 제조 작업장에 사용되는 계측기는 저울, 온도계, 타이머, 수량계 등 다양한 것들이 있을 수 있다.
- 작업장에서 사용되고 있는 계측기의 종류 및 수량을 파악하고 각각의 도구가 정상적인 상태에 있는지 확인하는 방법과 비정상적인 상태라면 올바른 상태로 돌리는 방법에 대한 기준을 수립해두고 적정 주기에 따라 실시하여야 한다.
- 정상적인 상태에 있는지를 확인하는 방법은 외부의 전문적인 기관 또는 업체에 의뢰하여 실시할 수도 있으며 확인된 표준기를 이용하여 자체적으로 비교 확인하는 방법이 있을 수 있다.

> 50. 작업장의 청정도 유지를 위하여 공중낙하세균 등을 관리계획에 따라 측정·관리하여야 한다. 다만, 제조공정의 자동화, 시설·제품의 특수성, 식품이 노출되지 아니 하거나, 식품을 포장된 상태로 취급하는 등 작업장의 청정도가 식품에 영향을 줄 가능성이 없는 작업장은 그러하지 아니할 수 있다.

① 환경검사
- 환경검사로는 작업장 및 설비의 세척·소독 주기의 적정성을 확인하기 위한 공중낙하균 검사와 표면오염도 검사, 작업자 위생관리 주기의 적정성 확인을 위한 표면오염도 검사, 작업자가 사용하는 위생복장(앞치마, 위생화 등)의 교체시기 적정성 확인을 위한 표면오염도 검사 등이 있다.
- 설비의 사용 빈도, 작업실에 요구되는 청정도의 수준, 작업자가 실시하는 작업의 청정도 수준을 고려하여 적정 주기를 설정하고 기준을 수립하여 확인관리를 실시한다.

(8) 회수 프로그램 관리

> 51. 부적합품이나 반품된 제품의 회수를 위한 구체적인 회수절차나 방법을 기술한 회수프로그램을 수립·운영하여야 한다.
> 52. 부적합품의 원인규명이나 확인을 위한 제품별 생산장소, 일시, 제조라인 등 해당시설내의 필요한 정보를 기록·보관하고 제품추적을 위한 코드표시 또는 로트관리 등의 적절한 확인 방법을 강구하여야 한다.

① 회수관리
- 제품의 이상이 소비자의 건강상의 문제를 초래할 수 있는 문제라면 섭취되기 이전까지 가장 신속하고 정확한 방법으로 제품을 거두어들여야 한다.
- 이러한 상황의 발생을 대비하기 위하여 각 업체에서는 회수 대상에 대한 결정, 회수 절차, 회수 발생 시 연락방법 등에 대한 기준을 수립하여두고 주기적으로 연습을 통해 상황에 대해 대처할 수 있어야 한다.

4 식품안전관리인증기준(HACCP) 관리

HACCP의 7원칙 12절차

(1) HACCP준비단계
- ① HACCP 팀 구성
- ② 제품설명서 작성
- ③ 제품의 용도확인
- ④ 공정흐름도 작성
- ⑤ 공정흐름도 현장 확인

(2) HACCP 실천단계
- ⑥ 위해요소 분석(제1원칙)
- ⑦ 중요관리점 결정(제2원칙)
- ⑧ 한계기준 설정(제3원칙)
- ⑨ 모니터링체계 확립(제4원칙)
- ⑩ 개선조치 방법 확립(제5원칙)

(3) HACCP 관리단계
- ⑪ 검증절차 및 방법 수립(제6원칙)
- ⑫ 문서화 및 기록유지(제7원칙)

1. HACCP의 7원칙 12절차

(1) HACCP 팀 구성

HACCP Plan 개발을 주도적으로 담당할 HACCP 팀을 구성하는 것이다. 업체의 HACCP 도입과 성공적인 운영은 최고경영자의 실행 의지가 결정적인 영향을 미치므로 HACCP 팀을 구성할 때는 어떤 형태로든 최고경영자의 직접적인 참여를 포함시키는 것이 바람직하며, 또한 업체 내 핵심요원들을 팀원에 포함시켜야 한다.

일반적으로 HACCP 팀장은 업체의 최고책임자(영업자 또는 공장장)가 되는 것을 권장하며, 팀원은 제조 · 작업 책임자, 시설 · 설비의 공무관계 책임자, 보관 등 물류관리업무 책임자, 식품위생관련 품질관리업무 책임자 및 종사자 보건관리 책임자, 교육 · 훈련업무의 인사담당 책임자 등으로 구성합니다.

1) HACCP 팀 구성 요건

① HACCP 팀을 구성할 때는 최고경영자의 직접적인 참여를 포함하며, HACCP Plan 개발을 주도적으로 담당할 핵심요원들을 팀원에 포함시킨다.

② HACCP 팀장은 최고 책임자(대표자 또는 공장장)가 되는 것을 권장한다.

③ 팀 구성원별 책임과 권한을 부여할 필요가 있다.

④ HACCP 팀원은 제조 · 작업 책임자, 시설 · 설비의 공무관계 책임자, 보관 등 물류관리업무 책임자, 식품위생관련 품질관리업무 책임자 및 종사자 보건관리 책임자 등으로 구성한다.

⑤ 팀별 및 팀원별 교대근무 시 인수 · 인계 방법을 수립할 필요가 있다.

⑥ 모니터링 담당자는 해당공정 현장종사자로 구성한다.

2) 책임과 권한

① HACCP 조직도상의 팀별 및 팀원별로 역할을 정하고 업무 인수, 인계자를 지정하여 부재 시 공백이 생기지 않도록 한다. 단, 지정된 업무 인수자 부재 시는 해당 팀의 선임자가 업무를 대행 하고, 필요 시 HACCP 팀장이 업무대행을 지시할 수 있다.

② 필요 시 HACCP 위원회를 구성할 수 있다(특히 정책, 예산 등의 주요 사항을 의사 결정하며 외부 전문가를 포함할 수 있다).

3) HACCP 팀원의 공통 역할

① HACCP의 개념, 원칙, 절차 등을 숙지한다.

② 각 구성원별 해당 회의에 적극적으로 참여한다.

③ 팀원 교체 또는 변동 시 업무인수인계 절차에 준하여 실시하고 업무 인수인계 일지를 작성한다.

④ 각 부서에서 제공된 자료를 토대로 선행요건프로그램 기준 및 HACCP Plan 관련 기준을 설정하고, HACCP 팀장 및 위원회의 승인을 득한다.

⑤ 해당 부서별 부서원들의 HACCP 교육, 위생교육 등을 실시한다.

⑥ HACCP 시스템의 유효성 및 실행성 검증을 실시한다.

⑦ HACCP 시스템의 전반적 실행은 생산팀에서 수행하며, 품질관리팀은 수행결과물의 검토 및 전반적 관리를 한다.

4) 업무 인수인계

① 업무 인수인계는 팀장, 팀원 중 업무 수행이 불가한 휴가, 파견, 출장, 교대, 퇴사 등으로 업무 공백이 발생하지 않도록 하는 것이 목적이다.

② 사내규정 및 팀별, 팀원별 업무의 인수인계에 준하여 실시하여 업무의 흐름이 원활하도록 한다.

③ 업무 교대 시 인계자의 업무사항 및 문서사항(업무인수인계표)를 통해 인수인에게 인계한다.

(2) 제품설명서 작성 및 제품의 용도확인

제품설명서에는 제품명, 제품유형 및 성상, 품목제조보고연월일, 작성자 및 작성연월일, 성분 (또는 식자재)배합비율 및 제조(또는 조리)방법, 제조(포장)단위, 완제품의 규격, 보관·유통 (또는 배식)상의 주의사항, 제품용도 및 소비(또는 배식)기간, 포장방법 및 재질, 표시사항, 기타 필요한 사항이 포함되도록 작성한다.

1) 제품명

제품명은 식품제조·가공업체의 경우 해당관청에 보고한 해당품목의 "품목 제조(변경)보고서"에 명시된 제품명과 일치하여야 한다.

2) 제품유형

제품유형은 "식품공전"의 분류체계에 따른 식품의 유형을 기재한다.

3) 성상

성상은 해당식품의 기본 특성(예: 액상, 분말 등) 뿐만 아니라 전체적인 특성(예: 가열 후 섭취식품, 비가열 섭취식품, 냉장식품, 냉동식품, 살균제품, 멸균제품 등)을 기재한다.

4) 품목제조보고연월일

품목제조 보고연월일은 식품제조·가공업체의 경우에 해당하며, 해당식품의 "품목제조(변경)보고서"에 명시된 보고 날짜를 기재한다.

5) 작성자 및 작성연월일

제품설명서를 작성한 사람의 성명과 작성날짜를 기재한다.

6) 성분(또는 식자재)배합비율 및 제조(또는 조리)방법

① 성분(또는 식자재)배합비율은 식품제조·가공업체의 경우 해당식품의 "품목제조(변경)보고서"에 기재된 원료인 식품 및 식품첨가물의 명칭과 각각의 함량을 기재한다. 원부재료의 종류가 많은 업체의 경우 원료목록표를 작성하면 원료에 대한 위해요소를 총괄적으로 분석하는데 도움이 된다.

② 제조(또는 조리)방법은 일반적인 방법을 기재하거나 "공정흐름도"로 갈음한다.

7) 제조(포장)단위

제조(포장)단위는 판매되는 완제품의 최소단위를 중량, 용량, 개수 등으로 기재한다.

8) 완제품의 규격

완제품의 규격은 "식품공전"에서 규정하고 있는 제품의 성상, 생물학적, 화학적, 물리적 항목과 각각의 법적규격을 기재한다. 또한, 사내에서 생각하는 완제품의 규격 및 위해분석 과정에서 중요한 위해로 도출된 항목을 포함한 사내규격을 같이 기재한다.

9) 제품용도 및 소비(또는 배식)기간

① 제품용도는 소비계층을 고려하여 일반건강인, 영유아, 어린이, 환자, 노약자, 허약자 등으로 구분하여 기재한다.

② 소비(또는 배식)기간은 식품제조·가공업체의 경우 "품목제조(변경)보고서"에 명시된 소비기한을 보관조건과 함께 기재하며, 식품접객업체의 경우 조리완료 후 배식까지의 시간을 기재한다.

③ 아울러, 소비자 구매 시 섭취방법(그대로 섭취, 가열조리 후 섭취)을 함께 기재한다.

10) 포장방법 및 재질

특이한 포장방법이 있는 경우 그 방법을 구체적으로 기재하며, 포장재질은 내포장재와 외포장재 등으로 구분하여 기재한다.

11) 표시사항

① 표시사항에는 "식품등의 표시기준"의 법적 사항에 기초하여 소비자에게 제공해야 할 해당식품에 관한 정보를 기재한다.

② 제품설명서 내에 기술되어 있는 내용 이외의 것을 기재한다.

12) 보관 및 유통(또는 배식)상의 주의사항

① 해당식품의 유통·판매 또는 배식 중 특별히 관리가 요구되는 사항을 기재한다.

② 기본적으로 위생적인 요소(Safety Factors)을 우선 고려하여 기재하고, 품질적인 사항(Quality Factors)을 포함시켜야 하는 경우에는 위생적인 요소와 구분하여 기재한다.

(3) 공정흐름도 작성 및 공정흐름도 현장 확인
원·부재료의 입고에서부터 최종제품 출고까지의 모든 공정단계를 파악하여 공정흐름도를 작성하여 제품이 어떤 환경 하에서 어떤 경로를 통해 만들어지며 위해요소가 어디에서 발생할 수 있을 것인가를 보여주는 자료를 말한다.

1) 제조공정도 작성방법
① 원·부재료 및 포장재의 종류를 파악한다.
② 원·부재료 및 포장재의 입고부터 출고까지의 전 공정을 조사하여 작업장에서 제조되는 방식과 동일하게 순서별로 세부적으로 작성한다.
③ 각 공정에 맞는 공정명을 표시하고 공정의 흐름을 알기 쉽도록 작성한다.
④ 해당공정을 아래의 양식에 맞게 작성한다.
　㉠ 각 공정별 주요 가공조건의 개요를 기재한다. 이때 구체적인 제조공정별 가공 방법에 대하여는 일목요연하게 표로 정리한다.
　㉡ 작업특성별 구획, 기계·기구 등의 배치, 제품의 흐름과정, 작업자 이동경로, 세척·소독조 위치, 출입문 및 창문, 환기(공조)시설 계통도, 용수 및 배수처리 계통도 등을 표시한 작업장 평면도를 작성한다.
　㉢ 공정흐름도와 평면도는 원료의 입고에서부터 완제품의 출하에 이르는 해당식품의 공급에 필요한 모든 공정별로 위해요소의 교차오염 또는 2차 오염, 증식 등의 가능성을 파악하는 자료로 활용한다.
　㉣ 공정흐름도 및 평면도가 작업현장과 일치하는지 확인한다.
　　ⓐ 공정흐름도 및 평면도가 현장과 일치하는지 여부를 확인하기 위하여 HACCP 팀은 작업현장에서 공정별 각 단계를 직접 확인하면서 검증한다.
　　ⓑ 공정흐름도와 평면도의 작성 목적은 각 공정 및 작업장 내에서 위해요소가 발생할 수 있는 모든 조건 및 지점을 찾아내기 위한 것이므로 정확성을 유지하는 것이 매우 중요하다.
　　ⓒ 현장검증 결과 변경이 필요한 경우에는 해당공정 흐름도나 평면도를 수정한다.

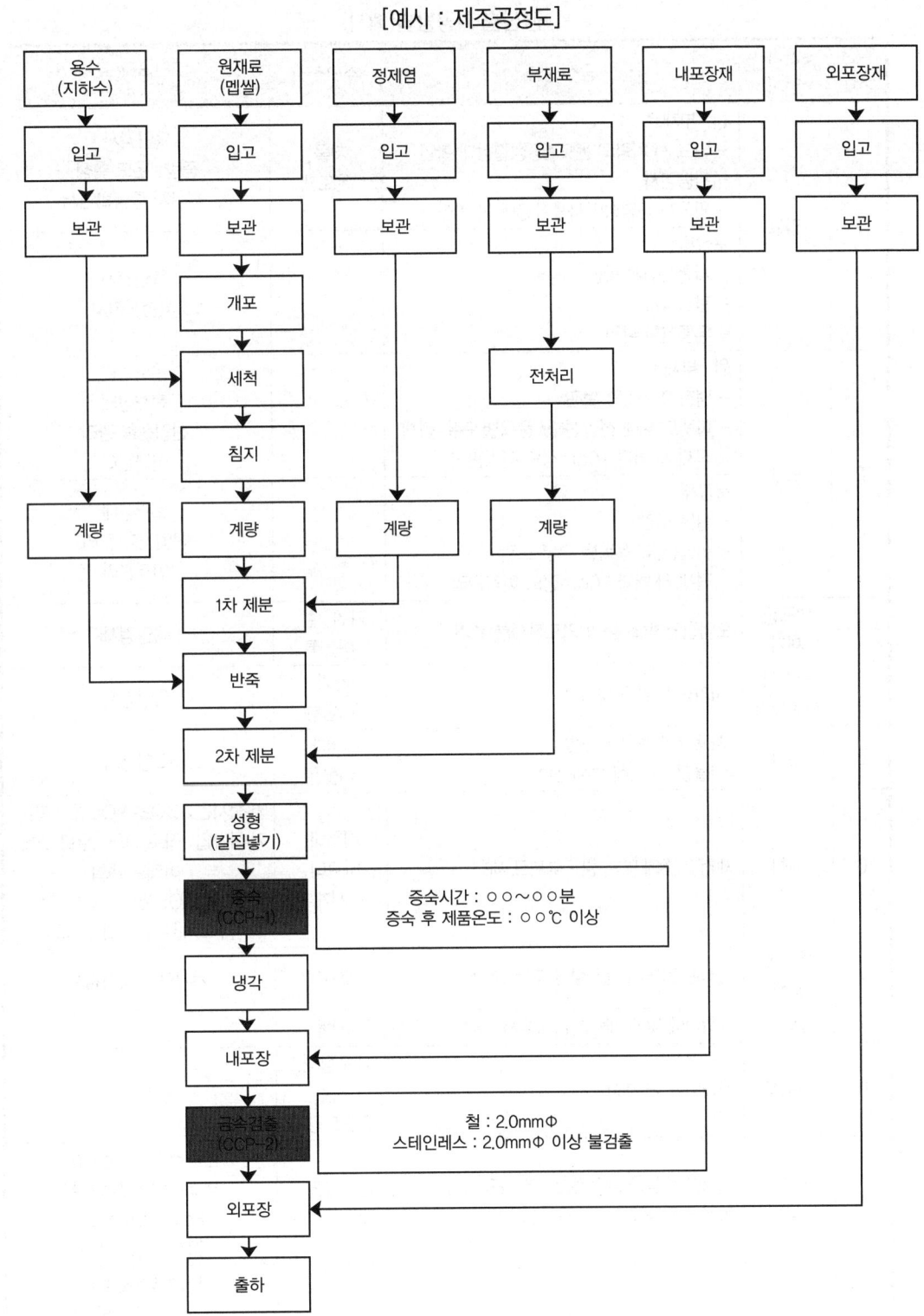
[예시 : 제조공정도]

공정별 가공방법(예시)

일련번호	공정단계	공정설명	주요설비	관리방법
1	입고	원·부재료 - 입고 시 차량의 온도 및 청결상태 확인 - 관능검사 - 원산지 증명확인서를 수령하여 확인	저울, 온도계	육안검사, 중량, 온도 측정, 원산지 증명확인서
		포장재 - 시험성적서 확인 - 관능검사 - 유통기한 확인		육안검사 시험성적서
2	보관	원·부재료 - 냉장 0~10℃ 보관 - 파렛트 위에 선입선출/ 품목별 구분 적재 - 적재 시 벽과 10cm정도 이격관리		온도관리 적재상태 선입선출 관리 이격관리
		포장재 - 실온 보관 - 선입선출/ 품목별 구분 보관 - 적재 시 벽과 10cm정도 이격관리		보관상태 선입선출 관리 이격관리
3	외포장 제거	오염원인 박스 등의 외포장재를 제거	가위, 칼, 이물통	육안검사
4	비가식 부위제거	비가식 부위를 제거	가위, 이물통	육안검사
5	선별	사용 기준에 맞게 선별 이물질, 비가식 부위 선별	선별대, 이물통	육안검사
6	세척	세척 기준에 맞게 원·부재료 세척	세척대, 바구니, 시계	세척시간: ○○초~○○초 사이 세척방법: 좌로 ○회, 우로 ○회, 아래로 ○회 가수량: ○○L/분 세척수교체주기: 1회/○시간
7	절단 및 분쇄	세척된 원부재료를 절단 또는 분쇄	절단기	기기오염 육안검사
8	계량	배합비에 맞게 계량작업대에서 계량	저울	
9	내포장	사양에 맞게 포장	내포장재, 저울, 진공포장기	실링상태
10	금속검출	포장한 제품을 금속검출기에 통과시킴 합격한 제품에 한해 보관실로 이동	금속검출기 테스트피스	금속검출기 작동상태 테스트피스 검출여부 Fe: 1.0mmø, STS: 1.5mmø
11	보관	0~10℃ 냉장고에 보관	파레트	보관고 위생상태 보관고 온도 보관고 이격관리 선입선출
12	출고	배송코스별로 비식품과 구분하여 적재한 후 냉장차량에 출고	냉장차량 파레트	출고상태

작업장 평면도(예시)

- 물류/작업자 이동동선(예시)

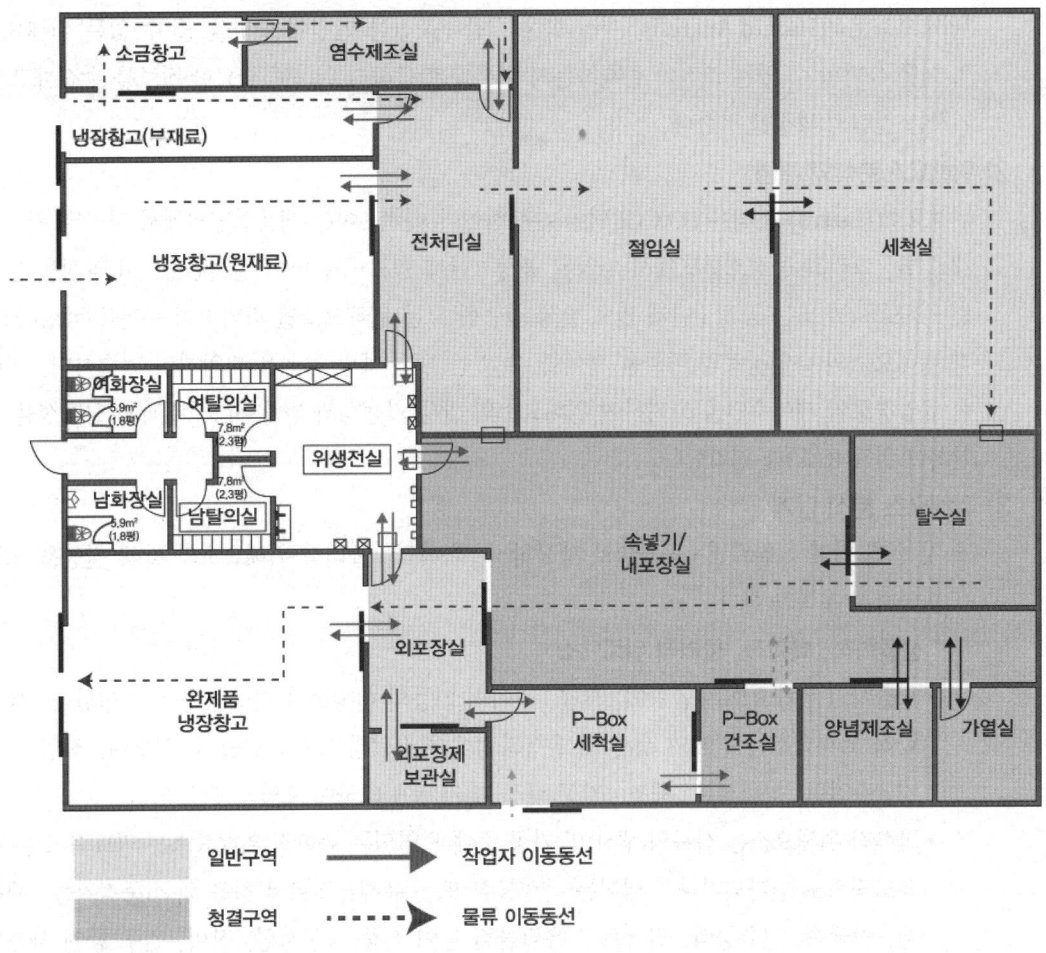

- 작업자의 이동동선은 위생전실에서 위생처리 후 작업장에 들어갈 수 있도록 하는 것이 바람직하다. 또한, 작업구역 간 교차오염이 발생하지 않도록 청결구역과 일반구역 사이에는 물류만 이동하도록 한다.

(4) 위해요소분석(Hazard Analysis)

1) 위해요소분석의 정의

"위해요소분석(Hazard Analysis)"이라 함은 식품·축산물 안전에 영향을 줄 수 있는 위해요소와 이를 유발할 수 있는 조건이 존재하는지 여부를 판별하기 위하여 필요한 정보를 수집하고 평가하는 일련의 과정을 말한다.

2) 위해요소분석의 개념

위해요소(Hazard) 분석은 HACCP팀이 수행하여야 하며, 이는 제품설명서에서 파악된 원·부재료 별, 그리고 공정흐름도에서 파악된 공정·단계 별로 구분하여 실시한다. 이 과정을 통해 원·부재료 별 또는 공정·단계 별로 발생 가능한 모든 위해요소를 파악하여 목록을 작성하고, 각 위해요소의 유입경로와 이들을 제어할 수 있는 수단(예방수단)을 파악하여 기술하며, 이러한 유입경로와 제어수단을 고려하여 위해요소의 발생 가능성과 발생 시 그 결과의 심각성을 감안하여 위해(Risk)를 평가한다.

3) 위해요소 분석 단계

① 첫 번째 단계 : 원료별·공정별로 생물학적, 화학적, 물리적 위해요소와 발생 원인을 모두 파악하여 목록화 한다.

* **생물학적, 화학적, 물리적 위해요소**
  - 생물학적 위해요소는 곰팡이, 세균, 바이러스 등의 미생물과 기생충 등을 포함한다. 생물학적 위해요소는 원료의 생산 및 유통과정에서 작업장으로 유입될 수 있으며, 작업장 환경, 종업원, 식품성분, 제조·가공 과정 그 자체에 의하여 오염될 수도 있다.
  - 화학적 위해요소는 식품의 생산 및 가공 중에 오염되는 화학적 위해요소는 의도적 또는 비의도적으로 첨가되거나 오염되는 독성물질 또는 유해물질로서 허용 외 식품첨가물, 세척제, 중금속, 잔류농약, 알레르기 유발물질 등이 식품 생산시설, 장비, 기구 등에 사용되는 화학물질들이 포함된다.
  - 물리적 위해요소는 유리, 금속 및 플라스틱과 같은 다양한 이물질을 포함하는데, 그 요인은 오염된 원료, 잘못 설계되거나 불충분하게 유지된 시설 및 장비, 오염된 포장재료, 종업원의 부주의 등과 관련된다.

② 두 번째 단계 : 파악된 잠재적 위해요소(Hazard)에 대한 위해(Risk)를 평가한다. 파악된 잠재적 위해요소에 대한 위해평가는 위해평가 기준을 이용하여 수행할 수 있다.

③ 마지막 단계 : 파악된 잠재적 위해요소의 발생원인과 각 위해요소를 안전한 수준으로 예방하거나 완전히 제거, 또는 허용 가능한 수준까지 감소시킬 수 있는 예방조치 방법이 있는 지를 확인하여 기재한다.

* **위해요소의 예방조치 방법**

- 생물학적 위해요소
  - 시설기준에 적합한 개 · 보수
  - 원료 협력업체로부터 시험성적서 수령
  - 입고되는 원료의 검사
  - 보관, 가열, 포장 등의 가공조건(온도, 시간 등) 준수
  - 시설 · 설비, 종업원 등에 대한 적절한 세척 · 소독 실시
  - 공기 중에 식품노출 최소화
  - 종업원에 대한 위생교육
- 화학적 위해요소
  - 원료 협력업체로부터 시험성적서 수령
  - 입고되는 원료의 검사
  - 승인된 화학물질만 사용
  - 화학물질의 적절한 식별 표시, 보관
  - 화학물질의 사용기준 준수
  - 화학물질을 취급하는 종업원의 적절한 훈련
- 물리적 위해요소
  - 시설기준에 적합한 개 · 보수
  - 원료 협력업체로부터 시험성적서 수령
  - 입고되는 원료의 검사
  - 육안선별, 금속검출기 등 이용
  - 종업원 훈련

(3) 위해요소분석 절차

잠재적 위해요소 도출 및 원인규명 ⇨ 위해평가 (심각성, 발생가능성) ⇨ 예방조치 및 관리방법 결정 ⇨ 위해요소분석 목록표 작성

위해요소 분석표 [식품 및 축산물안전관리인증기준 별표2]

일련번호	원 · 부자재명/공정명	구분	위해요소		위해 평가			예방조치 및 관리방법
			명칭	발생원인	심각성	발생가능성	종합평가	
1		B						
		C						
		P						

생물학적, 화학적, 물리적 위해요소

B(Biological hazards): 생물학적 위해요소
원·부자재, 공정에 내재하면서 인체의 건강을 해할 우려가 있는 *Listeria. monocytogenes*, 장출혈성대장균, 대장균, 곰팡이, 기생충, 바이러스 등 생물학적 단위위해요소

C(Chemical hazards): 화학적 위해요소
제품에 내재하면서 인체의 건강을 해할 우려가 있는 중금속, 농약, 항생물질, 항균물질, 사용 기준초과 또는 사용 금지된 식품 첨가물 등 화학적 단위위해요소

P(Physical hazards): 물리적 위해요소
원료와 제품에 내재하면서 인체의 건강을 해할 우려가 있는 인자 중에서 돌조각, 유리조각, 쇳조각, 플라스틱 조각, 머리카락 등 단위위해요소

① 잠재적 위해요소 도출 및 원인규명
  ㉠ 문헌조사
   - 식품에서의 농약, 중금속 잔류관련 자료
   - 제품클레임 및 잠재클레임 자료
   - 관련 연구 및 Review문헌
   - 식중독 사고관련 자료(기사 등)
   - 관련법규 및 규격기준
   - 원재료 및 제조환경의 오염실태
   - 현장 분석(측정) 자료(실험자료)
   - 작업자 인터뷰 및 작업실태의 육안조사
   - 제품 보존시험 규격설정시험 등 제품 개발자료
   - 기타 필요 자료
  ㉡ 현장조사
   - 원료 검토
   - 제조공정 검토
   - 현장 분석
   - 통계 분석
  ㉢ 위해요소의 도출은 단위 위해요소로 도출하여야 한다.
   예) 살모넬라, 황색포도상구균, 납, 카드뮴, 금속조각, 머리카락 등
  ㉣ 원·부재료의 잠재적 위해요소로 도출된 생물학적, 물리적 위해요소는 공정에서 잠재적 위해요소로 도출되고, 화학적 위해요소는 원·부재료 검수지침에 포함하여 관리하도록 한다. 물리적 위해요소는 작업장 등의 위생(청결)상태 점검의 객관적인 항목으로 사용한다.
  ㉤ 발생원인은 단위 생물학적, 화학적, 물리적 위해요소별로 구체적으로 도출하여 발생원인과 예방조치 및 관리방법, 그리고 현장에서의 관리가 일관성을 가질 수 있도록 하여야 한다. 원료, 공정조건이 없는 단순공정에서는 교차오염원, 증식원인 등을, 공정조건이 있는 공정에서는 교차오염원, 증식원, 잔존/잔류원인 등을 발생원인으로 모두 도출하여야 한다.
   예) 발생원인은 작업장, 작업자, 제조시설 등 세척소독 불량으로 인한 교차오염, 작업장 온도관리 미흡으로 인한 미생물 증식, 가공조건 미준수로 잔존, 협력업체 가공기준 미준수 등 모두 구체적으로 도출하여야 한다.

원·부재료 위해요소 도출 및 발생원인(예시)

원·부자재명	구분	위해요소 (생물학적:B 화학적:C 물리적:P)	위해평가
쇠고기	B	대장균군 황색포도상구균 살모넬라 바실러스 세레우스 리스테리아 장출혈성대장균 진균	원료자체 및 사육과정 관리 부족으로 오염 협력업체(생산자) 관리 부족으로 교차오염 원료 운반과정에서 부주의로 교차오염
	C	잔류항생물질 잔류농약	협력업체(생산자)의 교육/관리 부족으로 오염
	P	나사, 못, 칼날 돌, 모래, 플라스틱 머리카락, 비닐, 지푸라기	협력업체(생산자)의 관리 부족으로 혼입
고추	B	대장균군 황색포도상구균 살모넬라 바실러스 세레우스 리스테리아 장출혈성대장균 클로스트리디움 퍼프린젠스 진균	원료자체 및 재배과정 관리 부족으로 오염 협력업체(생산자) 관리 부족으로 교차오염
	C	잔류농약 납, 카드뮴	오염된 토양에서 원료 재배 농약 사용기준을 미준수한 원료 재배 협력업체(생산자)의 교육/관리 부족으로 오염
	P	나사, 못, 칼날 돌, 모래, 플라스틱 머리카락, 비닐, 지푸라기	협력업체(생산자) 관리부족으로 혼입
조기	B	대장균군 황색포도상구균 살모넬라 바실러스 세레우스 리스테리아 장출혈성대장균 장염비브리오균 진균	원료자체 및 재배과정 관리 부족으로 오염 협력업체(생산자) 관리 부족으로 교차오염
	C	납, 카드뮴, 수은	오염된 해역으로부터 원료 오염 협력업체(생산자)의 교육/관리 부족으로 오염
	P	나사, 못, 칼날 돌, 모래, 플라스틱 머리카락, 비닐, 지푸라기	협력업체(생산자) 관리/교육 부족으로 혼입

원·부재료 위해요소 도출 및 발생원인(예시)

제조공정	구분	위해요소 (생물학적:B 화학적:C 물리적:P)	발생원인(유래)
세척	B	대장균군 황색포도상구균 살모넬라 바실러스 세레우스 리스테리아 장출혈성대장균 장염비브리오균 진균	부적절한 세척실 온도관리에 의한 위해요소 증식 세척실 작업자/작업장/제조설비/기구용기/검사장비/운반도구/청소도구 등 세척소독 관리, 작업자 위생교육 부족으로 교차오염 부적절한 세척실 청정도 관리로 교차 오염 세척조건(방법, 시간, 가수량 등) 미준수로 위해요소 잔존
	P	나사, 못, 칼날 돌, 모래, 플라스틱 머리카락, 비닐, 지푸라기	세척실 제조설비, 운반도구 등 관리 부족으로 교차오염 세척실 작업자/작업장/제조설비/기구용기/검사장비/운반도구/청소도구 등 세척소독 관리, 작업자 위생교육 부족으로 교차오염
소독	B	대장균군 황색포도상구균 살모넬라 바실러스 세레우스 리스테리아 장출혈성대장균 장염비브리오균 진균	부적절한 소독실 온도관리에 의한 위해요소 증식 소독실 작업자/작업장/제조설비/기구용기/검사장비/운반도구/청소도구 등 세척소독 관리, 작업자 위생교육 부족으로 교차오염 부적절한 소독실 청정도 관리로 교차 오염 소독조건(농도, 시간, 헹굼 등) 미준수로 위해요소 잔존
	P	나사, 못, 칼날 돌, 모래, 플라스틱 머리카락, 비닐, 지푸라기	소독실 제조설비, 운반도구 등 관리 부족으로 교차오염 소독실 작업자/작업장/제조설비/기구용기/검사장비/운반도구/청소도구 등 세척소독 관리, 작업자 위생교육 부족으로 교차오염
가열	B	대장균군 황색포도상구균 살모넬라 바실러스 세레우스 리스테리아 장출혈성대장균 장염비브리오균 진균	부적절한 가열실 온도관리에 의한 위해요소 증식 가열실 작업자/작업장/제조설비/기구용기/검사장비/운반도구/청소도구 등 세척소독 관리, 작업자 위생교육 부족으로 교차오염 부적절한 가열실 청정도 관리로 교차 오염 가열조건(온도, 시간, 품온 등) 미준수로 위해요소 잔존
	P	나사, 못, 칼날 돌, 모래, 플라스틱 머리카락, 비닐, 지푸라기	가열 제조설비, 운반도구 등 관리 부족으로 교차오염 가열실 작업자/작업장/제조설비/기구용기/검사장비/운반도구/청소도구 등 세척소독 관리, 작업자 위생교육 부족으로 교차오염

② 위해요소 평가(심각성)
　㉠ 같은 위해요소이면 공정이 다르더라도 심각성 평가는 동일하다.
　　- 소비자의 위치에서는 같은 위해요소임
　　- 상대적 평가가 아닌 절대적 기준에 의한 평가
　㉡ 생물학적, 화학적, 물리적 위해요소를 독립적으로 평가한다.
　　일반적으로 사용하는 CODEX, FAO, NACMCF 중 하나의 기준을 선택하여 원부재료 및 공정 중 유래할 수 있는 모든 위해요소들에 대한 심각성을 평가한다. 만일, 도출된 위해요소의 심각성을 CODEX, FAO, NACMCF 기준으로 판단할 수 없는 경우, 서적, 논문 등의 과학적인 근거로 작성된 자료를 참조하여 심각성을 평가하고 그 출처를 반드시 기재하도록 한다.
　㉢ 동일한 위해요소에 대한 심각성이 여러 자료에서 각기 다른 경우, 심각성이 가장 높게 기술되어 있는 자료에서 인용한다.
③ 위해요소 평가(발생가능성)
　㉠ 위해요소의 발생빈도 및 발생가능성을 모두 포함하여 평가한다.
　　- 발생빈도 : 원·부재료/공정의 잠재클레임 및 제품 클레임 참조
　　- 발생가능성 : 유사제품 또는 관련 이슈화 사항 참조

* **3단 분석(예시)**
　- 생물학적 위해요소 발생가능성 평가기준(예시)

구분	분류기준	
	빈도평가	가능성평가
높음(3)	해당 위해요소 발생사례 확인 (2회 이상/분기 발생 사례 수집)	해당 위해요소로 식중독 발생
보통(2)	해당 위해요소 발생사례 미확인 (1회 이상/분기 발생사례 수집)	해당 위해요소로 오염사례확인
낮음(1)	해당 위해요소 연관성 없음 (발생사례 없음/분기)	해당 위해요소 연관성 없음

　- 화학적 위해요소 발생가능성 평가기준(예시)

구분	분류기준	
	빈도평가	가능성평가
높음(3)	해당 위해요소 발생사례 확인 (2회 이상/년 발생 사례 수집)	해당 위해요소로 식중독 발생
보통(2)	해당 위해요소 발생사례 미확인 (1회 이상/년 발생사례 수집)	해당 위해요소로 오염사례확인
낮음(1)	해당 위해요소 연관성 없음 (발생사례 없음/년)	해당 위해요소 연관성 없음

- 물리적 위해요소 발생가능성 평가기준(예시)

구 분	분류기준	
	빈도평가	가능성평가
높음(3)	해당 위해요소 발생사례 확인 (5건 이상/월 발생 사례 수집)	해당 위해요소로 식중독 발생
보통(2)	해당 위해요소 발생사례 미확인 (3건 이상/월 발생사례 수집)	해당 위해요소로 오염사례확인
낮음(1)	해당 위해요소 연관성 없음 (3건 미만/월 발생사례 수집)	해당 위해요소 연관성 없음

ⓒ 발생가능성 기준은 원·부재료, 공정별 도출된 위해요소에 대한 실제 생산라인 에서 현장실험 통계자료 및 주변 환경 시험자료(작업자, 제조시설설비 등 표면오염도, 작업장 청정도 검사자료 등) 등을 바탕으로 기준을 수립하여야 한다. 원료, 공정별 위해요소에 대한 시험자료 및 문헌자료 등은 HACCP 관리기준 수립에 중요한 단계이다.

* 위해평가 활용원칙

활용원칙 참고(CODEX)

발생 가능성	높음	경결함(3)	중결함(6)	치명결함(9)
	보통	불만족(2)	경결함(3)	중결함(6)
	낮음	만족(1)	불만족(2)	경결함(3)
		낮음	보통	높음
	심각성			

• 경결함 이상 위해요소는 CCP 결정도 평가
• 해당 식품 원료, 공정 등에 심각성 높은 잠재적 위해요소와 실제 공정평가에서 발생되는 위해요소는 CCP 결정도에서 평가 필요
• 기타김치 위해 평가도 예시

위해요소별로 심각성 및 발생가능성 평가 결과를 바탕으로 아래의 표를 이용하여 위해를 평가한다.

[예시] 국제식품규격위원회

발생 가능성	높음(3)	3	6	9
	보통(2)	1	4	6
	낮음(1)	1	2	3
		낮음(1)	보통(2)	높음(3)
	심각성			

- 3점 이상에 해당하는 위해요소에 대해서는 중요관리점 결정도(Decision Tree)에 적용하여 CCP와 CP로 구분한다.

위해평가(예시)
※ 원부재료

순서	제조공정	구분	위해요소 (생물학적:B 화학적:C 물리적:P)	위해평가 심각성	위해평가 발생가능성	위해평가 평가결과
	소고기	B	대장균군	2	1	2
			황색포도상구균	1	2	2
			살모넬라	2	1	2
			바실러스 세레우스	1	1	1
			리스테리아	3	1	3
			장출혈성대장균	3	1	3
		C	항생물질	2	1	2
			납, 카드뮴	2	1	2
		P	나사, 못, 칼날	3	1	3
			돌, 모래, 플라스틱	2	2	4
			머리카락, 비닐, 지푸라기	1	2	2
	고추	B	대장균군	2	1	2
			황색포도상구균	1	2	2
			살모넬라	2	1	2
			바실러스 세레우스	1	1	1
			리스테리아	3	1	3
			장출혈성대장균	3	1	3
			클로스트리디움 퍼프린젠스	1	2	2
		C	잔류농약	2	1	2
			납, 카드뮴	2	1	2
		P	나사, 못, 칼날	3	1	3
			돌, 모래, 플라스틱	2	2	4
			머리카락, 비닐, 지푸라기	1	2	2
	조기	B	대장균군	2	1	2
			황색포도상구균	1	2	2
			살모넬라	2	1	2
			바실러스 세레우스	1	1	1
			리스테리아	3	1	3
			장출혈성대장균	3	1	3
			장염비브리오균	2	1	2
		C	항생물질	2	1	2
			납, 카드뮴, 수은	2	1	2
			보툴리눔 toxin	3	1	3
		P	나사, 못, 칼날	3	1	3
			돌, 모래, 플라스틱	2	2	4
			머리카락, 비닐, 지푸라기	1	2	2

※ 공정/단계

순서	제조공정	구분	위해요소 (생물학적:B 화학적:C 물리적:P)	위해평가		
				심각성	발생가능성	평가결과
	입고	B	대장균군	2	1	2
			황색포도상구균	1	2	2
			살모넬라	2	1	2
			바실러스 세레우스	1	1	1
			리스테리아	3	1	3
			장출혈성대장균	3	1	3
			장염비브리오균	2	1	2
		P	나사, 못, 칼날	3	1	3
			돌, 모래, 플라스틱	2	2	4
			머리카락, 비닐, 지푸라기	1	2	2
	보관	B	대장균군	2	1	2
			황색포도상구균	1	2	2
			살모넬라	2	1	2
			바실러스 세레우스	1	1	1
			리스테리아	3	1	3
			장출혈성대장균	3	1	3
			장염비브리오균	2	1	2
		P	나사, 못, 칼날	3	1	3
			돌, 모래, 플라스틱	2	2	4
			머리카락, 비닐, 지푸라기	1	2	2
	세척	B	대장균군	2	1	2
			황색포도상구균	1	2	2
			살모넬라	2	1	2
			바실러스 세레우스	1	1	1
			리스테리아	3	1	3
			장출혈성대장균	3	1	3
			장염비브리오균	2	1	2
		P	나사, 못, 칼날	3	1	3
			돌, 모래, 플라스틱	2	2	4
			머리카락, 비닐, 지푸라기	1	2	2
	소독	B	대장균군	2	1	2
			황색포도상구균	1	2	2
			살모넬라	2	1	2
			바실러스 세레우스	1	1	1
			리스테리아	3	1	3
			장출혈성대장균	3	1	3
			장염비브리오균	2	1	2
		P	나사, 못, 칼날	3	1	3
			돌, 모래, 플라스틱	2	2	4
			머리카락, 비닐, 지푸라기	1	2	2

④ 예방조치 및 관리방법 수립
  ㉠ 예방조치 및 관리방법 도출은 현장에서 실행하고 있는 모든 방법을 위해요소의 발생원인 별로 일치하도록 도출 및 관리하여야 한다. 공정 조건이 없는 단순공정(보관, 계량 등)에서 교차오염원, 증식원인 등을, 공정조건이 있는 공정에서는 교차오염원, 증식원, 잔존/잔류원인 등을 도출하여야 한다.
  ㉡ 발생원인과 예방조치 및 관리방법 그리고 현장관리방법이 일치하여야 한다.

원 · 부재료 위해요소 예방조치 및 관리방법(예시)

원 · 부자재명	구분	위해요소 (생물학적:B 화학적:C 물리적:P)		위해평가
쇠고기	B	대장균군 황색포도상구균 살모넬라 바실러스 세레우스 리스테리아 장출혈성대장균 진균		입고검사 협력업체 시험성적서 확인 원료사육과정 관리 협력업체(생산자) 점검/ 교육 관리
	C	잔류항생물질		입고검사 협력업체 시험성적서 확인 원료사육과정 관리 협력업체(생산자) 점검/ 교육 관리
	P	나사, 못, 칼날 돌, 모래, 플라스틱 머리카락, 비닐, 지푸라기		입고검사 협력업체 시험성적서 확인 원료사육과정 관리 협력업체(생산자) 점검/ 교육 관리
고추	B	대장균군 황색포도상구균 살모넬라 바실러스 세레우스 리스테리아 장출혈성대장균 클로스트리디움 퍼프린젠스 진균		입고검사 협력업체 시험성적서 확인 원료재배 및 수확과정 관리 협력업체(생산자) 점검/ 교육 관리
	C	잔류농약		입고검사 협력업체 시험성적서 확인 원료재배 및 수확과정 관리 협력업체(생산자) 점검/ 교육 관리
		납, 카드뮴		
	P	나사, 못, 칼날 돌, 모래, 플라스틱 머리카락, 비닐, 지푸라기		입고검사 협력업체 시험성적서 확인 원료재배 및 수확과정 관리 협력업체(생산자) 점검/ 교육 관리
조기	B	대장균군 황색포도상구균 살모넬라 바실러스 세레우스 리스테리아 장출혈성대장균 장염비브리오균 진균		입고검사 협력업체 시험성적서 확인 원료어획과정 관리 협력업체(생산자) 점검/ 교육 관리
	C	잔류농약		입고검사 협력업체 시험성적서 확인 원료어획 해역 관리 원료어획 후 보관과정 관리 협력업체(생산자) 점검/ 교육 관리
		납, 카드뮴		
		보툴리눔 toxin		
	P	나사, 못, 칼날 돌, 모래, 플라스틱 머리카락, 비닐, 지푸라기		입고검사 협력업체 시험성적서 확인 원료어획과정 관리 협력업체(생산자) 점검/ 교육 관리

⑤ 위해요소 분석 목록표 작성

원·부재료 위해요소분석 목록표(예시)

원·부자재명	구분	위해요소 (생물학적:B 화학적:C 물리적:P)	발생원인	위해평가 심각성	위해평가 발생가능성	위해평가 결과	예방조치 및 관리방법
쇠고기	B	대장균군	원료자체 및 사육과정 관리 부족으로 오염 협력업체(생산자) 관리 부족으로 교차오염	2	1	2	입고검사 협력업체 시험성적서 확인 (입고검사점검표) 원료사육과정 관리 협력업체(생산자) 점검/ 교육 관리 (협력업체점검표)
		황색포도상구균		1	2	2	
		살모넬라		2	1	2	
		바실러스 세레우스		1	1	1	
		리스테리아		3	1	3	
		장출혈성대장균		3	1	3	
		진균		2	2	4	
	C	잔류항생물질	협력업체(생산자)의 관리 부족으로 항생물질 및 농약등 오염	2	1	2	입고검사 협력업체 시험성적서 확인 (입고검사점검표) 협력업체(생산자) 점검/ 교육 관리 (협력업체점검표)
	P	나사, 못, 칼날	협력업체(생산자)의 관리 부족으로 혼입	3	1	3	입고검사 협력업체 시험성적서 확인 (입고검사점검표) 원료사육과정 관리 협력업체(생산자) 점검/ 교육 관리 (협력업체점검표)
		돌, 모래, 플라스틱		2	2	4	
		머리카락, 비닐, 지푸라기		1	2	2	
고추	B	대장균군	원료자체 및 재배과정 관리 부족으로 오염 협력업체(생산자) 관리 부족으로 교차오염	2	1	2	입고검사 협력업체 시험성적서 확인 (입고검사점검표) 원료사육과정 관리 협력업체(생산자) 점검/ 교육 관리 (협력업체점검표)
		황색포도상구균		1	2	2	
		살모넬라		2	1	2	
		바실러스 세레우스		1	1	1	
		리스테리아		3	1	3	
		장출혈성대장균		3	1	3	
		클로스트리디움 퍼프린젠스		1	2	2	
		진균		2	2	4	
	C	잔류농약	토양오염, 협력업체(생산자)의 관리 부족으로 농약등 오염	2	1	2	입고검사 협력업체 시험성적서 확인 (입고검사점검표) 협력업체(생산자) 점검/ 교육 관리 (협력업체점검표)
		납, 카드뮴		2	1	2	
	P	나사, 못, 칼날	협력업체(생산자) 관리 부족으로 혼입	3	1	3	입고검사 협력업체 시험성적서 확인 (입고검사점검표) 원료사육과정 관리 협력업체(생산자) 점검/ 교육 관리 (협력업체점검표)
		돌, 모래, 플라스틱		2	2	4	
		머리카락, 비닐, 지푸라기		1	2	2	

공정별 위해요소분석 목록표(예시)

원·부 자재명	구분	위해요소 (생물학적:B 화학적:C 물리적:P)	발생원인(유래)	위해평가 심각성	위해평가 발생가능성	위해평가 결과	예방조치 및 관리방법
입고	B	대장균군	부적절한 입고실/ 운반차량 온도관리에 의한 위해요소 증식 운송차량/작업자/작업장/제조설비/기구용기/검사장비/운반도구/청소도구 등 세척소독 관리, 작업자 위생교육 부족으로 교차오염 부적절한 작업장 청정도 관리로 교차 오염	2	1	2	입고실 세척소독 관리 (작업장 세척소독 관리 점검표) 운반차량 세척소독 관리 (입고검사점검표) 입고실 작업자 위생 교육훈련 (작업자 위생교육 일지) 입고실 설비 세척소독 관리 입고실 기구용기/검사장비/청소도구 세척소독 관리 (시설·설비 세척소독 점검표) 입고 차량/ 입고실 온도관리 (온도/습도 관리 점검표) 세척/소독/가열/멸균/건조 공정 관리
		황색포도상구균		1	2	2	
		살모넬라		2	1	2	
		바실러스 세레우스		1	1	1	
		리스테리아		3	1	3	
		장출혈성대장균		3	1	3	
		장염비브리오균		2	1	2	
		진균		2	2	4	
	P	나사, 못, 칼날	입고실 제조설비, 운반도구 등 관리 부족으로 교차오염 운송차량/작업자/작업장/제조설비/기구용기/검사장비/운반도구/청소도구 등 세척소독 관리, 작업자 위생교육 부족으로 교차오염	3	1	3	입고실 환경 관리 (작업장 세척소독 관리 점검표) 입고실 작업자 위생 교육훈련 (작업자 위생교육 일지) 입고실 설비 관리 입고실 기구용기/검사장비/청소도구 관리 (시설·설비 관리 점검표) 금속검출/금속제거/여과 공정 관리
		돌, 모래, 플라스틱		2	2	4	
		머리카락, 비닐, 지푸라기		1	2	2	
보관	B	대장균군	부적절한 보관실 온도관리에 의한 위해요소 증식 보관실 작업자/작업장/제조설비/기구용기/검사장비/운반도구/청소도구 등 세척소독 관리, 작업자 위생교육 부족으로 교차오염 부적절한 보관실 청정도 관리로 교차 오염	2	1	2	보관실 세척소독 관리 (작업장 세척소독 관리 점검표) 보관실 운반도구 세척소독 관리 (시설·설비 세척소독 점검표) 보관실 작업자 위생 교육훈련 (작업자 위생교육 일지) 보관실 설비 세척소독 관리 보관실 기구용기/검사장비/청소도구 세척소독 관리 (시설·설비 세척소독 점검표) 보관실 온도관리 (온도/습도 관리 점검표) 세척/소독/가열/멸균/건조 공정 관리
		황색포도상구균		1	2	2	
		살모넬라		2	1	2	
		바실러스 세레우스		1	1	1	
		리스테리아		3	1	3	
		장출혈성대장균		3	1	3	
		장염비브리오균		2	1	2	
		진균		2	2	4	

보관	P	나사, 못, 칼날	보관실 제조설비, 운반도구 등 관리 부족으로 교차오염	3	1	3	보관실 환경관리 (작업장 세척소독 관리 점검표) 보관실 작업자 위생 교육훈련 (작업자 위생교육 일지) 보관실 설비 관리 보관실 기구용기/검사장비/청소도구관리 (시설·설비 관리 점검표) 금속검출/금속제거/여과 공정 관리
		돌, 모래, 플라스틱	운송차량/작업자/작업장/제조설비/기구용기/검사장비/운반도구/청소도구 등 세척소독 관리, 작업자 위생교육 부족으로 교차오염	2	2	4	
		머리카락, 비닐, 지푸라기		1	2	2	
세척	B	대장균군	부적절한 세척실 온도 관리에 의한 위해요소 증식	2	1	2	세척실 세척소독 관리 (작업장 세척소독 관리 점검표) 세척실 운반도구 세척소독 관리 (시설·설비 세척소독 점검표) 세척실 작업자 위생 교육훈련 (작업자 위생교육 일지) 세척실 설비 세척소독 관리 세척실 기구용기/검사장비/청소도구 세척소독 관리 (시설·설비 세척소독 점검표) 세척실 온도관리 (온도/습도 관리 점검표) 세척 공정 관리(세척방법, 시간, 회수, 가수량 등) (중요관리점 세척공정 점검표)
		황색포도상구균		1	2	2	
		살모넬라	세척실 작업자/작업장/제조설비/기구용기/검사장비/운반도구/청소도구 등 세척소독 관리, 작업자 위생교육 부족으로 교차오염	2	1	2	
		바실러스 세레우스		1	1	1	
		리스테리아		3	1	3	
		장출혈성대장균	부적절한 세척실 청정도 관리로 교차 오염	3	1	3	
		장염비브리오균	세척조건(방법, 시간, 가수량 등) 미준수로 위해요소 잔존	2	1	2	
		진균		2	2	4	
	P	나사, 못, 칼날	세척실 제조설비, 운반도구등 관리 부족으로 교차오염	3	1	3	세척실 환경관리 (작업장 세척소독 관리 점검표) 세척실 작업자 위생 교육훈련 (작업자 위생교육 일지) 세척실 설비 관리 세척실 기구용기/검사장비/청소도구 관리 (시설·설비 관리 점검표) 금속검출/금속제거/여과 공정 관리
		돌, 모래, 플라스틱	세척실 작업자/작업장/제조설비/기구용기/검사장비/운반도구/청소도구등 세척소독 관리, 작업자 위생교육 부족으로 교차오염	2	2	4	
		머리카락, 비닐, 지푸라기		1	2	2	

(5) 중요관리점(CCP) 결정

1) 중요관리점(CCP)의 정의

"중요관리점(Critical Control Point: CCP)"이라 함은 안전관리인증기준(HACCP)을 적용하여 식품·축산물의 위해요소를 예방·제어하거나 허용 수준 이하로 감소시켜 당해 식품·축산물의 안전성을 확보할 수 있는 중요한 단계·과정 또는 공정을 말한다.

중요관리점이란 원칙 1에서 파악된 중요위해(위해평가 3점 이상)를 예방, 제어 또는 허용 가능한 수준까지 감소시킬 수 있는 최종 단계 또는 공정을 말한다.

2) 중요관리점 결정 사례

식품의 제조·가공·조리공정에서 중요관리점이 될 수 있는 사례는 다음과 같으며, 동일한 식품을 생산하는 경우에도 제조·설비 등 작업장 환경이 다를 경우에는 서로 상이할 수 있다.

① 생물학적 위해요소 성장을 최소화 할 수 있는 냉각공정
② 생물학적 위해요소를 제거할 수 있는 특정 온도에서 가열처리
③ pH 및 수분활성도의 조절 또는 배지 첨가 같은 제품성분 배합
④ 캔의 충전 및 밀봉 같은 가공처리
⑤ 금속검출기에 의한 금속이물 검출공정, 여과공정 등

3) CCP를 결정하는 방법

중요관리점 결정도를 이용하여 원칙1(위해요소 분석)의 위해평가 결과 중요위해(3점 이상)로 선정된 위해요소에 대하여 적용한다.

중요관리점 결정도(예시)

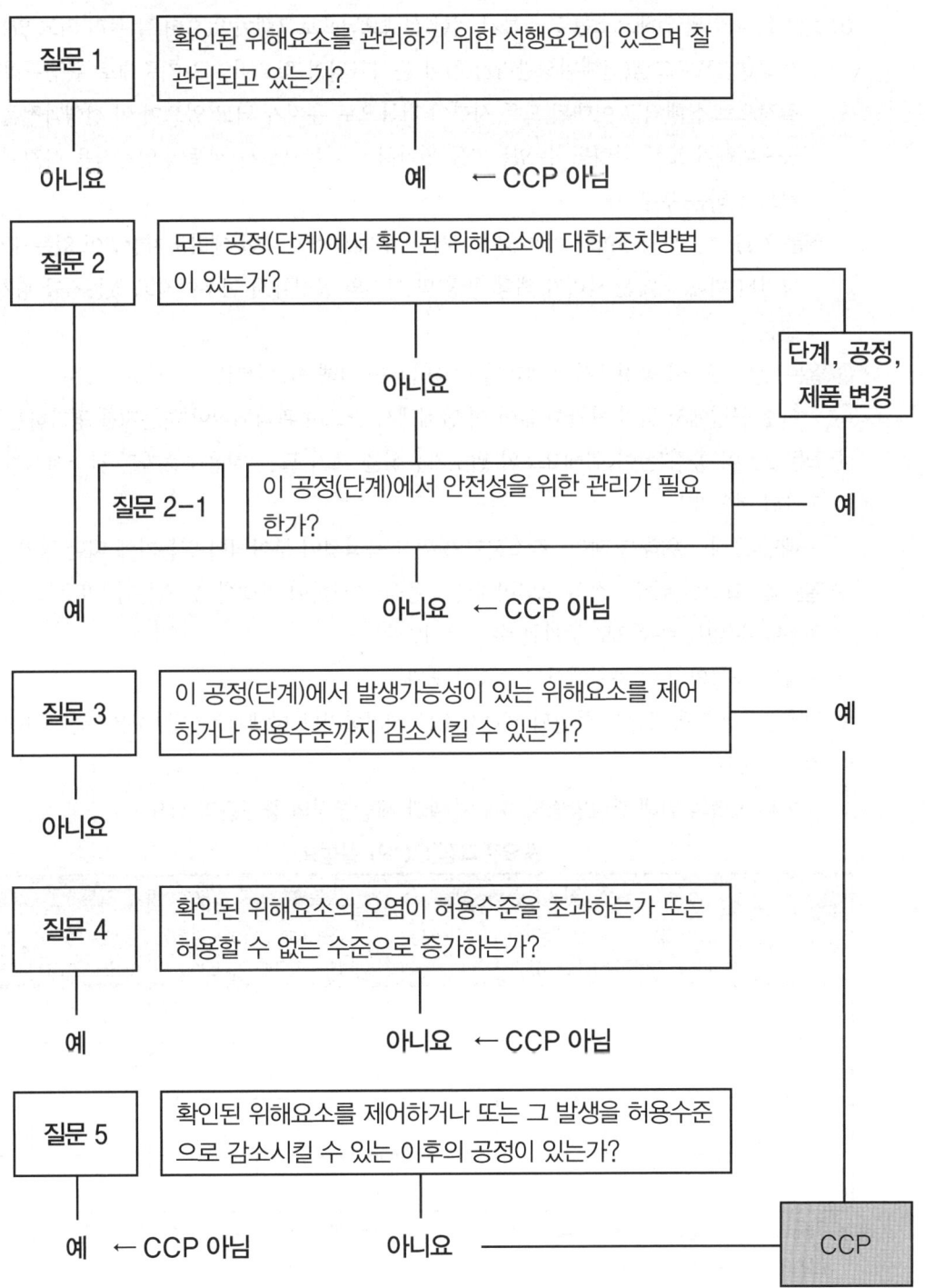

* 중요관리점(CCP) 결정도 해설

① **질문 1.** 확인된 위해요소를 관리하기 위한 선행요건프로그램이 있으며 잘 관리 되고 있는가?
  – 선행요건프로그램(선행위생관리기준)이 문서화되어 있으며, 그 기준대로 위생관리가 실질적으로 실행되고 이행된 모든 사항이 기록으로 유지가 되고 있으며 이 선행과정을 통해 중요위해가 모두 관리될 수 있는가를 평가하는 질문으로서 제품의 안전성을 사전에 확보하도록 하는 부분

② **질문 2(1)-1.** 이 공정이나 이후 공정에서 이 위해요소에 대한 예방조치방법이 있는가?
  – 확인된 위해에 대한 관리가 해당 공정 및 이후의 공정에서 이루어지고 있는지를 평가하는 질문

③ **질문 2(1)-2.** 이 공정에서의 관리가 식품안전을 위해 필요한가?
  – 이후 공정에서 관리 방안이 없어 이 단계에서 반드시 관리되어야 하는지를 평가하는 질문

④ **질문 3.** 이 공정은 이 위해요소의 발생가능성을 제거 또는 허용수준까지 감소시키기 위해 고안된 것인가?
  – 해당 공정이 위해를 제거, 감소시키기 위한 목적성이 부여되어 있는가에 대한 평가

⑤ **질문 4.** 확인된 위해요소의 오염이 허용수준을 초과하여 발생할 수 있는가? 또는 그 오염이 허용할 수 없는 수준으로 증가할 수 있는가?
  – 해당 공정의 관리 차원에서의 중요성 평가

⑥ **질문 5.** 이후 공정에서 확인된 위해요소를 제거하거나 발생가능성을 허용수준까지 감소시킬 수 있는가?
  – 이후 공정의 위해 관리방법의 유무에 따라 해당공정의 중점관리 필요

중요관리점(CCP) 결정표

공정단계	위해요소	질문 1 예→CP 아니오→질문2	질문 2 예→질문3 아니오→질문2	질문 2-1 예→질문2 아니오→CP	질문 3 예→CCP 아니오→질문4	질문 4 예→질문5 아니오→CP	질문 5 예→CP 아니오→CCP	중요관리점 결정

※ 위해요소 분석 결과 위해평가 활용원칙에 따라 중요관리점(CCP) 결정도에 적용하고 그 결과를 중요관리점(CCP) 결정표에 작성

중요관리점(CCP) 결정표(예시)

공정단계	구분	위해요소	질문 1 예→CCP아님 아니오 →질문 2	질문 2 예→질문 3 아니오 →질문 2-1	질문 2-1 예→질문 2 아니오 →CCP아님	질문 3 예→CCP 아니오 →질문 4	질문 4 예→질문 5 아니오 →CCP아님	질문 5 예→CCP아님 아니오→CCP	중요관리점 결정
입고	B	리스테리아 장출혈성대장균	NO	YES		NO	YES	YES (세척, 가열, 소독공정)	CCP 아님
	P	나사 못, 칼날	NO	YES		NO	YES	YES (세척, 금속검출공정)	CCP 아님
	P	돌, 모래, 플라스틱	NO	YES		NO	YES	YES (세척, 여과, X-Ray 검출공정)	CCP 아님
보관	B	리스테리아 장출혈성대장균	NO	YES		NO	YES	YES (세척, 가열, 소독공정)	CCP 아님
	P	나사 못, 칼날	NO	YES		NO	YES	YES (세척, 금속검출공정)	CCP 아님
	P	돌, 모래, 플라스틱	NO	YES		NO	YES	YES (세척, 여과, X-Ray 검출공정)	CCP 아님
전처리	B	리스테리아 장출혈성대장균	NO	YES		NO	YES	YES (세척, 가열, 소독공정)	CCP 아님
	P	나사 못, 칼날	NO	YES		NO	YES	YES (세척, 금속검출공정)	CCP 아님
	P	돌, 모래, 플라스틱	NO	YES		NO	YES	YES (세척, 여과, X-Ray 검출공정)	CCP 아님
세척	B	리스테리아 장출혈성대장균	NO	YES		YES			CCP -1B
	P	나사 못, 칼날	NO	YES		NO	YES	YES (금속검출공정)	CCP 아님
	P	돌, 모래, 플라스틱	NO	YES		YES			CCP -1P
소독	B	리스테리아 장출혈성대장균	NO	YES		YES			CCP -2B
	P	나사 못, 칼날	NO	YES		NO	YES	YES (금속검출공정)	CCP 아님
	P	돌, 모래, 플라스틱	NO	YES		NO	YES	YES (세척, 여과, X-Ray 검출공정)	CCP 아님
가열	B	리스테리아 장출혈성대장균	NO	YES		YES			CCP -3B
	P	나사 못, 칼날	NO	YES		NO	YES	YES (금속검출공정)	CCP 아님
	P	돌, 모래, 플라스틱	NO	YES		NO	YES	YES (세척, 여과, X-Ray 검출공정)	CCP 아님

(6) 중요관리점(CCP) 한계기준 설정

1) 한계기준의 정의
"한계기준(Critical Limit)"이라 함은 중요관리점에서의 위해요소 관리가 허용범위 이내로 충분히 이루어지고 있는지 여부를 판단할 수 있는 기준이나 기준치를 말한다.

2) 한계기준의 개요
한계기준은 CCP에서 취해져야 할 관리에 대한 한계기준을 설정하는 것이다. 한계기준은 CCP에서 관리되어야 할 생물학적, 화학적 또는 물리적 위해요소를 예방, 제거 또는 허용 가능한 안전한 수준까지 감소시킬 수 있는 최대치 또는 최소치를 말하며, 안전성을 보장할 수 있는 과학적 근거에 기초하여 설정되어야 한다.

3) 한계기준 표시 방법
① 한계기준은 제품 생산과 관련된 생산팀, 품질관리팀 등 전 HACCP팀원이 참여하여 설정해야 하고, 제조공정의 변화, 작업환경의 변화 시 신속하게 조정하여 제품의 안전성이 침해되지 않도록 해야 한다.

② 한계기준은 현장에서 쉽게 확인 가능하도록 가능한 육안관찰이나 간단한 측정으로 확인할 수 있는 수치 또는 특정지표로 나타내어야 한다.
  ㉠ 온도 및 시간
  ㉡ 세척시간, 세척 압력
  ㉢ 알코올 농도
  ㉣ pH, 염소, 염분농도 같은 화학적 특성
  ㉤ 필터크기, 압력
  ㉥ 관련서류 확인 등

③ 한계기준은 초과되어서는 아니 되는 양 또는 수준인 상한기준과 안전한 식품을 취급하는데 필요한 최소량인 하한기준을 단독으로 설정 할 수 있다.
  예) 상한기준의 예 : 금속시편 크기를 1.0mm 이하
  하한기준의 예 : 주정의 양을 일정량 이상으로 설정

④ 한계기준은 다음과 같은 자료를 참고로 하여 설정하며 근거가 된 최신자료를 유지 관리한다.
  ㉠ 식품위생관련 법규, 규정의 기준·규격
  ㉡ 과학적 문헌, 서적 등
  ㉢ 기존의 사내위생관리 결과 데이터
  ㉣ 현장분석 및 실험자료

4) 한계기준 설정 절차

① 결정된 중요관리점(CCP)공정에 대하여 위해요인을 충분히 제어하거나 허용수준까지 감소하기 위한 관리항목을 결정한다.
② 중요관리점(CCP)의 관리항목별 위해를 제어하거나 허용수준까지 감소하기 위한 조건을 품질관리팀에서 국내외 문헌 조사를 하고 법적 기준/규격을 고려하여 예비기준을 설정한다.
③ 법적인 한계기준이 없을 경우, 업체에서 위해요소를 관리하기에 적합한 한계기준을 자체적으로 설정하며, 필요 시 외부전문가의 조언을 구한다.
④ 설정된 예비 기준을 근거로 생산현장에서 발생 될 수 있는 여러 외부조건 즉 제품의 맛, 품질, 위생 및 안전성 등을 고려하여 기준으로 정한다.
⑤ 설정된 기준은 생산 공정에서 현장시험을 실시하여 한계기준을 결정한다.
⑥ 설정한 한계기준을 뒷받침 할 수 있는 자료 또는 과학적 문헌 등 모든 자료를 유지·보관한다.
⑦ 품목별 중요관리점 공정에 대한 한계기준 항목을 작성한다.

중요관리점(CCP) 한계기준 설정(예시)

공정명	CCP	위해요소	위해요인	한계기준
가열	CCP-1B	리스테리아, 장출혈성대장균	가열온도 및 가열 시간 미준수로 병원성 미생물 잔존	가열온도: 85~120℃, 가열시간: 3~5분 (품온 80℃~110℃, 품온 유지시간 3-5분) 등
세척	CCP-1BCP	리스테리아, 장출혈성대장균 돌, 흙, 모래, 잔류농약	세척방법 미준수로 병원성 미생물, 잔류농약, 이물 잔존	세척횟수: 3-6단, 세척가수량: 20L/분, 세척시간: 5분-10분 등
소독	CCP-1BC	리스테리아, 장출혈성대장균, 잔류염소	소독농도 및 소독 시간, 소독수 교체주기 미준수로 병원성 미생물 잔존 헹굼방법, 시간 미준수로 소독제 잔류	소독농도: 50-100ppm 소독시간: 1분-1분 30초 소독수 교체주기: 10Kg 당 헹굼방법: 흐르는 물 헹굼시간: 30-40분 등
최종제품 pH 측정	CCP-1B	리스테리아, 장출혈성대장균	최종제품 pH 초과로 인한 병원성 미생물 잔존 및 증식	최종제품 pH 4.0 이하
최종제품 수분활성도 측정	CCP-1B	리스테리아, 장출혈성대장균	최종제품 pH 초과로 인한 병원성 미생물 잔존 및 증식	최종제품 수분활성도 0.6 이하
금속검출	CCP-1P	금속 Fe 2.0mmφ, STS 2.0mmφ 이상 불검출	금속검출기 감도 불량으로 이물 잔존	금속 Fe 2.0mmφ, STS 2.0mmφ 이상 불검출

(7) 모니터링 체계 확립

1) 모니터링의 정의
"모니터링(Monitoring)"이라 함은 중요관리점에 설정된 한계 기준을 적절히 관리하고 있는지 여부를 확인하기 위하여 수행하는 일련의 계획된 관찰이나 측정하는 행위 등을 말한다.

2) 개요
모니터링이란 CCP에 해당되는 공정이 한계기준을 벗어나지 않고 안정적으로 운영되도록 관리하기 위하여 작업자 또는 기계적인 방법으로 수행하는 일련의 관찰 또는 측정수단이다. 모니터링 체계를 수립하여 시행하게 되면, 첫째, 작업과정에서 발생되는 위해요소의 추적이 용이하며, 둘째, 작업공정 중 CCP에서 발생한 기준 이탈(Deviation) 시점을 확인 할 수 있으며, 셋째, 문서화된 기록을 제공하여 검증 및 식품사고 발생 시 증빙자료로 활용할 수 있다.

3) 모니터링 활동
① 모니터링 결과는 개선조치를 취할 수 있는 지식과 경험 그리고 권한을 가진 지정된 자에 의해서 평가되어야 한다.
② CCP를 모니터링 하는 작업자는 해당 CCP에서의 모니터링 항목과 모니터링 방법을 효과적으로 올바르게 수행할 수 있도록 기술적으로 충분히 교육·훈련되어야 한다.
③ 모니터링 결과에 대한 기록은 예, 아니오 또는 적합, 부적합 등이 아닌 실제로 모니터링 한 결과를 정확한 수치로 기록해야 한다.

4) 모니터링 체계 확립 순서
① 각 원료와 공정별로 가장 적합한 모니터링 절차를 파악한다.
② 모니터링 항목을 결정한다.
③ 모니터링 위치·지점, 방법을 결정한다.
④ 모니터링 주기(빈도)를 결정한다.
⑤ 모니터링 결과를 기록할 서식을 결정한다.
⑥ 모니터링 담당자를 지정하고 훈련시킨다.

5) 설정된 모니터링방법 효과성 판단 방법
① 모든 CCP가 포함되어 있는가?
② 모니터링의 신뢰성이 평가되었는가?
③ 모니터링 장비의 상태는 양호한가?
④ 작업현장에서 실시하는가?
⑤ 기록서식은 사용하는데 편리한가?
⑥ 기록은 정확히 이루어지는가?
⑦ 기록은 실시간으로 이루어지는가?
⑧ 기록이 지속적으로 이루어지는가?
⑨ 모니터링 주기가 적절한가?

⑩ 시료채취 계획은 통계적으로 적절한가?
⑪ 기록결과는 정기적으로 통계 처리하여 분석하는가?
⑫ 현장 기록과 모니터링 계획이 일치하는가?

중요관리점(CCP) 한계기준 모니터링 방법(예시)

공정명	CCP	한계기준	모니터링 방법			
			대상	방법	주기	담당자
가열	CCP-1B	가열온도 : 85℃~120℃ 시간 : 3~5분 (품온 : 80℃~110℃, 유지시간 : 3~5분)	가열 시간, 온도	1. 가열기의 정상작동 유무를 확인한다. 2. 가열기에서 가열 온도(품온)와 가열 시간(품온 유지시간)을 모니터링 일지에 기록한다. 3. 모니터링 일지를 HACCP 팀장에게 승인받는다.	작업 전후/ 2시간 마다 등	공정담당 (○○○)
세척	CCP -1BCP	3~6단 세척 가수량 : 3~4배 세척시간 : 5~10분	세척 방법	1. 세척기의 정상작동 유무를 확인한다. 2. 세척방법에 따라 세척시간, 횟수, 가수량 등을 모니터링 일지에 기록한다. 3. 모니터링 일지를 HACCP 팀장에게 승인받는다.	작업 전후/ 2시간 마다 등	공정담당 (○○○)
소독	CCP-1BC	소독농도 : 50~100ppm 소독시간 : 1~1분 30초 소독수 교체주기, 헹굼방법, 헹굼시간	소독 농도, 시간, 소독수 교체 주기, 헹굼 방법, 시간	1. 소독기의 정상작동 유무를 확인한다. 2. 소독농도, 소독시간, 소독수 교체주기, 헹굼방법, 헹굼시간을 모니터링 일지에 기록한다. 3. 모니터링 일지를 HACCP 팀장에게 승인받는다.	작업 전후/ 2시간 마다 등	공정담당 (○○○)
pH 측정	CCP-1B	최종제품 pH 4.0 이하	조미액 pH, 제품 pH	1. 공정담당자는 pH 측정기를 보정한다. 2. 최종제품의 pH를 pH 측정기로 측정한다. 3. 측정 결과값을 일지에 기록한다. 4. 모니터링 일지를 HACCP 팀장에게 승인받는다.	최종제품 매로트별	공정담당 (○○○)
수분 활성도 측정	CCP-1B	최종제품 수분활성도 0.6 이하	제품 수분 활성도	1. 최종제품의 수분활성도를 수분활성도 측정기로 측정한다. 2. 측정 결과값을 일지에 기록한다. 3. 모니터링 일지를 HACCP 팀장에게 승인받는다.	최종제품 매로트별	공정담당 (○○○)
금속 검출	CCP-1P	금속 : Fe 2mm φ, STS : 2.0mm φ 이상 불검출, 쇳가루 불검출	금속 검출기 감도	1. 금속검출기에 테스트피스를 좌, 우, 중간에 통과시켜 검출여부를 CCP-1P 모니터링일지에 기록하고 HACCP 팀장에게 보고한다. 2. 제품의 상, 중, 하에 테스트피스를 첨가하여 금속검출기를 통과시켜 검출여부/통과되는 공정품의 검출여부를 CCP-4P 모니터링일지에 기록하고 HACCP 팀장에게 보고한다.	작업 전후/ 2시간 마다 등	공정담당 (○○○)

(8) 개선조치 방법 설정

1) 개선조치의 정의
"개선조치(Corrective Action)"라 함은 모니터링 결과 중요관리점의 한계기준을 이탈할 경우에 취하는 일련의 조치를 말한다.

2) 개요
HACCP 계획은 식품으로 인한 위해요소가 발생하기 이전에 문제점을 미리 파악하고 시정하는 예방체계이므로, 모니터링 결과 한계기준을 벗어날 경우 취해야 할 개선조치 방법을 사전에 설정하여 신속한 대응조치가 이루어지도록 하여야 한다.

일반적으로 취해야할 개선조치 사항에는 공정상태의 원상복귀, 한계기준이탈에 의해 영향을 받은 관련식품에 대한 조치사항, 이탈에 대한 원인규명 및 재발방지 조치, HACCP 계획의 변경 등이 포함된다.

3) 개선조치 방법 설정에 대한 질문사항
① 이탈된 제품을 관리하는 책임자는 누구이며, 기준 이탈 시 모니터링 담당자는 누구에게 보고하여야 하는가?
② 이탈의 원인이 무엇인지 어떻게 결정할 것인가?
③ 이탈의 원인이 확인되면 어떤 방법을 통하여 원래의 관리상태로 복원시킬 것인가?
④ 한계기준이 이탈된 식품(반제품 또는 완제품)은 어떻게 조치할 것인가?
⑤ 한계기준 이탈시 조치해야 할 모든 작업에 대한 기록·유지 책임자는 누구인가?
⑥ 개선조치 계획에 책임 있는 사람이 없을 경우 누가 대신할 것인가?
⑦ 개선조치는 언제든지 실행가능한가?

4) 개선조치 방법 확립 순서
① 각 CCP별로 가장 적합한 개선조치 절차를 파악한다.
② CCP별로 잠재적 위해요소의 심각성에 따라 차등화 하여 개선조치 방법을 결정한다.
③ 개선조치 결과의 기록서식을 결정한다.
④ 개선조치 담당자를 지정하고 교육·훈련시킨다.

5) 개선조치 완료 후 확인해야 할 기본 사항
① 한계기준 이탈의 원인이 확인되고 제거되었는가?
② 개선조치 후 CCP는 잘 관리되고 있는가?
③ 한계기준 이탈의 재발을 방지할 수 있는 조치가 마련되어 있는가?
④ 한계기준 이탈로 인해 오염되었거나 건강에 위해를 주는 식품이 유통되지 않도록 개선조치 절차를 시행하고 있는가?

6) 재이탈 방지를 위한 근본대책 수립

① 이탈에 대한 원인을 규명한 후 검사대상 기기, 관리일지 등을 토대로 같은 원인에 의한 이탈이 수차례에 걸쳐 나타나는지 여부를 확인한다.

② 개선에 장시간이 소요될 경우에는 기준이탈 원인을 상세히 규명하여 재발방지 및 개선 대책을 수립하여 필요시 HACCP 팀장에게 보고한다.

③ HACCP 팀장은 보고된 개선계획서를 검토하여 투자여부를 결정하여 개선을 지시한다.

개선조치 방법(예시)

공정명	CCP	개선조치 방법
가열	CCP-1B	1. 한계기준(가열 온도(품온), 가열시간(품온 유지시간) 등) 이탈 시 ○ 공정 담당자는 즉시 작업을 중지한다. ○ 해당 제품은 즉시 재가열하고 CCP 모니터링 일지에 이탈사항과 개선조치사항을 기록하고 생산관리팀장, HACCP 팀장에게 보고한다. ○ 해당로트 제품을 품질관리 팀장에게 공정품 검사를 의뢰한다. 2. 기기 고장인 경우 ○ 공정 담당자는 즉시 작업을 중지하고 공정품을 보류한 뒤 CCP 모니터링 일지에 이탈사항을 기록하고 공무팀에 수리를 의뢰한다. ○ 수리완료 후 공정품은 재가열한다. ○ CCP 모니터링 일지에 개선조치사항을 기록하고 생산관리팀장, HACCP 팀장에게 보고한다. ○ 해당로트 제품을 품질관리 팀장에게 공정품 검사를 의뢰한다.
세척	CCP-1BCP	1. 한계기준(세척횟수, 시간, 가수량 등) 이탈 시 ○ 공정 담당자는 즉시 작업을 중지한다. ○ 해당 제품은 즉시 재 세척하고 CCP 모니터링 일지에 이탈사항과 개선조치사항을 기록하고 생산관리팀장, HACCP 팀장에게 보고한다. ○ 해당로트 제품을 품질관리 팀장에게 공정품 검사를 의뢰한다. 2. 기기 고장인 경우 ○ 공정 담당자는 즉시 작업을 중지하고 공정품을 보류한 뒤, CCP 모니터링 일지에 이탈사항을 기록하고 공무팀에 수리를 의뢰한다. ○ 수리완료 후 공정품은 재 세척한다. ○ CCP 모니터링 일지에 개선조치사항을 기록하고 생산관리팀장, HACCP 팀장에게 보고한다. ○ 해당로트 제품을 품질관리 팀장에게 공정품 검사를 의뢰한다.
소독	CCP-1BC	1. 한계기준(소독농도, 소독시간, 소독수 교체주기, 헹굼방법, 헹굼시간 등) 이탈 시 ○ 공정 담당자는 즉시 작업을 중지한다. ○ 소독농도를 보정 하고 해당 제품은 재소독/교체 및 재헹굼하고 CCP 모니터링 일지에 이탈사항과 개선조치사항을 기록하고 생산관리팀장, HACCP 팀장에게 보고한다. ○ 해당로트 제품을 품질관리 팀장에게 공정품 검사를 의뢰한다. 2. 기기 고장인 경우 ○ 공정 담당자는 즉시 작업을 중지하고 공정품을 보류한 뒤, CCP 모니터링 일지에 이탈사항을 기록하고 공무팀에 수리를 의뢰한다. ○ 수리완료 후 공정품은 재소독한다. ○ CCP 모니터링 일지에 개선조치사항을 기록하고 생산관리팀장, HACCP 팀장에게 보고한다. ○ 해당로트 제품을 품질관리 팀장에게 공정품 검사를 의뢰한다.

공정	CCP	개선조치
조미액 및 최종제품 pH측정	CCP-1B	1. 한계기준(조미액 pH) 초과 시 ○ 공정 담당자는 조미액의 pH를 보정한 후 재측정한다. 2. 한계기준(최종제품 pH) 초과 시 ○ 공정 담당자는 즉시 작업을 중지한다. ○ 공정 담당자는 공정품을 보류한 뒤, CCP 모니터링 일지에 이탈사항을 기록하고 조미액의 pH를 보정한다. ○ 공정 담당자는 HACCP 팀장에게 보고하고 해당로트 제품은 폐기한다. 3. pH측정기 고장인 경우 ○ 공정 담당자는 pH 측정기를 수리 의뢰한다. ○ 공정 담당자는 공정품을 보류한 뒤 정상 pH 측정기가 구비될 때까지 생산을 중단한다. ○ 정상 pH 측정기 구비 후 재측정한다. ○ CCP 모니터링 일지에 개선조치사항을 기록하고 생산관리팀장, HACCP 팀장에게 보고한다.
최종제품 수분활성도 측정	CCP-1B	1. 한계기준(최종제품 수분활성도) 초과 시 ○ 공정 담당자는 해당로트의 제품을 건조 또는 재처리한 후 재측정한다. ○ 공정 담당자는 CCP 모니터링 일지에 이탈사항과 개선조치사항을 기록하고 생산관리팀장, HACCP 팀장에게 보고한다. ○ 해당로트 제품을 품질관리 팀장에게 공정품 검사를 의뢰한다. 2. 수분활성도 측정기 고장인 경우 ○ 공정 담당자는 수분활성도 측정기를 수리 의뢰한다. ○ 공정 담당자는 공정품을 보류한 뒤 수분활성도가 증가하지 않도록 보관하고 정상 수분활성도 측정기가 구비될 때까지 생산을 중단한다. ○ 정상 수분활성도 측정기 구비 후 재측정한다. ○ CCP 모니터링 일지에 개선조치사항을 기록하고 생산관리팀장, HACCP 팀장에게 보고한다.
금속검출	CCP-1P	1. 제품에 금속 혼입될 경우 ○ 공정 담당자는 즉시 작업을 중지한다. ○ 해당 제품을 재 통과하여 확인하고 혼입이 확인 될 경우 CCP 모니터링 일지에 이탈사항과 개선조치사항을 기록하고 생산관리팀장, HACCP 팀장에게 보고한다. ○ 해당로트 제품을 품질관리 팀장에게 공정품 검사를 의뢰한다. 2. 기기 고장인 경우 ○ 공정 담당자는 즉시 작업을 중지하고 공정품을 보류한 뒤, CCP 모니터링 일지에 이탈사항을 기록하고 공무팀에 수리를 의뢰한다. ○ 수리완료 후 CCP 모니터링 일지에 개선조치사항을 기록하고 생산관리팀장, HACCP 팀장에게 보고한다. ○ 해당로트 제품은 재통과시킨다. 3. 감도 저하의 경우 ○ 공정 담당자는 즉시 작업을 중지하고 공정품을 보류한 뒤, CCP 모니터링 일지에 이탈사항을 기록하고 기기 감도를 측정한다. ○ 감도 확인 후 CCP 모니터링 일지에 개선조치사항을 기록하고 생산관리팀장, HACCP 팀장에게 보고한다. ○ 해당로트 제품을 품질관리 팀장에게 공정품 검사를 의뢰한다.

(9) 검증절차 및 방법 수립

1) 검증의 정의

"검증(Verification)"이라 함은 HACCP 관리계획의 유효성(Validation)과 실행(Implementation) 여부를 정기적으로 평가하는 일련의 활동(적용 방법과 절차, 확인 및 기타 평가 등을 수행하는 행위를 포함한다)을 말한다.

2) 개요 및 필요성

① HACCP팀은 HACCP 시스템이 설정한 안전성 목표를 달성하는데 효과적인지, HACCP 관리계획에 따라 제대로 실행되는지, HACCP 관리계획의 변경 필요성이 있는지를 확인하기 위한 검증절차를 설정하여야 한다.

② HACCP팀은 이러한 검증활동을 HACCP 계획을 수립하여 최초로 현장에 적용할 때, 해당 식품과 관련된 새로운 정보가 발생되거나 원료·제조공정 등의 변동에 의해 HACCP 계획이 변경될 때 실시하여야 한다. 또한, 이 경우 이외에도 전반적인 재평가를 위한 검증을 연 1회 이상 실시하여야 한다.

③ 검증내용은 크게 두 가지로 나뉜다.
   ㉠ HACCP 계획에 대한 유효성 평가
   ㉡ HACCP 계획의 실행성 검증

* **HACCP 계획의 유효성 평가** : HACCP 계획이 올바르게 수립되어 있는지 확인하는 것으로 발생가능한 모든 위해요소를 확인·분석하고 있는지, CCP가 적절하게 설정되었는지, 한계기준이 안전성을 확보하는데 충분한지, 모니터링 방법이 올바르게 설정되어 있는지 등을 과학적·기술적 자료의 수집과 평가를 통해 확인하는 검증의 한 요소이다.

* **HACCP 계획의 실행성 검증** : HACCP 계획이 설계된 대로 이행되고 있는지를 확인하는 것으로 작업자가 정해진 주기로 모니터링을 올바르게 수행하고 있는지, 기준 이탈시 개선조치를 적절하게 하고 있는지, 검사·모니터링 장비를 정해진 주기에 따라 검·교정하고 있는지 등을 확인하는 것이다.

3) 검증의 종류

① 검증 주체에 따른 분류
   ㉠ 내부검증 : 사내에서 자체적으로 검증원을 구성하여 실시하는 검증
   ㉡ 외부검증 : 정부 또는 적격한 제3자가 검증을 실시하는 경우로 식품의약품안전처에서 HACCP 적용업체에 대하여 연1회 실시하는 정기 조사·평가가 이에 포함됨

② 검증주기에 따른 분류
   ㉠ 최초검증 : HACCP 계획을 수립하여 최초로 현장에 적용할 때 실시하는 HACCP 계획의 유효성 평가(Validation)
   ㉡ 일상검증 : 일상적으로 발생되는 HACCP 기록문서 등에 대하여 검토·확인하는 것
   ㉢ 특별검증 : 새로운 위해정보가 발생시, 해당식품의 특성 변경 시, 원료·제조공정 등의 변동 시, HACCP 계획의 문제점 발생 시 실시하는 검증

㉣ 정기검증 : 정기적으로 HACCP 시스템의 적절성을 재평가 하는 검증

4) 검증의 실시 시기
① 최초검증
  ㉠
  HACCP 계획의 최초 실행과정, 즉 해당 계획서가 작성된 이후 현장에 적용하면서 실제로 해당 계획이 효과가 있는지 확인하며, 다음 사항에 대하여 실시한다.
  - 선행요건프로그램의 개정 필요성
  - 문서화된 HACCP Plan의 유효성
  - 문서화된 HACCP Plan에 따른 실행의 효과성(기록 분석 및 실증시험)
  ㉡ 제품별 HACCP 관리계획이 완성되면, 다음 사항에 대하여 실시한다.
  - 대상제품의 기초정보 파악결과의 적절성(제품설명서, 공정흐름도, 설비배치도 등)
  - 대상제품 관련 선행요건프로그램의 적절성(위생관리, 검사업무, 보관관리 등)
  - 대상제품 HACCP Plan의 합리성 및 적절성(위해분석, 중요관리점, 모니터링, 개선 조치방법, 검증방법, 기록관리 방법 등)
  ㉢ HACCP 관리계획 검증 시 식품의약품안전처가 고시한 HACCP 실시상황평가표를 이용하여 실시하며 시험결과 또는 검증보고서를 첨부한다.

② 일상검증
  ㉠ 일상검증은 각 기준에서 정한 해당 모니터링 활동을 담당하는 해당부서 팀장이 실시함을 원칙으로 한다.
  ㉡ 일상검증은 다음 중 하나 이상의 방법으로 실시한다.
  - 모니터링 활동 결과 기록의 검토(한계기준 이탈여부, 개선조치 실시여부 등)
  - 현장 입회관찰
  - 모니터링 항목이 의도하는 안전성 목표에 대한 검증시험(미생물시험 등)
  ㉢ 일상검증 실시결과는 해당 과장의 검토와 해당부서장의 승인으로 종결처리 한다.

③ 정기검증
  ㉠ 정기검증은 각 기준서에서 정한 모니터링 활동의 유효성과 효과성을 평가하기 위하여 연간 검증 계획서에 의거 HACCP 팀장이 실시함을 원칙으로 한다.
  ㉡ 정기검증은 다음 중 하나 이상의 방법으로 실시한다.
  - 모니터링 활동 결과 기록의 통계적 분석(Data 분석, 그래프 분석 등)
  - 독립된 인원에 의한 해당 모니터링 항목의 입회관찰
  - 안전성목표 달성에 관한 검증시험(미생물시험, 기기분석, 공인기관시험 등)

④ 특별검증
  ㉠ HACCP 관리계획의 식품이나 공정상에 실질적인 변경사항이 있는 경우, 또는 기존 계획서가 충분히 효과적이지 못할 수 있음을 나타내는 경우마다 실시한다.
  ㉡ 새로운 위해정보가 발생 시, 해당식품의 특성 변경 시, 원료·제조공정 등의 변동 시,

HACCP 계획의 문제점 발생 시 실시한다.
　　ⓒ 다음과 같은 상황이 발생될 시 특별검증(재평가)을 실시한다.
　　　- 해당 식품과 관련된 새로운 안전성 정보가 있을 때
　　　- 해당 식품이 식중독, 질병 등과 관련 될 때
　　　- 설정된 한계기준이 맞지 않을 때
　　　- HACCP 계획의 변경 시(신규원료 사용 및 변경, 원료 공급업체의 변경, 제조공정의 변경, 신규 또는 대체 장비 도입, 작업량의 큰 변동, 섭취대상의 변경, 공급체계의 변경, 종업원의 대폭 교체)

5) 검증내용
　① 유효성 평가
　　㉠ 수립된 HACCP 계획이 해당식품이나 제조라인에 적합한지 즉, HACCP 계획이 올바르게 수립되어 있어 충분한 효과를 가지는지를 확인하는 것이다.
　　ⓒ 유효성 평가는 다음과 같은 사항을 점검한다.
　　　- 발생가능한 모든 위해요소를 확인·분석하였는지 여부
　　　- 제품설명서, 공정흐름도의 현장 일치 여부
　　　- CP, CCP 결정의 적절성 여부
　　　- 한계기준이 안전성을 확보하는데 충분한지 여부
　　　- 모니터링 체계가 올바르게 설정되어 있는지 여부
　　ⓒ HACCP 계획의 유효성 평가에서는 설정한 CCP 및 한계기준이 적절한지, HACCP 계획이 효과적인지 확인하기 위한 수단으로 미생물 또는 잔류 화학물질 검사 등을 이용한다.
　② HACCP 계획의 실행성 검증
　　㉠ HACCP 계획이 수립된 대로 효과적으로 이행되고 있는지 여부를 확인한다.
　　ⓒ 실행성 검증은 다음과 같은 방법으로 시행한다.
　　　- 작업자가 CCP 공정에서 정해진 주기로 측정이나 관찰을 수행하는지 현장 입회 관찰한다.
　　　- 한계기준 이탈 시 개선조치를 취하고 있으며, 개선조치가 적절한지 확인하기 위한 기록을 검토 한다.
　　　- 개선조치의 실제 실행여부와 개선조치의 적절성 확인을 위하여 기록의 완전성·정확성 등을 자격 있는 사람이 검토하고 있는지 확인 한다.
　　　- 검사·모니터링 장비의 주기적인 검·교정 실시 여부 등을 확인한다.

6) 검증의 실행
　① 검증 계획의 수립
　　㉠ 품질관리계는 전 년도에 실시한 검증결과를 근거로 당해 연도의 연간 검증계획서를 작성한다.
　　ⓒ 당해 연도 계획수립은 매년 1월에 작성하여 검토 및 HACCP 팀장의 승인을 받는다.
　　ⓒ 계획수립 시 검증종류, 검증원, 검증항목, 검증일정 등을 포함하여 수립한다.

② 검증원 선임
　㉠ 검증원 자격 : HACCP 팀장은 연간 검증계획에 근거하여 아래 항목에서 2항목 이상 자격 요건을 갖춘 자를 선임하여 임명하고 검증원 자격 인증서를 발부한다.
　　- 회사의 대리급 이상의 간부
　　- 품질관리팀에서 검사 및 실험업무를 1년 이상 근무한 자
　　- HACCP 전문가과정 또는 팀장과정을 공인기관에서 수료한 자
　　- 공인기관 전문 검증자 또는 식품관련 연구원
　　- 현장관련업무 2년 이상 근무한 자
　　- 동종 업종에서 2년 이상의 경력을 갖추고 당사에서 1년 이상 근속하고 공정흐름을 이해한 자
　㉡ 검증팀장은 HACCP 팀장이 검증원에서 선임 한다.
　㉢ HACCP 팀장은 1월에 정기 검증원 및 특별 검증원을 선임해서 한해의 검증업무를 일임하고, 검증 유효성 평가를 실시하여 검증원 자격 인증서의 검증 실적란에 기입한다.
③ 검증팀 회의
　㉠ HACCP 팀장은 HACCP 계획의 관리체계에서 식품의 위해요소가 발생했을 시 검증원을 소집하여 검증 실행 계획을 논의 한다.
　㉡ 정기검증은 정해진 일과 대상, 방법에 따라 세부 계획을 논의 한다.
　㉢ 비정기검증(특별검증)은 발생 부적합에 따라 현장 상황을 고려하여 검증일, 검증대상, 검증방법을 논의 한다.
　㉣ 검증팀 회의 후 검증실시 5일전에 피검증부서에 검증일, 검증장소, 검증 팀원 등을 통보하고 필요한문서 및 자료를 요청하여 원활한 검증이 이루어지도록 한다.
④ 검증 항목 설정
　㉠ 검증원은 검증점검표의 검증 항목 란에 검증항목을 정한다. 주요항목의 검증 시 고려해야 할 사항은 다음과 같다.
　　- **위해요소 분석결과의 검증**
　　　• 선행요건 프로그램은 최종 위해요소 분석 수행 시와 동일한 신뢰수준을 유지하면서 운영, 관리되고 있는가?
　　　• 제품 설명서, 유통경로, 용도와 소비자 등이 정확히 기술되어 있으며, 작업장평면도, 환기시설계통도, 용수 및 배수처리계통도 등이 현장과 일치하는가?
　　　• 예비단계에서 수집된 위해관련 정보가 충분하며, 정확한가?
　　　• 원료별, 공정별 발생가능성과 심각성을 고려하여 평가한 위해평가결과가 동일한 수준으로 판단되는가?
　　　• 위해요소를 관리하기 위한 예방조치방법이 이 식품 및 공정에 가장 적합한 방법인가?
　　　• 관리방법이 신뢰할 수 없거나 또는 효과적이지 않다는 것을 나타내는 모니터링 기록이나 개선조치 기록이 있는가?

- 보다 효과적으로 관리할 수 있는 새로운 정보가 있는가?
- **CCP의 검증**
  - 현행 CCP가 위해요소 관리를 위한 공정상의 최적의 선택인가?
  - 생산제품, 제조공정, 작업장 환경 변화 등으로 인하여 현행 CCP가 위해를 관리하기에 충분하지 않은가?
  - CCP에서 관리되는 위해요소가 더 이상 심각한 위해가 아니거나 또는 다른 CCP에서 보다 효과적으로 관리되고 있는가?
- **한계기준의 평가**
  - 설정된 한계기준이 과학적인 근거를 충분히 가지고 있는가?
  - 관련된 새로운 위해관련 정보가 있는가?
  - 위항의 정보가 기존의 한계기준을 변경하도록 요구하는가?
  - 한계기준 변경 시 생산제품에 대한 응용연구 결과, 문헌보고 내용, 식품안전 관련 관계 법령 변경 등 모든 정보, 자료를 근거로 한계기준에 대한 재평가를 수행 후 변경하였는가?
- **모니터링 활동의 재평가**
  - 개별 CCP에서의 모니터링 활동 내용이 정확한가?
  - 모니터링활동은 해당 공정이 한계기준 이내에서 운영되고 있는지를 판정할 수 있는가?
  - 모니터링 활동은 관리활동이 보증될 수 있는 충분한 빈도로 실시하고 있는가?
  - 안정적인 관리상태 유지를 위해서 공정조정 혹은 개선조치가 얼마나 자주 요구되는가?
  - 보다 좋은 모니터링 방법이 있는가?
  - 모니터링 도구 및 장비가 제대로 기능을 발휘하고 있으며, 교정된 상태를 유지하는가?
  - 빈번한 일탈현상이 자동화된 모니터링 체계에 따른 문제점으로 밝혀진 경우에는 수동 모니터링체계 및 다른 방법을 간구하였는가?
- **개선조치의 평가**
  - 현행 개선조치가 모니터링 활동 내지는 한계기준 이탈 현상을 개선하고 관리 하는데 적절한가?
  - 일탈사항 발생 시 개선조치 수립 내용이 반영되고 있는가?

  ⓒ 그 외 검증 대상에 따라 검증항목을 달리 정할 수 있으며, 발생 가능한 모든 항목을 상세히 기록하여 누락되지 않도록 한다.
  ⓒ 선행요건프로그램의 검증항목은 식품의약품안전처가 발행한 선행요건평가표를 활용 할 수 있다.
⑤ 검증 활동
  ㉠ 피검증 부서는 검증에 필요한 모든 자료를 제공해야 한다.
  ㉡ 검증활동은 크게 **─ 기록의 확인**, **─ 현장 확인**, **─ 시험 · 검사**로 구분할 수 있다.

- 기록의 확인
    - 현행 HACCP 계획, 이전 HACCP 검증보고서(선행요건프로그램 포함), 모니터링 활동 (검·교정기록 포함), 개선조치사항 등의 기록을 검토한다.
    - 정기·특별검증 시에는 모든 기록을 광범위하게 검토하기 보다는 당사의 특성을 고려하여 특히 중요한 부분에 해당되는 모니터링 활동 및 CCP 기록만을 검토한다.
    - 모니터링 활동의 누락, 결과의 한계기준 이탈, 개선조치 적절성, 즉시 이행 및 유지에 대해 검토한다.
- 현장 확인
    - 설정된 CCP의 유효성 확인
    - 담당자의 CCP 운영, 한계기준, 모니터링 활동 및 기록관리 활동에 대한 이해 확인
    - 한계기준 이탈 시 담당자가 취해야 할 조치사항에 대한 숙지 상태 확인
    - 모니터링 담당 종업원의 업무 수행상태 면담 및 입회 관찰 확인
    - 공정중의 모니터링 활동 기록의 일부 확인
- 시험·검사
    - CCP가 적절히 관리되고 있는지 검증하기 위하여 주기적으로 시료를 채취하여 실험분석을 실시한다.
    - 검증점검표의 검증항목에 의한 검증활동 사항은 검증점검표의 점검내용 란에 기입한다.

⑥ 부적합 보고서 발행
  ㉠ 다음 각 호의 사항에 해당하는 경우에는 경부적합으로 판정한다.
    - 선행요건프로그램에 따른 과업의 우발적 실수 또는 누락
    - HACCP Plan 개발 관련의 정보파악이 누락되었지만 제품안전성에는 문제가 없는 것으로 판단되는 경우
    - 기타 제품의 안전성에 직접 영향을 미치지 않는 작업 실수 또는 누락으로 7일 이내에 개선조치의 완료가 가능한 부적합
  ㉡ 다음 각 호의 사항에 해당하는 경우에는 중부적합으로 판정한다.
    - 선행요건프로그램에 따른 과업의 의도적 누락 또는 반복적 실수
    - 제품의 안전성에 직접 영향을 미치는 관련 정보의 누락
    - HACCP Plan의 CCP에 대한 감시활동 또는 검증활동의 누락
    - HACCP Plan에 따른 모니터링 또는 검증절차가 한계기준을 벗어났음에도 개선 조치를 취하지 못한 경우
    - HACCP Plan에 따른 감시활동 결과가 이상 경향을 나타내고 있음에도 개선 조치를 취하지 않고 있는 경우
  ㉢ 검증팀은 관찰된 부적합 사항을 검증부적합 보고서 부적합 내용 란에 기입하고, 개선요구 방법에 대하여 개선요구 내용 란에 기입한다.

ⓔ 부적합 내용은 사실에 근거하여야 하며, 반드시 객관적 증거가 있어야 한다. 증거자료로 일지 및 사진, 실험 값 등을 첨부한다.
　　ⓜ 부적합 내용은 6하 원칙에 의거하여 누구나 그 내용을 명확히 알 수 있도록 기술하여야 한다.
　　ⓗ 검증원은 부적합 보고서를 발행하여 피 검증부서의 확인 서명을 받아 1부는 피 검증부서에 발부하고, 1부는 품질관리팀에서 보관한다.
⑦ 개선조치
　　㉠ 피 검증부서는 부적합 보고서에 지적된 사항에 대하여 발행일로부터 30일내에 개선조치를 실시하여야 한다.
　　㉡ 피 검증부서는 부적합보고서에서 지적한 부적합 사항의 원인을 파악한다.
　　㉢ 피 검증부서는 검증개선조치 결과보고서의 개선조치 계획을 수립하고, 수립된 계획에 따라 개선조치 결과내용을 작성한다.
　　㉣ 피 검증부서는 작성한 개선조치보고서를 검증팀장에게 승인을 받아 조치한다.
　　㉤ 개선조치가 30일 이내에 이루어 질수 없는 경우 피 검증부서는 검증팀장과 협의하여 개선조치 기간을 연장할 수 있다.
　　㉥ 피 검증부서는 작성된 개선조치보고서 1부는 검증팀에 송부하고, 1부는 품질관리팀에 제출한다.
　　㉦ 검증원은 개선조치 검토결과가 미흡할 경우 재 개선을 요구할 수 있으며, 피 검증부서는 재 개선조치를 실시하고, 그 결과를 검증팀에게 검토 받아야 한다.
⑧ 사후관리
　　㉠ 검증팀은 검증 결과 보고서를 작성한다.
　　㉡ 검증팀은 개선조치 결과에 대한 유효성을 확인하여 검증 결과 보고서에 기록한다.
　　㉢ HACCP 팀장은 검증 결과 보고서를 검토하여 검증 유효성 평가 실시 후 검증 결과 보고서의 검증유효성확인란에 기록한다.
　　㉣ 검증팀은 품질관리팀에 검증 결과를 보고한다.
　　㉤ 품질관리팀은 검증활동 중 발생한 HACCP 계획의 개(수)정 사항을 확정하고 개정된 내용은 해당 부서에 통보하고, 해당 부서에서는 관련 내용을 교육한 후 교육보고서를 작성하여 기록을 유지한다. 해당부서는 검증내용에 따라 관리함으로써 검증활동을 종결한다.
　　㉥ HACCP 팀장은 검증팀의 검증자료 일체를 품질관리팀에 이관하도록 조치하여 사후 관리업무의 일관성을 유지하도록 한다.
　　㉦ 년 2회 실시 하는 내부 감사 및 외부 감사 시 검증 개선조치에 대한 효과성과 실행성을 확인한다.

(10) 문서화 및 기록유지

1) 적용범위
문서의 작성, 수·발신, 결재, 보관방법 등에 대한 책임사항 및 요구사항에 대하여 규정한다.

2) 목적
문서작성, 처리, 보관, 보존, 열람, 폐기에 관한 기준을 정함으로서 문서의 작성 및 취급의 능률화와 통일을 기함을 목적으로 한다.

3) 책임과 권한
① 생산팀장

문서의 수, 발신, 배포 및 통제를 하여야 한다.

② 문서작성자

문서를 작성하고자 하는 자는 본 기준서에 따라 작성하며 작성된 문서는 검토와 승인을 받아야 한다.

4) 문서의 관리형태
① 관리본(Controlled Copy)

문서의 배부처가 배부대장에 기록되어 배포 관리되며, 발행 이후 그 개정분이 계속적으로 배부됨으로써 항상 최신 본으로 유지되는 문서를 말한다.

② 비관리본(Uncontrolled Copy)

발행 당시에는 최신본이나 그 후 개정본이 배부되지 않는 문서를 말하며 제품의 특성에 영향을 미치는 업무에 직접 적용할 수 없고 단순히 참고용으로 활용한다.

5) 문서의 작성
① 문서의 식별표시

문서는 그 사용목적에 따라 작성자, 발행일, 부서, 페이지 표시 등 해당문서의 식별이 가능하도록 각 문서별로 규정된 형식을 갖추어 작성하여야 한다.

② 문서의 내용기술

문서의 내용은 일의 내용이나 처리절차 순으로 기술하여 사용자가 쉽게 이해할 수 있는 형태로 작성하고 수행업무의 준수여부를 쉽게 판단할 수 있도록 수행 요건을 명확히 하여야 한다. 약자를 사용하는 경우 그 문서에서 한번은 약자를 설명하도록 한다.

㉠ 문서는 해당되는 규정에 정해진 바에 따르며 읽기 쉽게 작성되어야 한다.

㉡ 문서는 연필로 작성되어서는 안 된다(단, 연필로 작성하였을 경우와 fax 기록의 원본은 그 복사본만 문서로 관리할 수 있다).

㉢ 서식을 활용한 경우 모든 항목은 공란을 남기지 않고 채워져야 한다. 즉, 해당 내용이 없는 경우에는 줄을 긋거나 "해당사항 없음" 또는 "이하여백"을 표기하여 기록의 승인 후에 내용이 추가로 기록될 수 없도록 하여야 한다.

㉣ 문서의 일부분을 수정할 경우에는 해당 부위에 두 줄을 긋고 여백에 수정 또는 추가사항을 기입하고 수정, 추가한 곳에 해당 검토자나 승인자는 날인 또는 서명을 하여야 한다.

6) 문서의 보존

① 수립기준

㉠ 보존 연한은 각종 법정 보존 연한 등을 기준으로 지금까지의 사용경험과 향후 이용 가능성(법적문제, 정보로서의 활용가치)등을 고려하여 설정한다.

㉡ 보존 연한은 영구, 10년, 5년, 3년, 1년의 5종류 사용을 원칙으로 한다. 단, HACCP 관련 기록은 최소 2년 이상으로 한다.

㉢ HACCP과 관련된 문서의 보존 연한은 각 기준서의 "기록 및 보관"에 언급된 기한을 우선 적용한다.

② 보존 연한

㉠ 보존 연한은 최소한으로 보존하여야 할 기간이며 문서내용의 중요도에 따라 명시된 보존 연한 이상은 사용할 수 있으나 그 이전에는 폐기할 수 없다.

㉡ 보존 연한 산정의 시작 시점은 별도 정한 경우가 없는 한 문서가 발생한 다음 사업 년도부터 기산한다.

2. 식중독

식중독은 일반적으로 음식물을 통하여 체내에 들어간 병원미생물 및 유독·유해 물질이 일으키는 것으로 급성위장염 증상을 주도하는 건강장애이다. 식품에 잔류해 있는 미량의 화학물질을 계속 섭취하여 오랜 시간 후에 나타나는 만성적인 경우도 식중독에 포함된다.

01 식중독의 분류

구분		원인균(물질)	주요원인식품
세균성	감염형		살모넬라(3종), 장염비브리오균(2종), 병원성 대장균, 캠필로박터(4종), 여시니아, 세레우스(설사형), 리스테리아균, 시겔라(세균성이질)
	독소형		황색포도상구균, 보툴리누스균
	복합형		웰치균, 세레우스균(구토형), 장구균 등
바이러스성	공기, 접촉, 물 등의 경로로 전염		노로바이러스, 로타바이러스, 아트로바이러스, 장관아노바이러스, 간염A바이러스, 사포바이러스
원충성	-		이질아메바, 람블편모충, 작은와포자충, 원포자충
자연독 식중독	동물성 자연독에 의한 중독		복어독, 시가테라독
	식물성 자연독에 의한 중독		감자독, 버섯독
	곰팡이 독소에 의한 중독		황변미독, 맥각독, 아플라톡신 등
화학성 식중독	고의 또는 오용으로 첨가되는 유해물질		식품첨가물
	본의 아니게 잔류, 혼입되는 유해물질		잔류농약, 유해성 금속화합물 등
	제조, 가공 저장 중에 생성되는 유해물질		지질의 산화생성물, 니트로소아민
	조리기구, 포장에 의한 중독		녹청(구리), 납, 비소 등

02 세균성 식중독

세균성 식중독은 병원성 세균에 의해서 생기는 식중독을 말한다. 경구감염병과 비교해 세균이 다량 증식된 식품을 섭취함으로써 발병하고, 잠복기가 짧고, 면역이 생기지 않는다.

(1) 감염형 식중독

식품과 함께 섭취한 원인 세균이 체내에서 증식되어 급성위장염을 일으키는 것

1) *Salmonella* 식중독

① 원인균
- *Salmonella enteritidis*, *Sal. typhimurium*, *Sal. cholera suis*, *Sal. derby* 등
- 그람음성 무포자 간균으로 통성혐기성균이다.
- 발육 최적 온도 : 37℃, 최적 pH : 7.0~8.0
- 60℃에서 20분간 가열하면 사멸된다.

② 감염원
- *Salmonella* 병원균에 오염된 식품을 섭취함으로써 발생한다.
- 쥐, 개, 파리, 바퀴, 닭, 집오리, 칠면조 등이 전파한다.

③ 원인식품
- 육류, 난류 및 그 가공품
- 어패류 및 그 가공품
- 도시락, 튀김류, 어육연제품
- 우유 및 유제품, 생과자 등

④ 잠복기 및 임상증상
- 잠복기 : 보통 12~24시간
- 주된 증상 : 구토, 복통, 설사, 발열 등. 발열은 급격히 시작하여 39℃를 넘는 경우가 빈번하다.

⑤ 예방
- 방충 및 방서 시설을 한다.
- 쥐, 파리, 바퀴 등을 구제한다.
- 식품은 가열, 살균하고 저온으로 보존한다.

2) 장염 *Vibrio* 식중독

① 원인균
- *Vibrio parahaemolyticus*이다.
- 그람음성 무포자 간균으로 통성혐기성 균이다.
- 증식 최적 온도 : 30~37℃, 최적 pH : 7.5~8.5
- 60℃에서 10분 이내 사멸한다.

② 감염원 : 근해산 어패류가 대부분(70%)이고, 연안의 해수, 바다벌, 플랑크톤, 해초 등에 널리 분포되어 있다.

③ 원인식품 : 어패류 및 그 가공품에 의한 것이 압도적이고, 특히 생선회, 초밥의 생식 등이다.

④ 잠복기 및 임상증상
- 잠복기 : 평균 10~18시간
- 주된 증상 : 복통, 구토, 설사, 발열 등의 전형적인 급성위장염 증상을 보인다.

⑤ 예방
- 저온 저장하고 조리기구 및 손 등을 소독한다.
- 어패류의 충분한 세척과 가열, 살균처리 해야 한다.

(2) 독소형 식중독

미생물이 식품에 오염된 후 독소를 생산, 축적하여 그 식품을 섭취한 후 발생되는 식중독이다.

1) 포도상구균 식중독
   ① 원인균
      - *Staphylococcus aureus*(황색 포도상구균)이다.
      - 그람양성 무포자 구균이고, 통성혐기성 세균이다.
      - 최적 온도 : 32~37℃, 최적 pH : 7.4
   ② 독소 : enterotoxin(장내 독소)
      - enterotoxin은 내열성이 강해 100℃에서 1시간을 가열하여도 활성을 잃지 않으며, 120℃에서 20분간 가열하여도 완전히 파괴되지 않는다.
      - 기름 중에서 218~248℃로 30분 이상 가열하여야 파괴된다.
      - 균체가 증식할 때만 독소가 생산되고 pH 6.8일 때 가장 크다.
   ③ 감염원 : 주로 사람의 화농소, 콧구멍 등에 존재하는 포도상구균(손, 기침, 재채기 등)이다.
   ④ 원인식품 : 우유, 크림, 버터, 치즈, 육제품, 난제품, 쌀밥, 떡, 김밥, 도시락, 빵, 과자류 등의 전분질 식품 등이다.
   ⑤ 잠복기 및 임상증상
      - 잠복기 : 1~6시간인데, 평균 3시간으로 매우 짧다.
      - 주된 증상 : 급성위장염 증상이며 구역질, 구토, 복통, 설사 등이다.
   ⑥ 예방
      - 화농소가 있는 조리자는 조리하지 않는다.
      - 조리된 식품은 즉석 처리하며 저온보존한다.
      - 기구 및 식품은 멸균한다.

2) *Botulinus* 식중독

세균성 식중독 중에서 가장 치명률이 높은 무서운 식중독이다.

   ① 원인균
      - *Clostridium botulinum*이다.
      - 그람양성 간균이고, 주모성 편모를 가지며 아포를 형성한다.
      - A, B형 균의 아포는 내열성이 강해 100℃에서 6시간 정도 가열하여야 파괴되고, E형 균의 아포는 100℃에서 5분 가열로 파괴된다.
   ② 독소 : neurotoxin(신경 독소)으로 특징은 열에 약하여 80℃에서 30분간이면 파괴된다.
   ③ 감염원
      - 토양, 하천, 호수, 바다흙, 동물의 분변
      - A~F형 중에서 A, B, E형이 사람에게 중독을 일으킨다.
   ④ 원인식품 : 강낭콩, 옥수수, 시금치, 육류 및 육제품, 앵두, 배, 오리, 칠면조, 어류훈제 등
   ⑤ 잠복기 및 임상증상
      - 잠복기 : 보통 12~36시간이며, 빠르면 5~6시간, 늦으면 72시간 후에 발병하는 경우도 있다.
      - 주된 증상 : ㉠ 메스꺼움, 구토, 복통, 설사에 이어 신경증상 ㉡ 시력저하, 난시, 동공확대, 광선 자극에 대한 무반응 등의 증상 ㉢ 타액 분비 저하, 구갈, 실성, 언어장애, 연하곤란 등 ㉣

중증인 경우는 호흡마비, 폐뇨 후 사망에까지 이름
        ⑥ 예방
            • 분변의 오염을 방지한다.
            • 통·병조림 제조 시 충분히 살균한다.
            • 독소는 열에 약하므로 섭취 전에 충분히 가열한다.
    3) *Welchii*균 식중독
        ① 원인균
            • *Clostridium perfringens*이다.
            • 그람양성 간균이고, 아포를 형성한다. 혐기성이고 독소를 생성한다.
            • 아포는 100℃에 4~5시간 정도의 가열에도 견딘다.
        ② 감염원
            • 보균자인 식품업자, 조리자의 분변을 통한 식품감염
            • 오물, 쥐, 가축의 분변을 통한 식품감염
        ③ 원인식품 : 주로 고기와 그 가공품이고, 어패류 및 그 가공품, 면류 및 감주도 원인식품이다.
        ④ 잠복기 및 임상증상
            • 잠복기 : 평균 8~22시간
            • 주된 증상 : 복통, 수양성 설사, 경우에 따라서는 구토 및 점혈변이 보인다.
        ⑤ 예방
            • 분변의 오염 방지
            • 식품의 가열 조리와 함께 저장 시 급속히 냉각할 것

(3) 기타 세균성 식중독

1) 장구균 식중독

장구균은 사람과 동물의 장관 내 상재균이며 일반적으로 특수한 화농이나, 요로감염 외에는 비병원성균인데 식중독의 원인균으로 보고된 예가 많다.

① 원인균 : *Streptococcus faecalis*와 *Streptococcus faecium*
② 감염원 : 사람, 동물의 장관 내의 상재균이므로, 이들의 분변에 의해서 식품에 2차 오염이 된다.
③ 원인식품 : 치즈, 소고기, 소시지, 햄, 고로케, 크림, 파이, 분유, 두부가공품 등
④ 잠복기 및 임상증상
    • 잠복기 : 1~36시간
    • 주된 증상 : 급성위장염 증상, 설사, 오심, 구토 등. 일반적으로 포도상구균의 중독과 유사하다.
⑤ 예방 : 분변 오염 방지

2) *Yersinia enterocolitica* 식중독
    ① 원인균
        • *Yersinia enterocolitica*이다.
        • 그람음성 간균이고, 주모성 편모를 가지고 운동한다.

② 감염원 및 원인식품
- 소, 돼지, 쥐 등이 보균하고 있다.
- 이들 동물과의 접촉이나 오염된 우유, 식육 및 음용수에 의해 감염된다.

③ 잠복기 및 임상증상
- 주로 소아에서 일어난다.
- 복통, 설사 및 발열이 있는 급성위장염을 일으킨다.

④ 예방 : 0~5℃ 저온에서도 증식하기 때문에 저온 유통에서도 주의가 필요하다.

3) *Proteus*균 식중독

① 원인균
- *Proteus morganii*, *Pr. vulgaris*, *Pr. mirabilis* 등
- 그람음성 간균이며, 호기성 또는 통성혐기성, 운동성이 있다.

② 감염원 : *Proteus* 병원균에 오염된 식품의 섭취

③ 원인식품 : 꽁치, 고등어, 정어리 등

④ 잠복기 및 임상증상
- 잠복기 : 평균 12~16시간
- 주된 증상 : 구토, 설사, 복통, 발열 등의 급성위장염을 일으키고, 발열과 두통이 있는 경우가 많다.

⑤ 예방 : 어류의 충분한 세척과 가열, 살균 등

03 화학성 식중독

인체에 유해한 화학물질을 오용 또는 고의적으로 식품에 혼용하거나, 자연적으로 식품자체에 함유, 혼입되어 일어나는 중독을 화학성 식중독이라고 한다.

(1) 유해성 금속에 의한 식중독

[유해성 금속에 의한 식중독]

금속명	주된 중독경로	중독증상	발생시간
구리(Cu)	첨가물, 식기, 용기	구토, 설사, 복통	수분~2시간
아연(Zn)	용기, 기구 도금	구토, 설사, 복통	1~2시간
카드뮴(Cd)	식기, 기구	메스꺼움, 구토, 복통	15~30분
안티몬(Sb)	식기, 표면도금	메스꺼움, 구토, 설사, 복통	수분~1시간
납(Pb)	기구, 용기, 포장	메스꺼움, 구토, 설사	30분 이상
비산(As)	농약, 첨가물	위통, 구토, 설사, 출혈	10분 이상
수은(Hg)	오용	구토, 복통, 설사, 경련	2~30분
비스무스(Bi)	식기, 오용	입안착색, 구강염, 장염	1~2시간
바리움(Ba)	오용	구토, 설사, 복부경련	1~2시간

(2) 농약에 의한 식중독

1) 유기인제

살균제와 살충제 등으로 사용되며 체내에 흡수되어 cholinesterase와 결합하여 이의 작용을 억제한다.

① 종류 : 파라티온, 말라티온, 메틸말라티온, 다이아지논, DDVP, TEPP, 스미치온 등이며, 주로 신경독을 일으킨다.
② 중독증상 : 식욕부진, 구토, 전신경련, 근력감퇴, 혈압상승 등
③ 예방 : 살포 시 흡입주의, 수확 전 15일 이내에 살포를 금지해야 한다.

2) 유기염소제

살충제나 제초제로써 이용되며, 유기인제에 비하여 독성이 강하지 않으나 화학적으로 매우 안정하여 잘 분해되지 않는 특성이 있다.

① 종류 : DDT, DDD, BHC, propoxar, aldrin 등이며, 신경독을 일으킨다. 지용성으로 인체의 지방조직에 축적되므로 비교적 유해하다.
② 증상 : 복통, 설사, 구토, 두통, 시력감퇴, 전신권태 등
③ 예방 : 유기인제와 같다.

3) 유기수은제

살균제로 종자 소독, 도열병 방제 등에 사용된다.

① 종류 : 메틸염화수은, 메틸요오드화수은, EMP, PMA 등이며, 신경독, 신장독을 일으킨다.
② 중독증상 : 시야 축소, 언어장애, 보행곤란, 정신착란 등의 중추신경증상을 보인다.

(3) PCB(Polychlorobiphenyls)에 의한 식중독

가공된 미강유를 먹은 사람들이 색소 침착, 발진, 종기 등의 증상을 나타내는 괴질이 1968년 10월 일본의 규슈를 중심으로 발생하여 112명이 사망하였다. 조사 결과는 미강유 제조 시 탈취 공정에서 가열 매체로 사용한 PCB가 누출되어 기름과 혼입되어 일어난 중독 사고로 판명되었다.

주요증상은 안질에 지방이 증가하고, 손톱, 구강 점막에 갈색, 흑색의 색소가 침착된다.

04 자연독 식중독

(1) 동물성 식중독

독성물질에 의한 식중독 중에서 동물에 자연적으로 함유되는 유독성분에 의한 식중독을 동물성 자연독에 의한 식중독이라고 한다.

1) 복어 중독

복어의 독은 난소에 가장 많고, 간, 피부, 소화관, 혈액에도 포함하는 경우가 많다.

① 독성분 : tetrodotoxin
  - 복어의 종류, 계절, 부위에 따라 함유량 차이가 있다.
  - 겨울철에서 봄철 산란기에 가장 유독하다.

② 임상증상 : 지각이상, 운동장애, 호흡장애, 위장장애, 혈액장애, 뇌증 등
③ 예방 : 조리 전문가가 만든 요리만을 먹으며, 유독 부위는 피하고 육질부만을 식용으로 한다.

2) 모시조개
① 독성분 : venerupin
② 원인식품 : 굴, 바지락, 모시조개 등
③ 잠복기 : 1~2일이며, 짧으면 12시간, 길면 7일 정도이다.
④ 임상증상 : 권태감, 두통, 구토, 변비, 미열, 점막출혈, 황달 등이고, 피하출혈반은 반드시 일어난다.

3) 섭조개(검은 조개)
검은 조개, 섭조개, 대합조개 등에 의해서 일어난다. 처음에는 마비성 조개 중독이라고 하였다.
① 독성분 : saxitoxin, gonyautotoxin, protogonyautotoxin 등 10여 종의 guanidyl 유도체
② 잠복기 : 식후 30분~3시간
③ 임상증상 : 입술, 혀, 잇몸 등의 마비로 시작하여 사지마비, 기립보행 불능, 언어장애, 두통, 구토 등

(2) 식물성 식중독

식물체 외부로부터 오염된 물질이 아니고 자연물로 존재하는 유독성분의 섭취로 발생하는 식중독

1) 독버섯 중독

외대 버섯, 화경 버섯, 미치광이 버섯, 깔대기 버섯, 광대 버섯 등에 의한 식중독이 식물성 자연독 중에 가장 많이 차지한다.

① 독성분
  - 뇌증형 중독 : muscarine, muscaridine, neurine, choline 등
  - 위장형 중독 : phaline, gyromitrin, amanitatoxin 등
  - 콜레라성 중독 : α-amanitins

② 독버섯 감별법
  - 줄기가 세로로 갈라지는 것은 무독
  - 악취가 나는 것은 유독
  - 색깔이 진하고 아름다운 것은 유독
  - 쓴맛, 신맛을 가진 것은 유독
  - 유즙 분비, 점성액 분비 또는 공기 중에 변색되는 것은 유독
  - 물에 넣고 끓일 때 은수저를 검게 변화시키는 것은 유독

2) 감자 중독
① 독성분
  - solanine이라는 배당체이고, 발아 부분과 저장 중 생기는 녹색 부분에 많다.
  - 조리 시 이 부위를 완전히 제거해야 한다.
  - 부패한 감자는 셉신(sepsine)이라는 독성 물질이 있다.

② 증상 : 위장장애, 허탈, 의식장애 등
3) 청매 중독
청매(미숙한 매실), 살구씨 등의 amygdalin이라는 cyan 배당체가 독성분이다.
4) 목화씨(면실유) 중독
① 독성분 : gossypol
② 주된 증상 : 피로, 위장장애, 식욕감퇴, 현기증 등
5) 피마자 중독
독성분은 ricinin, 유독 단백체인 ricin이다.

05 곰팡이독 식중독

(1) Mycotoxin

곰팡이의 대사 산물로서 사람, 온혈 동물에게 기능 및 기질적 장애를 유발시키는 물질을 총칭하며 mycotoxin(곰팡이독, 진균독)이라 한다. mycotoxin에 의해서 일어나는 식인성 병해를 총칭하여 mycotoxicosis(곰팡이독증, 진균 중독증)이라 한다.

1) Mycotoxin의 특징
① 탄수화물이 풍부한 농산물, 특히 곡류가 압도적으로 많다.
② *Asperzillus*속이 생산하는 곰팡이독에 의한 사고는 봄부터 여름(열대지역)에 많고, fusarium 독소군에 의한 사고는 오히려 추울 때(한대지역)에 많이 발생한다.
③ 동물에서 동물로, 사람에게서 사람으로 직접 전파되는 것이 아니다. 즉, 감염형이 아니다.
④ 발병된 동물에 대하여는 항생물질 투여나 약제요법을 실시하여도 별 효과가 없다.

2) Mycotoxin의 분류
Conveney는 장애를 일으키는 주기관이나 생체 부위별로 다음과 같이 분류하였다.
① 간장독 : 간경변, 간종양 또는 간세포 괴사를 일으키는 물질군
Aflatoxin(*Aspergillus flavus*), sterigmatocystin(*Asp. versicolar*), rubratoxin(*Penicillium rubrum*), luteoskyrin(*Pen. islandicum*), ochratoxin(*Asp. ochraceus*), islanditoxin(*Pen. islandicum*)
② 신장독 : 급성 또는 만성 신장염을 일으키는 물질군
citrinin(*Pen. citrinum*), citreomycetin, kojic acid(*Asp. oryzae*)
③ 신경독 : 뇌와 중추신경에 장애를 일으키는 물질군
patulin(*Pen. patulum, Asp. clavatus* 등), maltoryzine(*Asp. oryzae var. microsporus*), citreoviridin(*Pen. citreoviride*)
④ 피부염 물질
sporidesmin(*Pithomyces chartarum*, 광과민성 안면 피부염), psoralen(*Sclerotina sclerotiorum*, 광과민성 피부염 물질) 등

⑤ fusarium 독소균

fusariogenin(조혈 기능장애 물질, *Fusarium poe*), nivalenol(*F. nivale*), zearalenone(발정 유발 물질, *F. graminearum*)

⑥ 기타 : shaframine(유연물질, *Rhizoctonia leguminicola*) 등

(2) 맥각중독

① 맥각(ergot)은 맥각균(*Claviceps purpurea*, *Claviceps paspalis* 등)이 호밀, 보리, 라이맥에 기생하여 발생하는 곰팡이의 균핵(sclerotium)이다.
② 이것이 혼입된 곡물을 섭취하면 맥각중독(ergotism)을 일으킨다. 맥각의 성분은 ergotoxine, ergotamine, ergometrin 등의 alkaloid 물질이 대표적이다.
③ 중독증상 : 구토, 설사, 복통 등의 소화기 계통의 장애와 두통, 이명, 무기력 등이 나타나고, 임산부는 조산 및 유산을 일으키기도 한다.

06 바이러스성 식중독

(1) 바이러스성 식중독의 특징

① 바이러스성 식중독은 장염을 일으키는 원인 병원체 중 바이러스가 장에 감염되어 발생하는 질병으로 일반적인 증세는 설사와 구토나 경우에 따라 두통, 열, 복통이 수반되며 감염 후 1~2일 후에 증상이 나타나서 1~10일간 지속된다.
② 현재 설사를 유발하는 바이러스는 노로바이러스, 로타바이러스, 아데노바이러스, 캘리시바이러스, 아스트로바이러스 등이 있다.
③ 바이러스성 식중독은 세균성 식중독과 달리 미량(10~100마리)의 개체로도 발병이 가능하고, 환경에 대한 저항력이 강하며, 2차 감염으로 인해 대형 식중독을 유발할 가능성이 있다.

(2) 바이러스성 식중독의 종류

1) 노로바이러스 식중독

주로 11월부터 3월에 걸쳐 발생하는데 여름철에 발생하기도 한다. 노로바이러스에 의한 위장염은 심각한 건강상 위해는 없으며, 대부분의 경우 장기간의 합병증 없이 1~2일 후에는 완전히 회복된다.

① 병원체 : norovirus, Calicivirus, SRSV(소형구형 바이러스)
② 감염원 및 감염경로
  • 감염원 : 감염자의 구토물이나 변, 오염된 식품
  • 감염경로
    - 사람의 분변에 오염된 식수나, 어패류의 생식을 통하여 감염
    - 사람과 사람 사이의 전파에 의한 감염(감염자와의 접촉)
    - 바이러스에 감염된 조리자가 식품을 취급하였을 경우

- 구토에 의한 비말감염
③ 증상 및 잠복기
- 잠복기 : 24~28시간
- 증상 : 메스꺼움, 구토, 설사, 복통 등의 증상이 나타나며, 때로는 두통, 오한 및 근육통을 유발하기도 한다.
④ 예방
- 식수는 반드시 끓여서 섭취할 것
- 과일이나 채소는 철저히 세척할 것
- 굴 등의 어패류는 85℃로 1분 이상 완전히 가열하여 섭취할 것
- 조리기구 등은 세제를 사용해 1차 세척한 후, 차아염소산 나트륨(염소농도 200ppm)에 담근 후 2차 세척하여 사용할 것
- 칼, 도마, 행주 등은 85℃ 이상에서 1분 이상의 가열로 바이러스를 불활성화시킬 것

2) 아스트로바이러스

주로 감염자의 분변에서 발견된다. 주로 겨울철에 많이 발생하여 유아, 어린이, 어른, 노인, 면역력이 약한 사람 등 다양한 연령층에서 질병을 일으킨다.

① 병원체 : Astrovirus
- Astrovirus는 8개의 혈청형이 있다.
② 감염원 및 감염경로
- 감염원 : 오염된 식품, 물, 환자의 대변
- 감염경로 : 주로 분변-구강경로(Fecal-oral route)를 통하여 감염된다.
③ 증상 및 잠복기
- 잠복기 : 1~4일
- 증상 : 주요 증세는 구토, 설사, 발열이 있고, 설사가 멈춘 뒤에는 환자에게서 분변을 통해 바이러스가 배출될 수 있다.
④ 예방 : 환자의 분변과 접촉하지 않도록 조심하며 손을 깨끗이 씻어야 한다. 특히 사람 사이에 바이러스가 쉽게 전파되는 시설(보육원, 가정, 병원 등)에서는 위생수칙을 준수해야 한다.

(3) 바이러스성 식중독의 예방과 치료

① 바이러스성 식중독은 병원체가 바이러스이기 때문에 치료용 항바이러스제제나 예방용 백신이 아직 개발되어 있지 않다.
② 기존의 항생제로 치료가 불가능하다.
③ 구토나 설사가 심할 때는 탈수가 되지 않도록 수분보충이 필요하다.
④ 바이러스 사멸에는 열탕이나 차아염소산나트륨 사용이 도움이 되지만 알코올이나 역성비누는 효과적이지 않다.
⑤ 바이러스성 식중독은 치료방법이 없기 때문에 예방이 무엇보다 중요하다.

02 제품검사관리

① 안정성 평가시험

 1. 제품검사 및 관능검사

(1) 제품검사

1) 생산된 제품은 제품검사(별도로 설정된 자사규격에 따라 검사)를 실시하고 그 결과를 검사 성적서에 기록, 유지한다.

제품 검사관리 기준표 [예시]

작성주기	자체검사	공인기관
생산 시		
월		
분기		

2) 필요 시 제품검사를 공인기관 등에 의뢰하고 성적서를 받아 보관, 관리한다.
3) 검사결과 부적합품은 재가공, 폐기 등의 조치를 취한 후 그 결과를 부적합 조치 보고서에 기록·유지한다.
4) 검사일지의 작성
   ① 모든 관련 검사결과는 검사일지에 기록하고 메모지 등 쪽지를 사용하여 기록해서는 안 된다.
   ② 검사를 의뢰 받을 경우 판정결과 및 연월일을 검사일지에 기록한다.
   ③ 검사일지에는 품명, 용량, 제조번호, 검사항목, 검사결과, 검사일자, 검사자 등을 기재한다.
   ④ 재검사를 실시하였을 때에는 그 설명이 검사일지에 기록되어 있어야 한다.
5) 공급업체 서류 수령
   ① 원·부재료에 대하여 주기에 따라 시험성적서를 수령하고, 최초 입고 시 국내산 자재의 경우 시험성적서, 영업신고증 및 품목제조보고서를 수령한다. 단, 수입산 자재의 경우는 수입신고필증, 시험성적서를 수령한다.
   ② 공급업체에서 발행한 시험성적서의 항목이 기준과 다른 경우, 공급업체에 항목을 추가 또는 변경 요청을 해야 한다. 단, 항목이 다른 경우에는 사유를 기입한다.
   ③ 공급업체 시험성적서로 대체 할 수 없을 때에는 공인기관 시험성적서로 대체하고 이 경우는 법적 유효기간 이내의 것이어야 한다.

6) 검사기록의 점검 및 통보

① 검사기록은 검사일지를 작성 후 검사자가 작성란에 서명하고 품질관리팀장이 검토 및 승인하여 서명한다.
② 검사결과에 대해 필요할 때에는 관련부서에 통보한다. 이때 유선통보를 원칙으로 하며 필요 시 성적서 발부나 직접 통보할 수 있다.
③ 품질관리팀장은 검사결과에 의심이 있을 경우 재검사를 명하거나 다른 전문가와 협의한 후 그 결과를 참고하여 판정한다.
  • 이화학검사 및 미생물 검사는 식품위생법 등의 검체 채취방법 및 실험방법에 따라 검사한다.

(2) 검사장비

① 냉장·냉동 및 가열처리 시설 등의 온도측정 장치, 검사용 장비 및 기구는 정기적으로 검·교정을 실시한다.
② 검·교정 주기는 대상 장치 및 장비 등의 정밀도, 중요도, 사용 빈도 등을 감안하여 설정한다.
③ 검·교정은 표준기를 이용하여 다음과 같은 방법으로 실시하고, 자체 검·교정 성적서를 작성한다.

- 저울
    • 편평한 곳에서 먼저 계량기의 0점을 조정한 후 최소 정밀도 단위의 분동(50g~100g)부터 단계별로 올려 그 지시값을 측정한다.
    • 저울의 표시중량을 기록하고 표준 중량(분동 중량)과의 편차를 기록한다.
    • 편차가 기준(표준중량의 ±1%)을 초과할 경우 교정을 실시하여 사용한다.
- 온도계
    • 편평한 곳에서 100℃ 정도의 물(끓는 물)과 10℃ 이하(얼음 물)의 물을 준비한 후 표준온도계와 측정 온도계를 동시에 넣어 온도를 확인한다.
    • 편차가 기준(표준온도의 ±1℃)을 초과할 경우 교정을 실시하여 사용한다.

④ 검·교정 결과는 모니터링 및 검사장비 검·교정 점검표에 기록, 관리한다.
⑤ 필요 시 외부기관에 검·교정을 의뢰하고 외부기관에서 발급한 검·교정 성적서를 보관, 관리한다.
⑥ 검·교정 결과 이상이 있는 장비는 수리, 폐기 등을 하고 처리결과를 모니터링 및 검사장비 검·교정 점검표에 기록하여 관리한다.

  ※ 나머지 검사장비, 모니터링 장비 등은 자체 검·교정 방법을 수립하여 외부 또는 자체 검·교정 하여야 함.

(3) 시약관리

① 시약의 특성에 따라 정해진 장소에 보관하며, 유효기간을 준수한다.
② 시약수불대장 및 관리대장을 작성하여 관리하고 유효기간이 지난 것은 폐기한다.

- **위생검사 기준규격**

공중낙하세균 검사 기준 규격 [예시]

검사방법		측정 장소 : 공중낙하균 측정 위치도를 참조하여 검사한다. 측정 시간 : 개방 시간은 15분으로 한다.			
구분	구분	작업장명	기준 (cfu/plate 이하)		
			일반세균	대장균군	진균
	배양온도/시간		35℃ / 24h±2h		25℃ / 5일~7일
	청결구역	○○실 등	$1.0 \times 10^1 \downarrow$	$1.0 \times 10^1 \downarrow$	$1.0 \times 10^1 \downarrow$
	일반구역	○○○실 등	$3.0 \times 10^1 \downarrow$	$1.0 \times 10^1 \downarrow$	$3.0 \times 10^1 \downarrow$
검사주기		1회/월			
기록관리		공중낙하세균 점검표			

표면 오염도 검사 기준규격 [예시]

검사방법	작업장 내 사용 중인 작업도구 및 공정설비를 swab contact method를 이용하여 측정한다.			
구분	일반구역		청결구역	
	대장균군 (CFU/100cm^2)	일반세균수 (CFU/100cm^2)	대장균군 (CFU/100cm^2)	일반세균수 (CFU/100cm^2)
배양온도/시간	35℃±2 24h±2	35℃±2 24h±2	35℃±2 24h±2	35℃±2 24h±2
청결구역	$1.0 \times 10^4 \downarrow$	$1.0 \times 10^5 \downarrow$	음성	$1.0 \times 10^3 \downarrow$
일반구역	$1.0 \times 10^2 \downarrow$	$1.0 \times 10^3 \downarrow$	음성	$5.0 \times 10^1 \downarrow$
검사주기	1회/월			
기록관리	표면오염도 점검표(시설·설비·도구)			

작업자 위생 검사 기준규격 [예시]

검사방법	작업자의 손, 위생장갑, 앞치마, 위생화, 위생복 등을 swab contact method를 이용하여 측정한다.			
구분	일반구역		청결구역	
	대장균군 (CFU/100cm²)	일반세균수 (CFU/100cm²)	대장균군 (CFU/100cm²)	일반세균수 (CFU/100cm²)
배양온도/시간	35℃±2 24h±2	35℃±2 24h±2	35℃±2 24h±2	35℃±2 24h±2
청결구역	1.0 × 10⁴↓	1.0 × 10⁵↓	음성	1.0 × 10³↓
일반구역	음성	1.0 × 10³↓	음성	5.0 × 10¹↓
검사주기	1회/월			
기록관리	표면오염도 점검표(작업자)			

용수검사 기준 규격 [예시]

검사 방법	효소발색키트를 이용하여 수질 내 총대장균군 및 대장균, 분원성 대장균군 유무 판별, 용수 100ml에 키트를 넣고 변화색 확인
	– 무색 : 총대장균군 및 대장균, 분원성 대장균군 음성
	– 노란색 : 총대장균군에 양성
	  ⇨ 노란색을 띄면 어두운 곳에서 샘플을 10cm거리에서 UV램프를 비춰 형광을 띄는지 확인
	  후 형광색이 나타날 경우 : 대장균양성						

검사 항목	맛	냄새	검사항목	일반세균	총 대장균군	분원성 대장균군	대장균	잔류염소
			배양온도 및 시간	35±1℃/ 24~48시간	35±1℃ 24±2시간	총 대장균군 시험에 준함	총 대장균군 시험에 준함	잔류염소 측정페이퍼
규격 기준	이미가 없을 것	이취가 없을 것	–	100↓ (CFU/ml)	음성 (CFU/100ml)	음성 (CFU/100ml)	음성 (CFU/100ml)	4ppm 이하
검사주기	1회/월							
필터 교환	1회/월							
기록 관리	용수미생물 점검표							

(4) 관능검사

1) 관능검사의 정의

식품의 관능검사는 인간의 미각, 후각, 시각, 촉각, 청각의 5가지 감각을 이용하여 식품의 관능적 품질 특성인 외관, 향미 및 조직감 등을 과학적으로 평가하는 것을 말한다. 즉, 사람이 측정기구가 되어 식품의 특성을 평가하는 방법으로 인간의 감각기관에 감지되는 반응을 측정 및 분석하는 과학의 한 분야이다.

2) 관능검사의 목적

제품개발, 품질관리 및 판매에 관련된 결정의 기초정보를 제공하는 역할을 한다.
신제품개발, 품질개선, 원가절감 및 공정개선, 품질관리, 마케팅 등에 널리 이용된다.

3) 관능검사 기본사항

① 패널
- 관능검사에 참여하는 사람들의 집단을 패널이라 하며, 평가를 하는 각 개인을 관능검사요원 혹은 패널 요원이라 한다.
- 일반적으로 건강상 문제가 있거나 흡연자 및 지나친 음주자 등은 제외한다.
- 패널은 최소한 평가 2시간 이전에 커피나 자극적인 음식은 피해야 한다.
- 목표하는 패널수를 채우기 위해 자격이 없는 패널을 대상으로 평가하는 일이 없어야한다.
- 항상 예비 패널을 확보하여야 한다.
- 평가 시 패널은 충분한 심리적 안정을 유지하여야 하며 시간을 쫓기어 평가하여서는 안 된다.
- 어린이는 표현력 부족, 노인은 세포 감각둔화로 정확한 평가를 하기 어려운 경우가 있으므로 평가시료에 따라 패널 요원으로 적합한지 고려하여야 한다.
- 제품의 특성에 따라 패널의 경제력, 성별, 사회적 지위, 거주지역, 연령 등을 고려하여 패널 요원을 선발한다.

② 장소(관능검사실)
  ㉠ 위치
  - 붐비지 않고 조용하며 특히 냄새가 없는 곳
  - 패널 요원이 쉽게 갈 수 있는 편리한 곳
  - 사람의 왕래가 빈번하지 않은 곳(정보유출 가능)

  ㉡ 칸막이 검사대
  - 패널 요원 간에 방해가 되지 않도록 칸막이 검사대가 필요
  - 높이는 시각, 청각적인 방해를 피할 수 있도록 45cm 이상
  - 전면에 시료를 제공받는 시료 투입구가 필요
  - 칸막이 검사대 설치가 어려운 경우에는 대형 테이블 위에 칸막이를 설치하거나 간격을 넓게 배치

ⓒ 조명
- 골고루 비치하며, 적당한 밝기의 편안한 조명
- 칸막이 검사대에는 그림자가 생기지 않도록 설치 외형이 문제되는 경우 특수조명 설치

ⓔ 벽의 색 : 흰색

ⓜ 공기순환장치(환풍기)와 온도, 습도 조절장치
- 외부의 냄새가 방 안으로 들어오지 못하게 공기순환장치 설치 필요 온도는 20~22℃, 상대습도는 50~55%로 유지

4) 관능검사방법의 종류

분석적 차이검사	차이식별 검사	종합적 차이 검사	삼점검사 (Triangle test)
			일이점 검사 (Duo-trio test)
			단순차이 검사 (Simple difference test)
			다표준 시료 검사 (Multiple standard test)
		특성 차이 검사	이점비교검사 (Paired comparison test)
			3점 강제선택 차이 검사 (3-Alternative Forced Choice Test)
			순위법 (Ranking test)
			평점법 (Scaling test)
	묘사분석	정성적 검사	향미프로필 (flavor profile)
			텍스쳐프로필 (texture profile)
		정량적 검사	정량적 묘사분석 (Quantitive descriptive analysis)
			스펙트럼 묘사분석 (Spectrum descriptive analysis)
			시간 강도 분석 (Time-intensity analysis)
소비자 기호도 검사		정성적 검사	초점그룹
			초점패널
			소비자 프로브패널
			일대일 면접
		정량적 검사	이점 비교법
			기호 척도법
			순위법

5) 분석적 관능검사
① 차이식별 검사
시료 간의 차이를 분석적으로 검사하는 방법, 2개 또는 그 이상의 시료를 사용한다.
㉠ 종합적 차이 검사
두개의 검사물들 간의 차이 유무를 조사하기 위해 사용되며 표준제품과 시제품 간의 차이점 조사할 때 사용한다.
- 삼점검사(Triangle Test) : 3개 시료 중 두개는 같고 한개는 다름
  - 관능검사 요원에게 3개의 시료를 제시하고 그 중 2개의 시료는 같고 하나는 다르다고 알려준다.
  - 삼점검사의 목적은 두 시료 간에 관능적 특성의 차이가 있는지 여부를 판정하는 것이다.
- 일이점 검사(Duo-Trio Test)
  - 관능검사 요원에게 3개의 시료를 동시에 제시하는데 제시되는 시료 중 하나는 기준시료이다.
  - 제품의 차이가 성분이나 가공 방법, 포장 등의 요인에 의해서 영향을 받았는지 판별할 때 사용한다.
  - 어떤 특성이 눈에 띄게 바뀌지 않은 경우라도 전반적으로 제품이 차이가 있는지 없는지를 결정할 때 사용한다.
- 단순차이 검사(Simple Difference Test) : 두 시료를 놓고 시료가 같은지 다른지
  - 관능검사 요원에게 2개의 시료를 동시에 제시하는데 제시되는 시료 중 절반은 서로 다른 시료(A/B, B/A), 다른 절반은 같은 시료(A/A, B/B)이다.
  - 관능검사 요원에게 왼쪽부터 오른쪽의 순서로 맛을 보게 하고 두 시료가 같은지 다른지를 평가한다.
  - 삼점검사나 일-이점 검사가 적합하지 않은 시료를 평가할 때 주로 사용한다.
  - 시료 간의 관능적 특성에 차이가 있는지 여부를 판정하고자 하는 경우에 사용한다.
- 다표준 시료 검사(Multiple Standard Test)
  - 관능검사 요원에게 4~5개의 시료를 제시
  - 일반적으로 2~5개의 표준검사 제품과 비교검사 제품을 패널에게 제공하고 가장 다른 시료를 선택하게 한다.
  - 제품의 원료 대체나 성분, 가공, 저장, 포장 등의 요인에 의해서 제품이 영향을 받는지 판별할 때 사용한다
  - 많은 가변성을 가진 기존 제품에 비하여 새로운 시료의 차이를 알고자 할 때 여러 개의 표준검사 제품과 비교 검사 제품을 동시에 제공하여 검사를 실시한다.

ⓒ 특성 차이 검사(Attribute Difference Tests)

2개의 시료 혹은 둘 이상의 시료에서 여러 관능적 특성 중 주어진 특성에 대하여 시료 간에 차이가 있는지, 있다면 어디가 어떻게 다른지 조사, 어느 제품이 어떻게 다른지 알아보는데 사용된다.

- 이점비교검사(Paired Comparison Test) : 두 제품 중 특정한 특성이 어떤 것이 더 강한지 식별
  - 2개의 시료를 동시에 제공하여 특정 특성이 더 강한 것을 식별하게 하는 검사(2개의 시료를 AB 또는 BA 등으로 시료 세트 구성)
  - 어떤 특정한 관능적 특성에 대하여 두 시료의 차이를 조사하기 위하여 사용한다.
  - 다른 검사보다 시료 수가 적고, 관능검사 방법이 간단하여 많이 사용한다.
  - 패널 요원이 특성에 대해 완전히 이해하지 못했을 경우 정확도가 떨어질 수 있다는 단점이 있다.

- 3점 강제선택 차이 검사(3-Alternative Forced Choice Test: 3-AFC Test)
  - 삼점검사와 유사하지만 두 시료의 차이를 비교함에 있어서 두 시료 중 한 가지는 항상 쌍으로 준비하여 동일 시료로 사용한다.
  - 이 검사 방법을 사용하기 위해서는 두 시료 중 어떤 시료의 성질이 더 강한지 미리 알고 있어야 한다.

- 순위법(Ranking Test)
  - 여러 시료 중 특정한 특성이 강한 순서대로 나열하도록 한다.
  - 패널 요원에게 3개 이상의 시료를 놓고 특정 특성이 가장 강한 것부터 차례대로 순위를 정하게 하는 검사(시료는 보통 3~6개 정도가 적당하며, 10개를 넘지 않도록 한다.)
  - 관능검사 시 특성이 가장 높은 시료 또는 가장 낮은 시료를 선택할 때 이용한다.
  - 시료 간에 자세한 비교 평가를 하기 위해 일차적으로 사용한다.

- 평점법(Scaling Test)
  - 여러 시료 중 특정한 특성에 점수를 부여한다.
  - 제품개발이나 품질 관리 시 특정 요인의 변화로 관심 있는 특성에 있어서 어떤 변화가 발생하는지 즉, 어느 제품에 있어서 그 특성이 더 강한지 또는 얼마나 더 강한지 조사하기 위하여 사용된다.
  - 시료의 특성 강도에 어느 정도 차이가 있는지 알아보는 검사법으로 기준시료 없이 3~7개의 시료를 제시하여 정해진 척도(5점, 7점, 9점 척도)에 따라 평가하게 하는 검사이다.
  - 주어진 시료들의 특성 강도의 차이가 어떻게 다른지를 정해진 척도에 따라 평가하는 방법이다.
  - 척도의 종류는 구획 척도와 비구획 척도로 구분한다.
    * 구획척도는 보통 1~9점의 항목 척도가 사용된다.
    * 비구획 척도는 15cm의 선척도(line scale)가 사용된다.

② 묘사분석

묘사분석 훈련된 패널을 통해 시료의 맛, 냄새, 향, 텍스쳐 등 모든 관능적 특성을 출현 순서에 따라 질적 및 양적으로 묘사하는 방법이다.

묘사분석 활용도 높고 주로 마지막 단계에서 사용한다.

㉠ 정성적 검사
- 향미 프로필(Flavor Profile)

  시료의 맛과 냄새에 기초하여 향미가 재현될 수 있도록 묘사하는 방법으로 냄새, 맛, 후미 순으로 분석하며 감지되는 향미 특성의 종류와 강도, 각 특성의 출현 순서, 후미의 종류와 강도, 전체적인 인상 등을 평가 및 묘사하는 방법이다.

- 텍스쳐 프로필(Texture Profile)

  시료의 기계적 특성, 기하학적특성, 수분 및 지방함량에 의한 특성의 강도를 평가하여 시료의 텍스쳐 특성을 재현하는 방법이다.

㉡ 정량적 검사
- 정량적 묘사분석(Quantitive Descriptive Analysis)

  향미, 텍스쳐, 전체적인 맛과 냄새의 강도 등 시료에서 느껴지는 관능적 특성을 보다 정확하게 종합적으로 평가하는 방법으로, 모든 관능적 특성을 나열한 뒤 각 특성의 강도를 출현 순서에 따라 반복 측정하여 평가하는 방법이다.

- 스펙트럼 묘사분석(Spectrum Descriptive Analysis)

  시료에서 검사 가능한 모든 관능적 특성 또는 소수의 특정한 관능적 특성을 사전에 개발된 절대척도와 비교하여 평가하는 방법이다.

- 시간 · 강도 분석(Time-Intensity Analysis)

  시료의 몇 가지 중요한 관능적 특성의 강도를 시간의 연속성 하에서 검사하는 방법이다.

6) 소비자 기호도 검사

제품의 품질유지, 품질 향상 및 최적화, 신제품 개발, 시장에서의 가능성 평가를 위해 실시되며, 제품에 대한 소비자들의 기호도, 선호도를 알아보기 위한 검사 방법이다.

㉠ 정성적 검사

인터뷰나 소그룹을 통해서 소비자들로 하여금 제품의 관능적 특성에 대해 이야기하게 하면서 제품에 대한 반응을 알아보는 검사 방법이다.

- 초점그룹
- 조점패널
- 프로브패널
- 일대일 면접

㉡ 정량적 검사

기호도, 선호도, 관능적 특성에 대하여 최소 50명에서 수백 명의 대규모 그룹을 상대로 조사하는 것으로 제품의 넓은 범위의 특성에 대한 소비자의 전반적인 기호도 및 선호도를 조사할 때 사용하는 방법이다.

- 이점 비교법
- 기호 척도법
- 순위법

7) 관능검사에 사용되는 척도의 유형

① 명목척도(Nominal scale)
- 이름을 지정하거나 그룹을 분류하는데 사용되는 척도, 이름이 서로 다른 둘 이상의 그룹을 실험할 때 어떤 성분의 냄새나 다른 양적인 관계에 따르지 않는다.
- 명목척도를 사용하여 얻을 수 있는 정보의 양은 적다.

② 서수척도(Ordinal scale)
- 강도나 기호의 순위를 정하는데 사용되는 척도, 보다 많은 정모를 얻을 수 있으며 자료는 비모수적인 통계방법으로 분석할 수 있고 때에 따라 모수적인 통계방법도 이용될 수 있다.
- 서수적 척도 중 평점 척도를 사용한 결과(9점 기호 척도)는 간격 척도의 성질을 나타내기도 한다.

③ 간격척도(Interval scale)
- 크기를 측정하기 위한 척도, 여기서 눈금사이의 간격은 동일한 것으로 간주한다.
- 사용하기 편리하고 모든 통계방법이 적용될 수 있어서 많이 사용된다.
    - 9점 기호 척도
    - 선척도
    - 도표 평점 척도

④ 비율척도(Ratio scale)
- 크기를 측정하기 위한 척도, 눈금사이의 비율이 동일한 것으로 간주한다.
- 비율척도를 통해 얻은 자료는 평균과 분산분석 등을 포함하여 모든 통계방법으로 분석이 가능하다.
    - 크기 추정 척도

8) 식품산업에서 관능검사의 응용
- 신제품 개발
- 소비자 기호도 조사
- 품질 기준 설정
- 품질 개선
- 원가절감 및 공정개선
- 품질 관리
- 품질 수명 예측 및 저장 유통조건 설정
- 제품의 색, 포장 및 디자인의 선택
- 경쟁사의 감시

2 식품위생 검사

1. 식품위생 검사의 목적

① 식품에 의해 매개되는 전염병 및 식중독에 대한 원인 미생물이나 원인물질을 찾아내는 것이다.
② 식품에 의해 발생되는 건강 장애 요인을 사전에 예방하여 안전한 상태로 유지하는 것이다.
③ 식품위생의 대책수립과 지도를 위하여 실시한다.

2. 검사 방법

관능검사, 생물학적 검사, 화학적 검사, 물리적 검사, 독성 검사 등이 있다.

3. 검체의 채취 및 취급요령[식품공전]

검체 채취 시에는 검사목적, 대상 식품의 종류와 물량, 오염 가능성, 균질여부 등 검체의 물리 · 화학 · 생물학적 상태를 고려하여야 한다.

(1) 검체의 채취요령
1) 검사대상 식품등이 불균질 할 때
① 검체가 불균질 할 때에는 일반적으로 다량의 검체가 필요하나 검사의 효율성, 경제성 등으로 부득이 소량의 검체를 채취할 수밖에 없는 경우에는 외관, 보관상태 등을 종합적으로 판단하여 의심스러운 것을 대상으로 검체를 채취할 수 있다.
② 식품등의 특성상 침전 · 부유 등으로 균질하지 않은 제품(예, 식품첨가물 중 향신료 올레오레진류 등)은 전체를 가능한 한 균일하게 처리한 후 대표성이 있도록 채취하여야 한다.

2) 검사항목에 따른 균질 여부판단
검체의 균질여부는 검사항목에 따라 달라질 수 있다. 어떤 검사 대상 식품의 선도판정에 있어서는 그 식품이 불균질하더라도 이에 함유된 중금속, 식품첨가물 등의 성분은 균질한 것으로 보아 검체를 채취할 수 있다.

3) 포장된 검체의 채취
① 깡통, 병, 상자 등 용기 · 포장에 넣어 유통되는 식품등은 가능한 한 개봉하지 않고 그대로 채취한다.
② 대형용기 · 포장에 넣은 식품등은 검사 대상전체를 대표할 수 있는 일부를 채취할 수 있다.

4) 냉장, 냉동 검체의 채취
냉장 또는 냉동식품을 검체로 채취하는 경우에는 그 상태를 유지하면서 채취하여야 한다.

5) 미생물 검사를 하는 검체의 채취

① 검체를 채취·운송·보관하는 때에는 채취 당시의 상태를 유지할 수 있도록 밀폐되는 용기·포장 등을 사용하여야 한다.

② 미생물학적 검사를 위한 검체는 가능한 미생물에 오염되지 않도록 단위 포장상태 그대로 수거하도록 하며, 검체를 소분 채취 할 경우에는 멸균된 기구·용기 등을 사용하여 무균적으로 행하여야 한다.

③ 검체는 부득이한 경우를 제외하고는 정상적인 방법으로 보관·유통 중에 있는 것을 채취하여야 한다.

④ 검체는 관련 정보 및 특별 수거계획에 따른 경우와 식품접객업소의 조리식품등을 제외하고는 완전포장된 것에서 채취하여야 한다.

6) 페이스트상 또는 시럽상 식품등

① 검체의 점도가 높아 채취하기 어려운 경우에는 검사결과에 영향을 미치지 않는 범위 내에서 가온 등 적절한 방법으로 점도를 낮추어 채취할 수 있다.

② 검체의 점도가 높고 불균질하여 일상적인 방법으로 균질하게 만들 수 없을 경우에는 검사 결과에 영향을 주지 아니하는 방법으로 균질하게 처리할 수 있는 기구 등을 이용하여 처리한 후 검체를 채취할 수 있다.

(2) 검체 채취 내역서의 기재

검체 채취자는 검체 채취 시 당해 검체와 함께 제8. 일반시험법 12. 부표12. 11 검체 채취 내역서를 첨부하여야 한다. 다만, 검체 채취 내역서를 생략하여도 기준·규격검사에 지장이 없다고 인정되는 때에는 그러하지 아니할 수 있다.

(3) 식별표의 부착

수입식품검사의 경우 검체채취 후 검체를 수거하였을 때 식별표를 보세창고 등의 해당식품에 부착한다.

(4) 검체의 운반 요령

1) **채취된 검체**

   오염, 파손, 손상, 해동, 변형 등이 되지 않도록 주의하여 검사실로 운반하여야 한다.

2) **검체가 장거리로 운송되거나 대중교통으로 운송되는 경우**

   손상되지 않도록 특히 주의하여 포장한다.

3) **냉동검체의 운반**

   ① 냉동검체는 냉동상태에서 운반하여야 한다.

   ② 냉동장비를 이용할 수 없는 경우에는 드라이아이스 등으로 냉동상태를 유지하여 운반할 수 있다.

4) **냉장검체의 운반**

   냉장검체는 온도를 유지하면서 운반하여야 한다. 얼음 등을 사용하여 냉장온도를 유지하는 때에는 얼음 녹은 물이 검체에 오염되지 않도록 주의 하여야하며 드라이아이스 사용 시 검체가 냉동되지 않도록 주의하여야 한다.

5) **미생물 검사용 검체의 운반**

   ① 부패·변질 우려가 있는 검체

   미생물학적인 검사를 하는 검체는 멸균용기에 무균적으로 채취하여 저온(5°C± 3이하)을 유지시키면서 24시간 이내에 검사기관에 운반하여야 한다. 부득이한 사정으로 이 규정에 따라 검체를 운반하지 못한 경우에는 재수거하거나 채취일시 및 그 상태를 기록하여 식품등 시험·검사기관 또는 축산물 시험·검사기관에 검사의뢰 한다.

   ② 부패·변질의 우려가 없는검체

   미생물 검사용 검체일지라도 운반과정 중 부패·변질우려가 없는 검체는 반드시 냉장온도에서 운반할 필요는 없으나 오염, 검체 및 포장의 파손 등에 주의하여야 한다.

   ③ 얼음 등을 사용할 때의 주의사항

   얼음 등을 사용할 때에는 얼음 녹은 물이 검체에 오염되지 않도록 주의하여야 한다.

6) **기체를 발생하는 검체의 운반**

   소분 채취한 검체의 경우에는 적절하게 냉장 또는 냉동한 상태로 운반하여야 한다.

4. 식품위생 검사 방법

(1) 생물학적 검사
1) 일반세균수(표준평판법) [식품공전]
표준한천배지에 검체를 혼합 응고시켜 배양 후 발생한 세균 집락수를 계수하여 검체 중의 생균수를 산출하는 방법이다.

① 시험조작
- 시험용액 1mL와 10배 단계 희석액 1mL씩을 멸균 페트리접시 2매 이상씩에 무균적으로 취하여 약 43~45℃로 유지한 표준한천배지 약 15mL를 무균적으로 분주한다.
- 페트리접시 뚜껑에 부착하지 않도록 주의하면서 조용히 회전하여 좌우로 기울이면서 검체와 배지를 잘 혼합하여 응고시킨다.
- 확산집락의 발생을 억제하기 위하여 다시 표준한천배지 3~5mL를 가하여 중첩시킨다. 이 경우 검체를 취하여 배지를 가할 때까지의 시간은 20분 이상 경과하여서는 아니 된다.
- 응고시킨 페트리접시는 뒤집어 35±1℃에서 48±2시간(시료에 따라서 30±1℃ 또는 35±1℃에서 72±3시간) 배양한다.
- 집락수의 계산은 확산집락이 없고 1개의 평판당 15~300개의 집락을 생성한 평판을 택하여 집락수를 계산하는 것을 원칙으로 한다.
- 시험용액을 가하지 아니한 동일 희석액 1mL를 대조 시험액으로 하여 시험조작의 무균여부를 확인한다.

② 집락수 산정
- 집락수의 계산은 확산집락이 없고 1개의 평판당 15~300개의 집락을 생성한 평판을 택하여 집락수를 계산하는 것을 원칙으로 한다.
- 전 평판에 300개 초과 집락이 발생한 경우 300에 가까운 평판에 대하여 밀집평판 측정법에 따라 계산한다.
- 전 평판에 15개 미만의 집락만을 얻었을 경우에는 가장 희석배수가 낮은 것을 측정한다.

③ 세균수의 기재보고
- 표준평판법에 있어서 검체 1mL 중의 세균수를 기재 또는 보고할 경우에 그것이 어떤 제한된 것에서 발육한 집락을 측정한 수치인 것을 명확히 하기 위하여 1평판에 있어서의 집락수는 상당 희석배수로 곱한다.
- 그 수치가 표준평판법에 있어서 1mL 중(1g 중)의 세균수 몇 개라고 기재보고하며 동시에 배양온도를 기록한다.
- 숫자는 높은 단위로부터 3단계에서 반올림하여 유효숫자를 2단계로 끊어 이하를 0으로 한다.

㉠ 15 - 300CFU / plate인 경우

$$N = \frac{\sum C}{\{(1 \times n1)+(0.1 \times n2)\} \times (d)}$$

N = 식육 g 또는 mL 당 세균 집락수
∑C = 모든 평판에 계산된 집락수의 합
n1 = 첫 번째 희석배수에서 계산된 평판수
n2 = 두 번째 희석배수에서 계산된 평판수
d = 첫 번째 희석배수에서 계산된 평판의 희석배수

구분	희석배수		CFU/g(mL)
	1:100	1:1,000	
집락수	232	33	24,000
	244	28	

$$N = \frac{(232+244+33+28)}{\{(1\times 2)+(0.1\times 2)\}\times (10^{-2})} = 537/0.022 = 24,409 = 24,000$$

㉡ 15 CFU / plate 미만인 경우

구분	희석배수		CFU/g(mL)
	1:10	1:100	
집락수	14	2	120
	10	1	

$$N = \frac{(14+10)}{(1\times 2)\times (10^{-1})} = 24/0.2 = 120$$

2) 대장균군의 검사(정성시험)[식품공전]

① 유당배지법

유당배지를 이용한 대장균군의 정성시험은 추정시험, 확정시험, 완전시험의 3단계로 나눈다. 시험용액 10mL를 2배 농도의 유당배지에, 시험용액 1mL 및 0.1mL를 유당배지에 각각 3개 이상씩 가한다.

㉠ 추정시험

- 시험용액을 접종한 유당배지를 35~37℃에서 24±2시간 배양한 후 발효관 내에 가스가 발생하면 추정시험 양성이다.
- 24±2시간 내에 가스가 발생하지 아니하였을 때에 배양을 계속하여 48±3시간까지 관찰한다.
- 이 때까지 가스가 발생하지 않았을 때에는 추정시험 음성이고 가스발생이 있을 때에는 추정시험 양성이며 다음의 확정시험을 실시한다.

- ⓒ 확정시험
  - 추정시험에서 가스 발생한 유당배지발효관으로부터 BGLB 배지에 접종하여 35~37℃ 에서 24±2시간 동안 배양한 후 가스발생 여부를 확인하고 가스가 발생하지 아니하였을 때에는 배양을 계속하여 48±3시간까지 관찰한다.
  - 가스발생을 보인 BGLB 배지로부터 Endo 한천배지 또는 EMB 한천배지에 분리 배양한다.
  - 35~37℃에서 24±2시간 배양 후 전형적인 집락이 발생되면 확정시험 양성으로 한다.
  - BGLB배지에서 35~37℃로 48±3시간 동안 배양하였을 때 배지의 색이 갈색으로 되었을 때에는 반드시 완전시험을 실시한다.
- ⓒ 완전시험
  - 대장균군의 존재를 완전히 증명하기 위하여 위의 평판상의 집락이 그람음성, 무아포성의 간균임을 확인하고, 유당을 분해하여 가스의 발생 여부를 재확인한다.
  - 확정시험의 Endo 한천배지나 EMB한천배지에서 전형적인 집락 1개 또는 비전형적인 집락 2개 이상을 보통한천배지에 접종하여 35~37℃에서 24±2시간 동안 배양한다.
  - 보통한천배지의 집락에 대하여 그람음성, 무아포성 간균이 증명되면 완전시험은 양성이며 대장균군 양성으로 판정한다.
- ② BGLB 배지법
- ③ 데스옥시콜레이트 유당한천 배지법

3) 대장균군의 검사(정량시험) [식품공전]

- ① 최확수법
  - 최확수란 이론상 가장 가능한 수치를 말하여 동일 희석배수의 시험용액을 배지에 접종하여 대장균군의 존재 여부를 시험하고 그 결과로부터 확률론적인 대장균군의 수치를 산출하여 이것을 최확수(MPN)로 표시하는 방법이다.
  - 최확수는 연속한 3단계 이상의 희석시료(10, 1, 0.1 또는 1, 0.1, 0.01 또는 0.1, 0.01, 0.001)를 각각 5개씩 또는 3개씩 발효관에 가하여 배양 후 얻은 결과에 의하여 검체 1mL 중 또는 1g 중에 존재하는 대장균군 수를 표시하는 것이다.
- ② 데스옥시콜레이트유당한천배지법
- ③ 건조필름법

4) 황색포도상구균(*Staphylococcus aureus*) : 정성시험 [식품공전]

- ① 증균배양
  - 검체 25g 또는 25mL를 취하여 225mL의 10% NaCl을 첨가한 TSB배지에 가한 후 35~37℃에서 18~24시간 증균 배양한다.
  - 검체를 가하지 아니한 10% NaCl을 첨가한 동일 TSB배지를 대조시험액으로 하여 시험조작의 무균 여부를 확인한다.

② 분리배양
- 증균배양액을 난황첨가 만니톨 식염 한천배지 또는 Baird-Parker 한천배지 또는 Baird-Parker(RPF) 한천배지에 접종하여 35~37°C에서 18~24시간 배양한다.
- 배양 결과 난황첨가 만니톨 식염 한천배지에서 황색 불투명 집락을 나타내고 주변에 혼탁한 백색 환이 있는 집락 또는 Baird-Parker 한천배지에서 투명한 띠로 둘러싸인 광택이 있는 검정색 집락 또는 Baird-Parker(RPF) 한천배지에서 불투명한 환으로 둘러싸인 검정색 집락은 확인시험을 실시한다.

③ 확인시험
- 분리 배양된 평판배지 상의 집락을 보통 한천배지 또는 Tryptic Soy 한천배지에 옮겨 35~37°C에서 18~24시간 배양한 후 그람염색을 실시하여 포도상의 배열을 갖는 그람양성 구균을 확인 한 후 Coagulase 시험을 실시하며 24시간 이내에 응고 유무를 판정한다.
- Baird-Parker(RPF) 한천배지에서 전형적인 집락으로 확인된 것은 Coagulase 시험을 생략할 수 있다. Coagulase 양성으로 확인된 것은 생화학 시험을 실시하여 판정한다.

5) 황색포도상구균(*Staphylococcus Aureus*) : 정량시험[식품공전]
① 균수측정
- 검체 25g 또는 25mL를 취한 후, 225mL의 희석액을 가하여 2분간 고속으로 균질화하여 시험 용액으로 하여 10배 단계 희석액을 만든 다음 각 단계별 희석액을 Baird-Parker 한천배지 3장에 0.3mL, 0.4mL, 0.3mL씩 접종액이 1mL이 되게 도말한다.
- 사용된 배지는 완전히 건조시켜 사용하고 접종액이 배지에 완전히 흡수되도록 도말한 후 10분간 실내에서 방치시킨 후 35~37°C에서 48±3시간 배양한 다음 투명한 띠로 둘러싸인 광택의 검정색 집락을 계수한다.
- 검체를 가하지 아니한 동일 희석액을 대조 시험액으로 하여 시험조작의 무균 여부를 확인한다.

② 확인시험
- 계수한 평판에서 5개 이상의 전형적인 집락을 선별하여 보통 한천배지 또는 Tryptic Soy 한천배지에 접종하고 35~37°C에서 18~24시간 배양한 후 정성시험(4.12.1.다)의 확인시험에 따라 시험을 실시한다.

③ 균수계산
- 확인 동정된 균수에 희석 배수를 곱하여 계산한다.
- 예를 들어 10^{-1} 희석용액을 0.3mL, 0.3mL, 0.4mL씩 3장의 선택배지에 도말 배양하고, 3장의 집락을 합한 결과 100개의 전형적인 집락이 계수되었고 5개의 집락을 확인한 결과 3개의 집락이 황색포도상구균으로 확인되었을 경우 시험용액 1mL에는 황색포도상구균의 수는 $10 \times 100 \times (3/5) = 600$으로 계산한다.

6) 살모넬라(*Salmonella spp.*) 시험법[식품공전]
① 증균배양
시료 25mL(g)에 225mL의 펩톤식염완충액을 첨가하여 36±1°C에서 18~24시간 배양한

후 이 배양액을 2종류의 증균배지, 즉 10mL의 Tetrathionate배지에 1mL를 첨가함과 동시에 10mL의 RV배지(또는 RVS배지)에 0.1mL를 첨가하여 각각 36±1°C(Tetrathionate배지) 및 41.5±1°C(RV배지 또는 RVS배지)에서 20~24시간 동안 증균배양한다.

② 분리배양

각각의 증균 배양액을 XLD Agar 및 BG Sulfa한천배지에 도말한 후 36±1°C에서 20~24시간 배양한다. 의심집락은 5개 이상 취하여 확인시험을 실시한다.

③ 확인시험

의심스러운 집락에 대해 TSIAgar 또는 LIA사면배지에 천자하여 37±1°C에서 20~24시간 배양한다. TSI 및 LIA검사 결과 살모넬라균으로 추정되는 균에 대해서는 그람음성의 간균임을 확인하고, Indol(-), MR(+), VP(-), Citrate(+), Urease(-), Lysine(+), KCN(-), malonate(-)시험 등의 생화학적 검사를 실시하여 살모넬라 양성유무를 판정한다.

7) 바실러스 세레우스(*Bacillus cereus*) : 정성시험 [식품공전]

① 분리배양
- 검체 25g 또는 25mL를 취하여 225mL의 희석액을 가하여 균질화한 시험용액을 MYP 한천배지에 접종하여 30°C, 24시간 배양하거나 PEMBA 한천배지에 접종하여 37°C에서 24시간 배양한다.
- 검체를 가하지 아니한 동일 희석액을 대조 시험액으로 하여 시험조작의 무균여부를 확인한다.
- 배양 후 MYP 한천배지에서는 혼탁한 환을 갖는 분홍색 집락 또는 PEMBA 한천배지에서는 혼탁한 환을 갖는 청녹색 집락을 선별한다. 이때 명확하지 않을 경우 24시간 더 배양하여 관찰한다.

② 확인시험
- 각 배지에서 전형적인 집락을 선별하여 보통 한천배지 또는 Tryptic Soy 한천배지에 접종하고 30°C에서 24시간 배양한다.
- 배양 후 그람염색을 실시하여 포자를 갖는 그람양성 간균을 확인하고, 확인된 균은 nitrate 환원능, VP, β-hemolysis, tyrosine 분해능, 혐기배양 시의 포도당 이용 등의 생화학시험을 실시한다.
- 추가로 30°C, 24시간 그리고 상온, 2~3일 추가 배양하여 곤충 독소단백질 생성 확인시험도 실시한다.

8) 바실러스 세레우스(*Bacillus Cereus*) : 정량시험 [식품공전]

① 균수측정
- 검체 25g 또는 25mL를 취한 후, 225mL의 희석액을 가하여 2분간 고속으로 균질화하여 시험용액으로 한다.
- 희석액을 사용하여 10배 단계 희석액을 만든다.
- MYP한천평판배지에 단계별 희석용액 총접종액이 1mL이 되도록 3~5장을 도말하여 30°C에서 24±2시간 배양한 후 집락 주변에 Lecithinase를 생성하는 혼탁한 환이 있는 분

홍색 집락을 계수한다.
- 검체를 가하지 아니한 동일 희석액을 대조 시험액으로 하여 시험조작의 무균여부를 확인한다.

② 확인시험
- 계수한 평판에서 5개 이상의 전형적인 집락을 선별하여 보통한천배지 또는 Tryptic Soy 한천배지에 접종하고 30℃에서 18~24시간 배양한 후 확인시험을 실시한다.

③ 균수계산
- 확인 동정된 균수에 희석배수를 곱하여 계산한다.
- 예로 10^{-1} 희석용액을 0.2mL 씩 5장 도말 배양하여 5장의 집락을 합한 결과 100개의 전형적인 집락이 계수되었고 5개의 집락을 확인한 결과 3개의 집락이 바실루스 세레우스로 확인되었을 경우 100×(3/5)×10= 600으로 계산한다.

9) 곰팡이 검사
- 검체 중의 곰팡이를 그대로 사용하거나 또는 곰팡이용 배지를 사용하여 분리한 후 순수 배양한다.
- 그 형태를 관찰하고, 곰팡이 포자의 수는 주로 Haward법에 의하여 측정한다.

10) 세균성 식중독 검사
식중독 의심이 가는 식품과 환자의 구토물, 대변, 소변, 혈액 등을 이용하여 원인균을 추측한다.

11) 전염병균 검사
장티푸스균, 파라티푸스균, 이질균, 병원성 대장균 등을 환자 또는 보균자의 배설물, 오염되기 쉬운 우유, 유제품, 고기 등 추정원인 식품등의 검체를 통하여 계통적인 검사를 한다.

(2) 이화학적 검사

1) 일반성분 검사
- 각종 식품이 법에 규정되어 있는 성분규격의 적합여부를 검사한다.
- 분리법 종류 : 용매추출법, 투석법, 염석법, 승화법, 분류법, 크로마토그래피법, 전기영동법 등

2) 유해물질 검사
① 유해성 금속 : 비소, 안티몬, 구리, 수은, Cd, 크롬, 주석, 아연, 바륨 등의 유해성 금속은 먼저 건식법이나 습식법에 의하여 식품 중의 유기물을 분해시켜 각종 금속을 분리한 후, 정성반응을 확인하고 그 양은 정량분석한다.

② Methyl alcohol 및 Formaldehyde : Chromotrop산법, Fuchsin 아황산법, Acetylacetone법 등에 의해 정성과 정량시험을 행한다.

③ 시안 및 시안배당체
- 정성시험 : 로단반응법, 베르린반응법, 피크린산법, Pyridine-Pyrazolone법 등
- 정량법 : Picric Acid법, Pyridine-Pyrazolone법, Liebig-Deniges법 등

3) 화학성 식중독의 검사
원인물질이 다양하고 복잡하므로 개개의 유해물에 대하여 시험하고 독성물질의 시험법인 Goldstone법을 주로 이용한다.

4) 식품첨가물의 검사
- '식품등의 규격 및 기준'과 '식품첨가물의 규격 및 기준'에 명시된 시험방법으로 검사한다.
- 식품첨가물공전에 기재된 제조방법, 사용량 등 첨가물의 성분규격에 대해 검사한다.

5) 항생물질의 검사
- 화학적 방법으로 비색법, 형광법, 자외선 흡수스펙트럼법, Polarograph법 등
- 미생물 방법 : 비색법 및 비탁법

6) 잔류농약의 검사
- 식품 중에서 잔류농약을 추출 또는 분리하여 정제한 다음 각각의 농약에 대한 확인시험과 정량시험을 행한다.
- 정성 · 정량 시험 방법으로는 가스, 여지, 박층 크로마토그래피법, 자외선 적외선 흡수스펙트럼법이 이용된다.

(3) 식품의 독성검사
독성시험은 일반적으로 검체의 투여 기간에 의해서 급성독성시험, 아급성독성시험 및 만성독성시험으로 분류하여 세균학적 방법에 의한 병원균의 검색, 화학적인 방법에 의한 유독물질의 검색, 생물반응에 의한 동물시험을 포함하나 일반적으로 동물시험을 말한다.

1) 급성 독성시험
- 생쥐나 쥐 등을 이용하여 검체의 투여량을 저농도에서 일정한 간격으로 고농까지 투여한다.
- 저농도~고농까지 일정한 간격으로 1회 투여 후 7~14일간 관찰하여 치사량(LD_{50})의 측정이나 급성 중독증상을 관찰한다.

2) 아급성 중독시험
- 생쥐나 쥐를 이용하여 취사량(LD_{50}) 이하의 여러 용량을 단시간 투여한 후 생체에 미치는 작용을 관찰한다.
- 시험기간은 1~3개월 정도이며, 만성중독시험 전에 그 투여량의 단계를 결정하는 판단자료를 얻는데 많이 사용된다.

3) 만성 독성시험
- 비교적 소량의 검체를 장기간 계속 투여한 그 영향을 관찰한다.
- 검체의 축적독성이 문제가 되는 경우, 첨가물과 같이 식품으로서 매일 섭취 가능성이 있을 경우에 독성 평가를 위하여 실시하며, 시험기간은 1~2년 정도이다.

출제예상문제

PART 1-1. 식품위생행정과 법규

001 식품위생법 제1조(목적)
- 식품위생법의 목적은 식품으로 인한 위생상의 위해를 방지하고 식품영양의 질적 향상을 도모하며 식품에 관한 올바른 정보를 제공함으로써 국민보건의 증진에 이바지함을 목적으로 한다.

002 식품위생법 제2조(정의)14. "식중독"이란
- 식품 섭취로 인하여 인체에 유해한 미생물 또는 유독물질에 의하여 발생하였거나 발생한 것으로 판단되는 감염성 질환 또는 독소형 질환을 말한다.

003 식품위생법 제2조(정의)
- 화학적 합성품이란 화학적 수단으로 원소 또는 화합물에 분해 반응 외의 화학반응을 일으켜서 얻은 물질을 말한다.

004 식품위생법 제2조(정의)
- 식품위생이라 함은 식품, 식품첨가물, 기구 또는 용기, 포장을 대상으로 하는 음식에 관한 위생을 말한다.

005 식품위생법 제2조(정의) "기구"란
- 식품 또는 식품첨가물에 직접 닿는 기계, 기구나 그 밖의 물건(농업과 수산업에서 식품을 채취하는 데에 쓰는 기계·기구나 그 밖의 물건은 제외한다)을 말한다.
 - 음식을 먹을 때 사용하거나 담는 것
 - 식품 또는 식품첨가물을 채취, 제조, 가공, 조리, 저장, 소분[(小分): 완제품을 나누어 유통을 목적으로 재포장하는 것을 말한다. 이하 같다], 운반, 진열할 때 사용하는 것

001 식품위생법의 목적이 아닌 것은?
① 식품으로 인한 위생상의 위해를 방지
② 식품영양의 질적인 향상을 도모
③ 식품에 관한 올바른 정보를 제공
④ 완전식품의 보존과 섭취도모

002 다음 중 식품 위생법 상의 용어 정의가 맞지 않은 것은?
① "화학적 합성품"이라 함은 화학적 수단으로 원소 또는 화합물에 분해반응 외의 화학반응을 일으켜 얻은 물질
② "식중독"이라 함은 식품의 섭취로 인하여 인체에 유해한 미생물 만에 의하여 발생한 것
③ "위해"란 식품, 식품첨가물, 기구 또는 용기·포장에 존재하는 위험요소로서 인체의 건강을 해치거나 해칠 우려가 있는 것
④ "식품위생"이란 식품, 식품첨가물, 기구 또는 용기·포장을 대상으로 하는 음식에 관한 위생

003 다음 중 식품위생법상 화학적 합성품으로 볼 수 없는 것은?
① 산화반응에 의하여 제조한 것
② 중화반응에 의하여 제조한 것
③ 분해반응에 의하여 제조한 것
④ 축합반응에 의하여 제조한 것

004 우리나라 식품 위생법에서 식품위생의 대상이 아닌 것은?
① 식품 ② 기구 및 용기
③ 포장 ④ 영업

005 다음 중 식품위생법상 '기구'에 해당하지 않는 내용은?
① 음식을 먹을 때 사용하거나 담는 것
② 식품 또는 식품첨가물을 채취, 제조, 가공, 소분, 운반, 진열할 때 사용하는 것
③ 식품 또는 식품첨가물을 넣거나 싸는 것으로 식품 또는 식품첨가물을 주고받을 때 건네는 물품
④ 식품 또는 식품첨가물에 직접 닿는 기계, 기구나 그 밖의 물건(농업과 수산업에서 사용하는 것 제외)

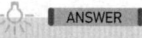 ANSWER

001 ④ 002 ② 003 ③ 004 ④
005 ③

006 식품위생법상 집단급식소에 관한 내용으로 옳은 것을 모두 고르시오.

> ㄱ. 1회 50명 이상에게 식사를 제공할 것
> ㄴ. 영리를 목적으로 하지 아니할 것
> ㄷ. 불특정 다수인에게 계속하여 음식물을 공급할 것

① ㄱ, ㄴ　② ㄴ, ㄷ　③ ㄱ, ㄷ　④ ㄱ, ㄴ, ㄷ

007 다음 중 판매금지 대상이 되는 식품이 아닌 것은?
① 안전성 평가 대상인 농·축·수산물 등 가운데 안전성 평가를 받지 아니한 식품
② 유독, 유해물질이 들어있거나 묻어 있는 식품
③ 제품 외관이 좋지 않은 식품
④ 영업허가를 받지 않은 자가 제조 가공한 식품

008 식품 또는 식품첨가물에 관한 기준 및 규격을 고시하는 사람은?
① 보건복지부장관　② 국무총리
③ 식품의약품안전처장　④ 시·도지사

009 아래의 보기의 ( ) 안에 적합한 사람은 누구인가?

> 수출할 식품 또는 식품첨가물의 기준과 규격은 ( )가(이) 요구하는 기준과 규격을 따를 수 있다.

① 국립검역소장　② 국립보건원장
③ 수입자　④ 수출자

010 식품위생법에서 식품의약품안전처장이 식품등의 기준 및 규격 관리 기본계획을 수립하는 주기는?
① 1년 마다　② 3년 마다
③ 5년 마다　④ 7년 마다

---

006 식품위생법 제2조(정의)
"집단급식소"란 영리를 목적으로 하지 아니하면서 특정 다수인에게 계속하여 음식물을 공급하는 곳의 급식시설로서 대통령령으로 정하는 시설(1회 50명 이상에게 식사를 제공하는 급식소)을 말한다.

007 식품위생법 제4조(위해식품등의 판매 등 금지)
- 썩거나 상하거나 설익어서 인체의 건강을 해칠 우려가 있는 것
- 유독·유해물질이 들어 있거나 묻어 있는 것 또는 그러할 염려가 있는 것. 다만, 식품의약품안전처장이 인체의 건강을 해칠 우려가 없다고 인정하는 것은 제외한다.
- 병을 일으키는 미생물에 오염되었거나 그러할 염려가 있어 인체의 건강을 해칠 우려가 있는 것
- 불결하거나 다른 물질이 섞이거나 첨가된 것 또는 그 밖의 사유로 인체의 건강을 해칠 우려가 있는 것
- 안전성 평가 대상인 농·축·수산물 등 가운데 안전성 평가를 받지 아니하였거나 안전성 평가에서 식용으로 부적합하다고 인정된 것
- 수입이 금지된 것 또는 수입신고를 하지 아니하고 수입한 것
- 영업자가 아닌 자가 제조·가공·소분한 것

008 식품위생법 제7조(식품 또는 식품첨가물에 관한 기준 및 규격)
식품의약품안전처장은 국민보건을 위하여 필요하면 판매를 목적으로 하는 식품 또는 식품첨가물에 관한 다음 각 호의 사항을 정하여 고시한다.
- 제조·가공·사용·조리·보존 방법에 관한 기준
- 성분에 관한 규격

009 식품위생법 제7조(식품 또는 식품첨가물에 관한 기준 및 규격)
수출할 식품 또는 식품첨가물의 기준과 규격은 제1항 및 제2항에도 불구하고 수입자가 요구하는 기준과 규격을 따를 수 있다.

010 식품위생법 제7조의4 관리계획(식품등의 기준 및 규격 관리계획 등)
식품의약품안전처장은 관계 중앙행정기관의 장과의 협의 및 심의위원회의 심의를 거쳐 식품등의 기준 및 규격 관리 기본계획(이하 "관리계획"이라 한다)을 5년마다 수립·추진할 수 있다.

ANSWER
006 ①　007 ③　008 ③　009 ③
010 ③

출제예상문제

011 식품위생법 제14조(식품등의 공전)
식품의약품안전처장은 다음 각 호의 기준 등을 실은 식품등의 공전을 작성 보급하여야 한다.
- 식품 또는 식품첨가물의 기준과 규격
- 기구 및 용기, 포장의 기준과 규격

012 식품위생법 제38조(영업허가 등의 제한)
1. 해당 영업 시설이 시설기준에 맞지 아니한 경우
2. 영업허가가 취소되고 6개월이 지나기 전에 같은 장소에서 같은 종류의 영업을 하려는 경우. 다만, 영업시설 전부를 철거하여 영업허가가 취소된 경우에는 그러하지 아니하다.
3. 영업허가가 취소되고 2년이 지나기 전에 같은 장소에서 식품접객업을 하려는 경우
4. 영업허가가 취소되고 2년이 지나기 전에 같은 자가 취소된 영업과 같은 종류의 영업을 하려는 경우
5. 영업허가가 취소된 후 3년이 지나기 전에 같은 자가 식품접객업을 하려는 경우 6. 영업허가가 취소되고 5년이 지나기 전에 같은 자가 취소된 영업과 같은 종류의 영업을 하려는 경우
7. 식품접객업 중 국민의 보건위생을 위하여 허가를 제한할 필요가 뚜렷하다고 인정되어 시·도지사가 지정하여 고시하는 영업에 해당하는 경우
8. 영업허가를 받으려는 자가 피성년후견인이거나 파산선고를 받고 복권되지 아니한 자인 경우

013 식품위생법 제38조(영업허가 등의 제한) 2항3
청소년을 유흥접객원으로 고용하여 유흥행위를 하게 하는 행위를 위반하여 영업의 허가가 취소되거나 성매매알선 등 행위의 처벌에 관한 법률에 따라 영업의 허가가 취소되고 2년이 지나기 전에 같은 장소에서 식품접객업을 하려는 경우

011 식품, 식품첨가물 등의 공전은 누가 작성하여 보급하여야 하는가?
① 보건환경연구원장
② 식품의약품안전처장
③ 국립보건원장
④ 보건복지부장관

012 다음 중 영업허가 등의 제한을 할 수 있는 경우가 아닌 것은?
① 영업허가를 받고자 하는 자가 파산선고를 받고 복원되지 아니한 때
② 국민보건위생상 제한할 필요가 있을 때
③ 시설기준에 부적합한 때
④ 영업시설 전부를 철거하여 영업허가가 취소된 경우

013 청소년을 유흥접객으로 고용해 유흥행위를 하여 허가가 취소된 장소에서 같은 종류의 영업허가를 받으려면 얼마가 경과하여야 하나?
① 6개월
② 1년
③ 2년
④ 3년

ANSWER
011 ② 012 ④ 013 ③

014 영업자의 지위를 승계할 수 있는 경우로 옳지 않은 것은?
① 종전의 영업자로부터 불법적 절차를 거쳐 영업을 양도받을 때
② 영업자가 영업을 양도하였을 때
③ 영업자의 사망으로 영업을 상속받을 때
④ 합병에 의하여 설립된 법인

015 영업자의 지위를 승계한자는 얼마 이내에 신고하여야 하나?
① 15일 ② 1개월
③ 2개월 ④ 3개월

016 식품안전관리인증기준은 누가 고시하는가?
① 보건환경연구원원장 ② 보건복지부장관
③ 식품의약품안정처장 ④ 지방식품안정처장

017 식품위생심의위원회가 조사·심의하는 사항이 아닌 것은?
① 식중독 방지에 관한 사항
② 식품 및 식품첨가물과 그 원재료에 대한 시험·검사 업무
③ 농약·중금속 등 유독·유해물질 잔류 허용 기준에 관한 사항
④ 식품등의 기준과 규격에 관한 사항

---

014 식품위생법 제39조(영업의 승계)
㉠ 영업자가 영업을 양도하거나 사망한 때 또는 법인이 합병한 경우에는 그 양수인·상속인 또는 합병 후 존속하는 법인이나 합병에 따라 설립되는 법인은 그 영업자의 지위를 승계한다.
㉡ 다음의 각 호의 어느 하나에 해당하는 절차에 따라 영업시설의 전부를 인수한 자는 그 영업자의 지위를 승계한다. 이 경우 종전의 영업자에 대한 영업허가 또는 그가 한 신고는 그 효력을 잃는다.
• 민사집행법에 의한 경매
•「채무자 회생 및 파산에 관한 법률」에 의한 환가
• 국세징수법·관세법 또는 지방세법에 의한 압류재산의 매각

015 식품위생법 제39조(영업승계)
영업자의 지위를 승계한 자는 총리령으로 정하는 바에 따라 1개월 이내에 그 사실을 식품의약품안정처장 또는 특별자치도지사·시장·군수·구청장에게 신고하여야 한다.

016 식품위생법 제48조(식품안전관리인증기준) 1항
식품의약품안정처장은 식품의 원료관리 및 제조·가공·조리·유통의 모든 과정에서 위해한 물질이 식품에 섞이거나 식품이 오염되는 것을 방지하기 위하여 각 과정의 위해요소를 확인·평가하여 중점적으로 관리하는 기준(이하 "식품안전관리인증기준"이라 한다)을 식품별로 정하여 고시할 수 있다.

017 식품위생법 제57조(식품위생심의위원회의 설치 등)
• 식품의약품안전처장의 자문에 응하여 다음 사항을 조사·심의하기 위하여 식품의약품안전처에 식품위생심의위원회를 둔다.
 ─ 식중독 방지에 관한 사항
 ─ 농약·중금속 등 유독·유해물질 잔류 허용 기준에 관한 사항
 ─ 식품등의 기준과 규격에 관한 사항
 ─ 그 밖에 식품위생에 관한 중요 사항

ANSWER
014 ① 015 ② 016 ③ 017 ②

출제예상문제

018 식품위생법 제70조의7(건강 위해가능 영양성분 관리)
제1항국가 및 지방자치단체는 식품의 나트륨, 당류, 트랜스지방 등 영양성분(이하 "건강 위해가능 영양성분"이라 한다)의 과잉섭취로 인하여 국민 건강에 발생할 수 있는 위해를 예방하기 위하여 노력하여야 한다.

019 식품위생법 제86조(식중독에 관한 조사보고)
㉠ 다음 각 호의 어느 하나에 해당하는 자는 지체 없이 관할 특별자치시장·시장(「제주특별자치도 설치 및 국제자유도시 조성을 위한 특별법」에 따른 행정시장 포함)·군수·구청장에게 보고하여야 한다. 이 경우 의사나 한의사는 대통령으로 정하는 바에 따라 식중독 환자나 식중독이 의심되는 자의 혈액 또는 배설물을 보관하는 데에 필요한 조치를 하여야 한다.
• 식중독 환자나 식중독이 의심되는 자를 진단하였거나 그 사체를 검안한 의사 또는 한의사
• 집단급식소에서 제공한 식품등으로 인하여 식중독 환자나 식중독으로 의심되는 증세를 보이는 자를 발견한 집단급식소의 설치·운영자
㉡ 시장·군수·구청장은 제1항에 따른 보고를 받은 때에는 지체 없이 그 사실을 식품의약품안전처장 및 시·도지사에게 보고하고, 대통령령으로 정하는 바에 따라 원인을 조사하여 그 결과를 보고하여야 한다.

020 19번 해설 참조

021 식품위생법 제88조(집단급식소)
• 식중독 환자가 발생하지 아니하도록 위생관리를 철저히 할 것
• 조리·제공한 식품의 매회 1인분 분량을 총리령으로 정하는 바에 따라 144시간 이상 보관할 것

022 식품위생법 제88조(집단급식소)
집단급식소를 설치·운영하려는 자는 총리령으로 정하는 바에 따라 특별자치시장, 특별자치도지사, 시장, 군수, 구청장에게 신고하여야 한다.

---

018 식품위생법상 국가 또는 지방자치단체가 영양성분의 과잉섭취로 인하여 국민 건강에 발생할 수 있는 위해를 예방하기 위하여 관리하는 건강 위해가능 영양성분이 아닌 것은?
① 나트륨
② 당류
③ 트랜스지방
④ 콜레스테롤

019 식품위생법상 식중독 환자를 진단한 의사가 1차적으로 보고하여야 할 기관은?
① 관할 보건소장
② 관할 읍·면·동장
③ 관할 경찰서장
④ 관할 시장·군수·구청장

020 식중독에 관한 보고를 받은 시장·군수·구청장은 누구에게 보고하여야 하나?
① 보건복지부장관
② 보건소장
③ 시·도지사 및 식품의약품안전처장
④ 시장·군수·구청장

021 학교급식 공급업자는 식중독 원인 조사를 위하여 위탁급식을 제공한 식품의 종류별로 그 일부(1인분 분량)를 얼마 이상 냉장 보관하여야 하는가?
① 24시간
② 48시간
③ 96시간
④ 144시간

022 집단급식소를 설치 운영하고자 할 때의 방법으로 옳은 것은?
① 시·도지사에게 신고한다.
② 시·도지사에게 허가 받는다.
③ 시장, 군수, 구청장에게 신고한다.
④ 보건복지부장관에게 신고한다.

ANSWER
018 ④ 019 ④ 020 ③ 021 ④
022 ③

023 다음 중 5년 이하의 징역 또는 5천만원 이하의 벌금에 해당하는 경우로 옳은 것은?

> ㄱ. 정하여진 기준과 규격에 맞지 않는 식품 또는 첨가물의 판매·제조·사용·조리·저장 등의 행위(제7조 4항)
> ㄴ. 정하여진 기준과 규격에 맞지 않는 기구·용기·포장의 판매·제조·사용·저장 등의 행위(제9조 4항)
> ㄷ. 영업정지 명령을 위반하여 영업을 계속한 자(제75조 1항)
> ㄹ. 영업자가 아닌 자가 제조, 가공, 소분하는 행위(제4조)

① ㄱ, ㄴ, ㄷ ② ㄱ, ㄷ
③ ㄴ, ㄹ ④ ㄷ, ㄹ

024 영양사를 두어야 하는 급식소는 상시 1회 몇 사람 이상에게 급식을 제공하는 곳인가?

① 20인 ② 30인
③ 50인 ④ 100인

025 위해평가(Risk assessment)의 주요 대상이 아닌 것은?

① 위험성 확인 ② 위험성 결정
③ 노출 평가 ④ 위해 치료

026 위해평가 과정 중 '위험성 결정과정'에 해당하는 것은?

① 위해요소의 인체노출 허용량 산출
② 위해요소의 인체 내 독성을 확인
③ 위해요소가 인체에 노출된 양을 산출
④ 위해요소의 인체용적 계수 산출

027 식품위생법령상 식품의약품안전처장이 실시하는 위해평가의 순서로 바르게 나열된 것은?

> ㄱ. 위해요소가 인체에 노출된 양을 산출하는 노출평가과정
> ㄴ. 위해요소의 인체 내 독성을 확인하는 위험성 확인과정
> ㄷ. 위해요소의 인체노출 허용량을 산출하는 위험성 결정과정
> ㄹ. 해당 식품등이 건강에 미치는 영향을 판단하는 위해도(危害度) 결정과정

① ㄱ → ㄴ → ㄷ → ㄹ ② ㄴ → ㄷ → ㄱ → ㄹ
③ ㄷ → ㄱ → ㄴ → ㄹ ④ ㄷ → ㄴ → ㄱ → ㄹ

---

023 식품위생법 제94조(벌칙)
영업자가 아닌 자가 제조·가공·소분하는 행위를 했을 때(식품위생법 제4조)의 벌칙은 10년 이하의 징역 또는 1억원 이하의 벌금에 처하거나 이를 병과 할 수 있다.

024 식품위생법 시행령 제2조(집단급식소의 범위)
영양사를 두어야 할 집단 급식소는 상시 1회 50인 이상에게 식사를 제공하는 급식소로 한다.

025 식품위생법 시행령 제4조(위해평가의 대상) 제3항 위해평가의 순서
㉠ 위해요소의 인체 내 독성을 확인하는 위험성 확인과정
㉡ 위해요소의 인체노출 허용량을 산출하는 위험성 결정과정
㉢ 위해요소가 인체에 노출된 양을 산출하는 노출평가과정
㉣ 위험성 확인과정, 위험성 결정과정 및 노출평가과정의 결과를 종합하여 해당 식품등이 건강에 미치는 영향을 판단하는 위해도(危害度) 결정과정

026 25번 해설 참조

027 25번 해설 참조

ANSWER
023 ① 024 ③ 025 ④ 026 ①
027 ②

출제예상문제

028 식품위생법 시행령 17조(식품위생감시원의 직무)
- 식품등의 위생적 취급기준의 이행지도
- 수입·판매 또는 사용 등이 금지된 식품 등의 취급여부에 관한 단속
- 표시기준 또는 과대광고 금지의 위반여부에 관한 단속
- 출입·검사 및 검사에 필요한 식품등의 수거
- 시설기준의 적합여부의 확인·검사
- 영업자 및 종업원의 건강진단 및 위생교육의 이행여부의 확인·지도
- 조리사·영양사의 법령준수사항 이행여부의 확인·지도
- 행정처분의 이행여부 확인
- 식품등의 압류·폐기 등
- 영업소의 폐쇄를 위한 간판제거 등의 조치
- 그 밖에 영업자의 법령이행여부에 관한 확인·지도

029 28번 해설 참조

030 식품위생법 시행령 21조(영업의 종류)
- 기타 식품판매업은 총리령으로 정하는 일정 규모(영업장의 면적이 300제곱미터 이상의 백화점, 슈퍼마켓, 연쇄점 등에서 식품을 판매하는 영업을 말한다.

031 식품위생법 시행령 제21조(영업의 종류)
- 식품제조·가공업
- 즉석판매제조·가공업
- 식품첨가물 제조업
- 식품운반업
- 식품소분·판매업(식품소분업, 식품판매업)
- 식품보존업(식품조사처리업, 식품냉동·냉장업)
- 용기·포장류 제조업(용기·포장지제조업, 옹기류 제조업)
- 식품접객업(휴게음식점영업, 일반음식점영업, 단란주점영업, 유흥주점영업, 위탁급식영업, 제과점영업)

---

028 식품위생법상 식품위생감시원의 직무가 아닌 것은?
① 식품등의 위생적 취급기준의 이행지도
② 시설기준의 적합여부의 확인·검사
③ 중요관리점(CCP) 기록 관리
④ 행표시기준 또는 과대광고 금지의 위반여부에 관한 단속

029 다음과 같은 직무를 수행하는 사람은?

> - 식품, 첨가물, 포장 등의 위생적 취급기준의 이행지도
> - 수입·판매 또는 사용 등이 금지된 식품등의 취급여부에 관한 단속
> - 행정처분의 이행여부 확인

① 식품위생감시원　② 식품위생관리인
③ 식품위생감독원　④ 식품위생심의위원

030 각 영업의 종류에 대한 설명으로 틀린 것은?
① "제과점영업"은 음주행위가 허용되지 아니한다.
② "식품조사처리업"은 식품보존업에 속한다.
③ "단란주점영업"은 손님이 노래를 부르는 행위가 허용된다.
④ "기타 식품판매업"은 백화점, 슈퍼마켓, 연쇄점 등의 영업장 면적이 300제곱미터 미만인 업소에서 식품을 판매하는 영업이다.

031 식품위생법상의 영업에 해당하는 것으로 옳은 것은?

> ㄱ. 식품첨가물 제조업　　ㄴ. 식육 판매업
> ㄷ. 식품소분·판매업　　　ㄹ. 음용수 제조업

① ㄱ, ㄴ　② ㄱ, ㄷ
③ ㄴ, ㄹ　④ ㄷ, ㄹ

ANSWER　028 ③　029 ①　030 ④　031 ②

032 다음 중 음식류를 조리, 판매하고 부수적으로 주류 판매가 허용되는 영업은?
① 휴게음식점 ② 일반음식점
③ 즉석판매식품업 ④ 유흥주점

033 다음 중 신고만 하고 영업을 할 수 있는 영업이 <u>아닌</u> 것은?
① 식품운반업 ② 용기·포장류제조업
③ 단란주점영업 ④ 식품소분업

034 다음 중 식품조사처리업의 영업허가권자는?
① 시장·군수·구청장
② 보건복지부장관
③ 식품의약품안전처장
④ 시·도지사

035 다음 중 식품등의 취급방법으로 틀린 것은?
① 부패·변질되기 쉬운 원료는 냉동·냉장시설에 보관하여야 한다.
② 제조·가공·조리 또는 포장에 직접 종사하는 자는 위생모를 착용하여야 한다.
③ 최소판매 단위로 포장된 식품이라도 소비자가 원하면 포장을 뜯어 분할하여 판매할 수 있다.
④ 제조·가공·조리에 직접 사용되는 기계·기구는 사용 후에 세척·살균하여야 한다.

036 다음 중 판매가 금지되는 동물의 질병으로 옳지 <u>않은</u> 것은?
① 구간낭충 ② 파스튜렐라병
③ 선모충증 ④ 리스테리아병

---

032 식품접객업 영업형태 비교

업종	주 영업형태	부수적 영업형태
휴게음식점영업	음식류 조리·판매	-음주행위금지
일반음식점영업	음식류 조리·판매	-식사와 함께 부수적인 음주행위 허용
단란주점영업	주류 조리·판매	-손님 노래허용
유흥주점영업	주류 조리·판매	-유흥접객원, 유흥시설 설치 허용 -공연 및 음주가무 허용
위탁급식영업	음식류 조리·판매	-음주행위 금지
제과점영업	음식류 조리·판매	-음주행위 금지

033 식품위생법 시행령(허가 및 신고 업종)

허가업종(영 제23조)	신고업종(영 제25조)
·식품보존업 중 식품조사처리업 ·식품접객업 중 단란주점영업, 유흥주점영업	·즉석판매제조·가공업 ·식품운반업 ·식품소분·판매업 ·식품보존업 중 식품냉동·냉장업 ·용기·포장류 제조업 ·식품접객업 중 휴게음식점영업, 일반음식점영업, 위탁급식영업, 제과점영업

034 ㉠ 식품위생법 시행령 제23조(허가를 받아야 하는 영업 및 허가관청)
· 식품보존업 중 식품조사처리업 ⇒ 식품의약품안전처장
· 식품접객업 중 단란주점영업, 유흥주점영업 ⇒ 특별자치도지사 또는 시장·군수·구청장
㉡ 식품위생법 시행령 제25조(영업신고를 하여야 하는 업종 및 신고관청)
· 즉석판매제조·가공업
· 식품운반업
· 식품소분·판매업
· 식품보존업 중 식품냉동·냉장업
· 용기·포장류제조업
· 식품접객업 중 휴게음식점영업, 일반음식점영업, 위탁급식영업, 제과점영업 ⇒ 특별자치도지사 또는 시장·군수·구청장

035 식품위생법 시행규칙 제2조(식품 등의 위생적인 취급에 관한 기준) 별표1
· 최소판매 단위로 포장된 식품은 포장을 뜯어 분할하여 판매할 수 없다.

036 식품위생법 시행규칙 제4조(판매 등이 금지되는 병든 동물 고기 등)
· 「축산물위생관리법 시행규칙」 별표 3 제1호 다목에 따라 도축이 금지되는 가축 감염병
· 리스테리아병, 살모넬라병, 파스튜렐라병 및 선모충증

ANSWER
032 ② 033 ③ 034 ③ 035 ③
036 ①

출제예상문제

037 식품위생법 시행규칙 5조(식품등의 한시적 기준 및 규격의 인정 등) 3항
한시적으로 인정하는 식품등의 제조·가공 등에 관한 기준과 성분의 규격에 관하여 필요한 세부 검토기준 등에 대해서는 식품의약품안전처장이 정하여 고시한다.

038 식품위생법 시행규칙 9조(식품위생검사기관)
- 식품의약품안전평가원, 지방식품의약품안전청, 보건환경연구원

039 식품위생법 시행규칙 제9조의2(위생검사등 요청기관)
"총리령으로 정하는 식품위생검사기관"이란 다음 각호의 기관을 말한다.
- 식품의약품안전평가원
- 지방식품의약품안전청
- 「보건환경연구원법」제2조제1항에 따른 보건환경연구원[2014.3.6. 신설]

040 자가품질검사에 대한 기준
- 자가품질검사주기는 처음으로 제품을 제조한 날을 기준으로 산정한다[식품위생법 시행규칙 31조 별표12]
- 자가품질검사에 관한 기록서는 2년간 보관하여야 한다[식품위생법 시행규칙 31조 4항]

041 식품위생법 시행규칙 제31조(자가품질검사) [별표12]
- 자가품질검사 대상 영업
  - 식품제조가공업, 즉석판매제조·가공업, 식품첨가물제조업, 기구 또는 용기·포장

---

037 식품등의 한시적 기준 및 규격은 누가 정하는가?
① 식품의약품안정처장
② 보건복지부장관
③ 보건환경연구원장
④ 국무총리

038 식품위생법상 위생검사 등의 식품위생검사기관이 아닌 것은?
① 지방식품의약품안전청
② 식품의약품안전평가원
③ 보건환경연구원
④ 농산물품질관리원

039 총리령으로 정하는 식품위생검사기관과 관계 없는 것은?
① 국립보건원
② 도보건환경연구원
③ 지방식품의약품안전청
④ 식품의약품안전평가원

040 아래의 식품위생법에 의한 자가품질검사에 대한 기준에서 ( ) 안에 알맞은 것은?

  – 자가품질검사주기의 적용시점은 (A)을 기준으로 산정한다.
  – 자가품질검사에 관한 기록서는 (B) 보관하여야 한다.

① (A) : 제품판매일, (B) : 1년간
② (A) : 제품판매일, (B) : 2년간
③ (A) : 제품제조일, (B) : 1년간
④ (A) : 제품제조일, (B) : 2년간

041 다음 보기 중 자가품질검사를 하여야 하는 영업자는?

  ㄱ. 식품제조가공업자   ㄴ. 식품보존업자
  ㄷ. 용기·포장류제조업   ㄹ. 식품판매업자

① ㄱ, ㄴ   ② ㄱ, ㄷ
③ ㄴ, ㄹ   ④ ㄷ, ㄹ

ANSWER
037 ① 038 ④ 039 ① 040 ④
041 ②

042 식품위생법상 자가품질검사 의무와 관련된 설명 중 옳지 <u>않은</u> 것은?

① 기구 및 용기·포장의 경우 동일한 재질의 제품으로 크기나 형태가 다를 경우에는 재질별로 자가품질검사를 실시할 수 있다.
② 식품등을 제조·가공하는 영업자는 자가품질검사에 관한 기록서를 1년간 보관하여야 한다.
③ 식품등을 제조·가공하는 영업자는 자가품질위탁 시험·검사기관에 위탁하여 실시할 수 있다.
④ 검사 결과 해당 식품등이 기준을 위반하여 국민 건강에 위해가 발생하거나 발생할 우려가 있는 경우에는 지체 없이 식품의약품안전처장에게 보고하여야 한다.

043 식품제조가공업의 시설기준에 관한 설명 중 맞지 <u>않은</u> 것은?

① 원료 처리실, 제공 가공실, 포장실은 구획되어야 한다.
② 작업장은 환기시설을 갖추어야 한다.
③ 급수는 수돗물 또는 수질검사기관에서 마시기에 적합한 것으로 인정한 것이어야 한다.
④ 지하수를 사용하는 경우 취수원은 화장실, 폐기물처리시설, 동물사육장 등으로부터 최소한 10m 이상 떨어진 곳이어야 한다.

044 시설기준에서 작업장의 내벽은 내수성의 자재로 설치하는데 그 높이는?

① 1.0m　② 1.5m
③ 2.0m　④ 2.5m

045 영업신고를 받은 관청은 신고증 교부 후 얼마이내에 신고 받은 사항을 확인하여야 하나?

① 15일 이내　② 30일 이내
③ 2개월 이내　④ 3개월 이내

046 다음 중 식품 영업에 종사할 수 있는 자는?

① 후천성면역결핍증 환자
② 피부병 기타 화농성 질환자
③ 세균성이질
④ 비전염성 결핵 자

---

042 식품위생법 시행규칙 제31조(자가품질검사) 제4항
· 자가품질검사에 관한 기록서는 2년간 보관하여야 한다.

043 식품위생법 시행규칙 36조(업종별 시설기준) [별표14]
· 식품제조·가공업의 시설기준 지하수 등을 사용하는 경우 취수원은 화장실, 폐기물처리시설, 동물사육장 그 밖에 지하수가 오염될 우려가 있는 장소로부터 영향을 받지 않는 곳에 위치하여야 한다.

044 식품위생법 시행규칙 제36조(업종별 시설기준) : 별표 14
작업장의 바닥, 내벽 및 천정은 다음과 같은 구조로 설비되어야 한다.
· 바닥은 콘크리트 등으로 내수처리를 하여야 하며, 배수가 잘 되도록 하여야 한다.
· 내벽은 바닥으로부터 1.5미터까지 밝은 색의 내수성으로 설비하거나 세균방지용 페인트로 도색하여야 한다.
· 작업장의 내부 구조물, 벽, 바닥, 천장, 출입문, 창문 등은 내구성, 내부식성 등을 가지고, 세척·소독이 용이하여야 한다.

045 식품위생법 시행규칙 제42조(영업의 신고등) 10항
신고를 받은 신고관청은 해당 영업소의 시설에 대한 확인이 필요한 경우에는 신고증 교부 후 15일 이내에 신고 받은 사항을 확인하여야 한다.

046 식품위생법 시행규칙 제50조(식품영업에 종사하지 못하는 질병의 종류)
· 제2급 감염병 중 결핵(비전염성인 경우 제외)
· 제2급 감염병 중 콜레라, 장티푸스, 파라티푸스, 세균성이질, 장출혈성대장균감염증, A형 간염
· 피부병 또는 그 밖의 고름형성(화농성) 질환
· 후천성면역결핍증(성매개감염병)에 관한 건강진단을 받아야 하는 영업에 종사하는 자에 한함

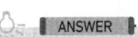

ANSWER
042 ②　043 ④　044 ②　045 ①
046 ④

047 식품위생법 시행규칙 제52조(교육시간)
㉠ 영업자와 종업원이 받아야 하는 식품위생교육시간
• 식품제조·가공업, 즉석판매제조·가공업, 식품첨가물제조업, 식품운반업, 식품소분·판매업(식용얼음판매업자, 식품자동판매기업자는 제외), 식품보존업, 용기·포장류제조업, 식품접객업 : 3시간
• 유흥주점영업의 유흥종사자 : 2시간
• 집단급식소를 설치·운영하는 자 : 3시간

048 식품위생법 시행규칙 제61조(모범업소의 지정 등) 제1항
특별자치시장·특별자치도지사·시장·군수·구청장은 모범업소를 지정하는 경우에는 집단급식소 및 일반음식점영업을 대상으로 별표 19의 모범업소의 지정기준에 따라 지정한다.

049 식품위생법 시행규칙 제62조(HACCP 대상 식품) – 이론 19쪽 참조

050 식품위생법 시행규칙 제62조(HACCP 대상 식품) – 이론 19쪽 참조

051 식품위생법 시행규칙 제68조의2(인증유효기간의 연장신청 등)
인증기관의 장은 인증유효기간이 끝나기 90일 전까지 다음 각 호의 사항을 식품안전관리인증기준 적용업소의 영업자에게 통지하여야 한다.
• 인증유효기간을 연장하려면 인증유효기간이 끝나기 60일 전까지 연장 신청을 하여야 한다는 사실

052 식품위생법 시행규칙 제70조(등록사항)법 제49조제1항에 따른 식품이력추적관리의 등록사항은 다음과 같다.
㉠ 국내식품의 경우
• 영업소의 명칭(상호)과 소재지
• 제품명과 식품의 유형
• 소비기한 및 품질유지기한
• 보존 및 보관방법
㉡ 수입식품의 경우
• 영업소의 명칭(상호)과 소재지
• 제품명
• 원산지(국가명)
• 제조회사 또는 수출회사

---

047 식품보존업자가 받아야 하는 식품위생교육 시간은?
① 3시간　② 6시간
③ 8시간　④ 10시간

048 다음 중 모범업소로 선정될 수 있는 영업은?
① 집단급식소　② 식품첨가물제조업
③ 유흥주점영업　④ 식품판매업

049 식품안전관리인증기준을 준수하여야 하는 대상 식품이 아닌 것은?
① 빙과류 중 빙과　② 레토르트식품
③ 다류 및 커피류　④ 즉석조리식품 중 순대

050 HACCP 인증 의무대상 적용식품이 아닌 것은?
① 피자류　② 두부
③ 과자류　④ 음료류

051 HACCP 연장심사 신청은 만료일로부터 몇일 전에 신청해야 하는가?
① 30일　② 40일
③ 50일　④ 60일

052 식품위생법령상 국내식품의 경우 식품이력추적관리의 등록사항에 해당하지 않는 것은?
① 원재료 및 그 성분
② 제품명과 식품의 유형
③ 유통기한 및 품질유지기한
④ 영업소의 명칭(상호) 및 소재지

ANSWER
047 ①　048 ①　049 ③　050 ②
051 ④　052 ①

053 제조가공업에서 유독유해물질이 들어 있어서 인체의 건강을 해칠 우려가 있는 것을 판매하였을 때의 1차 위반 시의 행정처분은?
① 영업정지 1월
② 영업정지 1월과 제품폐기
③ 영업허가 취소 또는 영업소폐쇄와 제품폐기
④ 영업정지 15일

053 식품위생법 시행규칙 제89조(행정처분기준) [별표 23]
· 식품제조·가공업에서 유독·유해물질이 들어 있거나 묻어 있는 것 또는 병원미생물에 의하여 오염되었거나 그 염려가 있어 인체의 건강을 해칠 우려가 있는 것(제5호에 해당하는 경우를 제외한다)을 판매하였을 때의 1차 위반 시의 행정처분은 영업허가 취소 또는 영업소폐쇄와 해당 제품 폐기이다.

054 식품위생 분야 종사자의 건강진단 규칙에 의거한 건강진단 항목이 아닌 것은?
① 장티푸스
② 폐결핵
③ 파라티푸스
④ 갑상선 검사

054 식품위생 분야 종사자의 건강진단 규칙 제2조(건강진단 항목 등)

대상	건강진단 항목	횟수
식품 또는 식품첨가물(화학적 합성품 또는 기구 등의 살균·소독제는 제외한다)을 채취·제조·가공·조리·저장·운반 또는 판매하는데 직접 종사하는 사람. 다만, 영업자 또는 종업원 중 완전 포장된 식품 또는 식품첨가물을 운반하거나 판매하는 데 종사하는 사람은 제외한다.	· 장티푸스 · 파라티푸스 · 폐결핵	년1회

055 식품영업에 종사하는 사람은 정기진단을 몇 개월마다 받아야 하는가?
① 1년   ② 2개월
③ 3개월   ④ 6개월

055 식품위생 분야 종사자의 건강진단 규칙 제2조(건강진단 항목 등)
• 건강진단 항목 : 장티푸스, 파라티푸스, 폐결핵
• 횟수 : 1년에 1회 실시

056 안전한 급식을 이루기 위하여 실시하는 단체급식 종사원에 대한 정기 건강진단 항목이 아닌 것은?
① 장티푸스 검사   ② 결핵검사
③ 파라티푸스 검사   ④ 갑상선검사

056 55번 해설 참조

057 식품을 채취, 제조, 가공, 조리, 저장, 운반 또는 판매에 직접 종사하는 자는 연 1회 정기건강진단을 받아야하는데, 다음 중 건강진단 항목이 아닌 것은?
① 파라티푸스   ② 장티푸스
③ 이질   ④ 폐결핵

057 55번 해설 참조

ANSWER
053 ③   054 ④   055 ①   056 ④
057 ③

058 식품등의 표시·광고기준에 관한 법령상 허용이 되는 표시·광고에 해당하는 것은?

① 식품등을 의약품으로 인식할 우려가 있는 표시 또는 광고
② 특수용도식품으로 환자의 영양보급 등에 도움을 준다는 내용의 표시·광고
③ 질병의 예방·치료에 효능이 있는 것으로 인식할 우려가 있는 표시 또는 광고
④ 건강기능식품이 아닌 것을 건강기능식품으로 인식할 우려가 있는 표시 또는 광고

059 다음 중 허위표시의 범위에 속하지 <u>않는</u> 것은?

① 제조방법이 식품학·영양학 분야에서 공인된 사항의 내용
② 실제 제조일 및 유통기간이 사실과 다른 내용
③ 질병의 치료 및 효능 등 의약품으로 오인할 우려가 있는 내용
④ 실제 제품 및 함유 내용과 다른 내용

060 다음 중 "식품등의 표시기준"에 의한 표시대상 영양성분이 <u>아닌</u> 것은?

① 비타민 ② 트랜스지방
③ 나트륨 ④ 단백질

---

058 식품등의 표시·광고기준에 관한 법률 제8조(부당한 표시 또는 광고 금지) 제1항
누구든지 식품등의 명칭·제조방법·성분 등 대통령령으로 정하는 사항에 관하여 다음 각 호의 어느 하나에 해당하는 표시 또는 광고를 하여서는 아니 된다.
- 질병의 예방·치료에 효능이 있는 것으로 인식할 우려가 있는 표시 또는 광고
- 식품등을 의약품으로 인식할 우려가 있는 표시 또는 광고
- 건강기능식품이 아닌 것을 건강기능식품으로 인식할 우려가 있는 표시 또는 광고
- 거짓·과장된 표시 또는 광고
- 소비자를 기만하는 표시 또는 광고
- 다른 업체나 다른 업체의 제품을 비방하는 표시 또는 광고
- 객관적인 근거 없이 자기 또는 자기의 식품을 다른 영업자나 다른 영업자의 식품과 부당하게 비교하는 표시 또는 광고
- 사행심을 조장하거나 음란한 표현을 사용하여 공중도덕이나 사회윤리를 현저하게 침해하는 표시 또는 광고
- 총리령으로 정하는 식품등이 아닌 물품의 상호, 상표 또는 용기·포장 등과 동일하거나 유사한 것을 사용하여 해당 물품으로 오인·혼동할 수 있는 표시 또는 광고
- 제10조제1항에 따라 심의를 받지 아니하거나 같은 조 제4항을 위반하여 심의 결과에 따르지 아니한 표시 또는 광고

059 식품등의 표시·광고에 관한 법률 시행령 제3조(부당한 표시 또는 광고의 내용) [별표1] 5. 소비자를 기만하는 다음 각 목의 표시 또는 광고
- 식품학·영양학·축산가공학·수의공중보건학 등의 분야에서 공인되지 않은 제조방법에 관한 연구나 발견한 사실을 인용하거나 명시하는 표시·광고. 다만, 식품학 등 해당분야의 문헌을 인용하여 내용을 정확히 표시하고, 연구자의 성명, 문헌명, 발표 연월일을 명시하는 표시 광고는 제외한다.

060 식품등의 표시·광고에 관한 법률 시행규칙 제6조(영양표시)
표시대상 영양성분
- 열량, 나트륨, 탄수화물, 당류[식품, 축산물에 존재하는 단당류와 이당류를 말한다. 다만 제·환·분말 형태의 건강기능식품은 제외한다], 지방, 트랜스지방(Trans Fat), 포화지방(Saturated Fat), 콜레스테롤, 단백질, 영양표시나 영양강조표시를 하려는 경우에는 [별표 5] 1일

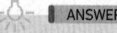

058 ② 059 ① 060 ①

061 식품등의 표시기준 중 용어의 정의로 틀린 것은?

① 당류 : 식품 내에 존재하는 모든 단당류와 이당류의 합
② 영양성분 : 식품에 함유된 성분으로 에너지를 공급하거나 신체의 성장, 발달, 유지에 필요한 것
③ 소비기한 : 식품등에 표시된 보관방법을 준수할 경우 섭취하여도 안전에 이상이 없는 기한
④ 영양강조표시 : 제품의 일정량에 함유된 영양소의 함량을 표시하는 것

062 식품등의 표시기준으로 틀린 것은?

① 소비기한 : 식품등에 표시된 보관방법을 준수할 경우 섭취하여도 안전에 이상이 없는 기한
② 제조연월일 : 소분 판매하는 제품은 원재료의 소분공정을 실제 작업한 연월일
③ 품질유지기한 : 식품의 특성에 맞는 적절한 보존방법이나 기준에 따라 보관할 경우 해당식품 고유의 품질이 유지될 수 있는 기한
④ 식품유형 : 식품의 기준 및 규격의 최소분류단위를 말함

063 다음 중 식품등의 표시기준으로 바르지 못한 것은?

① 성분 : 제품에 따로 첨가한 영양성분 또는 비영양성분이거나 원재료를 구성하는 단일물질로서 최종제품에 함유되어 있는 것을 말한다.
② 트랜스지방 : 트랜스구조를 1개 이상 가지고 있는 비공액형의 모든 포화지방산
③ 품질유지기한 : 식품의 특성에 맞는 적절한 보존방법이나 기준에 따라 보관할 경우 해당식품 고유의 품질이 유지될 수 있는 기한
④ 당류 : 식품 내에 존재하는 모든 단당류와 이당류의 합

064 식품의 "1회 섭취 참고량"은 몇 세 이상으로 설정한 값인가?

① 만 3세 이상   ② 만 5세 이상
③ 만 13세 이상 ④ 만 18세 이상

영양성분 기준치에 명시된 영양성분

061 식품등의 표시기준 Ⅰ. 총칙 3. 용어의 정의
- 영양강조표시라 함은 제품에 함유된 영양소의 함유사실 또는 함유정도를 "무", "저", "고", "강화", "첨가", "감소" 등의 특정한 용어를 사용하여 표시하는 것
  - 영양소 함량강조표시 : 영양소의 함유사실 또는 함유정도를 "무○○", "저○○", "고○○", "○○함유" 등과 같은 표현으로 그 영양소의 함량을 강조하여 표시하는 것
  - 영양소 비교강조표시 : 영양소의 함유사실 또는 함유정도를 "덜", "더", "강화", "첨가" 등과 같은 표현으로 같은 유형의 제품과 비교하여 표시하는 것

062 식품등의 표시기준 Ⅰ. 총칙 3. 용어의 정의
"제조연월일"이라 함은 포장을 제외한 더 이상의 제조나 가공이 필요하지 아니한 시점(포장후 멸균 및 살균 등과 같이 별도의 제조공정을 거치는 제품은 최종공정을 마친 시점)을 말한다. 다만, 캡슐제품은 충전·성형완료시점으로, 소분 판매하는 제품은 소분용 원료제품의 제조연월일로, 원료제품의 저장성이 변하지 않는 단순 가공 처리만을 하는 제품은 원료제품의 포장시점으로 한다.

063 식품등의 표시기준 Ⅰ. 총칙 3. 용어의 정의
- "트랜스지방"이라 함은 트랜스구조를 1개 이상 가지고 있는 비공액형의 모든 불포화지방을 말한다.

064 식품등의 표시기준 Ⅰ. 총칙 3. 용어의 정의
- "1회 섭취 참고량"은 만 3세 이상 소비계층이 통상적으로 소비하는 식품별 1회 섭취량과 시장조사 결과 등을 바탕으로 설정한 값을 말한다.

ANSWER
061 ④ 062 ② 063 ② 064 ①

출제예상문제

065 식품등의 표시기준 Ⅲ. 개별표시사항 및 표시기준 1. 식품 자. 다류 및 커피의 카페인 함량
- 카페인 함량을 90 퍼센트(%) 이상 제거한 제품을 "탈카페인(디카페인) 제품"으로 표시할 수 있다.

066 식품등의 표시기준 Ⅲ. 개별표시사항 및 표시기준 1. 식품
제조연월일(제조일) 표시대상 식품
- 즉석섭취식품 중 도시락, 김밥, 햄버거, 샌드위치, 초밥
- 설탕류
- 식염
- 빙과류(아이스크림, 빙과, 식용얼음)
- 주류(다만, 제조번호 또는 병입연월일을 표시한 경우에는 생략할 수 있다)
*주류 세부표시기준 : 제조번호 또는 병입연월일을 표시한 경우에는 제조일자를 생략할 수 있다.

067 66번 해설 참조

068 식품등의 표시기준 Ⅲ. 개별표시사항 및 표시기준
① 즉석식품류 : 소비기한(즉석섭취식품 중 도시락, 김밥, 햄버거, 샌드위치, 초밥은 제조연월일 및 소비기한, 제조연월일 표시는 제조일과 제조시간을 함께 표시하여야 한다.
② 음료류 : 소비기한(고체식품(다류 및 커피에 한함) 및 멸균한 액상제품은 소비기한 또는 품질유지기한, 침출차 중 발효과정을 거치는 차의 경우 소비기한 또는 제조연월일로 표시할 수 있다.
③ 빙과류 : 소비기한(아이스크림류, 빙과, 식용얼음은 제조연월일, 단, 아이스크림류, 빙과는 "제조연월"만을 표시할 수 있다).
⑤ 주류 : 제조연월일(탁주 및 약주는 소비기한, 맥주는 소비기한 또는 품질유지기한). 다만, 제조번호 또는 병입연월일을 표시한 경우에는 제조일자를 생략할 수 있다.

---

065 식품등의 표시기준에 의거하여 다류 및 커피의 카페인 함량을 몇 퍼센트 이상 제거한 제품을 "탈카페인(디카페인) 제품"으로 표시할 수 있는가?
① 60%   ② 70%
③ 80%   ④ 90%

066 식품등의 세부표시기준상 주류의 제조연월일 표시기준으로 옳은 것은?
① 제조 "일"만을 표시할 수 있다.
② 병마개에 표시하는 경우에는 제조 "연월"만을 표시할 수 있다.
③ 제조번호 또는 병입연월일을 표시한 경우에는 제조일자를 생략할 수 있다.
④ 제조일과 제조시간을 함께 표시하여야 한다.

067 식품등의 표시기준에 의한 제조연월일(제조일) 표시대상 식품에 해당하지 않는 것은?
① 김밥(즉석섭취식품)   ② 설탕
③ 식염   ④ 껌

068 제조일과 제조시간을 함께 표시하여야 하는 식품이 아닌 것은?
① 도시락   ② 김밥
③ 샌드위치   ④ 유산균음료

ANSWER
065 ④   066 ③   067 ④   068 ④

069 "제조연월"만을 표시할 수 있는 제품은?
① 유산균음료 ② 발효유
③ 우유 ④ 빙과

070 유전자변형 식품등의 표시기준에 의하여 농산물을 생산·수입·유통 등 취급과정에서 구분하여 관리한 경우에도 그 속에 유전자 변형 농산물이 비의도적으로 혼입될 수 있는 비율을 의미하는 용어와 그 허용 비율의 연결이 옳은 것은?
① 비의도적 혼입치-5%
② 비의도적 혼입치-3%
③ 관리 이탈 혼입치-5%
④ 관리 이탈 혼입치-3%

071 다음 중 500만원 이하의 과태료에 처하게 되는 경우가 <u>아닌</u> 것은?
① 검사기관 운영자의 지위를 승계하고 1개월 이내에 지위승계를 신고하지 아니한 경우(법 제9조제3항)
② 식품등의 위생적 취급기준을 지키지 않은 자(제3조1항)
③ 건강진단을 받아야하는 영업자가 건강진단을 받지 않은 경우(제40조1항)
④ 위생에 관한 교육을 받아야 하는 자가 교육을 받지 않았을 때(제41조1항)

---

069 식품등의 표시기준 Ⅲ. 개별표시사항 및 표시기준 1. 식품(소비기한, 제조연월일)
- 제조연월일을 추가로 표시하고자 하는 음료류(다류, 커피, 유산균음료 및 살균 유산균음료는 제외한다) : 병마개에 제조연월일을 표시하는 경우, 제조 "연월"만을 표시할 수 있다
- 유산균음료 : 소비기한 또는 제조연월일을 표시할 수 있다.
- 우유, 발효유 : 소비기한을 표시한다.
- 빙과류 : 소비기한(아이스크림류, 빙과, 식용얼음은 제조연월일. 단, 아이스크림류, 빙과는 "제조연월"만을 표시할 수 있다.)
- 즉석식품류 : 소비기한(즉석섭취식품 중 도시락·김밥·햄버거·샌드위치·초밥은 제조연월일 및 소비기한을 표시한다.)

070 유전자변형식품등의 표시기준
제2조(용어의 정의)
- 비의도적 혼입치란 : 농산물을 생산·수입·유통 등 취급과정에서 구분하여 관리한 경우에도 그 속에 유전자변형농산물이 비의도적으로 혼입될 수 있는 비율을 말한다.

제3조(표시대상)
- 식품위생법 제18조에 따른 안전성 심사 결과, 식품용으로 승인된 유전자변형농축수산물과 이를 원재료로 하여 제조·가공 후에도 유전자변형 DNA 또는 유전자변형 단백질이 남아 있는 유전자변형식품등은 유전자변형식품임을 표시하여야 한다.
- 표시대상 중 다음 각 호의 어느 하나에 해당하는 경우에는 유전자변형식품임을 표시하지 아니할 수 있다.
  - 유전자변형농산물이 비의도적으로 3% 이하인 농산물과 이를 원재료로 사용하여 제조·가공한 식품 또는 식품첨가물. 다만, 이 경우에는 구분유통증명서 또는 정부증명서를 갖추어야 한다.
  - 고도의 정제과정 등으로 유전자변형 DNA 또는 유전자변형 단백질이 전혀 남아 있지 않아 검사불능인 당류, 유지류 등

071 식품·의약품분야 시험·검사 등에 관한 법률 제30조(과태료)
법 제9조제3항을 위반하여 1개월 이내에 지위승계를 신고하지 아니한 자 → 과태료 300만원를 부과한다.

ANSWER
069 ④ 070 ② 071 ①

출제예상문제

072 식품·의약품분야 시험·검사 등에 관한 법률 시행규칙 제12조(시험·검사의 절차) 3항
시험·검사기관은 의뢰된 시료에 대한 시험·검사 결과 제11조에 따른 기준에 부적합한 경우에는 그 시험·검사가 끝난 날부터 60일간 식품의약품안전처장이 정하는 바에 따라 해당 시료의 전부 또는 일부를 보관하여야 한다. 다만, 보관하기 곤란하거나 부패하기 쉬운 시료의 경우에는 그러하지 아니한다.

073 건강기능식품 기능성 원료 및 기준·규격 인정에 관한 규정 제2조(정의)
• "기능성분"이란 원료 중에 함유되어 있는 기능성을 나타내는 성분을 말한다.
• "지표성분"이란 원료 중에 함유되어 있는 화학적으로 규명된 성분 중에서 품질관리의 목적으로 정한 성분을 말한다.

074 먹는물관리법 제3조(정의)
• "먹는물"이란 먹는 데에 일반적으로 사용하는 자연 상태의 물, 자연 상태의 물을 먹기에 적합하도록 처리한 수돗물, 먹는샘물, 먹는염지하수, 먹는해양심층수 등을 말한다.

075 먹는물 수질기준 및 검사 등에 관한 규칙 제2조(별표1 먹는물의 수질기준)
• 소독제 및 소독부산물질에 관한 기준(샘물·먹는샘물·염지하수·먹는염지하수·먹는해양심층수 및 먹는물공동시설의 물의 경우에는 적용하지 아니한다.)
–잔류염소(유리잔류염소를 말한다)는 4.0mg/ℓ를 넘지 아니할 것

076 먹는물 수질기준 및 검사 등에 관한 규칙 제2조(별표1 먹는물의 수질기준)
㉠ 건강상 유해영향 무기물질에 관한 기준
• 페놀은 0.005mg/L를 넘지 아니할 것
• 다이아지논은 0.02mg/L를 넘지 아니할 것
• 파라티온은 0.06mg/L를 넘지 아니할 것
• 카바릴은 0.07mg/L를 넘지 아니할 것
• 트리클로로에틸렌은 0.03mg/L를 넘지 아니할 것
• 디클로로메탄은 0.02mg/L를 넘지 아니할 것
• 벤젠은 0.01mg/L를 넘지 아니할 것
• 톨루엔은 0.7mg/L를 넘지 아니할 것
• 이하 생략

---

072 수거식품 검사 결과 기준과 규격에 맞지 않는 경우 식품위생검사기관이 검체 일부를 보관하여야 하는 기간은?
① 20일　　　　　② 30일
③ 50일　　　　　④ 60일

073 건강기능식품에서 원료 중에 함유되어 있는 화학적으로 규명된 성분 중에서 품질관리를 목적으로 정한 성분은?
① 기능성분　　　② 지표성분
③ 정제성분　　　④ 합성성분

074 다음 중 먹는물관리법의 용어 정의가 틀린 것은?
① "수처리제"란 자연 상태의 물을 정수(淨水) 또는 소독하거나 먹는물 공급시설의 산화방지 등을 위하여 첨가하는 제제를 말한다.
② "먹는샘물"이란 샘물을 먹기에 적합하도록 물리적으로 처리하는 등의 방법으로 제조한 물을 말한다.
③ "먹는물"이란 암반대수층 안의 지하수 또는 용천수 등 수질의 안전성을 계속 유지할 수 있는 자연 상태의 깨끗한 물을 먹는 용도로 사용할 원수를 말한다.
④ "먹는염지하수"란 염지하수를 먹기에 적합하도록 물리적으로 처리하는 등의 방법으로 제조한 물을 말한다.

075 먹는물의 수질기준에 의한 잔류염소(유리 잔류염소)의 기준은? (단, 샘물, 먹는샘물, 염지하수, 먹는염지하수, 먹는해양심층수 및 먹는물공동시설의 물의 경우는 적용하지 아니한다.)
① 2.0mg/ℓ를 넘지 아니할 것
② 3.0mg/ℓ를 넘지 아니할 것
③ 4.0mg/ℓ를 넘지 아니할 것
④ 5.0mg/ℓ를 넘지 아니할 것

076 먹는물의 건강상 유해영향 유기물질 검사항목이 아닌 것은?
① 트리클로로에틸렌　　② 파라티온
③ 톨루엔　　　　　　　④ 불소

ANSWER
072 ④　073 ②　074 ③　075 ③
076 ④

077 안전관리인증기준(HACCP)을 시행하여 중점적으로 관리하는 목적은?

① 위해한 물질이 식품에 오염되는 것을 방지하기 위하여
② 식품으로 질병을 치료하기 위하여
③ 식품의 건강성 확보와 사후관리를 위하여
④ 식품에 존재할 수 있는 위해성을 경고하기 위하여

078 식품 및 축산물 안전관리인증기준(HACCP) 용어의 설명으로 옳지 않은 것은?

① 검증(Verification) – HACCP 관리계획의 유효성과 실행여부를 정기적으로 평가하는 일련의 활동
② 중요관리점(CCP) – 중점적인 감시를 요구하지만 위해 제어조치는 해당하지 않음
③ 위해요소(Hazard) – 소비자의 건강 장애를 일으킬 우려가 있는 생물적, 화학적, 물리적인 요소
④ 개선조치(Corrective Action) – 모니터링 결과 중요관리점의 한계기준을 이탈할 경우에 취하는 일련의 조치

079 HACCP 제도와 관련된 용어의 정의 중 맞지 않은 것은?

① 선행요건(Pre-requisite Program)은 안전관리인증기준(HACCP)을 적용하기 위한 위생관리프로그램을 말한다.
② 위해요소분석(Hazard Analysis)은 식품안전에 영향을 줄 수 있는 미생물학적 인자에 대해서만 이를 유발할 수 있는 조건이 존재하는지의 여부를 판별하기 위한 필요한 정보를 수집하고 평가하는 일련의 과정이다.
③ 한계기준(Critical Limit)은 중요관리점에서의 위해요소 관리가 허용범위 이내로 충분히 이루어지고 있는지 여부를 판단할 수 있는 기준이나 기준치를 말한다.
④ 모니터링(Monitoring)은 중요관리점에 설정된 한계기준을 적절히 관리하고 있는지 여부를 확인하기 위하여 수행하는 일련의 계획된 관찰이나 측정하는 행위 등을 말한다.

---

077 식품 및 축산물 안전관리인증기준 제2조[정의]
식품 및 축산물 안전관리인증기준(HACCP)이란 식품·축산물의 원료 관리, 제조·가공·조리·선별·처리·포장·소분·보관·유통·판매의 모든 과정에서 위해한 물질이 식품 또는 축산물에 섞이거나 식품 또는 축산물이 오염되는 것을 방지하기 위하여 각 과정의 위해요소를 확인·평가하여 중점적으로 관리하는 기준을 말한다.

078 식품 및 축산물 안전관리인증기준 제2조(정의)
· 중요관리점(Critical Control Point, CCP) : 안전관리인증기준(HACCP)을 적용하여 식품·축산물의 위해요소를 예방·제거하거나 허용 수준 이하로 감소시켜 당해 식품·축산물의 안전성을 확보할 수 있는 중요한 단계·과정 또는 공정을 말한다.

079 식품 및 축산물 안전관리인증기준 제2조(정의)
· 위해요소분석(Hazard Analysis, HA) : 식품·축산물 안전에 영향을 줄 수 있는 위해요소와 이를 유발할 수 있는 조건이 존재하는지 여부를 판별하기 위하여 필요한 정보를 수집하고 평가하는 일련의 과정을 말한다.

ANSWER
077 ① 078 ② 079 ②

출제예상문제

080 안전관리인증기준 4조(적용품목 및 시기 등) 이론 27쪽 참조

080 식품의약품안전처장은 HACCP 의무적용 대상 업소가 필요하다고 요청한 경우에는 의무적용 시기를 유예할 수 있다. 의무적용 시기를 유예할 수 있는 경우로 맞는 것은?

① 어묵·어육소시지 제조업소가 신규로 식품유형을 추가하려는 경우
② 피자류·만두류·면류 제조업소가 신규로 식품유형을 추가하려는 경우
③ 과자·캔디류·빵류·떡류 제조업소가 신규로 식품유형을 추가하려는 경우
④ 전년도 매출액이 100억원 이상이 되어 해당연도에 신규 의무적용 대상이 된 경우

081 식품 및 축산물 안전관리인증기준 제5조(선행요건 관리) 별표 1
가. 영업장 관리
1. 작업장은 독립된 건물이거나 식품취급 외의 용도로 사용되는 시설과 분리되어야 한다.
3. 작업장은 청결구역과 일반구역으로 분리하고, 제품의 특성과 공정에 따라 분리, 구획 또는 구분할 수 있다.
4. 원료처리실, 제조·가공실 및 내포장실의 바닥, 벽, 천장, 출입문, 창문 등은 제조·가공하는 식품의 특성에 따라 내수성 또는 내열성 등의 재질을 사용하거나 이러한 처리를 하여야 하고, 바닥은 파여 있거나 갈라진 틈이 없어야 하며, 마른 상태를 유지하여야 한다.

081 식품제조 작업장에 대한 설명 중 바르지 못한 것은?

① 작업장은 독립된 건물이 좋다.
② 작업장 천장은 표면이 거칠어야 한다.
③ 작업장은 청결구역과 일반구역으로 분리 한다.
④ 제조 가공실의 바닥은 내수성 또는 내열성 등의 재질을 사용하여야 한다.

082 HACCP 인증서를 한국식품안전관리인증 원장에게 지체없이 반납여야 하는 경우가 아닌 것은?

① 식품안전관리인증기준을 지키지 아니한 경우
② 거짓이나 그 밖의 부정한 방법으로 인증을 받은 경우
③ 영업정지 1개월 이상의 행정처분을 받은 경우
④ 영업자와 그 종업원이 교육훈련을 받지 않은 경우

082 식품 및 축산물 안전관리인증기준 제14조(인증서의 반납) 이론 30쪽 참조

083 식품 및 축산물 안전관리인증기준 제20조(교육훈련) 이론 30~31쪽 참조

083 식품 안전관리인증기준(HACCP) 적용업소 영업자 및 종업원이 받아야 하는 신규 교육훈련시간으로 맞지 않은 것은?

① 영업자 교육 훈련 : 2시간
② HACCP 팀장 교육 훈련 : 8시간
③ HACCP 팀원 : 4시간
④ HACCP 기타 종업원 교육 훈련 : 4시간

084 식품공전 제1. 총칙 1. 일반원칙 2. 가공식품의 분류 이론 31쪽 참조

084 식품의 기준 및 규격에서 식품종(중분류)의 분류에 해당하는 것은?

① 음료류   ② 조미식품
③ 다류   ④ 과채주스

ANSWER
080 ④ 081 ② 082 ③ 083 ②
084 ③

085 아래는 식품공전의 총칙이다. ( )안에 설명으로 알맞은 것은?

> 이 공전에서 기준 및 규격이 정하여지지 아니한 것은 잠정적으로 식품의약품안전처 장이 해당물질에 대한 ( )규정 또는 주요 외국의 기준·규격과 일일섭취허용량, 해당식품의 섭취량 등 해당 물질별 관련 자료를 종합적으로 검토하여 적·부를 판정할 수 있다.

① 세계보건기구
② 국제식품규격위원회
③ 미국식품의약품안전청
④ 한국식품정보원

086 식품의 기준 및 규격 고시 총칙으로 틀린 것은?

① 따로 규정이 없는 한 찬물을 15℃, 온탕 60~70℃, 열탕은 약 100℃의 물이다.
② 상온은 20℃, 표준온도는 15~25℃, 실온은 1~30℃, 미온은 35~40℃로 한다.
③ 차고 어두운 곳(냉암소)이라 함은 따로 규정이 없는 한 0~15℃의 빛이 차단된 장소를 말한다.
④ 감압은 따로 규정이 없는 한 15mmHg 이하로 한다.

087 식품공전 상 총칙의 내용으로 틀린 것은?

① 표준온도는 20℃, 상온은 15~25℃, 실온은 1~35℃, 미온은 30~40℃이다.
② 따로 규정이 없는 한 찬물은 15℃ 이하를 말한다.
③ "타르색소"라 함은 타르색소의 알루미늄레이크를 포함한 것을 말한다.
④ "무게를 정확히 단다"라 함은 달아야 할 최소단위를 고려하여 0.1mg, 0.001mg, 0.001mg까지 다는 것을 말한다.

088 다음 중 쌀의 카드뮴 잔류허용기준은?

① 0.2 ppm 이하　　② 0.5 ppm 이하
③ 1 ppm 이하　　　④ 1.5 ppm 이하

089 해산 어류·연체류의 총 수은 잔류허용기준은?

① 0.1ppm 이하　　② 0.5ppm 이하
③ 1.0ppm 이하　　④ 1.5ppm 이하

---

085 식품공전 제1. 총칙 1. 일반원칙 5)
이 고시에서 기준 및 규격이 정하여지지 아니한 것은 잠정적으로 식품의약품안전처장이 해당물질에 대한 국제식품규격위원회(CAC)규정 또는 주요 외국의 기준·규격과 일일섭취허용량(ADI), 해당식품의 섭취량 등 해당 물질별 관련 자료를 종합적으로 검토하여 적·부를 판정할 수 있다.

086 식품공전 제1. 총칙 1. 일반원칙 8)
- 표준온도는 20℃, 상온은 15~25℃, 실온은 1~35℃, 미온은 30~40℃로 한다.

087 식품공전 제1 총칙 1. 일반원칙 14)
- 무게를 "정밀히 단다"라 함은 달아야 할 최소단위를 고려하여 0.1mg, 0.01mg 또는 0.001mg까지 다는 것을 말한다.
- 또 무게를 "정확히 단다"라 함은 규정된 수치의 무게를 그 자리수까지 다는 것을 말한다.

088 식품공전 제2. 식품일반에 대한 공통기준 및 규격 3. 식품일반의 기준 및 규격 5) 오염물질 (2) 중금속 기준 ① 농산물 – 이론 34쪽 참조

089 식품공전 제2. 식품일반에 대한 공통기준 및 규격 3. 일반식품의 기준 및 규격 5) 오염물질 (2) 중금속 기준 ③ 수산물
- 어류의 중금속 잔류허용기준(생물로 기준할 때)
  - 납 : 0.5mg/kg 이하
  - 카드뮴 : 0.1mg/kg 이하(민물 및 회유어류), 0.2mg/kg 이하(해양어류),
  - 수은 : 0.5 mg/kg 이하(심해성 어류, 다랑어류 및 새치류는 제외한다)
  - 메틸수은 : 1.0 mg/kg 이하(심해성 어류, 다랑어류 및 새치류에 한한다)
- 연체류의 중금속 잔류허용기준(생물로 기준할 때)
  - 납 : 2.0 mg/kg 이하
  - 카드뮴 : 2.0 mg/kg 이하
  - 수은 : 0.5 mg/kg 이하

ANSWER
085 ②　086 ②　087 ④　088 ①
089 ②

출제예상문제

090 식품공전 제2. 식품일반에 대한 공통기준 및 규격 3. 식품일반의 기준 및 규격 5) 오염물질 (3) 곰팡이독소 기준
• 총 아플라톡신(B_1, B_2, G_1 및 G_2의 합)

대상식품	기준(μg/kg)
곡류, 두류, 땅콩, 견과류	15.0 이하 (단, B_1은 10.0 이하)
곡류가공품 및 두류가공품	
장류 및 고춧가루 · 카레분	
육두구, 강황, 건조고추, 건조파프리카	
밀가루, 건조과일류	
영아용 조제식, 영 · 유아용 곡류조제식, 기타 영 · 유아식	– (B_1은 0.10 이하)

091 90번 해설 참조

092 식품공전 제2. 식품일반에 대한 공통기준 및 규격 3. 일반식품의 기준 및 규격 6) 식품조사처리 기준 – 이론 34쪽 참조

093 식품공전 제4. 장기보존식품의 기준 및 규격 1. 통 · 병조림식품 – 이론 35쪽 참조

094 식품공전 제4. 장기보존식품의 기준 및 규격 1. 통 · 병조림식품 – 이론 35쪽 참조

095 식품공전 제4. 장기보존식품의 기준 및 규격 1. 통 · 병조림식품 – 이론 35쪽 참조

---

090 식품의 기준 및 규격에서 곰팡이 독소의 총 아플라톡신에 해당하지 않는 것은?
① B_1
② G_1
③ F_1
④ G_2

091 식품원료 중 식물성 원료(조류 제외)의 총아플라톡신 기준은? (단, 총아플라톡신은 B_1, B_2, G_1, G_2의 합을 말한다.)
① 20μg/kg 이하
② 15μg/kg 이하
③ 5μg/kg 이하
④ 1μg/kg 이하

092 다음 중 식품위생법에서 식품조사용으로 허용된 방사선은?
① ^{60}Co-β
② ^{137}Cs-β
③ ^{137}Cs-γ
④ ^{60}Co-γ

093 장기보존식품의 기준 및 규격에서 저산성식품과 산성식품을 구분하는 기준은?
① pH 5 초과 시 저산성식품, pH 5 이하 시 산성식품
② pH 4.6 초과 시 저산성식품, pH 4.6 이하 시 산성식품
③ 산도 10% 이하 시 산성식품, 산도 10% 초과 시 저산성식품
④ 산도 20% 이하 시 산성식품, 산도 20% 초과 시 저산성식품

094 장기보존식품의 기준 및 규격상 통 · 병조림식품 중 가열 등의 방법으로 살균처리 할 수 있는 기준은?
① 저산성 식품으로 pH 4.6 이상의 것
② 산성식품으로 pH 4.6 미만인 것
③ 제조 시 관 또는 병 뚜껑이 팽창 또는 변형되지 아니한 것
④ 호열성 세균이 증식할 우려가 없는 식품

095 식품공전상 장기보존식품의 기준 및 규격에 의한 병 · 통조림식품의 주석 기준은?
① 60(mg/kg)이하
② 90(mg/kg)이하
③ 120(mg/kg)이하
④ 150(mg/kg)이하

ANSWER
090 ③ 091 ② 092 ④ 093 ②
094 ② 095 ④

096 통조림식품에 대한 설명으로 옳은 것은?

① 납의 기준량은 0.5ppm 이하이다.
② 세균발육이 양성이어야 한다.
③ 산성통조림 식품이란 pH4.6 미만이며, 가열 등의 방법으로 살균처리할 수 있다
④ 저산성통조림 식품이란 pH4.6 이하이다.

097 식용 얼음의 일반생균수 규격 기준으로 옳은 것은?

① n=5, c=2, m=10, M=1,000
② n=5, c=1, m=10, M=1,000
③ n=5, c=2, m=100, M=1,000
④ n=5, c=1, m=100, M=1,000

098 코코아가공품류의 중금속(납)의 규격으로 옳은 것은?

① 1.0mg/kg 이하
② 2.0mg/kg 이하
③ 3.0mg/kg 이하
④ 4.0mg/kg 이하

099 두부의 대장균군의 규격으로 옳은 것은?

① n=5, c=2, m=0, M=10
② n=5, c=2, m=0, M=100
③ n=5, c=1, m=0, M=10
④ n=5, c=1, m=0, M=100

100 식품의 기준과 규격 중 참기름의 산가는?

① 0.6 이하
② 0.5 이하
③ 4.0 이하
④ 0.3 이하

101 식품공전상 탄산음료의 기준, 규격에서 용기의 주석 제한량은?(단, 캔 제품에 한한다.)

① 100mg/kg 이하
② 150mg/kg 이하
③ 200mg/kg 이하
④ 300mg/kg 이하

102 된장, 고추장, 춘장에 공통으로 사용하는 보존료는?

① 데히드로초산
② 소르빈산
③ 안식향산
④ 안식향산나트륨

---

096 식품공전 제4. 장기보존식품의 기준 및 규격 1. 통·병조림식품 – 이론 35쪽 참조

097 식품공전 제5. 품목별 규격 및 기준 2. 빙과류(얼음류)

대상식품	납(mg/kg)	카드뮴(mg/kg)
세균 수	n=5, c=2, m=100, M=1,000	n=5, c=2, m=100, M=1,000
대장균군	n=5, c=2, m=0, M=10/50㎖	n=5, c=2, m=0, M=10/50㎖

098 식품공전 제5. 식품별 기준 및 규격 3. 코코아가공품류 또는 초콜릿류
- 납(mg/kg) : 2.0 이하(코코아분말에 한한다)
- 요오드가 : 33~42(코코아버터에 한한다)
- 살모넬라 : n=5, c=0, m=0/25g

099 식품공전 제5. 식품별 기준 및 규격 6. 두부류 또는 묵류
- 대장균군 : n=5, c=1, m=0, M=10(충전, 밀봉한 제품에 한한다.)
- 타르색소 : 검출되어서는 아니 된다.

100 식품공전 제5. 식품별 기준 및 규격 7. 식용유지류
콩기름, 옥수수기름, 채종유, 미강유 등의 산가는 0.6 이하 이고 참기름의 산가는 4.0 이하, 들기름의 산가는 5.0 이하이다.

101 식품공전 제5. 품목별 규격 및 기준 9. 음료류(탄산음료류)
- 납(mg/kg) : 0.3 이하
- 카드뮴(mg/kg) : 0.1 이하
- 주석(mg/kg) : 150 이하(캔 제품에 한한다)

102 식품공전 제5. 품목별 규격 및 기준 12. 장류(보조료)
- 소브산, 소브산칼륨, 소브산칼슘 1.0 이하(소브산으로서, 한식된장, 된장, 고추장, 춘장, 청국장(비건조 제품에 한함), 혼합장에 한한다)

ANSWER
096 ③ 097 ③ 098 ② 099 ③
100 ③ 101 ② 102 ②

출제예상문제

103 식품공전 제5. 식품별 기준 및 규격 15-1. 발효주류
- 에탄올(v/v%) : 주세법의 규정에 의한다.
- 메탄올(mg/mL) : 0.5 이하(다만, 과실주는 1.0 이하)

104 식품공전 제5. 식품별 기준 및 규격 17. 식육가공품 및 포장육
- 아질산 이온(g/kg) : 0.07 이하
- 타르색소 : 검출되어서는 아니 된다.

105 식품공전 제5. 품목별 규격 및 기준 19-7. 유크림류

유형 항목	유크림	가공유크림
·수분(%)		5.0 이하 (분말 제품에 한함)
·산도(%)	0.20 이하 (젖산으로서)	
·유지방(%)	30.0 이상	18.0 이상
·세균수(1g당)	n=5, c=2, m=10,000, M=50,000	n=5, c=2, m=10,000, M=50,000 (멸균제품인 경우 n=5, c=0, m=0)
·대장균군		n=5, c=2, m=0, M=10

106 식품공전 제5. 품목별 규격 및 기준 19-9. 치즈류
- 가공치즈 : 치즈를 원료로 하여 가열 유화공정을 거쳐 제조 가공한 것으로 원료치즈 유래 유고형분 18% 이상인 것을 말한다.

107 106번 해설 참조

ANSWER
103 ② 104 ③ 105 ④ 106 ③
107 ③

---

103 과실주에서 메탄올의 함유 허용량은?
① 0.5mg/mℓ 이하
② 1.0mg/mℓ 이하
③ 1.5mg/mℓ 이하
④ 2.0mg/mℓ 이하
⑤ 2.5mg/mℓ 이하

104 식육가공품 및 포장육에서 햄류의 아질산 이온의 규제량은?
① 0.03g/kg 이하
② 0.05g/kg 이하
③ 0.07g/kg 이하
④ 0.09g/kg 이하

105 유크림류의 성분규격으로 옳은 것은?
① 유크림의 산도는 0.18 이하이다.
② 분말유크림의 대장균군은 1g당 2 이하이다.
③ 가공유크림의 유지방함량은 30% 이상이다.
④ 분말유크림의 수분 함량은 5.0% 이하이다.

106 치즈에 대한 가공기준 및 성분규격으로 틀린 것은?
① 자연치즈는 원유 또는 유가공품에 유산균, 단백질 응유효소, 유기산 등을 가하여 응고시킨 후 유청을 제거하여 제조한 것이다.
② 자연치즈에는 경성치즈, 반경성치즈, 연성치즈, 생치즈 등이 있다.
③ 가공치즈는 모조치즈에 식품첨가물을 가해 유화시켜 가공한 것이거나 모조치즈에서 유래한 유고형분이 50% 이상인 것이다.
④ 모조치즈는 식용유지와 식물성 단백 또는 이들의 가공품을 주원료로 하여 이에 식품 또는 식품첨가물을 가하여 유화시켜 제조한 것이다.

107 식약청은 모조치즈와 가공치즈, 치즈믹스를 사용하면서 100% 자연산치즈만 사용한 것처럼 허위표시 하여 판매한 업체를 식품위생법위반 혐의로 검찰에 불구속 송치했다. 이 사건과 관련된 용어의 정의가 틀린 것은?
① 자연치즈 : 우유를 주원료로 응고, 발효한 것
② 치즈믹스 : 피자 토핑치즈에 모조치즈가 혼합된 것
③ 가공치즈 : 모조치즈에 식품첨가물을 가해 유화시켜 가공한 것
④ 모조치즈 : 식용유 등에 식품첨가물을 가해 치즈와 유사하게 만든 것

108 버터의 유지방분과 산가로 옳은 것은?

① 유지방분 50% 이상, 산가 2.4 이하
② 유지방분 60% 이상, 산가 2.6 이하
③ 유지방분 70% 이상, 산가 2.7 이하
④ 유지방분 80% 이상, 산가 2.8 이하

109 식품공전상 세균수 측정법이 아닌 것은?

① 직접현미경법
② 건조필름법
③ 저온세균수 측정법
④ 호기성세균수 측정법

110 식품공전에서 멸균식품의 세균 발육유무를 확인하기 위하여 세균시험하기 전에 실시하는 가온보존시험을 할 때 보존 온도와 기간은?

① 25~27℃, 5일
② 25~27℃, 10일
③ 35~37℃, 5일
④ 35~37℃, 10일

111 식품공전에 의한 페놀프탈레인시액 규정은?

① 페놀프탈레인 1g을 에탄올 10mL에 녹인다.
② 페놀프탈레인 1g을 에탄올 100mL에 녹인다.
③ 페놀프탈레인 1g을 에탄올 1000mL에 녹인다.
④ 페놀프탈레인 1g을 에탄올 10000mL에 녹인다.

112 식품 중 식품첨가물의 분석법에 대한 설명으로 틀린 것은?

① 중량백분율을 표시할 때에는 %의 기호를 쓴다.
② 도량형은 미터법을 따른다.
③ 1L 는 1000cc, 1mL 는 1cc로 하여 시험할 수 있다.
④ 용액 100mL 중의 물질함량(g)을 표시할 때에는 v/v%의 기호를 쓴다.

---

108 식품공전 제5 품목별 규격 및 기준 19-8 버터류
· 수분 18% 이하, 유지방 80% 이상, 산가 2.8 이하, 대장균군 n=5, c=2, m=0, M=10, 살모넬라, 리스테리아모노사이토제네스, 황색포도상구균 n=5, c=2, m=0/25g 등이다.

109 식품공전 제8. 일반시험법 4. 미생물시험법 4.5. 세균수
· 세균수 측정법은 일반세균수를 측정하는 표준평판법, 건조필름법 또는 자동화된 최확수법(Automated MPN)을 사용할 수 있다.
· 기타 세균수 측정법으로는 저온에서 생육하는 세균을 측정하는 저온세균수 측정법, 호기성 아포형성균을 측정하는 내열성 세균수 측정법, 총균수를 측정하는 직접현미경법 등이 있다.

110 식품공전 제8. 일반시험법 4. 미생물시험법 4.6. 세균발육시험
· 통·병조림, 레토르트 등 멸균제품에서 세균의 발육유무를 확인하기 위한 것이다.
－가온보존시험
검체 3관(또는 병)을 항온기에서 35~37℃에서 10일간 보존한 후, 상온에서 1일간 추가로 방치한 후 관찰하여 용기·포장이 팽창 또는 새는 것은 세균발육 양성으로 하고 가온보존 시험에서 음성인 것은 다음의 세균시험을 한다.
－세균시험
세균시험은 가온보존 시험한 검체 3관에 대해 각각 시험한다.

111 식품공전 제11. 시약 시액 표준용액 및 용량분석용 규정용액 11.2. 시액
· 페놀프탈레인시액 : 페놀프탈레인 1g을 에탄올 100mL에 녹인다.

112 식품첨가물 공전 제1. 총칙 3. 일반원칙 8)
· 중량백분율을 표시할 때에는 %의 기호를 쓴다. 다만, 용액 100mL 중의 물질함량(g)을 표시할 때에는 w/v%, 용액 100mL 중의 물질함량(mL)을 표시할 때에는 v/v%의 기호를 쓴다. 중량백만분율을 표시할 때는 ppm의 약호를 쓴다.

ANSWER

108 ④ 109 ④ 110 ④ 111 ②
112 ④

출제예상문제

113 식품첨가물 공전 제1. 총칙 3. 일반원칙 17)
- 용액의 농도를 "(1→5)", "(1→10)", "(1→100)" 등 1mL를 용제에 녹여 전량을 각각 5mL, 10mL, 100mL 등으로 하는 것을 표시하는 것으로서 모두 개수를 표시한다.
- 예를 들면, 수산화나트륨(1→5)은 수산화나트륨 1g을 물에 녹여 5mL로 한 것이며 희석한 염산 (2→5)은 염산 2mL에 물을 가하여 5mL로 한 것이다.

114 113번 해설 참조

115 기구 및 용기·포장 공전 II. 공통기준 및 규격 1. 공통제조기준 나. 제조가공기준(공통기준) – 이론 40쪽 참조

116 기구 및 용기·포장 공전 II. 공통기준 및 규격 – 이론 40쪽 참조

---

113 식품첨가물 공전 총칙에서 정한 표시방법상 "수산화나트륨(1→5)"의 의미는?
① 수산화나트륨 1g을 알코올에 녹여 5mL로 한 것
② 알코올 1g에 수산화나트륨용액 5mL를 첨가한 것
③ 수산화나트륨 1g을 물에 녹여 5mL로 한 것
④ 물 1g에 수산화나트륨용액 5mL를 첨가한 것

114 식품첨가물 공전 총칙에서 정한 표시방법상 "염산(2→5)"의 의미는?
① 염산 2㎖에 알코올을 가하여 5㎖로 한 것
② 알코올 2㎖에 염산용액 5㎖를 첨가한 것
③ 염산 2㎖에 물을 가하여 5㎖로 한 것
④ 물 2㎖에 염산용액 5㎖를 첨가한 것

115 기구 및 용기, 포장의 기준, 규격으로 틀린 것은?
① 식품과 접촉하는 기구 및 용기. 포장의 제조 또는 수리에 땜납을 사용하여서는 아니 된다.
② 전류를 직접 식품에 통하게 하는 장치를 가진 기구의 전극은 철, 알루미늄, 백금, 티타늄 및 스테인레스 이외의 금속을 사용하여서는 아니 된다.
③ 식품과 접촉하는 면에 인쇄할 때에는 인쇄 후 잔류 톨루엔의 함량이 $5mg/m^2$ 이하이어야 한다.
④ 기구 및 용기 포장의 제조 시에는 디에틸헥실아디페이트(DEH, 일명 DOA)를 사용하여서는 아니 된다.

116 기구 및 용기·포장의 일반기준으로 옳은 것은?
① 전분, 글리세린, 왁스 등 식용물질이 식품과 접촉하는 면에 접착되어 있는 용기포장에 대해서는 총 용출량의 규격 적용을 아니 할 수 있다.
② 기구 및 용기·포장의 식품과 접촉하는 부분에 사용하는 도금용 주석은 납을 1%이상 함유하여서는 아니 된다.
③ 식품의 용기·포장을 회수하여 재사용하고자 할 때에는 먹는물 관리법의 수질기준에 적합한 물로 깨끗이 세척하고 즉시 사용한다.
④ 검체 채취 시 상자 등에 넣어 유통되는 기구 및 용기포장은 반드시 개봉하여 채취한다.

ANSWER
113 ③ 114 ③ 115 ③ 116 ①

117 우리나라 기구 및 용기·포장 공전 상의 재질별 규격에서 식품과 직접 접촉하는 면에 금속제에 합성수지제, 고무제 또는 도자기 등이 사용된 경우 납의 용출규격은?

① 0.1% 이하
② 0.2% 이하
③ 0.3% 이하
④ 0.4% 이하

118 건강기능식품의 기준 및 규격에서 제품의 형태에 관한 정의로 <u>틀린</u> 것은?

① 정제란 일정한 형상으로 압축된 것을 말한다.
② 환이란 구상으로 만든 것을 말한다.
③ 편상이란 얇고 편편한 조각상태의 것을 말한다.
④ 분말이란 입자의 크기가 과립제품보다 큰 것을 말한다.

PART 1-2. HACCP

119 식품 및 축산물 안전관리인증기준(HACCP)에 대한 설명 중 <u>틀린</u> 것은?

① 위해요소분석(HA)과 중요관리기준(CCP)을 의미한다.
② 위해발생요소를 사전에 관리하는 방법이다.
③ HACCP을 도입한 업소는 회사의 신뢰성이 향상될 수 있다.
④ 자율적 위생관리에서 정부 주도형 위생관리를 하기 위한 제도이다.

---

117 기구 및 용기·포장 공전 Ⅲ. 재질별 규격 5. 금속제 ③ 용출규격(mg/l)
- 납 : 0.4 이하
- 카드뮴 : 0.1 이하
- 니켈 : 0.1 이하
- 6가 크롬 : 0.1 이하
- 비소(As_2O_3) : 0.2 이하

118 건강기능식품 공전 제1. 총칙 5. 제품의 정의(제품의 형태에 관한 정의)
- 정제(tablet) : 일정한 형상으로 압축된 것을 말한다.
- 캡슐(capsule) : 캡슐기제에 충전 또는 피포한 것을 말하며, 경질캡슐과 연질캡슐 두 종류가 있다.
- 환(pill) : 구상(球狀)으로 만든 것을 말한다.
- 과립(granule) : 입자형태로 만든 것을 말한다.
- 액체 또는 액상(liquid) : 유동성이 있는 액체상태의 것 또는 액체상태의 것을 그대로 농축한 것을 말한다.
- 분말(powder) : 입자의 크기가 과립제품보다 작은 것을 말한다.
- 이하 생략

119 HACCP
① HACCP 제도는 식품을 만드는 과정에서 생물학적, 화학적, 물리적 위해요인들이 발생할 수 있는 상황을 과학적으로 분석하고 사전에 위해요인의 발생여건들을 차단하여 소비자에게 안전하고 깨끗한 제품을 공급하기 위한 시스템적인 규정을 말한다.
② HACCP 도입의 효과
㉠ 식품업체 측면
- 자주적 위생관리체계의 구축
  기존의 정부주도형 위생관리에서 벗어나 자율적으로 위생관리를 수행할 수 있는 체계적인 위생관리시스템의 확립이 가능하다.
- 위생적이고 안전한 식품의 제조
  예상되는 위해요소를 과학적으로 규명하고 이를 효과적으로 제어함으로써 위생적이고 안전성이 충분히 확보된 식품의 생산이 가능해진다.
- 위생관리 집중화 및 효율성 도모
  위해가 발생될 수 있는 단계를 사전에 집중적으로 관리함으로써 위생관리체계의 효율성을 극대화시킬 수 있다.
- 경제적 이익 도모
  장기적으로는 관리인원의 감축, 관리요소의 감소 등이 기대되며, 제품 불량률, 소비자불만, 반품, 폐기량 등의 감소로

 ANSWER

117 ④ 118 ④ 119 ④

궁극적으로는 경제적인 이익의 도모가 가능해진다.
• 회사의 이미지 제고와 신뢰성 향상
ⓒ 소비자 측면
• 안전한 식품을 소비자에게 제공
• 식품선택의 기회를 제공

120 식품 및 축산물 안전관리인증기준 제2조(정의)
• 한계기준(Critical Limit) : 중요관리점에서의 위해요소 관리가 허용범위 이내로 충분히 이루어지고 있는지 여부를 판단할 수 있는 기준이나 기준치를 말한다.

121 119번 해설 참조

122 119번 해설 참조

123 HACCP 제도
식품의 원재료부터 제조, 가공, 보존, 유통, 조리단계를 거쳐 최종소비자가 섭취하기 전까지의 각 단계에서 발생할 우려가 있는 위해요소(생물학적, 화학적, 물리적)를 규명하고, 이를 중점적으로 관리하기 위한 중요관리점을 결정하여 자율적이며 체계적이고 효율적인 관리로 식품의 안전성을 확보하기 위한 과학적인 위생관리체계라고 할 수 있다.

120 HACCP에 관한 설명 중 옳지 않은 것은?
① 위해요소분석(Hazard analysis)은 위해가능성이 있는 요소를 찾아 분석·평가하는 작업이다.
② 한계기준(Critical Limit)이란 중요관리점에서의 위해요소 관리가 허용범위 이내로 충분히 이루어지고 있는지 여부를 판단할 수 있는 기준이나 기준치를 말한다.
③ 관리기준(Critical limit)이란 위해 분석 시 정확한 위해도 평가를 위한 지침을 말한다.
④ HACCP의 7개 원칙에 따르면 중요관리점이 관리기준 내에서 관리되고 있는지를 확인하기 위한 모니터링 방법이 설정되어야 한다.

121 HACCP 제도에 대한 설명으로 옳은 것은?
① 식품의 유통과정 중 문제점 발생 시 제품을 자발적으로 회수하여 폐기하는 제도
② 식품공장의 미생물 관리를 위한 위해분석과 중요관리점검 제도
③ 식품등의 규격 및 기준의 최저기준 이상의 위생적 품질기준 제도
④ 제품을 생산하여 출하 시킨 뒤 유통 중에 발생하는 문제를 책임지는 제도

122 HACCP에 대한 설명으로 틀린 것은?
① 식품위생법에서는 '위해요소중점관리기준'이라고 한다.
② CODEX에 의하면 12단계와 7원칙으로 규정되어 있다.
③ HACCP의 주목적은 최종 제품을 검사하여 안전성을 확보하는 것이다.
④ 위해분석과 중요 관리점으로 구성되어 있다.

123 식품의 원재료부터 제조, 가공, 보존, 유통, 조리단계를 거쳐 최종 소비자가 섭취하기 전까지의 각 단계에서 발생할 우려가 있는 위해요소를 규명하고 중점적으로 관리하는 것은?
① 위해식품 자진 회수 제도
② 식품안전관리인증기준
③ GMP 제도
④ 방사살균 기준

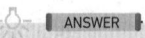

ANSWER
120 ③ 121 ② 122 ③ 123 ②

124 식품공장의 위생관리를 위한 기법으로 위해분석을 기초로 제조공정 중 엄격한 미생물 관리를 할 부분을 정하여 합리적으로 관리하려는 제도는?

① Cold Chain 제도
② Quality Control 제도
③ GMP(Good Manufacturing Practice)제도
④ HACCP 제도

125 HACCP 제도에 대한 설명 중 올바른 것은?

① 식품등의 규격 및 기준의 최저기준 이상의 위생적 품질기준 제도
② 식품의 유통과정 중 문제점이 발생 시 제품을 자발적으로 회수하여 폐기하는 제도
③ 식품공장의 미생물 관리를 위한 위해분석과 중요 관리점검 제도
④ 포자를 만드는 세균의 살균을 목표로 한 살균처리 제도

126 HACCP(식품안전관리인증기준)에 대한 설명 중 틀린 것은?

① 위해분석(HA)과 중요 관리점(CCP)으로 구성되어 있다.
② 유통 중의 상품만을 대상으로 하여 상품을 수거하여 위생상태를 관리하는 기준이다.
③ 식품의 원재료에서부터 가공공정, 유통단계 등 모든 과정을 위생 관리한다.
④ CCP는 해당 위해요소를 조사하여 방지, 제거한다.

127 HACCP(식품안전관리인증기준)에 대한 설명으로 옳지 않은 것은?

① 용수관리는 HACCP 선행요건에 포함된다.
② 선행요건의 목적은 HACCP 제도가 효율적으로 가동될 수 있도록 하는 것이다.
③ HACCP 제도에서 위해요소는 생물학적, 화학적 물리적 요소로 구분된다.
④ HACCP의 7원칙 중 첫 번째 원칙은 중요관리점(CCP) 결정이다.

128 HACCP에 관한 설명 중 맞지 않은 것은?

① 위해분석(HA)과 중요관리점(CCP)을 의미한다.
② HACCP 도입업소는 위생적이고 안전한 식품을 제조할 수 있다.
③ 위해 발생요소를 사전에 선정하여 집중 관리하는 방식이다.
④ 자율적 위생관리에서 정부주도형 위생관리를 수행하기 위한 제도이다.

---

124 123번 해설 참조

125 123번 해설 참조

126 123번 해설 참조

127 HACCP의 7원칙 중 첫 번째 원칙은 위해요소분석(HA) 결정이다

128 119번 해설 참조

ANSWER
124 ④ 125 ③ 126 ② 127 ④
128 ④

129 119번 해설 참조

129 식품업계가 HACCP을 도입함으로써 얻을 수 있는 효과와 거리가 먼 것은?
① 위해요소를 과학적으로 규명하고 이를 효과적으로 제어하여 위생적이고 안전한 식품제조가 가능해짐
② 장기적으로 관리인원 감축 등이 가능해짐
③ 모든 생산단계를 광범위하게 사후 관리하여 위생적인 제품을 생산할 수 있음
④ 업체의 자율적인 위생관리를 수행할 수 있음

130 119번 해설 참조

130 식품업체가 HACCP을 도입함으로써 얻을 수 있는 효과에 해당하지 않는 것은?
① 해당 업체에서 수행되는 모든 단계를 광범위하게 관리할 수 있다.
② 예상되는 위해요인을 과학적으로 규명하여 효과적으로 제어할 수 있다.
③ 체계적인 위생관리시스템의 확립이 가능하다.
④ 소비자들이 안심하고 섭취할 수 있다.

131 식품 및 축산물 안전관리인증기준 제2조(정의)
"위해요소분석(Hazard Analysis)"이란 식품·축산물 안전에 영향을 줄 수 있는 위해요소와 이를 유발할 수 있는 조건이 존재하는지 여부를 판별하기 위하여 필요한 정보를 수집하고 평가하는 일련의 과정을 말한다.

131 HACCP 제도와 관련된 용어의 정의 중 틀린 것은?
① 개선조치(Corrective Action)는 모니터링 결과 중요관리점의 한계기준을 이탈할 경우에 취하는 일련의 조치를 말한다.
② 위해요소분석은 식품안전에 영향을 줄 수 있는 미생물학적 인자에 대해서만 이를 유발할 수 있는 조건이 존재하는지의 여부를 판별하기 위한 필요한 정보를 수집하고 평가하는 일련의 과정이다.
③ 한계기준은 중요관리점에서의 위해요소관리가 허용범위내로 충분히 이루어지고 있는지의 여부를 판단할 수 있는 기준이나 기준치를 말한다.
④ 축산물 위해요소중점관리기준에서 선행요건프로그램은 축산물작업장이 HACCP을 적용하는 데에 토대가 되는 위생관리 프로그램을 말한다.

ANSWER
129 ③ 130 ① 131 ②

132 HACCP 제도와 관련된 용어의 정의 중 틀린 것은?

① HACCP은 식품의 원료나 제조, 가공 및 유통의 전 과정에서 위해물질이 해당식품에 혼입되거나 오염되는 것을 사전에 방지하기 위하여 각 과정을 중점적으로 관리하는 기준을 말한다.
② 위해요소는 인체의 건강을 해할 우려가 있는 생물학적 인자나 조건을 말한다.
③ 모니터링(Monitoring)은 중요관리점에 설정된 한계기준을 적절히 관리하고 있는지 여부를 확인하기 위하여 수행하는 일련의 계획된 관찰이나 측정하는 행위 등을 말한다.
④ 축산물 위해요소중점관리기준에서 선행요건프로그램은 축산물작업장이 HACCP을 적용하는 데에 토대가 되는 위생관리 프로그램을 말한다.

PART 1-3. 선행요건 관리

133 식품 및 축산물 안전관리인증기준에 의거하여 식품(식품첨가물 포함) 제조·가공업소, 건강기능식품제조업소, 집단급식소식품판매업소, 축산물작업장·업소의 선행요건 관리 대상이 아닌 것은?

① 위생관리 ② 회수 프로그램 관리
③ 차단방역관리 ④ 입고·보관·운송관리

134 식품공장의 작업장 구조와 설비를 설명한 것 중 맞지 않은 것은?

① 바닥은 내수 처리되어야 하며 1.5/100 내외의 경사를 두어 배수에 적당하도록 한다.
② 건물기초는 면적에 비례하여 충분한 강도가 유지되도록 한다.
③ 창의 면적은 벽의 면적의 70% 이상이어야 하며 바닥의 면적을 기준으로 할 때는 바닥 면적의 20~30%로 하는 것이 좋다.
④ 천장은 응축수가 맺히지 않도록 재질과 구조에 유의한다.

135 식품공장의 작업장 구조와 설비를 설명한 것 중 맞지 않은 것은?

① 바닥은 내수성이고 불침투성이어야 하며 표면이 평탄하여 청소가 쉬워야 한다.
② 천장은 응축수가 맺히지 않도록 재질과 구조에 유의한다.
③ 식품공장 바로 옆에 나무를 많이 식재하여 직사광선으로부터 공장을 보호하여야 한다.
④ 천장은 표면을 고르게 하고 밝은 색으로 처리한다.

---

132 식품 및 축산물 안전관리인증기준 제2조(정의)
"위해요소(Hazard)"란 인체의 건강을 해할 우려가 있는 생물학적, 화학적 또는 물리적 인자나 조건을 말한다.

133 식품 및 축산물 안전관리인증기준 제5조(선행요건 관리)
- 영업장 관리
- 제조·가공시설·설비관리
- 냉장·냉동시설·설비관리
- 위생관리   • 용수관리
- 입고·보관·운송관리
- 검사관리
- 회수관리 프로그램 관리

134 식품공장의 작업장 구조와 설비
- 바닥은 내수성이고 불침투성이어야 하며 표면이 평탄하여 청소가 쉬워야 하고, 바닥의 구배는 1.5/100 내외의 경사를 두어 배수에 적당하도록 한다.
- 창의 면적은 벽의 면적의 70% 이상이어야 하며 바닥의 면적을 기준으로 할 때는 바닥 면적의 20~30%로 하는 것이 좋다. 적절한 환기와 채광 등이 양호하도록 하나 곤충 등이 들지 않도록 방충망 시설을 한다.
- 식품관계의 영업용 건물은 불침투성이어야 하는 점을 감안할 때 충분히 내구성이 있는 콘크리트로 되어야 한다.
- 건물기초는 그 건물이 만족스런 제 기능을 발휘하고 사용기간 동안 안전을 확보할 수 있게끔 설계해야 한다.
- 천장은 표면을 고르게 하고 밝은 색으로 처리한다. 또한 응축수가 맺히지 않도록 재질과 구조에 유의한다.

135 식품공장의 주변
- 수목, 잔디 등의 곤충 유인 또는 발생원이 되는 것은 심지 않는다.
- 식재는 공장에서 가급적 멀리 떨어뜨린다.
- 곤충이 좋아하지 않는 수종인 상록수를 선정한다.
- 건물 바깥주변은 포장하여 배회성 곤충의 유입을 막도록 한다.

 ANSWER

132 ② 133 ③ 134 ② 135 ③

136 배수구는 측벽으로부터 15cm 떨어진 곳에 벽과 평행하게 설치하고 실외 배수구와 통하는 곳은 금속망 등을 설치하여 쥐가 하수구를 통하여 침입하지 못하도록 방서에 신경 쓴다.

136 식품공장의 바닥 및 배수구 등에 관한 설명 중 맞지 <u>않은</u> 것은?
① 바닥은 내수성이고 불침투성이어야 하며 청소가 쉬워야 한다.
② 바닥은 물이 잘 빠지도록 경사가 필요하다.
③ 배수구는 벽과 평행하여 밀착되게 설치하되 깊이는 20㎝ 이상 되게 한다.
④ 배수구는 U자형으로 하는 것이 좋다.

137 방충망
• 망의 크기는 16mesh(14칸×12칸/2.54cm)로서 세척이나 수선을 위해 제거할 수 있도록 설계한다(그러나 16mesh 방충망도 완전하지 않음).

137 식품 제조 가공공장에서는 해충의 침입을 방지하기 위하여 방충망을 설치해야 하는데 망의 크기는 어느 정도가 적합한가?
① 16mesh ② 32mesh
③ 48mesh ④ 64mesh

138 식품공장에서 자연채광
• 자연채광을 위하여 창문의 위치는 입사각 27°, 개각 4~5°가 적당
• 상단은 천정으로부터 1m 이내, 하단은 바닥에서 90cm 이상
• 넓이는 바닥 면적을 기준으로 할 때 25% 내외
• 벽면적을 기준으로 할때는 70%가 적당

138 식품공장에서 자연채광을 위하여 필요한 창문의 면적은 얼마가 적합한가?
① 바닥면적의 40% ② 벽면적의 50%
③ 바닥면적의 50% ④ 벽면적의 70%

139 식품 및 축산물 안전관리인증기준 제5조(선행요건 관리) [별표1]
• 선별 및 검사구역 작업장 등은 육안확인에 필요한 조도(540룩스 이상)를 유지하여야 한다.
• 채광 및 조명시설은 내부식성 재질을 사용하여야 하며, 식품이 노출되거나 내포장 작업을 하는 작업장에는 파손이나 이물낙하 등에 의한 오염을 방지하기 위한 보호장치를 하여야 한다.

139 식품 및 축산물 제조업의 HACCP 적용을 위한 선행요건 설명이 맞지 <u>않은</u> 것은?
① 작업장은 누수, 외부의 오염물질이나 해충·설치류 등의 유입을 차단할 수 있도록 밀폐 가능한 구조이어야 한다.
② 작업장은 배수가 잘 되어야 하고 배수로에 퇴적물이 쌓이지 아니 하여야 한다.
③ 선별 및 검사구역 작업장의 밝기는 220룩스 이상을 유지하여야 한다.
④ 원·부자재의 입고부터 출고까지 물류 및 종업원의 이동동선을 설정하고 이를 준수하여야 한다.

140 식품공장에서 사용하는 용수로 지하수를 이용할 경우
• 공공시험기관의 검사를 받아 그 물의 적성이나 안정성을 확인하여야 하며 항상 지하수가 오염되지 않도록 주의 하여야 한다.
• 표준적인 정수처리방식은 응집, 침전, 급속여과, 경수의 연화 방식이 가장 널리 이용되고 있다.

140 식품공장에서 사용되는 용수로 지하수를 사용하는 경우 기본적인 처리 방법에 해당되지 <u>않는</u> 것은?
① 여과 ② 경화
③ 응집 ④ 연화

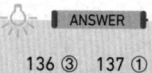

ANSWER
136 ③ 137 ① 138 ③ 139 ③
140 ②

141 식품제조가공 작업장의 위생관리에 대한 설명이 바르게 된 것은?

① 물품검수구역, 일반작업구역, 냉장보관구역 중 일반작업구역의 조명이 가장 밝아야 한다.
② 화장실에는 손을 씻고 물기를 닦기 위하여 깨끗한 수건을 비치하는 것이 바람직하다.
③ 식품 취급 등의 작업은 바닥으로부터 60cm 이상의 높이에서 실시하여 바닥으로부터의 오염을 방지 한다.
④ 작업장에서 사용하는 위생 비닐장갑은 파손되지 않는 한 계속 사용이 가능하다.

142 식품 제조를 위한 작업장 관리에 대한 설명으로 옳지 <u>않은</u> 것은?

① 작업장은 독립된 건물이거나 식품취급외의 용도로 사용되는 시설과 분리되어야 한다.
② 먼지가 누적되는 곳을 줄이기 위하여 코너에 45도 경사를 둔다.
③ 청정도가 낮은 지역을 가장 큰 양압으로 하여 청정도가 높아질수록 실압으로 낮추어 간다.
④ 작업상 필요한 조도를 충분히 갖도록 하여 감시 및 검사지역은 540lux이상으로 한다.

143 선별 및 검사구역 작업장 등 육안확인이 필요한 곳의 조도는 어느 정도 유지하여야 하는가?

① 100lux 이상 ② 250lux 이상
③ 450lux 이상 ④ 540lux 이상

144 세척 또는 소독기준에 포함하지 <u>않는</u> 사항은?

① 세척 · 소독 대상별 세척 · 소독 부위
② 세척 · 소독 방법 및 주기
③ 세척 · 소독 기구의 올바른 사용 방법
④ 세제 · 소독제 보관 관리

145 식품 가공을 위한 냉장/냉동 시설 설비의 관리 방법으로 맞지 <u>않은</u> 것은?

① 냉장시설은 내부의 온도를 10℃ 이하로 유지한다.
② 냉동 시설은 -18℃ 이하로 유지한다.
③ 온도 감응 장치의 센서는 온도가 가장 낮게 측정되는 곳에 위치하도록 한다.
④ 신선편의식품, 훈제연어, 가금육은 5℃ 이하로 유지한다.

---

141 식품제조가공 작업장의 위생관리
- 물품검수구역(540lux), 일반작업구역(220lux), 냉장보관구역(110lux) 중 물품검수구역의 조명이 가장 밝아야 한다.
- 화장실에는 페달식 또는 전자 감응식 등으로 직접 접촉하지 않고 물을 사용할 수 있는 세척 시설과 손을 건조시킬 수 있는 시설을 설치하여야 한다.
- 작업장에서 사용하는 위생 비닐장갑은 1회 사용 후 파손이 없는지 확인하고 전용 쓰레기통에 폐기하도록 한다.

142 식품 제조를 위한 작업장 공기관리
- 청정도가 가장 높은 구역을 가장 큰 양압으로 하고 점차 청정도가 낮은 구역으로 향하게 하여 실압으로 낮추어 간다.
- 단 시설내부가 음압이 되지 않도록 설치

143 식품 및 축산물 안전관리인증기준 제5조(선행요건 관리) [별표1] 영업장 관리
- 선별 및 검사구역 작업장 등은 육안확인이 필요한 조도 540lux 이상을 유지하여야 한다.

144 식품 및 축산물 안전관리인증기준 제5조(선행요건 관리) [별표1] 위생 관리
세척 또는 소독기준은 다음의 사항을 포함하여야 한다.
- 세척 · 소독 대상별 세척 · 소독 부위
- 세척 · 소독 방법 및 주기
- 세척 · 소독 책임자
- 세척 · 소독 기구의 올바른 사용 방법
- 세제 및 소독제(일반명칭 및 통용명칭)의 구체적인 사용방법

145 식품 및 축산물 안전관리인증기준 제5조(선행요건 관리) [별표1] 냉장 · 냉동 시설 · 설비 관리
- 냉장시설은 내부의 온도를 10℃ 이하 (다만, 신선편의식품, 훈제연어, 가금육은 5℃ 이하 보관 등 보관온도 기준이 별도로 정해져 있는 식품의 경우에는 그 기준을 따른다.), 냉동시설은 -18℃ 이하로 유지하고, 외부에서 온도변화를 관찰할 수 있어야 하며, 온도감응 장치의 센서는 온도가 가장 높게 측정되는 곳에 위치하도록 한다.

ANSWER
141 ③ 142 ③ 143 ④ 144 ④
145 ③

출제예상문제

146 식품 및 축산물 안전관리인증기준 제5조(선행요건 관리) [별표1] 작업위생관리
- 해동된 식품은 즉시 사용하고 즉시 사용하지 못할 경우 조리 시까지 냉장 보관하여야 하며, 사용 후 남은 부분을 재동결하여서는 아니 된다.

147 식품 및 축산물 안전관리인증기준 제5조(선행요건 관리) [별표1] 작업 환경관리
- 청결구역과 일반구역별로 각각 출입, 복장, 세척·소독 기준 등을 포함하는 위생 수칙을 설정하여 관리하여야 한다.

148 표준위생관리기준(SSOP)의 핵심 요소(8가지)
- 물 및 얼음의 안전성
- 식품 접촉면의 조건 및 청결
- 교차 오염의 방지
- 개인위생 및 위생설비
- 비식품 물질의 유입 방지
- 화학제품의 적절한 사용 및 보관, 라벨링 처리
- 작업자의 건강관리 · 방충, 방서관리

149 식품 및 축산물 안전관리인증기준 제5조(선행요건 관리) [별표1] 냉장·냉동 시설·설비 관리
- 냉장시설은 내부의 온도를 10℃ 이하(다만, 신선편의식품, 훈제연어, 가금육은 5℃ 이하 보관 등 보관온도 기준이 별도로 정해져 있는 식품의 경우에는 그 기준을 따른다.), 냉동시설은 –18℃ 이하로 유지하고, 외부에서 온도변화를 관찰할 수 있어야 하며, 온도 감응 장치의 센서는 온도가 가장 높게 측정되는 곳에 위치하도록 한다.

146 작업위생관리의 방법으로 맞지 <u>않은</u> 것은?
① 가열 조리 후 냉각이 필요한 식품은 냉각 중 오염이 일어나지 아니 하도록 신속히 냉각하여야 하며, 냉각온도 및 시간 기준을 설정·관리하여야 한다.
② 영양사는 조리된 식품에 대하여 배식하기 직전에 음식의 맛, 온도, 이물, 이취, 조리 상태 등을 확인하기 위한 검식을 실시하여야 한다.
③ 위생장갑 및 청결한 도구(집게, 국자 등)를 사용하여야 하며, 배식중인 음식과 조리 완료된 음식을 혼합하여 배식하여서는 아니된다.
④ 해동된 식품은 즉시 사용하고 즉시 사용하지 못할 경우 조리 시까지 냉장 보관하여야 하며, 사용 후 남은 부분을 재동결하여 보관한다.

147 작업 환경관리의 방법으로 맞지 <u>않은</u> 것은?
① 원·부자재의 입고에서부터 출고까지 물류 및 종업원의 이동 동선을 설정하고 이를 준수하여야 한다.
② 원료의 입고에서부터 제조·가공, 보관, 운송에 이르기까지 모든 단계에서 혼입될 수 있는 이물에 대한 관리계획을 수립하고 이를 준수하여야 한다.
③ 청결구역과 일반구역 구분 없이 출입, 복장, 세척·소독 기준 등을 포함하는 위생 수칙을 설정하여 관리하여야 한다.
④ 작업장 내에서 발생하는 악취나 이취, 유해가스, 매연, 증기 등을 배출할 수 있는 환기시설을 설치하여야 한다.

148 표준위생관리기준(Sanitation Standard Operation Procedure, SSOP)의 핵심 요소(8가지)와 관련이 <u>없는</u> 것은?
① 작업자의 건강관리   ② 저온살균법
③ 물의 안전성   ④ 비식품 물질의 유입 방지

149 식품공장의 식품취급 시설에 관한 설명으로 옳지 <u>않은</u> 것은?
① 식품과 직접 접촉하는 부분은 내수성 및 내부식성 재질이어야 한다.
② 냉장시설은 내부의 온도를 5℃ 이하, 냉동시설은 –18℃ 이하로 유지한다.
③ 식품과 직접 접촉하는 부분은 열탕, 증기, 살균제 등으로 소독·살균이 가능한 재질이어야 한다.
④ 식품취급시설·설비는 정기적으로 점검·정비를 하여야 하고 그 결과를 보관하여야 한다.

146 ④   147 ③   148 ②   149 ②

150 식품제조·가공업소의 영업장 관리 방법으로 옳지 <u>않은</u> 것은?

① 작업장의 출입구에는 구역별 복장 착용 방법을 게시하여야 하고, 개인위생관리를 위한 세척, 건조, 소독 설비 등을 구비하여야 한다.
② 작업장은 배수가 잘 되어야 하고 배수로에 퇴적물이 잘 쌓이도록 하며, 배수구, 배수관 등은 역류가 되지 아니 하도록 관리하여야 한다.
③ 작업장은 청결구역(식품의 특성이 따라 청결구역은 청결구역과 준청결구역으로 구별할 수 있다.)과 일반구역으로 분리하고 제품의 특성과 공정에 따라 분리, 구획 또는 구분할 수 있다.
④ 창의 유리는 파손 시 유리조각이 작업장내로 흩어지거나 원·부자재 등으로 혼입되지 아니하도록 하여야 한다.

151 식품집단급식소 등의 작업관리에 대한 사항으로 틀린 것은?

① 작업장 내에서 작업 중인 종업원 등은 위생복·위생모·위생화 등을 항시 착용하여야 하며, 개인용 장신구 등을 착용하여서는 아니 된다.
② 냉장 식품을 절단 소분 등의 처리를 할 때에는 식품의 온도가 가능한 한 15℃를 넘지 아니 하도록 한번에 소량씩 취급하고 처리 후 냉장고에 보관하는 등의 온도 관리를 하여야 한다.
③ 칼과 도마 등의 조리 기구나 용기, 앞치마, 고무장갑 등은 원료나 조리과정에서의 교차오염을 방지하기 위하여 식재료 특성 또는 구역별로 구분하여 사용하여야 한다.
④ 해동된 식품은 즉시 사용하고 즉시 사용하지 못할 경우 조리 시까지 냉장 보관하여야 하며, 사용 후 남은 부분은 재동결하여 보관한다.

152 다음은 식품 및 축산물안전관리인증기준의 작업관리에서대한 설명이다. (   ) 안에 알맞은 것은?

> - 칼과 도마 등의 조리 기구나 용기, 앞치마, 고무장갑 등은 원료나 조리과정에서의 (   )을(를) 방지하기 위하여 식재료 특성 또는 구역별로 구분하여 사용하여야 한다.
> - 식품 취급 등의 작업은 바닥으로부터 (   )cm 이상의 높이에서 실시하여 바닥으로부터의 (   )을(를) 방지하여야한다.

① 공정간 오염 – 30 – 이물
② 교차오염 – 60 – 오염
③ 오염물질 유입 – 60 – 곰팡이 포자 날림
④ 미생물 오염 – 30 – 해충·설치류의 유입

150 식품 및 축산물 안전관리인증기준 제5조(선행요건 관리) [별표1] 영업장 관리
• 작업장은 배수가 잘 되어야 하고 배수로에 퇴적물이 쌓이지 아니 하여야 하며, 배수구, 배수관 등은 역류가 되지 아니 하도록 관리하여야 한다.

151 식품 및 축산물 안전관리인증기준 제5조(선행요건 관리) [별표1] 작업위생관리
• 해동된 식품은 즉시 사용하고 즉시 사용하지 못할 경우 조리 시까지 냉장 보관하여야 하며, 사용 후 남은 부분은 재동결하여서는 아니 된다.

152 식품 및 축산물 안전관리인증기준 제5조(선행요건 관리) [별표1] 작업관리
- 칼과 도마 등의 조리 기구나 용기, 앞치마, 고무장갑 등은 원료나 조리과정에서의 교차오염을 방지하기 위하여 식재료 특성 또는 구역별로 구분하여 사용하여야 한다.
- 식품 취급 등의 작업은 바닥으로부터 60㎝ 이상의 높이에서 실시하여 바닥으로부터의 오염을 방지하여야 한다.

ANSWER
150 ② 151 ④ 152 ②

출제예상문제

153 식품 및 축산물 안전관리인증기준 제5조(선행요건 관리) [별표1] 식품냉동·냉장업소, 영업장 관리
• 냉동실 및 냉장실 등은 온도조절이 가능하도록 시공되어 있고 문을 열지 아니하고도 온도를 알아볼 수 있는 온도계가 외부에 설치되어 있으며 온도감응장치의 센서는 온도가 가장 높은 곳에 부착되어야 한다.

154 식품 및 축산물 안전관리인증기준 제5조(선행요건 관리) [별표1] 용수관리
• 식품 제조·가공에 사용되거나, 식품에 접촉할 수 있는 시설·설비, 기구·용기, 종업원 등의 세척에 사용되는 용수는 다음 각호에 따른 검사를 실시하여야 한다.
 - 지하수를 사용하는 경우에는 먹는물 수질기준 전 항목에 대하여 연 1회 이상(음료류 등 직접 마시는 용도의 경우는 반기 1회 이상) 검사를 실시하여야 한다.
 - 먹는물 수질기준에 정해진 미생물학적 항목에 대한 검사를 월 1회 이상 실시하여야 하며, 미생물학적 항목에 대한 검사는 간이검사키트를 이용하여 자체적으로 실시할 수 있다.

155 154번 해설 참조

156 식품 및 축산물 안전관리인증기준 제5조(선행요건 관리)
㉠ 냉장식품과 온장식품에 대한 배식 온도 관리기준을 설정·관리하여야 한다.
• 냉장보관 : 냉장식품 10℃ 이하(다만, 신선편의식, 훈제연어는 5℃ 이하 보관 등 보관온도 기준이 별도로 정해져 있는 식품의 경우에는 그 기준을 따른다.)
• 온장보관 : 온장식품 60℃ 이상
㉡ 조리한 식품은 소독된 보존식 전용용기 또는 멸균 비닐봉지에 매회 1인분 분량을 -18℃ 이하에서 144시간 이상 보관하여야 한다.

ANSWER
153 ③ 154 ③ 155 ③ 156 ④

---

153 식품냉동·냉장업소의 영업장 관리 방법으로 적합하지 않은 것은?
① 환기 시설은 악취, 유해가스, 매연, 증기 등을 충분히 배출할 수 있어야 한다.
② 천장 및 상부 구조물은 응결수가 떨어지지 않도록 청결하게 관리되어야 한다.
③ 냉동실 및 냉장실 등은 온도조절이 가능하도록 시공되어 있고 문을 열지 아니하고도 온도를 알아볼 수 있는 온도계가 외부에 설치되어 있으며 온도감응장치의 센서는 온도가 가장 낮은 곳에 부착되어야 한다.
④ 기구 및 용기 등 축산물에 직접 접촉하는 부분은 위생적인 내수성 재질로서 씻기 쉬우며 살균·소독이 가능하여야 한다.

154 식품 제조 가공에 사용되는 용수로 지하수를 사용하는 경우 먹는물 수질기준 전 항목에 대한 검사 주기는 얼마인가?
① 월 1회 이상　　② 반기에 2회 이상
③ 연 1회 이상　　④ 연 2회 이상

155 식품 제조 가공에 사용되는 용수검사에 대한 설명으로 올바른 것은?
① 미생물학적 항목에 대한 검사는 간이검사키트를 이용하여 자체적으로 실시할 수 없다.
② 음료류 등 직접 마시는 용도의 경우는 월 1회 이상 검사를 실시하여야 한다.
③ 먹는물 수질기준에 정해진 미생물학적 항목에 대한 검사를 월 1회 이상 실시하여야 한다.
④ 지하수를 사용하는 경우에는 먹는물 수질기준 전 항목에 대하여 반기 1회 이상 검사를 실시하여야 한다.

156 단체급식 등 선행요건관리와 관련하여 바르게 설명 한 것은?
① 배식 온도관리 기준에서 냉장식품은 10℃ 이하, 온장식품은 50℃ 이상에서 보관한다.
② 조리한 식품의 보존식은 5℃ 이하에서 48시간까지 보관한다.
③ 냉장시설은 내부의 온도를 5℃ 이하, 냉동시설은 -18℃로 유지해야 한다.
④ 운송차량은 냉장의 경우 10℃ 이하, 냉동의 경우 -18℃ 이하를 유지할 수 있어야 한다.

PART 1-4. 식품안전관리인증기준(HACCP) 관리

157 식품안전관리인증기준(HACCP)의 7원칙에 해당하지 <u>않는</u> 것은?
① 위해요소 분석(HA) ② 개선조치방법 수립
③ 한계기준 설정 ④ 작업공정도 작성

158 HACCP의 적용 순서 중 3단계에 해당되는 것은?
① 제품의 용도 확인 ② 제품설명서 작성
③ HACCP팀 구성 ④ 공정흐름도의 현장확인

159 HACCP 준비단계의 순서가 바르게 된 것은?

> ㉠ 제품의 용도 확인
> ㉡ 공정흐름도 작성
> ㉢ HACCP팀 구성
> ㉣ 제품 설명서 작성
> ㉤ 공정흐름도 현장 확인

① ㉢ → ㉠ → ㉣ → ㉡ → ㉤
② ㉢ → ㉡ → ㉠ → ㉣ → ㉤
③ ㉢ → ㉤ → ㉡ → ㉠ → ㉣
④ ㉢ → ㉣ → ㉠ → ㉡ → ㉤

160 HACCP의 적용 순서 중 6단계에 해당되는 것은?
① HACCP팀 구성 ② 위해요소 분석(HA)
③ 공정흐름도 작성 ④ 검증절차의 수립

161 HACCP의 7원칙에 해당되지 <u>않는</u> 것은?
① 한계기준(Critical Limit; CL) 설정
② 개선조치방법 수립
③ 모니터링 방법의 설정
④ 제품 설명서 작성

162 HACCP 시스템 적용 시 가장 먼저 시행해야하는 단계는?
① 제품설명서 작성 ② 개선조치 설정
③ 중요관리점 결정 ④ HACCP팀 구성

---

157 HACCP의 7원칙 및 12절차
- 준비단계 5절차
  - 절차 1 : HACCP팀 구성
  - 절차 2 : 제품설명서 작성
  - 절차 3 : 용도 확인
  - 절차 4 : 공정흐름도 작성
  - 절차 5 : 공정흐름도 현장확인
- HACCP 7원칙
  - 절차 6(원칙 1) : 위해요소 분석(HA)
  - 절차 7(원칙 2) : 중요관리점(CCP) 결정
  - 절차 8(원칙 3) : 한계기준(Critical Limit; CL) 설정
  - 절차 9(원칙 4) : 모니터링 체계 확립
  - 절차 10(원칙 5) : 개선조치방법 수립
  - 절차 11(원칙 6) : 검증절차 및 방법 수립
  - 절차 12(원칙 7) : 문서화 및 기록유지

158 157번 해설 참조

159 157번 해설 참조

160 157번 해설 참조

161 157번 해설 참조

162 157번 해설 참조

ANSWER
157 ④ 158 ① 159 ④ 160 ②
161 ④ 162 ④

출제예상문제

163 157번 해설 참조

163 HACCP 적용을 위한 7원칙 및 12절차 중 준비단계에 해당하는 것은?
① 위해요소 분석(HA)
② 중요관리점(CCP) 결정
③ 공정흐름도 현장확인
④ 개선조치방법 수립

164 157번 해설 참조

164 식품의 현실적인 위해 요인과 잠재 위해 요인을 발굴하고 평가하는 일련의 과정으로, HACCP의 7원칙 중 제2원칙에 해당하는 단계는?
① 위해요소분석(Hazard Analysis)
② 중요관리점(Critical Control Point)
③ 한계기준(Critical Limit ; CL) 설정
④ 검증절차 및 방법 수립

165 157번 해설 참조

165 단체급식이나 외식산업 HACCP의 7원칙에 해당하지 않는 것은?
① 모니터링 체계 확립   ② 검증절차 및 방법 수립
③ 문서화 및 기록유지   ④ 용도 확인

166 157번 해설 참조

166 HACCP의 준비단계 5절차에 해당하지 않는 것은?
① HACCP팀 구성
② 제품설명서 작성
③ 모니터링 체계 확립
④ 공정흐름도 작성

167 157번 해설 참조

167 HACCP 시스템 적용 시 12단계 중 최종 단계에 해당하는 것은?
① 모니터링 체계 확립   ② 개선조치
③ 검증절차 및 방법 수립   ④ 문서화 및 기록 유지

168 HACCP팀 구성은 제품생산과 관련된 직책을 맡고 있거나 전문적 기술을 갖는 모든 사람으로 구성한다.

168 식품안전관리인증기준(HACCP)에 대한 설명이 틀린 것은?
① 위해가능성이 있는 요소를 찾아 분석·평가하여 위해성을 제거하고 관리점을 설정하여 사전에 예방하는 수단과 절차이다.
② 위해요소로는 물리적, 화학적, 생물학적 요소가 있다.
③ 숙련된 필수요원으로만 관리가 가능하도록 설계되어 있다.
④ 정확한 기록을 유지·보존한다는 것은 반드시 해야 하는 필수사항이다.

ANSWER
163 ③ 164 ② 165 ④ 166 ③
167 ④ 168 ③

169 HACCP 팀원 구성으로 여러 분야에 책임자가 포함되어야 한다. 해당하지 않는 분야의 책임자는?

① 보관 등 물류관리업무 책임자
② 종사자 보건관리 책임자
③ 교육·훈련업무의 인사담당 책임자
④ 운반수송 관리 책임자

170 HACCP 팀을 구성할 때 가장 중요한 것은 경영자의 의지이다. 다음 중 경영자의 의지라고 할 수 없는 사항은?

① HACCP 팀장 및 팀원 지정
② 회사의 HACCP 혹은 식품 안전성 정책의 승인
③ 전문지식 습득 및 교육
④ 프로젝트가 현실적이고 달성 가능하도록 보장

171 HACCP 팀장의 역할에 해당되지 않는 사항은?

① HACCP 추진의 범위 통제
② 예산 편성 및 승인
③ HACCP 시스템의 계획과 이행 관리
④ 모든 문서의 기록을 유지 내부 감사 계획의 유지 및 이행

172 HACCP plan(계획)을 확인할 수 있는 사람은?

① 제조·작업 책임자
② 회사 인사 관련 직원
③ HACCP 팀장
④ 자격이 인정된 전문가

173 HACCP 팀원의 책임과 관계가 없는 사항은?

① 식품안전 정책의 승인
② HACCP 추진 및 문서화
③ 위해 허용 한도의 이탈 감시
④ HACCP 계획의 내부 감사

174 HACCP의 적용 시 2단계인 제품설명서 작성 내용에 포함되지 않아도 되는 사항은?

① 제품유형 및 성상
② 섭취 방법
③ 제품용도 및 소비기간
④ 작성자 및 작성연월일

---

169 HACCP 팀원의 구성
- HACCP 팀장은 업체의 최고책임자(영업자 또는 공장장)가 되는 것을 권장하며, 팀원은 제조·작업 책임자, 시설·설비의 공무관계 책임자, 보관 등 물류관리업무 책임자, 식품위생관련 품질관리업무 책임자 및 종사자 보건관리 책임자, 교육·훈련업무의 인사담당 책임자 등으로 구성합니다.

170 HACCP에서 경영자의 역할
- 예산 승인
- 회사의 HACCP 혹은 식품 안전성 정책의 승인 및 추진
- HACCP 팀장 및 팀원 지정
- HACCP팀이 적절한 자원을 활용할 수 있도록 보장
- HACCP팀이 작성한 프로젝트 승인 및 프로젝트가 지속적으로 추진되도록 보장
- 보고체계를 수립
- 프로젝트가 현실적이고 달성 가능하도록 보장

171 HACCP 팀장의 역할
- HACCP 추진의 범위 통제
- HACCP 시스템의 계획과 이행 관리
- 팀 회의 조정 및 주제
- 시스템이 기준(Codex 지침)에 적합하고, 법적 요구를 충족하여 효과적인지를 결정
- 모든 문서의 기록을 유지 내부 감사 계획의 유지 및 이행

172 HACCP plan의 확인
- 팀이나 훈련 혹은 경험에 의해 자격이 인정된 개인에 의해 수행된다.
- 또한 HACCP 계획을 시험 전에 확인할 때나 시험 후 확인하기 위하여 독립된 전문가(예: 외부 컨설턴트, 대학 교수)의 지원을 받을 수도 있다.

173 HACCP 팀원의 책임
- HACCP 추진 및 문서화, 위해 허용 한도의 이탈 감시, HACCP 계획의 내부 감사, HACCP 업무에 관한 정보 공유

174 제품설명서 작성 내용
- 제품명, 제품유형 및 성상, 품목제조보고연월일, 작성자 및 작성연월일, 성분(또는 식자재)배합비율 및 제조(또는 조리)방법, 제조(포장)단위, 완제품의 규격, 보관·유통(또는 배식)상의 주의사항, 포장방법 및 재질, 표시사항, 기타 필요한 사항이 포함되도록 작성한다.

ANSWER
169 ④ 170 ③ 171 ② 172 ④
173 ③ 174 ②

출제예상문제

175 공정도 작성
- 원재료, 포장재 및 부재료 등 공정에 투입되는 물질
- 검사, 운반, 저장 및 공정의 지연을 포함하는 상세한 모든 공정 활동
- 공정의 출력물 등

176 공정흐름도 작성
- 시설 도면, 공정 단계의 순서, 시간/온도의 조건, 통풍 및 공기의 흐름, 물 공급 및 배수, 칸막이, 장비의 형태, 용기의 흐름 및 세척/소독, 출입구, 손 소독, 발 소독조, 저장 및 분배 조건 등이 포함된다.

177 공정흐름도의 현장 확인(5단계) 방법
- HACCP팀 전원이 작성된 공정흐름도를 들고 공정도의 순서에 따라 현장을 순시하면서 공정도상의 내용과 실제 작업이 일치하는지 관찰하고, 필요한 경우 종업원과의 면접 등으로 확인하면 된다.

178 식품 및 축산물 안전관리인증기준 제2조(정의)
- 위해요소분석(Hazard Analysis) : 식품·축산물 안전에 영향을 줄 수 있는 위해요소와 이를 유발할 수 있는 조건이 존재하는지 여부를 판별하기 위하여 필요한 정보를 수집하고 평가하는 일련의 과정을 말한다.
- 개선조치(Corrective Action) : 모니터링 결과 중요관리점의 한계기준을 이탈할 경우에 취하는 일련의 조치를 말한다.
- 중요관리점(Critical Control Point : CCP) : 안전관리인증기준(HACCP)을 적용하여 식품·축산물의 위해요소를 예방·제어하거나 허용 수준 이하로 감소시켜 당해 식품·축산물의 안전성을 확보할 수 있는 중요한 단계·과정 또는 공정을 말한다.
- 한계기준(Critical Limit) : 중요관리점에서의 위해요소 관리가 허용범위 이내로 충분히 이루어지고 있는지 여부를 판단할 수 있는 기준이나 기준치를 말한다.

179 위해요소 분석 시 활용할 수 있는 기본 자료
- 해당식품 관련 역학조사 자료, 업체자체 오염실태조사 자료, 작업환경조건, 종업원 현장조사, 보존시험, 미생물시험, 관련규정이나 연구자료 등이 있으며, 기존의 작업공정에 대한 정보도 이용될 수 있습니다.

180 182번 해설 참조

ANSWER
175 ④ 176 ② 177 ② 178 ①
179 ③ 180 ②

---

175 HACCP의 적용 시 4단계인 공정도 작성에 포함되지 않는 사항은?
① 원재료 공정에 투입되는 물질
② 포장재 공정에 투입되는 물질
③ 부재료 공정에 투입되는 물질
④ 생산에 사용되는 물의 수질 상태

176 HACCP의 적용 시 4단계인 공정흐름도 작성에서 작업자의 도면에 표시하지 않아도 되는 사항은?
① 공정 단계의 순서   ② 포장 및 보관방법
③ 통풍 및 공기의 흐름   ④ 물 공급 및 배수

177 HACCP의 적용 순서 5단계인 공정흐름도의 현장 확인에 대한 내용 중 바르지 못한 것은?
① 공정흐름도의 정확성이 매우 중요하다.
② 공정흐름도의 현장 확인은 생략할 수 있는 단계다.
③ 공정도상의 내용과 실제 작업이 일치하는지 관찰한다.
④ 현장 검증은 HACCP팀 전원이 참여한다.

178 식품·축산물 안전에 영향을 줄 수 있는 위해요소와 이를 유발할 수 있는 조건이 존재하는지 여부를 판별하기 위하여 필요한 정보를 수집하고 평가하는 일련의 과정을 무엇이라 하는가?
① 위해요소 분석(Hazard Analysis)
② 개선조치(Corrective Action)
③ 중요관리점(Critical Control Point)
④ 한계기준(Critical Limit)

179 HACCP 관리에서 위해요소 분석 시 활용할 수 있는 기본 자료가 부적당한 것은?
① 해당식품 관련 역학조사 자료
② 종업원 현장조사
③ 관리기준의 설정
④ 기존의 작업공정에 대한 정보

180 HACCP 관리에서 위해요소 분석 시 위해요소 3종류가 아닌 것은?
① 생물학적 위해요소   ② 화학적 위해요소
③ 물리적 위해요소   ④ 면역학적 위해요소

181 식품안전관리인증기준(HACCP)에 대한 설명이 옳지 못한 것은?
① 정확한 기록을 유지·보존한다는 것은 반드시 해야 하는 필수사항이다.
② 위해요소로는 생물학적, 화학적 요소가 있다.
③ HACCP팀 구성은 직책을 맡고 있거나 전문적 기술을 갖는 모든 사람으로 구성한다.
④ 위해가능성이 있는 요소를 찾아 분석·평가하여 위해성을 제거하고 관리점을 설정하여 사전에 예방하는 수단과 절차이다.

182 HACCP에서 화학적 위해요소와 관련된 것은 어느 것인가?
① 병원성미생물　② 경질플라스틱
③ 살균소독제　　④ 간염바이러스

183 HACCP 도입 시 화학적위해요소와 관련 식품의 연결이 잘못된 것은?
① prion － 소, 양 등의 식육제품
② aflatoxin － 옥수수, 땅콩
③ ciguatera － 버섯류
④ 항생제 － 식육, 양식어류

184 HACCP에서 식품위해요소 중 화학적 위해요소와 관련된 것은?
① 곰팡이　　② 머리가락
③ 환경호르몬　④ 유리조각

185 HACCP에서 식품 위해요소 중 생물학적 위해요소와 관련이 없는 것은?
① 기생충　　② 항생물질
③ 곰팡이　　④ 병원성미생물

186 HACCP 관리에서 식품의 위해요소 중 물리적 위해요소와 관련된 것은?
① 유리조각　② 아플라톡신
③ 유기염소제　④ 항균 물질

---

181 위해요소
• 인체의 건강을 해칠 우려가 있는 생물학적, 화학적 또는 물리적 인자나 조건을 말한다.

182 식품 및 축산물 안전관리인증기준 제2조(정의) 2. 위해요소란
식품위생법 제4조(위해 식품등의 판매 등 금지)의 규정에서 정하고 있는 인체의 건강을 해칠 우려가 있는 생물학적, 화학적 또는 물리적 인자나 조건을 말한다.
*식품 및 축산물 안전관리인증기준 제6조(안전관리인증기준) 별표2 위해요소
• 생물학적 위해요소 : 병원성미생물, 부패미생물, 기생충, 곰팡이 등 식품에 내재하면서 인체의 건강을 해할 우려가 있는 생물학적 위해 요소를 말한다.
• 화학적 위해요소 : 식품 중에 인위적 또는 우발적으로 첨가·혼입된 화학적 원인물질(중금속, 항생물질, 항균 물질, 성장호르몬, 환경호르몬, 사용기준을 초과하거나 사용 금지된 식품첨가물 등)에 의해 또는 생물체에 유해한 화학적 원인물질(아플라톡신, DOP 등)에 의해 인체의 건강을 해할 우려가 있는 요소를 말한다.
• 물리적 위해요소 : 식품 중에 일반적으로는 함유될 수 없는 경질이물(돌, 경질플라스틱), 유리조각, 금속 파편 등에 의해 인체의 건강을 해할 우려가 있는 요소를 말한다.

183 ciguatera 중독
• 플랑크톤인 Gambierdiscus toxicus로부터 생산된 독소에 의해 발생된다.
• 독꼬치, red sanpper, grouper, blue crevally 등 독어 섭취에 의한 식중독이다.

184 182번 해설 참조

185 182번 해설 참조

186 182번 해설 참조

ANSWER
181 ②　182 ③　183 ③　184 ③
185 ②　186 ①

출제예상문제

187 위해요소분석 절차

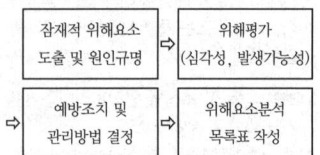

187 다음 보기에서 위해요소 분석 시 위해요소 분석 절차가 바르게 나열된 것을 고르시오?

> ⓐ 예방조치 및 관리방법 결정
> ⓑ 잠재적 위해요소 도출 및 원인규명
> ⓒ 위해평가(심각성, 발생가능성)
> ⓓ 위해요소분석 목록표 작성

① ⓐ-ⓑ-ⓒ-ⓓ ② ⓑ-ⓒ-ⓐ-ⓓ
③ ⓒ-ⓐ-ⓑ-ⓓ ④ ⓓ-ⓑ-ⓐ-ⓒ

188 HACCP관리에서 미생물학적 위해분석을 수행할 경우 평가사항
- 위해의 중요도 평가
- 위해의 위험도 평가
- 위해의 원인분석 및 확정 등

188 HACCP 관리에서 미생물학적 위해분석을 수행할 경우 평가사항과 거리가 먼 것은?
① 위해의 발생 후 사후조치 평가
② 위해의 중요도 평가
③ 위해의 위험도 평가
④ 위해의 원인분석 및 확정

189 위해요소 발생 가능성 판단 방법
- HACCP팀의 경험이나 사례
- 과거의 발생 사례
- 역학 자료
- 기술서적 및 과학적 연구 논문, 잡지
- 대학이나 관련 연구소
- 공급자
- 타 식품 제조업체, 제품 클레임에 관한 정보

189 위해요소 발생가능성을 판단하는 방법으로 적절하지 않는 것은?
① HACCP 팀의 경험이나 사례
② 경영자에게 자문 요청
③ 역학 자료
④ 기술서적이나 연구논문

190 생물학적 위해요소의 예방책
- 온도·시간관리, 가열 및 조리(열처리) 공정, 냉장 및 냉동, 발효 및 pH관리, 염 또는 다른 보존료 첨가, 건조, 포장 조건, 원재료의 관리, 개인 위생규범(세척 및 소독) 등이 있다.

190 HACCP 관리에서 생물학적 위해요소의 예방책으로 올바르지 못한 것은?
① 가열 및 조리(열처리)
② 발효 및 pH관리
③ 식품 중의 수분 탈수(건조)
④ 상온 보관

191 기생충 관리
- 가열 조리, 채소류는 흐르는 물에 충분히 세척 등

191 HACCP 관리에서 생물학적 위해요소와 그 예방책의 연결이 적절하지 않는 항목은?
① 세균-가열 및 조리(열처리) ② 기생충-냉장
③ 세균-냉각 및 동결 ④ 바이러스-가열처리

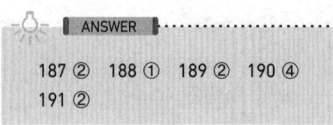

187 ② 188 ① 189 ② 190 ④
191 ②

192 HACCP을 적용하여 식품·축산물의 위해요소를 예방·제어하거나 허용 수준 이하로 감소시켜 당해 식품·축산물의 안전성을 확보할 수 있는 중요한 단계·과정 또는 공정을 무엇이라 하는가?

① 개선조치(Corrective Action)
② 위해요소분석(Hazard Analysis)
③ 한계기준(Critical Limit)
④ 중요관리점(Critical Control Point)

193 HACCP 관리에서 중요관리점(CCP) 결정의 내용에 포함되지 않는 사항은?

① 위해요소가 예방되는 지점
② 위해요소가 제거되는 지점
③ 위해요소가 허용 수준으로 감소하는 지점
④ 위해요소가 제거될 수 없는 지점

194 다음 보기는 HACCP 7원칙 중 어느 단계를 설명한 내용인가?

> 원칙1(위해요소 분석)에서 파악된 중요위해(위해평가 3점 이상)를 예방, 제어 또는 허용 가능한 수준까지 감소시킬 수 있는 최종 단계 또는 공정

① HA
② CCP
③ 모니터링
④ 개선조치

---

192 안전관리인증기준(HACCP)용어 정의
- 개선조치(Corrective Action)란 모니터링 결과 중요관리점의 한계기준을 이탈할 경우에 취하는 일련의 조치를 말한다.
- 위해요소분석(Hazard Analysis) : 식품 안전에 영향을 줄 수 있는 위해요소와 이를 유발할 수 있는 조건이 존재하는지 여부를 판별하기 위하여 필요한 정보를 수집하고 평가하는 일련의 과정을 말한다.
- 한계기준(Critical Limit) : 중요관리점에서의 위해요소 관리가 허용범위 이내로 충분히 이루어지고 있는지 여부를 판단할 수 있는 기준이나 기준치를 말한다.
- 중요관리점(Critical Control Point : CCP) : 안전관리인증기준(HACCP)을 적용하여 식품·축산물의 위해요소를 예방·제어하거나 허용 수준 이하로 감소시켜 당해 식품·축산물의 안전성을 확보할 수 있는 중요한 단계·과정 또는 공정을 말한다.

193 중요관리점(Critical Control Point: CCP)
- 안전관리인증기준(HACCP)을 적용하여 식품·축산물의 위해요소를 예방·제어하거나 허용 수준 이하로 감소시켜 당해 식품·축산물의 안전성을 확보할 수 있는 중요한 단계·과정 또는 공정을 말한다.
- 중요관리점이란 원칙 1에서 파악된 중요위해(위해평가 3점 이상)를 예방, 제어 또는 허용 가능한 수준까지 감소시킬 수 있는 최종 단계 또는 공정을 말한다.

194 중요관리점(Critical Control Point: CCP)
- 안전관리인증기준(HACCP)을 적용하여 식품·축산물의 위해요소를 예방·제어하거나 허용 수준 이하로 감소시켜 당해 식품·축산물의 안전성을 확보할 수 있는 중요한 단계·과정 또는 공정을 말한다.

ANSWER

192 ④ 193 ④ 194 ②

195 CCP 결정도에서 사용하는 질문 5가지
- 질문1 : 확인된 위해요소를 관리하기 위한 선행요건이 있으며 잘 관리되고 있는가?
- 질문2 : 모든 공정(단계)에서 확인된 위해요소에 대한 조치방법이 있는가?
- 질문2-1 : 이 공정(단계)에서 안전성을 위한 관리가 필요한가?
- 질문3 : 이 공정(단계)에서 발생가능성이 있는 위해요소를 제어하거나 허용수준까지 감소시킬 수 있는가?
- 질문4 : 확인된 위해요소의 오염이 허용수준을 초과하는가 또는 허용할 수 없는 수준으로 증가하는가?
- 질문5 : 확인된 위해요소를 제어하거나 또는 그 발생을 허용수준으로 감소시킬 수 있는 이후의 공정이 있는가?

195 중요관리점(CCP) 결정도에서 사용되는 5가지 질문에 포함되지 <u>않</u>는 내용은?
① 확인된 위해요소를 관리하기 위한 선행요건이 있으며 잘 관리되고 있는가?
② 발생가능성이 있는 위해요소를 제어하거나 허용수준까지 감소시킬 수 있는가?
③ 확인된 위해요소의 오염이 허용할 수 없는 수준으로 증가하는가?
④ 위해요소가 완전히 없어졌는가?

196 중요관리점(CCP)의 결정도
- 질문1 : 확인된 위해요소를 관리하기 위한 선행요건이 프로그램이 있으며 잘 관리되고 있는가?
  - 예 : CP임
  - 아니오 : 질문2
- 질문2 : 이 공정이나 이후 공정에서 확인된 위해의 관리를 위한 예방조치 방법이 있는가?
  - 예 : 질문3
  - 아니오 : 이 공정에서 안전성을 위한 관리가 필요한가?
  - 아니오 : CP임
- 질문3 : 이 공정은 이 위해의 발생가능성을 제거 또는 허용수준까지 감소시키는가?
  - 예 : CCP
  - 아니오 : 질문4
- 질문4 : 확인된 위해요소의 오염이 허용수준을 초과하여 발생할 수 있는가? 또는 오염이 허용할 수 없는 수준으로 증가할 수 있는가?
  - 예 : 질문5
  - 아니오 : CP임
- 질문5 : 이후의 공정에서 확인된 위해를 제거하거나 발생가능성을 허용수준까지 감소시킬 수 있는가?
  - 예 : CP임
  - 아니오 : CCP

196 HACCP 관리에서 중요관리점(CCP)의 결정도에 대한 설명이 바르게 된 것은?
① 질문1 : 확인된 위해요소를 관리하기 위한 선행요건이 있으며 잘 관리되고 있는가? - (예) - CP임
② 질문3 : 이 공정은 이 위해의 발생가능성을 제거 또는 허용수준까지 감소시키는가? - (아니요) - CCP
③ 질문4 : 확인된 위해요소의 오염이 허용수준을 초과하여 발생할 수 있는가? 또는 오염이 허용할 수 없는 수준으로 증가할 수 있는가? -(예) -CP임
④ 질문5 : 이후의 공정에서 확인된 위해를 제거하거나 발생가능성을 허용수준까지 감소시킬 수 있는가? - (예) - CCP 아님

ANSWER
195 ④ 196 ①

197 다음 HACCP 결정도에서 중요관리점(CCP) 표시가 <u>잘못</u> 된 것은?

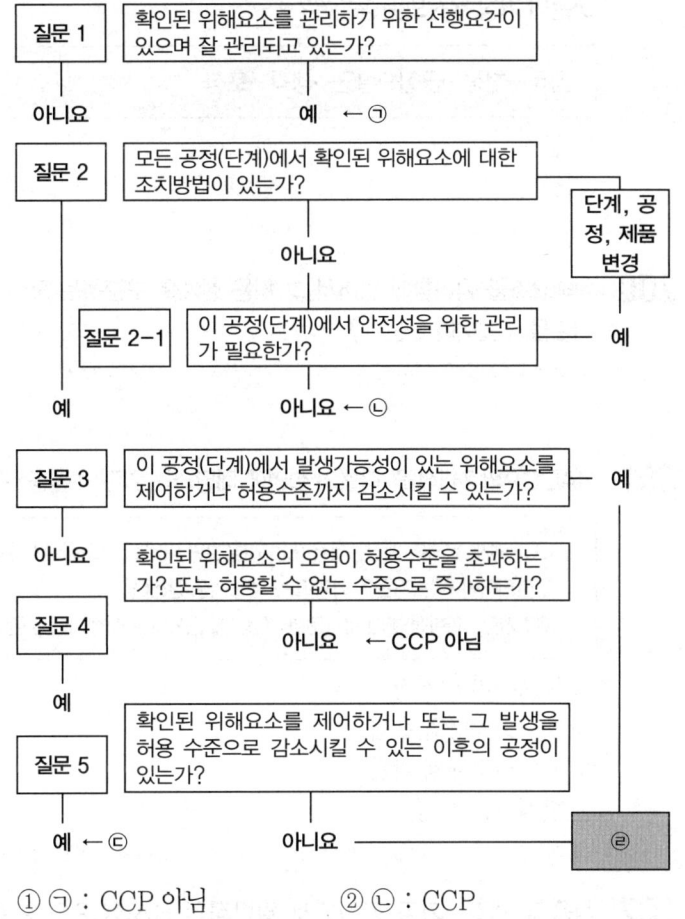

① ㉠ : CCP 아님
② ㉡ : CCP
③ ㉢ : CCP 아님
④ ㉣ : CCP

198 식품위해요소중점관리기준에서 중요관리점(CCP)결정 원칙에 대한 설명으로 틀린 것은?

① 기타 식품판매업소 판매식품은 냉장·냉동식품의 온도관리 단계를 중요관리점으로 결정하여 중점적으로 관리함을 원칙으로 한다.
② 판매식품의 확인된 위해요소 발생을 예방하거나 제거 또는 허용수준으로 감소시키기 위하여 의도적으로 행하는 단계가 아닐 경우는 CCP이다.
③ 농·임·수산물의 판매 등을 위한 포장, 단순처리 단계 등은 선행요건으로 관리한다.
④ 확인된 위해요소 발생을 예방하거나 제거 또는 허용수준으로 감소시킬 수 있는 방법이 이후 단계에도 존재할 경우는 CCP가 아니다.

197 CCP 결정도

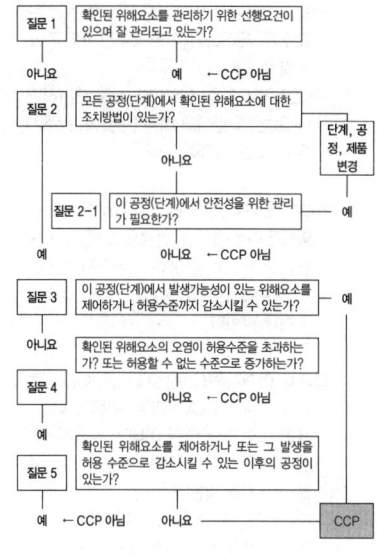

198 식품위해요소중점관리기준에서 중요관리점(CCP) 결정 원칙

- 기타 식품판매업소 판매식품은 냉장·냉동식품의 온도관리 단계를 중요관리점으로 결정하여 중점적으로 관리함을 원칙으로 하되, 판매식품의 특성에 따라 입고검사나 기타 단계를 중요관리점 결정도(예시)에 따라 추가로 결정하여 관리할 수 있다.
- 농·임·수산물의 판매 등을 위한 포장, 단순처리 단계 등은 선행요건으로 관리한다.
- 중요관리점(CCP) 결정도(예시)

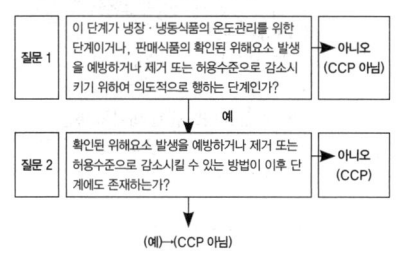

ANSWER

197 ② 198 ②

199 시유 제조 CCP
- 살균공정에서 발생가능성이 있는 위해요소를 제어하거나 허용수준까지 감소시킬 수 있다.
- 살균공정 이후에 위해요소를 제어하거나 또는 그 발생을 허용수준으로 감소시킬 수 있는 공정이 없다.

200 한계기준(Critical Limit)
- 중요관리점에서의 위해요소 관리가 허용범위 이내로 충분히 이루어지고 있는지 여부를 판단할 수 있는 기준이나 기준치를 말한다.

201 한계기준(Critical Limit, CL) 설정
- CL은 각각의 CCP에서 위해를 예방, 제거 또는 허용범위 이내로 감소시키기 위하여 관리되어야 하는 기준의 최대 또는 최소치를 말한다.
  (예) 온도, 시간, 습도, 수분활성, pH, 산도, 염분농도, 유효염소농도 등
- CL은 제조기준, 과학적인 데이터(문헌, 실험)에 근거하여 설정되어야 한다.
- 한계기준은 되도록 현장에서 즉시 모니터링이 가능한 수단을 사용하도록 한다.
- CCP별로 CL을 설정한다.

202 한계기준(Critical Limit)
- 중요관리점에서의 위해요소관리가 허용범위 이내로 충분히 이루어 지고 있는지 여부가 판단할 수 있는 기준이나 기준치를 말한다.
- 한계기준은 CCP에서 관리되어야 할 생물학적, 화학적 또는 물리적 위해요소를 예방, 제거 또는 허용 가능한 안전한 수준까지 감소시킬 수 있는 최대치 또는 최소치를 말하며 안전성을 보장할 수 있는 과학적 근거에 기초하여 설정되어야 한다.
- 한계기준은 현장에서 쉽게 확인 가능하도록 가능한 육안관찰이나 측정으로 확인 할 수 있는 수치 또는 특정 지표로 나타내어야 한다.
  - 온도 및 시간   - 습도(수분)
  - 수분활성도(Aw) 같은 제품 특성
  - 염소, 염분농도 같은 화학적 특성
  - pH   - 금속 검출기 감도
  - 관련 서류 확인 등

203 202번 해설 참조

199 ② 200 ② 201 ④ 202 ③
203 ②

---

199 시유(market milk)의 제조공정에서 중요관리점(CCP)으로 결정하는데 가장 우선되는 공정은?

집유 → 청정 → 균질 → 살균 → 냉각 → 포장

① 균질　　　　　　② 살균
③ 냉각　　　　　　④ 포장

200 위해요소를 관리함에 있어서 그 허용 한계를 구분하는 모니터링의 기준을 무엇이라 하는가?

① CCP　② CL　③ CA　④ HA

201 HACCP의 7원칙 중 다음의 설명에 해당하는 일련의 활동은?

- CCP에서 위해를 예방, 제거 또는 허용범위 이내로 감소시키기 위하여 관리되어야 하는 기준의 최대 또는 최소치를 말한다.
- 제조기준, 과학적인 데이터(문헌, 실험)에 근거하여 설정되어야 한다.

① 중요관리점 결정
② 개선조치방법 수립
③ 모니터링체계 확립
④ 한계기준 설정

202 식품의 제조·가공 공정에서 일반적인 HACCP의 한계기준(Critical Limit)으로 나타내기 부적합한 것은?

① 습도(수분)
② 수분활성도(Aw) 같은 제품 특성
③ 미생물 수
④ 금속검출기 감도

203 중요관리점(CCP)에서 관리되어야할 생물학적, 화학적, 물리적 위해요소를 예방, 제거 또는 허용 가능한 안전한 수준까지 감소시킬 수 있는 최대치 또는 최소치를 설정하는 데에 활용되는 지표가 아닌 것은?

① 수분활성도(Aw)　　② 이산화탄소 농도
③ 금속검출기 감도　　④ 온도 및 시간

204 HACCP에서 한계기준의 설정(8단계) 내용에 포함되지 <u>않는</u> 사항은?
① 모든 CCP에 적용되어야 한다.
② 확인되어야 한다.
③ 유추한 자료를 이용한다.
④ 측정할 수 있어야 한다.

205 HACCP에서 중요관리점에 설정된 한계기준을 적절히 잘 관리하고 있는지를 확인하기 위하여 계획된 항목을 관찰하거나 측정하는 행위를 무엇이라 하는가?
① 개선조치　　　② 모니터링
③ 예방조치　　　④ 위해요소분석

206 중요관리점(CCP)이 정확히 관리되고 있음을 확인하며 또는 검증 시에 이용할 수 있는 정확한 기록의 기입을 위하여 관찰, 측정 또는 시험검사를 하는 것을 무엇이라 하는가?
① 중요관리점　　　② 모니터링
③ 한계기준 설정　　④ 개선조치

207 HACCP 관리에서 모니터링(Monitoring)이란?
① 위해요소 허용 한도 확인 과정
② 위해요소 허용 한도의 평가
③ 위해요소 허용 한도 적절성 판단
④ 중요관리점이 관리하에 있는가를 평가하기 위한 방법

208 HACCP 관리에서 모니터링(Monitoring)의 목적으로 바르게 표현 된 것은?
① 중요관리점의 한계기준 이탈 감시
② HACCP 추진의 범위 통제
③ 위해물질이 정확히 관리되고 있는지 여부 확인
④ 위해 허용 한도의 이탈 감시

209 HACCP 관리에서 모니터링을 할 수 <u>없는</u> 사람은 누구인가?
① 적절한 교육을 받은 사람
② 관련 부분의 전문가
③ 제조에 이용하는 기계기구의 조작 담당자
④ 특별한 감각을 가진 사람

204 한계기준의 설정 내용
· 모든 CCP에 적용되어야 한다.
· 타당성이 있어야 한다.
· 확인되어야 한다.
· 측정할 수 있어야 한다.

205 모니터링(Monitoring)
· 중요관리점에 설정된 한계기준을 적절히 관리하고 있는지 여부를 확인하기 위하여 수행하는 일련의 계획된 관찰이나 측정하는 행위 등을 말한다.

206 205번 해설 참조

207 205번 해설 참조

208 모니터링(Monitoring)의 목적
· CCP에서 위해물질이 정확히 관리되고 있는지 여부를 명확히 한다.
· CCP에서의 관리상태가 부적절하여 CL에 위반된 것을 인식한다.
· 공정관리 시스템에서 문서에 의한 증거를 남긴다.

209 모니터링(Monitoring)
① 모니터링(Monitoring) 담당자
제조현장의 종사자 또는 제조에 이용하는 기계기구의 조작 담당자
② 모니터링 담당자가 갖추어야 할 요건
· CCP의 모니터링 기술에 대하여 적절한 교육을 받아들 것
· CCP 모니터링의 중요성에 대하여 충분히 이해하고 있을 것
· 모니터링을 하는 장소, 이용하는 기계기구에 쉽게 이동(접근)할 수 있을 것
· CL을 위반한 경우에는 신속히 그 내용을 신속히 보고하고 개선조치를 취하도록 할 것

ANSWER
204 ③　205 ②　206 ②　207 ④
208 ③　209 ④

출제예상문제

210 205번 해설 참조

211 모니터링 결과 기록양식의 내용
- 기록 양식의 명칭
- 영업자의 성명 또는 법인의 명칭
- 기록한 일시
- 제품을 특정할 수 있는 명칭, 기록
- 실제의 측정, 관찰, 검사결과
- 한계기준(CL)
- 측정, 관찰, 검사자의 서명 또는 이니셜
- 기록, 점검자의 서명

212 개선조치(Corrective Action)
- 모니터링 결과 중요관리점의 한계기준을 이탈할 경우에 취하는 일련의 조치를 말한다.
- HACCP 관리계획에는 CCP에서의 모니터링 결과 CL로부터의 위반이 명백해진 경우에 취해야 하는 개선조치가 포함되어 있어야 한다.

213 HACCP 개선조치의 설정
- HACCP 시스템에는 중요관리점에서 모니터링의 측정치가 관리기준을 이탈한 것이 판명된 경우, 관리기준의 이탈에 의하여 영향을 받은 제품을 배제하고, 중요관리점에서 관리상태를 신속, 정확히 정상으로 원위치 시켜야 한다.
- 개선조치에는 다음의 것들이 있다.
  - 제조과정을 다시 관리 가능한 상태로 되돌림
  - 제조과정이 통제를 벗어났을 때 생산된 제품의 안전성에 대한 평가
  - 재 위반을 방지하기 위한 방법 결정

214 213번 해설 참조

ANSWER
210 ② 211 ④ 212 ③ 213 ④
214 ③

---

210 모니터링(Monitoring)을 실시하기 위해 필요한 방법에 해당하는 사항은?
① 위해요소 분석
② 적절한 측정과 관찰
③ 전문자료 수집
④ 제품 성분의 함량 검사

211 다음 중 모니터링(Monitoring) 결과의 기록에 해당하지 <u>않는</u> 내용은?
① 기록 양식의 명칭
② 영업자의 성명 또는 법인의 명칭
③ 제품을 특정할 수 있는 명칭
④ 위반의 원인을 조사한 기록

212 중요관리점(CCP)에서 모니터링 결과 어떤 기준이 한계기준(CL)을 초과한 경우 등 CCP가 적절히 컨트롤되고 있지 못할 경우에 취하는 조치는?
① 모니터링
② 중요관리점 설정
③ 개선조치
④ 위해요소 분석

213 HACCP의 중요관리점에서 모니터링의 측정치가 허용한계치를 이탈한 것이 판명될 경우, 영향을 받은 제품의 배제하고 중요관리점에서 관리상태를 신속, 정확히 정상으로 원위치 시키기 위해 행해지는 과정은?
① 모니터링(Monitoring)
② 기록유지(Record Keeping)
③ 검증(Verification)
④ 개선조치(Corrective Action)

214 HACCP의 7원칙 중 다음의 설명에 해당하는 일련의 활동을 무엇이라 하는가?

> - 기기 고장 시 즉시 작업 중단 및 수리를 의뢰한다.
> - 가열 온도 및 시간 이탈 시 해당 제품을 즉시 재가열한다.
> - 이탈에 대한 원인 규명 및 재발을 방지하기 위한 방법을 결정한다.

① 위해요소 분석
② 한계기준 설정
③ 개선조치방법 수립
④ 모니터링 체계 확립

215 HACCP 관리에서 개선조치 보고서 내용에 포함되지 않는 사항은?
① 이탈의 내역
② 이탈 발생 시간
③ 이탈 중 생산된 제품의 최종 처리
④ 제품에 사용된 용수의 수질

216 HACCP 관리 개선조치에 대한 설명 중 바르지 못한 것은?
① 위해 허용 한도에서 이탈이 발생한 경우에 취한다.
② 개선조치는 즉시적 조치와 예방적 조치가 있다.
③ 제조과정이 통제를 벗어났을 때 생산된 제품은 모두 폐기한다.
④ 제조과정을 다시 관리 가능한 상태로 되돌린다.

217 HACCP 관리계획의 적절성과 실행 여부를 정기적으로 평가하는 일련의 활동을 무엇이라 하는가?
① 위해요소분석(Hazard Analysis)
② 개선조치(Corrective Action)
③ 모니터링(Monitoring)
④ 검증(Verification)

218 감독기관의 HACCP 검증 절차 내용으로 맞지 않은 것은?
① HACCP 계획과 개정에 대한 검토
② 무작위 표본 채취 및 분석
③ 수입식품의 품질 검토
④ 시정 조치 기록의 검토

219 검증 절차는 다음 3가지의 형태의 활동으로 구성된다. 보기의 ( )에 들어 갈 검증 활동 내용은?

> ⓐ 기록의 확인 → ⓑ ( ) → ⓒ 시험 · 검사

① 현장 확인
② 중요관리점 확인
③ 위생관리 기준 확인
④ 위해도 확인

215 개선조치 보고서 내용
• 제품 식별, 이탈의 내역 및 발생시간, 이탈 중 생산된 제품의 최종 처리를 포함한 이행된 시정 조치 등

216 213번 해설 참조

217 검증(Verification)
• 해당업소 HACCP관리계획의 적절성 여부를 정기적으로 평가하는 일련의 활동을 말한다.
• 이에 따른 적용방법, 절차, 확인, 기타 평가(유효성, 실행성)등을 수행하는 행위를 포함한다.

218 HACCP 검증의 절차
• HACCP 계획과 개정에 대한 검토, CCP 모니터링 기록의 검토, 시정 조치 기록의 검토, 검증 기록의 검토, HACCP 계획이 준수되는지, 그리고 기록이 적절하게 유지되는지 확인하기 위한 작업 현장의 방문 조사, 무작위 표본 채취 및 분석 등이 있다.

219 검증 활동
검증활동은 크게 (1)기록의 확인 (2)현장 확인 (3)시험·검사로 구분할 수 있다.
㉠ 기록의 확인
• 현행 HACCP 계획, 이전 HACCP 검증보고서, 모니터링 활동, 개선조치사항 등의 기록 검토
• 모니터링 활동의 누락, 결과의 한계기준 이탈, 개선조치 적절성, 즉시 이행 및 유지에 대해 검토
㉡ 현장 확인
• 설정된 CCP의 유효성 확인
• 담당자의 CCP 운영, 한계기준, 모니터링 활동 및 기록관리 활동에 대한 이해 확인
• 한계기준 이탈 시 담당자가 취해야 할 조치사항에 대한 숙지 상태 확인
㉢ 시험·검사
• CCP가 적절히 관리되고 있는지 검증하기 위하여 주기적으로 시료를 채취하여 실험분석을 실시

215 ④ 216 ③ 217 ④ 218 ③
219 ①

출제예상문제

220 검증(Verification)이란
- 안전관리기준(HACCP) 관리계획의 유효성과 실행여부를 정기적으로 평가하는 일련의 활동(적용방법과 절차, 확인 및 기타 평가 등을 수행하는 행위를 포함한다)을 말한다.

221 검증주기에 따른 분류
- 최초검증 : HACCP 계획을 수립하여 최초로 현장에 적용할 때 실시하는 HACCP 계획의 유효성 평가 (Validation)
- 일상검증 : 일상적으로 발생되는 HACCP 기록문서 등에 대하여 검토·확인하는 것
- 특별검증 : 새로운 위해정보가 발생시, 해당식품의 특성 변경 시, 원료·제조공정 등의 변동 시, HACCP 계획의 문제점 발생 시 실시하는 검증
- 정기검증 : 정기적으로 HACCP 시스템의 적절성을 재평가 하는 검증

222 검증 규정사항
- 빈도
- 검증팀 및 담당자
- 피검증 부서
- 검증 내용, 범위
- 검증 결과에 따른 조치
- 검증 결과의 기록 방법

223 HACCP의 일반적인 특성
- 기록유지는 만일 식품의 안전성에 관한 문제가 발생 시 문제해결, 원인규명, 시정조치는 물론 회수가 필요한 경우는 원재료, 포장재, 최종제품 등의 롯트를 특정하는데 도움이 된다.
- 식품의 HACCP 수행에 있어 가장 중요한 위험요인은 제품 제조특성에 따라 다르다.
- 작업장 내에서 공기, 용수, 폐수 등의 흐름을 한눈에 파악할 수 있게 공조시설 계통도와 용수·배수처리 계통도를 작성해야 한다.
- 제품설명서에 최종제품의 기준·규격은 법적규격(식품공전)과 자사기준(위해요소분석결과 위해항목 포함)으로 구분하여 관리하여야 한다.

220 HACCP에 대한 설명으로 바르지 못한 것은?
① 모니터링 된 결과 한계 기준 이탈 시 적절하게 처리하고 개선조치 등에 대한 기록을 유지한다.
② CCP의 결정은 "CCP 결정도"를 활용하고 가능한 CCP 수를 최소화하여 지정하는 것이 바람직하다.
③ 검증은 CCP의 한계기준의 관리 상태 확인을 목적으로 하고 모니터링은 HACCP 시스템 전체의 운영 유효성과 실행여부평가를 목적으로 수행한다.
④ 위험요인이 제조, 가공 단계에서 확인되었으나 관리할 CCP가 없다면 전체 공정 중에서 관리되도록 제품 자체나 공정을 수정한다.

221 HACCP 관리에서 새로운 위해정보가 발생시, 해당식품의 특성 변경 시, 원료·제조공정 등의 변동 시, HACCP 계획의 문제점 발생 시 실시하는 검증을 무엇이라 하는가?
① 최초검증 ② 일상검증
③ 특별검증 ④ 정기검증

222 HACCP 적용 시 검증(verification) 작업에 규정해야 할 사항이 아닌 것은?
① 검증팀 및 담당자
② 피검증 부서
③ 검증 결과에 따른 조치
④ HACCP 계획 전체의 수정

223 HACCP의 일반적인 특성에 대한 설명으로 바르게 나타낸 것은?
① 제품설명서에 최종제품의 기준·규격작성은 반드시 식품공전에 명시된 기준·규격과 동일하게 설정하여야 한다.
② 식품의 HACCP수행에 있어 가장 중요한 위험요인은 "화학적>생물학적>물리적" 요인 순이다.
③ 공기, 용수, 폐수 등의 흐름을 한눈에 파악할 수 있게 공조시설계통도와 용수·배수처리 계통도를 작성해야 한다.
④ 기록유지는 사고 발생 시 역추적하기 위하여 시행되어야 하고 개인의 책임소지를 판단하는데 사용하는 것은 바람직하지 않다.

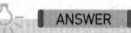

ANSWER

220 ③ 221 ③ 222 ④ 223 ③

세균성 식중독

224 다음 중 세균에 의한 경구감염병은?
① 콜레라 ② 유해성 가염
③ 감염성 설사증 ④ 소아마비

225 세균성 식중독에 관한 설명 중 옳은 것은?
① 포도상구균에 의한 식중독의 잠복기는 다른 식중독에 비하여 짧다.
② *Botulinus*균이 생산하는 독소는 열에 대하여 저항성이 크다.
③ *Salmonella*균 식중독은 세균성 식중독 중에서 치사율이 가장 높다.
④ 장염 비브리오균 식중독은 독소형이다.

226 식중독을 예방할 때 중요하지 않은 것은?
① 가열조리 ② 냉장과 냉동
③ 손의 청결 ④ 예방접종

227 식중독 발생 시 역학조사 방법으로 옳지 않은 것은?
① 환자가 섭취한 음식물 내용을 조사하며, 동일 식품을 섭취한 사람의 증상을 조사한다.
② 환자의 증상을 조사한다.
③ 환자가 섭취한 식품을 취급한 조리실 등을 즉시 소독한다.
④ 환자의 분변, 혈액 등 가검물을 채취한다.

228 세균성 식중독이 경구 감염병과 다른 점은?
① 세균성 식중독은 발병 후 면역이 생기나 경구감염병은 생기지 않는다.
② 경구감염병은 소량의 원인균으로 발병되나 세균성 식중독은 다량의 균으로 발병된다.
③ 세균성 식중독은 2차 감염이 잘 일어나는 데 비하여 경구감염병은 잘 일어나지 않는다.
④ 세균성 식중독은 경구감염병에 비하여 잠복기가 길다.

224 경구감염병
• 세균에 의한 경구감염병 : 세균성 이질, 장티푸스, 파라티푸스, 콜레라 등
• 바이러스(virus)에 의한 경구감염병 : 소아마비, 유행성 간염, 감염성 설사증 등
• 원생동물에 의한 경구감염병 : 아메바성 이질

225 세균성 식중독
• 포도상구균은 다른 식중독에 비하여 잠복기가 평균 3시간으로 짧고, 치사율도 비교적 낮다.
• *Botulinus*균이 생성하는 neurotoxine은 열에 불안정하여 80℃에서 30분간 가열하면 파괴된다.
• 세균성 식중독 중 치사율이 가장 높은 것은 *Botulinus*균 식중독이다.
• 장염 비브리오균 식중독은 감염형이다.

226 식중독 예방
• 식품, 식품 취급자의 손, 주방설비, 기구 등은 항상 청결히 해야 한다.
• 음식물은 가열, 조리 후 곧바로 섭취해야 한다.
• 음식물은 냉장(10℃ 이하), 냉동(-18℃ 이하) 또는 뜨겁게(60℃ 이상) 보관해야 한다.
※ 식중독은 면역이 생기지 않기 때문에 예방접종으로 방지할 수 없다.

227 식품 취급자와 환자가 섭취한 식품을 취급한 조리실(식당, 주방 등)도 병행 검사하여 참고해야 한다.

228 세균성 식중독과 경구감염병

세균성 식중독	경구감염병
• 원인식품 중 균량이 많아야 한다.	• 원인식품 중에 균량이 적어도 된다.
• 식품에서 증식하고 체내에서는 증식이 안 된다.	• 식품에서 증식이 잘 되지 않고 체내에서 증식이 잘된다.
• 잠복기가 짧다.	• 잠복기가 길다.
• 1차 감염 가능	• 1, 2차 감염 가능
• 면역이 안 된다.	• 면역이 된다.

 ANSWER
224 ① 225 ① 226 ④ 227 ③
228 ②

출제예상문제

229 *Staphylococcus*균
- 사람과 동물의 화농성 질환의 원인균이다.
- 식품 속에서 증식하는 과정에서 장독소(enterotoxin)를 생성시킨다.

230 세균성 식중독균의 잠복기
- 포도상구균 : 1~6시간, 평균 3시간
- *Salmonella*균 : 일반적으로 12~48시간, 평균 20시간
- *Botulinus*균 : 12~18시간
- *Welchii*균 : 8~22시간, 평균 10~12시간

231 황색포도상구균 (*Stapylococcus aureus*)
- 그람양성, 무포자 구균이고, 통성혐기성 세균이다.
- coagulase 양성, mannitol 분해성, ribitol 양성, protein A 양성이다.
- Enterotoxin은 면역학적으로 형을 분류하면 A, B, C(C_1, C_2), D, E 형으로 나뉘나 모두 독작용을 나타낸다.

232 포도상구균에 의한 식중독
- 잠복기는 1~6시간이며 보통 3시간 정도이다.
- 증상은 가벼운 위장증상이며 사망하는 예는 거의 없다. 불쾌감, 구토, 복통, 설사 등이 나타나고, 발열은 거의 없이, 보통 24~48시간 이내에 회복된다.
- 독소는 enterotoxin이며, 120℃에서 20분 가열해도 완전히 파괴되지 않는다.

233 포도상구균(*Staphylococcus aureus*)
- 균체 독소인 장독소(enterotoxin)를 생성한다.
- 열에 약하지만 장독소는 내열성이 강하다.
- 120℃에서 20분간 가열해도 독성을 잃지 않으며, 220~250℃에서 30분간 가열하면 비로서 활성을 잃는다.
- enterotoxin이 생성되었을 경우 일반적인 조리 방법으로는 이 독소는 파괴되지 않는다.

---

229 세균성 식중독 중 독소형의 원인이 되는 것은?
① 장염 *Vibrio* 균
② *Staphylococcus*
③ *salmonella* 균
④ *E. coli*

230 세균성 식중독균 중 잠복기가 가장 짧은 것은?
① 포도상구균
② 살모넬라균
③ 보툴리누스균
④ 웰치균

231 식중독균인 황색포도상구균(*Stapylococcus aureus*)과 이 구균이 생산하는 독소인 enterotoxin에 대한 다음 설명 중 옳은 것은?
① 이 균은 coagulase 양성이고 mannitol을 분해한다.
② 포자를 형성하는 내열성 균이다.
③ 독소 중 A형만 중독증상을 일으킨다.
④ 일반적인 조리방법으로 독소가 쉽게 파괴된다.

232 포도상구균에 의한 식중독의 특징이 아닌 것은?
① 잠복기는 2~6시간으로 짧다.
② 사망률이 다른 식중독에 비해 비교적 낮다.
③ 장내 독소(enterotoxin)에 의한 독소형 식중독이다.
④ 열이 39℃ 이상으로 지속된다.

233 다음 식중독 중 먹기 전에 가열해도 식중독을 예방할 수 없는 것은?
① 살모넬라 식중독
② 포도상구균 식중독
③ 웰치균 식중독
④ 병원성 대장균 식중독

ANSWER
229 ② 230 ① 231 ① 232 ④
233 ②

234 포도상구균 식중독과 가장 관계가 적은 것은?
① 육류
② 우유
③ 도시락
④ 찹쌀떡

235 살모넬라 식중독에 대한 설명으로 틀린 것은?
① 균은 60℃에서 20분 정도 가열하면 사멸된다.
② 독소를 생성하는 독소형 식중독을 유발한다.
③ 발열, 복통, 설사증상을 일으킨다.
④ 잠복기간은 12~24시간 정도이다.

236 Salmonella균의 최적 발육 조건은?
① 25℃ pH 7~8
② 30℃ pH 6~7
③ 37℃ pH 7~8
④ 45℃ pH 6~7

237 Salmonella균의 일반 성상 중 틀린 것은?
① 그람양성 구균으로 아포를 형성하지 않는다.
② 호기성 또는 통성혐기성균이다.
③ indole, acetylmethyl carbinol을 생성하지 않는다.
④ 보통 배지에서 잘 발육되며, 포도당, 맥아당, 만니트를 분해하여 산과 가스를 생산한다.

238 Salmonella 식중독의 감염원이 아닌 것은?
① 우유
② 버섯
③ 어육 연제품
④ 육류와 그 가공품

239 리스테리아균에 대한 설명으로 가장 부적당한 것은?
① 사람에게만 감염된다.
② 무포자 간균이다.
③ 패혈증과 자궁내막염을 일으킨다.
④ 잠복기는 수일~수주이다.

---

234 포도상구균 식중독
- Staphylococcus aureus가 생산하는 enterotoxin에 의해 일어난다.
- 원인식품은 떡, 콩가루, 쌀밥, 우유, 치즈, 과자류 등이다.

235 Salmonella균 식중독의 특징
- Salmonella균은 동물계에 널리 분포한다.
- 그람음성, 무포자 간균이고 편모가 있다.
- 호기성, 통성 혐기성균으로 최적 온도는 37℃, 최적 pH는 7~80이다.
- Salmonella균은 열에 약하므로 60℃에서 20분 가열하면 사멸된다.
- 주요증상은 오심, 구토, 설사, 복통, 발열(38~40℃) 등이며
- 잠복기간은 12~24시간이다.

236 235번 해설 참조

237 235번 해설 참조

238 Salmonella균 식중독의 감염원
- 육류와 그 가공품, 어패류와 그 가공품, 가금류의 알(건조란 포함), 우유 및 유제품, 생과자류, 납두, 샐러드 등에서 감염된다.

239 리스테리아균(Listeria monocytogenes)
- 그람음성, 무포자 간균이다.
- 감염원 및 감염경로는 소, 말, 양, 염소, 돼지 등의 가축이나 닭, 오리 등의 가금류에서도 널리 감염된다.
- 잠복기는 수일~수주이다.
- 증상은 다양하며 수막염, 패혈증, 임신부는 자궁내막염을 일으킨다.

ANSWER
234 ① 235 ② 236 ③ 237 ①
238 ② 239 ①

출제예상문제

240 Clostridium botulinum균의 A와 B형의 열저항성은 100℃(362분), 105℃(120분), 120℃(4분) 정도이며, E형의 열저항성은 80℃(20분), 90~100℃(5분) 정도이다.

241 Cl. botulinum은 살균이 불충분한 통조림, 병조림, 진공포장식품 등의 혐기적 조건에서 잘 번식하고, 독소를 생성한다.

242 Cl. botulinum의 특성
- 그람양성 간균으로 주모성 편모를 가지며, 내열성 아포를 형성하고, 편성 혐기성이다.
- 살균이 불충분한 통조림, 진공포장식품에서 잘 번식한다.

243 Botulinus(보툴리늄균) 식중독
① 원인균
- Clostridium botulinum이다.
- 그람양성 간균이고, 주모성 편모를 가지며 아포를 형성한다.
- A, B형 균의 아포는 내열성이 강해 100℃에서 6시간 정도 가열해야 파괴되고, E형 균의 아포는 100℃에서 5분 가열로 파괴된다.
② 독소 : neurotoxin(신경 독소)으로 특징은 열에 약하여 80℃에서 30분간이면 파괴된다.
③ 감염원
- 토양, 하천, 호수, 바다흙, 동물의 분변
- A~F형 중에서 A, B, E형이 사람에게 중독을 일으킨다.
④ 원인식품 : 강낭콩, 옥수수, 시금치, 육류 및 육제품, 앵두, 배, 오리, 칠면조, 어류훈제 등
※ 세균성 식중독 중에서 가장 치명률이 높다.

244 식중독의 치사율
- Salmonella 식중독 : 0.3~1.0%
- Staphylococcus 식중독 : 사망은 거의 없다
- 장염 Vibrio : 2~3일이면 회복된다.
- Botulinus균 식중독 : 30~80%(A, B형 70% 이상, E형은 30~50%)
※ 다른 세균성 식중독 보다 높다.

240 Clostridium botulinum균의 아포 중에서 내열성이 제일 약한 것은?
① A형균
② C형균
③ D형균
④ E형균

241 통·병조림, 진공포장식품과 같은 밀봉식품의 부패로 인하여 발생되기 쉬운 식중독은?
① 대장균 식중독
② 장염비브리오 식중독
③ Botulinus균 식중독
④ Welchii형균 식중독

242 Clostridium botulinum의 특성이 아닌 것은?
① 아포를 형성하며 내열성이 강하다.
② 간균이고, 운동성이 없다.
③ 통조림, 진공포장식품 등에 잘 번식한다.
④ 혐기성의 그람 양성균이다.

243 다음 중 신경장애 증상을 나타내는 식중독균은?
① 보툴리늄균
② 장염비브리오균
③ 병원성 대장균
④ 포도상구균

244 다음 중 치사율이 가장 높은 식중독 원인균은?
① Botulinus균
② Staphylococcus균
③ 장염 Vibrio균
④ Salmonella균

ANSWER
240 ④ 241 ③ 242 ② 243 ①
244 ①

245 상업적 가열살균 기준이 되는 세균은?

① *Vibrio parahemolyticus*
② *Clostridium botulinum*
③ *Salmonella typhi*
④ *Staphylococcus aureus*

246 *Clostridium perfringens*에 대한 다음 설명 중 잘못된 것은?

① 그람양성 간균으로 무포자균이다.
② 식육류가 식중독 주원인이 된다.
③ 동물의 장관 상주균이다.
④ 일반적으로 내열성 균주가 식중독을 일으킨다.

247 장염 비브리오균의 성질은?

① 열에 강하다.
② 편모가 있다.
③ 아포를 형성한다.
④ 독소를 생산한다.

248 연안 해수, 플랑크톤, 어패류에 분포하고 있으며 콜레라증상과 비슷한 식중독 원인 세균은?

① 클로스트리움균
② 장염비브리오균
③ 살모넬라균
④ 시겔라균

249 대장균군의 특성으로 맞는 것은?

① 그람양성 간균으로 유당을 분해하는 호기성, 통성혐기성 균이다.
② 그람양성 간균으로 유당을 분해하는 호기성, 통성혐기성 균이고, 포자를 형성한다.
③ 그람음성 간균으로 포자를 형성하지 않고 유당을 분해하는 호기성, 통성혐기성 균이다.
④ 그람음성 간균으로 포자를 형성하고 유당을 분해하는 호기성, 통성혐기성 균이다.

---

245 *Clostridium botulinum*균
- 그람양성 간균으로 주모성 편모를 가지며 내열성 아포를 형성하고 편성 혐기성이다.
- A, B, C, D, E, F의 6형으로 나누어지며 최근 G형이 추가되었다.
- 포자의 열저항성이 커서 가열살균의 기준이 되는 세균이다.
- 살균이 불충분한 통조림, 진공포장식품에서 잘 번식한다.

246 *Clostridium perfringens*
- 그람양성 간균이고, 아포를 형성한다.
- 혐기성이고 독소를 생성한다.
- 쥐, 가축의 분변을 통해 감염된다. 육류, 어패류, 면류 등이 감염원이다.

247 장염 비브리오균(*Vibrio parahemolyticus*)의 특성
- 그람음성 무포자 간균이다.
- 3% 전후의 식염농도 배지에서 잘 발육한다.
- 극모성 편모를 갖는다.
- 열에 약하다(60℃에서 2분에 사멸).
- 민물에서 빨리 사멸된다.
- 최적 발육온도 37℃, pH는 7.5~8.0이다.
- 급성 장염을 일으킨다.

248 장염 비브리오균(*Vibrio parahemolyticus*)
- 호염균이며 연안 해수, 플랑크톤 등에 널리 분포한다.
- 원인식품은 주로 어패류로 생선회가 가장 대표적이지만, 그 외에도 가열 조리된 해산물이나 침채류를 들 수 있다.
- 주증상은 설사와 복통이고 환자의 30~40%는 발열, 두통, 오심 등이 나타나고, 설사가 심할 때는 탈수현상이 일어나기 때문에 콜레라와 비슷한 증상을 나타내기도 한다.

249 대장균군의 특성
- 그람음성 무포자 간균이다.
- 유당을 분해하여 산과 가스를 생성한다.
- 주모성 편모를 갖는다.
- 협막도 안 만든다.
- 분변세균의 오염지표가 된다.
- 주된 증상은 급성위장염이다.
- 호기성, 통성혐기성이다.
- 열에는 약하여 60℃에서 15~20분이면 사멸되지만, 저온에서는 강하다.

ANSWER
245 ② 246 ① 247 ② 248 ②
249 ③

출제예상문제

250 장관출혈성 대장균
- 대표적인 혈청형은 O157 : H7이다.
- 1982년 미국에서 햄버거를 먹고 일어난 식중독 사건과 최근(96, 97년) 일본에서 대규모 집단 식중독을 일으켜 사회적 문제가 되었다.
- 감염원은 주로 소고기이며, 우유나 다른 육류도 원인이 된다.

251 병원성 대장균
- 18형이 알려져 있고, 일반 대장균과 달리 장내 상재균이 아니다.
- 감염형 식중독에 속한다.
- 주 증상으로는 어린이는 심한 설사, 성인은 급성위장염이다.

252 대장균
- 분변 오염의 지표가 되기 때문에 음료수의 지정세균 검사를 제외하고는 대장균을 검사하여 음료수 판정의 지표로 삼는다.
- 그 이유는 음료수가 직접, 간접으로 동물의 배설물과 접촉하고 있다는 사실 때문에 위생상 중요한 지표로 삼는다.

253 Proteus morganii
- 동물성 식품의 부패균이다.
- 단백질을 분해하여 histamine을 생성하고 이것이 축적되어 알레르기성 식중독을 유발시킨다.

254 웰치균(Welchii) 식중독
① 원인균
- Clostridium perfringens이다.
② 원인균 특성
- 그람양성 간균이고, 편성혐기성으로 내열성 포자 형성(A형 균)한다.
- 발육 최적온도는 43~47℃, 발육가능 pH는 5.5~8.0이다.
- 면역학적 특성에 따라 A~F의 6형으로 분류하며, A형과 F형이 가장 많이 나타난다.
- 원인균이 장관 내에서 증식하여 포자를 형성하면서 균체내 독소(enterotoxin) 생산한다.
③ 원인식품
- 식육 및 그 가공품, 어패류 및 그 가공품, 면류, 튀김두부 등이다.
- 동식물성 단백질 성분이 주체이다.

250 최근(96, 97년) 일본에서 발생한 혈청형 대장균은?
① O18
② O15
③ O157 : H7
④ 병원성 대장균

251 병원성 대장균의 특성이 아닌 것은?
① 장내 상재균이다.
② 주된 증상은 급성위장염이다.
③ 분변 오염의 지표가 된다.
④ 감염형 식중독이다.

252 대장균이 검출되는 음료수를 오염수라고 하는 가장 중요한 이유는?
① 분변 오염의 지표가 되기 때문이다.
② 대장균은 독소를 생산하기 때문이다.
③ 대장균은 병원균이기 때문이다.
④ 대장균은 병원균과 같은 환경에서 존재하기 때문이다.

253 *Proteus morganii*(*morganella*균)가 관여하는 식중독은?
① 웰치 식중독
② 장염 비브리오 식중독
③ 살모넬라 식중독
④ 알레르기성 식중독

254 다음 중 웰치균(Welchii)의 설명으로 틀린 것은?
① 내열성 균주가 식중독을 일으킨다.
② 사람이나 동물의 장관에 상주하는 균이다.
③ 어패류와 그 가공품이 식중독의 원인식품이다.
④ 그람양성 간균으로 아포를 형성하지 않는다.

ANSWER
250 ③   251 ①   252 ①   253 ④
254 ④

255 웰치형 식중독의 혈청형 중 가장 많이 나타나는 형은?
① A형　　　　② C형
③ D형　　　　④ E형

화학성 식중독

256 다음 중 화학적 식중독의 원인이 아닌 것은?
① 유독성 첨가물의 첨가에 의한 오염
② 대사과정 중 생성되는 독성물질
③ 방사능물질에 의한 오염
④ 식품제조 중에 혼입되는 유해물질

257 화학적 식중독의 가장 현저한 증상은?
① 복통　　　　② 경련
③ 구토　　　　④ 설사

258 1952년 일본에서 발생한 미나마타병은 수은에 의한 중독 사고였는데 그 발생 원인은?
① 식품첨가물 중의 협잡물로 존재하는 수은에 의한 것이다.
② 농약 중의 수은에 의한 것이다.
③ 식품의 용기 및 포장에서 용출된 수은에 의한 것이다.
④ 공장폐수에서 배출된 수은이 어패류에 축적되었기 때문이다.

259 카드뮴(Cd) 중독에 대한 설명 중 틀린 것은?
① 만성 중독에 의하여 허리통증, 보행불능
② 일본 규슈의 미나마타시에서 발생
③ 구토, 복통, 설사, 의식 불명 증상을 나타냄
④ 식품용 기계, 용기, 각종 식기의 도금에서도 Cd 성분이 용출되어 중독

---

④ 감염원 및 감염경로
　• 물, 토양, 하수 등 자연계에 널리 분포되어 있다.
　• 가축과 가금류의 장관에 상재하며 건강한 사람의 장관에도 존재한다.

255　254번 해설 참조

256　화학적 식중독의 원인
　• 방사능 물질, 유독성 첨가물(착색제, 감미료 등), 포장기구 등의 용출물, 농약 등이 오염되어 식중독을 일으킨다.

257　화학적 식중독의 증상
　• 가장 현저한 증상은 구토이다.
　• 그 밖에 복통, 설사가 일어나지만 고열은 나지 않고 경련은 경우에 따라 일어난다.

258　수은에 의한 중독 사고
　• 일본 미나마타에서 1952년에 발생한 중독 사고이다.
　• 하천 상류에 위치한 신일본 질소주식회사에서 방류하는 폐수에 수은이 함유되어 해수를 오염한 결과, 메틸수은으로 오염된 어패류를 먹은 주민들에게 심한 수은 축적성 중독을 일으킨 예이다.

259　카드뮴(Cd) 중독 사고
　• 1945년에 일본의 도야마현 가도가와유역에서 Cd 중독에 의한 이따이이따이병이 발생되어 128명이 사망하였다.

　ANSWER

255 ①　256 ②　257 ③　258 ④
259 ②

출제예상문제

260 비소의 허용기준
- 액체식품의 경우는 0.3ppm, 고체식품의 경우는 1.5ppm 이하여야 한다.
- 비소의 중독량은 As_2O_3로서 약 50mg으로 목과 식도의 수축, 연하곤란 등의 증세가 나타나며, 사망하기도 한다.

261 비소의 중독량
- As_2O_3로서 50mg이다.
- 37~38°C의 고열이 발생된다.
- 만성 중독 때는 운동마비, 다발성 신경염, 식도의 수축, 연하곤란, 위통, 구토, 설사, 흑피증(melanosis) 등의 증상을 나타낸다. 심하면 사망까지 가며, 다량 섭취나 빠른 흡수 시에는 홍진, 습진성 피부염을 나타내는 것이 특징이다.

262 농약
- 유기인제 농약
  - 농약류 중 가장 독성이 큰 편이다.
  - 동물 체내에서 비교적 빨리 분해되므로 만성독성은 거의 일으키지 않는다.
  - 마라치온, DDVP, 파라치온, EPN, baycid, 디아지논 등
- 유기염소제 농약
  - 독성은 강하지 않으나 대부분 안정한 화합물로 되어 있다.
  - 체내에서 분해되지 않아 동물의 지방층이나 신경 등에 축적되어 만성중독을 일으킨다.
  - DDT, DDD, γ-BHC, 알드린, 엔드린 등

263 262번 해설 참조

264 유기불소제(유기플루오르제)
- 푸솔, 프라톨, 니솔 등이 있다.
- 이들이 체내로 들어가면 모노플루오르시트르산(monofluorocitrate)으로 변하여 포도당 등의 연소에 필요한 효소 아코니타제(aconitase)를 억제하여 에너지 생성을 저해한다.

265 유기인제의 독성
- acetylcholine을 분해하는 효소인 choline esterase와 결합하여 활성이 억제된다.
- 신경조직 내에 acetylcholine의 축적 현상이 나타나기 때문에 신경전달이 중절되고, 심하면 경련, 흥분, 호흡곤란 증상이 나타난다.

 ANSWER
260 ② 261 ③ 262 ① 263 ③
264 ② 265 ③

---

260 고체 식품의 비소(As)의 한도(아비산으로)는 다음 중 얼마를 초과해서는 안 되는가?(단, 원래부터 식품에 함유된 비소의 양은 제외)
① 0.3ppm ② 1.5ppm
③ 3.0ppm ④ 5.0ppm

261 처음은 37~38°C의 고열이 생기고, 피부증상으로 흑피증, 빈혈 등의 특유한 만성 중독을 일으키는 물질은?
① 카드뮴(Cd) ② 납(Pb)
③ 비소(As) ④ PCB

262 일반적으로 동물 체내에서 비교적 독성이 적은 농약류는?
① 유기염소제
② 유기인제
③ 유기수은제
④ 유기비소제

263 체내 축적으로 위험성이 가장 큰 농약은?
① 유기인제
② 비소제
③ 유기염소제
④ 유기불소제

264 체내에서 아코니타아제(aconitase)의 활성을 저해하여 독성을 나타내는 농약은?
① 유기비소제
② 유기불소제
③ 유기염소제
④ 유기인제

265 인체 내에서 농약 성분인 유기인제에 의한 중독 현상의 원인은?
① nucleotide의 축적 현상 때문이다.
② shileimic acid의 축적 현상 때문이다.
③ acetylcholine의 축적 현상 때문이다.
④ agumatin의 축적 현상 때문이다.

자연독 식중독

266 다음 중 바지락의 독성분은?
① venerupin
② temulin
③ saxitoxin
④ tetrodotoxin

267 다음 중 대합조개의 중독성분은?
① saxitoxin
② ciguatoxin
③ temuline
④ venerupin

268 마비성 패류의 독성분의 원인물질은?
① 아민류
② 중금속
③ 플랑크톤
④ 곰팡이

269 복어중독의 예방 및 치료방법으로 옳지 않은 것은?
① 혈액, 내장의 식용금지
② 저온 저장한 복어 식용
③ 산란기 복어 사용금지
④ 구토 후 위세척

270 Tetrodotoxin의 일반적인 성질과 관계없는 것은?
① 물에 녹지 않는다.
② 알칼리에서 불안정하다.
③ 단백질성 물질의 독소이다.
④ 유기용매에도 잘 녹지 않는다.

271 식물성 식중독과 관계없는 것은?
① solanine
② amygdaline
③ ergotoxin
④ venerupin

266 자연독 성분
- venerupin : 모시조개(바지락), 굴의 독성분
- temulin : 식물성 식중독인 독보리(지네보리)의 독성분
- saxitoxin : 섭조개, 대합의 독성분
- tetrodotoxin : 복어의 독성분

267 자연독 성분
- 대합조개의 중독성분 : saxitoxin, gonyautotoxin, proto-gonyautotoxin 등의 guanidyl 유도체로 이 중에 saxitoxin이 가장 맹독성이다.
- ciguatera의 독성분 : Ciguatoxin
- 독맥(지네보리)의 독성분 : temulin
- 모시조개(바지락), 굴의 독성분 : venerupin

268 패류에 의한 마비성 중독
- 검은조개, 대합조개, 섭조개 등 패류에 의해 마비성 중독을 일으키게 된다.
- 패류중독의 원인인 유독물질은 조개의 체내에서 형성되는 것이 아니라 조개가 적조를 일으키는 유독 부유생물인 플랑크톤을 섭취하여 그중장선이나 흡배수공에 축적되어 일어난다.

269 복어중독의 예방
- 반드시 자격증이 있는 전문조리사가 조리한다.
- 알 등 폐기물은 폐기 처분한다.
- 사용한 조리기구는 완전히 세척한다.
- 중독 치료방법 : 구토, 위세척, 하제 등으로 위와 장내 독소를 빨리 제거한다.

270 tetrodotoxin의 특징
- 화학식 : $C_{11}H_{17}N_3O_8$
- 약 염기성 물질로 물에 불용이며 알칼리에서 불안정하다.(즉 4% NaOH에 의하여 4분만에 무독화되고, 60% 알코올에 약간 용해되나 다른 유기용매에는 녹지 않는다)
- 220℃ 이상 가열하면 흑색이 되며, 일광, 열, 산에는 안정하다.

271 식물성 식중독
- solanine : 감자의 독성분
- amygdaline : 청매의 독성분
- ergotoxin : 맥각의 독성분
- ※ venerupin : 모시조개(바지락), 굴의 독성분

ANSWER
266 ① 267 ① 268 ③ 269 ②
270 ③ 271 ④

272 자연독 성분
- 모시조개(바지락)의 독성분 : venerupin
- 맥각의 독성분 : ergotoxin
- 감자의 독성분 : solanine
- 버섯의 독성분(광대 버섯, 붉은 광대 버섯에 포함된) : muscarine

273 피마자류의 독성분
- 피마자 종자 중에는 alkaloid 계통인 ricinine와 유독한 단백체인 ricin이 함유되어 있다.
※ Gossypol은 면실유의 독성분이다.

274 싹이난 감자의 독성분
- solanine이다.
- 보통 감자에 0.005~0.01% 정도 함유되어 있으나, 발아되어 녹색화되면 발아부분이나, 녹색부분의 solanine 함량이 0.2~0.4%로 증가하여 식중독 유발
※ Muscarine : 독버섯의 독성분
※ venerupin : 모시조개(바지락)의 독성분
※ cicutoxin : 독미나리의 독성분

275 아미그달린(amygdalin)
- 청매(덜익은 매실), 살구씨 등의 독성분이다.
※ 면실류의 독성분 : gossypol
※ 복어의 독성분 : tetrodotoxin
※ 독미나리의 독성분 : cicutoxin

276 자연독 성분
- solanine : 감자의 독성분
- cicutoxin : 독미나리의 독성분
- amygdaline : 청매의 독성분
- muscarine : 버섯의 독성분(광대버섯, 붉은 광대버섯에 함유)

277 피마자 종자의 독성분
- 피마자 종자 중에는 alkaloid 계통인 ricinine와 유독한 단백체인 ricin이 함유되어 있다.
※ amygdalin : 청매(덜익은 매실), 살구씨 등의 독성분
※ gossypol : 면실유의 독성분
※ sepsin : 부패감자의 독성분

ANSWER
272 ③　273 ④　274 ④　275 ②
276 ②　277 ①

272 독버섯의 식중독 원인 독성분인 것은?
① 베네루핀(venerupin)
② 에르고톡신(ergotoxin)
③ 무스카린(muscarine)
④ 솔라닌(solanine)

273 식물성 식중독 중 연결이 잘못된 것은?
① 독미나리 – cicutoxin
② 청매 – amygdaline
③ 감자 – solanine
④ 피마자류 – gossypol

274 싹이 난 감자를 먹고 식중독이 발생되었다면 원인 독성분은 무엇인가?
① muscarine
② venerupin
③ cicutoxin
④ solanine

275 Amygdalin은 어떠한 식물에서 나타나는 독성분인가?
① 면실유
② 청매, 살구씨
③ 복어
④ 독미나리

276 독미나리의 독성분은?
① 솔라닌(solanine)
② 시큐톡신(cicutoxin)
③ 아미그달린(amygdalin)
④ 무스카린(muscarine)

277 피마자씨 중에 함유되어 있는 독성분은?
① 리신(ricin)
② 아미그달린(amygdalin)
③ 고시폴(gossypol)
④ 셉신(sepsin)

278 식물성 식중독을 일으키는 원인물질과 연결이 잘못된 것은?

① 피마자 – 리신(ricinine)
② 목화씨 – 고시폴(gossypol)
③ 독미나리 – 시큐톡신(cicutoxin)
④ 청매 – 우루시올(urushiol)

곰팡이독 식중독

279 곰팡이 대사산물로서 사람이나 온혈동물에게 해를 주는 물질을 총칭하여 무엇이라 하는가?

① andromedotoxin
② mycotoxin
③ antibiotics
④ mycotoxicosis

280 다음 중 진균 중독증(mycotoxicosis)의 특징으로 맞는 것은?

① 계절과 관계없이 발생한다.
② 일종의 감염형이다.
③ 원인식품은 쌀 등 곡류가 압도적이다.
④ 발병된 동물에게는 항생물질 등 약제 요법이 좋다.

281 Mycotoxin과 관계없는 것은?

① Aflatoxin
② Citrinin
③ Venerupin
④ Patulin

282 아플라톡신(Aflatoxin)에 관한 설명 중 틀린 내용은?

① 강한 간암 유발물질이다.
② *Aspergillus parasiticus* 균주도 생산한다.
③ 탄수화물이 풍부한 곡류에서 잘 생성된다.
④ 수분이 15% 이하의 조건에서 잘 생산된다.

---

278 식물성 식중독
- 청매 – 아미그달린(amygdaline)
- 독미나리 – cicutoxin,
- 피마자 – ricin, ricinin
- 목화씨 – 고시폴(gossypol)
- 옻나무 – 우루시올(urushiol)

279 mycotoxin
- 곰팡이 독이라고 하며, 진균류, 특히 곰팡이가 생산하는 유독 대사물이다.
- 사람이나 온혈동물에게 기능 및 기질적 장애를 유발하는 물질의 총칭이다.

280 진균중독증의 특징
- 곡류, 땅콩, 목초 등 특정 식품이나 사료의 섭취와 관련이 있다.
- 곰팡이의 대사산물에 의한 중독증이다.
- 계절과 관계가 있다.
- 동물에서 동물로 사람에게서 사람으로 이행되지 않는다.
- 발병된 동물에게는 항생물질이나 약제를 투여해도 치료 효과가 거의 없다.

281 곰팡이독(mycotoxin)을 생산하는 곰팡이
- 간장독 : Aflatoxin, rubratoxin, luteoskyrin, ochratoxin, islanditoxin, cyclochlorotin
- 신장독 : citrinin, citreomycetin, kojic acid
- 신경독 : patulin, maltoryzine, citreoviridin
- 피부염 물질 : sporidesmin, psoralen 등
- fusarium독소군 : fusariogenin, nivalenol, zearalenone
- 기타 : shaframine 등
※ venerupin : 바지락 식중독

282 아플라톡신(Aflatoxin)
- *Asp. flavus*가 생성하는 대사물이다.
- 기질의 생육조건은 탄수화물이 풍부하고, 수분이 16% 이상, 상대습도 80~85% 이상, 최적 온도 30℃이다.
- 땅콩, 밀, 쌀, 보리, 옥수수 등의 곡류에 오염되기 쉽다.
- 간암을 유발하는 강력한 간장독성분이다.
- Aflatoxin의 종류에는 B_1, B_2(blue 형광색), G_1, G_2(green색 형광) 주요 4종류 외에 M_1, M_2 등 17종이 알려져 있다.
  – 가장 독성이 강한 아플라톡신은 B_1과 M_1이고 양자 모두 경구 투여했을 때 강력한 발암성이 있으며 그 다음은 G_1, B_2, G_2 순이다.

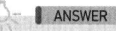 ANSWER

278 ④　279 ②　280 ③　281 ③
282 ④

출제예상문제

283 282번 해설 참조

284 황변미 독소
- citrinin : 신장독
- citreoviridin : 신경독
- luteoskyrin, islanditoxin, cyclochlorotin : 간장독
※ ergotoxin : 맥각에 들어 있어 교감신경의 마비 등 중독증상

285 284번 해설 참조

286
- Clariceps purpurea는 보리의 맥각중독에 관여한다.
- Penicillium chrysogenum는 항생물질인 Penicillin 생성균주이다.
- Penicillium citreoviride은 저장 중에 쌀을 황변미로 만들어 독성(citreoviridin)을 갖게 한다.
- Aspergillus oryzae은 전분 당화력과 단백질 분해력이 강해 간장, 된장, 청주, 탁주, 약주 제조에 이용된다.

287 맥각(ergot)
- 맥각균(Claviceps purpurea 및 Claviceps paspalis 등)이 호밀, 보리, 라이맥에 기생하여 발생하는 곰팡이의 균핵(sclerotium)이다.
- 이것이 혼입된 곡물을 섭취하면 맥각중독(ergotism)을 일으킨다.
- 맥각의 성분은 ergotoxine, ergotamine, ergometrin 등의 alkaloid 물질이 대표적이다.

288 맥각균(Claviceps purpurea)
- 보리, 밀, 라이맥 등의 개화기에 기생하여 맥각병에 걸리면 맥각이 형성된다.
- 맥각에는 ergotoxine, ergotamine, ergometrine 등이 들어있어 교감신경의 마비 등 중독증상을 나타낸다.

---

283 우유 중에서 많이 발견되는 aflatoxin은?

① B_1 ② B_2
③ G_1 ④ M_1

284 황변미 독소 중 신경독 성분은?

① citreoviridin   ② citrinin
③ aflatoxin   ④ ergotoxin

285 황변미 독소 중에 간장독을 일으키는 곰팡이 독소는?

① 사이트리닌(citrinin)
② 루테오스키린(luteoskyrin)
③ 에르고톡신(ergotoxin)
④ 시트레오비리딘(citreoviridin)

286 다음 중 황변미 중독의 원인이 되는 곰팡이는?

① Claviceps purpurea
② Penicillium chrysogenum
③ Penicillium citreoviride
④ Aspergillus oryzae

287 다음 식물의 주된 독성분이 알칼로이드(alkaloid)인 것은?

① 수수
② 청매
③ 맥각
④ 강낭콩

288 다음 중 보리에 맥각을 일으키는 곰팡이는?

① Aspergillus flavus
② Penicillium citrinum
③ Claviceps purpurea
④ Rhizopus delemar

ANSWER

283 ④　284 ①　285 ②　286 ③
287 ③　288 ③

289 사과주스에 곰팡이가 생성하는 독소로 오염된 맥아뿌리를 사료로 먹은 젖소가 집단식중독을 일으켰다면 그 곰팡이 독소는?

① Afaltoxin
② Patulin
③ Ochratoxin
④ Ergotoxine

290 환각제인 LSD의 근원물질과 가장 관계가 있는 것은?

① 맥각
② 황변미
③ 땅콩
④ 옥수수

바이러스성식중독

291 노로바이러스(norovirus)에 대한 설명으로 맞지 않은 것은?

① 사람에게 장염을 일으키는 바이러스 일종이다.
② 현재 노로바이러스에 대한 항생제가 개발되어 있다.
③ 어린이, 노인과 면역력이 약한 사람에 감염되기 쉽다.
④ 적은 수로도 사람에게 질병을 일으킬 수 있다.

292 경구감염되어 유행성 간염을 일으키는 병원체로서 주로 오염된 음식의 섭취로 인해 발생되는 것은?

① HIV 바이러스
② Noro 바이러스
③ Hepatitis A 바이러스
④ Rota 바이러스

---

289 파튤린(Patulin)
• *Penicillium, Aspergillus* 속의 곰팡이가 생성하는 독소이다.
• 주로 사과를 원료로 하는 사과주스에 오염되는 것으로 알려져 있다.
• 사과주스, 사과주스 농축액의 잔류허용량은 50㎍/kg 이하이다.

290 환각제인 LSD
• 맥각 알칼로이드를 가수분해하면 lysergic acid가 생성된다. 여기에 diethylene amine기가 결합하여 LSD가 생겨난다.
• 정신병 분야의 의학적 연구에 이용되는 환각제가 된다.

291 노로바이러스(Norovirus, NV)
• 비세균성 급성위장염을 일으키는 바이러스의 한 종류이다.
• 굴 등의 조개류에 의한 식중독의 원인이 되기도 하고, 감염된 사람의 분변이나 구토물에 의해 발견된다.
• 노로바이러스에 의한 집단감염은 세계 각지의 학교 등에서 발생하고 어린이, 노인과 면역력이 약한 사람에게 감염되기 쉽기 때문에 주의가 필요하다.
• 바이러스 일종이므로 항생제로 치료되지 않는다.

292 유행성 간염(epidemic hepatidis)
• 원인균 : Infectious hepatitis virus A
• 감염경로 : 분변에 오염된 음료수, 식품에 경구적으로 감염된다.
• 임상증상 : 잠복기는 15~50일이고, 증상은 38℃ 전후의 발열, 두통, 식욕부진, 위장장애를 거쳐 황달까지 이른다.
• 예방 : 감염자의 식품 취급을 막고, 물을 끓여서 마신다.

 ANSWER
289 ② 290 ① 291 ② 292 ③

출제예상문제

293 식품위생검사의 분류와 검사내용

구분	종류	
물리적 검사	관능검사	외관, 색깔, 냄새, 맛, 텍스처(texture)
	일반검사	온도, 비중, pH, 내용량, 융점, 빙점, 점도 등
	이물검사	체분별법, 여과법, 와일드만쉬 크법, 침강법
	방사능검사	-
화학적 검사	일반성분	수분, 회분, 조단백질, 조지방, 조섬유, 당질 등
	특수검사	비타민 및 무기성분 등
	유해성분	중금속, 잔류농약, 잔류항생물질, 다이옥신, 마이코톡신
	첨가물	보존료, 산화방지제, 착색료, 살균제, 감미료, 표백제
미생물학적 검사	오염지표균	일반세균수, 대장균군
	식중독균	대장균O157:H7, 살모넬라, 리스테리아
		포도상구균, 장염비브리오
독성검사	일반독성시험	급성독성시험, 아급성독성시험, 만성독성시험
	특수독성시험	생식독성시험, 최기형성시험, 변이원성독성시험, 발암성시험

294 293번 해설 참조

295 물질의 독성시험
- 아급성독성시험 : 생쥐나 쥐를 이용하여 치사량(LD_{50}) 이하의 여러 용량을 단시간 투여한 후 생체에 미치는 작용을 관찰한다. 시험기간은 1~3개월 정도이다.
- 급성독성시험 : 생쥐나 쥐 등을 이용하여 검체의 투여량을 저농도에서 일정한 간격으로 고농도까지 1회 투여 후 7~14일간 관찰하여 치사량(LD_{50})의 측정이나 급성 중독증상을 관찰한다.
- 만성 독성시험 : 비교적 소량의 검체를 장기간 계속 투여한 그 영향을 관찰하고 검체의 축적 독성이 문제가 되는 경우이나, 첨가물과 같이 식품으로서 매일 섭취 가능성이 있을 경우의 독성 평가를 위하여 실시하며, 시험기간은 1~2년 정도이다.

296 295번 해설 참조

297 295번 해설 참조

298 물질의 독성시험
- 급성 독성 시험 : 동물에 미량으로부터 다량을 투여하여 LD_{50}을 산출한다.
- 만성 독성 시험 : 생쥐, 흰쥐 등을 2년간의 사육시험 결과로 사망률, 병리조직학적 변화, 발암성, 최기형성, 물질의 생체 내 대사 등을 관찰한다. 만성독성시험은 식품이나 식품첨가물이 인체에 끼치는 최대무작용량을 판정하는 데 목적이 있다.

299 295번 해설 참조

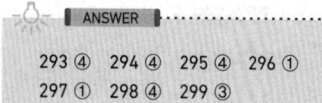

293 ④ 294 ④ 295 ④ 296 ①
297 ① 298 ④ 299 ③

PART 2-1. 안전성 평가시험

293 다음 중 일반 독성 시험이 아닌 것은?
① 급성 독성 시험　② 아급성 독성 시험
③ 만성 독성 시험　④ 변이원성 시험

294 다음 중 특수독성시험이 아닌 것은?
① 최기형성시험　② 생식독성시험
③ 변이원성시험　④ 만성독성시험

295 실험물질을 사육동물에 2년 정도 투여하는 독성실험 방법은?
① LD_{50}　② 급성독성 실험
③ 아급성독성 실험　④ 만성독성실험

296 다음 중 LD_{50}으로 독성을 표현하는 시험은?
① 급성독성　② 만성독성
③ 발암성　④ 최기형성

297 실험동물에 시험하고자 하는 화학물질을 1~2주간 걸쳐 관찰하는 독성시험은?
① 급성 독성시험
② 아급성 독성시험
③ 경구아만성 독성시험
④ 경구만성 독성시험

298 실험물질을 사육 동물에 2년 정도 투여하는 독성 실험 방법은?
① LD_{50}　② 급성독성실험
③ 아급성독성실험　④ 만성독성실험

299 비교적 소량의 검체를 장기간 계속 투여하여 그 영향을 검사하는 시험으로, 식품첨가물의 독성을 평가하는데 사용되는 것은?
① 급성독성시험　② 아급성독성시험
③ 만성독성시험　④ 최기형성시험

300 아래 보기와 같은 목적으로 실시하는 독성 시험은?

> · LD₅₀ 값을 측정하여 독성비교를 위하여
> · 급성독성의 임상적 표현을 확인하기 위하여

① 아급성독성시험　② 급성독성시험
③ 만성독성시험　④ 유전독성시험

301 아급성독성시험에 대한 설명으로 맞지 <u>않은</u> 것은?

① 표적대상기관을 검사한다.
② 시험동물 수명의 1/10정도의 기간 동안 시험한다.
③ 연속 경구투여 하여 발현용량, 중독증상 및 사망률을 관찰한다.
④ 주로 양-영향관계(dose-effect relationship)를 관찰한다.

302 유독물질의 독성 결정과 관계가 <u>없는</u> 것은?

① 반수 치사량(LD₅₀)　② 1일 섭취허용량(ADI)
③ 최대 무작용량　④ 최소 무작용량

303 사람이 일생동안 섭취하였을 때 현시점에서 알려진 사실에 근거하여 바람직하지 않은 영향이 나타나지 않을 것으로 예상되는 화학물질의 1일 섭취량을 나타낸 것은?

① ADI　② GRAS
③ LD₅₀　④ LC₅₀

304 일생에 걸쳐 매일 섭취해도 부작용을 일으키지 않는 1일 섭취 허용량을 나타내는 용어는?

① Acceptable Risk
② ADI(Acceptable Daily Intake)
③ Dose-Response Curve
④ GRAS(Generally Recognized As Safe)

---

300 295번 해설 참조

301 아급성독성시험
· 생쥐나 쥐를 이용하여 취사량(LD₅₀) 이하의 여러 용량을 단시간 투여한 후 생체에 미치는 작용을 관찰하나.
· 시험기간은 동물 수명의 1/10 기간(흰쥐에 있어서는 약 1~3 개월) 정도이며, 만성중독시험 전에 그 투여량의 단계를 결정하는 판단자료를 얻는데 많이 사용된다.
· 관찰대상은 일반 증상, 행동, 성장, 사망상황, 장기상태, 축적작용 유무, 독성영향의 생물학적 성질, 육안 및 현미경적 변화를 관찰한다.

302
· ADI : 사람이 일생동안 섭취하여 바람직하지 않은 영향이 나타나지 않을 것으로 예상되는 화학물질의 1일 섭취량
· LD₅₀(50% Lethal Dose) : 실험동물의 반수를 1 주일 내에 치사시키는 화학물질의 양을 말하며, LD₅₀값이 적을수록 독성이 강함을 의미
· 최대 무작용량 : 독성시험을 실시할 때 동물에게 아무런 영향을 주지 않는 최대 투여량

303 302번 해설 참조

304
· Acceptable risk : 수용 가능한 위험 확률
· ADI : 사람이 일생동안 섭취하여 바람직하지 않은 영향이 나타나지 않을 것으로 예상되는 화학물질의 1일 섭취량
· 용량-반응곡선(Dose-response curve) : 약물량의 로그 값을 가로축에, 반응률을 세로축으로 하여 약물량과 약효의 관계를 나타낸 곡선으로 보통 S 자형을 보이는 곡선.
· GRAS : 해가 나타나지 않거나 증명되지 않고 다년간 사용되어 온 식품첨가물에 적용되는 용어

ANSWER
300 ②　301 ③　302 ④　303 ①
304 ②

출제예상문제

305 사람의 1일 섭취허용량(ADI)
- 사람이 일생동안 섭취하여 바람직하지 않은 영향이 나타나지 않을 것으로 예상되는 화학물질의 1일 섭취량을 말한다.
- ADI = MNEL(최대무작용량) × 1/100 × 국민의 평균체중(mg/kg)

306 독성물질의 용어
- MLD(최소 치사량) : 실험동물을 치사시킬 수 있는 화학물질의 최소량.
- MNEL(최대무작용량) : 실험동물에 일생동안 계속적으로 투여하여도 아무런 독성이 나타나지 않는 최대의 섭취량. 농약의 만성독성 등에 대한 평가기준이 된다.

307 식품첨가물의 안전성 검토
- 실험동물을 이용한 독성시험에 의하여 이루어진다.
- LD_{50}=반수치사량, ADI(1일 섭취허용량), MLD(최소치사량) 등으로 독성요인을 결정한다.

308 LD_{50}(50% Lethal Dose)
- 식품에 함유된 독성물질의 독성을 나타내며 실험동물의 반수를 1 주일 내에 치사시키는 화학물질의 양을 뜻한다.
- LD_{50}값이 적을수록 독성이 강함을 의미한다.
  *Aw은 수분활성도, DO은 용존산소량, BOD은 생물화학적 산소요구량을 의미한다.

309 LD_{50}(50% Lethal Dose)
- 실험동물의 반수(50%)를 1주일 내에 치사시키는 화학물질의 투여량을 말한다.
- LD_{50}값이 적을수록 독성이 강함을 의미한다.

310 308번 해설 참조

311 309번 해설 참조

ANSWER
305 ① 306 ① 307 ③ 308 ③
309 ① 310 ① 311 ②

---

305 사람의 1일 섭취허용량(Acceptable Daily Intake, ADI)을 계산하는 식은?
① ADI = MNEL × 1/100 × 국민의 평균체중(mg/kg)
② ADI = MNEL × 1/10 × 성인남자 평균체중(mg/kg)
③ ADI = MNEL × 1/10 × 국민의 평균체중(mg/kg)
④ ADI = MNEL × 1/100 × 성인남자 평균체중(mg/kg)

306 실험동물에 대한 최소 치사량을 나타내는 용어는?
① MLD   ② LD_{50}
③ ADI   ④ MNEL

307 다음 중 독성 결정요인이 아닌 것은?
① 반수 치사량(LD_{50} : Lethal Dose)
② 1일 섭취량(ADI : Aceptable daily intake)
③ 최대수 치사량(MXD : Maximum Lethal Dose)
④ 최소수 치사량(MLD : Minimum Lethal Dose)

308 식품에 함유된 독성물질의 독성을 나타내는 것은?
① Aw   ② DO
③ LD_{50} ④ BOD

309 LD_{50}이란?
① 실험동물의 50%가 사망할 때의 투여량
② 실험동물의 50마리가 사망할 때의 투여량
③ 실험동물의 50%가 중독될 때의 투여량
④ 실험동물의 50마리가 중독될 때의 투여량

310 실험동물군의 50%를 사망시키는 독성물질의 양을 나타내는 것은?
① LD_{50} ② LC_{50}
③ TD_{50} ④ ADI

311 어떤 첨가물의 LD_{50}의 값이 적다는 것은 다음 중 어느 것을 의미하는가?
① 독성이 적다.   ② 독성이 크다.
③ 안정성이 적다.   ④ 안정성이 크다.

312 독성물질의 급성 독성시험으로 LD₅₀을 구할 때 관찰기간은?
① 1 일
② 1 주일
③ 2 주일
④ 3 주일

313 사람에 대한 경구치사량(성인) 기준 중 극독성인 것은?
① 15g/kg
② 5~15g/kg
③ 50~250mg/kg
④ 5~50mg/kg

314 다음 중 설명이 바르게 된 것은?
① LC₅₀ : 시험동물의 50%가 표준 수명기간 중 종양을 생성하게 하는 유독물질의 양
② LD₅₀ : 노출된 집단의 50% 치사를 일으키는 유독물질의 농도
③ TD₅₀ : 노출된 집단의 50% 치사를 일으키는 유독물질의 양
④ ADI : 1인당 일일최대섭취 허용량

315 식품 또는 먹는 물 중 노출된 집단의 50%를 치사시킬 수 있는 유해물질의 농도를 나타내는 것은?
① LD₅₀
② LC₅₀
③ TD₅₀
④ ADI

316 1일 섭취허용량이 체중 1kg당 10mg 이하인 첨가물을 어떤 식품에 사용하려고 하는데 체중 60kg인 사람이 이 식품을 1일 500g씩 섭취한다고 하면, 이 첨가물의 잔류 허용량은 식품의 몇 %가 되는가?
① 0.12%
② 0.17%
③ 0.22%
④ 0.27%

317 농약잔류허용기준 설정 시 안전수준 평가는 ADI 대비 TMDI값이 몇 %를 넘지 않아야 안전한 수치인가?
① 10%
② 20%
③ 40%
④ 80%

312 309번 해설 참조

313 LD₅₀(반치사량)에 의한 화학물질의 급성독성 등급[LD₅₀용량(mg/kg) 기준]
① 무독성 15,000 이상(음식물)
② 약간 독성 5,000~15,000(에탄올)
③ 중간 독성 500~5,000(황산제일철)
④ 강한 독성 50~500(페노바르비탈 소듐)
⑤ 맹독성 5~50(피크로톡신)
⑥ 초맹독성 5 이하(다이옥신)

314
· LC₅₀ : 실험동물의 50%를 죽이게 하는 독성물질의 농도로 균일하다고 생각되는 모집단 동물의 반수를 사망하게 하는 공기 중의 가스농도 및 액체 중의 물질의 농도
· LD₅₀ : 실험동물의 50%을 치사시키는 화학물질의 투여량
· TD₅₀ : 공시생물의 50%가 죽음외의 유해한 독성을 나타내게 되는 독물의 투여량
· ADI(일일섭취허용량) : 사람이 일생동안 섭취하여 바람직하지 않은 영향이 나타나지 않을 것으로 예상되는 화학물질의 1일 섭취량

315 LC₅₀
· 실험동물의 50%를 죽이게 하는 독성물질의 농도로 균일하다고 생각되는 모집단 동물의 반수를 사망하게 하는 공기 중의 가스농도 및 액체 중의 물질의 농도이다.
*LD₅₀ : 실험동물의 50%을 치사시키는 화학물질의 투여량을 말한다.
*TD₅₀ : 공시생물의 50%가 죽음외의 유해한 독성을 나타내게 되는 독물의 투여량을 말한다.
*ADI : 사람이 일생동안 섭취하여 바람직하지 않은 영향이 나타나지 않을 것으로 예상되는 화학물질의 1일 섭취량을 말한다.

316 첨가물의 잔류허용량
· 1일 섭취허용량(체중 60kg) : 60×10mg=600mg
· 첨가물의 잔류 허용량(식품의 몇 %) : 600mg/500000mg*100=0.12%

317 농약잔류허용기준 설정 시 안전수준 평가 : ADI 대비 TMDI 값이 80%를 넘지 않아야 안전한 수준이다.

ANSWER

312 ② 313 ④ 314 ④ 315 ②
316 ① 317 ④

출제예상문제

318 휴약기간(Withdrawal Period)
- 잔류성이 있는 약제를 사료에 첨가할 경우 가축의 생산물에 잔류를 막기 위하여 가축의 도살전 일정기간을 약제가 첨가되지 않은 사료를 급여해야 하는 기간
- 소 : 14일, 우유 : 3일, 돼지 : 14일

319 유전자재조합 식품의 안전성 평가 항목
- 신규성
- 알레르기성 독성
- 항생제 내성
- 독성

320 GMO식품의 안전성 문제
- GMO에 있는 유전자변형 유전자의 함량은 전체 DNA의 25만분의 1에 불과하여, 하루에 먹는 식품의 절반이 GMO라고 가정해도 유전자변형 DNA 섭취량은 0.5~5ug이다.
- DNA(유전자)는 화학적으로 생물 종에 관계없이 동일하여 산업적 가공처리 과정과 소화관에서 대부분 분해되어 섭취된 DNA가 인체 세포나 장내 미생물로 이동할 가능성은 매우 희박하다.

321 GMO(Genetically Modified Organisms)
- 정의 : 유전자재조합생물체라고 하며, 그 종류에 따라 유전자재조합농산물(GMO 농산물), 유전자재조합동물(GMO 동물), 유전자재조합미생물(GMO 미생물)로 분류된다. 이 중 GMO 농산물을 원료로 제조 가공한 식품 또는 식품첨가물을 GMO 식품, 혹은 유전자재조합식품이라고 부른다.
- GMO작물 만드는 과정
  - 아그로박테리움(Agrobacterium tumafaciens) 이용법
  - 유전자총(Particle bombardment) 이용법
  - 원형질체 융합(Protoplast fusion)법

322 폐수의 오염도를 측정하는 검사항목
- SS(부유물질량), BOD(생물화학적 산소요구량), COD(화학적산소요구량)
*PCB는 일본에서 발생된 중독성분이며, 증상은 눈의 지방증가, 손톱의 착색, 여드름상의 피부발진 등을 나타낸다.

323 하천수 중에 DO(용존산소량)가 적다는 것은 부패성 유기물 함량이 많다는 뜻이므로 오염도가 높다는 것을 의미한다.

---

318 식용동물에서 동물용 의약품이 동물의 체내 대사과정을 거쳐 잔류 허용기준 이하의 안전수준까지 배설되는 기간으로 반드시 지켜야할 지침기간은?
① 기준기간　　② 유효기간
③ 휴약기간　　④ 유지기한

319 다음 중 유전자 재조합 식품의 안정성에 대한 평가 시 평가항목이 아닌 것은?
① 항생제 내성　　② 미생물오염 수준
③ 알레르기성　　④ 독성

320 GMO 식품의 항생제 내성 유전자가 체내, 혹은 체내 미생물로 전이되는 것이 어려운 이유는?
① 기존 식품에 혼입되어 오랜 시간 동안 다량 노출로 인해 인체가 적응을 하였기 때문
② 식품 중에 포함된 유전자가 체내의 분해효소와 강산성의 위액에 의해 분해되기 때문
③ 유전자변형 식품에 인체 및 미생물에 영향을 미치는 유전자가 함유되지 않기 때문
④ 안전성평가에 의해 인체에 전이되지 않는 GMO만을 허가하여 유통되기 때문

321 GMO 작물을 만드는 과정이 아닌 것은?
① 염기다형성 마커 이용법
② 원형질체 융합법
③ 유전자총 이용법
④ 아그로박테리움 이용법

322 다음의 오염 물질 항목 중에서 유독성인 것은?
① SS　　② BOD
③ COD　　④ PCB

323 254 하천수 중에 DO가 적다는 것은 무엇을 의미하는가?
① 물이 비교적 깨끗하다.　　② 부유물량이 적다.
③ 오염도가 높다.　　④ 유해물질이 적다.

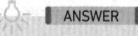

ANSWER
318 ③　319 ②　320 ②　321 ①
322 ④　323 ③

324 다음 중 위생하수의 기준으로 옳은 것은?

① DO 4ppm 이하, BOD 20ppm 이상
② DO 4ppm 이상, BOD 20ppm 이하
③ DO 20ppm 이하, BOD 4ppm 이상
④ DO 20ppm 이상, BOD 4ppm 이하

325 BOD(생물화학적 산소요구량)란?

① 과산화물이 산화제에 의하여 처리될 때 소비되는 산소량을 mg/ℓ로 표시한 것
② 물속의 산화가능 물질이 산화되기 위해 소비되는 산소량
③ 물 중에 용해되어 있는 산소량
④ 물 중의 오염원의 물질이 생물화학적으로 산화되는데 소비되는 산소량을 mg/ℓ로 표시한 것

326 BOD를 바르게 설명한 것은?

① 화학적 산소 요구량   ② 생물학적 산소 요구량
③ 생물학적 환경오염도   ④ 용존산소량

327 BOD 측정 시 다음의 어느 조건이 가장 적합한가?

① 15℃에서 7일간 배양
② 20℃에서 7일간 배양
③ 15℃에세 5일간 배양
④ 20℃에서 5일간 배양

328 폐수의 오염도 검사항목이 아닌 것은?

① BOD(생물화학적 산소요구량)
② COD(화학적 산소요구량)
③ Aw(수분활성도)
④ SS(부유물질량)

329 먹는물의 수질기준에 대한 설명으로 옳은 것은?

① 질산성 질소는 검출되어서는 안 된다.
② 대장균은 50㎖ 중 10 여야 한다.
③ 염소이온은 250㎎/ℓ 이하여야 한다.
④ 일반 세균수는 1㎖ 중 10CFU이하여야 한다.

---

324 위생하수의 기준량
- DO(Dissolved Oxygen) : 4ppm 이상
- BOD(Biochemical Oxygen Demand) : 20ppm 이하

325 BOD(생물화학적 산소요구량)
- 수중에 오염원인 유기물질이 미생물에 의하여 산화되어 주로 무기성의 산화물과 가스체가 되기 위해 5일간 20℃로 소비되는 산소의 양을 mg/ℓ 또는 ppm으로 표시한 것이다.

326 325번 해설 참조

327 오염된 물의 BOD를 측정할 때는 20℃에서 5일간에 소비되는 산소량을 표준으로 한다.

328 폐수오염지표의 검사 항목
- BOD, COD, pH, DO, SS, 특정 유해물질, 대장균수, 색도, 온도 등
*Aw : 수분활성도

329 먹는물의 수질 기준[먹는물 수질기준 및 검사 등에 관한 규칙 제2조]
- 질산성 질소는 10mg/ℓ를 넘지 않을 것
- 대장균은 100㎖에서 검출되지 않을 것
- 염소이온은 250mg/ℓ 넘지 않을 것
- 일반세균은 1㎖ 중 100CFU를 넘지 않을 것

ANSWER

324 ② 325 ④ 326 ② 327 ④
328 ③ 329 ③

출제예상문제

330 329번 해설 참조

331 먹는물의 수질 기준[먹는물 수질기준 및 검사 등에 관한 규칙 제2조]
- 수은은 0.001mg/ℓ를 넘지 아니할 것
- 시안은 0.01mg/L를 넘지 아니할 것
- 크롬은 0.05mg/L를 넘지 아니할 것
- 암모니아성 질소는 0.5mg/L를 넘지 아니할 것
- 카드뮴은 0.005mg/L를 넘지 아니할 것

332 texturometer에 의한 texture-profile
- 1차적 요소 : hardness(경도), cohesiveness(응집성), elasticity(탄성), adhesiveness(부착성)
- 2차적 요소 : brittleness(파쇄성), chewiness(저작성, 씹힘성), gumminess(검성, 점착성)
- 3차적 요소 : resilience(복원성)

333 관능검사의 사용 목적
- 신제품 개발
- 제품 배합비 결정 및 최적화 작업
- 품질 관리규격 제정
- 공정개선 및 원가절감
- 품질수명 측정 · 경쟁사의 감시
- 품질 평가방법 개발
- 관능검사 기초연구 · 소비자관리

334 관능검사에 영향을 주는 심리적 요인
- 중앙경향오차   · 순위오차
- 기대오차   · 습관오차
- 자극오차   · 후광효과
- 대조오차

335 관능검사에서 사용되는 정량적 평가방법
- 분류(classification) : 용어의 표준화가 되어 있지 않고 평가 대상인 식품의 특성을 지적하는 방법
- 등급(grading) : 고도로 숙련된 등급 판단자가 4~5단계(등급)로 제품을 평가하는 방법
- 순위(ranking) : 3개 이상 시료의 독특한 특성 강도를 순서대로 배열하는 방법
- 척도(scaling) : 차이식별 검사와 묘사분석에서 가장 많이 사용하는 방법으로 구획척도와 비구획척도로 나누어지며 항목척도, 직선척도, 크기 추정척도 등 3가지가 있음

---

330 먹는 물의 대장균 수는?
① 1㎖당 음성이어야 한다.
② 50㎖당 음성이어야 한다.
③ 50㎖당 10 이하여야 한다.
④ 100㎖당 음성이어야 한다.

331 먹는물 수질 기준에서 건강상 유해 영향 무기물질에 관한 기준으로 맞지 <u>않은</u> 것은?
① 납은 0.01mg/ℓ를 넘지 않는다.
② 불소는 1.5mg/ℓ를 넘지 않는다.
③ 셀레늄은 0.01mg/ℓ를 넘지 않는다.
④ 수은은 0.05mg/ℓ를 넘지 않는다.

332 식품의 택스처를 측정하는 texturometer에 의한 texture-profile로부터 알 수 <u>없는</u> 특성은?
① 탄성   ② 복원성
③ 검성(점착성)   ④ 점성

333 관능검사의 사용 목적과 거리가 <u>먼</u> 내용은?
① 공정개선 및 원가절감
② 제품 배합비 결정 및 최적화
③ 제품의 화학적 성질 평가
④ 품질수명 측정

334 관능검사에 영향을 주는 심리적 요인이 <u>아닌</u> 것은?
① 기대오차   ② 순위오차
③ 대조오차   ④ 억제

335 관능검사에서 사용되는 정량적 평가방법 중 고도로 숙련된 등급 판단자가 4~5단계(등급)로 제품을 평가하는 방법을 무엇이라 하는가?
① 분류   ② 등급
③ 순위   ④ 척도

ANSWER
330 ④ 331 ④ 332 ④ 333 ③
334 ④ 335 ②

336 식품의 관능검사 중 흔히 사용되는 척도의 종류가 아닌 것은?
① 명목 척도 ② 간격 척도
③ 비율 척도 ④ 비교 척도

337 식품의 관능검사에서 특성 차이검사에 해당하는 것은?
① 단순 차이검사 ② 일-이점검사
③ 이점비교검사 ④ 삼점검사

338 관능검사 중 가장 많이 사용되는 검사법으로 일반적으로 훈련된 패널요원에 의하여 식품시료간의 관능적 차이를 분석하는 검사법은?
① 묘사 분석 ② 소비자 기호도 검사
③ 정량적 묘사 방법 ④ 차이식별 검사

339 식품의 관능검사 방법 중 종합적 차이 검사에 사용하는 방법이 아닌 것은?
① 일-이점 검사 ② 삼점 검사
③ 단순차이검사 ④ 순위법

340 식품의 관능검사에서 차이식별검사(종합적 차이검사)에 해당하지 않는 것은?
① 확장 삼점검사 ② 일-이점검사
③ 단순차이검사 ④ 소비자 기호도검사

341 식품의 관능검사에서 종합적 차이검사에 해당하는 방법은?
① 단순차이검사 ② 일-이점검사
③ 순위법 ④ 다시료비교검사

342 식품의 관능검사에서 특성차이검사에 해당하는 것은?
① 단순차이검사 ② 일-이점검사
③ 이점비교검사 ④ 삼점검사

---

336 관능검사에 사용되는 척도의 유형 이론 117쪽 참조

337 식품의 관능검사
① 차이식별검사
• 종합적인 차이검사 : 단순 차이검사, 일-이점검사, 삼점검사, 확장삼점검사
• 특성 차이검사 : 이점비교검사, 순위법, 평점법, 다시료비교검사
② 묘사분석
• 향미프로필 방법 • 텍스쳐프로필 방법
• 정량적 묘사 방법 • 스펙트럼 묘사분석
• 시간-강도 묘사분석
③ 소비자 기호도 검사
• 이점비교법 • 기호도척도법
• 순위법 • 적합성 판정법

338 차이식별 검사
• 식품시료간의 관능적 차이를 분석하는 방법으로 관능검사 중 가장 많이 사용되는 검사이다.
• 일반적으로 훈련된 패널요원에 의하여 잘 설계된 관능평가실에서 세심한 주의를 기울여 실시하여야 한다.
• 이용
 -신제품의 개발
 -제품 품질의 개선
 -제조공정의 개선 및 최적 가공조건의 설정
 -원료 종류의 선택
 -저장 중 변화와 최적 저장 조건의 설정
 -식품첨가물의 종류 및 첨가량 설정

339 337번 해설 참조

340 337번 해설 참조

341 337번 해설 참조

342 337번 해설 참조

ANSWER
336 ④ 337 ③ 338 ④ 339 ④
340 ④ 341 ② 342 ③

출제예상문제

343 337번 해설 참조

344 특성차이 관능검사방법
- 이점비교검사 : 두 개의 검사물을 제시하고 단맛, 경도, 윤기 등 주어진 특성에 대해 어떤 검사물의 강도가 더 큰지를 선택하도록 하는 방법으로 가장 간단하고 많이 사용되는 방법이다.
- 다시료 비교검사 : 어떤 정해진 성질에 대해 여러 검사물을 기준과 비교하여 점수를 정하도록 하는 방법으로 비교되는 검사물 중에 기준과 동일한 검사물을 포함시킨다.
- 순위법 : 세 개 이상의 시료를 제시하여 주어진 특성이 제일 강한 것부터 순위를 정하게 하는 방법이다.
- 평정법 : 여러 검사물(3~6개)의 특정 성질이 어떤 양상으로 다른지를 조사하려고 할 때 사용되는 방법이다.

345 337번 해설 참조

346 기호도 검사
- 관능검사 중 가장 주관적인 검사는 기호도 검사이다.
- 기호검사는 소비자의 선호가 기호도를 평가하는 방법으로 새로운 식품의 개발이나 품질 개선을 위해 이용되고 있다.
- 기호검사에는 선호도 검사와 기호도 검사가 있다.
  - 선호도 검사는 여러 시료 중 좋아하는 시료를 선택하게 하거나 좋아하는 순서를 정하는 것이다.
  - 기호도 검사는 좋아하는 정도를 측정하는 방법이다.

347 346번 해설 참조

348 관능검사 중 묘사분석 – 이론 116쪽 참조

---

343 식품의 관능검사 방법 중 종합적 차이 검사는 전체적 관능 특성의 차이유무를 판별하고자 기준 시료와 비교하는 데 이때 사용하는 방법이 아닌 것은?
① 일-이점 검사 ② 삼점 검사
③ 단순차이검사 ④ 이점비교 검사

344 특성차이를 검사하는 관능검사방법 중 동시에 두 개의 시료를 제공하여 특정 특성이 더 강한 것을 식별하도록 하는 것은?
① 이점비교검사 ② 순위법
③ 평점법 ④ 다시료비교검사

345 식품의 관능검사에서 특성차이검사 방법이 아닌 것은?
① 일-이점검사 ② 다시료비교검사
③ 순위법 ④ 평점법

346 소비자의 선호도를 평가하는 방법으로써 새로운 제품의 개발과 개선을 위해 주로 이용되는 관능검사법은?
① 묘사 분석 ② 종합적인차이 검사
③ 기호도 검사 ④ 차이식별 검사

347 다음 식품의 관능검사 중 가장 주관적인 검사방법은?
① 차이 검사 ② 묘사 분석
③ 기호도 검사 ④ 일-이점검사

348 식품의 관능검사 묘사분석 방법 중 하나로 제품의 특성과 강도에 대한 모든 정보를 얻기 위하여 사용하는 방법은?
① 텍스쳐 프로필 ② 향미 프로필
③ 시간-강도 묘사분석 ④ 스펙트럼 묘사분석

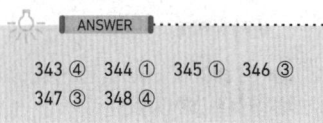

ANSWER
343 ④ 344 ① 345 ① 346 ③
347 ③ 348 ④

349 관능검사에 대한 설명 중 틀린 내용은?
① 관능검사는 식품의 특성이 시각, 후각, 미각, 촉각 및 청각으로 감지되는 반응을 측정, 분석, 내지 해석하는 과학의 한 분야이다.
② 관능검사 패널의 종류는 차이식별 패널, 특성묘사 패널, 기호조사 패널 등으로 나뉠 수 있다.
③ 차이식별 패널은 제품의 품질검사, 저장시험, 원가절감 또는 공정개선 시험에서 제품 간의 품질차이를 평가하는 패널이다.
④ 보통 기호조사 패널의 수가 가장 적고 특성묘사 패널의 수가 가장 많고이 필요하다.

350 관능검사에서 신제품이나 품질 개선을 위하여 제품의 특성을 묘사하는 데 사용하며 보통 고도의 훈련과 전문성을 겸비한 요원으로 구성된 패널은?
① 차이식별 패널   ② 특성묘사 패널
③ 기호조사 패널   ④ 전문 패널

351 식품의 관능평가의 측정요소 중 반응척도가 갖추어야 할 요건이 아닌 것은?
① 의미전달이 명확해야 한다.
② 편파적이지 않고 공평해야 한다.
③ 차이를 감지할 수 있어야 한다.
④ 관련성이 없어야 한다.

352 관능검사의 차이식별검사 방법을 크게 종합적차이검사와 특성차이검사로 나눌 때 다음 중 종합적차이검사에 해당하는 것은?
① 삼점검사   ② 다시료 비교검사
③ 순위법   ④ 평정법

353 관능검사 중 묘사분석법의 종류가 아닌 것은?
① 스펙트럼 묘사분석   ② 질적 묘사분석
③ 향미 프로필   ④ 정량적 묘사분석

---

349 관능검사 패널
- 차이식별 패널
  - 원료 및 제품의 품질검사, 저장시험, 원가절감 또는 공정개선 시험에서 제품 간의 품질차이를 평가하는 패널이다.
  - 보통 10~20명으로 구성되어 있고 훈련된 패널이다.
- 특성묘사 패널
  - 신제품 개발 또는 기존제품의 품질 개선을 위하여 제품의 특성을 묘사하는 데 사용되는 패널이다.
  - 보통 고도의 훈련과 전문성을 겸비한 요원 6~12명으로 구성되어 있다.
- 기호조사 패널
  - 소비자의 기호도 조사에 사용되며, 제품에 관한 전문적 지식이나 관능검사에 대한 훈련이 없는 다수의 요원으로 구성된다.
  - 조사크기 면에서 대형에서는 200~20,000명, 중형에서는 40~200명을 상대로 조사한다.
- 전문패널
  - 경험을 통해 기억된 기준으로 각각의 특성을 평가하는 질적검사를 하며, 제조과정 및 최종제품의 품질차이를 평가, 최종품질의 적절성을 판정한다.
  - 포도주 감정사, 유제품 전문가, 커피 전문가 등

350 349번 해설 참조

351 관능적 특성의 측정 요소들 중 반응척도가 갖추어야 할 요건
- 단순해야 한다.
- 관련성이 있어야 한다.
- 편파적이지 않고 공평해야 한다.
- 의미전달이 명확해야 한다.
- 차이를 감지할 수 있어야 한다.

352 337번 해설 참조

353 묘사분석에 사용하는 방법
- 향미 프로필
- 텍스처 프로필
- 정량적 묘사분석
- 스펙트럼 묘사분석
- 시간-강도 묘사분석

ANSWER
349 ④ 350 ② 351 ④ 352 ①
353 ②

출제예상문제

354 관능검사법의 장소에 따른 분류
- 실험실검사, 중심지역검사, 가정사용검사로 나눌 수 있다.
- 중심지역검사 방법의 부가적인 방법으로 이동수레를 이용하는 방법과 이동실험실을 이용하는 방법이 있다.
  - 이동수레법은 손수레에 검사할 제품과 기타 필요한 제품을 싣고 고용인 작업실로 방문하여 실시하는 것이다.
  - 이동실험실법은 대형차량에 실험실과 유사한 환경을 설치하여 소비자를 만날 수 있는 장소로 이동해 갈 수 있는 방법으로, 이동수레법에 비해 환경을 조절할 수 있고 회사 내 고용인이 아닌 소비자를 이용한다는 것이 장점이다.

355 관능검사 방법 – 이론 114쪽 – 일이점 검사 참조

356 식품산업에서 관능검사의 응용 – 이론 107쪽 참조

357 식품위생검사에는 관능검사, 화학적 검사, 물리적 검사, 생물학적 검사 및 독성 검사 등이 있다.

358 식품의 신선도 판정법
① 관능검사법
- 식품의 냄새, 맛, 외관 등에 의한 판정
② 미생물학적 검사법
- 식품 중의 생균수 측정
③ 화학적 검사법
- 어육의 암모니아, trimethylamine(TMA), 휘발성 아민의 측정, 단백질 침전반응, 휘발성 산, 휘발성 염기질소, 휘발성 환원물질, nucleotides의 분해생성물, pH값에 의한 방법
④ 물리학적 검사법
- 부패할 때 관찰되는 경도, 점도, 탄성, 색 및 전기저항 등의 변화 측정

---

354 관능검사법의 장소에 따른 분류 중 이동수레(Mobile Serving Cart)를 활용하여 소비자 기호도 검사를 수행하는 방법은?
① 중심지역 검사 ② 실험실 검사
③ 가정사용 검사 ④ 직장사용 검사

355 아래의 관능검사 질문지는 어떤 관능검사를 실시하기 위한 질문지인가?

> ・이름 :   ・설명 :   ・나이 :
> R로 표시된 기준시료와 함께 두 시료(시료152, 시료217)가 있습니다. 먼저 R시료를 맛본 후 나머지 두 시료를 평가하여 R과 같은 시료를 선택하여 그 시료에(V)표 하여 주십시오
> 시료152 (   )   시료217 (   )

① 단순차이검사 ② 일-이점검사
③ 삼점검사 ④ 다시료 비교검사

356 식품산업에서 관능검사의 응용범위 중 가장 거리가 먼 것은?
① 신제품 개발 ② 원가절감 및 공정개선
③ 품질 기준 설정 ④ 제조 환경 개선

PART 2-2. 식품 위생 검사

357 식품위생검사와 관계가 없는 것은?
① 이화학적 검사 ② 생물학적 검사
③ 독성 검사 ④ 혈청학적 검사

358 식품의 신선도 측정 시 실시하는 검사항목이 아닌 것은?
① 트리메틸아민(TMA) ② 비중
③ 휘발성염기질소(VBN) ④ 생균수

ANSWER
354 ① 355 ② 356 ④ 357 ④
358 ②

359 식품위생 검사 시 채취한 검체의 취급상 주의 사항을 설명 한 것 중 바르지 <u>못한</u> 것은?

① 저온 유지를 위해 얼음을 사용할 때 얼음이 검체에 직접 닿게 하여 저온유지 효과를 높인다.
② 채취자에게 상처나 전염병이 없어야 한다.
③ 미생물이나 화학약품에 오염되지 않아야 한다.
④ 미생물학적 검사를 위한 검체는 반드시 무균적으로 채취한다.

360 식품위생 검사를 위한 검체의 일반적인 채취방법 중 옳은 것은?

① 깡통, 병, 상자 등 용기·포장에 넣어 유통되는 식품등은 가능한 한 개봉하지 않고 그대로 채취한다.
② 합성착색료 등의 화학 물질과 같이 균질한 상태의 것은 가능한 많은 양을 채취하는 것이 원칙이다.
③ 대장균이나 병원 미생물의 경우와 같이 목적물이 불균질할 때는 최소량을 채취하는 것이 원칙이다.
④ 식품에 의한 감염병이나 식중독의 발생 시 세균학적 검사에는 가능한 소량을 채취하는 것이 원칙이다.

361 식품에 대한 미생물학적 검사를 하기 위하여 검체를 채취하여 검사기관에 운반할 때 유지해야 할 기준온도는?

① -3℃ 이하   ② 0℃ 이하
③ 5℃ 이하   ④ 12℃ 이하

362 식품의 기준 및 규격에 의거하여 부패·변질 우려가 있는 검체를 미생물 검사용으로 운반하기 위해서는 멸균용기에 무균적으로 채취하여 몇 도의 온도를 유지시키면서 몇 시간 이내에 검사기관에 운반하여야 하는가?

① 0℃, 4시간   ② 5±3℃ 이하, 24시간
③ 12±3℃ 이내, 15시간   ④ 36±2℃ 이하, 12시간

363 지표미생물의 자격요건으로 거리가 <u>먼</u> 것은?

① 분석 대상 시료의 자연적 오염균
② 분변 및 병원균들과의 공존 또는 관련성
③ 분석 시 증식 및 구별의 용이성
④ 병원균과 유사한 안정성(저항성)

359 식품 위생 검사 시 채취한 검체의 취급상 주의사항
- 전체를 대표할 수 있어야 한다.
- 저온 유지를 위해 얼음을 사용 때에는 얼음이 검체에 직접 닿지 않게 해야 한다.
- 미생물학적 검사를 위한 검체는 반드시 무균적으로 채취한다.
- 필요한 경우 운반용 포장을 하여 파손 및 오염 되지 않게 한다.
- 채취 후 반드시 밀봉한다.
- 채취자에게 상처나 전염병이 없어야 한다.
- 햇빛에 노출되지 않게 해야 한다.
- 미생물이나 화학약품에 오염되지 않아야 한다.
- 검체명, 채취장소 및 일시 등 시험에 필요한 모든 사항 등을 기재한다.

360 검체의 일반적인 채취방법
- 깡통, 병, 상자 등 용기·포장에 넣어 유통되는 식품등은 가능한 한 개봉하지 않고 그대로 채취한다.
- 대장균이나 병원 미생물의 경우와 같이 검체가 불균질할 때는 다량을 채취하는 것이 원칙이다.
- 식품에 의한 감염병이나 식중독의 발생 시 세균학적 검사에는 가능한 많은 양을 채취하는 것이 원칙이다.

361
검사용 검체는 반드시 무균적으로 채취하여야 하며 멸균된 용기에 넣어 5℃ 이하를 유지하면서 운반하여 4시간 이내에 검사해야 한다.

362 미생물 검사용 검체의 운반(식품공전)
- 부패·변질 우려가 있는 검체
미생물학적인 검사를 하는 검체는 멸균 용기에 무균적으로 채취하여 저온(5℃ ±3 이하)을 유지시키면서 24시간 이내에 검사기관에 운반하여야 한다. 부득이한 사정으로 이 규정에 따라 검체를 운반하지 못한 경우에는 재수거하거나 채취일시 및 그 상태를 기록하여 식품위생 검사기관에 검사 의뢰한다.

363 지표미생물(Indicator Organism)의 자격요건
- 분변 및 병원균들과의 공존 또는 관련성이 있어야 한다.
- 배양을 통한 증식과 구별이 용이해야 한다.
- 식품 가공처리의 여러 과정을 병원균과 유사한 안정성이 있어야 한다.

  ANSWER

359 ① 360 ① 361 ③ 362 ②
363 ①

364 일반세균수 검사
- 식품, 음료수, 자연환경수의 신선도에 대한 지표로 사용된다.
- 호기적 조건에서 발육한 중온성 세균을 검사한다.
- 일반적으로 표준 평판 한천 배지 (Standard Plate Count, SPC)를 사용하여 35℃에서 24~48시간 배양한 후 집락수를 측정한다.

365 식품의 세균수 검사
- 일반세균수 검사 : 주로 Breed법에 의한다.
- 생균수 검사 : 표준한천 평판 배양법에 의한다.

366 생균수 측정은 식품의 초기부패, 즉 신선도를 측정할 수 있다.

367 생균수(Total Viable Counts)
- 식품등 검체 중의 모든 생균수를 의미하는 것이 아니라 일정한 조성의 배지에서 일정 온도와 일정 시간을 유지시켰을 때 형성되는 호기성균의 집락수를 의미한다.

368 세균수의 기재보고
- 표준평판법에 있어서 검체 1㎖ 중의 세균수를 기재 또는 보고할 경우에 그것이 어떤 제한된 것에서 발육한 집락을 측정한 수치인 것을 명확히 하기 위하여 1평판에 있어서의 집락수는 상당 희석배수로 곱하고 그 수치가 표준평판법에 있어서 1㎖ 중(1g 중)의 세균수 몇 개라고 기재보고하며 동시에 배양온도를 기록한다.
- 이 산출법에 의하지 않을 때에는 "표준"이란 문자를 사용해서는 아니 된다.
- 숫자는 높은 단위로부터 3단계를 4사5입하여 유효숫자를 2단계로 끊어 이하를 0으로 한다.

369 식품의 세균수 검사
- 일반세균수 검사 : 주로 Breed법에 의한다.
- 생균수 검사 : 표준한천 평판 배양법에 의한다.

370 식품의 일반 생균수 검사
- 시료를 표준 한천평판 배지에 혼합 응고시켜서 일정한 온도와 시간 배양한 다음 집락(colony)수를 계산하고 희석배율을 곱하여 전체 생균수를 측정한다.

---

364 일반적인 식품의 신선도에 대한 지표로 사용되기에 가장 적합한 미생물 지표는?
① 일반세균수
② 대장균군수
③ 혐기성 미생물수
④ 병원성 대장균수

365 다음 중 식품 위생검사 시 생균 수를 측정하는데 사용되는 것은?
① 젖당부용발효관
② 표준한천평판배양기
③ BGLB 발효관
④ CO_2 배양기

366 식품위생 검사에서 생균 수를 측정하는 목적은 무엇인가?
① 병원성 세균의 이환 여부 확인
② 식중독균의 오염 여부 확인
③ 신선도의 판정
④ 분변 오염의 여부 확인

367 식품위생검사에서 생균 수 측정에 대한 설명으로 틀린 것은?
① 시료 채취에 따른 측정오차가 생긴다는 단점이 있다.
② 식품의 신선도나 오염도를 파악할 수 있다.
③ 검체 중의 모든 생균수를 의미한다.
④ 세균수가 식품 1g 또는 1mL당 10^5인 때를 안전한계로 본다.

368 일반세균수 검사에서 세균수의 기재보고 방법으로 맞지 않은 내용은?
① 일반적으로 표준평판법에 의해 검체 1㎖ 중의 세균수를 기재한다.
② 유효숫자를 2단계로 끊어 이하를 0으로 한다.
③ 1평판에 있어서의 집락수는 상당 희석배수로 곱한다.
④ 숫자는 높은 단위로부터 2단계에서 4사5입한다.

369 일반세균수를 검사하는데 주로 사용되는 시험방법은?
① 최확수법
② BGLB법
③ Breed법
④ 표준한천평판배양법

370 식품 위생검사 시 일반 생균수를 측정하는데 이용하는 배지는?
① EMB 배지
② BGLB 배지
③ LB 배지
④ 표준 한천평판 배지

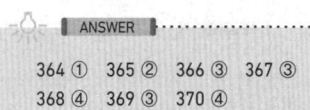

364 ① 365 ② 366 ③ 367 ③
368 ④ 369 ③ 370 ④

371 일반 세균수의 측정법에서 SPC라 함은?
① 일반 액체배양균수
② 표준 한천평판균수
③ 특별 배양균수
④ 교반 한천배양균수

372 곰팡이, 효모에 대한 식품 위생 검사 시 생균수 측정하는데 사용되는 방법은?
① 최적확수법
② 표준 한천평판 배양법
③ 젖당부이온 발효
④ BGLB 발효

373 식품에서 대장균 검사가 갖는 의의와 거리가 먼 것은?
① 분변에 의한 오염여부 판단
② 황색포도상구균의 존재 가능성 타진
③ 냉동식품의 오염지표
④ 이질균의 존재 가능성 타진

374 식품위생 검사에서 대장균을 위생지표세균으로 쓰는 이유가 아닌 것은?
① 대장균은 비병원성이나 병원성 세균과 공존할 가능성이 많기 때문에
② 대장균의 많고 적음은 식품의 신선도 판정의 기준이 되기 때문에
③ 대장균의 존재는 식품이 분변에 오염되었을 가능성 의미하기 때문에
④ 식품의 위생적인 취급 여부를 알 수 있기 때문에

375 식품의 대장균 검사에서 MPN(최확수)법에 의한 정량시험 때 사용하는 배지는?
① EEM 배지
② BGLB 배지
③ EMB 배지
④ 표준 한천평판 배지

376 대장균을 MPN법으로 검사할 때 사용하는 배지의 당은 무엇인가?
① 유당
② 포도당
③ 맥아당
④ 과당

---

371 표준한천평판배양법(standard plate count, SPC) : 시판 생수나 흙의 세균수 측정에 이용된다.

372 식품의 세균, 곰팡이, 효모 등의 일반 생균수 검사는 시료를 표준 한천평판배지에 일정한 온도와 시간 배양한 다음 생균수를 측정한다.

373 분변오염의 지표세균
• 대장균군과 장구균군이 있다.
• 대장균군 검사
 –식품이 분변에 오염되었을 가능성과 분변에서 유래하는 병원균의 존재 가능성을 판단할 수 있다.
 –특수한 가공식품에 있어서 제품의 가열, 살균 여부의 확실성 판정지표가 된다.
• 장구균군 검사
 –특히 냉동식품에서의 생존율이 높기 때문에 냉동식품의 오염지표가 된다.

374 대장균의 위생지표세균으로서의 의의
• 대장균의 존재는 식품이 분변에 오염되었을 가능성과 분변에서 유래하는 병원균의 존재 가능성을 판단할 수 있다.
• 식품의 위생적인 취급 여부를 알 수 있다.
• 대장균은 비병원성이나 병원성 세균과 공존할 가능성이 많다.
• 특수한 가공식품에 있어서 제품의 가열, 살균 여부의 확실성 판정지표가 된다.
• 비교적 용이하게 신뢰할 수 있는 검사를 실시할 수 있다.

375
• EEM 배지 : 살모넬라균의 증균배지로 사용
• EMB 배지 : MPN(최확수)에 의한 확정시험 때 사용
• 표준 한천평판 배지 : 일반 생균수 검사 배지에 사용
• BGLB 배지, LB 배지 : MPN(최확수)에 의한 정량시험 때 사용

376 대장균군의 검사방법
• 정성시험(추정시험–확정시험–완전시험), 정량시험(MPN 법), 평판계산법이 있다.
• MPN에 의한 정량시험 때 사용되는 배지는 BGLB 배지 또는 LB(유당 혹은 젖당 배지) 배지를 사용한다.
 –이들 배지에는 핵심물질로 유당이 함유되어 있다.

ANSWER
371 ② 372 ② 373 ③ 374 ②
375 ② 376 ①

출제예상문제

377 대장균의 정성시험은 추정시험, 확정시험, 완전시험의 3단계로 구분된다.

378 대장균군의 정성시험
- 추정시험, 확정시험, 완전시험의 3단계로 구분된다.
  - 추정시험 : 유당부이온(LB배지) 배지 사용
  - 확정시험 : BGLB, EMB, Endo 배지 사용
  - 완전시험 : EMB 배지 사용
  *추정시험은 유당배지를 가한 발효관에 검체를 넣어 35±1℃에서 48±3시간 동안 배양하여 가스 발생의 유무로 대장균의 존재를 추정할 수 있으며, 가스발생이 있으면 확정시험을 실시한다.

379 대장균군 시험법
- 대장균의 유무를 검사하는 정성시험과 대장균군의 수를 산출하는 정량시험법이 있다.
- 정성시험
  - 유당배지법(추정시험, 확정시험, 완전시험)
  - BGLB 배지법,
  - 데스옥시콜레이트 유당한천 배지법
- 대장균군의 정량시험
  - 최확수법(유당배지법, BGLB 배지법)
  - 데스옥시콜레이트 유당한천 배지법
  - 건조필름법

380 379번 해설 참조

381 최확수법
(MPN: Most Probable Number) - 이론 123쪽 참조

382 대장균 검사에 이용하는 최확수(MPN)법
- 검체 1mL 중의 대장균군수로 나타낸다.
- 1mL에 5이면 검체 1L 중에는
  $5 \times \dfrac{1,000}{1} = 5,000$의 대장균이 들어 있다.

383 382번 해설 참조

ANSWER
377 ② 378 ② 379 ④ 380 ②
381 ① 382 ③ 383 ③

---

377 다음 중 대장균군 검사와 거리가 먼 것은?
① 추정시험 ② 종결시험
③ 확정시험 ④ 완전시험

378 대장균군의 정성시험 순서가 바르게 된 것은?
① 추정시험-완전시험-확정시험
② 추정시험-확정시험-완전시험
③ 완전시험-확정시험-추정시험
④ 완전시험-추정시험-확정시험

379 대장균군의 정량시험법에 해당하는 것은?
① 추정시험 ② 확정시험
③ 완전시험 ④ 최확수법

380 다음 중 대장균군 정성시험법이 아닌 것은?
① BGLB 배지법
② 건조필름법
③ 데스옥시콜레이트유당한천배지법
④ 유당배지법

381 최확수(MPN)법의 검사와 관련된 용어 또는 설명이 부적절한 것은?
① 비연속된 시험용액 2단계 이상을 각각 5개씩 또는 3개씩 발효관에 가하여 배양
② 확률론적인 대장균군의 수치를 산출하여 최확수로 표시
③ 가스발생 양성관수
④ 대장균군의 존재 여부 시험

382 시료의 대장균 검사에서 최확수(MPN)가 5이라면 검체 1L 중에 얼마의 대장균이 들어있는가?
① 50 ② 500
③ 5000 ④ 50000

383 대장균 검사 시 MPN이 2이라면 검체 1L 중에는 얼마의 대장균이 들어 있는가?
① 20 ② 200
③ 2,000 ④ 20,000

384 대장균 O157:H7의 시험에서 확인시험 후 행하는 시험은?
① 정성시험　　　　② 확인시험
③ 혈청학적 검사　　④ 베로세포 독성검사

385 대장균군 검사 시 식품의 종류에 따른 배지의 선택이 <u>잘못</u> 된 것은?
① 유산균음료 - desoxycholate 한천 배지
② 청량음료수 - 유당 배지
③ 생식용 냉동굴 - Nutrient agar 배지
④ 식육제품 - B.G.L.B 배지

386 대장균 검사에 사용되지 <u>않는</u> 배지는?
① LB 배지　　　　② BGLB 배지
③ EMB 배지　　　④ Endo 배지

387 대장균 검사의 추정시험에 사용하는 배지는?
① 젖당부이온 배지　② 표준한천 배지
③ BGLB 배지　　　④ EMB 배지

388 대장균 검사에 이용되는 배지들로 이루어진 것은?
① Desoxycholate 배지, BGLB 배지, EMB 배지
② LB 배지, glucose bouillon 배지, BGLB 배지
③ SS 배지, EMB 배지, thioglycolate 배지
④ Endo 배지, TCBS 한천배지, 만닛트 식염배지

389 식품공전상의 방법으로 대장균군 최확수(MPN)표를 작성하려고 한다. 시료를 10배수씩 3단계 희석한 검체를 조제하여 실험할 때 각 단계의 시험관 수는?
① 1개 또는 2개　　② 3개 또는 5개
③ 7개 또는 9개　　④ 10개 또는 20개

390 식품에 대한 대장균 검사에서 최확수법(MPN법)에 의한 정량시험 때 쓰이는 배지는?
① EMB 배지　　　② Endo 배지
③ BGLB 배지　　　④ SS 배지

---

384 대장균 O157:H7의 분리 및 동정 시험
• 증균배양　　• 분리배양
• 확인시험　　• 혈청학적 검사
• 베로세포 독성검사　• 최종확인

385 대장균군 검사 시 식품의 종류에 따른 배지의 선택
• 유산균음료 : 데스옥시콜레이트(desoxycholate) 유당 한천 배지
• 기타음료(청량음료수) : 유당배지, B.G.L.B배지, 데스옥시콜레이트(desoxycholate) 유당 한천 배지
• 냉동어패류 : 데스옥시콜레이트 유당 한천 배지
• 식육제품 : B.G.L.B 배지

386 대장균 검사에 사용되는 배지
• 젖당부이온 배지, LB 배지, BGLB 배지, EMB 배지, desoxycholate 배지 등이다.

387 대장균 검사에 사용하는 배지
• 추정시험 : 젖당부이온 배지 사용
• 확정시험 : BGLB 배지 사용
• 완전시험 : EMB 배지 사용

388 대장균 검사에 이용되는 배지
• LB 배지, BGLB 배지, EMB 배지, Endo 배지, Desoxycholate 배지 등이 있다.

389 최확수법
(MPN: Most probable number) - 이론 123쪽 참조

390 MPN법에 쓰이는 배지
• EMB 배지 : MPN(최확수)에 의한 확정시험 때 사용
• BGLB 배지, LB 배지 : MPN(최확수)에 의한 정량시험 때 사용

ANSWER
384 ③　385 ③　386 ④　387 ①
388 ①　389 ②　390 ③

391 378번 해설 참조

392 대장균시험
- 추정시험 : LB 배지(가스발생여부)
- 확정시험Ⅰ : BGLB 배지
- 확정시험Ⅱ : EMB 배지(흑색으로써 황금색과 중심부 갈색의 집락)
- 완전시험 : KI 배지

393 대장균검사에 이용하는 최확수(MPN)법
- 시료 원액을 단계적으로 희석하여 일정량을 시험관에 배양, 본균 양성 시험관수로부터 원액 중의 균수를 추정하는 것이다.

394 최확수법(MPN) - 이론 123쪽 참조

395 378번 해설 참조

396 최확수법(MPN) - 이론 123쪽 참조

ANSWER
391 ① 392 ② 393 ① 394 ④
395 ② 396 ④

---

391 대장균군의 추정, 확정, 완전시험에서 사용되는 배지가 아닌 것은?
① TCBS agar
② Lactose bouillon
③ EMB agar
④ BGLB

392 다음 대장균 배지 중 심흑녹색의 금속성 코로니를 생성하는 것은?
① LB 배지
② EMB 배지
③ BGLB 배지
④ Endo 배지

393 최확수(MPN)법의 검사와 가장 관계가 깊은 것은?
① 대장균 검사
② 부패 검사
③ 식중독 검사
④ 타액 검사

394 대장균군에 대한 최확수법에 대한 설명으로 옳지 않은 것은?
① 최확수란 이론적으로 가장 가능한 수치를 말한다.
② 대장균군수는 희석한 시료를 유당배지 발효관에 접종하여 실험한다.
③ 유당배지 발효관 중 가스 생성 여부에 따라 확률적인 대장균의 수치를 산출하고 최확수로 나타낸다.
④ 실험결과, 최확수표에서 직접 구하는 대장균군수는 시료 1mL에 대한 것이다.

395 대장균의 존재를 추정하는 시험은 어떻게 하는가?
① 포도당 부이온(Glucose bouillon) 배지에서 배양하여 가스 발생 유무를 본다.
② 유당 부이온(Lactose bouillon) 배지에서 배양하여 가스 발생 유무를 본다.
③ 포도당 부이온(Glucose bouillon) 배지에서 배양하여 변색 유무를 본다.
④ 엔도(Endo) 배지에서 배양하여 변색 여부를 본다.

396 분변 오염의 지표로 이용되는 대장균군의 MPN 검사에 관한 설명으로 옳은 것은?
① 검체에 10㎖ 중 있을 수 있는 대장균군수
② 검체에 1000㎖ 중 있을 수 있는 대장균군수
③ 검체에 10g 중 있을 수 있는 대장균군수
④ 검체에 1g 중 있을 수 있는 대장균군수

397 그람 음성의 무아포 간균으로서 유당을 분해하여 산과 가스를 생산하며, 식품위생검사와 가장 밀접한 관계가 있는 균은?
① 포도상 구균
② 대장균군
③ 초산균
④ 발효균

398 대장균군의 감별 시험법(반응)이 아닌 것은?
① Methylene blue 시험
② Citrate 시험
③ Methyl red 시험
④ Voges - Proskauer 반응

399 식중독이 발생한 검액을 증균 배양한 후 그 균액을 난황첨가 만니톨 식염한천배지에 분리 배양한 결과 황색의 불투명한 집락을 형성하였다. 가장 관계가 깊은 것은?
① 포도상구균
② 장염비브리오균
③ 살모넬라균
④ 브루셀라균

400 동물의 변으로부터 살모넬라균(Salmonella spp.)을 검출하려 할 때 처음 실시해야 할 배양은?
① 증균배양
② 확인배양
③ 분리배양
④ 순수배양

401 살모렐라(Salmonella spp.)를 TSI slant agar에 접종하여 배양한 결과 하층부가 검은색으로 변한 이유는?
① 유기산 생성
② 인돌 생성
③ 젖당 생성
④ 유화수소 생성

402 Selenite 배지는 어느 균의 배양에 사용되는 배지인가?
① 대장균의 분리 배양
② Salmonella균의 분리 배양
③ 대장균 확인 배양
④ 장염 비브리오균의 분리 배양

---

397 식품위생검사와 가장 관계가 깊은 세균
• 대장균과 장구균 등이다.
• 대장균
 – 그람음성, 간균이며 주모성 편모가 있어 운동성이고, 호기성 또는 통성 혐기성균이다.
 – 젖당을 분해하여 산과 가스를 생성한다.
 – 분변 오염의 지표가 되기 때문에 음료수의 지정세균 검사를 제외하고는 대장균을 검사하여 음료수 판정의 지표로 삼는다

398 IMVIC 실험
• 장내 미생물 균총의 속을 구별하는 데 사용된다.
• 특히 Escherichia 속과 Enterobacter 속 구별에 주로 이용된다.
• IMVIC 실험은 Indole 실험, Methyl red 실험, Voges-Proskauer 실험, Citrate 실험을 말한다.

399 포도상구균
(Staphylococcus aureus) 시험법
• 증균배양 : 검체 25g 또는 25mL를 취하여 225mL의 10% NaCl을 첨가한 Tryptic Soy 배지에 가한 후 35~37℃에서 16시간 증균 배양한다.
• 분리배양 : 증균배양액을 난황첨가 만니톨식염 한천배지에 접종하여 37℃에서 16~24시간 배양한다. 배양결과 난황첨가 만니톨식염 한천배지에서 황색 불투명집락(만니톨 분해)을 나타내고 주변에 혼탁한 백색환(난황반응 양성)이 있는 집락은 확인시험을 실시한다.

400 살모넬라(Salmonella spp.) 시험법[식품공전] – p124 이론 참조

401 살모렐라(Salmonella spp.)가 생성하는 황화수소(H_2S)와 Triple sugar iron 배지의 성분인 ferrous sulfate가 반응하여 iron sulfide의 검은색 침전을 생성한다.

402 Salmonella균의 분리 배양에 사용되는 배지
• selenite 배지, EEM 배지, SBG 배지, DHL 배지, SS 배지, Hannertetrathion 배지, 리진탈탄산 시험용 배지, 말론 산염 배지 등이 있다.

ANSWER
397 ② 398 ① 399 ① 400 ①
401 ④ 402 ②

출제예상문제

403 SS 배지에 미생물을 배양했을 때
- 대장균의 집락은 불투명하게 혼탁하게 보인다.
- 살모넬라의 집락은 황화수소의 생산으로 중심부는 흑변하나 그 주변은 투명하다.

404 장염비브리오균의 분리에 주로 사용되는 배지
- TCBS agar 배지, BS 배지, BTB+teepol agar 배지, WA agar 배지, 3% 식염함유 nutrient agar 배지 등이다.

405 바실러스 세레우스 (*Bacillus cereus*) 정량시험[식품공전] – 이론 125쪽 참조

406 곰팡이는 주로 맥아즙배지를 이용하며 세균류는 단백질 급원과 관계되는 배지를 사용한다.

407 통·병조림식품, 레토르트식품등의 세균발육시험
- 가온보존시험
  검체 3관(또는 병)을 인큐베이터에서 35±1℃에서 10일간 보존한 후, 상온에서 1일간 추가로 방치하면서 관찰하여 용기·포장이 팽창 또는 새는 것을 세균발육 양성으로 한다. 가온보존시험에서 음성인 것은 다음의 세균시험을 한다.
- 세균시험
  - 시험용액의 조제
    검체 3관(또는 병)의 개봉부의 표면을 70% 알코올 탈지면으로 잘 닦고 개봉하여 검체 25g을 인산완충희석액 225mL에 가하여 균질화시킨다. 균질화된 검체액 1mL를 시험관에 채취하고 인산완충희석액 9mL에 가하여 잘 혼합하여 이것을 시험용액으로 한다.
  - 시험법
    시험용액을 1mL씩 5개의 티오글리콜린산염 배지에 접종하여 35℃에서 48±3시간 배양하고 세균의 증식이 확인된 것은 양성으로 한다.

ANSWER
403 ④   404 ②   405 ②   406 ④
407 ②

---

403 SS 한천 배지에 미생물을 배양했을 때 살모넬라의 집락은 어떤 색깔을 띠는가?
① 불투명하게 혼탁하다.
② 청색이며 투명하다.
③ 중심부는 녹색이며 주변부는 불투명이다.
④ 중심부는 흑색이며 주변부는 투명하다.

404 장염비브리오균의 분리에 주로 사용되는 배지가 아닌 것은?
① nutrient agar 배지
② SS agar 배지
③ WA agar 배지
④ BS 배지

405 바실러스 세레우스(*Bacillus cereus*)를 MYP 한천배지에 배양한 결과 집락의 색깔은?
① 흰색
② 분홍색
③ 녹색
④ 흑색

406 *Aspergillus oryzae* 곰팡이 배지로 적당한 것은?
① 육즙배지
② 뷰이온배지
③ 펩톤단백질배지
④ 맥아즙배지

407 통·병조림식품, 레토르트식품과 관련된 다음 보기의 설명과 같은 시험은?

> 검체 3관(또는 병)을 인큐베이터에서 35±1℃에서 10일간 보존한 후, 상온에서 1일간 추가로 방치하면서 용기·포장이 팽창 또는 새는 것을 "세균발육 양성"으로 한다.

① 응집시험
② 가온보존시험
③ 분리시험
④ 세균시험

408 식중독균이 오염된 식품에서 식중독균을 분리하려고 한다. 식중독균과 분리배지가 바르게 연결된 것은?

① 황색포도상구균 - 난황첨가 만니톨 식염한천배지
② 클로스트리디움 퍼프린젠스 - 난황함유 Mackonkey 한천배지
③ 살모넬라균 - TCBS 한천배지
④ 리스테리아균 - Deoxycholate 한천배지

409 일반적인 세균배양 온도는?

① 20~25℃　　② 25~30℃
③ 35~38℃　　④ 38~45℃

410 Gram 염색에서 양성세균 판정으로 맞는 것은?

① 자색　　② 적자색
③ 청색　　④ 녹색

411 미생물학적 검사를 위해 고형 및 반고형인 검체의 균질화에 사용하는 기계는?

① 쵸퍼(chopper)　　② 혼합기(mixer)
③ 균질기(stomacher)　　④ 냉동기(freezer)

412 「식품 중에 3ppm의 카드뮴이 검출되었다.」라고 함은 무엇을 의미하는가?

① 식품 100g 중에 카드뮴 3g이 검출된 것
② 식품 1,000g 중에 카드뮴 3g이 검출된 것
③ 식품 100g 중에 카드뮴 3mg이 검출된 것
④ 식품 1,000g 중에 카드뮴 3mg이 검출된 것

413 식품의 부패 검사법 중 화학적인 방법이 아닌 것은?

① pH 측정　　② 휘발성 염기질소 측정
③ 휘발성 산 측정　　④ phosphatase활성 측정

414 다음 중 수분함량 측정방법이 아닌 것은?

① Soxhlet 추출법　　② 감압가열건조법
③ 근적외선 분광흡수법　　④ 상압가열건조법

---

408 식중독균의 분리 배양에 사용되는 배지
- 황색포도상구균 : 난황첨가 만니톨 식염 한천배지
- 클로스트리디움 퍼프린젠스 : 난황 첨가 CW 한천평판배지
- 살모넬라균 : MacConkey 한천배지, Desoxycholate Citrate 한천배지, XLD 한천배지
- 리스테리아 모노사이토제네스 : 0.6% yeast extract가 포함된 Tryptic Soy 한천배지

409 대부분의 병원성 세균은 36~37℃에서 잘 발육되며 진균류는 25~28℃에서 잘 발육된다. 포도당 비 발효 그람 음성 간균은 30℃ 전후가 좋다.

410 Gram 양성균의 세포벽에는 Magnesium ribonuclate라는 산성물질이 있어 크리스탈 바이올렛과 작용하여 자색으로 염색되고 음성균에는 알콜로 탈색된 후 대조 염색인 사프라닌O에 의해 적색으로 염색된다.

411 검체 균질화 기기
- 스토마커(stomacher)는 식품 또는 고체 시료를 분쇄 희석해서 미생물 검출용 시료를 준비할 때 사용된다.

412 1 ppm이란
- 백만분의 1 단위로 나타내고 mg/kg, ml/l로 표시한다.
- 식품 중에 3ppm의 카드뮴이 검출되었다면 식품 1kg(또는 1L)중에 카드뮴이 3mg 함유되었다는 뜻이다.

413 식품의 신선도 검사법 중 화학적 방법
- 암모니아, 휘발성 아민, 휘발성 산, 휘발성 염기질소, 휘발성 환원물질, pH 값의 측정 등이 있다.
- *Phosphatase 활성검사는 저온살균 유의 완전살균 여부를 판정한다.

414 수분함량 측정방법
- toluene 증류법, 가열건조법(상압, 감압), 동결 건조법, Karl-Fisher법, 근적외선 분광흡수법, 전기수분계법, 핵자기공명흡수법 등이 있다.
- *Soxhlet 추출법은 ethyl ether를 용매로 식품의 지질을 정량하는 방법이다.

ANSWER
408 ① 409 ③ 410 ① 411 ③
412 ④ 413 ④ 414 ①

출제예상문제

415 우유의 알코올 시험
- 우유에 70% ethyl alcohol을 동량으로 넣고 응고물의 생성여부에 따라 판정한다.
- 우유의 가열에 대한 안정성, 우유의 산패 유무(신선도)을 판정할 수 있다.

416 phosphatase test
- phosphatase는 62.8℃에서 30분 또는 71~75℃에서 15~30초의 가열에 의하여 파괴되므로 이 성질을 이용한다.
- 저온살균유의 완전살균 여부를 검사하는 데 이용한다.

417 Methylene blue reductase test(MBRT)
- 우유 속에 존재하는 미생물의 대사 능을 측정하므로 서 우유의 질을 판정하는 방법이다.
- 많은 세균이 우유 속에 발육하면 우유속의 용존산소가 소모됨에 따라 우유의 산화환원 전위가 낮아진다.

418 통조림 제품의 검사방법
- 외관검사, 타검검사, 가온검사, 개관검사 및 내압시험 등이 있다.
- *Phosphatase검사는 저온살균유의 완전살균 여부판정에 이용된다.

419 식품의 미생물 검출을 위한 PCR법
- 대표적인 유전자 분석법
- DNA 중합효소를 이용하여 증균 배양액을 직접 열처리하여 추출한 특정한 DNA를 증폭시키는 기술
- 미생물의 오염 여부를 신속하게 검출 가능
- 비용이 저렴

420 Inductively Coupled Particles(ICP)
- 아르곤 가스에 고주파를 유도결합방법으로 걸어 방전되어 얻어진 아르곤 프라즈마에 시험용액을 주입하여 목적원소의 원자선 및 이온선의 발광광도를 측정하여 시험용액 중의 목적원소의 농도를 구하는 방법이다.
- 이 방법은 Pb, Cd, Cu, Zn, Mn, Ni, Co, Sn, Fe, As, Sb, Cr, Se, Bi, V, Be 등의 대부분의 금속의 측정에 쓰인다.

421 육류가 부패하면 amine류, 지방산류, ammonia, amino acid, indole, skatole, 황화수소, 메탄가스 등이 생성되므로 이들을 검사하여 육류 부패 여부를 판정할 수 있다.

---

415 우유에 70% ethyl alcohol을 동량으로 넣고 그에 따른 응고물 생성 여부를 판단하여 알 수 있는 것은?
① 산도
② 단백질 함량
③ Lactase 유무
④ 신선도

416 우유의 가열살균이 잘 되었는지를 판단하는 검사방법은?
① catalase test
② galactose test
③ peroxidase test
④ phosphatase test

417 우유 또는 크림(cream)의 세균 농도를 측정하는데 주로 사용되는 시험법으로써 methylene blue를 기질로 사용하는 것은?
① coagulase test
② reductase test
③ phosphatase test
④ galactose test

418 참치통조림의 검사방법으로 부적절한 것은?
① phosphatase법
② 내압시험
③ 타검검사
④ 타검법(타관법)

419 식품 검체로부터 미생물을 신속하게 검출하는 방법에 해당하는 것은?
① TLC를 이용하는 방법
② PCR을 이용하는 방법
③ HPLC를 이용하는 방법
④ GC를 이용하는 방법

420 납, 카드뮴 등의 정량에 사용되는 기기는?
① Polymerase Chain Reaction(PCR)
② Liquid Chromatography(LC)
③ Gas Chromatography(GC)
④ Inductively Coupled Particles(ICP)

421 동물성 식품의 부패 검사는?
① 요오드가 측정
② 산도 측정
③ 유리지방산
④ 히스타민 측정

ANSWER
415 ④   416 ④   417 ②   418 ①
419 ②   420 ④   421 ④

422 식품 중 수은, 카드뮴, 납과 같은 유해성 중금속의 비색정량에 많이 쓰이는 발색시약은?

① benzene
② ninhydrin
③ dithizone
④ silvernitrate

423 식품 중의 포름알데히드 검사에서 formaldehyde은 chromotropic acid와 반응하여 무색 띠는가?

① 가온 시에 적색으로 변한다.
② 가온 시에 자색으로 변한다.
③ 냉각 시에 청색으로 변한다.
④ 냉각 시에 백색으로 변한다.

424 carbonyl value에 대한 설명으로 맞는 것?

① 포화지방산의 함량을 측정하는 값이다.
② 트랜스지방의 함량을 측정하는 값이다.
③ 가열 유지의 산화 정도를 판정하는 값이다.
④ 탄수화물의 분해 정도를 판정하는 값이다.

425 두류 중의 시안(cyan) 화합물에 대한 정성시험에서 시안(cyan)이 존재하면 피크린산 시험지는 어떤 색으로 변하는가?

① 적갈색
② 적색
③ 청녹색
④ 청색

426 수질검사를 위한 불소의 측정 시 검수의 전처리 방법에 해당하지 않은 것은?

① 비화수소법
② MnO_2의 제거
③ 양이온 교환수지법
④ 잔류염소의 제거

427 고무제 기구 및 용기 포장의 용출시험과 관련이 없는 항목은?

① 포름알데히드
② 증발잔류물
③ 비소
④ 아연

428 우유의 검사항목 중 가수로 인하여 그 측정값이 상승하는 것은?

① 비중
② 비점
③ 빙점
④ 점도

---

422 식품 중의 중금속 정량법
- 비색법, 원자흡광법, 폴라로그램법 등이 사용된다.
- 비색법인 ditizone법이 일반적으로 많이 이용된다.
  - ditizone법은 발색시약으로 ditizone을 사용한다.
  - 비색정량이 가능한 중금속으로 Hg, Cd, Pb, Cu, Zn 등이 있다.

423 식품 중의 포름알데히드 (formaldehyde)검사
- formaldehyde를 함유한 식품에 chromotropic acid 용액을 가하고 가열하면 formaldehyde은 chromotropic acid와 반응하여 자색을 띤다.

424 Carbonyl value(C.O.V)
- 유지나 지방질 식품의 산화에 의해 생성된 carbonyl화합물의 전체량을 정량하는 방법이다.
- Carbony화합물은 peroxide value와 같이 산화과정 동안 증가하였다가 감소되는 일이 없기 때문에 오래 동안 산화된 유지일수록 carbonyl화합물의 함량이 계속 증가된다.

425 시안(cyan) 화합물이 들어 있으면 피크린산 시험지는 뚜렷하게 적갈색으로 변한다.

426 수질검사를 위한 불소의 측정 시 검수의 전처리(다음 4가지 방법 중 어느 하나를 택하여 전처리)
- 증류법
- 양이온 교환수지법 : 미량의 Fe, Al이온의 제거
- 잔류염소의 제거
- MnO_2의 제거

427 고무제 기구 및 용기 포장의 용출시험 항목은 페놀, 포름알데히드, 중금속, 증발잔류물, 아연이다.

428 우유에 가수하면 비점, 비중, 밀도, 점도 등은 낮아지고 빙점은 높아진다.

ANSWER

422 ③ 423 ② 424 ③ 425 ①
426 ① 427 ③ 428 ③

출제예상문제

429 우유의 신선도 검사법
- 관능검사
- 이화학적 검사(산도측정법, 자비시험법, 알코올 시험법, methylene blue 법 등)
- 세균학적 검사
  *비중측정 : 우유의 가수여부, 유지, 기타 부정유 검출에 이용

430 이물의 검사는 여과법, 사별법, Wildman trap flask에 의한 포집법, 침강법 등에 의하여 이물을 분리한다.

431 이물 시험법
- 체분별법, 여과법, 와일드만 플라스크법, 침강법 등이 있다.
- 체분별법
  - 검체가 미세한 분말 속의 비교적 큰 이물일 때
  - 체로 포집하여 육안검사
- 여과법
  - 검체가 액체이거나 또는 용액으로 할 수 있을 때의 이물
  - 용액으로 한 후 신속여과지로 여과하여 이물검사
- 와일드만 플라스크법
  - 곤충 및 동물의 털과 같이 물에 젖지 않는 가벼운 이물
  - 원리 : 검체를 물과 혼합되지 않는 용매와 저어 섞음으로서 이물을 유기용매 층에 떠오르게 하여 취함
- 침강법
  - 쥐똥, 토사 등의 비교적 무거운 이물

432 431번 해설 참조

433 431번 해설 참조

434 431번 해설 참조

435 431번 해설 참조

ANSWER
429 ② 430 ③ 431 ④ 432 ③
433 ③ 434 ③ 435 ①

---

429 우유의 신선도 검사법과 거리가 먼 시험법은?
① 메틸렌블루환원시험   ② 비중측정
③ 알코올 시험   ④ 자비시험

430 다음은 식품의 위생검사와 관련된 조작법이다. 관계가 가장 깊은 것은?

「여과법, 침강법, 사별법」
① 항생물질 검사   ② 착색료의 검사
③ 이물의 검사   ④ 변질 검사

431 다음 중 이물 시험법이 아닌 것은?
① 체분별법   ② 와일드만 플라스크법
③ 여과법   ④ 반스라이크법

432 이물검사법에 대한 설명이 바르지 못한 것은?
① 체분별법 : 검체가 미세한 분말일 때 적용한다.
② 여과법 : 쥐똥, 토사 등의 비교적 무거운 이물의 검사에 적용한다.
③ 원심분리법 : 검체가 액체일 때 또는 용액으로 할 수 있을 때 적용한다.
④ 와일드만 플라스크법 : 곤충 및 동물의 털과 같이 물에 잘 젖지 아니하는 가벼운 이물검출에 적용한다.

433 곤충 및 동물의 털과 같이 물에 잘 젖지 아니하는 가벼운 이물검출에 적용하는 이물검사는?
① 체분별법   ② 여과법
③ 와일드만 플라스크법 ④ 침강법

434 검체가 미세한 분말일 때 적용하는 이물검사법은 무엇인가?
① 여과법   ② 침강법
③ 체분별법   ④ 와일드만플라스크법

435 와일드만 플라스크법은 주로 어떤 검사에 이용되는가?
① 식품 중 이물 검사   ② 식품 첨가물 검사
③ 유해성 중금속 검사   ④ 항생물질 잔류 검사

436 식품 중의 이물질을 검사하는 방법이 <u>아닌</u> 것은?
① 여과법　　　　② 원심분리법
③ 침강법　　　　④ 와일드만 플라스크법

437 식품의 기준규격 시험항목과 시험법이 <u>잘못</u> 연결된 것은?
① 과자 중 Tar 색소 – 모사염색법
② 고춧가루 중 곰팡이 수 – PDA 배지법
③ 국수 중 이물 – 와일드만 플라스크법
④ 식염 중 비소 – 굿짜이트법

438 다음 중 납의 시험법과 관계가 <u>없는</u> 것은?
① 용매추출법
② 피크린산시험지법
③ 마이크로웨이브법
④ 유도결합플라즈마법

---

436 이물의 검사는 여과법, 체분별법, Wildman trap flask에 의한 포집법, 침강법 등에 의하여 이물을 분리한다.

437 고춧가루 중 곰팡이 수
- 곰팡이수 시험법(Howard Mold Counting Assay)
*식품공전 제 10. 일반시험법 24. 곰팡이수 시험법에 따라 시험한다.

438 납의 시험법(식품공전)
① 시험용액의 조제
- 습식분해법
　– 황산-질산법
　– 마이크로웨이브법
- 건식회화법　　・용매추출법
② 측정
- 원자흡광광도법
- 유도결합플라즈마법(ICP)
*피크린산시험지법 : 시안(cyan) 화합물에 대한 정성시험법

ANSWER
436 ②　437 ②　438 ②

제2과목

식품화학

01 식품의 일반성분
02 식품의 특수성분
03 식품의 물성
04 유해물질
05 식품첨가물

◆ 출제예상문제

01 식품의 일반성분

1 수분

1. 식품 중 수분의 역할

식품 중의 물은 식품의 화학적 조성, 물리적 구조에 따라서 서로 다른작용을 하며, 또한 물이 존재하는 형태에 따라서도 그 역할이 다르다.
① 난용성 물질과 유탁액(emulsion)이 되어 그 물질을 분산시킨다.
② 친수성 고분자 물질인 단백질과 전분은 물에 흡수되어 콜로이드(colloid) 용액을 만들며, 함수량에 따라서 2개의 구조가 다른 가역적으로 서로 변하는 sol과 gel이 되어 식품으로 존재한다.
③ 수분에 가용성 물질인 염과 당 등의 분자적 분산의 배지로서작용하며, 용해한 물질의 일부는 이온화하는 것도 있지만, 대개는 용질이 가장 균일한 분포로 나타난다.

2. 유리수와 결합수

식품 중에 들어 있는 물은 자유수(유리수, Free water)와 결합수(Bound water)의 2가지 형태로 존재한다.

(1) 자유수(유리수, Free water)

1) 정의
식품 중에서 운동이 자유로운 물로 염류, 당류, 수용성 단백질들을 녹이는 용매로작용하는 물이다.

2) 특징
① 식품을 건조나 동결시키면 쉽게 제거되고 결빙될 수 있다.
② 0℃에서 얼고 100℃에서 끓는다.
③ 용매로작용하여 조직 속의 여러 물질을 녹인다.
④ 미생물의 번식에 이용될 수 있으며 식품의 저장성과 관계가 깊다.
⑤ 효소 반응 및 화학 반응에 참여하여 물질을 운반 또는 확산하는 매개체가 된다.

⑥ 표면장력이 크다.
⑦ 점성이 크다.

(2) 결합수(Bound water)

1) 정의
식품의 구성성분인 단백질, 탄수화물의 분자와 수소 결합하여 −18℃ 이하에서도 액체상태로 존재하는 물이다.

2) 특징
① 당류와 같은 용질에 대하여 용매로써 작용하지 않는다.
② 수증기압은 정상적인 물의 경우보다 낮으므로 대기 중에서 100℃ 이상으로 가열하여도 제거되지 않는다.
③ 0℃에서는 물론 그보다 낮은 온도(−40℃ 이하)에서도 얼지 않는다.
④ 동·식물에 존재할 때 조직에 큰 압력을 가하여 압착해도 제거되지 않는다.
⑤ 정상적인 물보다 밀도가 크다.
⑥ 식품에서 미생물의 번식과 발아에 이용되지 못한다.
⑦ 식품 성분의 구조와 특성유지에 필요하다.
⑧ 식품의 맛과 품질의 안정성에 관계한다.

3. 수분 활성도

수분 활성도는 어떤 임의의 온도에서 식품이 나타내는 수증기압(P_s)에 대한 그 온도에 있어서 순수한 물의 최대 수증기압(P_o)의 비율로 정의된다.

$$A_w = \frac{P_s}{P_o} = \frac{N_w}{N_w + N_s}$$

여기서 P_s : 식품 속의 수증기압 = 용액의 증기압
P_o : 순수한 물의 증기압 = 용매의 증기압
N_w : 물의 몰수
N_s : 용질의 몰수

① 보통 식품에서 수분 활성도 값은 1 미만이다.
  • 어패류와 같이 수분이 많은 것의 A_w는 0.98~0.99
  • 곡물과 같이 수분이 적은 건조식품의 A_w는 0.60~0.64
  즉, A_w의 값이 클수록 미생물이 이용하기 쉽다.
② 미생물의 성장에 필요한 최소한의 수분 활성
  • 보통 세균 : 0.91
  • 보통 효모·곰팡이 : 0.80

- 내건성 곰팡이 : 0.65
- 내삼투압성 효모 : 0.60

4. 등온 흡습 및 탈습 곡선(Moisture sorption or desorption isotherm)

일정온도에서의 상대습도와 평형수분함량 사이의 관계를 상대습도의 증감에 따라 표시한 곡선으로 대기 중의 수분을 흡수함으로서 평형에 이르는 것을 표시한 그래프가 등온 흡습곡선, 반대로 식품에서 대기 중으로 수분이 방출됨으로서 평형에 이르는 것을 표시한 그래프가 등온 탈습곡선이다. 온도가 높을수록 같은 상대습도에 대응하는 수분함량은 커진다.

(1) 이력현상(Hysteresis effect)

등온흡습곡선과 등온탈습곡선이 일치되지 않는 현상으로 그 효과는 등온곡선의 굴곡점에서 가장 크다. 많은 건조한 식품이 흡습할 때보다 탈습할 때가 동일한 A_w에 있어서 수분함량은 높게 나타난다. 이는 식품조직의 변화나 성분의 변화에 기인한 것으로 이러한 현상을 이력현상이라고 한다.

(2) 등온 흡습 및 탈습곡선의 세분화

① A영역(단분자층 영역): 식품의 수분함량이 5~10%에 이르고 식품 내의 수분이 단분자막을 형성하는 영역으로 식품 성분 중의 carboxyl기나 amino기와 같은 이온그룹과 강한 이온 결합을 하는 영역으로 식품 속의 물 분자가 결합수로 존재한다(흡착열이 매우 크다). 저장성이나 안정성은 B영역보다 떨어진다. 이 영역에서는 광선 조사에 의한 지방질의 산패가 심하게 일어난다.

② B영역(다분자층 영역): 물 분자들이 복수분자막을 형성하는 영역으로 식품의 안정성에 가장 좋은 영역이다. 최적 수분함량을 나타낸다. 수분은 결합수로 주로 존재하나 이온 결합보다는 주로 여러 기능기들이 수소 결합에 의하여 결합되어 있다.

③ C영역(모세관응고 영역): 식품의 다공질 구조, 즉 모세관에 수분이 자유로이 응결되며 식품 성분에 대해 용매로서 작용하며 따라서 화학, 효소 반응들이 촉진되고 미생물의 증식도 일어날 수 있다. 물은 주로 자유수로 존재한다.

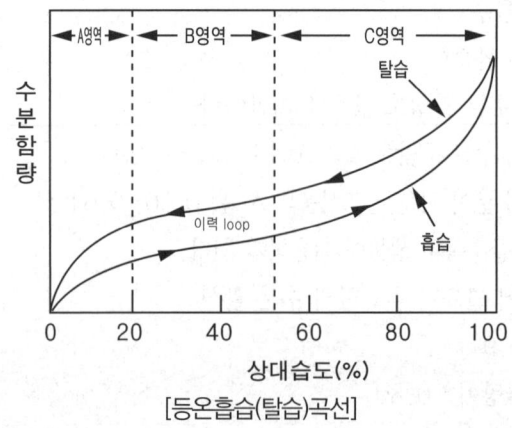

[등온흡습(탈습)곡선]

2 탄수화물

탄수화물은 탄소, 수소 및 산소의 3원소로 이루어지고 수소와 산소의 비율은 2 : 1이다. $C_m(H_2O)_n$ 이란 일반식으로 표시되며, 탄수화물 분자 내에는 1개 이상의 alcohol기(OH)와 1개 이상의 carbonyl기(CHO 또는 CO)를 가지고 있다.

1. 탄수화물의 분류

가수분해에 의해 더 이상 분해될 수 없는 가장 간단한 당을 단당류라고 하며, 그 수에 따라 여러 형태의 탄수화물이 있다.

(1) 단당류(Monosaccharide) : 탄소 수에 따라

① 3탄당 : glycerose, dihydroxyacetone
② 4탄당 : erythrose, threose, erythrulose
③ 5탄당 : ribose, arabinose, xylose, ribulose
④ 6탄당 : glucose, mannose, galactose, fructose
⑤ 7탄당 : mannoheptose, sedoheptulose

(2) 소당류(Oligosaccharides) : 보통 2~8분자의 단당류가 결합되어 이루어진 당류

① 2당류 : maltose, sucrose, lactose, melibiose
② 3당류 : raffinose, gentianose
③ 4당류 : starchyose

(3) 다당류(Polysaccharides) : 8분자 이상의 단당류가 결합되어 이루어진 당류

① 단순 다당류 : starch, cellulose, insulin, glycogen, chitin, xylan
② 복합 다당류 : pectin, hemicellulose, gum, heparin

2. 탄수화물의 구조

(1) 당류의 D형과 L형

① 3탄당에는 부제탄소 1개가 있다. 부제탄소에 OH기가 우측에 있는 것과 좌측에 있는 2가지 입체 이성체가 있는데 전자를 D-glycerose, 후자를 L-glycerose라 한다.
② 6탄당에는 부제탄소가 4개 있으므로 입체 이성체 수가 많아진다. 이 경우는 5번째 탄소에 붙어 있는 OH기가 우측에 붙어 있는 것을 D라 하고, 좌측에 붙은 것을 L이라 한다. 선광성을 표시하면 우선성인 것에는(+), 좌선성인 것에는(-)을 붙여 D(+) glucose와 같이 표시한다.

(2) 환상구조

① 일반적으로 4탄당 이상의 당은 D-glucose와 같이 aldehyde기 또는 ketone기와 분자 내의 4위(C_4), 5위(C_5) 또는 6위(C_6)의 탄소 원자에 붙어있는 OH기와 결합하여 hemiacetal기(>C=O기에 R-OH가 붙는 것)를 형성하여 환상 구조를 형성한다.

② 환상 구조에서 >C=O를 형성하고 있던 C에 새로운 OH기가 새로 생기게 됨으로써, 이 C도 부제탄소가 되어 이성체가 생긴다. 새로 생긴 OH기가 그 당의 D, L을 결정하는 부제탄소 원자에 붙은 OH기와 같은 방향에 있을 때 α형, 반대 방향에 있는 것을 β형이라 한다. α, β의 이성체를 anomer라 하며, 일반적으로 수용액 중에서는 2가지 형이 평형상태를 이루고 있다.

3. 단당류

(1) 5탄당(Pentose)

식물계에 pentosan 형태로 존재하고 pentosan을 가수분해하면 5탄당을 얻을 수 있다. 5탄당은 강한 환원력을 갖고 있으나 발효되지 않고, 사람에게는 거의 이용되지 않는다.

① Arabinose : 식물 형질의 주성분, araban 형태로 존재
② Xylose : 짚의 주성분, xylan 형태로 존재
③ Ribose : 핵산의 주성분, vitamin B_2의 모체
④ Rhamnose : methyl pentose이며 식물체 내에서 배당체로 존재하고, 초목의 꽃의 색소 성분

(2) 6탄당(Hexose)

동식물계에 분포되어 식품 성분으로 중요하다. Glucose, galactose, mannose, fructose 4종류가 있다. 강한 환원력을 가지며 효모에 의해 발효된다.

1) Glucose(포도당)
① 유리상태로 과즙, 꽃, 혈액 등에 들어 있다.
② 전분, cellulose, 맥아당, 자당, 배당체에 들어 있다.
③ 융점은 146℃이고 그 이상의 온도에서 caramel이 된다.

2) Fructose(과당)
① 유리상태로 과실, 꽃, 벌꿀 등에 존재한다.
② 포도당과 결합하여 자당을 이루며, fructose가 다수 결합하여 inulin이 되며 돼지감자, 다알리아 뿌리에 많다.
③ 과당은 용해성이 크고 과포화되기 쉬워서 결정화되기 어렵고, 매우 강한 흡습 조해성을 가지며, 점도가 포도당이나 설탕보다 약하다.

3) Galactose
① Lactose의 구성당이며, 다당류인 galactan을 구성하는 당이기도 하다.
② 동물 체내에서는 당지질인 cerebroside 구성분으로 뇌, 신경에 함유되어 있다.

③ Glucose 보다 단맛이 덜하며 물에 잘 녹지 않는다.

4) Mannose
백합 뿌리 등에 들어 있는 다당류인 mannan의 구성당이며, 식물의 줄기와 잎에 함유되어 있다.

(3) 기타 단당류

1) Sedoheptulose
생체 내에서 탄수화물 대사에 필요한 당으로 7탄당이다.

2) Amino sugar(아미노당)
① 당분자의 C_2 원자의 OH기가 NH_2기로 치환된 것으로 glucosamine인 chitosamine은 갑각류 껍질의 구성분인 chitin의 구성 단위가 된다.
② Chitin은 아미노기의 수소 원자 1개가 acetyl기로 치환된 N-acetyl glucosamine의 중합체이다.
③ Galactosamine(chondrosamine)은 연골, 당단백질, 당지질, 뮤코이드(점액질)에 함유되어 있다.

3) Sugar alcohol(당알코올)
① 당의 carbonyl기가 H_2 등으로 환원되어 $-CH_2OH$로 된 것이다.
② Sorbitol은 일부 과실에 1~2%, 홍조류 13% 함유, 수분조절제, 비타민 C의 원료, 당뇨병 환자의 감미료, 식이성 감미료, 비타민 B_2의 구성성분이다.
③ Mannitol은 식물에 광범위하게 분포, 곤포나 곶감 표면의 흰가루, 흡수성은 없고 당뇨병 환자의 감미료이다.
④ Meso-Inositol은 뇌, 간, 난황, 대두, 소맥배아 등의 인지질 구성성분, 동물의 근육과 내장에 유리상태로 존재하므로 근육당이라고도 한다. 비타민 B_2 복합체이다.

4) Aldonic acid(알돈산)
① aldose의 -CHO가 산화되어 -COOH로 된 당산화물이다.
② D-gluconic acid는 곰팡이, 세균에 존재하고, Ca염, Fe염은 각각 칼슘, 철의 보급제이다.

5) Saccharic acid(당산)
① C_1의 CHO와 C_6의 CH_2OH가 산화되어 COOH가 된 당산이다.
② Glucosaccharic acid는 인도 고무나무에 존재하고, 물에 잘 녹으며, glucose가 산화된 것이다.
③ Mucic acid(점액산)은 galactose가 산화된 것이고 물에 녹지 않는다.

6) Uronic acid(우론산)
① 단당류 말단의 CH_2OH가 산화되어 -COOH로 된 당산화물이다.
② Glucuronic acid는 동물 체내의 유해물질 해독작용에 관여하고, Galacturonic acid는 펙틴의 성분으로 식물 세포막 중에 존재한다.

7) Thio sugar
① 단당류 분자의 carbonyl기의 O가 유황으로 치환된 것이다.
② Thioglucose는 무, 마늘의 매운맛 성분인 sinigrin의 구성당이다.

4. 2당류

(1) 맥아당(Maltose)
① 맥아당은 α-glucose의 C^1의 OH기와 α 또는 β-glucose의 C^4의 OH기가 축합 결합한 것으로 전자를 α-maltose, 후자를 β-maltose라 한다.
② 전분이나 glycogen을 amylase로작용하면 맥아당이 생기며, 감주의 주성분이다.
③ 물에 녹기 쉽고 우선성이며, 단맛은 설탕이 100일 때 60이다.

(2) 유당(Lactose)
① 유당은 β-galactose의 C^1과 glucose의 C^4가 축합한 것으로 포도당이 α인 것을 α-lactose, β인 것을 β-lactose라 하여 보통 젖 중에 α : β = 2 : 3의 비로 존재한다.
② 포유동물의 유즙에 1.5~8%, 인유에 5~8%, 우유에 4~6%가 함유되어 있다.
③ 환원력을 가지며 단맛이 적고, 물에 대한 용해도가 낮으며 유해균의 발육을 억제하는 정장작용을 한다.

(3) 자당(Sucrose)
① 자당은 α-glucopyranose의 C^1과 β-fractofuranose의 C^2가 결합한 것으로 비환원당이며 식물계에 널리 분포되어 있으며, 특히 사탕수수의 줄기와 사탕무의 뿌리에 많다.
② 산이나 효소 invertase에 의해 가수분해되어 우선성인 자당은 D(+)glucose와 D(-)fructose의 등량 혼합물이 되고, 과당이 좌선성이 강하므로 좌선성으로 된다. 이때 선광성이 변하여 설탕의 가수분해를 전화(inversion)라 하고, 생성된 포도당과 과당의 등량 혼합물을 전화당(invert sugar)이라 한다.
③ 자당은 소화흡수가 빠르며, 피로 회복에 효과가 크고, 과량 섭취하면 일시적 당뇨가 되며, 혈액 중 불완전 연소 시에 pyruvic acid, 젖산, 초산 등이 생겨 이를 중화하기 위해 이나 뼈에서 Ca이 용출되어 이와 뼈가 약해지거나 산중독증이 된다.

5. 다당류(Polysaccharide)

(1) 단순 다당류

1) 전분(Starch)

① 전분은 곡류, 서류 등의 저장 탄수화물로 식물성 다당류이며 색, 맛, 냄새가 없는 가루이다. 비중이 1.65로 물보다 무거워 침전되므로 전분이라 부르며, 옥도 반응은 청색이다.

② 전분은 amylose와 amylopectin의 분자들이 서로 밀착되어 섬유상 집합체인 micelle을 이루고, 이 micelle이 모여서 전분층을 형성한다. Amylose는 α-D-glucose가 α-1,4 결합의 사슬 모양으로 다수 결합하고, α-glucose의 분자수는 평균 약 4천 개에 이른다. Amylopectin은 amylose의 직쇄의 군데군데에 다른 amylose 사슬이 α-1,6 결합으로 가지를 이룬 분자 구조이다.

③ Starch를 가수분해하면 dextrin → oligosaccharides → maltose → glucose로 되며 맥아로 분해하면 maltose가 생긴다. Starch는 D-glucose(α-D-glucopyranose)의 축합물로 일반적으로 amylose(20%), amylopectin(80%)으로 되어 있다. 찹쌀 전분은 amylopectin으로만 되어 있으며, 일반식은 $C_m(H_2O)_n$으로 된다.

2) 호정(Dextrin)

전분을 가수분해하여 maltose(맥아당)에 이르기까지의 여러 가지 중합도를 가진 생성물을 호정이라 한다.

① 가용성 전분 : 생전분을 묽은 무기산 용액에 담가 며칠 동안 실온에 방치한 후 수세하여 산을 제거하고 건조시킨 것으로 냉수에는 녹지 않으나, 열수에는 투명하게 용해되며 정색 반응은 청색을 띤다.

② Amylodextrin : 가장 복합한 구조를 가진 것이며, 전분과 거의 같고 정색 반응은 푸른 적색을 띠고 있다.

③ Erythrodextrin : soluble starch보다 가수분해가 더 진행된 것이며, 정색 반응은 적갈색을 띠고 찬물에 녹고 환원성이 있다. Maltose의 1~3%의 환원력을 가진다.

④ Achrodextrin : erythrodextrin보다 가수분해가 더 진행된 것으로, 정색 반응은 일으키지 않으나 환원력을 가진다.

⑤ Maltodextrin : achrodextrin보다 가수분해가 더 진행된 것으로, maltose나 glucose가 되기 직전의 dextrin으로 정색 반응은 무색이다.

3) 글리코겐(Glycogen)

① 글리코겐은 식물에서 전분에 상당하는 동물성 저장다당류로서 동물전분(animal starch)이라고 한다.

② 간(5%), 근육(0.5~1%), 굴 등의 조개류(5~10%)에 함유되어 있으며, amylopectin과 같이 α-D-glucose의 중합체이다.

③ 글리코겐은 백색 무정형의 분말로 무미, 무취이며 호화, 노화에 관계하지 않는다.

4) 섬유소(Cellulose)
① 섬유소는 고등식물의 세포막과 목질부의 주성분으로서 자연계에 널리 분포되어 있고, 구조는 β-D-glucose가 β-1,4 결합을 한 것으로 직쇄상을 이룬다.
② 인체내 소화액에는 섬유소를 분해하는 효소가 없으므로 식품 중의 섬유소는 소화되지 않고 체외로 배설된다.
③ 소와 같은 반추동물의 제 1위에 세균들은 cellulase를 분비하여 섬유소를 포도당으로 분해하여 이용할 수 있다.
④ 적당량의 섬유소는 인체의 장을 자극하여 유동운동을 좋게 함으로써 변비, 대장암, 직장암 등의 예방 효과가 있다.

5) 이눌린(Inulin)
① 다알리아 뿌리나 돼지감자 등에 들어 있는 저장성 다당류를 말하며, β-D-fructofuranose로 구성되어 있다.
② 이눌린은 fructose가 30개 정도 β-1,2 결합되어 있고 분자량은 약 5000 정도이다.

6) 키틴(Chitin)
① 바다가재, 게, 새우 등의 갑각류와 곤충류의 껍질층에 포함되어 있다.
② 키틴은 N-acetyl-glucosamine들이 β-1,4 glucoside 결합으로 연결된 고분자의 다당류로서 영양 성분은 아닌 물질이다.

7) 그 외의 단순 다당류
Xylan은 xylose, araban은 arabinose, mannan은 mannose, galactan은 galatose를 구성 단위로 하는 다당류로서 식물의 세포막에 분포되어 있다.

(2) 복합 다당류

1) Hemicellulose
① Celluose, lignin 혹은 각종 pentosan들과 함께 식물 세포막을 이루는 구성성분이다.
② 구성 단위는 D-xylose, D-glucuronic acid, 4-methyl-D-glucuronic acid 등이 주성분이고, 그 외에 5탄당(arabinose, rhamnose)과 6탄당(glucose, galactose, mannose) 등이 그 성분이다.

2) Pectin질
① 특징
- 세포막과 세포막 사이에 존재하는 얇은 층, 세포와 세포 사이를 결착시키는 복합 다당류이다.
- 펙틴은 사과, 딸기 등의 과실류, 일부 야채류, 사탕무 등에 존재하고 레몬, 오렌지 등의 감귤류 껍질에 35%로 높은 함량으로 존재한다.
- 펙틴질의 기본 단위는 α-D-galacturonic acid이며, 펙틴을 가수분해하면 90% 정도로 가장 많이 생성된다.

② 종류
- protopectin : 펙틴의 모체가 되는 물질이며 비수용성이고, 미숙한 식물조직에 함량이 많았다가 성숙함에 따라 protopectinase에 의하여 가수분해 되면 수용성 펙틴으로 변한다.
- pectic acid : 분자 내의 carboxyl기에 methyl ester기가 전혀 존재하지 않는 polygalacturonic acid로서 비수용성의 물질이다.
- pectinic acid : pectic acid의 carboxyl기의 일부가 methyl ester의 형태로 된 galacturonic acid의 중합체로서 수용성 물질이다.
- pectin : 적당량의 당과 산의 존재 하에 gel을 형성하는 능력이 있고, 분자 내의 carboxyl기의 상당 부분이 methyl ester화한 것으로 수용성의 물질이다.

3) 아라비아 고무(Gum arabic)
① 고온 건조한 고지대에서 생육하는 아카시아 나무의 껍질에서 얻어지는 분비물이며, 칼륨, 마그네슘 등의 양이온을 함유한 복합 다당류이다.
② 구조는 β-D-galactose가 β-1,3 결합으로 연결되고, 이에 L-rhamnose, L-arabinose, D-glucuronic acid가 1,6 결합된 coil상의 구조이다.
③ 아라비아 고무는 점착제, 결정화 억제제, 안정제 등으로 사용된다.

4) 한천(Agar)
① 한천(우뭇가사리)은 홍조류와 녹조류에서 추출한 고무질로서 cellulose 함량은 비교적 낮으나 각종 다당류의 함량은 높다.
② 물, 산, 알칼리로 추출되며 한천의 gel 형성 능력은 대단히 강력하다.
③ 제빵, 제과, 유제품 제조에서 안정제로 사용된다.

5) 알긴(Algin)
① Alginic acid는 미역, 다시마 등의 갈조류의 세포막 구성성분으로 존재하며, Na, Ca, Mg 염과의 혼합물을 algin이라고 한다.
② 아이스크림, 맥주 등의 안정제 및 거품 안정제로 사용된다.

6) 가라기난(Carrageenan)
홍조류에 속하는 해조류의 추출물로서 우수한 gel 형성세, 점착제, 안정제 등으로 사용되고 있다.

7) 덱스트란(Dextran)
미생물이 당밀이나 설탕 등을 분해시켜 얻어지는 고무질로서 혈장용량 증가제로 사용되고 시럽, 아이스크림, 과자 제조 시 안정제로 사용된다.

6. 탄수화물의 변화

(1) 전분의 호화

1) 전분의 호화

① 생전분을 β전분이라 하며, 생전분은 냉수로는 변화를 받지 않으나 가열하면 전분입자 중 micelle이 풀려 간격이 생긴다. 이 사이에 물이 침입하여 전분분자의 일부와 물분자가 결합(수화)한다. 이 현상으로 전분입자가 팽윤(swelling)하는데, 이 팽윤이 심하면 전분입자의 모양이 파괴되어 amylose는 더운물에 녹는 sol이 되고, amylopectin은 불용성의 gel이 된다. 이 같은 물리적 상태변화를 호화라 한다.

② β–전분이 α–전분으로 변하는 것을 α화라 하며, 이것은 호화를 의미한다. 호화된 상태는 효소들의 작용이 쉬워 소화가 잘된다.

2) 호화에 미치는 영향

① 수분 : 전분의 수분함량이 많을수록 호화는 잘 일어난다.

② Starch 종류 : 호화는 전분의 종류에 큰 영향을 받는데 이것은 전분입자들의 구조의 차이에 기인한다.

③ 온도 : 호화에 필요한 최저 온도는 전분의 종류나 수분의 양에 따라 다르나 대개 60℃ 정도다. 온도가 높으면 호화의 시간이 빠르다. 쌀은 70℃에서는 수시간 걸리나 100℃에서는 20분 정도 걸린다.

④ pH : 알칼리(alkali)성에서는 팽윤과 호화가 촉진된다.

⑤ 염류 : 일부 염류는 전분 알맹이의 팽윤과 호화를 촉진시킨다. 일반적으로 음이온이 팽윤제로서작용이 강하다($OH^- > CNS^- > Br^- > Cl^-$). 한편, 황산염은 호화를 억제한다.

3) X선 간섭도

① 생전분에 X선을 조사하면 결정성 영역이 존재하기 때문에 뚜렷한 동심원상의 간섭환을 이루나 호화전분은 불명료한 간섭환인 V도형을 나타낸다.

② X선 간섭도의 종류
- A도형 : 쌀, 옥수수 같은 곡류 전분
- B도형 : 감자, 밤 등의 전분
- C도형 : 고구마, 칡, 완두, 티피오카 등의 전분
- V도형 : 호화전분

③ 일반적으로 X선 간섭도가 A, B, C 도형은 β–전분이라 할 수 있고, V도형은 α–전분이라 할 수 있다.

(2) 전분의 노화

1) 전분의 노화
① 호화전분, 즉 α-전분을 실온에 장시간 방치하면 차차 굳어져서 β-전분으로 되돌아가는 현상을 노화(retrogradation) 또는 β화라고 한다. 이것은 불규칙적인 배열을 하고 있던 전분이 차차 부분적으로 규칙적인 분자배열을 한 micelle 구조로 돌아간다는 것이다.
② α-전분이 노화되어 β-전분으로 돌아가면 X선 간섭도는 명료하게 나타나며, 이 β-전분의 X선 간섭도는 원료전분의 종류에 관계없이 항상 B형의 간섭도를 나타낸다.
③ 노화된 전분은 규칙적인 구조로 되어 효소의 작용을 받기 힘들어 소화가 잘 안 된다.

2) 노화에 미치는 영향
① 온도 : 노화에 가장 알맞은 온도는 2~5℃이며, 60℃ 이상의 온도와 동결 시에는 노화가 일어나지 않는다.
② 수분함량 : 30~60%에서 가장 노화하기 쉬우며, 10% 이하에서는 어렵고, 수분이 매우 많은 때도 어렵다.
③ pH : 다량의 OH 이온은 starch의 수화를 촉진하고, 반대로 다량의 H 이온은 노화를 촉진한다. NaOH의 첨가로 starch가 즉시 호화하고, 묽은 HCl이나 H_2SO_4의 용액은 노화를 촉진한다.
④ 전분의 종류 : amylose는 선상분자로서 입체장애가 없기 때문에 노화하기 쉽고, amylopectin은 분지분자로서 입체장애 때문에 노화가 어렵다. 옥수수, 밀은 노화하기 쉽고, 감자, 고구마, 타피오카는 노화하기 어려우며, 찰옥수수 전분은 노화가 가장 어렵다.

(3) 호정화

전분에 물을 가하지 않고 160~180℃ 이상으로 가열하면 열분해되어 가용성 전분을 거쳐 호정(dextrin)으로 변화하는 현상을 전분의 호정화(dextrinization)라 한다.
호정화는 호화와 혼돈되기 쉬운데 호화는 화학변화가 따르지 않고 물리적 상태의 변화뿐이나, 호정화는 화학적 분해가 조금 일어난 것으로 호화전분보다 물에 잘 용해되며 소화 효소작용도 받기 쉬우나 점성은 약하다.

(4) 캐러멜화(Caramelization)

당을 가열하면 160~180℃에서 용융되며 180~200℃에서 점조한 갈색물질이 생기는데 이를 캐러멜화라 부르며, 생성된 물질을 caramel이라고 한다. 전화당액, 벌꿀과 같이 fructose가 들어 있는 것은 caramel화가 쉽고 glucose는 비교적 어렵다.
설탕은 160~180℃, glucose는 147℃에서 분해가 시작된다. 캐러멜화는 pH에 따라 다른데 pH 2.3~3.0일 때 가장 어렵고, pH가 높아짐에 따라 착색이 잘되는데 pH 5.6~6.2에서 가장 잘 일어난다. 이것은 식품 가공 또는 조리 시 색깔, 풍미에 영향을 준다.

3 지질

지질은 동식물에 널리 분포되어 있으며, 일반적으로 물에 용해되지 않고 ether, chloroform 등의 유기용매에 용해되고, 지방산과 ester를 형성하거나 이미 형성되어 있는 물질을 총칭하여 지질(lipid)이라 한다.

1. 지질의 분류

(1) 단순지질

지방산과 글리세롤, 고급 알코올이 에스테르 결합을 한 물질이다.
① 중성지방 : 지방산과 glycerol의 ester 결합
- 유(油, oil) : 상온에서 액체 예 대두유, 면실유, 옥배유 등
- 지(脂, fat) : 상온에서 고체 예 우지(쇠기름), 돈지(돼지기름)

② 진성납 : 지방산과 고급 지방족 1가 알코올과의 ester 결합

(2) 복합지질

지방산과 글리세롤 이외에 다른 성분(인, 당, 황, 단백질)을 함유하고 있는 지방이다.
① 인지질 : 인산을 함유하고 있는 복합지질
② 당지질 : 당을 함유하고 있는 복합지질
③ 유황지질 : 유황을 함유하고 있는 복합지질
④ 단백지질 : 지방산과 단백질의 복합체

(3) 유도지질

단순 지질과 복합지질의 가수분해로 생성되는 물질을 말한다.
예 유리지방산, 고급알코올, 탄화수소, 스테롤, 지용성 비타민 등

2. 지방산

(1) 지방산의 구조

자연계의 식품 중에 존재하는 지방산은 대부분 짝수 개의 탄소를 가지며, 말단에 카르복실기(-COOH)를 갖는다.

(2) 포화지방산

① 알킬기 내에 이중 결합이 없는 지방산을 말한다.
② 상온에서 대부분 고체상태이며, 탄소수가 증가할수록 융점이 높아지고 물에 녹기 어렵다.
③ 천연유지 중에 가장 많이 존재하는 것은 palmitic acid, stearic acid이다.

(3) 불포화지방산

① 알킬기 내에 이중 결합이 있는 지방산을 말한다.
② 상온에서 액체이며, 공기 중의 산소에 의하여 쉽게 산화되고, 이중 결합수가 증가할수록 산화속도는 빨라지고, 융점은 낮아진다.
③ 포화지방산보다 산패가 빨리 일어난다. 그러나 불포화지방산의 함량이 높은 대두유 등은 동물성 유지보다 산패가 잘 일어나지 않는데, 이는 대두유 등의 식물성 유지에 천연 항산화제가 들어 있기 때문이다.
④ 불포화지방산 중 linoleic acid, linolenic acid, arachidonic acid는 필수 지방산이다.

3. 단순지질

(1) 중성지방

① 중성지방(유지)은 glycerol 1분자에 지방산 3분자가 ester 결합을 한 것으로서 glycerol의 3개의 OH기 중 지방산이 ester 결합한 개수에 따라서
   - 1개 결합 시 : monoglyceride
   - 2개 결합 시 : diglyceride
   - 3개 모두 결합 시 : triglyceride
② 보통 식품으로 사용하는 유지는 triglyceride가 주성분으로 중성지방에 속한다.
③ 식용유는 융점이 낮고 범위가 넓은 것이 좋다. 일반적으로 고도의 포화지방산을 함유하고 분자량이 큰 고체지방은 융점이 높고, 불포화지방산이 많은 액체 기름은 융점이 낮다. 또한 식용유로는 반건성유가 적당하다.

(2) 왁스

① 고급 1가 알코올과 고급지방산이 ester 결합한 것이다.
② 체내에서 분해되지 않으므로 영양적 가치는 없으나 동식물체의 보호물질로서 표피에 존재한다.
③ 충해나 미생물 침입, 수분의 증발 및 흡습을 방지하고 광택을 준다.

4. 복합지질

지방산과 여러 알코올의 에스테르에 다른 원자단이 결합된 화합물을 복합지질이라 하며 인지질, 당지질, 황지질, 단백지질 등이 있다.

(1) 인지질

글리세롤의 2개의 OH기가 지방산과 결합되어 있고, 세 번째의 OH기는 인산과 결합되어 있는 phosphatidic acid의 유도체로서 뇌, 심장, 신경조직, 난황, 대두 등에 많이 포함되어 있다.

① Lecithin
- phosphatidic acid의 인산기에 choline이 결합한 phosphatidyl choline의 구조로 되어 있다.
- 생체의 세포막, 뇌, 신경조직, 난황, 대두에 많이 함유되어 있고, 식품 가공 시 유화제로 쓰인다.

② Cephalin : phosphatidyl serine과 phosphatidyl ethanolamine으로 구성

③ Sphingomyelin
- sphingosine, 지방산과 phosphatidyl choline이 각각 결합한 구조를 가진다.
- 식물계에는 거의 존재하지 않고 동물의 뇌, 신장 등에 당질과 공존하는 백색의 판상 물질이다.

(2) 당지질

지방산, sphingosine, 당류가 결합한 것으로 동물의 뇌, 신경조직에 많이 들어 있다.

① Cerebroside : 지방산, sphingosine, 당(단당류)으로 형성되고, 구성당은 주로 galactose이며, glucose가 결합한 경우도 있다.

② Ganglioside : 지방산, sphingosine, 당(다당류)으로 이루어지며, 적어도 한 분자의 N-acetylneuraminic acid를 함유하고 있다.

5. Sterol류

동식물조직 중에 존재하는 steroid 핵을 갖는 환상 알코올의 한 무리(一群)를 sterol이라 한다. 천연 지질의 불검화성 물질의 대표적인 것이다. Sterol은 그 소재에 의하여 동물성(zoosterol), 식물성(phytosterol)과 균성(mycosterol)으로 분류한다.

(1) 동물성 sterol

cholesterol는 고등동물의 조직 중에 함유되어 있다.

(2) 식물성 sterol

① stigmasterol : 대두유 중에 sitosterol과 공존하며 미강유, 옥수수유, 야자유 등에 분포한다.
② sitosterol : 고등식물유 중에 함유되어 있다. α, β, γ-sitosterol이 있으며, 면실유 중에는 β형, 대두유 중에는 γ형이 많다.

(3) 균성 sterol

① 곰팡이, 효모, 고등균류, chlorella, 버섯 등에 함유되어 있다.
② 자외선에 의해 Vit. D_2로 된다.

6. 지방의 물리적 성질

(1) 용해성(Solubility)

① 친수성 용매인 물이나 알코올에는 잘 녹지 않고, 소수성 용매인 에테르(ether), 석유에테르, 벤젠(benzene) 등에 쉽게 용해된다.
② 탄소수가 많고 불포화도가 적을수록 잘 녹지 않는다.

(2) 융점(Melting point)

① 포화지방산을 함유하고 분자량이 큰 고체 지방은 융점이 높고, 불포화지방산이 많은 액체 기름은 융점이 낮다.
② 식용유는 융점이 낮은 것이 좋다.

(3) 비중(Specific gravity)

① 비중은 0.92~0.94이다.
② 지방산기의 길이가 길수록, 또한 산의 불포화도가 적을수록 비중이 낮아진다.

(4) 유화성

지방질은 분자 중에 친수성기와 소수성기를 가지고 있으므로 지방을 유화시키는 성질이 있다.
① 수중유적형(O/W) : 우유, 아이스크림, 마요네즈(물 속에 기름입자가 분산)
② 유중수적형(W/O) : 버터, 마가린(기름 속에 물이 분산)

(5) 굴절률

굴절률은 20℃에서 1.44~1.47 정도이며, 일반적으로 동일한 유지일지라도 산가와 검화가가 클수록 굴절률은 적어지는 반면, 불포화도가 클수록 굴절률은 커진다.

(6) 발연점, 인화점, 연소점

① 발연점 : 유지를 가열할 때 유지 표면에서 엷은 푸른색의 연기가 발생하기 시작하는 온도
② 인화점 : 유지를 발연점 이상으로 가열할 때 유지에서 발생하는 증기가 공기와 혼합되어 발화하는 온도
③ 연소점 : 유지가 인화되어 계속적으로 연소하는 온도로서 인화점보다 20~60℃ 정도 높다.

7. 지방의 화학적 성질

(1) 산가(Acid value)

유지 1g 중의 유리지방산을 중화하는 데 소요되는 KOH의 mg수로 표시하고, 유지 중의 유리지방산의 양을 나타낸다. 신선한 유지는 산가가 낮고 산패한 것은 높다.

(2) 검화가(Saponification value)

① 유지 1g을 검화하는 데 필요한 KOH의 mg 수로 표시하고 유지를 검화하는 데 요하는 알칼리 성분의 양을 나타낸다.
② 유지의 구성지방산의 분자량이 크면 검화가는 작아 반비례한다.
③ 일반적인 유지의 검화가는 180~200 정도이다.

(3) 옥도가(Iodine value)

① 100g의 유지가 흡수하는 I_2의 g 수로 표시하고 유지의 불포화지방산의 양을 나타낸다.
② 2중 결합의 수에 비례하여 증가한다.
③ 고체 지방 50 이하, 불건성유 100 이하, 건성유 130 이상, 반건성유 100~130 정도이다.

(4) Reichert meissl value(RMV)

유지 5g을 검화한 다음, 증류하여 얻은 수용성인 휘발성 지방산을 중화하는 데 소비되는 0.1N KOH의 ml수로 표시하고, 수용성 휘발성 지방산의 양을 나타낸다.
① 버터의 위조검정에 이용한다.
② 일반 유지는 1 정도이지만 버터는 30 정도로 높다.

(5) Polenske value

① RMV 측정 시 얻은 비수용성 휘발성 지방산을 중화시키는 데 소비되는 0.1N KOH의 ml 수로 표시하고, 비수용성 휘발성지방산의 양을 나타낸다.
② 야자수 검사에 이용한다.
③ 버터는 1.5~3.5, 야자유는 16.8~18.2이다.

(6) Acetyl value

① 아세틸화한 유지 1g을 가수분해 할 때 얻어지는 산을 KOH로 중화하는 데 필요한 KOH의 양을 mg 수로 표시하고, hydroxy 지방산의 함량을 나타낸다.
② 피마자 기름은 146~150으로 높다.

8. 지질의 변화

(1) 유지의 산패

유지를 저장, 가공 및 조리할 때에 이화학적 또는 미생물학적 요인에 의해 변색되거나 불쾌한 냄새와 맛을 내는 일종의 변패현상을 유지의 산패(rancidity)라 한다. 산패는 물, 산, 알칼리 및 효소에 의한 가수분해적 산패와 산화에 의한 산패로 대별된다.

1) 가수분해에 의한 산패

① 유지가 물, 산, 알칼리, 효소에 의하여 유리지방산과 글리세롤로 분해되어 불쾌한 냄새나 맛을 형성하는 경우이다.
② 수분함량이 많은 낙농제품 중의 지방은 물과 접촉하는 면이 많아, 특히 가수분해에 의한 산패가 일어나기 쉬운 조건에 있어 문제가 된다.
③ 미강유, 올리브유 등의 식물성 유지 또는 어유 등의 조제유 중에는 착유 시 동식물조직 중의 지방분해 효소가 함께 추출되어 lipase에 의한 가수분해 산패가 일어나기 쉽다.

2) 산화에 의한 산패

① 유지 중의 불포화지방산이 산화에 의하여 불쾌한 냄새나 맛을 형성하는 것으로, 유시에 가장 보편적으로 일어나는 현상이다.
② 유지가 대기 중의 산소를 자연발생적으로 흡수하고, 흡수된 산소는 유지를 산화시켜 과산화 생성물을 형성하여 유지 산화를 촉매시킴으로써 자동적으로 진행되기 때문에 자동산화라 한다.

 자동산화 mechanism

- 개시단계 : RH → R· + H· (가열, 빛, 금속이온 등에 의한 free radical 생성)
- 전파 반응 : R· + O_2 → ROO·
 (연쇄 반응)   (peroxy radical)
 ROO· + RH ─────────→ ROOH + R·
                (hydroperoxide)
- Hydroperoxide 분해 : ROOH ─────────→ RO· + ·OH
- 종결단계 : R· + R· → RR(각 free radical이 결합하여 안정된 화합물을 만든다)
 R· + ROO· → ROOR
 ROO· + ROO· → ROOR + O_2

3) 유지의 산패에 영향을 미치는 인자

① 온도의 영향
- 온도가 높아짐에 따라 반응 속도가 빨라진다.
- 불포화지방산의 자동산화의 hydroperoxide 생성은 주로 실온에서 일어난다.
- 식품을 0℃ 이하에서 저장했을 경우는 0℃ 이상에서 보다 지방의 산화속도가 빠르다.

② 금속의 영향
- Cu, Co, Fe, Mn, Ni, Sn 등의 산화 환원이 용이한 금속이 문제가 된다.
- 산화 촉진작용의 크기 순서 : Cu>Fe>Ni>Sn이다.

③ 광선의 영향 : 2537Å 이하의 파장을 가진 광선, 특히 자외선 및 자외선에 가까운 단파장의 광선은 유지의 산패를 강하게 촉진한다.

④ 산소분압의 영향
- 산소가 저압인 경우에는 산화속도는 산소압에 비례하나 약 150mmHg 이상인 경우에는 산소압에 무관하게 된다.
- 산소 농도가 낮을 때 산화속도는 산소량에 비례한다.

⑤ 수분의 영향
- 수분은 유지를 가수분해시켜 유리지방산을 생성하므로 자동산화를 촉진시킨다.
- 수분함량이 많은 경우에는 촉매작용이 강해진다.

⑥ Hematin 화합물 : Hemoglobin, myoglobin, cytochrome C 등의 heme 화합물과 chlorophyll 등의 감광물질들은 hydroperoxide의 분해를 촉진시키므로 유지 중에 화합물이 함유되어 있으며 산화는 촉진된다.

⑦ 산화억제물질의 영향(항산화제) : 자동산화과정의 전파단계에서 생긴 peroxide radical과 반응하여 이를 소비함으로써 연쇄 반응을 중단한다.

⑧ 지방산의 불포화도 : 불포화도가 심하면 심할수록 유지의 산패는 더욱 활발하게 일어난다.

4) 항산화제

항산화제란, 미량으로 유지의 산화속도를 억제하여 주는 물질을 말하며, free radical에 용이하게 수소원자를 주어 연쇄 반응을 중절시켜 항산화작용을 한다. 주로 phenol계 화합물인 항산화제는 과산화물의 생성속도는 억제하나 분해속도에는 무관하여 이미 산화가 진행된 유지에는 별로 효과를 기대할 수 없다.

① 천연항산화제 : tocopherol(대두유, 식물유), ascorbic acid(과실, 채소), sesamol(참깨유), gossypol(면실유), gum guaiac(서인도산 상록수), quercetin(양파 껍질), gallic acid(오배자, 다엽, 땡감), lecithin(난황, 대두) 등

② 합성항산화제 : EP(ethyl protocatechuate), PG(propyl gallate), BHA (butylated hydroxy anisol), BHT(butylated hydroxy toluene), NDGA (nordihydro guaiaretic acid), thiopropionic acid, gentisic acid 등

5) 시너어지스트(Synergist, 상승제)

자신은 항산화 효과가 없거나 미약하지만 항산화제와 함께 사용 시 항산화제의 효력을 강화시키는 물질을 시너어지스트라 하며, 구연산, 주석산, 인산, phytic acid, ascorbic acid, lecithin, cephalin 등이 있다.

4 단백질

단백질은 동식물체의 세포 원형질과 세포핵 성분으로 생물체의 생명유지에 중요하며, 생리 기능을 조절하는 효소, 항체, 유전자 등의 본체로서 아미노산이 peptide 결합에 의해 연결된 고분자 화합물이다.

단백질의 구성원소는 C, H, O, N 및 유황 그외 소량의 인(P), 철(Fe) 등으로 이루어져 있고, 단백질은 약 16%의 질소를 함유하고 있으므로, 식품 중의 단백질을 정량할 때 질소량을 측정하여 이것에 100/16, 즉 6.25 질소계수)를 곱하여 조단백질 함량을 산출한다. 이 계수는 단백질 종류에 따라 다르며, 일반적으로 쌀은 5.95, 우유 및 유제품은 6.38, 콩 및 콩제품은 5.71이다.

 1. 아미노산의 분류

천연의 단백질을 구성하는 아미노산은 약 20여 종이 있으며, 이들 아미노산은 모두 L형의 구조를 갖고 있다. α 위치의 탄소에 아미노기($-NH_2$)를 갖는 카르복시산($-COOH$)이다.

- 중성 아미노산 : $-COOH$, $-NH_2$를 각각 1개씩 갖는 것
- 산성 아미노산 : $-COOH$를 2개 갖는 것
- 염기성 아미노산 : $-NH_2$를 2개 갖는 것
- 방향족 아미노산 : 벤젠핵을 갖는 것
- 함황 아미노산 : S를 갖는 것
- 복소환(hetero cyclic) 아미노산 : 벤젠핵 이외의 환상 구조를 갖는 것

 2. 아미노산의 성질

(1) 용해성

아미노산은 양성물질로 극성 이온 용매인 물이나 염류 용액에 잘 용해되며 ether, chloroform 등의 비극성 유기 용매에는 불용이다. 대체로 알코올에는 잘 녹지 않으나, imino기를 가진 proline, hydroxyproline은 잘 녹는다.

(2) 양성 전해질

① 아미노산은 분자 내에 carboxyl기와 아미노기를 동시에 가지고 있으므로 양성물질이라고 한다.

② 아미노산은 해리기가 있어 수용액에서 $-COO^-$(음이온)와 $-NH_3^+$(양이온)으로 해리되어 양성 이온(zwitter ion)을 형성하므로 양성전해질(amphoteric)이라고도 한다.

(3) 등전점

① 아미노산 분자는 산성 용액에서 $R \cdot CH \cdot NH_3^+COOH$로 되어 음극으로, 알칼리에서는 $R \cdot CH \cdot NH_2COO^-$로서 양극으로 통한다. 하전이 0일 때는 $R-CH \cdot NH_3^+COO^-$의 형태로 되어 어느 극으로나 이동하지 않는다.
② 아미노산기의 양하전의 수와 음하전의 수가 같아 전하가 0이 되어 전장에서 이동하지 않게 되는 pH가 있다. 이 pH를 등전점(isoelectric point)이라 한다.

(4) 정미성

일반적으로 단백질은 맛이 없으나 아미노산이 특유한 맛을 가지고 있어 식품의 단맛과 관계가 있다.

(5) 아질산과 반응

① α-amino acid의 amino기는 아질산과 반응하여 N_2 gas를 정량적으로 발생한다(van slyke 법에 의한 amino acid의 정량 원리).
② Amino acid인 proline, hydroxyproline과는 반응하지 않는다.

(6) 탈carboxyl기 반응

① 아미노산은 화학적작용이나 효소작용에 의해서 이산화탄소가 떨어져 나가 amine이 된다.
② 동물 체내에서 histidine의 carboxyl기가 제거되어 histamine이 형성된다. 이것은 위장의 산 분비를 증진시키며, allergy 식중독에 관여하는 유독 성분이다.

(7) 에스테르 및 amide 형성

아미노산의 carboxyl기는 알코올과 쉽게 반응하여 에스테르를 만들며, 암모니아와 쉽게 반응하지 않으나 그 ester는 쉽게 축합하여 amide를 형성한다.

(8) Dinitrofluorobenzene과의 반응

아미노산의 amino기는 2,4-dinitrofluorobenzene(DNFB)과 반응하여 dinitrophenyl amino acid(DNP 아미노산)를 생성한다.

3. 단백질의 분류

단백질은 구조와 형태상의 특징 또는 그 출처 등에 따라 분류하기도 하나, 일반적으로 이화학적 특성에 따라 단순단백질, 복합단백질 및 유도단백질의 3종류로 크게 분류한다.

(1) 단순단백질

① 가수분해하면 amino acid, 또는 그 유도체만 생성하는 단백질을 말한다.
② albumin, globulin, glutelin, prolamine, albuminoid, histone, protamine으로 구분된다.

(2) 복합단백질

① 단순단백질과 비단백질부분, 즉 핵산, 탄수화물, 지방, 색소 등이 결합된 단백질을 말한다.
② 인단백질, 핵단백질, 당단백질, 색소단백질, 금속단백질 등으로 구분된다.

(3) 유도단백질

① 천연단백질(단순단백질, 복합단백질)이 물리적, 화학적 변화를 받은 단백질을 말한다.
② 응고단백질, protean, metaprotein, gelatin 등의 제 1차 유도단백질과 proteose, peptone, peptide 등의 제 2차 유도단백질로 구분한다.

4. 단백질의 성질

(1) 용해성

단백질은 그 종류에 따라 물, 묽은 염류 용액, 묽은 산, 알코올, 묽은 알칼리 용액 등에 녹는데 이러한 용해도를 이용하여 단백질을 분류하기도 한다.

(2) 등전점

① 단백질은 산성 용액 중에서 양(+)하전, 알칼리 용액에서는 음(-)하전을 가지며 그 중간의 pH를 등전점이라 한다.
② 등전점에서 가장 불완전하여 용해도, 삼투압, 점도 등이 적은 반면, 흡착성과 기포력이 크다. 따라서 단백질의 정제와 cheese 가공 시 이용한다.

(3) 중성염의 작용

소량의 중성염을 가하면 등전점이 변하지 않고, 일반적으로 단백질 분자 간의 인력이 약해져서 단백질이 용해한다. 다량을 가하면 침전되는데 이를 염석이라 한다.

(4) 결정성
일반적으로 동물성 단백질은 결정이 잘 되지 않으나 hemoglobin과 식물성 단백질은 쉽게 결정이 된다. Serum albumin, egg albumin 등은 결정이 된다.

(5) 투석
단백질은 반투막을 통과하지 못한다. 그러나 무기물은 쉽게 통과하므로 단백질 정제에 이용된다.

(6) 전기영동
용액 중의 단백질은 등전점보다 산성 쪽에서 양(+), 알칼리 쪽에서 음(-)으로 하전된다. 따라서 이들은 각각 (-)와 (+)극으로 이동된다. 이 현상을 전기영동이라 한다. 전기영동의 이동도는 전하의 대소, 분자의 크기, 모양, 수화 등에 관계가 있다.

(7) 응고성
Albumin, globulin 용액은 등전점에서 전해질의 존재하에 가열하면 응고한다. 또 질산, 염산, 황산과 같은 강산에 의해 단백질은 침전되나 과량의 산에 의하여 용해된다.

5. 단백질의 구조

(1) 1차 구조(Primary structure)
아미노산이 peptide 결합에 의하여 사슬 모양으로 결합된 polypeptide chain은 단백질 구조의 주사슬로 1차 구조라 한다.

(2) 2차 구조(Secondary structure)
① 오른쪽으로 회전하는 α-helix 구조와 β-구조(pleated sheet) 그리고 불규칙 구조(random coil)가 있다.
② α-helix 구조는 나선에 따라 규칙적으로 결합되는 peptide의 =CO기와 NH-기 사이에서 이루어지는 수소 결합에 의해 안정하게 유지된다.
③ α-helix 구조가 변성되면 pleated sheet상 구조가 된다.

(3) 3차 구조(Tertiary structure)
① α-helix, β-구조, random coil부분으로 된 polypeptide chain이 다시 복잡하게 겹쳐진 구조이다.
② 3차 구조를 안정하게 유지하기 위해서 이온 결합, disulfide 결합, 수소 결합이 있다.

(4) 4차 구조(Quatenary structure)
① 단백질의 소단위의 중합도를 나타낸다.
② 3차 구조를 가진 단백질 분자가 소단위로 화합하여 입체적인 배열을 하고 있다.
③ 4차 구조에는 dimer, tetramer 등이 있다.

6. 단백질의 변화

(1) 단백질의 변성
천연단백질이 물리적작용, 화학적작용 또는 효소의작용을 받으면 구조의 변형을 가져오는데, 이것을 변성(denaturation)이라 하며 대부분 비가역적 반응이다.
- 물리적작용 : 가열, 동결, 건조, 교반, 고압, 조사 및 초음파 등
- 화학적작용 : 묽은 산, 알칼리, 요소, 계면활성제, 알코올, 알칼로이드, 중금속염 등

1) 물리적 요인에 의한 변성
① 가열 : 단백질의 열에 의한 변성은 식품의 조리와 가공에서 매우 중요하며 가장 일반적인 변성이다. 가용성 단백질을 가열하면 불용성이 되어 응고하는데 육류, 난류, 어패류에 많다. 반대로 불용성 단백질이 열변성에 의해 가용성이 되는 수가 있다. 즉, 육류를 장시간 가열하면 결체 조직중의 collagen이 변성되어 가용성이 gelatin이 되어 용출된다. 열변성에 영향을 주는 인자들은 다음과 같다.

㉠ 온도
- 단백질은 보통 60~70℃ 부근에서 변성이 일어나며 단백질 종류에 따라 다르다.
- 가용성 단백질인 albumin, globulin이 가장 열변성이 잘 일어나고 ovalbumin은 58℃에서 응고하기 시작하여 62~65℃에서 유동성이 없어지고 70℃에서 완전히 응고된다.
- 일반적으로 albumin은 온도가 10℃ 상승할 때 20배, hemoglobin은 13배 변성속도가 빨라진다.

㉡ 수분 : 가열에 의해 물의 분자운동이 왕성히 일어나 쉽게 단백질의 수소 결합을 끊어 물분자에 둘러싸여 수소 결합이 이루어진다. 그러므로 수분이 많으면 비교적 낮은 온도에서 열변성이 일어나나 수분이 적으면 높은 온도에서 응고된다.

㉢ pH
- 단백질의 등전점쪽 산성 pH에서 더 빨리 열변성이 일어난다.
- Ovalbumin의 등전점을 pH 4.8로 하면 낮은 온도에서 잘 응고되나, 그 외의 pH에서는 응고가 잘 되지 않는다.
- 생선 조림할 때 식초를 조금 넣으면 살이 빨리 단단해지는 것도 산성의 pH를 이용한 것이다.

ⓔ 전해질
- 단백질에 염화물, 황산염, 인산염 등의 전해질(염류)을 가해주면 변성온도가 낮아지고 변성속도도 빨라진다.
- 두부 제조 시 glycynin은 가열만으로 응고되지 않아 $MgCl_2$, $CaSO_4$ 등의 염화물이나 $CaSO_4$의 황산염을 가하면 응고한다.

② 동결변성

동결변성은 온도가 $-1\sim-5℃$에서 최대가 되며 pH나 염농도 등에 영향을 받는다. 따라서 변성단백질은 효소작용이 쉬워서 부패가 빠르다.

2) 화학적 요인에 의한 변성

① 산·알칼리
- 단백질 용액에 산·알칼리를 가하면 하전의 변화로 변성한다.
- Albumin과 globulin은 강산과 강알칼리 용액에 의해 변성이 일어나 metaprotein이 되는데 비열응고성이다.
- 산에 의한 단백질변성은 등전점에 이르게 하여 응고시킨다.

  예 yoghurt는 젖속의 casein이 젖산발효로 생긴 젖산에 의해 변성된 것이다.

② 염류

두부 제조 시 두유에 $CaSO_4$, $MgCl_2$, $CaCl_2$을 가하여 glycinin을 응고시키거나 과실 설탕조림 시 과실의 모양유지를 위해 명반을 가하는 것은 염류에 의한 변성을 이용한 것이다.

③ 유기용매
- 단백질 수용액에 alcohol이나 acetone과 같은 유기용매를 가하면 변성하여 불용성이 된다.
- 알코올에 의한 우유의 변성으로 인한 침전생성은 우유가 부패할수록 많아지므로 우유의 신선도 판정에 이용된다.

3) 효소에 의한 변성

젖속의 casein에 rennin 효소가작용하면 paracasein으로 된다. paracasein은 Ca^{++}과 결합하여 불용성의 calcium paracasein을 형성하는데 이 응고물을 curd라고 하며 치즈 제조에 이용된다.

5 무기질

무기질은 식품을 태운 후에 재가 되어 남는 부분으로 회분(ash)이라고도 한다. 무기질은 식품이나 생물체에 함유된 원소 가운데 C, H, O, N을 제외한 Ca, Mg, P, K, Na, S, Cl, Fe, Cu, I, Mn, Co, Zn 등을 말한다. 이러한 원소는 대부분 무기염의 형태로 식품 중에 존재하고 단백질의 S, P와 혈색소의 Fe, 엽록소의 Mg처럼 유기물과 결합한 유기체로 존재하는 것도 있다. 식품 및 인체의 구성성분으로 중요한 무기질은 약 20여 종에 이른다. 무기염류는 체액의 pH 및 삼투압 조절, 근육, 신경의 흥분, 효소의 성분이 되거나, 그작용의 촉진, 체조직의 경도 증대, 단백질의 용해성 증대 등의 작용을 한다.

1. 주요 무기질

(1) 칼슘(Ca)
① 99%가 뼈와 치아에 인산염과 탄산염 형태로 존재하고 나머지 1%는 혈액, 근육 중에 분포되어 있다.
② 골격의 형성, 신경흥분성 억제, 백혈구의 식균작용, 혈액응고 등 중요한 역할을 한다.
③ 성인의 체내에 1kg, 인체의 1.5%를 차지한다.
④ 시금치의 oxalic acid, 곡류의 phytic acid, 탄닌, 식이섬유 등은 Ca 흡수를 방해하고 김치의 젖산, 유당, 아미노산, 비타민 D 등은 Ca의 흡수를 촉진한다.
⑤ 결핍 시 : 곱사병, 신경과민
⑥ 멸치, 김, 콩, 양배추, 우유, 달걀, 고구마 등에 많이 함유되어 있다.

(2) 인(P)
① 80%가 뼈대와 치아에 함유되어 있고, 인체의 무기질 조성은 1% 정도이다.
② 핵단백질, 인지질 조효소의 구성성분이 되고 체액의 완충작용, 근육의 수축 기능, 신경자극 전달 기능 등 생화학 반응에 관여한다.
③ 식품에 널리 분포되어 P가 부족한 경우는 거의 없다.
④ 멸치, 새우, 쌀겨, 콩, 참깨 등에 많이 함유되어 있다.

(3) 철(Fe)
① 인체에 3~4g 함유하고 60~70%는 hemoglobin에, 3~5%는 myoglobin에, 나머지는 cytochrome, catalase, peroxidase의 성분이 되고, 철단백질 일종인 ferritin을 형성한다.
② 결핍 시 : 빈혈, 피로, 유아발육 부진
③ 특히 조개류, 해조류에 많이 함유되어 있다.

(4) 나트륨(Na)
① 인체에 60~75g 정도 함유되어 있고, 세포외액에 $NaHCO_3$, $NaPO_4$, $NaCl$로서 존재한다.
② 혈액의 완충작용을 하여 pH를 유지한다.

③ 삼투압 조절 및 심장의 흥분과 근육을 이완시키며, 침, 췌액, 장액의 pH 유지에 관여한다.
④ 결핍 시 : 식욕감퇴, 현기증
⑤ 미역, 김, 새우류, 대구 등에 함유되어 있다.

(5) 칼륨(K)

① 인체 내에 약 100g 정도 함유되어 있고 세포내액 중에 염화물(KCl), 인산염(K_2HPO_4), 탄산염(K_2CO_3) 등으로 존재한다.
② Na와 함께 근육의 수축과 신경의 자극전달에 관여할 뿐 아니라, 체액의 완충작용과 세포의 삼투압을 조절하는 역할을 한다.
③ 결핍 시 : 구토, 설사, 식욕 부진
④ 식물성 식품에 많이 함유되어 있다.

(6) 마그네슘(Mg)

① 인체 내에 약 25g 정도 함유되어 있고 70%가 인산염으로 뼈 중에 나머지는 근육과 혈액에 존재한다.
② 식물의 엽록소로 중요한 구성 원소이나 동물에도 중요하다.
③ 당질대사에 관여하는 효소의작용을 촉진시키는 효과가 있다.
④ 결핍 시 : 신경의 흥분, 혈관의 확장
⑤ 식물성 식품, 육류 등에 많이 함유되어 있다.

(7) 구리(Cu)

① 인체 내에 100~150mg 함유되어 있고, 간에 2mg%로 가장 많고 혈액에 0.05~0.25mg% 함유하고 있다.
② 조혈작용을 하며 Fe로부터 hemoglobin이 형성될 때 미량의 Cu가 필요하다.
③ 결핍 시 : 악성 빈혈
④ 간, 조개류, 콩류, 어육, 달걀 및 푸른 채소에 많이 들어 있다.

(8) 망간(Mn)

① 미량이지만 혈액, 장기 등에 들어 있고 동물 체내에서 효소작용을 조장하는 역할을 한다.
② 결핍 시 : 뼈 형성 장애
③ 곡류, 두류, 채소 등에 함유되어 있다.

(9) 아연(Zn)

① 당질대사에 관여하고 췌장 호르몬인 insulin의 구성성분이다.
② 곡류, 두류 등에 함유되어 있다.

(10) 요오드(I)
① 사람의 갑상선에 20mg%, 그외 부분에 0.1mg% 함유되어 있다.
② 혈액에서 갑상선 속으로 들어가 thyroxine 등이 된다.
③ 해산식품에 많으므로 산악지대의 주민에게 결핍되기 쉽다.
④ 결핍 시 : 갑상선종, 비만증
⑤ 간유, 대구, 굴 및 해조류, 당근, 무, 상추 등에 많이 함유되어 있다.

(11) 코발트(Co)
① Vit.B_{12}의 구성성분이다.
② 결핍 시 : 악성 빈혈
③ 쌀, 콩 등에 비교적 많이 함유되어 있다.

(12) 황(S)
① 인체에 약 100~125g 함유되어 있고, cystein, cystine, methionine 등 단백질에 존재한다.
② 그 외에 Vit. B_1, lipoic acid, biotin 등에도 구성성분으로 들어 있다.
③ 결핍 시 : 털, 손톱, 발톱의 발육 부진
④ 파, 마늘, 무, 겨자유 등에 많이 함유되어 있다.

(13) 염소(Cl)
① 일부는 단백질과 결합되어 있고, 나머지는 NaCl로서 세포외액의 삼투압 유지, 혈장 속에 많다.
② 결핍 시 : 소화불량, 식욕 부진, 너무 많으면 위산과다증을 일으킨다.

2. 산도 및 알칼리도

(1) 산도
① 식품의 산성의 정도를 산도라고 한다. 이것은 식품 100g을 연소하여 얻은 회분의 수용액을 중화하는 데 소비되는 0.1N NaOH(산도)의 ml 수로 나타낸다.
② 식품의 무기질 중에 P, S, Cl, Br, I 등은 음이온을 이루는 것으로 산 생성 원소라 한다.
③ 당질, 지방질, 단백질을 많이 함유한 곡류, 육류, 어류, 난, 두류(대두는 제외), 버터, 치즈는 산성 식품이다.

(2) 알칼리도
① 식품의 알칼리성의 정도를 알칼리도라고 한다. 식품 100g을 연소하여 얻은 회분의 수용액을 중화하는 데 소비되는 0.1N HCl(알칼리도)의 ml 수로 나타낸다.
② 식품의 무기질 중에 Ca, Na, Mg, K, Fe, Cu, Mn, Co, Zn 등은 양이온을 이루는 것으로 알칼리 생성 원소라 한다.
③ 채소, 고구마, 당근, 과일, 해초, 우유 등은 알칼리성 식품이다.

3. 무기질의 변화

(1) 무기질의 성질과 조리·가공

1) 화학적 변화
pH의 이동에 의한 염류 ⇌ 이온의 가역 반응 및 효소에 의한 유기태 ⇌ 무기태의 가역 반응이 조금 일어날 뿐이고 화학변화는 거의 일어나지 않는다.

2) 상태변화
채소를 조리할 때는 세포 안팎의 삼투압 차이에 의하여 무기질 및 수분의 용출이 일어난다. 용출은 가온할수록 빠르다.

① 무기질의 용출 : 세포 속의 삼투압이 높을 때(농도가 세포 외보다 높을 때) 세포 속의 무기질은 세포 밖으로 용출하고 세포 밖의 수분은 세포 속으로 스며 들어서 세포 안팎의 삼투압이 같아지려고 한다.

　　예 다시마 속의 요오드는 물에 담그기만 하여도 20% 정도 녹아나오고 이것을 가열하면 60%가 녹아 나온다.

② 수분의 용출 : 세포 밖의 삼투압이 높을 때(농도가 세포 내보다 높을 때) 세포 내의 수분은 세포 밖으로 빠져 나오고 세포 밖의 성분은 세포 속으로 침입하여 세포 안팎의 삼투압이 같아지려고 한다.

　　예 채소에 소금을 넣으면 채소 속의 수분이 빠져나와서 원형질분리를 일으키고 세포가 죽게 된다.

3) 비점상승·빙점강하
소금 등의 무기질에 의하여 끓는 점이 상승하거나 빙점이 하강한다.

4) 색소 고정
2가 또는 3가 금속은 식물색소 등을 고정하여 변색을 방지하는작용이 있다. 보통작용되는 것은 Cu^{++} 또는 Fe^{+++} 등으로서, green peas로 통조림을 만들 때에 황산동의 용액을 소량 넣거나 흑두를 삶을 때 오래된 쇠못을 넣거나 한다.

5) 단백질 응고
무기질에 의하여 단백질을 응고시키는 경우가 있다. 단백질을 응고 시키려면 Al^{+++}(백반)과 같은 이온가가 큰 것이 좋다. 2가의 Cu^{++}이나 Mg^{++}이 이용되기도 한다.

6) 조리기구의 용출
금속은 이온화 경향이 있다. 물에 담그거나 수분에 접하면 금속의 표면에서 이온으로 되어 물속에 녹아 나온다. 이것은 극히 미량이지만 미각, 외관, 영양가에 크게 영향을 미치고 또 살균력을 나타내기도 한다.

① 미각 : 숫돌에 간 직후의 식칼로 회를 뜨면 맛이 나쁘다.

② 외관 : Fe^{+++}이나 Cu^{++}은 산화작용을 촉진하는 일이 많다. 과일이나 채소를 자르면

polyphenol oxidase 등의 작용으로 자른 곳이 갈변한다.
③ 영양가 저하 : Vitamin C 등은 Cu^{++}의 존재에 의하여 빨리 산화된다. 구리 냄비에 조리한 것은 다른 냄비의 2~3배나 빨리 산화된다.
④ 색소 고정 : 철이나 구리 냄비로 조리하면 식물색소가 고정되어 변화를 막을 수 있다.
⑤ 살균력 : 은, 구리 이온 등은 살균력이 특히 세다. 은기나 동기에 넣으면 물도 잘 부패하지 않는다.

(2) 조리 · 가공에 의한 무기질의 손실
일반적으로 조리에 의한 무기질의 손실은 다른 영양소보다 훨씬 크다.
① 전체적인 손실
- 구울 때 – 변화 없음
- 찔 때 – 생선 10~30%

  채소 0~50%
- 삶을 때 – 생선 15~22%(철의 손실 50~75%)

  채소 25~50%(철의 손실 10~40%)

*고기는 삶을 때 철의 손실이 50~75%이다.

6 비타민

비타민(Vitamin)은 미량으로 동물의 영양 및 생식의 촉매로서 작용한다. 생체 합성이 안되고, 조효소로서 단백질과 결합하여 효소를 이루거나, hormone을 만들어 자극작용을 하기도 하며, 감광 색소가 되는 등 역할이 다양하다.

1. 지용성 비타민

지용성 비타민에는 A, D, E, F, K 등이 있으며, 유지 또는 유기 용매에 녹는다. 생체 내에서는 지방을 함유하는 조직 중에 존재하고 체내에 저장될 수 있다.

(1) Vitamin A(Axerophtol)
① 카로테노이드계 색소 중에서 provitamin A가 되는 것은 β-ionone 핵을 갖는 caroten류의 α, β, γ-carotene과 xanthophyll류의 cryptoxanthin이다.
② 알칼리성에서 비교적 안정적이고, 산성에서는 쉽게 파괴된다.
③ 결핍 시 : 야맹증, 건조성안염, 각막연화증
④ 어류의 간유, 버터, 계란 노른자, 당근, 시금치, 무 등에 많이 함유되어 있다.

(2) Vitamin D(Calciferol)
① 석회화와 관계가 있어 calciferol이라고 한다.
② 열에 안정적이나 알칼리성에는 불안정하여 쉽게 분해되며, 산성에서도 서서히 분해된다.
③ Provitamin 효과가 있는 것은 D_2, D_3, D_4, D_5이다.
④ Vit-D는 provitamin D가 자외선의 조사를 받아 생성된다. Vit-D는 Ca, P의 흡수 및 체내 축적을 돕고 균형을 적절히 유지한다.
⑤ 결핍 시 : 곱사병, 골연화증
⑥ 우유, 버터, 전란, 닭간유, 육류, 정어리 등에 많이 함유되어 있다.

(3) Vitamin E(Tocopherol)
① 열에 대해 가장 안정적이지만 자외선이나 산화에 약하다.
② 주로 식물성 지방에 들어 있다.
③ 항산화제로 작용한다.
④ 결핍 시 : 토끼, 개, 닭 등에서는 불임증, 사람에게서는 알려져 있지 않다.
⑤ 밀배아유, 상추, 대두유, 달걀 등에 많이 함유되어 있다.

(4) Vitamin K(Napthoquinone)
① K_1~K_7까지 존재. K_1, K_2만이 자연계에 존재하고, 나머지는 합성품이다.
② 혈액응고작용, 열에 안정적이나 강산 또는 산화에는 불안정하고, 광선에 의해 쉽게 분해된다.

③ 결핍 시 : 혈액응고 시간 지연
④ 시금치, 당근잎, 양배추, 토마토, 대두, 돼지의 간 등에 많이 함유되어 있다.

2. 수용성 비타민

체내에 저장되지 않아 항상 음식으로 섭취해야 하고, 혈중 농도가 높아지면 소변으로 쉽게 배설된다. 수용성 비타민은 B군과 C군으로 대별된다.

(1) Vitamin B_1(Thiamine)

① 장에서 흡수되어 thiamine pyrophosphate(TPP)로 활성화되어 당질대사에 관여한다.
② 100℃까지는 비교적 안정한 편이고, 산성에서도 안정적이나 중성 특히 알칼리성에서 분해된다.
③ 보통은 조리 시 10~20% 손실되고 광선에 대해서 안정적이고, allithiamine(마늘)의 매운맛 성분을 형성한다.
④ 결핍 시 : 각기, 신경염
⑤ 곡류, 두류, 마늘, 돼지고기, 생선, 붉은 살코기, 효모, 파, 과실, 채소, 버섯 등에 많이 함유되어 있다.

(2) Vitamin B_2(Riboflavin)

① 체내에서 인산과 결합되어 flavinmononucleotide(FMN)와 flavinadenindinucleotide(FAD)가 되어 세포 내의 산화 환원 작용에 관여한다.
② 열에 비교적 안정적이나 알칼리, 광선에는 약하다.
③ 광선에 노출되면 중성~산성에서는 lumichrone이 되고, 알칼리에서는 lumiflavin으로 변한다.
④ 결핍 시 : 성장률 저하, 피부 증상, 어린이의 구순, 구각염
⑤ 간, 효모, 맥주, 우유, 된장, 간장, 쌀겨, 밀배아, 생선, 과일, 버섯 등에 많이 함유되어 있다.

(3) Vitamin B_6(Pyridoxine)

① 피리독살인산의 전구체로 아미노기 전이와 탈탄산 반응의 조효소이고, 단백질 대사에 중요한 역할을 한다.
② 산성에서는 가열해도 안정적이나 중성 또는 알칼리에서는 빛을 받으면 분해된다.
③ 결핍 시 : 피부 증상(펠라그라)
④ 곡류의 배아, 간, 효모, 육류, 당밀 등에 많이 함유되어 있다.

(4) Vitamin B_{12}(Cyanocobalamine)

① 항악성 빈혈 인자로서 분자 중에 Co를 함유하고 있어 cobalamine이라 부른다.
② 혈액을 만들며 핵산 합성, 아미노산, 당질 및 지질대사에 관여한다.
③ 결핍 시 : 악성 빈혈
④ 소, 돼지의 간, 해조류 등에 많이 함유되어 있다.

(5) 엽산(Folic acid)
① B₁₂와 더불어 핵산과 아미노산 대사에 중요한 역할을 하고 성장 및 조혈작용에 필요하다.
② 결핍 시 : 성장 부진, 악성 빈혈
③ 소, 돼지의 간, 대두, 낙화생, 콩, 채소류 등에 많이 함유되어 있다.

(6) Nicotinic acid(Niacin)
① Niacin은 탈수소의 조효소인 NAD(Nicotinamide Adenine Dinucleotide) 또는 NADP(Nicotinamide Adenine Dinucleotide Phosphate)의 형태로 산화 환원 반응에 중요한 역할을 한다.
② 산미를 갖는 백색 결정으로 물과 알코올에 녹는다.
③ 열, 광선, 산, 알칼리, 산화제에 안정적이다.
④ 결핍 시 : 펠라그라(사람), 흑설병(개)
⑤ 곡류, 종피, 땅콩, 효모, 육류의 간 등에 많이 함유되어 있다.

(7) Pantothenic acid
① CoA(acetyl-CoA)의 성분으로 지방, 탄수화물 대사에 관여한다.
② 흡수성이 있는 미황색의 유상물질로서 물, 산, 에테르에 녹는다.
③ 보통의 조리, 건조, 산화에는 안정적이다.
④ 결핍 시 : 피부 증상
⑤ 소, 돼지의 간, 난황, 효모, 땅콩, 완두 등에 함유되어 있다.

(8) Biotin
① 여러 carboxylase의 보효소이다.
② 열이나 광선에 안정적이다.
③ Biotin은 난백의 당단백질인 avidin과 쉽게 결합하여 불활성화되어 이용되지 못하지만 가열하면 avidin이 변성되어 biotin이 분리되므로 흡수, 이용할 수 있다.
④ 결핍 시 : 피부 증상
⑤ 간장, 효모, 우유, 난황, 두류 등에 함유되어 있다.

(9) Vitamin C(L-ascorbic acid)
① 무색의 결정이고, 물과 알코올에 녹아서 산성을 나타낸다.
② 중성에서 가장 불안정하고, 열에 비교적 안정적이나 수용액은 가열에 의해 분해가 촉진, 가열 조리 시 보통 50% 정도 파괴된다.
③ Vit.C는 콜라겐 합성작용과 생체 내에서 산화 환원 반응에 관여하여 수소 운반체로서 작용한다.
④ 결핍 시 : 괴혈병, 해독기능 저하, 피부색소 침착 증가
⑤ 피망, 감자, 무, 레몬에 많으며, 특히 감귤류와 딸기에 많이 들어 있다.

3. 비타민의 변화

(1) 비타민의 안정성

1) 산·알칼리에 대하여
일반적으로 지용성 비타민은 산에 약하고 알칼리에 강하다. 또 수용성 비타민은 산에 강하고 알칼리에 약하다.

2) 열에 대하여
E가 가장 열에 강하고 D가 다음이며 B_2, B_1, A의 차례로 안정도가 감소하여 C가 가장 약하다. B_{12}, niacin도 열에 대하여 안정하다.

3) 산화와 빛에 대하여
- A, C는 이중 결합을 가지고 있어서 산화되기 쉽다.
- A, D, E, K, B_2, B_6, niacin, biotin, 엽산, B_{12}, C 등은 빛에 불안정하다.

(2) 비타민의 용해성
지용성 비타민은 단독으로 물에 녹지 않으나 단백질이나 지방의 콜로이드액 중에 흡착분산되고, 또 인산이나 그밖의 물질과 결합하여 가용성이 되는 경우도 있다.

(3) 비타민의 변화

1) 비타민 A의 변화
① 비타민 A는 열 자체에는 안정하여 100℃로 가열하여도 그 생리적 효력을 잃지 않는다.
② 특히 A_1은 산소에 의하여 분해되기 쉽고 열을 더하면 산화는 더욱 촉진된다.
③ 알칼리에 안정하다. 따라서 조리·가공 중에 중조를 사용해도 좋다.
④ 수소를 부가하면 효력을 잃는다.
⑤ 비타민 A와 carotene은 광선의 영향을 많이 받는다. 우유와 버터는 직사광선을 피해야 한다.
⑥ 식품 중에 함유된 lipoxidase에 의하여 분해된다. 이 효소는 두류, 아스파라거스, 무, 감자, 밀 등의 식품에 함유되어 있고 pH 6.5~6.8, 25~30℃에서 가장 잘 반응한다.

2) 비타민 D의 변화
① 조리·가공에 비교적 안정하여 보통의 산화, 환원, 끓임, 가열, 건조에 의하여 변화되기 어려우나 산화에는 비교적 약하다.
② 115℃로 9시간 정도에서는 변질되지 않는다.
③ 산성에서는 조금씩 분해하지만 알칼리에는 강하다.

3) 비타민 B_1의 변화
① 무색 결정으로 물에 잘 녹는다. 조리할 때 녹이 나오므로 손실이 크다.
② 건조상태에서 안정하지만 용액은 가열에 불안정하여 가열조리할 경우 30% 정도의 B_1이 파괴된다.

③ pH 3~4의 미산성에서 가장 안정하며 이상태에서는 가열, 건조, 저장에 대하여 상당한 저항력이 있다.
④ 알칼리에서는 쉽게 분해된다. 조리할 때 중조를 사용하면 분해되기 쉽다.
⑤ 태양광 자체로서는 분해되지 않으나 용액 중에 형광물질이 존재하면 분해되기 쉽다.

4) 비타민 B_2의 변화
① 보통 가열, 조리의 경우 거의 100% 잔존한다.
② B_2는 수용성 비타민이지만 B_1이나 C에 비하면 용출량이 적다.
③ 빛에 매우 불안정하여 가시광선으로도 파괴된다. 산성과 중성에서는 lumichrome, 알칼리성에서는 lumiflavin이 생성된다.
④ 조리 가공 시의 B_2의 평균 손실은 육류 15~20%, 채소 10~20%, 제빵 10%이다.

5) niacin의 변화
① 물에 잘 녹기 때문에 침지액, 삶은 즙에서 많이 용출된다.
② 열에 강하므로 삶은 즙 속의 것은 거의 파괴되지 않는다.

6) 비타민 C의 변화
① ascorbic acid는 분자상태에서 쉽게 산화되어 dehydroascorbic acid가 된다. dehydroascorbic acid는 가역적으로 ascorbic acid로 환원되므로 비타민 C의 활성을 갖고 있다.
② 채소를 삶을 때 처음에는 비타민 C가 파괴되지만 산소가 빠져나가면서 C가 안정해진다. 가열조리로 50% 정도 파괴된다.
③ 알칼리에서 산화되기 쉽다.
④ ascorbic acid는 스스로 산화되므로 다른 화합물에 대하여 센 환원성을 나타낸다. 따라서 식품공업에서 산화방지제로 이용된다.
⑤ Cu^{++}는 비타민 C의 산화에 가장 현저하게 작용한다.
⑥ 결정상태에서는 100℃로 가열하여도 비교적 안정하지만 수용액은 가열에 의하여 분해가 촉진된다.
⑦ 물에 녹기 때문에 조리·가공 시 용출은 심하다.
⑧ 광분해는 B_2만큼 심하지 않지만 수용액 속에서 태양광선에 의하여 분해된다. 우유에 빛을 비추면 비타민 C가 급감하는 것은 우유 속에 flavin이 존재하기 때문이다.

7 효소

효소(Enzyme)는 동식물, 미생물의 생활세포에서 생성되는 물질로서 생물체에서 일어나는 모든 화학 반응을 촉매시켜 주는 일종의 생체 촉매이다. 효소는 가수분해 효소와 같은 단순단백질인 경우와 산화 환원 효소와 같은 복합단백질인 경우가 있다.

1. 효소 반응에 영향을 미치는 인자

(1) 온도의 영향

① 일반적으로 효소 반응 속도가 최대가 될 때까지 반응 온도의 상승과 더불어 반응 속도도 빨라진다.
② 온도 상승에 따라 효소 반응 속도가 증가하지만, 효소는 단백질이므로 고온에서 변성하여 효소 활성이 약해진다. 일정한 온도 이상이면 효소 기능은 상실한다.
③ 효소의 최적 활성온도는 30~45℃이며, 식품 중의 효소는 식품 원료를 70℃ 또는 그 이상에서 수분간 가열함으로써 불활성화된다.

(2) pH의 영향

① 효소작용은 반응 용액의 pH에 의해서 크게 영향을 받으며, 일정의 pH 범위에서만 활성을 가지게 된다.
② 작용 최적 pH는 4.5~8.0이다.
　　• pepsin : pH 2.0　　• lipase : pH 7.0　　• maltase : pH 6.1

(3) 기질 농도

효소 농도가 일정하고 기질의 농도가 낮을 경우 반응 속도는 기질 농도에 비례하지만, 일정 범위를 넘으면 정비례하지 않는다. 그러나 최후에는 일정치에 도달한다.

(4) 효소의 농도

효소 반응은 초기에 효소의 농도와 그 활성도가 비례한다. 그러나 반응이 진행되어 반응생성물이 효소작용을 저해하므로 반드시 비례하지 않는다.

(5) 저해제 및 부활제

① 저해제 : 저해제는 효소와 가역적으로 결합하여 효소작용을 억제하는 물질
② 부활제(효소작용 촉진물질) : Ca, Mg, Mn 등이 있으며, carboxylase는 Mg^{++} 이온 첨가로 부활

2. 효소의 분류

(1) 산화 환원 효소(Oxidoreductase)
① 수소 원자나 전자의 이동 또는 산소 원자를 기질에 첨가하는 반응을 촉매하는 효소이다.
② 산화 환원 효소 : catalase, peroxidase, polyphenoloxidase, ascorbic acid oxidase 등

(2) 전이 효소(Transferase)
① 메틸기, 아미노기, 인산기 등을 한 기질에서 다른 기질로 전달하는 반응을 촉매한다.

$$A+B-X \rightarrow A-X+B \quad (A : 수용체, B-X : 공여체, X : 전달되는 원자단)$$

② 전이 효소 : methyltransferase, carboxyltransferase, acyltransferase 등

(3) 가수분해 효소(Hydrolase)
① 물 분자의 개입으로 복잡한 유기화합물의 공유 결합을 분해한다.

$$R - R' + H_2O \rightarrow ROH + R'H$$

② 가수분해 효소의 종류
- 탄수화물의 다당류에 작용 : polysaccharase
- 소당류 또는 배당체에 작용 : oligosaccharase 등
- 단백질에 작용 : protease
- 지질에 작용 : lipase

(4) 기제거 효소(lyase)
가수분해 이외의 방법으로 기질에서 카르복실기, 알데히드기, H_2O, NH_3 등을 분리하여 기질에 이중 결합을 만들거나 반대로 이중 결합에 원자단을 부가시키는 반응을 촉매한다. 아미노산에 카르복실기가 이탈하여 아민이 생성되는 반응을 들 수 있다.
예 fumarate hydratase

(5) 이성화 효소(isomerase)
광학적 이성체(D형 ↔ L형), keto ↔ enol 등의 이성체 간의 전환 반응을 촉매한다.
예 glucose isomerase에 의해서 glucose가 fructose로 전환된다.

(6) 합성 효소(ligase, synthetase)
ATP, GTP 등의 고에너지 인산화합물의 pyro 인산 결합의 절단 반응과 같이 2종의 기질 분자의 축합 반응을 촉매한다.
예 acetyl-CoA synthetase에 의해 산으로부터 acetyl-CoA를 생성한다.

$$ATP + CH_3COOH + CoASH \rightarrow AMP + CH_3COSCoA + H_4P_2O_7$$

02 식품의 특수성분

① 맛 성분

식품의 맛은 단일한 것이 아니라 여러 가지 정미 성분이 혼합된 총합적인 것으로 H. Henning은 식품의 맛을 단맛, 짠맛, 신맛, 쓴맛 등 4가지의 기본맛, 즉 4원미로 분류하였다.

1. 단맛

단맛은 -CHO, -OH, -NH$_2$, -NO$_2$, -SO$_2$, NH$_2$기 등의 감미발현단과 -H 또는 -CH$_2$OH 등과 같은 조미단이 결합됨으로써 단맛을 나타낸다. 단맛의 상대적 감미도란 설탕 10% 용액의 단맛을 100으로 하여 비교한 수치이다.

(1) 당류

① sucrose : α-glucose와 β-fructose가 결합. 물에 녹여도 거의 변화가 없고, 감미도는 100이다.

② fructose : 설탕의 1.03~1.73배의 단맛을 낸다. β형이 α형의 3배의 단맛을 내고, 벌꿀에 약 35% 함유, invert sugar의 감미도는 120이다.

③ glucose : 벌꿀에 약 35%를 가지고 있어 대단히 달지만 가온하면 약해진다. α형이 β형보다 더 달며, β형의 단맛은 α형의 66% 정도이다. 감미도는 70이다.

④ maltose : 독특한 단맛을 가지며, 원래 β형이나 이것을 물에 타면 α형이 되어 더 달게 된다. 감미도는 50이다.

⑤ lactose : β형이 α형보다 더 달다. 일반적으로 glycosidic OH기와 인접 OH기가 cis형인 것이 trans형보다 더 달 것으로 생각된다. 감미도는 20이다.

(2) 당 알코올

알코올의 단맛은 친수기인 hydroxy기에 기인된 것으로 -OH기가 증가함에 따라 단맛도 증가한다. xylitol(75), glycerol(48), sorbitol(48), erythritol(45), inositol(45), mannitol(45) 등이다.

(3) 방향족 화합물

① phyllodulcin : 감차의 단맛 성분으로 감미도는 40,000~50,000이다.

② glycyrrhizin : 감초의 단맛 성분으로 감미도는 15,000이다.
③ peryllartin : 자소엽의 단맛 성분으로 담배의 맛을 내는 데 사용된다. 감미도는 200,000~500,000이다.
④ stevioside : 국화과 식물인 Steria rebaudiana Bertoni의 잎에 함유되어 있으며, 감미도는 12,000~15,000이다.

(4) 기타 단맛물질

① Amino acid : glycine, alanine, α-aminobutyric acid, proline, hydroxyproline은 단맛이 있다. 새우, 게, 조개류가 강한 단맛을 가진다.
② Leucine은 설탕의 2.5배나 되는 고상한 단맛을 가지고 있어 당뇨병 환자의 감미료로 이용한다.

(5) 합성 감미료

① Saccharin
 • 용액 0.5% 이상이 되면 쓴맛을 내게 되므로 보통 사용할 농도는 0.02~0.03% 정도이다.
 • Na-saccharin의 감미도는 설탕의 500배 정도이나 농도가 높으면 감미도가 저하된다.
 • 아이스크림, 청량음료수, 강정, 과자 등에 사용한다.
② Dulcin
 • 공기 중에서나 열에 대해 비교적 안정적이다.
 • 공기 중에 너무 오래 노출시키거나 가열을 오래하면 도색을 띠게 된다.
③ Cyclohexyl sulfamate
 • 일명 cyclamate으로 불리며, 설탕의 30~50배의 단맛을 낸다.
 • 열에 안정적이고, 청량한 맛을 내며, 설탕맛과 유사하다. 농도 0.5% 이상이면 쓴맛을 나타낸다.
 • 발암물질로 알려져 사용금지 되어 있다.

2. 짠맛

짠맛은 무기 및 유기의 알칼리염이 내는 맛으로서 조리상 가장 기본적인 맛이다. 그 강도는 SO_4^{2-} > Cl^- > Br^- > I^- > HCO_3^- > NO_3^- 순이고, 그밖에 diammonium malonate, diammonium sebacinate, sodium gluconate 등도 짠맛을 나타낸다.

① 주로 짠맛을 나타내는 것 : NaCl, KCl, NH_4Cl, NaBr, NaI
② 짠맛과 쓴맛을 같은 정도로 나타내는 것 : KBr, NH_4I
③ 주로 쓴맛을 나타내는 것 : $MgCl_2$, $MgSO_4$, KI
④ 불쾌한 맛을 나타내는 것 : $CaCl_2$

3. 신맛

① 신맛은 대체로 향기를 동반하는 경우가 많으며, 식품의 청량감을 냄과 동시에 미각을 자극시키고, 식욕을 증진시켜 주는작용을 한다.
② 산미는 H^+의 맛으로 유기산, 무기산 및 산성염 등이 해리하여 산미를 낸다. 산미는 $-OH$, $-COOH$의 수, $-NH_2$의 유무나 다소에 따라 맛이 다른데, 보통 $-OH$가 있으면 온전한 산미, $-NH_2$가 있으면 고미가 가해진 산미가 된다.
③ 신맛의 강도를 동일 농도에서 HCl을 100으로 하여 비교하면 HCl(100) > HNO_3 > H_2SO_4 > formic acid(84) > citric acid(78) > malic acid(72) > lactic acid(65) > acetic acid(45) > butyric acid(32)의 순이다.

4. 쓴맛

쓴맛을 가진 물질은 분자 내에 $N\equiv$, $=N\equiv$, $-SH$, $-S-S$, $-S-$, $=CS$, $-SO_2$, $-NO_2$ 등의 원자단을 가지고 있으며, 무기염류 중에서는 Ca^{++}, Mg^{++}, NH_3^+ 등의 양이온이 쓴맛을 낸다.
식품 중의 쓴맛 성분으로는 alkaloid, 배당체, ketone류 및 무기염류가 중요하다. 쓴맛의 대표적인 것은 quinone이다.

(1) Alkaloid
① 식물체에 존재하는 함질소염기성 물질의 총칭이다.
② 차, 커피 중의 caffein(theine), 코코아, 초콜릿 중의 theobromine을 들 수 있다.

(2) 배당체
① 식물계에 널리 분포하고 과실, 채소의 쓴맛 성분이다.
② naringin(감귤의 파괴), quercetin(양파 껍질), cucurbitacin(오이 꼭지), limonin(감귤류의 자연성 쓴맛) 등이 있다.

(3) ketone류
humulon과 lupulon을 들 수 있는데, 이것은 맥주의 쓴맛 성분이다. 식품의 맛을 돋우는 데 도움이 되며, 바람직한 쓴맛이다.

(4) 무기염류
$CaCl_2$나 $MgCl_2$는 쓴맛을 가지며, 이것을 주로 함유하는 간수(bittern)는 두부 제조 시에 단백질 응고제로 사용된다.

5. 매운맛

매운맛(hot taste)은 미뢰만이 아니라 입안 전체에서 느끼는 통감이다. 매운맛은 유황화합물, 산 amide류, 방향족 aldehyde 및 ketone류와 amine류로 대표할 수 있다.

(1) 유황화합물

① 겨자류
- allylisothiocyanate : 흑겨자, 고추냉이, 무 등의 매운맛 성분이다.
- p-hydroxybenzyl isothiocyanate : 백겨자의 매운맛 성분이다.

② 황화 allyl류
- allicine : 마늘, 양파, 부추 등의 매운맛 성분이다.
- dimethylsulfide : 파래, 고사리, 아스파라거스, 파슬리 등의 매운맛 성분이다.
- divinylsulfide, propylallylsulfide, dialkyltetrasulfide : 부추, 파, 양파 등의 매운맛 성분이다.

(2) 산 amide류

- capsaicine : 고추의 매운맛 성분으로 dihydrocapsaicine과 2 : 1 비율로 함유되어 있다.
- chavicine : 후추의 매운맛 성분으로 후추에 0.8% 정도 함유되어 있고, cis형 이성체만 매운맛을 가진다.
- sanshool : 산초 열매의 매운맛 성분으로 환원되면 hydrosanshool이 된다.

(3) 방향족 aldehyde 및 ketone류

- cinnamic aldehyde : 육계의 매운맛 성분이다.
- zingerone, shogaol, gingerol : 생강의 매운맛 성분이다.
- curcumin : 울금의 매운맛 성분이다.
- vanillin : vanilla 콩의 매운맛 성분이다.

(4) amine류

histamine, tyramine는 썩은 생선, 변패 간장 등의 불쾌한 매운맛 성분이다.

6. 감칠맛

감칠맛은 단맛, 신맛, 짠맛, 쓴맛의 4가지 4원미와 향과 texture가 조화되어 나는 맛이다. 감칠맛은 아미노산, peptide, amide, nucleotide, 유기염기, 유기산염 등이 관계하고 있다.

(1) 식물성 식품

① M.S.G(monosodium glutamate) : L-형만 맛이 난다. 간장, 된장, 다시마 등을 들 수 있다.
② guanylic acid : 표고버섯의 감칠맛 성분이다. nucleotide에 속한다.
③ theanine : L-glutamic acid의 ethyl amide이며, 차의 감칠맛을 낸다.
④ asparagine 및 glutamine : 채소류의 감칠맛과 물고기류와 육류의 감칠맛을 낸다.
⑤ sodium succinate : 청주, 조개류의 감칠맛을 낸다.

(2) 동물성 식품

① nucleotides
- Adenine, guanine, hypoxanthine, xanthin 등의 purine base와 ribose 및 1분자의 인산이 결합되어 있다.
- 육류, 물고기류의 감칠맛을 낸다. 이 중에 맛이 가장 강한 것은 inosinic acid(IMP)와 guanylic acid(GMP)이고, 동물이 죽으면 급히 ATP가 적어지고 IMP가 많아진다.

② peptide류
Dipepeide에 속하는 carnosine, anserine(methyl carnosine)은 육류, 물고기류에, tripeptide에 속하는 glutathione은 동물성 식품에 널리 분포되어 있다.

(3) 기타 식품

이 밖에 감칠맛으로는 taurine은 오징어, 문어의 감칠맛 성분이고, 죽순의 감칠맛 성분은 arginine purine이다. 김의 감칠맛은 amino acid 중 glycine에 의한다.

7. 떫은맛

떫은맛(astringent taste)은 혀 표면에 있는 점성단백질이 일시적으로 변성, 응고되어 미각신경이 마비됨으로써 일어나는 수렴성의 불쾌한 맛이다. Protein의 응고를 가져오는 철, 알루미늄 등의 금속류, 일부의 fatty acid, aldehyde와 tannin이 떫은맛의 원인을 이룬다.

① 다류의 떫은맛은 gallic acid와 catechin에 기인한다.
② 밤 속껍질의 떫은맛은 gallic acid 2분자가 축합한 ellagic acid이다.
③ 감의 떫은맛은 shibuol와 gallic acid에 기인한다.
④ Coffee의 떫은맛은 caffeic acid와 quinic acid가 축합한 chlorogenic acid에 기인한다.
④ 지방질도 산패되면 떫은맛을 나타내며, 이것은 지방질이 분해하여 생성된 지방산과 aldehyde에 기인한다. 어류 건제품이나 훈제품에서 볼 수 있다.

8. 맛 성분의 변화

(1) 맛 성분의 변화

1) 발효에 의한 맛의 변화
① 된장, 간장의 맛은 원료 중의 탄수화물, 단백질이 미생물에 의하여 대사되어 생긴 당분, amino acid, 염기류 등의 혼합미이다.
② 김치의 맛은 탄수화물의 분해에 의하여 생긴 초산, 유산 등에 의한다.

2) 변패에 의한 맛의 변화
① 쉰밥은 산미(낙산)를 나타내고, 오래된 물고기는 지방의 분해에 의한 떫은맛(지방산, aldehyde 등)이나 amino acid의 분해에 의한 신미(histamine, tyramine)를 띤다.
② 오래된 청국장은 단백질의 분해가 진행하여 쓴맛(peptone)이 생긴다.

3) 조리에 의한 맛의 변화
① 조리에 의한 starch의 호화와 단백질의 변성은 식품에 교질미(colloid)를 부여한다.
② 식품의 조리에 의하여 Ex분이 유출되어 국물의 지미가 늘어나고 감미·지미가 짠맛에 의하여 강화되는 등, 다채로운 변화를 보여 준다.
③ 무의 diallylsulfide나 양파의 diallyldisulfide는 이들을 삶을 때 각각 methyl mercaptane이나 propyl mercaptane이 되어 감미가 크게 증가한다.

4) 숙성에 의한 맛의 변화
① 식품 중의 단백질, 탄수화물, 지질이 식품이나 미생물이 가지는 효소의 작용에 의하여 극히 천천히 분해되어 다양한 맛이 형성된다.
② alcohol음료 등에서 어느 기간 이상 숙성하면 alcohol의 강한 자극이 사라지는 일이 많다. 이것은 alcohol분자와 물분자가 서로 섞여서 회합(association)하는 맛이다.

2 냄새 성분

식품의 냄새 또는 향기는 맛이나 색깔과 마찬가지로 식품의 가치와 기호성을 평가하는 중요한 요소이다. 식품의 냄새와 관계가 있는 물질은 저급지방산의 ester, 방향족화합물, 2중 또는 3중 결합화합물, 저분자 알코올, 제3급 알코올이다. 현재까지 알려진 발향단, 즉 원자단은 OH, CHO, COOR, =CO, C₆H₅, -NO₂, -NH₂, -COOH, -NCS 등이다.

1. 식물성 식품의 냄새 성분

(1) 에스테르류(ester류)

① 과일 향기의 주성분이다.
② 향기 성분 : amyl formate(사과, 복숭아), isoamyl formate(배), ethyl acetate(파인애플), methyl butyrate(사과), isoamyl acetate(배, 사과), isoamyl isovalerate(바나나), methyl cinnamate(송이버섯), sedanolide(샐러리), apiol(파슬리) 등

(2) 알코올류(alcohol류)

① 향기 성분 : ethyl alcohol(주류), propanol(양파), pentanol(감자), β-γ-hexenol(채소의 푸른잎, 다엽), α,β-hexenal(다엽, 풋내의 주성분), linalool(차잎, 복숭아), 1-octen-3-ol(송이버섯), 2,6-nonadienol(오이), furfuryl alcohol(커피), eugenol(계피) 등

(3) 정유류(terpene류)

① Isoprene의 중합체인 terpene 및 유도체를 주성분으로 하는 화합물, 즉 alcohol, ester, aldehyde, ketone 등이 주성분이다.
② 향기 성분 : myrcene(미나리), limonene(오렌지, 레몬, 박하), α-phellandrene(후추), camphene(레몬, 생강), geraniol(녹차), menthol(박하), β-citral(오렌지, 레몬), humulene(호프) 등

(4) 유황화합물

① 엽채류와 근채류의 향기 성분으로 중요하다.
② 향기 성분 : methylmercaptan(무), propylmercaptan(양파, 마늘), dimethylmercaptan(단무지), S-methylcysteine sulfoxide(양배추), methyl-β-mercaptopropionate(파인애플), β-methylmercaptopropyl alcohol(간장), furfurylmercaptan(커피), alkylsulfide(고추냉이, 아스파라거스) 등

2. 동물성 식품의 냄새 성분

(1) 암모니아 및 amine류

① 어류의 신선도가 저하됨에 따라 trimethylamine(TMA), piperidine 또는 δ-aminovaleric acid 등이 형성되어 특유한 비린내를 갖는다.
② 상어의 냄새는 요소와 urease의 함유 때문이다.
③ 어류의 신선도가 저하되었을 때 아미노산이 분해되어 황화수소, indole, methylmercaptan, skatole 등이 생겨서 어취 발생에 관여한다.
④ 가리비 조개의 향기, 김 냄새의 주성분은 dimethyl sulfide이다.

(2) carbonyl 화합물 및 지방산류

① 생우유 향기는 acetone, acetaldehyde, propionic acid, butyric acid, caproic acid, methyl sulfide가 주성분이다.
② 버터의 향기는 diacetyl, propionic acid, butyric acid, caproic acid 등이 주성분인데, 이것은 주로 발효 및 제조과정 중에 생성된 향기 성분이다.
③ 치즈 냄새는 ethyl β-methylmercaptopropionate가 주성분으로 methionine에서 생긴 것으로 생각된다.

 ## 3. 냄새 성분의 변화

(1) 가열에 의한 향기

식품은 가열하면 여러 가지 향기가 발생한다. 이것은 식품 속에 처음부터 함유되어 있던 향기 성분이 휘발하는 한편, 불휘발성의 식품 성분이 분해하거나 서로 반응하여 휘발성 향기 물질을 이루기도 한다.

① amino acid와 당 반응에 의한 가열 향기
- amino acid와 당을 가열하면 amino-carbonyl 반응의 최종단계에서 amino acid는 탄소 수가 한 개 적은 aldehyde가 생성하는데 이것을 strecker 분해라 한다. 이때 생성되는 여러 가지 aldehyde가 식품을 가열했을 때의 냄새 성분에 관여한다.
- strecker 분해의 결과로 생긴 amino reductone은 2분자가 환원하면 pyrazine류가 생성된다. 커피, 보리차, 땅콩, 볶은 참깨 등의 방향식품에는 모두 몇 종류의 pyrazines가 함유되어 있다.

② 탄수화물의 가열향
당류 등의 탄수화물을 160℃ 이상으로 가열하면 여러 가지 향기가 발생한다. 포도당을 250℃로 가열하면 여러 종류의 향기물질이 생성된다.

③ 밥의 향기

쌀로 밥을 지을 때 식욕을 돋구는 방향이 발생한다. 이때의 방향에 ammonia, acetaldehyde, acetone, C_3, C_4, C_6의 aldehyde가 주성분으로 존재하고 극히 미량의 H_2S가 존재한다.

④ 식빵의 향기

식빵은 yeast에 의한 발효와 굽는 과정에서 풍부한 향기가 생긴다.
- 발효에 의하여 생성된 acetoin이 산화된 diacetyl은 식빵의 한 요인을 이룬다.
- 가열분해에 의하여 생기는 maltol은 초취로서 식빵 향기의 중요한 요소를 이룬다.

⑤ 채소 삶을 때의 냄새

여러 가지 채소를 삶으면 양의 차이는 있으나 H_2S, formaldehyde, mercaptane, acetaldehyde, ethylmercaptane, dimethyl sulfide, propylmercaptane, methanol 등이 생성된다.
- green peas를 삶으면 acetals(6종), aldehydes(5종), esters(6종) 황화합물이 검출된다.
- 양배추를 삶으면 다량의 dimethyl sulfide가 생긴다.
- 양파·파는 가열하면 dimethyldisulfide가 환원되어 methylmercaptane이 많이 생긴다.

3 색소 성분

식품이 색을 나타내는 것은 발색의 기본이 되는 원자단인 발색단과 조색단이 결합해야만 색을 나타낸다. 발색단(chromophore)으로는 −C=C−(ethylene기), >C=O(carbonyl기), −N=N−(azo기), −NO₂(nitro기), −N=O(nitroso기), >C=S(황 carbonyl기) 등이 있으며, 조색단은 −OH와 −NH₂ 등이 있다.

1. 색소의 분류

식품의 색소로는 자연색소와 인공색소가 있으며, 자연색소의 분류는 다음과 같다.

(1) 동식물 재료에 의한 분류

① 식물성 색소(plant pigments)
- 지용성 색소 : chlorophyll, carotenoid − 식물체의 chloroplast에 존재
- 수용성 색소 : flavonoid, anthocyanin, tannin − 식물체의 액포에 존재

② 동물성 색소(animal pigments)
- heme계 색소 : hemoglobin, myoglobin
- carotenoid계 색소 : 우유, 난황, 갑각류

(2) 화학 구조에 의한 분류

① Tetrapyrrole 유도체 : chlorophyll, heme
② Isoprenoid 유도체 : carotenoid
③ Benzopyrene 유도체 : anthocyanin, flavonoid
④ 가공색소 : caramel, melanoidine

2. 식물성 색소

(1) Chlorophyll(엽록소)

엽록소는 세포 내의 엽록체에 존재하며, 식물의 광합성작용(photosynthesis)에 중요하다. 즉, 녹색 식물에 함유되어 있는 chlorophyll에 의하여 햇빛의 존재 하에 저에너지의 간단한 산화물인 CO_2와 H_2O로부터 고에너지의 유기물질을 합성한다. 이때 chlorophyll은 빛에너지를 흡수하는 물질이다.

1) 존재

① 잎이나 줄기의 chloroplast의 성분으로 단백질, 지방, lipoprotein과 결합하여 존재한다.
② Mg−prophyrin으로서 chlorophyll a(청녹색)와 b(황녹색)는 식물에만 존재하고, c와 d는 해조류에 존재한다.
③ 식물 중에 a와 b는 3 : 1의 비율로 함유되어 있다.

2) 성질과 변화

Chlorophyll은 물에 녹지 않으나 유기 용매에는 잘 용해되며, 산, 알칼리, 효소, 금속 등에 의하여 변화가 일어난다.

① 산에 의한 변화
- chlorophyll을 산으로 처리하면 porphyrin환에 결합된 Mg이 수소 이온과 치환되어 녹갈색의 pheophytin을 형성하며, Chlorophyll에 계속 산을 작용시키면 가수분해 되어 pheophorbide라는 갈색물질이 생성된다.
- 녹색 채소를 가열할 때 채소 중의 유기산에 의해 채소의 색이 녹갈색으로 변화한다.

② 알칼리에 의한 변화
- chlorophyll은 알칼리의 존재하에 가열하면 선명한 녹색의 수용성인 chlorophyllide를 형성하며, 계속되는 경우 methyl ester 결합이 가수분해되어 수용성인 진한 녹색의 chlorophylline을 형성한다.
- 알칼리의 농도가 클 때는 chlorophyll의 염이 되며, 이것은 물에 녹아서 일시 선명한 녹색을 띤다.

③ 효소에 의한 변화
- 식물조직이 손상을 받으면 세포 내에 존재하고 있는 chlorophyllase의 작용으로 phytol이 제거되어 chlorophyllide가 생성된다.
- 시금치를 뜨거운 물로 데치면 선명한 녹색을 띠는데, 이것은 식물조직에 분포되어 있는 chlorophyllase가 식물조직이 파괴될 때 유리되기 때문이다.

④ 금속에 의한 변화
- chlorophyll을 Cu^{++}, Zn^{++}, Fe^{++} 또는 염과 가열하면 chlorophyll 분자 중의 Mg^{++}은 금속 이온과 치환되어 녹색이 고정되며, 이는 매우 안정하여 가열하여도 녹색이 유지된다.
- 완두콩, 껍질콩 등의 통조림 가공 시에 소량의 $CuSO_4$를 첨가하여 선명한 녹색을 나타내게 한다.

⑤ 조리과정에서의 변화
- 녹색 채소를 물속에서 끓이면 조직이 파괴되어 휘발성 및 비휘발성의 유기산이 유리된다.
- 유기산은 chlorophyll에 작용하여 녹갈색의 pheophytin으로 전환시킨다.

(2) Carotenoids

당근에서 처음 추출하였으며, 등황색, 황색 혹은 적색을 나타내는 지용성의 색소들이다. Carotenoid는 식물계의 chloroplast에 chlorophyll과 공존하고 있으며 동물계에서도 발견된다.

1) 존재

① Carotenoid는 등황색, 황색, 적색을 띠는 식품에 존재하며 미생물에도 함유되어 있다.
② 우유, 버터, 난황의 지방질에 용해되어 있고, 새우, 게, 연어 등에도 붉은색의 carotenoid인 astaxathin이 존재한다.

2) 구조
① carotene류 : 탄소와 수소만으로 구성된 탄화수소 형태로 석유 ether에는 잘 녹으나 ethanol에는 잘 녹지 않는다.
② xanthophyll류 : carotene이 산화된 산소 유도체로서 ethanol에는 녹으나 석유 ether에는 녹지 않는다.

3) 성질과 변화
① Carotenoid 색소는 다수의 공액 이중 결합을 가지고 있어 산화가 잘 일어나는데, carotenoid가 epoxide로 되었다가 ionone으로 산화되어 violet 냄새를 생성한다.
② 자연계에 존재하는 carotenoid는 대부분 모두 trans형이나 가열, 산, 광선의 조사 등에 의하여 이중 결합의 일부가 cis형으로 이성화되는 경우가 있다.
③ Carotenoid계 색소는 산이나 알칼리에 안정적이며, 산소가 없는 상태에서는 광선의 조사에 영향을 받지 않는다.
④ Carotenoid 색소 중 β-ionone ring을 갖는 것은 vitamin A의 효력이 있으며, 여기에는 carotene 류에 α-carotene, β-carotene, γ-carotene 등이 있고, xanthophyll류에 cryptoxanthin 등이 있다.

(3) Flavonoids(anthoxanthins)
식품계에 널리 존재하며 액포 중에 배당체의 형태로 존재하는 수용성 색소이고, flavonoid계 색소에는 anthoxanthins, anthocyanins, tannin 등이 있다.

1) 구조
① Anthoxanthin은 대부분이 2-phenyl chromone(flavone)의 기본 구조를 가진다.
② 유도체로 flavones, flavonols, flavanones, flavanonols, isoflavones가 있다.

2) 성질과 변화
① Anthoxanthin계 색소는 산에 안정하나 알칼리에 불안정하다.
② Hesperidine은 pH 11~12에서 $C_6-C_3-C_6$의 기본구조 중 C_3의 고리구조가 개열되어 해당되는 chalcone을 형성하여 황색 또는 짙은 갈색으로 변한다.
③ 밀가루에 $NaHCO_3$를 섞어 만든 빵이 황색으로 변한다든지, 삶은 감자나 단물에 조리한 쌀, 삶은 양파나 양배추 등이 황변하는 것은 이런 이유 때문이다.
④ Flavonoid는 금속과 독특한 색깔을 가진 복합체를 형성한다. 즉, quercetin의 Al염은 황색, Cr염은 적갈색, Fe염은 흑녹색을 나타낸다.

(4) Anthocyanins
Anthocyanin계 색소는 꽃, 과실, 채소류에 존재하는 적색, 자색, 청색의 수용성 색소로서 화청소라고도 부르며, 매우 불안정하여 가공, 저장 중에 쉽게 변색된다.

1) 구조
  ① Anthocyanin은 배당체로 존재하며 산, 알칼리, 효소 등에 의해 쉽게 가수분해되어 aglycone인 anthocyanidin과 포도당이나 galactose, rhamnose 등의 당류로 분리된다.
  ② benzopyrylium 핵과 phenyl기가 결합한 2-phenyl-3,5,7-trihydroxy benzopylium의 기본구조로 oxonium 화합물을 형성하고 있다.
  ③ 종류별 분류는 phenyl환에 결합되는 치환기의 종류와 수, 3, 5번 탄소 위치에 결합되는 당의 종류와 수 등에 따른다. 주로 6종류(Pelargonidin계, cyanidin계, peonidin계, delphinidin계, petunidin계, malvidin계)이 존재한다.
  ④ 일반적으로 phenyl기 중의 OH기가 증가하면 청색이 짙어지고, methoxyl기가 증가하면 적색이 짙어지는 경향이 있다.

2) 성질과 변화
  ① 물이나 알코올에 잘 녹고 에테르, 벤젠 등의 유기 용매에는 녹지 않는다.
  ② Anthocyanin계 색소는 수용액의 pH가 산성 → 중성 → 알칼리성으로 변화함에 따라 적색 → 자색 → 청색으로 변색되는 불안정한 색소이다.
  ③ 또한 농도에 따라 색깔이 다른데, 합성한 delphnidin의 산성 용액을 여과지에 떨어뜨렸을 때, 그 용액이 묽으면 청색, 농도가 짙으면 붉은색, 중간 농도에서는 자주색을 나타낸다.
  ④ Anthocyanin은 각종 금속 이온들과 반응하여 금속 착화합물을 형성한다. 그러므로 이들 금속 이온들과 반응에 의하여 anthocyanin 색소는 크게 퇴색되며, 특히 Cu, Fe 등의 금속에 의한 촉진 효과가 크다.
  ⑤ Fe나 Al은 anthocyanin과 결합하여 아름다운 청자색의 복합체로 형성한다. 가지 조림이나 검정콩 조리 시에 적당량의 Fe를 첨가하면 고유색을 유지할 수 있다.

(5) Tannin

탄닌은 식물의 줄기, 잎, 뿌리 등에 널리 분포하며, 특히 미숙과 식물의 종자에도 상당량 함유되어 있고, 원래 무색이나 그 산화물은 홍갈색, 흑색, 갈색을 나타낸다.

1) 구조
  Tannin의 기본구조는 flavonoid와 같은 $C_6-C_3-C_6$ 구조를 하고 있으며, 맛은 식품의 쓴맛과 떫은맛을 내는 원인물질이 된다. 식품에 존재하는 탄닌은 3가지로 나눈다.
  ① catechin과 그 유도체들
  ② leucoanthocyanin류
  ③ chlorogenic acid 등의 polyphenolic acid

2) 성질과 변화
  ① 공기 중에서 polyphenol oxidase에 의해 쉽게 산화되어 갈변한다. 과실이 익어감에 따라 탄닌은 anthocyanin 또는 anthoxanthin으로 변하기도 하고 중합되어 불용성 물질로 변하여 양이 감소된다.

② 여러 금속 이온과 복합염을 형성하며, 색은 회색, 갈색, 흑청색, 청녹색 등을 띤다. 차나 커피를 경수로 끓이면 액체 표면에 갈색, 적갈색의 침전을 형성한다.

③ 탄닌은 탄닌함량이 많은 과실이나 야채 통조림관에서 녹아 나오는 제1철 이온에 반응하여 회색의 복합염을 형성하고, 이 복합염은 통조림 내부에 산소 존재 시 제2철 이온과 복합염을 형성하여 흑청색, 청녹색으로 변화한다.

3. 동물성 색소

동물성 식품의 색소로서는 heme계 색소로서 근육색인 myoglobin과 혈액색소인 hemoglobin이 있다. 그 외 일부 carotenoid계 색소들이 우유, 유제품, 난황에 함유되어 있다.

(1) Heme계 색소

식육이나 어육의 적색의 육색소(myoglobin, Mb)와 혈색소(hemoglobin, Hb)로 대별되는 2종의 색소단백질이다. Mb와 Hb는 porphyrin과 철 착염인 색소부분 heme에 단백질 부분인 globin이 결합한 것이다.

1) Myoglobin

① Myoglobin은 육색소로서 globin 1분자와 heme 1분자가 결합하고 있으며 산소의 저장체로 작용한다.

② 공기 중 산소에 의해 선홍색의 oxymyoglobin이 되고, 계속 산화하면 갈색의 metmyoglobin이 되며, 가열을 계속하면 globin 부분이 변성되어 갈색 내지는 회색의 heme이 유리된다.

③ 육류의 색이 갈색의 metmyoglobin으로 변질되는 것을 방지하기 위해 질산염이나 아질산염을 사용하면, 이것이 NO로 변한 다음 nitrosomyoglobin을 형성하여 산화를 방지하고 선명한 붉은색이 된다.

2) Hemoglobin

① 혈액의 붉은 색소로서 globin 1분자와 heme 4분자가 결합하고 있으며 산소 운반체를 작용한다.

② 산소와 결합하여 oxyhemoglobin(HbO_2)을 형성한 후 산성에서 서서히 산화되어 갈색의 methemoglobin으로 된다.

③ 연체동물이나 갑각류의 혈색소인 hemocyanin은 hemoglobin의 철(Fe) 대신 구리(Cu)를 함유하고 있는데 hemocyanin은 산소와 결합하여 청색이 된다.

(2) Carotenoid계 색소

① 우육의 지방 중에 α, β, γ-carotene이 함유되어 있으며, 그중 β-carotene의 함량이 가장 많다.

② 유지방에도 carotenoid가 존재하며, 이들은 버터나 치즈의 색도에 관계된다.

③ 난류의 난황색은 lutein, zeaxanthin, cryptoxanthin에 의한 것이다.

④ 도미의 표피, 연어, 송어의 적색육은 astaxanthin에 의한 것이다.
⑤ 피조개의 적색 근육부에는 carotene, lutein이 함유되어 있다.
⑥ 새우나 게 등의 갑각류에는 astaxanthin이 단백질과 결합하여 청록색을 띠나 가열에 의해 단백질은 변성하여 유리되고, astaxanthin은 산화되어 astacin이 되어 선명한 적색을 띤다.

4. 색소 성분의 변화

1) 식품의 갈변

식품의 갈변 반응은 효소에 의한 갈변 반응과 효소가 관여하지 않는 비효소적 갈변 반응의 두 종류로 대별한다.

효소적 갈변	비효소적 갈변
• polyphenol oxidase에 의한 갈변 • tyrosinase에 의한 갈변	• maillard 반응 • caramel화 반응 • ascorbic acid 산화 반응

① 효소적 갈변 반응
  ㉠ 효소적 갈변
    ⓐ polyphenol oxidase에 의한 갈변
      • 사과, 배, 가지, 살구 등의 과실과 야채류에 들어 있는 catechin, gallic acid, chlorogenic acid 등 polyphenol성 물질이 polyphenol oxidase에 의하여 quinone 유도체로 산화되고 이것이 중합하여 갈색물질(melanin)을 생성한다.
      • O-diphenol $\xrightarrow{\text{polyphenol oxidase}}$ O-quinone $\xrightarrow{\text{중합}}$ 갈색물질
      • 고구마 가공 시 변색방지법으로는 아황산처리, 열탕처리, 식염수, 구연산 용액에 침지 등이 있다.
      • 감귤은 Vit-C를 많이 함유하고 있어 갈변이 잘 일어나지 않는다.
      • 사과나 배를 구리 용기나 철제 칼로 처리하면 갈변이 일어나므로 이들 과실은 묽은 소금물에 담가두어 갈변을 방지한다.
    ⓑ tyrosinase에 의한 갈변
      • 공기 중에서 감자를 절단하면 tyrosinase에 의해 산화되어 dihydroxyphenylalanine (DOPA)을 거쳐 O-quinone phenylalanin(DOPA-quinone)이 되고 다시 산화, 계속적인 축합·중합 반응을 통하여 흑갈색의 melanin색소를 생성한다.
      • Cu를 함유하므로 Cu에 의해 더욱 활성화되며, 반대로 Cl⁻에 의해 억제된다. 수용성이므로 감자의 절편을 물에 담가두면 갈변이 잘 일어나지 않는다.

ⓛ 효소적 갈변 방지법
  ⓐ Blanching(열처리)
    • 효소는 복합단백질이므로 가열에 의해 쉽게 불활성화된다.
    • 온도와 시간에 유의한다.
  ⓑ 아황산가스 또는 아황산염을 이용하면 감자의 경우, pH 6.0에서 효과적으로 억제된다.
  ⓒ 산소의 제거
    • 효소적 갈변은 산소가 존재하지 않으면 일어날 수 없다.
    • 밀폐용기에 식품을 넣고 공기를 제거하거나, 불활성가스인 질소나 탄산가스를 치환하면 억제할 수 있다.
  ⓓ phenolase기질의 메틸화 : 과실류, 야채류의 색깔, 향미, texture에 아무런 영향을 주지 않고 갈변을 방지할 수 있는 방법
  ⓔ 산의 이용
    • phenolase의 최적 pH는 6~7 정도이다.
    • 식품의 pH를 citric acid, malic acid, ascorbic acid, 인산 등으로 낮추어 줌으로써 효소에 의한 갈색화 반응을 억제할 수 있다.
    • ascorbic acid를 가장 많이 사용한다.
  ⓕ 붕산 및 붕산염의 이용 : 식품에 거의 이용되지 않는다.
② 비효소적 갈변 반응
  ⓛ Maillard 반응
    당의 carbonyl기와 amino acid의 amino기와의 결합에서 개시되므로 amino carbonyl 반응이라고도 한다. 또 melanoidine 반응이라고도 한다.
  ⓛ Caramelization
    ⓐ Amino compounds나 organic acid가 존재하지 않는 상황에서 주로 당류의 가열분해물, 또는 가열산화물에 의한 갈변 반응을 caramelization이라 한다.

Maillard 반응에 영향을 주는 인자

① pH의 영향
  • pH가 높아짐에 따라 갈변이 현저히 빠르게 진행된다.
  • pH 6.5~8.5에서 착색이 빠르고, pH 3 이하에서는 갈변속도가 매우 느리다.
② 온도의 영향
  • 온도가 높을수록 반응 속도가 빠르다. 10℃의 온도차는 갈변이 3~5배 촉진되므로 10℃ 이하로 냉각하면 갈변이 방지된다.
  • 80℃ 이상에서는 산소의 유무에 관계없이 같은 정도로 갈변하지만 실온 저장하면 산소가 있을 때 갈변이 촉진된다.
③ 수분
  • Maillard 반응에는 수분의 존재가 필수적이며 완전 건조상태에서는 갈변이 진행되지 않으나, 수분 10~20%에서 가장 갈변하기 쉽다고 알려져 있다.

④ 당의 종류
  - 환원당은 pyranose 환이 열려서 aldehyde형이 되어 반응을 일으킨다.
  - Pentose>hexose>sucrose의 순이고, pentose가 hexose보다 약 10배나 갈변속도가 크다.
⑤ Amino acid의 종류
  - 단독으로 갈변하는 일은 적지만 carbonyl 화합물과 공존하면 갈변이 촉진된다.
  - 사슬이 길고 복잡한 치환기를 가질수록 반응 속도는 느려진다.
  - 일반적으로 amine이 amino acid 보다 갈변속도가 크다.
  - Glycine이 가장 반응하기 쉬우며, 그 밖에는 별 차이가 없다.
⑥ 반응물질의 농도
  Melanoidine 색소의 양 [Y]는 온도가 일정할 때 환원당의 농도[S]에 비례하고, 아미노화합물의 농도[A]와 경과시간[T]의 자승에 각각 비례한다. [Y] = K × [S][A]²[T]²(K는 속도항수)
⑦ 저해물질
  Maillard 반응에 의한 갈변을 억제하는 저해물질에는 아황산염, 황산염, thiol, 칼슘염 등이 있다.

ⓑ 당류는 그 융점보다 높은 온도로 가열하면 주로 탈수, 분해, 중합 반응 등이 일어난다. 당류를 가열하면 설탕은 160~180℃, glucose는 147℃에서 분해되기 시작한다.
ⓒ 이때 설탕은 glucose와 fructose로 분해되고, 이어서 fructose는 탈수되어 hydroxymethyl furfural이 되며, 이것이 중합되어 착색물질이 생긴다.
ⓓ 식품에 주는 영향은 가열, 가공 시 색깔과 풍미(flavor)를 높인다.
ⓔ 당류의 caramel화에 필요한 최적 pH는 6.5~8.2이다.

ⓒ Ascorbic acid 산화 반응
  ⓐ Ascorbic acid는 모든 야채와 과실류에 많이 존재한다.
  ⓑ Ascorbic acid는 먼저 산화되어 dehydroascorbic acid로 된 다음에 이것은 2,3-diketogluconic acid로 산화되고, furfural로 변하여 다량의 이산화탄소를 발생한다.
  ⓒ 이 반응은 pH의 영향을 많이 받는데 일반적으로 pH 2.0~3.5 범위에서의 갈색화는 pH에 반비례하고, pH가 높을수록 갈색화는 잘 일어나지 않는다.
  ⓓ 신선한 과일, 채소, 특히 사과, 배 등은 polyphenol oxidase에 의한 갈변이 심하고 ascorbic acid oxidase에 의하여 갈변이 촉진된다.

03 식품의 물성

식품의 기호에 영향을 미치는 요소 중에는 맛, 냄새, 색깔 외에 입안에서의 촉감과 관계되는 식품의 물성이 있다. 식품의 물성은 texture와 관계되는 물성학(rheology)적인 면과 교질상태 (colloid)의 두 가지로 나눌 수 있다.

① 식품의 물성

1. 식품의 교질성

- **산포물질** : 식품 내에서 작은 단위로 쪼개져서 다른 연속된 물질 중에 흩어져 있는 것 – 용질
- **산포매개체** : 산포물질이 흩어져 있을 수 있는 연속된 물질 – 용매
- **산포** : 산포물질이 산포매개체에 흩어져 있는 상태 – 용액

(1) 진용액(True solution)

① 산포물질은 1개의 분자 또는 이온으로서 산포물질의 직경은 1mμ 이하로 동질적이다.
② 여과지나 양피지를 통과하고 분자 운동을 한다.
③ 종류 : 설탕 시럽

(2) 교질 용액(Colloidal solution)

① 입자의 크기가 1~100mμ로 진용액보다 상당히 크기 때문에 인력에 의해 분리되는 경향이 있다.
② 여과지는 통과하나 양피지는 통과하지 못하고 브라운 운동을 한다. 단백질은 교질 용액을 형성한다.

[식품에서의 교질(colloid) 상태]

분산질(상)	분산매	교질상태	식품의 예
기체	액체	에어졸	향기부여 스모그
	고체	분말	밀가루, 전분, 설탕
액체	기체	거품	맥주 및 사이다 거품, 발효 중의 거품
	액체	에멀션	우유, 생크림, 마가린, 버터, 마요네즈
	고체	현탁질	된장국, 주스, 전분액, 스프
		졸	소스, 페이스트
고체	기체	고체거품	빵, 쿠키
	액체	고체겔	젤리, 양갱, 한천, 과육, 초콜릿, 두부
	고체	고체교질	사탕과자, 과자

(3) 부유상태(Suspension)

0.1μ 이상의 직경으로 여과지도 통과 못하며, 중력에 의한 운동을 한다.

(4) 졸(Sol)

① 콜로이드 상태에서 분산매가 액체이고, 분산상이 고체인 콜로이드 입자가 분산되어 있는 유동성의 액체이다.
② 종류 : 우유, 전분 용액, 된장국물, soup, 한천이나 gelatin에 물을 넣고 가열한 것

(5) 겔(Gel)

① 분산상의 입자 사이에 적은 양의 분산매가 있어 분산상의 입자가 서로 접촉하여 전체적으로 유동성이 없어진다.
② 종류 : 한천, 젤리, 묵, 삶은 계란

(6) 유화

① 분산질과 분산매가 다같이 액체인 교질상태를 유화액이라 하고, 유화액을 이루는 작용을 유화(emulsification)라 한다.
② 유화제는 한 분자 내에 $-OH$, $-CHO$, $-COOH$, $-NH_2$ 등의 극성기 또는 친수기와 alkyl기($CH_3-CH_2-CH_2-$)와 같은 비극성기 또는 소수기를 가지고 있다.
③ 소수기는 기름과 친수기는 물과 결합하여 기름과 물의 계면에 유화제 분자의 피막이 형성되어 계면장력을 저하시켜 유화성을 일으키게 한다.
④ 유화액의 형태
  • O/W형 : 물속에 기름이 분산된 수중유적형으로 우유, 마요네즈, 아이스크림 등이다.
  • W/O형 : 기름에 물이 분산된 유중수적형으로 버터, 마가린 등이다.
⑤ 유화액의 형태를 이루는 조건
  • 유화제의 성질
  • 전해질의 유무
  • 기름의 성질
  • 기름과 물의 비율

② Rheology 특성

 1. Rheology 특성

(1) 점성(Viscosity)
① 액체의 유동성에 대한 저항을 점성이라고 한다.
② 온도와 수분함량에 따라 달리 나타나는데 맛에 영향을 준다.
③ 일반적으로 점성은 용매의 종류, 용질의 종류, 농도에 따라 변하며 액체에서는 온도가 높으면 점성이 감소하고, 압력이 높으면 증가한다.

(2) 탄성(Elasticity)
① 외부에서 힘의 작용을 받아 변형되어 있는 물체가 외부의 힘을 제거하면 원래 상태로 되돌아가려는 성질이 탄성이다.
② 종류 : 한천, 겔, 밀가루 반죽, 빵, 떡 등이 탄성을 가지고 있다.

(3) 소성(Plasticity)
① 외부에서 힘의 작용을 받아 변형이 되었을 때 힘을 제거하여도 원상태로 되돌아가지 않는 성질이 소성이다.
② 종류 : 버터, 마가린, 생크림 등

(4) 점탄성(Viscoelasticity)
물체에 힘을 주었을 때 점성유동과 탄성변형이 동시에 일어나는 성질이 점탄성이다.
① 예사성(spinability) : 계란 흰자위, 납두 등에 젓가락을 넣어 당겨 올리면 실을 뽑는 것 같이 되는 성질
② 신전성(extensibility) : 늘어나는 성질
③ 경점성(consistency) : 점탄성을 나타내는 식품의 경도를 의미 예 밀가루 반죽
④ 바이센베르그의 효과(Weissenberg's effect) : 연유 중에 젓가락을 세워서 이것을 회전시키면 밀크가 젓가락을 따라 올라가는 성질
⑤ Tenderness 및 texture : 식품을 먹을 때 촉감에 관계되는 성질

04 유해물질

과거에는 밝혀지지 않았던 새로운 유해물질인 신종유해물질이 과학기술의 발달로 새롭게 발견됨에 따라 국민의 식품안전에 대한 관심과 기대가 급증하고 있다.

1 유해물질

1. 식품 중의 신종유해물질이란?

식품의 제조·가공·조리과정 중 가열, 건조, 발효과정과 식품에 첨가되는 물질에 의해 식품 성분 간의 화학적인 반응을 거쳐 자연적으로 생성되는 물질 중 위험성 확인 등의 평가절차를 통해 확인된 물질을 말한다.

또한 사람에게 부작용 우려가 있는 발기부전치료제 등의 유사물질을 새로이 합성하여 불법적으로 식품에 첨가하는 부정유해물질을 총칭하여 신종유해물질이라고 한다.

2. 식품제조 가공 중 생성되는 유해물질

(1) 가열처리 하는 과정 중 식품 성분과 반응하여 자연적으로 생성되는 것. 벤조피렌, 아크릴아마이드 등

1) 벤조피렌
   ① 생성
      • 고온의 조리·가공 시 식품의 주성분인 지방 등이 불완전 연소되어 생성된다.
      • 불꽃이 직접 식품에 접촉할 때 많이 생성될 수 있다.
   ② 저감화 방안
      • 가능하면 검게 탄 부분이 생기지 않도록 조리하며 탄 부분은 반드시 제거하고 먹는다.
      • 고기를 구울 때 굽기 전에 불판을 충분히 가열하고 굽는다.
      • 숯불 가까이서 고기를 구울 때 연기를 마시지 않도록 주의한다.

2) 아크릴아마이드
   ① 생성
      • 전분질이 많은 식품(감자, 곡류 등)을 높은 온도에서 조리·가공할 때 생성된다.
      • 열처리 온도, 시간이 증가하면 아크릴아마이드 생성량이 증가하는 경향이 있다.
   ② 저감화 방안
      • 감자는 냉장고에 보관하지 말고, 부득이 보관하는 경우에는 8℃ 이상이 되는 어둡고 찬 곳에 보관한다.

- 감자를 튀기거나 굽기 전에 껍질을 벗겨, 물에 15~30분 동안 담가두었다가 건조 후 사용한다.
- 감자를 튀길 경우에 온도는 160℃를 넘지 않게 하고, 가정용 오븐을 사용할 경우에는 200℃를 넘지 않도록 한다.
- 식품을 충분히 익혀야 하지만 지나치게 높은 온도에서 오랫동안 조리하지 않도록 주의 한다.

(2) 식품에 첨가되는 물질이 식품 중에 함유된 성분과 상호작용을 하거나 제조과정을 거치면서 생성되는 것. 벤젠, 3-MCPD 등

1) 벤젠
① 생성
- 식품에 사용된 비타민 C와 보존 목적으로 첨가된 안식향산나트륨이 식품 중에 미량 함유된 구리, 철 등 금속이온의 촉매영향으로 생성된다.
- 보관상태 및 안식향산나트륨과 비타민 C 함량에 따라 벤젠 생성량이 달라질 수 있다.

② 저감화 방안
- 벤젠 생성원인 물질인 안식향산나트륨 및 비타민 C의 혼용을 자제한다.
- 안식향산나트륨 이외의 대체 보존료를 사용하고, 당류 및 EDTA(산화방지제)의 첨가, 살균 공정 강화 등의 방법을 사용한다.

2) 3-MCPD
① 생성
- 산분해간장 제조 시 사용되는 탈지대두 등을 염산으로 가수분해하면 단백질은 아미노산으로 분해되며, 지방은 가수분해되어 지방산과 글리세린으로 분해되면 글리세린은 염산과 반응하여 염소 화합물인 3-MCPD가 생성된다.

② 저감화 방안
- HCl의 농도를 3.8~4.1M의 수준으로 가수분해하는 것이 가장 효율적이다.
- pH 8.5~9.5 조건으로 알칼리 처리하는 것이 효율적이다.
- 알칼리 처리 시 온도 90℃로 14시간 이상 처리하는 것이 효율적이다.

③ 3-MCPD(3-Monochloropropane-1,2-diol) 기준(식품공전 제2.식품일반에 대한 공통 기준 및 규격)

대상식품	기준(mg/kg)
산분해간장, 혼합간장(산분해간장 또는 산분해간장 원액을 혼합하여 가공한 것에 한한다)	0.3 이하
식물성 단백가수분해물(HVP ; Hydrolyzed vegetable protein)	1.0 이하(건조물 기준으로서)

* 식물성 단백가수분해물(HVP) : 콩, 옥수수 또는 밀 등으로부터 얻은 식물성 단백질원을 산가수분해와 같은 화학적 공정(효소분해 제외)을 통해 아미노산 등으로 분해하여 얻어진 것을 말한다.

(3) 발효과정을 거치는 식품 중에 자연적으로 생성되는 것. 에틸카바메이트, 바이오제닉아민 등

1) 에틸카바메이트
   ① 생성요인
   - 식품의 제조과정 중 시안화수소산, 요소, 시트룰린, 시안배당체, N-carbamyl 화합물 등의 여러 전구체 물질이 에탄올과 반응하여 생성된다.
     - 과실(핵과류)종자에서 함유된 시안화합물에 의한 생성
       핵과류(stone fruits)에서 발견되는 시안배당체는 효소 반응으로 시안화수소산으로 분해된 후 산화되어 cyanate를 형성하고, cyanate가 에탄올과 반응하여 EC가 생성된다.
       HCN(Cyanide) ⇒ HOCN(Cyanate) + Ethanol ⇒ Ethyl carbamate
     - 발효과정 중 생성
       아르기닌이 효모(yeast)에 의해 분해된 요소와 에탄올 사이의 반응을 통해 EC가 생성된다.
       요소(Urea), N-carbamyl phosphate + Ethanol ⇒ Ethyl carbamate
   ② 저감화 방안
   - 시안화합물 등 EC 전구체 생성 억제
     - 핵과류 씨앗에서 시안화배당체가 술덧으로 침출되지 않도록 한다.
     - 효모에 의해 요소, N-carbamyl 화합물이 생성되지 않도록 한다.
     - 젖산균에 의해 시트룰린이 생성되지 않도록 한다.
   - 제조 공정 및 유통관리
     - 침출, 발효 및 유통과정 중 빛에 노출을 최소화 한다.
     - 침출, 발효 및 유통과정 중 25℃ 이하로 관리한다.
     - 침출, 발효 및 유통기간을 최소한으로 유지한다.
   - 증류주의 증류방법 개선을 통한 저감화
     - 구리로 된 증류기를 사용한다.
     - 술덧을 끓일 때 직화하지 말고 스팀을 이용하여 가열한다.
     - 감압증류를 통하여 증류한다.
     - 초류와 후류는 버리고, 중류만 사용한다.

2) 바이오제닉아민
   ① 생성요인
   - 단백질을 함유한 식품의 유리아미노산이 저장 또는 발효·숙성과정에서 미생물의 탈탄산 작용으로 분해되어 생성된다.
   ② 저감화 방안
   - 된장 제조 시 띄우기 단계에서 메주에 마늘을 갈아서 첨가하면 바이오제닉아민의 생성을 크게 억제할 수 있다.

3. 부정유해물질

식품 중에 불법적으로 첨가하는 부정유해물질인 발기부전치료제 유사물질, 비만치료제 유사물질 등이 있다.

(1) 발기부전치료제 및 그 유사물질
1) 현재까지 규명된 발기부전치료제 및 그 유사물질

호모실데나필(homosildenafil), 홍데나필(hongdenafil), 하이드록시호모실데나필(hydroxyhomosildenafil), 아미노타다라필(amino tadalafil), 슈도바데나필(pseudo-vardenafil), 하이드록시홍데나필(hydroxy hongdenafil), 디메칠실데나필(dimethylsildenafil), 잔소안트라필(xanthoanthrafil), 하이드록시바데나필(hydroxyvadenafil), 노르네오실데나필(norneosildenafil), 데메틸홍데나필(demethylhongdenafil), 피페리디노홍데나필(piperidinohongdenafil), 카보데나필(carbodenafil), 치오실데나필(thiosildenafil), 디메틸치오실데나필(dimethylthiosildenafil), 아세틸바데나필(acetylvardenafil), 벤질실데나필(benzylsildenafil), 노르네오바데나필(norneovardenafil), 옥소홍데나필(oxohongdenafil), 치오호모실데나필(thiohomosildenafil), 데설포바데나필(desulfovardenafil), 니트로데나필(nitrodenafil), 싸이클로펜티나필(cyclopentynafil), 옥틸노르타다라필(octylnortadalafil), 클로로데나필(chlorodenafil), 신나밀데나필(cinnamyldenafil), 치오퀴나피페리필(thioquinapiperifil), 하이드록시치오호모실데나필(hydroxythiohomosildenafil), 클로로프레타다라필(chloropretadalafil), 하이드록시클로로데나필(hydroxychlorodenafil), 디클로로데나필(dichlorodenafil), 데메칠타다라필(demethyltadalafil), 아세트아미노타다라필(acetaminotadalafil), 메틸하이드록시호모실데나필(methylhydroxyhomosildenafil), 프로폭시페닐치오호모실데나필(propoxyphenylthiosildenafil), 프로폭시페닐치오하이드록시호모실데나필(propoxyphenylthiohydroxyhomosildenafil), 프로폭시페닐치오실데나필(propoxyphenylthiosildenafil), 겐데나필(gendenafil) 등 55종[식품공전 2022년]

(2) 비만치료제 및 그 유사물질
1) 현재까지 규명된 비만치료제 및 그 유사물질

시부트라민(sibutramine), 오르리스타트(orlistat), 데스메틸시부트라민(desmethylsibutramine), 디데스메틸시부트라민(didesmethylsibutramine) 등 6종[식품공전 2022년]

(3) 당뇨치료제 및 그 유사물질
1) 현재까지 규명된 당뇨치료제 및 그 유사물질

글리벤클라미드(glibenclamide), 글리클라짓(gliclazide), 글리메피리드(glimepiride) 등 4종[식품공전 2022년]

4. 방사성물질

(1) 방사성물질의 식품 오염경로
1) 음료수
   ① 빗물, 수돗물, 우물물이 있는데, 가장 문제되는 것이 빗물이다.
   ② 강하물이 지표에 떨어질 때 오염되기 쉬우므로 음료수로 사용하는 것은 위험하다.
   ③ 방사능 비에 의하여 음용수가 오염되므로 이온 교환수지 또는 간이여과기를 사용하여 방사성 물질의 제거를 강구하고 있다.

2) 식물체
   ① 농작물, 야채 등의 식물체에 있어서는 방사성 강하물이 토양에서 뿌리에 흡수, 표면에 부착 또는 직접 흡수에 의하여 오염된다.
   ② Sr-90은 눈, 비에 의해 지표면에 낙하되어 식물체 뿌리로부터 흡수된다.
   ③ Cs-137은 주로 식물체 표면에 흡수된다. 야채는 주로 강우에 의해 오염되기 때문에 세척을 잘하면 거의 제거된다.

3) 해산물
   ① 해양 중에 방류된 방사능 핵종은 어패류와 해초에 들어가 일반적으로 농축되는 경향이 있다.
   ② 방사능 핵종은 이온상, 콜로이드상, 입자상 등으로 물에 용존하여 유동, 확산된다.
   ③ 어류의 체표면에서 직접 흡착되거나 입, 아가미를 통해서 체내로 흡수된다.
   ④ 해양 생물에 직접 또는 먹이사슬을 거쳐 오염된 해산식품을 사람이 간접적으로 식용하게 된다.

4) 축산물
   ① 방사능 비에 의하여 오염된 사료, 목초를 먹은 가축을 통한 2차적인 오염이다.
   ② 가장 문제되는 핵종은 I-131이다.

(2) 방사능 오염 식품의 인체에 대한작용
   ① 방사능 핵종이 인체에 미치는 영향은 핵종의 특성에 따라서 다르다.
   ② 인체에 미치는 영향의 순서
   - 생체에서 흡수되기 쉬운 것일수록
   - 생체 기관의 감수성이 클수록
   - 반감기가 길수록
   - 혈액에서 특정 조직으로 옮겨져서 침착되는 시간이 짧을수록
   ③ 현재 방사능 핵종 중 단시간에 식품을 오염시키는 핵종은 비교적 반감기가 긴 Sr-90(28.8년)과 Cs-137(30.17년)이 가장 문제가 된다.

[방사성 동위 원소의 방사선, 반감기 및 문제되는 기관]

원소명	방사선	반감기	문제되는 신체기관	원소명	방사선	반감기	문제되는 신체기관
^{14}C	β	5,568년	지방, 뼈	^{127}Te	β	9.3시간	콩팥
^{24}Na	β, γ	15.06시간	전신	^{129}Te	β, γ	72분	콩팥
^{32}P	β	14.3일	뼈	^{131}I	β, γ	8.1일	갑상선
^{35}S	β	87.1일	피부	^{137}Cs	β	33년	근육
^{45}Ca	β	152일	뼈	^{140}Ba	β, γ	12.8일	뼈
^{56}Mn	β, γ	2.6시간	콩팥, 간	^{143}La	β, γ	40시간	뼈
^{55}Fe	γ	2.94년	혈액	^{144}Ce	β	282일	뼈
^{59}Fe	β, γ	45.1일	혈액	^{147}Pm	β	2.6년	뼈
^{60}Co	β, γ	5.3년	간	^{210}Po(가용성)	$α_1(γ)$	138.3일	지라
^{65}Zn	β, γ	250일	뼈	^{210}Po(불용성)	$α_1(γ)$	138.3일	폐
^{89}Sr	β	53일	뼈	^{226}Ra	α, (β), γ	1,622년	뼈
^{90}Sr	β	28년	뼈	^{233}U(가용성)	α, (β), γ	4.49×10⁹년	콩팥
^{91}Y	β, γ	61일	뼈	^{233}U(불용성)	α, (β)	4.49×10⁹년	폐
^{106}Ru	β	1년	콩팥	^{239}Pu(가용성)	α, (γ)	24,362년	뼈
^{105}Rh	β, γ	36.5시간	콩팥	^{236}Pu(불용성)	α, (γ)	24,362년	폐

5. 내분비계 장애물질

일명 환경호르몬이라 불리는 내분비계 장애물질은 인간 및 동물의 생체 내에 작용하여 수컷의 정자 수를 감소시키거나 수컷의 암컷화, 다음 세대의 성장 억제 등을 초래하는 것으로 알려져 있어 지구상 생명체의 멸종에 큰 영향을 미치는 한 요인으로서 인식되고 있다.

(1) 내분비계 장애물질이란?

내분비계의 정상적인 기능을 방해하는 화학물질로서 환경 중 배출된 화학물질이 체내에 유입되어 마치 호르몬처럼 작용한다고 하여 환경호르몬으로 불리우기도 한다. 내분비계 장애물질로 알려진 물질의 대부분은 산업용 화학물질이 차지하고 있으며, 그밖에 에스트로겐 기능약물, 식물에서 생산되는 식물성에스트로겐 등이 포함된다.

(2) 내분비계 장애물질의 성질

① 일반적으로 합성화학물질로서 물질의 종류에 따라 저해호르몬의 종류 및 저해방법이 각각 다르다.
② 생체호르몬과는 달리 쉽게 분해되지 않고 안정하다.

③ 환경 및 생체 내에 잔존하며 심지어 수년간 지속되기도 한다.
④ 인체 등 생물체의 지방 및 조직에 농축되는 성질이 있다.

(3) 내분비계 장애를 유발할 수 있는 물질

- 각종 산업용화학물질, 살충제 및 제초제 등의 농약류, 유기중금속류, 소각장의 다이옥신류, 식물에 존재하는 식물성 에스트로겐(phytoestrogen)등의 호르몬유사물질, DES(Diethylstil-Bestrol)과 같은 의약품으로 사용되는 합성 에스트로겐류 및 기타 식품, 식품첨가물 등을 들 수 있다.
- 현재 세계생태보전기금(WWF) 목록에는 67종의 화학물질이 등재되어 있으며, 일본 후생성에서는 산업용화학물질, 의약품, 식품첨가물 등의 142종의 물질을 내분비계 장애물질로 분류하고 있다.

(4) 내분비계 장애물질의 영향

1) 내분비계 장애 기전

호르몬이 체내에서 작용하기 위해서는 보통 합성, 방출, 목적장기 세포로의 수송, 수용체 결합, 신호전달, 유전적 발현 활성화 등의 일련의 과정을 거쳐 이루어진다. 내분비계 장애물질은 이러한 과정 중의 어느 단계를 저해 또는 교란함으로써 장애를 나타낼 수 있다.

2) 내분비계 장애물질의 대표적인 영향

- 호르몬 분비의 불균형
- 생식능력 저하 및 생식기관 기형
- 생장저해
- 암유발
- 면역기능저해

[내분비계작용과정 및 내분비계 장애물질의작용 예]

호르몬작용단계	내분비계 장애물질의작용 예
① 호르몬 합성단계 ② 내분비선으로부터의 호르몬 방출단계 ③ 표적장기의 세포로 혈액을 통해 수송	• 스티렌 다이머, 트리머 : 뇌하수체에작용하여 호르몬 합성을 저해
④ 호르몬 수용체의 인식, 결합 및 활성화	• 유사작용(mimics) : PCB, 노닐페놀, 비스페놀A, 프탈레이트에스테르 등 ⇒ 에스트로겐 유사체로작용 • 봉쇄작용(blocking) : DDE, vinclozolin(농약의 일종) ⇒ 장애물질이 수용체와 결합하여 안드로겐 호르몬 의작용 저해
⑤ DNA의 조절부위에 결합하여 유전적발현 또는 세포분열을 조절하는 신호 발생	• 다이옥신류(촉발작용 : trigger) • 유기주석화합물(TBT, TPT)

3) 생태계 및 인체에 대한 영향

① 야생생물에 대한 영향
- 파충류, 어류, 조류, 그리고 포유류 등 광범위하다.
- 야생동물의 생태학적 조사 결과 장애영향과 오염물질의 실제 노출량과의 상관관계 등을 확실히 밝힌 보고는 극히 드문 형편이다.

② 인간에 대한 영향
- 여성의 경우 : 유방 및 생식기관의 암, 내분열증(endometriosis), 자궁섬유종(uterine fibroid), 유방의 섬유세포 질환, 골반염증성 질환(pelvic inflammatory disease) 등
- 남성의 경우 : 정자수 감소, 정액 감소, 정자운동성 감소, 기형정자 발생증가, 생식기 기형, 정소암, 전립선질환, 기타 생식에 관련된 조직의 이상

(5) 다이옥신

1) 종류
두 개의 벤젠고리에 염소가 여러 개 붙어 있는 화합물로 산소가 두 개인 다이옥신류와 산소가 한 개인 퓨란류를 합하여 말하며 210종류가 있다.
- 다이옥신류(polychlorinated dibenzo-p-dioxins, PCDDs) : 75종류
- 퓨란류(polychlorinated dibenzofuran, PCDFs) : 135종류

2) 구조
다이옥신은 염소의 치환위치 및 수에 따라 독성강도가 다른데, 210종의 이성체 중 독성이 가장 강한 것은 2,3,7,8-사염화다이옥신(T_4CDD)이다.

3) 독성
동물 실험 결과 면역독성, 발암성, 심장기능장애, 축적성 및 난분해성 등이 있는 독성물질로 알려져 있으나, 큰 동물일수록 독성의 영향이 크게 완화되는 것으로 나타난다.

4) 식육 중 다이옥신 허용기준(식품공전 제2. 식품일반에 대한 공통기준 및 규격)
① 소고기 : 4.0pg TEQ/g fat 이하
② 돼지고기 : 2.0pg TEQ/g fat 이하
③ 닭고기 : 3.0pg TEQ/g fat 이하

05 식품첨가물

❶ 식품첨가물의 개요

1. 식품첨가물의 정의

FAO(유엔식량농업기구) 및 WHO(세계보건기구)의 합동전문위원회에서는 '식품첨가물이란 식품의 외관, 향미, 조직 또는 저장성을 향상시키기 위한 목적으로 일반적으로 적은 양이 식품에 첨가되는 비영양물질'이라고 정의하였다.

미국의 국립과학학술원 및 국립연구협의회 산하의 식품보호위원회(Food Protection Committee of the National Academy of Science-National Research Council)에서는 "식품첨가물이란 생산, 가공, 저장 또는 포장의 어떤 국면에서 식품 속에 들어오게 되는 기본적인 식품 이외의 물질 또는 물질들의 혼합물로서 여기에는 우발적인 오염물은 포함되지 않는다"고 정의하였다.

우리나라 식품위생법 제2조 제2항에서는 '식품첨가물이란 식품을 제조·가공·조리 또는 보존하는 과정에서 감미, 착색, 표백 또는 산화 방지 등을 목적으로 식품에 사용되는 물질을 말한다. 이 경우 기구·용기·포장을 살균·소독하는 데에 사용되어 간접적으로 식품으로 옮아 갈 수 있는 물질을 포함한다.' 정의하고 있다.

2. 식품첨가물의 구비조건

① 인체에 무해하고, 체내에 축적되지 않을 것
② 소량으로도 효과가 충분할 것
③ 식품의 제조가공에 필수불가결할 것
④ 식품의 영양가를 유지할 것
⑤ 식품에 나쁜 이화학적 변화를 주지 않을 것
⑥ 식품의 화학분석 등에 의해서 그 첨가물을 확인할 수 있을 것
⑦ 식품의 외관을 좋게 할 것
⑧ 값이 저렴할 것

3. 식품첨가물의 종류 및 용도

(1) 감미료(총 22종)

식품에 단맛을 부여하는 식품첨가물이다.

[허용 감미료 및 그 사용기준]

허용 감미료명	사용기준
삭카린나트륨(saccharin sodium)	아래의 식품 이외에 사용해서는 안 된다. • 젓갈류, 절임식품, 조림식품 : 1.0g/kg 이하(단, 팥 등 앙금류의 경우에는 0.2g/kg 이하) • 김치류 : 0.2g/kg 이하 • 음료류(발효음료류, 인삼·홍삼음료 제외) : 0.2g/kg 이하(다만, 5배 이상 희석한 것은 1.0g/kg 이하) • 어육 가공품 : 0.1g/kg 이하 • 시리얼류 : 0.1g/kg 이하 • 뻥튀기 : 0.5g/kg 이하 • 특수의료용도등식품 : 0.2g/kg 이하 • 체중조절용조제식품 : 0.3g/kg 이하 • 건강기능식품 영양소제품 : 1.2g/kg 이하 • 추잉껌 : 1.2g/kg 이하 • 잼류 : 0.2g/kg 이하 • 양조간장 : 0.16g/kg 이하 • 소스류, 토마토케첩 : 0.16g/kg 이하 • 탁주, 소주 : 0.08g/kg 이하 • 과실주 : 0.08g/kg 이하 • 기타 코코아 가공품, 초콜릿류 : 0.5g/kg 이하 • 빵류 : 0.17g/kg 이하 • 과자 : 0.1g/kg 이하 • 캔디류 : 0.5g/kg 이하 • 빙과, 아이스크림류 : 0.1g/kg 이하 • 조미건어포 : 0.1g/kg 이하 • 떡류 : 0.2g/kg 이하 • 복합조미식품 : 1.5g/kg 이하 • 마요네즈 : 0.16g/kg 이하 • 과·채 가공품, 옥수수(삶은 것에 한함) : 0.2g/kg 이하 • 당류 가공품 : 0.3g/kg 이하
글리실리진산이나트륨 (disodium glycyrrhizinate)	아래의 식품 이외에 사용해서는 안 된다. • 한식된장, 된장 • 한식간장, 양조간장, 산분해간장, 효소분해간장, 혼합간장
D-소비톨(D-sorbitol)	–

아스파탐(aspartame)	사용량은 아래와 같으며, 기타식품의 경우 제한받지 아니한다. • 빵류, 과자, 빵류조제용믹스, 과자 제조용 믹스 : 5.0g/kg 이하 • 시리얼류 : 1.0g/kg 이하 • 특수의료용도등식품 : 1.0g/kg 이하 • 체중조절용 조제식품 : 0.8g/kg 이하 • 건강기능식품 영양소제품 : 5.5g/kg 이하
감초 추출물(licorice extract)	- 사용기준 〈삭제 2002.12.11〉

*이하 생략[식품첨가물공전 품목별 사용기준 참고]

(2) 고결방지제(총 9종)

식품의 입자 등이 서로 부착되어 고형화되는 것을 감소시키는 식품첨가물이다.

[허용 고결방지제 및 그 사용기준]

허용 고결방지제명	사용기준
결정셀룰로스(Cellulose, Microcrystalline)	-
규산마그네슘(Magnesium silicate)	아래의 식품에 한하여 사용하여야 한다. • 가공유크림(자동판매기용 분말 제품에 한함), 분유류(자동판매기용에 한함) : 1% 이하 • 식염 : 2% 이하
페로시안화나트륨(polyvinyl acetate)	식염에 한하여 사용하여야 한다. • 페로시안이온으로서 식염 1kg에 대하여 0.010g 이하

*이하 생략[식품첨가물공전 품목별 사용기준 참고]

(3) 거품제거제(총 7종)

식품의 거품 생성을 방지하거나 감소시키는 식품첨가물이다.

[허용 거품제거제 및 그 사용기준]

허용 거품제거제명	사용기준
규소수지(Silicone Resin)	거품을 없애는 목적에 한하여 사용하여야 한다. • 규소수지로서 식품 1kg에 대하여 0.05g 이하
라우린산(Lauric Acid) 미리스트산(Myristic Acid) 올레인산(Oleic Acid) 팔미트산(palmitic acid)	-
옥시스테아린(Oxystearin)	아래의 식품에 한하여 사용하여야 한다. • 식용유지류(모조치즈, 식물성크림 제외) : 0.125% 이하
이산화규소(Silicon Dioxide)	아래의 식품에 한하여 사용하여야 한다. • 가공유크림(자동판매기용 분말 제품에 한함) : 1% 이하 • 분유류(자동판매기용에 한함) : 1% 이하 • 식염, 기타식품 : 2% 이하

(4) 껌기초제(총 15종)

적당한 점성과 탄력성을 갖는 비영양성의 씹는 물질로서 껌 제조의 기초 원료가 되는 식품첨가물이다.

[허용 껌기초제 및 그 사용기준]

허용 껌기초제명	사용기준
에스테르껌(ester gum)	아래의 식품에 한하여 사용하여야 한다. • 추잉껌기초제 • 탄산음료, 기타음료 : 0.10g/kg 이하
폴리부텐(polybutene) 폴리이소부틸렌(polyisobutylene)	• 추잉껌기초제 목적에 한하여 사용하여야 한다.
초산비닐수지(polyvinyl acetate)	• 추잉껌기초제 및 과일류 또는 채소류 표피의 피막제 목적에 한하여 사용하여야 한다.

*이하 생략[식품첨가물공전 품목별 사용기준 참고]

(5) 밀가루개량제(총 8종)

밀가루나 반죽에 첨가되어 제빵 품질이나 색을 증진시키기 위해 사용되는 식품첨가물이다.

[허용 밀가루개량제 및 그 사용기준]

허용 밀가루개량제명	사용기준
과산화벤조일(희석) (diluted benzoyl peroxide) 과황산암모늄(ammonium persulfate)	밀가루류 이외의 식품에 사용해서는 안 된다. • 밀가루 0.3g/kg 이하
염소(chlorine)	밀가루류 이외의 식품에 사용해서는 안 된다. • 밀가루 2.5g/kg 이하
이산화염소(chlorine dioxide)	빵류 제조용 밀가루 이외의 식품에 사용해서는 안 된다. • 빵류 제조용 밀가루 30mg/kg 이하 • 과일류, 채소류 등 식품의 살균 목적에 한하여 사용하여야 하며, 최종식품의 완성 전에 제거하여야 한다.
아조디카르본아미드(Azodicarbonamide)	아래의 식품에 한하여 사용하여야 한다. • 밀가루류 : 45mg/kg 이하

*이하 생략[식품첨가물공전 품목별 사용기준 참고]

(6) 발색제(색소고정제)(총 3종)

식품의 색을 안정화시키거나, 유지 또는 강화시키는 식품첨가물이다.

[허용 발색제 및 그 사용기준]

허용 발색제명	사용기준
아질산나트륨(sodium nitrate)	아래의 식품에 한하여 사용하여야 한다. 아질산 이온으로서의 잔존량 • 식육 가공품(식육 추출 가공품 제외) 0.07g/kg 이하 • 어육소시지 0.05g/kg 이하 • 명란젓, 연어알젓 0.005g/kg 이하
질산나트륨(sodium nitrate)	• 식육 가공품(식육 추출 가공품 제외) 0.07g/kg 이하 • 치즈류 0.05g/kg 이하
질산칼륨(potassium nitrate)	• 식육 가공품(식육 추출 가공품 제외) 0.07g/kg 이하 • 치즈류 0.05g/kg 이하 • 대구알염장품 : 0.2g/kg

(7) 보존료(방부제)(총 26종)

미생물에 의한 품질 저하를 방지하여 식품의 보존기간을 연장시키는 식품첨가물이다. 구비조건은 다음과 같다.

① 미생물의 발육 저지력이 강할 것
② 지속적이어서 미량의 첨가로 유효할 것
③ 식품에 악영향을 주지 않을 것
④ 무색, 무미, 무취일 것
⑤ 사용이 간편하고 값이 쌀 것
⑥ 인체에 무해하고 독성이 없을 것
⑦ 장기적으로 사용해도 해가 없을 것 등

[허용 보존료 및 그 사용기준]

허용 보존료명	사용기준
데히드로초산 나트륨 (sodium dehydroacetate)	데히드로초산으로서 • 자연 치즈, 가공 치즈, 버터류, 마가린류 : 0.5g/kg 이하
소브산(sorbic acid) 소브산 칼륨 (potassium sorbate) 소브산 칼슘 (calcium sorbate)	소브산으로서 • 자연 치즈, 가공 치즈 3g/kg 이하(프로피온산염과 병용 시는 사용량의 합계가 3g/kg 이하) • 식육 가공품, 어육 가공품, 성게젓, 땅콩버터 가공품, 모조치즈 2g/kg 이하 • 콜라겐케이싱 0.1g/kg 이하 • 염분 함량 8% 이하의 젓갈류, 된장, 고추장, 춘장, 어패건제품, 알로에전잎, 드레싱, 농축과일즙, 과채주스, 잼류, 당류 가공품(시럽상 또는 페이스트상에 한함) 1g/kg 이하 • 건조과실류, 토마토케첩, 당절임, 탄산음료 0.5g/kg 이하 • 발효음료류(살균한 것은 제외) 0.05g/kg 이하 • 과실주, 탁주, 약주 0.2g/kg 이하 • 마가린 2.0g/kg이하

안식향산(benzoic acid) 안식향산 나트륨(sodium benzoate)	안식향산으로서 • 과실·채소류 음료, 탄산음료, 기타음료, 인삼 홍삼음료 및 간장 0.6g/kg이하 • 알로에젬잎(겔포함) 0.5g/kg이하 • 마요네즈, 잼류, 마가린류, 절임식품 1.0g/kg이하 • 망고처트니 0.25g/kg 이하
프로피온산(propionic acid) 프로피온산 나트륨(sodium propionate)	프로피온산으로서 • 빵 2.5g/kg 이하 • 치즈류 3.0g/kg 이하(프로피온산염과 병용 시는 사용량의 합계가 3.0g/kg 이하) • 잼류 1.0g/kg
파라옥시 안식향산 에틸 (ethyl p-hydroxybenzoate) 파라옥시 안식향산 메틸 (methyl p-hydroxybenzoate)	파라옥시안식향산으로서 • 캡슐류 1.0g/kg 이하 • 잼류 1.0g/kg 이하 • 망고처트니 0.25g/kg 이하 • 간장 0.25g/l 이하 • 식초 0.1g/l 이하 • 기타음료, 인삼 홍삼음료 0.1g/kg 이하 • 소스 0.2g/kg 이하 • 과실·채소류(표피에 한) 0.012g/kg 이하

*이하 생략[식품첨가물공전 품목별 사용기준 참고]

(8) 분사제(총 4종)

용기에서 식품을 방출시키는 가스 식품첨가물이다.

• 허용 분사제는 산소, 이산화질소, 이산화탄소, 질소 등이 있다.

(9) 산도조절제(84 종)

식품의 산도 또는 알칼리도를 조절하는 식품첨가물이다.

① 유기산계
- 구연산(무수 및 결정)
- 푸말산
- DL-사과산
- 젖산
- 아디프산
- 이타콘산
- L-주석산 및 DL-주석산
- 푸말산일나트륨
- 글루코노델타락톤
- 초산 및 빙초산
- 글루콘산

② 무기산계
- 이산화탄소(무수탄산)
- 인산

*이하 생략[식품첨가물공전 품목별 사용기준 참고]

(10) 산화방지제(항산화제)(총 37종)

산화에 의한 식품의 품질 저하를 방지하는 식품첨가물이다.

[허용 산화방지제 및 그 사용기준]

허용 산화방지제명	사용기준
디부틸히드록시톨루엔 (dibutyl hydroxy toluene ; BHT) 부틸히드록시아니솔 (butyl hydroxy anisole ; BHA)	• 식용유지, 버터류, 어패건제품, 어패염장품 0.2g/kg 이하 • 어패냉동품(생식용 냉동선어패류 및 생식용 굴은 제외), 고래냉동품(생식용은 제외)의 침지액 1g/kg 이하 • 추잉껌 0.4g/kg 이하 • 체중조절용조제식품, 시리얼류 0.05g/kg 이하 • 마요네즈 0.06g/kg 이하
몰식자산 프로필(propyl gallate)	• 식용유지류(모조치즈, 식물성 크림 제외), 버터류 0.1g/kg 이하
에리토브산(erythorbic acid) 에리토브산 나트륨 (sodium erythorbate)	• 산화방지제 목적에 한하여 사용
L-아스코르빈산나트륨 (sodium L-ascorbate)	-
아스코르빌 팔미테이트 (ascorbyl palmitate)	• 식용유지류(모조치즈, 식물성 크림 제외) 0.5g/ℓ 이하(병용할 때에는 그 사용량의 합계량이 각각의 사용 기준량 이하) • 마요네즈 0.5g/kg 이하 • 조제유류, 영아용조제식, 성장기용조제식, 유단백알레르기 영유아용 조제식품, 영유아용특수조제식품 0.05g/ℓ 이하 • 영·유아용 곡류조제식, 기타 영·유아식 0.2g/ℓ 이하 • 기타식품 0.1g/ℓ 이하
터셔리부틸히드로퀴논	• 식용유지류(모조치즈, 식물성 크림 제외), 버터류, 어패 건제품 어패 염장품 0.2g/kg 이하 • 어패 냉동품 1g/ℓ 이하 • 추잉껌 0.4g/ℓ 이하
이.디.티.에이.칼슘이나트륨 (calcium disodium EDTA) 이.디.티.에이.이나트륨 (disodium EDTA)	• 소스, 마요네즈 0.07g/kg 이하 • 통조림, 병조림 식품 0.25g/kg 이하 • 음료류(캔 또는 병제품에 한하며, 다류, 커피 제외) 0.035g/kg 이하 • 오이, 양배추 초절임 0.22g/kg 이하 • 마가린, 땅콩버터 : 0.1g/kg 이하 • 건조과실류(바나나에 한) : 0.265g/kg 이하 • 서류 가공품(냉동감자에 한) : 0.367g/kg 이하 • 이디티에이이나트륨과 병용할 때 사용량 합계가 각각의 사용기준량 이하

*이하 생략[식품첨가물공전 품목별 사용기준 참고]

(11) 살균제(총 7종)

식품 표면의 미생물을 단시간 내에 사멸시키는 작용을 하는 식품첨가물이다. 구비조건은 살균력이 강하고, 인체에 무해하며, 값이 저렴하여야 한다.

[허용 살균제와 그 사용기준]

허용 살균제명	사용기준
차아염소산 나트륨(sodium hypochlorite)	과실류, 채소류 등 식품의 살균 목적에 한하여 사용하여야 하며, 최종제품 완성 전에 제거 할 것. 다만 참깨에 사용하여서는 아니 된다.
차아염소산 칼슘(calcium hypochlorite) 오존수(Ozone Water) 차아염소산수(hypochlorous acid water) 이산화염소(수)(chlorine dioxide)	과실류, 채소류 등 식품의 살균 목적에 한하여 사용하여야 하며, 최종제품 완성 전에 제거 할 것
과산화수소(hydrogen peroxide)	최종제품 완성 전에 제거 할 것
과산화초산(peroxyacetic acid)	아래의 식품에 한하여 살균의 목적에 한하여 사용하여야 하며, 최종 식품의 완성 전에 식품 표면으로부터 침지액 또는 분무액을 털어내거나 흘려내리도록 하여야 한다. 과일,채소류 : 0.080g/kg, 포유류 1.8g/kg, 가금류 2.0g/kg

(12) 습윤제(총 12종)

식품이 건조되는 것을 방지하는 식품첨가물이다.

[허용 습윤제와 그 사용기준]

허용 습윤제명	사용기준
프로필렌글리콜(Propylene Glycol)	• 만두류 : 1.2% 이하 • 견과류 가공품 : 5% 이하 • 아이스크림류 : 2.5% 이하 • 기타식품 : 2% 이하(다만, 희석하여 음용하는 건강기능식품은 희석한 것으로서 0.3% 이하)
글리세린(glycerine) 락티톨(Lactitol) 만니톨(mannitol)	—

*이하 생략[식품첨가물공전 품목별 사용기준 참고]

(13) 안정제(총 61종)

두 가지 또는 그 이상의 성분을 일정한 분산 형태로 유지시키는 식품첨가물이다.

[허용 안정제와 그 사용기준]

허용 안정제명	사용기준
결정셀룰로스(Cellulose) 구아검(Guar Gum) 시클로덱스트린(Cyclodextrin) 아라비아검(Arabic Gum) 알긴산(Alginic acid) 알긴산나트륨(Sodium Alginate) 알긴산칼륨(Potassium Alginate) 알긴산칼슘(Calcium Alginate)	-
카복시메틸셀룰로스나트륨 (Sodium Carboxymethylcellulose)	식품의 2% 이하이어야 한다. 다만, 건강기능식품의 경우 제한받지 아니 한다.

*이하 생략[식품첨가물공전 품목별 사용기준 참고]

(14) 여과보조제(총 12종)

불순물 또는 미세한 입자를 흡착하여 제거하기 위해 사용되는 식품첨가물이다.

[허용 여과보조제와 그 사용기준]

허용 여과보조제명	사용기준
규조토(Diatomaceous Earth) 산성백토(Acid Clay) 탤크(Talc) 퍼라이트(Perlite) 활성탄(Active Carbon)	• 식품의 제조 또는 가공상 여과보조제(여과, 탈색, 탈취, 정제 등) 목적에 한하여 사용하여야 하며 최종식품 완성 전에 제거하여야 한다. • 식품 중의 잔존량은 0.5%

*이하 생략[식품첨가물공전 품목별 사용기준 참고]

(15) 영양강화제(159종)

식품의 영양학적 품질을 유지하기 위해 제조 공정 중 손실된 영양소를 복원하거나 영양소를 강화시키는 식품첨가물이다.

- 구연산망간
- 글루콘산나트륨
- L-알라닌
- DL-페닐알라닌
- 구연산삼나트륨
- DL-알라닌
- 글리신
- 5'-구아닐산이나트륨

*이하 생략[식품첨가물공전 품목별 사용기준 참고]

(16) 유화제(총 44종)

물과 기름 등 섞이지 않는 두 가지 또는 그 이상의 상(phases)을 균질하게 섞어 주거나 유지시키는 식품첨가물이다.

[허용 유화제 및 그 사용기준]

허용 유화제명	사용기준
스테아릴젖산나트륨 (sodium stearoyl lactylate)	아래의 식품에 한하여 사용하여야 한다. • 빵류 및 이의 제조용 믹스 • 면류, 만두피 • 식물성크림 • 소스 • 치즈류 • 과자(한과류 제외)
스테아릴젖산칼슘 (calcium stearoyl lactylate)	아래의 식품에 한하여 사용하여야 한다. • 빵류 및 이의 제조용 믹스 • 식물성크림 • 난백 • 과자(한과류 제외) • 서류 가공품
소르비탄지방산에스테르(Sorbitan Esters of Fatty Acids) 글리세린지방산에스테르(Glycerin Esters of Fatty Acids) 자당지방산에스테르(Sucrose Esters of Fatty Acids) 프로필렌글리콜지방산에스테르(Propylene Glycol Esters of Fatty Acids) 폴리소르베이트(Polysorbate) 20, 60, 65, 80(4종)	–

*이하 생략[식품첨가물공전 품목별 사용기준 참고]

(17) 이형제(총 4종)

식품의 형태를 유지하기 위해 원료가 용기에 붙는 것을 방지하여 분리하기 쉽도록 하는 식품첨가물이다.

[허용 이형제 및 그 사용기준]

허용 이형제명	사용기준
유동파라핀(liquid paraffin)	아래의 식품에 한하여 사용하여야 한다. • 빵류 : 0.15% 이하(이형제로서) • 캡슐류 : 0.6% 이하(이형제로서) • 건조과일류, 건조채소류 : 0.02% 이하(이형제로서) • 과일류·채소류(표피의 피막제로서)

(18) 응고제(총 6종)

식품 성분을 결착 또는 응고시키거나, 과일 및 채소류의 조직을 단단하거나 바삭하게 유지시키는 식품첨가물이다.

• 허용 응고제는 글루코노-δ-락톤, 염화마그네슘, 염화칼슘, 조제해수염화마그네슘, 황산마그네슘, 황산칼슘 등이 있다.

(19) 제조용제(총 25종)

식품의 제조·가공 시 촉매, 침전, 분해, 청징 등의 역할을 하는 보조제 식품첨가물이다.

[허용 제조용제 및 그 사용기준]

허용 제조용제명	사용기준
니켈(Nickel)	아래의 식품에 한하여 경화 공정 중 촉매 목적으로 사용 후 최종식품의 완성 전에 제거하여야 한다. • 혼합식용유, 가공유지, 쇼트닝, 마가린류 : 1.0mg/kg 이하
시클로덱스트린(Cyclodextrin) 올레인산(Oleic acid) 팔미트산(Palmitic Acid)	–
이온 교환수지(Ion Exchange Resin) 수산(Oxalic Acid)	• 최종식품 완성 전에 제거하여야 한다.

*이하 생략[식품첨가물공전 품목별 사용기준 참고]

(20) 젤 형성제(총 2종)

젤을 형성하여 식품에 물성을 부여하는 식품첨가물이다.

• 젤 형성제는 염화칼륨, 젤라틴 등이 있다.

(21) 증점제(총 49종)

식품의 점도를 증가시키는 식품첨가물이다.

[허용 증점제 및 사용기준]

허용 증점제명	사용기준
폴리아크릴산나트륨(sodium polyacrylate) 알긴산프로필렌글리콜(propylene glycol alginate)	식품의 0.2% 이하 식품의 1% 이하
메틸셀룰로오스(methyl cellulose) 카르복시메틸셀룰로오스나트륨(sodium carboxymethyl cellulose) 카르복시메틸셀룰로오스칼슘(calcium carboxymethyl cellulose) 카르복시메틸스타아치나트륨(sodium carboxymethyl starch)	식품의 2% 이하(병용 시는 합계가 2% 이하)
알긴산나트륨(sodium alginate) 카제인(casein) 카제인나트륨(Sodium Caseinate) 카제인칼슘(calcium Caseinate)	–

*이하 생략[식품첨가물공전 품목별 사용기준 참고]

(22) 착색료(총 76종)

식품에 색을 부여하거나 복원시키는 식품첨가물이다. 착색료의 조건은 다음과 같다.

① 인체에 독성이 없어야 한다.
② 체내에 축적되지 않아야 한다.
③ 미량으로 효과가 있어야 한다.
④ 물리·화학적 변화에 안정해야 한다.

[허용 착색료 및 그 사용기준]

허용 착색료명	사용기준
식용색소 녹색 제3호(fast green FCF) 식용색소 녹색 제3호 알루미늄레이크	아래의 식품에 한하여 사용하여야 한다. • 과자 : 0.1g/kg 이하 • 캔디류 : 0.4g/kg 이하 • 빵류, 떡류 : 0.1g/kg 이하 • 초콜릿류 : 0.6g/kg 이하 • 기타잼 : 0.4g/kg 이하 • 소시지류, 어육소시지 : 0.1g/kg 이하 • 과·채음료, 탄산음료, 기타음료 : 0.1g/kg 이하 • 향신료 가공품[고추냉이(와사비)가공품 및 겨자 가공품에 한함] : 0.1g/kg 이하 • 절임류(밀봉 및 가열살균 또는 멸균처리한 제품에 한함. 다만, 단무지는 제외) : 0.3g/kg 이하 • 주류(탁주, 약주, 소주, 주정을 첨가하지 않은 청주 제외) : 0.1g/kg 이하 • 곡류 가공품, 당류 가공품, 기타 수산물 가공품 : 0.1g/kg 이하 • 건강기능식품(정제의 제피 또는 캡슐에 한함), 캡슐류 : 0.6g/kg 이하 • 아이스크림류, 아이스크림믹스류 : 0.1g/kg 이하
식용색소 적색 제3호(erythrosine) 식용색소 청색 제1호(brilliant blue FCF) 식용색소 청색 제1호 알루미늄레이크 식용색소 청색 제2호(indigo carmine) 식용색소 청색 제2호 알루미늄레이크 식용색소 황색 제4호(tartrazine) 식용색소 황색 제4호 알루미늄레이크 식용색소 황색 제5호(sunset yellow FCF) 식용색소 황색 제5호 알루미늄레이크 식용색소 적색 제40호(alura red) 식용색소 적색 제40호 알루미늄레이크 식용색소 적색 제102호 식용색소 적색 제2호(amaranth) 식용색소 적색 제2호 알루미늄레이크	*식품첨가물공전 품목별 사용기준 참고
삼이산화철(iron sesquioxide)	• 바나나(꼭지의 절단면), 곤약 이외의 식품에 사용 못함
β-아포-8'-카로티날(β-apo-8'-carotenal) 수용성 안나토(annatto water soluble) β-카로틴(β-carotene) 철클로로필린나트륨 (sodium iron chlorophylline)	• 천연식품(식육류, 어패류, 과일류, 야채류 해조류, 콩류 및 그 단순 가공품-탈피, 절단 등) 다류, 커피, 고춧가루, 실고추, 김치류, 고추장, 식초 등에 사용 못함 • 향신료 가공품(고추, 고춧가루 함유제품에 한함-수용성 안나토에 사용 못함

동클로로필린(copper chlorophylline) 동클로로필린나트륨 (sodium copper chlorophylline) 동클로로필린칼륨 (sodium copper chlorophylline)	동으로서 • 다시마(무수물) 0.15g/kg 이하 • 과실류의 저장품, 채소류의 저장품 0.1g/kg 이하 • 추잉껌, 캔디류 0.05g/kg 이하 • 완두콩 통조림 중의 한천 0.0004g/kg 이하
이산화티타늄(titanium dioxide)	다음 식품에는 사용할 수 없다. • 천연식품[식육류, 어패류, 채소류, 과일류, 해조류, 콩류 등 및 그 단순 가공품(탈피, 절단 등)] • 식빵, 카스텔라 • 코코아매스, 코코아버터, 코코아분말 • 이하 생략(식품첨가물공전 품목별 사용기준 참고)

*이하 생략[식품첨가물공전 품목별 사용기준 참고]

(23) 추출용제(총 5종)

유용한 성분 등을 추출하거나 용해시키는 식품첨가물이다.

[허용 추출용제 및 그 사용기준]

허용 추출용제명	사용기준
메틸알코올(Methyl Alcohol)	건강기능식품의 기능성원료 추출 또는 분리 등의 목적에 한하여 사용하여야 하며, 사용한 잔류량은 0.05g/kg 이하이어야 한다.
헥산(Hexane)	아래의 식품 또는 용도에 한하여 사용하여야 한다. • 식용유지 제조 시 유지 성분의 추출 목적 : 0.005g/kg 이하(헥산으로서 잔류량) • 건강기능식품의 기능성원료 추출 또는 분리 등의 목적 : 0.005g/kg 이하(헥산으로서 잔류량)

*이하 생략[식품첨가물공전 품목별 사용기준 참고]

(24) 충전제(총 5종)

산화나 부패로부터 식품을 보호하기 위해 식품의 제조 시 포장 용기에 의도적으로 주입시키는 가스 식품첨가물이다.

[허용 충전제 및 그 사용기준]

허용 습윤제명	사용기준
수소(Hydrogen)	아래의 식품 또는 용도에 한하여 사용하여야 한다. • 식용유지류(동물성유지류, 모조치즈, 식물성크림 제외) 제조 시 경화처리 목적 • 음료류(다류, 커피 제외)
산소(Oxygen) 이산화질소(Nitrous Oxide) 이산화탄소(Carbon Dioxide) 질소(Nitrogen)	−

(25) 팽창제(총 42종)
가스를 방출하여 반죽의 부피를 증가시키는 식품첨가물이다. 합성팽창제는 다음과 같다.

[허용 팽창제 및 그 사용기준]

허용 팽창제명	사용기준
황산알루미늄칼륨 (aluminum potassium sulfate) 황산알루미늄암모늄 (aluminum ammouium sulfate)	아래의 식품에 한하여 사용하여야 한다. 사용량은 알루미늄으로서 • 과자 및 이의 제조용 믹스, 빵류 및 이의 제조용 믹스, 튀김 제조용 믹스 : 0.1g/kg 이하 • 땅콩 또는 견과류 가공품(밤에 한함), 서류 가공품(고구마에 한함), 기타 어육 가공품, 과·채 가공품 : 0.1g/kg 이하 • 면류 및 이의 제조용 믹스, 기타 수산물 가공품, 전분 가공품 : 0.2g/kg 이하 • 절임식품 : 0.5g/kg 이하
염화암모늄(ammonium chloride) L-주석산수소칼륨 (potassium L-bitartrate) DL-주석산수소칼륨 (potassium DL-bitartrate)	-
산성 피로인산나트륨 (disodium dihydrogen pyrophosphate) 산성 피로인산칼슘 (calcium dihydrogen pyrophosphate)	-
제이인산칼슘(calcium phosphate dibasic) 제삼인산칼슘(calcium phosphate tribasic)	칼슘으로서 식품의 1% 이하 다만, 특수용도식품 및 건강기능식품의 경우는 해당 기준 및 규격에 따른다.

*이하 생략[식품첨가물공전 품목별 사용기준 참고]

(26) 표백제(총 7종)

식품의 색을 제거하기 위해 사용되는 식품첨가물이다. 표백제는 그 작용에 따라 산화표백제와 환원표백제의 2종으로 구별된다.

[허용 표백제 및 그 사용기준]

허용 표백제명	사용기준
환원표백제 • 메타중아황산칼륨(potassium metabisulfite) • 무수아황산(sulfur dioxide) • 아황산나트륨(결정)(sodium sulfite) • 아황산나트륨(무수)(sodium sulfite anhydrous) • 산성아황산나트륨(sodium bisulfite) • 차아황산나트륨(sodium hyposulfite)	이산화황으로서 아래의 기준 이상 남지 않도록 사용해야 한다. • 박고지(박의 속을 제거하고 육질을 잘라내어 건조시킨 것) : 5.0g/kg • 당밀 : 0.30g/kg • 물엿, 기타엿 : 0.20g/kg • 과실주 : 0.352g/kg • 과실주스, 농축과실즙(단, 5배 이상 희석한 제품에 한함) : 0.150g/kg • 과·채 가공품 : 0.030g/kg(단, 5배 이상 희석한 제품의 경우에는 0.150g/kg) • 건조과실류 : 1.0g/kg • 건조채소류 : 0.030g/kg • 곤약분 : 0.90g/kg • 새우 : 0.10g/kg(껍질을 벗긴 살로서) • 냉동생게 : 0.10g/kg(껍질을 벗긴 살로서) • 설탕 : 0.020g/kg • 발효식초 : 0.10g/kg • 건조감자 : 0.50g/kg • 향신료조제품 : 0.20g/kg • 기타수산물 가공품(새우, 냉동생게 제외), 땅콩 또는 견과류 가공품, 절임류, 이하 생략 : 0.030g/kg
산화표백제 • 과산화수소(hydrogen peroxide)	최종 식품의 완성 전에 분해 또는 제거할 것

(27) 표면처리제(총 1종)

식품의 표면을 매끄럽게 하거나 정돈하기 위해 사용되는 식품첨가물이다.

[허용 표면처리제 및 그 사용기준]

허용 표면처리제명	사용기준
탤크(Talc)	식품의 제조 또는 가공상 추잉껌, 여과보조제(여과, 탈색, 탈취, 정제등) 및 정제류에 표면처리제 목적에 한하여 사용하여야 한다.

(28) 피막제(총 15종)

식품의 표면에 광택을 내거나 보호막을 형성하는 식품첨가물이다.

[허용 피막제 및 그 사용기준]

허용 피막제명	사용기준
몰포린지방산염 (Morpholine Salts of Fatty Acids)	과일류 또는 채소류의 표피에 피막제 목적에 한하여 사용하여야 한다.
초산비닐수지(polyvinyl acetate)	추잉껌기초제 및 과일류 또는 채소류 표피의 피막제 목적에 한하여 사용하여야 한다.
폴리에틸렌글리콜(Polyethylene Glycol)	아래의 식품에 한하여 사용하여야 한다. • 건강기능식품(정제 또는 이의 제피, 캡슐제의 캡슐 부분에 한함) 및 캡슐류의 피막제 목적 : 10g/kg 이하

*이하 생략[식품첨가물공전 품목별 사용기준 참고]

(29) 향료(총 77종)

식품에 특유한 향을 부여하거나 제조 공정 중 손실된 식품 본래의 향을 보강하기 위해 사용되는 식품첨가물이다.

향료는 천연향료과 합성향료로 분류되며 천연향료는 레몬, 오렌지, 로즈, 자스민 등의 정유나 유지, 발상, 계피 등의 방향성 생약, 과일 성분 등 식물성인 것과 용연향, 해성향 등 동물성인 것이 있다.

합성향료는 3,000 품목이나 되며, 그중에 비교적 잘 사용되는 약 500 품목이 된다. 따라서 그 성분규격을 법으로 규정하기란 대단히 어렵다. 우리나라에서 자주 사용되는 것 77종만을 지정하여 그 성분규격을 규정하였다.

[허용 향료 및 그 사용기준]

허용 향료명	사용기준
개미산(formic acid) 계피산(Cinnamic Acid) 낙산(butyric acid) 라우린산(Lauric Acid) 바닐린(Vanillin)	착향의 목적에 한하여 사용하여야 한다.

*이하 생략[식품첨가물공전 품목별 사용기준 참고]

(30) 향미증진제(총 22종)
식품의 맛 또는 향미를 증진시키는 식품첨가물이다.
- ① 핵산계 조미료
  - 5'-이노신산나트륨
  - 5'-리보뉴클레오티드이나트륨
  - 5'-구아닐산이나트륨
  - 5'-리보뉴클레오티드칼슘
- ② 아미노산계 조미료
  - L-글루타민산
  - L-글루타민산칼륨
  - 젖산나트륨
  - 글리신
  - L-글루타민산나트륨
  - L-글루타민산암모늄
  - 젖산칼륨
- ③ 유기산계 조미료
  - 호박산
  - 호박산이나트륨

*이하 생략[식품첨가물공전 품목별 사용기준 참고]

(31) 효소제(총 43종)
특정한 생화학 반응의 촉매 작용을 하는 식품첨가물이다.

[허용 효소제 및 그 사용기준]

허용 효소제명	사용기준
글루코아밀라아제(Glucoamylase) 리파아제(lipase) 셀룰라아제(Cellulase) 종국(Seed Malt) 트립신(Trypsin) 펙티나아제(Pectinase) α-아밀라아제(α-Amylase)	-

*이하 생략[식품첨가물공전 품목별 사용기준 참고]

(32) 청관제(1 품목)
식품에 접촉하는 스팀을 생산하는 보일러 내부의 결석, 물 때 형성, 부식 등을 방지하기 위하여 투입하는 식품첨가물이다.

[허용 청관제 및 그 사용기준]

청관제	사용기준
청관제	식품 제조 또는 가공용 스팀의 제조를 위해 사용되는 보일러의 청관의 목적에 한하여 사용하여야 한다.

출제예상문제

001 결합수의 특징
- 용질에 대하여 용매로 작용하지 않는다.
- 100℃ 이상으로 가열하여도 제거되지 않는다.
- 0℃보다 낮은 온도(-20~-30℃)에서도 얼지 않는다.
- 보통의 물보다 밀도가 크다.
- 미생물 번식과 발아에 이용되지 못한다.

002 유리수의 특징
- 식품을 건조시키면 쉽게 제거된다.
- 미생물 번식에 이용된다.
- 0℃ 이하에서 잘 얼게 되는 보통 형태의 물을 말한다.
- 식품 중에서 당류, 염류, 수용성 단백질 등을 용해하는 용매로서 작용한다.

003 2번 해설 참조

004 수분 활성도(water activity, Aw)
- 어떤 임의의 온도에서 식품이 나타내는 수증기압(Ps)에 대한 그 온도에 있어서의 순수한 물의 최대 수증기압(Po)의 비로써 정의한다.

$$A_w = \frac{P_s}{P_o} = \frac{N_w}{N_w+N_s}$$

P_s : 식품 속의 수증기압
P_o : 동일 온도에서의 순수한 물의 수증기압
N_w : 물의 몰(mole) 수
N_s : 용질의 몰(mole) 수

※ 식품 중의 수분은 주위의 환경 조건에 따라 항상 변동하고 있으므로 식품의 함수량을 %로 표시하지 않고 대기 중의 상대습도까지 고려한 수분 활성도로써 표시한다.

005

$$A_w = \frac{P_s}{P_o} = \frac{N_w}{N_w+N_s}$$

$$= \frac{\frac{30}{18}}{\frac{30}{18}+\frac{20}{342}}$$

$$= \frac{1.667}{1.667+0.058} = 0.97$$

A_w : 수분 활성도 N_w : 물의 몰수
N_s : 용질의 몰수

 ANSWER

001 ④ 002 ④ 003 ① 004 ④
005 ②

 PART 1-1. 수분 및 수분의 변화

001 결합수의 설명 중 옳지 <u>않은</u> 사항은?
① 용질에 대해 용매로서 작용하지 않는다.
② 0℃에서는 물론 그보다 낮은 온도(-20~-30℃)에서도 잘 얼지 않는다.
③ 보통의 물보다 밀도가 크다.
④ 미생물 번식과 발아에 이용된다.

002 유리수에 관한 설명 중 옳은 것은?
① 탄수화물이나 단백질 분자의 일부분을 형성하는 물
② 미생물의 번식과 발아에 이용되지 못하는 물
③ 0℃ 이하에서도 잘 얼지 않는 물
④ 식품을 건조시키면 쉽게 제거되는 물

003 녹말, 설탕 속에 용해되어 있는 물의 형태는?
① 유리수   ② 결정수
③ 동결수   ④ 결합수

004 수분 활성도(A_w)에 관한 설명 중 옳은 것은?
① 미생물이 활발히 번식할 수 있는 수분함량을 표시한 것이다.
② 순수한 물의 수증기압을 그 온도에서 식품이 나타내는 수증기압으로 나눈 것이다.
③ 식품 속에 함수량을 %로 표시한 것이다.
④ 식품이 나타내는 수증기압을 그 온도에서 순수한 물의 최대 수증기압으로 나눈 것이다.

005 30%의 수분과 20%의 설탕(sucrose)을 함유하고 있는 어떤 식품의 수분 활성(A_w)는? (단, 분자량은 H_2O : 18, $C_6H_{12}O_6$: 342 이다.)
① 약 0.98   ② 약 0.97
③ 약 0.82   ④ 약 0.76

006 건조품에 있어서 표면 경화가 일어나는 이유는?

① 항률 건조 때 일어난다.
② 건조 온도가 너무 높기 때문이다.
③ 내부 수분의 확산보다 표면 증발이 빠르기 때문이다.
④ 내부 수분의 확산이 최대일 때 일어난다.

007 미생물에 의한 식품의 변패를 막을 수 있는 수분 활성의 최대 한계는?

① 0.1   ② 0.4
③ 0.6   ④ 0.8

008 보통 식품에서 수분 활성도(A_w)의 범위는?

① $A_w > 1$ ② $A_w < 1$
③ $A_w = 0$ ④ $A_w = 1$

009 수분 활성도(A_w)가 가장 낮은 것은?

① 신선한 어패류   ② 염장멸치
③ 어육소시지   ④ 베이컨

010 식품에 존재하는 수분에 대한 설명 중 <u>틀린</u> 것은?

① 식품의 저장성과 밀접한 관계가 있다.
② 식품의 화학적 변화에 커다란 영향을 준다.
③ 식품의 조직이나 관능적 성질에는 크게 영향을 미치지 않는다.
④ 수분과 같은 성질을 지닌 물질을 극성물질이라고 한다.

011 등온흡습곡선에 대한 다음 설명 중 <u>틀린</u> 것은 어느 것인가?

① 등온흡습곡선은 식품의 건조과정 중에 매우 중요한 척도로 사용된다.
② 등온흡습곡선과 식품의 포장 조건 설정과는 특별한 관련이 없다.
③ 등온흡습곡선의 측정은 식품 가공 제품의 안정성을 산출하는 데 있어서 필수적이다.
④ 등온흡습곡선은 같은 식품이라고 하여도 측정방법 등에 따라 달라진다.

---

006 표면 경화
- 표면 증발에 비하여 내부 확산이 빠르면 건조속도는 표면 증발의 속도로써 결정되고, 반대로 표면 증발에 비하여 내부 확산이 느리면 내부 확산의 속도에 의하여 결정된다.
- 즉 두께가 두껍고 내부 확산이 느린 식품은 건조하면 표면이 과도하게 건조되는 겉마름 현상이 일어난다.

007
- 대부분의 효모의 경우, 성장이 가능한 수분 활성도의 범위도 0.88~0.90이다.
- 삼투압이 일어나 세포의 탈수 현상으로 정상적인 생육을 할 수 없다. 그러므로 미생물에 의한 식품의 변패를 막을 수 있는 A_w의 최대한계가 0.80이다.

008 일정온도에서 식품의 수증기압보다 순수한 물의 수증기압이 더 크기 때문에 보통 식품에서 수분 활성도의 값은 1 미만이다. A_w의 값이 클수록 미생물이 이용하기 쉽다.
- 수분이 많은 어패류 : A_w 0.98~0.99
- 수분이 적은 건조식품인 곡물 : A_w 0.60~0.64 정도
- 완전 건조식품 : A_w 0

009
- 염장멸치 : A_w 0.6 이하
- 어육소시지, 베이컨 : 0.9 이상
- 신선한 어패류 : 0.98~0.99

010 식품의 수분
- 공유된 전자쌍이 어느 한 쪽의 원자로 치우쳐 있어 극성물질이다.
- 식품의 화학적, 물리적, 미생물학적 변화에 커다란 영향을 주고, 이는 식품의 안전성과 직결된다.
- 수분함량은 식품의 조직, 관능적 성질에 크게 영향을 미친다.

011 식품의 등온흡습곡선
- 측정방법, 식품의 화학적인 조성, 측정온도, 측정시간 등에 따라 그 모양이 달라지며, 건조 공정에서 필요한 건조 조건의 설정, 건조의 최적 단계설정 등의 건조 조건을 확립하는 데 필수적인 것이다.
- 등온흡·탈습곡선은 식품의 저장 및 포장 조건을 설계하는 데에도 중요한 요소로 작용하고, 식품을 변패시키지 않고 안전하게 저장할 수 있는 최대의 수분함량 결정 등에 널리 이용된다.

 ANSWER

006 ③   007 ④   008 ②   009 ②
010 ③   011 ②

출제예상문제

012 등온흡습곡선
- 단분자층 영역, 다분자층 영역, 모세관 응고 영역으로 나누어진다.
  - 단분자층 영역은 식품 성분 중의 carboxyl기나 amino기와 같은 이온그룹과 강한 이온 결합을 하는 영역으로 식품 속의 물 분자가 결합수로 존재한다(흡착열이 매우 크다).
  - 다분자층 영역은 식품의 안정성에 가장 좋은 영역이다. 최적 수분함량을 나타낸다. 수분은 결합수로 주로 존재하나 수소 결합에 의하여 결합되어 있다.
  - 모세관응고 영역은 식품의 모세관에 수분이 자유로이 응결되며 식품 성분에 대해 용매로서 작용하며 따라서 화학, 효소 반응들이 촉진되고 미생물의 증식도 일어날 수 있다. 물은 주로 자유수로 존재한다.

013 Lactose는 glucose와 galactose가 결합한 2당류이다.

014 과당(fructose)
- ketone기 (−C=O−)를 가지는 ketose이다.
- 천연산의 것은 D형이며 좌선성이다.

015 단당류의 화학적 성질
- 감미가 있는 백색 결정성이다.
- 물에 잘 녹고, methanol, ethanol, acetone 등에 난용이고, ether, chloroform, benzene 등에는 불용이다.

016 $[\alpha]_D^t = \dfrac{100 \times \alpha}{L \times C}$

t : 시료온도(℃)
D : 나트륨의 D선(편광)
α : 측정한 선광도
L : 관의 길이(dm. 10cm)
C : 농도(g/100㎖)

$[\alpha]_D^{20} = \dfrac{100 \times 0.527}{1 \times 1} = +52.7°$

017
- 2당류 : Lactose와 sucrose 등
- 3당류 : raffinose(galactose-glucose-fructose), gentianose 등
- 4당류 : stachyose

018 5탄당
- 강한 환원력을 가지나 발효되지 않고 사람에게는 거의 이용되지 않는 당이다.
- arabinose, xylose, ribose, rhamnose 등이 있다.
※ 과당(fructose)은 ketone기 (−C=O−)를 가지는 ketose로서 6탄당이다.

ANSWER
012 ③ 013 ② 014 ① 015 ③
016 ③ 017 ③ 018 ④

---

012 등온흡습곡선에 있어서 식품의 안정성이 가장 좋은 영역은?
① 대기수분 영역   ② 단분자층 영역
③ 다분자층 영역   ④ 모세관응고 영역

PART 1-2. 탄수화물 및 탄수화물의 변화

013 다음 중 단당류가 아닌 것은?
① mannose   ② lactose
③ fructose   ④ galactose

014 Fructose의 특징은?
① −C=O−   ② −CHO−
③ −COOH−   ④ −NH₂

015 단당류의 일반적인 화학적 성질이 아닌 것은 어느 것인가?
① 무색의 결정을 형성하고 있다.
② 산과 에스테르를 형성하고 있다.
③ 알코올에 잘 녹는다.
④ 선광성이 있다.

016 1㎖당 10mg을 함유하는 포도당 용액이 20℃에서 1dm 길이의 편광계 관에서 +0.527°의 회전을 보였다면 선광도는 얼마인가?
① +19.2°   ② +77°
③ +52.7°   ④ +17.5°

017 다음 중 3당류(trisaccharide)에 속하는 당은 어느 것인가?
① lactose   ② sucrose
③ raffinose   ④ stachyose

018 5탄당이 아닌 것은?
① 람노오스(rhamnose)   ② 자일로오스(xylose)
③ 아라비노오스(arabinose)   ④ 프락토오스(fructose)

019 단순 다당류에 속하지 <u>않는</u> 것은?

① cellulose ② pectin
③ inulin   ④ starch

020 가수분해하면 포도당이 생성되지 <u>않는</u> 당은?

① 셀룰로오스   ② 글리코겐
③ 이눌린   ④ 전분

021 복합다당류에 속하지 <u>않는</u> 것은?

① hemicellulose ② alginic acid
③ agar-agar   ④ cellulose

022 다음 당 중에서 inulin을 구성하는 단당류는 무엇인가?

① ribose   ② galactose
③ fructose ④ glucose

023 당류의 맛 중에 옳지 <u>않는</u> 것은?

① glucose 단맛 α : β = 3 : 2
② fructose 단맛 α : β = 1 : 3
③ mannose 단맛 α=단맛, β=쓴맛
④ maltose β형이 단맛이 있다.

024 핵산의 구성성분이고 보효소 성분으로 되어 있으며 생리상 중요한 당은?

① maltose   ② ribose
③ fructose ④ glucose

025 비타민의 일종이며, 근육당이라고 불리는 당은 다음 중 어느 것인가?

① mannitol   ② sorbitol
③ inositol   ④ ribitol

026 포도당(glucose)이 환원되어 생성된 당알코올은?

① 만니톨(mannitol)   ② 솔비톨(sorbitol)
③ 이노시톨(inositol) ④ 리비톨(ribitol)

---

019 다당류
- 단순 다당류 : 구성당이 단일 종류의 단당류로만 이루어진 다당류
  - starch, dextrin, inulin, cellulose, mannan, galactan, xylan, araban, glycogen, chitin 등
- 복합 다당류 : 다른 종류로 구성된 다당류
  - glucomannan, hemicellulose, pectin substance, hyaluronic acid, chondrotinsulfate, heparin gum arabic, gum karaya, 한천, alginic acid, carrageenan 등

020 구성당
- 셀룰로오스, 전분, 글리코겐은 가수분해하면 포도당이 생성된다.
- 이눌린은 프락토오스로 구성된 다당류(polysaccharide)이다.

021 복합 다당류
- hemicellulose, pectin질, natural gums, alginic acid, agar-agar, carrageenan 등이 있다.
  - alginic acid는 미역, 다시마 등의 갈조류의 세포막을 구성하고 있는 복합다당류이다.
  - agar-agar는 홍조류에서 얻어지는 복합다당류이다.

022 이눌린(inulin)
- 돼지감자의 주 탄수화물이다.
- 20~30개의 D-fructose가 1, 2 결합으로 이루어진 다당류이다.

023 맥아당(maltose)의 단맛
- 설탕이나 포도당보다 낮다.
- α형이 β형보다 단맛이 약간 강하다.
- 맥아당의 수용액을 가열하면 α형이 증가되어 단맛이 강해진다.

024 Ribose
- 세포질에 들어 있는 리보핵산, 비타민 B_2, ATP, NAD 및 CoA 등 생리적으로 중요한 물질의 구성성분이다.
- 환원당이면서 발효는 안 된다.

025 Inositol
- 비타민의 일종이며, 근육당이라고 불린다.
- 과실류, 식물조직, 동물의 근육조직에 존재하는 환상 당알코올이다.

026 당알코올(sugar alcohol)
- 당의 carbonyl기가 H_2 등으로 환원되어 $-CH_2OH$로 된 것이다.
- 솔비톨은 glucose가 환원된 형으로 일부 과실에 1~2%, 홍조류 13% 함유, 수분조절제, 비타민 C의 원료, 당뇨병환자의 감미료, 식이성 감미료, 비타민 B_2의 구성성분이다.

ANSWER
019 ② 020 ③ 021 ④ 022 ③
023 ④ 024 ② 025 ③ 026 ②

027 Cellulose의 화학구조
- β-D-glucose가 β-1,4 결합을 한 것이다.
- β-glucose가 2800~10,000개가 중합되어 있는 다당류이다.
- 직쇄상의 구조를 이루고 있고 식물세포막의 구성성분이다.
- 가수분해되면 glucose를 생성한다.

028 27번 해설 참조

029 전화당(invert sugar)
- 설탕은 묽은산, 알칼리, 또는 효소 invertase의 작용에 의해서 포도당과 과당으로 가수분해된다.
- 이때 설탕의 선광성은 우선성이 좌선성으로 반전되기 때문에 이 설탕의 가수분해과정을 전화(inversion)라고 한다.
- 형성된 포도당과 과당의 혼합물을 전화당(invet suger)이라 한다.

030 단맛의 상대적 감미도는 10%의 설탕 용액을 100으로 기준해서 측정한다.

031 Sucrose를 단맛의 표준물질로 하는 이유
- Sucrose는 semiacetal성 OH기가 없는 비환원당으로서 변선광을 일으키지 않는다.
- α, β 이성체가 없으며, 물에 녹이거나 가열하여도 단맛에 변화가 없기 때문에 감미도의 표준물질로 사용된다.

032 전화당(invert sugar)
- 자당은 우선성인데 산이나 효소(invertase)에 의해 가수분해되면, glucose와 fructose의 등량혼합물이 되고 좌선성으로 변한다.
- 이것은 fructose의 좌선성이 glucose의 우선성([α]D는 -92°)보다 크기 때문이며, 이와 같이 선광성이 변하는 것을 전화라 하고, 생성된 당을 전화당이라 한다.

---

027 Cellulose를 가수분해하면 무엇이 생기는가?
① 과당　　　　② 자당
③ 포도당　　　④ 전분

028 Cellulose의 화학구조는?
① α-1,4 결합의 나선구조
② β-1,4 결합의 직쇄구조
③ α-1,6 결합의 복합구조
④ β-1,4 결합의 분자구조

029 설탕을 가수분해하면 포도당과 과당이 생성되는데, 이 혼합물을 무엇이라 하는가?
① 환원당　　　② 호정
③ 맥아당　　　④ 전화당

030 단맛의 상대적 감미도는?
① 20%의 설탕 용액을 100으로 기준
② 20%의 포도당 용액을 100으로 기준
③ 10%의 설탕 용액을 100으로 기준
④ 10%의 포도당 용액을 100으로 기준

031 Sucrose를 단맛의 표준물질로 하는 이유는?
① 환원성 기가 없기 때문이다.
② 변선광을 일으키기 때문이다.
③ 용해성이 강하기 때문이다.
④ 과당과 포도당의 함유비가 같기 때문이다.

032 전화당의 설명 중 옳지 않은 것은?
① 선광성이 변하여 좌선성을 나타낸다.
② 포도당과 과당의 등량혼합물이다.
③ 반응에 관여하는 효소는 invertase이다.
④ 용해도와 단맛이 감소한다.

ANSWER
027 ③　028 ②　029 ④　030 ③
031 ①　032 ④

033 설탕의 성질에 관한 설명이 <u>아닌</u> 것은?
① Fehling 용액을 환원하는 능력이 없다.
② 효모에 의하여 쉽게 발효된다.
③ 이성화(mutarotation) 된다.
④ carboxyl 시약과 반응하여 hydrazone을 형성하지 않는다.

034 동물성 저장 탄수화물로서 간, 근육 속에 저장되는 동물 녹말은?
① glycose
② glycogen
③ galactose
④ galactan

035 Starch의 α-1,6 결합에만 작용하는 효소는?
① α-amylase
② β-amylase
③ glucoamylase
④ isoamylase

036 전분 입자의 크기가 가장 큰 것은?
① 감자
② 밀
③ 고구마
④ 보리

037 전분의 축적이 시작되는 곳은?
① plastid 내부
② chloroplast
③ leucoplast
④ vacuole

038 전분의 가수분해과정은?
① starch → oligosaccharide → glucose → maltose → dextrin
② starch → dextrin → oligosaccharide → maltose → glucose
③ starch → oligosaccharide → maltose → dextrin → glucose
④ starch → maltose → dextrin → glucose → oligosaccharide

---

033 설탕(Sugar)
• 포도당과 과당이 α, β-1,2 결합된 이당류이다.
• 성질은 α, β형의 이성체가 존재하지 않아 이성화되지 않고, 효모에 의해서 쉽게 발효된다.
• Fehling 용액을 환원하는 성질도 없는 비환원당이다.
• Carbonyl기를 가지고 있지 않기 때문에 carboxyl 시약과 반응하여 phenyl hydrazone의 유도체를 형성하지 않는다.

034 glycogen
• 동물성 저장다당류이다.
• α-D-glucose가 α-1,4 결합 및 α-1,6 결합으로 되어 있으며, amylopectin에 비해 가지가 많고 사슬 길이는 짧다.
• 동물성 전분이라고 하며, 간, 근육과 굴 등 조개류에 함유되어 있다.

035
• isoamylase : 전분의 α-1,6 결합에 만작용하는 효소
• glucoamylase : 비환원성 말단에서부터 순차로 포도당 단위로 분해하며, α-1,4 결합 외에 α-1,6 결합과 α-1,3 결합도 분해하는 효소

036 각종 전분 입자의 크기
• 보리 25μ, 밀 25μ, 감자 45μ, 고구마 15μ 등

037 식물 세포 내에 있는 chloroplast, leucoplast라는 과립체를 plastids라고 하는데, 전분은 식물의 탄소 동화작용으로 만들어져 plastid 내부에서 축적하기 시작한다.

038 전분의 가수분해
• 전분은 효소, 열, 산의 작용에 의해 가수분해되어 starch → dextrin → oligosaccharide → maltose → glucose 순서로 분해된다.

ANSWER
033 ③ 034 ② 035 ④ 036 ①
037 ① 038 ②

출제예상문제

039 아밀로오스와 아밀로펙틴의 성질 차이
- 아밀로오스는 아밀로펙틴보다 분자량이 적고, 노화나 호화되기 쉽고 용해되기 쉽다.
- 옥도 반응은 amylose는 청색, amylopectin은 적갈색 반응을 나타낸다.

040 전분의 호화에 영향을 미치는 요인
- 전분의 종류, 온도, 수분, pH, 염류, amylose와 amylopectin 함량 등이다.

041 아밀로오스(amylose)
- 입체 구조상 대개 6개 정도의 당이 1회전을 하는 나선구조(helical coil) coil 형태를 하고 있다.
- 이 나선구조의 내부 공간에 요오드 등의 화합물이 포접(inclusion)되어 청색의 요오드 화합물을 형성한다.

042 전분(starch)
- α-D-glucose가 수백~수천 개 결합된 중합체이다.
- α-1,4 glucoside 결합만으로 이루어진 amylose와 α-1,4 및 1,6 glucoside 결합으로 이루어진 amylopectin으로 분류된다.

043 호화 현상
- 수분이 많을수록 잘 일어난다.
- 온도는 전분의 종류에 따라 다르나 대개 60℃ 전후이다.
- 아밀로오스는 더운 물에 녹는 sol이 되고, 아밀로펙틴은 더운 물에 녹지 않는 gel로 된다.

044 노화 방지 방법
- 수분함량을 15% 이하로 급격히 줄인다.
- 냉동법은 -20~-30℃의 냉동상태에서 수분을 15% 이하로 억제한다.
- 설탕을 첨가하여 탈수작용에 의해 유효수분을 감소시킨다.
- 유화제를 사용하여 전분 교질 용액의 안정도를 증가시켜 노화를 억제하여 준다.

---

039 녹말의 2가지 성분 아밀로오스와 아밀로펙틴의 성질 차이에 대해 바르게 표시한 것은?
① 아밀로펙틴의 분자량이 일반적으로 더 크다.
② 아밀로펙틴이 호화작용을 더 잘 일으킨다.
③ 아밀로오스의 분자구조가 더 복잡하다.
④ 아밀로오스가 옥도 정색 반응이 덜 예민하다.

040 전분의 호화에 영향을 미치는 요인이 아닌 것은?
① 온도　　　　　　② 염류
③ 수분함량　　　　④ 전분분자량

041 전분의 구성성분 중 아밀로오스(amylose)의 나선상 구조는 1회전 하는 데 몇 분자의 포도당이 필요한가?
① 4개　　　　　　② 6개
③ 8개　　　　　　④ 10개

042 Starch을 가수분해 했을 때 생성되는 것은?
① glucose　　　　② fructose
③ galactose　　　④ lactose

043 호화 현상의 설명 중 옳지 않은 것은?
① 생전분에 물을 넣고 가열하였을 때 소화되기 쉬운 α 전분으로 되는 현상이다.
② 호화에 필요한 최저 온도는 일반적으로 60℃ 전후이다.
③ 호화된 전분의 X선 간섭도는 불명료한 V형이다.
④ 아밀로오스는 더운 물에 녹지 않은 gel이 되고, 아밀로펙틴은 더운 물에 녹는 sol이 된다.

044 호화전분의 노화를 억제하는 방법으로 옳지 않은 것은?
① 설탕을 첨가한다.
② 유화제를 첨가한다.
③ 수분을 15% 이하로 줄인다.
④ 냉장고에 보관한다.

ANSWER
039 ①　040 ④　041 ②　042 ①
043 ④　044 ④

045 전분 분자가 호화(gelatinization)될 때 일어나는 주요 변화는?

① 사슬이 절단되어 분자량이 작은 dextrin이 된다.
② 요오드에 의하여 정색 반응이 일어나지 않는다.
③ 사슬 사이에 이루어졌던 수소 결합이 끊어진다.
④ 수소 결합을 형성하여 결정성을 갖는다.

046 α 전분의 X-선 간섭도는?

① A 도형　　　　② B 도형
③ C 도형　　　　④ V 도형

047 다음 설명 중 α 전분의 성질로 맞지 않는 것은 어느 것인가?

① 전분 분해 효소의 작용이 쉽다.
② 물을 급히 흡수하고 팽윤한다.
③ 아밀로오스의 미셀(micelles) 구조가 파괴된다.
④ 냉수에 녹이면 곧 호화한다.

048 α 전분이 노화되면 X-선 간섭도는?

① A 도형　　　　② B 도형
③ C 도형　　　　④ V 도형

049 전분의 노화 현상이란?

① β화된 전분을 실온에 두었을 때 α화된 전분으로 변하는 것을 말한다.
② α화된 전분을 실온에 두었을 때 β화되는 것을 말한다.
③ 전분을 실온에 두었을 때 α전분은 β화되고 β전분은 α전분이 되는 현상을 말한다.
④ 전분이 미생물 혹은 효소에 의해 변질된 것을 말한다.

050 다음 중에서 노화가 가장 잘 일어나는 것은 어느 것인가?

① 찰옥수수 전분　　② 밀가루 전분
③ 감자 전분　　　　④ 고구마 전분

051 다음 중 노화가 가장 잘 일어나는 수분함량은 얼마인가?

① 10% 이하　　　　② 10~30%
③ 30~60%　　　　 ④ 70~75%

---

045 호화(gelatinization)
• 전분을 물 속에서 가열하면 수소 결합이 절단되어 micelles이 붕괴되고, 전분 입자가 팽윤되어 점도가 매우 큰 투명한 colloid 용액으로 된다. 이와 같은 전분 입자의 변화를 호화라고 한다.

046 호화된 colloid 용액에 C_2H_5OH를 가하면 호화된 전분 분자들은 분산된 상태로 침전되어 X선 간섭도(회절도)는 V 도형을 나타낸다.

047 α 전분의 성질
• 아밀로오스나 아밀로펙틴 분자들의 micelles가 붕괴된다.
• 온수를 가하면 급속하게 흡수하여 팽윤한다.
• 전분 분해 효소들의 작용을 받기 쉬우며 β 전분보다 소화율(digestibility)이 좋다.

048 노화된 전분의 X-선 간섭도
• α 전분이 실온에 방치될 때 원래의 규칙적인 배열로 굳어져 노화되어 β 전분으로 돌아가면 X선 간섭도는 명료하게 나타난다.
• 이 β 전분의 X선 간섭도는 전분의 종류에 관계없이 항상 B 도형의 간섭도를 나타낸다.

049 노화
• α 전분(호화전분)을 실온에 방치할 때 차차 굳어져 micelle 구조의 β 전분으로 되돌아 가는 현상을 말한다.

050 노화가 가장 잘 일어나는 것
• amylose는 선상 분자로서 입체장애가 없기 때문에 노화하기 쉽고, amylopectin은 분지상의 분자로서 입체장애 때문에 노화가 어렵다.
• amylose의 비율이 높은 전분일수록 노화가 빨리 일어나고, amylopectin 비율이 높은 전분일수록 노화되기 어렵다.
• 옥수수, 밀은 노화하기 쉽고, 고구마, 타피오카는 노화하기 어려우며, 찰옥수수 전분은 amylopection이 주성분이기 때문에 노화가 가장 어렵다.

051 노화가 가장 잘 일어나는 수분함량
• 수분함량이 30~60%일 때 노화하기 쉽고, 10% 이하에서는 거의 노화가 일어나지 않는다.
• 수분이 많으면 전분 분자의 회합이 어렵고, 건조상태에서는 분자가 고정화 상태가 되어 잘 일어나지 않는다.

ANSWER
045 ③　046 ④　047 ④　048 ②
049 ②　050 ②　051 ③

출제예상문제

052 아밀로오스 구조
- amylose의 결합상태는 420~980개의 glucose가 α-1,4 결합(maltose 결합양식)이고, 분자량은 7만~16만 정도이다.
- Amylopectin은 glucose α-1,4 결합의 사슬에 α-1,6 결합(isomaltose 결합양식)을 가지고 있다.

053 요오드 반응
- amylose는 요오드와 포접화합물을 형성하며 요오드의 정색 반응에 의해서 짙은 청색을 나타낸다.
- amylopectin은 요오드와 포접화합물을 형성하지 않으며 정색 반응은 자색이다.

054 β-amylase가 작용하는 곳
- 전분이나 글리코겐에 작용해서 비환원성 말단에서 맥아당 단위로 α-1,4 결합을 절단하여 β형인 맥아당을 생성한다.

055 펙틴(Pectin)
- 펙틴질(pectin substance)이라 불리우는 넓은 범위에 속하는 물질 중에 하나이다.
- pectin은 분자 내의 여러 carboxyl기의 일부가 methyl ester, 또는 염의 형태로 되어 있는 친수성의 polygalacturonic acid로서 교질성을 갖고 있다.
- 적당한 양의 당과 산이 존재할 때 gel을 형성할 수 있는 물질들에 대한 일반명이라 정의되고 있다.

056 Protopectin
- 비수용성이다.
- 미숙한 식물조직에 함량이 많다가 성숙도에 따라 효소 protopectinase에 의하여 가수분해되면, pectin으로 변한다.

057 펙틴(Pectin)
- 분자 속의 유기산의 일부가 methy ester로 되어 있는 polyga lacturonic acid이다.
- 가수분해 하면 galacturonic acid가 가장 많이 생성되고, xylose, galactose, arabinose, acetic acid 등이 생성된다.

ANSWER
052 ④ 053 ② 054 ① 055 ④
056 ① 057 ③

---

052 아밀로오스 구조의 결합 형태는?
① β-1,6 결합
② β-1,4 결합
③ α-1,6 결합
④ α-1,4 결합

053 다음 중 요오드와 포접화합물을 형성하는 당은 어느 것인가?
① inulin
② amylose
③ glycogen
④ amylopectin

054 β-amylase가 작용하는 것은?
① α-1,4-glycoside 결합
② β-1,4-glycoside 결합
③ α-1,6-glycoside 결합
④ β-1,6-glycoside 결합

055 Pectin의 설명 중 옳지 않은 것은?
① 적당량의 당과 산이 존재할 때 gel을 형성할 수 있는 물질이다.
② carboxyl기의 일부가 methyl ester되어 있는 친수성 polygalacturonic acid이다.
③ 펙틴질(pectin substance)로 불리는 넓은 범위에 속하는 물질 중의 하나이다.
④ hexose, pentose, uronic acid 등이 결합한 복합다당류이다.

056 미숙과에 다량 함유된 protopectin은 과실이 익어감에 따라 무엇으로 되는가?
① pectin
② protopectase
③ pectase
④ pectinase

057 Pectin을 가수분해 했을 때 가장 많이 생성되는 것은?
① arabinose
② galactose
③ galacturonic acid
④ acetic acid

058 다음 중 아밀로펙틴(amylopectin)만으로 된 식품은?

① 단옥수수 전분
② 찹쌀 전분
③ 멥쌀 전분
④ 밀 전분

059 다음 중에서 아밀로펙틴에 대하여 잘못 말한 것은 어느 것인가?

① 포도당이 α-1,4 결합과 α-1,6 결합으로 결합되어 있다.
② 마치 큰 나무와 같은 구조를 하고 있다.
③ 아밀로오스보다 분자가 크고 복잡하다.
④ 포도당이 α-1,6 결합으로만 되어 있다.

060 잼을 만들 때 반드시 필요한 성분은?

① 탄닌(tannin)
② 펙틴(pectin)
③ 전분(starch)
④ 셀룰로오스(cellulose)

061 Amylose와 amylopectin의 설명 중 틀린 것은 어느 것인가?

① amylose의 요오드 반응은 청색이나 amylopectin은 적자색이다.
② amylose의 X선 분석은 고도의 결정성이나 amylopectin은 무정형이다.
③ amylose는 물에 녹기 쉬우나 amylopectin은 거의 녹지 않는다.
④ amylose는 수용액에서 안정하나 amylopectin은 노화되기 쉽다.

062 청색값(blue value)이 7인 아밀로펙틴에 β-amylase를 반응시키면 청색값은 어떻게 변화하는가?

① 낮아진다.
② 높아진다.
③ 그대로 유지된다.
④ 순간적으로 높아졌다가 시간이 지나면 다시 7로 돌아간다.

063 쌀, 찰옥수수 등을 제외한 일반 곡류에서 amylose와 amylopectin의 일반적인 비율은? (단, amylose : amylopectin으로 표시)

① 60 : 40
② 25 : 75
③ 40 : 60
④ 75 : 25

---

058 곡류에서 얻는 전분은 amylose와 amylopectin의 성분으로 되어 있는데 곡류의 아밀로오스 함량은 보통 쌀 전분 14~17%, 밀 19~25%, 옥수수 23~28%, 감자 20~22%이다. 한편, 찹쌀, 찰보리, 찰옥수수 등은 아밀로펙틴의 함량이 96% 내지 100% 정도이다.

059 아밀로펙틴
• 가지가 많은 나무와 같이 다수의 α-glucose 분자들이 분지상으로 연결된 전분이다.
• Glucose가 α-1,4 결합과 α-1,6 결합으로 되어 있다.

060 펙틴(pectin)
• 덜 익은 과일에서는 불용성 protopectin으로 존재하나 익어감에 따라 효소작용에 의해 가용성 펙틴으로 변화한다.
• 과즙, 젤리, 잼 등의 주성분으로 젤리화 3요소의 하나이다.

061 amylose는 젤라틴화를 쉽게 일으키나 아밀로펙틴은 쉽게 젤라틴화 되지 않는다. 즉 교질화된 전분의 분산액에서 전분 분자들이 부분적으로나마 결정화되는 과정을 노화라고 부르는데, amylopectin은 노화되는 성질을 갖고 있지 않다.

062 청색값(blue value)
• 전분입자의 구성성분과 요오드와의 친화성을 나타낸 값으로 전분 분자 중에 존재하는 직쇄상 분자인 amylose의 양을 상대적으로 비교한 값이다.
• 일반적으로 amylose의 blue value는 0.8~1.2이고 amylopectin의 blue value는 0.15~0.22이다.
• β-amylase를 반응시켜 분해시키면 청색 값은 낮아진다.

063 amylose와 amylopectin의 비율
• 전분의 종류에 따라 다르다.
• 일반 곡류에서의 비율은 25 : 75 이고, 찹쌀은 0 : 100, 찰옥수수는 0~6 : 100~94, 찰보리는 3 : 97 정도이다.

ANSWER
058 ② 059 ④ 060 ② 061 ④
062 ① 063 ②

출제예상문제

064 해조류에서 다량 추출되는 당
- fucose, galactose, uronic acid 등이다.
- ※ fructose(과당)은 여러 과실 또는 과즙, 벌꿀 등에 다량 존재한다.

065 해초에서 추출되는 검(gum)질
- 한천(agar) : 홍조류와 녹조류에서 추출한 고무질로서 cellulose함량은 비교적 낮으나 각종 다당류의 함량은 높다.
- 알긴산(alginic acid) : 미역, 다시마 등의 갈조류의 세포막 구성성분으로 존재하는 다당류이다.
- 카라기난(carrageenan) : 홍조류에 속하는 해조류의 추출물로서 우수한 gel 형성제, 점착제, 안정제 등으로 사용되고 있다.
- ※ 리그닌(lignin) : 셀룰로오스 및 헤미셀룰로오스와 함께 목재의 실질(實質)을 이루고 있는 성분이다. 리그닌(lignin)은 세포벽에 많이 들어 있다.

066 이눌린(Inulin)
- β-D-fructofuranose가 β-1,2 결합으로 이루어진 중합체로 대표적인 fructan이다.
- 다알리아 뿌리, 우엉, 돼지감자 등에 저장물질로 함유되어 있다.
- 산이나 효소 inulase에 의하여 가수분해되어 fructose로 된다.
- 인체 내에서는 가수분해되지 않아 흡수되지 않기 때문에 저칼로리 감미료로 주목받고 있다.

067 Chitosan
- 바다가재, 게, 새우 등 갑각류와 곤충류의 껍질을 구성하는 chitin으로부터 생산된다.
- 최근 균체의 세포벽에 chitosan 성분을 다량 함유하는 미생물을 대량으로 배양하여 chitosan의 생산을 시도하고 있다.
- glucosamine의 중합체로 분자구조 중의 amime기가 양이온을 띠기 때문에 효소 및 균체의 고정화제, 금속 이온의 착화합물제, 점도 조절제, 접착제, 응집제 등의 공업용 용도로 많이 이용되어 왔다.
- 최근에는 chitosan의 분해산물인 chitosan oligomer의 항균활성, 항암성, 면역부활성, 콜레스테롤 저하기능 등의 효과가 알려지고 있다.

ANSWER
064 ① 065 ③ 066 ③ 067 ①
068 ④

---

064 해조류의 탄수화물 성분이 아닌 것은?
① fructose
② galactose
③ fucose
④ uronic acid

065 다음 중 해초에서 추출되는 검(gum)질이 아닌 것은?
① 알긴산(alginic acid)
② 한천(agar)
③ 리그닌(lignin)
④ 카라기난(carrageenan)

066 돼지감자에 많이 함유되어 있는 성분으로 인체 내 효소에 의하여 가수분해되지 않기 때문에 저칼로리 효과를 기대할 수 있는 성분은?
① 갈락탄(galactan)
② 잘라핀(jalapin)
③ 이눌린(inulin)
④ 카라기난(carrageenan)

067 Chitosan에 대한 다음 설명 중 틀린 것은?
① galactosamine의 중합체이다.
② 갑각류(새우, 게)의 딱딱한 껍질을 구성하는 다당류인 chitin으로부터 생산된다.
③ 세포벽에 chitosan 성분을 다량 함유하는 미생물을 대량으로 배양하여 chitosan을 생산할 수도 있다.
④ 금속 이온의 착화합물제, 점도조절제 등의 공업용 용도뿐만 아니라 의학분야, 화장품(향미 부여), 기능성 식품, 농업용 등으로 그 이용이 날로 증가하고 있다.

068 난소화성 다당류에 대한 설명 중 틀린 것은?
① chitin, cellulose, mannan은 난소화성 다당류이다.
② 난소화성 다당류는 여러 가지 물리화학적 특성을 지니기 때문에 생체 내에서 정장작용 등의 여러 가지 생리작용에 관여한다.
③ 난소화성 다당류는 그들의 물리, 화학적 특성으로 식품 이외의 의약품, 화장품, 페인트 등의 다른 용도로도 이용이 가능하다.
④ 난소화성 다당류는 식물성 식품에만 존재한다.

069 바다가재, 새우 등의 겉껍질을 구성하고 있는 키틴(chitin)의 단위 성분은?

① 2-N-acetyl galactosamine
② Polygalacturonic acid
③ Galacturonic acid
④ 2-N-acetyl glucosamine

070 식이섬유에 대한 설명 중 옳지 않은 것은?

① 식이섬유에는 펙틴(pectin), 리그닌(lignin), 셀룰로오스(cellulose), 키틴(chitin) 등이 포함된다.
② 리그닌과 대부분의 셀룰로오스는 발효되지 않고 변으로 배설되기 때문에 식사 중에 식이섬유의 양이 증가하면 변의 양도 증가한다.
③ 식이섬유는 일반적으로 Ca^{++}, Zn^{++} 등의 중요한 무기물뿐만 아니라 Cd^{++}, Hg^{++} 등의 독성 무기물과도 결합하여 흡수를 저해한다.
④ 식이섬유는 여러 가지 건강증진 효과를 지니기 때문에 많이 섭취해도 건강에 좋다.

071 Cyclodextrin에 대한 다음 설명 중 틀린 것은?

① 6~8개의 포도당이 β-1,4 결합으로 연결된 환상 결합을 하고 있다.
② cyclodextrin의 내부는 소수성을 지니는 반면, 외부는 친수성을 띤다.
③ 식품의 색이나 향을 안정화시키는 데에 이용된다.
④ cyclodextrin의 포집 능력은 중합체(polymer)보다 단위체(monomer)에서 더욱 높게 나타난다.

072 젖당의 설명 중 틀린 것은?

① 장 속의 유해 균의 번식을 억제한다.
② 뇌, 신경조직에 존재한다.
③ 포도당과 갈락토오스로 된 이당류이다.
④ α형이 β형보다 단맛이 강하다.

---

068 난소화성 다당류
- 동식물에 널리 존재하며 체내에서 소화 흡수되지 않는 다당류를 말한다.
- 이들은 보수력, 유기화합물의 흡착력 등의 여러 가지 물리, 화학적 특성을 지니기 때문에 생체 내에서 정장작용 등의 여러 가지 생리작용에 관여한다.
- 식품 이외에 의약품, 화장품, 페인트 등의 다른 용도로도 이용이 가능하다.

069 키틴(chitin)
- 갑각류의 구조 형성 다당류로서 바다가재, 게, 새우 등의 갑각류와 곤충류 껍질층에 포함되어 있다.
- 키틴은 N-acetyl glucosamine들이 β-1,4 glucoside 결합으로 연결된 고분자의 다당류로서 영양 성분은 아닌 물질이다.

070 식이섬유는 여러 가지 건강증진 효과를 지니고 있지만 너무 많이 섭취하면 물에 녹지 않는 불용성 섬유질일 경우 칼슘, 철분, 아연 등 무기질의 흡수를 방해하므로 좋지 않다.

071 cyclodextrin
- 6~8개의 포도당이 β-1,4 결합된 비환원성 maltoligo 당으로 환상 결합을 하고 있다.
- 내부는 소수성을 띠고 외부는 친수성을 지님으로써 다양한 물질들을 내부에 포접하는 기능을 가지고 있다.
- cyclodextrin의 포접 능력은 식품 및 의약품 산업에 다양하게 이용되고 있다.

072 유당(lactose)
- 이당류이며 포유동물의 젖에만 존재한다.
- 뇌, 신경조직에 존재하며 장 속의 유해 균의 번식을 억제한다.
- β형이 α형 보다 단맛이 강하다.
- 보통 효모에 의해 발효되지 않는다.

ANSWER
069 ④ 070 ④ 071 ④ 072 ④

출제예상문제

073 당류의 감미도
- 설탕(sucrose)의 감미를 100으로 기준하여, 과당 150, 포도당 70, 맥아당 50, 젖당 20의 순이다.

074 카라멜화에 의한 갈색화 반응
- 당 함량이 큰 식품들의 가열, 가공 중에 흔히 더 일어난다.
- 전화당액, 벌꿀 등은 fructose가 들어 있어 caramel화가 쉽고, glucose는 비교적 어렵다.

075 α-D-xylose
- xylan의 주요 구성성분이며 볏짚, 밀짚, 옥수수 등에 그 함량이 높다.
- 융점은 145℃이며, 감미도는 설탕의 60% 정도이고, 효모에 의해서 발효되지 않는 당이다.

076 자일리톨(xylitol)
- 알코올계의 당으로 설탕 대용품이나 치아 관리용품에 이용되는 물질이다.
- 단맛은 자당(sucrose)과 같은 정도이지만 칼로리는 자당의 40% 정도이다.
- 자당과 달리 충치균이 분해할 수 없기 때문에 치아를 보호하는 데에 도움을 준다.

077 amino-sugar(아미노당)
- 당분자 내 amino기를 갖는 것으로 당질의 C_2의 −OH가 amino산으로 치환된 것인데, 천연에서는 hexosamine이 중요하다.
- Chitin은 glucosamine의 amino기의 H 1개가 acetyl기로 치환된 N-acetyl(CH_3CO^-) glucosamine의 중합체이다.

078 alginic acid
- 미역, 다시마 등의 갈조류의 세포막의 주요 성분으로 존재하는 다당류이다.
- anhydro-1,4-D-mannuronic acid가 β-1,4 결합에 의해서 연결된 직선상의 분자이다.

079 78번 해설 참조

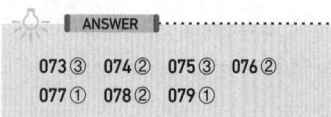

073 ③ 074 ② 075 ③ 076 ②
077 ① 078 ② 079 ①

---

073 다음 중 감미도가 큰 순서대로 나열되어 있는 것은?
① 젖당 > 맥아당 > 과당 > 자당
② 맥아당 > 젖당 > 자당 > 과당
③ 과당 > 자당 > 맥아당 > 젖당
④ 자당 > 과당 > 맥아당 > 젖당

074 Caramel화가 가장 빠른 당은?
① galactose   ② fructose
③ mannose   ④ glucose

075 α-D-xylose의 특성으로 틀린 것은?
① 비교적 단맛이 강하다(설탕의 약 60%).
② 사람에게는 거의 생리작용이 없다.
③ 효모에 의해서 잘 발효된다.
④ xylan의 주요 구성 단위이다.

076 저칼로리의 설탕 대체품으로 이용되면서 당뇨병 환자들을 위한 식품에 이용할 수 있는 성분은?
① 포도당   ② 자일리톨
③ 맥아당   ④ 프락토오스

077 amino-sugar에 해당되는 것은?
① glucosamine   ② milk-sugar
③ meso inositol   ④ gluconic acid

078 만유론산(mannuronic acid)의 주성분인 당류는 어느 것인가?
① 한천(agar-agar)   ② 알긴산(alginic acid)
③ 펙틴(pectin)   ④ 글리코겐(glycogen)

079 미역, 다시마 등에 함유되어 있는 알긴산(alginic acid)의 주성분은?
① mannuronic acid   ② glucuronic acid
③ galacturonic acid   ④ pectinic acid

080 환원당 실험에서 Fehling 용액에 포도당을 넣어 가열하면 침전물은 어떤 색깔을 띠는가?

① 푸른색 ② 청색
③ 검은색 ④ 적색

081 환원당 정량법 중 구리법은?

① Bertrand법 ② Somogi법
③ Ferri-cyanide법 ④ Iodine법

082 전분과 요오드의 정색 반응에 대한 설명으로 옳은 것은?

① 전분 중의 아밀로펙틴에 의한다.
② 아밀로오스 75, 아밀로펙틴 25의 비율로 기여한다.
③ 아밀로오스와 아밀로펙틴이 서로 똑같이 기여한다.
④ 주로 아밀로오스의 반응이다.

PART 1-3. 지질 및 지질의 변화

083 유지를 가열할 때 유지의 표면에서 엷은 푸른 연기가 발생하기 시작할 때의 온도를 무엇이라 하는가?

① 인화점 ② 발연점
③ 연소점 ④ 연화점

084 다음 중 유지의 발연점에 영향을 미치는 인자가 아닌 것은?

① 용해도
② 사용횟수
③ 노출된 유지의 표면적
④ 혼입 이물입자의 존재

085 유지의 이화학적 특성이 아닌 것은?

① 물에는 불용이나 ether에는 잘 녹는다.
② 식품 중의 유지는 비중이 0.92~0.94인 것이 많다.
③ 고급지방산이 많을수록 융점이 높아진다.
④ 불포화지방산은 이중 결합수의 증가에 따라 융점이 높아진다.

080
- 환원당에 Fehling 용액을 떨어뜨리면 적색의 침전물이 생성된다.
- 환원당에는 glucose, fructose, lactose가 있고, 비환원당은 sucrose이다.

081 Somogi법
- 알칼리성의 $CuSO_4$액이 당에 의하여 생성되는 Cu^+에 일정량의 KIO_3 및 KI를 가하여 황산 산성으로 하면 I_2를 생성한다.
- I_2로 Cu^+를 산화시켜 남은 I_2를 $Na_2S_2O_3$로 적정하는 방법이다.

082 전분과 요오드의 정색 반응
- 전분 분자 중 특히 아밀로오스가 요오드 분자를 둘러싸서 나선구조를 이루며 amylose 요오드복합체를 만들게 되는 것이다.
- amylose의 분자 길이가 길수록 그 안의 요오드 분자 길이도 길어지며 정색은 청색에 가까워지고 색깔도 진하게 된다.
- amylopectin은 가지로 뻗은 점이 나선구조로 관여하지 않으므로 요오드 분자 길이가 길어지지 않는다. 착색은 자색 또는 적자색을 띠게 된다.

083 유지의 물리적 특성
- 발연점 : 유지를 가열할 때 유지 표면에서 엷은 푸른 연기가 발생하기 시작하는 온도
- 연화점 : 고형물질이 가열에 의하여 변형되어 연화를 일으키기 시작하는 온도
- 인화점 : 유지를 발연점 이상으로 가열할 때 유지에서 발생하는 증기가 공기와 혼합되어 발화하는 온도
- 연소점 : 인화점에 달한 후 다시 가열을 계속해 연소가 5초간 계속되었을 때의 최초 온도

084 유지의 발연점에 영향을 주는 인자
- 유리지방산의 함량이 높으면 발연점이 낮다.
- 기름의 노출 표면적이 넓으면 발연점이 낮다.
- 이물질이 존재하면 발연점이 낮다.
- 사용횟수가 증가할수록 발연점이 낮다.

085 유지의 이화학적 특성
- 유지는 보통 비중이 0.92~0.94이다.
- 일반적으로 포화지방산의 융점은 탄소수의 증가와 더불어 높아지고, 불포화지방산은 이중 결합수의 증가에 따라 융점이 낮아진다.

| ANSWER |
080 ④ 081 ② 082 ④ 083 ②
084 ① 085 ④

출제예상문제

086 유지의 용해성
- ether, 석유 ether, 알코올 등 유기용매에 잘 녹는다.
- 탄소수가 많고, 불포화도가 높을수록 잘 녹지 않는다.

087 지방산의 융점
- 포화지방산보다 불포화지방산이 융점이 낮으며, 불포화지방산은 이중 결합수에 따라 낮아진다.
- Stearic acid(C_{18} : 0, 70℃) > palmiticacid(C_{16} : 0, 63.1℃) > oleic acid(C_{18} : 1, 40℃) > linoleic acid(C_{18} : 2, -5℃) > linolenic acid(C_{18} : 3, -11℃)

088 중성지방(triglycerides)
- 지방산(fatty acid)과 글리세롤(glycerols)의 에스테르(ester)결합이다.

089 휘발성 지방산
- 수증기 증류에 의하여 쉽게 분리되는 탄소수 10 이하의 지방산이다.
- acetic acid, butyric acid, caproic acid, caprylic acid, capric acid 등이다.

090 지질의 분류
① 단순지질 : 지방산과 글리세롤의 esters, 유지-천연 유지(식물 유지, 동물 유지), wax, glyceride, sterol ester
② 복합지질 : 단순지질에 다른 성분이 결합한 것, 인지질, 당지질, 단백지질, 황지질
③ 유도지질(구성지질) : 단순지질 및 복합지질의 기본 구성성분, 지방산(포화지방산, 불포화지방산), glycerol, sterol, 탄화수소

091 유도지질
- 단순지질이나 복합지질의 가수분해에 의해 생기는 것이다.
- 여기에는 지방산, glycerol, sterol, 탄화수소 등이 있다.

086 유지의 용해성을 설명한 다음 사항 중 옳지 않은 것은?

① 물에는 불용이다.
② ether, 석유 ether 등 유기용매에는 잘 녹는다.
③ 저급지방산을 많이 갖는 유지일수록 용해도는 감소한다.
④ 불포화지방산을 많이 갖는 유지일수록 용해도는 감소한다.

087 다음 지방산 중 융점이 가장 낮은 것은?

① stearic acid
② palmitic acid
③ oleic acid
④ linolenic acid

088 다음 중에서 중성지방을 가장 바르게 설명한 것은 어느 것인가?

① 고급지방산과 고급 alcohol의 ester이다.
② 고급지방산과 glycerol의 ester이다.
③ 저급지방산과 glycerol의 ester이다.
④ 저급지방산과 1급 alcohol의 ester이다.

089 휘발성 지방산이란?

① 수증기 증류에 의하여 쉽게 유출되는 탄소수 10 이하의 지방산이다.
② 비등점이 100℃인 지방산이다.
③ 상온에서 휘발성인 지방산을 말한다.
④ 물과 섞이지 않는 용매로서 증류할 수 있는 탄소수 6 이하의 지방산이다.

090 다음 중 복합지질인 것은?

① 지방산　　　　　② 인지질
③ 납　　　　　　　④ 알코올

091 다음 중 유도지질은?

① oleic acid　　　② lecithin
③ acetyl palmitate　④ phosphatidyl serine

ANSWER
086 ③　087 ④　088 ②　089 ①
090 ②　091 ①

092 저급지방산이 아닌 것은?
① lauric acid ② butyric acid
③ caproic acid ④ acetic acid

093 다음 중 불포화지방산이 아닌 것은?
① linolenic acid ② palmitoleic acid
③ myristoleic acid ④ stearic acid

094 포화지방산이 아닌 것은?
① caproic acid ② palmitic acid
③ stearic acid ④ linoleic acid

095 기능성 지질의 하나인 중쇄 지방질에 대한 설명 중 틀린 것은?
① 탄소수 8~10개의 지방산으로 이루어진 단순지질을 말한다.
② 향과 맛이 없어, 이들의 운반체로도 이용될 수 있다.
③ 산화에 대해서도 매우 안정적이다.
④ 장쇄 지방질에 비하여 대사 속도가 느리다.

096 일반 식용유지에 그 함량이 가장 적은 지방산은?
① 스테아릭산(stearic acid)
② 부티르산(butyric acid)
③ 팔미트산(palmitic acid)
④ 리놀레산(linoleic acid)

097 다음 중에서 피마자유에 많이 들어 있는 지방산은 어느 것인가?
① linolenic acid ② oleic acid
③ ricinoleic acid ④ palmitic acid

098 다음 건성유를 설명한 것 중 옳은 것은?
① 저급지방산의 함량이 많은 기름
② 포화지방산의 함량이 많은 기름
③ 공기 중에 방치했을 때 피막이 생기지 않는다.
④ 아마인유 및 들기름

---

092 저급지방산
- 일반적으로 저급지방산은 휘발성이다.
- acetic acid, butyric acid, caproic acid, caprylic acid, capric acid 등 탄소수 10개 이하의 지방산이다.

093 불포화지방산
- 분자 내에 1개 이상의 2중 결합을 갖고 있다.
- 상온에서 액체이며 공기 중의 산소에 의하여 쉽게 산화된다.
- caproleic acid, lauroleic acid, myristoleic acid, palmitoleic acid, oleic acid, linoleic acid, linolenic acid, arachidonic acid, claupanodonic acid 등

094 포화지방산
- 상온에서 대부분 고체상태이며, 탄소수가 증가할수록 융점이 높아진다.
- butyric aicd, caproic acid, caprylic acid, capric acid, lauric acid, myristic acid, palmitic acid, stearic acid, arachidic acid 등
※ linoleic acid : 불포화지방산이다.

095 중쇄 지방질
- 탄소수 8~10개의 지방산으로 구성된 단순지질을 말한다.
- 향과 맛이 없고, 산화에 대해서도 매우 안정적이다.
- 장쇄 지방과는 달리 그대로 혈관을 통해서 흡수되어 빠르게 대사되기 때문에 중환자나 외과수술 환자의 영양식으로 이용된다.

096 식용유지
- palmitic acid(16:0), stearic acid(18:0), oleic acid(18:(1), linoleic acid(18:(2) 등의 지방산이 많이 함유되어 있다.
- butyric acid(4:0)등 저급포화지방산 함량은 적다.

097 피마자유
- 아주까리 열매에서 얻은 기름이다.
- C_{18}의 1개의 이중 결합과 1개의 수산기를 가지고 있는 ricinoleic acid가 전체 구성 지방산의 80% 이상을 함유하고 있다.

098 건성유
- 공기 중에 두면 쉽게 굳어지는 지방을 말한다.
- 주로 linoleic acid, linolenic acid 등 다가불포화지방산의 함량이 많다.
- 아마인유, 들기름, 마유, 호두유, 개자유, 송실유, 동유 등이 건성유이다.

ANSWER
092 ① 093 ④ 094 ④ 095 ④
096 ② 097 ③ 098 ④

출제예상문제

099 식물성 기름의 종류(포화도에 따라)
- 건성유 : 아마인유, 들기름, 마유, 호두유, 개자유, 송실유, 동유 등
- 반건성유 : 참깨유, 쌀겨기름, 채종유 등
- 불건성유 : 땅콩기름, 피마자유, 올리브유, 동백유 등

100 kerasin은 cerebroside에 lignoceric acid가 결합한 것이다.

101 변향
- 냄새의 복귀 현상이다.
- 변향의 원인이 되는 linolenic acid와 isolinoleic acid를 함유한 유지가 공기에 노출될 때 변향 현상이 일어난다.

102 필수 지방산
- 체내에서 합성되지 않거나 부족하기 때문에 식품을 통하여 공급되어야 하는 지방산을 말한다.
- 필수 지방산에는 linoleic acid, oleic acid, isooleic acid, linolenic acid, arachidonic acid 등이 있고, 참기름, 콩기름에 많이 함유되어 있다.

103 linolenic acid에 수소를 첨가하면
- linoleic acid, isolinoleic acid, oleic acid, isooleic acid, stearic acid 등이 생성된다.

104 sterol의 종류
- 동물성 sterol : cholesterol, coprosterol, 7-dehydrocholesterol, lanosterol 등
- 식물성 sterol : sitosterol, stigmasterol, dihydrositosterol 등
- 효모가 생산하는 sterol : ergosterol

105 유지의 경화
- 액체 유지에 환원 니켈(Ni) 등을 촉매로 하여 수소를 첨가하는 반응을 말한다.
- 수소의 첨가는 유지 중의 불포화지방산을 포화지방산으로 만들게 되므로 액체 지방이 고체 지방이 된다.

---

099 건성유에 속하는 것은?
① 들기름 ② 낙화생유
③ 어유   ④ 대두유

100 당지질의 일종인 kerasin 중에 들어 있는 지방산은 어느 것인가?
① olelic acid   ② lignoceric acid
③ phrenosinic acid ④ stearic acid

101 유지의 변향(reversion)은 어느 지방산이 많이 함유된 유지에서 잘 일어나는가?
① palmitic acid ② linoleic acid
③ oleic acid   ④ linolenic acid

102 다음 중 필수 지방산이 아닌 것은?
① arachidonic acid ② linolenic acid
③ palmitic acid   ④ linoleic acid

103 linolenic acid에 수소를 첨가하였을 때 생성되지 않는 지방산은?
① linoleic acid ② isolinoleic acid
③ stearic acid   ④ palmitic acid

104 다음 중 효모가 생산하는 sterol은?
① ergosterol ② cholesterol
③ sitosterol ④ stigmasterol

105 유지의 경화란 무엇인가?
① 포화지방산의 수증기 증류를 말한다.
② 포화지방산에 수소를 첨가하는 것이다.
③ 불포화지방산을 포화지방산으로 만들어 경화된다.
④ 알칼리 정제를 말한다.

ANSWER
099 ① 100 ② 101 ④ 102 ③
103 ④ 104 ① 105 ③

106 Lecithin에 대한 설명으로 맞지 <u>않는</u> 것은?
① 난황에 많이 함유되어 있다.
② 유화제(emulsifier)로 사용된다.
③ 인지질(phospholipids)이다.
④ 검화(saponification)되지 않는다.

107 DHA(docosahexaenoic acid)에 대한 다음 설명 중 틀린 것은?
① 이중 결합을 많이 가지고 있는 고도 불포화지방산이다.
② ω-6 계열의 지방산이다.
③ 어유(魚油)에 많이 함유되어 있다.
④ 생리활성 물질의 전구체이며 항혈전, 항염증작용이 있다고 알려져 있다.

108 다음 중 동물성 스테롤(sterol)은 어느 것인가?
① cholesterol ② ergosterol
③ dehydrositosterol ④ sitosterol

109 콜레스테롤에 대한 설명으로 틀린 것은?
① 동물의 근육조직, 뇌, 신경조직에 널리 분포되어 있다.
② 과잉 섭취는 동맥경화를 유발시킨다.
③ 비타민, 성호르몬 등의 전구체이다.
④ 인지질과 함께 식물의 세포벽을 구성한다.

110 최근 콜레스테롤의 과다 섭취에 의한 여러 가지 질병이 발생함에 따라 동물성 식품 중의 콜레스테롤 양을 줄이기 위한 여러 가지 방법이 시도되고 있다. 이와 관련한 설명 중 틀린 것은?
① 초 임계액체 추출법에 의하여 동물성 식품 중의 콜레스테롤 양을 줄일 수 있다.
② 동물성 식품 중의 콜레스테롤 양을 줄이는 것에 의하여 동맥경화 등의 질병을 예방할 수 있다.
③ 동물의 사육 시 그 사료를 조절하는 것에 의하여 동물성 식품 중의 콜레스테롤 양을 줄일 수 있다.
④ 동물성 식품 중의 콜레스테롤 양이 감소하면 식품의 맛, 냄새, 조직감이 향상된다.

---

106 Lecithin
- 식물성 유지, 특히 대두유와 같은 종자유(seed oils)의 조제유에는 상당량의 레시틴이 함유되어 있다.
- 이는 달걀의 노른자(egg yolk)에 많이 존재하며, 그 외에도 여러 동물조직 내의 인지질의 한 성분으로 존재한다.
- 강한 유화작용을 갖고 있기 때문에 여러 유제품의 유화제로써 사용된다.

107 DHA(docosahexaenoic acid)
- ω-3 계열의 지방산이다.
- 생리활성 물질의 전구체이며, 항혈전, 항염증작용이 있다.

108 스테롤(sterol)의 종류
- 동물성 sterol : cholesterol, coprosterol, 7-dehydrocholesterol, lanosterol
- 식물성 sterol : sitosterol, stigmasterol, dehydro sitosterol 등
- 효모가 생산하는 sterol : ergosterol

109 콜레스테롤
- 동물의 뇌, 근육, 신경조직, 담즙, 혈액 등에 유리상태 또는 고급지방산과 ester를 형성하여 존재한다.
- 성호르몬, 부신피질, 비타민 D 등의 전구체이다.
- 혈중에 많이 함유되어 있을 경우 동맥경화, 고혈압, 뇌출혈 등의 원인이 된다.

110 식품 중의 콜레스테롤 양을 줄이는 방법
- 사료의 조절, 동물성 식품으로부터 콜레스테롤을 제거(steam stripping, 초 임계액체 추출법 등) 등의 방법이 있다.
- 식품 중에 지질이 부족하게 되면 맛, 냄새, 조직감이 떨어지기 때문에 이를 해결하는 것이 중요하다.

 ANSWER
106 ④ 107 ② 108 ① 109 ④
110 ④

출제예상문제

111 콜레스테롤(cholesterol)
- 동물의 뇌, 근육, 신경조직, 담즙, 혈액 등에 유리상태 또는 고급지방산과 ester를 형성하여 존재한다.
- 콜레스테롤 함량(%)은 소고기(머리골)이 2.1~2.4%로 가장 많고, 돼지고기(목살)은 0.096%, 소고기(등심)은 0.075%, 우유는 0.01% 함유되어 있다.

112 혈청 콜레스테롤을 낮출 수 있는 성분
- HDL : 혈관벽과 같은 말초조직에 축적되어 있는 콜레스테롤을 간으로 운반해 혈액 내의 콜레스테롤을 제거할 수 있도록 도와주는 역할을 한다.
- 리놀레산(ω-6계 지방산) : 혈액 내의 콜레스테롤치를 낮추어 심장질환의 발병위험을 낮출 수 있으나, 과량 섭취 시는 HDL을 낮출 수 있다.
- 리놀렌산(ω-3계 지방산) : 혈액 내의 중성지방, 콜레스테롤치를 감소시키는 효과가 있어 심장질환의 발병위험을 낮추게 한다.
- sitosterol : 콜레스테롤의 흡수억제 효과가 뛰어나 콜레스테롤 및 고지방에 의한 성인병의 치료 및 예방 효과가 있다.

113 인지질(phospholipid)
- 글리세롤에 2개의 지방산과 인산이 결합되어 있는 phosphatidic acid의 유도체로서 뇌, 심장, 난황, 대두 등에 많이 포함되어 있다.
- lecithin, serinecephalin, sphingmyelin은 인지질이다.
※ Cerebroside는 sphingosine 지방산과 galactose가 결합한 당지질이다. 당지질은 뇌조직, 특히 수초에 많다.

114 지방의 자동 산화
- 식용 유지나 지방질 성분은 공기와 접촉하여 비교적 낮은 온도에서도 자연발생적으로 산소를 흡수하여 산화가 일어난다.
- 유지의 산소 흡수 속도가 급격하여 산화생성물이 급증하게 되는 것이 자동산화이다.

115

R·+-CH$_2$-CH=CH- ⟶
　유지속의 radical　　수소이탈

　　　　　　RH+-CH-CH=CH-

-CH-CH=CH-+·O-O· ⟶
　·allyl radical　　산소와 결합

　　　　　　-CH-CH=CH-
　　　　　　　　|
　　　　　　　　O-O·
　　　　　　　peroxy radical

---

111 다음 중 콜레스테롤의 함량(%)이 가장 높은 식품은?
① 우유
② 소고기(등심)
③ 돼지고기(목살)
④ 소고기(머리골)

112 혈청 콜레스테롤을 낮출 수 있는 성분이 <u>아닌</u> 것은?
① HDL
② cellulose
③ 리놀렌산
④ sitosterol

113 다음 중 인지질(phospholipid)에 속하지 <u>않는</u> 것은 어느 것인가?
① cerebroside
② serine cephalin
③ sphingomyelin
④ lecithin

114 지방의 자동 산화를 일으키는 요인은?
① 효소
② 산소
③ 항산화제
④ 수분

115 다음 중 peroxide 유리기는?
① -CH$_2$CH=CH CH$_2$-
② -CH CH=CH CH$_2$-
　　　|
　　OH
③ -CH CH=CH CH$_2$-
　　|
　　OO·
④ -CH CH=CH CH$_2$-
　　|
　　O·

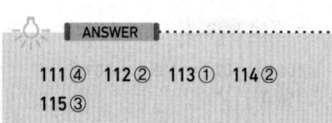

111 ④　112 ②　113 ①　114 ②
115 ③

116 지방의 산패를 촉진하는 인자로서 부적당한 것은 무엇인가?

① 광선
② heme 화합물
③ tocopherol
④ 금속

117 유지의 산화에 대한 설명이 틀린 것은?

① 불포화지방산은 포화지방산보다 훨씬 산화되기 쉽다.
② 불포화지방산은 이중 결합이 증가하면 산화속도는 급속히 증대한다.
③ 공액 이중 결합을 가지는 것은 더욱 산화되기 쉽다.
④ trans형은 cis형보다 산화되기 쉽다.

118 유지의 가열산화에 의한 물리·화학적 변화에 대한 설명으로 틀린 것은?

① 중합체의 형성으로 점도가 낮아진다.
② 카르보닐화합물이 형성된다.
③ 산가는 높아지고 발연점은 낮아진다.
④ 가열산화에 의해 생성된 중합체는 요소와 내포화합물을 형성하지 않는다.

119 유지의 산화촉진제 역할을 하지 않는 물질은?

① oleic, linoleic, linolenic acid
② Co, Cu, Mn, Ni
③ myoglobin, cytochrome
④ tartarate, ascorbate

120 기름의 산화적 부패를 가장 크게 촉진시키는 금속은 어느 것인가?

① 구리
② 납
③ 니켈
④ 알루미늄

121 항산화제의 효과는?

① 산소를 제거한다.
② 과산화물 유리기에 수소 원자를 공여한다.
③ 금속 이온의 촉매작용을 저해한다.
④ 빛 에너지를 흡수한다.

---

116 지방산패 촉진인자
- 온도, 금속, 광선, 산소분압, 수분, heme 화합물, chlorophyll 등의 감광 물질 등
※ 지방산패 억제 항산화제 : sesamol, gossypol, lecithin, tocopherol(Vit. E) 등

117 일반적으로 불포화도가 높은 지방산일수록 산화되기 쉬우며, 불포화지방산에서 cis형이 tran형 보다 산화되기 쉽다. 천연 유지 중에 존재하는 불포화지방산은 불안정한 cis형을 취하고 있다.

118 유지를 공기 중에서 200~300℃ 정도로 가열하면 유리기가 서로 결합하여 점차 점도가 증가하게 되는데 이것은 열산화 중합 때문이다.

119 산화촉진제(prooxidants)
- 금속(Co, Cu, Fe, Ni, Mn, Tin 등), 일부 화합물질, 자외선이나 일부 가시광선, 유지 속에 미량 존재하는 과산화물, 유리지방산(free fatty acids), myoglobin, cytochrome 등이 있다.

120 각종 금속의 산화 촉진작용은 대두유의 경우 Cu > Fe > Cr, Co, Zn, Pb > Ca, Mg > Al, Ni, Sn, Na 순이다.

121 항산화제(산화방지제)
- 미량으로 유지의 산화속도를 억제하여 주는 물질을 말한다.
- 과산화물 유리기 혹은 지방 분자 유리기에 수소 원자를 주어 연쇄 반응을 중절시켜 항산화작용을 한다.

 ANSWER

116 ③ 117 ④ 118 ① 119 ④
120 ① 121 ②

출제예상문제

122 천연 항산화제
- tocopherol, ascorbic acid, sesamol, gessypol, guercetin, rutin, gallic acid, lecithin 등

123 유지를 계란노른자와 함께 섞어주면 유화되어 O/W형의 유탁액을 만들어 자신이 작은 입자가 되어 분산되고, 쇼트닝으로서의 힘은 감소된다.

124 유지(기름)를 장시간 가열하면
- 자동 산화로 산패를 유발시켜 중간 생성 체인 hydroperoxide를 형성하여 산가와 과산화물가의 증가를 초래한다.

125 유지를 강하게 가열할 때 나는 자극적인 냄새
- 유지에는 비점이 없고 일정 온도가 되면 연기를 내며 분해가 시작되어 악취를 내는데, 이것은 고온에 의해 휘발성인 저분자 지방산이 연기로써 나오는 것이다 (2% 이상 시 불쾌한 냄새).
- 또 glycerin을 고온으로 가열하면 분해되어 악취를 가진 acrolein을 생성하기 때문이다.

126 트랜스지방이란
- 식물성 기름과 같은 액체상태의 기름을 수소를 첨가하여 고체상태로 경화하는 과정에서 생성하는 지방산 중 일부가 트랜스형의 이중 결합으로 전환되어 생성되는 지방이다.
- 마가린이나 쇼트닝 등 경화유를 사용한 제품에 주로 함유되어 있다.
- 트랜스지방은 포화지방과 마찬가지로 사람에게 좋지 않은 영향을 미치는 저밀도(LDL) 콜레스테롤을 증가시키고, 사람에게 이로운 고밀도(HDL) 콜레스테롤을 감소시키기 때문에 많은 양의 트랜스지방을 섭취할 경우, 심장질환을 유발할 수 있다.

---

122 다음 중 천연 항산화제는?
① rutin, guercetin
② vitamin C, BHT
③ BHA, BHT
④ PG, NDGA

123 유지의 쇼트닝(shortening)으로서의 성질에 관한 설명 중 틀린 것은?
① 불포화도가 큰 유지일수록 쇼트닝으로서의 효과가 크다.
② 저온에서는 유지의 점도가 커지므로 쇼트닝으로서의 힘은 감소한다.
③ 반죽을 철저히 할수록 쇼트닝으로서의 팽창 효과가 크다.
④ 계란노른자를 많이 넣어 반죽하면 쇼트닝으로서의 효과가 증대된다.

124 옥수수 기름을 고온으로 장시간 가열할 때 기름의 변화를 옳게 설명한 것은?
① 산가와 과산화물가가 모두 증가된다.
② 산가와 과산화물가가 모두 감소된다.
③ 산가는 감소되고, 과산화물가는 증가된다.
④ 산가는 증가되고, 과산화물가는 감소된다.

125 튀김용 유지를 강하게 가열할 때 나는 자극적인 냄새는?
① 저급지방산의 냄새
② 아미노산의 탄화 냄새
③ hydroperoxide 냄새
④ acrolein의 냄새

126 트랜스지방이 콜레스테롤(cholesterol)에 미치는 영향은?
① LDL(저밀도)과 HDL(고밀도)을 모두 증가시킨다.
② LDL과 HDL을 모두 감소시킨다.
③ VLDL(초저밀도)을 HDL로 전환시킨다.
④ LDL은 증가시키고 HDL은 감소시킨다.

ANSWER
122 ① 123 ④ 124 ① 125 ④
126 ④

127 유지의 경화 공정과 트랜스지방에 대한 설명으로 틀린 것은?

① 경화란 지방의 이중 결합에 수소를 첨가하여 유지를 고체화 시키는 공정이다.
② 트랜스지방은 심혈관질환의 발병률을 증가시킨다.
③ 식용유지류 제품은 트랜스지방이 100g당 6g 미만일 경우 "0"으로 표시할 수 있다.
④ 경화된 유지는 비경화유지에 비해 산화안정성이 증가하게 된다.

128 다음에서 유중수적형(Water in Oil : W/O) 교질상 식품은?

① 치즈(cheese)
② 마요네즈(mayonnaise)
③ 아이스크림(ice cream)
④ 버터(butter)

129 유지를 진공 또는 CO_2, NO_2 등 산소가 없는 상태에서 200~300℃로 가열하면 일어나는 반응은 무엇인가?

① 자동산화
② 열산화 중합
③ 열중합
④ 튀김기름 중합

130 식용 유지의 분자 트리글리세리드(triglyceride)의 알칼리 가수분해를 표시한 것은?

① 검화
② 수소첨가
③ 에스텔화
④ 경화

131 Potato chip의 저장 안정성에 가장 크게 영향을 미치는 것은?

① Potato chip의 수분함량
② 탄수화물의 호화도
③ 튀김유의 안전성
④ 튀김유의 검화가

132 다음 중 검화가가 높은 유지는?

① 고급지방산이 많은 유지
② 저급지방산이 많은 유지
③ 포화지방산이 많은 유지
④ 불포화지방산이 많은 유지

---

127 영양 성분별 세부표시방법[식품등의 표시기준]
• 트랜스지방은 0.5g 미만은 "0.5g 미만"으로 표시할 수 있으며, 0.2g 미만은 "0"으로 표시할 수 있다. 다만, 식용유지류 제품은 100g당 2g 미만일 경우 "0"으로 표시할 수 있다.

128 유화식품의 상태
• 유중수적형 : 기름 중에 물이 분산된 형태(W/O)
  - butter, margarin 등
• 수중유적형 : 물 중에 기름 입자가 분산된 형태(O/W)
  - milk, ice cream, mayonnaise 등

129 유지를 고온에서 장시간 가열하면
• 자동산화, 열산화 중합, 가열분해 등이 진행한다.
  - 공기 중에서 100℃ 이하로 가열하면 자동산화 중합이 일어난다.
  - 200~300℃의 고온으로 가열하면 열산화 중합이 일어난다.
  - 산소가 없는 상태에서 200~300℃의 고온으로 가열하면 열중합이 일어나 이중체, 삼중체 등의 중합체가 형성된다.

130 검화
• 유지의 알칼리에 의한 가수분해를 검화라고 한다.
• 검화가는 유지 1g을 검화시키는 데 필요한 KOH의 mg수를 말한다.
• 검화가는 지방산의 분자량에 반비례하므로 저급지방산이 많을수록 커진다.

131 Potato chip은 제조과정 중에 지방을 40%까지 흡수하기 때문에 potato chip의 품질은 지방의 안정성과 밀접한 관련이 있다. 또한 저장 중에 튀김류의 자동 산화에 의한 과산화물의 형성과 그 분해 등이 가장 큰 문제가 된다.

132 검화가
• 유지 1g을 검화시키는데 필요한 KOH의 mg수를 말한다.
• 유지의 구성지방산의 평균 분자량에 반비례하므로 저급지방산의 함량이 많을수록 커진다.
• 검화가를 알면 그 유지의 분자량을 알 수 있다.
• 일반적인 유지의 검화가는 180~200 정도이다.

ANSWER

127 ③ 128 ④ 129 ③ 130 ①
131 ③ 132 ②

출제예상문제

133 올레인산 1몰(282.46g) = KOH 1몰(56.1g)

산가 = $\dfrac{\text{유리지방산 함량} \times 56.1}{282.46}$

∴ 산가 = $\dfrac{2 \times 56.1}{282.46}$ = 0.397

134 132번 해설 참조

135 요오드가(iodine value)
- 유지 100g에 첨가되는 요오드(Iodine, I_2)의 g수를 말한다.
- 유지 분자내의 이중 결합수, 즉 구성지방산의 불포화 정도를 나타내는 척도이다.
- 유지의 불포화도가 높을수록 요오드가가 높다.
  - 요오드가 130 이상의 유지 : 건성유
  - 요오드가 130~100의 유지 : 반건성유
  - 요오드가 100 이하의 유지 : 불건성유

136 135번 해설 참조

137 Triolein의 요오드가

$\dfrac{3I_2}{C_{54}H_{104}O_6} \times 100$

$= \dfrac{3 \times 254}{884} \times 100 = 86.2$

138 Reichert-Meissl value
- 유지 5g을 알칼리로 검화한 다음, 산성에서 증류하여 얻은 휘발성의 수용성 지방산을 중화하는 데 요하는 0.1N-KOH의 ml 수를 말한다.
- 수용성 휘발성 지방산의 양을 구하는 데 측정 목적이 있다.
- 버터의 순도나 위조 검정에 이용된다.

---

133 지방 1g 중 올레인산 2mg을 함유할 때, 그 지방의 산가는 얼마인가? (단, KOH=56, 올레인산 $C_{18}H_{34}O_2$)

① 약 0.585 ② 약 0.638
③ 약 0.723 ④ 약 0.397

134 유지의 검화가를 측정한 결과 195를 나타냈다면 이 유지는 다음 중 어떤 것인가?

① 보통의 동식물성 유지
② 저급지방산이 많은 유지
③ 고급지방산이 많은 유지
④ 산패가 진행된 유지

135 지방의 불포화도를 알아내는 것은?

① 에스테르가 ② 요오드가
③ 검화가   ④ 아세틸가

136 유지의 요오드(iodine value)가 크다는 것은 무엇을 뜻하는가?

① 유지에 고급지방산의 함량이 많음을 나타낸다.
② 유지에 저급지방산의 함량이 많음을 나타낸다.
③ 유지에 포화지방산의 함량이 많음을 나타낸다.
④ 유지에 불포화지방산의 함량이 많음을 나타낸다.

137 Triolein의 요오드가는? (단, I_2 : 254, triolein $C_{57}H_{104}O_6$: 884)

① 106.4 ② 86.2
③ 78.8   ④ 65.6

138 Butter의 위조품 검정에 이용되는 것은?

① acetyl value
② acid value
③ Reichert-Meissl value
④ Polenske value

ANSWER
133 ④ 134 ① 135 ② 136 ④
137 ② 138 ③

139 과산화물가란 유지의 어떤 특성을 표시하는 기준인가?

① 산패도
② 불포화도
③ 경화도
④ 수용성 지방산의 양

140 식용유지의 과산화물가(peroxide value)가 60밀리 당량(meq/kg)인 경우, 밀리몰(mM/kg)로 표시된 과산화물가는?

① 10mM/kg
② 20mM/kg
③ 30mM/kg
④ 40mM/kg

141 T.B.A.(thiobarbituric acid) 시험법은?

① 유지의 휘발성 지방산 양을 측정한다.
② 유지의 불포화도를 측정한다.
③ 유지의 유리지방산을 측정한다.
④ 유지의 산패도를 측정한다.

142 유지의 산패 정도를 나타내는 값이 아닌 것은?

① TBA가
② 과산화물가
③ carbonyl가
④ polenske value가

143 지방을 정량하는 방법은?

① Soxhlet법
② Kjeldahl법
③ Karl fisher법
④ Van slyke법

144 과산화물가 측정 조작에 있어서 티오황산소다 표준 용액으로 적정되는 화합물은?

① 이산화질소
② 지방의 과산화물
③ 요오드
④ 요오드화 칼륨

---

139 과산화물가(peroxicle value)
- 유지 1kg에 함유된 과산화물의 밀리몰 수 또는 밀리 당량수로 표시한다.
- 유지 중에 존재하는 과산화물의 함량 측정에서 유지의 산패 정도와 유도기간의 길이를 알 수 있다.
- 일반적으로 식물성 유지는 과산화물가가 60~100mg/kg에 동물성 유지는 20~40mg/kg에 도달하는 데 걸리는 시간을 그 유도기간으로 정한다.

140 과산화물가
- 유지를 유기용매에 용해시킨 후 KI를 가하면 KI로부터 형성된 요오드 이온(I⁻)이 유지중의 과산화물과 반응하여 I_2를 생성하게 되는데 이 I_2의 양을 $Na_2S_2O_3$ 표준 용액으로 적정하여 과산화물의 양을 측정하는 것이다.
- 이온가로 밀리몰(mM/kg)을 곱한 값이 밀리당량(meq/kg)이다. 과산화물가는 2가 이온(I_2)을 적정하므로 2mM/kg은 meq/kg과 같다. 따라서 과산화물가 60meq/kg은 30mM/kg과 같다.

141 T.B.A. 시험법
- 유지의 산패도를 측정하는 방법이다.
- 산화된 유지 속의 어떤 특정 카아보닐 화합물이 적색의 복합체를 형성하며, 이 적색의 강도로 나타낸다.

142 유지의 산패 측정에는 TBA가, 과산화물가, carbonyl가, AOM가가 있고, 그 외에 oven test, kreis test가 있다.

143
- Soxhlet법 : 지방 정량법
- Kjeldahl법 : 단백질 정량법
- Karl fisher법 : 수분 정량법
- Van slyke법 : 아미노산 정량법

144 과산화물가 측정 조작
- 유지 시료를 초산 또는 클로로포름-초산의 혼합 용액과 같은 산성이며, 지용성인 용매에 용해시킨 후 질소 또는 탄산가스 아래에서 KI(요오드화칼륨)을 용해시켜 여기서 형성된 요오드 이온(I⁻)을 용해된 유지 중의 과산화물과 반응시켜 요오드(I_2)로 산화시킨다.
- 이때 형성된 요오드를 티오황산 소다의 표준 용액으로 적정하여 $Na_2S_2O_3$(티오황산 소다)의 표준 용액의 소비량에서 유지중의 과산화물 함량을 구한다.

$ROOH + 2I^- + 2H^+ \rightarrow ROH + I_2 + H_2O$
$I_2 + 2Na_2S_2O_3 \rightarrow 2NaINa_2S_4O_6$

 ANSWER

139 ① 140 ③ 141 ④ 142 ④
143 ① 144 ③

출제예상문제

145 우유 및 유제품 지방 정량법
- 우유의 지방구는 단백질에 둘러싸여 있어서 ether, 석유 ether 등의 유기 용매로는 추출이 어렵기 때문에 91~92% 농황산으로 지방 이외의 물질을 분해한 후 지방을 원심분리하여 측정한다.
- 이 방법으로는 Babcock법과 Gerber법이 있다.

146 유지의 화학적 성질
- Kirschner value : 유지 속의 지방산 중의 butyric acid의 함량을 표시한다.
- Reichert-Meissl value : 유지 속의 휘발성이고 수용성인 지방산의 함량을 표시한다.
- Polenske value : 유지 속의 휘발성은 있으나 물에는 녹지 않는 지방산들의 함량을 표시한다.
- Hener value : 어떤 유지 속의 물에 녹지 않는 지방산 함량의 전체 유지의 양에 대한(%) 비율이다.

147 Soxhlet 법에 의한 지방 추출
- soxhlet 지방 추출기는 냉각기, 추출기, 수기 3부분으로 되어 있다.
- 고체 시료를 원통여과지에 넣고 수기에 에테르를 가한 후 장치를 연결하여 60~70℃의 전기 탕욕 위에 고정시켜 가온한다.

148 단백질은 생물체의 생명 유지에 가장 중요하며, 조성은 C, H, O 외에 N을 16% 함유하고 있는 것이 특징이다.

149 단백질의 분류
- 단순단백질
  - 아미노산으로만 구성되어 비교적 그 구조가 간단한 단백질
  - collagen, keratin, globulin, elastin, albumin, albuminoid, histone 등
- 복합단백질
  - 단순단백질에 비단백성 물질이 결합된 단백질
  - 인, 핵, 당, 금속, 색소, 지단백질 등
- 유도단백질
  - 단순단백질 또는 복합단백질이 물리적, 화학적 요인에 의해 변형된 단백질
  - 응고단백질, protean, metaprotein, gelatin, proteose, peptone, peptide

150 gelatin
- collagen을 물, 묽은산 또는 alkali로 끓임으로써 가수분해에 의해서 얻어지는 유도단백질이다.
- 찬물에는 녹지 않는다.
※ Histone, globulin, albummin은 단순단백질이다.

 ANSWER

145 ① 146 ③ 147 ④ 148 ④
149 ① 150 ①

---

145 우유 및 유제품 지방을 정량하는 방법은?

① Gerber법
② kjeldahl법
③ Soxhlet법
④ van slyke법

146 유지 중의 butyric acid 함량을 표시하는 것은 무엇인가?

① Reichert-Meissl value
② Polenske value
③ Kirschner value
④ Hener value

147 Soxhlet 법에 의하여 지방을 추출할 때 가장 알맞은 가열 온도는?

① 90~100℃
② 80~90℃
③ 70~80℃
④ 60~70℃

PART 1-4. 단백질 및 단백질의 변화

148 다음 중 단백질에 관한 설명으로 옳지 않은 것은 어느 것인가?

① 질소를 함유한 고분자 유기화합물이다.
② 생물의 영양 유지에 매우 중요하다.
③ 가수분해시켜 각종 아미노산을 얻는다.
④ 평균 16% 정도의 탄소를 함유하고 있다.

149 단백질의 분류 중 globulin은 어디에 속하는가?

① 단순단백질
② 복합단백질
③ 유도단백질
④ 변성단백질

150 다음 중 유도단백질(derived protein)은?

① gelatin
② histone
③ globulin
④ albumin

151 다음 단백질 중 인단백질은 어느 것인가?

① collagen   ② casein
③ histone   ④ myoglobin

152 아미노산의 성질에 관한 다음 설명 중 틀린 것은?

① 단백질을 구성하는 아미노산은 거의 모두 D형이다.
② 아미노산은 정미성이 있어 식품의 맛과 관계가 있다.
③ 아미노산은 물이나 염류 용액에 잘 녹는다.
④ 아미노산은 양성전해질이다.

153 지방족 중성 아미노산이 아닌 것은?

① $CH_2OH \cdot CHNH_2 \cdot COOH$(serine)
② $CH_3 \cdot CHNH_2 \cdot COOH$(alanine)
③ CH_2NH_2COOH(glycine)
④ $CH_2NH_2 \cdot (CH_2)_3 \cdot CHNH_2 \cdot COOH$(lysine)

154 자연식품 단백질의 구성 아미노산이 아닌 것은?

① histidine, asparagine
② ornithine, thyroxine
③ proline, arginine
④ glutamine, tyrosine

155 다음 중 필수 아미노산이 아닌 것은?

① threonine   ② lysine
③ valine   ④ tyrosine

156 염기성 amino acid가 아닌 것은?

① lysine   ② arginine
③ histidine   ④ alanine

157 중성 아미노산이 아닌 것은?

① isoleucine   ② leucine
③ glycine   ④ lysine

---

151 인단백질
- 단순단백질과 인산으로 이루어져 있는 단백질이다.
- Casein은 인단백질의 하나로서 우유단백의 80%를 차지한다.
- 그 밖의 종류로는 vitellin, vitellenin, phosvitin, hematogen 등이 있다.
※ collagen은 유도단백질이고, myoglobin은 색소단백질이다.

152 아미노산의 일반적 성질
- 동일 분자 내에 $-COOH$기와 $-NH_2$기를 함께 가지고 있는 양성전해질이다.
- 물 특히 염류 용액에 잘 녹고 알코올이나 에테르에는 녹지 않는다.
- 각각 특유한 맛을 가지고 있어 식품의 맛과 관계가 있다.
- 천연으로 있는 아미노산은 모두 α-L-amino acid이다.

153 아미노산의 종류
- 중성 아미노산 : glycine, alanine, valine, leucine, isoleucine, serine, threonine 등
- 지방족 아미노산 : glycine, valine, leucine, alanine, isoleucine, serine 등
- 환상 아미노산 : phenylalanine, tyrosine, tryptophan 등
- 산성 아미노산 : aspartic acid, asparagine 등
- 염기성 아미노산 : lysine, arginine, histidine 등
- 함유황 아미노산 : cysteine, cystine, methionine 등

154 자연식품 단백질의 구성 아미노산
- asparagine, histidine, proline, tyrosine, glutamine, arginine 등
※ Ornithine은 arginine을 효소 분해하거나 알칼리로 가수분해함으로써 얻어지는 아미노산이다.
※ thyroxine은 갑상선 호르몬의 하나이다.

155 필수 아미노산
- 인체 내에서 합성되지 않아 외부에서 섭취해야 하는 아미노산을 말한다.
- 성인에게는 valine, leucine, isoleucine, threonine, lysine, methionine, phenylalanine, tryptophan 등 8종이 있고, 어린이나 회복기 환자에게는 arginine, histidine이 더 첨가된다.

156 153번 해설 참조
157 153번 해설 참조

ANSWER
151 ②   152 ①   153 ④   154 ②
155 ④   156 ④   157 ④

출제예상문제

158 알라닌(alanine)
- 물에 잘 녹으나 알코올에는 잘 녹지 않으며, ether에는 녹지 않고 견사나 gelatin을 알칼리 가수분해하여 얻는다.
- 감미성이 있는 아미노산은 alanine, glycine, proline, lysine이 있다.

159 글리신(glycine)
- 아미노산 중 가장 그 구조가 간단하다.
- 광학적 이성질체가 존재하지 않는 아미노산이다.
- ※ glycine을 제외한 α-아미노산은 부제 탄소원자로 인하여 광학활성을 가지므로 광학적 이성체인 L형과 D형이 존재한다.

160 함유황 아미노산
- cysteine, cystine, methionine 등이 있다.
- lysine은 지방족 염기성 아미노산에 속한다.

161 방향족 아미노산(aromatic amino acid)
- phenylalanine, tyrosine, trypophan, histidine 등이 있다.
- ※ glutamic acid : 산성 아미노산
- ※ alanine : 중성 아미노산
- ※ methionine : 함유황 아미노산

162 cystine
- 함황 아미노산으로서 S-S 결합을 가지고 있다.
- 2개의 sulfide 결합(cysteine+cysteine)을 갖고 있는 아미노산이다.
- 양모, 모발, 손톱, 뿔 등의 케라틴을 주성분으로 하는 단백질에 많이 포함되어 있다.

163 필수 아미노산
- valine, leucine, isoleucine, threonine, lysine, methionine, phenylalanine, tryptophan이다.
- methionine은 함황 아미노산으로 인체에서 합성할 수 없는 필수 아미노산이다.

164 양질의 단백질
- 각종 필수 아미노산을 충분히 함유하는 단백질을 말한다.
- ※ 일반적으로 단백질의 품질 결정은 전체 아미노산의 양과 조성, 필수 아미노산의 함량과 비율, 단백질의 소화율, 단백질의 소화속도에 의한다.

165 histidine(α-amino-β-imidazol propionic acid)
- imidazole ring이 들어 있다.
- 성인에게는 비필수이지만, 유아에게는 필수적이다.

158 다음 중에서 가장 단맛이 강한 아미노산은?
① alanine ② serine
③ lysine   ④ histidine

159 광학적 이성질체가 존재하지 <u>않는</u> 아미노산은?
① 발린(valine)   ② 알라닌(alanine)
③ 글리신(glycine) ④ 트레오닌(threonine)

160 다음 중 함유황 아미노산이 <u>아닌</u> 것은?
① lysine   ② cysteine
③ methionine ④ cystine

161 방향족 아미노산에 속하는 것은?
① glutamic acid ② alanine
③ tyrosine   ④ methionine

162 다음 중 S-S 결합을 가지는 아미노산은?
① histidine   ② cystine
③ methionine ④ cysteine

163 다음 중 필수 아미노산에 속하며 유황을 함유하고 있는 것은?
① cysteine ② methionine
③ valine   ④ cystine

164 양질의 단백질이란 영양적인 면에서 어떤 단백질을 뜻하는가?
① 아미노산의 종류가 많은 단백질을 말한다.
② 모두 단백질로 되어 있는 것을 말한다.
③ 보통 식물성 단백질을 말한다.
④ 필수 아미노산을 골고루 갖춘 단백질을 말한다.

165 분자 내에 imidazole기를 가지고 있는 아미노산은 어느 것인가?
① arginine ② valine
③ histidine ④ tryptophan

ANSWER
158 ① 159 ③ 160 ① 161 ③
162 ② 163 ② 164 ④ 165 ③

166 Glycine을 구성하는 -COOH의 pK값이 2.3이라면 이는 무엇을 뜻하는가?

① pH 2.3의 용액에서 glycine을 구성하는 -COOH가 모두 -COOH로 존재한다는 뜻
② pH 2.3의 용액에서 glycine을 구성하는 -COOH가 모두 -COO⁻로 존재한다는 뜻
③ pH 2.3의 용액에서 glycine을 구성하는 -COOH의 30%가 -COO⁻로 존재한다는 뜻
④ pH 2.3의 용액에서 glycine을 구성하는 -COOH의 50%가 -COO⁻로 존재한다는 뜻

167 단백질이 양성 반응을 띠는 것은 무엇 때문인가?

① 펩타이드 결합을 가지고 있기 때문이다.
② 이온화되는 아미노산 곁사슬을 가지고 있기 때문이다.
③ α-헬릭스구조를 가지고 있기 때문이다.
④ 이온 결합을 하고 있기 때문이다.

168 단백질의 구조와 관계 없는 것은?

① peptide 결합
② S-S 결합
③ 이온 결합
④ 이중 결합

169 단백질 화학에 있어서 가장 중요한 단백질을 구성하는 아미노산의 종류와 수, 그리고 아미노산의 결합 순서는 단백질의 몇 차 구조에 해당하는가?

① 1차 구조   ② 2차 구조
③ 3차 구조   ④ 4차 구조

170 단백질의 구조 중 peptide 결합의 carbonyl기와 aimino 기간의 수소 결합에 의해 α-나선구조(helix)를 이룬 구조는 몇 차 구조인가?

① 1차 구조   ② 2차 구조
③ 3차 구조   ④ 4차 구조

---

166 pK값(해리상수)
• 아미노산을 구성하는 각각의 기(group)의 50%가 이온의 상태가 될 때의 pH를 말한다.

167 단백질은 중성 이미노산 이외에 여러 염기성 아미노산이나 산성 아미노산이 구성 단위로 존재하므로 peptide 결합에 참여하지 않고, 해리될 수 있는 유리 amino기나 carboxyl기를 다수 갖고 있어서 산이나 염기로서 작용한다.

168 단백질의 구조에 관련되는 결합
• 1차 구조 : peptide 결합,
• 2차 구조 : 수소 결합,
• 3차 구조 : 이온 결합, 수소 결합, S-S 결합, 소수성 결합, 정전적인 결합 등

169 단백질의 구조
• 1차 구조 : 아미노산의 조성과 배열 순서를 말한다.
• 2차 구조 : 주로 α-helix 구조와 β-병풍 구조를 말한다.
• 3차 구조 : 2차 구조의 peptide 사슬이 변형되거나 중합되어 생성된 특이적인 3차원 구조를 말한다.
• 4차 구조 : polypeptide 사슬이 여러 개 모여서 하나의 생리 기능을 가진 단백질을 구성하는 polypeptide 사슬의 공간적 위치 관계를 말한다.

170 단백질의 2차 구조
• 수소 결합에 의해 이루어지는데 α-helix, β-구조, 불규칙 구조가 있다.
 - α-helix는 나선구조인데 이것은 나선에 따라 규칙적으로 결합되는 peptide의 =CO기와 NH-기 사이에서 이루어지는 수소 결합에 의해 α-helix 구조를 형성하여 안정된다.
 - β-구조(pleated sheet 구조)는 병풍구조라 하며 α-helix 구조가 변성되면 β-구조가 된다. 두 개의 peptide가 =CO기와 -NH기 사이의 수소 결합에 의해 안정화 되어 있다.

ANSWER
166 ④   167 ②   168 ④   169 ①
170 ②

출제예상문제

171 단백질의 열변성에 영향을 주는 요인(온도, 수분, 전해질, pH 등)
- 온도는 60~70℃가 최적이다.
- 열변성에는 반드시 수분이 필요하며, 단백질에 수분이 많으면 낮은 온도에서 열변성이 일어나고 적으면 높은 온도에서 응고된다.
- 염화물, 황산염, 인산염, 젖산염 등의 전해질이 있으면, 변성 온도가 낮아질 뿐만 아니라 변성 속도가 가속된다.
- 단백질의 등전점에서 가장 잘 응고된다.

172 171번 해설 참조

173 단백질 변성을 이용한 제품
- 발효유(요구르트) : 젖산에 의해 단백질을 응고시켜서 만든 제품
- 치즈 : 산과 응류효소(rennin)에 의해 단백질을 응고시켜서 만든 제품
- 두부 : 가열 및 염류($MgCl_2$, $CaCl_2$)에 의해 단백질을 응고시켜서 만든 제품

174 단백질의 변성
- 단백질 분자가 물리적 또는 화학적작용에 의해 비교적 약한 결합으로 유지되고 있는 고차구조가 변형되는 현상을 말한다.
- 이 변화는 대부분의 경우 용해도가 감소하여 응고 현상이 일어난다.
- 변성의 특징
  - 생물학적기능의 상실 : 효소 활성이나 독성 및 면역성, 항체와 항원의 결합 능력을 상실한다.
  - 용해도의 감소 : 용해도가 감소하고 보수성도 떨어진다.
  - 반응성의 증가 : -OH기, -SH기, -COOH기, -NH_2기 등의 활성기가 표면에 나오게 되므로 반응성이 증가한다.
  - 분해 효소에 의한 분해용이 : 외관은 견고해지나 내부는 단백질 가수분해 효소에 의해 분해되기 쉽게 된다.
  - 결정성의 상실 : pepsin, trypsin과 같은 결정성의 효소는 그 결정성이 소실된다.
  - 이화학적 성질 변화 : 구상단백질이 변성하여 풀린 구조가 되기 때문에 점도, 침강계수, 확산계수 등이 증가하게 된다.

175 썩은 생선 또는 변패된 간장에 histidine 및 tyrosine이 세균에 의하여 탈탄산되어 histamine 및 tyramine이 생성된다.

---

171 단백질의 열변성에 관한 다음 설명 중 틀린 것은?

① 단백질은 보통 60~70℃ 부근에서 변성이 일어난다.
② 단백질의 열변성에는 수분이 필요없다.
③ 단백질의 등전점에서 가장 잘 응고된다.
④ 단백질에 전해질이 들어 있으면 더 낮은 온도에서 변성된다.

172 다음 중 단백질의 열 변성에 영향을 주는 요인이 아닌 것은?

① 수분　　　　　　② 전해질의 존재
③ 전기음성도　　　④ 수소 이온 농도

173 다음은 단백질의 변성작용을 이용한 제품들이다. 서로 관계가 없는 것은?

① 요구르트(yoghurt) - 단백질의 산에 의한 변성
② 빵 - 단백질의 가열 및 염에 의한 변성
③ 두부 - 단백질의 가열 및 염에 의한 변성
④ 치즈(cheese) - 단백질의 응류효소에 의한 변성

174 단백질의 변성을 설명한 것 중 옳지 않은 것은 어느 것인가?

① 대부분의 경우 용해도가 감소되는 반면 점도가 증가하여 응고현상을 일으킨다.
② peptide 결합의 가수분해로 성질이 크게 변화한다.
③ 단백질에서 볼 수 있는 효소작용, 독성, 면역성 등의 생물학적 특성을 잃는다.
④ 가열, 동결, 표면장력, 고압 등의 물리적 원인과 산, 알칼리, 염류, 효소 등의 화학적 원인에 의해 일어난다.

175 아미노산인 히스티딘(histidine)이 탈탄산 반응을 받으면 어떠한 독성 물질이 생성되는가?

① histamine
② putresine
③ cadaverine
④ tyramine

ANSWER
171 ②　172 ③　173 ②　174 ②
175 ①

176 빵의 탄력성과 신축성에 관계되는 밀가루의 성분은?
① gluten
② hordein
③ myogen
④ zein

177 밀가루의 gluten은 어떤 단백질로 형성된 것인가?
① albumin과 glutenin
② glutenin과 gliadin
③ albumin과 gliadin
④ globulin과 albumin

178 밀가루 중에 가장 부족한 필수 아미노산은?
① leucine
② proline
③ lysine
④ valine

179 Zein은 어디에서 추출하는가?
① 밀
② 보리
③ 옥수수
④ 감자

180 다음 중 쌀에 존재하는 단백질은 어느 것인가?
① oryzenin
② gliadin
③ hordenin
④ glycinin

181 다음은 두류와 곡류에 함유되어 있는 대표적인 단백질 성분을 연결한 것이다. 바르게 연결된 것은?
① 밀 – 글리시닌(glycinin)
② 쌀 – 오리제닌(oryzenin)
③ 보리 – 글로불린(globulin)
④ 콩 – 제닌(zenin)

182 다음중에서 물로 추출되는 단백질은 어느 것인가?
① myogen
② myosin
③ actomyosin
④ collagen

---

176 글루텐(Gluten)
- 제빵 적성인 밀가루의 점성과 탄력성을 부여한다.
- 글루텐 함량이 많은 반죽은 강도가 커서 효소나 맥아로 처리하고, 글루텐을 부분 분해하여 반죽의 강도를 적게 한다.

177 밀가루의 gluten을 형성하는 단백질은 glutenin과 gliadin이며, 전체 단백질량의 50% 이상을 점유하고 있다. 이 gluten의 양과 성질은 밀가루 제품 등의 성질에 큰 영향을 미친다.

178 밀 중에 포함된 아미노산의 구성 비율은 lysine 2.7%, leucine 7.0%, isoleucine 4.0%, valine 4.3%의 비율이고, 가장 많은 아미노산은 glutamic acid 29.0%, proline 10.3% 등이다.

179 보리에는 hordenin, 밀, 호밀에는 gliadin, 옥수수에는 zein, 감자에는 tuberin이란 단백질이 들어 있다.

180 쌀의 단백질 중 가장 중요한 것은 glutelin으로서 oryzenin이라고 한다. Gliadin은 밀, hordenin은 보리, glycinin은 대두의 단백질이다.

181 쌀의 단백질 중 가장 중요한 것은 glutelin으로서 oryzenin이고, 밀, 호밀에는 gliadin, 보리에는 hordenin, 대두에는 glycinin이 함유되어 있다.

182 myogen
- 육류의 근섬유 조직을 구성하는 단백질로 albumin에 속한다.
- 물에 가용성이고, 비교적 잘 변성하지 않는 안정한 단백질이다.

ANSWER
176 ① 177 ② 178 ③ 179 ③
180 ① 181 ② 182 ①

출제예상문제

183 단순단백질
- prolamin에 속하는 단백질 : hordein, gliadin, zein, sativin 등
- albumin에 속하는 단백질 : leucosin, legumelin, phaseolin, myogen, lactalbumin, ovalbumin 등
- globulin에 속하는 단백질 : legumin, vicilin, phaseolin, arachin, myosin, tuberin, covarachin 등
- glutelin에 속하는 단백질 : glutenin, oryzenin, hordenin 등
- albuminoid에 속하는 단백질 : collagen, keratin, elastin, fibroin 등
- histone에 속하는 단백질 : 흉선 histone, 간장 histone, 적혈구 histone, 정자핵 histone 등
- protamine에 속하는 단백질 : salmine, clupeine, scombrine, sturine 등

184 요소의 생합성(urea cycle)
- 간에서 행해지며 간에서 탈아미노 반응으로 생성된 NH_3는 요소로 합성된다.
- 요소(urea) 생성에 관여하는 아미노산은 ornithine, citrulline, arginine 등이다.

185 단백질의 이화학적 성질
- albumin : 물, 염류 용액, 묽은 산, 묽은 알칼리에 잘 녹으며, 가열 시 응고한다.
- globulin : 물에 난용이며, 염류 용액, 묽은 산 및 묽은 알칼리에 잘 녹으며, 가열 시 응고한다.
- histon : 물, 염류 용액, 묽은 산, 묽은 알칼리에 잘 녹으며, 가열 시 응고되지 않는다.
- glutelin : 물, 염류 용액에 난용이며, 묽은 산, 묽은 알칼리에 잘 녹고, 가열 시 응고되지 않는다.

186 glutelin
- 열에 의해 응고되지 않고, 묽은 alcohol에 녹지 않는다.
- 곡류의 종자에 많이 함유되어 있다.

187 collagen
- 골격, 연골조직을 포함하는 결체조직이다.
- 알부미노이드계 단백질이다.

188 색소단백질
- 색소와 단순단백질이 결합한 것이다.
- hemoglobin, myoglobin, cytochrome, catalase, phyllochlorine, rhodopsin, astaxanthin, yellow enzyme 등이 있다.
※ Collagen은 유도단백질이다.

183 다음 중 prolamin에 속하는 단백질은?
① legumin   ② leucosine
③ zein   ④ myosin

184 다음 중 요소(urea) 생성에 관여하지 않는 아미노산은?
① glutamine   ② ornithine
③ citrulline ④ arginine

185 물에 잘 녹으며 가열에 의하여 응고되는 단백질은 어느 것인가?
① 히스톤(histone)
② 글로불린(globulin)
③ 알부민(albumin)
④ 글루테린(glutelin)

186 가열에 의하여 응고하지 않는 단백질은?
① albumin   ② globulin
③ myogen   ④ glutelin

187 단백질에 관한 설명 중 맞지 않은 것은?
① myogen은 근장단백의 주성분이다.
② actin은 myosin과 결합하여 actomyosin을 형성한다.
③ myosin은 ATP-ase의 작용을 갖는다.
④ collagen은 어피의 주성분으로 albumin계 단백질이다.

188 다음 중에서 색소단백질이 아닌 것은 어느 것인가?
① hemoglobin   ② myoglobin
③ collagen   ④ astaxanthin

189 다음 중 섬유상 단백질이 아닌 것은?
① 콜라겐   ② 엘라스틴
③ 미오신   ④ 헤모글로빈

ANSWER
183 ③ 184 ① 185 ③ 186 ④
187 ④ 188 ③ 189 ④

190 가열에 의해 젤라틴으로 변하는 단백질은?

① 미오신
② 콜라겐
③ 케라틴
④ 엘라스틴

191 인체에 유해한 dipeptide인 lysinoalanine이 형성되는 경우가 아닌 것은?

① 분유의 제조
② 식물성 단백질의 알칼리 추출과정
③ 육류의 가열 조리
④ 유지의 장시간 가열

192 근육에 존재하는 알부민(albumin)계의 단백질은?

① lactalbumin
② myogen
③ ovalbumin
④ ricin

193 Albumin의 성질 중 맞는 것은?

① 물에 잘 녹는다.
② 물에는 녹지 않으나 묽은 염류에는 녹는다.
③ 물에는 녹지 않으나 묽은 산에는 녹는다.
④ 물에는 녹지 않으나 묽은 알칼리에는 녹는다.

194 Collagen에 전혀 함유되어 있지 않은 필수 아미노산은?

① methionine   ② cystine
③ valine   ④ tryptophan

195 대두 단백질식품에서 제한 아미노산으로 가장 문제되는 필수 아미노산은?

① lysine   ② alanine
③ methionine   ④ phenylalanine

---

189 섬유상 단백질
- 근원섬유에 존재하는 수축단백질인 미오신, 액틴, 액토미오신과 조절단백질인 트로포미오신, 트로포닌 등과 콜라겐, 젤라틴, 엘라스틴, 케라틴 등이 있다.
※ 헤모글로빈(혈색소)은 색소단백질로 1분자의 글로빈과 4분자의 heme과 결합하여 산소의 운반작용을 한다.

190 collagen은 물과 함께 장시간 가열하면 변성되어 가용성인 gelatin이 되어 용출된다.

191 dipeptide인 lysinoalanine의 형성
- 식물성 단백질의 알칼리 추출과정 또는 육류 가열조리, 분유의 제조, 달걀의 가열 등 동물성 단백질의 가열 가공과정에서 형성된다.
- 한 단백질의 구성아미노산으로 존재하는 L-lysine과 다른 단백질의 구성성분으로 존재하는 alanine 사이의 상호작용에 의해서 형성된다.

192 알부민(albumin)계의 단백질
- 물, 염류 용액, 묽은 산, 묽은 알칼리에 잘 녹으며 가열에 의하여 응고되고 포화 $(NH_4)_2SO_4$로 침전된다.
  - 동물성 albumin : ovalbumin(난백), lactalbumin(우유), serumalbumin(혈청), myogen(근육) 등
  - 식물성 albumin : leucosin(밀), leucosin(완두), ricin(피마자) 등

193 albumin은 물, 염류 용액, 묽은 산 및 알칼리에 잘 녹으며 가열에 의해 응고된다.

194 collagen은 glycine, proline과 기타 아미노산으로 구성되어 있으며, 기타 아미노산은 alanine, leusine, valine, phenylalanine, lysine, methionine, serine, cystine 등이다.

195 제한 아미노산
- 영양학적으로는 필수 아미노산을 한꺼번에 필요한 양만큼 섭취해야 가장 효과적이지만, 대부분의 경우 섭취하는 필수 아미노산의 양이나 비율이 크게 다르다. 이때 가장 양이 적은 필수 아미노산이 그 영양가를 제한하게 되는 것이다. 이와 같이 단백질 합성에 제한을 주는 이런 필수 아미노산을 제한 아미노산이라 한다.
- 쌀, 밀, 호밀 등의 곡류 단백질은 라이신(lysine)이 제한 아미노산이고 콩류 단백질은 메티오닌(methionine)이 제한 아미노산이다.

ANSWER

190 ② 191 ④ 192 ② 193 ①
194 ④ 195 ③

196 Millon 반응
- 페놀기를 갖는 tyrosine을 검출하는 데 사용한다.
- 단백질 용액에 Millon 시약을 가하면 백색 침전이 되고 가열하면 적색을 나타낸다.

197 닌히드린 반응(ninhydrin reaction)과 밀론 반응(millon reaction)은 아미노산의 정색 반응이다.

198 strecker 반응
- CO_2 가스와 aldehyde를 형성하는 반응이다.
- alanine의 분해에 의해서 strecker 반응을 거치면 acetaldehyde을 형성한다.

199 아미노산의 정색 반응
- 닌히드린 반응(ninhydrin reaction), 밀론 반응(millon reaction), 크산토프로테인 반응(xanthoprotein), 사카구지 반응(sakaguchi reaction), 뷰렛 반응(Biuret reaction) 등이 있다.

200 Van slyke 가스 분석법
- 질소 가스의 부피를 구하여 정량한 질소량으로서 amino산을 산출한다.
- $R - CH(NH_2) \cdot COOH + HNO_2 \rightarrow R - CH(OH)COOH + N_2 + H_2O$

201 단백질의 정색 반응
- Biuret 반응 : 단백질 용액에 1~2N NaOH와 $CuSO_4$을 가하면 적자색을 띤다.
- Ninhydrin 반응 : 아미노산 중성~약산성 용액에 ninhydrin을 가해 가열하면 CO_2를 정량적으로 발생하면서 청색을 띤다.
- Xanthoprotein 반응 : 아미노산 용액에 진한 질산을 가해 끓이면 황색을 띤다.
- Millon 반응 : 아미노산 용액에 $HgNO_3$와 미량의 아질산을 가하면 황색을 띤다.

202 식품 중의 조단백질 정량
- kjeldahl 방법이 널리 쓰이고 있다.
- 단백질 중의 질소함량은 평균 16%이므로 정량된 질소량에 환산계수 6.25를 곱하여 조단백질의 양을 구한다.

ANSWER
196 ④ 197 ③ 198 ③ 199 ③
200 ④ 201 ② 202 ②

---

196 단백질 중 phenol기를 갖는 tyrosine에 기인하여 일어나는 정색 반응은?

① biuret 반응 ② ninhydrin 반응
③ xanthoprotein 반응 ④ millon 반응

197 닌히드린, 밀론 반응으로 알 수 있는 것은 무엇인가?

① 지방-단백질 ② 탄수화물-지방
③ 단백질-아미노산 ④ 지방-아미노산

198 Alanine이 strecker 반응을 거치면 어느 것으로 변하는가?

① ethanol ② acetic acid
③ aldehyde ④ acetaldehyde

199 아미노산(amino acid)의 정색 반응과 관련이 없는 것은?

① ninhydrin reaction
② millon reaction
③ salting reaction
④ xanthoprotein reaction

200 반스라이크(Van slyke)법은?

① 유지의 산가를 측정하는 법
② 총질소 정량법
③ 단백질의 변성도를 측정하는 법
④ 아미노질소를 측정하는 법

201 Protein을 alkari에 녹이고, $CuSO_4$를 넣었을 때 적자색이 나타나는 반응은?

① Ninhydrin 반응 ② Biuret 반응
③ Xanthoprotein 반응 ④ Millon 반응

202 다음 중 조단백질의 정량법은?

① Bar-food법 ② kjeldahl법
③ harber법 ④ somogyi법

203 아미노산에 아질산을 작용시키면 아질산은 α-amino acid의 amino기와 질소 가스를 생성하는데, 이 질소 가스를 정량하여 amino acid를 산출하는 방법은?

① Ninhydrin 법 ② Van slyke법
③ Folin의 비색법 ④ formol 적정법

204 어떤 식품의 질소량이 a일 때, 단백질의 % 함량은 얼마인가?

① a×100/14 ② a×16/100
③ a×100/16 ④ a×14/100

205 식품 중의 단백질의 정량을 킬달(kjeldahl)법으로 실행하고자 할 때 순서가 올바른 것은?

① 분해 반응 → 증류 → 중화 반응 → 적정
② 중화 반응 → 분해 반응 → 증류 → 적정
③ 분해 반응 → 중화 반응 → 증류 → 적정
④ 중화 반응 → 증류 → 분해 반응 → 적정

206 다음 중 질소 환산계수가 가장 큰 식품은?

① 쌀 ② 메밀
③ 대두 ④ 깨

207 단백질의 성질을 알기 위해 쓰이는 방법이 아닌 것은?

① 정색 반응 ② 등전점
③ 용해성 ④ 중합도

208 어떤 protein의 질소함량을 측정했더니 15%였다. 이 protein의 질소계수는?

① 6.97 ② 6.67
③ 6.25 ④ 6.05

209 쌀 1g을 취하여 질소를 정량한 결과 전질소 1.8%이었다. 쌀 중의 조단백질 함량은 얼마인가? (단, 질소계수는 6.25)

① 7.5% ② 8.5%
③ 10.5% ④ 11.3%

---

203 Van slyke법에 의한 amino acid의 정량
- 시료에 아질산(HNO_3)을 작용시키면 α-amino acid의 amino기가 아질산과 반응하여 N_2 gas를 정량적으로 발생한다.
- 이 가스를 뷰렛이나 검압계로 측정한다.

204 조단백질 함량(%)계산
- 대부분 단백질의 질소함량은 평균 16%이며 정량법에서 kjeldahl법으로 질소량을 측정한 후 단백질소계수 6.25(100/16)을 곱하면 조단백질량을 구할 수 있다.

205 식품 중의 단백질 정량
- 보통 kjedahl법으로 정량한다.
- 순서는 분해 반응 → 증류 → 중화 → 적정의 순이다.

206 조단백질 함량(%)계산
- 단백질은 약 16%의 질소를 함유하고 있으므로, 식품 중의 단백질을 정량할 때 질소량을 측정하여 이것에 100/16, 즉 6.25(질소계수)를 곱하여 조단백질 함량을 산출한다.
- 이 계수는 단백질 종류에 따라 다르다.
  - 쌀 : 5.95
  - 메밀 : 6.31
  - 대두 : 5.71
  - 깨 : 5.30

207 단백질의 성질을 알기 위해 쓰이는 방법에는 단백질의 조성, 분자량, 전기적 성질, 등전점, 정색 반응, 점도의 증가, 용해도의 변화 등이 있다.

208 100/15 = 6.67

209 조단백질(%)
= N량 × 질소계수
= 1.8 × 6.25
= 11.3(%)

ANSWER
203 ② 204 ③ 205 ① 206 ②
207 ④ 208 ② 209 ④

출제예상문제

210 조단백질의 함량(%)
질소계수 = 6.25
6.25×70mg = 437.5mg = 0.4375(g)
$\frac{0.4375}{3} \times 100 ≒ 15\%$

210 어떤 식품 3g을 진한 황산으로 분해하여 총질소를 정량한 결과 70mg을 얻었다. 이 식품의 조단백질의 함량 %는?

① 15% ② 20%
③ 25% ④ 30%

PART 1-5. 무기질 및 무기질의 변화

211 인체 내에서 무기염류의 기능
- 체액의 pH와 삼투압 조절
- 근육이나 신경의 흥분
- 효소를 구성하거나 그 기능을 촉진
- 조직을 견고하게 함
- 소화액의 분비, 배뇨작용에도 관계
- 단백질의 용해도를 증가시키는 작용 등

211 인체 내에서 이루어지는 무기염류의 기능이 아닌 것은?

① 조직을 견고하게 한다.
② 비타민의 소모량을 감소하게 한다.
③ 체내 효소작용을 촉진한다.
④ 체액의 pH와 삼투압을 조절한다.

212 알칼리 생성원소
- k, Na, Ca, Mg, Fe 등과 같이 양이온을 생성하는 것은 알칼리 생성원소라고 한다.

212 식품 중 무기물에 대한 다음 설명 중 틀린 것은?

① 식품을 550~600℃에서 수 시간 태웠을 때 재로 남는 성분이다.
② K, Na, Ca 등과 같이 양이온을 생성하는 것을 산 생성 원소라고 한다.
③ 식품 중에 알칼리 생성원소보다 산 생성원소가 많은 식품을 산성 식품이라고 한다.
④ 철, 구리 등의 미량원소와 나트륨, 염소 등의 다량원소로 나누어진다.

213 인체 내에서의 무기염류의 기능
- 체액의 pH와 삼투압 조절
- 근육이나 신경의 흥분
- 효소를 구성하거나 그 기능을 촉진
- 조직을 견고하게 함
- 소화액의 분비, 배뇨작용에도 관계
- 단백질의 용해도를 증가시키는 작용 등

213 무기염류의 작용과 관계가 먼 것은?

① 체액의 pH 조절 ② 근육이나 신경의 흥분
③ 항산화성 증대   ④ 효소작용의 촉진

214 무기질의 기능
- 아연(Zn) : 당질대사에 관여하고 췌장 호르몬인 insulin의 구성성분이다.
- 요오드(I) : 사람의 갑상선에 주로 함유되어 있고 결핍되면 갑상선종, 비만증이 생긴다.

214 무기질의 기능에 대한 설명으로 틀린 것은?

① Co - 비타민 B_{12}의 구성성분으로 조혈작용에 필요
② Cu - 헤모글로빈(hemoglobin) 형성 시에 Fe의 흡수와 이용에 필요
③ Na - 세포외액에 많고 삼투압 조절, 산·알칼리 평형에 필요
④ I - 인슐린(insulin)의 구성성분이며 디카르복실라아제(decarboxylase)의 활성화에 필요

ANSWER
210 ① 211 ② 212 ② 213 ③
214 ④

215 세포외액에 염화물, 인산염, 탄산염 형태로 존재하며, 체내의 중성 유지, 삼투압 유지의 역할을 하는 것은?

① K
② Na
③ P
④ Ca

216 다음은 인체의 무기질 조성이다. 그 함량이 많은 순서로 된 것은?

① Na > Ca > S
② Ca > P > Na
③ Ca > Fe > P
④ Na > S > Ca

217 다음 중 Ca가 풍부한 식품들은?

① 호박, 고추, 무
② 우유, 멸치, 김
③ 감자, 소고기, 백미
④ 사과, 미역, 설탕

218 Ca의 흡수를 방해하는 인자는?

① 수산
② 단백질
③ 구연산
④ 주석산

219 세포내액 중에 염화물, 인산염, 탄산염으로 존재하며 체액의 산, 알칼리 평형 및 삼투압 조절을 하는 것은?

① S
② K
③ Na
④ P

220 성인에게 알맞은 Ca : P는?

① 1 : 1
② 1 : 1.5
③ 1 : 0.5
④ 1 : 2.5

221 다음 금속 중 조회분 정량에 있어서 탄화할 때 손실량이 큰 것은?

① As
② Ca
③ F
④ Fe

222 임산부나 생리기의 여성이 결핍되기 쉬운 무기질은?

① Ca
② Fe
③ I
④ Mg

---

215 Na(Sodium)
• 세포외액에 염화물(NaCl), 인산염(Na_2HPO_4), 탄산염(Na_2CO_3) 형태로 존재하며 체액의 산, 알칼리 평형 및 삼투압을 조절하며, 근육수축, 신경의 흥분 억제 및 자극 전달에 관여한다.

216 인체의 무기질 조성의 함량
• Ca 약 1kg, P 500g, K 170g, Na 약 75g, S 약 125g정도 들어 있고, 그 밖에 Mg, Fe, Mn, CU, I 등이 미량으로 들어 있다.

217 Ca가 함유된 식품
• 우유, 멸치, 김, 콩, 양배추, 달걀, 고구마 등이 있다.

218 Ca의 흡수를 방해하는 인자
• 수산과 피틴산, 탄닌, 식이섬유 등
※ 비타민 D는 Ca의 흡수를 촉진한다.

219 K(potassium)
• 세포내액 중에 염화물(KCl), 인산염(K_2HPO_4), 탄산염(K_2CO_3)로 존재한다.
• Na와 함께 체액의 산, 알칼리 평행과 세포의 삼투압 조절을 하며, 근육의 수축과 신경의 자극 전달 및 신경 흥분을 억제한다.

220 Ca : P는 유아, 수유부의 경우 1 : 1, 성인의 경우는 1 : 1.5일 때 가장 흡수가 좋다고 한다. 반면, 인이 과다하면 흡수를 방해한다.

221 조회분 정량 시 600℃ 이상 고온으로 가열 회화하면 P, F 같은 성분은 휘산할 우려가 있으므로 주의해야 한다.

222 Fe이 결핍되면
• 저혈색소성 빈혈 심계 항진 등이 나타낸다.
• Fe는 혈액중의 hemoglobin, 근육 중의 myoglobin을 형성하므로 태아에 많은 Fe를 축적시켜야 한다.
• 따라서 Fe는 임산부나 생리기의 여성이 결핍되기 쉽다.

ANSWER

215 ② 216 ② 217 ② 218 ①
219 ② 220 ② 221 ③ 222 ②

출제예상문제

223 NaCl은 위액(HCl) 형성에 관여하므로 부족하면 위액 형성에 지장을 초래하여 소화불량이 나타난다.

224 골격 형성
- 콜라겐 기질에 칼슘(Ca), 인(P), 마그네슘(Mg), 불소(F) 등이 침착되어 골격(뼈, 치아)이 형성된다.

225 불소(F)
- 성인 골격에 2~6g 함유되어 있고, 체내 전체 중 95%가 골격에 함유되어 있으며 치아에서도 특히 법랑질에 많다.
- 미량의 불소는 치아와 골격 형성에 중요하다. 불소는 플라그의 형성을 막으며, 충치를 예방한다.
- 노년기 여성에게 발생 빈도가 높은 골다공증을 예방한다.

226 Hemocyanin
- 연체동물이나 갑각류의 혈색소이고 Fe 대신 Cu를 함유하고 있다.
- 산소의 운반에 관여한다.
- O_2와 결합하면 청색이 된다.

227 주로 체액의 산·알칼리 평형과 세포의 삼투압 조절을 하며, 근육의 수축과 신경의 자극 전달 및 신경의 흥분을 억제하는 무기물은 K, Na이며, K는 세포내액 중에 그리고 Na는 세포외액에 염화물, 인산염, 탄산염으로 존재한다.

228 해조류에 요오드 함량이 많고, 특히 갈조류(미역, 다시마 등)는 요오드 함량이 높다. 요오드(iodine) 비누, 아이스크림, 연고 등 이용도가 높다.

229 산성 식품과 알칼리성 식품
- 알칼리성 식품 : Ca, Mg, Na, K 등의 원소를 많이 함유한 식품. 과실류, 야채류 해조류, 감자, 당근 등
- 산성 식품 : P, Cl, S, I 등 원소를 함유하고 있는 식품. 고기류, 곡류, 달걀, 콩류 등

---

223 NaCl의 섭취량이 부족할 때 나타나는 생리적 장애는?
① 근육 구성에 지장이 있다.
② 위산 생성에 지장이 있다.
③ 뼈대 형성에 지장이 있다.
④ 호르몬 생성에 지장이 있다.

224 뼈와 치아의 구성성분이 <u>아닌</u> 것은?
① 칼슘(Ca) ② 인(P)
③ 마그네슘(Mg) ④ 나트륨(Na)

225 인체의 치아와 골격 형성에 중요하고 충치를 예방해 주는 무기질은?
① 칼슘 ② 인
③ 불소 ④ 칼륨

226 Hemocyanin은 철 대신 무엇을 함유하고 있나?
① Mg ② Cu
③ K ④ Na

227 대부분이 세포내액(intracellular fluid)에 존재하며, 체액의 산·알칼리 평형 및 세포의 삼투압 조절의 기능을 가지는 것은?
① K ② Na
③ P ④ Ca

228 요오드(iodine)의 함량이 비교적 높은 해조류는 어느 것인가?
① 홍조류 ② 녹조류
③ 갈조류 ④ 남조류

229 산성 식품과 알칼리성 식품을 설명한 것으로 틀린 것은?
① 지방은 P를 많이 함유하고 있어 산성 식품이다.
② 곡류는 탄수화물이 많아 생체 내에서 H_2CO_3를 생성하는 산성 식품이다.
③ 단백질은 S를 적게 함유하고 있어 알칼리성 식품이다.
④ 과실류나 야채는 Ca, Fe, Mg 등을 많이 함유하고 있어 알칼리성 식품이다.

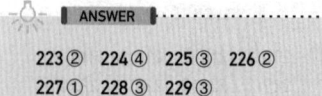

ANSWER
223 ② 224 ④ 225 ③ 226 ②
227 ① 228 ③ 229 ③

230 다음 중 알칼리성 식품이란?
① Ca, K, Mg, Na이 많은 식품
② S, Cl이 많이 들어 있는 식품
③ 산성 식품을 NaOH로 처리한 식품
④ 육류, 곡류 등의 식품

231 산성 식품은 어느 것인가?
① 우유　　② 육류
③ 채소류　　④ 과실류

232 산성 식품은 어느 것인가?
① 대두　　② 달걀
③ 채소류　　④ 해조류

233 과일에 대한 설명으로 맞는 것은?
① 유기산이 많이 함유되어 있으나 체내에서 중화되므로 중성 식품이다.
② 유기산이 많이 함유되어 있으나 분해되기 때문에 중성 식품이다.
③ K, Ca, Fe 등이 많이 함유되어 있으므로 알칼리성 식품이다.
④ P, S, Cl 등이 많이 함유되어 있으므로 알칼리성 식품이다.

234 어떤 식품 10g을 연소시켜 얻은 회분의 수용액을 중화하는데 0.1N-NaOH 5ml가 소요되었다면 이 식품은?
① 알칼리도 10　　② 산도 10
③ 알칼리도 50　　④ 산도 50

235 식품 중의 다음 무기물 중에서 산 생성원소는 무엇인가?
① K, Mg　　② Ca, Na
③ S, P　　④ Zn, Cu

---

230 알칼리성 식품
- Ca, Fe, Mg, Na, K, Cu, Co, Mn, Zn 등의 원소가 많은 식품이며, 그 산화물을 물에 녹이면 알칼리성을 생성하는 $Ca(OH)_2$, $Fe(OH)_2$, NaOH 등의 수산화물을 형성한다.
- 식품으로는 과실류, 채소류, 해조류, 감자류 등이 있다.

231 산성식품
- 곡류, 어패류, 육류, 달걀, 유제품, 두류, 흰 빵 등이 있다.

232 231번 참조

233 과일은 Ca, Fe, Mg, Na, K 등이 많이 함유되어 있어 이들 산화물은 물에 녹이면 $Ca(OH)_2$, $Fe(OH)_2$, $Mg(OH)_2$, NaOH, KOH와 같은 알칼리성의 수화물이 된다.

234 산도 및 알칼리도
- 식품 100g을 연소하여 얻은 회분을 중화하는 데 필요한 0.1N-NaOH(산도), 또는 0.1N-HCl(알칼리도)의 ml 수로 표시한다.
- 식품 100g에 대한 0.1N-NaOH 소비량을 계산하면, $5 \times \dfrac{100}{10} = 50(ml)$이므로 산도는 50이다.

235 P, S, Cl, Br, I 등은 PO_4^{3-}, SO_4^{2-}, Cl^-, Br^-, I^-을 만들어 음이온이 되므로 산 생성원소이다.

ANSWER
230 ①　231 ②　232 ②　233 ③
234 ④　235 ③

출제예상문제

236 비타민
- 생체 내의 여러 가지 기능을 조절하는 작용을 하며 체내에서 합성되지 않기 때문에 식품을 통하여 반드시 섭취되어야 한다.
- 수소·탄소·산소로 구성되어 있고, 황·코발트를 함유하는 것도 있으며, 용해성에 따라 수용성 비타민과 지용성 비타민으로 나뉘어진다.

237 비타민A
- 지방 및 유기용매에 잘 녹고, 알칼리에 안정하고 산성에서는 쉽게 파괴된다.
- 과량 섭취할 경우 간에 저장되었다가 인체의 요구가 있을 때 유리되어 나온다.
- 공기 중의 산소에 의해 쉽게 산화되지만 열이나 건조에 안정하다.
- 결핍되면 야맹증, 안구건조증, 각막연화증이 생긴다.

238
vitamin A는 물고기의 간유 중에 가장 많이 들어 있고, 조개류, 뱀장어, 난황에 다소 들어 있다.

239 vitamin A의 단위
- 보통 국제단위(International Unit, IU)를 사용한다.
- 1 I.U.는 0.3γ의 vitamin A 또는 0.6γ의 β-carotene에 해당된다.

240 provitamin A
- carotenoid계 색소 중에서 β-ionone핵을 가지는 carotene류의 α-carotene, β-carotene, γ-carotene과 xanthophyll류의 crytoxanthin이다.
- 효력은 β-carotene이 가장 크다.

241 total vitamin A (R.E.)
= retinol(μg) + β-carotene(μg)/6 + 기타 pro-vitamin(μg)/12
= 30 + 60/6 + 120/12 = 50

242 비타민의 분류(용해성에 따라)
- 지용성 vitamin : vitamin A (retinol), Vit. D(calciferol), vit. E (tocopherol), Vit. F(essential fatty acid), Vit. K(coagulation vitamin) 등
- 수용성 vitamin : Vit. B₁ (thiamine), Vit. B₂ (riboflavin) 등 vit.B group 과 vit. C 등

ANSWER
236 ③ 237 ③ 238 ③ 239 ②
240 ① 241 ① 242 ④

PART 1-6. 비타민 및 비타민의 변화

236 비타민에 대한 다음 설명 중 틀린 것은?
① 체내에서 중요한 생리작용을 한다.
② 체내에서 합성되지 않기 때문에 반드시 섭취되어야 한다.
③ 무기화합물이다.
④ 용해성에 따라 수용성 비타민과 지용성 비타민으로 나눈다.

237 비타민A에 대한 설명 중 틀린 것은?
① 산화에 의해서 파괴된다.
② 광선, 열에 비교적 안정하다.
③ 부족하면 각기병에 걸린다.
④ 과량 섭취할 경우 간에 저장된다.

238 Vit-A를 많이 함유한 식품은?
① 우유   ② 버터
③ 간유   ④ 굴비

239 1I.U.의 Vit-A는 몇 γ에 해당하나?
① 0.2γ   ② 0.3γ
③ 0.6γ   ④ 0.72γ

240 채소 중의 카로틴은 어느 비타민의 효력을 가지는가?
① 비타민 A   ② 비타민 B
③ 비타민 K   ④ 비타민 E

241 혼합야채를 주 원료로 만든 야채주스에 retinol 30μg, α-carotene 120μg, β-carotene 60μg, lycopene 160μg이 함유되어 있다면 RE(Retinol Equivalent)는 얼마인가?
① 50 RE   ② 60 RE
③ 70 RE   ④ 80 RE

242 지용성 비타민에 속하지 않는 것은?
① retinol   ② calciferol
③ tocopherol   ④ thiamine

243 유지의 산화를 억제시키는 비타민은 어느 것인가?

① Vit-K ② Vit-B
③ Vit-D ④ Vit-E

244 Ca, P의 비율을 조정해 주는 비타민은?

① Vit-A ② Vit-D
③ Vit-C ④ Vit-E

245 에르고스테롤이 자외선을 받으면 활성화되는 비타민에 대한 설명이다. 맞지 않는 것은?

① 산화를 방지하는 중요한 인자가 된다.
② 결핍되면 구루병, 골연화증 등이 발생된다.
③ Ca와 P의 흡수 및 침착을 도와준다.
④ 뼈의 석회화를 도와주는 역할을 한다.

246 Vit-B_1의 함량이 많은 식품은?

① 닭고기 ② 돼지고기
③ 달걀   ④ 양고기

247 Avidin과 결합하여 장에서 흡수되지 않는 비타민은?

① Vit-C   ② Vit-D
③ biotin ④ folic acid

248 탄수화물 대사에 관여하는 비타민은?

① Vit-B_1 ② Vit-B_2
③ Vit-E   ④ Vit-C

249 강화미란 주로 어떤 성분을 보충한 쌀을 말하는가?

① Vit-B_1 ② Vit-B_2
③ Vit-C   ④ Vit-D

250 비타민 B_2(Riboflavin)의 주요 기능은?

① 항피부염인자   ② 혈액응고촉진인자
③ 항불임인자   ④ 성장촉진인자

---

243 Vit-E(tocopherol)
- 항산화작용이 있다.
- 식품 중의 비타민 A, 카로틴, 유지 등의 산화를 억제하고, 동물의 생식세포 기능을 유지시켜 준다.

244 Vit-D
- Ca, P의 흡수를 돕고 혈액 중에 P량을 일정하게 유지시키고, 치아에 인산칼슘의 침착을 촉진한다.
- 간유, 버터, 난황, 청색어류, 표고버섯에 존재한다.

245 Vit-D
- 동식물계에 널리 분포하는 provitamin D인 에르고스테롤과 7-히드로콜레스테롤이 자외선의 조사를 받아 에르고칼시페롤(Vit-D_2, 식물)과 콜레칼시페롤(Vit-D_3, 동물)이 생성된다.
- Ca와 P의 흡수 및 체내 축적을 돕고 균형을 적절히 유지하여 뼈의 석회화를 도와주는 역할을 한다.
- 결핍되면 구루병, 골연화증 등이 발생되고 골다공증을 유발하기도 한다.

246 Vit-B_1(thiamine)
- 탄수화물의 대사를 촉진하며, 식욕 및 소화기능을 자극하고, 신경기능을 조절한다.
- 식물성 식품에는 종자, 두류, 곡류에 비교적 많고, 동물성 식품에는 육류, 어패류 등에 많다. 특히 효모, 돼지고기, 생선의 눈에 많다.
- 결핍되면 피로, 권태, 식욕 부진, 각기, 신경염, 신경통이 나타난다.

247 난백단백질인 avidin은 비타민 B 복합체 일종인 biotin과 결합하여 비타민을 불활성화한다.

248 246번 참조

249 쌀, 밀은 Vit-B_1 함량은 많으나 배아가 제거되므로 손실이 많다. 때문에 강화미 제조에 Vit-B_1을 보충한다.

250 비타민 B_2
- riboflavin이라고 부르며 성장촉진인자로 알려져 있다.
- 체내에서 인산과 결합하여 조효소인 FMN과 FAD형태로 변환되어 산화, 환원 작용에 관여한다.

ANSWER
243 ④ 244 ② 245 ① 246 ②
247 ③ 248 ① 249 ① 250 ④

251 vitamin B₂(riboflavin)
- 약산성 내지 중성에서 광선에 노출되면 lumichrome으로 변한다.
- 알칼리성에서 광선에 노출되면 lumiflavin으로 변한다.
※ 어느 쪽이나 효력이 없어진다.

252 Vit-C의 성질
- 물에 잘 녹고, 수용액은 산성을 띤다.
- 환원형, 산화형으로 존재한다.
- 열에 비교적 안정하지만, 산소 및 수용액 중에서는 불안정하다.
- Vit-B₂에 의해 광분해가 촉진된다.

253 Vitamin C 함량
- 피망(pimento) : 200mg% 정도
- 레몬(lemon) : 45mg% 정도
- 무 : 20~45mg% 정도

254 비타민 C의 결정
- 완전 건조상태에서는 안정하지만 흡습하거나 물에 녹을 때 빠른 산화로 효력을 잃는다.
- 식품의 조리·가공 또는 저장 중에 다른 비타민보다 빨리 효력을 잃는다.

255 갈변의 방지 방법
- 산을 가하여 pH를 현저히 낮춘다.
- 온도를 낮게(-10℃ 이하) 유지한다.
- 산소(O₂)를 차단시킨다.
- 환원성 물질(SH 화합물, Sn^{++}, SO_2 gas 처리법)을 이용한다.
- 특히, vitamin C(ascorbic acid)는 강한 환원성으로 갈변화 방지를 한다.

256 vitamin E
- 물에는 녹지 않으나 유기 용매에는 잘 녹으며 산소, 열, 빛에는 비교적 안정하다.
- 항산화제로서작용하고, 노화 방지작용을 한다.
- 식물성 기름, 쌀, 버터, 달걀, 소의 간 등에 많이 들어 있다.
※ 화학적 구조는 chroman핵을 가지고 있으나 vitamin D는 sterol핵을 가지고 있다.

257 vitamin K
- 혈액응고작용을 하고, 열에 안정적이나 강산 또는 산화에는 불안정하고, 광선에 의해 쉽게 분해된다.
- 결핍되면 피부에 출혈증상이 생기고 혈액응고가 잘 되지 않는다.
- 사람이나 가축은 소화기관 내의 세균에 의해 합성한 비타민 K를 이용하기 때문에 결핍증은 드물다.

ANSWER
251 ④ 252 ③ 253 ④ 254 ②
255 ③ 256 ① 257 ④

---

251 Vit-B₂가 알칼리성에서 광분해 되어 생성되는 물질은?
① hydrogainone
② thiochrome
③ lumichrome핵
④ lumiflavin

252 다음 중 Vit-C의 성질이 <u>아닌</u> 것은?
① 무즙에 당근즙을 가하면 산화가 촉진된다.
② 물에 잘 녹고, 수용액은 산성을 띤다.
③ Vit-B₂에 의해 광분해가 억제된다.
④ 열 자체에는 비교적 안정하나 산소나 수용액 중에서는 불안정하다.

253 Vitamin C 함량이 많은 순서로 나열된 것은?
① 피망 > 무 > 레몬
② 무 > 레몬 > 피망
③ 레몬 > 피망 > 무
④ 피망 > 레몬 > 무

254 식품의 조리·가공 또는 저장 중에 가장 손실이 큰 비타민은?
① 비타민 A
② 비타민 C
③ 비타민 D
④ 비타민 K

255 갈변(browning)의 방지에 사용될 수 있는 것은?
① Vit-B₆
② Vit-E
③ Vit-C
④ Vit-A

256 Vitamin E에 대한 설명으로 맞지 <u>않는</u> 것은?
① 화학적인 구조가 vitamin D와 유사하다.
② 소맥의 배아유에 많이 함유되어 있다.
③ 항산화제 역할을 한다.
④ 지용성 비타민이다.

257 사람이나 가축의 장내 세균에 의해 합성되어 사용되는 비타민은?
① 비타민 A
② 비타민 D
③ 비타민 E
④ 비타민 K

258 혈관의 침투성과 관계 깊은 것은?

① Vit-A ② Vit-B
③ Vit-D ④ Vit-P

259 결핍되면 혈관의 침투성이 커져서 혈액이 침투되어 피부에 반점이 생기는 증세를 나타내는 비타민이 많이 함유되어 있는 식품은 어느 것인가?

① 사과 ② 딸기
③ 귤껍질 ④ 배

260 콩에는 없지만 콩나물에 많이 들어 있는 비타민은?

① Vit-B_1 ② Niacin
③ Vit-C ④ Vit-B_2

261 Vitamin과 결핍 증세를 짝지어 놓은 것 중 틀린 것은?

① Vit-A : 야맹증 ② Vit-B_1 : 각기병
③ Vit-C : 괴혈병 ④ Vit-D : 악성 빈혈

PART 1-7. 효소

262 과실이 익어감에 따라 어떤 효소작용에 의해 pectin으로 되는가?

① pectase ② protopectinase
③ protopectase ④ pectinase

263 *Aspergillus* 속 배양물에서 얻어지는 효소로, 식물조직을 연화시키는 작용을 하는 것은?

① isoamylase ② pectinase
③ pepsin ④ α-amylase

264 다음 중 casein 응고 효소는?

① pepsin ② trypsin
③ rennin ④ papain

---

258 vitamin P(citrin)
- 모세혈관의 침투성을 조절한다는 뜻에서 명명되었으며 citrin이라고 한다.
- Hesperidin, eriodictin, rutin 등이 Vit-P의 작용을 가지고 있다.
- 엽채류에 널리 분포되어 있으며, 특히 감귤류의 껍질에 많이 들어 있다.

259 258번 해설 참조

260 콩나물의 성장 중에는 콩 자체에는 없던 Vit.C가 빠르게 증가하여 발아 7~8일에 최고값에 도달했다가 감소한다.

261
- Vit-D가 결핍되면 구루병의 증세가 나타난다.
- Vit-B_{12}가 결핍되면 성장 정지와 악성 빈혈 증세가 나타난다.

262 pectin의 모체인 불용성 protopectin은 과실이 익어감에 따라 protopectinase에 의해 가용성 pectin으로 가수분해 된다.

263 펙틴 분해 효소(pectinase)
- *Aspergillus niger*의 배양물 및 *Aspergillus aculeatus*의 펙티나아제 유전자를 함유한 *Aspergillus oryzae*의 배양물에서 얻어지는 효소제이다.
- 미생물들이 생산한 펙틴 분해 효소는 조직을 연화시키며 파괴시키기도 한다.
- 일단 조직에 침입한 미생물들은 펙틴 분해 효소를 이용하여 조직을 투과할 수 있으며 이렇게 되면 세포가 사멸되고 세포막이 파괴되어 침입한 미생물들이 영양소를 얻기 쉬워진다.
- 이것이 연부병(rot)이다.

264 rennin에 의한 우유응고
- casein은 rennin에 의하여 paracasein이 되어 Ca^{2+}의 존재 하에 응고되며, 치즈 제조에 이용된다.
- casein $\xrightarrow[Ca^{++}]{rennin}$ paracasein+peptide

ANSWER
258 ④ 259 ③ 260 ③ 261 ④
262 ② 263 ② 264 ③

출제예상문제

265 가수분해 효소(Hydrolase)
- 물 분자의 개입으로 복잡한 유기화합물의 공유 결합을 분해한다.
- Polysaccharase, protease, lipase, maltase, phosphatase 등은 가수분해 효소이다.
※ catalase는 산화 환원 효소이다.

266 지방 분해 효소(lipase)는 중성지방(triglyceride)의 에스테르 결합을 고급 지방산과 글리세롤로 분해하는 효소이다.

267 β-amylase
- amylose와 amylopectin의 α-1,4-glucoside 결합을 비환원성 말단부터 maltose 단위로 절단하는 효소이다.

268 식물성 단백질 분해 효소
- 파파인(papain), 브로멜린(bromelin), 피신(ficin), 액티니딘(actinidin) 등이 있다.
※ 펩신, 트립신, 레닌은 동물성 식품의 소화 효소이다.

269 위액
- 99% 수분, 염산, 펩신(pepsin), 뮤신(mucin), 리파아제(lipase), 레닌(rennin) 등이 함유되어 있다.
- pH는 1.5~2.0이고 주된 단백질 분해 효소는 pepsin과 rennin이다.

270 효소들의 역할
- ascorbate oxidase : 비타민 C(아스코르브산)를 다이하이드로아스코르브산으로 산화하는 반응을 촉매한다.
- polyphenol oxidase : 폴리페놀류를 산화하여 갈변을 일으킨다.
- chlorophyllase : 클로로필을 가수분해한다.
- bromelin : 식물성 단백질 분해 효소이다.

---

265 다음 중 Hydrolase(가수분해 효소)가 아닌 것은?
① maltase ② phosphatase
③ peptidase ④ catalase

266 지방 분해 효소는?
① maltase ② lipase
③ pectinase ④ esterase

267 β-amylase가 작용하는 것은?
① α-1,4-glucoside 결합
② β-1,4-glucoside 결합
③ α-1,6-glucoside 결합
④ β-1,6-glucoside 결합

268 단백질 소화 효소 중 식물성 소화 효소인 것은?
① 트립신(trypsin) ② 펩신(pepsin)
③ 레닌(rennin) ④ 파파인(papain)

269 위에서 분비되는 주된 단백질 분해 효소는?
① 펩신(pepsin)
② 브로멜린(bromelin)
③ 트립신(trypsin)
④ 아미노펩티다아제(aminopeptidase)

270 효소들의 역할이 바르게 설명된 것은?
① polyphenol oxidase : 갈변이 억제된다.
② ascorbate oxidase : 비타민 C를 생성한다.
③ chlorophyllase : 클로로필을 가수분해한다.
④ bromelin : 단백질 분자간의 결합이 이루어진다.

ANSWER
265 ④ 266 ② 267 ① 268 ④
269 ① 270 ③

PART 2-1. 맛 성분 및 맛 성분의 변화

271 다음 중 기본적인 맛이 <u>아닌</u> 것은?
① 단맛 ② 신맛
③ 짠맛 ④ 매운맛

272 기본적인 4가지 맛 중 가장 예민한 맛은?
① 쓴맛 ② 짠맛
③ 신맛 ④ 단맛

273 혀의 미각이 가장 예민한 온도는?
① 10℃ ② 20℃
③ 30℃ ④ 60℃

274 네 가지 기본적인 맛 중에서 사람의 미각기관에서 가장 예민하게 느껴지는 맛은?
① 단맛 ② 짠맛
③ 신맛 ④ 쓴맛

275 다음 중 감미 발현단이 <u>아닌</u> 것은?
① -H ② -CHO
③ -NH₂ ④ -SO₂NH₂

276 짠맛 성분이 <u>아닌</u> 것은?
① KBr ② KCl
③ NH₄Cl ④ MgCl₂

277 다음 중 단맛이 큰 순서로 나열되어 있는 것은?
① 설탕 > 과당 > 맥아당 > 젖당
② 과당 > 설탕 > 맥아당 > 젖당
③ 맥아당 > 젖당 > 설탕 > 과당
④ 젖당 > 맥아당 > 과당 > 설탕

---

271 4가지 기본적인 맛
- 단맛 : 혀끝 부분
- 쓴맛 : 혀의 뒷부분
- 신맛 : 혀의 중간 부분과 그 좌우변
- 짠맛 : 혀의 가장자리

272 혀의 미각
- 가장 예민한 온도 : 30℃ 전후
- 가장 예민한 맛 : 쓴맛
- 가장 높은 온도에서 느낄 수 있는 맛 : 매운맛(50~60℃)

273 미각이 가장 예민한 온도
- 미각의 온도는 10~40℃일 때 잘 느껴지고, 특히 30℃에서 가장 예민해진다.
- 이 온도보다 떨어질수록 미각은 둔해진다.

274 네 가지 기본적인 맛
- 단맛, 짠맛, 신맛, 쓴맛이다.
- 단맛은 혀끝 부분, 쓴맛은 혀의 뒷부분, 신맛은 중간 부분과 그 좌·우변, 짠맛은 혀의 가장자리에서 느껴진다.
- 미각기관에서 가장 예민하게 느껴지는 맛은 쓴맛이다.

275 감미 발현단
- 단맛은 -OH, -CHO, -NH₂, -SO₂NH₂, -NO₂ 등의 원자단을 감미발현단이라고 한다.
- 여기에 조미단인 -H 또는 -CH₂OH 등의 결합으로 비로소 단맛이 생긴다.

276
- 짠맛이 강한 것 : NaCl, KCl, NH₄Cl, NaBr, NaI
- 짠맛과 쓴맛이 같은 정도인 것 : KBr, NH₄I
- 쓴맛이 강한 것 : MgCl₂, KI, MgSO₄

277 과당의 감미도
- 설탕의 150% 정도로 천연당류 중 단맛이 가장 강하다.
- 단맛이 큰 순서 : 과당(150) > 설탕(100) > 맥아당(50) > 젖당(27) 순이다.

 ANSWER

271 ④　272 ①　273 ③　274 ④
275 ①　276 ④　277 ②

278 신맛 성분
- 무기산, 유기산 및 산성염 등이 있다.
- 신맛은 수용액 중에서 해리된 수소 이온(H^+)의 맛이다.
- 신맛의 강도는 pH와 반드시 정비례되지 않는다.
- 동일한 pH에서도 무기산보다 유기산의 신맛이 더 강하게 느껴진다.
- 신맛의 강도를 동일 농도에서 HCl을 100으로 하여 비교하면 HCl(100) 〉 HNO_3 〉 H_2SO_4 〉 formic acid(84) 〉 citric acid(78) 〉 malic acid(72) 〉 lactic acid(65) 〉 acetic acid (45) 〉 butyric acid(32)의 순이다.

279 Ribonucleotides류의 풍미 강화 효과
- 크기는 5′-GMP 〉 5′-IMP 〉 5′-XMP 의 순이다.
- 5′-GMP는 표고버섯, 송이버섯에, 5′-IMP는 소고기, 돼지고기, 생선에 함유된 맛난맛(지미) 성분이다.

280 맛의 대비 현상(강화 현상)
- 서로 다른 정미 성분이 혼합되었을 때 주된 정미 성분의 맛이 증가하는 현상을 말한다.
- 설탕 용액에 소금 용액을 소량 가하면 단맛이 증가하고, 소금 용액에 소량의 구연산, 식초산, 주석산 등의 유기산을 가하면 짠맛이 증가하는 것은 바로 이 현상 때문이다.
- 예로 15% 설탕 용액에 0.01% 소금 또는 0.001% quinine sulfate를 넣으면 설탕만인 경우보다 단맛이 세어진다.

281 미맹
- 대부분의 사람들은 PTC(phenyl thiocarbamide) 또는 phenyl-thiourea 물질에 대해서 쓴맛을 느끼나, 일부 사람들은 그 맛을 인식하지 못하는 현상을 말한다.

282 맛의 순응
- 같은 맛을 계속해서 맛보면 미각이 조금씩 둔화되는데 이것을 맛의 피로 혹은 순응이라고 한다.
- 정미물질의 농도가 높으면 순응시간이 길어진다.
- 짠맛, 단맛, 쓴맛, 신맛 순으로 순응에 걸리는 시간이 길어진다.

---

278 신맛(산미)에 대한 설명 중 틀린 것은?
① 같은 농도에서는 유기산이 무기산보다 신맛이 강하다.
② 같은 pH에서도 무기산보다 유기산의 신맛이 더 강하다.
③ 신맛은 향기를 동반하는 경우가 많으며 미각의 자극이나 식욕증진에 필요하다.
④ 무기산은 일반적으로 쓴맛이나 떫은맛이 섞이는 경우가 많다.

279 Ribonucleotides 중에서 향미 강화작용 또는 증진작용이 가장 강한 것은?
① 5′- GMP ② 3′- GMP
③ 5′- XMP ④ 3′- IMP

280 설탕에 소금 0.15%를 가했을 때 단맛이 증가되는 현상은?
① 맛의 변조 현상 ② 맛의 소실 현상
③ 맛의 상쇄 현상 ④ 맛의 강화 현상

281 미맹(taste blind)이란?
① 신맛, 단맛의 피로 현상
② 맛의 피로 현상이 누적된 것
③ 모든 종류의 맛을 모르는 것
④ PTC에 대한 맛을 모르는 현상

282 맛의 순응(adaptation)에 대한 설명으로 틀린 것은?
① 단맛은 쓴맛보다 순응이 빠르다.
② 미각상태가 오래되면 감각의 강도가 급속도로 감퇴된다.
③ 물질의 농도가 높으면 순응 시간이 길어진다.
④ 신맛은 맛의 종류 중 순응이 가장 빠르다.

ANSWER
278 ① 279 ① 280 ④ 281 ④
282 ④

283 다음 설명 중 <u>틀린</u> 것은?

① 포도당은 α형이 β형보다 더 달다.
② 맥아당은 α형보다 β형이 더 달다.
③ 자당은 α형보다 β형이 더 달다.
④ 과당은 β형이 α형보다 더 달다.

284 15%의 설탕 용액에 0.15%의 소금 용액을 동량 혼합한 용액의 맛은?

① 단맛이 증가한다.   ② 짠맛이 증가한다.
③ 단맛이 감소한다.   ④ 맛에 별다른 변화가 없다.

285 당뇨병 환자의 감미료는?

① phyllodulcin   ② leucinic acid
③ sodium gluconate   ④ dulcin

286 양파를 삶을 때 단맛을 내는 성분은?

① allicin의 생성
② allicin이 Vit-B_1과 결합물 형성
③ propylmercaptan 생성
④ allinase의 작용

287 양파, 무 등의 매운맛 성분인 황화 allyl류를 가열할 때 단맛을 나타내는 성분은?

① allicine   ② allyl disulfide
③ alkylmercaptan   ④ limonin

288 Nieman에 의하면 stevioside의 상대 감미도는 30,000으로 되어 있다. 설탕보다 몇 배 더 단 것인가?

① 3,000배   ② 30배
③ 30,000배   ④ 300배

283
- 포도당 : α형이 β형보다 1.5배 더 달다.
- 과당 : β형이 α형보다 3배 더 달다.
- 맥아당 : α형이 β형보다 더 달다.
- 유당 : β형이 α형보다 조금 더 달다.
- 자당 : α-glucose와 β-fructose가 결합하여 glycosidic OH기가 없어졌기 때문에 α, β의 이성체가 없어 감미변화가 없다. 따라서 감미 표준물질로 이용한다.

284 280번 해설 참조

285 leucinic acid
- L-leucine에 아질산을 작용시켜 얻는다.
- 설탕의 2.5배나 되는 고상한 단맛을 가지고 있다.
- Na saccharin과 같이 당뇨병 환자의 단맛 성분이다.

286 양파를 삶을 때 나는 단맛 성분
- 파나 양파를 삶을 때 매운맛 성분인 diallyl sulfide나 diallyl disulfide가 단맛이 나는 methyl mercaptan이나 propyl mercaptan으로 변화되기 때문에 단맛이 증가한다.

287 286번 해설 참조

288 설탕의 상대 감미도는 100이므로 stevioside는 300배 정도 된다.

ANSWER
283 ③ 284 ① 285 ② 286 ③
287 ③ 288 ④

출제예상문제

289 propylmercaptan은 가열한 양파에 있는 황을 함유한 향기 성분이다.

290 식품 중의 쓴맛 성분
- 큐쿠르비타신(cucurbitacin) : 오이꼭지 부분의 쓴맛 성분
- 리모닌(limonin) : 오렌지나 감귤류의 지연성 쓴맛 성분
- 휴물론(humulone) : hop 암꽃의 쓴맛 성분
- 이포메아론(ipomeamarone) : 흑반병에 걸린 고구마의 쓴맛 성분

291 식품 중의 쓴맛 성분
- 감귤류 쓴맛 : naringin, limonin
- 흑반병에 걸린 고구마 쓴맛 : ipomea-marone
- 오이꼭지의 쓴맛 : cucurbitaum
- 맥주의 쓴맛 : humulone

292 쓴맛을 나타내는 화합물
- 배당체, alkaloid, ketone류, 아미노산, peptide 등이 있다.
- 배당체는 당류에 비당류인 aglycon이 결합된 것으로서 식물계에 널리 분포되어 있고 과실과 채소의 쓴맛의 대부분은 배당체에 기인한다.
- 주로 과실이나 채소의 쓴맛 성분으로는 감귤류 파괴의 naringin과 hes-peridin, 오이꼭지의 cucurbitacin, 양파 껍질의 quercertin 등이 있다.

293 쓴맛을 나타내는 화합물
- alkaloid, 배당체, ketone류, 아미노산, peptide 등이 있다.
  - alkaloid계 : caffeine(차류와 커피), theobromine(코코아, 초콜릿), quinine(키나무)
  - 배당체 : naringin과 hesperidin(감귤류), cucurbitacin(오이 꼭지), quercertin(양파 껍질)
  - ketone류 : humulon과 lupulone (hop 암꽃), ipomeamarone(흑반병에 걸린 고구마), naringin(밀감, 포도)
  - 천연의 아미노산 : leucine, isoleu-cine, arginine, methionine, phenylalanine, tryptophane, valine, proline

289 다음 사항 중 옳지 <u>않은</u> 것은?

① glycyrrhizin은 감초에 함유된 환상의 단맛 성분이다.
② 일반적으로 같은 당류라도 입체 구조에 따라 단맛이 달라진다.
③ perillartin은 자소에 들어 있는 질소를 함유한 단맛 성분이다.
④ propylmercaptan은 가열한 무에 있는 황을 함유한 단맛 성분이다.

290 오렌지나 감귤류의 지연성 쓴맛 성분은?

① 큐쿠르비타신(cucurbitacin)
② 리모닌(limonin)
③ 후물론(hunulone)
④ 이포메아마론(ipomeamarone)

291 감귤류의 쓴맛 성분은?

① ipomeamarone
② cucurbitacin
③ limonin
④ humulone

292 다음의 쓴맛을 나타내는 성분들 중 배당체의 구조를 가지는 것은?

① 퀴닌(quinine)
② 테오브로민(theobromine)
③ 나린진(naringin)
④ 휴물론(humulone)

293 알칼로이드계의 쓴맛 성분이 <u>아닌</u> 것은?

① 퀴닌(quinine)
② 테오브로민(theobromine)
③ 카페인(caffeine)
④ 루플론(lupulone)

ANSWER
289 ④ 290 ② 291 ③ 292 ③
293 ④

294 양파 껍질의 쓴맛 성분은?
① 나린진(naringin)
② 테오브로민(theobromine)
③ 구에르세틴(quercertin)
④ 리모닌(limonin)

295 Theobromine, lupulone, naringin의 공통적인 맛은?
① 단맛
② 쓴맛
③ 알칼리 맛
④ 떫은 맛

296 오래된 청국장은 단백질 분해로 쓴맛을 띠게 되는데 이 쓴맛의 원인 물질은?
① 펩톤
② 케톤
③ 티라민
④ 알데히드

297 쓴맛 성분과 식품소재의 연결이 잘못된 것은?
① 구에르세틴(quercertin) - 양파 껍질
② 휴물론(humulone) - 맥주
③ 나린진(naringin) - 감귤류
④ 리모닌(limonin) - 도토리

298 생강의 매운맛이 아닌 것은?
① shogaol
② zingerone
③ gingerol
④ vanillin

299 매운맛 성분으로 진제론(zingerone)이 들어 있는 것은?
① 겨자
② 생강
③ 고추
④ 마늘

300 매운맛 성분이 아닌 것은?
① 캡사이신(capsaicin)
② 알칼로이드(alkaloid)
③ 챠비신(chavicine)
④ 진저롤(gingerol)

---

294 식품 중의 쓴맛 성분
- quercertin : 양파 껍질의 쓴맛 성분
- naringin과 hesperidin : 감귤류의 쓴맛 성분
- theobromine : 차의 쓴맛 성분
- limonin : 오렌지나 감귤류의 지연성 쓴맛 성분이다.

295 293번 해설 참조

296 청국장
- 끈적끈적한 실 모양의 점질물질이 생성된다.
- 이 물질은 면역 증강 효과가 있는 고분자 핵산, 항산화 물질, 혈전용해 효과가 있는 단백질 분해 효소 등을 함유하고 있다.
- 오래된 청국장은 단백질 분해가 더 진행되어 쓴맛(peptone 등)이 생긴다.

297 리모노이드(limonoid)
- 리모닌(limonin), 노밀린(nomillin), 이찬진신(ichanginsin), 디아세틸노밀린(diacetylnomillin) 등이 있다.
- 감귤류 쓴맛의 주요인이 되기 때문에 주스의 품질상으로는 바람직하지 못한 성분이긴 하지만 리모닌이나 노밀린 등은 발암 억제작용이 있다는 것이 보고되고 있다.

298 생강의 매운맛 성분
- zingerone, shogaol, gingerol 등의 vanillyl ketone류가 알려져 있다.
※ Vanillin은 vanilla콩의 매운맛 성분이다.

299 생강
- 2% 정도의 정유(精油)를 함유하는데, 그 주성분은 진지베린(zingiberene)이다.
- 진제론(zingerone)은 얼얼한 맛을 낸다.
- 정유를 추출해 식품과 향수 제조에 이용한다.

300 식품중의 매운맛 성분
- 캡사이신(capsaicin) : 고추 매운맛의 주성분
- 챠비신(chavicine) : 울금의 매운맛 성분
- 진저롤(gingerol) : 생강의 매운맛 성분
- 산솔(sanshool) : 산초의 매운맛 성분
※ 알칼로이드(alkaloid)은 차, 커피의 쓴맛 성분이다.

ANSWER
294 ③ 295 ② 296 ① 297 ④
298 ④ 299 ② 300 ②

301 식품 중의 매운 맛 화합물군은 방향족, aldehyde 및 ketone, 산amide, 겨자유, 함황화합물, amine류 등이 있다.

302 떫은맛
- 혀 표면에 있는 점성단백질이 일시적으로 변성, 응고되어 미각신경이 마비됨으로써 일어나는 수렴성의 불쾌한 맛이다.
- Protein의 응고를 가져오는 철, 알루미늄 등의 금속류, 일부의 fatty acid, aldehyde와 tannin이 떫은맛의 원인을 이룬다.
- 지방질이 많은 식품은 유리상태의 불포화지방산인 arachidonic acid, clupanodonic acid 등과 이의 분해 산물인 aldehyde에 기인한다.
- 어류 건제품이나 훈제품에서 볼 수 있다.

303 식품의 냄새
- 대부분이 휘발성 성분이기 때문에 식품 가공 및 조리 시에 높은 온도로 처리하면 식품 본래의 좋은 냄새가 휘발되어 없어진다.

304 채소류의 향기 성분
- 휘발성 에스테르(ester)류, 카보닐화합물(aldehyde류, ketone류 등), 산류, 알코올(alcohol)류, terpenoid, 휘발성 유황화합물 등이다.

305 Ester류
- 일반적으로 대부분의 냄새를 가지고 있으며 과일 향기의 주성분이다.
- 여기에는 amyl formate(사과, 복숭아), isoamyl formate(배), ethyl acetate(파인애플), methyl butyrate(사과), isoamyl isovalerate(바나나), methyl cinnamate(송이버섯) 등이다.

306 겨자과 식물의 향기 성분
- 겨자, 배추, 양배추, 순무 등의 겨자과에 속하는 식물들은 glucosinolate 또는 thioglucoside 등이 들어 있어 중요한 향기 성분이 된다.
- 겨자 특유의 강한 자극성 냄새는 allylglucosinolate가 분해되어 형성된 allylisothiocyanate, allylnitrile, allylthiocyanate 등이다.

---

301 다음 중 매운 맛 물질과 거리가 먼 것은?
① 케톤류
② 인산 화합물
③ 함황화합물
④ 방향족 화합물

302 떫은맛(astringent taste)에 대한 설명으로 틀린 것은?
① 단백질의 응고에 의한 것이다.
② 수렴성의 감각이다.
③ 철, 알루미늄 등의 금속류도 떫은맛이 느껴진다.
④ 지방질이 많은 식품은 포화지방산에 의해 떫은맛이 난다.

PART 2-2. 냄새 성분 및 냄새 성분의 변화

303 다음 중 식품의 냄새를 좋게 유지하는 방법과 관련이 없는 것은?
① 향기 좋은 품종의 선택 및 재배 조건을 조절한다.
② 본래의 좋은 냄새를 유지하기 위하여 식품 가공 및 조리 시에 가능한 높은 온도를 이용한다.
③ 풍미 보조제를 이용한다.
④ 여러 가지 방법을 이용하여 식품의 나쁜 냄새를 제거한다.

304 채소류의 공통적 향기 성분과 거리가 먼 것은?
① 에스테르(ester)류
② 아민(amine)류
③ 카보닐(carbonyl)류
④ 알코올(alcohol)류

305 사과, 배, 복숭아 등 과실류의 주된 향기 성분은?
① 유황화합물
② 아민류
③ 텔펜 화합물
④ 에스테르류

306 겨자과 식물의 주된 향기 성분은?
① alkylsulfide
② allicin
③ allylisothiocyanate
④ diallylsulfide

ANSWER
301 ② 302 ④ 303 ② 304 ②
305 ④ 306 ③

307 다음 중 박하의 냄새는?

① limonene ② camphene
③ citral ④ menthol

308 양파나 마늘의 조직을 파괴할 때 자극성 최루성분은?

① allylisothiocyanate
② propenyl sulfenic acid
③ acetaldehyde
④ allylmercaptan

309 알리신(allicin)이 들어 있는 식품은?

① 무 ② 오이
③ 고추 ④ 마늘

310 황을 함유한 향기 성분이 들어 있는 식품은?

① 계피 ② 무
③ 커피 ④ 사과

311 묵은 쌀의 냄새 성분은?

① acetone
② acetaldehyde
③ phenol
④ n-carproaldehyde

312 누룽지에서 유도된 숭늉 향기의 주성분은 무엇인가?

① pyrazine류 ② furfural류
③ mercaptane류 ④ ketone류

313 우유의 특유한 향기 성분이 아닌 것은?

① 부티르산(butyric acid)
② 아세트알데히드(acetaldehyde)
③ 아세톤(acetone)
④ 스테아르산(stearic acid)

---

307 박하의 향기 성분은 menthol이고, limonene는 오렌지, camphene과 citral은 레몬의 향기 성분이다.

308 양파의 최루성분은 l-propenyl sulfenic acid가 이성화된 thio-propanals-oxide으로 이 물질은 쉽게 분해가 일어나서 2-methyl-2-pentenal을 생성한다.

309 알리신(allicin)
- 마늘의 독특한 냄새를 내는 물질이다. 마늘의 대표적 성분은 유기 유황성분인 알린(alliin)이다.
- 알린은 마늘을 자르거나 빻을 때 세포가 파괴되면서 알리나아제(alliinase)라는 효소의작용에 의해 매운 맛과 냄새가 나는 알리신(allicin)으로 변한다.

310 유황화합물을 함유한 엽채류와 근채류의 향기 성분
- methylmer-captan (무), propylmercaptan(양파, 마늘), dimethylmercaptan(단무지), S-methylcysteine sulfoxide(양배추), β-methylmercaptopropyl alcohol(간장), alkylsulfide(고추냉이, 아스파라거스) 등이 있다.

311 쌀밥의 특유한 향기 성분
- acetaldehyde, n-caproaldehyde, methyl ethyl ketone, n-valeraldehyde 등이다.
- 묵은 쌀로 밥을 지을 때나 밥이 쉴 때 나는 이취성분은 n-caproaldehyde 존재에 기인한다.

312 커피, 볶은 땅콩, 보리차, 볶은 참깨, 누른 밥 등의 방향식품에는 향기 주성분인 피라진 유도체들(pyrazine derivatives)이 있다.

313 우유의 독특한 향기 성분
- butyric acid 같은 저급지방산과 acetone, acetaldehyde, methyl sulfide 등에 기인한다.

ANSWER

307 ④ 308 ② 309 ④ 310 ②
311 ④ 312 ① 313 ④

314 allyl isothiocyanate는 겨자, methyl mercaptan은 무, acetaldehyde은 쌀밥, furfuryl mercaptan은 커피의 향기 성분이다.

315 어류의 부패 냄새
- 주로 단백질이 분해되어 생성되는 암모니아, H_2S, indole, skatole, methylmercaptan, methyl sulfide, 휘발성 지방산, amine류, TMA 등이다.

316 어류의 비린내 성분
- 어류의 선도가 떨어지면 어류 체 표면에 들어 있는 성분인 trimethylamine oxide가 환원되어 어류 특유의 비린내 성분인 trimethylamine(TMA)이 생성된다.
- trimethylamine oxide의 함량이 많은 바닷고기가 그 함량이 적은 민물고기보다 빨리 상한 냄새가 난다.

317 어류의 비린내 성분
- 선도가 떨어진 어류에서는 트리메틸아민(trimethylamine), 암모니아(ammonia), 피페리딘(piperidine), δ-아미노바레르산(δ-aminovaleric acid) 등의 휘발성 아민류에 의해서 어류 특유의 비린내가 난다.

318 가리비 조개 향기나 김 냄새의 주성분은 dimethyl sulfide이고, α-phellandrene은 후추, myrcene은 미나리, eugenol은 계피의 냄새 성분이다.

319 어류의 비린내 성분
- 신선도가 떨어진 어류에서는 trimethylamine(TMA)에 의하여 어류 특유의 비린 냄새가 난다.
- 이것은 원래 무취였던 trimethylamine oxide가 어류가 죽은 후 세균의작용으로 환원되어 생성된 것이다.

320 엽록소(Chlorophyll)
- 식물의 잎이나 줄기의 chloroplast의 성분으로 단백질, 지방, lipoprotein과 결합하여 존재하며, porphyrin ring 안에 Mg을 함유하는 녹색 소이다.
- chlorophyll에는 a, b, c, d 4종이 있는데, 식물에는 a(청녹색)와 b(황녹색)의 2종이 있으며, 식물 중에 3 : 1의 비율로 함유되어 있다.

ANSWER
314 ④ 315 ④ 316 ④ 317 ④
318 ① 319 ② 320 ④

---

314 Coffee의 향기 성분으로 적당한 것은?
① allyl isothiocyanate
② methyl mercaptan
③ acetaldehyde
④ furfuryl mercaptan

315 어육의 부패 생성물이 아닌 것은?
① 휘발성 유기산   ② 암모니아, TMA
③ 인돌, 히스타민   ④ TMAO, urea

316 다음 중 민물고기의 냄새 성분은?
① acetaldehyde   ② ammonia
③ iodine   ④ trimethylamine

317 어류 특유의 비린내 성분이 아닌 것은?
① 트리메틸아민(trimethylamine)
② 피페리딘(piperidine)
③ δ-아미노바레르산(δ-aminovaleric acid)
④ n-카프로알데히드(n-caproaldehyde)

318 가리비의 향기, 김 냄새의 주성분은?
① dimethyl sulfide   ② α-phellandrene
③ myrcene   ④ eugenol

319 생선의 신선도 판정에 기준이 되는 물질은 무엇인가?
① acetaldehyde   ② trimethylamine
③ ammonia   ④ diacetyl

PART 2-3. 색소 성분 및 색소 성분의 변화

320 잎의 엽록소에 들어 있는 금속은?
① Zn   ② Fe
③ Cu   ④ Mg

321 Chlorophyll 포르피린(porphyrin ring)의 Mg^{2+}가 H^+로 치환되면 그 색깔은?

① 담황색
② 남청색
③ 황록색
④ 갈색

322 chlorophyll의 녹색을 오래 보존하는 방법은?

① chlorophyll의 Mg을 Cu로 치환
② chlorophyll의 Mg을 Ca로 치환
③ chlorophyll의 Mg을 K로 치환
④ chlorophyll의 Mg을 Na로 치환

323 녹색 채소를 산 처리하면 갈색으로 되는 이유는?

① chlorophyll의 Mg을 Cu로 치환
② chlorophyll의 Mg을 Fe로 치환
③ chlorophyll의 Mg을 H^+로 치환
④ chlorophyll의 Mg을 Na로 치환

324 다음은 식물성 색소에 대한 설명이다. 틀린 것은?

① chlorophyll 색소는 구리와 반응하여 그 색이 안정화된다.
② carotenoid계 색소의 대부분은 vitamin A의 전구물질이다.
③ flavonoid계 색소인 hesperidin은 vitamin P의 작용을 지닌다.
④ anthocyanin계 색소는 pH가 변하여도 쉽게 변색되지 않는다.

325 클로로필을 묽은 알칼리 용액에서 가열하면 어떻게 되는가?

① 갈색으로 변한다.
② 마그네슘이 유리한다.
③ phytol이 유리된다.
④ 아무 변화도 일어나지 않는다.

326 다음 carotenoid계 색소 중에서 provitamin A가 아닌 것은?

① α-carotene
② γ-carotene
③ lycopene
④ cryptoxanthin

321 chlorophyll은 산에 불안정한 화합물이며, 산으로 처리하면 porphyrin에 결합하고 있는 Mg^{2+}이 H^+로 치환되어 갈색의 pheophytin을 형성한다.

322 chlorophyll은 Cu, Fe, Zn 등과 함께 가열하면 chlorophyll의 Mg와 치환되어 안정되고 선명한 색깔을 유지한다.

323 chlorohpyll은 산에 의해 Mg^{2+}가 H^+로 치환되어 pheophytinzation이 되어 갈색으로 변한다.

324 식물성 색소
• Chlorophyll 색소는 알칼리, chlorophyllase 및 구리와 반응하여 그 색이 안정화된다.
• Carotenoid계 색소는 분자 중에 β-ionone핵을 지니고 있기 때문에 대부분 체내에서 vitamin A로 전환될 수 있다.
• Flavonoid계 색소인 naringin, hesperidin은 모세혈관의 투과성을 조절해주는 vitamin p의작용을 지닌다.
• 가지나 포도의 주된 색소인 anthocyanin계 색소는 pH 3 이하에서는 붉은색, pH 11 이상에서는 청색을 띤다.

325 chlorophyll은 알칼리성의 존재하에 가열하면 Mg는 안정하지만 methylester 결합이 가수분해되기 때문에 phytol과 methanol이 이탈되어 선명한 녹색의 수용성인 chlorophylline을 형성한다.

326 provitamin A
• 카로테노이드계 색소 중에서 provitamin A가 되는 것은 β-ionone 핵을 갖는 caroten류의 α-carotene, β-carotene, γ-carotene과 xanthophyll류의 cryptoxanthin이다.
※ lycopene은 두 개의 pseudo-ionone핵만을 가지고 있어 vitamin A 효력이 없다.

ANSWER

321 ④ 322 ① 323 ③ 324 ④
325 ③ 326 ③

출제예상문제

327 carotenoid계 색소
- 당근에서 처음 추출하였으며 등황색, 황색, 적색을 나타내는 지용성 색소들이다.
- 짝 이중 결합을 여러 개 가지고 있다. 따라서 산화에 매우 약하다.
- 일반적으로 산소가 없는 조건에서는 가열하여도 매우 안정하나 산소가 존재하면 쉽게 산화 분해된다.
- 우유, 난황, 새우, 게, 연어 등에도 존재한다.

328 327번 참조

329 anthocyanin계 색소
- 꽃, 과실, 채소류에 존재하는 적, 자색, 청색의 수용성 색소로서 화청소라고도 부른다.
- benzopyrylium 핵과 phenyl기가 결합한 flavylium 화합물로 2-phenyl-3,5,7-trihydroxyflavylium chloride의 기본구조를 가지고 있다.
- anthocyanin은 배당체로 존재하며 산, 알칼리, 효소 등에 의해 쉽게 가수분해되어 aglycone인 anthocyanidin과 포도당이나 galactose, rhamnose 등의 당류로 분리된다.
- 산성에서는 적색, 중성에서는 자색, 알칼리성에서는 청색 또는 청록색을 나타내는 불안정한 색소이다.

330 329번 해설 참조

331 헤스페리딘(hesperidin)
- 감귤류의 과피에 비교적 다량(1.5~3%)으로 함유되어 있으며, 비타민 P라고 불린다.
- 담황색~담갈황백색의 결정 또는 결정성 분말로 냄새와 맛이 거의 없다.
- aglycone과 hesperetin 또는 methyl reiodictyol과 disaccharide, rutinose로 구성된 flavanone 배당체이다.
- vitamin P는 모세혈관의 침투성을 조절하는작용이 있지만, 감귤류 제품을 흐리게 하는 백탁의 원인이 되는 성분이다.

332 329번 해설 참조

333 329번 해설 참조

ANSWER
327 ④ 328 ② 329 ③ 330 ①
331 ② 332 ② 333 ①

---

327 carotenoid계 색소의 안전성에 가장 큰 영향을 주는 인자는?
① 광선의작용
② 알칼리의작용
③ 온도의작용
④ 산소에 의한 산화작용

328 Carotenoid가 많이 든 식품은?
① 버섯
② 당근
③ 무
④ 파

329 산성 ↔ 중성 ↔ 알칼리성의 변화에 따라 색깔이 적색 → 자색 → 청색으로 변하는 색소는?
① chorophyll
② flavonoid
③ carotenoid
④ anthocyanin

330 Anthocyanin 색소는 산성에서 어떤 색깔을 나타내는가?
① 적색
② 자색
③ 청색
④ 녹색

331 밀감 통조림에서 제품을 흐리게 하는 백탁의 원인이 되는 성분은?
① 나린진(naringin)
② 헤스페리딘(hesperidin)
③ 루티노스(rutinose)
④ 플라보노이드(flavonoid)

332 꽃, 가지, 포도, 사과 등에 주로 존재하는 수용성 색소로 화청소라 부르기도 하는 것은?
① Carotenoid계 색소
② Anthocyanin계 색소
③ Flavonoid계 색소
④ Chlorophyll계 색소

333 2-phenyl-3,5,7-trihydroxyflavylium chloride의 기본구조를 가지고 있는 색소 성분은?
① 안토시아닌(anthocyanins)
② 클로로필(chlorophylls)
③ 리코펜(lycopene)
④ 카로티노이드(carotenoids)

334 하등동물의 혈색소인 헤모시안 색소와 관계가 깊은 것은?

① Fe ② Cu
③ Mn ④ Mg

335 다음 중 색소단백질이 아닌 것은?

① myoglobin   ② hemoglobin
③ rhodopsin   ④ casein

336 미오글로빈(myoglobin)에 들어 있는 철 포피린(ironporphyrin)과 결합하고 있는 잔기는?

① cystine residue
② valine residue
③ tryptophan residue
④ histidine residue

337 새우, 게 등 갑각류의 가열이나 산처리 시에 적색으로 변하는 것은?

① chlorophyll이 pheophytin으로 변화한다.
② astaxanthin이 astacin으로 변화한다.
③ myoglobin이 nitrosomyoglobin으로 변화한다.
④ anthocyan이 anthocyanidin으로 변화한다.

338 고구마 절단 시 나오는 흰 유액은?

① ipomeamarone
② polyphenol
③ galactose
④ jalapin

---

334 연체동물의 혈액 속에 들어 있는 hemocyanin은 hemoglobin의 Fe 대신 Cu를 함유하고 있는데 산소와 결합하면 청색이 된다.

335 색소단백질(chromoprotein)
- 단순단백질과 색소가가 결합한 복합단백질이다.
- 색소 성분은 heme, chlorophyll, carotenoid, flavin 등이다.
- hemeprotein : hemoglobin(동물의 혈액), myoglobin(동물의 근육), hemocyanin(연체동물의 혈액), cytochrome(동물의 호흡효소), catalase, peroxidase(생체 내 효소들) 등
- chlorophyll protein : phyllochlorine(녹색잎)
- carotenoid protein : rhodopsin(시홍), astaxanthin protein(갑각류의 껍질)
- flavoprotein : 황색 효소(yellow enzyme ; 우유, 혈액, 일반 조직체)
- phycobiliprotein : phycoerythrin(파래, 김)

336 미오글로빈(myoglobin)
- 철을 함유하고 있는 porphyrin 유도체인 동시에 단백질이 결합되어 있는 색소단백질이다.
- Globin 1분자와 heme 1분자가 결합되어 있으며 heme 부분은 철 porphyrin, 즉 ferroprotoporphyrin으로 hemoglobin의 heme 부분과 같다.
- ferroprotoporphyrin은 그중심부에 있는 철 이온(Fe^{++})이 histidine기의 imidazole고리의 질소와 직접 결합되어 myoglobin을 이루고 있다.

337 새우, 게 등의 갑각류의 생체에는 carotenoid 색소인 astaxanthin이 단백질과 약하게 결합되어 청록색을 띤다. 그러나 가열하면 astaxanthin이 단백질과 분리되고 공기에 의하여 산화되어 적색의 astacin으로 변화된다.

338 얄라핀(jalapin)
- 생고구마를 절단하면 나오는 흰유액으로 산화하여 흑색으로 변한다.
- jalap에서 얻어진 배당체($C_{35}H_{56}O_{16}$)이다.
※ ipomeamarone은 고구마의 표피에 자낭균이 기생하여 생긴 고미 성분이다.

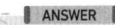

334 ② 335 ④ 336 ① 337 ②
338 ④

출제예상문제

339 anthocyanin계인 cyanidin, malvidin, pelargonidin, delphinidin는 빨간 색소이고, cyanidin은 사과 속에 존재한다.

340 토마토, 감, 수박, 살구 등의 붉은 색소는 carotenoid계 색소에 속하는 lycopene이다.

341 331번 참조

342 가지의 청자색은 anthocyanin계 색소로서 delphinidin 배당체의 nasunin에 의한 색소이다.

343 검은콩에는 saponin과 genistein, daidzein 등의 isoflavone계 색소, chrysanthemin 같은 anthocyan계 색소가 들어 있다. 특히 일반 콩에 비해 검은콩에는 이소플라온(daidzein은 약 20.5배, genistein은 18.6배)이 19.5배 많이 함유되어 있다.

344 식품의 갈변
- 효소에 의한 갈변과 효소가 관여하지 않는 비효소적 갈변이 있다.
  - 효소적 갈변 : polyphenol oxidase및 tyrosinase에 의한 갈변
  - 비효소적 갈변 : maillard reaction, caramelization, ascorbic acid oxidation 등

345 효소적 갈변 방지법
① blanching(열처리)
② 아황산가스, 아황산염, 소금 등을 이용
③ 산소의 제거
④ phenolase 기질의 메틸화
⑤ 산의 이용 : ascorbic acid를 가장 많이 사용

---

339 사과의 빨간 색깔의 주성분은?
① cyanidin
② malvidin
③ pelargonidin
④ delphinidin

340 토마토의 붉은색 성분은?
① lycopene
② capsanthin
③ zeaxanthin
④ physalien

341 레몬, 오렌지와 같은 감귤류에 분포되어 있는 헤스페리딘(Hesperidin)과 결합되어 있는 당류는?
① 헤스페리틴(hesperitin)과 루티노스(rutinose)
② 헤스페리틴과 람노스(rhamnose)
③ 헤스페리틴과 프락토오스(fructose)
④ 헤스페리틴과 아라비노스(arabinose)

342 가지의 청자색깔에 해당되는 주된 색소는?
① Flavonoid류의 tritin
② Xanthophyll류의 vioaxanthin
③ Anthocyanin류의 nasunin
④ Carotene류의 lycopene

343 검정콩은 신장이나 간장의 강화작용, 고혈압이나 동맥경화 개선작용, 피로회복작용, 해열이나 해독작용 등의 생리활성 기능이 있는 것으로 알려져 있다. 다음 중 검정콩의 생리활성 성분과 거리가 먼 것은?
① isoflavone
② genistein
③ saponin
④ lecithin

344 효소적 갈변 반응과 관계있는 것은?
① aminocarbonyl reaction
② caramelization
③ ascorbic acid oxidation
④ tyrosine oxidation

345 효소적 갈변을 방지하는 방법이 아닌 것은?
① blanching
② ascorbic acid 첨가
③ NaCl 첨가
④ $CuSO_4$ 첨가

ANSWER
339 ① 340 ① 341 ① 342 ③
343 ④ 344 ④ 345 ④

346 Polyphenol oxidase 및 tyrosinase와 가장 관계가 깊은 무기질은?

① Mg
② Fe
③ Cu
④ Na

347 효소에 의한 갈변 반응을 억제하기 위한 방법이 아닌 것은?

① 효소를 불활성화시킨다.
② 효소의 최적 조건을 변동시킨다.
③ 환원성 물질을 첨가한다.
④ 껍질을 벗긴 다음 햇볕에 말린다.

348 사과, 배 및 감자의 절단면은 공기 중에 방치하면 갈변 현상이 생긴다. 이 현상에 관련있는 효소는?

① 산화 환원 효소(oxidoreductase)
② 전이 효소(transferase)
③ 가수분해 효소(hydrolase)
④ 탈리효소(lyase)

349 사과 절단면의 갈변 시 생성되는 색소는?

① 메일라드(maillard)
② 페놀(phenol)
③ 멜라닌(melanin)
④ 캐러멜(caramel)

350 감자의 껍질을 깎은 뒤 공기 중에 방치하면 갈변이 일어난다. 이와 같은 갈변 현상과 가장 관련이 깊은 것은?

① polyphenol oxidase
② maillard
③ ascorbic acid
④ tyrosinase

351 홍차 잎은 어떤 반응에 의하여 변하는가?

① polyphenol oxidase에 의한 갈변
② amino carbonyl 반응
③ caramel화 반응
④ vitamin C에 의한 갈변 반응

346 polyphenol oxidase와 tyrosinase는 구리를 함유하고 있는 효소로 구리 ion에 의해 활성화되며, 반대로 염소 ion에 의해 억제작용을 받는다.

347 효소에 의한 갈변 억제 방법
① 효소를 불활성화시킨다.
② 효소의 최적 조건을 변동시킨다.
③ 산소를 제거하거나 기질을 변화시키고 금속 이온 제거, 환원성 물질 첨가, 햇볕에 말리면 공기 중 산소에 의하여 산화를 촉진시키는 결과가 된다.

348 효소적 갈변 반응에 관여하는 효소는 polyphenol oxidase, tyrosinase 등으로서 산화 환원 효소에 속하여 과일과 야채류에서 볼 수 있는 갈변 현상이다.

349 polyphenol oxidase에 의한 갈변
• 사과, 배, 가지, 살구 등의 과실과 야채류에 들어 있는 polyphenol 성 물질인 catechin, gallic acid, chlorogenic acid 등이 공기 중의 산소 존재하에 polyphenol oxidase에 의해 quinone 유도체로 산화되는 반응을 촉매한다.
• quinone들은 계속 산화, 중합 또는 축합되어 흑갈색의 멜라닌(melanin) 색소를 생성한다.

350 tyrosinase에 의한 갈변
• 감자에 함유된 아미노산인 tyrosine은 tyrosinase에 의하여 dihydroxy-phenylalanine(DOPA)을 거쳐 o-quinone phenylalanine (DOPA-quinone)이 되고 다시 산화, 계속적인 축합, 중합 반응을 통하여 흑갈색의 melanin 색소를 형성한다.
• 감자에 함유된 tyrosinase는 수용성이므로 깎은 감자를 물에 담가두면 갈변이 방지된다.

351 홍차, 녹차의 잎은 폴리페놀 성분이 polyphenol oxidase에 의해 산화되어 갈변이 일어난다.

ANSWER
346 ③ 347 ④ 348 ① 349 ③
350 ④ 351 ①

출제예상문제

352 홍차 제조과정에서의 갈변 반응
- 녹차제조와 달리 수증기로 쪄주는 과정 대신에 발효과정을 거친 후 말리게 된다. 이 발효과정 중에 효소에 의한 갈변 반응이 심하게 일어난다.
- 찻잎의 색깔은 물론 홍차 역시 짙은 적 갈색을 갖는다.
- 홍차제조과정에서 효소(polyphenolase)에 의한 갈변 반응이 가장 활발하게 일어나는 발효단계에서 catechin 또는 gallocatechin 등의 polyphenol 화합물이 산화 중합되어 theaflavin류 등과 같은 홍차 특유의 갈색 색소가 형성되는 것으로 알려져 있다.

353 349번 참조

354 과일을 칼로 절단하면 절단면이 흑변하는 이유
- 야채와 과일에 많이 함유된 tannin 성분은 제2 철염과 반응하면 흑색으로 변한다.
- Tannin 자체는 무색이지만, 식품 체내에는 polyphenol oxidase의 존재로 산화되기 쉽고, 또한 중합되기 쉬워 적 갈색으로 변화 후 흑색으로 변화한다.

355 Maillard 반응에 영향을 주는 인자
- 온도, pH, 당의 종류, carbonyl 화합물, amino 화합물, 농도, 수분, 금속 이온의 영향 등이다.

356 갈변 현상은 식품의 색깔, 맛, 냄새 등에 큰 영향을 주며 당류와 아미노산이 상호작용에 의해서 반응성이 강한 lysine과 같은 아미노산이 파괴된다.

357 Amino carbonyl 반응
- 아미노산의 amino기(-NH₂)와 환원당의 carbonyl(=CO)기가 축합하여 갈색 색소인 melanoidine을 생성하는 반응이다.
- ※ Quinone은 효소적 갈변 중간 반응 생성물이다.

352 다음의 홍차 제조에 대한 설명 중 맞지 않는 것은?
① 효소적 갈변 반응이 일어난다.
② 발효과정을 거친 후 말린다.
③ 건조하기 전에 수증기로 찐다.
④ 발효단계에서 polyphenol 화합물이 산화 중합되어 갈색의 theaflavin류를 형성한다.

353 배를 절단하여 공기 중에 방치했을 때 갈변 현상은?
① polyphenol oxidase에 의한 반응
② Vit-C의 갈변 반응
③ caramel화 반응
④ amino carbonyl 반응

354 감을 칼로 절단하면 절단면이 흑변하는 이유는 무엇인가?
① tannin 성분이 탈수되기 때문에
② tannin 성분이 공기와 접촉하기 때문에
③ tannin 성분이 제2 철염과 반응하기 때문에
④ tannin 성분이 Cu 이온과 반응하기 때문에

355 아미노카아보닐(amino-carbonyl) 반응에 관계되는 인자가 아닌 것은?
① 햇빛의 조사
② 당의 종류
③ 아미노산의 종류
④ 반응액의 pH

356 식품을 가열할 때 당이 공존하면 아미노산의 손실이 발생하는 이유는?
① 아미노산의 파괴를 촉진하기 때문이다.
② 갈변 반응이 일어나기 때문이다.
③ 단백질이 변성되기 때문이다.
④ 탈수가 일어나기 때문이다.

357 Amino carbonyl 반응과 관계가 없는 것은 무엇인가?
① -NH₂기
② =CO기
③ quinone
④ melanoidine

ANSWER
352 ③ 353 ① 354 ③ 355 ①
356 ② 357 ③

358 아마도리 전위(amadori rearrangement)는 Maillard 반응(amino-carbonyl reaction)의 어느 단계에서 일어나는가?

① 초기단계　　　② 중간단계
③ 최종단계　　　④ 초기와 중간단계의 사이

359 스트렉커 반응(strecker reaction)과 관련이 깊은 것은?

① 탄수화물 정성 반응　　② 단백질 정성 반응
③ 지방의 자동산화 반응　④ Maillard(갈색화) 반응

360 Maillard 반응의 단계 중 아미노산인 alanine의 분해에 의해서 acetaldehyde와 CO_2 gas를 형성하는 반응은?

① amadori 전위　　　　② aldol 축합 반응
③ strecker 분해 반응　 ④ amino 화합물의 축합 반응

361 Maillard 반응에 대한 다음 설명 중 틀린 것은 어느 것인가?

① 간장, 된장의 색은 이 반응에 의해 나타난다.
② 아미노산으로는 glycine이 빠른 반응 속도를 보인다.
③ 당의 종류, pH 등에 따라서도 반응 속도가 달라진다.
④ 빵의 갈변도 주로 이 반응에 의한 것이다.

362 비효소적 갈변 반응이 아닌 것은?

① Tyrosinase에 의한 산화 반응
② Caramel화 반응
③ Ascorbic acid 산화 반응
④ Maillard 반응

363 식품의 갈변(Browning) 방지에 사용될 수 있는 것은?

① 비타민 A　　　② 비타민 B_2
③ 비타민 C　　　④ 비타민 D

358 Maillard reaction
- 초기단계는 당류와 아미노화합물의 축합 반응과 아마도리 전위가 일어난다.
- 즉 glucose와 amino compound가 축합하여 질소배당체인 glucosylamine이 형성된다(축합 반응).
- 다시 glucosylamine은 amadori 전위를 일으켜 대응하는 fructosylamine으로 이성화 된다(아마도리 전위).

359 스트렉커 반응(strecker reaction)
- Maillard 반응의 최종단계에서 일어난다.
- α-dicarbonyl화합물과 α-amino acid와의 산화적 분해 반응이다.
- 이때 아미노산은 탈탄산 및 탈아미노 반응이 일어나 본래의 아미노산보다 탄소수가 하나 적은 알데히드(aldehyde)와 이산화탄소가 생성된다.

360 Strecker 분해 반응
- α-dicarbonyl 화합물과 α-아미노산과의 산화적 분해 반응이다.
- 이때 아미노산은 탈탄산 및 탈아미노 반응이 일어나 탄소수가 하나 적은 aldehyde와 이산화탄소가 생성된다.

361 빵이나 비스킷에 관여하는 갈변 현상은 주로 캐러멜화 반응에 의한 것이다.

362 식품의 갈변
- 효소적 갈변 : polyphenol oxidase에 의한 갈변, tyrosinase에 의한 갈변이 있다.
  - 사과, 살구, 바나나, 밤, 가지 등의 과실과 야채류에서 볼 수 있는 갈변
- 비효소적 갈변 : maillard reaction, caramelization, ascorbic acid oxidation 등이 있다.
  - 빵, 간장, 된장외 갈변

363 비타민 C(ascorbic acid)
- 산소를 제거하여 기질을 환원상태로 유지하기 때문에 갈변을 억제할 수 있다.
- 감귤은 비타민 C를 많이 함유하고 있어 갈변이 잘 일어나지 않는다.

ANSWER
358 ①　359 ④　360 ③　361 ④
362 ①　363 ③

364 maillard 반응은 간장, 된장의 착색, 오렌지 주스의 변색 등 보호식품 제조에서 볼 수 있으며, 빵, 비스킷 등이 가열에 의해서 다갈색으로 변하는 것은 주로 caramel의 생성에 기인하나 일부는 이 반응도 참여한다.

365 Alkaloid
- 식물에 널리 분포되어 있으며, 질소를 함유한 염기성 물질의 총칭이다.
- 일반적으로 강한 생리작용을 하고, 또 쓴맛을 가진다.

366 감자에는 solanine이라는 독성 물질을 함유하고 있다. Solanine은 가수분해하면 solanidine과 glucose, galactose, rhamnose등으로 분해되고 이것은 용혈작용 및 운동 중추의 마비작용을 가진다.

367 복숭아, 청매 등의 종자 속에는 시안 배당체인 amygdalin이 함유되어 있다.

368 식품별 성분
- hop : humulon · 대두 : saponin
- 쑥 : absinthin · 감자 : solanine

369
- 대두에는 trypsin 저해물질이 존재하나 가열조리 후에는 독성을 잃어버린다.
- Ricin은 피마자씨에 함유된 독성분이고, lycorin은 가을꽃 무릇의 구근 속에 존재하는 독성분이다.

370 쌀, 기타 곡류에 함유되어 있는 용혈성 독성분은 lysolecithin으로 혈액 내에 주사하면 동물은 곧 죽지만 경구적으로 섭취할 때는 유해작용이 거의 없다.

ANSWER
364 ③ 365 ④ 366 ③ 367 ①
368 ④ 369 ④ 370 ②

---

364 빵이나 비스킷과 같은 것을 가열하였을 때 갈변이 일어나는 것은 어느 반응 때문인가?

① 효소에 의한 갈색화 반응이 일어나기 때문이다.
② maillard 반응이 일어나기 때문이다.
③ maillard 반응과 caramelization 반응이 동시에 일어나기 때문이다.
④ 아스코르브산(ascorbic acid)의 산화 반응이 일어나기 때문이다.

PART 2-4. 식품중의 독성물질

365 Alkaloid에 대한 설명 중 틀린 것은?

① 질소를 함유한 염기성 유기 화합물이다.
② 식물체에 널리 분포되어 있다.
③ 일반적으로 강한 생리작용을 하고, 또 쓴맛을 가진다.
④ 수증기 증류에 의해 얻어지며 향기가 있다.

366 감자의 발아부나 청색부에 존재하는 alkaloid는?

① retrosine   ② lycorin
③ solanine   ④ saponine

367 청매 및 비파의 씨 속에 들어 있는 독성 배당체는 어느 것인가?

① amygdalin   ② caffein
③ nicotine   ④ neurine

368 식품과 성분의 연결이 잘못된 것은?

① hop - humulon   ② 대두 - saponin
③ 쑥 - absinthin   ④ 감자 - choline

369 생콩 속에 존재하는 특수성분은?

① ricin   ② lycorin
③ glycinin   ④ antitrypsin

370 쌀, 기타 곡류에 함유된 용혈성 독성분은?

① neurine   ② lysolecithin
③ histamine   ④ saponin

371 다음 중 식품의 가공 중에 형성되는 독성물질은 무엇인가?

① tetrodotoxin
② trypsin inhibitor
③ solanine
④ nitrosamine

 PART 3-1. 식품의 물성

372 물과의 친화력이 가장 큰 반응 그룹은?

① 수산화기(-OH)
② 알데히드기(-CHO)
③ 메틸기($-CH_3$)
④ 암모니아기($-NH_2$)

373 유화액에는 수중유적형, 유중수적형이 있다. 이것을 구분하는 조건이 <u>아닌</u> 것은?

① 유화제의 성질
② 물과 기름의 비율
③ 유화 방치 시간
④ 첨가 순서

374 우유, 마요네즈 등과 같이 분산매와 분산질이 모두 액체인 콜로이드 상태를 무엇이라 하는가?

① 거품
② 유화액
③ 졸(sol)
④ 겔(gel)

375 기름에 물이 분산된 유화형태를 한 식품은?

① 마요네즈
② 우유
③ 아이스크림
④ 버터

376 다음은 유화제에 존재하는 기능기들이다. 소수성기는 어느 것인가?

① -CHO
② -COOH
③ $-NH_2$
④ $-CH_2-CH_2-CH_3$

---

371 식품 중의 독성물질
- 자연식품의 한 성분으로 tetrodotoxin, ricin, solanine 등이다.
- 재배나 가공 중에 환경 등 외적 요인으로부터 오염된 것으로 우유 중의 항생물질, 잔류농약 등이다.
- 가공이나 저장 중 화학적 반응에 의하여 형성된 것으로 유지의 산패생성물, nitrosamine 등이다.
- 오염된 미생물에 의하여 형성된 것으로 aflatoxin 등 여러 가지로 구분된다.

372 물과 친화력이 강한 콜로이드에는 -OH, COOH 등의 원자단이 있다.

373 유화액
- 수중유적형(O/W)과 유중수적형(W/O)이 있다.
  - 유화액을 구분하는 조건
  - 유화제의 성질
  - 물과 기름의 비율
  - 물과 기름의 첨가 순서
  - 전해질의 유무와 그 종류 및 농도
  - 기름의 성질 등

374 유화(emulsification)
- 분산매와 분산질이 모두 액체인 콜로이드 상태를 유화액(emulsion)이라 하고 유화액을 이루는작용을 유화라 한다.
- 우유, 마요네즈, 아이스크림 등은 수중유적형(O/W), 버터는 유중수적형(W/O)이다.

375 식품의 유화 형태
- 수중유적형(O/W) : 물속에 기름이 분산된 형태
  - 우유, 마요네즈, 아이스크림 등
- 유중수적형(W/O) : 기름 중에 물이 분산된 형태
  - 마가린, 버터 등

376 유화(emulsification)
- 분산질과 분산매가 다같이 액체인 교질 상태를 유화액이라 하고, 유화액을 이루는작용을 유화(emulsification)라 한다.
- 유화제는 한 분자 내에 -OH, -CHO, -COOH, $-NH_2$ 등의 극성기 또는 친수기와 alkyl기($CH_3-CH_2-CH_2-$)와 같은 비극성기 또는 소수기를 가지고 있다.
- 소수기는 기름과 친수기는 물과 결합하여 기름과 물의 계면에 유화제 분자의 피막이 형성되어 계면장력을 저하시켜 유화성을 일으키게 한다.

ANSWER

371 ④ 372 ① 373 ③ 374 ②
375 ④ 376 ④

377 HLB(hydrophilic-lipaphilc balan(e))
- 유화제는 분자 내에 친수성기와 친유성기를 가지고 있으므로 이들 기의 범위 차에 따라 친수성 유화제와 친유성 유화제로 구분하고 있으며 이것을 편의상 수치로 나타낸 것이 이다.
- HLB가 다른 유화제를 서로 혼합하여 자기가 원하는 적당한 HLB를 가진 것을 만들 수 있다.
- 즉 HLB가 15와 4.3인 유화제를 혼합하여 HLB가 10인 유화제 혼합물을 만들려고 할때 다음 식에 의하여 구한다.

$$10 = \frac{15 \times + 4.3(100-X)}{100}$$

- 여기서 x=53.3이 되므로, HLB가 15인 것을 53.3%, HLB가 4.3인 것을 46.7% 혼합하면 된다.

378 우유에는 친수교질(보호교질)인 lactalbumin이 적고, 비교적 소수교질인 casein이 많으므로 전체적으로 소수성을 나타낸다.

379 식품의 rheology
- 점성 : 외부의 힘에 의하여 액체는 유동한다. 이때 액체 내부에서 그 흐름에 대한 저항
- 탄성 : 외부 힘에 의해 변형을 받고 있는 물체가 본래의 상태로 돌아가려는 성질
- 소성 : 외부의 힘에 의하여 변형된 후에 그 힘을 제거하여도 본래 상태로 돌아가지 않는 성질
- 점탄성 : 외부에서 힘을 가할 때 점성 유동과 탄성 변형을 동시에 일으키는 성질

380 콜로이드(colloid)의 성질
- 엉김 : 콜로이드는 같은 종류의 전기를 띠기 때문에 반발력으로 인하여 떠있게 된다. 소수 콜로이드에 소량의 전해질을 넣으면 콜로이드 입자가 반발력을 잃고 가라앉는 현상
- 염석 : 친수 콜로이드가 다량의 전해질에 의해 가라앉는 현상
- 브라운 운동 : 콜로이드 입자가 불규칙한 직선운동을 하는 현상을 말하고, 콜로이드 입자와 분산매가 충돌하기 때문이다.
- 틴들 현상 : 어두운 곳에서 콜로이드 용액에 직사광선을 쪼이면 빛의 진로가 보이는 현상

---

377 Polyoxyethylene sorbitan oleate(HLB=15)와 Sorbitan oleate(HLB=4.3)을 혼합하여 HLB가 10인 유화제 혼합물을 만들려면 각각 얼마씩 첨가하여야 하는가?

① Polyoxyethylene sorbitan oleate 53%, Sorbitan oleate 47%
② Polyoxyethylene sorbitan oleate 70%, Sorbitan oleate 30%
③ Polyoxyethylene sorbitan oleate 80%, Sorbitan oleate 20%
④ Polyoxyethylene sorbitan oleate 92%, Sorbitan oleate 8%

378 다음 식품 중 친수성 콜로이드가 아닌 것은?

① 젤라틴　　② 우유
③ 난백　　　④ 전분

379 외부에서 식품에 힘을 가했을 때 원래의 상태로 돌아오지 않는 성질을 무엇이라 하는가?

① 점성(viscosity)
② 탄성(elasticity)
③ 점탄성(viscoelasticity)
④ 소성(plasticity)

380 콜로이드 입자가 가라앉지 않고 균일한 상태로 분산매에 떠다니게 하는 성질은?

① 엉김
② 브라운 운동
③ 틴들 현상
④ 염석

ANSWER　377 ①　378 ②　379 ④　380 ②

381 콜로이드 입자의 성질과 관련이 없는 것은?

① 반투막통과
② 염석
③ 브라운 운동
④ 흡차자용

382 분산매와 분산질이 모두 액체인 콜로이드는?

① 유화액
② 고체 포말질
③ 현탁액
④ 포말질

383 각 식품별로 분산매와 분산상 간의 관계가 순서대로 연결된 것은?

① 마요네즈 : 액체 - 고체
② 우유 : 고체 - 기체
③ 캔디 : 액체 - 고체
④ 버터 : 고체 - 액체

384 다음 식품 중에서 진용액인 것은?

① 젤라틴　　　② 된장국
③ 젤리　　　　④ 설탕시럽

385 물속에 기름이 분산된 수중유적형(O/W)의 대표적인 유화식품은?

① 우유　　　　② 버터
③ 마가린　　　④ 치즈

386 분말한천과 같이 젤(gel)을 오래 실온에 방치하여 건조상태가 된 것을 무엇이라 하는가?

① 졸(sol)
② 크세로젤(xerogel)
③ 평윤(swelling)
④ 결정(crystal)

---

381 콜로이드 입자의 성질
- 입자의 크기에 의한 현상 또는 성질 : 다알리시스(투석), 흡착작용, 틴들 현상
- 분산매분자의 운동에 의해 나타내는 현상 : 브라운 운동
- 전하를 가지고 있기 때문에 나타내는 현상 : 전기이동, 염석, 응석

382 유화액(emulsion)
- 분산매와 분산질이 모두 액체인 콜로이드 상태를 말한다.
- 우유, 마요네즈, 크림 등이 있다.

383 식품에서의 콜로이드 상태

분산매	분산질	분산계	식품의 예
기체	액체	에어졸	향기부여 스모그
	고체	분말	밀가루, 전분, 설탕
액체	기체	거품	맥주 및 사이다 거품, 발효 중의 거품
	액체	에멀션	우유, 생크림, 마가린, 버터, 마요네즈
	고체	현탁질	된장국, 주스, 전분액, 스프
		졸	소스, 페이스트, 달걀흰자
		겔	젤리, 양갱
고체	기체	고체거품	빵, 쿠키
	액체	고체겔	한천, 과육, 버터, 마가린, 초콜릿, 두부
	고체	고체교질	사탕과자, 과자

384 진용액
- 산포물질(분산상)은 1개의 분자 또는 이온으로 되어 있다.
- 산포물질의 직경은 1mμ 이하로 동질적이며, 설탕시럽은 이에 속한다.

385 식품의 유화 형태
- 수중유적형(O/W) : 물속에 기름이 분산된 형태
  - 우유, 마요네즈, 아이스크림 등
- 유중수적형(W/O) : 기름 중에 물이 분산된 형태
  - 마가린, 버터 등

386 크세로(xerogel)
- 젤을 오래 실온에 방치하면 점차 수분이 감소되고 부피가 축소되어 건조상태로 된다. 이와 같은 현상을 젤의 축라 하고 건조상태가 된 젤을 크세로젤이라 한다.
- 건조한 젤이 액체를 흡수하여 부풀어 오르는 현상을 평윤이라 한다.

ANSWER
381 ① 382 ① 383 ④ 384 ④
385 ① 386 ②

출제예상문제

387 texturometer
- 식품의 조직(texture)를 정량적으로 계측하는 기기의 하나이다.

388
- 현탁질 : 초콜릿, 된장국 등과 같이 분산매가 액체이고, 분산상이 고체인 분산계
- 유탁질 : 우유와 같이 액체 속에 기름과 같은 액체 입자가 분산되어 있는 것

389 식품의 rheology
- 점성 : 액체의 외부에서 힘을 가하면 액체는 유동한다. 이때 액체 내부에서 그 흐름에 대한 저항을 말한다. 물엿, 벌꿀 등
- 탄성 : 외부의 힘에 의하여 변형을 받고 있는 물체가 본래의 상태로 돌아가려는 성질을 말한다. 한천젤, 빵, 떡 등
- 소성 : 외부에서 힘의작용을 받으면 물질이 변형된다. 이때 힘을 제거하여도 본래 상태로 돌아가지 않는 성질이다. 버터, 마가린, 생크림 등
- 점탄성 : 외부에서 힘을 가할 때 점성 유동과 탄성 변형을 동시에 일으키는 성질을 말한다. 난백, 껌, 반죽 등

390 뉴톤(Newton) 유체
- 흐름에 평행인 평면의 단위면적당 내부 마찰력을 전단응력이라 하며 흐름에 수직인 방향의 속도기울기를 전단속도라고 한다.
- 전단응력이 전단속도에 비례하는 액체를 뉴톤유체라고 한다.
- 물, 우유, 술, 청량음료, 식용유 등 묽은 용액들이다.

391 weissenberg의 효과
- 가당연유 속에 젓가락을 세워서 회전시키면 연유가 젓가락을 따라 올라간다. 이와 같은 현상을 말한다.
- 이것은 액체에 회전운동을 가했을 때의 흐름과 직각 방향으로 현저한 압력이 생겨서 나타나는 현상이다.

392 거품(foam)
- 분산매인 액체에 분산상으로 공기와 같은 기체가 분산되어 있는 것이 거품이다.
- 거품은 기체와 액체의 계면에 제 3물질이 흡착하여 안정화 된다.
- 맥주의 거품은 맥주 중의 단백질, 호프의 수지 성분 등이 거품과 액체 계면에 흡착되어 매우 안정화 되어 있다.

---

387 점탄성체 측정 장치에 적당치 않은 것은?
① 경점성 – farinograph
② 신전성 – extensograph
③ 연도 – tendermeter
④ weissenberg 효과 – texturometer

388 분산계가 현탁질인 것은?
① 우유 ② 맥주
③ 버터 ④ 된장국

389 다음 식품 중 소성체의 특성을 나타내는 것은 어느 것인가?
① 한천 젤 ② 생크림
③ 벌꿀 ④ 난백

390 물, 우유, 청량음료, 식용유 등 묽은 용액들은 다음 중 어떤 유체의 특성을 나타내는가?
① 의사가소성(Pseudoplastic) 유체
② 뉴톤(Newton) 유체
③ 딜레탄트(Dilatant) 유체
④ 비뉴톤(Nonnewton) 유체

391 유체 속에 막대를 세워 회전시켰을 때, 막대를 따라 올라가는 성질을 무엇이라 하는가?
① 예사성
② weissenberg의 효과
③ 경점성
④ 점조성

392 액체 속에 기체가 분산된 콜로이드 상태의 식품은?
① 생크림 ② 맥주
③ 우유 ④ 아이스크림

ANSWER
387 ④ 388 ④ 389 ② 390 ②
391 ② 392 ②

393 다음은 식품의 물성과 관련된 설명이다. 틀린 것은 어느 것인가?

① 물체의 점성은 온도가 높을수록 작아진다.
② 생크림이나 버터는 소성이 없지만, 물엿은 소성이 있다.
③ 신전성이란 길게 늘어나는 성질을 말한다.
④ Jelly는 Newton 유체가 아니다.

394 고체식품에서 항복응력(yield stress)을 초과할 때까지 영구변형이 일어나지 않는 것은?

① 탄성체   ② 가소성체
③ 점탄성체   ④ 점성체

395 다음 중 전단응력과 전단속도의 정비례적인 관계를 보여 주는 뉴톤 유체의 식품은?

① 고추장   ② 여과된 주스
③ 전분유   ④ 토마토케첩

396 일정한 전단속도일 때 시간이 경과함에 따라 외관상 점도가 증가하는 유체는?

① dilatant 유체
② pseudiplastic 유체
③ thixotropic 유체
④ rheopectic 유체

397 거품에 대한 설명 중 틀린 것은?

① 액체 중에 공기와 같은 기체가 분산된 것이 거품이다.
② 거품을 제거하기 위해서는 거품의 표면장력을 높여 주어야 한다.
③ 카스텔라는 거품을 이용하여 부드러운 식감을 지니게 한 것이다.
④ 맥주와 샴페인은 가압 하에서 탄산가스를 다량 용해시킨 것이다.

---

393 식품의 물성
- 점성 : 유체의 흐름에 대한 저항을 말하며, 점성은 온도가 낮을수록, 농도가 높을수록, 용질의 분자량이 클수록 증가한다.
- 소성 : 외부의 힘에 의하여 변형된 후에 그 힘을 제거하여도 원래의 상태로 되돌아가지 않는 성질을 말하며, 생크림이나 버터는 대표적인 소성체이다.
- Newton 유체 : 균일한 형태와 크기를 가진 단일 물질로 구성되어 있는 균일한 물체를 말한다. 차, 맥주, 커피, 술, 꿀, 우유 등이 이에 해당된다.

394 가소성 물체
- 어떤 항복력(yield stress)을 초과할 때까지는 영구변형이 일어나지 않는 것을 말한다.
- 탄성이 없는 완전한 가소성체는 응력-strain 특성을 나타낸다.
- 작은 응력의 영향 하에서는 변형이 일어나지 않으며, 응력이 증가하면 물체는 작용된 응력(항복응력)에서 갑자기 흐르기 시작한다.
- 그 물체는 같은 응력에서 응력이 제거될 때까지는 계속하여 흐르며 그의 전체 변형을 유지한다.

395 390번 해설 참조

396
- dilatant 유체 : 전단속도의 증가에 따라 전단응력의 증가가 크게 일어나는 유동을 말한다.
- pseudiplastic 유체 : 항복치를 나타내지 않고 전단응력의 크기가 어떤 수치 이상일 때 전단응력과 전단속도가 비례하여 뉴턴유체의 성질을 나타내는 유동을 말한다.
- thixotropic 유체 : 비뉴톤성 시간 의존형 유체로 shearing(층밀림, 전단응력)시간이 경과할수록 점도가 감소하는 유체이다. 케찹이나 호화전분액 등
- rheopectic 유체 : 비뉴턴 유체 가운데 전단속도가 증가됨에 따라 점도가 증가하는 유체이다. 전단시간에 따라 겉보기 점도가 증가하는 유체이며 이 변화는 가역적이다

397 거품(foam)
- 분산매인 액체에 분산상으로 공기와 같은 기체가 분산되어 있는 것이다.
- 거품을 제거하기 위해서는 거품의 표면장력을 감소시켜 주어야 한다. 그런 방법으로 찬 공기를 보내든지 알코올, 지방산, 소포제를 첨가하면 된다.

ANSWER

393 ② 394 ② 395 ② 396 ④
397 ②

출제예상문제

398 표면장력
- 액체의 자유표면에서 표면을 작게 하려고작용하는 장력을 말한다.
- 대개 단위길이의 선분에 수직인 표면에 작용하는 힘의 총합으로 표현된다.
- 이 경우 단위는 N/m가 되며, 이것은 J/m^2와 같다.

399 밀 단백질의 구조를 보면 -S-S- 결합이 선상으로 길어진 글루테닌(glutenin)분자가 연속뼈대를 만들어 글루텐의 사슬 내에 -S-S- 결합으로 치밀한 대칭형을 이룸으로써 뼈대 사이를 메워 점성을 나타내며 유동성을 가지게 된다.

400 젤(gel)
- 친수 sol을 가열하였다가 냉각시키거나 또는 물을 증발시키면 분산매가 줄어들어 반고체 상태로 굳어지는데 이 상태를 젤(gel)이라 한다.
- 젤라틴이나 한천의 뜨거운 용액을 냉각하였을 때 굳어지는 현상을 젤화라 한다.
- 과실로 만든 젤리나 잼 또는 메밀묵, 도토리묵 같은 식품은 젤의 좋은 예이다.

401 생물 농축이 일어나는 축적성이 강한 유해물질에 의한 피해는 주로 세포의 증식을 억제시키는 것이다.

402 트리할로메탄(trihalomethane)
- 물속에 포함돼 있는 유기물질이 정수과정에서 살균제로 쓰이는 염소와 반응해 생성되는 물질이다.
- 유기물이 많을수록, 염소를 많이 쓸수록, 살균과정에서 반응과정이 길수록, 수소 이온 농도(pH)가 높을수록, 급수관에서 체류가 길수록 생성이 더욱 활발해진다.
- 인체에 암을 일으키는 발암성 물질로 알려져 있다.
- 우리나라의 기준치는 0.1ppm이하이다.

ANSWER
398 ③ 399 ① 400 ② 401 ③
402 ③

---

398 표면장력에 대한 설명으로 맞지 <u>않은</u> 것은?
① 분자들이 액체의 표면에서 내부 쪽으로 향하려는 경향이 있어 표면을 수축하려고 한다.
② 공기와 액체 계면에 분자들은 불균형한 인력을 받아 액체 내부 쪽으로 끌리게 된다.
③ 표면에 작용하는 인력을 표면장력이라고 하며 단위는 N/m^2으로 표시한다.
④ 표면 활성제는 극성부분과 비극성부분을 함께 가진 양쪽 친매성 분자이다.

399 반죽을 통하여 밀가루의 점탄성을 향상시킬 수 있는 것은 분자 내부에서 어떤 현상이 일어나기 때문인가?
① 분자 간 이황화 교환 반응
② 마이야르 반응
③ 분자 내 에스테르 교환 반응
④ 호화 현상

400 메밀전분을 갈아서 만든 유동성이 있는 액체를 가열하고 난 뒤 냉각시키면 반고체 상태의 묵이 된다. 이 묵의 교질상태를 무엇이라 하는가?
① 졸(sol)
② 젤(gel)
③ 염석(salting)
④ 유화(emulsification)

PART 4-1. 유해물질

401 환경 오염물질이 식품을 통하여 인체에 들어와서 나타나는 영향이 <u>아닌</u> 것은?
① 발암
② 돌연변이
③ 세포증식
④ 기형유발

402 먹는 물의 안정성을 확보하기 위한 방편으로 관리되고 있는 유해물질로서, 유기물 또는 화학물질에 염소를 처리하여 생성되는 발암성 물질은?
① 니트로사민
② 다환방향족 탄화수소류
③ 트리할로메탄
④ 다이옥신

403 플라스틱 제품의 가소제, 락카, 접착제 등에 사용되는 물질로 환경오염을 일으키는 물질은?

① 유기수은 ② 프탈산 에스테르
③ 카드뮴 ④ ABS

404 먹이 연쇄현상에 의하여 생물체에 농축이 가장 적게 나타나는 물질은?

① PCB ② DDT
③ Pb, Hg ④ ABS

405 식품에 대한 환경 오염으로 유해작용이 가장 적은 것은?

① 중금속 ② 공장폐수
③ 유류(油類) ④ 잔류농약

406 패류를 비롯한 수산물의 음식물로서 위생관리가 중요한 이유는?

① 어패류는 부패되기 쉽기 때문이다.
② 수중미생물과 독성물질을 축적하기 때문이다.
③ 패류를 날것으로 먹기 때문이다.
④ 서식처가 쉽게 오염되는 곳이기 때문이다.

407 다음 중 일반적으로 대기 오염의 지표로 이용하는 것은?

① SO_2 ② CO_2
③ N_2 ④ O_2

408 다이옥신(Dioxin)이 인체 내에 잘 축적되는 이유는?

① 물에 잘 녹기 때문
② 주로 호흡기를 통해 흡수되기 때문
③ 지방에 잘 녹기 때문
④ 극성을 가지고 있기 때문

409 질산성 질소에 의하여 질산 이온이 많은 물을 섭취한 어린이에게서 나타날 수 있는 질환은?

① 빈혈 ② 메트 헤모글로빈
③ 부종 ④ 요독증

---

403 프탈산 에스테르
- 플라스틱 제품의 가소제, 락카, 접착제, 인쇄 잉크, 염료, 살충제 등의 제조에 널리 사용되고 있다.
- 최근 사람의 혈액, 각종 생물체, 어류, 유제품을 비롯하여 토양, 수질, 대기 등의 환경을 광범위하게 오염시키는 것으로 밝혀져 위생상 문제가 되고 있다.

404 PCB나 DDT 등과 같은 유기염소 화합물이나 Pb, Hg 등과 같은 중금속은 생물농축이 잘된다.

405 유지류는 악취, 수질의 용존산소 결핍 등을 일으킨다.

406 공장 폐수가 바다로 유입되어 어패류에 유독물질이 축적되므로 식용으로 문제점이 많다.

407 이산화황(SO_2, 아황산가스)
- 무색, 자극성이 강한 기체로 산성비(acid rain)의 원인물질이다.
- 대기 오염의 지표(환경기준 : 0.05ppm 이하)가 되고 있다.

408 다이옥신(Dioxin)
- 무색, 무취의 맹독성 화합물질로 주로 쓰레기 소각장에서 발생하는 환경호르몬이다.
- 물에 잘 녹지 않는 성질이 있어서 소변이나 배설물로는 잘 빠져나가지 않는다.
- 지방에는 잘 녹기 때문에 사람이나 동물의 지방조직에 쌓이게 된다.
- 소량을 섭취하더라도 인체에 축적돼 치명적인 결과를 낳는 무색의 발암물질이다.
- 청산가리의 만배, 사카린의 천배의 독성을 가진 것으로 밝혀졌다.

409 질산 이온
- 주로 미생물에 의해 아질산으로 변환되어 위장에서 신속히 흡수되어 헤모글로빈을 3가 철 상태인 메트 헤모글로빈으로 산화된다.
- 어린이의 피부가 파랗게 변하는 청색증에 걸릴 수 있다.

ANSWER

403 ② 404 ④ 405 ③ 406 ②
407 ① 408 ③ 409 ②

410 아황산염
- 건조과일, 포도주, 천연과즙, 물엿 등의 탈색·표백에 사용되며 보통은 수용액으로서 사용된다.
- 천식환자나 호흡기가 약한 사람, 알레르기 체질인 경우에 건강상 해를 줄 수 있는 첨가물로 확인되었다.

411 3, 4-benzopyrene
- 발암성 방향족 탄화수소이다.
- 구운 소고기, 훈제어, 대맥, 커피, 채종유 등에 미량 함유되어 있다.
- 공장지대의 대맥에는 농촌보다 약 10배나 함량이 많은 것으로 알려졌다. 이는 대기 오염의 영향 때문으로 판단된다.

412 411번 해설 참조

413 환경호르몬
- 생물체에서 정상적으로 생성·분비되는 물질이 아니라, 인간의 산업 활동을 통해서 생성·방출된 화학물질이다.
- 생물체에 흡수되면 내분비계의 정상적인 기능을 방해하거나 혼란하게 하는 화학물질이다.
- 생물체 내로 들어간 후 마치 호르몬인 것처럼작용해 생물체의 성기능을 마비시키거나 생리 균형을 깨뜨린다.
- 현재 확인된 것은 DDT, DES, PCB류(209종), 다이옥신(75종), 퓨란류(135종) 등 현재까지 밝혀진 것만 51여 종류에 달한다.

414 식육 중 다이옥신 허용기준[식품공전]
- 소고기 : 4.0 pg TEQ/g fat 이하
- 돼지고기 : 2.0 pg TEQ/g fat 이하
- 닭고기 : 3.0 pg TEQ/g fat 이하

---

410 포도주 양조나 물엿 제조 시 살균 효과와 건조과일 등의 갈변 방지 효과가 있지만 천식환자나 알레르기 체질인 사람에게 그 독성이 문제 될 수 있는 것은?

① 아질산염　　② 벤조피렌
③ 프로필갈레이트　　④ 아황산염

411 3, 4-benzopyrene에 관한 설명 중 맞지 <u>않는</u> 것은?

① 발암성 물질이다.
② 다핵 방향족 탄화수소이다.
③ 대기 중에는 존재하지 않는다.
④ 대맥, 커피, 채종유 등에 미량 존재한다.

412 훈연식품이나 커피 등에서 생성되기 쉬운 발암성 물질은?

① 아우라민(auramine)
② 다환 방향족 탄화수소(polycyclic aromatic hydrocarbon)
③ 피.씨.비(PCB, PolyChlorinated Biphenyl)
④ 니트로스아민(nitrosamine)

413 생물체에서 정상적으로 생성·분비되는 물질이 아니라, 인간의 산업 활동을 통해서 생성·방출된 화학물질로, 생물체에 흡수되면 내분비계의 정상적인 기능을 방해하거나 혼란케 하는 화학물질을 무엇이라 하는가?

① 환경 독소　　② 방사선 오염물질
③ 환경 오염물질　　④ 환경호르몬

414 내분비계 장애물질에 대한 설명으로 틀린 것은?

① 내분비계 장애물질은 환경 오염으로부터 먹이사슬을 통하여 식품에 오염되기 때문에 환경호르몬이라고도 부른다.
② 대표적인 내분비계 장애물질로는 PCB(polychlorinated biphenyl)와 다이옥신이 있으며 가소제, 절연제, 페인트, 윤활유 등 산업현장으로부터 주로 오염이 된다.
③ 내분비계 장애물질에 의한 대표적인 증상은 여드름 형태 발진, 간 비대증, 체중감소 등이 있다.
④ 식육 중 다이옥신은 절대 검출되어서는 안 된다.

ANSWER
410 ④　411 ③　412 ②　413 ④
414 ④

415 강력한 독성을 가진 화학물질의 하나인 다이옥신(dioxin)에 대한 설명으로 맞지 <u>않은</u> 것은?

① 다이옥신 중 독성이 가장 큰 TCDD는 생식계 독성을 나타낸다.
② 다이옥신의 발생 원인에는 자동차 배출가스나 소각장 등이 있다.
③ 다이옥신은 색과 냄새가 없는 고체물질로 물에 대한 용해도 및 증기압이 높다.
④ 모유 및 우유에서 다이옥신이 검출되고 있다.

416 「잔류성 유기오염물질에 대한 협약」에 관한 설명으로 맞지 <u>않는</u> 것은?

① 유해성이 심각한 12종 물질에 대한 생산, 사용, 배출 등을 금지 또는 제한, 규제하는 내용을 담고 있다.
② POPs조약(스톡홀름조약)이라고 한다.
③ 잔류성 유기오염물질은 환경 중에서 분해되기 어렵고 체내에 축적되기 쉬운 화학물질을 말한다.
④ FAO가 주도하여 미국, 일본 등 100여개의 국가가 비준하였다.

417 식품의 방사능 오염에서 가장 문제되는 핵종들로 되어 있는 것은?

① Sr-89, Ru-106
② Fe-59, Ce-141
③ Sr-90, Cs-137
④ Ba-140, I-131

418 식품오염에 문제되는 방사능이 <u>아닌</u> 것은?

① Ru-106
② Cs-137
③ I-131
④ C-12

419 식품을 통하여 방사능 핵종이 인체에 들어왔을 때 특히 반감기가 길고 뼈의 칼슘성분과 친화성이 있어서 문제되는 것은?

① Cs-137
② Sr-90
③ I-131
④ Co-60

---

415 다이옥신
- 1개 또는 2개의 염소원자에 2개의 벤젠고리가 연결된 3중 고리구조로 1개에서 8개의 염소원자를 갖는 다염소화된 방향족화합물을 지칭한다.
- 독성이 알려진 17개의 다이옥신 유사종 중에서 2,3,7,8-사염화이벤조-파라-다이옥신(2,3,7,8-TCDD)은 청산칼리보다 독성이 1만배 이상 높아 "인간에게 가장 위험한 물질"로 알려져 있다.
- 유기성 고체로서 녹는점과 끓는점이 높고 증기압이 낮으며 물에 대한 용해도가 매우 낮다.
- 소수성으로 주로 지방상에 축적되어 생물농축 현상을 일으켜 모유 및 우유에서 다이옥신이 검출되는 이유가 된다.

416 잔류성 유기오염물질에 관한 스톡홀름협약(POPs조약)
- 국제연합환경계획(UNEP)이 주도하며 2001년 5월 22일 채택되었다.
- 잔류성 유기 오염물질(POPs) 중 유해성이 심각한 12가지 물질의 생산, 사용, 배출을 제한한다.
- 비준한 국가는 50개국이며 미국은 서명만 하고 비준은 하지 않았다.

417 식품 오염에 문제가 되는 방사선 물질
- 생성율이 비교적 크고 반감기가 긴 것 : Sr-90(28.7년), Cs-137(30.17년)
- 생성율이 비교적 크고 반감기가 짧은 것 : I-131(8일), Ru-106(1년)
※ C에서 문제되는 핵종은 C-12가 아니고 C-14이다.

418 417번 해설 참조

419 식품 오염에 문제가 되는 방사선 물질
- 생성률이 비교적 크고 반감기가 긴 것 : Sr-90(뼈), Cs-137(근육)
- 생성률이 비교적 크고 반감기가 짧은 것 : I-131(갑상선), Ru-106(신장)
- Sr-90은 주로 뼈에 침착하여 17.5년이란 긴 유효반감기를 가지고 있기 때문에 한번 침착되면 조혈기관인 골수장애를 일으킨다. 그러므로 Sr-90은 식품위생상 크게 문제가 된다.

ANSWER
415 ③ 416 ④ 417 ③ 418 ④
419 ②

출제예상문제

420 우리나라의 식품첨가물 공전은 식품첨가물의 규격 및 기준을 기술한 것으로 식품의약품안전청장이 작성·보급한다.

421 첨가물(화학적 합성품)의 지정 절차
• 식품위생 심의위원회의 자문을 거쳐 식품의약품안전처장이 식품첨가물의 규격을 고시한다.

422 식품첨가물은 인체에 무해하여야 하는 것이 무엇보다도 중요하다. 그러므로 화학물질을 식품첨가물로 사용하는 데 있어서 충분한 독성시험을 거쳐 그 안전성이 확인되지 않는 한 사용이 허가되지 않는다.

423 화학적 합성품은 주로 다음 5가지 항목에 대하여 가부를 검토한 후 식품위생심의위원회의 심의를 거쳐 결정한다.
① 통례의 사용 방법에 의할 경우 인체에 대하여 충분한 안정성이 보장되어 있는 것
② 식품에 사용하였을 경우 충분한 효과가 기대되는 것
③ 그 화학명과 제조방법이 명확한 것
④ 화학적 시험(화학적 성상, 물리적 성상, 순도시험, 식품 중에서 화학적 변화, 정성시험 및 정량시험)
⑤ 급성 독성 시험, 만성 독성 시험, 발암성, 생화학적 및 약리학적 시험

424 식품첨가물이란
• 식품을 제조·가공 또는 보존함에 있어 식품에 첨가, 혼입, 침윤, 기타의 방법에 의하여 사용되는 물질이라고 한다.
• 식품위생법 14조에 의하면 식품의약품안전처장이 식품, 첨가물, 기구, 용기, 포장 등의 기준, 규격, 표시 기준이 수록된 공전을 작성, 보급하여야 한다.

PART 5-1. 식품 첨가물의 개요

420 우리나라의 '식품첨가물 공전'이란 무엇을 말하는 것인가?
① 식품첨가물의 제조법을 기술한 것
② 식품첨가물의 규격 및 기준을 기재한 것
③ 식품첨가물의 사용법을 기재한 것
④ 외국식품첨가물 목록과 같은 것

421 화학적 합성품의 지정절차로 올바른 것은?
① 식품위생심의위원회가 결정, 보건복지부장관에게 건의하여 보건복지부장관이 지정한다.
② 식품위생심의위원회의 자문을 거쳐 식품의약품안전처장이 고시한다.
③ 사용 목적에 맞는 충분한 효과가 있다고 판단되면 보건복지부장관이 지정한다.
④ 안전성이 있고 사용 목적에 맞는 충분한 효과가 있다고 판단되면 보건복지부장관이 지정한다.

422 화학합성품의 심사에서 가장 중점을 두어야 할 사항은?
① 함량   ② 효력
③ 안전성   ④ 영양가

423 식품첨가물로 고시하기 위한 검토사항이 아닌 것은?
① 화학명과 제조방법이 확실한 것
② 생리활성 기능이 확실한 것
③ 식품에 사용할 때 충분히 효과가 있는 것
④ 통례의 사용방법에 의할 때 인체에 대한 안정성이 확보되는 것

424 식품첨가물에 대한 설명으로 옳은 것은?
① 모든 첨가물은 검사기관의 제품검사를 받아야 한다.
② 식품첨가물 공전에 수록된 물질은 모두 화학적 합성품이다.
③ 식품첨가물 공전은 식품의약품안전처장이 작성, 보급한다.
④ 독성이 없으면 모두 첨가물로 사용해도 된다.

ANSWER
420 ② 421 ② 422 ③ 423 ②
424 ③

425 식품첨가물로 사용할 때 고려할 사항과 거리가 먼 것은?

① 포장지색 ② 라벨표시 내용
③ 허용량 ④ 순도

426 식품첨가물의 허용량을 결정하는 데 있어서 가장 중요한 사항은?

① 1일 섭취 허용량
② 사람의 성별
③ 식품의 가격
④ 사람의 수명

427 다음 중 보존료로서의 구비조건이 아닌 것은?

① 독성이 없고 값이 저렴할 것
② 무색, 무취, 무미일 것
③ 색깔이 양호할 것
④ 미량으로 효과가 있을 것

428 보존료(방부제)의 사용 목적이 아닌 것은?

① 가공식품의 신선도 유지
② 가공식품의 수분 증발 방지
③ 가공식품의 부패나 변질 방지
④ 식품의 영양가 및 색깔 유지

429 다음 중 허용하지 않는 보존료는?

① 데히드로초산(dehydroacetic acid)
② 소르빈산 칼륨(potassium sorbate)
③ 포름알데히드(formaldehyde)
④ 프로피온산 나트륨(sodium propionate)

430 다음 중 버터, 마가린 등 유지식품에 사용이 허가된 보존료는?

① 안식향산 나트륨(sodium benzoate)
② 소르빈산 칼륨(potassium sorbate)
③ 데히드로초산(dehydroacetic acid)
④ 프로피온산(propionic acid)

---

425 화학적 합성품에 식품첨가물을 이용하기 위해서는 품질 및 순도, 안전성, 1일 섭취 허용량, 표시기준 등을 고려해야 한다.

426 식품첨가물은 의약품과 달리 일생 동안 섭취하므로 만성독성 시험이라든가 발암성 시험 등이 추가되어 사용량 및 사용할 수 있는 대상 식품이 검토되며 물질의 조성, 순도 등 여러 가지 시험을 통해 각각의 식품첨가물에 대한 일일 섭취 허용량(ADI)을 정한다.

427 보존료의 구비 조건
① 미생물의 발육 저지력이 강할 것
② 지속적이어서 미량의 첨가로 유효할 것
③ 식품에 악영향을 주지 않을 것
④ 무색, 무미, 무취일 것
⑤ 산이나 알칼리에 안정할 것
⑥ 사용이 간편하고 값이 저렴할 것
⑦ 인체에 무해하고 독성이 없을 것
⑧ 장기적으로 사용해도 해가 없을 것

428 식품의 보존료
· 식품의 부패, 변질 등 화학 변화를 방지하여 식품의 신선도 유지와 영양가를 보존하는 첨가물이다.
· 보존제, 살균제, 산화방지제가 있다.

429 허용 보존료
· 데히드로초산, 데히드로초산나트륨, 소르빈산, 소르빈산칼륨, 안식향산, 안식향산나트륨, 프로피온산 나트륨, 프로피온산칼륨, 파라옥시안식향산부틸 등이 있다.
※ formaldehyde는 보존제로 사용할 수 없다.

430 데히드로초산
· 치즈, 버터, 마가린에 데히드로 초산으로서 0.5g/kg 이하를 허용할 수 있다.
· 치즈, 버터류, 마가린류 이외의 식품에는 사용할 수 없다.

ANSWER
425 ① 426 ① 427 ③ 428 ②
429 ③ 430 ③

431 유해 보존료
- 붕산, formaldehyde, 불소화합물 (HF, NaF), β-naphthol, 승홍 ($HgCl_2$) 등은 유해보존료이다.
※ D-sorbitol은 허용 감미료이다.

432
데히드로초산, 프로피온산나트륨, 안식향산나트륨 등은 현재 허용된 보존료이고, 니트로후라존은 독성이 강하여 사용이 금지된 첨가물이다.

433 안식향산(benzoic acid)
- 물에는 난용이지만 유기용매에 잘 녹고 살균작용과 발육저지작용을 가지고 있어 식품보존료로 사용하고 있다.
- 주로 음료, 간장, 발효음료류, 마가린, 마요네즈 등에 허용하고 있다.

434 안식향산(benzoic acid)이 사용되는 식품
- 과실·채소류음료, 탄산음료, 기타음료, 인삼음료, 홍삼음료 및 간장 0.6g/kg 이하
- 알로에전잎 0.5g/kg 이하
- 절임식품, 마가린, 마요네즈, 잼류 1.0g/kg 이하
- 망고처트니 : 0.25g/kg 이하

435 빵이나 치즈, 잼류에 허용된 보존료
- 프로피온산 칼슘, 프로피온산나트륨 만이 허용되어 있다.
※ 안식향산은 청량음료, 간장 등에 사용한다.
※ 아스코르브산 나트륨은 산화방지제이다.

436 보존료
- 소르빈산칼륨 : 젖산균음료(살균한 것 제외), 된장, 고추장, 과채류의 된장절임, 소금절임, 식초절임 등의 보존료
- 프로피온산나트륨 : 빵, 케이크, 치즈 등의 보존료
- 파라옥시안식향산에틸 : 간장, 식초, 잼류, 캡슐류의 보존료

---

431 다음 중 유해성 보존료가 아닌 것은?
① 붕산(H_3BO_3)   ② formaldehyde
③ D-sorbitol   ④ 불소화합물

432 다음 중 독성이 커서 사용이 취소된 식품첨가물은?
① 니트로후라존(nitrofurazone)
② 데히드로초산(dehydro acetic acid)
③ 프로피온산나트륨(sodium propionate)
④ 안식향산나트륨(sodium benzoate)

433 안식향산(benzoic acid)의 사용 목적은?
① 식품의 산미를 내기 위하여
② 식품의 부패를 방지하기 위하여
③ 식품의 영양가치를 높이기 위하여
④ 유지의 산화를 방지하기 위하여

434 Benzoic acid 및 이를 함유하는 제재를 사용할 수 있는 식품은?
① 케이크류   ② 간장
③ 주류   ④ 치즈

435 다음 중 빵이나 케이크류에 사용이 허가된 보존료는?
① 안식향산(benzoic acid)
② 데히드로초산(dehydroacetic acid)
③ 프로피온산 나트륨(sodium propionate)
④ 아스코르브산 나트륨(sodium ascosorbate)

436 다음 중 젖산균음료에 주로 사용되는 보존료는?
① 소르브산칼륨(potassium sorbate)
② 프로피온산나트륨(sodium propionate)
③ 데히드로초산(dehydroacetic acid)
④ 파라옥시 안식향산 에틸(ethyl-p-hydroxy-benzoate)

ANSWER
431 ③ 432 ① 433 ② 434 ②
435 ③ 436 ①

437 식품첨가물과 그 사용식품이 잘못 연결된 것은?

① 데히드로초산(DHA) - 치즈
② 부틸히드록시아니졸(BHA) - 어패냉동품
③ 소르빈산 - 청량음료
④ 타트라진(tartrazine) - 젤리

438 다음 중 간장에 사용할 수 있는 보존제는?

① L-아스코르빈산(L-ascorbic acid)
② 프로피온산(propionic acid)
③ 안식향산(benzoic acid)
④ 데히드로초산(dehydro acetic acid)

439 다음 중 보존료를 옳게 설명한 것은?

① 산성보존료는 pH와 관계가 있으며 해리 이온만 보존 효과가 있다.
② 모든 보존료는 액성에 관계없이 가열 전에 첨가하여야 한다.
③ 보존료의 항균작용은 미생물이 오염도가 높아도 영향을 받지 않는다.
④ 보존료는 미생물에 방부작용을 하는 식품첨가물이다.

440 산성보존료에 관한 것 중 옳은 것은?

① 해리 이온만 정균작용을 한다.
② 비해리 분자만 정균작용을 한다.
③ 해리 이온은 원형질을 통과한다.
④ 중성 영역에서도 항균작용이 있다.

441 탄산음료수에 이용되는 보존료는?

① benzoic aicd
② sorbic acid
③ penicillin
④ β-naphthol

442 청량음료수에 쓰여지는 보존료는 어느 것인가?

① 안식향산나트륨
② 염산
③ DHA
④ 소르빈산

437
- BHA : 유지, 버터, 어패냉동품 등의 산화방지제로 사용
- 소르빈산 : 어육, 소시지, 치즈, 잼류 등에 사용
- tartrazine : 식용색소(황색 4호)로 젤리, 캔디, 빵 등에 사용

438
- L-아스코르빈산 : 산화방지제
- 프로피온산 : 빵, 과자, 치즈 등에 사용되는 보존료
- 안식향산 : 음료, 간장, 발효음료류, 마가린, 마요네즈 등 사용되는 보존료
- 데히드로초산 : 치즈, 버터, 마가린 등에 사용되는 보존료

439 보존료
- 미생물에 대하여 방부작용을 하는 식품첨가물이며, 그 항균작용은 어느 정도 한정된 범위에 미생물에 대해서 효과를 나타낸다.
- 산성 보존료는 산성 영역에서 그 효과를 발휘하는데 그것은 비해리 분자만이 보존 효과를 발휘하고, 중성 용액에서는 완전해리나 산성으로 될수록 비해리 분자가 증가하기 때문이다.

440 산성 보존료
- 산성 영역에서 효과를 발휘하는데 그것은 중성 영역에서는 완전해리나, 여기에 산을 가하여 pH를 내려주면 그 해리 정수에 따라 비해리 분자가 증가하게 되고, 이것만이 보존 효과를 발휘하기 때문이다.
- 비해리 분자는 세포막이나 원형질을 쉽게 투과하지만 해리 이온은 거의 투과하지 못한다.

441 탄산음료
- 탄산가스를 함유하며 마시는 것을 목적으로 하는 탄산음료, 탄산수, 착향탄산음료를 말한다.
- 탄산음료에 이용되는 보존료는 안식향산, 안식향산나트륨, 안식향산칼슘이 있고 0.6g/kg(안식향산으로) 이하 사용한다.

442 안식향산 최대 허용량
- 0.1%로 규정하고 있으나 실제 사용량은 0.15~0.25% 정도이다.
- 탄산 및 비탄산음료에 0.05~0.1% 청량음료, 간장 등에 0.6% 사용된다.

 ANSWER

437 ③ 438 ③ 439 ④ 440 ②
441 ① 442 ①

출제예상문제

443 현재 허용되어 있는 살균제[식품 첨가물공전]
- 과산화수소(hydrogen peroxide), 오존수(Ozone Water), 이산화염소(수)(Chlorine Dioxide), 차아염소산나트륨(sodium hypochlorite), 차아염소산수(Hypochlorous Acid Water), 차아염소산칼슘(Calcium hypochlorite), 과산화 초산(peroxyacetic acid) 의 7종이 있다.

444 살균제
- 과산화수소, 오존수, 이산화염소(수), 차아염소산나트륨, 차아염소산수, 차아염소산칼슘, 과산화초산의 7종이 있다.
- 살균력의 주체인 유효염소와 발생기산소에 의해서 살균작용이 이루어진다.
- 이들은 주로 음료수, 식기류, 기구, 손 등의 소독에 이용되며, 에틸렌옥사이드 외에는 사용기준이 없다.

445 Propionic acid의 항미생물작용
- 미생물의 탈수소효소계작용을 저해하여 미생물의 발육을 저지하는 것인데 그 효력은 소르빈산보다는 약하다.
- 특히 곰팡이와 호기성 포자 형성균에 유효하나 빵효모에는 거의작용하지 않으며, 그작용은 pH가 낮을수록 크다.

446 살균제의 종류
- 444번 참조
※ benzoic acid는 보존제(방부제)이다.

447 차아염소산 이온
- pH가 낮을수록 비해리형 차아염소산의 양이 커지므로 살균력도 높아진다.
- 살균 효과는 유효염소량과 pH의 영향을 받는다.

448 포름알데히드
- 단백질의 변성작용으로 살균 효과를 나타낸다.
- 살균력이 강하여 0.002%의 용액으로 세균의 발육이 억제되고, 0.1%의 용액에서 유포자균이 모두 살균된다.
- 식품첨가물로는 사용할 수 없다.

ANSWER
443 ② 444 ④ 445 ④ 446 ④
447 ② 448 ④

---

443 다음 첨가물 중 현재 살균제로 지정되어 있는 것은?

① 니트로후라존(nitrofurazone)
② 차아염소산나트륨(sodium hypochlorite)
③ 크로라민 T(chloramine T)
④ 하라존(halazone)

444 다음은 살균제를 설명한 것이다. 잘못된 것은?

① 주로 음료수, 식기, 손 등에 사용된다.
② 차아염소산나트륨은 참깨에 사용해서는 안 된다.
③ 살균력의 주체는 유효염소와 발생기 산소이다.
④ 현재 사용이 허가된 것은 6종이다.

445 효모의 증식에 영향을 주지 않는 보존제는?

① Sorbic acid   ② Parabens
③ Sodium benzonate   ④ Propionic acid

446 다음에서 살균제(소독제)가 아닌 것은?

① 이산화염소(Chlorine Dioxide)
② 차아염소산 나트륨(Sodium Hypochlorite)
③ 차아염소산수(Hypochlorous Acid Water)
④ 안식향산(Benzoic Acid)

447 살균제 중 차아염소산나트륨(sodium hypochlorite)에 대한 설명으로 맞지 않은 것은?

① 유효염소란 차아염소산 나트륨에 산을 가할 때 발생하는 염소이다.
② pH가 높을수록 비해리형 차아염소산의 양이 커지므로 살균력도 높아진다.
③ 단백질이나 탄수화물 등의 음식물 찌꺼기가 남아 있으면 소독 효과가 저하된다.
④ 광선에 의해 유해 염소가 분해되므로 냉암소에 보관한다.

448 세균의 발육을 억제시키는 포름알데히드(formaldehyde)의 살균 유효 농도는?

① 0.1%   ② 0.01%
③ 0.02%   ④ 0.002%

449 다음 중 어패냉동품 제조 시 쓰이는 산화방지제는?

① tocopherol
② ascorbyl stearate
③ BHA(butyl hydroxy anisole)
④ propyl gallate

450 DL-α-tocopherol은 다음 중 어떠한 첨가물에 속하는가?

① 살균료
② 산화방지제
③ 보존료
④ 발색제

451 산화방지제의 특성은?

① 지방산의 생성 억제
② 카보닐화합물 생성 억제
③ 유기산의 생성 억제
④ 아미노산 생성 억제

452 다음 중 유지의 산화 방지에 쓰이는 것은?

① vitamin A   ② vitamin D
③ vitamin F   ④ vitamin E

453 산화방지제인 디부틸 히드록시톨루엔(BHT)의 설명 중 틀린 것은?

① 가공 시 가열하여도 효력이 저하되지 않는다.
② 가공식품에 효력이행(carry through)의 효과가 없다.
③ 유지식품의 산패 유도기간을 연장한다.
④ 유기산과 함께 사용하면 상승작용이 있다.

454 부틸히드록시아니졸(BHA)의 주 용도는?

① 보존료
② 산화방지제
③ 착색료
④ 살균료

---

449 산화방지제
- BHA(부틸히드록시아니솔) : 식용유지류, 버터류, 어패건제품, 어패염장품, 어패냉동품, 추잉껌 등에 사용된다.
- ascorbyl stearate(L-아스코빌스테아레이트) : 식용유지류, 건강기능식품에 이용된다.
- propyl gallate(몰식자산프로필) : 식용유지류, 버터류에 사용된다.
- tocopherol : 산화방지제이다.

450 허용된 산화방지제(총 39종)
- BHT, sodium L-ascorbate, BHA, propyl gallate, erythrobic acid, DL-α-tocopherol 등이 있다.

451 산화방지제
- 지방의 산화를 지연시키거나 산화에 의한 변색을 지연시킬 목적으로 첨가되는 첨가물이다.
- 유지의 불포화지방산이 산화되면 ketone이나 aldehyde 등의 carbonyl 화합물이 생성되어 산패, 이미, 이취, 변색 및 퇴색 등으로 나타난다.
- 산화방지제는 수용성과 지용성이 있으며, 수용성은 주로 색소의 산화 방지에 사용된다.

452 유지의 산화방지제로 이용되는 것은 주로 vitamin E를 비롯하여 BHA, BHT, propyl gallate, sodium L-ascorbate 등이다.

453 BHT
- 광선이나 열에 안정하며, 다른 산화방지제에 비하여 안정성이 커서 가공 때 가열하여도 효력이 저하하지 않고, 철 이온 등에 의한 착색도 일어나지 않는다.
- 가공식품에 대한 효력이행(carry through) 효과가 있고, 구연산, 아스코르빈산 등의 유기산과 병용하면 상승작용이 있다.
- 버터, 어패건제품 및 어패류 염장품, 어패냉동품 등의 안정제로서 쓰인다.

454 BHA(부틸히드록시아니솔)는 식용유지류, 버터류, 어패건제품, 어패염장품, 어패냉동품, 추잉껌 등에 사용된다.

ANSWER
449 ③ 450 ② 451 ② 452 ④
453 ② 454 ②

출제예상문제

455 식품의 산화 반응은 주로 지질성분이 과산화하여 식품을 변질한다. 산화는 서서히 자연발생적으로 일어나 자동산화된다.
- 제1차 중간생성체 : hydroperoxides
- 자동산화속도 : Q_{10}을 2 정도

456 효력 증강제(synergist)
- 그 자신은 산화 정지작용이 별로 없지만 다른 산화방지제의 작용을 증강시키는 효과가 있는 물질을 말한다.
- 여기에는 구연산(citric acid), 말레인산(maleic acid) 타르타르산(tartaric acid) 등의 유기산류나 폴리인산염, 메타인산염 등의 축합인산염류가 있다.

457 식용착색제의 구비 조건
- 인체에 독성이 없을 것
- 체내에 축적되지 않을 것
- 미량으로 착색 효과가 클 것
- 식품위생법에 허용된 것
- 물리, 화학적 변화에 안정할 것
- 영양소를 함유하면 더욱 좋다

458 황산동은 채소류, 과실류, 다시마 등의 착색제로 사용되며, 엽록소 분자 중의 Mg를 Cu와 치환하여 선명한 녹색을 나타낸다.

459 유해 합성착색제
- 허가되지 않은 유해 합성착색료는 염기성이거나 nitro기를 가지고 있는 것이 많다.
- 일반적인 유해 tar 색소
  - 황색계 : auramine, orange II, butter yellow, spirit yellow, p-nitroaniline
  - 청색계 : methylene blue
  - 녹색계 : malachite green
  - 자색계 : methyl violet, crystal violet
  - 적색계 : rhodamine B, sudan III
  - 갈색계 : bismark brown

460 법으로 허용된 합성착색료 중 예외로 사용 제한을 받지 않는 식품은 아이스크림류 및 아이스크림 분말유와 소시지, 희석과즙음료, 희석채소음료, 인삼 과자류 등이다.

---

455 산화방지제의 설명을 바르게 한 것은?
① 영양가와 신선도 유지
② 해충의 발생 억제
③ 갈변의 억제
④ 유지의 산화 방지

456 항산화제의 효과를 강화하기 위하여 유지 식품에 첨가되는 효력 증강제(synergist)가 아닌 것은?
① maleic acid ② propyl gallate
③ phosphoric acid ④ citric acid

457 식용착색제로서의 구비 조건이 아닌 것은?
① 독성이 없을 것
② 체내에 축적되지 않을 것
③ 미량으로 착색 효과가 클 것
④ 영양소를 함유하지 않은 것

458 착색료에 대한 설명으로 맞지 않는 것은?
① β-carotene은 치즈, 버터, 마가린 등에 많이 사용되고 산이나 광선에 안정하다.
② 당류를 가열하여 만드는 caramel과 천연 carotene, chlorophyll 등은 착색제로 사용된다.
③ tar 색소는 수성, 유성식품에 모두 착색이 잘된다.
④ 황산동은 엽록소 분자의 Cu를 Mg로 치환하여 선명한 녹색을 유지한다.

459 다음 중 유해 합성착색제는 어느 것인가?
① methylene blue
② amaranth
③ tartrazine
④ indigo carmine

460 다음 중 허용된 tar 색소를 함유해서는 안되는 것은?
① 아이스크림 ② 단무지
③ 소시지 ④ 희석과즙음료

ANSWER
455 ④ 456 ② 457 ③ 458 ④
459 ① 460 ②

461 식품 중 tar 색소가 액체상태에서 침전되는 이유가 아닌 것은?

① 용매 부족 시
② 저온, 특히 농후한 색소액인 경우
③ 고온 가열 시
④ 용해도 증가 시

462 다음 중 식품첨가물로 허용되어 있지 않은 tar 색소는?

① 에리즈로신(erythrosine)
② 아마란즈(amaranth)
③ 인디고카민(indigo carmine)
④ 오라민(auramine)

463 허가된 tar 색소를 포함해서는 안되는 식품은?

① 알사탕류
② 과자류
③ 겨자류
④ 청량음료수

464 tar 색소에 대해 바르게 설명한 것은?

① 불용성이다.
② 산에 잘 용해된다.
③ 고온에 처할 때 수용성이다.
④ 급성독성은 있지만 만성독성은 없다.

465 청량음료에서 수용성 tar 색소를 검사하는 데 사용되는 용액은?

① acetone+물
② 물
③ ether+물
④ HCl+물

466 식용 tar 색소를 바르게 설명한 것은?

① 산성 색소이고 수용성이다.
② 산성 색소이고 불용성이다.
③ 알칼리성 색소이고 수용성이다.
④ 알칼리성 색소이고 불용성이다.

---

461 tar 색소가 색소 용액이나 착색된 액체식품에서 침전되는 이유
• 용해도를 초과하여 사용할 때
• 용매부족
• 화학 반응
• 저온, 특히 농후한 색소액인 경우이다.

462 auramine은 황색계 tar 색소로 유해색소이고 erythrosine, amaranth, indigo carmine 등은 허용된 tar 색소이다.

463 tar 색소를 사용할 수 없는 식품에는 면류, 겨자류, 다류(분말청량음료는 제외), 단무지(단, 황색 4호는 사용가능), 생과일주스, 묵류, 젓갈류, 천연식품(식육, 어패류, 야채, 과실류 등과 가공하지 아니한 천연식품류를 말한다), 벌꿀, 장류, 식초, 소스, 케첩, 고춧가루, 후춧가루, 잼, 카레분 식육제품(소시지 제외), 식용유, 버터, 마가린 등이 있다.

464 tar 색소는 거의 모두가 수용성 산성이고, 일반적으로 급성 독성뿐만 아니라 만성 독성이 문제가 되는 것이 많아 안전성이 확인된 것만 사용허가되고 있다.

465 식용 tar 색소는 모두 산성 색소이고 물에 용해시켜 착색하는 식용착색료 중 가장 많이 사용하는 색소이다.

466 식용 tar 색소는 대부분 수용성 산성이므로 유지식품 등의 착색에는 어려움이 많아 유지, 알사탕, 분말 등에는 알루미늄레이크 색소를 사용한다.

ANSWER
461 ③ 462 ④ 463 ③ 464 ②
465 ② 466 ①

467 tar 색소 중 수용성, 산성 색소는 일반적으로 약산성의 수용액에서 모사에 착색하고 암모니아 알칼리성에서 가열하면 용출되나 염기성 색소는 반대로 암모니아 알칼리성에서 착색하고 아세트산 산성에서 용출될 뿐만 아니라 그 수용액은 알칼리성에서 에테르(ether)로도 추출된다.

468 식육 가공품의 발색제(색소고정제)
• 아질산나트륨, 질산나트륨, 질산칼륨 등이 있다.
※ 황산제일철은 영양강화제이다.

469 식육 가공품의 발색제(색소고정제)
• 아질산나트륨, 질산나트륨, 질산칼륨 등이 있다.
※ 파프리카 추출색소, β-카로틴, 이산화티타늄 등은 허용 착색료이다.

470 β-carotene은 carotenoid계의 대표적인 색소로서 vitamin A의 전구물질이며 영양강화 효과를 갖는 물질이다.

471 Al-lake
• 5미크론 정도의 미세분말이고 가비중은 0.1~0.14이다.
• 물, 유기용매, 유지 등에는 거의 녹지 않으나 물에는 전혀 녹지 않는 것이 아니어서 약간의 색소는 용출된다.
• 내열성, 내광성이 우수하며 산이나 알칼리에는 서서히 용해되어 원색소가 용출된다.

472 caramel은 음료수, 알코올음료(흑맥주, 위스키 등), 소스, 간장, 과자, 약식에 착색과 향미를 내기 위하여 사용된다.

473 베타카로틴은 당근 색소로서 지용성이므로 마가린 등에 사용된다.

467 tar 색소의 모사시험에 있어서 탈지 모사가 암모니아 알칼리성에서 착색이 되고 묽은 아세트산 산성에서 색소가 용출하면 다음 중 어느 색소인가?
① 염기성 색소 ② 산성 색소
③ 천연색소 ④ 공업용 색소

468 식육제품의 색소고정을 위한 발색제로 사용이 허가된 첨가물이 아닌 것은?
① 아질산 나트륨 ② 황산 제일철
③ 질산 나트륨 ④ 질산 칼륨

469 다음 중 식육 가공품의 발색제로 사용될 수 있는 것은?
① 파프리카(paprika) 추출색소
② β-카로틴(β-carotene)
③ 이산화티타늄(titanium dioxide)
④ 아질산나트륨(sodium nitrate)

470 다음 식품첨가물 중 착색 효과와 영양강화 효과를 동시에 나타내는 것은?
① ascorbic acid ② β-carotene
③ vitamin E ④ erythrosine

471 식용색소 알루미늄 레이크(Al-lake)의 성상에 관한 설명 중 틀린 것은?
① 산, 알칼리에 용해된다.
② 내열성, 내광성이 좋지 않다.
③ 5미크론 정도의 미세분말이고 가비중은 0.1~0.14이다.
④ 물, 유기용매, 유지 등에 거의 녹지 않는다.

472 다음 중 간장을 양조할 때 많이 쓰이는 착색료는?
① amaranth ② erythrosine
③ caramel ④ alura red

473 마가린, 치즈 등에 사용이 가능한 착색료는?
① 적색 50호 ② 적색 2호
③ β-카로틴 ④ 황색 4호

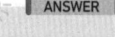

467 ① 468 ② 469 ④ 470 ②
471 ② 472 ③ 473 ③

474 다음 중 사용 허가된 인공 감미료는?

① ethylene glycol ② dulcin
③ D-sorbitol ④ cyclamate

475 다음 중에 인공 감미료를 사용할 수 없는 식품은?

① 청량음료수 ② 이유식
③ 건빵 ④ 생과자

476 다음 중 유해 감미료는 어느 것인가?

① bentonite ② cyclamate
③ rongalite ④ urotropin

477 다음 중 유해성 감미료가 아닌 것은?

① ethylene glycol
② dulcin
③ D-sorbitol
④ p-nitro-o-toluidine

478 식빵, 이유식, 물엿, 벌꿀 등에는 감미료의 사용이 제한되어 있다. 그러나 이 경우 사용이 가능한 감미료는?

① 아스파탐 ② 둘신
③ 소르비톨 ④ 스테비오사이드

479 소금대용으로 이용되는 감미료는?

① L-글루타민산나트륨
② D-주석산나트륨
③ 5-이노신산나트륨
④ DL-사과산나트륨

480 다음 중 환원성 표백제가 아닌 것은?

① 아황산나트륨(sodium sulfite)
② 메타중 아황산칼륨(patassium metabisulfite)
③ 차아황산나트륨(sodium hyposulfite)
④ 과산화수소(hydrogen peroxide)

---

474 허용된 합성 감미료는 saccharine sodium, aspartame, disodium glycyrrhizinate, trisodium glycyrrhizinate, D-sorbitol 등이 있으며, 천연 감미료인 stevioside도 있다.

475 인공 감미료를 사용하는 이유
- 설탕보다 값이 싸고 당뇨병 환자, 기타 비만 방지를 위한 무열량 감미료로 적당하기 때문이다.
- 식빵, 이유식, 백설탕, 포도당, 물엿, 벌꿀, 알사탕류에는 사용하지 못한다.

476 유해 감미료
- cyclamate, dulcin, ethylene glycol, perillartine, p-nitro-o-toluidine 등이 있다.
- ※ bentonite는 중량제로, rongalite는 유해 표백제로, urotropin은 유해 보존료로 한때 사용한 적이 있었으나 지금은 사용이 금지되었다.

477 476번 해설 참조

478
- 아스파탐 : 저칼로리 건강식품에 사용
- 둘신 : 1966년에 소화 효소 불활성화 및 적혈구 생산 억제로 사용금지
- 소르비톨 : 당알코올로 시원한 단맛이 있으며, 감미도는 0.6이며, 점성을 조절하여 과자류 등의 딱딱함을 방지하며 설탕 석출을 방지한다.
- 스테비오사이드 : 설탕의 약 270~300배의 감미도를 가졌으며 절임류, 소주, 스낵 등에 사용

479
- L-글루타민산나트륨 : 중국음식 증후군 원인 첨가물
- D-주석산나트륨 : 떫은맛과 신맛
- DL-사과산나트륨 : 소금의 1/3 정도 짠맛, 소금이 금지된 신장, 당뇨 환자용으로 사용한다.

480 허용된 표백제
- 환원성 표백제로는 메타 중 아황산칼륨, 무수아황산, 아황산나트륨, 산성 아황산 나트륨, 차아황산나트륨 등이 있다.
- 과산화수소는 산화형의 표백제이다.

ANSWER
474 ③ 475 ② 476 ② 477 ③
478 ③ 479 ④ 480 ④

출제예상문제

481 밀가루의 개량제
- 밀가루를 제분 후 일정기간 숙성시키면 제빵 적성이 좋아진다.
- 밀가루 개량제로 허용된 것은 과산화벤조일(소맥분에 0.3g/kg), 과황산암모늄(소맥분에 0.3g/kg), 염소, 이산화염소 등이 사용된다.

482 표백제는 작용에 따라 과산화수소와 같은 산화표백제와 아황산에 의한 환원표백제로 구분한다.

483 산미료(acidulant)
- 식품을 가공하거나 조리할 때 적당한 신맛을 주어 미각에 청량감과 상쾌한 자극을 주는 식품첨가물이며, 소화액의 분비나 식욕 증진 효과도 있다.
- 산미료는 보존료의 효과를 조장하고, 향료나 유지 등의 산화방지에 기여한다.
- acetic acid, citric acid, malic acid, succinic acid, lactic acid, tartaric acid, fumaric acid 등의 유기산이다.
- HCl, HNO₃, H₂SO₄ 등의 무기산은 맹독성으로 산미료로 사용되지 않는다.

484 483번 해설 참조

485
- 품질개량제 : 식육이나 어육을 원료로 연제품 제조 시 결착성, 탄력성, 보수성, 팽창성을 증대시켜 맛의 조화와 풍미의 향상을 갖는 첨가물이다.
- 보존료 : 미생물의 증식에 의하여 일어나는 식품의 부패나 변질을 방지하기 위하여 사용되는 물질이다.
- 용제 : 천연물의 유효성분이나 식품첨가물 등을 식품에 균일하게 혼합되게 용매에 용해시켜 첨가하는 목적으로 사용되는 것이다.

486 증점제
- 식품에작용하여 점착성을 증가시키고 유화안전성을 좋게 하며, 가공 시 가열이나 보존 중의 선도 유지와 형체를 보존하는 데 효과가 있다.
- 미각적인 면에서도 점착성을 주어 촉감을 좋게 한다.
- 허용된 증점제는 51종이다.

---

481 밀가루의 표백과 숙성에 사용되는 개량제는?
① 무수아황산 ② 과산화벤조일
③ 과산화수소 ④ 염화암모늄

482 표백제는 어떤작용원리를 이용하여 제조하는가?
① 탈색과 정색 ② 희석과 침출
③ 산화와 환원 ④ 축합과 중합

483 다음 중 산미료가 아닌 것은?
① 구연산(citric acid)
② 젖산(Lactic acid)
③ 질산(nitric acid)
④ 호박산(succinic acid)

484 다음과 같은 목적과 기능을 갖는 식품첨가물은 무엇인가?

- 부패균이나 식중독 원인균을 억제하는 식품 보존제
- 식품의 제조과정이나 최종제품의 pH 조절을 위한 완충제
- 유지의 항산화제나 갈색화 반응 억제 시의 상승제
- 밀가루 반죽의 점도 조절제

① 보존료 ② 산미료
③ 호료 ④ 유화제

485 물과 기름처럼 서로 혼합이 잘 되지 않는 두 종류의 액체를 혼합, 분산시켜 주는 첨가물은?
① 보존료 ② 품질개량제
③ 유화제 ④ 용제

486 식품의 점도를 증가시키고 교질상의 미각을 향상시키는 효과가 있는 첨가물은?
① 품질개량제 ② 산화방지제
③ 유화제 ④ 호료

ANSWER
481 ② 482 ③ 483 ③ 484 ②
485 ③ 486 ④

487 다음 중 식품에 허용된 유화제가 <u>아닌</u> 것은?

① 레시틴
② 글리세린지방산에스테르
③ 소르비탄지방산에스테르
④ 에리소르빈산나트륨

488 대두인지질(soybean phospholipids)은 어떤작용을 하는 첨가물인가?

① 산화작용
② 방부작용
③ 유화작용
④ 호료작용

489 식품제조 공정 중에 거품을 소멸시키기 위해 사용되는 첨가물은?

① 유화제
② 팽창제
③ 유동 파라핀
④ 규소수지

490 다음 중 증점제가 <u>아닌</u> 것은?

① 카제인
② 폴리아크릴산 나트륨
③ 알긴산 나트륨
④ 사카린 나트륨

491 증점제를 첨가시키지 않고 만들어지는 식품은?

① 수산식품
② 햄, 소시지
③ 마요네즈
④ 버터

492 다음 중 육류결착제와 관계 <u>없는</u> 첨가물은?

① 폴리인산염
② 피로인산염
③ 메타인산염
④ 아질산염

493 식품의 제조 가공 시 pH의 조정, 금속제거, 완충 등의 목적으로 사용하는 첨가물은?

① 이산화규소
② 수산화나트륨
③ 피친산
④ 구연산칼륨

494 과자류와 빵류 등에 팽창을 목적으로 사용하는 식품첨가물은?

① 탄산수소나트륨
② 수산화나트륨
③ 알긴산나트륨
④ 아질산나트륨

---

487 식품에 사용할 수 있는 유화제 [식품첨가물공전]
- 글리세린지방산 에스테르, 소르비탄지방산 에스테르, 대두인지질(대두레시친), 폴리소르베이트 등 40종이 있다.
- ※ 에리소르빈산 나트륨은 산화방지제이다.

488 대두인지질
- 일명 대두 레시틴이라고 한다.
- 천연유화제로서 초콜릿, 캐러멜, 마가린, 쇼트닝 등에 사용한다.
- 빵, 케이크, 비스킷 등의 노화 방지 및 산화방지제로도 사용한다.

489 거품제거제
- 식품의 거품 생성을 방지하거나 감소시키는 식품첨가물이다.
- 허용된 거품제거제는 규소수지(sillicon resin) 외에 6종이 있다.

490 증점제
- 알긴산 나트륨, 알긴산푸로필렌글리콜, 메틸셀룰로오스, 카복시메틸셀룰로오스나트륨, 카제인, 폴리아크릴산 나트륨 등 총 51종이 있다.
- ※ 사카린 나트륨은 감미료 일종이다.

491 증점제의 사용식품은 마요네즈, 케첩류, 아이스크림, 캔디, 젤리, 소프트 밀크, 푸딩, 수프, eggnog 음료, 축육제품, 수산식품, 빵, 케이크류 등이다.

492 육류결착제에는 피로인산염, 메타인산염, 폴리인산염이 있고 아질산염은 육류 제품의 발색제로 쓰인다.

493 유기산류와 인산염은 금속제거, pH 완충, 착염 형성 능력을 가지고 있어 품질개량제 및 금속 제거제로 사용된다.

494 팽창제
- 빵류나 과자류 등을 만들 때 부풀게 할 목적으로 첨가하는 물질이다.
- 천연품은 효모가 대표적이고 화학팽창제는 탄산수소나트륨, 탄산수소암모늄, 탄산암모늄, 암모늄명반, 소명반, 탄산마그네슘 등이 있다.

ANSWER
487 ④ 488 ③ 489 ④ 490 ④
491 ④ 492 ④ 493 ④ 494 ①

495 관능을 만족시키는 첨가물은 조미료, 산미료, 감미료, 착색료, 착향료, 발색제, 표백제 등이 있다. 산화방지제, 보존료, 살균제는 식품의 변질, 변패를 방지하는 첨가물이다.

496 착색료는 사용량의 규제는 없으나 과잉 사용 시 액상식품의 색소침전, 색깔이 탁하고 둔하게 되므로 과잉 사용하지 않는 것이 좋다.

497 항생제
- 미생물이 생산하는 대사산물로서, 다른 미생물의 발육을 억제하거나 사멸시키는 물질로 사용한다.
- 사용하다가 중단하면 내성균이 될 수 있어서 더 강한 항생제를 사용해야 되는 문제점이 있다.

498 피막제
- 주로 과실이나 야채의 신선도를 오랫동안 유지하기 위해 표면에 피막을 만들어 호흡작용을 제한하고 수분증발을 막아 표피의 위축을 방지하기 위해 사용한다.
- 모르폴린 지방산염, 초산비닐수지, 폴리에틸렌글리콜 등 총 17종이 허용되고 있다.

499 탄산음료의 당 함량은 3% 이상이다.

---

495 식품첨가물의 사용 목적에 따른 분류 시에 관능을 만족시키는 첨가물로 볼 수 없는 것은?

① 조미료　　② 착색료
③ 착향료　　④ 산화방지제

496 함유된 첨가물의 명칭과 그 함량을 표시하지 않아도 되는 첨가물은?

① 착향료　　② 합성보존료
③ 합성착색료　　④ 발색제

497 식품을 보존 시 사용하지 못하게 하는 첨가물은?

① 보존료　　② 항산화제
③ 살균제　　④ 항생제

498 야채, 과일류의 호흡제한, 수분증발 방지로 보존성을 높이는 식품첨가물은?

① 이형제　　② 피막제
③ 점착제　　④ 알칼리제

499 탄산음료에 대한 설명이 아닌 것은?

① 콜라, 사이다
② 당 20~30% 함유
③ 세균수 100 이하/ml
④ CO_2 가스 첨가

ANSWER

495 ④　496 ③　497 ④　498 ②
499 ②

제 3 과목

식품 가공·공정공학

01 농산식품 가공
02 축산식품 가공
03 유지 가공
04 식품 공정공학
◆ 출제예상문제

01 농산식품 가공

1 곡류 및 서류 가공

 1. 곡류 가공

곡류의 가공은 크게 3가지로 나눌 수 있다.
① 쌀, 보리, 조, 수수처럼 입식용으로 사용하기 위하여 도정하는 방법
② 밀처럼 제분하는 방법
③ 옥수수처럼 전분을 제조하는 방법

곡류의 가공은 흔히 도정이나 제분 등의 1차 가공과 1차 가공제품을 이용하여 다시 가공하는 2차 가공으로 나눈다. 곡류의 가공은 다음의 표와 같다.

[곡류의 가공 처리과정]

1차 가공	곡류	2차 가공
도정(벼 → 현미 → 백미)	쌀	밥, 떡, 술, 식, 과자류
제분(밀가루)	밀	빵, 국수, 스낵류, 과자류
도정(보리쌀)	보리	밥, flake류
제맥(맥아)		맥주, 위스키
도정(그릿트, 전분)	옥수수	스낵류, 호화전분, 변성전분, 전분당

(1) 도정

벼, 보리의 겨층을 제거하는 조작으로 쌀의 도정을 정미, 보리의 도정을 정맥이라고 한다. 일반적으로 쌀과 보리 등의 왕겨는 도정에 의해 쉽게 제거되지 않으나 밀과 옥수수의 경우는 쉽게 제거된다.
벼의 구조는 왕겨층, 겨층(과피, 종피), 호분층, 배유 및 배아로 이루어지고, 현미는 과피, 종피, 호분층, 배유, 배아로 되어 있으며, 호분층과 배아에는 단백질, 지방, 비타민 등이 많고 배유는 대부분 전분으로 되어 있다.
도정은 마찰, 찰리, 절삭, 충격 등 물리적작용으로 이루어지며 정미기와 정맥기가 있다. 도정의 정도는 도정도와 도정률(정백률) 및 도감률이 있으며, 도정도는 쌀겨층이 벗겨진 정도에 따라 완전히

벗겨진 것을 10분도미, 쌀겨층이 반이 벗겨진 것을 5분도미로 표시한다. 도정률은 정미의 중량이 현미 중량의 몇 %에 해당하는가를 나타내는 방법이다.

$$도정률(\%) = \frac{도정미}{현미} \times 100$$

도감률은 도정에 의해서 주어지는 양, 즉 쌀겨, 배아 등으로 나가는 도감량이 현미량의 몇 %에 해당하는가를 나타낸다.

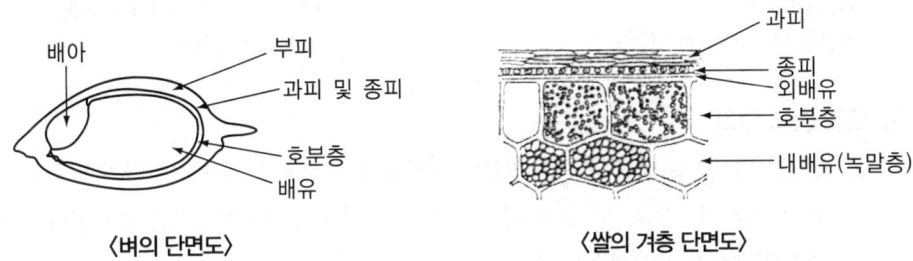

〈벼의 단면도〉　　　　　〈쌀의 겨층 단면도〉

[쌀의 도정에 따른 분류]

종류	특성	도정률(%)	도감률(%)	소화률(%)
현미	나락에서 왕겨층만 제거한 것	100	0	95.3
5분도미	겨층의 50%를 제거한 것	96	4	97.2
7분도미	겨층의 70%를 제거한 것	94	6	97.7
백미	현미를 도정하여 배아, 호분층, 종피, 과피 등을 없애고 배유만 남은 것	92	8	98.4
배아미	배아가 떨어지지 않도록 도정한 것			
주조미	술의 제조에 이용되며 미량의 쌀겨도 없도록 배유만 남게 한 것	75 이하		

1) 곡물 원료 조건이 도정도와 도감률에 영향을 미치는 인자

① 쌀 겨층의 두께 : 쌀 겨층의 두께가 두꺼울수록 도감률이 높다.

② 건조 정도 : 건조가 덜 된 것일수록 도정률이 쉽고 잘 건조되면 도감률이 적어진다.

③ 저장
- 건조가 덜 된 현미는 저장 중에 충해로 파손미, 쇄미가 많아져 도감률이 증가된다.
- 벼 저장이라도 건조상태에 따라 다르나 보통 저장 기간이 길면 도감도가 적어진다.

④ 도정 시기 : 여름에는 도감이 많고, 겨울에는 반대로 도감이 적다. 이것은 여름철에는 강도가 낮고 겨울철에는 강도가 높기 때문이다.

2) 도정도 결정법

도정도를 정확하게 판단하는 것은 어렵지만, 그 결정법은 여러 가지가 있다.

- 쌀의 색깔
- 겨층의 벗겨진 정도
- 도정 시간
- 도정 횟수
- 전력소비량
- 쌀겨 생산량
- 염색법(MG 시약)

M.G 염색법

Eosin과 methylene blue 등을 메탄올에 녹인 May Grunwald(M.G) 시약을 메틸알코올로 2배로 희석하여 소량의 시료와 함께 시험관에 넣고 30분간 가볍게 흔든 다음, 염색액을 버리고 2~3회 수세 후에 쌀알의 각 부에 염색된 상태를 관찰하여 도정도를 판정한다.

- 과, 종피 : 청색
- 호분층 : 담녹색 또는 약청색
- 배유부 : 담청홍색 또는 담홍색
- 배아 : 담황녹색

3) 도정 중의 변화

① 화학적 변화 : 도정 중에 화학성분이 변하는데 도정도가 높아짐에 따라 단백질, 지방, 섬유, 회분, 비타민, 칼슘, 인 등이 감소되고, 상대적으로 탄수화물량은 증가된다. 이것은 겨층에 각종 영양소가 있기 때문이다.

② 물리적 변화 : 용적은 도정 초기에 감소되다가 도정이 진행되면 다시 증가된다. 보통 현미가 백미보다 무겁다.

4) 도정기(정미기)의 종류

① 횡형 원통마찰식 : 수평 원통의 한쪽에 현미를 투입하여 나선홈의 움직임으로 인해서 다른 쪽 배출구로 밀어내는 것으로, 이때 배출구에 추를 달아 쌀의 유출을 막고 압력을 가하게 한 것이다.

② 분풍식 : 원통 안에 송풍기로 바람을 불어넣고 생성된 겨를 제거하도록 만든 기계로서 횡형 원통마찰식을 개량한 것으로 도정 효율이 높아 널리 쓰인다.

③ 연삭식 : 종형과 횡형이 있고 수직형은 세로의 원통 중심부에 회전축이 있고, 위에 금강사 롤러가 벼의 표면을 깎아내고 추로 도정도를 조정한다. 이 도정기는 도정력이 강하고 싸라기가 적어 만능도정기라고도 한다.

5) 정미 가공 방식

정미 가공 방식에는 가공미의 용도에 따라 식용미 도정, 배아미 도정 및 주조미 도정이 있다.

① 식용미 : 보통 10분도미

② 배아미 : 단백질, 비타민 B_1이 비교적 많이 들어있는 배아를 남겨 영양이 좋고 맛이 있는 정미를 얻기 위한 도정 방식으로 긴 쌀보다 둥근 쌀이 좋다.

③ 주조미 : 호분층 내부까지 도정하여 75% 이하의 도정률로 한다. 주로 수형 연삭식 정미기를 사용한다.

6) 정맥 가공

① 원료의 정선·선별 : 원맥을 체, 풍구 등으로 협잡물을 제거하여 정선·선별하고, 형태와 크

기를 고르게 하여 도정도를 일정하게 한다.

② 도정 : 보리의 도정은 주로 수직형 연삭식 또는 수평형 원통마찰식으로 도정하는데, 후자를 사용할 때는 반드시 혼수 공정이 수반된다.

③ 혼수
- 수평형 원통마찰식에만 하는데 이 점은 박리가 용이하며, 입자가 연해져 압편이 잘 되고 제품의 외관이 좋다.
- 가수량은 원맥에 대해 박리용은 5~8%, 완성용은 3~8%가 적당하다.

④ 완성
- 완성용의 횡형 원통마찰식은 박리용과 달리 원통의 돌기 및 롤러가 모가 나지 않은 것이 좋다.
- 완성 시 혼수하면 입사 내에 다소 침수하여 소량의 수분은 압편 시의 예열로 가열되어 압편이 잘 된다.

⑤ 건조 : 혼수를 많이 하면 변질 우려가 있으므로 건조할 필요가 있다.

[원료 정맥 공정]

7) 정맥 공정 형식

① 수형 연삭식 단용식 : 우리나라 농촌에서 쓰이고 있는 무수도정으로 처음에는 빠른 회전으로 처리하고 중간 이후부터 회전수를 적게 하여 도정한다.

② 혼수 → 횡형 원통마찰식 → 수형 연삭식 : 외국에서 가장 많이 쓰는 방법으로 혼수 후에 수 대의 횡형 원통마찰식으로 대부분 박피한 후, 수십 대의 수형 연삭식으로 도정을 완성한다.

③ 수형 연삭식 → 혼수 → 횡형 원통마찰식 : 수형 연삭식을 20~40대 사용하여 무수로써 대부분 박리한 후, 소량의 물을 혼수하여 5대 내외의 횡형 원통마찰식으로 도정을 완성한다.

④ 절단맥 가공 : 보리의 깊은 고랑을 완전히 제거할 목적으로 보리알의 고랑에 따라서 절단하여 도정하는 가공법으로 설단맥 혹은 백맥이라 한다.

8) 곡물의 기타 가공

① 보리 flake : 보리쌀을 물에 담가 수분을 흡수시켜 압착과 동시에 건조시킨 것이다.

② 만할 곡물 : 곡물을 만할하면 그대로 밥을 짓는 것보다 소화율, 식미성이 좋다. 만할보리, 오트밀, 콘밀 등의 종류가 있다.

③ 팽화 곡물 : 곡물을 튀겨서 조직을 연하게 하여 먹기 좋고, 소화가 잘 되게 한 것으로 가공, 조리가 간단하다. 옥수수, 쌀 같이 견고한 곡식을 사용한다.

④ 강화미 : 백미에 비타민 B_1(150mg), B_2(35mg) 등을 첨가한 것이다.

⑤ 알파(α)미 : 쌀 전분에 물을 가하고 가열하여 α 전분으로 변화시킨 후에 고온에서 수분을 15% 이하로 급속히 탈수, 건조시켜서 α 전분상태로 고정한 것으로 즉석미, 건조밥이라 한다.

⑥ Parboiled rice : 벼를 하루 동안 냉수에 침지시켜 수분을 40% 정도로 하고, 100℃에서 30분간 처리한 후 건조하여 도정한 것이다. 이 처리로 배아와 겨 속의 비타민 B_1이 배유로 옮겨져 영양 손실을 막고, 표면경화로 저장성도 향상된다.

⑦ Puffed rice : 튀밥을 말한 것으로 쌀을 고온, 고압으로 유지하다가 급격히 상온상압으로 조절하여 팽창시킨 것이다. 주로 쌀, 보리, 옥수수 등 잡곡이 이용된다.

(2) 제분

곡식을 분쇄하여 껍질과 외피 섬유를 체로 사별, 분리하여 가루로 만드는 작업을 말한다.

1) 제분 공정

① 정선
- 밀 이외의 다른 물질을 제거하고, 기울부분이 분쇄되지 않도록 하며, 배유부가 분리되기 쉽도록 하기 위하여 수분을 첨가한다.
- 제품에 적합한 수분은 경질소맥 16~17%, 연질소맥 14% 가량이다.
- 조질 목적은 밀기울 분리를 조장, 회분량을 조절, 밀 자체의 효소력을 조질하여 밀의 글루텐을 용도에 따라 개선하기 위해서이다.

② 파쇄
- Break roll을 사용하여 밀의 외피는 가급적 작은 조각이 되지 않게 부수어 배유부와 외피를 분리하는 공정이고, 파쇄 공정에 영향을 주는 것은 roll의 회전수, roll의 조합과 치수 및 치형이다.
- Break roll는 압착, 절단, 비틀림의 3가지작용에 의해 파쇄한다.
- roll은 고속(250~500회/1분)과 저속(20~250회/1분)으로 회전하고, 회전비는 2.5 : 1~3 : 1이 많이 사용된다.
- 밀은 배젖부터 바스라져 껍질과 배젖이 분리되어 처음에는 흰 조립상태이다.

③ 체질
- Break roll에서 파쇄된 조립은 체(shifter)로 체질하여 껍질만 남겨 밀기울을 분리한다.
- 밀기울과 조립은 정선기(purifier)를 사용하여 기울과 기타 불순물을 비중차로 제거한다. 여기서 얻은 조립, 즉 semolina는 분쇄하게 된다.

④ 분쇄 : 크기를 잘 조정한 semolina는 활면 롤러에 의하여 미세하게 분쇄되는데, 분쇄에 따라 각종 가루를 얻어 적당히 혼합 사용하거나 그대로 용도에 따라 제품화한다.

[원료 제분 공정]

원료 : 밀 → 정선 → 수분첨가 → 파쇄 → 체질 → 분쇄 → 체질 → 밀가루 → 숙성 → 영양강화 → 포장 → 제품

2) 숙성과 표백
① 밀가루는 제분 후 제빵 적성의 향상과 색 개선을 위해 숙성과정을 거친다.
② 일반적으로 자연숙성은 시간이 걸려 인공숙성을 채용하며, 사용하는 산화제로는 이산화질소(NO_2) 10ppm, 과산화벤조일$(C_6H_5CO_2)_2O_2$ 20ppm, 아산화염소 10~20ppm 정도가 첨가된다.
③ 기타 취소산칼륨을 50ppm 이하 첨가하여 밀가루의 점탄성을 증가시키기도 한다.

3) 밀가루제품
① 밀의 제분율($\frac{제분중량}{원료밀중량} \times 100$)은 밀의 품종, 제분 규모, 제분기 종류, 제분 목적에 따라 차이가 있으나 보통 80% 이하가 적당하며 밀기울이 섞이지 않아야 한다.
② 제분율이 낮을수록 상급 밀가루로 회분량이 적고, 글루텐량이 많다. 밀의 회분은 배유부(0.4%)와 껍질에 많으며 우수 밀가루는 회분이 0.5% 이하다.
③ 각종 곡류의 제분율은 밀가루 80%, 쌀가루 90~95%, 메밀가루 75~80%, 옥수수 가루 90%, 콩가루 80% 정도이다.
④ 밀단백질은 glutenin과 gliadin이며, glutenin은 탄성을 gliadin은 밀가루의 점성을 준다.

4) 밀가루의 시험
밀가루의 검사는 회분(밀기울 혼입파악), 산도(균질성), 입도(밀가루 보수력 판정)로 측정하고, 주요한 품질 성분은 글루텐 함량으로서 글루텐(gluten)은 밀가루의 품질결정 요소로 밀가루의 종류와 품질에 따라 크게 차이가 있다. 밀가루 반죽 품질검사 기기로는 점탄성은 farinograph, 반죽의 인장항력은 extensograph, 전분의 호화도는 amylograph, 색도는 pekar test로 한다.
① 강력분 : 제빵용으로 건부량이 13% 이상이고, 특징은 점탄성이 크고, 단백질 함량이 높으며, 경질소맥을 원료로 한다.
② 중력분 : 제면용으로 경도가 중간 정도이고, 건부량은 10~13%이고, 특징은 중간질의 밀을 제분한 것이다.
③ 박력분 : 과자 및 튀김용으로 적합한 밀가루이고, 건부량 10% 이하이다. 특징은 촉감이 부드럽고 연소질 소맥을 원료로 한다.

(3) 제면
면류는 밀가루 단백질의 주성분인 글루텐의 독특한 점탄성을 이용한 것으로 밀가루(중력분, 건부량 10~13%)에 물과 소금(3~4%)을 넣어 반죽한 것을 길고 가늘게 만든 생면과 건조시킨 건면으로 구분한다. 면류 원료는 메밀가루, 쌀가루, 전분 등을 사용할 수 있으나 밀가루가 주된 원료이다.

1) 면류의 종류
제조법에 따라 선절면, 신연면, 압출면, 즉석면이 있다.
① 선절면 : 밀가루 반죽을 넓적하게 편 다음, 가늘게 자른 것으로 중력분을 사용하고 칼국수, 손국수 등에 이용한다.

② 신연면 : 밀가루 반죽을 길게 뽑아서 면류를 만든 것으로 소면, 우동, 중화면 등에 이용한다.
③ 압출면 : 밀가루 반죽을 작은 구멍으로 압출시켜 만든 것으로 강력분을 사용하고 마카로니, 스파게티, 당면 등에 이용한다.

2) 메밀 국수
메밀가루와 밀가루를 혼합(7 : 3~3 : 7)하여 만든 국수로 생메밀 국수는 계란 또는 밀가루를 넣고, 건조메밀은 밀가루를 점착제로 넣는다.

3) 중국 국수
밀가루를 함수로 반죽하여 제면한 것으로 중국의 견수가 사용된다. 견수의 주성분은 탄산나트륨과 탄산칼슘이다.

4) 마카로니류
압출면의 대표적인 면류로 글루텐 함량이 높은 듀럼 밀가루나 강력분을 사용한다. 먼저 반죽을 반죽기에서 고압으로 작은 구멍을 통과시켜 압출하는 데 금속판의 구멍 모양에 따라 여러 종류의 제품이 제조된다. 절단된 마카로니는 곰팡이 방지, 부착 방지, 향미생성 등을 위해 수분이 12% 정도 되게 예비 건조하고 본건조를 한다. 건조 조건은 30~60℃, 습도는 30~90%이다.

5) 당면
원래 당면은 녹두를 이용했으나 근래에 와서는 고구마, 감자 전분을 이용한다. 고구마, 감자전분을 묽게 반죽하여 실 모양의 가닥을 뽑아 끓는 물에 삶아내어 동결시킨 후, 천천히 녹여 물기를 빼고 바람이 잘 통하는 곳에서 건조시킨 것이다. 이를 동면이라고 하는데, 동결시키는 것은 면선이 서로 붙는 것을 막기 위함이다.

(4) 제빵
밀가루에 물을 비롯한 다른 부재료를 첨가, 혼합하고 이겨서 만든 반죽(dough)을 탄산가스를 내는 팽창제로 부풀게 하여 구워서 만든 것을 빵이라 한다. 팽창제로 효모를 사용한 것을 발효빵(식빵), 화학약품의 팽창제로 사용한 것을 무발효빵(비스킷)이라 한다.

빵의 분류는 원료에 따라 밀가루빵, 흑빵, 제조법에 따라 미국빵, 프랑스빵, 모양에 따라 감형, 산형, 코페, 롤빵, 굽는 방법에 따라 빵형굽기빵, 직소빵 등으로 다양하다.

1) 제빵 원료
제빵의 주원료는 밀가루, 효모, 물, 소금이고, 부원료는 설탕, 지방, 이스트 푸드, 반죽 개선제, 쇼트닝 등이다.
① 밀가루
- 강력분인 글루텐 11% 이상의 초자질이 좋다.
- 수분 15% 이하, 회분 0.45% 이하의 하얗고 무취한 것으로 제분한다.
- 제분 후 30~40일 숙성한 것이 좋다.

② 효모
- 빵효모인 *Saccharomyces cerevisiae*가 사용되며 제빵용은 배양 효모가 사용된다.

- 생육은 24~30℃의 온도, 산소, 물이 필요하다.
- 빵효모 사용량은 압착 효모 1.5~2.0%이고, 건조 효모는 압착한 것의 1/2 가량이다.

③ 설탕
- 효모의 영양이 되어 발효작용을 촉진시켜 이산화탄소를 발생시켜서 빵의 부피를 크게 하고 발효빵 특유의 향미와 색깔을 내게 한다.
- 설탕은 빵의 노화를 방지하는 효과가 있다. 또한 구울 때 비타민 B의 손실을 방지하고 빵의 단맛을 부여한다.
- 사용량 : 식빵 4~6%, 과자빵 15~30% 정도인데 4%까지는 빵 팽창률이 증가하나 그 이상은 감소한다.

④ 소금
- 설탕과 함께 빵의 맛을 좋게 하고 풍미를 향상시킨다. 반죽의 글루텐에 작용하여 탄력성을 증가시켜 발효를 적당하게 조절해준다.
- 사용량 : 보통 밀가루의 1.5~2.0% 정도

⑤ 지방 : 빵을 부드럽게 하고 촉감, 풍미 및 색을 좋게 한다. 또한 빵의 노화를 방지하여 보존성을 높인다. 보통 쇼트닝을 3~5% 사용한다.

⑥ 물
- 밀가루의 55~65%를 첨가하는 데 보통 음료수가 좋다. 강력분에는 연수, 중력분에는 경수가 적당하다.
- 반죽에 가장 좋은 pH는 5.2~5.5이므로 알칼리성 물이나 센물은 좋지 않다.

⑦ 이스트 푸드(yeast food)
- 이스트 푸드는 발효 능력은 없지만 효모의 영양이 되어 효모 번식을 돕고 발효를 조절하거나 글루텐의 성질을 조절하기 위해 사용한다. 최근에는 α-amylase도 첨가하여 반죽의 gel화를 더디게 하여 팽창을 도와 품질을 향상시키기도 한다.
- 이스트 푸드 성분 : 유기물, 무기물이 사용되나 질소원, 황산칼슘, 산화제가 구성분
- 사용량 : 0.2~0.5% 정도
- 이스트 푸드의 조성 : 대체로 $CaSO_4$ 25%(반죽 견고), $KBrO_3$ 0.3~0.5%(산화제), NH_4Cl(탄산가스 생산량 향상) 10%, NaCl 25%, 전분 40%(부형제) 등

2) 빵 제조법

원료의 배합 형식에 따라 직접반죽법(straight dough method)과 스펀지법(sponge dough method)으로 크게 나눈다.

- 직접반죽법 : 원료 전부를 한꺼번에 넣고 반죽하는 법으로 단기간 발효와 적은 노력, 제품 향미 향상, 감량 감소 등의 장점이 있다.
- 스펀지법 : 원료 일부를 반죽발효 증식 후 나머지 원료를 가하여 본 반죽하는 법으로 많은 노력, 긴 작업시간, 발효감량 증가 등의 단점이 있으나, 효모 절약, 가벼운 빵, 좋은 조직의 빵 제조가 가능하다.

① 직접반죽법의 제조 공정

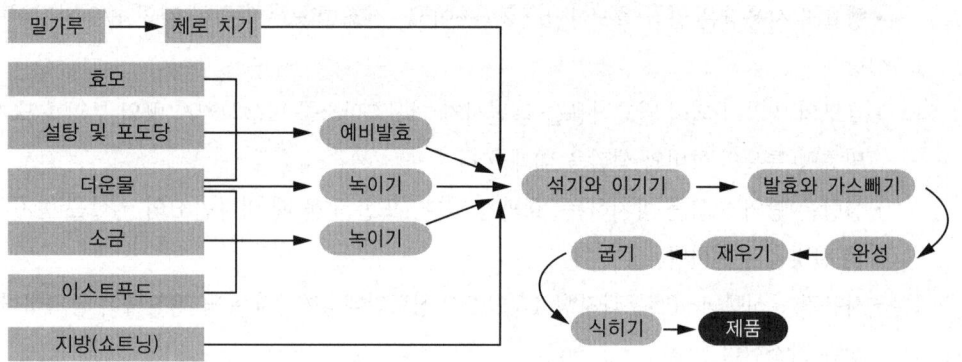

㉠ 원료처리
- 밀가루를 체로 쳐서 협잡물 제거 및 공기를 충분히 함유시킨다.
- 효모는 약 5배 정도 양의 물에 넣고, 설탕을 소량 가하여 25~30℃에서 예비발효시킨다.
- 반죽 온도는 27~28℃가 적당하며, 지방은 반죽에 직접 넣고, 소금, 설탕, 기타 재료는 반죽하는 물의 일부에 녹여 사용한다.

㉡ 섞기와 이기기(mixing and kneading)
- 밀가루를 반죽통에 넣은 다음, 물로 녹인 설탕, 포도당, 소금 용액을 넣고 혼합시킨다.
- 어느 정도 섞였을 때 효모 현탁액을 넣어 교반을 계속하여 가루 모양이 없어지면 쇼트닝을 조금씩 나누어 넣어 반죽을 고르게 한다. 이 조작의 목적은 원료의 전부를 고르게 분산시키고, 글루텐을 발달시키기 위해서다.

㉢ 발효 및 가스빼기
- 반죽을 발효통에 옮겨 습도 95%, 온도 27~29℃에서 1~3시간 후에 2~3배 부풀면 가스빼기를 한다. 강력분이 아니면 1회, 강력분은 2회 가스빼기를 한다.
- 가스빼기의 목적은 반죽 온도를 균일하게 유지하고, 효모에 신선한 공기를 공급하며, 효모에 당분을 공급하는 것이다.

㉣ 완성 : 마지막 가스빼기가 끝난 후에 재우기까지 조작을 완성이라 하여 반죽나누기, 중간재우기, 성형, 빵형넣기 등 4가지 조작으로 한다.

㉤ 재우기 : 반죽상태에 따라 다르나 32~37℃ 온도와 85~90% 습도에서 재운다.

㉥ 굽기
- 1단계 : 60℃에서 효모 사멸, 알코올 증발, 가스 팽창, 74℃에서 글루텐 응고, 110℃에서 빵 골격 완성
- 2단계 : 거죽이 누런 갈색으로 착색된다.
- 3단계 : 굽기 완성, 굽는 조건은 200~240℃, 20~50분(빵오븐의 온도가 낮으면 굽는 동안에 발효가 계속되어 기포가 너무 크게 되므로 주의한다)

㉦ 식히기 : 실온으로 급랭, 특히 여름철에는 급랭하지 않으면 곰팡이가 발생한다.

② 스펀지법의 제조 공정

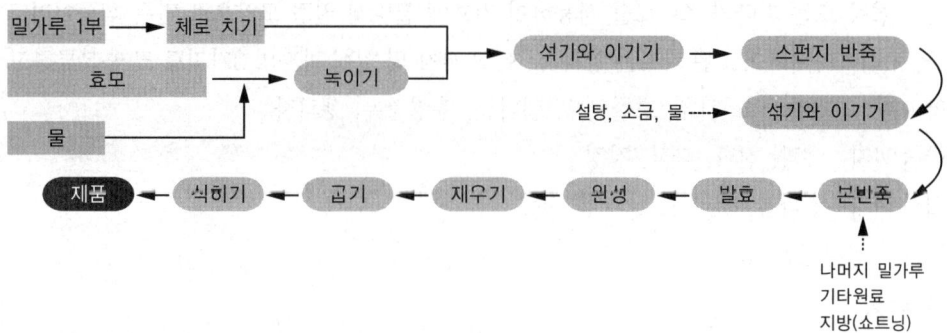

㉠ 원료처리 : 직접반죽법과 같다.
㉡ 섞기와 이기기
- 스펀지 반죽과 본반죽 2회로 한다.
- 스펀지 반죽은 밀가루 일부와 효모를 물과 함께 섞어 이기며, 이때 온도는 24~25℃가 좋다.
- 반죽의 발효 시간을 4~5시간 정도 길게 한 다음, 믹서에 넣어 나머지 물과 쇼트닝 이외의 원료를 넣고서 본 반죽용 밀가루의 약 반을 넣어 믹서한다.
- 스펀지 반죽이 부서지면 나머지 가루를 넣고 저속으로 2~3분, 고속으로 5~7분간 이긴다. 본 반죽의 발효 온도는 27~28℃이다.
㉢ 발효 : 스펀지 반죽 발효는 발효실(온도 27℃, 습도 75%)에서 실시하여 pH 4.5에서 완성된다. 본반죽 발효는 box에 넣어 깨끗한 천을 덮어 놓아둔다.
㉣ 완성 이후의 공정은 모두 직접법과 같다.

3) 스펀지 케이크

카스테라와 비슷한 것으로 먼저 계란 흰자로 거품을 내고 노른자는 설탕과 물을 잘 섞은 후에 거품을 낸 흰자와 합하여 거품을 낸다. 여기에 체질한 밀가루와 베이킹파우더의 혼합물을 섞은 후 오븐이나 화덕에서 160~170℃로 굽는다.

4) 카스테라

- 스펀지 케이크보다 설탕량이 많고 제조법도 복잡하다. 계란 흰자와 물엿으로 거품을 낸 것에 설탕과 밀가루를 섞어 철판 위에 붓고 굽는다.
- 원료 조성 : 설탕 1.7, 물엿 0.2, 달걀 1.9, 밀가루 0.9

5) 빵의 품질평가

부피, 외관, 내부 색깔, 빵조직, 촉감, 풍미 등을 종합하여 판단한다.
① 부피 : 이상적인 빵의 부피는 빵 100g에 대하여 400ml의 부피
② 일반적인 외관 : 빵거죽 색깔은 진한 황갈색을 띠며, 매끈하고 금이 간 것이 좋다.
③ 내부 색깔 : 색깔은 고르고, 반점 또는 반문이 없는 크림색을 띤 흰색이 좋다.
④ 촉감 : 절단면을 눌렀을 때 탄력 있고, 부드러운 촉감을 주는 것이 좋다.
⑤ 풍미 : 특유의 향미가 있고 신선하며, 이미·이취가 없고 조화된 맛을 가진 것이 좋다.

(5) 제과

과자는 설탕 또는 기타의 조미료를 사용하여 기호에 알맞게 일정 모양으로 만든 식품이라고 할 수 있다. 우리나라에서 제조된 과자는 양과자, 한식 과자 및 일식 과자의 3가지로 크게 분류하고 있다.

- 양과자 : 건과자, 비스킷류, 초콜릿류, 캔디류, 추잉껌류, 생과자
- 한식 과자 : 유과, 전과, 다식, 강정
- 일식 과자 : 건과자, 생과자, 당과 및 엿류
- 그 외 : 과자빵류

1) 비스킷

박력분(단백질 7~8%, 회분 0.4%)에 중탄산소다(중조)를 팽창제로써 부풀린 무발효빵의 일종으로 수분이 적어 단단하고 납작하다. 팽창제는 밀가루에 대해 0.5~2.0% 정도 사용한다.

① 주요 팽창제

- 중조($NaHCO_3$) : 알칼리성이 강한 탄산소다가 생기므로 쓴맛과 알칼리맛 등 특수한 냄새가 나며 불충분한 혼합은 황색의 반점이 생기므로 주의가 필요하다.

  $2NaHCO_3 \rightarrow Na_2CO_3 + H_2O + CO_2 \uparrow$

- 탄산암모니아 : 휘발성이 강하여 저장 중에 탄산가스가 날아간다. 보통 중조와 섞어쓰면 유리하다.

  $(NH_4)_2CO_3 \rightarrow 2NH_3 \uparrow + H_2O + CO_2 \uparrow$

- 주석산 팽창제 : 중탄산소다와 주석산을 섞은 것으로 반응이 예민해서 장기 보관이 불가능하기 때문에 사용하기 바로 전에 이들을 섞어 반죽한다.

  $2NaHCO_3 + HOOC(CHOH)_2COOH$
  $\rightarrow NaOOC(CHOH)_2COONa + 2CO_2 \uparrow + 2H_2O$

- 주석산칼륨 팽창제 : 중조와 주석산칼륨을 섞어 만든 것으로서 반응이 온화하며, 저장 중에 변화가 적어 제품색도 하얗고, 냄새가 없어 널리 사용한다.

  $NaHCO_3 + HOOC(CHOH)_2COOK$
  $\rightarrow NaOOC(CHOH)_2COOK + CO_2 \uparrow + H_2O$

② 비스킷의 분류(원료 배합 및 제법에 따른)

- Hard biscuit : 강력분에 설탕과 지방을 적게 넣어 만든 것
- Soft biscuit : 박력분에 설탕과 지방을 많이 넣어 만든 것이며, 가볍고 단맛이 강하다.
- Fancy biscuit : 설탕과 달걀을 많이 넣어 질이 연하고 단맛이 강한 고급 비스킷이다.

2) 초콜릿

① 카카오콩을 볶아 껍질을 제거하고, 이것을 분말로 하여 코코아버터, 설탕, 우유를 혼합한 것이다.

② 비중 0.058~0.865, 융점 30~34℃, 응고점 21~27℃이다.

③ 카카오콩을 약 150℃ 정도에서 볶아 외피부와 입부를 분리하는 데 탄닌 성분의 변화로 풍미가 향상되고 살균 효과도 얻는다.

④ 초콜릿 입자의 균일 분산을 위해 레시틴 같은 계면활성제가 사용된다.
⑤ 카카오콩에는 tannin이 들어있는 동시에 theobromine 성분이 많아 초콜릿의 풍미에 크게 영향을 준다.

3) 캔디
캔디는 설탕을 형틀에 넣어서 굳힌 과자를 말한다. 캔디에는 종류가 많다.
① Hard candy : 드롭스와 같이 단단하고 흡습성이 적다.
② Chewy candy : 입에 넣어 씹는 캔디로 캐러멜, 젤리, 잼 등이 있다.
③ Aerated candy(기포형) : tondant, nougat, marshmallow 등 공기가 들어간 것이다.

4) 추잉껌
판껌, 풍선껌, 당의껌, 약용껌 등이 있는데, 껌은 원래 Sappodilla 나무에서 얻은 chicle gum에 감미료, 향료를 넣어 만들었다. 천연 chicle은 gutta와 resins가 주성분이다. Gutta의 탄성과 resins의 가소성이 적당히 배합되어 경쾌한 씹는 맛을 준다.

5) 양생과자
양생과자는 수송이 불편하고 보존성이 낮으며, 섬세한 가공이 필요하므로 수공업적 방법으로 제조하고 있다.

2. 서류 가공

감자, 고구마 같은 서류 가공은 절간, 서미, 서분 등으로 가공하는 1차 가공과 전분과 같은 1차 가공품을 원료로 물엿, 포도당 가공 등의 2차 가공이 있다.

(1) 전분

전분은 식물의 종자, 감자, 고구마, 연뿌리 등에 저장물질로서 이들 식물 세포 중에 입자 모양으로 존재하고 있다. 전분은 포도당 분자가 모여 구성되고, 포도당의 결합된 모양에 따라 amylose와 amylopectin의 2가지 성분으로 구분되어 이들 성분 비율에 따라 메전분, 찰전분이 결정된다. 메진분을 대체로 20~30%의 amylose와 70~80%의 amylopectin을 함유하고 있고, 찹쌀 전분은 amylopectin만으로 되어 있다.

전분에 묽은산이나 알칼리 또는 염류 용액을 작용시키면 팽윤되며 호화가 일어난다. 쌀이 호화되는 온도는 60℃ 정도로, 쌀 2g을 호화(α화)하기 위해서는 65℃에서 10시간, 90℃에서는 2~3시간 가열한다. 비스킷, 건빵 등은 불완전하기는 하나 α-화가 된 것이기 때문에 오래되어도 맛이 있고 소화가 잘 된다. 밀전분의 호화개시는 65℃이다.

1) 전분 제조
원료를 마쇄하여 전분 입자를 분산 침전, 원심 분리(섬유, 단백질, 색소, 무기물 제거)시켜 제조한다. 전분 원료로는 감자, 고구마, 밀, 쌀, 옥수수, 칡, 타피오카 등이 이용되며, 그 중에 고구마가 세포 조직에서 전분 분리가 쉬워 비교적 소규모의 설비로도 제조할 수 있다.

2) 고구마 전분 제조

① 원료 : 고구마를 마쇄하여 체질 사별한 전분유를 침전 분리하여 물로 여러 번 정제하여 얻는다. 고구마 전분 원료로서 구비 조건은 다음과 같다.
- 전분의 함량이 높고 생고구마의 수확량이 많은 것
- 모양이 고른 것이 좋다. 특히 터진 곳이 있는 것은 모래가 들어갈 수 있어 좋지 않다.
- 전분입자가 고른 것
- 수확 후의 전분의 당화가 적은 것
- 당분, 단백질, 폴리페놀 성분 및 섬유가 적게 들어 있는 것

② 전분입자 분리법
- 탱크 침전법 : 침전 탱크에 8~12시간 정치하여 전분을 침전시킨 다음, 배수하고 전분을 분리하는 방법이다. 색이 좋아질 때까지 수세 정제한 후 30cm³ 가량의 크기로 절단하여 (생전분) 그늘에서 말려(수분 17~18%) 1번분을 얻는다.
- 테이블 침전법 : 경사진 목재나 콘크리트로 만든 홈통으로 흐르게 하여 흐르는 동안 비중 차이로 전분 입자를 침전시키는 방법이다. 단시간에 전분 앙금을 얻고 그 폐액을 연속으로 제거하는 장점이 있다.
- 원심분리법 : 원심력을 이용하는 방법으로 연속식 원심분리기가 사용된다. 전분을 신속히 분리할 수 있으며, 전분 입자와 불순물의 접촉 시간이 짧아 우수 제품을 얻는다.

③ 정제

1차 탱크에서 분리한 조전분은 아직 불순물이 들어 있고 색깔도 좋지 않으므로 물을 넣어 정제해야 한다. 식용고구마 전분은 물로 씻고 다시 침전시킨 것에 표백분이나 차아염소산소다 등으로 표백한 후 120mesh 정도로 분쇄하여 제품으로 한다.

④ 석회 처리 효과

고구마에 있는 펙틴은 사별조작을 방해하고, 전분유의 침전을 느리게 한다. 따라서 마쇄액에 0.5% 석회수를 첨가하여 pH를 5.5~6.5로 조절하면
- 석회와 펙틴이 결합하여 펙틴산칼슘이 되므로 전분미의 사별이 쉬워지고, 전분입자의 침전 분리가 빨라진다. 그 결과 전분수율이 10% 증가된다.
- 고구마 마쇄 후 발효 변질되어 pH 4.0까지 내려가는데 석회수를 넣어 알칼리성으로하면 단백질이 응고되지 않아 전분에 섞여들어 가는 것을 막을 수 있다.
- 산성일수록 고구마의 착색물질인 폴리페놀 성분이 전분입자에 잘 흡착되는데 알칼리성으로 함으로써 흡착이 적어져서 백도가 보통 6% 정도 높아진다.

3) 옥수수 전분

① 원료 : 옥수수 전분 원료로 쓰이는 품종은 마치종이 가장 적합하며 각질 전분부는 전분과 단백질이 견고하게 결합되어 있어 전분 분리가 어렵다. 마치종에는 각질 전분부가 많다.

② 제조법 : 옥수수 전분이 다른 전분의 제조와 다른 것은 원료를 아황산 용액에 침지하는 것이다.

순서는 옥수수 → 정선 → 아황산 용액 침지(0.2~0.5%, 50℃, 48시간) → 분쇄 → 배아 분리 → 마쇄 → 사별(200메시) → 조전분유 → 전분입자 분리(침전법, 테이블법, 원심분리법) → 탈수 건조 → 전분 순이다.
- 아황산 침지 : 0.2~0.5% 아황산액이 사용되며, 옥수수 조직이 팽윤되고 전분과 단백질 결합을 연하게 하여 전분이 분리되기 쉽게 하고 미생물 번식을 억제하는 효과가 있다.
- 옥수수 진한 침지액(corn steep liquor) : 아황산 침지가 끝난 액에는 가용성분이 용출되어 있고, 젖산 발효로 생성된 젖산이 다량 함유되어 있다. 이때의 용액을 농축하여 얻은 액체를 corn steep liquor라 하고 페니실린이나 스트렙토마이신, 글루타민산 등의 발효, 효모 배양기로 이용된다.

③ 옥수수 전분 : 옥수수 전분은 건조 조건에 따라 다른 제품이 생산된다.
- Pearl starch : 77℃의 온도에서 20시간 건조한 것
- Crystal starch : 생전분을 1주간 계속 건조한 후 분쇄하여 만든 전분
- Powdered starch : 펄 스타치를 분쇄 사별한 전분
- Lump starch : 파우더드 스타치를 증기와 고압으로 처리하여 얻은 전분

(2) 절간서류

절간서류는 서류의 1차 가공품으로 고구마, 감자를 얇게 썰어 말린 것으로 생으로 말린 생절간과 쪄서 말린 증절간이 있다. 절간서류는 저장성이 우수하여 주정의 원료나 간식용으로 많이 만든다.

① 생절간 : 선별한 원료를 씻고 서절기로 절단하는데 절간의 두께는 0.3cm 정도가 좋다. 절간한 것을 물에 침지함으로써 건조가 빠르고 색이 희게 되며 저장성도 높아진다. 침지한 것을 보통 천일 건조하는데 대개 4~5일간 말려 수분이 12~13% 정도 되면 완성된다.

② 증절간
- 쪄서 건조시킨 것으로 증절간용의 고구마는 점질이며, 찔 때 전분이 당으로 변하기 쉬운 것이 좋다. 선별한 원료를 약 90분간 충분히 찌고, 뜨거울 때 박피하여 서절기로 6~7mm 정도 두께로 절단하여 4~5일간 햇볕에 건조한다.

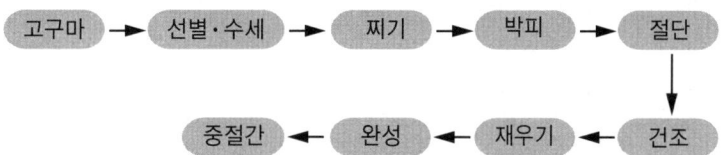

- 증절간의 표면에 생긴 백분은 주로 엿당이고, 기타 가용성 전분, 자당 덱스트린, 전화당 및 인산염 등이다.

(3) 전분 가공

전분은 직접 이용하는 외에 α화 전분, 산화전분, 덱스트린 등의 화공 전분으로 이용하는 가공 이용 방식과 물엿, 포도당을 만드는 가수분해 가공 이용 방식이 있다.

1) 전분당

전분당은 물엿과 포도당으로 나눌 수 있다. 엿에는 산으로 당화한 산당화엿과 전분을 맥아로 당화한 맥아엿 2가지가 있다. 이들은 가수분해 정도에 따라 성분이 달라지는데, 이들 비율을 당화율(D.E : Dextrose equivalent)이라 하며, 다음과 같이 표시한다.

$$D.E = \frac{직접환원당(포도당으로 표시)}{고형분} \times 100$$

전분은 분해도가 높아지면 포도당이 증가되어 단맛과 결정성이 증가되는 반면, 덱스트린은 감소되어 평균 분자량은 적어져 흡수성 및 점도가 적어진다. 평균 분자량이 적어지면 빙점이 낮아지고 삼투압 및 방부 효과가 커지는 경향이 있다.

2) 포도당

① 산당화 포도당 : 전분에 묽은산과 함께 가열하면 쉽게 가수분해되고, 수소이온 농도나 반응 온도가 높을수록 가수분해가 빠르다. 100g의 무수전분을 산가수분해하면 11g의 무수 D-glucose를 얻을 수 있다.
 - 원료 전분 : 감자 전분도 사용할 수 있으나, 주로 고구마 전분이 쓰인다.
 - 당화제 : 염산, 황산, 수산
 - 중화제 : 탄산소다, 탄산칼슘
 - 탈색제 : 골탄, 활성탄

② 효소당화 포도당 : 전분의 α-1,4 glucoside 결합을 끊는 효소, 즉 α, β-amylase가 이용된다. 산당화법에 비하여 다음과 같은 특징이 있다.
 - 포도당의 순도가 높다.
 - 쓴맛을 갖지 않는다.
 - 당화액 전부를 제품화할 수 있다.
 - 결정포도당의 수량이 많다.
 - 진한 농도로 사입할 수 있다.

③ 당화효소 균주로 *Rhizopus delemar*(100% 분해), *Aspergillus niger*(80~90% 분해)가 쓰인다.

[산당화법과 효소당화법의 비교]

산당화법	살균료명	효소당화법
정제를 완전히 해야 한다.	원료전분	정제할 필요가 없다.
약 25%	당화전분 농도	50%
약 90%	분해 한도	97% 이상
약 60분	당화 시간	48시간
내산·내압의 재료를 써야 한다.	당화의 설비	내산·내압의 재료를 쓸 필요가 없다.
쓴맛이 강하며 착색물이 많이 생긴다.	당화액의 상태	쓴맛이 없고, 이상한 생성물이 생기지 않는다.
활성탄 0.2~0.3%	당화액의 정제	0.2~0.5%(효소와 순도에 따른다)
이온 교환수지		조금 많이 필요하다.
분해율을 일정하게 하기 위한 관리가 어렵고 중화가 필요하다.	관리	보온(55℃)만 하면 되고, 중화할 필요가 없다.
결정포도당은 약 70%, 분말액을 먹을 수 없다.	수율	결정포도당은 80% 이상이고, 분말포도당으로 하면 100%, 분말액은 먹을 수 있다.
-	가격	산당화법에 비하여 30% 정도 싸다.

3) 맥아엿

맥아엿은 곡물을 물에 침지하고 찌거나 전분을 호화시킨 다음, 여기에 맥아의 아밀라제를 가하여 만든 것으로서 주성분은 맥아당과 덱스트린이다. 맥아는 보리의 싹을 길러 만드는데 장맥아(보리 길이의 1.5~2배)가 엿 제조에 쓰이며, 발아 온도는 14~18℃가 좋다.

생맥아는 당화력이 강하고 건맥아는 저장력이 좋다. 맥아엿 제조용 맥아는 단백질이 많고 아밀라아제 생산이 좋은 6조 대맥이 사용되고, 엿기름은 발아상자에서 여름철은 10~13cm, 겨울철은 15~20cm 두께로 쌓아 발아시킨다.

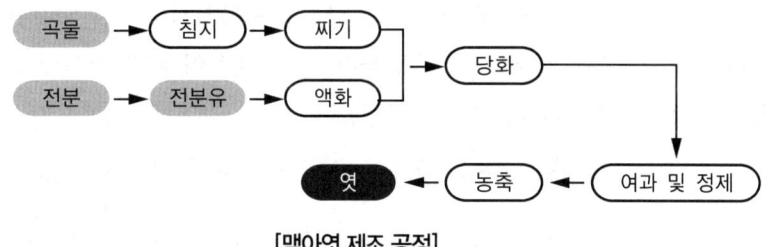

[맥아엿 제조 공정]

② 두류 가공

콩은 단백질과 지방이 풍부하여 '밭에서 나는 소고기' 또는 '기적의 작물'로 알려져 있다. 원산지는 동북부아시아, 만주 지방으로 알려져 있고, 동양인들의 식물성 영양보급원으로 예부터 이용되고 있다. 풍부한 영양을 갖는 콩이지만 조직이 단단하여 소화가 좋지 않아 이를 개선하기 위해 가공하여 간장, 된장, 두부, 청국장, 콩나물 등으로 이용되며, 식용유로 콩기름을 만들어 사용한다.

1. 두부류

콩단백질의 주성분인 글리시닌은 묽은 염류에 녹는 성질이 있는데 콩 중에는 인산칼륨 같은 염이 들어있어 콩을 마쇄하여 두유를 만들면 여기에 녹아 있게 된다. 이것을 70℃ 이상으로 가열하고 염화마그네슘($MgCl_2$), 염화칼슘($CaCl_2$), 황산칼슘($CaSO_4$) 등의 응고제를 첨가하면 글리시닌은 응고제의 Mg^{++}, Ca^{++} 등의 금속이온에 의해 응고하여 침전된다.

(1) 원료
① 콩 : 콩, 탈지콩(가열 압착박, hexane 탈지박)
② 간수 : 염화마그네슘($MgCl_2$)
③ 응고제 : 황산칼슘($CaSO_4 \cdot H_2O$), 염화칼슘($CaCl_2$), Glucono-δ-lactone
④ 소포제 : silicon, monoglyceride

(2) 두부 제조 공정
① 보통 두부 : 콩은 철분이 없는 물로 여름에는 5~6시간, 봄, 가을에는 12시간, 겨울에는 24시간 수침한 후 마쇄하여 두미를 만들고 증자시킨 다음, 가열하여 응고시킨다. 두유의 응고 온도는 70~80℃가 적당하며, 응고 적온이 되면 간수 또는 응고제를 가하여 응고시킨다. 응고 시간은 15분이 좋다.

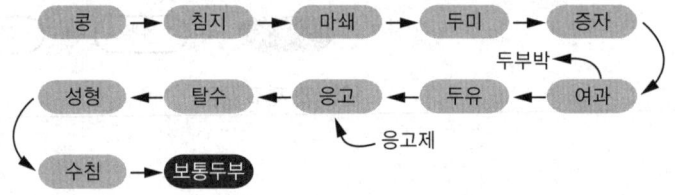

② 전두부 : 두유 전부가 응고되게 상당히 진한 두유를 만들어 응고시켜 탈수하지 않은 채 구멍이 없는 두부상자에 넣어 성형시킨다. 전두부는 콩의 영양소를 모두 보유하고 외관

이 매끈하다. 전두부에서 두유를 만들 때 원료콩에 가하는 물의 양은 5~5.5배로 하고, 응고 온도는 70℃, 응고제량은 두유 1kg당 5~6g 정도가 좋다.

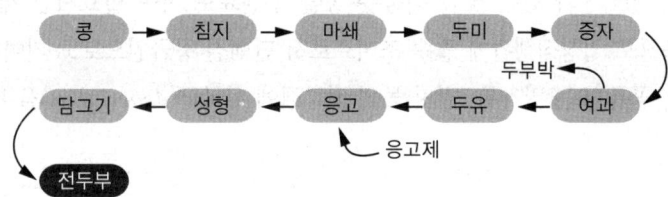

③ 자루두부 : 자루두부는 전두부와 같이 진한 두유를 만들어 냉각시킨 것을 합성수지 주머니에 응고제와 함께 집어넣어 가열 응고시킨다. 자루두부의 응고 온도는 90℃에서 40분이 가장 좋다.

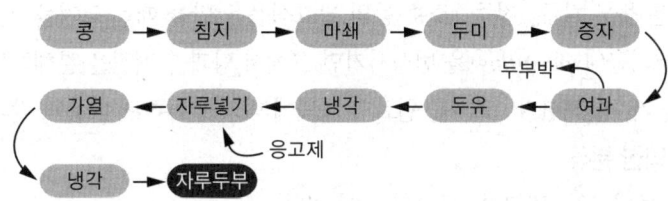

④ 동결두부 : 동결두부는 생두부를 얇게 썰어 일단 얼린 후에 냉장, 숙성시킨 다음, 녹여서 건조시켜 만든 두부 가공품인데, 수분이 10% 내외이며 수송이 편리하고 풍미와 저장성이 좋고, 단백질 및 지방이 풍부한 식품이다. 동결은 자연동결(-5~-2℃, 12시간)이나 인공동결(-10℃, 6시간 혹은 -18℃, 3시간)을 실시한다.

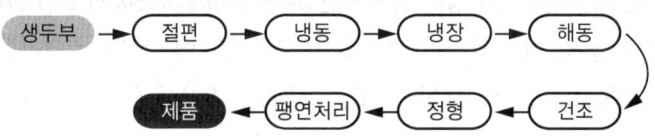

⑤ 튀김두부 : 얇게 썬 두부에서 탈수하여 단단하게 만든 후에 먼저 유채유, 낙화생유로 120℃에서 튀겨 잘 편 다음, 다시 180~200℃의 온도로 튀긴 것으로 수분이 적고, 기름이 덮여 있어 생두부보다 수송이 편리하고, 보존성이 높지만 장시간 보존은 어렵다.

2. 장류

된장, 간장, 청국장과 같은 장류 식품은 콩을 주원료로 하여 발효시킨 제품이고, 대표적인 우리의 전통식품으로 일상식생활에 필수 조미료로서 단백질 공급원으로도 기여하여 왔다. 메주와 누룩(koji)은 콩, 곡류 또는 밀가루, 감자 등의 전분질에 황국균(Aspergillus)을 번식시켜 제조한다.

(1) 원료

된장은 쌀 또는 보리 등의 전분질 원료와 콩과 소금을 주원료로 하고, 간장은 콩, 밀, 소금을 주원료로 하여 발효시켜 만든다. 고추장은 쌀, 밀가루, 보리 등의 전분질 원료와 콩, 소금, 고춧가루 등을 사용하여 만든다. 그리고 청국장은 콩, 소금 및 그 밖의 향신료를 원료로 사용하고 있다.

(2) 코지

된장, 간장은 물론 감주, 청주, 소주 등의 발효식품을 만들 때는 코지를 먼저 만들어 제조한다. 곡류나 콩에 코지균(Aspergillus)을 번식시키면 균에서 당과 단백질을 분해하는 효소가 분비되어 전분과 단백질을 가수분해한다. 코지를 원료와 용도에 따라 분류하면 다음과 같다.

1) 원료에 의한 분류
쌀코지, 보리코지, 밀코지, 콩코지 등이 있다.

2) 용도에 의한 분류
① 조미료 관계 코지 : 간장코지, 된장코지 등
② 주정 관계 코지 : 청주코지, 알코올코지, 소주코지 등
③ 감미료 기타 코지 : 감주코지, 제빵용코지 등

3) 코지의 제조 원리
코지균은 단백질 분해력이 강한 곰팡이인 *Aspergillus oryzae*와 *Asp. soja*로서 순수하게 분리하여 종국을 만들고, 이를 쌀 또는 보리 등의 코지 원료에 번식시켜 코지를 만든다. 코지균은 호기성이며 번식하는 동안 이산화탄소, 열, 수증기를 발산하게 된다. 코지 제조에는 코지균이 생성하는 amylase 및 protease 등 여러 가지 효소를 이용하여 전분 또는 탄수화물을 분해하는 것이 제국의 목적이다.

(3) 된장

간장을 뜨고 난 찌꺼기에 소금을 넣어 만든 재래식 된장은 품질이 낮고 영양분이 적어 개량식 된장을 설명하기로 한다. 된장은 사용하는 원료에 따라 쌀된장, 보리된장, 콩된장으로 분류한다.

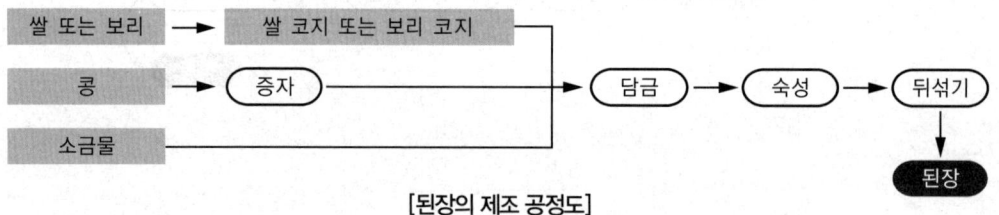

[된장의 제조 공정도]

찐콩 또는 쌀이나 보리로 만든 코지를 섞어서 물과 소금을 넣어 일정기간 숙성시킨 것이다. 콩이 많거나 코지가 적으면 효소작용이 약해 숙성이 늦어진다. 숙성을 빨라지게 하려면 소금을 적게 넣거나 뒤섞기를 해서 공기의 접촉을 좋게 하는 방법이 있다.

속양 된장은 소금을 적게 넣거나 효소 역가가 강한 미생물을 순수배양해서 쓰거나 숙성 온도를 30~40℃의 항온실 내에서 만든 것이다.

(4) 간장

용기에 소금물을 넣고 메주(koji)를 넣어 발효숙성 후 압착하여 국물과 찌꺼기로 나누고 국물은 80℃에서 30분간 달인다. 달이는 목적은 첫째 미생물 살균 및 효소파괴, 둘째 향미부여, 셋째 갈색 향상, 넷째 청징(단백질 응고, 앙금 제거) 등이다.

Koji는 단모균이 좋고, 감칠맛 성분인 glutamic acid는 장을 담근 후 8~9개월에 최고가 된다. 간장에는 재래식 간장, 개량식 간장, 아미노산 간장 등이 있다.

① 재래식 간장 : 가을에 콩으로 메주를 만들어 온돌방에서 띄운 다음, 햇볕에 말려서 간장을 담근다. 유용한 누룩곰팡이보다 잡균에 많이 오염되므로 질이 좋지 않다.

② 개량식 간장 : 콩과 밀로 간장 코지를 만들어 소금물에 담가서 발효시켜 제조한다. 이 코지가 찐콩에 특유한 풍미를 갖게 하고 균의 부착력을 향상시키기 위해 볶은 밀가루와 코지균을 섞은 후 배양한다. 이 코지 간장은 재래식보다 잡균 번식이 적고 맛과 향기가 좋다.

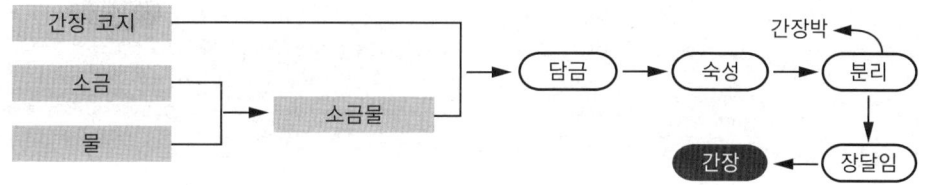

③ 아미노산 간장 : 단백질 원료를 염산으로 가수분해하여 가성소다나 탄산소다로 중화시켜 제조한 간장으로 화학 간장 또는 산분해 간장이라 하며, 풍미가 양조 간장에 떨어지는 것이 단점이다.

(5) 고추장

고추장은 우리나라 고유한 조미료로서 된장에 고춧가루를 섞어 만든다. 된장보다 단맛이 있고 구수한 맛, 짠맛 및 매운맛이 조화된 것이다. 원료는 고추, 찹쌀 또는 보리쌀, 소금 등이며, 숙성 온도는 30℃ 이하가 좋다. 이것은 코지균의 생육에 알맞고, 또 젖산균의 번식이 억제될 수 있는 온도이다.

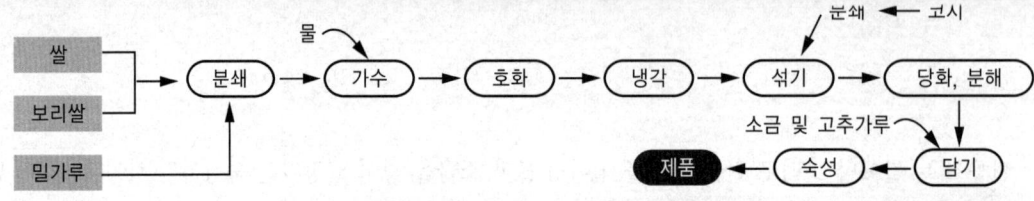

(6) 청국장

청국장은 납두를 만들어 여기에 소금, 마늘, 고춧가루 등의 양념을 절구에 넣고 찧어 만든 조미식품이다. 메주콩을 삶아서 식히기 전에 그릇에 담아서 따뜻한 곳에 이불을 씌워 2~3일간 보온하면 *Bacillus natto*균이 번식하여 점진물이 많고 독특한 향기를 가진 발효물질로 변한다. 이 균은 40~42℃의 고온에서 발육되며 단백질 분해 효소, 당화 효소 등이 있으므로 소화율이 높다. 일반 가정에서는 볏짚의 야생 *natto*균을 이용하기도 한다.

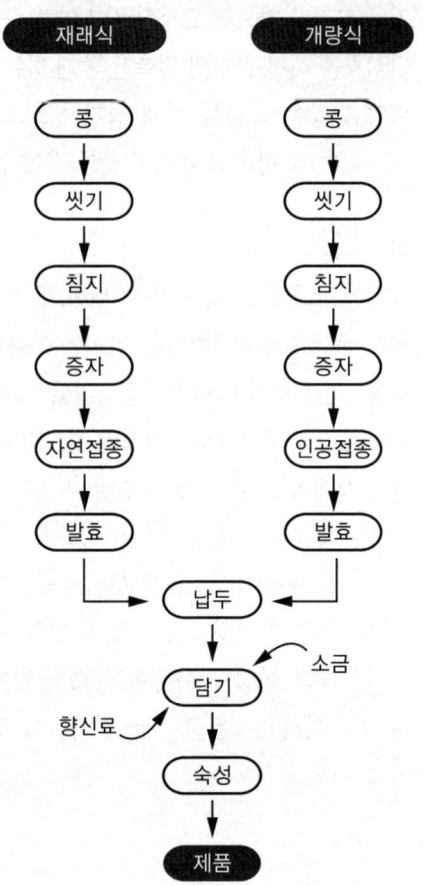

③ 과채류 가공

과실, 채소는 90% 내외의 수분을 함유하고 있으며, 영양상 열량소 또는 단백질원으로 의의가 적으나 여러 가지 비타민류 및 무기질의 공급원으로서 중요하며, 특수한 색소, 향기 및 맛 성분을 가지고 있다. 이들 식품은 신선한 상태로 식용하는 것이 가장 좋으나 농산물의 특징인 시기성이나 저장성이 약하여 적절한 저장과 가공이 수반되어야 한다. 통조림, 주스, 잼, 젤리, 마멀레이드, 토마토 퓨레와 케첩, 건조품, 과실주, 절임류, 탈삽감 등의 가공품 제조나 처리가 실시된다.

1. 과채류의 특성

(1) 과실의 특성

① 일반적으로 수분을 많이 함유하고 있어 저장성이 낮다.
② 포도당, 과당, 자당 등의 당분 및 만니트 등의 당알코올과 사과산, 주석산, 구연산 등의 유기산을 풍부하게 함유하여 조화된 맛을 준다.
③ 저급 지방산의 에틸, 아밀 또는 부틸에스테르 등의 방향 성분인 에스테르류를 비교적 많이 함유하고 있어 향기가 좋다.
④ 잘 익은 과실에는 안토시아닌계 색소, 카로티노이드계 색소, 플라보노이드계 색소를 함유하여 색깔이 아름다워 기호성을 돋운다.
⑤ 비타민 C, 카로틴, 비타민 B_1, B_2 등의 비타민류 및 무기염류를 비교적 많이 함유하여 영양적 의의가 크다.
⑥ 과실에 따라서는 펙틴이 많이 들어 있어 매끈한 촉감을 가질 뿐 아니라 잼, 젤리로 가공할 수 있다.
⑦ 비교적 적게 들어 있는 단백질은 과즙 중에 녹아 과실주스, 잼, 젤리 등으로 가공했을 때 제품을 흐리게 하지만, 끓이면 응고되어 표면에 쉽게 떠올라 제거할 수 있다.
⑧ 탄닌이 들어 있는 과실에는 제품의 색을 나쁘게 하는 경우가 있다.

(2) 채소의 특성

과실과 유사하나 무기질 중 특히 Ca이 많아 식물의 산성을 중화하는 점과 엽록소 함량이 많은 점이 과실과 다르다.

2. 과실 및 채소의 통조림, 병조림

통조림은 식품을 함석 용기나 유리병 속에 식물을 담아 공기를 빼고 밀봉한 후, 가열살균하여 부패 미생물을 사멸시키고, 조직 중에 함유된 효소들을 불활성화시킴으로써 음식물을 안전하게 저장하는 수단이다.

통조림, 병조림을 만드는 주요 공정은 준비된 식품 → 담는 과정 → 탈기 → 밀봉 → 살균 → 냉각 공정으로 구분한다.

(1) 복숭아 통조림

1) 제조 공정

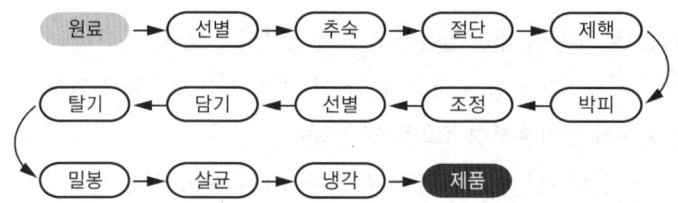

2) 원료

① 백도는 완숙 4일 전 수확, 관도종은 1~2일 전에 채취하여 약간 추숙 사용, 제핵기로 제핵을 한다.

② 핵 주위의 안토시안 색소에 의한 적색 부분도 제거, 제핵 후 산화되는 것을 방지하기 위해 찬물 또는 3%의 소금물에 담가둔다.

③ 열탕 박피는 끓는 물에 1분 내외, 증기이면 5~8분, 알칼리 박피는 1~2%의 끓는 NaOH액에서 30~60초 처리, 0.2% 구연산, 염산액으로 중화한다.

3) 선별 및 담기

최소 고형분량보다 5~10% 많이 담는다. 당액은 개관했을 때 18% 이상 되게 주입한다.

(2) 배 통조림

1) 제조 공정

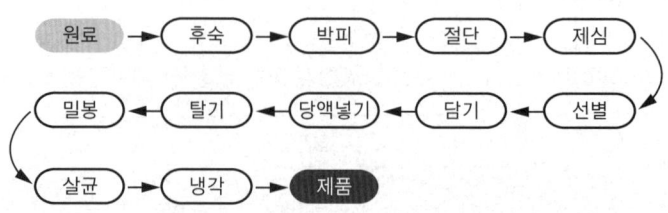

2) 원료
① 통조림용은 섬유가 적고 순백색이며 향기가 높은 서양배가 좋다.
② 녹색을 띠는 적기에 수확하여 21~24℃의 저장실에서 5~10일간 추숙시켜 과피가 녹색에서 담황색으로 변하고 방향이 생긴 것을 선별 사용한다.
③ 껍질을 벗기고 과심을 제거한 다음 산화 변색을 막기 위해 2~3% 소금물에 담아 둔다.

3) 선별 및 담기
규정량보다 10~15% 더 많이 담고, 당액은 개관했을 때 19% 이상 되게 주입한다.

(3) 감귤 통조림

1) 제조 공정

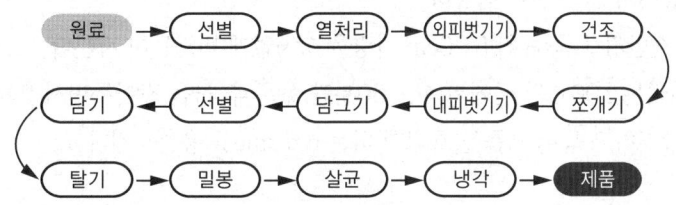

2) 원료
① 완전히 익어 풍미가 좋고, 신선하며, 둥근 것보다 납작한 것이 좋고, 60~100g 정도로 씨가 없는 것이 적당하다.
② 속껍질 벗기기는 보통 산, 알칼리 박피법을 쓴다. 먼저 1~3%의 염산액에 20~30℃에서 30~150분 담그고 물로 씻은 다음 끓은 1~2% NaOH 용액에 15~30초 처리한 다음 물로 씻는다.
③ 껍질이 벗겨지면 흐르는 물에 6~16시간 담아 속껍질과 제품을 흐리게 하는 헤스페리딘 및 펙틴을 씻어낸다.

3) 선별 및 담기
내용 고형물의 약 20~30%를 더 많이 담는다. 당 농도는 개관할 때 19% 이상 되게 조절한다.

4) 감귤 통조림의 흐림
① 감귤 통조림이 흐리게 되고 심하면 유탁상이 되어 상품가치가 떨어지는 경우가 있다. 주원인은 헤스페리딘의 결정 때문이다.
② 방지법으로는 잔여 속껍질과 헤스페리딘(비타민 P) 및 펙틴질은 박리한 후 물로 충분히 씻어 제거시키고, CMC 첨가나 완숙 원료 사용, 고농도 시럽 사용, 장시간 가열, 재가열 등의 처리가 있다.

(4) 죽순 통조림
1) 제조 공정

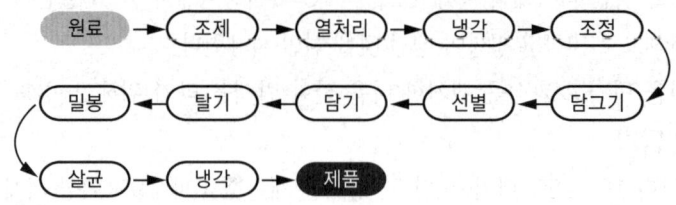

2) 원료
① 통조림용 죽순은 모양이 작으며 마디마디 사이가 짧고, 담백색이며, 육질이 부드럽고, 향기와 풍미가 좋은 것이 적당하다.
② 칼, 절단기로 죽순 위 5~6cm 가량을 상처없게 비스듬히 자른다.
③ 열처리는 100℃의 물에서 40~60분간 삶은 후 물을 갈아주면서 24시간 수침시켜 수용성분을 제거하고 특히 제품을 흐리게 하는 tyrosine을 용출시킨다.

(5) 그린피스 통조림
1) 제조 공정

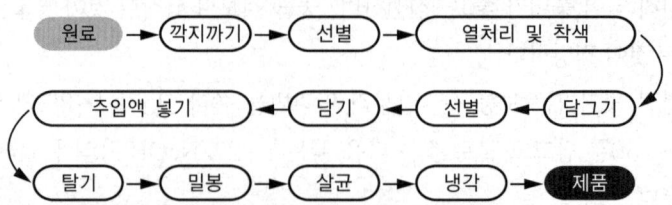

2) 원료
① 통조림용 품종은 알이 작고 둥근 알래스카종이 좋다.
② 그린피스는 단백질과 당분이 많이 들어 있어서 발효하기 쉬우므로 빨리 통조림하는 것이 좋다.
③ 깍지는 손이나 탈협기로 까고, 염수선(Be 10°)으로 완숙콩을 선별하여 청색 고정을 위하여 물 18ℓ에 10g의 황산동 용액을 끓여 8~15분 열처리한다.

3) 선별 및 담기
주입액으로는 2~3%의 더운 소금물을 넣는다.

(6) 양송이 통조림
1) 제조 공정

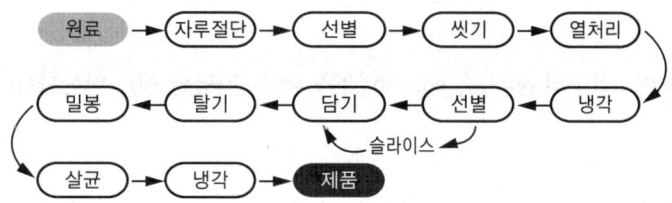

2) 원료
① 양송이 채취의 적기는 우산이 피기 12시간 전 정도가 좋고, 20~40cm 정도의 직경인 것을 채취하여 상처 없게 취급하고 그늘에서 보관한다.
② 금속제 용기 사용은 피하고, 채취한 후 30분~1시간 이내에 가공하는 것이 좋다.
③ 갈변 방지를 위하여 0.01% 아황산염을 사용한다.

3) 선별 및 담기
살균 시 감소되는 점을 감안하여 규정 고형량보다 10~15%를 담는다. 주입액은 2~3%, 염수에 150~200mg%, 비타민 및 glutamin 산을 첨가하여 사용한다.

 ## 3. 과실주스의 제조

과실의 성분은 대부분 수분으로 되어 있어 과육의 향기, 맛, 영양 성분 대부분은 수분에 포함되어 즙액으로 나오게 된다. 이 즙액을 가열처리하여 살균(미생물, 효소 파괴)한 제품이 과일주스이다.

(1) 과일주스의 종류
1) 천연과실주스(과즙)
과실을 짠 것을 그대로 제품화한 것이다.
① 투명과실주스 : 사과, 배, 포도 주스 등
② 불투명과실주스 : 오렌지, 파인애플, 토마토 주스 등. 천연 과실주스에 들어있는 산, 향기 성분, 비타민 C가 가장 중요한 성분이다. 천연 과실주스의 품질은 과실 특유의 향기 성분의 함량, 비타민 C의 함량, 산과 당의 비율, 빛깔 등에 의해 결정된다.

2) 농축과일주스
천연 과일주스를 농축한 것으로 당, 산, 색소를 첨가하지 않은 것이다.

3) 가루주스
농축 과일주스를 건조하여 수분 1~3% 되는 가루로 한 것이다.

4) 과즙 함유 음료
천연 과즙에 물, 당, 산류, 향료, 착색물, 유화제 등을 가하여 과즙의 풍미를 살리도록 조미한 것으로 보통 soft drink beverage라 한다.

5) 기타
넥타(복숭아, 살구의 puree), squash(과육 조각, 가당한 것), 이산화탄소 주스(CO_2 첨가) 등이 있다.

(2) 천연 과실주스
1) 제조 공정

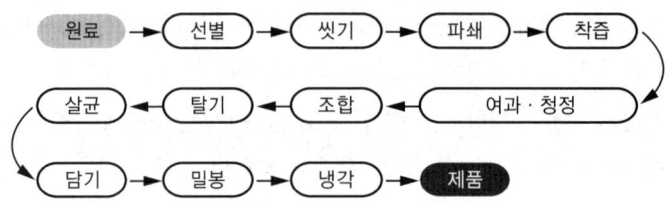

2) 과즙의 추출
과즙을 부셔서 압착기로 짜는 것이 보통이나 감귤류는 먼저 박피나 절단하여 짜고 토마토, 사과, 포도, 배 등은 바로 부셔서 짠다. 그리고 딸기, 포도는 예비가열하여 자루에 넣어 수압기로 짠다.

3) 청징
대부분의 주스는 펙틴 등 기타 침전물을 함유하고 있어 여과만으로 투명한 과일주스를 얻기 어렵다. 따라서 투명과즙 제조 시 혼탁물인 펙틴, 섬유, 단백질 등을 분해, 응고, 침전시켜 제거해야 한다.

> 청징 방법 : 난백, 카제인, 젤라틴, 탄닌, 흡착제, 효소 등을 처리하여 실시

① 난백을 쓰는 법 : 2% 건조난백 용액을 사용하는데 과즙 10ℓ당 건조난백 100~200g을 첨가하여 교반·가온(75℃) 후 냉각·침전·여과한다.
② 카제인을 쓰는 법 : 4~5배 암모니아액에 카제인을 녹여 가열하여 암모니아를 발산 후, 2배 희석하여 사용한다.
③ 젤라틴 및 탄닌을 쓰는 법 : 과즙 100ℓ당 100g 탄닌 첨가 후 120~130g의 2% gelatin 용액을 넣어 교반하고 20시간 방치, 침전 후에 분리한다.
④ 규조토를 쓰는 법 : 과일주스 1ℓ에 대해 7~8g 규조토를 넣고 교반한다. 이 방법은 펙틴 외에 색소, 비타민 등도 흡착하므로 향기가 좋지 않은 결점이 있다.
⑤ 효소(pectinase) 처리 : pectinase, polygalacturonase 등의 펙틴 효소를 0.1% 첨가하여 pH 4.0, 온도 40℃로 조정하여 분해시킨다. 대체로 과즙은 가열한 후 효소 처리한다.

4) 탈기

① 착즙 과즙에는 1ℓ 중에 33~35ml의 공기가 함유되는데 이 중에 과즙의 품질 저하에 영향을 주는 산소량은 2.4~4.7ml 정도이다.

② 착즙 사별한 신선 과실에는 공기가 함유되어 탈기를 박막식이나 분무식으로 71~74 cmHg 의 높은 진공으로 처리한다.

5) 살균

① 과일주스를 그대로 두면 미생물이 생육되어 부패 발효가 일어나고, 또한 효소작용이 진행되어 품질이 저하되기 때문에 이것을 방지하기 위해 가열, 살균한다.

② 살균법 : 순간 살균, 보통 살균, 자외선 살균법 등이 있다.

(3) 사과주스

1) 제조 공정

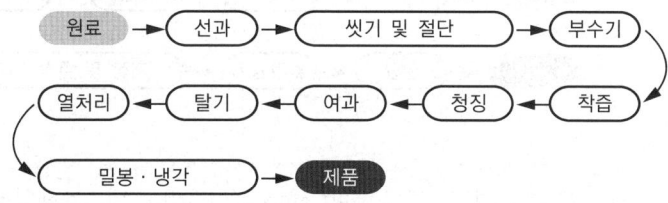

2) 원료

홍옥, 국광 및 왜금이 적당하다. 보통 국광 50~60%, 홍옥·왜금을 50~40% 섞어 쓴다. 완숙과, 병충해 및 곰팡이의 오염이 없는 품종을 사용한다.

3) 세척

과피의 잔류농약을 제거하기 위해 충분히 물로 씻거나 1%의 염산으로 씻고 물로 헹군다.

(4) 오렌지주스

1) 제조 공정

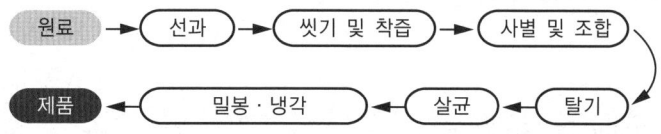

2) 원료

하등은 쓴맛과 신맛이 강하여 상쾌한 향기를 가지고 있으므로, 이것에 적당하게 다른 밀감을 조합하면 좋다.

3) 선과, 씻기 및 착즙

선과한 원료의 껍질을 벗기거나 바로 2쪽으로 절단하여 착즙한다. 압착법으로 착즙하면 수량은 많으나 쓴맛 성분이 많이 섞여 들어간다.

4) 사별 및 조합

0.5mm 체로 10% 내외의 펄프가 주스 중에 현수되도록 사별한다. 펄프 조각이 너무 크면 너무 속히 침전되어 촉감이 나쁘게 되고 너무 고우면 맛이 적다.

5) 탈기, 살균, 밀봉, 냉각

93℃에서 20초 살균하여 밀봉 냉각한다.

(5) 포도주스

포도주스는 다른 과실주스에 비하여 주석을 침전시키는 공정과 투명과실주스에서는 펙틴 분해 공정, 적색 과실주스에서는 적색 색소를 용출시키는 조작이 더 추가된다.

1) 제조 공정

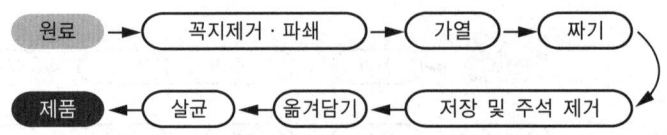

2) 원료

콘코드(Concord)를 주로 하고, 캠벨어리(Campbell Early), 머스캣베일리 A(Muscat Bailey A)를 쓴다.

3) 가열 착즙

포도알은 과피 속의 색소를 녹여내기 위하여 이중솥으로 65℃로 가열한 후 착즙(수율 60%)한다.

4) 주석 제거

포도주스는 주석산 칼륨염이 많이 들어있다. 이것은 주스의 산도 저하, 색소 침착 등 풍미에 영향이 크므로 주석을 제거해야 한다. 자연침전, 탄산가스, 동결법, 농축여과 등이 있다.

5) 살균

80℃에서 30~40분간 살균한다.

4. 젤리, 마멀레이드 및 잼류

과실 그대로 또는 물을 가하여 가열하여 얻은 과즙에 설탕을 넣고 졸인 것이 젤리(Jelly)이고, 과실을 으깬 과육에 설탕을 넣어 졸인 것이 잼(Jam)이다. 젤리(과즙)에 과피 조각을 첨가하여 제조한 것을 마멀레이드(Marmalade)라 한다.

(1) 젤리(Jelly)

1) 제조 공정

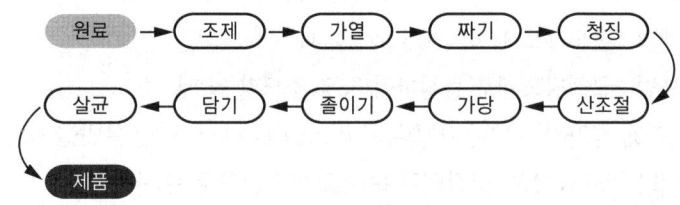

> **Jelly화의 3요소**
> 설탕(60~65%), 펙틴(1.0~1.5%), 유기산(0.3%, pH 3.0) 등

[pectin 함량이 일정할 때 Jelly화에 미치는 유기산과 당 농도의 관계]

유기산량 (%)	Jelly화에 필요한 당분량(%)	Jelly중량 (g)	유기산량 (%)	Jelly화에 필요한 당분량(%)	Jelly중량 (g)
0.05	75.5	100	1.55	52.0	100
0.17	64.0	100	1.75	52.0	100
0.30	61.5	100	2.05	50.5	100
0.55	56.5	100	2.55	50.5	100
0.75	56.5	100	3.05	50.0	100
1.05	53.5	100	3.55	50.0	100
1.30	53.5	100	4.05	50.0	100

[산도가 일정할 때 Jelly화에 미치는 당분과 pectin 농도의 관계]

pectin %	0.50	0.75	0.90	1.00	1.25	1.50	1.75	2.00	2.75	4.20	5.50
Jelly화에 필요한 최소당분(%)	Jelly화가 되지 않는다.		65.0	62.0	54.0	52.0	51.0	49.5	48.0	45.0	43.0

2) Pectin 정량

① 펙틴이 알코올에 의하여 응고되어 침전되는 성질을 이용한 알코올 침전법이 있다.
② 시험관에 95%의 알코올과 동량의 과즙을 넣고 응고상태를 관찰, 판정한다.
③ 전체가 응고 덩어리가 생기면 펙틴이 많으므로 설탕량은 과즙의 1/2~1/3량 첨가하고, 덩어리가 작고 여러 개 생기면 펙틴량은 보통으로 과즙과 동량의 설탕을 첨가한다. 그리고 응고 덩어리가 적거나 없으면 펙틴량이 적은 것으로 이때는 과즙을 농축시키거나 펙틴이 많은 과즙이나 펙틴을 첨가한다.

3) Jam의 완성점 결정

온도 104~105℃, 당도(65%), 컵·스푼 검사를 한다.

4) 젤리점(Jelly point)을 측정하는 방법

① Cup test : 넣을 때 흩어지지 않는 것
② Spoon test : 스푼으로 떠서 볼 때 묽은 시럽상태가 되어 떨어지지 않고 은근히 늘어질 때
③ 온도계법 : 온도계로 104~105℃가 될 때
④ 당도계법 : 굴절당도계로 측정하여 65% 정도가 될 때

5) 마멀레이드에 첨가하는 오렌지 껍질은 flavanon 배당체인 쓴맛을 내는 naringin이 많아 뜨거운 물이나 알코올 또는 알칼리로 녹이고 무기산으로 분해시킨다.

(2) 잼(Jam)

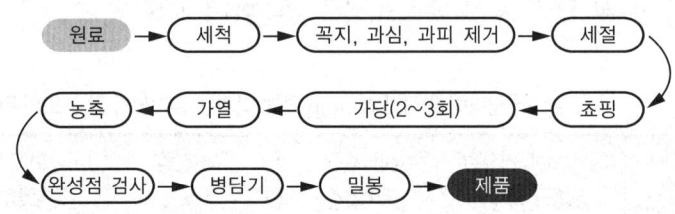

(3) 과실버터(Fruit butter)

사과, 서양배, 복숭아, 살구 등을 사용하며 잼과 다른 점은 펄프 조직이 더 작고 더 농축된 점이다.

(4) 당과(Fruit candy)

과실 또는 채소를 당액에 넣어 가열한 후 침투시켜 보존성을 높인 당장품이다. 원료는 생식용 경우보다 1~2일 전에 수확한 과실을 사용하여 과육이 연화되면 0.5% 정도의 아황산액에 담가서 표백하여 조직을 단단하게 한 후 당액을 낮은 농도부터 서서히 올린다.
당액은 설탕 2, 포도당 1을 혼합하여 30% 당액을 만들어 쓴 다음, 40%, 70%로 농도를 높여 사용하고 45℃ 이하에서 건조시킨다.

(5) 우린감

감에는 단감과 떫은 감이 있는데 단감은 그대로 먹을 수 있으나, 떫은 감은 그대로 먹을 수 없어 완전히 익혀서 홍시로 하거나 인공적으로 탈삽하여 식용한다.

1) 감의 떫은맛과 탈삽기작

① 감의 떫은맛은 탄닌에 의한 것으로 주성분은 diosprin이다.
② 탈삽은 탄닌물질을 없어지게 하는 것이 아니고, 탄닌 세포 중의 가용성 탄닌이 불용성 탄닌으로 변화하게 되어 떫은맛을 느끼지 않게 되는 것이다.

2) 감의 탈삽 방법

① 온탕법 : 떫은 감을 35~40℃ 더운물에 12~24시간 유지
② 알코올법 : 떫은 감을 알코올과 함께 밀폐된 용기에 넣어 탈삽하는 방법

③ 탄산가스법 : 밀폐된 용기에 감을 넣고 CO_2 가스로 치환시켜 탈삽하는 방법으로 상압법과 가압법이 있다.

5. 토마토의 가공

토마토는 채소 중에서도 비타민 A, B, C 등을 특별히 많이 함유하고 있어 가장 영양가가 높다. 따라서 이들 가공에서는 영양분이 없어지지 않도록 주의해야 한다. 토마토 가공품에는 다음과 같은 것들이 있다.

(1) 토마토 솔리드 팩(Tomato solid pack)

완숙 토마토를 껍질을 벗기고 꼭지를 제거한 후, 원형 그대로 통(병)에 담고 토마토 퓨레나 당 시럽을 조금 주입하여 통조림으로 한 것이다.

(2) 토마토 퓨레(Tomato puree)

토마토를 펄핑하여 껍질, 씨 등을 제거한 후, 파쇄하여 얻은 펄프를 조미하지 않고 농축시킨 것으로 농축 정도에 따라 제품의 종류가 다르다.
① 저도 토마토 퓨레 : 전고형물 6.3% 이상
② 중도 토마토 퓨레 : 전고형물 8.37% 이상
③ 고도 토마토 퓨레 : 전고형물 12.0% 이상

(3) 토마토 페이스트(Tomato paste)

토마토 퓨레를 더 농축하여 전고형물을 25% 이상으로 한 것으로서 농도에 따라 저도 paste는 TS 25~29%, 중도 paste는 TS 29~33%, 고도 paste는 TS 33% 이상으로 한 것이다.

(4) 토마토케첩(Tomato ketchup)

토마토 퓨레에 여러 가지 향신료, 소금, 설탕, 식초 등의 조미료를 넣어 농축시킨 것으로 전고형물이 25%이다.

(5) 토마토 주스(Tomato juice)

토마토를 착즙하고 과피를 제거한 과즙에 소량의 소금을 첨가한 것이다.

(6) 칠리소스(Chili sauce)

토마토를 박피 후 가늘게 썰어 여기에 퓨레를 혼합하고 케첩과 같이 조미한 것으로 씨, 과육, 양파를 으깨어 혼합된 점이 케첩과 다른 점이다.

(7) 염화칼슘의 사용

① 완숙 토마토는 통조림 제조 중에 육질이 너무 허물어지기 쉬워 구연산 칼슘, 염화칼슘 등을 처리하여 과육의 연화를 방지한다.

② 칼슘 처리는 펙틴산과 반응하여 과육 속에서 gel을 형성하므로 가열하여도 세포조직을 보호하여 과육을 단단하게 유지한다.
③ 칼슘 사용량은 미국 통조림 규격에서 0.026% 이상 사용하지 못하게 되어 있다. 칼슘 사용은 토마토 솔리드 팩의 품질 유지에 대단히 중요하다.

6. 건조 과실 및 건조 채소

(1) 건조 과실

과실을 적당한 방법으로 건조하여 수분을 제거한 다음, 단맛을 더하게 하는 동시에 특수한 풍미와 저장성을 가지도록 만든 것이다. 건조 과실은 수분함량이 24% 정도이고, 건조법은 천일 건조, 화력 건조, 열풍 건조 등이 있다. 과실을 건조하면 다음과 같은 이점이 있다.

① 가공 비용이 적게 든다.
② 부피를 축소할 수 있다.
③ 갈변을 방지할 수 있다.
④ 세균의 번식을 방지하여서 저장성을 보유할 수 있다.
⑤ 고유한 과실의 색을 선택하여 보유할 수 있다.
⑥ 운반이 간편하다는 등의 이점이 있다.

1) 알칼리 처리

과피에 납물질은 건조를 느리게 한다. 0.5~0.1%의 가성소다, 탄산소다, 석회 등 비점까지 가열한 용액에 과실을 5~15초 담가 물로 씻는다.

2) 유황훈증

사과, 복숭아, 살구 등은 산화효소(oxidase)가 많이 함유되어 건조 시 갈변하므로, 이 효소를 파괴하고 부패와 충해를 막기 위해 유황훈증을 한다. 사과는 원료 10kg에 30g의 황을 태워 15~30분간 처리한다.

(2) 건조 채소

건조 채소는 채소를 건조하게 저장해두었다가 신선한 채소가 없을 때 공급하기 위해 제조한다.

① 무말랭이 : 무를 썰어서 자연 건조시키는데 가급적 신속한 건조가 제품의 갈색화를 방지한다. 건조는 수분 10~12%로 약간 탄력이 있는 게 좋다.
② 건조 시금치 : 뿌리를 자르고 2~3분간 뜨거운 물로 데친 후 급랭하여 건조 상자에서 건조한다. 건조 채소를 데치기(blanching) 하는 목적은, 첫째 효소작용 불활성화, 둘째 조직의 유연화, 셋째 악취 제거 등이다.

7. 침채류

침채류는 채소류를 주원료로 하고, 여기에 소금, 고추장, 간장, 된장, 술지게미 및 쌀겨 중의 한두 가지 또는 여러 가지를 섞어서 담근 것으로 조리와 저장을 겸한 염장식품이다. 대표적인 것으로는 김치와 단무지가 있다. 침채류는 풍부한 섬유질과 무기질이 있고, 정장작용, 비타민 급원, 소화 효소에 의한 소화조장 등에 효과가 크다.

(1) 배추김치

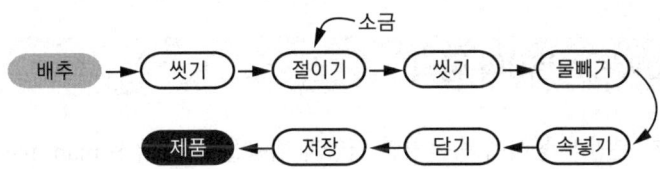

(2) 단무지

(3) 피클

채소 또는 과일류를 소금, 식초 또는 향신료 등을 넣고 절인 것을 말하며, 원료로는 오이, 콜리플라워, 양파, 덜 익은 토마토를 주로 사용한다.

02 축산식품 가공

① 유가공

 1. 우유(Cow's milk)의 정의

우유는 젖소가 분만과 동시에 송아지의 영양과 발육을 위해 유선(mammary gland)에서 합성되어 분비되는 백색의 불투명한 분비물(secreation)을 말한다.

 2. 우유 성분의 조성

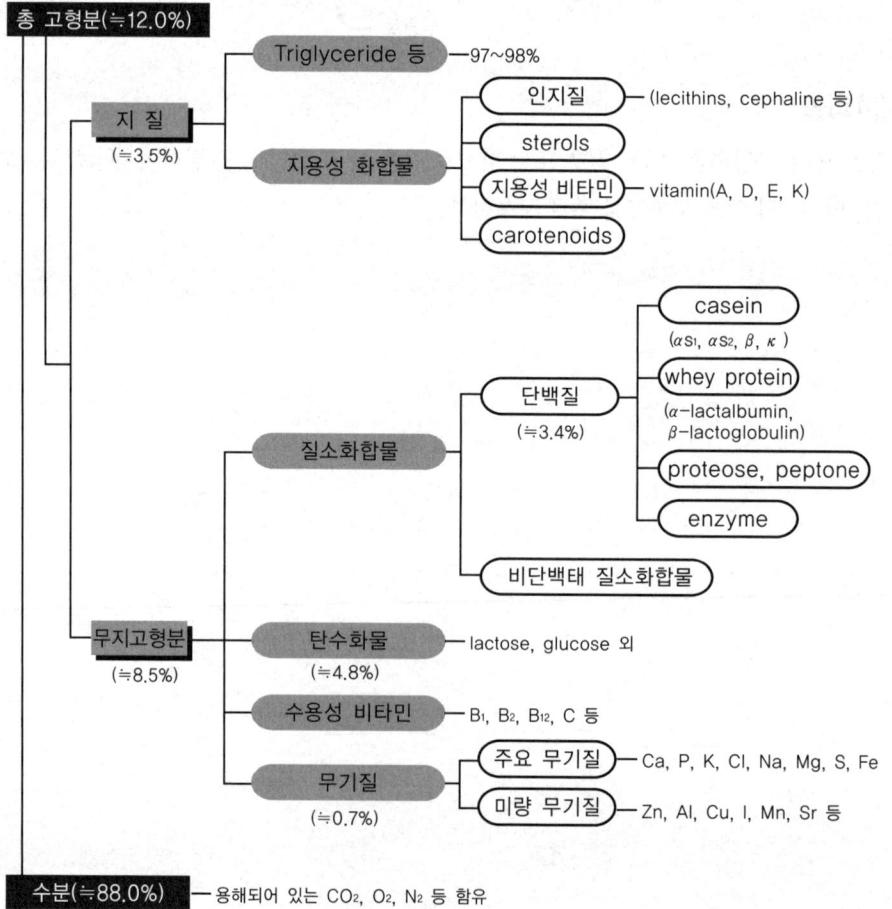

우유의 주성분은 수분, 지방, 단백질, 유당 및 회분이며, 이밖에 미량 성분으로 비타민, 효소, 색소, 가스, 면역체, 세포가 함유되어 있으며, 우유의 성분 조성은 앞의 도표와 같다. 우유의 성분 조성은 젖소의 품종, 개체, 연령, 기후, 사료, 환경적인 요인에 따라 영향을 받는다.

(1) 우유의 단백질

우유에는 약 3.0~3.9%의 단백질이 함유되어 있다. 단백질은 탈지유를 20℃, pH 4.6에서 응고되어 침전하는 부분을 casein이라 하며, 이때 용액 중에 남는 것을 유청 단백질(whey protein)이라 한다.

① casein은 우유의 주요 단백질의 일종인 인단백질이며, 총 단백질의 78~85%(단백질로는 2.6~3.2%) 정도이며, αs_1, αs_2, β 및 κ-casein이 있다.

② 유청 단백질은 α-락트알부민, β-락트글로불린, 혈청알부민, 면역단백질(immunoglobulin)이 있다.

③ 우유 중의 각 casein은 Ca이나 P, Mg, citric acid와 결합하여 calcium caseinate phosphate 결합체의 커다란 colloid 입자로 존재하며, 이것을 casein micelle 이라고 한다.

(2) 우유의 지질

유지질은 우유에 3.0~5.0% 함유되어 있고, 우유 성분 중에 중요한 성분의 하나로서 주로 지방산의 glycerine ester인 triglyceride, 즉 중성 지방이 총 지질의 약 97% 정도이다. 그리고 이밖에 glyceride, phospholipid, sterol, 기타 미량의 지용성 비타민과 유리지방산(free fatty acid) 등이 함유되어 있다.

① 우유와 모유에 있어서 지방산 함량의 차이를 보면 포화지방산은 우유가 60~70% 정도이고, 모유는 약 48% 정도이다. 불포화지방산은 우유가 25~35%이고, 모유는 54% 정도로 높다. 즉, 우유는 낙산(butyric acid)과 같은 저급 지방산(short chain fatty acid)의 함량이 많고, 반대로 linoleic acid와 같은 고급 불포화지방산(long chain unsaturated fatty acid)의 함량은 적은 편이다. 특별히 우유의 지방산에는 다른 식품의 지방에 함유되지 않은 낙산이 들어 있다.

② 우유의 지방구는 지름이 0.1~22μ으로서 평균 3μ이며, 지방구 표면을 싸고 있는 막을 지방구막이라고 한다. 막은 친수성으로서 지방을 유탁액(emulsion) 상태로 유지시켜 주며, 이 지방구막은 인지질, 단백질, 비타민 A, carotenoid, cholesterol, 각종 효소복합물로 되어 있다. 지방구면은 lipase에 의한 지방 분해작용에 대해 보호작용을 한다.

(3) 우유의 탄수화물

우유 탄수화물 중 유당(lactose)이 약 99.8% 정도 차지하며, glucose 0.07%, galactose 0.02%, oligosaccharide 0.004% 정도 존재한다. 우유 전체 성분 중에 유당 함량은 4.2~5.2%이며, 젖소의 품종과 동물의 종류에 따라 차이가 크다. 젖산 발효에 의해서 젖산이 생성되며 묽은 산이나

lactase(β-galactosidase)에 의해서 glucose와 galactose로 분해된다. 유당의 단맛은 설탕의 약 1/5 정도이고, 단당류로 분해되면 단맛이 증가한다.

① 생체 내의 유당은 β-galactosidase의 작용을 받아서 분해된다.

※ 유당의 생물학적작용
- 발효에 의해 젖산과 방향성 물질 생성
- cerebroside(당지질)의 구성당인 galactose의 공급원
- 장내에서 젖산균의 발육에 이용되어 장내를 산성으로 유지함으로써 유해균의 증식을 억제하여 정장작용
- 칼슘의 흡수를 촉진

② 유당은 용해가 낮기 때문에 그 결정화는 가당연유, 아이스크림 등의 안정성에 영향을 끼치고, 가열 시 갈변화 전구물질이 된다.

③ 유당불내증(lactose intolerance)은 우유를 섭취했을 때에 배가 아프거나 설사가 나는 증상으로, 소장에 있는 유당분해 효소에 의하여 분해되지 아니하고 대장 내의 세균에 의해 즉각 발효가 발생하여 gas와 산이 생겨 나타난다.

(4) 우유의 무기질

우유 중에는 무기질이 약 0.7% 정도 존재하며, 주로 이온상태와 염류상태로 존재한다. S 성분은 거의가 단백질에서 유리되고, P는 casein과 인지질에서 유래된다. 지방구 피막물질에 흡착되어 존재하며 유기산기는 염류의 구성성분으로 존재한다. 그러나 회화시키면 거의 소실된다. 모유와 우유의 무기질 조성은 다음 표와 같다.

[우유와 모유의 무기질 조성 비교]

종류	Ca	P	Mg	Na	Cl	K
우유(g/ℓ)	1.25	0.94	0.12	0.58	1.03	1.38
모유(g/ℓ)	0.33	0.14	0.04	0.15	0.43	0.50

(5) 우유의 비타민

우유에는 거의 중요한 비타민이 모두 함유되어 있다. 지용성 비타민에는 A, D, E, K가 있고, 수용성 비타민은 B군과 비타민 C로 나눌 수 있다.

(6) 우유의 효소

1) 가수분해 효소

① lipase : 지방을 분해하여 글리세롤과 지방산으로 가수분해하는 효소이다. 천연적으로 활성을 갖는 피막 lipase와 casein이 결합되어 있는 유청 lipase가 있으며, 지방의 산패에 관여하는 것은 유청 lipase이다.

② protease : 단백질의 peptide 결합을 가수분해하여 단백질 조각인 peptone, proteose, polypeptide, amino acid를 생산한다.

③ phosphotase : 인산의 monoester, diester 및 pyrophosphate의 결합을 분해하는 효소로 62.8℃에서 30분, 71~75℃에서 15~30초의 가열에 의하여 파괴되므로 저온 살균유의 완전살균여부 검정에 이용된다.

④ amylase : 전분을 가수분해하는 효소로 α-amylase와 β-amylas가 있으며 정상유보나 초유와 유방염유에 많다.

⑤ lactase : lactose를 분해시켜 glucose와 galactose를 생성한다.

2) 산화 · 환원효소

① catalase : 초유, 유방염유에 많이 들어 있고, 유방염유의 검출에 이용된다.

$2H_2O_2 \rightarrow 2H_2O + O_2$

② peroxidase : 과산화수소의 존재 하에 물질의 산화를 촉매하는 효소로서, 특히 이상유에 많이 존재하고 우유의 고온가열 판정에 이용된다.

$H_2O_2 + AH_2 \rightarrow 2H_2O + A$

(AH_2는 수소공급체로서 amine, phenol류, 방향족산류)

③ xanthin oxidase : 모유에는 존재하지 않으므로 모유와 우유의 판별에 이용되는 효소이다.

3) Rennin(chymosin)

우유의 응유 효소로서 송아지 제4 위에서 추출된 단백질 분해 효소로 κ-casein의 105와 106번 사이를 분해하여 para-κ-caseinate와 glycomacropeptide를 생성한다. 최적 온도는 40~41℃, 최적 pH는 5.35이다.

3. 시유(City milk, Market milk)

목장에서 생산된 생유(Raw milk)를 식품위생상 안전하게 처리하여 소비자가 마실 수 있도록 액체상태(Fluid state)로 상품화된 음용유를 말한다.

(1) 우유류 규격(식품공전, 2024년 11월 현재)

① 산도(%) : 0.18 이하(젖산으로서)

② 유지방(%) : 3.0 이상(다만, 저지방제품은 0.6~2.6, 무지방제품은 0.5 이하)

③ 세균수 : n=5, c=2, m=10,000, M=50,000

④ 대장균군 : n=5, c=2, m=0, M=10(멸균제품은 제외한다.)

⑤ 포스파타제 : 음성이어야 한다(저온장시간 살균제품, 고온단시간 살균제품에 한).

⑥ 살모넬라 : n=5, c=0, m=0/25g

⑦ 리스테리아 모노사이토제네스 : n=5, c=0, m=0/25g

⑧ 황색포도상구균 : n=5, c=0, m=0/25g

(2) 제조 공정

수유 → 냉각 → 청정화 → 표준화 → 균질 → 살균(멸균) → 냉각 → 충전·포장 → 소비자

1) 원유검사

목장에서 집유한 원유를 가공 처리하기 위하여 질이 좋은 원유를 선별, 저유하는 것을 말한다. 원유 검사는 원유의 위생 검사, 시설위생 검사, 위생관리 검사로 구분하여 실시한다. 원유 위생 검사는 수유 검사와 시험 검사로 구분하여 실시한다.

① 수유 검사 : 목장에서 수유하기 전에 실시하며 관능 검사, 비중 검사, 알코올 검사(또는 pH 검사) 및 진애 검사 등

② 시험 검사 : 수유 시 검사가 불가능한 검사 항목에 대하여 검사하며 적정산도 검사, 세균수 시험, 세균발육억제 물질 검사 및 성분 검사 등이 있으며, 15일에 1회 체세포 검사를 한다.

2) 여과·청정화

원유 중의 먼지, 흙, 깃털 등을 여과포와 쇠망 등으로 여과한 후에 백혈구, 체세포, 미생물 등은 청정기(clarifier)로써 원심분리시켜 여과한다.

3) 표준화(standardization)

① 목적 : 시유의 성분(표시) 규격에 맞도록 원유에 유지방, 무지고형분, 비타민, 무기질 등을 강화하여 함량을 조절시키는 데 있다.

② 지방 표준화(피어슨 공식)의 예제
- 지방함량이 목표 지방률보다 높을 경우(탈지유 첨가량)

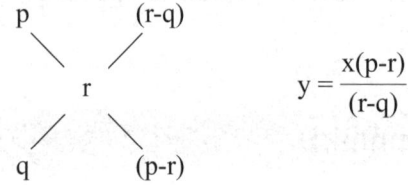

$$y = \frac{x(p-r)}{(r-q)}$$

여기서, p : 원유의 지방률(%)
        q : 탈지유의 지방률(%)
        r : 목표 지방률(%)
        x : 원유의 중량(kg)
        y : 탈지유 첨가량(kg)

예제1
지방률이 3.5%인 원유 5,000kg을 0.1%의 지방률인 탈지유를 혼합시켜 지방률 3.1%의 표준화 우유로 만들 때 탈지유의 첨가량을 계산하시오.

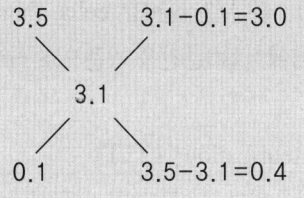

탈지유 첨가량(kg) = $\dfrac{5,000 \times 0.4}{3}$ ≒ 667kg

- 원유의 지방률이 목표 지방률보다 낮을 경우(크림 첨가량)

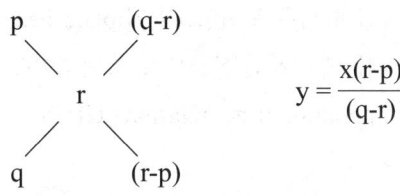

$y = \dfrac{x(r-p)}{(q-r)}$

여기서, p : 원유의 지방률(%)　　　　　q : 탈지유의 지방률(%)
　　　r : 목표 지방률(%)　　x : 원유의 중량(kg)　　y : 탈지유 첨가량(kg)

예제2
지방률이 3.1%인 원유 5,000kg을 지방률 35%의 크림을 혼합시켜 지방률 3.5%의 표준화 우유로 만들 때에 크림의 첨가량을 계산하시오.

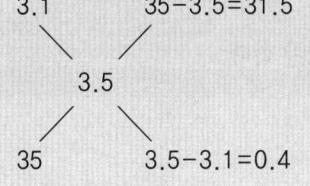

크림의 첨가량(kg) = $\dfrac{5,000 \times 0.4}{31.5}$ ≒ 63.5kg

4) 균질화(Homogenization)
우유 중의 지방구에 물리적 충격을 가해 그 크기를 작게 분쇄하는 작업을 균질이라 한다.
① 목적 : creaming의 생성방지, 점도의 향상, 우유의 조직을 부드럽게 하고, 소화율을 높게 해 주고, 지방산화 방지 효과가 있다.
② 균질화 이론 : 우유가 고압으로 좁은 공간을 통과할 때 받는 힘으로 지방구가 미세화 되는데, 이때 우유 자체가 받는 충격(impact), 폭발(explosion), 전단(shearing), 공동(cavitation)작용에 의해 우유 지방구의 크기는 작아진다. 균질기 내의 우유의 온도는 50~60℃, 압력은 2,000~3,000lb/inch^2(140~210kg/cm^2)가 적당하다.

5) 살균과 멸균

우유의 살균은 원유가 가지고 있는 영양소의 손실을 최소화하는 범위 내에 각종 미생물을 사멸시키고 효소를 파괴하여 위생적으로 완전하게 하며 저장성을 높이기 위해 실시한다.

원유 중의 유해병원균인 우결핵균(Mycobacterium bovis), 블루셀라균(Brucella abortus), Q열병균(Coxiella burnetti) 등이 사멸되는 최소 온도 61.1℃에서 30분간을 기준으로 하여 가열, 사멸한다.

① 저온 장시간 살균법(Low Temperature Long Time pasteurization, LTLT)

61~63℃, 30분 유지하며, 우유, 크림, 주스 살균에 이용된다. 소규모 처리에 적당하고, 원유의 풍미와 세균류(젖산균)의 잔존율을 높일 경우에 효과적이다.

② 고온 단시간 살균법(high temperature short time pasteurization, HTST)

72~75℃, 15~17초 유지하며, 가열 방식은 평판열교환기(plate heat exchanger), 가열, 열교환, 냉각이 동시에 이루어지기 때문에 단시간 살균으로 효과적이다.

③ 초고온 순간 살균법(Ultra High Temperature pasteurization, UHT)
- 132~150℃, 2~7초 유지한다.
- 직접가열 방식 : 1차 예열(70℃) → 2차 예열(85℃) → 가열(132~150℃)
- 간접가열 방식 : 1차 예열(85℃) → 균질 → 2차 예열(100℃) → 살균(135℃)
- 우유의 이화학적인 성질의 변화를 최소화 하면서 미생물을 거의 사멸시킬 수 있는 방법이다.

④ 초고온 멸균법(ultra high temperature sterilizatim)

우유를 135~150℃에서, 1~15초 가열, 멸균시킨 것을 무균포장 시스템으로 포장, 밀봉한 것으로 UHT 멸균충전우유라 한다.

6) 충전 및 포장

살균 후 냉각된 우유는 청결한 용기에 위생적으로 충전되어야 한다.

① 유리병(glass bottle)
- 무색, 투명하며 내용물 확인이 가능하다.
- 약품 및 열에 안정이다.
- 회수가 가능하여 재사용이 용이하다.

② 종이(carton)
- 1회용으로 위생적이며, 광선 차단에 의한 비타민 보호와 일광취가 없다.
- 냉장 저장이 용이(열용량이 적기 때문에)하다.
- 운반이 용이하며, 자동판매기용으로 이용할 수 있다.

③ 플라스틱 병(plastic contanier)
- 1회용으로 위생적이며, 파손의 염려가 적다.
- 방수 및 방습성이 좋다.
- 가격이 저렴하고 취급이 간편하다.

4. 아이스크림(Ice cream)

Cream을 주원료로 하여, 그 밖의 각종 유제품에 설탕, 향료, 유화제, 안정제 등을 혼합시켜서 냉동, 경화시킨 유제품이다. 수분과 공기를 최대한 활용시킨 제품을 말한다.

(1) 아이스크림의 종류

① plain ice cream : 유지방 10% 이상으로 1가지 향료만 첨가한 것이다. 향료로는 바닐라, 초콜릿, 커피, 박하 등이 사용된다.
② nut ice cream : 유지방 8% 정도이며, plain ice cream에 견과류인 밤, 호두, 개암, 아몬드를 첨가한다.
③ fruit ice cream : 유지방 8% 정도이며, plain ice cream에 사과, 딸기, 바나나, 파인애플 등의 과즙을 직접 첨가한 것이다.
④ custard ice cream : 유지방 10% 이상으로 전란 또는 난황을 1.4~3.0% 첨가한 french ice cream, neopolitan ice cream이라고 한다.
⑤ mouse ice cream : 유지방 30% 정도이며, whipped cream에 설탕 향료를 첨가하여 제조하였다. 다공성의 조직을 가지고 있어서 부드러움이 크다.
⑥ ice milk : 유지방 3~6% 정도이며, 지방률이 낮다.
⑦ sherbet : 유고형분 3~5% 정도이며, 구연산, 주석산을 0.35% 첨가하여 산도를 0.3~0.4%로 제조한 것이다. 산미, 감미가 강하다.
⑧ water ice : 우유 성분이 없고, 설탕, 과즙, 향료를 혼합, 동결시킨 것으로서 ice candy, ice cake라고도 한다.
⑨ mellorine : 우유 지방 대신에 식물성 지방으로 만든 모조 아이스크림, 식물성 유지 6% 정도이다.

(2) 제조 공정

원료 검사 → 표준화 → 혼합·여과 → 살균 → 균질 → 숙성 → 동결(-2~-7℃) → 충전·포장(soft icecream) → 경화(-15℃ 이하, hard ice cream)

1) 아이스크림 믹스 배합(mix 표준화)

아이스크림을 제조하기 위한 여러 가지 원료를 배합한 것을 아이스크림 믹스라 하며, 지방, 무지고형분, 전고형분, 설탕, 안정제, 유화제 등을 표준 조성표에 맞도록 원료를 배합한다.

① 우유 및 유제품
 • 고지방 원료 : 크림, 전지연유, 전지분유, 버터 등
 • 무지고형분 : 탈지유, 탈지분유, 버터밀크, 연유 등
② 감미료 : 감미료는 감미를 부여하고, 부드러운 조직을 만들어 주며, 총고형분을 증가시킨다. 당분은 12~18% 첨가, 설탕을 주로 사용하고 그 외에 포도당, 과당, 전화당 등이 사용된다.

③ 안정제
- 아이스크림의 경화와 형태를 유지하며, 얼음의 결정을 막으며, 조직을 부드럽게 하는 데 효과가 있다.
- 사용량 : 0.2~0.3% 정도
- 종류 : 알긴산 염, 젤라틴, 펙틴, 가라기난, gum류 등이 있고, 최근 CMC-Na(sodium carboxyl methyl cellulose)이 많이 사용된다. CMC-Na는 보수력이 높으며 0.15~0.18% 사용한다.

④ 유화제
- 유화작용을 높여주고, 거품성을 갖게 하여 조직을 더 부드럽게 해주는 기능이 있다.
- 종류 : monoglyceride, polyoxyethylene 유도체, glycerine, lecithin 등

믹스의 배합 예제
- 크림 : 지방 35%, 무지고형분 2.0%
- 탈지분유 : 지방 1.0%, 무지고형분 96%
- 원유 : 지방 3.4%, 무지고형분 8.6%일 경우를 표준화하여

※ 지방 10%, 무지고형분 10%, 설탕 15%, 펙틴 0.5% 조성분을 갖는 mix 1000g을 만들 경우

[믹스의 배합표]

	배합량	Fat(%)	SNF(%)	설탕(%)	안정제(%)	T.S
원유	X	3.4	8.6			12
탈지분유	Y	1.0	96			97
설탕	150g			15		15
펙틴	5g				0.5	0.5
크림	Z	35	2.0			37
합계(%)	1,000g	10	10	15	0.5	35.5

- 배합의 총량 : $X+Y+Z=1000-(150+5) = 845$ ────────── ①
- 총 지방량 : $0.034X+0.01Y+0.35Z = 1,000\times0.1 = 100$ ───── ②
- 총 SNF량 : $0.086X+0.96Y+0.02Z = 1,000\times0.1 = 100$ ───── ③

식 ①, ②, ③를 연립방정식으로 풀면, $X ≒ 567$, $Y ≒ 49$, $Z ≒ 229$
즉, 원유는 567g, 탈지분유는 49g, 크림은 229g, 설탕 15g, 펙틴은 0.5g 혼합하면 된다.

2) 혼합 및 여과

① 탱크 내의 온도는 50~60℃로 유지한다.
② 혼합과정 : 혼합과정의 순서는 다음과 같다.
  낮은 점도를 갖는 액체원료(우유, 물 등) → 높은 점도를 갖는 액체원료(연유, 크림, 액당) → 쉽게 용해되는 고체 원료(설탕 등) → 분산성을 갖는 고체원료(전지분유, 탈지분유)
③ 탱크 안의 교반기의 속도를 480rpm으로 작동시켜 용해시킨다.

④ 각 원료가 잘 용해되면 금속망, 합성수지망을 통과시켜 이물질이나 용해되지 않는 덩어리를 제거한다.

3) 균질
① 균질기를 사용하여 믹스 중 지방구를 2㎛ 이하로 미세화시켜서 크림층 형성을 방지하고, 균일한 유화상태를 유지하는 데 목적이 있다.
② 균질 효과 : 아이스크림의 조직을 부드럽게 하고, 증용률을 향상시키고, 숙성 시간의 단축과 동결 공정 중 지방의 응고 현상을 방지하고, 안정제, 유화제의 사용량을 절감할 수 있다.

4) 살균
① 저온 장시간 살균(LTLT, 68.3℃에서 30분), 고온 단시간 살균(HTST, 79.4℃에서 25초)을 이용한다.
② 살균 효과 : 혼합 원료의 완전한 용해, 유해균 사멸, 지방분해 효소의 가열에 의한 불활성화로 산패취 발생 억제, 풍미의 개량, ice cream 조직의 연성화(softness) 등을 할 수 있다.

5) 숙성과 향료 첨가
① 숙성 온도 0~4℃, 시간 4~25시간 정도, 교반기 속도 240rpm으로 한다.
② 숙성 목적
  - 지방 성분들을 고형화 한다.
  - 안정제에 의하여 gel화를 촉진시킨다.
  - 점성을 증가시켜 제품의 조직이나 기포성의 개량을 돕는다.
  - mix 중의 단백질의 수화(水和)를 증가하여 부피와 조직을 향상시키며, 잘 녹지 않는 거품이 일게 하는 성질을 부여한다.
③ 숙성할 때에 색소, 향료, 과즙을 일정량씩 넣으면서 혼합, 숙성시킨다(favoring).

6) 동결
① 아이스크림의 제조에 있어서 가장 중요한 공정이다. 숙성이 완료된 믹스를 교반하면서 (130~140rpm) 동결하여 반고체의 약간 유동성이 있는 상태로 한다.
② 동결 온도는 -2~-7℃ 정도이다.
③ 목적은 mix에 공기의 균일한 혼입과 mix를 동결시키는 데 있다.
④ 동결장치의 형태는 batch type과 연속식이 있다(soft ice cream).

7) 포장·경화
숙성, 동결된 아이스크림을 일정한 용기(carton box, plastic box)에 담아서 중심 온도가 -17℃ 이하가 되도록 동결, 경화시킨다(hard ice cream).

(3) 증용률(overrun, %)
아이스크림의 조직감을 좋게 하기 위해 동결 시에 크림조직 내에 공기를 갖게 함으로써 생긴 부피의 증가율을 말한다. 계산식은 다음과 같다.

$$\text{overrun}(\%) = \frac{\text{mix의 중량} - \text{mix와 같은 용적 ice cream의 중량}}{\text{mix와 같은 용적의 ice cream의 중량}} \times 100$$

$$= \frac{\text{아이스크림의 용적} - \text{본래 mix의 용적}}{\text{본래 mix의 용적}} \times 100$$

가장 이상적인 아이스크림의 증용률은 90~100% 사이가 좋다.

(4) 품질 결함과 원인

[아이스크림의 결함과 원인]

종 류	결함 내용	결함 원인
풍미(Flavor)	지방의 분해취, 사료취, 불결취, 금속취, 산미, 감미와 향료의 과부족	불완전한 우유 사용, 불완전한 가열처리(살균), 부적당한 감미제 사용, 부적당한 향료 사용
조직(Texture)	① 사상조직 현상(sandy texture) ② 가볍고 푸석푸석한 조직(light, fluffy) ③ 거칠고, 구상조직(coarse, icy) ④ 버터상 조직(buttery)	① 무지고형분의 과다 첨가, 유당결정이 클 때 ② 증용률의 과잉 ③ 완만 동결, 저고형분 ④ 부적당한 유화제 사용, 불완전한 균질 작업
몸체(Body)	① 취약한 몸체(crumbly boby) ② 수분이 많은 몸체(soggy, wet) ③ 약한 몸체(weak) ④ 고무상의 몸체(gummy)	① 안정제 및 유화제의 사용 부족, 높은 증용률 ② 낮은 증용률, 설탕의 과다 첨가, 안정제 및 유화제의 부족 ③ 안정제의 과다, 총고형분(T.S)의 부족
융해상태(Fusion)	기포, 유청의 분리, 응고상, 점질상	원료 배합의 불완전, 단백질과 무기질의 불균형, 높은 산도, 균질화의 불완전

5. 버터(Butter)

원유나 시유에서 유지방분(cream)을 분리한 것이나 발효시킨 것을 그대로 또는 이에 식품이나 첨가물 등을 가하여 각각 교반, 연압한 것을 말한다.

(1) 버터류의 성분 규격

[버터류의 성분 규격]

구 분	버 터	가공버터	버터오일
수분(%)	18.0 이하	18.0 이하	0.3 이하
유지방(%)	80.0 이상	30.0 이상	99.6 이상
산가	2.8 이하(단, 발효제품 제외)	2.8 이하(단, 발효제품 제외)	2.8 이하
지방의 낙산가	20.0±2	-	20.0±2

타르 색소	검출되어서는 안 됨	
대장균군	n=5, c=2, m=0, M=10	
살모넬라	n=5, c=0, m=0/25g	
리스테리아 모노사이토제네스	n=5, c=0, m=0/25g	
황색포도상구균	n=5, c=0, m=0/25g	
산화방지제 (g/kg)	부틸히드록시아니졸 디부틸히드록시톨루엔 터셔리부틸히드로퀴논	0.2 이하(병용할 때도 합계 0.2 이하)
	몰식자산 프로필	0.1 이하
보존료(g/kg)	데히드로초산나트륨	0.5 이하(데히드로초산으로서)

(2) 버터의 종류

1) 가염 유무에 따라
① 가염버터(salted butter) : 식염을 1.5~2.0% 첨가하여 제조한 버터
② 무염버터(unsalted butter) : 식염을 첨가하지 아니한 것, 제과용, 조리용, 심장질환자 급식용

2) 발효 유무에 따라
① 발효버터(ripend butter) : 유산균을 접종하여 발효시킨 버터, 산성버터라고도 한다.
② 비발효버터(unripend butter) : 발효시키지 않은 버터, 감성버터라고도 한다.

3) 그 외
분말버터, 강화버터, 거품버터, 재생버터, 유청버터 등이 있다.

(3) 제조 공정

원료유 → 크림의 분리 → 크림의 중화 → 살균·냉각 → 숙성 → 교동 → 버터밀크 배제 → 수세 → 가염 및 연압 → 포장 → 저장

1) 크림의 분리
① 신선한 원유를 크림분리기로 분리하거나 크림 제품을 사용한다.
② 지방함량을 30~40% 범위로 조절한다.

2) 크림의 중화
① 크림의 산도가 높으면 살균할 때 casein이 응고하여 버터 속에 응고물질로 남게 되어 버터 생산량의 감소 원인이 된다.
② 중화 범위 : 원료 크림의 산도 0.20~0.30% 사이
③ 중화제 : Na_2CO_3, $NaHCO_3$, $NaOH$, CaO, $Ca(OH)_2$ 등

$$중화시켜야\ 할\ 젖산량(g) = 크림의\ 중량(kg) \times \frac{원료크림산도 - 목표산도}{100}$$

3) 살균
① 보통 75~85℃에서 5~10분 ② 90~98℃에서 15초간

4) 냉각
① 여름철 : 3~5℃ ② 겨울철 : 6~8℃

5) 숙성
① 크림을 비교적 낮은 온도에서 교동하기 전까지 냉각, 저장하는 과정이다.
② 숙성 효과
- 액상 유지방이 결정화되어 교동작업이 쉽다.
- 교동시간이 일정하게 된다.
- 교동 후 버터밀크로의 지방 손실이 감소된다.
- 버터에 수분이 과잉되지 않게 된다.
- 버터의 경도와 전연성을 항시 일정하게 유지해 준다.

③ 방법 : 겨울철에는 8-19-16법, 여름철에는 19-16-8법을 이용한다.

6) 색소 첨가버터
색소는 annatto, carotene 등을 0.001~0.02% 정도 첨가한다.

7) 교동(churnning)
크림에 기계적인 충격을 주어 지방구끼리 뭉쳐서 버터 입자가 형성되고, 버터밀크와 분리되도록 하는 작업이다.

① 교동이론
- 상전환설(phase inversion theory) : 크림의 지방구와 수상과의 경계면에 피막단백질이 있어 지방구가 서로 융합되는 것을 방지하지만, 교반작용에 의해 지방구 피막을 손상시켜 지방이 뭉쳐서 유지방이 물에 유화된 상태(O/W)에서 유지방에 물이 유화된 상태(W/O)로 상이전환되어 버터 입자를 형성한다는 이론이다.
- 포말선(form theory) : 교동작용에 의하여 기포가 생성하여 지방구가 기포 중으로 옮겨져 서로 쉽게 접촉하게 되고, 공기와 접촉하여 피막단백질이 변성되고 변성된 지방구의 피막단백질은 외부의 충격이 있을 때 쉽게 파괴되어 지방이 뭉쳐서 버터의 입자를 형성한다는 이론이다.

② 교동 온도 : 여름철 8~10℃, 겨울철 12~14℃
③ 크림의 지방함량 : 30~40%
④ 크림의 양 : 교동기 내의 크림 용량은 1/3~1/2
⑤ 교동기 회전수 : 20~35rpm으로 50~60분

8) 버터밀크의 배제
버터 입자 크기가 좁쌀 내지 콩알 크기(0.3~0.6mm) 정도가 되었을 때 교동 작업을 종료하고 약 5분 정도 기다렸다가 금속망에 교동된 크림을 넣고 버터밀크를 제거한다.

9) 수세

① 버터 입자를 수세함으로써 버터 입자에 부착된 버터밀크를 완전히 제거하여 버터의 경도를 증가시키고, 수용액의 특이취를 제거하여 보존성을 높인다.

② 수세용 물의 온도는 3~10℃이며, 위생상 양호한 물을 사용한다.

10) 가염
① 풍미의 향상과 보존성을 유지하게 한다.

② 습염법, 첨가량 2.0~2.2% 정도이다.

11) 연압
① 버터 덩어리를 만드는 조작이다.

② 연압 목적
- 수분함량 조절과 분산
- 소금의 용해와 균일 분포
- 색소의 분산
- 버터 조직을 부드럽고 치밀하게 하여 기포의 생성을 억제

12) 충전·포장
① 포장할 때의 버터 온도는 10℃ 전후가 적당하다.

② 내 포장 : 성형된 버터를 유산지(parchment paper)로 포장

③ 중 포장 : 알루미늄박(aluminum foil)으로 포장

④ 외 포장 : 비닐이나 플라스틱 박스로 포장

(4) 증용률(overrun, %)

크림 또는 버터지방량에 대해서 버터의 중량과 크림의 지방량과의 차이를 백분율로 나타낸 것이며, 계산식은 다음과 같다.

$$증용률(\%) = \frac{\text{버터의 중량(kg)} - (\text{크림의 중량} \times \text{크림의 지방률})}{\text{크림의 중량} \times \text{크림의 지방률}} \times 100$$

이론적으로는 증용률이 21~25% 정도로 나타나지만, 실제 가공에서는 교동 작업에서의 손실, 연압 작업을 할 때의 손실, 포장할 때의 손실 등으로 약 14~16% 정도로 된다.

(5) 버터의 품질 결함

① 풍미 결함(flavor defect) : 풍미 부족(flat), 쓴맛(bitter), 산취(sour), 파(onion), 마늘(garlic) 냄새, 고취(stale), 불결취(unclean), 기름 냄새(oily), 금속취(metalic), 지방산화취(rancid), 사료취, 가열취 등

② 조직 결함(body and texture defect) : 누수성(leaky, 물방울이 맺힘), 연약(weaky), 기름 반점(greasy), 끈적거림(sticky), 부스러기(crumbly), 분상(mealy), 사상(sandy) 등

③ 색소 결함(color defect) : 얼룩점(mottled), 파문상(wavy), 반점(speck), 둔색(dull), 표면의 퇴색(pale), 곰팡이에 의한 변색(molded butter) 등

6. 치즈(Cheese)

치즈는 크게 자연 치즈와 가공 치즈로 나눈다. 자연 치즈는 원유 또는 유가공품에 유산균, 단백질 응유효소, 유기산 등을 가하여 응고시킨 후에 유청을 제거한 것이고, 가공 치즈는 자연 치즈를 주원료로 하여 이에 식품 또는 첨가물 등을 가한 후 유화시켜 제조한 것이다.

(1) 자연 치즈의 정의

원유 또는 유가공품에 유산균, 응유효소, 유기산 등을 가하여 응고시킨 후 유청을 제거하여 제조한 것을 말한다. 또한, 유청 또는 유청에 원유, 유가공품 등을 가한 것을 농축하거나 가열 응고시켜 제조한 것도 포함한다.

(2) 가공 치즈의 정의

자연 치즈를 원료로 하여 이에 유가공품, 다른 식품 또는 식품첨가물을 가한 후 유화 또는 유화시키지 않고 가공한 것으로 자연 치즈 유래 유고형분 18% 이상인 것을 말한다.

(3) 치즈의 규격

항목 \ 유형	자연 치즈	가공 치즈
대장균	n=5, c=1, m=10, M=100	–
대장균군	–	n=5, c=2, m=10, M=100
살모넬라	n=5, c=0, m=0/25g	
리스테리아 모노사이토제네스	n=5, c=0, m=0/25g	
황색포도상구균	n=5, c=2, m=10, M=100	
클로스트리디움 퍼프린젠스	n=5, c=2, m=10, M=100(비살균원유로 만든 치즈에 한한다)	
장출혈성 대장균	n=5, c=0, m=0/25g(비살균원유로 만든 치즈에 한한다)	
보존료(g/kg) : 다음에서 정하는 이외의 보존료가 검출되어서는 아니 된다.		
데히드로초산나트륨	0.5 이하(데히드로초산으로서)	
소브산 소브산칼륨 소브산칼슘	3.0 이하(소브산으로서 기준하며, 병용할 때에는 소브산 및 프로피온산의 사용량의 합계가 3.0 이하)	
프로피온산 프로피온산칼슘 프로피온산나트륨	3.0 이하(프로피온산으로서 기준하며, 병용할 때에는 프로피온산 및 소브산의 사용량의 합계가 3.0 이하)	

(4) 자연 치즈의 분류(수분함량에 따라)

① 초경질치즈 : 수분함량 13~34%, Romano, Parmesan, Sapsago
② 경질치즈 : 수분함량 34~45%, Cheddar, Gouda, Edam 등

③ 반경질치즈 : 수분함량 45~55%, Brick, Munster, Limburger, Roqueforti, Gorgonzola 등
④ 연질치즈 : 수분함량 55~80%, Belpaese, Camembert, Brie, Cottage, Mozzarella, Mysost 등

(5) 자연 치즈 제조 공정

> 원료유 → 살균·냉각 → 스타터 첨가 → 발효 → 렌넷 첨가 → 응고 → 커드 절단 → 가온 → 유청 배제 → 퇴적 → 압착 → 가염 → 숙성

1) **원료유** : 선도 검사에 합격한 우유이거나 미생물 검사, 항생물질 검사, bacteriophage 검사 등에 합격한 우유

2) **살균·냉각**
   ① 살균 온도
      - 72~75℃에서 15~16초 고온 단시간법이 주로 사용되나 63℃에서 30분 저온 장시간법도 이용된다.
      - UHT법은 응고가 지연되기 때문에 잘 사용하지 않는다.
   ② 냉각 온도 : 30~35℃

3) **발효**
   ① 유산균을 제조량에 0.5~2% 첨가한다.
   ② 발효 시간은 치즈의 종류, 유질, 스타터 활력에 따라 다르지만 보통 20분~2시간 소요된다.

4) **응고**
   ① 원료유의 0.002~0.004%의 rennet를 첨가(2% 식염수에 용해)하여 잘 저어준다.
   ② 치즈 배트의 뚜껑을 덮고 정치한다.
   ③ 응고 시간 : 20~40분이 적당

5) **커드 절단**
   ① 절단 시기 : 칼, 손을 커드 속에 넣어서 살며시 위쪽으로 올렸을 때 커드가 깨끗이 갈라지고 투명한 유청이 약간 스며 나올 때
   ② 커드 칼을 이용하여 0.5~2cm 간격으로 입방체로 절단
   ③ 절단 목적 : 커드의 표면적을 넓게 하여 유청(whey) 배출을 쉽게 하고, 온도를 높일 때 온도의 영향을 균일하게 받도록 하기 위해 절단한다.

6) **가온**
   ① 절단된 입자의 응집화를 막기 위해 서서히 교반하면서 가온한다.
   ② 연질치즈는 35℃ 전후, 경질은 39℃ 전후이다. 가온 시에는 온도를 1℃ 상승하는 데 2~5분 소요되도록 서서히 가온한다.
   ③ 목적 : 유청 배출이 빨라지고, 수분 조절이 되고, 유산 발효가 촉진되고, 커드가 수축되어 탄력성 있는 입자로 된다.

7) **유청 제거** : 유청의 산도가 적당하게 상승하면 유청을 제거한다. 1차 유청의 반은 TA 0.14~0.15에서, 2차 나머지 유청은 TA 0.20~0.22에서 완전히 제거한다.
8) **틀에 넣기·압착** : 치즈 종류에 따라 성형 틀에 넣고 모양을 만들며, 지방의 유출을 방지하기 위하여 천천히 가압시킨다.
9) **가염**
   ① 건염법(Cheddar, Blue, Camembert) : 커드 층에 직접 살포하는 것
   ② 습염법(Camembert, Brie, Limburger) : 성형된 치즈를 소금 용액 탱크에 담궈 소금물이 스며들게 하는 방법으로 염수 농도 18~24°Be가 필요
10) **숙성**
    ① Camembert : 12~13℃, 기간은 14개월 이상
    ② Limburger : 15~20℃, 기간은 2개월
    ③ Gouda : 13~15℃, 기간은 4~5개월
    ④ Cheddar : 13~15℃, 기간은 6개월

(6) 가공 치즈 제조 공정

가공 치즈는 살균하기 때문에 위생적이고, 보존성이 좋으며, 새로운 풍미와 조직의 치즈를 만들 수 있고, 경제적이고 소화흡수가 좋다.

1) **제조원리**

   자연 치즈　　+　　유화염　　　　　+　　물　──가열──▶　가공 치즈
   (Ca-paracaseinate)　(sodium citric acid, polyphosphate)　　　　　　(Na-paracaseinate)

2) **제조 방법**

   원료치즈 선별 → 전처리 → 절단 및 분쇄 → 혼합(유화제 및 첨가물 첨가) → 용융 → 내포장 → 냉각 → 외포장

   ① 원료치즈 선별
      • 자연 치즈는 체다와 고다를 주체로 하여, 그 외 다양한 치즈를 혼합하여 사용할 수 있다.
      • 품질을 균일하게 하기 위해서 원료치즈의 수분, 지방함량, 산도 및 숙성도를 파악해야 한다.
   ② 전처리 : 포장재의 제거, 린드의 제거 및 표면청정 등의 전처리를 한다.
   ③ 절단 및 분쇄 : 원료치즈, 버터 및 경화유 등을 절단기를 사용하여 적당한 크기로 절단한 후 퍼로 분쇄한다.
   ④ 혼합 : 분쇄된 원료 치즈, 버터 등과 유화제, 여러 가지 첨가물을 혼합한다.
   ⑤ 용융(유화) : 60~70℃에서 20~30분, 85℃에서 5분간 교반하면서 가열하여 용융, 유화시킨다. 교반기 종류, 속도에 따라 조직이 달라진다.
   ⑥ 충전 및 내포장 : 유화를 마친 치즈는 온도가 50℃ 이하로 내려가기 전에 성형틀(mold)에 내포장지를 넣고 충전 포장한다.
   ⑦ 냉각 : 빠르게 냉각하면 조직이 부드러워지고, 느리게 냉각하면 조직이 단단해진다.
   ⑧ 외포장

3) 유화제(복합인산염, polyphosphate)의 작용과 특성

① 이온 교환작용 : Ca과 Na의 이온 교환 능력, 이온 교환 능력은 phosphate의 중합도와 관련이 있다.
② pH 조절과 완충작용 : 가공 치즈의 제조 시 pH 범위는 5.2~6.2이다.
③ Creaming effect(크리밍 효과) : 화학적 조성의 변화 없이 조직을 변화시킨다.
④ 보존기간, 맛, 색상 등에도 영향을 미친다.

7. 연유(Condensed milk)

원유 또는 저지방 우유를 그대로 농축한 것이거나 설탕을 가하여 농축한 것으로 농축유라고도 한다.

(1) 농축유류의 성분규격

[농축유의 성분규격]

항목 \ 유형	농축우유 탈지농축우유	가당연유	가당탈지연유	가공연유
수분(%)	–	27.0% 이하	29.0% 이하	–
유고형분(%)	22.0%	29.0% 이상	25.0% 이상	22.0% 이상
유지방분(%)	6.0% 이상(농축우유에 한)	8.0%	–	–
산도(%)	0.4 이하(젖산으로 농축우유에 한)	–	–	–
당분(유당포함%)	–	58.0 이하	58.0 이하	58.0 이하
세균수	n=5, c=2, m=10,000, M=50,000 (멸균제품의 경우 n=5, c=0, m=0)	n=5, c=2, m=10,000, M=50,000	n=5, c=2, m=10,000, M=50,000	n=5, c=2, m=10,000, M=50,000
대장균군	n=5, c=2, m=0, M=10(멸균제품은 제외.)	n=5, c=2, m=0, M=10	n=5, c=2, m=0, M=10	n=5, c=2, m=0, M=10
살모넬라	n=5, c=0, m=0/25g			
리스테리아 모노사이토제네스	n=5, c=0, m=0/25g			
황색포도상구균	n=5, c=0, m=0/25g			

(2) 종류

① 무당연유

생유 또는 시유를 2.3 : 1 비율로 농축하고, T.S 25.5% 이상, 유지방 7.0% 이상인 것이다.

무당연유 ┬ 전지무당연유 : 원유를 그대로 농축한 것
　　　　 └ 탈지무당연유 : 원유의 유지방을 0.5% 이하로 조정하여 농축한 것

② 가당연유

생유 또는 시유에 17% 전후의 설탕을 첨가하여 2.5 : 1 비율로 농축하고, T.S 28% 이상, 유지방 8.0% 이상, 당분 58% 이하인 것이다.

가당연유 ┌ 전지가당연유 : 원유에 설탕을 가하여 농축한 것
　　　　 └ 탈지가당연유 : 원유의 유지방을 0.5% 이하로 조정한 후에 설탕을 가하여 농축한 것

(3) 가당연유 제조 공정

> 원유(수유 검사) → 저유 → 표준화(탈지유, 크림 첨가) → 예비가열 → 가당(설탕 첨가) → 살균 → 농축 → 냉각 → 담기 → 권체 → 포장 → 제품

1) **수유 검사** : 신선도 검사(관능 검사, 산도, methyleneblue 시험), 유방염유 검사, 알코올 시험, pH 측정 등이 있다.
2) **표준화** : 피어슨 식에 의한 표준화 작업으로 주로 지방률을 표준화한다.
3) **예비가열**
   ① 농축하기 전에 가열, 살균하는 공정으로 preheating 또는 fore warming이라 한다.
   ② 80℃에서 10~15분간 또는 110~120℃에서 순간 가열을 실시한다.
   ③ 예비가열의 효과
      • 미생물과 효소 등을 살균, 실활시켜 제품의 보존성을 연장시킨다.
      • 농축 시 가열면에 우유가 눌어붙는 것을 방지한다.
      • 첨가한 당을 완전히 용해시킨다.
      • 제품의 농후화(age thickening)를 억제한다.
4) **설탕 첨가** : 가당연유는 원유에 대하여 16~17%의 설탕을 첨가하여 단맛을 부여하고, 세균 번식을 억제하며 제품의 보존성을 부여한다.
5) **농축**
   ① 살균된 우유의 수분을 제거하여 고형분(TS)을 높이는 작업이다.
   ② 진공농축법이 많이 이용되며, 농축기 내의 우유 온도 51~56℃, 농축시간 10~20분, 진공도 635~660mmHg 정도이다.
   ③ 농축의 완성을 판단하는 지표는 비중 1.250~1.350, 30~40′ Be 정도이다.
   ④ 비중 측정시기를 아는 방법은 끓는 정도가 약해지고, 점도가 높고, 표면에 광택이 생기며, 거품의 모양 변화로 알 수 있다.
6) **냉각**
   ① 농축이 완료된 농축유는 농후화, 갈색화 방지를 위해 30분 내에 29~30℃로 신속하게 냉각한다.
   ② 유당이 냉각에 의해 결정화되는데, 이 결정이 적어도 10μ 이하의 미세결정이 되도록 하여 사상조직이 되지 않도록 하는 데 목적이 있다.

③ 이를 위하여 유당접종(seeding) 작업을 하여 20℃로 냉각시키면서 교반시킨다. 유당접종은 농축유량 0.04~0.05%로 한다.

7) 충전 · 포장
냉각 후에 12시간 정도를 방치하여 탈기한 후 살균, 냉각된 공관에 밀봉시켜 제품화한다.

(4) 가당연유의 품질 결함
① 가스발효(팽창관) : 내당성 알코올 발효효모로서 락산균 등에 의하여 가스를 생성한다.
② 과립생성 : 세균학적 원인으로 방지법에는 예비가열을 철저히 하고, 농축 시에 물의 혼입을 방지하며, 충전시 탈기를 충분히 한다.
③ 사상현상 : sandy 현상으로 유당의 결정 크기가 15μ 이상일 때 느끼는 현상이다.
④ 당침현상 : 통조림관 하부에 유당이 가라앉는 현상으로 유당결정 크기가 20μ 이상일 때 발생한다.

(5) 무당연유의 제조 공정

원유(수유 검사) → 표준화 → 예비가열 → 농축 → 균질화 → 재표준화 → 파이롯트 시험(파이롯트용 멸균기 사용) → 충전 → 담기 → 멸균처리 → 냉각 → 제품

1) 무당연유와 가당연유와의 차이점
① 무당연유는 설탕을 첨가하지 않은 것이다. ② 균질화 작업을 실시한다.
③ 멸균처리한다. ④ 파이롯트 시험을 실시한다.

2) 균질
① 보존 중에 지방분리 현상을 방지하기 위해 균질화한다.
② 2단 균질기의 사용이 효과적이다.
③ 균질 압력 : 140~210kg/cm²(1단), 25kg/cm²(2단)
④ 균질 온도 : 50~60℃가 적당

3) 파이롯트 시험
농축 연유를 캔에 담아서 고온으로 살균할 때 제품의 멸균 효과와 잘못된 멸균 조작을 방지하기 위해, 일정량의 시료로 실제 멸균 조건의 안전성과 안정제의 첨가 유무를 결정한다.

4) 멸균
① 가당연유와 달리 무당연유는 설탕을 첨가하지 않아 보존성이 없으므로 고온으로 미생물이나 효소를 파괴하여 보존성을 높여야 한다.
② 멸균 온도와 시간은 115.5℃/15분, 121.1℃/7분, 126.5℃/1분으로 한다.

(6) 무당연유의 품질 결함
① 응고 현상 : 응유 효소와 젖산균의 잔존으로 발생한다.
② 이취(미) : 불완전한 멸균처리로 내열성 세균이 번식하여 신맛과 쓴맛을 낸다.
③ 가스발효(팽창관) : 멸균이 불완전하거나 권체의 불량으로 인하여 미생물에 오염되어 가스발효를 일으켜 발생된다.

④ 지방분리 현상 : 균질이 불완전하거나 고온에서 장시간 저장했을 때, 점도가 낮을 때 발생한다.
⑤ 침전 현상 : 제품의 저장 온도가 높을 경우에 발생한다.
⑥ 갈변화 : 과도한 멸균처리를 하거나 고형분이 너무 높을 때 발생한다.
⑦ 희박화 : 점도가 너무 낮은 경우에 일어나는 현상이다.

8. 분유(Powder milk)

원유 또는 탈지우유를 그대로 또는 첨가물 등을 가하여 각각 분말화한 것을 말한다.

(1) 분유의 성분 규격

[분유류의 성분 규격]

항목 \ 유형	전지분유	탈지분유	가당분유	혼합분유
수분(%)	5.0 이하			
유고형분(%)	95.0%	95.0% 이상	70.0% 이상	50.0% 이상
유지방분(%)	25.0% 이상	1.3% 이하	18.0% 이상	12.5% 이상 (탈지분유를 원료로 한 제품 제외)
당분(%, 유당제외)	-	-	25.0 이하	-
세균수	n=5, c=2, m=10,000, M=50,000			
대장균군	n=5, c=2, m=0, M=10			
살모넬라	n=5, c=0, m=0/25g			
리스테리아 모노사이토제네스	n=5, c=0, m=0/25g			

(2) 분유의 종류

1) **전지분유** : 원유를 분말화한 것이다.
2) **탈지분유** : 원유의 유지방을 부분적으로 제거하여 분말화한 것이다.
3) **가당분유** : 원유에 설탕을 가하여 분말화한 것이다.
4) **혼합분유**
   ① 원유, 전지분유, 탈지유 또는 탈지분유에 곡분, 곡류 가공품, 코코아 등의 식품 또는 첨가물 등을 가하여 분말상으로 한 것이다.
   ② 종류 : 조제분유, 복합조제분유, 영양강화분유, 인스턴트분유, 크림파우더, 맥아분유, 훼이파우더, 버터밀크파우더 등
5) **조제분유**
   ① 원유 또는 유가공품을 원료로 하여 모유의 성분과 유사하게 제조한 분말상의 것이다.

② 수분 5.0% 이하, 유성분 60.6% 이상, 유지방분 23.0% 이상, 세균수 4만 이하(g당), 대장균은 n=5, c=2, m=0, M=10이어야 한다.

(3) 제조 공정(전지분유)

원료유 → 표준화 → 중화 → 청정·살균 → 여과 → 농축 → 예비가열 → 예비 농축 → 건조 → 냉각 → 사별 → 계량충전(질소가스치환) → 포장 → 저장

1) 원료유의 검사

신선도 검사(관능 검사, 외관 검사, 알코올 검사, 산도 검사, 비중 검사), 지방 검사, 세균 검사 등이다.

2) 표준화

제품의 규격에 따라 표준화한다.

3) 예열

① 예열의 목적
- lipase, peroxidase 등의 효소를 불활성화시킨다.
- 유해 세균 등을 사멸시킨다.
- 단백질의 열변성을 최소화하여 분유의 용해성을 향상시킨다.

② 예열의 방법
- HTST법 : 70~85℃에서 15~30초 살균
- UHT법 : 120~150℃에서 1~2초 살균

4) 예비농축

① 예열이 끝난 우유는 즉시 진공농축기에서 농축한다.

② 예비 농축의 목적
- 건조 능력을 향상시킨다.
- 제조 시간을 단축하여 열과 동력을 단축할 수 있다.

③ 농축기 온도는 50~60℃, 진공도는 635~660mmHg 정도이다.

④ 농축은 전고형분이 40~50% 정도될 때까지 농축한다.

5) 분무건조

① 건조실 내에 열풍을 불어넣고, 농축우유를 분무시키면 무수한 미세 입자가 되어 표면적이 크게 증가함으로써 수분이 순간적으로 증발한다.

② 공기 건조기의 공기 온도는 150~250℃, 공기 압력은 50~150kg/cm² 정도이다.

6) 충전·포장

냉각하여 20~30mesh의 체로 거친 입자를 제거한 다음, 계량하여 충전, 포장한다.

9. 발효유(Fermented milk)

우유, 산양유 및 마유 등과 같은 포유동물의 젖을 원료로 하여 젖산균이나 효모 또는 이 두 종류의 미생물을 이용하여 발효시킨 제품을 말한다.

(1) 발효유의 성분 규격

[발효유의 성분 규격]

항목 \ 유형	발효유	농후발효유	크림발효유	농후크림발효유	발효버터유	발효유분말
수분(%)	-	-	-	-	-	5.0% 이하
유고형분(%)	-	-	-	-	-	85% 이상
무지유고형분(%)	3.0 이상	8.0 이상	3.0 이상	8.0 이상	8.0 이상	
유지방(%)	-	-	8.0 이상	8.0 이상	1.5 이하	
유산균수 또는 효모수	1ml당 10,000,000 이상	1ml당 10,000,000 이상	1ml당 10,000,000 이상	1ml당 10,000,000 이상	1ml당 10,000,000 이상	
대장균군	n=5, c=2, m=0, M=10					
살모넬라	n=5, c=0, m=0/25g					
리스테리아 모노사이토제네스	n=5, c=0, m=0/25g					
황색포도상구균	n=5, c=0, m=0/25g					

(2) 발효유의 종류

1) 젖산 발효유
① 젖산 발효에 의한 것으로서 산유라고도 한다.
② 종류 : 요쿠르트, 인공버터 밀크, acidophilus milk, calpis 등

2) 알코올 발효유
① 젖산균과 특수한 효모를 병용하여 유산발효와 알코올 발효시킨 것이다.
② 종류 : kumiss, kefir, leben 등

3) 제조 방법상의 분류 : 세트타입 요구르트, 스터드타입 요구르트, 드링크타입 요구르트 등

4) 제품의 물리적 성상에 따른 분류 : 액상 요구르트, 호상 요구르트 등

(3) 발효유의 제조

원료유 → 혼합 → 균질 → 살균·냉각 → 스타터 접종 → 충전 → 발효 → 냉각 → 제품

1) 원료유
신선도 검사와 항생물질 검사에 합격한 원료를 사용한다.

2) mix의 혼합

　 탈지분유, 설탕, 안정제를 일정량씩 평량하여 혼합하고, 용해한다.

3) 균질

　 mix 온도 55~80℃, 균질 압력 80~250kg/cm²

4) 살균 · 냉각

　 80~90℃에서 20~30분 실시하고, 곧바로 30~35℃로 냉각한다.

5) 스타터 첨가

　 배양된 유산균 스타터를 제조량에 대해 2% 접종한다.

6) 발효

　 ① 배양 온도
　　　• 보통 유산균 : 20~35℃, 14~20시간 배양
　　　• 고온 유산균 : 30~38℃, 6~8시간 배양
　 ② 최종 산도가 0.7~0.9 정도 되면 냉각한다.

(4) 농후 발효유 제조

① 스터드 타입

　 원료유 → 표준화 → 균질 → 살균 · 냉각 → 스타터 접종 → 벌크 배양 → 냉각 → 과육 혼합 → 충전 · 포장 → 제품

② 세트 타입

　 원료유 → 표준화 → 균질 → 살균 · 냉각 → 스타터 접종 → 충전 · 포장 → 발효 → 냉각 → 제품

③ 드링크 타입

　 원료유 → 표준화 → 균질 → 살균 · 냉각 → 스타터 접종 → 벌크 배양 → 냉각 → 커드 분쇄 → 과즙 혼합 → 충전 · 포장 → 제품

(5) 발효유의 영양가치

① 발효유의 원료인 우유 성분 효과 : 우유 중에 함유된 유용한 영양물질인 단백질, 지방, 유당, 비타민, 무기질 등에 의한 효과이다.

② 살아있는 유산균의 건강증진 효과 : 유산균이 생성한 유산에 의해 장내 pH를 저하시켜 유해세균 억제, 유해물질 해독, 숙주의 면역력을 높이는작용을 한다.

③ 유산균 균체 성분 효과 : 죽은 유산균으로부터 유리된 균체 성분이 감염이나 암에 대한 저항력을 높여주고, 간기능 촉진, 장내 유해물질의 무독화 등을 한다.

④ 유산균작용에 의해 만들어지는 유효물질 : 유산균작용에 의해 생성된 유효물질인 유산, 펩톤, 펩다이드 등에 의해 장운동이 자극되어 장내 부패가 억제되고, Ca 흡수의 개선, 간기능 강화, 장분비가 촉진된다.

❷ 식육 가공

1. 원료육의 생산

(1) 도축 전처리(소, 돼지)
아무리 우수한 축육이라도 도축 전에 취급이 잘못되면 육질과 보존성에 문제가 생긴다.
① 휴식 : 장시간의 수송에 따라서 불안, 흥분 상태이기 때문에 약 12~24시간 안정과 휴식이 필요하다.
① 절식 : 물은 충분히 공급하지만 사료는 공급하지 않는다(급수는 도살 시 완전한 방혈과 고기 색을 좋게 하며, 저장성을 높인다).

(2) 도축 검사
축산물 가공 처리법에 의해 전문수의 검사관이 하여야 하며, 도축검사 신청을 받은 후에 생체 검사, 해체 검사, 시설 검사 및 특수 검사 등을 행한다.

(3) 가축의 도축 및 해체
고통은 짧게 주고, 기절시킨 후 완전 방혈시켜야 한다. 냉수를 뿌려서 오물을 제거하고, 체온을 떨어뜨려야만 도축 후의 방혈 작업이 순조롭고 육질이 양호하다.

1) 타액법
① 동물의 앞이마를 강하게 타격을 가하여 도축한 후 방혈하는 방법이다.
② 도축 대상 : 소, 돼지, 말 등

2) 사살법
① 총살법이라고도 하며, 화약의 폭발력으로 철간이 뇌부위를 손상시키는 방법이다.
② 도축 대상 : 주로 소, 말에 이용되나 양, 돼지에도 사용

3) 전살법
① 머리에 약한 전류를 흘려서 그 충격으로 도축하는 방법으로서 이때의 전류는 0.3암페어의 70~90볼트의 교류 전류를 2~10초간 감전시킨다(80kg 이상 돼지의 경우).
② 도축 대상 : 주로 돼지 도축에 이용

4) 가스마취법
① CO_2 가스가 들어 있는 가스실에 가축을 넣어 도축하는 방법이다.
② 도축 대상 : 주로 돼지에 이용

5) 자격법
① 가축을 고정시키고 예리한 도구로 경동맥, 경정맥을 절개, 방혈시켜 빈혈사하게 하는 방법이다.
② 도축 대상 : 양, 닭 등 온순한 소형 동물에 이용

6) 압살법
① 동물의 흉부를 강하게 압박하여 질식사하게 하는 방법이다.
② 도축 대상 : 토끼, 오리, 너구리, 여우 등에 이용

(4) 방혈
도축 직후에 날카로운 도구로 목동맥 또는 목정맥을 절단한 후에 뒷다리를 끌어올려서(현수) 짧은 시간에 방혈시켜야 한다.

(5) 도체분할
복부를 절개하여 내장을 적출하고, 머리와 다리끝을 절단한 후 도체의 척추 중앙을 전기톱으로 종단하면서 좌우 반쪽으로 도체를 만든다. 작업 중에 붙은 오염물질, 잔류 혈액을 깨끗이 씻어내고, 5~10℃ 냉장실에서 보관한다.

(6) 도체율과 정육률
① 도체육(지육, carcass) : 가축을 도살한 후에 2분체 또는 4분체의 뼈가 붙어 있는 고기 상태를 말한다.

$$도체율(지육률) = \frac{도체\ 무게(또는\ 지육\ 중량)}{생체\ 무게} \times 100$$

② 정육 : 도체에서 뼈를 제거한 순수한 가식부의 고기를 말한다.

$$정육률 = \frac{정육\ 무게}{도체\ 무게(또는\ 지육\ 중량)} \times 100$$

2. 우리나라 지육등급기준

육류등급제도는 거래의 공정성을 기하기 위하여 통일된 규격기준에 의해 육량과 육질을 구분하여 판정하는 육류의 규격제도를 말한다.

[도체 및 계란의 등급 요약]

소 도체	육량등급	배최장근단면적, 등지방두께, 도체중량을 측정하여 육량지수에 의해 구분 A, B, C등급
	육질등급	근내지방도, 육색, 지방색, 조직감, 성숙도 등에 따른 구분 1++, 1+, 1, 2, 3 등급
돼지 도체	1차 등급판정	도체의 중량과 등지방두께 등에 따라 1+, 1, 2등급으로 1차 등급 부여
	2차 등급판정	• 외관 및 육질 판정 : 비육상태, 삼겹살 상태, 지방부착상태, 지방 침착도, 육색, 육조직감, 지방색, 지방질을 종합하여 1+, 1, 2, 등외 등급으로 판정 • 결함 판정 : 방혈 불량, 이분할 불량, 골절, 척추 이상, 농양, 근출혈, 호흡기 불량, 피부 물량, 근육 제거, 외상 등 능급 하향
	최종 등급판정	1차 등급판정 결과와 2차 등급판정 결과 중 가장 낮은 등급으로 한다
닭 도체	품질등급	외관, 비육상태, 지방부착, 잔털, 신선도, 외상, 뼈의 상태, 냄새 등에 따라 A, B, C로 판정하고 ① 전수등급판정, ② 표본등급판정 결과에 따라 1+, 1, 2등급으로 최종 등급 부여
	중량규격	5~17호
계란	품질등급	1+, 1, 2 등급
	중량규격	소란, 중란, 대란, 특란, 왕란

(1) 소도체 등급판정

1) 소도체의 육량등급 판정기준

등지방 두께, 배 최장근단면적, 도체의 중량을 측정하여 육량지수에 따라 다음과 같이 A, B, C 의 3개 등급으로 구분한다.

[별표1]   [육량등급 판정 기준]

품종	성별	육량지수		
		A등급	B등급	C등급
한우	암	61.83 이상	59.70 이상 ~ 61.83 미만	59.70 미만
	수	68.45 이상	66.32 이상 ~ 68.45 미만	66.32 미만
	거세	62.52 이상	60.40 이상 ~ 62.52 미만	60.40 미만
육우	암	62.46 이상	60.60 이상 ~ 62.46 미만	60.60 미만
	수	65.45 이상	63.92 이상 ~ 65.45 미만	63.92 미만
	거세	62.05 이상	60.23 이상 ~ 62.05 미만	60.23 미만

> 육량기준 지수(한우 암것의 예)
> = [6.90137−0.9446×등지방 두께(mm)+0.13805×배최장근 단면적(cm^2)+0.54962×도체중량(kg)]
>   ÷도체중량(kg)×100

2) 소도체의 육질등급 판정기준

근내지방도(Marbling), 육색, 지방색, 조직감, 성숙도에 따라 1^{++}, 1^{+}, 1, 2, 3의 5개 등급으로 구분한다.

① 근내지방도 : 등급판정부위에서 배최장근단면에 나타난 지방분포정도를 부도4(축산물등급판정소 참조)의 기준과 비교하여 해당되는 기준의 번호로 등급을 구분한다.

[근내지방도 등급판정 기준]

근내지방도	예비등급
근내지방도 번호 7, 8, 9에 해당되는 것	1^{++} 등급
근내지방도 번호 6에 해당되는 것	1^{+} 등급
근내지방도 번호 4, 5에 해당되는 것	1등급
근내지방도 번호 2, 3에 해당되는 것	2등급
근내지방도 번호 1에 해당되는 것	3등급

② 육색 : 등급판정부위에서 배최장근단면의 고기색깔을 부도5(축산물등급판정소 참조)에 따른 육색기준과 비교하여 해당되는 기준의 번호로 등급을 구분한다.

[육색 등급판정 기준]

육색	등급
육색 번호 3, 4, 5에 해당되는 것	1++ 등급
육색 번호 2, 6에 해당되는 것	1+ 등급
육색 번호 1에 해당되는 것	1등급
육색 번호 7에 해당되는 것	2등급
육색에서 정하는 번호 이외에 해당되는 것	3등급

③ 지방색 : 등급판정부위에서 배최장근단면의 근내지방, 주위의 근간지방과 등지방의 색깔을 부도6(축산물등급판정소 참조)에 따른 지방색기준과 비교하여 해당되는 기준의 번호로 등급을 구분한다.

[지방색 등급판정 기준]

지방색	등급
지방색 번호 1, 2, 3, 4에 해당되는 것	1++ 등급
지방색 번호 5에 해당되는 것	1+ 등급
지방색 번호 6에 해당되는 것	1등급
지방색 번호 7에 해당되는 것	2등급
지방색에서 정하는 번호 이외에 해당되는 것	3등급

④ 조직감 : 등급판정부위에서 배최장근단면의 보수력과 탄력성을 별표1(축산물등급판정소 참조)에 따른 조직감 구분기준에 따라 해당되는 기준의 번호로 등급을 구분한다.

[조직감 등급판정 기준]

조직감	등급
조직감 번호 1에 해당되는 것	1++ 등급
조직감 번호 2에 해당되는 것	1+ 등급
조직감 번호 3에 해당되는 것	1등급
조직감 번호 4에 해당되는 것	2등급
조직감 번호 5에 해당되는 것	3등급

⑤ 성숙도 : 왼쪽 반도체의 척추 가시돌기에서 연골의 골화정도 등을 별표2(축산물등급판정소 참조)에 따른 성숙도 구분기준과 비교하여 해당되는 기준의 번호로 판정한다.

3) 소도체의 육질등급판정

근내지방도, 육색, 지방색, 조직감을 개별적으로 평가하여 그 중 가장 낮은 등급으로 우선 부여하고, 성숙도 규정을 적용하여 별표3 규정에 따라 최종 등급을 부여한다.

[별표3] [성숙도에 따른 소도체 육질등급 최종 판정 기준]

육질등급	성숙도 구분기준	
	1~7	8~9
1++ 등급	1++ 등급	1+ 등급
1+ 등급	1+ 등급	1등급
1등급	1등급	2등급
2등급	2등급	3등급
3등급	3등급	4등급

4) 소도체의 최종 등급 표시

등급표시는 별표4와 같이 육질등급을 1++, 1+, 1, 2, 3으로 표시하고, 등외등급으로 판정된 경우에는 등외로 표시한다. 다만, 신청인 등이 희망하는 경우에는 육량등급도 함께 표시할 수 있다.

[별표4] [소도체의 등급 표시 방법]

〈육질등급 표시〉

육질등급					등외등급
1++ 등급	1+ 등급	1등급	2등급	3등급	
1++	1+	1	2	3	등외

〈육질등급과 육량등급 함께 표시〉

구분		육질등급					등외등급
		1++등급	1+등급	1등급	2등급	3등급	
육량등급	A등급	1++A	1+A	1A	2A	3A	
	B등급	1++B	1+B	1B	2B	3B	
	C등급	1++C	1+C	1C	2C	3C	
	등외등급						등외

※ 등급 표시를 읽는 방법

예 1++A : 일투플러스에이 등급, 1+B : 일플러스비 등급, 3C : 삼씨 등급

(2) 돼지도체 등급판정

1) 돼지도체의 등급판정 방법

① 돼지도체 등급판정방법은 온도체 등급판정 방법으로 한다. 다만, 종돈개량, 학술연구 등의 목적으로 냉도체 육질측정방법을 희망할 경우 측정항목을 제공할 수 있다.

② 돼지도체 등급판정은 인력등급판정 또는 기계등급판정 중 한 가지를 선택하여 적용할 수 있다.

2) 돼지도체의 1차 등급 판정기준

① 돼지를 도축한 후 2분할된 좌반도체에 대하여 다음 항목을 측정하여 판정한다.
- 도체중량 : 도체중량은 도축장경영자가 측정하여 제출한 도체 한 마리 분의 중량을 kg단위로 적용한다.
- 인력등급판정 방법에 따른 등지방두께 : 등지방두께는 왼쪽 반도체의 마지막 등뼈와 제1허리뼈 사이의 등지방두께와 제11번 등뼈와 제12번 등뼈 사이의 등지방두께를 품질평가사가 측정자로 측정한 다음, 그에 대한 평균치를 mm 단위로 적용한다.
- 기계적등급판정 방법에 따른 등지방두께 및 등심직경 : 등급판정보조장비인 초음파기계(Ultrafom, A-mode)를 사용하여 왼쪽 반도체의 제12등뼈와 제13등뼈 사이의 2분할 단면에서 복부방향으로 6cm지점 들어간 도체표면에 기계를 밀착시킨 상태에서 등지방두께와 등심직경의 최단거리를 mm 단위로 측정한다.

② 측정된 도체의 중량과 등지방두께 등을 이용하여 별표 7에 따라 1^+등급, 1등급 또는 2등급으로 1차 등급을 부여한다.

3) 돼지도체 2차 등급 판정기준

① 돼지도체 인력등급 판정
- 외관 및 육질등급 판정은 별표 8의 기준에 따라 판정한다.
  - 외관 및 육질 판정은 비육상태, 삼겹살상태, 지방부착상태, 지방침착도, 육색, 육조직감, 지방색, 지방질을 종합하여 1+, 1, 2, 등외등급으로 판정한다.
- 결함 판정은 별표 9의 기준에 따라 판정한다.
  - 방혈불량, 이분할불량, 골절, 척추이상, 농양, 근출혈, 호흡기불량, 피부불량, 근육제거, 외상 등으로 판정하고, 결함이 확인되는 경우 등급을 하향(최대 2등급까지)하거나 등외등급으로 2차 판정한다.

② 기계등급 판정의 2차 등급 판정 및 최종등급 판정은 인력등급 판정과 동일하게 적용한다.

4) 돼지도체의 최종등급 판정

1차 등급판정 결과와 2차 등급판정 결과 중 가장 낮은 등급으로 한다.

[별표7] [돼지도체 중량과 등지방두께 등에 따른 1차 등급판정 기준]

1차 등급	박피도체		탕박도체	
	도체중(kg)	등지방두께(mm)	도체중(kg)	등지방두께(mm)
	이상 미만	이상 미만	이상 미만	이상 미만
1^+등급	83 – 93	17 – 25	74 – 83	12 – 20
1등급	80 – 83 83 – 93 83 – 93 93 – 98	15 – 28 15 – 17 25 – 28 15 – 28	71 – 74 74 – 83 74 – 83 83 – 88	10 – 23 10 – 12 20 – 23 10 – 23
2등급	1^+ · 1등급에 속하지 않는 것		1^+ · 1등급에 속하지 않는 것	

[별표8] **[돼지도체 외관, 육질 2차 등급판정 기준]**

판정항목			1+등급	1등급	2등급
외관	인력	비육 상태	도체의 살붙임이 두껍고 좋으며 길이와 폭의 균형이 고루 충실한 것	도체의 살붙임과 길이와 폭의 균형이 적당한 것	도체의 살붙임이 부족 하거나 길이와 폭의 균형이 맞지 않은 것
		삼겹살 상태	삼겹살두께와 복부지방의 부착이 매우 좋은 것	삼겹살두께와 복부지방의 부착이 적당한 것	삼겹살두께와 복부지방의 부착이 적당하지 않은 것
		지방부 착상태	등지방 및 피복지방의 부착이 양호한 것	등지방 및 피복지방의 부착이 적당한 것	등지방 및 피복지방의 부착이 적절하지 못한 것
	기계	비육 상태	정육률 62% 이상인 것	정육률 60% 이상~62% 미만인 것	정육률 60% 미만인 것
		삼겹살 상태	겉지방을 3mm 이내로 남긴 삼겹살이 10.2kg 이상이면서 삼겹살 내 지방비율 22% 이상~42% 미만인 것	겉지방을 3mm 이내로 남긴 삼겹살이 9.6kg 이상이면서 삼겹살 내 지방비율 20% 이상~45% 미만인 것. 단, 삼겹살상태의 1+등급 범위 제외	겉지방을 3mm 이내로 남긴 삼겹살이 9.6kg 미만이거나, 삼겹살 내 지방비율 20% 미만인 것 또는 45% 이상인 것
		지방부 착상태	비육상태 판정방법과 동일	비육상태 판정방법과 동일	비육상태 판정방법과 동일
육질		지방 침착도	지방침착이 양호 한 것	지방침착이 적당 한 것	지방침착이 없거나 매우 적은 것
		육색	부도10의 No.3, 4, 5	부도10의 No.3, 4, 5	부도10의 No.2, 6
		육조 직감	육의 탄력성, 결, 보수성, 광택 등의 조직감이 아주 좋은 것	육의 탄력성, 결, 보수성, 광택 등의 조직감이 좋은 것	육의 탄력성, 결, 보수성, 광택 등의 조직감이 좋지 않은 것
		지방색	부도11의 No.2, 3	부도11의 No.1, 2, 3	부도11의 No.4, 5
		지방질	지방이 광택이 있으며 탄력성과 끈기가 좋은 것	지방이 광택이 있으며 탄력성과 끈기가 좋은 것	지방 광택도 불충분하며 탄력성과 끈기가 좋지 않은 것

[별표9] **[돼지도체 규격등급판정 결함의 종류]**

항 목	등급 하향	등외등급
방혈불량	돼지 도체 2분할 절단면에서 보이는 방혈작업부위가 방혈불량이거나 반막모양근, 중간둔부근, 목심주위근육 등에 방혈불량이 있어 안쪽까지 방혈불량이 확인된 경우	각 항목에서 '등급하향' 정도가 매우 심하여 등외등급에 해당될 경우
이분할불량	돼지도체 2분할 작업이 불량하여 등심부위가 손상되어 손실이 많은 경우	
골 절	돼지도체 2분할 절단면에 뼈의 골절로 피멍이 근육 속에 침투되어 손실이 확인되는 경우	
척추이상	척추이상으로 심하게 휘어져 있거나 경합되어 등심 일부가 손실이 있는 경우	

농 양	도체 내외부에 발생한 농양의 크기가 크거나 다발성이어서 고기의 품질에 좋지 않은 영향이 있는 경우 및 근육내 염증이 심한 경우
근 출 혈	고기의 근육 내에 혈반이 많이 발생되어 고기의 품질이 좋지 않은 경우
호흡기불량	호흡기질환 등으로 갈비내벽에 제거되지 않은 내장과 혈흔이 많은 경우
피부불량	화상, 피부질환 및 타박상 등으로 겉지방과 고기의 손실이 큰 경우
기 타	기타 결함 등으로 육질과 육량에 좋지 않은 영향이 있어 손실이 예상되는 경우

5) 돼지도체의 등급표시

① 등급표시는 최종 등급판정결과 1^+, 1, 2를 도체에 표시한다.
② 등외등급으로 판정된 경우에는 등외를 도체에 표시한다.

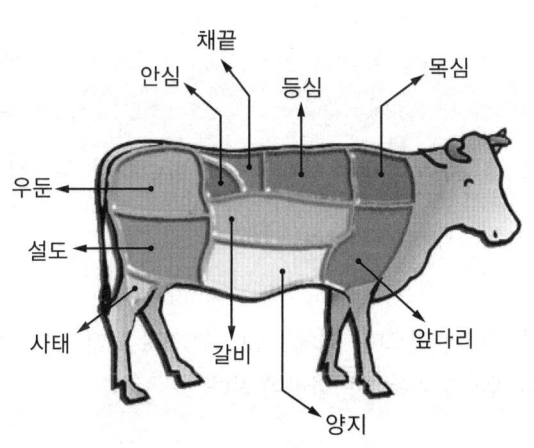

소고기 부위별 표시방법

부위명	표시방법
안 심	안심 또는 특등육
등 심	등심 또는 상등육
채 끝	채끝 또는 상등육
우 둔	우둔, 정육 또는 중등육
설 도	설도, 정육 또는 중등육
목 심	목심, 정육 또는 중등육
앞다리	앞다리, 정육 또는 중등육
양 지	양지 또는 보통육
사 태	사태 또는 보통육
갈 비	갈비

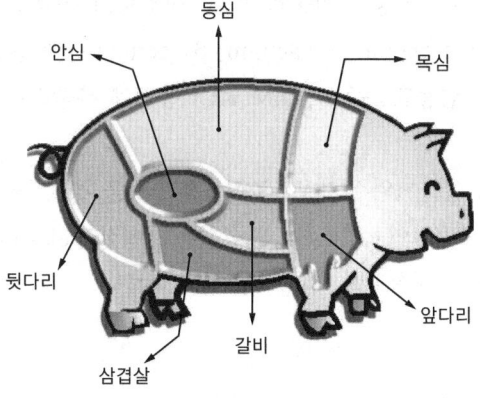

돼지고기 부위별 표시방법

부위명	표시방법
안 심	안심 또는 특등육
등 심	등심 또는 상등육
목 심	목심 또는 상등육
삼겹살	삼겹살
앞다리	앞다리 또는 중등육
뒷다리	뒷다리, 정육 또는 중등육
갈 비	갈비

9) 이상육 중 PSE육, DFD육

① PSE육(pale soft exudative)
- 육색이 창백하고, 근육 조직이 단단하지 못하고, 흐늘거리며, 수분 분리가 많이 일어난다.
- 돼지고기 중 20% 정도에서 발생한다.
- PSE육은 조리 시 수분 손실이 많이 발생하기 때문에 다즙성(juiceness)이 떨어지고, 가공육 제조 시 결착력이 낮고, 감량이 많은 결점이 있어 경제적 손실이 크다.

② DFD육(dark firm dry)
- 육색이 검고, 조직이 단단하며, 건조한 외관을 나타낸다.
- 쇠고기에서 주로 많이 발생하며 약 3% 정도이다.
- 원인은 도살 전의 피로, 운동, 절식, 흥분 등의 스트레스를 받았을 때에 근육 내의 글리코겐(glycogen)이 고갈되어 근육 pH가 높은 상태로 유지되기 때문이다.

3. 식육의 화학적 성분 조성

식육은 수분이 50~70%로 가장 많고, 그 외 대부분 지방과 단백질이고, 탄수화물, 무기질, 비타민 및 조절 기능을 갖는 미량 성분들이 있다.

(1) 수분

가축의 종류, 연령, 부위에 따라 함량 차이가 있으며, 대체로 50~70%로 고기 중의 수분은 자유수, 결합수로 존재한다. 수분함량이 많은 고기는 지방함량이 적다.

(2) 단백질

식육에 함유된 단백질은 약 70%의 구조단백질과 30%의 수용성 단백질, 육기질 단백질로 구성되어 있다.

① 구조(염용성, 섬유상, 근원섬유) 단백질 : 고농도 염용액, 즉 0.6M KCl 용액에 추출되는 단백질, myosin, actin, tropomyosin, troponin, γ-actinin, β-actinin 단백질이 있다.

② 근장(수용성) 단백질 : 물 혹은 낮은 염용액, 즉 0.06M KCl 용액에 추출되는 단백질, myogen, globulin, X 단백질이 있다.

③ 결합조직(결체조직, 육기질) 단백질 : 동물체의 각세포, 조직, 장기 등을 결합, 연결시키거나 싸서 보호하는 단백질로 교원섬유 단백질인 collagen, 탄성섬유 단백질인 elastin, 세망섬유 단백질인 reticular가 있으며, 근초, 모세혈관벽, 힘줄의 구성을 이룬다.

(3) 지방

식육 중의 지방량과 조성은 동물의 종류, 연령, 성별, 부위별, 사육 조건에 따라 다르며, 축육의 지방은 축적지방과 조직지방으로 구분할 수 있다.

① 축적지방 : 피하, 근육 사이, 신장 주위, 망막 등에 존재(중성지질로 존재)

② 조직지방 : 장기, 뇌, 신경계 조직에 존재(콜레스테롤, 인지질, 당지질 함량이 높음)

(4) 탄수화물

Glycogen으로 소량 존재하며, 도살 후 근육의 사후변화 중 해당작용에 의해 점차 소실된다.

(5) 무기질

축육에는 1% 내외로 함유 주요 무기질은 K, Na, Mg, Ca, Zn, Fe, Cl, S, P 등이다.

(6) 비타민

지용성 비타민 A, D, E, K와 수용성 비타민 B복합체, C가 함유되어 있으며, 축육에는 비타민 B복합체의 우수한 공급원이고, 특히 돼지고기에는 비타민 B_1이 현저히 많다.

(7) 엑기스 물질

ATP, ADP, AMP, creatine, free amino acid, glycogen, succinic acid, glutathion, 엑기스 물질은 정미성을 가진다.

4. 근육의 구조 특성

근육은 동물 체중의 20~40%이며, 내부 구조에 따라 평활근, 심근 및 횡문으로 구분된다.

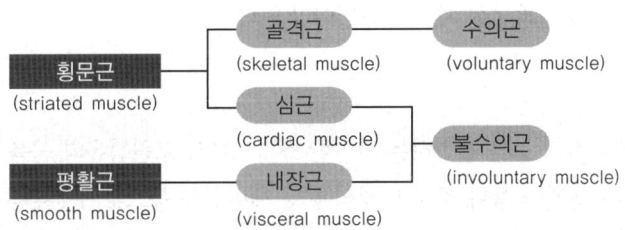

- 골격근은 횡문근이라고도 하며, 수축과 이완에 의하여 운동을 하는 기관인 동시에 에너지를 저장하고 있어서 식품으로서 매우 중요한 영양분을 가지고 있다. 골격근은 뼈주위에 붙어있는 고기로 주로 식용, 가공용, 식육의 대부분을 차지한다.
- 심근은 심장을 이루는 근육으로 횡문근이면서 불수의근의 특징이 있다.
- 평활근은 횡문의 무늬가 발달되지 아니한 근육으로 내장, 혈관, 생식기 등의 근육이다.

(1) 근육조직

1) 골격근(횡문근)

① 생체량의 30~40% 차지하고, 육가공 분야에 중요하다.
② 직경 10~110㎛ 근섬유로서 장축 방향으로 평형하게 다수가 모여서 다발을 이룬다.
③ 골격근에는 혈관, 신경섬유, 내근주막, 외근주막, 근섬유내막, 핵 등이 존재한다.

2) 골격근의 구성 단위

① 근육(muscle) : 수많은 개개의 섬유가 근속으로 묶여서 한 집합체를 구성한다.

② 근속(muscle bundle) : 근섬유의 다발이다.
③ 근섬유(muscle fibre) : 여러 개의 근원섬유가 모여서 이루어지며, 전체 체적의 75~92%를 차지한다.
④ 근원섬유(myofibrils) : 가늘고 긴 원통형의 막대 모양이며, 일반적으로 직경 1~2㎛, 근절과 근절 사이에 여러 개의 대(band)와 여러 개의 선(line)이 있다.
⑤ 초원섬유(myofilament) : 근원섬유의 구성 단위. 섬유의 한 가닥으로 여기에는 F-actin filament, myosin filament로 이루어졌다.

3) I-band(isotropic band)
① 명대, 편광으로 볼 때에 한번 굴절하기 때문에 단굴절성(isotropic)을 띤다.
② 50Å, thin filament, actin 성분으로 구성된다.

4) A-band(anisotropic band)
① 암대, 편광으로 볼 때에 이중으로 굴절하므로 복굴절성(anisotropic)을 띤다.
② 100~110Å, thick filament myosin 성분으로 구성된다.

5) Z-line
I 대의 중앙을 지나는 어두운 선이다.

6) 근절(sarcomere)
① 근육섬유의 반복되는 구조적 단위에서 근육의 수축과 이완의 순환이 일어나는 기본 단위이다.
② 2개의 인접한 Z선과 Z선 사이를 근절이라 한다.

(2) 결합조직

동물체의 각 세포나 장기 등을 결합하는 강인한 조직으로서 교원섬유와 근육조직의 근섬유 사이, 근주막의 내외, 근초, 혈관벽 등에 주로 탄성섬유 및 세망섬유 등으로 구분된다.

(3) 지방조직

피하, 장기의 주변, 복강 등에 부착되어 지방의 축적, 체온유지, 장기 보호 등의 역할을 하며 근육 내에 침착하여 맛, 연도, 고기의 결 등 육질에 영향을 준다.

5. 근육의 사후변화

가축이 도축되어 생명이 없는 상태가 되면 산소의 공급이 없어지고 근육 내에서는 혐기적인 효소의작용이 개시되어 해당작용(glycolysis)과 같은 생화학적 변화가 시작된다. 이어서 사후강직(rigor mortis)을 일으키고, 해경(release)에 의해서 자가소화(autolysis)가 일어나서 연화가 되면서 여기에 세균의 증식에 의해 부패(purtefaction)를 일으키게 되어 식육으로서의 가치를 완전히 잃게 된다.

(1) 해당작용
① 근육 등에 함유된 glycogen은 혐기적 대사(효소적 분해대사)에 의하여 분해되어 lactic acid 을 생성한다.
② 극한 산성인 pH 5.3~5.6 정도가 되어 미생물의 발육을 억제한다.
③ 단백질의 보수력 및 용해도가 저하되고, 육색이 창백해져 가공품의 원료육으로 부적당하다.

(2) 사후강직
① 동물이 죽으면 수분에서 수십 시간내 근육조직 내의 actin이 myosin A와 결합하여 근육 조직이 강하게 수축, 결합되며 육은 탄성을 잃고 경직성을 나타낸다.
② 사후강직 시 신전성이 떨어지고, ATP 함량이 감소되며, pH의 저하가 나타난다.
③ 강직개시 시간은 동물의 종류, 영양상태, 저장 온도, 피로도 등에 영향을 받으며, 일반적으로 소고기는 4~12시간, 돼지고기 1.5~3시간, 닭고기 수분~1시간에 강직이 개시된다.

(3) 사후강직 해제(해경)
① 경직 현상이 해제되어 근육은 다시 부드러운 상태로 되돌아 간다.
② 근절이 원래 길이로 복원되고 근원섬유의 소편화, 낮은 pH로 단백질의 변성 및 분해가 촉진된다. 또한 육질이 식용에 알맞게 향상되고, glycogen의 감소와 젖산의 증가, 유기태인산의 감소와 무기태인산의 증가, 산가의 증가, 가용성 질소의 증가, 아미노산의 양이 증가한다.
③ 경직 해제와 숙성은 4℃ 내외에서 소고기와 양고기의 경우는 7~14일, 돼지고기는 1~2일, 닭고기는 8~24시간에 완료된다.

(4) 부패
① 숙성에 의한 분해와 함께 세균의작용에 의한 분해로 부패가 일어난다. 그 분해물질은 amine 류, 지방산류, oxy acid, keto acid, H$_2$S, CO$_2$, NH$_3$, H$_2$O, indole, skatole, methane, mercaptane이 생성된다.
② 아미노산의 분해 형식에 따른 유형은 탈탄산작용, 탈아미노산작용, 탈탄산 및 탈아미노 병행 작용, 아미노산 발효 등이다.

6. 식육 가공의 기본이론

(1) 염지(curing)
염지는 원료육에 소금 이외에 아질산염, 질산염, 설탕, 화학조미료, 인산염 등의 염지제를 일정량 배합, 만육시켜 냉장실에서 유지시키고, 혈액을 제거하고, 무기염류 성분을 조직 중에 침투시킨다.

1) 염지 목적
① 식육 가공품에 염미를 부여하여 보존성 향상

② 보수력과 결착력의 증대
③ 독특한 발색과 풍미의 향상

2) 염지용 재료
① 소금 : 주성분은 NaCl 이고, 이외에 $MgCl_2$, $MgSO_4$, $CaSO_4$ 등 성분 함유
② 육색고정제 : 질산염($NaNO_3$), 아질산염($NaNO_2$), 질산칼륨(KNO_3), 아질산칼륨(KNO_2)가 있으며, 보조제로는 ascorbic acid가 있다.
③ 당류 : 설탕
④ 복합인산염

3) 염지 방법
① 건염법 : 일정한 양의 염지제를 고기에 직접 뿌리거나 문질러 염지하는 방법이다.
② 액염법(습염법) : 염지액을 만들어 염지액에 육을 침지하는 방법이다.
③ 염지액 주사법(stitch injection) : 염지액을 만들어 직접적으로 고기 조직에 대형주사기 등으로 주입시키는 방법으로 염지 시간을 단축할 수 있다.
④ 마사지 또는 덤블링 : 염지한 육을 massager 또는 tumbler 안에서 교반하여 염지 시간의 단축과 결착성을 향상시킨다.
⑤ 변압침투법 : 밀폐할 수 있는 용기에 육을 넣고 감압(vacuum) 또는 가압(pressure) 상태로 교대로 유지시켜 염지액을 침투시키는 촉진법이다.
⑥ 가온염지법(thermal curing) : 염지액의 온도를 50℃로 유지하여 염지하는 방법으로 염지 시간이 단축되는 방법으로 고기의 자가소화를 촉진하여 풍미, 연도 등이 좋아지는 이점이 있다.

4) 염지 온도와 기간
고기의 온도를 냉장 온도(2~4℃)로 유지하는 것이 좋고, 5℃가 넘으면 육질의 변화를 초래할 수 있으며, 염지 기간은 원료를 1kg에 5일 전후가 적당하다. 그러나 염지액 주사법, 가온염지법, 변압침투법 등은 염지 시간을 1/3~1/2로 단축시킨다.

(2) 염지 육색의 고정

1) 육색 고정제
육색 고정제는 KNO_3, KNO_2, $NaNO_3$, $NaNO_2$ 이며, 육가공 시 첨가하는 육색 고정 보조제는 ascorbic acid이다.

2) 질산염
질산염은 육중의 질산염 환원균에 의해 아질산염으로 환원되어 작용을 한다.
① $KNO_3 \rightarrow KNO_2$
② $NaNO_3 \rightarrow NaNO_2$
③ 질산염환원균 : *Achromobacter dentricum*, *Micrococcus epidermis*, *Micrococcus nitrificans*

3) 육색 고정의 기작

① $NaNO_3 \xrightarrow{\text{세균에 의한 환원 작용}} NaNO_2 + H_2O$

② 환원형-Mb
　Oxy-Mb $\xrightarrow{NaNO_2\text{에 의한 산화}}$ Met-Mb $\xrightarrow[\text{첨가된 환원제}]{\text{고기의 환원 작용}}$ 환원형-Mb

③ $NaNO_2 + CH_3CHOHCOOH \longrightarrow HNO_2 + CH_3CHOHCOO \cdot Na$

④ $2HNO_2 \xrightarrow[\text{첨가된 환원제}]{\text{고기의 환원 작용}} NO + NO_2 + H_2O$

⑤ $Mb + NO \longrightarrow Mb-NO + NO_2 + H_2O$

4) 가열에 의한 육색 안정화

Nitrosomyoglobin(MbNO)을 가열하면 단백질 부분의 globin이 열변성하여 nitrosomyochromogen 으로 된다. 이것이 안정된 적색 물질이며, 이렇게 된 고기를 cooked cured meat color(CCMC) 라 한다.

7. 훈연(Smoking)

(1) 훈연 목적

① 보존성 향상　　　　　　　　　② 특유의 색과 풍미 증진
③ 육색의 고정화 촉진　　　　　　④ 지방의 산화 방지

(2) 연기 성분의 종류와 기능

① phenol류 화합물은 육제품의 산화방지제로 독특한 훈연취를 부여, 세균의 발육을 억제하여 보존성을 부여한다.
② methyl alcohol 성분은 약간 살균 효과기 있으며, 연기 성분을 육조직 내로 운반하는 역할을 한다.
③ carbonyls 화합물은 훈연색, 풍미, 향을 부여하고 가열된 육색을 고정한다.
④ 유기산은 훈연한 육제품 표면에 산성도를 나타내어 약간의 보존작용을 한다.

(3) 훈연 목재

① 수지함량이 적고, 향기가 좋으며, 방부성 물질이 많이 생성되는 나무 중에서 활엽수종으로 건조가 잘된 나무를 이용한다.
② 최근에는 나무 chip을 사용한다. 유해한 성분(dibenzenthracen, benzpyrene, 발암성 물질)이 적은 떡갈나무, 너도밤나무, 참나무, 보리수, 단풍나무, 마호가니목재 등이 이용된다.
③ 색조는 황갈색, 적갈색, 황금색의 색조를 띠는 것이 좋으며, 침엽수종은 어둡고 검은색을 나타내므로 부적당하다.

(4) 훈연방법

훈연방법에는 냉훈법, 온훈법, 고온훈연법 등이 있으며, 이들을 [표]에 비교하였다.

[훈연방법 비교]

훈연방법		제품유형	온도(℃)	습도(%)	시간	풍미형성	색조	보존성
냉훈법	단기 훈연	생햄(raw ham) 생소시지(raw sausage)	15~25	75~85	수일~수주	강하다	어둡다	장기간
	장기 훈연	건조소시지 훈연 등지방						
온훈법		쿠키드 햄(cooked ham) 등심햄 단미품	25~45	80	수시간	약하다	중간	중간
고온 훈연법		소시지 비엔나소시지 후랑크소시지	50~90	85	1/2~2시간	매우 약하다	밝다	짧다

8. 향신료

식품에 향미를 부여하는 데 쓰이는 독특한 향미를 지닌 재료를 말하며, 주로 열대나 아열대 지역에서 생산되는 특유의 향기와 신미를 가진 식물의 꽃, 과실, 나무껍질, 뿌리, 잎 등을 주로 이용한다. 천연향신료는 4가지의 기능 분류로 나눈다.

① 교취작용 : 식육, 생선의 생취를 제거시키는 기능으로 마늘, 생강, 월계수 등을 이용한다.
② 부향작용 : 향미, 방향 부여, 계피, allspice, nutmeg 등을 이용한다.
③ 식욕증진작용 : 신미와 향으로 식욕을 증진시켜 주는 기능으로 후추, 겨자 등을 이용한다.
④ 착색작용 : 착색을 나타내게 하는 것으로 적등색(paprica), 적색(redpaper), 황색(turmeric) 등을 이용한다.

[향신료의 종류와 성분]

원료	일반명칭	주성분	이용부위
후추	black pepper white pepper	piperine chavicine	미숙과 숙과(껍질 제외)
고추	red pepper or cayenne	capsaicin, dihydrocapsaicin	숙과
생강	ginger	gingerol, zingerone	뿌리(근경)

양파	onion	allylpropyl disulfide	인경
겨자	mustard	sinalbin sinigrin	종자 인경
마늘	garlic	diallyl disulfide	껍질
계피	cinnamom	cinnamaldehyde eugenol	잎 미숙과
백미후추	allspice	eugenol	꽃망울
정향	clove	eugenol	종자(껍질 제외)
육두구	nutmeg mace	pinene myristicin	종자의 껍질
월계수	laurel	cineol	잎
소두구	cardamom	cineol	과실
사향	thyme	thymol, carvacrol	잎
살비아	sage	cineol, campher	잎
고수	coriander	linalool	과실
딜	dill	carvone	과실
마요람	majoram	cineol	잎
커민	cumin	cuminol	과실
미질향	rosemary	cineol	전초, 엽화
오레가노	oregano	thymol, carvacrol	전초
피망	paprika	β-carotene, capsaicin	과실

9. 햄(Ham) 제조

햄이란, 돼지의 뒷다리 부위의 고기를 원료로 하여 정형을 한 후 염지, 훈연, 가열해서 제품화한 것을 말하며, 다른 부위를 사용하여 제조한 로인햄, 락스햄을 포함하여 햄이라 한다.

(1) 종류

① regular(bone in) ham : 돼지 볼기살을 뼈가 있는 채로 제조한 것
② boneless ham : regular 햄에서 뼈를 제거하고 제조한 것

③ press ham : 작은 고깃덩어리(육괴)를 서로 밀착시켜 한덩어리의 육괴로 제조한 것
④ 기타 : 등심햄(loin 부위), 어깨햄(boston butt 부위), shoulder ham(어깨부위), belly ham(아랫배 부분) 등이 있다.

(2) 일반적인 제조 공정(Boneless ham)

원료육의 전처리 → 혈교 → 염지 → 수침 → 두루마리(정형) → 예비 건조·훈연 → 가열·냉각 → 포장 → 제품

1) 원료육의 전처리
돼지 뒷다리에서 뼈를 제거한 후 표면의 지방층 두께를 3~5mm로 정형시킨다.

2) 혈교(precuring)
① 1차적으로 핏물을 제거하는 작업
② 혈교 작업은 원료육 중량에 대하여 식염 2~3%, 질산칼륨 0.15~0.25%의 혼합염을 육의 표면에 바른 다음, 2~4℃에서 1~2일간 유지한다.

3) 염지(curing)
① 고기를 소금에 절이는 작업
② 염지 재료는 소금 이외에 아질산염, 질산염, 설탕, 화학조미료, 인산염, sodium ascorbic acid 등이고, 염지통에 쌓아 3~4℃에서 kg당 2~3일간 유지

4) 수침(soaking)
① 염지 후 육은 염지제의 분포가 균일하지 않거나 육 표면에 식염함량이 많아 육을 깨끗한 물에 넣어 염분을 제거하여 적당한 염미를 지니도록 하기 위한 작업이다.
② 수침은 5~10℃ 정도의 물속에 1kg당 10~20분간 유지한다.

5) 두루마리(정형) 작업
① 청결한 면포에너지방면이 접히도록 놓고 공간이 생기지 않도록 원통형으로 두루마리(wrapping) 한다.
② 스테인레스로 된 retainer이나 fiber casing을 이용하기도 한다.

6) 예비건조·훈연
훈연실에서 서로 표면이 닿지 않도록 사이를 띠운다. 예비 건조하여 훈연을 실시하는데 냉훈법은 15~25℃에서 5~7일간, 또는 열훈법은 60~65℃에서 2~3시간 실시한다.

7) 가열 및 냉각
① 훈연이 끝난 후 70~75℃의 탕 중에 넣고 중심 온도가 65℃ 도달한 다음 30분 가열한다.
② 본레스 햄의 경우 약 5~6시간 가열하며, 가열이 끝나면 빨리 10℃ 이하로 냉각해야 한다. 이유는 햄 표면의 주름 방지, 호열성 세균의 사멸 효과가 있다.

8) 외관검사, 포장
외관, 색깔, 내포장 상태, air pocket 여부, 탄력성 검사 후 내포장된 cellophane을 벗겨내고 비통기성, 방습성, 차광성의 필름(film)으로 진공 포장한다.

10. 소시지(Sausage) 제조

소시지는 염지시킨 육을 육절기로 갈거나 세절한 것에 조미료, 향신료 등을 넣고, 여기에 야채, 곡류, 곡분 등을 넣어 반죽 혼합한 것을 케이싱에 넣고 훈연하거나 삶거나 하여 가공한 것을 말하며, 각종 고기와 햄 또는 베이컨을 제조할 때에 나오는 자투리 고기를 주원료로 하고, 소, 돼지, 말, 산양, 토끼, 상어, 가나랭이 등과 가축의 부산물 내상, 심상 등을 원료육으로 이용한다. 식품공전상의 정의는 식육에 조미료 및 향신료 등을 첨가한 후 케이싱에 충전하여 냉동, 냉장한 것 또는 훈연하거나 열처리한 것으로 수분 70% 이하, 조지방 35% 이하의 것을 말한다.

(1) 종류

1) Domestic sausage
① 수분함량이 50% 이상으로 많으며 부드럽고, 오랫동안 저장할 수 없다.
② fresh sausage, smoked sausage, cooked sausage 등이 있다.

2) Dry sausage
① 미훈연 건조 sausage(hard 형) : 수분 35% 이하
② 훈연건조 sausage(hard 형) : 수분 35% 이하
③ 반건조 sausage(soft 형) : 수분 55% 내외

3) 기타
Pork sausage, frankfurt sausage, bologna sausage, winner sausage, mortadela sausage, liver sausage, head sausage, blood sausage, salami sausage, cerverat sausage 등이 있다.

(2) 제조 공정(Domestic sausage)

원료육의 처리 → 염지 → 세절 → 유화 및 혼합 → 충전 → 건조, 훈연 → 가열, 냉각 → 포장 및 표시

1) 원료육의 처리
Ham, bacon 가공 후에 나온 잔육이나 적색 돼지고기가 주원료가 되며, 건, 인대, 연골, 뼈 등을 제거 및 절단하고, A급 지방은 세절하여 준비한다.

2) 염지
소금, $NaNO_3$($NaNO_2$), 설탕, 중합인산염, 가는 얼음 등을 원료육과 meat mixer에서 잘 혼합시켜 2~3℃에서 2~3일간 염지, 유지한다.

3) 세절
염지 후 chopper로 고기입자 크기를 6mm 크기로 세절하며, 고기 온도가 10℃ 이상 상승하면 결착력이 떨어지므로 열 상승에 주의해야 한다.

4) 유화 및 혼합
① Silent cutter에 세절된 육을 넣고 더욱 곱게 세절하여 점착성을 생성시켜 전분, 분리 대두단백질, 화학조미료, 향신료를 넣고 혼합, 유화시킨다.

② 지방은 육이 충분히 결착력이 생기면 첨가한다. 이때에 얼음을 20% 정도 준비(넣는 양의 1/3씩 나누어 첨가), silent cutter 작동시간은 5~8분 이내, 육의 온도 9℃ 이내 유지한다.

5) 충전
유화, 혼합된 고기 반죽을 stuffer에 넣고 공기가 혼입되지 않도록 넣고, nozzle을 끼운 케이싱에 충전한다. 케이싱에 채우고 양끝을 단단히 매어 준다.

6) 건조 및 훈연
40~50℃에서 1시간 표면건조 실시한 후에 50~55℃에서 2~3시간 훈연을 실시한다.

7) 가열 및 냉각
① 가열이 필요한 제품은 70℃의 온수에서 1시간 이상 가열한다.
② 냉각은 25~30℃의 중심 온도가 되도록 냉수로 샤워를 실시하고, 1~4℃의 냉장실에 저장한다.

11. 베이컨(Bacon) 제조

베이컨은 돼지의 삼겹부위 또는 특정부위를 정형한 것을 염지한 후, 훈연하거나 열처리한 것으로 수분 60% 이하, 조지방 45% 이하의 제품이다. 원료육의 부위에 따라 복부육을 이용하여 가공한 bacon류, 등심육 또는 복부육이 붙어 있는 등심육을 가공한 loin bacon, 어깨육으로 가공한 shoulder bacon류가 있다.

(1) 제조 공정

> 원료육의 선정 → 늑골골발 → 정형 → 염지 → 수세 → 건조, 훈연 → 냉각 → slice → 포장 → 냉각 → 제품

1) 원료육의 선정
돼지 도체 중에서 배 부위육을 선정하고, 지방층 껍질을 제거한 후 갈비뼈 골발, 장방형으로 정형한다.

2) 염지
① 베이컨의 염지는 건염법을 이용한다.
② 염지제는 원료 중량에 대해 소금 2~3.5%, 아질산염 0.01~0.02%, 질산염 0.15~0.25%, 설탕 1.3%, 향신료 0.6~1.0%를 혼합시켜 베이컨 표면에 마사지하면서 문지른 후에 비닐로 밀착시켜 덮은 다음, 냉장실에서 베이컨 중량당 4~5일 유지시킨다.

3) 수침, 정형
① 수침은 표면의 과도한 염분을 제거하고, 균일하게 분포시킬 목적으로 실시한다.
② 원료 중량의 10배가 되는 5℃의 물에 1~2시간 수침하고, 다시 마른 수건으로 물기를 제거한 후 다시 적당한 크기로 잘라 정형시킨다.

4) 건조, 훈연
① Bacon육의 결체조직 사이에 bacon pin을 꿰어 현수시킨다.
② 건조와 훈연은 여러 가지 조건에 있어서 다르나, 건조처리는 65℃에서 50분간 실시한 후 70℃에서 50~60분간 훈연 처리한다.

5) 냉각, 포장
① 훈연이 끝나면 실온에서 냉각시켜 2~3℃ 냉장실에서 12시간 정도 유지한다.
② slicer로 두께 2~3mm로 절편시켜 진공 포장하여 10℃ 이내의 저장고에서 유지, 유통시키며 유통기한은 15일 정도이다.

12. 축육통조림 제조

통조림의 제조 공정은 축산물의 원료를 선택하여 전처리, 담기, 탈기, 밀봉, 살균(멸균), 냉각하여 제품화된다. 원료의 선택에서부터 냉각 공정까지 위생적으로 완벽하게 이루어져야 내용물의 선도는 물론 보존성을 연장시킬 수 있다. 특히 탈기, 밀봉, 살균 공정을 통조림 제조 주요 3대 공정이라 한다.

(1) 제조 공정

원료육 → 세절 → 혼합 → 염지 → 재혼합 → 담기 → 탈기 · 밀봉 → 살균 · 냉각 → 제품

1) 원료육의 처리
도축육은 신속하게 냉각(1~3℃ 수준)하여야 하고, 냉동육은 5~6℃에서 24시간 해동하여 보수력과 유화성을 유지시켜야 한다. 인대, 건을 제거하고, 근섬유의 방향과 직각으로 절단한다.

2) 세절, 혼합
Chopper로 세절하고 silent cutter에서 3mm 정도로 고기갈이를 한다. 질산염, 향신료, 소금, 아질산염을 넣고 혼합 후, 여기에 부재료인 향신료, 얼음을 넣고 고기갈이를 한다.

3) 염지
혼합된 육을 염지통에 넣어 비닐(vinyl)로 덮고, 2~4℃에서 12~24시간 유지한다.

4) 담기 · 권체 · 살균
① 담기 전에 염지된 육을 다시 silent cutter에서 1분간 고기갈이를 실시하고, 자동충전기로 통조림관에 담는다.
② 진공도 25inchHg 유지하며, 살균은 301-5호관의 경우는 121℃에서 60분간 실시한다.

5) 냉각, 검사
① 냉수 샤워로 냉각(30℃ 이하 유지)하며, 통조림 외관을 마른 헝겊으로 닦아서 건조시킨다.
② 표시기준에 의해 표시, 시료를 무작위로 채취하여 가온 검사를 실시한다.

13. 건조육의 제조

건조육(jerky)은 식육류에 조미료 및 향신료 등을 첨가하여 건조하거나 열처리하여 건조한 것을 말하며, 수분함량이 55% 이하이다. 쇠고기를 주원료로 하며 여기에 양념의 종류, 염지 방법, 건조 방법, 용량에 따라 산포, 편포, 약포, 장포 등이 있다.

건조육을 가공하는 데 있어서 원료육의 전처리, 조미, 건조과정은 제품의 색택, 조직감, 풍미 등에 큰 영향을 준다. 건조육은 기호성, 저장성 및 대중성이 좋기 때문에 비상식품, 간식용으로 폭넓게 활용할 수 있는 이점이 있다.

(1) 제조 공정

> 원료 선정 → 전처리 → 동결 → 절편 → 염지 → 건조 → 방냉 → 포장 → 표시 → 제품

① 원료 선정과 처리 : 쇠고기의 볼기살, 사태살, 돼지고기 등심육, 이외 면육, 양육을 이용하고, 지방 성분 힘줄을 제거하고, 정형한다.

② 동결 및 slicing : 정형된 원료육을 -20℃에서 6~7시간 동결하여 경화시키고, 육을 일정한 크기로 절편시킨다. 예) $4.0 \times 60.0 \times 100.0mm$, $T \times W \times L$

③ 염지·숙성 : 염지제는 간장, 흑설탕, 질산나트륨, 복합인산염, 향신료 등을 혼합하여 건염법으로 뿌려 주면서 약 5~7분간 만육시킨다. 이것을 염지통에 넣어 실내 온도에서 12시간 정도 숙성시킨다.

④ 건조·방냉 : 열풍건조기로 1단계 건조 70℃에서 1시간, 2단계 건조 55℃에서 2~3시간, 3단계 건조 45℃에서 30~40분 건조시키며, 방냉실에서 18~20℃로 12시간 방냉시킨다.

⑤ 포장·표시 : 색택, 조직감 및 전체적인 기호성을 평가하여 품질에 이상이 없으면 방습성, 가스 비투과성, 내열성 포장지(nylon/LDPE)에 넣고 무진공 또는 진공 포장한다.

3 알가공

1. 계란의 구조와 조성

(1) 계란의 식품가치

1) 영양가치
① 계란은 완전식품으로서 단백질, 지질, 무기질, 비타민 등이 풍부하게 균형을 이루고 있다.
② 계란의 단백질은 모든 종류의 필수 아미노산이 충분하게 함유되어 있어 단백질의 영양가를 비교하는 단백가가 가장 높다. 특히 methionine, cysteine 등과 같은 함황 아미노산이 많다.
③ 계란의 지방은 대부분은 난황에 들어있고, 주요한 에너지원이 되며 지용성 비타민(A, D, E, K)이 풍부하다.

2) 이용상의 특성
① 응고성(coagulation) : 난백은 60℃, 난황은 65℃로 가열하면 응고하기 시작한다.
② 포립성(whipping ability) : 난백의 단백질에 의한 것으로 다공성 조직을 가진 케이크류 제조에 이용된다.
③ 유화성(emulsion ability) : 마요네즈는 난황의 유화성을 이용한 것이다.

(2) 계란의 구조

1) 난각과 난각막(egg shell and shell membrane)
① 난각은 전난 중의 9~12%를 차지하고, 다공성의 구조를 갖는다.
② 난각의 두께는 0.27~0.35mm 정도로서 보통 난각막과 같이 측정한다.
③ 난각막은 난각의 4~5%로 백색 불투명한 얇은 막이다.
④ 난각은 기공이 1cm²당 129.1±1.1개나 된다.

2) 난백(egg white, albumin)
① 난 중의 약 60%로서 난황을 둘러싸고 있으며, 외수양난백, 농후난백(thick albumin), 내수양난백으로 구성된다.
② 신선 난백의 pH는 7.5~8.0이다.

3) 난황(egg yolk)
① 난황은 난 중의 약 30%로서 배반을 중심으로 백색난황과 황색난황이 층을 이루고 있다.
② 신선 난황의 pH는 6.2~6.5이다.

(3) 화학적 조성(chemical composition)

1) **난각과 난각막**

   난각의 조성은 탄산칼슘($CaCO_3$) 96.4%, 탄산마그네슘($MgCO_3$) 1.5%, 인산칼슘($CaPO_3$) 0.18% 등이고 난각막의 주성분은 단백질로서 특히 cysteine이 많다.

2) **난백**

   ① 난백은 87% 내외의 수분을 가지며 고형물의 90% 이상은 단백질이다.
   ② 지질함량은 생난백에 0.05%이고, 탄수화물은 glucose를 비롯한 fructose, manose, pentose 등의 당으로 대부분 단백질과 결합되어 있다.
   ③ 무기 성분은 S, K 외에 Na, Cl, Mg, Ca, P 등이 미량으로 들어 있고, 비타민은 지용성은 없고, 수용성 B류가 들어 있으나 C는 없다.

3) **난황막(vitelline membrane)**

   대부분 mucin, keratin, collagen, lysozyme 등이 단백질로 구성되며 지질, 당질도 함유된다.

4) **난황(yolk)**

   고형분이 약 50%로 높으며, 단백질 16%, 지질 32%, 무기 성분 2%, 탄수화물 1%로 구성된다.

(4) 저장 중의 변화

1) **외관적 변화**

   ① 농후난백의 수양화(thining) ② 난황계수의 감소 ③ 난중량 감소 ④ 난백의 pH 상승

2) **미생물학적 변화**

   ① 산란 직후의 난 내용물은 무균상태에 가까우며, 미생물의 오염은 산란 후에 일어난다.
   ② 난각 표면에는 mucin 단백질의 박막인 큐티클이 있어 난각의 세공을 막고 미생물의 침입을 막는다.
   ③ 보통 알의 부패는 세균 및 냉장 중 호랭성균의 원인으로 생긴다.

2. 계란의 등급

계란의 등급판정은 품질 등급과 중량 규격으로 구분한다.

(1) 계란의 품질등급 판정기준

1) 계란의 품질등급판정을 위한 외관·투광 및 할란판정의 기준은 별표20과 같으며, 등급판정 신청된 롯트의 표본에 대한 등급판정 결과에(A, B, C, D) 따라 별표21과 같이 신청 롯트 전체에 등급을 부여(1+, 1, 2)한다. 단, 살균액란 제조용 계란은 외관 및 할란판정만 실시한다.
2) 각 품질등급별 파각란 허용 범위는 별표22와 같다.

[별표20]　　　　　　　　　　　　　　　　[계란의 품질기준]

판정항목		품질기준			
		A	B	C	D
외관판정	계란껍데기	청결하며 상처가 없고 계란의 모양과 계란껍데기의 조직에 이상이 없는 것	청결하며 상처가 없고 계란의 모양에 이상이 없으며, 계란껍데기의 조직에 약간의 이상이 있는 것	약간 오염되거나 상처가 없으며, 계란의 모양과 계란껍데기의 조직에 이상이 있는 것	오염되어 있는 것, 상처가 있는 것, 계란의 모양과 계란껍데기의 조직이 현저하게 불량한 것
투광판정	공기주머니 (기실)	깊이가 4mm 이내	깊이가 8mm 이내	깊이가 12mm 이내	깊이가 12mm 이상
	노른자	중심에 위치하며, 윤곽이 흐리나 퍼져 보이지 않는 것	거의 중심에 위치하며, 윤곽이 뚜렷하고 약간 퍼져 보이는 것	중심에서 상당히 벗어나 있으며, 현저하게 퍼져 보이는 것	중심에서 상당히 벗어나 있으며, 완전히 퍼져 보이는 것
	흰자	맑고 결착력이 강한 것	맑고 결착력이 약간 떨어진 것	맑고 결착력이 거의 없는 것	맑고 결착력이 전혀 없는 것
할란판정	노른자	위로 솟음	약간 평평함	평평함	중심에서 완전히 벗어나 있는 것
	진한흰자 (농후난백)	많은 양의 흰자가 노른자를 에워 싸고 있음	소량의 흰자가 노른자주위에 퍼져 있음	거의 보이지 않음	이취가 나거나 변색되어 있는 것
	묽은흰자 (수양난백)	약간 나타남	많이 나타남	아주 많이 나타남	
	이물질	크기가 3mm 미만	크기가 5mm 미만	크기가 7mm 미만	크기가 7mm 이상
	호우 단위*	72 이상	60 이상~72 미만	40 이상~60 미만	40 미만

* "호우 단위(Haugh Units)"라 함은 계란의 무게와 진한흰자의 높이를 측정하여 다음 산식에 따라서 산출한 값을 말한다.

　호우 단위(H.U) = $100\log(H+7.57-1.7W^{0.37})$　　　H: 흰자높이(mm)　W: 난중(g)

[별표21]　　　　　　[계란 및 살균액란 제조용 계란의 품질등급 부여방법(제24조제1항 관련)]

〈계란 품질등급 부여방법〉

품질등급	등급판정 결과
1⁺등급	A급의 것이 70% 이상이고, B급 이상의 것이 90% 이상이며(나머지는 C급)
1등급	B급 이상의 것이 80% 이상이고, D급의 것이 5% 이하(기타는 C급)
2등급	C급 이상의 것이 90% 이상(기타는 D급)

[별표22]　　　　　　　　　　[파각란 허용 범위(제24조제2항 관련)]

품질등급	파각란 허용 범위
1⁺등급	7% 이하
1등급	9% 이하
2등급	9% 초과

(2) 계란의 중량 규격 기준

1) 계란의 중량규격은 계란의 무게에 따라 별표23과 같이 구분한다.

[별표23]   [계란의 중량규격(제25조제1항 관련)]

규 격	왕 란	특 란	대 란	중 란	소 란
중량	68g 이상	68g 미만~ 60g 이상	60g 미만~ 52g 이상	52g 미만~ 44g 이상	44g 미만

(3) 계란의 등급표시

1) 계란의 등급표시는 품질등급(1⁺, 1, 2)과 중량규격을 포장용기에 등급판정일자, 평가기관명 등과 함께 표시한다.

3. 계란의 선도검사

1) 외부적인 선도

1) 난형(egg shape)

$$E \cdot S = \frac{S}{L} \times 100 \quad (S : 단경, \quad L : 장경)$$

장경과 단경의 비가 4 : 3이 정상란이다.

2) 난각질

양호한 난각질은 난각 침착이 균일하고, 기공수 1cm²당 129±1.1개

3) 난각의 두께

0.31~0.34mm

4) 건전도(soundness)

항력 시험에서 난각파괴력은 계란 3.61~5.20kg, 꿩알 2.5kg, 타조알 55kg이다.

5) 청결도

청결상태에 따라서 4등급으로 분류(A, B, C, D급)한다.

6) 난각색

계란의 색은 백색, 갈색, 담색, 청색이며, 부패란은 푸른색을 띠면서 광택이 적은 색깔을 띤다.

7) 비중(specific gravity)

신선란은 1.0784~1.0914 사이이며, 1일 경과 시에 0.0017~0.0018씩 감소한다.

① A급란 : 11% 식염수에 가라앉는 난(신선란)

② B급란 : 11% 식염수에 뜨나, 10% 식염수에서는 약간 가라앉는 난(약간 신선란)

③ C급란 : 10% 식염수에 뜨고, 8% 식염수에 가라앉는 난(부패가능란)

④ 부패란 : 8% 식염수에 떠오른 난(묵은란)

8) 진음법
신선란은 내용물이 충만하여 소리가 나지 않고, 묵은란은 소리가 난다.

9) 설감법
신선란은 따뜻한 느낌(둔단면)이 들며, 묵은란은 차가운 느낌(둔단면)이 든다.

(2) 내부적인 선도

1) 투시 검사
투시 검사 기구를 사용하여 기실의 크기, 난백의 상태, 난황의 상태, 혈액, 이물질 등을 검사한다.

2) 할란 검사

① 난백계수(albumin index)

할란하여 평판 위에 놓고, 농후난백 높이(h)와 직경(d)을 구하여 농후난백 높이를 직경으로 나눈 수치이다. 신선란의 난백계수는 0.06 정도이다.

$$난백계수 = \frac{농후난백의 높이(h)}{농후난백의 직경(d)}$$

② Haugh 단위
- $Hu = 100\log[H + 7.57 - 1.7W^{0.37}]$ [H : 난백높이(mm), W : 난중량(g)]
- 계란의 품질기준 : 72 이상(A), 60~72(B), 40~60(C), 40 이하(D)

③ 난황계수(yolk index)

할란하여 평판 위에 놓고, 난황 높이(h)와 직경(d)을 구해서 난황 높이를 직경으로 나눈 수치이다. 신선란의 난황계수는 0.442~0.361 정도이다.

$$난황계수 = \frac{난황의 높이(h)}{난황의 직경(d)}$$

④ 난황편심도(yolk centering)

계란을 할란하여 유리판 위에 놓았을 때, 난백의 중심에 안정하게 위치되는 것을 1점, 난백의 바깥까지 나간 것을 10점으로 하여 편심도를 판정하며, 품질보다 난백의 수양화 정도를 나타낸다.

(3) 계란의 저장법

① 냉장법 : 1~0.5℃ 정도에서 저장한다.
② 냉동법 : 할란하여 -40℃로 급속 동결하며, -12℃로 저장한다.
③ 가스저장법 : CA 저장을 하고, CO_2 gas 3~5% 주입한다.
④ 도포법 : 톱밥, 재, 석회, 소금으로 도포한다.
⑤ 침지법 : 물유리, 석회수, 식염수, 재 등 용액에 침지한다.
⑥ 그 외 : 건조법, 염지법, 훈제법, 방습법 등이 있다.

4. 계란 가공품 제조

1차 가공품(단순 가공)은 위생란, 액산란, 동결란 등으로 처리하고, 2차 가공품(고차 가공품)은 계란 음료, 마요네즈, 피단, 훈제란, 자비란, 염지란, egg nog, 과자류 등으로 가공한다.

(1) 위생란(sanitary egg) 처리

위생란은 양계장에서 생산된 계란을 grading and packing(GP) 처리 공정을 거친 난을 말한다. 이 처리 공정은 다음과 같은 과정을 거쳐 처리한다.

> 신선란 입하 → 급란 → 세척·소독 → 건조 → 검란 → 선별 → 포장 → 출하

(2) 액상란(liguid egg) 및 동결란

1) 액상란(liguid egg)

액상란은 전란액, 난백액, 난황액으로 구분하여 제조할 수 있다.
- 액상전란 : 제과, 제빵의 원료, 단체 급식조리용으로 이용된다.
- 액상난백 : 제과용, 수산연제품, 소시지 및 계란음료 제조의 원료로 이용된다.
- 액상난황 : 대부분 마요네즈 제조에 쓰이고, 일부는 제과, 면류, 이유식 등에 이용된다.

① 액상란의 제조와 동결

  입수 → 검란 → 세란 → 난각 소독 → 세정 → 건조 → 할란 → 여과 → 균질화 → 살균 → 냉각 → 충전 → 출하

② 원료란 선별 : 신선하고, 깨끗하며, 난각 표면에 균열이 없는 정상란을 사용해야 한다. 투시검사, 할란 검사를 실시하여 원료란을 선정한다.

③ 세정과 할란 : 통계란을 세정하고, 난각 표면을 살균, 할란하여 껍질, 알끈, 난황막 등을 제거한다.

④ 여과와 저온 살균
- 계란을 할란하여 껍질, 알끈, 난황막을 제거한 후, 난액을 여과하고, 살균한다.
- 살균은 60℃에서 3~4분간 유지한다.

⑤ 충전 : 5℃ 이하로 냉각시켜 스테인레스 관이나 플라스틱백 등 포장 용기에 주입하여 밀봉한다.

2) 동결란

① -35~-45℃로 급속 동결한 후에 -18~-20℃의 저장실에서 저장한다.

② 동결란 해동 : 5℃ 이하의 냉장실에서 46시간 이내, 10℃ 이하에서 24시간 이내로 해동하는 것이 바람직하다.

(3) 건조란(dried egg)

1) 특징

① 계란 전란액 중에 수분을 제거하면서 열에 의하여 건조시킨 것이다.

② 저장성이 크고, 수송 및 취급이 편리하나 유해균 오염, 지방산패, 용해도 저하에 유의해야 한다.
③ 유리 글루코스에 의해 건조시킬 때 갈변, 불쾌취, 불용화 현상이 일어나 품질 저하를 일으키기 때문에 탈당처리가 필요하다.

2) 건조란 종류
건조전란, 탈당건조전란, 건조조제전란, 탈당건조난황 등이 있다.

3) 공정
① 전처리 → 당제거 작업 → 건조 → 포장 → 저장
② 제품의 수분함량이 2~5% 이하가 되도록 한다.

(4) 마요네즈(Mayonnaise)
난황의 유화력을 이용하여 식용유에 식초, 겨자 가루, 후추 가루, 소금, 설탕 등을 혼합하여 유화시켜 만든 것으로 제품의 전체 구성 중에 식물성 유지 60%, 난황액 10~15% 정도이다. 제조방법은 다음과 같다.

> 난황 분리 → 균질 → 배합 → 교반 → 담기 → 저장 → 제품

(5) 피단(Pidan)
중국에서 주로 오리알을 사용한 난가공품이다. 알칼리와 염분을 난 내용물에 침투시켜 알칼리에 의해 난단백질을 응고시켜 제조한다. 이외에도 함단(kandan), 조단(zoodan), 참단(shiedan), 란(vineger egg) 등이 있다.
배합물은 탄산소다, 나뭇재, 소금, 생석회를 이용하며, 도포법과 침지법 2가지가 있다.

(6) 계란음료
난백을 난황 중에 효소로 단백질을 분해시킨 후, 유기산(구연산, 젖산, 주석산 등 0.3~0.5%), 향료, 감미료, 색소 등을 첨가한 후에 살균하여 제조한 것이다. 제조 방법은 다음과 같다.

> 원료란 → 할란 → 분리 → 난황 10% 첨가 → 가당 → 자가소화유도 → 시럽 첨가 → 유기산 첨가 → 가열 → 냉각 → 여과 → 향료 첨가 → 살균 → 제품

(7) 훈연란(Smoked egg)
훈연란은 생란을 가열하여 완숙, 응고시켜 난각질을 벗긴 뒤에 염용액과 조미액에 침지하여 그 액을 조직 내로 침투시킨 뒤, 다시 훈연시킨 것이다. 저장성, 풍미성, 색택, 훈연취 등이 양호한 제품이다. 제조 방법은 다음과 같다.

> 원료란 → 저숙, 껍질 제거 → 염지액 침지 → 냉훈 → 냉각 → 담기 → 제품

03 유지 가공

유지는 공업용은 물론 식용으로도 우리들의 생활에 직접 간접으로 중요한 위치를 차지하고 있다. 식용유지는 크게 식물성 유지와 동물성 유지로 나누는데 우리나라에서 생산되는 식물성 유지 중 식용유는 쌀겨 기름, 면화씨 기름, 유채유, 참깨 기름, 콩기름, 들깨 기름, 고추씨 기름 등이 있고, 공업용 유지는 피마자 기름, 아마인유 등이 있다. 동물성 유지의 원료는 소 기름, 돼지 기름, 어유 등이 사용되고, 우리나라의 동물성 유지의 생산은 주로 해산물에 의존한다. 유지는 지방산과 글리세롤이 에스테르 결합한 트리글리세라이드(triglyceride)가 주성분이다.

1 유지 가공

1. 유지 채취법

유지를 채취하는 방법은 압착법, 추출법, 용출법이 있으며, 압착법, 추출법은 주로 식물성 유지의 채취에 사용되고, 용출법은 주로 동물성 유지의 채취에 사용된다.

(1) 용출법

원료를 가열하여 내용물을 팽창시켜 세포막을 파괴하고, 함유된 유지를 세포 밖으로 녹여 내는 방법이다. 직화, 열풍 및 이중으로 된 솥으로 가열하여 용출하는 건식법과 원료를 온수 또는 염수에 침지, 가열하여 용출시키는 습식법이 있다.

(2) 압착법

원료를 정선한 뒤 탈각하고 파쇄, 가열하여 압착한다. 콩, 유채, 깨, 쌀겨 등은 그대로 파쇄하나 아주까리, 면실 등과 같이 단단한 껍질을 가진 것은 탈각한다. 압착은 wedge press, screw press, hydraulic press 등이 있고, 연속 압착장치로는 expeller(압착기)가 있다.

원료 → 정선 → 탈각 → 파쇄 → 가열 → 가체 → 압착 → 정제 → 기름

(3) 추출법

원료를 휘발성 용제에 침지하여 유지를 유지 용제로 용해시킨 다음, 용제는 휘발시키고 유지를 채취하는 방법으로서 채유 효율이 가장 좋은 방법이다. 배지식, 배터리식, 연속 추출식 등 3가지 추출장치가 있다. 연속 추출식은 회전하는 나선에 의해 원료가 연속적으로 이동되며, 용제는 반대 방향으로 흐르게 한 것으로 여추식, 침지식, 여추침지병용식, 특수 방식 등이 있다.

1) 침출용제
유지 침출용제로는 석유벤젠, 벤젠, 핵산, 에탄올, 사염화탄소, 아세톤, 2유화탄소, 에틸알코올 등이 사용된다.

2) 용제 구비 조건
① 유지만 잘 추출되는 것
② 악취, 독성이 없는 것
③ 인화, 폭발하는 등의 위험성이 적은 것
④ 기화열 및 비열이 적어 회수가 쉬운 것
⑤ 가격이 쌀 것

3) 유지 추출장치
침출관, 증류관, 응축기, 용제 저장조의 4가지 부분으로 되어 있다.

2. 유지의 정제

채취한 원유에는 껌, 단백질, 점질물, 지방산, 색소, 섬유질, 탄닌, 납질물 그리고 물이 들어 있다. 이들 불순물을 제거하는 데 물리적 방법인 정치, 여과, 원심분리, 가열, 탈검처리와 화학적 방법인 탈산, 탈색, 탈취, 탈납 공정 등이 병용된다.

(1) 탈검(Degumming process)
① 탈산하기 전에 조유에 함유된 인지질 같은 고무질을 제거하는 공정이다.
② 온수 혹은 수증기를 불어넣어 수화시키면 gum 물질들은 불용성이어서 정치나 원심 분리로 제거한다.

(2) 탈산(Deaciding process)
① 원유에는 언제나 유리지방산이 들어 있는데, 이것을 제거하는 것이 탈산이다.
② 유리지방산을 NaOH로 중화 제거하는 알칼리 정제법이 쓰인다. 이 방법은 유리지방산뿐만 아니라 비누분, 검질, 색소 등 대부분 불순물을 제거할 수 있다.
③ 기름 온도가 너무 높으면 검화가 되기 쉬우므로 상온(35℃ 이하)으로 한다.
④ 탈산법 : 배지식, 연속식, 반연속식 등

(3) 탈색(Decoloring process)
① 원유에는 카로티노이드, 클로로필 등의 색소를 함유하고 있어 보통 황록색을 띤다. 이들을 제거하는 방법으로는 가열탈색법과 흡착탈색법이 있다.
② 가열법은 기름을 솥에 넣고 직화로 200~250℃로 가열하여 색소류를 산화분해하는 방법으로 기름의 산화가 일어나는 것이 단점이다.

③ 흡착법은 흡착제인 산성백토, 활성탄소, 활성백토 등이 있으나 주로 활성백토가 쓰인다. 사용량은 기름에 대해 1~2%로 보통 110℃로 가열 후 filter press로 여과한다.

(4) 탈취(Deodoring process)
① 기름 중의 알데히드, 케톤, 탄화수소 등 냄새 물질과 흙내음을 제거하는 것이다.
② 기름을 3~6mmHg의 감압하에서 200~250℃의 가열 증기를 불어넣어 냄새물질을 증류하여 제거한다.

(5) 탈납(Winterization)
① Salad oil 제조 시에만 실시하는데, 기름이 냉각 시 고체 지방으로 생성이 되는 것을 방지하기 위하여 탈취 전에 고체 지방을 제거하여 정제할 필요가 있다.
② 이 공정을 winterization 또는 dewaxing(탈납)이라 하고, 이 조작으로 제조한 기름을 winter oil이라 한다.

3. 식용 유지의 용도

(1) 튀김용 기름
① 콩기름, 채종유가 가장 많이 사용되고, 이 밖에 미강유, 들기름, 참기름, 고추씨 기름 등도 쓰인다.
② 튀김용 기름의 조건
- 튀길 때 거품이 나지 않고 열에 안정적일 것
- 튀길 때 연기나 자극취가 나지 않을 것
- 튀김유 발연점 210~240℃, 튀김 온도 160~180℃
- 튀김 점도 변화가 적을 것

(2) Salad oil용 기름
① 색이 엷고, 냄새가 없을 것
② 저장 중 산패에 의한 풍미의 변화가 없을 것
③ 저온에서 탁하거나 굳거나 하지 않을 것
④ Salad oil 용으로는 면실유 외에 olive oil, 옥수수 기름, 콩기름, 채종유가 사용된다.

4. 식용 유지의 가공

(1) 경화유

불포화지방산은 식물성의 것으로는 반건성유 및 건성유에 많고, 동물성의 것으로는 어패류에 많다. 이와 같은 유지의 불포화지방산에 니켈을 촉매로 수소를 불어 넣으면 불포화지방산의 2중 결합에 수소가 결합해서 포화지방산이 되어 액체의 유지를 고체의 지방으로 변화시킬 수 있다. 이 고체 지방을 경화유라 한다.

일반적인 방법은 촉매를 섞은 유지를 내산성인 경화장치에 넣고 예열시켜 100~180℃에서 6~12기압의 수소를 불어 넣어 반응시킨다. 이때 처음에는 140~150℃이고, 최종 200℃로 한다. 수소 첨가 반응은 발열(1kg 유지가 1.6kcal 생성)이므로 냉수로 온도를 조절한다. 경화 조건은 불순물이 적은 정제 기름, 촉매 독소를 함유하지 않은 순수한 수소 및 강력한 촉매 등 3가지이다.

(2) 마가린(Margarine)

마가린은 여러 가지 유지를 혼합하여 천연 버터의 융점에 가깝게 배합하여 유화제, 색소, 향료 등과 함께 이겨서 굳게 한 것이다. 마가린은 식용경화유(정제 동물성 지방), 면실유, 콩기름, 땅콩유 등을 배합, 융점(25~30℃)에서 발효유, 소금, 레시틴(유화제), 산화방지제(BHA, BHT), 향료, 착색제, 비타민 A 등을 첨가하여 굳게 한 것이다.

불포화지방의 함량에 따라 soft margarine과 hard margarine으로 구분한다. 천연 버터와 마가린은 휘발성 지방산의 함량에는 차이가 있으나, 그 밖의 성질은 거의 같다.

(3) 쇼트닝(Shortening)

쇼트닝은 돈지의 대용품으로 정제한 야자유, 소기름, 콩기름, 어유 등에 10~15%의 질소 가스를 이겨 넣어 만든다.

제조 공정은 원료 → 배합 → 급랭 → 이기기 순이다. 쇼트닝의 특징은 쇼팅성, 유화성, 크리밍성 등이 요구되며, 넓은 온도 범위에서 가소성이 좋고, 제품을 부드럽고, 연하게 하여 공기의 혼합을 쉽게 한다.

04 식품 공정공학

❶ 식품 공정공학의 기초

여러 가지 다른 제품을 생산하는 가공 공정일지라도 이들 공정들은 기계적 또는 물리적 원리가 동일한 일련의 단계로 나눌 수 있는데, 이를 단위 조작(unit operation)이라 한다.

식품공업에서 중요한 단위 조작은 유체의 흐름, 열전달, 건조, 살균, 증발, 증류, 추출, 결정화, 기계적 분리(여과, 원심분리, 침강, 체질), 분쇄, 혼합, 막분리, 압출 가공 등이며, 여러 가지 단위 조작을 어떻게 조합하느냐에 따라 식품의 품질이 결정된다.

1. 단위와 차원

단위(unit)는 그 물리량이 무엇이며 측정의 기준이 되는 표준량이 어떤 것인가를 나타내고, 숫자는 물리량을 나타내기 위해서 얼마나 많은 단위가 필요한가를 말한다.

(1) 차원(Dimensions)

① 일반적으로 질량·길이·시간·온도를 기본 차원이라고 한다. 길이는 [L], 질량은 [M], 시간은 [t]로 나타낸다. 기본차원만으로 정의할 수 있는 양을 기본량이라 하며, 한 차원의 거듭제곱이나 여러 차원의 조합으로 정의되는 양을 유도량(derived quantity)이라 한다. 예를 들면, 면적 = $[L]^2$, 체적 = $[L]^3$, 속도 $[L]/[t]$, 가속도 $[L]/[t]^2$, 밀도 = $[M]/[L]^3$이다.

② 차원은 단위로 측정하며, 단위는 기준이 되는 물리량으로 정의한다. 물리량을 표현할 때 차원을 분명히 해두면 그에 해당하는 어떤 기본 단위로도 나타낼 수 있으므로 편리하다.

(2) 단위계(Unit Systems)

자연과학과 공학분야에서 가장 널리 사용되는 단위계는 SI 단위, cgs 단위 및 fps 단위이다. 이들 세 가지 단위계는 질량 [M], 길이 [L], 시간 [t]의 세 개의 기본 차원으로 구성된다. 질량, 길이, 시간 이외에 힘을 기본차원으로 생각하여 네 개의 기본자원으로 공학 단위라 한다.

[주요 세가지 단위계의 기본단위]

Dimension	SI unit	cgs unit	fps unit
Mass	kilogram(kg)	gram(g)	pound(lb)
Length	meter(m)	centimeter(cm)	foot(ft)
Time	second(s)	second(s)	second(s), hour(h)
Temperature	Kelvin(K) or ℃	Kelvin(K) or ℃	Rankin(R) or °F

1) SI 단위

① SI 단위에서 사용하는 기본단위는 길이 meter(m), 시간 second(s), 질량 kilogram(kg), 온도 Kelvin(K), 원소 kilogram mole(kg mol) 등이다.

- 뉴턴(newton, N) : 힘의 기본 단위, 1 newton(N)=1kg·m/s²
- newton-meter 또는 joule(J) : 일, 에너지 및 열의 기본 단위, 1 joule(J)=1 newton·m(N·m)=1kg·m²/s²
- joule/s 또는 watt : 동력(power)의 단위, 1joule/s(J/s)=1watt(W)
- newton/m² 또는 pascal(Pa) : 압력(pressure)의 단위, 1 newton/m²(N/m²)=1 pascal(Pa)
- 표준중력가속도(standard acceleration gravity) : 1g=9.8066m/s²

[SI 기본단위와 유도단위]

Quantity	Unit	Symbol	Formula
Length	meter	m	
Mass	kilogram	kg	
Electric current	ampere	A	
Temperature	kelvin	K	
Amount of substance	mole	mol	
Luminous intensity	candela	cd	
Time	second	s	
Frequency(of a periodic phenomenon)	herz	Hz	1/s
Force	newton	N	kg m/s²
Pressure, stress	pascal	Pa	Nm²
Energy, work, quantity of heat	joule	J	N·m
Power, radient flux	watt	W	J/s
Quantity of electricity, electric charge	coulomb	C	A·s
Electric potential, potential difference, electromotive force	volt	V	W/A
Capacitance	farad	F	C/V
Electric resistance	ohm	Ω	V/A
Conductance	siemens	S	A/V
Magnetic flux	weber	Wb	V·s
Magnetic flux density	tesla	T	Wb/m²
Inductance	henry	H	Wb/A
Luminous flux	lumen	lm	cd·sr
Illuminance	lux	lx	lm/m²
Activity(of radionuclides)	becquerel	Bq	1/s
Absorbed dose	gray	Gy	J/kg

② SI 표준 단위는 실질적으로 사용하기에는 너무 크거나 작은 경우가 많다. 이와 같은 경우 10진법을 기준으로 한 접두어를 표준 단위 앞에 붙인다. 접두어를 붙일 때 표준 단위 앞에 바로 붙여 쓰도록 주의하고 접두어는 10^3 배수를 사용할 것을 권장한다.

[단위에 사용되는 접두어]

Prefix	Symbol	Multiple	Prefix	Symbol	Multiple
exa	E	10^{18}	deci	d	10^{-1}
peta	P	10^{15}	centi	c	10^{-2}
tera	T	10^{12}	milli	m	10^{-3}
giga	G	10^9	micro	μ	10^{-6}
mega	M	10^6	nano	n	10^{-9}
kilo	k	10^3	pico	p	10^{-12}
hecto	h	10^2	femto	f	10^{-16}
deca		10^1	atto	a	10^{-18}

2) cgs 단위

cgs 단위에서 길이의 표준 단위는 centimeter(cm), 질량의 표준 단위는 gram(g), 시간의 표준 단위는 second(s)로서 SI 단위와의 관계는 다음과 같다.

- 1g mass(g)=1×10^{-3}kg mass(kg)
- 1cm=1×10^{-2}m
- 1dyne(dyn)=1g·cm/s²=1×10^{-5}newton(N)
- 1erg=1dyn·cm=1×10^{-7}joule(J)
- 표준중력가속도 g=980.665 cm/s²

3) fps 공학 단위

표준질량 pound(lb), 표준길이 foot(ft), 표준시간 second(s) 이외에 pound force(lbf)를 기본량으로 사용한다. 1lbf는 1lb의 질량에 작용하여 32.174ft/s²의 가속도를 생기게 하는 힘으로 정의한다. SI 단위와 다음 관계가 성립한다.

- 1lb mass(lbm)=0.45359kg
- 1ft=0.3048m
- 1lb force(lbf)=4.4482 newton(N)
- 1ft·lbf=1.35582 newton·m(N·m)=1.35582joule(J)
- 1psia=6.89476×103 newton/m²(N/m²)
- 1.8°F=1K=1°C
- g=32.174 ft/s²

(3) 힘(Force)

뉴턴(Newton)의 '운동의 제2법칙'에 의하면 어떤 물체의 운동량(momentum)이 변할 때 그 물체는 힘을 받고 있으며, 힘의 크기는 운동량의 변화속도에 비례한다.

힘∝운동량의 변화속도

$$F \propto \frac{d(mv)}{dt}$$

질량은 일정하므로

$$F \propto m\frac{dv}{dt}$$

여기서 비례상수를 k라 하면

$$F = km\frac{dv}{dt} = kma$$

(F: 힘, m: 질량, a: 가속도)

비례상수 k는 단위계에 따라 값이 달라진다. SI 단위에서 힘의 표준 단위는 newton(N)이며, 1N은 1kg의 질량에 1m/s²의 가속도를 주는 힘이다.

$$1N = k \times 1kg \times 1m/s^2 \therefore k=1, 즉 F=ma$$

따라서 힘은 질량에 가속도를 곱한 것으로 정의할 수 있다.

a대신에 중력가속도 g, 비례상수 k 대신에 g_c를 대입하면 중력가속도 g는 위도, 지상에서의 높이에 따라 변하나 실제 큰 차이는 있으므로 g/g_c의 값은 약 1이다. 따라서 질량의 단위에 g/g_c를 곱하면 값은 변하지 않고 단위만 힘의 단위로 전환된다.

$$F = m\frac{g}{g_c}$$

(4) 압력단위(Pressure Units)

압력은 단위면적에 수직으로 작용하는 힘으로 정의되며, SI 단위에서 압력은 Pa(pascal)이다. 그러나 Pa은 단위가 너무 작아 불편하므로 bar를 자주 사용한다.

$1 bar = 1 \times 10^5 Pa = 1 \times 10^5 N/m^2$

1bar는 약 1atm(기압)과 같다.

$1 atm = 1.01325 \times 10^5 Pa = 101.325 kPa = 1.01325 bar$

공학 단위에서 압력은 $1 lbf/in^2$ 또는 kgf/cm^2로 나타내는데 때로는 아래첨자 f를 생략하고 나타내므로 질량과 혼동하기 쉽다.

$1 atm = 14.69 lbf/in^2 = 1.033 kgf/cm^2 = 1.013 bar$

(5) 일·에너지·동력의 단위

기계적 일(mechanical work)은 힘과 힘이 작용하는 방향으로 움직인 거리의 곱이다.

[단위계와 일]

System of unit	Work=Force×Distance
SI	J(joule)×N·m
cgs	erg×dyn·cm
fps	ft·lbf

에너지는 일을 할 수 있는 능력으로 일과 같은 단위를 가진다. 식품의 에너지 함량은 joule(J) 또는 kilojoule(kJ)로 나타낸다. 열(heat)도 에너지의 한 형태이며, 열과 일은 변환될 수 있다. 따라서 SI 단위에서 일, 에너지, 열의 표준 단위는 J이다.

cgs 단위에서 열의 단위는 calorie(cal)로서, 1cal는 물 1g의 온도를 1℃ 올리는 데 필요한 열량이다. fps 공학 단위에서 열량의 단위는 1Btu(British thermal unit)이며, 대기압에서 물 1lb을 1℉ 올리는데 필요한 열량으로 정의된다.

1cal=4.184J
1Btu=252.2cal=105.3J

동력(Power)은 일을 하는 속도 또는 에너지를 소비하는 속도로서 일을 시간으로 나눈 것이다. SI 단위는 watt(W)로 1W(=J/s)는 1J의 일을 1초 동안에 하였다는 의미이다.

6) 온도(Temperature)

온도는 물체의 더운 정도를 나타내는 것으로 일반적으로 사용되는 섭씨(Celsius scale, ℃)와 화씨(Fahrenheit scale, ℉) 눈금에서는 대기압 하에서 순수한 물의 어는점과 끓는점을 기준으로 하여 두 점 사이를 각각 100등분, 180등분 하였다.

SI 단위에서 표준온도인 Kelvin은 물의 3중점(triple point)을 273.16K로 정의하였다. 섭씨눈금으로 물의 3중점은 0.01℃이므로 물의 어는점(freezing point)은 273.15K(0℃)이다. 섭씨, 캘빈, 화씨, 랜킨 온도 사이의 관계는 다음과 같다.

$$℃ = \frac{5}{9}(℉-32)$$

$$℉ = 1.8 × ℃ + 32$$

$$K = ℃ + 273.15$$

(7) 밀도(Density)

밀도는 단위 부피당 질량으로 물질이 물체를 어떻게 구성하고 있는가를 나타낸다. 분자가 치밀하게 배열된 물체는 밀도가 크다. SI 단위에서의 밀도는 kg/m^3로, 277K(4℃)에서 물의 밀도는 $1000kg/m^3$ 또는 $63.43lbm/ft^3$이다.

때때로 용액의 밀도는 비중으로 나타낸다. 비중은 주어진 온도에서 물의 밀도에 대한 동일한 온도에서 용액의 밀도의 비율이다. 만약 T℃에서 어떤 용액의 비중을 알고 있다면, T℃에서 그 용액의 밀도(ρL)는 다음과 같이 구한다.

ρL=(비중)×ρW

ρW : T°C에서 그 용액의 밀도

(8) 농도 단위(Concentration Units)

기체, 액체 및 고체의 조성을 나타내는 데 가장 유용하게 사용되는 단위는 mole(mol)이다. 순수한 품질 1mole은 그 물질의 분자량과 같은 질량의 물질의 양으로 정의한다.

특정 물질의 몰분율(mole fraction)은 그 물질의 몰수를 총몰수로 나눈 것이다. 같은 방법으로 무게분율(weight fraction) 또는 질량분율(mass fraction)은 그 물질의 질량을 총질량으로 나눈 것이다.

성분 A 및 B의 혼합물 중 성분 A에 대해서 다음과 같이 나타낸다.

$$A의 \ 몰분율 = \frac{A의 \ 몰수}{총몰수} = \frac{n_A}{n_A+n_B}$$

$$A의 \ 질량 \ 또는 \ 무게분율 = \frac{A의 \ 질량}{총질량} = \frac{M_A}{M_A+M_B}$$

n_A, n_B : 성분 A 및 B의 몰수

M_A, M_B : A 및 B의 질량

일반적으로 고체 또는 액체의 분석값은 무게분율 또는 무게백분율(weight percent)로 나타내며 기체는 몰분율 또는 백분율로 나타낸다.

SI 단위는 mol/m^3 또는 mol/ℓ로 나타낸다. 물질의 농도는 단위 부피당 무게(w/v)로 나타내기도 한다. 부피는 온도에 따라 변하므로 이들 농도는 반드시 온도를 함께 표시해 주어야 한다. 일반적으로 설탕의 농도는 Brix로 나타내는데 설탕 용액 100kg 중 설탕의 kg을 나타낸다.

2. 물질수지

식품의 가공 공정에서는 여러 종류의 성분을 혼합하거나 분리하는 조작을 거친다. 각 단위조작 또는 전체의 공정을 통과하는 물질의 양적 관계는 물질수지(material balance)로서 표현된다. 물질수지는 장치의 설계, 조작 조건의 결정, 가공조작 후의 제품의 최종 조성 및 수율의 평가 등에 유용하게 이용된다.

(1) 질량보존의 법칙(Law of Conservation of Mass)

어떤 공정에 들어간 모든 물질의 총 질량은 공정 중에 축적되는 총 질량과 배출되는 총 질량의 합과 같다. 이와 같이 질량보존의 법칙을 어느 공정, 장치 또는 그 일부에 적용시키는 것을 물질수지라고 한다.

공정에 들어가는 질량 = 공정에서 나오는 질량 + 공정에 축적되는 질량
　　　(input)　　　　　　　　(output)　　　　　　(accumulation)

공정에 들어가고 나오는 물질은 순수한 물질 뿐만 아니라 여러 개의 성분으로 구성되어 있으며, 화학 반응을 일으키거나 상(phase)의 변화를 일으키는 경우도 있다. 화학 반응이 일어나지 않는 경우에는 공정에 출입하는 전체물질 뿐만 아니라 각 성분에 대해서도 물질수지를 적용시킬 수 있다.

대부분의 연속 공정에서는 공정 중에 물질이 축적되지 않고 들어가는 양과 나오는 양이 같다. 이와 같은 상태를 정상상태라 한다.

공정에 들어가는 질량유량 = 공정에서 나오는 질량유량
(rate of mass input)   (rate of mass output)

3. 에너지 수지

식품 가공 공정에서 살균, 증발, 냉동, 건조 등의 단위 조작들을 비롯하여 어느 조작이나 공정이든지 에너지가 관여하지 않는 것은 없다. 에너지 수지(energy balance)는 어떤 공정에 출입하는 에너지 관계를 밝히는 것으로 공정장치의 설계, 에너지 효율의 결정 등에 유용하게 이용된다.

(1) 에너지와 열(Energy and Heat)

1) 엔탈피

엔탈피(enthalpy) H(J/kg)는 내부에너지(internal energy)에 압력과 부피의 곱을 더한 것으로 정의된다.

H=U+PV(U(J/kg): 내부에너지, P(Pm³): 압력, V(m²): 부피)

가열과 냉각조작에서 엔탈피 변화는 매우 중요하다. 일정한 압력에서 엔탈피 변화 (ΔH)는

$\Delta H = \Delta U + P\Delta V$

열역학 제1법칙에 의하면 일정한 압력상태에서 가한 열량은 물체의 내부에너지 증가와 부피 팽창에 의한 일로 소비되므로

$Q = \Delta U + P\Delta V$, 즉 $Q = \Delta H$

따라서 일정한 압력조건에서 엔탈피의 증가는 물체가 흡수한 열과 같다. 엔탈피는 어떤 물체가 일정한 온도에서 가지고 있는 총열에너지를 의미한다.

엔탈피의 절대값은 직접적으로 구할 수 없고 기준상태에 대한 변화량으로 구한다. 즉 임의의 기준상태에서의 엔탈피를 0이라 가정하고 이 기준상태로부터 현재 상태로 엔탈피 변화를 현 상태의 엔탈피값으로 생각한다.

일반적으로 엔탈피는 단위 질량의 엔탈피 kJ/kg으로 나타낸다.

2) 열용량

어떤 물체의 열용량(heat capacity)은 단위질량의 물체를 단위 온도만큼 올리는 데 필요한 열로 정의된다. 열용량은 열 또는 냉각과정이 압력이 일정한 조건인가 또는 부피가 일정한

조건인가에 따라 정압 열용량 C_p(heat capacity at constant pressure)와 정용 열용량 C_v(heat capacity at constant volume)로 구별된다.

$$C_p = \left(\frac{dQ}{dT}\right)_p = \left(\frac{dH}{dT}\right)_p$$

$$C_v = \left(\frac{dH}{dT}\right)_v = \left(\frac{dH}{dT}\right)_v$$

C_p와 C_v는 단위질량에 대한 열용량이므로 이를 때때로 비열(specific heat)이라 한다. 비열의 SI 단위는 J/kg·K이다.

열용량은 여러 단위로 나타낼 수 있으며, 물의 열용량을 여러 가지 단위로 나타내면 다음과 같다.

$$1\frac{Kcal}{kg \cdot \text{℃}} = 1\frac{cal}{g \cdot \text{℃}} = 1\frac{Btu}{lb \cdot \text{℉}} = 4.18\frac{kJ}{kg \cdot K}$$

회분 공정에서 가열 또는 냉각할 때 가해주거나 제거해 주어야 하는 열Q(J)은 다음 식으로 계산한다.

Q=질량×비열×온도변화=$MC_p\Delta T$

M(kg) : 질량, C_p : 비열, ΔT(K 또는℃) : 온도 변화

3) 현열과 잠열

물체를 가열 또는 냉각시킬 때 물체의 상(phase)이 변하는 경우와 변하지 않는 경우가 있다. 물체의 상은 변하지 않고 온도만 변하는 경우의 엔탈피 변화를 현열(sensible heat)이라 하며, 이에 비하여 온도는 변하지 않고 물체의 상이 변하는 경우의 엔탈피 변화를 잠열(latent heat)이라 하는데 물체의 상이 변할 때는 비교적 많은 일의 변화도 일어난다. 현열과 잠열을 동시에 포함하는 과정에서 총열량은 두 열량의 합으로 구할 수 있다.

(2) 에너지 보존의 법칙(Law of Conservation of Energy)

에너지의 형태는 변하지만 전체 에너지량은 변하지 않으므로 화학 반응이 없는 경우의 에너지 수지는 다음과 같다.

공정에 들어가는 에너지 = 공정을 나가는 에너지 + 공정 중에 축적되는 에너지
      (input)   (output)   (accumulation)

에너지에는 열, 일, 내부에너지, 기계적 에너지(운동에너지와 위치에너지) 및 전기에너지가 있으며, 이와 같이 전체 에너지를 다루는 경우를 전체 에너지 수지라고 한다.

식품 가공 공정에서 대부분의 경우 일정한 압력에서 조업하고 전기에너지, 기계에너지, 일 등은 존재하지 않거나 무시할 수 있다. 그러므로 단지 엔탈피 변화와 열의 출입만을 에너지 수지에 고려하면 된다. 이러한 에너지 수지를 열수지(heat balance) 또는 엔탈피수지(enthalpy balance)라 한다.

2 식품 공정공학의 응용

1. 반응 속도론

식품의 가공 및 저장 중에 일어나는 화학 반응 속도를 정량적으로 규명하고 각 반응의 메카니즘을 이해한다면 각 제품의 바람직한 특성을 최대한으로 유지할 수 있도록 가장 적합한 가공 및 저장 조건을 선택할 수 있을 것이다.

(1) 반응 속도의 정의(Definition of the Rate of Reaction)

식품의 가공 및 저장 중에 일어나는 품질변화는 식품 성분들 간의 화학 반응, 미생물이나 효소작용과 같은 생물학적 작용, 식품조직의 변화와 같은 물리적 작용에 기인한다. 화학 반응 속도 v_i는 단위부피당 단위시간에 생성되는 성분의 몰 농도로 정의된다. 반응 속도의 SI 단위는 $mol/dm^3 \cdot s$의 단위를 사용한다. 반응 속도는 생성물(product) 농도로 나타내거나, 반응에 의하여 없어지는 반응물(reactant)의 농도로 나타낸다. 이때 반응물의 농도는 반응이 진행됨에 따라 감소하므로 부호는 -이다. 예로서 반응물 A가 직접 생성물 R로 변하는 다음과 같은 간단한 반응을 보면

A→R

이때 반응 속도는 반응물을 기준으로 하여 반응물의 소실속도로 다음과 같이 나타낸다.

$$V_A = -\frac{dC_A}{dt}$$

또는 생성물을 기준으로 하여

$$V_R = -\frac{dC_R}{dt}$$ 로 나타내며, 정상상태에서 $-v_A = v_R$ 이다.

반응시간이 t_1에서 t_2까지 경과하는 동안 반응물 A의 농도가 C_{A1}에서 C_{A2}로 감소하였고 이때 경과시간 (t_2-t_1)이 매우 짧다면 반응 속도는 다음과 같이 주어진다.

$$V_A = \frac{dC_A}{dt} = -\frac{C_{A2}-C_{A1}}{t_2-t_1} = \frac{C_{A2}-C_{A1}}{t_2-t_1}$$

반응이 진행됨에 따라 반응물의 농도는 감소하므로 $C_{A1} > C_{A2}$ 이다.

(2) 반응차수(Reaction Order)

반응 속도는 반응물과 생성물의 농도에 의존되며, 농도의 의존성은 실험적으로 결정한다. 비가역 반응의 경우 반응 속도식은 다음과 같이 일반식으로 나타낼 수 있다.

$v = kC_A^\alpha C_B^\beta$

반응 속도식에서 지수 α와 β는 반응 속도가 반응물 A와 B의 농도에 따라 어떻게 변하는가를

나타내는 것으로 반응차수라 한다. 반응 속도는 반응물 A에 대해서는 α차, 반응물 B에 대해서는 β차이며, 전체적으로는 (α+β) 차이다. α와 β를 각각 개별차수라 하고, 이들이 합인 (α+β)를 그 반응의 총차수라 한다. α와 β는 시간과 농도에 무관한 상수로서 실험적으로 결정하여야 하는 값이며, 화학양론계수 a, b와 반드시 일정한 상관관계를 갖지는 않는다.

1) Ascorbic acid(A)의 손실속도

ascorbic acid는 공기 중의 산소(O_2)와 반응하여 dehydroascorbic acid로 변하여 vitamin C로서의 활성을 잃게 된다.

Ascorbic acid + O_2 → Dehydroascorbic acid + H_2O

Ascorbic acid(A)의 손실속도식은 다음 식으로 표시된다.

$$-\frac{dC_A}{dt} = -kC_A C_{O_2}$$

여기서 C_A는 ascorbic acid의 농도, C_{O_2}는 O_2의 농도이다. Ascorbic acid의 분해속도는 ascorbic acid와 산소에 대하여 각각 1차 반응을 나타내고, 전체 반응은 2차 반응이다.

2) 효소 반응 속도식

$$v = \frac{V_{max} C_S}{K_M + C_S}$$

(C_S: 기질 농도, V_{max}: 최대 반응 속도, K_M: 상수)

이와 같은 형태의 반응 속도식에서는 반응차수가 일정한 것이 아니라 기질의 농도(C_S)에 따라 변한다.

(3) 반응 속도 상수(Reaction Rate Constant)

반응 속도 상수 k는 온도에 따라 변할 뿐 아니라 반응에 사용되는 용매, 촉매 농도, pH 등 환경조건에 따라서도 변한다. 그러나 일반적으로 다른 환경조건이 일정하다고 생각하고 k를 온도의 함수로만 나타내는 경우가 많다.

반응 속도 상수는 반응물이나 생성물의 농도에 무관하므로 특정온도에서 반응 속도의 정도를 나타내는데 매우 유용하게 사용된다. 속도 상수의 단위는 총괄 반응차수에 의존한다.

n차반응인 경우

$-v = kC_A^n$ 이므로 반응 속도 상수의 단위는

$$[k] = \frac{[v]}{[C^n]} = \frac{(\text{moles/volume} \cdot \text{time})}{(\text{moles/volume})^n}$$ 또는 $[k] = \text{time}^{-1}(\text{moles/volume})^{1-n}$

1차 반응의 경우 속도 방정식은

$-v = kC_A$

반응 속도의 단위를 $mol/dm^3 \cdot s$, 반응을 A의 단위를 mol/dm^3이야 하면 속도 상수의 단위는 s^{-1}이다.

$$\frac{\text{mol/dm}^3 \cdot \text{s}}{\text{mol/dm}^3} = \frac{1}{\text{s}}$$

2차 반응 속도식은

$-v = kC_A^2$

같은 방법으로 정리하면 2차 반응 속도 상수의 단위는 $\text{dm}^3/\text{dm}^2 \cdot \text{s}$이다. 또한 0차 반응의 경우 k의 단위는 $\text{mol/dm}^3 \cdot \text{s}$ 이다.

(4) 단순 정용 반응계의 수학적 표현

반응 속도식은 여러 가지 수학적 형태로 표현되며, 반응차수도 항상 정수는 아니다. 그러나 식품 가공 공정에서 많은 반응은 단순한 형태로 근사적으로 표현할 수 있으며, 반응차수도 0차 또는 1차인 경우가 많다.

1) 0차 반응

반응 속도가 반응물의 농도에 영향을 받지 않는 반응을 0차 반응이라 하며, 0차 반응 속도식은 다음과 같다.

$$-\frac{dC_A}{dt} = k$$

이 식을 적분하면

$C_{A0} - C_A = kt$ 또는 $C_A = C_{A0} - kt$

이 식은 반응물의 소모된 양, 즉 ($C_{A0} - C_A$)가 반응시간에 비례함을 의미한다.

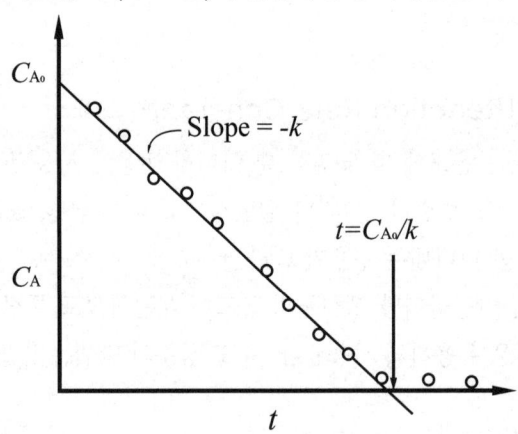

그림 4-1 0차 반응에 대한 도시법

0차 반응인 경우에는 농도-시간 실험데이타로부터 각 반응시간에서의 잔존 반응물의 농도를 시간에 대해 도시하면 **그림 4-1**과 같은 직선을 얻게 되며, 이 직선의 기울기 값으로부터 반응 속도 상수를 구할 수 있다.

일반적으로 화학 반응은 초기 반응물질의 농도가 충분히 높을 때에는 0차 반응을 나타내나 농도가 어느 수준 이하로 감소하면 반응성이 농도에 의존하게 되어 반응차수가 증가하게 된다.

2) 1차 반응

1차 반응은 한 종류의 반응물질의 농도에 비례한다. 식품 가공이나 저장 중에 발생하는 영양 성분의 파괴 등 기타 품질지표물질의 변화, 미생물의 생육과 가열에 의한 미생물의 사멸 등은 1차 반응으로 표시된다. 예로서 비가역적인 단분자 반응을 보면

A→R

이 반응이 1차 반응을 따른다면 그 속도식은

(4-1) $-\dfrac{dC_A}{dt} = kC_A$ 로 나타낼 수 있다. 이 식을 변수분리하여 적분하면

(4-2) $-\int_{C_{A0}}^{C_A} \dfrac{dC_A}{C_A} = k\int_0^t dt$

(4-3) $-\ln \dfrac{C_A}{C_{A0}} = kt$ 또는 $\ln \dfrac{C_{A0}}{C_A} = kt$ 로 표시된다.

임의의 시간 t에 반응물 A의 농도 C_A는

(4-4) $C_A = C_{A0}\exp(-kt)$ 로 나타낼 수 있다. 즉 A의 농도는 반응이 진행됨에 따라 대수 함수적으로 감소한다. 또한 식 (4-3)은 반응물 농도의 대수값과 반응시간 사이에 직선관계가 있음을 나타내고 있는데, $-\ln(C_A/C_{A0})$ 값을 반응시간 t에 대해 그리면 **그림 4-2**와 같은 원점을 지나는 직선이 된다. 이 직선의 기울기로부터 반응 속도 상수 값을 결정할 수 있다.

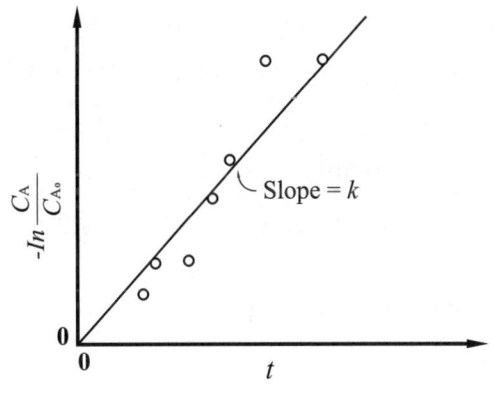

그림 4-2 1차 반응에 대한 도시법

 2. 유체역학

유체(fluid)는 압력을 작용시켜도 변하지 않은 물질을 말한다. 식품산업에서 다루는 유체에는 공기·질소(N_2)·CO_2 등의 가스, 모든 종류의 액체, 일부 고체도 여기에 포함된다. 식품산업에서 다루는 원료와 생산된 제품은 유체 상대의 경우가 많다.

식품산업에서의 유체를 취급할 경우 크게 유체를 저장할 때처럼 정지된 상태에서 일어나는 문제를 다루는 분야를 유체의 정역학(靜力學)이라고 한다. 그리고 유체식품의 흐름을 다루는 문제를 유체의 동력학(動力學)이라고 한다.

(1) 유체의 정역학

식품산업에 사용하는 원료, 반제품 또는 완제품이 유체일 때는 탱크(곡물인 경우는 사일로)에 저장하게 된다. 이때의 유체는 움직이지 않기 때문에 유체정역학(fluid statics)이 적용된다. **그림 4-3**과 같은 원통형의 탱크에 Z만큼의 높이로 밀도 ρ인 유체가 담겨 있다고 하자. 이때 탱크 밑면에 작용하는 힘(F)은 중력가속도(g)에 의하며, 질량(m)은 체적(V)에 밀도(ρ)를 곱한 값과 같다. 이를 식 (4-5)과 같이 나타낼 수 있다.

(4-5)　$F = mg = V\rho g$

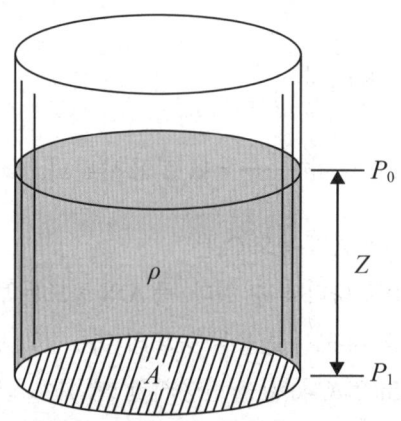

그림 4-3 탱크 속의 유체

용기 속 유체의 질량을 m이라고 하면 탱크 바닥에 작용하는 힘은 Newton의 법칙에 따라 식 (4-5)과 같으며, 식에서 g는 중력 가속도이다. 그리고 탱크 바닥면에 작용하는 압력은 식 (4-7)과 같다.

(4-6) $P_1 = \dfrac{F}{A} = \dfrac{mg}{A} = \dfrac{(zA\rho)g}{A}$

따라서 $P_1 = z\rho g$　(4-7)

만일 탱크 수면에 이미 대기압에 해당하는 P_0의 압력이 작용하고 있다면, 밑면에서의 압력 P는 P_0만큼이 추가된다.

(4-8) $P = P_0 + z\rho g$

식 (4-8)에서 P, P_0의 단위는 높이 z(m), 유체의 밀도 $\rho(kg/m^3)$ 등의 사용하는 단위에 따라서 N/m^2, Pa, kg/cm^2로 표현된다.

(2) 유체식품의 동력학

유체가 관(pipe)이나 통로를 따라 움직일 때는 운동량의 이동으로 설명된다. 유체가 흐르기 위하여 힘의 불균형, 즉 압력차($\triangle P$)가 있어야 한다.

압력은 항상 수직 방향으로 작용하는 응력(stress)이다. 이에 대하여 표면 또는 유체면에 평행인 방향으로 작용하는 응력을 전단응력(shear stress)이라고 한다. 따라서 유체를 흐르게 하기 위하여 전단응력이 필요하다.

파이프를 통하여 유체가 매우 느린 속도로 흐를 때 벽면과 직접 접촉하고 있는 유체의 속도는 0이고, 중앙 쪽으로 갈수록 속도는 증가한다. 유체를 흐르게 하는 힘은 파이프의 양쪽 끝의 압력 차이지만, 파이프의 벽면을 따라 작용하여 흐름을 방해하는 힘, 즉 마찰에 의해 이루어지는 압력차는 전단응력으로 바꾸어진다.

즉, **그림 4-4**에서 보는 바와 같이 일정한 속도분포가 형성된다. 이와 같은 현상은 유체의 층 사이에서 외부의 응력에 대항하여 서로 떨어지지 않으려는 힘, 즉 점성력이 존재하기 때문이다.

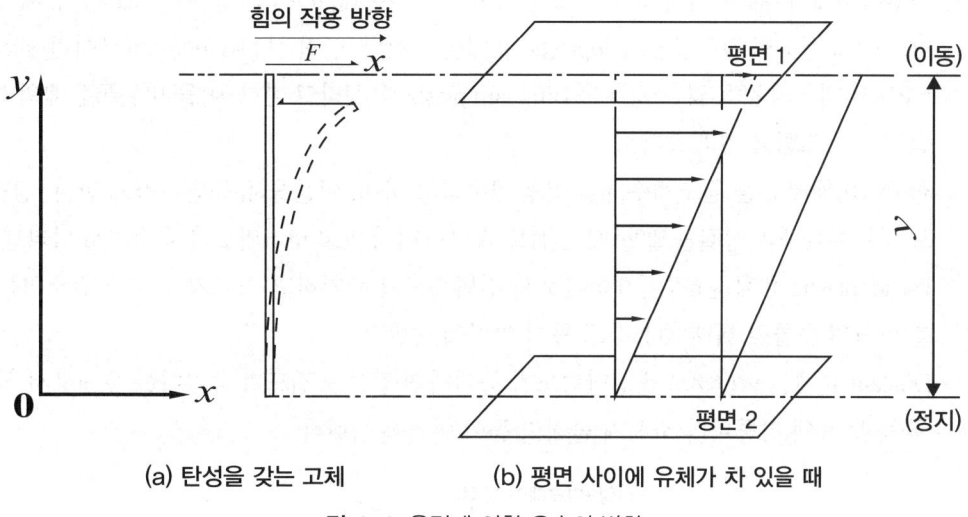

(a) 탄성을 갖는 고체   (b) 평면 사이에 유체가 차 있을 때

그림 4-4 응력에 의한 유속의 변화

(3) 유체식품의 특성

모든 유체는 내부마찰을 가지고 있다. 유체가 흐르는 동안에 내부마찰에 의하여 유체를 흐르게 하는 원동력인 기계적 에너지를 열로 소비한다. 즉, 파이프를 통하여 유체를 흐르게 하기 위하여 에너지가 필요하며, 그 에너지의 일부가 유체의 내부마찰에 의하여 소비된다. 이 때에 유체의 흐름을 방해하는 힘인 점성력은 유체 층의 속도구배(dv/dy)와 다음과 같은 관계를 갖는다.

(4-9) $\dfrac{F}{A} = \tau = -\mu \dfrac{dv}{dy}$ (SI)

또는 $\tau g_c = -\mu dv/dy$ (fps)

식 (4-9)를 뉴톤의 점도식(Newton's law of viscosity)이라고 한다. 여기에서 속도구배(dv/dy)를 전단속도(shear rate)라고도 하며, μ는 비례상수로서 점도(viscosity)이다. 점도의 단위는 SI 단위계에서는 Ns/m^2로 나타내며, cgs 단위계에서는 P(poise) 또는 cP(centipoise)로, 그리고 fps 단위계에서는 lb/ft sec 이다.

액체의 점도는 온도에 영향을 많이 받는다. 온도가 상승함에 따라 점도는 감소하며, 이에 따라 그 액체의 유동도가 커지게 된다.

유체의 점도가 크면 유동도가 감소하게 되는데, 보통 유동도를 나타낼 때는 점도의 역수($1/\mu$)로 표시한다. 일반적으로 물·술·청징주스와 같은 저분자물질로 된 유체는 유동도가 크다.

이와 같은 유체는 뉴톤(Newton)의 식(4-9)에 따르기 때문에 이를 뉴톤유체라고 한다. 반대로 액체의 점성이 커서 이 식에 따르지 않은 유체를 비뉴톤유체라고 한다. 꿀·사과소스, 바나나 퓨레·우유·올리브기름 등 대부분 식품으로 이용되는 고분자물질 용액은 비뉴톤유체에 속하며, 이들은 식 (4-9) 대신에 식 (4-10)이 적용된다.

(4-10) $\tau = -m(dv/dy)^n$ (SI)

또는 $\tau g_c = -m(dv/dy)^n$ (fps)

식 (4-10)에서 n값에 따라 유체의 흐름성이 달라지는데, n > 1인 경우를 dilatant 유체라고 한다. 그리고 n<1인 경우를 pseudoplastic 유체라고 한다. 한편 식 (4-10)에서 n=1이며, shear rate = 0에서 의 τ_y의 값을 갖는 경우를 Bingham plastic 유체라고 한다. 이들 비뉴톤유체의 특징을 살펴보면 **그림 4-5**과 같다.

식 (4-10)에서 m을 점조계수, n을 유동계수라고 하며, 이들을 유동변수라고 한다. 일반적으로 비뉴톤유체의 성질을 말할 때는 점도로 나타내지 않고 m, n의 2가지 수치로 나타낸다. Pseudoplastic 유체는 n값이 0<n<1로서 전단속도가 증가하면 겉보기 점도가 감소하는 유체를 말하며 초콜릿·퓨레·채소수프 등이 여기에 속한다.

Dilatant 유체는 1<n<∞로서 전단속도가 증가하면 겉보기 점도가 증가하는 유체로서 설탕 용액·녹말 용액·땅콩버터·소시지 슬러리 등이 여기에 속한다.

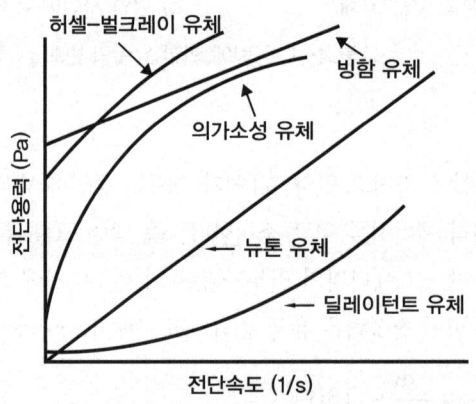

그림 4-5 뉴톤유체와 비뉴톤유체의 속도구배에 따른 전단응력의 변화

Bingham plastic 유체는 일정한 응력, τ_y 이상을 주어야만 흐르는 유체로서 젤리, 우유의 커드, 마요네즈 등은 이와 같은 흐름을 나타낸다. 여기에서 τ_y를 항복응력(yield stress)이라고도 한다. 전단응력과 전단속도와의 관계는 전단시간에 영향을 받지 않는 경우에는 식 (4-10)이 적용되지만, 어떤 유체는 m, n, τ_y가 시간에 따라 변하는 시간 의존성의 성질을 나타낸다.

(4) 유체의 흐름과 레이놀즈수

유체가 관(pipe)을 통하여 흐를 때 **그림 4-6(a)**와 같이 유속의 분포가 일정하다면, 이러한 흐름의 상태를 층류(laminar flow) 또는 점성류(viscous flow)라고 한다. **(b)**와 같이 흐름의 속도나 방향이 일정하지 않은 흐름의 경우를 난류(turbulent flow)라고 한다.

충류에서는 유체가 서로 섞이지 않고 마치 유체의 층이 평행으로 이동하는 것처럼 흐르는 경우를 말한다. 충류인 경우는 관 중심에 위치한 유체가 가장 빠르게 흐르며, 관 벽에 인접한 부근의 유체는 거의 흐르지 않는다.

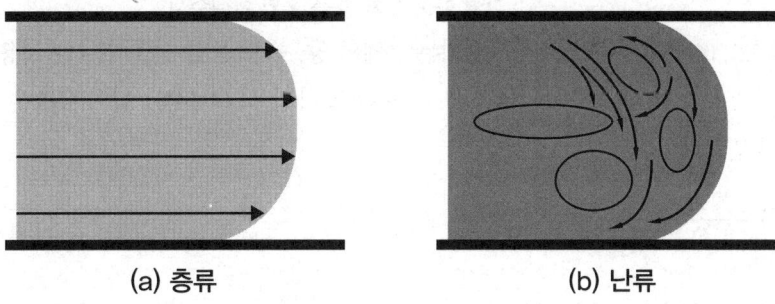

(a) 층류 (b) 난류

그림 4-6 유체 흐름의 모양

파이프 속을 흐르는 유체는 일정한 속도 이상이 되면 유체가 평행하게 한 방향으로 흐르는 것이 아니라 와류(eddy)와 수직 방향의 흐름이 생겨 전체가 섞이면서 흐르게 된다. 따라서 유속이 아주 높은 난류의 경우는 관내 각 부분의 유속이 거의 같게 되며, 이러한 유체의 흐름을 피스톤 흐름 또는 마개흐름이라고 한다. Osbone Reynolds(1883)는 유체의 흐름의 모양이 유체의 속도(v), 점도(μ), 밀도(ρ), 관의 직경(D)으로 정의되는 레이놀즈수(Reynolds number)에 의하여 결정됨을 알았다. NRe는 다음 식과 같이 나타낸다.

(4-11) $N_{RE} = \dfrac{D\rho v}{\mu}$

D는 파이프의 직경, ρ는 유체의 밀도, v는 유체의 흐름속도, μ는 유체의 점도이다. 식 (4-11)에서부터 어떤 유체의 흐름상태를 계산하였을 때 NRe가 2,100 이하이면 충류가 되며, 4,000 이상이면 난류가 된다. 그리고 2,100에서 4,000 사이의 흐름은 상태에 따라서 충류가 될 수도 있고, 난류도 될 수 있기 때문에 이를 중간류 라고 한다.

(5) 유체의 흐름과 물질수지

유체가 그림 4-7와 같이 파이프 또는 공정 내에서 정상상태로 흐르고 있을 때 물질수지가 성립된다. 이 때 파이프의 모양에 관계없이 파이프로 유입 되는 입량(入量)은 파이프로부터 나오는 출량(出量)과 같다. 즉,

(4-12) $W_1 = W_2$ 또는 $v_1\rho_1 A_1 = v_2\rho_2 A_2$

식 (4-12)을 유체흐름에서의 물질수지라고 한다. 이 식에서 W는 질량유량, v는 유속(m/s 또는 ft/s), ρ는 유체의 밀도(kg/m³ 또는 lb/ft³), A는 관의 단면적(m² 또는 ft²)이며, 밑의 첨자 1, 2는 두 지점(유입과 유출)의 상태를 말한다. 만일 이 유체가 비압축성 유체일 때 ($\rho_1 = \rho_2$)는 관 속으로 들어갈 때와 나올 때의 밀도변화가 없으므로 식 (4-13) 와 같이 나타낼 수 있다.

(4-13) $v_1 A_1 = v_2 A_2$

$$W_1 \xrightarrow{v_1 \rho_1 A_1} \boxed{공정} \xrightarrow{v_2 \rho_2 A_2} W_2$$

그림 4-7 유체 흐름 중의 물질수지

식 (4-12), (4-13)는 유입 또는 유출되는 유체의 양, 속도 등을 산출하는 데 사용된다. 그리고 부분 1과 부분 2의 파이프 안지름을 D_1과 D_2라고 하면 식 (4-14)과 같이 유속은 파이프 안지름의 제곱에 반비례한다.

(4-14) $\dfrac{v_1}{v_2} = \dfrac{D_2^2}{D_1^2}$

(6) 유체의 흐름과 에너지수지

유체의 흐름에서는 에너지 보존의 법칙이 성립된다. **그림 4-8**에서 보는 바와 같이 유체가 1의 상태에서 2의 상태로 이동할 때 단위질량이 갖는 위치에너지, 운동에너지, 압력에너지 등과 같은 에너지의 형태는 변하여도 에너지의 전체의 합은 일정하다.

이와 같은 관계식은 식 (4-15)에 의하여 정의되며, 이 식을 베르누이(Bernouilli)의 식이라고 한다.

(4-15) $\triangle zg + \triangle \dfrac{v^2}{2} + \triangle \dfrac{P}{\rho} = 0$ 또는

$z_1 g + \dfrac{v_1^2}{2} + \dfrac{P_1}{\rho} = z_1 g + \triangle \dfrac{v_2^2}{2} + \triangle \dfrac{P_2}{\rho}$

식 (4-15)에서 z는 높이, v는 속도, P는 압력, ρ는 밀도를 나타내며, $\triangle z$는 상태 1과 2지점에서의 높이의 차(z_2-z_1)를 의미한다. 이때 $\triangle zg$ 항을 위치두(potential head), $\triangle v^2/2$ 항을 속도두(velocity head), $\triangle P/\rho$항을 압력두(pressure head)라고 한다. 이들 각 항은 에너지의 단위를 가지며 J/kg, ft-lb/lbm이다.

Bernouilli 식은 유체가 흐르는 과정에서 마찰이나 어떠한 일을 하지 않을 때, 즉 내부마찰이 없는 이상적인 상태에서 적용될 수 있다.

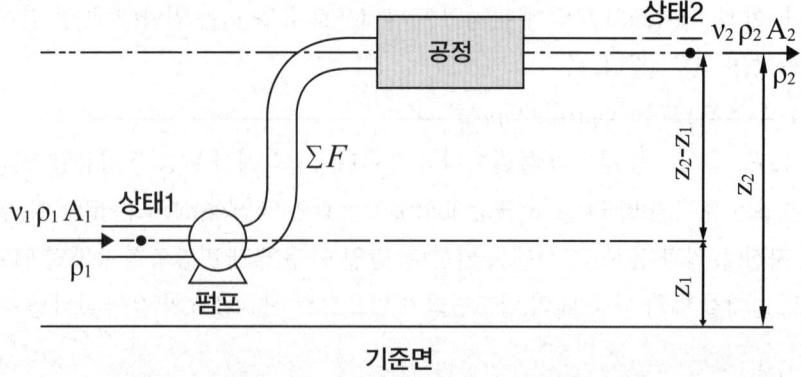

그림 4-8 관 속 유체의 에너지 수지 설명도

3. 흡착 및 추출

식품공업 및 생물산업에서 생물분리 조작은 매우 중요한 공정이며, 그 중에서 두가지 상(phase) 사이의 평형관계에 기초한 대표적인 분리조작은 흡착과 추출이다.

묽은 용액으로부터 가용성 성분인 용질은 크게 흡착(adsorption)과 추출(extraction)에 의하여 분리할 수 있으나 흡착과 추출 공정은 몇 가지 차이점이 있다.

(1) 흡착 공정

1) 서론

기체 또는 액체 중의 한 개 이상의 성분이 고체 흡착제(adsorbents)에 흡착되어 분리된다. 일반적으로 흡착 공정은 네 가지 단계로 진행된다. 첫째, 용액에 흡착제의 첨가, 둘째, 흡착제에 용질의 선택적 흡착, 셋째, 흡착제와 액체의 분리, 셋째, 흡착된 용질을 다른 용매로 용출시키는 과정으로 구성된다.

액상(liquid phase) 흡착은 수용액 또는 유기 용액으로부터 용질의 분리, 유기물로부터 색소의 분리, 발효액으로부터 유효생산물의 분리 등에 적용되며, 기상(gas phase) 흡착은 탄화수소 기체로부터 수분의 제거, 천연가스로부터 황화물의 제거, 공기와 다른 기체로부터 용매의 제거, 그리고 공기로부터 냄새의 제거 등에 응용된다.

2) 흡착제의 성질

일반적으로 흡착제는 0.1mm에서 12mm 크기의 작은 pellets, beads 또는 granule 형태이다. 흡착제 입자는 수많은 매우 미세한 구멍을 가진 다공성 구조이며 세공(pore)의 부피가 총 입자부피의 50%에 이른다. 용질분자는 미세한 구멍표면에 단분자층으로 흡착 되지만 때때로 다분자층으로 흡착되기도 한다. 일반적으로 흡착되는 분자와 흡착제 내부 세공표면 사이의 흡착은 물리적 흡착 또는 van der Waals 흡착이며 가역적이다.

산업적으로 많은 종류의 흡착제가 사용되는데, 흡착제는 대체로 100~2000m^2/g의 매우 큰 세공(pore) 표면적을 갖는다.

- 활성탄(active carbon) : 미세결정질 물질로 나무, 야채껍질, 숯 등을 탄화시켜 만들며, 평균 세공지름은 10~60Å, 표면적은 300~1200m^2/g이다. 일반적으로 유기 용액의 흡착에 사용된다.
- 실리카겔(silica gel) : sodium silicate 용액을 산처리한 후 건조하여 만들며, 표면적은 600~800m^2/g, 평균 세공지름은 20~50Å이며, 기체 및 액체의 건조와 탄화수소 분리에 사용된다.
- 활성알루미나(active alumina) : 수화된 aluminum oxide를 가열해서 물을 제거하여 제조하며 기체와 액체의 건조에 주로 사용된다. 표면적은 200~500m^2/g, 평균 세공지름은 20~140Å이다.
- 지오라이트(zeolite) : 다공성 결정질 aluminosilicate로 정확히 같은 크기의 세공을 가지고 있는 개방형 결정격자를 형성하고 있다. 지오라이트의 종류에 따라 세공크기는 3~10Å이다. 지 오라이트는 건조, 탄화수소 혼합물의 분리 등 여러 방면에 응용된다.

- 수지(resin) : 두 가지 종류의 단분자의 중합 반응에 의하여 제조된다. Styrene과 divinyl benzene 같은 방향족 물질로부터 만들어진 수지는 수용액뿐만 아니라 비극성 유기물질의 흡착에도 사용된다. 반면에 acrylic esters로부터 만들어진 수지는 수용액 내에서 극성이 큰 용질 흡착에만 사용된다.

3) 흡착평형 관계

유체상(fluid phase) 중의 용질 농도와 고체상(solid phase) 중의 용질 농도 사이의 평형 관계는 액체와 기체 사이의 평형용해도 관계와 비슷하다. **그림 4-9**에 등온흡착선을 보면 고체상에서의 용질 농도를 q(kg용질/kg 흡착제(고체)), 유체상(기체 또는 액체)에서의 용질 농도를 c(kg 용질/m^3 유체)로 나타내었다.

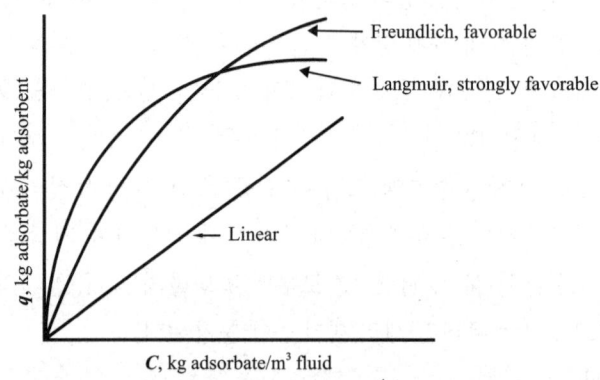

그림 4-9 등온흡착의 일반적인 형태

직선적인 등온흡착은 Henry 법칙과 유사하게 다음과 같이 표현된다.

(4-16) $q = Kc$

K는 실험적으로 결정되는 상수로 m^3/kg 흡착제이다. 직선적인 등온흡착관계는 일반적이 아니며, 묽은 농도 범위에서 근사식으로 사용된다.

실험적으로 유도된 Freundlich 등온흡착식은 많은 물리적 흡착계에 사용되며, 특히 액체시스템, 활성탄에서의 흡착에 사용된다.

(4-17) $q = Kc^n$

K와 n은 상수로 실험적으로 결정된다. q와 C를 양대수좌표에 그리면 기울기가 n이 되며, 절편으로부터 K를 구한다. 이때 K의 차원은 n에 의해 결정된다.

만약 흡착등온선이 위로 볼록한 형태이면 유체상에서 보다 고체상에 흡착된 용질의 농도가 높기 때문에 흡착이 favorable하다고 표현하며 $n<1$인 경우이다. 한편 아래로 오목한 형태이면 흡착은 unfavorable 하다고 하며 $n>1$의 경우이다.

Langmuir 등온흡착식은 이론적 근거에서 유도된 것으로 다음과 같이 표현되며, q_0와 K는 실험상수이다.

(4-18) $q = \dfrac{q_0 c}{K+c}$

여기서 q_0는 kg 용질/kg 고체, K는 kg/m²의 단위를 가진다.

Langmuir 등온흡착은 다음과 같은 이론에 근거하여 유도되었다. 즉 용질은 흡착제 표면의 일정한 수의 활성자리(active site)에만 흡착하고, 흡착은 가역적이며 평형상태에 도달한다고 가정하였다.

(4-19) 용질(solute) + 빈자리(vacant sites) = 채워진 자리(filled sites)

만약 평형상태이면, 평형상수 K'를 사용하여 다음과 같이 표현할 수 있다.

(4-20) $K' = \dfrac{[용질][빈자리]}{[채워진 자리]}$

활성자리의 총수는 고정된 수이므로

(4-21) [총자리] = [빈자리] + [채워진 자리]

(4-20)와 (4-21)을 결합하면

(4-22) $[채워진 자리] = \dfrac{[총자리][용질]}{K'+[용질]}$

채워진 자리의 수는 q에 비례하므로 (4-22) 식은 (4-18)과 같아진다. q_0는 용질의 최대흡착량으로서 흡착제의 최대흡착자리수를 반영하는 값이다. 대체로 거의 모든 흡착계는 온도가 증가하면 흡착된 용질의 양이 감소하므로, 일반적으로 실온에서 흡착시킨 다음 온도를 증가시켜 탈착(desorption) 시킨다.

(2) 회분흡착(batch adsorption)

회분 흡착은 제약산업에서와 같이 용액 중에 소량의 용질흡착에 사용된다. 회분흡착의 계산을 하기 위해서는 Freundlich 또는 Langmuir 등온흡착과 같은 평형관계와 물질수지가 필요하다. 초기 공급액의 농도, 최종 평형 농도 c, 고체에 흡착된 용질의 초기 농도, 최종 평형 농도 q라면 흡착제에 대한 물질수지는 다음과 같다.

(4-23) $q_F M + c_F S = qM + cS$

M는 흡착제양(kg)이고, S는 공급액(feed)의 부피(m³)이다. 식 (4-23)의 변수를 c에 대하여 그리면 직선이 얻어진다. 즉 식 (4-23)을 변형하면

(4-24) $q = q_F + \dfrac{S}{M}(c_F - c)$

이 식은 조작선(operating line)을 나타내며 직선이다.

회분흡착의 풀이는 그림으로 구할 수 있으며, 두 식 (4-23)과 (4-24)를 **그림 4-10**과 같이 동일좌표 축에 나타낸다. 그림에 나타낸 것과 같이 평형곡선은 원점을 지나 위로 볼록한 형태, 즉 n<1인 특성을 나타내며, 조작선은 음의 기울기 S/M를 가지는 직선이며, 절편이 q_F가 된다. 조작선과 평형선의 교점의 좌표 (c와 q)는 평형상태에서의 용액의 농도의 흡착제 중 용질 농도가 된다.

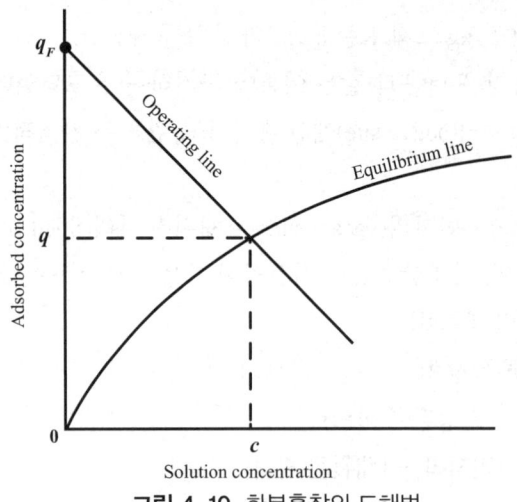

그림 4-10 화분흡착의 도해법

(3) 이온 교환 흡착

1) 이온 교환물질(Ion-Exchange Materials)

이온 교환 공정이란 기본적으로 용액 내의 이온과 불용성 고체상(solid phase)의 이온 사이의 화학적 반응이다. 즉 고체 중의 일부 이온과 용액 중의 이온이 서로 교환되어 전기적으로 중성이 유지된다.

처음 사용된 이온 교환물질은 천연 zeolite 이다. 이는 다공성 모래 형태의 양이온 교환체로서 용액 중의 양전하 이온(Ca^{2+})이 고체 중의 세공(pore) 속으로 확산되어 들어가 고체의 Na^+ 이온과 교환된다.

(4-25) $Ca^2 + Na_2R \leftrightarrows CaR + 2Na^+$
　　　　(용액)　(고체)　　(고체)　(용액)

R은 불용성 고체를 나타낸다. 식 (4-25)은 물의 연화 공정의 기본 반응식으로서 재생할 때는 NaCl을 첨가하여, 가역적으로, 왼쪽으로 반응이 일어나게 한다. 이와같은 대부분의 무기이온 교환 물질은 양이온만을 교환한다.

현재 사용되는 이온 교환고체는 대부분 합성수지 또는 고분자이다. 이들은 황산기, 카르복실기 또는 페닐기를 갖고 있으며, 이들 음이온기는 양이온과 교환된다.

(4-26) $Na^+ + HR \leftrightarrows NaR + H^+$
　　　　(용액)　(고체)　(고체)　(용액)

R은 고체수지를 나타내며, 고체수지 중의 Na^+는 H^+ 또는 다른 양이온과 교환될 수 있다.

유사하게 아민기를 갖는 합성수지는 용액 중의 음이온 또는 OH^-기를 교환하는데 사용된다.

(4-27) $Cl^- + RNH_3OH \leftrightarrows RNH_3Cl + OH^-$
　　　　(용액)　　(고체)　　　(고체)　　(용액)

2) 이온 교환에서의 평형관계

등온조건에서 이온 교환의 평형관계는 질량작용의 법칙을 이용한다. 한 예로 식 (4-26)과 같은 단순한 이온 교환 반응에서 HR과 NaR 은 수지표면에 존재하는 H^+와 Na^+로 채워진 이온 교환자리를 나타낸다. 만약 일정한 수의 이온 교환자리가 H^+ 또는 Na^+로 완전히 채워져 있다고 가정하면, 평형상태에서는

(4-28) $K = \dfrac{[NaR][H^+]}{[Na^+][HR]}$

이다. 수지표면에 존재하는 이온기 [R]의 총 농도는 고정되어 있으므로

(4-29) [R] = 일정 = [NaR] + [HR]

(4-28)과 (4-29)를 결합하면

(4-30) $[NaR] = \dfrac{K[R][Na^+]}{[H^+] + K[Na^+]}$

만약 용액이 완충액이어서 [H$^+$]가 일정하면, Na$^+$ 교환을 나타내는 식은 Langmuir 등온흡착곡선과 유사하다.

(4) 추출(extract)

추출은 액체 또는 고체원료 중에 포함되어 있는 유용한 가용성 성분을 용매에 녹여 분리하는 조작이다. 특히 고체를 원료로 할 경우 고체-액체추출 혹은 침출이라 하며, 액체원료인 경우 액체-액체추출이라고 한다. 식품공업에서는 고체-액체추출이 대부분이다.

추출조작은 식물로부터 유효성분을 분리하여 식품 및 의약품을 만들거나 발효액으로부터 발효식품 및 생물공학제품의 제조 공정, 유량종자에서 식용유를 제조하는 공정에 이용되고 있다.

1) 추출의 정의

식품 성분의 특성에 따라 성분을 추출하거나 분리하는데 사용되는 방법으로 압착추출, 증류추출, 용매추출 등이 이용되고 있다.

* 추출속도에 영향을 미치는 인자
  - 고체-액체의 계면 면적 : 고체의 표면적에 정비례하며, 입자의 크기를 작게 하면 추출속도가 증가한다.
  - 농도의 기울기 : 고체표면의 농도와 용액 중의 농도 사이의 농도 기울기가 크게 작용하며, 점도가 낮을수록 추출속도가 빠르다.
  - 온도 : 온도가 높으면 용질이 확산하는 속도가 증가한다.
  - 용매의 유속 : 유속이 빠르고 난류(turbulent flow)가 심할수록 추출속도는 빠르다.

2) 추출에 이용되는 기계

① 압착기
- 압착은 고체 원료에 들어 있는 유용한 액체 성분을 압출 힘을 이용하여 추출하는 방법이다. 식품산업에서는 식용유, 과즙, 치즈제조 등에 널리 이용되고 있다.
- 압착방법에 따라 유압 압착(hydraulic pressing), 롤러 압착(roller pressing), 스크루 압착(screw pressing)으로 구분된다.
- 유압식 압착기
  - 판상식 압착기(plate press)라고도 한다. 과즙, 식용유를 압착하는 데 널리 이용된다.
  - 300~600kg/cm^{2}의 압력을 작용하여 압착하는 회분식 압착기이다.

- 면포나 면직자루에 원료를 담아서 압착판에 올려놓고 압착하도록 되어 있다.
- 이 압착기는 충전, 압착, 분해, 세척 등에 노력이 많이 들기 때문에 현재 대규모 공장에서는 대부분 연속식 압착기로 대체되어 있다.

• 롤러식 압착기
- 사탕수수로부터 설탕액을 착즙하는 데 이용되는 압착기이다.
- 원료를 회전로울 사이를 통과시켜 압착한다 (**그림 4-11**).
- 로울 표면은 홈이 파여 있어 착즙된 액은 이 홈을 따라 회수된다.
- 압착박은 로울에 비스듬히 설치된 칼날에 의해 제거, 배출되기 때문에 연속작업을 할 수 있다.

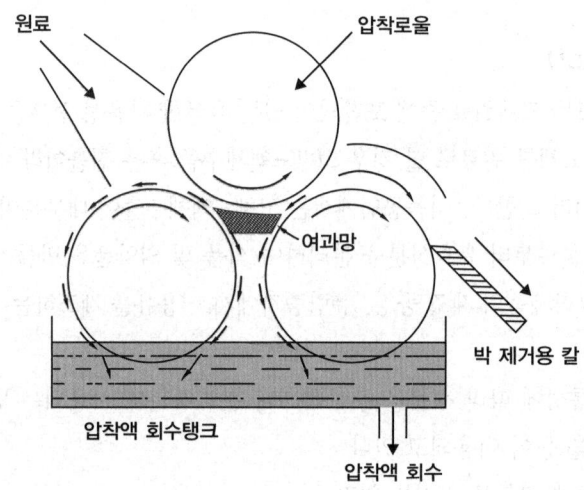

그림 4-11 롤러식 압착기

• 스크루식 압착기
- 과즙의 제조, 식용유의 착유, 두유의 제조 등에 이용되는 압착기이다.
- 스크루의 회전에 의해 원료가 이동되면서 압축하는 힘을 이용한 장치이다.
- 축의 회전속도는 5~500rpm, 실린더에 가해지는 압력은 1,400~2,800kg/cm² 정도로서 출구의 간격을 조절함으로써 제어할 수 있다(**그림 4-12 스크루식 압착기**).

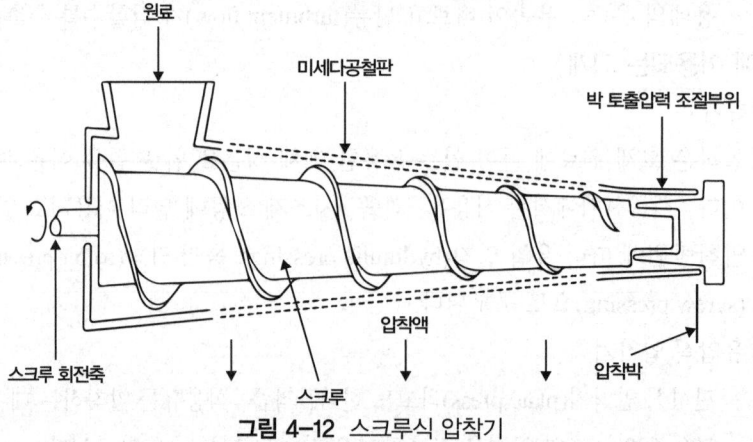

그림 4-12 스크루식 압착기

② 용매추출기
- 용매추출은 물, 유기 용매 등을 사용하여 물질을 추출하는 방법이다.
- 추출에 사용하는 용매는 유효성분을 잘 녹일 수 있는 것을 선택하는 것이 좋다. 보통 각종 용매에 따른 목적하는 성분의 용해 특성 등을 검토하여 결정한다. 그리고 유용성분이 극성 또는 비극성인가에 따라서 용매를 선택한다.
- 유지 추출, 주스제조, 설탕 제조, 커피, 차 등의 제조에 이용된다.
- 추출장치는 추재와 용매를 고루 접촉하여 쉽게 평형에 도달시킨 후 상층류와 하층류를 분리할 수 있도록 만든 장치이다.
- 추출기는 회분식 추출기와 연속식 추출기가 있다.
- 회분식 추출기(single stage extractor)
  - 가장 단순한 장치로 식품산업에 흔히 이용하는 대표적인 추출기이다(**그림 4-13**).
  - 다공판 또는 금속망이 밑바닥에 깔린 탱크 속에 고체원료를 넣고 일정시간 추출한다. 추출액은 작은 구멍을 통하여 추출액 회수관으로 이송된다. 회수된 추출액은 스팀에 의하여 가열되어 용매는 증발되고 나면 농축된 제품을 얻을 수 있다.
  - 종실유, 커피, 차 등의 제조에 이용된다.

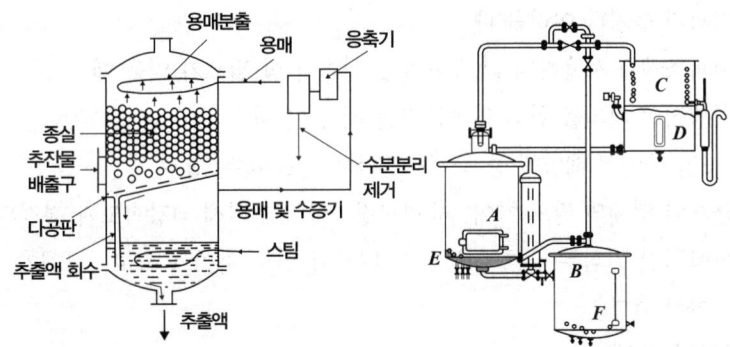

A: 추출탱크, B: 증류탱크, C: 응축탱크, D: 용매탱크, E: 다공판

그림 4-13 회분식 추출기

- 다단식 추출기(multistage extractor)
  - 추출조작은 상(相) 사이의 접촉평형을 거쳐 이루어지는 물질이동 현상이다.
  - 보통 2개 이상의 추출단(extraction stage)을 사용하는 다단추출 방식에 의해 이루어진다.
  - 1단계 회분추출에서는 사용하는 용매의 양이 비교적 다량이고 추출액 즉, 미셀라(miscella, 용매와 기름의 혼합물)의 농도가 낮은 단점이 있다.
- 연속추출장치(Continuous extractor)
  - 연속추출기를 사용하면 공정관리 및 작업면에서 유리하므로 대규모 근대적 공장에서 채용하고 있다.
  - 연속추출장치는 1대의 추출기가 여러 개의 추출단을 가지고 있으므로 다단계 회분추출기보다 장치가 조밀하고 운전에 필요한 노동력이 적은 잇점이 있다.
  - Bllman형, Hildebradnt 추출기, Rotocel 추출기 등이 있다.

③ 초임계 가스 추출기
- 초임계 가스를 용제로 하여 추출 분리하는 기술이다. 공정은 용제의 압축, 추출, 회수, 분리로 나눌 수 있다.
- 초임계 가스 추출 방법은 성분의 변화가 거의 없고 특정 성분을 추출하고 분리하는데 이용된다.
- 식품에서는 커피, 홍차 등에서 카페인 제거, 동·식물성 유지추출, 향신료 및 향료의 추출 등에 널리 쓰이는 추출의 새로운 기술이다.

4. 기계적분리 및 막분리

(1) 원심분리(centrifuge)

원심분리는 원심력을 이용하여 물질을 분리하는 단위 조작이다. 원심력 G는 회전자(rotor)의 반지름과 회전속도에 비례하며, 일반용은 3,500~4,000G 정도이고, 초원심분리기는 10,000G 이상 얻어진다.

*원심분리를 이용하는 경우
- 여과가 늦거나 어려울 때
- 여과조제를 사용하지 않고 균체를 얻어야 할 필요가 있을 때
- 위생적인 처리를 위해 연속분리를 해야 할 때

* 발효공업 등에서 배양액 중 균체를 원심분리를 하는 경우
- 균체와 액체의 밀도 차이, 균체직경, 점도에 의해 침강속도가 결정된다.
- 이상적인 원심분리 효과를 얻기 위하여 밀도 차이가 크고, 균체가 커야 하며, 점도가 작아야 한다.

1) 원심분리의 정의

원심력을 가하였을 때 서로 섞이지 않는 액체와 액체 혼합물 또는 액체와 고체 혼합물 비중의 차이에 의해 분리되는 현상을 이용하는 방법으로 식품의 분리, 침강, 탈수, 농축 등에 이용된다.

2) 원심분리에 이용되는 기계

① 액체와 액체 원심 분리기
- 불용성 액체 혼합물을 원심 분리하는 방법으로 관형 원심 분리기(tubular bowl centrfuge)와 원판형 원심 분리기(disc bowl centrifuge)등이 있다.
- 관형 원심 분리기(tubular bowl centrifuge)
  - 고정된 case 안에 가늘고 긴 보울(bowl)이 윗부분에 매달려 고속으로 회전한다.
  - 공급액은 보울 바닥의 구멍에 삽입된 고정 노즐을 통하여 유입되어 보울 내면에서 두 동심 액체층으로 분리된다.
  - 내층, 즉 가벼운 층은 보울 상부의 둑(weir)을 넘쳐나가 고정배출 덮개 쪽으로 나가

며, 무거운 액체는 다른 둑을 넘어 흘러서 별도의 덮개로 배출된다(**그림 4-14**).
- 식용유의 탈수, 과일주스 및 시럽의 청징에 사용된다.
- 원판형 원심 분리기(disc bowl centrifuge)
  - 원판형 원심 분리기의 보울바닥은 평평하고 꼭대기는 원추형이며, 하부의 회전축에 고정되어 회전한다.
  - 보울 안에는 보울과 함께 회전하는 접시 모양의 금속원판(disk)들이 아래 위로 일정한 간격으로 포개져 고정되어 있다.
  - 위에서 유입된 공급액은 보울의 목에 부착한 고정 파이프를 통하여 상승하면서 각 원판사이로 분배되고 이곳에 도입된 액은 원심력에 의하여 무거운 액체는 원판의 아랫부분을 따라 바깥쪽으로, 가벼운 액체는 반대로 원판의 윗부분을 따라 안쪽으로 이동한다(**그림 4-15**).
  - 우유에서 크림분리, 식용유의 정제, 과일주스의 청징 등에 이용된다.

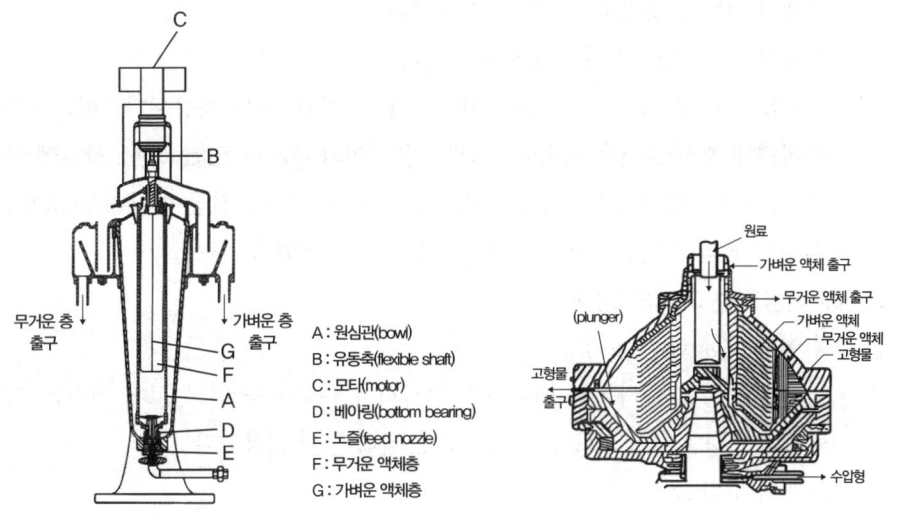

그림 4-14 tubular bowl형 원심분리기 **그림 4-15** disc bowl형 원심분리기

② 원심 청징기(clarifier)
- 액체로부터 적은 양의 불용성 고체 입자를 원심력에 의하여 침강시켜 제거하는데 쓰이는 기계이다.
- 고체의 농도가 1% 이하 일 때는 원통형, 5% 이하일 때는 노즐형, 5% 이상 농도 일 때는 컨베이어 형이 사용된다.
- 과즙 청징, 유지류 분리, 전분유 농축, 효모 분리, 당액에서의 탄산칼슘 제거 등에 이용된다.

(2) 여과(filter)

1) 여과의 정의
고형물에 들어있는 수분을 여과 매체에 통과시켜 액체는 막을 통과하고 현탁입자는 막의 표면에 퇴적되는 방법으로 현탁액을 분리시키는 조작을 일컫는다.

* 고체-액체 현탁액을 슬러리(slurry)라 하고 막을 통과하는 액을 여액(filterate), 막 자체를 여재(fiter midium)라 하고, 막 위의 고체층을 여과 케이크(filter cake)라 한다.
* 여재가 갖추어야할 조건
    - 케이크를 지탱할 수 있는 강도와 케이크를 쉽게 제거할 수 있는 표면특성이 있어야한다.
    - 독성이 없어야 한다.
    - 여과물질과 화학 반응이 없어야 한다.
    - 가격이 싸야 한다.
* 여과보조제(filter aid)
    - 여재의 막힘을 방지하기 위하여 사용한다.
    - 비교적 크고, 타물질과 작용하지 않는다.
    - 규조토가 주로 사용되며, 종이 펄프, 탄소, 백토 등도 사용된다. 여과장치는 여과의 추진력에 따라 중력을 가하여 여과는 중력 여과(gravity filtration), 시료에 압력을 가하여 여과하는 압력여과(pressure filteratio), 진공에 의한 진공여과(vacuum filteration) 및 원심력에 의한 원심여과(centrifugal filteration)가 있다.

2) 여과에 이용되는 기계의 형태
① 중력 여과기(gravity filter)
  • 혼합액에 중력을 가하여 여과재를 통과시켜 여과액을 얻고 고체 입자는 여과재 위에 퇴적되게 하는 방법으로 음료수나 용수 처리 등에 사용된다.
② 압축 여과기(filter press)
  • 여과 원액에 압력을 가하여 여과하는 압축 여과기로 판들형 압축 여과기(plate pressure filter)와 잎 모양 가압 여과기(leaf pressure filter)가 대표적으로 많이 쓰인다.
  • 판들형 압축 여과기(plate pressure filter)
    - 필터프레스(filter press)라고도 한다. 여과판(filter plate), 여과포, 여과틀(filter flame)을 교대로 배열·조립한 것이다.
    - 여과판은 주로 정방형으로 양면에 많은 돌기들이 있어 여과포(filter cloth)를 지지해 주는 역할을 하며, 돌기들 사이의 홈은 여액이 흐르는 통로를 형성한다.
    - 구조와 조작이 간단하고, 가격이 비교적 저렴하여 공업적으로 널리 이용되고 있다. 그러나 인건비와 여포의 소비가 크고 케이크의 세척이 효율적이지 못하다.
  • 잎 모양 가압 여과기(leaf pressure filter)
    - 여과잎을 밀폐된 용기 안에 넣고 용기를 가압하면 여과잎 중심부로 여액이 나오고 주변에 케이크가 모이게 하여 여과하는 것이다.

- 여과잎은 금속 그물 또는 홈이 파인 금속판의 표면에 여과매체를 입힌 것으로 사각, 원형, 원통형 등 여러 가지가 있다.
- 여과매체의 손상이 적고 세척효과가 높으며 여과면적이 큰 장점이 있어 대량의 슬러리 여과 또는 청징에 적합하다. 그러나 필터프레스보다는 고가이고, 슬러리 중의 고형분이 침강성이 있는 경우에는 사용이 곤란하다.

③ 진공 여과기(vaccum filter)
- 여과포를 덮은 틀(frame)이나 회전 원통을 원액에 담고 내부에서 원액을 진공 펌프로 흡인시켜 여과포를 통과한 여액을 외부로 배출시켜 여과하는 방법으로 moor형과 회전 원통 진공여과기 등이 있다.
- 진공 여과기 가운데 가장 대표적 것은 회전원통 진공여과기이다.
- 회전원통형 진공여과기
  - 여과가 감압하에서 이루어지고, 케이크의 제거는 대기압하에서 이루어지기 때문에 연속방식으로 운행된다.
  - 처리비용이 크며, 인건비가 적게 든다는 장점이 있다.
  - 그러나 장치가격이 비싸고 뜨거운 액이나 휘발성 액의 취급에는 부적당하다.

④ 원심 여과기(cenfrifugal filter)
- 원액에 들어있는 고체 입자의 수분을 원심 분리로 제거하는 기계로 비교적 큰 입자나 결정성 물질을 포함한 원심분리로 제거하는 현탁액의 여과에 이용된다.
- 원심 여과기는 바스켓형, 컨베이어형 및 압출형 등이 있다.
- 바스켓 원심여과기(basket centrifugal filter)
  - 다공벽을 가진 원통형의 금속바스켓을 수직축에 매달아 고속으로 회전시켜 여과한다.
  - 바스켓 안에 원액을 공급하면 고체는 원심력에 의해 벽면에 침강하여 케이크를 형성하며, 여액은 케이크와 여포를 통하여 바스켓 밖으로 배출된다.
  - 케이크의 수분함량을 효율적으로 저하시킬 수 있기 때문에 분리된 케이크를 건조하기 위한 예비조작으로 유용하다.
- 컨베이어 원심여과기(conveyor centrifugal filter)
  - 다공성 보울을 이용하여 여과한다.
  - 고체층의 보울 내의 체류시간은 보울과 내부 스크류 컨베이어의 회전속도의 차에 따라 결정된다.
  - 동·식물 단백질의 회수, 코코아, 커피 및 홍차 현탁액의 분리, 어분의 제조 등에 사용된다.

(3) 막 분리 여과
- 막의 선택 투과성을 이용하여 물질의 상(phase)변화 없이 연속적으로 물질을 분리하는 방법으로 열이나 pH에 민감한 물질에 유용하며 휘발성 물질의 손실도 거의 없다.

- 막 분리법으로는 역삼투(Reverse Osmosis : RO), 한외여과(Ultrafiltration : UF), 정밀여과(MicroFiltration : MF), 투석(Dialysis), 전기투석(Electrodialysis), 기체분리(Gas Separation) 등이 있다.

1) 역삼투(Reverse Osmosis)
- 평형상태에서 막 양측 용매의 화학적 포텐셜(Chemical Potential)은 같다.
- 그러나 용액 쪽에 삼투압보다 큰 압력을 작용시키면 반대로 용액 쪽에서 용매분자가 막을 통하여 용매 쪽으로 이동하는데 이 현상을 역삼투 현상이라 한다.
- 분자량이 10~1000 정도인 작은 용질분자와 용매를 분리하는데 이용되며, 대표적인 예는 바닷물의 탈염(Desalination)이다.

2) 한외여과법(Ultrafiltration)
- 한외여과는 정밀여과와 역삼투의 중간에 위치하는 것으로 고분자 용액으로부터 저분자물질을 제거한다는 점에서 투석법과 유사하다.
- 한편 물질의 분리에 농도차가 아닌 압력차를 이용한다는 점에서는 역삼투압과 근본적으로 동일하다.
- 역삼투압은 고압을 이용하며 염류 및 고분자물질 모두를 배제시킬 수 있다.
- 반면에 한외여과는 저압을 이용하여, 염류와 같은 저분자물질은 막을 투과시키지만 단백질과 같은 고분자물질은 투과시키지 못한다. 또한 한외여과는 고분자물질을 각각 저·중·고분자 물질로 분리시킬 수 있는 특징을 지니고 있다.
- 한외여과막은 대개 10~100Å 크기의 세공을 가지고 있다.
- 한외여과는 분자량이 1000~50000 정도인 용질의 분리에 효과적이며, 용질과 용매분자량이 100배 이상 차이가 있을 때 적용할 수 있다.

3) 정밀여과법(Microfiltration)
- 정밀여과란 한외여과의 일종이며, 크기가 0.1~10㎛ 정도인 콜로이드를 형성하는 용질을 분리할 수 있다.
- 정밀여과는 역삼투나 한외여과를 시행하기 위한 사전 여과 공정을 이용하며, 특히 용액 내의 세균을 제거하는데 널리 이용되고 있다.
- 정밀여과의 세공은 0.01~10㎛ 정도이고, 세공이 막에 총 부피의 80% 정도를 차지하는 것이 적당하다.

5. 분쇄 및 혼합

(1) 분쇄(Pulverization)

분쇄라는 용어는 Size reduction 즉 크기를 작게 만든다는 뜻인데 그 의미 속에는 물질을 파쇄(Crushing), 미세(Grinding)라는 뜻을 모두 함축하고 있는 광범위한 식품 공정의 한 용어이다.

1) 분쇄(Pulverization)의 정의

각 성분의 분리와 혼합을 쉽게 하여 건조나 용해성을 높이고 기호성 증가를 목적으로 고체 물질에 압축, 충격, 마찰, 비틀림(전단)의 힘을 가하여 성분의 변화없이 그 입도의 크기를 작게 하는 것이다. 분쇄 재료의 분쇄 작용에 따라 분석 능력이 좋은 자유 분쇄와 완충 분쇄, 개회로 분쇄와 폐회로 분쇄, 분쇄 원료 수분 함량에 따라 습식 분쇄와 건식 분쇄로 구분한다. 분쇄기의 종류는 원료의 분쇄 정도에 따라 조분쇄기, 중간 분쇄기, 미분쇄기, 초미 분쇄기로 분류하고 분쇄의 원리에 따라 압축형, 충격형, 마찰형, 절단형, 혼합형으로 분류한다.

* 분쇄 목적
- 성분의 추출이나 분리를 쉽게 한다.
- 품질을 향상시킨다.
- 표면적을 확대하여 건조 및 추출속도를 빠르게 한다.
- 열효율을 높여서 가열시간을 단축시킨다.,
- 다른 재료와 혼합시킬 때 균일하게 한다.
- 반응 속도를 빠르게 한다.

2) 분쇄에 이용되는 기계의 형태

분쇄기를 선정할 때 고려할 사항은 원료의 크기, 원료의 특성, 분쇄 후의 입자 크기, 입도분포, 재료의 양, 습·건식의 구별, 분쇄 온도 등이다. 특히 열에 민감한 식품의 경우에는 식품 성분의 열분해, 변색, 향기의 발산 등도 고려해야 한다.

① 조분쇄기(Coarse Crusher)
- 예비 분쇄기라고도 하며 원료의 분쇄 크기를 4~5cm 또는 그 이하로 분쇄하며 다량 분쇄시킬 수 있다.
- 조우분쇄기(Jaw Crusher), 선동 분쇄기(Gyratory Crusher), 임팩트 분쇄기(Impact Crusher) 등이 있다.
    - 조우분쇄기(Jaw Crusher) : 압축력에 의해 음식물 씹는 원리로 만들어진 분쇄기이다.
    - 선동 분쇄기(Gyratory Crusher) : 베벨 기어에 의해 구동되면서 고정되어 있는 회전축의 타원 운동에 의해 분쇄한다.

② 중간 분쇄기(Intermediate Pulverizer)
- 일반적인 식품 가공에 가장 많이 쓰이며 압축력을 이용하는 선동 분쇄기와 원리가 같다.
- 원료의 분쇄 크기를 1~4cm 또는 0.2~0.5mm까지 분쇄하는 기계다.
- 원추형 분쇄기(Cone crusher)와 해머밀(Hammer mill) 등이 있다.

*해머밀(Hammer mill)
- 몇 개의 해머가 회전하면서 충격과 일부 마찰을 주어 분쇄시키는 분쇄기이다. 가장 많이 쓰이고 있다.
- 장점은 구조가 간단하며 용도가 다양하고 효율에 변함이 없고, 유지보수가 편리하다.
- 단점은 입자가 균일하지 못하고 소요 동력이 크다.

③ 미분쇄기
- 분쇄 매체를 원료와 같이 회전시켜 충격, 마찰 등의 힘을 이용하여 분쇄하는 기계로 텀블링 밀(Temblening mill)이라고도 한다.
- 원료를 0.1mm 이하로 분쇄한다.
- 보올밀(Ball mill), 로드밀(Rod mill), 에지러너(Edge runner), 진동밀(Vibration mill), 터보밀(Turbo mill), 버밀(Buhr mill) 등이 있다.
  - 보올밀(Ball mill) : 보올을 넣어 원료와 보올이 원심력에 의해 회전하면서 분쇄하는 분쇄기
  - 로드밀(Rod mill) : 보올 대신 막대기를 원료와 같이 회전시켜 분쇄하는 원통형의 분쇄기
  - 에지러너(Edge runner) : 원반과 두 개의 롤을 회전시키면서 원료를 압축과 전단에 의해 분쇄시키는 분쇄기
  - 진동밀(vibration mill) : 고정축과 면이 반대 방향으로 원 운동하면서 분쇄와 혼합을 하는 분쇄기
  - 터보밀(Turbo mill) : 여러 개의 공간에 회전시켜 형성되는 고주파 진동으로 분쇄하는 분쇄기
  - 버밀(Buhr mill) : 맷돌처럼 두 개의 원형 돌이 맞대어 돌면서 전단에 의해 분쇄시키는 분쇄기

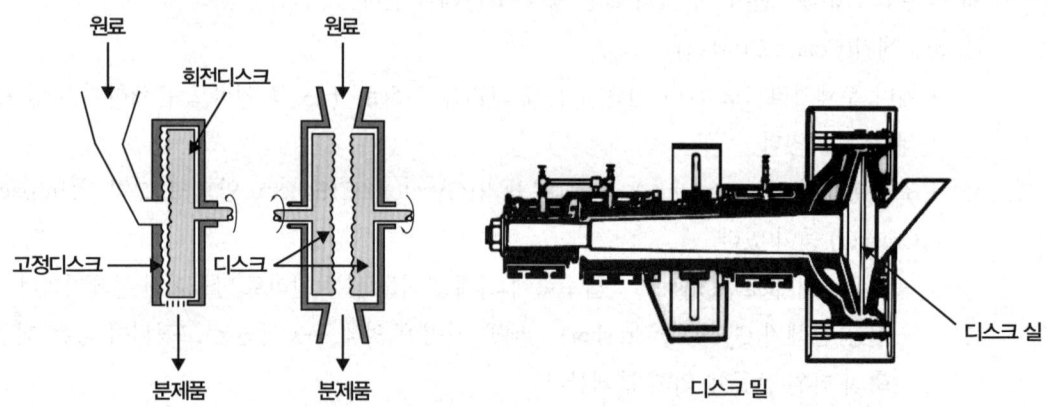

그림 4-16 디스크 밀의 구조

④ 초 미분쇄기(ultra fine grinding mill)
- 미분쇄한 분쇄물을 더욱 가는 1㎛ 전후의 아주 미세한 분말로 분쇄하는 기계를 말한다.
- 초미분쇄기의 대표적인 것은 제트밀(jet mill), 디스크밀(disc mill), 진동 밀, 콜로이드 밀, 원판 분쇄기 등이 있다(**그림 4-16**).

(2) 혼합(Mixer)

혼합의 원래 의미는 분리된 두 가지 이상의 상(相)을 서로 섞이게 하는 불규칙 분배를 말하

는데 둘 이상의 성분이 퍼져있는 경우와 재료의 성질상 비균일한 상태를 없애는 과정에 보통 혼합 공정을 실시하게 된다. 혼합과 관련된 혼동하기 쉬운 용어로 교반, 반죽, 유화 등의 용어가 있다. 교반은 혼합성 액체-액체간의 혼합을, 반죽은 고체-액체를, 유화는 비혼합성 액체-액체간의 혼합 시 사용되는 가공 용어이다.

- 혼합(mixing) : 입자나 분말 형태의 혼합을 뜻하나 모든 형태의 혼합을 말한다.
- 교반(agitation) : 액체-액체 혼합을 말하며, 저점도의 액체들을 혼합하거나 소량의 고형물을 용해 또는 균일하게 하는 조작이다.
- 반죽(kneading) : 고체-액체 혼합으로 다량의 고체분말과 소량의 액체를 섞는 조작이다.
- 유화(emulsification) : 교반과 같이 액체-액체 혼합이지만 서로 녹지 않는 액체를 분산시켜 혼합하는 것이다.

1) 혼합의 정의

고체와 고체, 고체와 액체, 액체와 액체, 액체와 기체 등 2가지 이상의 다른 성분을 섞어서 보다 균일한 생성물을 얻는데 그 의의가 있다.

2) 혼합에 이용되는 기계

① 교반기
- 액체와 액체의 혼합, 액체 중에 고체 입자를 현탁시키기 위한 방법으로 고체를 액체에 녹일 때, 고체 입자를 액체로 세척할 때, 고체와 액체를 균일하게 혼합시킬 때 또는 화학 반응을 일으킬 때 사용한다.
- 회전축에 교반날개(impeller), 터빈(turbine), 프로펠라(propeller) 등을 달아 알맞은 속도로 회전시킨다. 이와 같이 임펠라를 이용한 혼합기를 교반기(agitator)라고 한다.
- 축에 붙어있는 날개 모양에 따라 패들형, 터빈형, 프로펠러형으로 구별된다. 또 교반기를 설치하는 위치에 따라 휴대용과 정치용으로 나뉘는데, 휴대용에는 수형, 선형, 측면형, 역류형, 분사형, 가스형 등이 있다.

② 혼합기
- 혼합기에서 입자들은 대류(convection), 확산(diffusion), 전단(shear stress) 작용 등 복합적인 혼합작용에 의해 혼합되는 동시에 입자들의 성질의 차이에 의해 분리되기도 한다.
- 고체-고체 혼합은 입자나 분체를 다루며 물질의 크기, 비중, 점착성, 유동성, 응집성 등과 같은 물성이 혼합조작에 영향을 준다.
- 균일한 혼합물을 얻기 위하여 가능한 각 성분 입자들의 밀도, 모양, 크기 등을 비슷하게 조합해야 한다.
- 균일 제품을 만들 때, 반응을 촉진시킬 때, 새로운 형태의 원료를 만들 때, 유탁이나 현탁액을 얻으려 할 때 이용된다.

- 혼합기의 형태는 회전 용기형와 고정 용기형이 있다.
  - 회전 용기형 혼합기 : 용기 속에 시료를 넣고 용기를 회전하거나 뒤집기를 반복하여 그 속에 든 물질을 혼합시킬 수 있다. 물리적 성질이 비슷한 고체입자의 혼합에 알맞다. 텀블러 혼합기
  - 고정 용기형 혼합기 : 용기를 고정시켜 놓고 스크루 또는 리본과 같은 혼합장치를 설치하여 그 속에 든 물질을 혼합시킬 수 있다. 리본, 스크루 혼합기

③ 반죽기
- 반죽기는 액체의 양이 아주 적을 때 혼합물의 유동성이 더욱 없어지기 때문에 밀가루 반죽과 마찬가지로 반죽을 늘리고 접고 하는 동작을 기계적으로 반복하도록 설계되어 있다.
- 점조성이 있는 고체와 액체를 혼합하거나 반죽을 만들 때 이용되는 기계로 압축, 전단, 압연 등의 작용을 연속적으로 조작한다.
- 고정형 반죽기와 연속형 반죽기가 있다. Z자형 교반날개를 가진 반죽기가 대표적인 것이다.

④ 유화기
- 압력·충격력·전단력·마찰력 등의 힘을 액체에 가하여 미세한 입자로 쪼개는 일종의 분쇄장치이다.
- 교반형 유화기
  - 액체에 강한 전단력을 작용시킬 수 있도록 고속회전 터빈을 사용하여 100~10,000rpm으로 회전시켜 유화시킨다.
  - 주스, 토마토, 마요네즈, 초콜릿 제조에 이용된다.
- 콜로이드 밀(colloid mill)
  - 1,000~20,000rpm으로 고속 회전하는 로터(rotor)와 고정판(stator)으로 되어있다. 이 사이에 액체가 겨우 흐를 만한 좁은 간격(약 0.0025㎜)을 가지고 있다(**그림 4-17**).
  - 액체가 이 간격 사이를 통과하는 동안 전단력, 원심력, 충격력, 마찰력이 작용하여 유화시킬 수 있다.
  - 치즈, 마요네즈, 샐러드크림, 시럽, 주스 등 유화에 이용된다.

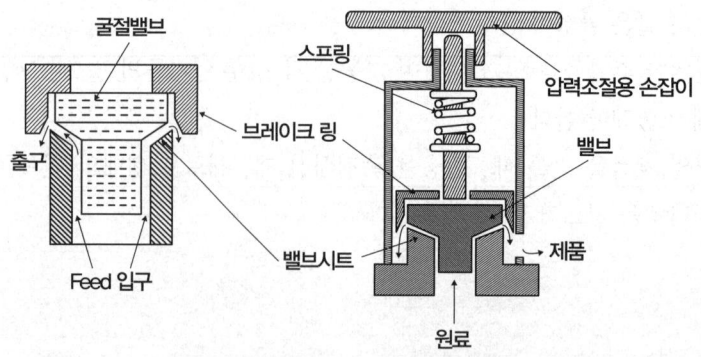

그림 4-17 콘형 균질 콜로이드 밀

- 호모지나이저(homogenizer)
  - 액체식품을 700kg/cm²의 고압에서 협소한 구멍(orifice)이나 간격을 통과시켜 유화하는 장치이다(**그림 4-18**).
  - 샐러드크림, 아이스크림, 초콜릿, 땅콩버터 등의 제조에 이용된다.

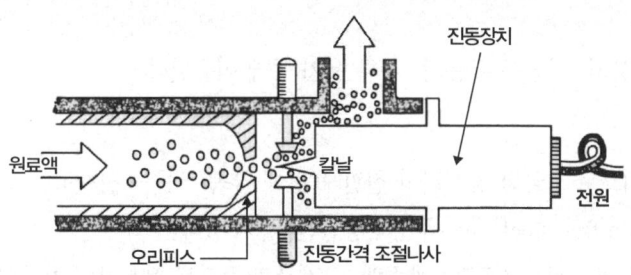

그림 4-18 호모지나이저(초음파균질기)

3 식품의 포장

식품 포장 기술은 나뭇잎, 죽순 껍질, 동물 가죽, 풀 등의 원시적 포장 재료에서 19세기 초엽의 병조림, 통조림 기술의 발달에 따라 장기 저장이 가능하게 되었다. 20세기 후반에는 합성 고분자 공업의 발전으로 플라스틱 필름이 개발되어 경량성, 투명성, 유연성, 열접착성, 인쇄성 등의 특징을 지니고 있어 통조림보다 더 많이 이용되고 있다.

식품의 포장, 저장은 식품을 기밀상태로 포장하여 미생물, 수분, 공기 등과 완전히 차단시켜 변패를 막고, 또 가열살균 처리나 불활성 가스로 대체 밀봉함으로써 식품을 안전하게 보존하게 하는 것이다.

1. 식품 포장의 목적

① 저장성의 증가
② 취급상의 간편(인건비 절약)
③ 상품가치 향상
④ 위생적 취급 가능
⑤ 경제적

2. 식품 포장 재료

(1) 유리
① 재질의 비활성, 투명성, 강도가 있고 자유롭게 형태를 만들 수 있으나 중량이 무겁고 파손되기 쉽다.
② 조미료 용기, 탄산음료 용기, 주류 용기 등에 이용된다.

(2) 금속용기
철판에 주석으로 도금한 양철관과 철판 표면에 금속 크롬을 입히고, 그 위에 크롬수산화물을 입힌 TFS관(tin free steel can, 무광석강판관) 등이 있다.
① 알루미늄관 : 탄산음료관, 맥주관, 유제품관 등으로 사용하며 차단성이 우수하다.
② TFS관
- 유기산에 의해 부식되기 쉬우므로 통의 안쪽 면에 에나멜(enamel) 혹은 락카(lacquer)를 입히는 도장관(coated can)과 입히지 않은 백관(plain can)이 있다.
- 맥주관, 탄산음료관, 액체 세제관, 조미료관 등으로 사용되고 있다.

(3) 종이 및 판지 용기
가볍고, 무균 충전포장이 가능하며, 처리와 개봉이 쉽고, 금속의 용출이나 냄새가 없으며, 그림 인쇄가 잘된다.
① 유연포장 : 그라프트지, 그라신지
② 강직포장 : 판지, 골판지, 접합지

(4) 플라스틱 필름과 용기
열, 압력에 의해 일정 모양으로 만드는 고분자 화합물이다.
① 폴리에틸렌 필름(polyethylene film) : 병, 튜브 등에 이용된다.
- 저밀도 폴리에틸렌 : 반투명이며 가볍고 내한성이 강하다.
- 중밀도 폴리에틸렌 : 수증기의 투과성이 적고 저밀도보다 얇다.
- 고밀도 폴리에틸렌 : 가스나 수증기 투과성이 적고, 내열성, 내한성이 강하다.
② 폴리에틸렌 클로라이드 필름(polyethylene chloride film)
- 방습성, 내유성을 가지며 가스 투과성이 적다.
- 내열성이 커서 고온 살균용 포장에 쓰일 수 있다.
③ 폴리에스테르 필름(polyester film) : 향기가 날아가는 것을 막는 데 알맞다.
④ 폴리프로필렌 필름(polypropylene film) : 가스투과성은 고밀도 폴리에틸렌과 비슷하다.

(5) 목재용기
나무상자, 도시락 재료, 나무통 등이 있다.

3. 포장재의 구비조건

① 인체에 유해성분의 혼입이 없어야 한다.
② 내용 식품의 부패를 방지할 수 있어야 한다.
③ 맛의 변화를 억제할 수 있어야 한다.
④ 내용물을 볼 수 있게 하여 소비자에게 안심을 주어야 한다.
⑤ 휴대하기 편리하고 폐기하기가 용이해야 한다.
⑥ 가격이 싸야 한다.

4. 각종 식품의 포장

① 식육, 어육 등의 천연식품 : 수분과 가스의 투과성이 없는 필름(film)이나 라미네이트시킨 것을 사용한다.
② 과실, 채소 등의 천연식품 : 가스투과성이 다소 있는 필름 재료를 사용한다.
③ 건조식품의 포장 : 흡습, 지방산패, 변색, 변미, 향기, 감소 등의 변패를 방지하는 플라스틱 필름 재료를 사용한다.
④ 가열식품의 포장 : 통조림법, 내열성 플라스틱 포장을 한다.
⑤ 냉동식품의 포장 : 방습성이 있고, 가스투과성이 낮고, 유연성이 있고 저온에서 경화되지 않아야 되며, 가열수축성이 있는 P.E 필름, cryovac 필름을 사용한다.

5. 포장 목적에 따른 재질의 종류

① 광선의 차단 : Al-foil, 종이류
② 향기, 취기의 차단 : Al-foil, vinylidene, chloride, polyester, polypropylene
③ 내유성 : Al-foil, cellophane, polyamide, polyester, vinylidene chloride
④ O_2 및 gas 차단 : Al-foil, polyester, polyamide, 방습 cellophane, vinylidene chloride
⑤ 수분 및 습기차단 : Al-foil, polypropylene, polyethylene, polyester, 방습 cellophane

출제예상문제

PART 1-1. 곡류 및 서류 가공

001 곡물의 겨층 제거를 도정하는 원리에 속하지 않는 작용은?
① 찰리작용 ② 마찰작용
③ 충격작용 ④ 분쇄작용

002 다음의 쌀 중 도정도가 가장 큰 것은?
① 현미(玄米)
② 배아미(胚芽米)
③ 주조미(酒造米)
④ 정백미(精白米)

003 쌀의 도정도가 적은 것에서 큰 순서로 나열된 것은?
① 현미 → 7분도미 → 백미 → 5분도미
② 현미 → 5분도미 → 7분도미 → 백미
③ 현미 → 7분도미 → 5분도미 → 백미
④ 현미 → 백미 → 7분도미 → 5분도미

004 현미 1,000kg을 도정한 결과 겨 44kg, 쇄미 16kg을 얻었다면 이 쌀의 도정률은?
① 90% ② 92%
③ 94% ④ 96%

005 현미를 백미로 도정할 때 쌀겨층에 해당되지 않는 것은?
① 과피 ② 종피
③ 왕겨 ④ 호분층

006 현미의 도정률이 증가함에 따른 영양 성분의 변화 중 옳지 않은 것은?
① 탄수화물의 양이 증가한다.
② 회분, 비타민의 손실이 커진다.
③ 소화율이 향상된다.
④ 총 열량이 감소된다.

---

001 곡물의 도정
마찰작용(곡물끼리 부딪치는 현상), 찰리작용(마찰로 고체 표면을 벗기는 현상), 절삭작용(금강사, 숫돌, 롤러같이 단단한 물체로 깎는 현상), 충격작용(곡립에 충격을 주어 조직을 벗기는 현상) 등이 공동으로 이루어진다.

002 도정도와 도정율
- 도정도 : 쌀겨층이 벗겨진 정도에 따라 완전히 벗겨진 것을 10분도미, 쌀겨층이 반이 벗겨진 것을 5분도미로 표시
- 도정률 : 정미의 중량이 현미 중량의 몇 %에 해당하는가를 나타내는 방법
  - 현미 : 나락에서 왕겨층만 제거한 것 (도정율 100%)
  - 5분도미 : 겨층의 50%를 제거한 것 (도정율 96%)
  - 7분도미 : 겨층의 70%를 제거한 것 (도정율 94%)
  - 백미 : 현미를 도정하여 배아, 호분층, 종피, 과피 등을 없애고 배유만 남은 것(도정율 92%)
  - 배아미 : 배아가 떨어지지 않도록 도정한 것
  - 주조미 : 술의 제조에 이용되며 미량의 쌀도 없도록 배유만 남게 한 것 (도정율 75% 이하)

003 2번 해설 참조

004 1,000kg의 현미에서 940kg의 백미를 얻었으므로 94%의 도정률이다.

005 벼의 구조
- 왕겨층, 겨층(과피, 종피), 호분층, 배유 및 배아로 이루어져 있다.
- 현미는 과피, 종피, 호분층, 배유, 배아로 이루어져 있다. 즉, 현미는 벼에서 왕겨층을 벗긴 것이다.

006 도정률이 증가함에 따른 영양 성분의 변화
- 섬유소, 회분, 비타민 등의 영양소는 손실이 커지고 탄수화물 양이 증가한다.
- 총 열량이 증가하고 밥맛, 소화율도 향상된다.

 ANSWER
001 ④　002 ③　003 ②　004 ③
005 ③　006 ④

007 백미 성분 중 도정률이 높아짐에 따라 가장 큰 비율로 감소하는 것은?

① 탄수화물　　② 지방
③ 단백질　　　④ 비타민

008 쌀의 영양조성에서 가장 풍부한 성분은?

① 단백질　　　② 섬유질
③ 지방　　　　④ 당질

009 도정률에 따라 곡물의 성분 중 변화가 큰 것은?

① 단백질　　　② 지방
③ 탄수화물　　④ 수분

010 쌀의 영양강화법의 일종으로 벼를 쪄서 건조한 후 도정하는 방법은?

① cut back법　② premix법
③ parboil법　　④ fartified rice법

011 쌀의 도정률을 결정하는 방법이 아닌 것은?

① 쌀겨 생산량으로 판단
② 쌀겨 층이 벗겨진 정도
③ 단백질의 증가에 의한 방법
④ 쌀의 색깔

012 곡류의 경도가 강한 것을 도정하는 데 효과적인 도정작용은?

① 찰리　　　　② 마찰
③ 분쇄　　　　④ 절삭

013 9분도미 판정법으로 바르게 설명된 것은?

① 배부와 상단부의 등겨 층이 완전히 벗겨진 것
② 측면의 등겨 층이 일부 벗겨진 것
③ 배부의 겨 층이 완전히 벗겨진 것
④ 고랑의 등겨 층이 완전히 벗겨진 것

---

007 현미의 도정
- 현미는 최외각층에 과피가 있고, 그 내부에 종피, 외배유, 내배유가 있는데 외피에 지방, 단백질, 비타민 등이 함유되어 있다.
- 특히 지방이 많이 함유되어 있어서 도정률이 높아지면 그만큼 지방이 많이 떨어져 나간다.

008 백미 100g 중에 함유된 성분 조성은 단백질 6.5%, 지방 0.9%, 당질 77.6%, 섬유질 0.4%, 수분 14.0%이며, 칼로리는 353cal이다.

009 7번 해설 참조

010 쌀의 영양 강화법
- parboil법은 인도 지역에서 개발을 시도한 것으로 벼를 수침하여 찐(100℃, 30분) 다음, 건조하면 배아나 겨층에 있는 비타민 B_1, B_2 등의 성분이 배유 속으로 이행되어 강화된다.
- Premix법은 쌀에 부족한 영양분 비타민 B_1, B_2 nicotinic acid 등을 진한 용액으로 만들어 쌀에 묻히고 단백질 피막을 입히는 것이다.

011 도정률(도)을 결정하는 방법
- 백미의 색깔
- 도정 시간
- 도정 횟수
- 전력소비량
- 생성된 쌀겨량
- 쌀겨층이 벗겨진 정도
- 염색법

012 절삭작용
- 높은 경도의 곡물 도정에 유효한 방법이다.
- 금강사 같은 금속 조각으로 곡류입자 조직을 깎아내는작용으로 연삭과 연마가 있다.

013 쌀의 도정에 따른 분류
- 현미 : 벼에서 왕겨만 제거된 것
- 5분도미 : 측면 겨층을 어느 정도 벗긴 것
- 7분도미 : 배부의 겨층을 완전히 벗긴 것
- 8분도미 : 하단부 겨층을 완전히 벗긴 것
- 9분도미 : 배부와 상단부의 겨층을 완전히 벗긴 것
- 20분도미 : 고랑의 겨층을 완전히 제거하여 배유만 남은 것

ANSWER
007 ②　008 ④　009 ②　010 ③
011 ③　012 ④　013 ①

014 현미 = 92% 백미 + 8% 왕겨
8%의 겨 중 7분도미는 70% 도정했으므로, 8 × 0.7 = 5.6%
100 − 5.6 = 94.4%

015 MG(May Grunwaid) 시약으로 염색판정 시의 정백도
- 과피와 종피는 청색(현미)
- 호분층은 담녹색 내지 담청색(5분도미)
- 배유는 담청홍색 내지 담홍색(7분도미)
- 배아는 담황록색(10분도미)

016 α화미의 기본적인 제조
- 쌀을 묽은 식초산 용액에 침지한 후 밥을 지어 상압, 감압건조(80~130℃) 시켜 수분이 5%가 되게 건조한 즉석식품이다.

017 쌀의 도정에 따른 종류
- 주조미 : 배유 이외의 성분을 제거하기 위하여 과도한 도정의 산물이다.
- 배아미 : 배아가 함유되어 있어서 영양소가 높지만, 식미와 소화율은 낮다.
- 알파미 : 쌀 전분에 가수 가열하여 α화시킨 후 고온에서 건조한 것이다.
- 백미 : 현미를 도정하여 배아, 호분층, 종피, 과피 등을 없애고 배유만 남은 것이다.

018 절단맥 가공
- 보리는 깊은 고랑이 있어 도정 후에도 정맥의 외관과 식미를 불량하게 하기 때문에 고랑을 따라 절단하여 도정하는 가공법이다.
- 절단면에 의한 흡수가 좋고, 모양이 작아져 쌀과 함께 밥을 짓는 것이 가능하다.

019
- 장맥아의 특징
  - 비교적 저온에서 발아
  - 보리 길이의 1.5~2배 키운 것
  - β-amylase 효소작용이 1.5배 강력
  - 식혜, 물엿 제조에 사용
- 단맥아의 특징
  - 고온에서 발아
  - 싹이 짧고, 보리 길이의 2/3~3/4
  - 녹말함량이 많다.
  - 맥주 제조에 사용

---

014 7분도미는 현미에서 몇 %의 백미를 생산하는가?
① 98.7%　② 96.6%
③ 94.4%　④ 93.3%

015 MG 염색법으로 도정도 판정 시 담홍 청색이 나타나면 몇 분도미인가?
① 현미와 5분도미
② 5분도미
③ 5분도미와 7분도미
④ 7분도미와 백미

016 α화미의 제조법으로 가장 적당한 방법은?
① 쌀을 증자한 후 양건
② 쌀을 증자한 후 음건
③ 쌀을 증자한 후 60℃ 공기 건조
④ 쌀을 증자한 후 80℃ 공기 건조

017 벼의 도정으로 생성된 쌀 중 영양소를 가장 많이 함유한 것은?
① 배아미　② 주조미
③ 백미　④ 알파미

018 보리의 식미 불량원인인 고랑, 색깔, 거친 섬유 등의 원료 결함을 개선하기 위한 가공 방법은?
① 혼수 가공
② 팽화 가공
③ 절단맥 가공
④ 압맥 가공

019 장맥아에 대한 설명 중 틀린 것은?
① 감주나 물엿 제조에 쓰인다.
② 당화력이 단맥아보다 강하다.
③ 저온 장시간 발아시킨 것이다.
④ 녹말 함량이 많다.

ANSWER
014 ③　015 ④　016 ④　017 ①
018 ③　019 ④

020 압맥의 제조 공정 중 압편롤러 통과 전 전처리로서 맞는 처리순서는?

① 수분(14~16%) → 예열(10분) → 증기처리(40~60℃) → 수분(20~25%)
② 수분(14~16%) → 예열(20분) → 증기처리(60~80℃) → 수분(25~30%)
③ 수분(18~20%) → 예열(30분) → 증기처리(60~80℃) → 수분(30~40%)
④ 수분(20~25%) → 예열(40분) → 증기처리(60~80℃) → 수분(40~50%)

021 만할곡물에 속하는 것은?

① 콘밀　　② 배아미
③ 압맥　　④ 알파미

022 밀알 60개를 곡립 절단기로 절단 관찰할 때, 그 단면의 30% 이하가 분상질 20개, 초자질 20개, 중간질 20개였다. 이때의 밀의 초자율은?

① 30%　　② 50%
③ 70%　　④ 90%

023 조질 탱크에서 밀에 수분을 흡수시키는 데 제분(분상질 밀)에 가장 알맞은 수분함량은?

① 13~14%　　② 14.5~16.5%
③ 16.5~18.5%　④ 18~20%

024 소맥제분 시 원맥 수분이 12%인 밀 100kg를 수분 16%가 되게 조절하려 할 때 첨가할 가수량은?

① 1.94kg　　② 2.94kg
③ 3.94kg　　④ 4.76kg

025 수분함량이 10%인 초자질 밀 2000kg을 수분함량이 15.5%가 되도록 하기 위하여 첨가하여야 할 물의 양은 약 얼마인가?

① 109kg　　② 117kg
③ 130kg　　④ 146kg

---

020 압맥의 제조 공정 중 전처리
- 보리쌀 수분을 14~16%로 조정하여 압편기 상부의 예열통에서 20분 내외로 흘러 내리는데, 이때 증기로 간접적으로 60~80℃가 되게 단시간 가열한 후 재차 가열하여 수분 25~30%로 연화시킨다.

021 만할곡물
- 맛과 소화율을 높이기 위해 곡물을 여러 조각으로 쪼갠 것이다.
- 보통 콘밀(corn meal)이 제조된다.

022 절단면의 30% 이하 부분이 분상질이면 초자질 입자로 하고, 초자질 부분이 30% 이하면 분상질로 판정한다.
- 초자율
$= \dfrac{(1 \times 초자질\ 개수) + (중간질\ 개수 \times 0.5)}{총\ 밀알수} \times 100$
$= \dfrac{(20 \times 1) + (20 \times 0.5)}{60} \times 100 = 50\%$

023 제분 시 조질
- 조질탱크에서 밀기울이 너무 부서지지 않고, 배유가 가장 잘 부서지게 일정한 수분을 함유케 한다.
- 분상질밀 13~14%, 중간질 14.5%, 초자질 밀은 15~16%이다.

024 첨가할 가수량(kg)
$= 밀가루 \times \left(\dfrac{100 - 원료수분}{100 - 목표수분} - 1 \right)$
$= 100 \times \left(\dfrac{100 - 12}{100 - 16} - 1 \right) = 4.76$

025 첨가할 가수량(kg)
$= 2000 \times \left(\dfrac{100 - 10}{100 - 15.5} - 1 \right) = 130$

ANSWER
020 ②　021 ①　022 ②　023 ①
024 ④　025 ③

출제예상문제

026 밀가루 시험법
• 색도, 입도, 제면시험, 제빵시험, 팽윤도 시험(swelling power test), amylograph(α-amylase작용력 측정), farinograph(밀가루 점탄성 측정), extensograph(반죽의 신장도 및 인장항력 측정) 등이 있다.

027 밀가루 검사법
• 회분량 : 밀기울 혼입량을 측정한다.
• 산도 검사 : 변질 상태를 측정한다.
• 입도 측정 : 밀가루의 보수력과 균질성을 측정한다.

028 밀의 회분은 껍질인 밀기울에 많고, 배유부는 전분이 많아 회분량이 많으면(0.5% 이상), 껍질이 밀가루 중에 많다는 것을 알 수 있고, 제분율을 알 수 있다.

029 밀의 제분 공정 순서
밀 → 정선 → 수분 첨가(조질) → 분쇄 → 사별 → 완성 → 제품

030 밀의 조질(調質)
• 밀알의 내부에 물리적, 화학적 변화를 일으켜서 밀기울부(외피)와 배젖(배유)이 잘 분리되게 하고 제품의 품질을 높이기 위하여 하는 공정이다.
• 템퍼링(tempering)과 컨디셔닝(conditioning)이 있다.

031 30번 해설 참조

---

026 다음 중 밀가루 품질시험법으로 적당하지 <u>않은</u> 것은?
① 면의 팽윤도 검사
② 프로테아제작용력 시험
③ 아밀라아제작용력 시험
④ 글루텐 함량 측정

027 밀가루 검사법으로 적당하지 <u>않은</u> 방법은?
① 산도   ② 회분함량
③ 입도   ④ 비중

028 밀가루의 품질등급 판정으로 회분함량을 기준하는 이유는?
① 밀기울에 전분이 많아서
② 배아부에도 회분이 많아서
③ 밀기울에 비타민, 미네랄이 많아서
④ 밀기울에 회분이 많기 때문

029 제분 공정의 순서가 맞는 것은?
① 조질 → 사별 → 분쇄 → 정선
② 분쇄 → 정선 → 사별 → 조질
③ 정선 → 분쇄 → 사별 → 조질
④ 정선 → 조질 → 분쇄 → 사별

030 밀의 제분 공정에서 조질(調質)이란?
① 외피의 분쇄를 쉽게 하기 위한 것
② 밀가루의 품질을 균일하게 하기 위한 것
③ 외피와 배유의 분리를 쉽게 하기 위한 것
④ 협잡물을 제거하기 위한 것

031 밀의 제분 공정에서 가수(조질)하는 목적이 <u>아닌</u> 것은?
① 협잡물 제거
② 밀가루의 품질 향상
③ 배유의 분쇄조장
④ 외피와 배유의 분리 조장

ANSWER
026 ② 027 ④ 028 ④ 029 ④
030 ③ 031 ①

032 제분 공정에서 비중 차이에 의하여 제거되는 부분은?

① 글루텐(gluten) ② 배아(germ)
③ 배유(endosperm) ④ 밀기울(bran)

033 제분 시 자력분리기가 사용되는 공정은?

① 분쇄 ② 운반
③ 세척 ④ 정선

034 다음 중 제분율을 올바르게 나타낸 식은?

① $\dfrac{\text{제분중량}}{\text{원료밀 중량}} \times 100$

② $\dfrac{\text{제분중량}}{\text{밀가루 중량}} \times 100$

③ $\dfrac{\text{제분중량}}{\text{원료밀 중량}-\text{껍질중량}} \times 100$

④ $\dfrac{\text{제분중량}}{\text{원료밀 중량}-\text{화분}} \times 100$

035 밀가루 종류 중 강력분, 중력분 및 박력분을 구별하는 기준이 되는 단백질은 무엇인가?

① 알부민(albumin) ② 글루텐(gluten)
③ 글루코사민(glucosamine) ④ 아미노산(amino acid)

036 점탄성이 강한 반죽으로 만들려면 밀가루를 어떻게 하는 것이 좋은가?

① 혼합을 강하게 한다.
② 밀가루를 일정시간 숙성, 산화시킨다.
③ 회분함량이 많은 전분을 사용한다.
④ 글루텐 함량이 적은 강력분을 사용한다.

037 밀가루 품질 규정 시 밀기울 혼합률을 간접 측정할 수 있는 성분은?

① 섬유질 ② 전분
③ 비타민 B_2 ④ 회분

---

032 밀기울(bran)은 비중 차이에 의하여 분리 제거한다.

033 자력분리기는 원료를 정선 시 사면으로 흐르게 하고, 그곳에 말굽 모양 또는 막대기 모양의 영구자석을 장치하여 원료 속의 쇠붙이를 흡착 제거하는 장치이다.

034 밀의 제분율
- 원맥 품질, 제분 규모, 제분기 종류, 제분 목적 등에 따라 달라진다.
- 보통 80% 이하가 적당하며, 제분율이 낮은 밀가루가 상급품이고, 회분량이 적다.
- 제분율 = $\dfrac{\text{제분중량}}{\text{원료밀 중량}} \times 100$

035 밀가루의 품질을 결정하는 데 가장 중요한 것
- 글루텐(gluten) 함량이다.
- 글루텐 함량에 따라 밀가루 종류와 품질이 달라진다.
- 강력분은 13% 이상, 중력분은 10~13%, 박력분은 10% 이하이다.

036 점탄성이 강한 반죽을 만들려면
- 밀가루를 일정시간 숙성, 산화시키면 수분의 분포 및 글루텐 형성을 촉진시켜 반죽의 점탄성을 높여 준다.
- 소금을 사용하면 밀가루의 점탄성을 높여 준다.
- 글루텐 함량이 많은 강력분은 점탄성이 크다.

037 밀가루 품질
- 원맥 품질, 제분기 종류, 제분 기술, 용도에 따라 차이가 있다.
- 성분상으로 gluten과 회분량으로 평가한다.
- 밀의 회분은 배유부에 적고 껍질 부분에 많으므로 밀의 회분량을 측정함으로써 밀기울 양을 판정할 수 있다.

ANSWER
032 ④ 033 ④ 034 ① 035 ②
036 ② 037 ④

출제예상문제

038 밀가루의 분류
- 강력분 : 제빵용으로 건부량이 13% 이상이며, 특징은 점탄성이 커서 보장력이 크고 제빵 시에 부피가 커진다. 단백질 함량이 높으며 경질소맥을 원료로 한다.
- 중력분 : 제면용으로 경도가 중간 정도이며, 건부량은 10~13%이고, 특징은 중간질의 밀을 제분한 것이다.
- 박력분 : 과자 및 튀김용으로 적합한 밀가루이고, 건부량 10% 이하이다. 특징은 촉감이 부드럽고 연소질 소맥을 원료로 한다.

039 활성글루텐의 제조
- 배터(Batter)식의 연속식제조법(Continuous)과 마틴(Martin)식의 배치식제조법(Batch)으로 나누고 있다.
- 건조 방식에는 플래시드라이(Flash dry) 방식과 스프레이드라이(Spray dry) 방식 2가지가 대표적이다.
- 플래시드라이 방식은 열기류에 의해서 순간 건조되며 이 방법으로 제조된 활성글루텐은 글루텐단백질의 고차 결합구조가 비교적 망가지지 않은 채로 남아있어, 탄력이 강한 제품이 생산되는 특징을 가지고 있다.

040 비타민C는 밀가루 반죽의 개량제로서 숙성 중 글루텐의 S-S 결합으로 반죽의 힘을 강하게 하여 가스 보유력을 증가시키는 역할을 해 오븐팽창을 양호하게 한다.

041 Farinograph
- 밀가루를 이겨서 반죽을 만들었을 때 생기는 점탄성을 측정하는 장치이다.
- 밀가루 반죽의 farinogram을 구성하는 요소 : 반죽의 경도, 반죽의 형성 기간, 반죽의 안정도, 반죽의 탄성, 반죽의 약화도 등이다.

042 Farinograph는 밀가루 반죽 시 생기는 점탄성을 측정하는 데 이용된다.

---

038 밀가루 4kg을 사용하여 건조글루텐(건부량) 540g을 제조하였다. 이때의 건조글루텐 함량은 얼마이며, 이 밀가루는 박력분, 중력분, 강력분 중 어디에 분류되며, 주로 사용하는 용도는 무엇인가?

① 건조글루텐 함량 10.3% - 중력분 - 면류
② 건조글루텐 함량 12.5% - 중력분 - 국수
③ 건조글루텐 함량 13.5% - 강력분 - 식빵
④ 건조글루텐 함량 13.65% - 강력분 - 과자, 비스킷

039 활성 글루텐을 제조하는 데 가장 적합한 건조기는?

① 킬른 건조기(kiln dryer)
② 플래쉬 건조기(flash dryer)
③ 캐비닛 건조기(cabinet dryer)
④ 유동층 건조기(fluidezed bed dryer)

040 밀가루 반죽의 개량제로 비타민 C를 사용하는 주된 이유는?

① 향미를 부여하기 위하여
② 밀가루의 숙성을 위하여
③ 영양성의 향상을 위하여
④ 밀가루의 점도를 높이기 위하여

041 밀가루 반죽의 패리노그램(farinogram)을 구성하는 요소가 아닌 것은?

① 반죽의 경도
② 반죽의 안정도
③ 반죽의 호화도
④ 반죽의 탄성

042 Farinograph는 밀가루 품질 검사에 사용되는 기구인데 다음 중 설명이 맞는 것은?

① 밀가루의 점탄성 측정
② 밀가루의 색도 측정
③ 밀가루의 수분 측정
④ 밀가루 아밀라아제 활력 측정

ANSWER
038 ③ 039 ② 040 ② 041 ③
042 ①

043 반죽의 인장 항력 측정장치는?
① autoclave
② farinograph
③ amylograph
④ extensograph

044 마카로니 제조용 밀가루는 어떤 것이 좋은가?
① 준강력분
② 중력분
③ 강력분
④ 박력분

045 마카로니는 무슨 면인가?
① 신연면
② 선절면
③ 연면
④ 압출면

046 제분 가공 시 검사 방법과 항목이 잘못 연결된 것은?
① Swelling power 법 → 밀가루의 색도
② Extensograph 법 → 반죽의 신장도
③ Farinograph 법 → 반죽의 점탄성
④ Amylograph 법 → 전분의 호화특성

047 면류의 분류상 압출면에 속하지 않는 것은?
① 당면
② 마카로니
③ 건면
④ 해조면

048 당면을 만들 때 주로 사용하는 전분은?
① 감자 전분
③ 옥수수 전분
③ 쌀 전분
④ 고구마 전분

049 건면류를 제조할 때 소금을 사용하는 주목적이 아닌 것은?
① 제품의 변색 방지
② 밀가루의 점탄성 증진
③ 면선의 건조 속도 조절
④ 제품의 변질 방지

---

043 밀가루 시험 장치
- farinograph : 반죽의 점탄성 측정장치
- amylograph : 액화상태의 점도 측정장치
- extensograph : 반죽의 인장 항력 및 반죽 신장도 측정장치
※ autoclave : 증자 살균장치

044 마카로니
- 압출면의 일종이다.
- 압출할 때 면대가 점성이 높고 잘 끊어지지 않도록 해야 하기 때문에 강력분이 사용된다.

045 면류의 종류
- 제조법에 따라 선절면, 신연면, 압출면, 즉석면이 있다.
  - 선절면 : 밀가루 반죽을 넓적하게 편 다음 가늘게 자른 것. 중력분을 사용하고 칼국수, 손국수 등에 이용
  - 신연면 : 밀가루 반죽을 길게 뽑아서 면류를 만든 것으로 소면, 우동, 중화면 등에 이용
  - 압출면 : 밀가루 반죽을 작은 구멍으로 압출시켜 만든 것. 강력분을 사용하고, 마카로니, 스파게티, 당면 등에 이용

046 제분 가공 시 검사방법
- paker 시험 : 밀가루 색도
- swelling power 시험 : 팽윤도 판정
- extensograph 시험 : 반죽의 신장도, 인장항력 측정
- farinograph 시험 : 밀가루 반죽 시 생기는 점탄성 측정
- amylograph 시험 : 전분의 호화 온도, 제빵에서 중요한 α-amylase의 역가, 강력분과 중력분 판정

047 압출면의 종류
- 당면, 마카로니, 아르긴면 및 해조면 등
  - 아르긴면은 알긴산 소다(5%)를 첨가하여 제조
  - 해조면은 탄산나트륨, 수산화나트륨 등으로 처리한 미역, 다시마 첨가
  - 건면은 국수가락을 건조시킨 것

048 당면
- 고구마 전분으로 만든 것이다.
- 고구마 전분 중에는 글루텐(gluten)이 없어 엉키는 성질이 없다.
- 동결시켜 제조하기 때문에 동면이라고도 한다.

049 건면 제조에서 소금을 사용하는 주목적
- 밀가루의 점탄성을 높인다.
- 면선의 건조 속도를 조절한다.
- 제품의 변질을 방지한다.
※ 조미 효과에 있는 것이 아니다.
※ 소금의 사용량은 밀가루의 3~4%이다.

ANSWER
043 ④ 044 ③ 045 ④ 046 ①
047 ③ 048 ④ 049 ①

출제예상문제

050 면의 번수
- 면발의 굵기를 표시하는 것이다.
- 3cm 나비의 면대에서 나온 국수 가락수, 즉 절치번수를 말한다.
- 번수가 적을수록 면선은 굵어진다.

051 당면
- 얼려서 만들기 때문에 동면이라고도 한다.
- 고구마 전분을 묽게 반죽하여 작은 구멍으로 압출하고, 열탕에서 호화한 후 동결, 건조한다.

052 메밀가루는 점성이 없으므로 밀가루를 혼합하여 접착제 역할을 하며, 그 밖에 달걀이나 호화 녹말을 넣기도 한다.

053 제빵 시 원료의 역할
- 설탕 : 효모의 영양원, 감미, 색, 조직의 유연화
- 지방 : 조직 유연화, 노화 방지, 저장성 부여, 반죽형성 용이
- 이스트 푸드 : 효모의 무기영양원, 글루텐 질 향상
- 소금 : 맛, 잡균번식 방지, 효모발효 조절

054 빵의 효모
- *Saccharomyces cerevisiae*가 사용된다.
- 반응식 : $C_6H_{12}O_6 \rightarrow 2C_2H_5OH + 2CO_2$
- 효모의 주역할은 반죽 속의 당을 양분으로 이용하여 알콜 발효를 일으키고 부산물로 이산화탄소를 생성한다.
- 생성된 탄산가스로 인해 빵의 부피를 크게 팽창시킨다.
- 알코올, 유기산 등은 빵의 풍미와 향기를 준다.

055 54번 해설 참조

---

050 면의 번수란?
① 3인치당 면의 가락수
② 3cm당 면의 가락수
③ 1cm당 면의 가락수
④ 1인치당 면의 가락수

051 당면 제조 공정으로 옳은 것은?
① 반죽하여 선상으로 끓는 물에 삶아 동결 건조한다.
② 반죽하여 면대를 만든 후 절단 건조한다.
③ 반죽하여 관을 통해 압축 후 삶아 건조한다.
④ 반죽하여 선상으로 끓는 물에서 호화시켜 만든다.

052 메밀국수 제조 시에 밀가루를 혼합하는 이유는?
① 영양강화
② 접착제
③ 흡습제
④ 탄성제

053 제빵 시 빵을 부드럽게 하는 재료로 짝지어진 것은?
① 이스트 푸드 – 지방
② 지방 – 소금
③ 설탕 – 이스트 푸드
④ 설탕 – 지방

054 제빵용 효모에 관한 다음 설명 중 맞지 않는 것은?
① 균주는 *Saccharomyces fragilis* 사용
② 빵에 유기산, 케톤, 알데히드 등을 남겨 풍미와 향기를 준다.
③ 발효형식은 알코올 발효 형식
④ 450g 정도의 빵에 2000cm³의 기공 형성

055 제빵 시에 효모가 관여하는 반응은?
① $C_6H_{12}O_6 \rightarrow 2C_3H_6O_3$
② $C_6H_{12}O_6 \rightarrow 2C_2H_5OH + 2CO_2$
③ $C_6H_{12}O_6 \rightarrow C_4H_8O_2 + 2CO_2 + 2H_2$
④ $C_6H_5OH + O_2 \rightarrow CH_3COOH + H_2O$

ANSWER
050 ② 051 ① 052 ② 053 ④
054 ① 055 ②

056 제분 숙성(aging)이란?

① 물을 흡수할 수 있는 능력이 큰 것
② 밀가루의 색을 조정하는 방법
③ 밀가루의 글루텐 탄성을 높이는 것
④ 빵을 장시간 동안 굽는 것

057 빵의 탄력성과 관계되는 것은?

① tyrosine   ② gluten
③ lysine   ④ gelatin

058 빵 제조에 직접 사용되지 <u>않는</u> 것은?

① 효모   ② 표백제
③ 밀가루   ④ 팽창제

059 빵의 제조에 있어서 소금의 역할이 <u>아닌</u> 것은?

① 빵의 풍미를 좋게 한다.
② 밀가루 글루텐의 탄력을 좋게 한다.
③ 효모의 발육을 조장시킨다.
④ 생면의 젖산 발효를 증산시킨다.

060 제빵 시 yeast food의 주된 역할은?

① 발효촉진제   ② 팽창제
③ 안정제   ④ 영양강화제

061 제빵에서 2%의 yeast로 5시간 발효했을 경우, 가장 좋은 결과를 얻는다고 가정했을 때, 발효시간을 4시간 단축시키려면 필요한 yeast의 양은?

① 2.5%   ② 3.3%
③ 4.0%   ④ 4.6%

062 빵 제조에 있어서 직접반죽법의 장점이 <u>아닌</u> 것은?

① 발효 중의 감량이 적어진다.
② 제품의 향기가 좋아진다.
③ 효모가 절약되고 조직이 좋은 빵을 얻는다.
④ 짧은 시간에 발효가 끝난다.

---

056 제분 숙성
- 제분 직후의 밀가루가 글루텐 함량이 많고 점탄성이 높기 때문에 숙성기간을 30~40일 저장하여 글루텐의 탄성을 증가시키는 것이다.

057 글루텐(gluten)
- 제빵 적성인 밀가루의 점성과 탄력성을 부여한다.
- 글루텐 함량이 많은 반죽은 강도가 커서 효소나 맥아로 처리하고, 글루텐을 부분 분해하여 반죽의 강도를 적게 한다.

058 빵 제조에 사용되는 재료는 밀가루, 효모, 팽창제, 설탕, 소금, 지방, 물, 이스트 푸드 등이 있다.

059 빵 제조에 있어서 소금의 역할
- 설탕과 함께 맛을 내게 한다.
- 잡균의 번식을 억제한다.
- 효모의 발효를 조절한다.
- 글루텐에 의한 물의 흡수를 증가시켜 노화를 방지하고 탄력성을 좋게 한다.

060 yeast food의 효과
- 효모의 무기영양원(염화암모늄, 황산칼슘, 취소산 칼륨)
- 글루텐(gluten)의 질을 좋게 함
- 빵을 잘 부풀게 함
- 소화제, 발효촉진제, 분질개량제가 들어 있음

061 발효시간을 단축시키려면 효모의 양을 증가시켜야 하므로 변경할 효모량을 계산하면,

변경할 yeast량
$= \dfrac{\text{정상적 효모량} \times \text{표준 발효시간}}{\text{변경할 발효시간}}$
$= \dfrac{2 \times 5}{4} = 2.5\%$

062 직접반죽법의 장점
- 발효시간이 짧다.
- 제품의 향기가 좋아진다.
- 발효 중 감량이 적어진다.
- 노력이 적게 든다.

ANSWER
056 ③   057 ②   058 ②   059 ④
060 ①   061 ①   062 ③

063 제빵에서 설탕의 사용 목적
- 효모의 영양원으로 발효를 촉진시킨다.
- 빵 빛깔과 질을 좋게 한다.
- 산화 방지, 노화 방지 등의 효과가 크다.
- 저장성을 좋게 한다.
- ※ 제빵에서 설탕은 유해균의 발효능력을 억제하지 못한다.

064 제빵 공정 중 반죽을 발효시키는 목적
- 탄산가스의 발생으로 팽창작용을 한다.
- 유기산, 알코올 등을 생성시켜 빵 고유의 향을 발달시킨다.
- 글루텐을 발전, 숙성시켜 가스의 포집과 보유능력을 증대시킨다.
- 빵의 조직을 부드럽게 한다.

065 제빵 시 가스빼기의 목적
- 축적된 CO_2를 제거하고, 나머지 탄산가스를 고르게 퍼지게 한다.
- 신선한 공기의 공급에 의해 효모의 활동을 조장한다.
- 반죽 안팎의 온도를 균등하게 분포시킨다.
- 효모에게 새로운 당분을 공급하여 효모의 활동을 왕성하게 한다.

066 제빵의 방법
- 원료배합, 형식에 따라 직접반죽법과 스펀지법이 있다.
  - 스펀지법 : 스펀지 반죽과 본반죽으로 구분제조하며, 가볍고 조직 좋은 빵이 만들어지고 효모량도 적게든다.
  - 직접반죽법 : 원료 전부를 한꺼번에 넣어서 발효시키는 방법으로 짧은 시간 내에 발효 중의 감량이 적어지는 장점이 있다.

067 빵의 노화 방지
- 지방, 설탕 등의 첨가에 의해 방지할 수 있다.
- monoglyceride는 유화제로서 물과 유화를 조장하여 전분의 노화를 방지하여 빵의 품질 유지에 효과적이다.

068 비스킷 제조 시 팽창제는 원료 밀가루에 대해 0.5~2%를 사용한다.

ANSWER
063 ② 064 ④ 065 ③ 066 ③
067 ④ 068 ①

---

063 제빵에서 설탕의 사용 목적으로 틀린 것은?
① 노화 방지 및 저장성을 갖는다.
② 유해균의 발효기능 억제
③ 효모의 영양원
④ 빵 표피의 착색

064 제빵 공정 중 반죽을 발효시키는 목적이 <u>아닌</u> 것은?
① 빵의 부피를 팽창시키기 위하여
② 빵에 고유한 풍미를 부여하기 위하여
③ 빵의 조직을 부드럽게 하기 위하여
④ 빵의 표피를 갈색으로 변하게 하기 위하여

065 빵 반죽 시 가스빼기의 목적이 <u>아닌</u> 것은?
① 반죽의 내외부 온도조절을 고르게 한다.
② 탄산가스 배출과 산소의 흡입을 촉진한다.
③ 빵의 모양을 좋게 한다.
④ 당분을 고르게 분산시켜 효모 활동을 활발하게 한다.

066 제빵의 방법 중 스펀지법의 장점이 <u>아닌</u> 것은?
① 효모량이 적게 든다.
② 가벼운 빵이 된다.
③ 제품의 향기가 강하다.
④ 빵의 조직이 좋다.

067 빵의 노화 방지에 유효한 첨가물은?
① yeast food
② 과붕산나트륨
③ 탄산암모늄
④ monoglyceride

068 비스킷을 제조할 때 밀가루에 대한 팽창제의 사용량은?
① 0.5~2%
② 3~4.2%
③ 3.8~4.5%
④ 6.2~8%

069 식빵의 품질평가에서 가장 큰 비중을 차지하는 것은?

① 풍미
② 색깔
③ 맛
④ 조직

070 비스킷(biscuit)의 제조 공정 중 3가지 원리가 아닌 것은?

① 굽기
② 냉각
③ 혼합
④ 숙성

071 비스킷 제조 시 사용하지 않는 원료는?

① 소금
② 연유
③ 효모
④ 찬물

072 Hard biscuit 제조 원료 중 사용량이 특히 제한되는 것은?

① 소금
② 지방
③ 전분
④ 설탕

073 전분 점도의 성질을 잘못 설명한 것은?

① 전분 입자가 크면 점도가 크다.
② amylopectn 함량에 따라 점도의 변화가 다르다.
③ 전분 입자의 크기, 교반, 정지상태에 관계없이 점도는 일정하다.
④ 강하게 교반하면 점도는 약해진다.

074 전분제조용 원료 고구마의 구비 조건이 아닌 것은?

① 단백질 및 섬유질이 적은 것
② 고구마 모양이 고른 것
③ 당분이 많이 함유된 것
④ 전분입자가 고른 것

---

069 빵의 품질기준(미국식)
• 겉모양과 촉감(15)
• 내부의 색깔(15)과 조직(10)
• 풍미(30) 등을 종합평가
• 가장 비중이 큰 것은 맛이다.

070 비스킷의 제조 공정
• 원료 → 혼합 → 성형 → 굽기 → 냉각 → 포장 → 제품
• 무발효 빵의 일종으로 원료를 혼합 성형 후 굽기 때문에 숙성은 필요 없다.

071 비스킷은 무발효 빵이므로 효모 대신에 베이킹파우더(baking powder)를 사용한다.

072 하드 비스킷 제조원료 중에 지방과 설탕을 적게 사용하여야 단단하고 저장성이 좋다. 제한물질은 지방첨가량이다.

073 전분의 점도
• 전분의 종류, 성분에 따라 차이가 있다.
• 전분 입자가 크면 점도는 크고, 강하게 교반하면 점도는 저하된다.
• Amylopectin으로 된 찰옥수수가 amylose가 들어 있는 메옥수수보다 점착성이 강하고, 냉각하였을 때도 점도 변화가 적고 보수성이 좋다.

074 전분제조용 원료 고구마의 구비 조건
• 전분의 함량이 높고, 생고구마의 수확량이 많은 것
• 모양이 고른 것
• 전분 입자가 고른 것
• 수확 후의 전분의 당화가 적은 것
• 당분, 단백질, 폴리페놀 성분 및 섬유가 적게 들어 있는 것

ANSWER
069 ③ 070 ④ 071 ③ 072 ②
073 ③ 074 ③

075 석회수 첨가 효과
- 착색물질인 polyphenol의 흡착을 억제하여 전분의 백도가 높아진다.
- 전분에 있는 pectin과 결합하여 pectin산 석회염을 형성하므로 전분미의 사별이 쉽다.
- 마쇄 직후 산성인 것이 알칼리성으로 되면서 단백질이 응고되지 않아 전분에 섞이지 않는다.

076 고구마에 들어 있는 수용성당분, 수용성 단백질과 폴리페놀성 물질 등은 녹말을 제조할 때에 녹말의 순도를 떨어뜨려 품질에 영향을 준다. 고구마 녹말의 입자 크기가 고르지 않으면 순도가 떨어진다.

077 전분 제조 시 석회처리
- 고구마 마쇄 시 폴리페놀 성분의 일부가 액 속에 녹아서 산화중합이 일어나 멜라닌 색소가 형성되어 착색된다.
- 전분 제조 시 마쇄액에 0.5% 석회수를 사용하여 pH 5.5~6.5로 조절하면, polyphenol의 흡착을 억제하여 전분의 백도가 높아지는데 보통 6% 정도 높아진다.
- 또한 펙틴산 석회염을 형성하고, 전분박의 교질을 파괴하여 전분수율(10~20% 향상)을 좋게 하고, 단백질의 혼입을 막아 순도를 높이게 된다.

078 전분의 노화
- 온도, 수분함량, 전분 분자의 크기와 형태, pH의 영향을 받는다.
  - 수분 30~60%에서 노화가 가장 잘 일어나며, 수분 10% 이하에서는 노화가 방지된다.
  - 온도 50~60℃ 이하에서 노화는 진행되고, 0℃ 부근에서 가장 빠르며, -10~-20℃는 노화를 억제한다.
  - 설탕, monoglycerides, diglycerides, 락트산나트륨 첨가는 노화억제 효과가 있고, 황산마그네슘과 황산염들은 노화를 촉진한다.

079 전분유에서 전분 입자를 분리하는 방법에는 테이블법, 탱크 침전법, 원심분리법 등이 있다.

---

075 고구마 전분 제조 공정 중에 마쇄 작업 시 석회수 첨가의 효과가 아닌 것은?

① 알칼리성으로 되어 단백질이 전분에 섞여 들어가는 것을 막는다.
② polyphenol의 흡착이 억제된다.
③ 전분에 결합한 단백질을 파괴하여 전분 분리를 촉진한다.
④ 전분의 pectin과 결합하여 pectin산 석회가 되어 전분미의 사별이 용이하다.

076 고구마 녹말 제조 시 녹말의 순도를 낮게 하는 요인과 거리가 먼 것은?

① 수지 성분
② 고른 녹말입자
③ 단백질 함량
④ 탄닌 성분

077 고구마 전분 제조 공정 중 마쇄 작업을 할 때 석회수를 첨가하는데 이렇게 하면 전분의 백도(百度)가 높아지는 이유는?

① 전분 입자의 수분이 많아지기 때문에
② 폴리페놀의 흡착이 적어지기 때문에
③ 단백질이 응고하지 않기 때문에
④ 석회가 펙틴과 결합되기 때문에

078 다음 중 전분의 노화 억제를 가장 적합하게 설명한 것은?

① 수분함량 10~15% 이하, 온도 -10~-20℃
② 수분함량 30~40% 이하, 온도 0~4℃
③ 수분함량 20~30% 이하, 온도 50~60℃
④ 수분함량 20~30% 이하, 온도 0~4℃

079 전분유(澱粉乳)에서 전분입자를 분리하는 방법이 아닌 것은?

① 테이블 침전법
② 원심 분리법
③ 탱크 침전법
④ 감압 농축법

ANSWER

075 ③ 076 ② 077 ② 078 ①
079 ④

080 전분유를 경사면에 흐르게 하여 전분을 침전시켜 제조하는 방법은?

① 탱크침전법
② 테이블법
③ 원심분리법
④ 한외여과법

081 말토 덱스트린(maltodextrin)의 설명이 잘못된 것은?

① DE가 10~20이다.
② 올리고당의 조성이 다양한 특성이 있어 제과, 제빵 등에 널리 사용된다.
③ 과즙, 수프, 커피 등을 분말화하는 데에 부형제로 이용된다.
④ 흡습성이 커서, 굳은 덩어리가 지는 케이킹(caking)이 잘 일어난다.

082 옥수수 전분 제조 시 배아의 분리를 쉽게 하기 위하여 사용되는 것은?

① 황산
② 수산
③ 질산
④ 아황산

083 옥수수 전분 제조 시 전분 분리를 위해 쓰는 약품은?

① 염산(HCl)
② 개미산(HCOOH)
③ 아황산(H_2SO_3)
④ 초산(CH_3COOH)

084 당화율(dextrose equivalent)이란?

① [(고형분-포도당)/고형분]×100
② [(포도당-고형분)/고형분]×100
③ (고형분/포도당)×100
④ {[직접 환원당(포도당)]/고형분}×100

085 $D.E = \dfrac{A}{고형분} \times 100$이다. 이때의 A는?

① 직접 환원당(포도당으로서)
② 전체 환원당(설탕으로서)
③ 전체 환원당(포도당으로서)
④ 직접 환원당(설탕으로서)

---

080 전분 입자 분리법
- 전분유에는 전분, 미세 섬유, 단백질 및 그 밖의 협잡물이 들어 있으므로 비중 차이를 이용하여 불순물을 분리 제거한다.
- 분리법에는 탱크 침전법, 테이블법 및 원심 분리법이 있다.
  - 테이블법(tabling) : 입자 자체의 침강을 이용한 방법으로 탱크 침전법과 같으나 탱크 대신 테이블을 이용한 것이 다르다. 전분유를 테이블(1/1200~1/500 되는 경사면)에 흘려 넣으면 가장 윗부분에 모래와 큰 전분 입자가 침전하고 중간부에 비교적 순수한 전분이 침전하며 끝에 가서 고운 전분 입자와 섬유가 침전하게 된다.

081 말토 덱스트린
- 감미료, 향미료 등의 운반체(담체, carrier)로서 우수한 성질을 갖고 있다.
- 흡습성이 적고, 굳은 덩어리가 지는 케이킹(caking)이 잘 일어나지 않는다.
- maltodextrin의 DE는 10~20이다.

082 아황산 침지
- 옥수수를 선별기에서 불순물을 제거하고 0.2~0.5%의 아황산(H_2SO_3) 용액에 50°C로 유지하면서 담그면 조직이 부풀고 녹말에 결합한 단백질을 파괴하며 미생물의 번식을 억제시킬 수 있다.
- 이때 옥수수의 가용성 물질은 용출되는데 젖산균이 발육하여 당분을 젖산으로 변화시킨다.
- 이 젖산과 아황산은 단백질을 파괴하므로 녹말과 단백질의 결합을 느슨하게 하여 녹말 분리를 돕는다.

083 82번 해설 참조

084 당화율(DE, dextrose equivalent)
- 가수분해 정도를 나타내는 단위이다.
- $DE = \dfrac{직접환원당(포도당)}{고형분} \times 100$ 으로 나타낸다.

085 84번 해설 참조

ANSWER
080 ② 081 ④ 082 ④ 083 ③
084 ④ 085 ①

출제예상문제

086

$$DE = \frac{\text{직접환원당(glucose)}}{\text{고형분}} \times 100$$

$$45 = \frac{x}{450} \times 100$$

∴ x = 202.5(g)

087 '1번분'이란
- 생전분을 자연 건조시켜 수분함량이 약 18%가 되도록 만든 것이다.
- 토육에서 분리한 2번분보다 품질이 우수하다.

088 결정포도당의 당화종점
- 보통 분해액을 작은 시험관에 넣고 시험관 벽을 따라 2배량의 무수알코올을 조용히 넣어 그 경계면이 희게 흐리지 않을 정도가 좋다.
- 이 정도까지 분해시키면 DE가 92~93이며 실제 공장에서 이 정도가 분해된 계이다.

089 전분 무게의 0.3% 당화 효소를 온수에 현수시켜 사용하는데 60℃ 이하가 되면 당화액이 시어지기 쉽고(45~50℃에서 신맛 생성되기 시작), 60℃ 이상이면 실활되기 쉽다.

090 전분에서 fructose 생산과정에 소요되는 효소
- starch → Dextrin : α-amylase
- Dextrin → Glucese : gluco-anylase
- Glucose → Frucrose : glucoisomerose

091 산화전분의 특성
- 생전분보다 호화 온도가 낮다.
- 노화가 늦게 일어나 전분죽의 안정성이 증가된다.
- 전분의 분산성도 향상된다.

---

086 45% 전분유 1000ml를 산분해시켜 D.E 45가 되는 물엿 제조 시 생성된 환원당량은?

① 150g ② 176.4g
③ 202.5g ④ 284.0g

087 '1번분'이란 전분은?

① 수분 30~40%의 생전분
② 탱크 침전법에서 침전 → 정제 → 분쇄한 전분
③ 수분 18% 정도로 생전분을 자연 건조한 것
④ 침전 탱크의 하층에서 취한 전분

088 결정포도당(DE 92-93) 제조에서 전분의 당화종점을 판단하는 방법은?

① 분해액의 요오드 반응이 적색이 될 때
② 분해액에 40%의 알코올 첨가 시 침전이 생길 때
③ 분해액의 요오드 반응이 청색이 될 때
④ 분해액에 무수 알코올을 넣어 그 경계면이 희게 흐리지 않을 정도가 될 때

089 전분을 효소 당화할 때 당화액이 신맛을 나타내기 시작하는 온도는?

① 20~35℃ ② 45~50℃
③ 55~60℃ ④ 60~70℃

090 전분(starch)에서 fructose를 제조할 때 사용되는 효소들은?

① protease, α-amylase, glucoseisomerase
② cellulase, α-amylase, glucoseisomerase
③ α-amylase, glucoamylase, glucoseisomerase
④ pectinase, α-amylase, glucoseisomerase

091 산화전분의 특성을 잘못 설명한 것은?

① 생전분보다 호화 온도가 낮다.
② 전분의 분산성이 저하된다.
③ 노화 정도가 늦다.
④ 전분 죽(paste)의 안정성이 증가된다.

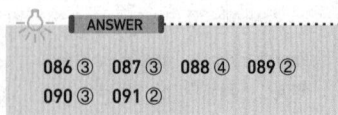

ANSWER
086 ③ 087 ③ 088 ④ 089 ②
090 ③ 091 ②

092 전분액화에 대한 설명으로 틀린 것은?
① 전분의 산액화는 효소액화보다 액화시간이 길다.
② 전분의 산액화는 제조경비가 적게 든다.
③ 전분의 산액화는 효소액화보다 백탁이 생길 염려가 적다.
④ 전분의 산액화는 연속 산액화 장치로 할 수 있다.

093 전분 유도체인 가교전분(cross-linked starch)을 설명한 것 중에서 옳지 않은 항목은?
① 전분 입자 안의 2개 OH기와 반응할 수 있는 시약을 작용시켜 만든다.
② 호화가 크게 억제된다.
③ 노화가 잘 일어나는 것이 단점이다.
④ 냉동과 해동에 대한 안전성이 높다.

094 전분 유도체인 ester starch의 설명을 잘못한 것은?
① 용해도, 투명도, 냉동, 해동에 대한 안정도가 높다.
② 파이, 샐러드 드레싱에 사용된다.
③ 냉수에 잘 용해되지 않는다.
④ 노화에 대한 안정성이 높다.

095 효소 당화 물엿의 설명이 잘못된 것은?
① 역합성 물질과 중간 생성물질이 생성되지 않아, 당액의 순도가 높다.
② 전분유에 내열성(85~90℃)의 *Bacillus subtilis*를 가하여 액화시킨다.
③ 여름철에 캐러멜이 흘러내리지 않는다는 특성으로 캐러멜 원료로 많이 사용된다.
④ 당화액에 쓴맛이 있어, 정제하여야만 제품화 할 수 있다.

096 물엿의 점성에 기여하는 대표적인 물질은?
① 과당
② 덱스트린
③ 유당
④ 전분

097 효소에 의한 당화법에서 완전형 당화 효소를 분비하는 세균은?
① *Aspergillus oryzae*
② *Bacillus natto*
③ *Rhizopus delemer*
④ *Bacillus subtilis*

---

092 전분의 산액화가 효소액화보다 유리한 점
• 액화시간이 짧다.
• 호화 온도가 높은 전분에도 적용할 수 있다.
• 액의 착색이 덜 된다.
• 제조경비가 적게 든다.
• 운전조작이 쉽고 자동으로 조작할 수 있다.

093 가교전분은 노화가 잘 일어나지 않는다.

094 ester starch는 냉수에 잘 용해되기 때문에 식품용 증점제로 사용된다.

095 당화 물엿은 쓴맛을 함유하지 않아, 당화액 전부를 제품화 할 수 있다.

096 물엿
• 전분을 가수분해하되 포도당을 만드는 과정에서 당화를 중지시켜 dextrin과 당분이 일정한 비율(맥아당 : 덱스트린 = 2 : 1 이상적)로 함유되게 하여 단맛과 점조도를 알맞게 맞춘 제품이다.
• 산당화 엿과 맥아 엿이 있다.

097 *Rhizopus delemer*는 전분을 100% 분해하는 당화 효소를 생성하고, 알코올을 제조하는 amylo법에 사용되기도 한다.

 ANSWER
092 ① 093 ③ 094 ③ 095 ④
096 ② 097 ③

098
- 산당화엿 주성분 : dextrin+glucose
- 맥아엿 주성분 : dextrin+maltose

099 단관식을 사용한 산당화의 경우에는 2.0~2.5kg/cm² (134~138℃)에서 20~40분간 처리하는 것이 가장 적당하다.

100 맥아를 고르게 혼합한 후 55~60℃에서 5~8시간 당화시킨다.

101 산 당화법과 효소 당화법의 차이
- 산 당화법은 당화시간이 60분이지만, 효소 당화법은 48시간 소요된다.
- 산 당화법은 완전히 정제해야 하지만, 효소 당화법은 정제할 필요가 없다.
- 산 당화 전분 농도는 약 25%이고, 효소 당화법은 50% 정도이다.
- 산 당화법이 30% 정도 비싸다.

102 맥아로 물엿 제조
- 밥을 만들어 3배의 물을 가하여 55~60℃로 유지하고, 5~15% 건조 맥아 분말을 첨가하여 5~8시간 당화시켜 제조한다.
- 맥아 amylase의 최적 온도는 50~55℃이지만 엿 제조에서는 적당량의 덱스트린을 남겨야 하므로 당화온도는 약간 높은 55~60℃로 한다.
- 당화 온도가 50℃ 정도로 낮아지면 젖산균 등 산 생성균이 번식하여 신맛이 생성된다.

103 물엿
- 덱스트린과 맥아당의 혼합물이며, 비율은 덱스트린 10~20%, 맥아당 50~60%이다.
- 물엿의 단맛과 끈기는 덱스트린 함량에 좌우된다.
- 덱스트린은 맥아양을 적게 하고, 60~65℃에서 당화시간을 단축하면 생산량이 많아진다.
- 이상적인 비율은 맥아당 : 덱스트린 = 2 : 1이다.

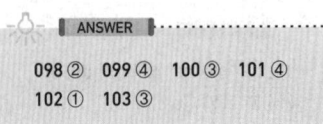

ANSWER
098 ② 099 ④ 100 ③ 101 ④
102 ① 103 ③

098 산당화엿의 주성분은?
① dextrin+fructose
② dextrin+glucose
③ glucose+maltose
④ dextrin+maltose

099 일정량의 산을 첨가하고 산 당화 엿을 만들 때 가장 적당한 압력과 시간은?
① 0.5~1.0kg/cm²에서 20~30분간
② 0.5~1.0kg/cm²에서 30~40분간
③ 2~3kg/cm²에서 5~10분간
④ 2~3kg/cm²에서 30~40분간

100 엿기름으로 단술을 만들거나 코지로 고추장을 만들 때 가장 적당한 당화 온도는?
① 20℃ ② 30℃
③ 60℃ ④ 70℃

101 포도당 제조에서 산 당화법이 효소 당화법보다 더 좋은 이유로 맞는 것은?
① 가격이 싸다.
② 원료전분을 중화할 필요가 없다.
③ 정제할 필요가 없다.
④ 당화시간이 짧다.

102 맥아로 물엿을 제조할 때 당화 온도가 50℃ 정도로 낮아지면 어떻게 되는가?
① 젖산균 등이 번식하여 신맛이 생성된다.
② 부패균이 번식하여 쓴맛이 생성된다.
③ 당화가 촉진된다.
④ 당화 효소의 활성이 떨어진다.

103 물엿의 점성과 관계되는 것은?
① 녹말 ② 포도당
③ 덱스트린 ④ 과당

104 기능성 당의 조합이 잘못된 항목은?

① 비만 방지 : 자이로올리고당(xylooligosaccharide), 에리스리톨(erythritol)
② 충치예방 : 파라티노오스(palatinose), 카플링당(coupling sugar)
③ 장내세균 조정 : 이소말토스(isomaltose), 갈락토올리고당(galactooligosaccharide)
④ 향기, 물성 개량 : 프락토올리고당(fructooligosaccharide)

105 분지올리고당의 설명 중 맞지 않는 것은?

① 흡습성이 매우 크고, 다른 당류의 결정화를 방지하는 효과가 크다.
② Aw=0.75로서 가공 중 미생물의 발육을 억제하는 효과가 크다.
③ 감미도가 설탕과 매우 유사하여, 설탕 대용품으로 사용할 수 있다.
④ 전분 안의 수소 결합 생성을 억제하여 전분의 노화 방지 효과가 있다.

106 식이섬유 설명이 잘못된 것은?

① 포도당 89 : sorbitol 10 : citric acid 1을 고온 진공으로 반응시켜 만든다.
② 냉수에 잘 녹지 않는다.
③ 단맛이 전혀 없다.
④ 흡습성이 크다.

PART 1-2. 두류 가공

107 대두 단백질의 주성분은?

① glutelin
② prolamine
③ glycinin
④ gluten

---

104 기능성 당
- fructooligosaccharide : 충치예방, 장내세균 조정
- 사이클로덱스트린(cyclodextrin), 자이로비오스(xylobiose) 등 : 향기와 물성 개량

105 분지올리고당
- 유용 장내세균인 *Bifidus*균을 증식시키는 증식인자로 알려져 기능식품으로 이용되고 있다.
- 비발효성 올리고당으로 알려져 있고, 간장, 된장, 청주에 소량 함유되어 있으며 감미도는 설탕의 1/2~1/4 정도이다.

106 식이섬유
- 인간의 소화 효소에 의해 분해되기 어려운 고분자의 성분이다.
- 물성 개선, 변비 방지의 효과가 있다.
- polydextrose 1g당 1kcal의 에너지를 발생시키는 저칼로리 소재이고, 냉수에도 잘 용해되는 특성이 있다.

107 대두 단백질의 주성분
- 묽은 염류에 가용성인 글리시닌(glycinin)이다.
- glycinin은 70℃ 이상에서 간수(MgCl$_2$, CaCl$_2$, CaSO$_4$)에 의하여 변성 응고되며 그 원리로 만든 것이 두부이다.

ANSWER

104 ④   105 ③   106 ②   107 ③

108 두류 가공품과 소화율
- 콩은 여러 가지 영양소를 가지는 이상적인 식품이지만 조직이 단단하여 그대로 삶거나 볶아서 먹으면 소화와 흡수가 잘 안 된다.
- 따라서 가공하여 소화율과 영양가를 높여서 먹는 것이 좋다.
- 중요한 콩의 가공품은 간장, 된장, 두부, 납두, 콩나물 등이 있다.

콩 및 콩제품	소화율(%)	가공수율(%)	영양량(%)
볶은 콩	50~70	-	-
간장	98	35	34
된장	85	90	77
두부	95	-	-
납두	85	90	77
콩나물	55	75	42

109 콩의 영양 저해물질
- 대두에는 혈구응집성 독소이며 유해 단백질인 hemagglutinin이나 trypsin의 활성을 저해하는 trypsin inhibitor가 함유되어 있다.
- 그러므로 생 대두는 동물의 성장을 저해한다.
- ※ Gossypol은 면실유 박 중에 0.7~1.5%가 들어 있으며 lysine과 결합하여 복합체를 형성함으로서 생체가 이용할 수 있는 lysine을 감소시킨다.

110 생콩의 단백질 소화율이 낮은 이유
- 날콩이나 날콩 가루에는 단백질 분해 효소인 트립신의 작용을 방해하는 물질(트립신 저해제, trypsin inhibitor)이 있다.
- 트립신 저해제는 열에 약해 가열하면 감소하여 소화 활동에 영향을 미치지 않고 오히려 암이나 당뇨병을 예방하는데 높은 효과가 있다고 한다.

111 두부가 응고되는 현상
- 두부는 콩 단백질인 glycinin을 70℃ 이상으로 가열하고 $MgCl_2$, $CaCl_2$, $CaSO_4$ 등의 응고제를 첨가하면 glycinin은 Mg^{++}, Ca^{++} 등의 금속 이온에 의해 변성(열, 염류) 응고하여 침전된다.

112 두유의 무기염류에 의한 응고
- 대두 단백질의 주성분은 묽은 염류에 가용성인 글리시닌(glycinin)이다.
- glycinin은 70℃ 이상에서 간수($MgCl_2$, $CaCl_2$, $CaSO_4$)에 의하여 변성 응고되는 원리로 만든 것이 두부이다.

113
- 두부 응고제에는 $MgSO_4$, $MgCl_2$, $CaCl_2$, $CaSO_4 \cdot H_2O$, glucono-δ-lactone 등이 있다.

---

108 다음의 두류 가공품 중 소화율이 가장 높은 것은?
① 콩나물
② 납두
③ 두부
④ 된장

109 콩의 영양 저해물질이 아닌 것은?
① 트립신 억제물(trypsin inhibitor)
② 적혈구응고제(hemagglutinin)
③ 지방산화효소(lipoxidase)
④ 고시폴(gossypol)

110 생콩을 먹으면 단백질 소화율이 낮은 이유는?
① 지방함량이 많기 때문
② 트립신 저해제 때문
③ 5탄당 복합체가 있기 때문
④ 단백질의 용해도 때문

111 두부가 응고되는 현상은 무엇에 의한 단백질 변성을 이용한 것인가?
① 금속이온
② 중금속
③ 촉매
④ 열

112 두유가 무기염류에 의하여 응고되는 것은 콩의 어떤 성분 때문인가?
① 아스코르빈산
② 글루텐
③ 미오신
④ 글리시닌

113 두부 응고제(간수)가 아닌 것은?
① KCl
② $MgSO_4$
③ $CaCl_2$
④ $MgCl_2$

ANSWER
108 ③ 109 ④ 110 ② 111 ①
112 ④ 113 ①

114 다음은 두부 제조 시 사용하는 응고제와 제조된 두부의 특성을 연결한 것이다. 잘못된 것은?

① 염화마그네슘 – 응고시간이 더디다.
② 황산칼슘 – 두부 표면이 거칠 수도 있다.
③ 글루코노델타락톤 – 두부 조직이 부드럽다.
④ 염화칼슘 – 물 빠짐이 좋다.

115 두부의 응고제 중 황산칼슘($CaSO_4 \cdot 2H_2O$)의 특징이 아닌 것은?

① 반응이 완만하여 사용이 편리하다.
② 수율이 높지 않다.
③ 두부 표면이 거칠다.
④ 두부색깔이 좋다.

116 물에 잘 녹으며, 많은 양 사용 시 신맛을 낼 수 있는 두부 응고제는?

① 글루코노델타락톤(glucono-δ-lactone)
② 염화칼슘($CaCl_2$)
③ 황산칼슘($CaSO_4$)
④ 염화마그네슘($MgCl_2$)

117 다음의 두유 응고제의 설명 중 맞지 않는 사항은?

① 글루콘산 칼슘(calcium gluconate) 응고제는 신맛이 나는 것이 단점이다.
② 글루콘산 칼슘은 산을 생성하지 않는 장점이 있다.
③ G.D.L은 지속적인 응고성이 장점이나, 신맛이 약간 날 염려가 있다.
④ G.D.L의 두유 응고 온도는 85~90℃이다.

---

114 두부 응고제
- 염화마그네슘($MgCl_2$) : 응고 반응이 빠르고 압착 시 물이 잘 빠진다.
- 황산칼슘($CaSO_4$) : 응고 반응이 염화물에 비하여 대단히 느리나 두부의 색택이 좋고, 보수성과 탄력성이 우수하며, 수율이 높다. 불용성이므로 사용이 불편하다.
- 글루코노델타락톤(glucono-δ-lactone) : 물에 잘 녹으며 수용액을 가열하면 글루콘산(gluconic acid)이 된다. 사용이 편리하고, 응고력이 우수하고 수율이 높지만 신맛이 약간 있고, 조직이 대단히 연하고 표면을 매끄럽게 한다.
- 염화칼슘($CaCl_2$) : 칼슘분을 첨가하여 영양가치가 높은 것을 얻기 위하여 사용하는 것으로 응고시간이 빠르고, 압착 시 물이 잘 빠진다. 보존성이 좋으나 수율이 낮고, 두부가 거칠고 견고하다.

115 두부의 응고제로서 황산칼슘($CaSO_4$)의 특징
① 장점
- 두부의 색택이 좋다.
- 조직이 연하다.
- 보수성과 탄력성이 우수하다.
- 수율이 높다.
② 단점
- 응고 반응이 염화물에 비하여 대단히 느리다.
- 불용성이므로 사용이 불편하다.
- 두부 표면이 거칠다.

116 글루코노델타락톤 (GDL, glucono-δ-lactone)
- 첨가 온도가 85~90℃이고, 수용성이므로 계속하여 생성된 락톤기가 글루콘산을 만들어 응고력이 지속된다.
- 수율이 높은 장점이 있으나, 약간의 신맛이 날 염려가 있다.
- 글루콘산 칼슘(calcium gluconate)은 산을 생성하지 않기 때문에 신맛의 단점을 보완한 응고제로 사용되고 있다.

117 116번 해설 참조

ANSWER

114 ① 115 ② 116 ① 117 ①

출제예상문제

118 두부의 제조
- 원료콩을 씻어 물에 담가 두면 부피가 원료콩의 2.3~2.5배가 된다.
- 두유의 응고 온도는 70~80℃ 정도가 적당하다.
- 응고제 : 염화마그네슘($MgCl_2$), 황산마그네슘($MgSO_4$), 염화칼슘($CaCl_2$), 황산칼슘($CaSO_4$), glucono-δ-lactone 등
- 소포제 : 식물성 기름, monoglyceride, 실리콘 수지 등

119 두미 제조
- 증자 솥 또는 증기 취입식 탱크 솥에서 가열하여 단백질을 용해시킨다.
- 가열시간은 보통 10~15분, 길어야 30분 정도이다.
- 마지막으로 생콩에 대하여 무게로 약 10배 물을 첨가하는 것이 좋다.

120 원료 콩에 대한 가수량
- 두부종류에 따라 각각 다르다.
- 보통 두부는 원료 콩의 10배, 전두부는 5~5.5배, 자루두부는 5배, 얼림두부는 15 배되는 물을 넣어 두미를 만드는 것이 이상적이다.

121 두부를 제조할 때 두유의 단백질 농도가 낮으면 두부가 딱딱해지고 두부의 색이 밝아진다.

122 두부 제품과 가수량

	가수량	응고 온도	응고시간
보통 두부	10배	70~80℃	15분
전두부	5~5.5배	70℃	0.5~1시간
자루두부	5배	90℃	40분
얼린두부	15배	60~70℃	-

---

118 두부 제조 시 두유를 응고시키는 데 가장 적당한 온도는?
① 40~50℃
② 50~60℃
③ 60~70℃
④ 70~80℃

119 두부 제조 시 원료콩에 대하여 몇 배의 물을 첨가하여 마쇄하는 것이 좋은가?
① 4배 ② 8배
③ 10배 ④ 12배

120 보통 두부 제조 시 원료 샘플에 대하여 무게로 약 몇 배의 물을 넣어 두미를 만드는 것이 이상적인가?
① 2배 ② 4배
③ 7배 ④ 10배

121 두부를 제조할 때 두유의 단백질 농도가 낮을 경우 나타나는 현상이 아닌 것은?
① 두부의 색이 밝아진다.
② 두부가 부드러워진다.
③ 가열변성이 빠르다.
④ 응고제와의 반응이 빠르다.

122 두부는 종류에 따라 원료 콩에 대한 물의 양이 각각 다르다. 다음 중 제품과 가수량이 잘못된 것은?
① 자루두부 : 원료 콩의 10배량
② 전두부 : 원료 콩의 5배량
③ 얼림두부 : 원료 콩의 15배량
④ 보통 두부 : 원료 콩의 10배량

ANSWER
118 ④ 119 ③ 120 ④ 121 ②
122 ①

123 두부 제조를 설명한 것 중 틀린 것은?

① 원료 콩의 수침 팽윤 정도는 콩의 부피가 약 2.5배가 되도록 하면 된다.
② 두유의 응고 온도는 75℃ 정도가 적당하고 Mg염, Ca염 등이 응고제로 쓰인다.
③ 소포제로는 면실유나 실리콘수지 등이 쓰인다.
④ 탈수성형 때 훼이(whey)에 비타민 A가 유실되는 것이 바람직하지 못하다.

124 두부의 특성에 대한 설명 중 틀린 것은?

① 얼림두부는 인공동결 시 −15℃가 좋다.
② 튀김두부는 튀김 후 기름을 제거한다.
③ 포장두부는 포장과 함께 응고제를 첨가한다.
④ 일반 두부의 콩 침지 시 가수량은 원료 콩의 5배 정도이다.

125 두부의 종류에 대하여 올바르게 설명한 것은?

① 전두부 – 10배 정도의 물을 사용하며, 응고제를 넣고 단백질을 엉기게 한 다음 탈수·성형하여 만든다.
② 자루두부 – 보통 두부와 동일한 제조 공정을 거치며 자루에 넣어서 만든다.
③ 인스턴트 두부 – 소비자가 보는 앞에서 직접 만들어서 바로 먹을 수 있다.
④ 유바 – 진한 두유를 가열하면 얇은 막이 형성되는데, 계속 가열하여 두꺼워진 막을 걷어 내어 건조한 것이다.

126 동결두부 제조에서 팽연초 처리에 주로 사용되는 것은?

① H_2SO_3 ② $MgCl_2$
③ Ammonia ④ $CaSO_4$

127 두부의 2단 동결법이란?

① 두부 표면의 겉마르기 방지법
② 중심은 급속 동결하고 표면을 서서히 얼리는 법
③ 두부 표면은 급속 동결시키고, 내부를 서서히 동결하는 법
④ 급속히 표면을 증발시키는 법

---

123 두부의 제조
• 원료 콩을 씻어 물에 담가 두면 부피가 원료 콩의 2.3~2.5배가 된다.
• 두유의 응고 온도는 70~80℃ 정도가 적당하다.
• 응고제 : 염화마그네슘($MgCl_2$), 황산마그네슘($MgSO_4$), 염화칼슘($CaCl_2$), 황산칼슘($CaSO_4$), glucono-δ-lactone 등
• 소포제 : 식물성 기름, monoglyceride, 실리콘 수지 등

124 원료 콩에 대한 가수량
• 두부의 종류에 따라 원료콩에 대한 각각 다르다.
• 보통 두부는 원료콩의 10배, 전두부는 5~5.5배, 자루두부는 5배, 얼림두부는 15배 되는 물을 넣어 두미를 만드는 것이 이상적이다.

125 두부의 종류
• 전두부 : 두유 전부가 응고되게 상당히 진한 두유를 응고시켜 탈수하지 않은 채 구멍이 없는 두부상자에 넣어 성형시킨다. 가수량은 5~5.5배로 하고, 응고제량은 두유 1kg당 5~6g 정도를 사용하여 응고시킨다.
• 자루두부 : 전두부와 같이 진한 두유를 만들어 냉각시킨 것을 합성수지 주머니에 응고제와 함께 집어넣어 가열 응고시킨다.
• 인스턴트 두부 : 두유를 건조시켜 분말화 한 다음, 응고제를 혼합하여 편의성을 부여한 두부를 말한다.
• 유바 : 진한 두유를 가열할 때 표면에 생기는 얇은 막을 건져 내서 건조시킨 두부를 말한다.

126 동결두부 제조 공정
• 생두부 → 동결 → 냉장 → 해동 → 건조 → 정형 → 팽연처리 → 포장 → 제품 순이다.
• 동결두부는 더운물을 부었을 때 물의 흡수가 좋아야 한다.
• 최근에는 중조 대신에 암모니아를 두부 조직 속에 흡착시키는 팽연처리를 한다.

127 두부의 2단 동결법
• 두부 표면을 먼저 급히 얼리고, 중심부는 서서히 얼리는 방법이다.
• 두부 내부의 얼음 결정이 조밀하면 건조 후 물을 흡수시켰을 때 단단해지는 것을 방지하기 위해서 사용하는 방법이다.

ANSWER
123 ④ 124 ④ 125 ④ 126 ③
127 ③

출제예상문제

128 코지 제조
- 쌀, 보리, 콩 등의 곡류 및 두류에 코지균인 *Aspergillus oryzae*(황국균)을 번식시킨다.
- 황국균은 번식하여 여러 종류의 가수분해 효소에 의해 전분과 단백질을 당류와 아미노산으로 분해한다.
- 국실 온도는 26~27℃이다.
- 국실의 살균은 formalin이나 H_2SO_3이 쓰인다.

129 코지(koji) 제조의 목적
- 코지 중 amylase 및 protease 등의 여러 가지 효소를 생성하게 하여 전분 또는 단백질을 분해하기 위함이다.
- 원료는 순수하게 분리된 코지균과 삶은 두류 및 곡류이다.

130 코지(koji)
- *Aspergillus*균을 곡류(밀기울), 감자(전분) 등에 배양시켜 각종 효소를 생성하게 한 것으로 당화력, 단백질 분해력이 강하다.
- 된장, 간장용은 콩 단백질을 분해시켜야 하기 때문에 protease와 amylase의 활성이 강해야 한다.

131 가염 코지
- 코지 상자에서 다른 그릇에 모은 보리 코지에 소금을 섞어 두는 것을 가염 코지라 한다.
- 가염 코지를 만드는 목적
  - 코지(koji)균의 발육을 정지시킨다.
  - 잡균이 번식하는 것을 방지한다.
  - 발열을 방지하고 저장을 높인다.

132 국실 살균에는 포르말린이나 H_2SO_3 살균이 실시되며, 아황산 살균은 황을 태워서 gas로 하루 동안 처리한 후 충분히 환기시킨다.

133 된장의 숙성 중 변화
- 된장 중에 있는 코지 곰팡이, 효모, 그리고 세균 등의 상호작용으로 화학변화가 일어난다.
- 쌀·보리 코지의 주성분인 전분이 코지 곰팡이의 amylase에 의해 dextrin 및 당으로 분해되고 이 당은 다시 알코올발효에 의하여 알코올이 생기며 또 그 일부는 세균에 의하여 유기산을 생성하게 된다.
- 콩 및 쌀, 보리 코지 단백질은 코지균의 protease에 의하여 proteose, peptide 등으로 분해되고 다시 아미노산까지 분해되어 구수한 맛을 내게된다.

---

128 코지 제조와 관계 <u>없는</u> 것은?
① 전분과 단백질이 분해되어 당과 아미노산 생산
② 코지실은 유황 또는 포르말린 소독 실시
③ 백국균 사용
④ 코지실 온도는 26~27℃로 유지

129 콩 코지(제국)의 주목적은?
① 균일한 수분 분산으로 작업을 편리하게 하기 위하여
② 잡균의 번식을 방지하기 위하여
③ 향기를 좋게 하기 위하여
④ 강력한 효소를 얻기 위하여

130 코지 곰팡이는 다음 중 어느 효소의 역가가 커야 하는가?
① amylase 및 pectinase
② amylase 및 lipase
③ protease 및 isomerase
④ amylase 및 protease

131 가염 코지(koji)를 만드는 목적이 <u>아닌</u> 것은?
① 코지균의 발육정지 ② 잡균 번식 방지
③ 발열 방지 ④ 갈변 방지

132 국실 및 국실기구 살균으로 가장 적당한 것은?
① 5% H_2O_2액 살포
② 0.1% 승홍수 살포
③ 유황 훈증
④ 200ppm chlorine 살포

133 된장의 숙성 중 생성되지 <u>않는</u> 성분은?
① amino acid, ester
② maltose, glucose
③ organic acid, alcohol
④ GMP, TMP

ANSWER
128 ③ 129 ④ 130 ④ 131 ④
132 ③ 133 ④

134 된장 숙성 중 일반적으로 일어나는 화학변화와 관계가 먼 것은?

① 당화작용
② 알코올 발효
③ 단백질 분해
④ 탈색작용

135 다음은 된장의 숙성 중 변화에 대한 설명이다. 바르지 못한 것은?

① 전분은 코지 곰팡이의 아밀라아제에 의하여 덱스트린 및 당으로 분해된다.
② 단백질은 코지 곰팡이의 프로테아제에 의하여 아미노산으로까지 분해하여 구수한 맛을 내게 된다.
③ 알코올발효에 의하여 에테르가 생겨 된장의 향기를 이루게 된다.
④ 당의 일부는 세균에 의하여 유기산을 생성한다.

136 된장의 숙성에 대한 설명으로 맞지 않은 것은?

① 탄수화물은 아밀라아제의 당화작용으로 단맛이 생성된다.
② 분해된 당은 알코올발효에 의하여 알코올 등의 방향물질이 생성된다.
③ 단백질은 프로테아제에 의하여 아미노산으로 분해되어 구수한 맛이 생성된다.
④ 60~65℃에서 3~5시간 유지하여야 숙성이 잘 된다.

137 간장이나 된장 코지의 protease 활성이 가장 강한 균사는?

① 나선균
② 주모균
③ 장모균
④ 단모균

138 간장 양조에서 *Aspergillus* 속은 어떤 것이 좋은가?

① 내압성일 것
② 지방 분해력이 강할 것
③ 산 분해력이 강할 것
④ 단백질 분해력이 강할 것

---

134 133번 해설 참조

135 된장의 숙성 중 변화
- 된장 중에 있는 코지 곰팡이, 효모, 그리고 세균 등의 상호작용으로 화학변화가 일어난다.
- 쌀·보리 코지의 주성분 전분이 코지 곰팡이의 amylase에 의해 dextrin 및 당으로 분해되고 이 당은 다시 알코올발효에 의하여 알코올이 생기며 또 그 일부는 세균에 의하여 유기산을 생성하게 된다.
- 콩 및 쌀, 보리 코지 단백질은 코지균의 protease에 의하여 proteose, peptide 등으로 분해되고 다시 아미노산까지 분해되어 구수한 맛을 내게 된다.
- 이들이 결합하여 ester가 생겨 된장의 향기를 이루게 된다.
- 숙성 온도는 30~40℃의 항온실 내에서 만든다.

136 135번 해설 참조

137 간장이나 된장 코지
- 밀과 콩을 배합하여 황국균을 배양한 것이다.
- 국균(*Aspergillus oryzae*)은 색깔에 따라 황국균과 흑국균으로 나눈다.
- 균사는 단모균이 protease 활성이 더 크다.

138 간장 및 된장 코지에 사용되는 *Aspergillus*균은 콩 단백질을 분해시켜야 하기 때문에 protease와 amylase 활성이 강해야 한다.

ANSWER

134 ④ 135 ③ 136 ④ 137 ④
138 ④

출제예상문제

139 간장 덧의 교반
- 온도, 습도를 고르게 하고, 코지 중의 효소용출을 촉진시켜 원료 분해를 빠르게 한다.
- 신선한 공기의 공급으로 효모 및 세균의 발육을 촉진시킨다.
- 간장 덧을 헤쳐서 덩어리를 부수어 안쪽과 바깥쪽을 뒤섞어 숙성이 균일하게 일어나게 한다.

140 양조간장의 glutamic acid 함량은 간장을 담근 후 8~9개월이 되면 최고가 된다.

141 간장 달이기
- 농축살균과 후숙 효과를 얻기 위해서이다.
- 우수 간장은 70℃, 보통 간장은 80℃ 이상에서 달인다.
- 간장을 달이는 주요 목적
  - 미생물의 살균 및 효소 파괴
  - 단백질의 응고로서 생성된 앙금 제거
  - 향미(aldehyde, acetal 생성) 부여
  - 갈색을 더욱 짙게 함

142 141번 해설 참조

143 아미노산 간장
- 단백질을 염산으로 가수분해시킨 후 NaOH로 중화시켜 얻은 아미노산액을 원료로 만든 화학간장이다.
- 중화제는 수산화나트륨, 탄산나트륨이 쓰인다.
- 단백질 원료에는 콩깻묵, 글루텐 및 탈지대두박, 면실박 등이 있고, 동물성 원료에는 어류 찌꺼기, 누에, 번데기 등이 사용된다.
※ 코지는 천연 양조간장 제조 시 발효에 쓰인다.

144 아미노산 간장
- 단백질을 염산으로 가수분해시킨 후 NaOH로 중화시켜 얻은 아미노산액을 원료로 만든 화학간장이다.
- 중화제는 수산화나트륨 또는 탄산나트륨이 쓰인다.

ANSWER
139 ① 140 ④ 141 ① 142 ①
143 ③ 144 ④

---

139 간장 덧 관리에서 교반하는 직접적인 이유가 아닌 것은?
① 간장 제조 시 간장의 색이 좋게 된다.
② 숙성작용이 균일하게 일어나게 한다.
③ 효모와 세균의 번식 및 발효를 조장시킨다.
④ 코지 중의 효소 용출을 촉진시키고 산소를 공급시킨다.

140 양조간장에 감칠맛의 근원인 glutamic acid 함량이 최고에 달하는 시기는?
① 담근 후 1~2개월
② 담근 후 3~4개월
③ 담근 후 5~7개월
④ 담근 후 8~9개월

141 간장 제조 시 달이는 가장 중요한 목적은?
① 살균　　② 색택
③ 맛　　　④ 향기

142 간장 달임의 주요 목적이 아닌 것은?
① 염의 농도를 조정
② 생간장 중의 미생물을 살균
③ 생간장에 잔존하는 국균 효소를 실활
④ 생간장의 향, 색을 부여

143 양조 간장과 달리 아미노산 간장 제조에서 사용되지 않는 것은?
① 염산　　　② 탈지 대두박
③ 코지　　　④ NaOH 액

144 아미노산 간장에 대한 설명으로 가장 알맞은 것은?
① 화학 간장에 발효 간장을 혼합한 것
② 간장 제조 시 대두를 많이 첨가한 것
③ 재래식 간장에 아미노산을 첨가한 것
④ 대두를 염산 등 산으로 분해한 후 소금, 착색제 등을 첨가한 것

145 아미노산 간장의 제조과정에서 중화에 대한 설명으로 맞지 <u>않은</u> 것은?

① 중화 온도가 너무 높으면 쓴맛이 생기므로 60℃ 이하에서 중화시켜야 한다.
② 단백질 분해가 끝난 분해액에 NaOH의 포화 용액으로 중화시킨다.
③ 중화의 최적 pH는 6.5이며, 이 때 휴민(humin) 물질 침전량이 많아져 빛깔과 투명도가 좋아진다.
④ 단백질 분해가 끝난 분해액에 Na_2CO_3의 분말을 표면에 조금씩 뿌리면서 교반하여 CO_2의 발생이 없을 때까지 계속한다.

146 아미노산 간장은 단백질 원료를 무기염산으로 가수분해하여 만드는 데 사용되는 산은?

① 인산　　　② 염산
③ 수산　　　④ 황산

147 아미노산 간장의 설명 중 맞는 것은?

① 단백질 원료를 주로 황산으로 분해하고 KOH로 중화한다.
② 단백질 원료를 염산으로 분해하고 NaOH 또는 Na_2CO_3로 중화한다.
③ 중화할 때의 온도는 80℃에서 중화시킨다.
④ 고온 분해가 저온 분해보다 성분이나 풍미가 좋다.

148 산분해 간장의 제조 공정에 속하지 <u>않는</u> 것은?

① 분해　　　② 중화
③ 여과　　　④ 발효

149 산분해 간장용 원료로 주로 사용되는 것은?

① 고구마　　② 돼지감자
③ 탈지대두　④ 쌀겨

---

145 아미노산 간장의 제조과정에서 중화의 최적 pH는 4.5이며, 이것은 휴민(humin) 물질의 등전점이 약 pH 4.5일 때 가장 침전량이 많아져 제품의 빛깔도 좋고 맑은 액을 얻을 수 있기 때문이다.

146 단백질 원료의 65~70%에 해당하는 22°Be'의 합성 염산을 사용하고, 중화제는 수산화나트륨(NaOH) 또는 탄산나트륨 (Na_2CO_3)을 사용한다.

147 아미노산 간장
- 단백질 원료를 염산으로 가수분해하고 NaOH 또는 Na_2CO_3로 중화하여 얻은 아미노산과 소금이 섞인 액체를 말한다.
- 중화할 때의 온도가 높으면 쓴맛이 생기므로 60℃ 이하에서 중화시켜야 한다.
- 저온 분해는 고온 분해에 비하여 노력이 더 들지만 성분, 풍미가 좋은 제품을 얻을 수 있다.

148 아미노산 간장
- 단백질 원료를 염산으로 가수분해하여 가성소다나 탄산소다로 중화시켜 제조한 간장으로 화학간장 또는 산분해 간장이라 한다.
- 제조 공정 : 단백질 원료 → 산 분해 → 알칼리 중화 → 여과(1번액) → 용해 → 여과(2번액) → 용해 → 여과(3번액) → 가공(소금, 착색제, 기타) → 제품
- 발효 공정은 필요 없다.

149 아미노산 간장
- 단백질을 염산으로 가수분해 시킨 후 NaOH로 중화시켜 얻은 아미노산액을 원료로 만든 화학간장이다.
- 중화제는 수산화나트륨 또는 탄산나트륨을 쓴다.
- 단백질 원료에는 콩깻묵, 글루텐 및 탈지대두박, 면실박 등이 있고 동물성 원료에는 어류 찌꺼기, 누에, 번데기 등이 사용된다.

145 ③　146 ②　147 ②　148 ④
149 ③

150
- 제국 시 온도는 32~33℃이다.
- 된장은 찐콩과 코지를 1 : 1로 섞어서 물과 소금을 넣어 일정기간 숙성시킨 것이다.
- 고추장은 원료 쌀에 콩 코지 가루와 소량의 소금, 고춧가루를 넣고 30℃ 내외로 유지하여 숙성시킨다.

151 고추장 제조 후의 숙성 적온은 코지 균의 생육 적온이며, 젖산균의 생육이 억제되는 30℃ 이하가 적당하다.

152 고추장 제조 공정에서 코지를 넣고 60℃에서 3~5시간 유지하여 당화와 단백질 분해를 일으킨다. 60℃로 보온유지할 때 품온이 떨어지면 젖산균이 번식하여 시어질 수 있기 때문에 주의하여야 한다.

153 청국장을 제조할 때 볏짚을 이용하는 것보다 Bacillus natto를 직접 순수 배양하여 접종하면 점질물질 생성이 잘 되고 이취생성을 줄일 수 있다.

154 콩을 이용한 발효식품
- 된장은 찐콩에 쌀이나 보리로 만든 코지를 섞어서 물과 소금을 넣어 일정기간 숙성시켜 만든 것이다.
- 청국장은 찐콩에 납두균(Bacillus natto)을 번식시켜 납두를 만들어 여기에 소금, 마늘, 고춧가루 등의 향신료를 넣어 절구로 찧어 만든다.
- 템페는 인도네시아 전통발효식품으로 대두를 수침하여 탈피한 후 증자하여 종균인 Rhizopus oligosporus를 접종하여 둥글게 빚은 뒤 1~2일 발효시켜 제조하며 대두는 흰 균사로 덮여 육류와 같은 조직감과 버섯 향미를 갖는 제품이다.
※ 유부는 두부를 얇게 썰어 기름에 튀겨 만든다.

155 콩나물 성장에 따른 화학적 성분의 변화
- 지방은 발아 후기에 비교적 빨리 감소한다.
- 단백질은 전발아 기간 동안 약간 감소한다.
- 섬유소는 발아 10일 후에 2배로 증가한다.
- 수용성 단백태질소는 약 1/4로 감소한다.
- 콩 자체에는 없던 vit. C가 빠르게 증가하여 발아 7~8일에 최고치가 된다.
- vit. B군 중 B_2는 급속히 증가하여 10일 후에 3배로 증가 한다.

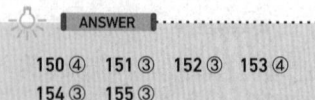

150 ④ 151 ③ 152 ③ 153 ④
154 ③ 155 ③

150 고추장 및 된장의 제조 공정에 관한 설명이 틀린 것은?
① 제국의 온도는 32~33℃이다.
② 원료는 코지 콩, 고춧가루, 전분질, 소금물이다.
③ 숙성 온도는 30℃ 내외로 유지한다.
④ 코지는 콩류를 주로 사용한다.

151 고추장 제조 후 숙성 온도는?
① 10℃ 이하 ② 20℃ 이하
③ 30℃ 이하 ④ 35℃~45℃

152 고추장 제조 시 코지를 넣고 전분을 당화시킬 때 온도가 낮아지면 발생될 수 있는 현상은?
① 초산균의 번식으로 신맛이 생성된다.
② 효모의 번식으로 알코올이 생성된다.
③ 젖산균의 번식으로 신맛이 생성된다.
④ 대장균의 번식으로 CO_2가 생성된다.

153 콩을 이용하여 청국장을 제조하였으나 끈끈한 점질물이 생성되지 않고 부패가 진행되었다. 청국장이 제대로 발효되지 않은 이유가 아닌 것은?
① 지나치게 높은 온도에서 발효하였다.
② 볏짚을 물로 씻은 후 살균 처리하여 사용하였다.
③ 콩의 침지시간이 너무 길었다.
④ Bacillus natto를 직접 배양하여 첨가하였다.

154 콩을 이용하여 제조한 발효식품이 아닌 것은?
① 된장 ② 청국장
③ 유부 ④ 템페

155 콩나물 성장에 따른 화학적 성분의 변화를 설명한 것으로 맞지 않는 것은?
① 섬유소 함량의 증가
② 가용성 질소화합물의 감소
③ 지방함량의 증가
④ 비타민 C 함량의 증가

156 템페(tempeh)의 설명으로 맞지 <u>않는</u> 것은?

① 인도네시아의 전통 발효식품으로 시작되었다.
② 발효시키면 대두는 점질물질로 덮여 청국장과 같은 조직감을 갖는다.
③ 증자한 콩을 바나나 잎에 포장하여 2~3일 발효시켜 얻는다.
④ *Rhizopus* 속의 곰팡이에 의하여 만들어진다.

156 템페(tempeh)
- 인도네시아 전통발효식품이다.
- 대두를 수침하여 탈피한 후 증자하여 종균인 *Rhizophus oligosporus*를 접종하여 둥글게 빚은 뒤 1~2일 발효시키면 대두는 흰 균사로 덮여 육류와 같은 조직감과 버섯향미를 갖는다.
- 템페는 얇게 썰어 식염수에 담갔다가 기름에 튀겨서 먹거나 혹은 수프와 함께 먹는다.

PART 1-3. 과채류 가공

157 과일의 특성에 관한 설명 중 <u>틀린</u> 것은?

① 과일에는 소량의 탄닌(tannin)이 들어 있는 경우 제품의 색을 흐리게 하지만, 쉽게 제거할 수 없다.
② 과일 중의 소량의 단백질은 과즙 중에 녹아 가공할 때 제품을 흐리게 하고 끓이면 응고되어 쉽게 제거할 수 있다.
③ 과일에는 저급 지방산의 에틸, 아밀 또는 부틸, 에스테르 등의 방향 성분인 에스테르류를 비교적 많이 함유하고 있어 향기가 좋다.
④ 과일에 따라서는 펙틴(pectin)이 많이 들어 있어 매끈한 촉감을 가질 뿐 아니라 잼 및 젤리로 가공할 수 있다.

157 과일의 특성
- 과일에 소량 들어 있는 탄닌(tannin)은 제품의 색을 흐리게 하지만 쉽게 제거할 수 있다.
- 과일 중에 비교적 적게 들어 있는 단백질은 과즙 중에 녹아 과실 주스, 잼, 젤리 등으로 가공하였을 때 제품을 흐리게 하지만, 끓이면 응고되어 표면에 쉽게 떠올라 이것을 제거할 수 있다.

158 감귤류에 많은 유기산은?

① malic acid
② citric acid
③ fumaric acid
④ acetic acid

158 감귤류에는 거의 대부분의 유기산이 citric acid 이고, 복숭아, 딸기 등에도 구연산이 함유되어 있다. 사과는 사과산이, 포도는 타타르산(tartaric acid)이 많다.

159 감의 떫은맛을 제거하는 탈삽의 원리는?

① Shibuol(diosprin)을 용출 제거
② Shibuol(diosprin)을 당분으로 전환
③ Shibuol(diosprin)을 불용성으로 변화
④ Shibuol(diosprin)을 분해

159 감의 탈삽의 원리
- 탄닌(tannin)의 주성분인 가용성 Shibuol(diosprin)을 불용성으로 변화시켜 떫은맛(삽미)을 느끼지 못하게 한다.

ANSWER
156 ② 157 ① 158 ② 159 ③

출제예상문제

160 떫은감을 떫지 않게 하는 과정을 탈삽이라 한다. 탈삽의 원리를 가장 바르게 설명한 것은?

① 40℃의 온탕에서 떫은감을 담가 두면 더운 물에 의하여 탄닌을 제거하기 때문에 떫은맛이 없다.
② 탄닌 성분이 없어지는 것이 아니라, 산소 공급을 억제하면 분자간 호흡에 의하여 불용성 탄닌으로 변화되기 때문에 떫은맛을 느끼지 못하게 된다.
③ 통 속에 천과 떫은감을 층층이 놓고 소주나 알코올 등을 뿌려두면 탄닌이 제거되므로 떫은맛을 느끼지 못한다.
④ 밀폐된 곳에 떫은감을 넣고 탄산가스를 주입시키면 탄닌을 완전히 제거할 수 있어서 떫은맛이 없다.

161 감이 탈삽되는 것은?

① 탄닌이 없어지고 당이 생기기 때문
② 수용성 탄닌이 물에 녹아서
③ 떫은 탄닌이 불용성으로 되기 때문
④ 단맛이 생성되기 때문에

162 떫은감의 탈삽 방법으로 부적당한 것은?

① 온탕법
② 알코올법
③ 탄산가스법
④ 알데히드법

163 온탕법으로 감을 탈삽처리 할 때 가장 알맞은 온도는?

① 5~10℃   ② 35~40℃
③ 75~80℃   ④ 95~100℃

164 과실을 가공할 때 열처리(데치기, blanching)하는 이유가 아닌 것은?

① 변색 및 변질 방지
② 산화효소의 불활성화
③ 살균
④ 외피의 점질물 및 왁스(wax) 물질 제거

---

160 감의 탈삽기작
- 탄닌 물질이 없어지는 것이 아니고 탄닌 세포 중의 가용성 탄닌이 불용성으로 변화하게 되므로 떫은맛을 느끼지 않게 되는 것이다.
- 즉, 과실이 정상적 호흡을 할 때는 산소를 흡수하여 물과 이산화탄소가 되나 산소 공급을 제한하여 정상적 호흡작용을 억제하면 분자간 호흡을 하게 된다.
- 이때, 과실 중 아세트알데히드, 아세톤, 알코올 등이 생기며, 이들 화합물이 탄닌과 중합하여 불용성이 되게 한다.

161 160번 해설 참조

162 떫은감의 탈삽 방법
- 온탕법(35~40℃), 알코올법(밀폐 용기에 감을 주정처리), 탄산가스법(감을 CO_2로 충만시킴), 동결법(-20℃ 부근에서 냉동) 등이 있다.
- 탄산가스로 탈삽한 감의 풍미는 알코올법에 비하여 떨어지나 상처가 적고 제품이 단단하며 저장성이 높다.

163 162번 해설 참조

164 과일의 데치기의 목적
- 부피 감소·박피 용이
- 기포 제거·변색 및 변질 방지
- 이미·이취 제거
- 산화 효소의 불활성화
- 외관, 맛 변화의 방지
- 통·병조림 후 용액이 조여지는 것 방지 등

ANSWER
160 ② 161 ③ 162 ④ 163 ②
164 ③

165 떫은 감의 탈삽법(脫澁法)으로 가장 적절한 방법은?

① 온수법 ② 알코올법
③ 탄산가스법 ④ 질소가스충진법

166 제핵한 복숭아의 산화 방지용으로 이용하는 용액은?

① 따뜻한 물 ② 산 용액
③ 소금물 ④ 알칼리 용액

167 과즙 제조 시 혼탁을 제거하기 위해 사용되는 효소는?

① amylase ② pectinase
③ isomorase ④ protease

168 과실주스의 청징법으로 좋지 않은 것은?

① 카제인이나 효소처리 ② 난백처리
③ 주석산 처리 ④ 젤라틴이나 탄닌 처리

169 과실주스가 혼탁한 것은 무슨 성분 때문인가?

① 당, 지방질 ② 무기질, 효소
③ 유기산, 당질 ④ 펙틴, 섬유소

170 건조과실 및 채소의 제조와 관계 없는 것은?

① blanching ② NaOH
③ HCl ④ NaCl

171 과일을 알칼리 처리법(lye peeling)으로 박피할 때 가장 적합한 조건은?

① 1~3% NaOH 용액 90~95℃에서 1~2분간 담근 후 물로 씻는다.
② 3~5% NaOH 용액 50~60℃에서 1~2분간 담근 후 물로 씻는다.
③ 5~6% NaOH 용액 70~80℃에서 5분간 담근 후 물로 씻는다.
④ 7~8% NaOH 용액 60~75℃에서 1~2분간 담근 후 물로 씻는다.

---

165 162번 해설 참조

166 박피 제핵한 과육편은 산화, 변색되는 것을 방지하기 위하여 찬물이나 3% 소금물에 담가둔다.

167 과즙 제조 시 혼탁 제거
- 투명한 청징 주스(사과 주스)를 얻으려면 과즙 중의 펙틴(pectin)을 분해하여 제거해야 한다.
- 펙틴 분해 효소로는 Penicillum glaucum 등의 곰팡이가 분비하는 pectinase, polygalacturonase 등이 있다.

168 과즙의 청징법
- 난백 사용하는 방법
- 카제인을 사용하는 방법
- 젤라틴이나 탄닌을 사용하는 방법
- 규조토를 사용하는 방법
- 효소(pectinase)를 사용하는 방법
※ 흡착제 : 활성탄, 규조토, 산성 백토, 활성 백토 등

169 과실주스의 혼탁 원인
- 과즙은 펙틴, 섬유소, 검(gum)질 등의 부유물에 의해 점참성의 원인이 된다.

170 과실, 채소 중의 효소를 불활성시키기 위하여 수증기나 열탕 처리함으로써 건조나 저장 중의 변질을 막는다. 과실 박피에는 황산이나 염산, 가성소다(NaOH)와 탄산소다가 사용된다.

171 과일 박피 방법
- 칼(손)로 벗기는 법(hand peeling) : 손으로 칼을 이용하여 벗긴다.
- 열탕, 증기에 의한 법(steam peeling) : 열탕에 1분간 데치거나 증기를 2~3분 작용시킨 후 냉각하여 박피한다.
- 알칼리 처리법(lye peeling) : 1~3% NaOH 용액 90~95℃에서 1~2분 담근 후 물로 씻는다(법랑냄비 사용)
- 산처리(acid peeling) : 1~2% HCl, H_2SO_4를 온도 80℃ 이상에서 1분간 담갔다가 꺼내 찬물에 담근 후 박피한다.
- 산 및 알칼리 처리법 : 1~2% 염산 또는 황산액에 일정시간 담근 후 찬물로 씻고, 2~3%의 끓는 NaOH 용액에 담그면 껍질이 녹는다.
- 기계를 쓰는 법(mechanical peeling) : 기계적으로 박피기를 이용한다.

ANSWER			
165 ③	166 ③	167 ②	168 ③
169 ④	170 ④	171 ①	

출제예상문제

172 펙틴(pectin)
- 과즙, 젤리, 잼 등의 주성분으로 젤리화 3요소의 하나이다.
- 펙틴(pectin)은 덜 익은 과일에서는 불용성 protopectin으로 존재하나 익어감에 따라 효소작용에 의해 가용성 펙틴으로 변화한다.

173 과일의 팩틴과 산
- 펙틴이 많고 산이 적은 과실 : 앵두, 복숭아 등
- 펙틴이 적고 산이 많은 과실 : 살구, 딸기 등
- 산과 펙틴이 많은 과실 : 사과, 오렌지, 포도 등
- 산과 펙틴이 모두 적은 과실 : 서양배와 완숙 과실 등이며, 이들 과실과 복숭아는 잼의 원료로는 잘 사용하지 않는다.

174 젤리, 마멀레이드 및 잼류는 과실 중의 펙틴, 산 및 이것에 넣는 당분의 3가지 성분이 각각 일정한 농도와 비율로 되었을 때 젤리화가 된다.

175 젤리(Jelly)화의 강도에 관계가 있는 인자
- 펙틴(pectin)의 농도, pectin의 분자량, pectin의 ester화의 정도, 당의 농도, pH, 같이 들어 있는 염류의 종류 등

176 Jelly point를 형성하는 3 요소
- 설탕 60~65%, 펙틴 1.0~1.5%, 유기산 0.3%, pH 3.0 등이다.

177 잼, 젤리 등은 과실 중의 펙틴(1~1.5%), 산(0.3%, pH 3.0)과 첨가하는 당류(60~65%)가 일정한 농도와 비율을 이룰 때 젤리화가 된다.

---

172 잼(jam)이나 젤리(jelly)의 제조 원료 성분은?
① glucose
② pectin
③ cellulose
④ protein

173 펙틴과 산의 양이 많은 과실은?
① 앵두
② 복숭아
③ 사과
④ 살구

174 잼 제조 시 젤리 응고에 필요한 성분이 <u>아닌</u> 것은?
① 산　　　　　　② 펙틴
③ 전분　　　　　④ 설탕

175 젤리화의 강도와 관계 <u>없는</u> 인자는?
① 펙틴의 농도
② 펙틴의 분자량
③ pH
④ 음이온의 양

176 젤리화가 가장 강력한 유기산의 함량은?
① 0.01%
② 0.03%
③ 0.3%
④ 3%

177 젤리화의 요인이 <u>아닌</u> 것은?
① 염　　　　　　② 산
③ 당류　　　　　④ 펙틴

ANSWER
172 ②　173 ③　174 ③　175 ④
176 ③　177 ①

178 젤리화의 원리에 맞지 <u>않는</u> 것은?

① 1%의 천연 펙틴과 0.3%의 산과 65%의 당을 함유한 과즙 농축물은 쉽게 젤리화시킬 수 있다.
② 완전히 메톡실화된 폴리갈락투론산은 설탕만 적량 가하면 젤리화시킬 수 있다.
③ 저메톡실 펙틴으로는 적량의 당과 산이 함유된 농축물을 가열하여도 젤리화되지 않는다.
④ 완전히 디에스테르화된 펙틴으로는 적량의 산과 Ca^{++}이 존재하여도 설탕을 넣지 않으면 젤리화되지 않는다.

179 잼의 수분 분리 현상(synersis)을 일으키는 요인은?

① Ca 이온 과다
② 메톡실기 함량 과다
③ 산 과다
④ 당 함량 과다

180 Methoxyl기 함량이 7% 이하인 펙틴의 경우 젤리의 강도를 높이기 위하여 첨가하는 물질은 무엇인가?

① 칼슘
② 소금
③ 설탕
④ 인산

181 젤리화에 대한 설명 중 틀린 것은?

① 펙틴은 많으면 좋으나 보통 1%가 적당하다.
② 젤리화의 구성요소는 당, 산, 펙틴이다.
③ 설탕은 감미와 보존성을 높이나 젤리화에 큰 도움이 안된다.
④ 펙틴 분자가 완전히 methoxylation된 것이면 산이 필요치 않다.

182 Low methoxy pectin(LMP)에 대한 설명 중 바르지 <u>못한</u> 것은?

① 설탕 대신 칼슘 등을 넣으면 안정된 젤을 형성한다.
② 설탕을 넣지 않으면 젤을 형성하지 못한다.
③ Ca과 같은 다가이온이 펙틴 분자와 결합하여 안정된 젤(gel)을 형성한다.
④ 다이어트용 잼과 젤리에 이용될 수 있다.

---

178 저메톡실 펙틴의 젤리화에서 당의 함량이 적으면 칼슘을 많이 첨가하여야 한다. 칼슘의 필요량은 메톡실의 함량에 따라 다르다. 그 함량이 5.5~6.5%일 때 그 필요량이 가장 많고 그것보다 많거나 적거나 하면 소량으로 젤(gel)화된다.

179 잼의 수분 분리 현상(synersis)
- 젤리화의 적당한 pH는 3.0 전후이고, 맛을 고려하면 3.2~3.5 정도가 좋다.
- 2.8 이하의 산성에서는 잼의 수분이 분리되는 현상인 융해(이장, synersis) 현상이 일어난다.

180 펙틴 성분의 특성
- 저메톡실 팩틴(Lowmethoxy pectin)
 - Methoxy(CH_3O) 함량이 7% 이하인 것
 - 고메톡실 팩틴의 경우와 달리 당이 전혀 들어가지 않아도 젤리를 만들 수 있다.
 - Ca과 같은 다가이온이 팩틴 분자의 카르복실기와 결합하여 안정된 펙틴 젤을 형성한다.
 - methoxyl pectin의 젤리화에서 당의 함량이 적으면 칼슘을 많이 첨가해야 한다.
- 고메톡실 팩틴(High methoxy pectin)
 - Methoxy(CH_3O) 함량이 7% 이상인 것

181 젤리화
- 펙틴은 0.2%에서 응고가 시작되며 0.5%에서 완전하게 응고되고, 1% 정도가 적당하다.
- 산은 젖산으로 0.3%(pH 3.0)가 적당하며 맛을 고려하여 pH 3.2~3.5가 좋다.
- 당은 풍미와 색택을 개선하고 보존성을 높이며 젤리화에 중요한 역할을 한다. 보통 60~65%가 적당하다.

182 180번 해설 참조

ANSWER
178 ④ 179 ③ 180 ① 181 ③
182 ②

출제예상문제

183 젤리화의 표준화 비율
- 당 60~65%, 펙틴 1~1.5%, 유기산 0.3% (pH 3.0)이다.

184 젤리점 측정법
- 컵 시험 : 농축물을 냉수를 담은 컵에 떨어뜨렸을 때 분산되지 않을 때가 완성점이다.
- 스푼 시험 : 농축물이 적당히 떨어질 때가 완성점이다.
- 온도계법 : 104~105℃가 될 때가 완성점이다.
- 당도계법 : 65% 될 때가 완성점이다.

185 가용성 고형분 함량이 65% 이상으로 농축되고, 많은 양의 산을 함유하고 있는 식품은 고농도의 삼투압과 낮은 pH 때문에 저장성이 좋고, 통(병)조림 포장으로 저장력이 크다.

186 Cut back 농축
- 농축 과일주스의 향기를 보충하는 방법이다.
- 농축 과즙에 소량의 신선한 과즙을 첨가하는 방법을 사용하는데 이것이 cut back process라 한다.
- 주로 오렌지 농축주스에 응용한다.

187 유황 훈증 목적
- 갈변 산화 효소가 많은 사과, 복숭아, 살구 등을 건조할 때 유황으로 처리하여 효소를 불활성 시켜 갈변을 막고, 부패 및 병충해를 막는 것이 목적이다.
- 훈증방법 : 원료과실 100kg에 300~400g의 유황을 밀폐실에서 30~60분간 연소시켜 실시한다.

188 감귤류의 쓴맛 성분
- 감귤류 등이 과피에 들어 있는 naringin은 주스 중에 쓴맛을 나게 하는 원인이다.
- 미생물이 분비하는 naringinase 라는 효소를 이용하여 제거할 수 있다.

189 피어슨 공식에 의하여
$$설탕(kg) = \frac{50kg \times (13-1.5)}{100-13}$$
$$= 6.61kg$$

183 젤리(Jelly) 표준제를 100g에서 펙틴, 산, 당의 양은?
① 1~1.5g, 0.3g, 60g
② 2~3g, 0.6g, 105g
③ 1~1.5g, 0.3g, 90g
④ 2~3g, 0.6g, 90g

184 젤리의 완성점(jelly point)을 결정하는 방법 중 맞지 <u>않는</u> 것은?
① 컵, 스푼 검사법
② 알코올 시험법
③ 당도계법
④ 온도계법

185 잼이나 젤리가 저장성이 높은 이유는?
① 고 당도에 의한 삼투압 때문이다.
② 과실 중의 유기산 때문이다.
③ 포장이 잘 되기 때문이다.
④ 수분함량이 적기 때문이다.

186 농축과실 주스 제조에 신선한 풍미를 주는 데 가장 적당한 농축법은?
① Cut back 농축법
② Foam mat 농축법
③ Spray 농축법
④ Vacuum 농축법

187 과실을 건조할 때 유황 훈증하는 목적이 <u>아닌</u> 것은?
① 산화 효소 파괴
② 방충 효과
③ 갈변 방지
④ 건조 촉진

188 오렌지 주스의 쓴맛을 제거하기 위하여 처리하는 효소는?
① lipase
② cellulase
③ naringinase
④ pectinase

189 산도를 조절한 오렌지 주스 50kg의 당분이 1.5%일 때, 13%의 당분 제품으로 만들려면 설탕은 얼마나 필요한가?
① 5.75kg
② 6.61kg
③ 7.25kg
④ 11.50kg

ANSWER
183 ① 184 ② 185 ① 186 ①
187 ④ 188 ③ 189 ②

190 포도과즙 가공과 관계없는 단위 조작은?

① 증류 ② 여과
③ 착즙 ④ 가열

191 포도 주스의 제조 시 주석 제거법 중 원료 또는 착즙액을 살균하지 않고 주석을 제거하는 방법은?

① 자연침전법 ② 동결법
③ 탄산가스법 ④ 농축여과법

192 복숭아 통조림 제조에서 박피에 쓰이는 것은 무엇인가?

① $NaHCO_3$(1~3%) ② H_3PO_4(1~3%)
③ Citric acid(1~3%) ④ NaOH(1~3%)

193 주스 제조 공정 중에서 주석 제거가 필요한 것은?

① 오렌지 주스 ② 배 주스
③ 포도 주스 ④ 사과 주스

194 토마토 주스의 제조 공정 순서로 맞는 것은?

① 원료 → 가열 → 가염 → 파쇄 → 압착 → 균질화 → 살균 → 냉각
② 원료 → 파쇄 → 가열 → 압착 → 가염 → 균질화 → 살균 → 냉각
③ 원료 → 파쇄 → 가염 → 가열 → 압착 → 균질화 → 살균 → 냉각
④ 원료 → 파쇄 → 가열 → 가염 → 압착 → 균질화 → 살균 → 냉각

195 토마토 가공식품 중 전고형물이 25%이고 향신료, 조미료, 등을 넣어 농축시킨 제품은?

① 퓨레(puree) ② 페이스트(paste)
③ 케첩(ketchup) ④ 주스(juice)

---

190 포도 주스의 제조 공정
포도 → 씻기 → 제경 → 파쇄 → 가열 → 착즙 → 여과 → 분리 → 제품 순이다.

191 포도 주스의 제조 시 주석 제거법
- 자연침전법, 동결법, 탄산가스법, 농축여과법 등이 있다.
  - 탄산가스법 : 살균하지 않은 포도 주스를 밀폐용기에 담아 이것에 이산화탄소를 불어 넣어 미생물 번식을 억제하면서 주석을 제거하는 방법

192 박피방법
- 열탕처리와 약품처리가 있다.
- 이핵종은 열탕법으로, 점핵종은 알칼리(NaOH 1~3%) 처리로 박피한다.
- 박피 후 염산, 구연산 용액으로 하고 중화 세척한다.

193 포도 주스에는 주석이 많이 들어 있어 이것이 저장 중에 석출하여 침전되어 상품가치를 떨어뜨리는 동시에 주스의 산도를 저하시키고 색소를 침착시키는 등 풍미에 영향이 크므로 착즙액에서 주석을 제거해야 한다.

194 토마토 주스의 제조 공정
- 원료를 파쇄하여 가열한 다음 압착하고 가염 처리한다.
- 균질화시켜 살균한 후 냉각시킨다.

195 토마토 가공식품
- 토마토퓨레(puree) : 토마토를 펄핑하여 껍질, 씨 등을 제거한 즙액을 농축한 것으로 고형물 함량은 6~12%이다.
- 페이스트(paste) : 퓨레를 더 졸여서 전고형물을 25% 이상으로 한 것이다.
- 토마토케첩(ketchup) : 퓨레(puree)를 적당히 가열 농축하고(비중 1.06까지) 향신료, 조미료 등을 넣어 비중을 1.12~1.13으로 조정하며, 전고형물은 25~30% 되도록 농축시킨 것이다.
- 주스(juice) : 토마토를 착즙하는 동시에 과피를 제거한 액즙에 소량의 소금을 넣은 것이다.

ANSWER
190 ① 191 ③ 192 ④ 193 ③
194 ② 195 ③

출제예상문제

196 토마토케첩이 검게 변하는 이유
- 케첩 제조 시 향신료 등의 첨가물이 들어갔을 때 철 및 구리와 접촉하게 되면 그 속에 들어 있는 탄닌(tannin)이 탄닌철로 변화하여 흑색이 되어 제품의 색깔을 나쁘게 한다.
- 케첩을 담는 용기로 철과 구리는 절대로 피해야 하는 이유는 장시간 가열하면 리코펜(lycopene)도 갈색으로 변하게 되기 때문이다.

197 토마토케첩을 제조할 때 철제 기구를 쓰면 탄닌과 반응하여 탄산철이 병조림 상부의 고리 모양을 변하게 하여 상품가치를 저하시킨다.

198 196번 해설 참조

199 토마토 가공품의 고형물량
- 토마토 주스는 소량
- puree는 6~12%
- ketchup은 25~30%
- paste는 25% 이상

200 토마토케첩
- puree의 농축 정도에 따라 제품의 종류가 차이가 있다.
- 완성결정법은 비중계법, 굴절계(색도)법, pulp감량법, 유하속도법 등이 있다.
- 전고형물은 25~30% 되도록 한다.

201 Green peas의 숙도 선별에 이용되는 소금물의 농도는 10°Be'이다.

202 죽순 통조림의 즙액이 혼탁해지는 이유
- 주원인은 타이로신(tyrosine)이 용출되기 때문이다.
- 이것을 제거하기 위해서는 상당한 시간 물에 담근다(15시간 정도).

---

196 토마토 가공에 대한 설명으로 바르게 설명되지 <u>않은</u> 것은?
① 토마토 중의 색소는 적색을 나타내는 리코펜(lycopene)과 황색을 나타내는 카로틴(carotene)이 중요한 색소이다.
② 토마토의 껍질과 씨를 제거한 과육과 즙액인 토마토 펄프를 농축한 것을 토마토퓨레(puree)라 한다.
③ 토마토 펄프의 농축은 가급적 저온에서 단시간 내에 해야 한다.
④ 토마토케첩을 담는 용기는 철과 구리로 만든 것이 좋다.

197 토마토케첩 제조 기구로 철제를 쓰지 <u>않는</u> 이유는 무엇인가?
① 탄닌과 반응하기 때문
② 리코펜(lycopene)이 손실되기 때문
③ 카로틴이 손실되기 때문
④ 아미노산이 감소하기 때문

198 토마토케첩이 검게 변하는 가장 큰 이유는?
① 탄닌산철의 생성
② 리코펜의 변화
③ 산화철의 생성
④ 카로틴의 변성

199 토마토 가공품 중 고형물의 함량이 가장 많은 것은?
① 페이스트(paste)
② 퓨레(puree)
③ 주스(juice)
④ 케첩(ketchup)

200 토마토케첩의 최저 총 고형물의 양은?
① 20%
② 25%
③ 33%
④ 35%

201 Green peas의 숙도 선별에 이용되는 소금물의 농도는?
① 4°Be'
② 8°Be'
③ 10°Be'
④ 15°Be'

202 죽순 통조림에서 제품의 즙액이 혼탁해지는 이유는?
① 펙틴 물질 용출
② 티로신(tyrosine) 용출
③ 색소 용출
④ 탄닌 용출

ANSWER
196 ④ 197 ① 198 ① 199 ①
200 ② 201 ③ 202 ②

203 과일에 많이 함유된 유기산은 어느 것인가?

① 염산
② 아미노산
③ 식초산
④ 사과산

204 고형분 15%의 사과 주스 100kg을 고형분 25%로 농축시키기 위해서는 얼마의 수분을 증발시켜야 하는가?

① 40kg
② 60kg
③ 70kg
④ 80kg

205 오렌지 주스의 농축에 적당한 농축기는?

① 박막식 증발기(film evaporator)
② 자연순환식 증발기(natural circulation evaporator)
③ 분무식 증발기(spray evaporator)
④ 원심식 증발기(centrifugal evaporator)

206 다음 중 CA 저장에 효과가 가장 큰 것은 어느 것인가?

① non-climacteric형 과실
② 후숙한 토마토
③ climacteric maximum이 지난 바나나와 서양배
④ climacteric rise 전의 사과와 바나나

207 채소류 가공품인 피클(pickle) 제조 시에 소금의 농도는?

① 2~3%
② 4~5%
③ 6~7%
④ 8~10%

208 침채류(沈菜類) 제조 시 정제염보다 호염으로 절이는 것이 좋은 이유는?

① 조직을 단단하게 하여 씹히는 맛을 좋게 해준다.
② 마그네슘과 칼슘이 함유되어 방부작용이 크다.
③ 숙성 속도를 빠르게 하고 맛을 좋게 해준다.
④ 비타민의 파괴를 방지한다.

---

203 과일에 함유된 성분
- 가용성 성분 : 수용성 단백질(albumin, globulin), 당류, 가용성 펙틴, 유기산, 무기염, 색소, 효소, 비타민 등이다.
- 당류 : 주로 포도당, 과당이며, 설탕도 있다.
- 유기산 : 사과산, 주석산, 구연산 등을 모두 함유한다.

204 고형분이 15%이면, 수분은 85%이고, 사과 주스는 85kg의 수분을 함유한다. 이것을 25%의 고형분으로 만들려면,
25 : 15 = 75 : x   x = 45kg
85 - 45 = 40kg
즉, 85kg 수분을 40kg 증발시켜야 한다.

205 과실 주스의 농축은 색, 향기, 맛 및 비타민 등의 손실이나 품질 변화가 적은 자연순환 증발기가 이상적이다.

206 climacteric rise
- 서양배, 사과, 바나나, 토마토, 감, 딸기와 같이 수확하여 후숙하는 사이 호흡작용이 높아지는 것을 말한다.
- 가스를 저장할 농산물을 climacteric rise가 일어나기 전에 저장고에 넣어야 한다.

207 피클(pickle) 제조 시에 사용하는 소금 농도는 여름철 10%, 겨울철 8%이다.

208 침채류 제조 시 절이는 목적
- 수분을 적당히 탈수하고 간을 베게하는 동시에 배추가 물러지지 않게 하기 위해서이다.
- 정제염 보다 호염으로 절이는 것이 좋은 데 그 이유
  - 호염 중에는 마그네슘과 칼슘이 함유되어 있어서 배추의 팩틴질과 결합하여 아삭아삭한 맛을 더해주어 씹히는 맛을 좋게 해준다.
  - 호염은 빛이 지나치게 검지 않은 것을 사용하고 정제염은 흰색인 것을 고른다.

ANSWER

203 ④   204 ①   205 ②   206 ④
207 ④   208 ①

출제예상문제

209 환경 기체조절 저장(CA)
- 일반 대기 성분과 탄산가스, 질소가스 등을 이용하여 식품을 저장하는 방법을 CA 저장이라고 한다.
- 저온으로 처리하면 더욱 효과적이고, 사과, 서양배, 계란, 소고기가 실용화 되고 있다.
- 특히 저장고 내의 산소와 CO_2의 농도를 조절하여 과실, 채소의 저장에 많이 이용되고 있다.

210 녹차 제조 공정 중 증숙의 목적
- 차엽에 유연성을 부여
- 산화효소 파괴
- 풋내 휘발

211 섬유조직으로 열에 부드럽게 되는 것을 분쇄하는 충격분쇄기인 hammer식, 초롱식, 각주식 등이 쓰인다.

212 Climacteric rise(C.R)
- 보통 대부분의 과실이 미숙기에서 완숙기에 가까워질 때 또는 완숙기 호흡량이 한때 증가하여 peak를 나타냈다가 그 후 차츰 감소되는 현상을 말한다.
- 서양배, 바나나, 사과, 망고, 파파이야, 토마토 등의 청과물에서 나타난다.

213 템퍼링(tempering)
- 콘칭(conching)이 끝난 액체 초콜릿을 안정된 고체상의 지방으로 굳을 수 있도록 열을 가하게 되는데 이 공정을 말한다.
- 템퍼링은 초콜릿의 유지결정을 가장 안정된 형태의 분자구조를 만드는 단계로 초콜릿이 입안에서 녹을 때 부드러움을 느낄 수 있도록 하고 초콜릿의 블루밍(blooming) 현상을 방지하는 등의 중요한 과정이다.

214 초유의 특징
- 분만 후 일주일 이내에 착유한 우유를 초유(colostrum)라고 한다.
- 초유에는 정상유보다 단백질, 지방 및 회분함량은 많고 유당함량은 적다. 특히 단백질 중에서 글로블린 함량이 많다.
- 철분, 비타민 A의 함량이 많다.
- 가열에 의해 쉽게 응고되고, 때로는 혈액이 혼입되어 납유가 금지되고 있다.

---

209 환경 기체조절 저장(controlled atmospheric storage, CA)을 많이 하는 것은?
① 생선　　　② 과실
③ 김치　　　④ 우유

210 녹차의 제조 공정 중에서 증숙하는 목적이 아닌 것은?
① 산화 효소 파괴　　　② 풋내 휘발
③ 차엽에 유연성 부여　　　④ 풍미부여

211 고추 등과 같은 섬유물질을 분쇄하는 데 회전 속도가 빠른 모터를 갖고 있는 마쇄기(mill)는?
① hammer mill　　　② ball mill
③ disc mill　　　④ crushing roll

212 Climacteric rise를 나타내는 청과물에 해당하는 것은?
① 서양배　　　② 감자
③ 오이　　　④ 양파

213 초콜릿 제조 시 블루밍(blooming)을 방지하기 위한 공정은?
① 콘칭(conching)　　　② 템퍼링(tempering)
③ 성형(moulding)　　　④ 압착(pressing)

PART 2-1. 유가공

214 초유(colostrum)의 성질과 관계 없는 것은?
① 회분함량이 많다.
② 글로블린 함량이 많다.
③ 단백질은 적지만 유당은 많다
④ 원료유로 부적당하여 납유 금지되어 있다.

ANSWER
209 ②　210 ④　211 ①　212 ①
213 ②　214 ③

215 목장에서 생산된 무처리된 상태의 우유를 무엇이라 하는가?

① City milk　② Raw milk
③ Skimmed milk　④ Whole milk

216 우유에서 지방분이 풍부한 크림을 분리해 낸 나머지 부분의 우유는?

① 유청　② 커드
③ 탈지유　④ 크림

217 우유의 신선도 시험과 관계가 없는 것은?

① 비중 측정　② 알코올 응고 시험
③ TBA 시험　④ 산도 측정

218 우유의 신선도 시험 중 알코올(alcohol) 응고 시험은 무엇과 관계 있나?

① 젖당(당도 측정)　② TBA 시험의 유지방
③ 응고 여부　④ 산응고

219 Methylene blue 환원 시험에 의하여 우유 중의 어떤 내용을 확인하는가?

① 총 세균수의 간접 측정
② 지방함량
③ 무기질 함량
④ peroxidase 활성도

220 우유의 지방산 중 다른 식품에는 거의 없는 지방산은 어떤 것인가?

① stearic acid　② oleic acid
③ butyric acid　④ palmitic acid

221 지방구 막에 존재하면서 우유 내 지방구가 안정하게 유화(emulsion) 상태로 유지하는 데 크게 기여하는 성분은?

① 단백질　② triglyceride
③ 인지질　④ 유리지방산

---

215 우유의 명칭
- City milk : 살균 처리하여 소비자가 마실 수 있도록 상품화한 우유
- Raw milk : 목장에서 착유하여 살균 처리하지 않은 우유
- Skimmed milk : 우유 중의 지방 성분을 일정수준 이하로 제거한 제품
- Whole milk : 원유 또는 시유에 지방을 가하거나 탈지하지 아니한 우유

216 탈지유(skimmed milk)
- 우유를 정치 해두면 지방이 많은 크림층이 위에 떠오르는데 이것을 분리한 나머지가 탈지유이다.

217 우유의 신선도 시험
- 산도 측정, 알코올 응고 시험, pH측정, TBA 시험(유지방 산화도 검사) 등
※ 비중측정 : 이물질(물이나 소금) 첨가 유무를 측정

218 알코올 검사
- 우유의 열에 대한 안정성과 산패 유무를 판정
- 산도가 높은 우유 판정
- 칼슘과 마그네슘에 대한 인산과 구연산의 비가 정상이 아닌 우유 판정
- 초유, 말기유, 유방염유 등을 검출함

219 Methylene blue 환원 시험
- 색소환원 시험법으로서 청색 색소가 환원되는 데 소요되는 시간에 의하여 세균수의 양을 추정하는 간접세균수 확인시험법이다.

220 우유의 지방산에는 특히 다른 식품의 지방에 들어 있지 않는 butyric acid(낙산, $CH_3(CH_2)_2COOH$)가 3.1% 정도 함유되어 있다.

221 지방구 막
- 지방구 표면을 둘러싸고 있는 막이다.
- 막 구성성분 : 인지질, 단백질, 비타민 A, 카로티노이드, 콜레스테롤 및 각종 효소로 구성되어 있다.
- 특히 인지질이 친수성으로써 지방구를 유탁액(emulsion)상태로 유지시킨다.

ANSWER
215 ②　216 ③　217 ①　218 ④
219 ①　220 ③　221 ③

출제예상문제

222 카제인(casein)은 우유에 산을 가하여 pH를 4.6으로 하면 등전점에 도달하여 물에 녹지 않고 침전되므로 쉽게 분리할 수 있다.

223
- ovalbumin : 난백 단백질
- lactoglobulin : 우유의 유청 단백질
- glutenin : 밀 단백질
- oryzenin : 쌀 단백질

224 우유 응고의 원인은 가용성 카제인이 rennin 에 의하여 수용성 paracasein이 된 다음, Ca^{2+}와 결합하여 불용성인 dicalcium paracaseinate를 형성하기 때문이다.

225 유당(lactose)의 특징
- α-D-glucose와 β-D-galactose로 결합된 이당류이다.
- 식물체에는 발견되지 않으며, 동물의 유즙에 존재한다.
- 모유에 5~7%, 우유에 4~6%로 함유되어 있다.
- 유당 분해 효소(β-galactosidase), 10% 염산에 의해 glucose와 galactose로 가수분해 된다.
- 젖산균 발효에 의해 젖산과 방향성 물질이 생성된다.

226 유당(lactose)의 생물학적 기능
- 젖산균 발효에 의해 젖산이 생성되고, 생성된 젖산에 의해 장내를 산성으로 유지한다.
- 유해 세균의 증식 억제(정장작용)를 한다.
- 뇌의 구성성분인 cereboside의 구성당인 galactose의 공급원(두뇌발육 촉진)이다.
- Ca과 단백질 흡수를 촉진시켜 성장기 어린이의 골격 형성에 도움을 준다.
- 당류 중 감미도는 가장 낮다(설탕의 1/5).

227 유당 분해 효소 결핍증(lactose intolerance)
- 유당 분해 효소인 락타아제(lactase)가 부족하면 우유에 함유된 유당(lactose)이 소화되지 않는다. 이 소화되지 않은 유당이 소장에서 삼투 현상에 의해 수분을 끌어들임으로써 팽만감과 경련을 일으키고 대장을 통과하면서 설사를 유발하게 되는 현상을 말한다.

228 우유 지방은 저급 지방산의 포화지방산이 높기 때문에 검화가 210~235로서 높은 편이다.

---

222 Casein의 등전점은?
① pH 4.2 ② pH 4.6
③ pH 4.9 ④ pH 5.6

223 다음 중 우유의 단백질은?
① ovalbumin ② lactoglobulin
③ glutenin ④ oryzenin

224 다음 중 우유 응고에 관여하는 금속이온은?
① Mg^{2+} ② Ca^{2+}
③ Cu^{2+} ④ Fe^{2+}

225 유당(lactose)에 관한 설명이다. 맞지 않은 것은?
① Lactobacillus의 발육에 이용된다.
② 주로 포유동물 젖에 존재한다.
③ 유당 분해 효소는 β-galactosidase이다.
④ glucose와 fructose로 분해된다.

226 유당의 생물학적 기능에 관한 설명이다. 맞지 않은 것은?
① 정장작용 ② 칼슘 흡수 촉진
③ 두뇌 발육 촉진 ④ 당류 중 감미도가 가장 높음

227 유당 분해 효소 결핍증(유당불내증)에 직접적으로 관여하는 효소는?
① 헥소키나제(hexokinase)
② 라소자임(lysozyme)
③ 락타아제(lactase)
④ 락테이트 디하이드로게나제(lactate dehydrogenase)

228 우유 지방의 물리화학적 성질 중 설명이 잘못된 것은?
① 비중은 15℃ 기준에서 0.935~0.944 사이이다.
② 융점은 30℃~40℃ 사이로 37℃에서 완전히 융해된다.
③ 검화가는 저급 지방산이 적기 때문에 낮다.
④ polenske가는 1.2~2.4로 식물성 지방에 비하여 낮다.

ANSWER
222 ② 223 ② 224 ② 225 ④
226 ④ 227 ③ 228 ③

229 다음 중 우유를 응고시키는 직접적인 요인이 아닌 것은?

① 산에 의한 응고
② 알칼리에 의한 응고
③ 알코올에 의한 응고
④ rennin에 의한 응고

230 가열에 의해 κ-casein과 복합체를 형성하여 우유의 응고를 지연시키는 유청 단백질은?

① α-락트알부민
② β-락토글로블린
③ 혈청알부민
④ 면역글로블린

231 우리나라에서 원유 가격을 결정하는 항목이 아닌 것은?

① 유당
② 지방
③ 체세포수
④ 세균수

232 우유의 산화취는 우유 중의 어떤 성분이 산화되어 발생하며, 그 방지를 위해 사용되는 첨가물은?

① 단백질 - 비타민 K
② 단백질 - $Ca(OH)_2$
③ 지방 - 비타민 C
④ 지방 - NaCl

233 우유의 색소가 아닌 것은?

① carotene
② riboflavin
③ xanthophyll
④ anthocyanin

234 우유의 살균법으로 적당하지 않은 방법은?

① 저온 살균법
② 고온간헐 살균법
③ 초고온 순간 살균법
④ 고온 단시간 살균법

235 우유의 HTST 살균법의 온도는?

① 60~65℃
② 70~75℃
③ 100~130℃
④ 130~150℃

---

229 우유 응고의 직접적 요인
- 산(acid)에 의한 응고
- 가열에 의한 응고
- 알코올(alcohol)에 의한 응고
- 염류에 의한 응고
- 효소(rennin)에 의한 응고 등

230 β-락토글로블린은 70℃ 이상 가열하면 κ-카제인, $αS_2$-카제인과 복합체를 형성하여 우유의 응고를 지연시킨다.

231 우리나라 원유가격은 지방함량, 유단백, 세균수, 체세포수 등을 병행하여 1A, 1B, 2, 3, 4 등급으로 산정한다(2018년 8월 1일).

232 우유의 산화취
- 지방이 공기, 광선, 중금속, 산화 효소, 레시친 같은 산화 촉진 물질이나 수분함량에 의해 발생된다.
- 비타민 C나 E 등의 항산화에 의해 억제될 수 있다.

233 우유의 색소
- 유백색 : 유지방구와 casein micelle이 빛에 난반사 되어 유백색을 띤다.
- 미황색 : 지방에 녹아있는 carotene이나 xanthophyll에 의한 것이다.
- 유청이 황록색을 띠는 것 : riboflavin에 의한 것이다.
※ Anthocyanin은 식물의 꽃, 잎 중의 색소 배당체이다.

234 우유의 살균법
- 저온 살균법(LTLT) : 62~65℃에서 30분간 살균
- 고온 단시간법(HTST) : 72~75℃에서 15초간 살균
- 초고온법(UHT) : 130~150℃에서 0.5~5초간 살균
- 간헐 살균 : 90~95℃에서 하루에 1번 30~60분씩 3일간 반복하여 살균하는 방법으로 우유 살균에는 사용하지 않는 방법

235 234번 해설 참조

ANSWER
229 ② 230 ② 231 ① 232 ③
233 ④ 234 ② 235 ②

출제예상문제

236 234번 해설 참조

237 우유의 균질
- 우유에 물리적 충격을 가하여 지방구 크기를 작게 분쇄하는 작업이다.
- 우유를 균질화시키는 목적
  - 지방구의 분리를 방지(creaming의 생성을 방지)한다.
  - 우유의 점도를 높인다.
  - 부드러운 커드가 된다.
  - 조직을 균일하게 한다.
  - 소화율을 높게 한다.
  - 지방산화 방지 효과가 있다.

238 유석(乳石) 현상
- 우유를 고온으로 가열할 때 접촉하는 금속 표면에 형성되는 현상으로 저온 가열 시는 단백질 성분이, 고온 가열 시에는 무기질이 성분이 주원인이 된다.
- 유석 형성 초기에는 $Ca_3(PO_4)_2$의 유석 결정핵이 발생하여 여기에 주로 단백질이 침착되어 점차적으로 커진다.
- 무기질 성분으로는 Ca, P, Mg, S 성분들이다.

239 우유의 균질화 조건은 50~60℃에서 2,000~3,000psi 압력으로 실시한다.

240 우유류 규격(식품공전, 2022년 11월 현재)
- 산도(%) : 0.18 이하(젖산으로서)
- 유지방(%) : 3.0 이상
- 세균수 : n=5, c=2, m=10,000, M=50,000
- 대장균군 : n=5, c=2, m=0, M=10(멸균제품은 제외)
- 포스파타제 : 음성이어야 한다(저온장시간, 고온단시간 살균제품에 한)
- 살모넬라 : n=5, c=0, m=0/25g
- 리스테리아 모노사이토제네스 : n=5, c=0, m=0/25g
- 황색포도상구균 : n=5, c=0, m=0/25g

241 우유는 5℃ 정도에서 저온 저장해야 한다. 멸균 제품은 무균 포장한 경우 7주 정도이다.

---

236 우유의 저온 살균에 가장 적합한 것은?
① 60~65℃, 15분 ② 60~65℃, 30분
③ 121℃, 15분   ④ 121℃, 30분

237 우유 처리 공정에서 균질화 목적으로 맞지 않은 것은?
① 효소의 불활성화   ② 커드의 연화
③ 지방구의 미세화   ④ 지방의 분리 방지

238 우유 가열 시 발생하는 유석 현상(milk stone)이 일어나는 원인이 아닌 것은?
① lactose   ② $Ca_3(PO_4)_2$
③ protein   ④ mineral

239 우유의 균질화 조작에서 알맞은 온도와 압력은?
① 50~60℃, 500~1,000psi
② 50~60℃, 2,000~3,000psi
③ 70~80℃, 3,500~4,000psi
④ 70~80℃, 4,500~5,000psi

240 우리나라 식품공전상 우유류 규격으로 맞지 않은 것은?
① 지방 3.0% 이상
② 세균수 n=5, c=2, m=10,000, M=50,000
③ 포스파타제 음성
④ 대장균 음성

241 살균우유(시유)의 유통에 가장 적당한 온도는 얼마인가?
① 0℃   ② 5℃
③ 10℃   ④ 20℃(실온)

ANSWER
236 ② 237 ① 238 ① 239 ②
240 ④ 241 ②

242 우유의 지방함량 측정방법은?

① Kjeldahel법　② Bertrand법
③ Alcohol test법　④ Babcock법

243 우유의 비중계 눈금이 33일 때 우유 지방함량이 4%이면 무지 고형분을 얼마인가(소수점 2자리)?

① 8.13　② 8.80
③ 9.05　④ 9.10

244 물 탄 우유의 판별법으로 부적당한 것은?

① 빙결정 측정　② 비중 측정
③ 산도 측정　④ 점도 측정

245 우유의 포장용기 재료로 적당하지 않은 것은?

① 종이　② 스테인리스스틸
③ 유리　④ 플라스틱

246 크림(cream) 분리에 영향을 주는 요인 중 잘못된 것은?

① 우유의 온도
② 우유의 지방률
③ 우유의 유입량
④ 우유의 유당함량

247 크림(cream) 분리의 조건과 거리가 먼 것은?

① 우유의 온도　② 지방율
③ 지방입자의 크기　④ 크림의 농도

248 산도 0.35%인 cream 100kg를 소석회로 중화하여 0.25%의 산도가 되도록 할 때 중화시켜야 할 젖산량과 소석회의 양은?(단, 소석회의 분자량 : 74, 젖산의 분자량 : 90)

① 젖산 100g, 소석회 35g
② 젖산 75g, 소석회 41g
③ 젖산 100g, 소석회 41g
④ 젖산 75g, 소석회 35g

242 우유의 지방함량 측정
- 우유의 지방구는 단백질에 둘러싸여 있어서 ether, 석유 ether 등의 유기 용매로는 추출이 어렵기 때문에 91~92% 농황산으로 지방 이외의 물질을 분해한 후 지방을 원심 분리하여 측정한다.
- 이 방법으로는 Babcock법과 Gerber법이 있다.

243 무지고형분(SNF) 함량(%)

무지 고형분(%) = $\frac{L}{4}$ + (0.2×F)

위 식에서 L은 비중계 수치이고, F는 지방률이다.

$\frac{33}{4}$ + (0.2×4) = 9.05%

244 우유의 가수여부 판정
- 우유의 빙점 : -0.53~-0.57이며, 평균 -0.54이다. 원유의 가수여부를 판정하는 데 이용
- 우유의 비중 : 1.027~1.034이며, 평균 1.032이다. 우유에 가수하면 비중이 낮아지므로 우유의 가수여부를 판정하는 데 이용
- 우유의 점도 : 1.5~2.0cp(cm poise)이고, 우유에 가수하면 점도가 낮아진다.
※ 우유의 적정 산도 : 0.14~0.18%이며, 평균 0.16%이다. 우유의 산패유무 판정에 주로 이용

245 우유는 유리병, 종이 카톤, 플라스틱 용기에 포장하는 것이 일반적이다.

246 크림 분리에 영향을 주는 요인
- 우유의 온도
- 지방구의 크기 및 지방률
- 우유의 유입량
- 크림분리기의 disc 회전수
- 디스크의 크기

247 246번 해설 참조

248
① 중화해야 할 젖산의 양(g)
= $\frac{크림중량(g) \times 중화시킬 산도(\%)}{100}$
= $\frac{100000 \times (0.35 - 0.25)}{100}$ = 100g

② 중화에 필요한 소석회의 양(g)
= $\frac{중화할 젖산량 \times 소석회의 분자량}{젖산의 분자량}$
= $\frac{100 \times 74}{2 \times 90}$ = 41.1g

ANSWER
242 ④　243 ③　244 ③　245 ②
246 ④　247 ④　248 ③

249 아이스크림 제조 공정
혼합 조제 → 살균 → 균질화 → 숙성 → 동결 → 충진 → 포장 → 경화 → 제품

250 아이스크림 제조 시 향과 색소 및 산류 등은 살균하기 전 믹스에 첨가하면 향이 휘발되거나 변색되기 때문에 숙성이 끝난 후 동결시키기 전에 첨가하는 것이 좋다.

251 안정제의 첨가 기능
- 아이스크림의 경화와 형태를 유지한다.
- 빙결정의 형성을 억제 또는 감소시킨다.
- 부드러운 조직의 유지에 도움을 준다.
- 제품이 녹는 것을 지연시킨다.
- 증용률을 증가시켜 준다.

252 아이스크림 제조 시 사용되는 안정제는 pectin, gelatin, CMC-Na, vegetable gum, sodium alginate 등이 있다.

253 아이스크림의 종류
- Mouse : 유지방 30%, whipping cream에 설탕, 향료 등을 첨가
- Custard : 유지방 10%, 난 혹은 난황을 1.4~3% 첨가
- Sherbet : 유고형분 3~5%, 구연산, 주석산 0.35% 첨가(산도 0.3~0.4)
- Plain : 유지방 10%, 바닐라, 커피, 초콜릿 등의 향료를 한 종류만 첨가한 일반 아이스크림

254 아이스크림용 안정제
- 기능
  - 아이스크림의 경화와 형태를 유지한다.
  - 얼음의 결정을 막는다.
  - 조직을 부드럽게 한다.
- 종류
  - 단백질계 : 젤라틴
  - 탄수화물계 : 전분(전분은 잘 사용하지 않음), 알긴산 나트륨 등
  - 그 외 : agar, 섬유소, arabia gum, karaya gum, pectin 등

255 아이스크림의 증용률(overrun)
- 아이스크림의 조직감을 좋게 하기 위해 동결 시 크림(cream) 조직 내에 공기를 갖게 함으로써 생긴 부피 증가율이다.
- 보통 90~100%이다.

ANSWER
249 ④ 250 ④ 251 ① 252 ①
253 ② 254 ③ 255 ④

---

249 아이스크림의 제조 공정으로 맞는 것은?
① 살균 → 숙성 → 냉동 → 균질화
② 살균 → 균질화 → 냉동 → 숙성
③ 살균 → 숙성 → 균질화 → 냉동
④ 살균 → 균질화 → 숙성 → 냉동

250 아이스크림 제조 시 향과 색소 등의 적절한 첨가 시기는?
① 배합 공정에서 첨가
② 여과 후 균질화하기 전
③ 살균이 끝난 후 숙성시키기 전
④ 숙성이 끝난 후 동결시키기 전

251 아이스크림 제조 시 안정제 첨가의 주요한 기능이 아닌 것은?
① 아이스크림의 풍미를 향상시킨다.
② 제품의 조직과 body를 좋게 하여 준다.
③ 효과적인 부피를 제공하여 준다.
④ 아이스크림 얼음 입자의 성장을 방지한다.

252 아이스크림 제조 시 주로 사용되는 안정제는?
① pectin
② monoglycerie
③ sodium alginate
④ sucrose

253 난(卵) 고형분이 1.4% 이상 함유한 icecream은?
① Mouse icecream
② Custard icecream
③ Sherbet
④ Plain icecream

254 다음 아이스크림의 안정제 중 잘 사용하지 않는 것은?
① 펙틴
② 젤라틴
③ 전분
④ 아라비아 검

255 아이스크림 제조에 있어서 가장 적당한 증용률(overrun)의 범위는?
① 50±10%
② 60±10%
③ 70±10%
④ 90±10%

256 아이스크림을 만들 때에 원료 혼합물(mix)의 부피가 5,000ml이었고, 제조 후에 총 부피가 9,684ml이었다. 오버런(overrun)을 계산하면?

① 93.7
② 91.4
③ 94.2
④ 90.4

256 overrun(%)
$= \dfrac{\text{아이스크림의 부피} - \text{믹스의 부피}}{\text{믹스의 부피}} \times 100$

이므로 $\dfrac{9,684-5,000}{5,000} \times 100 = 93.7\%$

257 아이스크림 품질평가 중 큰 유당결정이 생겨 입에서 모래 같은 감촉을 주는 경우를 무엇이라고 하는가?

① buttery body
② crumbly body
③ fluffy body
④ sandiness

257 아이스크림 품질에서 사상조직(sandiness)의 원인
- 무지고형분의 과잉, 유화제 부족 등에 의해 유당결정 및 얼음결정이 생겨 입에서 모래 씹는 것 같은 감촉을 준다.

258 버터에 대하여 바르게 설명한 것은?

① 우유에 지방을 모아 고화시킨 것이다.
② 식용유를 고화시킨 것이다.
③ 우유에 단백질을 모아 고화시킨 것이다.
④ 대두의 지방을 모아 고화시킨 것이다.

258 버터(butter)
- 우유에서 분리한 크림을 교동하여 지방을 엉키게 한 다음 이것을 모아 연압하여 남아 있는 물이 지방에 분산되도록 유화시킨 것이다.

259 자연버터(natural butter)란 무엇인가?

① 대두지방을 고화(固化)시킨 것
② 우유 중의 casein 단백질을 따로 모아서 고화시킨 것
③ 식물성 지방들을 모아서 고화시킨 것
④ 우유 중의 cream(fat) 성분을 모아서 고화시킨 것

259 자연버터(natural butter)는 원료유에서 분리한 크림(cream)을 butter churn에서 교반한 후에 우유 지방구를 파괴하여 지방구 입자만을 뭉쳐 고화시켜 만든 제품이다.

260 다음 중 버터의 일반적인 제조 공정으로 알맞은 것은?

① 원료유 → 크림 분리 → 살균 → 연압 → 중화 → 교동 → 노화
② 원료유 → 크림 분리 → 살균 → 연압 → 중화 → 노화 → 교동
③ 원료유 → 크림 분리 → 살균 → 중화 → 연압 → 교동 → 노화
④ 원료유 → 크림 분리 → 중화 → 살균 → 숙성 → 교동 → 연압

260 버터의 일반적인 제조 공정
- 크림 분리 → 중화 → 살균 → 숙성 → 색소 첨가 → 교동 → 수세 → 가염 → 연압 → 포장 → 저장 순이다.

ANSWER
256 ① 257 ④ 258 ① 259 ④
260 ④

출제예상문제

261
- 중화할 산의 양
$$= \frac{100 \times (0.35-0.20)}{100} = 0.15(kg)$$
- 중화에 필요한 소석회량
$$= \frac{0.15 \times 74.09}{2 \times 90.08} = 0.061kg = 61(g)$$

262 버터(butter)
- 우유에서 분리한 크림을 교동하면 지방구막이 파괴되어 지방만 좁쌀 크기로 엉기게 된다. 이것을 연압하여 버터 덩어리로 만든 것이 생 버터(비발효 버터)이다.
- 크림을 유산균으로 유산 발효시켜 교동, 연압하여 만든 것이 발효 버터이다.

263 버터의 제조
- 연압(working) : 가염한 버터를 가압하여 버터 덩어리로 만드는 조작
- 연압 목적 : 치밀한 조직을 만들고, 첨가한 식염의 용해를 촉진시켜 버터 전체에 균일하게 분포시키고, 잔존 버터 밀크를 제거하는 데 있다.
- 연압시간 : 보통 60~80분, 연압시간이 길수록 단단한 조직이 만들어진다.

264 Butter의 교동(churning)
- 크림에 기계적인 충격을 주어 지방끼리 뭉쳐서 버터 입자가 형성되고 버터 밀크와 분리되도록 하는 작업이다.

---

261 산도 0.35%인 크림 100kg을 소석회로 중화시켜 산도 0.20%로 할 때, 필요한 소석회량은?(단, 젖산분자량 90.08, 소석회 74.09)

① 51g　　　② 61g
③ 71g　　　④ 81g

262 버터에는 발효 버터와 생 버터가 있다. 다음 중 맞는 것은?

① 전자는 가열살균한 버터이고, 후자는 살균하지 않은 버터이다.
② 전자는 유지방 함량이 많고, 후자는 유지방 함량이 적다.
③ 전자는 우유 지방으로 만든 버터이고, 후자는 양젖으로 만든 버터이다.
④ 유산발효를 거쳐 만든 것이 발효 버터이고, 발효과정 없이 연속식 버터제조기로 만든 것이 생 버터이다.

263 버터 제조과정의 설명 중에서 옳지 <u>않게</u> 설명한 것은?

① 교동(churning) 작업은 크림의 지방구들이 뭉쳐서 버터의 작은 입자를 형성하고, 버터 밀크와 분리되도록 하기 위하여 교동기에서 50분간 20~45rpm 속도로 기계적인 충격을 주는 작업이다.
② 수세(washing)과정은 버터 입자에 부착해 있는 버터 밀크의 제거와 경도 증가, 특이취 제거, 보존성 향상을 위하여 버터의 전체에 물을 뿌리고 교동기를 몇 번 회전시킨 다음 배수한다.
③ 연압(working)이란 버터 조직이 부드럽게 되도록 연압기를 이용하는데, 연압은 시간이 길수록 더욱 부드러운 조직을 얻을 수가 있다.
④ 버터 제품의 평균 조성은 지방 80% 이상, 수분 16% 내외, 무기질 2%, 식염 1.5% 정도이고 나머지는 단백질을 주체로 하는 성분으로 되어 있다.

264 버터의 제조 공정 중 교동 공정(churning process)의 목적은?

① 분리한 크림의 살균
② 소금의 용해 촉진
③ 발효크림의 지방구 응집(버터입자 형성)
④ 발효크림의 냉각

ANSWER

261 ②　262 ④　263 ③　264 ③

265 버터 제조 시 교동(churning)에 영향을 주는 요인과 거리가 먼 것은?

① 크림의 온도
② 교동기의 회전수
③ 크림의 식염함량
④ 크림의 양

266 버터의 제조 공정 중 연압 공정(working process)의 주목적과 관련성이 가장 적은 것은?

① 점조성 부여
② 식염용해 촉진
③ 수분함량 조절
④ 버터입자 냉각

267 버터의 풍미나 향기의 주성분은?

① oleic acid
② stearic acid
③ butyric acid
④ myristic acid

268 8.8kg 지방을 함유하는 크림으로 10kg의 버터를 만들 때 overrun은?

① 13.63%
② 16.30%
③ 26.90%
④ 31.91%

269 버터 제조과정에서 발생되는 부산물은?

① lactose
② butter milk
③ ethanol
④ acetic acid

270 치즈를 제조할 때 젖산과 렌넷(rennet)을 이용하여 단백질과 지방을 응고·분리하여 얻는 것은?

① cream
② whey
③ skim milk
④ curd

271 치즈 제조 시 렌넷(rennet)을 이용하는 목적은?

① 유단백질 응고
② 젖당 분해
③ 유지방 분해
④ 카제인 발효

---

265 교동의 조건
- 교동의 가장 중요한 조건은 크림 및 교동 온도 설정이다.
- 교동 온도 : 여름철 8~10℃, 겨울철 12~14℃
- 크림의 지방함량 : 30~40%
- 교동기 내의 지방량 : 1/3~1/2 정도
- 교동기 회전수 : 20~35rpm으로 50~60분

266 연압(working)의 목적
- 버터에 알맞은 점조성 부여
- 첨가된 식염의 용해 촉진
- 버터 입자 중에 수분 분산
- 제품의 수분함량 조절

267 버터의 풍미는 butyric acid 등 휘발성 저급지방산에 의한 것이다.

268 overrun(%) =
$$\frac{\text{버터의 생산량} - (\text{크림의 중량} \times \text{크림의 지방율})}{\text{크림의 중량} \times \text{크림의 지방율}} \times 100$$
$$= \frac{10 - 8.8}{8.8} \times 100 = 13.63\%$$

269 버터 제조과정에서 생산되는 부산물
- skim milk : 발효유 제조, 탈지분유 제조, 탈지 가당연유 제조, 음료용의 원료로 이용
- butter milk : 아이스크림, 제과, 제빵, 발효유, 분말 버터밀크, 사료용, 치즈용으로 이용

270 커드(curd)
- 우유를 렌넷(rennet), 젖산균, 유기산 등을 이용하여 지방과 단백질을 응고·분리해서 얻는다.
- 커드에서 유청을 제거하고 미생물로 발효시켜 숙성한 것이 치즈이다.

271 치즈 제조
- 젖산균과 렌넷(rennet)으로 우유단백질을 응고시켜 유청을 제거하고 압착하여 제조한다.
- 렌넷은 송아지의 제4 위에서 추출한 우유 응유 효소(rennin)로서 최적 응고 pH 4.8, 온도 40~41℃이다.

ANSWER
265 ③ 266 ④ 267 ③ 268 ①
269 ② 270 ④ 271 ①

출제예상문제

272 Rennet의 대용품
• 동물성
- pepsin : 돼지 위에서 추출
- trypsin : 소의 췌장, 돼지 췌장에서 추출
• 식물성
- papain : 파파야 과실에서 추출
- ficine : fig tree(무화과 과즙)
- bromeline : pine apple
• 미생물
- Mucor 속 : M. pusillus var., M. meihei
- Bacillus 속 : B. subtilis, B. mesentericus, B. cereus

273 치즈(cheese)
• 우유를 젖산균에 의하여 발효시키고, 레닛 등의 응유 효소를 가하여 응고시킨 후에 유청을 제거한 다음 가온, 가압하여 얻어진 응고물(curd) 또는 숙성시킨 식품이다.

274 curd 가온(cooking) 목적
• Whey 배출이 빨라진다.
• 수분 조절이 된다.
• 유산 발효가 촉진된다.
• curd가 수축되어 탄력성 있는 입자가 된다.

275 자연 치즈의 숙성도
• 우유의 주요 단백질인 카제인은 Ca-caseinate의 형태로 존재하는 데 레닌에 의하여 dicalciumparacaseinate으로 분해되어 치즈가 만들어진다.
• 불용성인 디칼슘파라카제인은 치즈의 숙성이 진행됨에 따라 수용성으로 변하며, 그 비율이 점차 증가됨으로 수용성 질소화합물의 양은 치즈의 숙성도를 나타낸다.

276 커드(curd)를 잘게 잘라서 1~2% 식염을 첨가·혼합하여 압착기로 성형한 것이 생치즈(green cheese)이고, 이것을 미생물이나 효소로 5~15℃에서 숙성, 이용한다.

277 Roquefort cheese
• 프랑스 로크포르가 원산지이고 곰팡이(Penicillium roqueforti)로 숙성시킨 반경질 치즈이다.

---

272 치즈 제조 시에 필요한 응유효소인 Rennet의 대용 효소를 생산하는 곰팡이는?

① Penicillium chrysogenum
② Rhizopus japonicus
③ Absidia ichtheimi
④ Mucor pusillus

273 치즈에 대한 설명으로 가장 적당한 것은?

① 치즈는 우유의 지방을 응고시켜 제조한다.
② 치즈는 우유의 단백질을 레닛(rennet) 또는 젖산균으로 응고시켜 얻은 커드(curd)를 이용한다.
③ 커드를 모은 후에 맛과 풍미를 좋게 하기위하여 식염을 커드량의 5~7% 첨가한다.
④ 치즈 숙성 시의 피막제는 호화전분을 사용한다.

274 Cheese 제조 시 curd 가온(cooking) 목적으로 맞지 않는 것은?

① Whey 배출이 빨라진다.
② 수분조절이 된다.
③ 유산 발효가 억제 된다.
④ Curd가 수축되어 탄력성 있는 입자가 된다.

275 자연 치즈의 숙성도와 가장 관련이 있는 성분은?

① 유당
② 유리지방산
③ 수용성 질소
④ 무기물

276 치즈를 제조할 때 가장 적당한 숙성 온도는 얼마인가?

① 0~4℃
② 5~15℃
③ 16~25℃
④ 26~35℃

277 곰팡이를 이용하여 제조하는 치즈는?

① Parmesan chesse
② Cheddar chesse
③ Brick chesse
④ Roquefort chesse

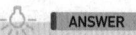
ANSWER
272 ④ 273 ② 274 ③ 275 ③
276 ② 277 ④

278 가공 치즈 제조에 사용되는 유화제(복합인산염)의 작용과 특성이 맞지 않는 것은?

① 이온 교환
② pH 조절
③ Creaming effect
④ 수분 조절

279 발효유 제조에 사용되는 스타터(Starter)는?

① 고초균　　② 유산균
③ 코지균　　④ 황국균

280 젖산 발효액으로부터 젖산을 침전법으로 분리하려고 할 때, 무엇을 첨가하여 침전시키는가?

① $MgSO_3$　　② $CaCO_3$
③ Na_2CO_3　　④ H_3PO_4

281 다음 중 알코올 발효유에 해당되지 않는 것은?

① Bifidus milk　　② Leben
③ Kefir　　④ Kumiss

282 마유(馬乳)를 발효시켜 만든 대표적인 식품은?

① Yoghurt　　② Kefir
③ Calpis　　④ Kumiss

283 Lactase가 우유 중의 β-lactose를 분해시켜 생성시킨 물질은?

① β-galactose + β-glucose
② β-1,6-glucoside
③ β-1,4-glucoside
④ β-1,5-glucoside

284 연유 제조 시 예비가열(preheating)하는 목적과 맞지 않는 것은?

① 효소 파괴　　② 설탕 용해 촉진
③ 제품의 농후화　　④ 유해 미생물 파괴

---

278 유화제(복합인산염)작용과 특성
- 이온 교환 : Ca와 Na 교환 능력
- pH 조절 및 완충작용 : 가공 치즈 제조 시 pH 범위는 5.2～6.2
- Creaming effect : 화학적 조성의 변화 없이 조직을 변화
- 보존기간, 맛, 색상에도 영향을 미친다.

279 스타터(starter)
- 치즈, 버터 및 발효유 등의 제조에 사용되는 특정 미생물의 배양물로서 발효유 제품 제조에 사용되는 스타터는 유산균이 이용된다.
- 발효유 제조에 주로 사용되는 유산균 종류는 *Lactobacillus casei*, *L. bulgaricus*, *L. acidophillus*, *Strepto-coccus thermophilus* 등이 있다.

280 $CH_3CHOHCOOH + CaCO_3 \rightarrow CH_3CHOHCOOCa(침전) + HCO_3$

281 최종산물에 따른 발효유의 분류
- 젖산 발효유 : 유산균에 의하여 유산 발효시켜 제조한 것
  - Bifidus milk, 요구르트, 인공버터 밀크, calpis 등이 있다.
- 알코올 발효유 : 유산균과 효모에 의하여 유산 발효와 알코올 발효를 시켜 제조한 것.
  - Leben, kefir, kumiss 등이 있다.

282 쿠미스(Kumiss)
- 중앙아시아 지역에서 마유를 알코올 발효시킨 전통 발효유로써 최근에는 우유로 많이 제조하고 있다.
- 젖산균과 효모를 병용하여 젖산 발효와 알코올 발효를 시킨 것으로 젖산 0.6～1.0%, 알코올 0.7～2.5%, 탄산가스 0.5～0.9% 함유한다.

283 우유 중의 lactose는 Lactase 작용에 의해 가수분해되어 galactose와 glucose가 생성된다.

284 연유 제조 시 예비가열의 목적
- 효소의 불활성화
- 설탕 용해 촉진
- 유해 세균 살균
- 우유가 가열면에 눌어 붙는 것을 방지
- 우유 제품의 농후화를 억제

ANSWER

278 ④　279 ②　280 ②　281 ①
282 ④　283 ①　284 ③

출제예상문제

285 분무 건조의 특징
- 액체 식품을 가열된 chamber 내에 안개 모양으로 분무시켜 건조하는 방법으로 증발 면적을 넓혀서 순간적으로 건조된다.
- 분유, 즉석 커피, 분말 과즙, 분말 향료, 커피프리머 등 이용분야가 넓다.

286 가당의 목적
- 연유에 감미를 준다.
- 설탕 용액에 의해 세균 번식을 억제한다.
- 제품의 보존성을 높인다.

287 무당연유의 제조 공정
- 원유(수유검사) → 표준화 → 예비가열 → 농축 → 균질화 → 재표준화 → 파이롯트시험 → 충전 → 담기 → 멸균처리 → 냉각 → 제품
- 무당연유가 가당연유와 다른점(제조상)
  - 설탕을 첨가하지 않는다.
  - 균질화 작업을 한다.
  - 멸균처리를 한다.
  - 파이롯트 시험을 한다.

288 연유의 진공농축 장점
- 감압 하에서 농축하므로 수분 증발이 빠르다.
- 저온에서 농축되므로 열 변성이 방지될 수 있다.
- 밀폐된 관 내에서 이루어지므로 우유 오염을 막을 수 있다.
- 열효율이 크다.
- 농후화를 억제한다.

289 접종량 계산
$2,000 \times \dfrac{0.02}{100} = 0.4\text{kg}$

290 분유에 첨가되는 재료(3회로 나누어 첨가)
- 예비가열 시에 당류, 니코틴산, 비타민 B_{12}
- 분무건조 전에 비타민 A, D
- 분무건조 후에 당류, 탄산칼슘, 철염, 비타민 B_1, C 등

---

285 분유 제조 시 주로 이용되는 건조장치는?

① 동결 건조기 ② 피막 건조기
③ Tube형 건조기 ④ 분무 건조기

286 가당연유 제조 시 가당 목적에 맞지 <u>않는</u> 것은?

① 연유에 단맛을 준다.
② 세균의 번식을 억제한다.
③ 연유의 보존성을 준다.
④ 연유에 젖산발효를 유도한다.

287 무당연유의 제조 공정에 대한 설명으로 <u>틀린</u> 것은?

① 당을 넣지 않는다.
② 예열 공정을 하지 않는다.
③ 균질화를 한다.
④ 가열멸균을 한다.

288 연유 공정 중 진공농축 실시의 장점이 <u>아닌</u> 것은?

① 감압 농축하기 때문에 수분 증발이 빠르다.
② 열효율이 적다.
③ 감압 하에 저온에서 농축되므로 열 변성이 방지된다.
④ 밀폐된 관내에서 이루어지므로 우유 오염이 방지된다.

289 연유량 2,000kg에 대한 유당 접종량을 계산하면?(단, 접종량은 0.02% 수준으로 한다.)

① 0.4kg ② 0.6kg
③ 0.5kg ④ 0.3kg

290 조제 분유를 제조할 때 첨가되지 <u>않는</u> 것은?

① 전분 ② 비타민
③ 탄산칼슘 ④ 젖당

ANSWER

285 ④ 286 ④ 287 ② 288 ②
289 ① 290 ①

291 분유에 대한 설명으로 맞지 않는 것은?

① 분유는 생유를 농축한 후 분무 건조한 것이다.
② 전지분유는 원유의 지방함량을 조절하지 않고 그대로 분말화 한 것이다.
③ 징기지징에 적힙힌 분유의 수분함량은 9~10%이다.
④ 조제분유는 우유를 원료로 하여 모유의 성분과 유사하게 성분을 조성하여 분말화한 것이다.

292 분유의 품질에 관여하는 지표가 아닌 것은?

① 기포성
② 용해도
③ 지방분해취
④ 입자의 크기

293 모유의 성분 조성과 비슷하게 변경시킨 분유는?

① 강화분유
② 조제분유
③ 전지분유
④ 혼합분유

294 우유를 건조시켜 분유를 제조하려고 한다. 건조 방법으로 적당한 것은?

① 동결건조
② 열풍건조
③ 분무건조
④ 피막건조

295 분무식 열풍건조장치(spray dryer)의 주요부분이 아닌 것은?

① 동결장치 및 응축기
② 제품회수장치
③ 분무장치(atomizer)
④ 열풍공급장치

296 유아용 조제분유를 제조할 때 특히 보장되어야 하는 것으로 옳은 것은?

① α-유당, 카제인(casein), 지방
② β-유당, 비타민, 무기염류
③ α-유당, 덱스트린(dextrin)
④ 카제인(casein)과 비타민 B군

---

291 분유의 저장
• 분유는 수분이 적기 때문에 미생물의 생육이 어려우므로 상온에서 보관할 수 있으나, 분유 중의 지방이 산화되어 풍미의 저하를 가져온다.
• 탈지분유는 약 3년간 보존할 수 있고, 전지분유는 6개월에 불과하다.
• 분유류의 수분함량은 5% 이하이어야 한다.

292 분유의 품질
• 분유의 입자 : 모양과 크기, 기포, 밀도 등
• 분유 성분의 상태 : 지방, 유당, 단백질 등
• 분유의 색 : 갈색화, 카라멜화
• 분유의 용해도
• 분유의 보존성 : 지방분해취, 지방산화취, 고취

293 분유의 종류
• 강화분유 : 유아에 필요한 영양소를 강화한 분유
• 조제분유 : 모유의 성분 조성과 비슷하게 조제한 분유
• 전지분유 : 전유(whole milk)를 건조시켜 만든 분유
• 혼합분유 : 원유, 전지 또는 탈지유에 곡분, 곡류 가공품 등을 가하여 건조한 분유

294 분무건조(spray drying)의 과정
• 건조실 내에 열풍을 불어 넣고, 열풍 속으로 농축우유를 분무시키면 분무된 우유는 미세 입자가 되어 표면적이 크게 증가하여 수분이 순간적으로 증발한다.
• 실제 우유의 건조에 분무건조가 가장 많이 이용되고 있다.

295 분무식 열풍건조장치(spray dryer)에는 건조실, 분무장치(atomizer), 열풍공급장치, 제품회수장치로 되어 있다.

296 모유와 우유에 α-유당과 β-유당은 평형상태를 유지한다. 첨가하는 유당은 α-, β-평행유당이나 평형에 달하는 시간이 짧은 β-유당이다. β-유당은 bifidus의 증식과 변을 좋게 한다.

ANSWER

291 ③ 292 ① 293 ② 294 ③
295 ① 296 ②

297 유아용 분유의 특징은 비타민(vitamin) 강화, 유당, 단백질, 지질, 미량 성분 및 무기질의 모유화에 있다.

298
- 요구르트(yoghurt), 버터(butter), 치즈(cheese)류는 우유를 원료로 한 유가공품이다.
- 마가린(margarin)은 주로 식물성 지방으로 만들어지는데 일반적으로 지방이 8.2%, 식염 1.5%, 수분 16.4% 정도이다.

299 각종 유제품의 단백질 함량은 우유 약 3~3.9%, 발효유(호상) 약 7~10%, 분유(전지) 약 22~25%, 버터 약 0.5~2%, 치즈 약 25~30%이다.

300 소도체 등급 판정[축산물등급판정 세부 기준]
- 육량등급 : 배최장근단면적, 등지방두께, 도체중량을 육량지수에 의해 A, B, C 등급으로 판정
- 육질등급 : 근내지방도, 육색, 지방색, 조직감, 성숙도 등에 따라 1⁺⁺, 1⁺, 1, 2, 3 등급으로 판정
※ 소도체의 최종 등급표시 : 육질등급을 1⁺⁺, 1⁺, 1, 2, 3 등급으로 표시하고 등외등급으로 판정된 경우에는 등외로 표시한다. 신청인 등이 희망하는 경우는 육량등급도 함께 표시 할 수 있다.

301 300번 해설 참조

302 근육의 사후변화
- 동물이 죽으면 해당작용이 일어나 사후강직이 되고 이어 해경이 일어난다. 그리고 자가소화가 일어나 육질이 연하고 풍미가 증가된다. 그런 후에 부패현상이 이어진다.
- 자가소화 : 근육 자체의 효소에 의해서 단백질이 아미노산까지 분해되어 평형상태에 달하며, 미생물의작용에 의해 분해가 더 진행된다.

303 골격근 단백질 19.0% 중
- 근원섬유 단백질(구조 단백질) 11.5%
- 근장 단백질(수용성 단백질) 5.55
- 육기질 단백질(결합조직 단백질) 2.0% 정도 함유

---

297 유아용 조제분유의 특징이 아닌 것은?
① 비타민(vitamin)의 강화
② 유당의 모유화
③ 지질의 감소화
④ 단백질의 모유화

298 우유 가공품에 해당되지 않는 것은?
① margarin   ② yoghurt
③ butter   ④ cheese

299 단백질 함량이 가장 많은 유제품은?
① 치즈   ② 분유
③ 발효유 ④ 버터

PART 2-2. 육류 가공

300 소고기 육량등급을 판정하기 위한 기준이 아닌 것은?
① 등지방 두께   ② 배최장근단면적
③ 도체 중량   ④ 근내지방도

301 소고기 육질등급을 판정하기 위한 기준이 아닌 것은?
① 육색   ② 배최장근단면적
③ 지방색   ④ 근내지방도

302 고기 자체의 효소에 의하여 단백질이 아미노산까지 분해되는 현상은?
① 자가소화   ② 가수분해
③ 해동   ④ 사후강직

303 신선한 축육 골격근에 제일 많은 단백질은?
① 불용성 단백질   ② 근원섬유 단백질
③ 근장 단백질   ④ 육기질 단백질

ANSWER
297 ③ 298 ① 299 ① 300 ④
301 ② 302 ① 303 ②

304 고기의 신선도를 유지하기 위하여 동결 저장할 경우 저장 기간이 길어지면 발생할 수 있는 변화가 <u>아닌</u> 것은?

① 근육조직 손상　② 동결상
③ 산패　④ 부피감소

305 결체 조직인 콜라겐(collagen)은 가수분해에 의하여 어떤 물질로 되는가?

① gelatin　② albumin
③ elastin　④ actin

306 Pale Soft Exudative(PSE)육의 설명 중 <u>잘못된</u> 것은?

① 돼지고기에서 주로 발생하여 20% 정도가 나타난다.
② 육색이 창백하고 단단하지 못하다.
③ 수분 분리가 잘 발생하며 결착력이 낮고 감량이 크다.
④ 육색이 검고 조직이 단단하다.

307 소고기보다 돈육에 더 많은 vitamin은?

① vit. A　② vit. B_1
③ vit. C　④ vit. D

308 근육의 수축·이완에 관여하는 근원섬유 단백질이 <u>아닌</u> 것은?

① elastin　② myosin
③ actin　④ troponin

309 도축 동물근육에 함유한 육색소 성분은 주로 무엇인가?

① 안토시안　② 카로틴
③ 헤모글로빈　④ 미오글로빈

310 Dark Firm Dry(DFD)육의 설명 중 <u>잘못된</u> 것은?

① 육색이 검고, 조직이 단단하며, 건조한 외관을 나타낸다.
② 수분 분리가 잘 발생하며 결착력이 낮고 감량이 크다.
③ 쇠고기에서 주로 많이 발생하며 약 3% 정도이다.
④ 근육 내의 글리코겐(glycogen) 고갈로 근육 pH가 높은 상태이다.

---

304 육류의 동결 저장
- 저장 기간이 길어지면 여러 가지 요인에 의해 품질변화가 일어난다.
- 건조에 따른 감량, 표면 경화에 의한 동결상(육세포 파괴), 표면 점질물질의 생성(slime), 곰팡이의 변색, bone taint현상, 변색, 드립발생, 지질의 산화(산패) 등이 나타난다.

305 교원섬유인 콜라겐(collagen)
- 가죽, 피부, 힘줄 등에 많다.
- 가수분해에 의하여 젤라틴(gelatin)으로 되어 소화성이 좋아진다.

306 PSE육의 특징
- 고기색이 지나치게 창백하다.
- 조직이 단단하지 못하고 흐늘거린다.
- 수분 분리가 발생하여 조리 시 수분 손실이 많아 결착력이 떨어져 가공육으로 사용이 부적당하다.
- 우리나라 돼지고기 중 20% 정도 발생한다.

307 축육은 비타민 B복합체의 우수한 공급원이나 지용성 비타민과 비타민 C는 적다. 특히 돼지고기에는 비타민 B_1이 현저히 많다.

308 근육 단백질
- 근육의 수축, 이완에 관여하는 단백질 : myosin, actin
- 조절 기능을 갖는 조절단백질 : tropomyosin, troponin, α-actinin, γ-actinin, β-actinin, connection

309 살아 있는 동물의 근육에는 hemoglobin(혈액의 주색소), myoglobin(근육의 주색소)이 있다. 방혈 등에 의해서 hemoglobin이 감소되어 myoglobin은 높아지게 된다.

310 DFD육의 특징
- 육색이 검고, 조직이 단단하다.
- 특히 소고기에서 많이 발생한다.
- 최종 pH가 6.0 이상으로 높다.
- 균에 오염되기 쉽다.
- 높은 보수력을 갖고 있다.

ANSWER

304 ④　305 ①　306 ④　307 ②
308 ①　309 ④　310 ②

출제예상문제

311 살아 있는 동물의 근육 pH는 7.0~7.4이나 도살 직후에는 혐기적 상태에서 낮아져 pH 6.3~6.5로 되고, 극한 산성(ultimate pH)은 5.3~5.6 부근에서 최고의 경직(rigor)을 나타낸다.

312 육류를 가열하면
- 황 함유 단백질이 분해되면서 H₂S가 유리되어 흑변 원인이 된다.
- 이것은 알칼리성에서 더욱 심하고, 어육(고등어·참치)이 축육보다 발생량이 많고, 연체류는 더욱 발생량이 많다.

313 육색고정제(발색제)
- NaNO₃, NaNO₂, KNO₃, KNO₂를 주로 사용하며 육색고정 보조제로는 ascorbic acid가 있다.
- 육색소를 고정시켜 고기 육색을 그대로 유지하는 것이 주목적이고 또한 풍미를 좋게 하고, 식중독 세균인 *Clostridium botulium*의 성장을 억제하는 역할을 한다.

314 313번 해설 참조

315 고기의 숙성 중에 육질의 변화
- glycogen의 감소와 젖산의 증가
- 유기태 인산물의 감소와 무기태 인산의 증가
- 가용성 질소의 증가
- 아미노산 양의 증가 등

316 사후강직의 기작
① 당의 분해(glycolysis)
- 글리코겐의 분해 : 근육 중에 저장된 글리코겐은 해당작용에 의해서 젖산으로 분해되면서 함량이 감소한다.
- 젖산의 생성 : 글리코겐이 혐기적 대사에 의해서 분해되어 젖산이 생성된다.
- pH의 저하 : 젖산 축적으로 사후근육의 pH가 저하된다.
② ATP의 분해 : ATP 함량은 사후에도 일정 수준 유지되지만 결국 감소한다.

---

311 살아있는 돼지의 도살 전 pH는?
① 5.5~6.0　　② 7.0~7.4
③ 6.3~6.5　　④ 7.7~8.1

312 육류를 가열할 때, H₂S의 발생량이 가장 클 때는?
① 근육이 중성일 때　　② 근육이 산성일 때
③ 근육이 알칼리성일 때　　④ 탈기가 불완전할 때

313 돈육을 이용한 가공품 제조 시 사용하는 발색제가 아닌 것은?
① NaNO₃　　② KNO₃
③ NaNO₂　　④ CuSO₄

314 햄이나 베이컨을 만들 때 질산염과 아질산염이 첨가된 염지액을 처리한다. 질산염과 아질산염의 기능과 관계가 가장 깊은 것은?
① 수율 증진
② 정균작용
③ 독특한 향기의 생성
④ 고기색의 고정

315 고기의 숙성에 대한 설명 중 틀린 것은?
① 도살 후 고기의 pH 변화는 주로 젖산이나 인산의 생성 때문이다.
② 고기의 glycogen양은 숙성 중 변하지 않는다.
③ 산소의 공급이 충분한 경우에는 젖산 생성량이 적어진다.
④ 고기의 숙성은 온도가 높아지면 빨리 진행된다.

316 사후강직 중에 일어나는 현상으로 옳은 것은?
① 글리코겐(glycogen) 함량이 증가한다.
② ATP 함량이 감소한다.
③ 사후근육의 pH가 높아진다.
④ 젖산이 분해되고, 알칼리 상태가 된다.

ANSWER

311 ②　312 ③　313 ④　314 ④
315 ②　316 ②

317 동물 근육인 식육은 사후경직 현상을 일으키는데 이때 관여하는 성분은?

① 휘발성 염기질소
② ptomine
③ trimethylamine
④ actomyosin

318 근육의 사후변화 중 pH에 대한 설명으로 바르지 않은 것은?

① 사후 pH의 저하는 미생물의 번식을 억제하는 효과가 있어 고기 보존상 도움을 준다.
② 도체의 체온이 아직 높은 상태에서 pH가 급속히 떨어지면 육단백질의 변성이 많이 일어나 단백질의 용해도가 저하된다.
③ 사후 pH가 높을 때에는 보수력이 높고 미생물의 번식이 억제된다.
④ 사후 pH가 높을 때에는 육색이 검어서 늙은 가축의 고기나 부패육으로 오해를 받기 쉬워 신선육으로서의 가치가 떨어진다.

319 도살 후 일반적으로 최대 경직시간이 가장 짧은 육은?

① 소고기
② 양고기
③ 돼지고기
④ 닭고기

320 육류의 초기 부패판정 기준 pH는?

① pH 4.0~4.5
② pH 4.6~5.2
③ pH 5.3~6.0
④ pH 6.2~6.4

321 일반적으로 정상육의 사후강직 중 최종 pH는?

① 약 1.5
② 약 3.5
③ 약 5.5
④ 약 8.5

322 식육 연화제로 이용하지 않는 물질은?

① papain
② ficin
③ lipase
④ bromelin

---

317 사후강직(Rigor mortis)
- 동물이 죽으면 수분에서 수 시간이 지나 근육이 강하게 수축, 경화되고, 육의 투명도도 떨어져 흐려지게 되는데 이런 현상을 사후강직(rigor mortis)이라 한다.
- 사후에 근육에서는 ATP가 소실되어 myosin filament와 actin filament 간에 서로 미끄러져 들어가 근육이 수축하게 되고, 또한 actin과 myosin 간에 강한 결합(actomyosin)이 일어나서 경직이 지속된다.

318 사후근육의 pH가 증가함에 따라 보수력이 증가하지만 미생물의 생육, 증식의 억제 효과는 떨어진다.

319 도살 후 최대 경직시간
- 양고기 및 소고기 : 4~12시간,
- 돼지고기 : 1.5~3시간
- 닭고기 : 수분~1시간

320 육의 pH변화
- 신선한 육의 pH는 7.0 부근이지만 사후강직 동안 pH가 낮아진다. 그 후 부패가 진행됨에 따라 암모니아 및 염기성 아민이 발생되어 pH는 다시 높아진다.
- 식육류는 대개 등전점이 pH 5.0 부근이고, 극한 산성에서는 pH 5.3~5.6이다. 초기 부패를 나타내는 pH는 6.2~6.4 부근이다.

321 일반적으로 정상육의 사후강직 초기 pH는 7.1~7.3이다. 해당작용을 포함한 생화학적 반응으로 젖산이 축적되어 사후강직 중 최종 pH는 5.5~5.7 범위까지 떨어진다.

322 식육 연화제
- 육의 유연성을 높이기 위하여 단백질 분해 효소를 이용해서 거대한 분자구조를 갖는 단백질의 쇄(chain)를 절단하는 방법이다.
- 종류 : 파인애플에서 추출한 브로멜린(bromelin), 파파야에서 추출한 파파인(papain), 무화과에서 추출한 피신(ficin), 키위에서 추출한 엑티니딘(actinidin) 등이 있다.
- 식육 연화제로 가장 많이 쓰이는 단백질 분해 효소는 파파인(papain)이다.
※ lipase는 지방 분해 효소이다.

ANSWER
317 ④ 318 ③ 319 ④ 320 ④
321 ③ 322 ③

323 322번 해설 참조

324 육색소 고정
- KNO₃나 NaNO₂가 존재하면 염지 중 질산환원균에 의하여 NO₂가 되고, 이것이 젖산과작용, NO를 유리한다.
- 이것이 Mb과 결합하여 nitrisoMb으로 변화되어 고유의 선홍색 고기 색깔을 나타내며, 이것이 가열되면 nitrosomyochromogen(색원체)으로 변화한다.

325 육가공 시 복합 인산염의 첨가 효과
- 금속이온의 봉쇄작용에 의한 산화 억제 보조 역할
- 계면활성작용
- pH 완충작용
- 보수성의 증가
- 발색 보조 효과
- 미생물의 증식 억제 효과 등

326 육고기를 염지하는 주된 목적
- 육색소를 고정시켜 신선한 고기색 유지
- 육단백질의 용해성을 높여 보수성, 결착성 증가
- 보존성을 향상시키고, 독특한 풍미를 갖도록 한다.

327 육가공에서 수침(soaking) 목적
- 육 표면의 과도한 염분을 제거
- 염분을 육 중에 균일하게 분포
- 원료육 표면의 오염물질 제거
- 수침 : 5~10℃의 깨끗한 물속에 원료육 1kg당 보통 10~20분간

328 Paprika는 ham, sausage, bacon 제품의 육색을 보다 선홍색으로 착색시키기 위해 사용한다.

329 polyphosphte(중합인산염)의 역할
- 햄, 소시지, 베이컨이나 어육연제품 등에 첨가한다.
- 단백질의 보수력을 높이고, 결착성을 증진시키고, pH 완충작용, 금속이온차단, 육색을 개선시킨다.

---

323 식육의 연화제로 많이 쓰이는 물질은?
① 파파인　　② 카제인
③ 인산염　　④ 간장

324 육제품의 색은 발색제와 고기 색소의 결합에 의해서 형성되는데 이때 결합하는 물질은?
① NO　　② NO₂
③ NO₂⁻　　④ NO₃⁻

325 고기 가공에 있어 인산염을 첨가하는 효과에 대해 타당치 <u>아니한</u> 것은?
① 발색 보조 역할　　② pH 완충작용
③ 보수성 증가　　④ 영양 증대

326 육고기를 소금에 절여 염지(curing)하는 주된 목적과 관련성이 가장 <u>적은</u> 것은?
① 신선한 육색소 유지　　② 보존성 향상
③ 보수성 및 결착성 증가　　④ 자가소화 촉진

327 육가공에서 수침(soaking)을 하는 목적이 <u>아닌</u> 것은?
① 과도한 염분을 제거한다.
② 염지제를 균일하게 분포시킨다.
③ 원료육 표면의 오염물질을 씻어낸다.
④ 육의 변색을 방지한다.

328 식육 가공에 이용하는 향신료의 사용 목적에 따른 설명 중 <u>잘못된</u> 것은?
① nutmeg, clove는 방향성 물질이다.
② paprika는 ham, sausage의 색을 보다 희게 한다.
③ red pepper는 식욕 증진성으로 쓴다.
④ sage, thyme는 탈취성을 갖는다.

329 육가공에 있어서 육질의 결착력과 보수성을 높이기 위해 가해지는 것은?
① M.S.G　　② Vitamin C
③ polyphosphate　　④ ascorbic acid

ANSWER
323 ①　324 ①　325 ④　326 ④
327 ④　328 ②　329 ③

330 훈연의 목적이 아닌 것은?

① 제품의 색과 향미의 향상
② 건조에 의한 저장성 향상
③ 연기의 방부 성분에 의한 잡균 방지
④ 식육의 pH를 내림으로 잡균오염 방지

331 냉훈법보다 온훈법이 더 좋은 이유가 아닌 것은?

① 더 연하다.
② 색깔이 더 밝다.
③ 맛이 좋다.
④ 저장성이 있다.

332 훈연처리법 중 냉훈법의 주목적은?

① 지방 산화 방지 ② 완전살균
③ 저장성 부여   ④ 풍미 부여

333 식육의 훈연재로서 적당하지 않은 것은?

① 소나무, 향나무, 전나무
② 참나무, 굴참나무
③ 단풍나무, 떡갈나무
④ 떡갈나무, 왕겨, 옥수수속

334 훈연방법의 특징 중 적당치 않은 설명은?

① 냉훈법은 15℃~25℃로 유지한 것으로 풍미가 좋고 보존성이 길다.
② 온훈법은 약한 풍미와 보존성은 중간 정도이다.
③ 열훈법은 풍미가 매우 약하고 보존성이 짧다.
④ 배훈법은 널리 이용되는 방법으로 보존성이 가장 길다.

335 육색고정과정에서 질산염을 아질산염으로 환원시키는 질산염 환원균이 아닌 것은?

① *Achromobacter dentricum*
② *Micrococus epidermis*
③ *Micrococcus nitrificans*
④ *Acetobacter aceti*

---

330 훈연의 주요 목적
- 제품에 연기 성분을 침투시켜 보존성 향상
- 특유의 색과 풍미 증진
- 육색의 고정화 촉진
- 지방 산화 방지 등

331 훈연 방법 비교

	냉훈법	온훈법	고온훈연법
온도	15~20	25~45	50~90
시간	수일~수주	수시간	1/2~2시간
풍미	강	약	매우 약
보존성	장기간	중간	짧음
색조	어둡다	중간	밝다

332 냉훈법은 15~25℃, 1~3주간으로 훈연 기간이 길어 건조도가 높아져 (수분함량 35~40% 이하) 저장성이 높은 제품을 얻을 수 있다.

333 식육의 훈연 재료
- 수지가 적은 벚나무, 단풍나무, 참나무, 떡갈나무, 너도밤나무, 굴참나무 등의 목재, 톱밥, 대패밥, chip 등의 형태로 사용된다.
- 수지가 많은 침엽수인 소나무, 뽕나무, 전나무 등은 훈연 재료로 부적당하다.

334 배훈법은 가열 온도 90℃ 이상으로 보존성이 짧아 이용이 적다.

335 육색고정과정
- 질산염은 보통 육 중에 존재하는 질산염 환원균에 의해 아질산염으로 환원된다.
- $KNO_3 \rightarrow KNO_2$, $NaNO_3 \rightarrow NaNO_2$ 로 된다.
- *Acetobacter aceti*는 초산 생성균이다.

ANSWER
330 ④ 331 ④ 332 ③ 333 ①
334 ④ 335 ④

336 질산칼륨(초석, KNO₃)
- 무색의 투명한 백색결정성 분말로서 육가공품의 발색제로 효과가 있다.
- 근육 속의 myoglobin이 질산칼륨의 아질산 변화로작용되어 선적색이 된다.

337 햄 제조 시 염지방법
- 건염법, 액염법, 염지주사법 등이 있고 주로 건염법으로 실시한다.
- 염지 온도는 4~5℃의 냉장 온도로 유지하는 것이 효과적이다.

338 Press ham은 베이컨이나 각종 ham을 만들 때 나오는 잔육을 다른 육과 함께 혼합해서 소량의 결합육으로 압력을 가하여 결합, 밀착시켜 제조한다.

339 건염법은 고기의 표면에 식염, 질산칼륨, 설탕, 향료 등의 혼합물을 비벼서 염지하는 방법이다.

340 햄(ham)
- 돼지의 뒷다리(허벅지) 살을 원료로 성형 → 염지 → 훈연 → 가열하여 제품화한다.
- 종류 : regular ham(뼈가 있는 것), boneless ham(뼈를 제거한 것), shoulder ham(어깨살 사용한 것), press ham(돈육과 우육을 혼합한 저급품) 등이 있다.

341 베이컨(bacon)
- 돼지의 삼겹 부위에 염지제 및 향신료를 건염법으로 처리하여 염지한 다음, 훈연하거나 열처리한 것이다.
- 복부육을 가공한 것을 베이컨류, 등심육을 가공한 것을 로인(loin) 베이컨, 어깨부위를 가공한 것을 솔더(shoulder) 베이컨이라 한다.

342 사일런트 커터(Silent cutter)
- 소시지(sausage) 가공에서 일단 만육된 고기를 더욱 곱게 갈아서 고기의 유화 결착력을 높이는 기계이다.
- 첨가물을 혼합하거나 이기기(kneading) 등 육제품 제조에 꼭 필요하다.

336 식육 가공에서 발색제로 사용되는 것은?
① 질산 마그네슘
② 질산 칼륨
③ 황산 칼륨
④ 황산 마그네슘

337 햄 제조에 대한 설명으로 맞지 <u>않는</u> 것은?
① 훈연은 제품의 향미, 외관, 색깔, 보존성을 증진시킨다.
② 염지 온도는 20℃ 정도에서 하는 것이 효과적이다.
③ 염지방법은 건염법, 액염법, 염지주사법 등이 있다.
④ 훈연방법은 냉훈법, 온훈법, 고온훈연법 등이 있다.

338 Press ham용 원료 고기는?
① 다른 육제품의 가공 후 남은 부스러기 고기
② 소의 배살 고기
③ 돼지의 어깨살 고기
④ 돼지의 옆구리 고기

339 고기 가공에서 혼합 조제한 염지 재료를 직접 원료육의 표면에 비벼서 염지하는 방법은?
① 침지법
② 습염법
③ 건염법
④ 피클링법

340 Ham은 돼지의 어느 부분의 고기살을 이용하는가?
① 앞다리
② 옆구리 뱃살
③ 등심
④ 허벅지

341 로인(loin) 베이컨 제조에 주로 사용되는 돼지의 부위는?
① 뒷다리
② 등심육
③ 어깨
④ 옆구리

342 Silent cutter의 용도를 잘 설명한 것은?
① 고기를 곱게 갈아서 결착력을 높이는 기계
② 교반 및 혼합을 높이는 기계
③ 육제품의 casing에 쓰는 기계
④ 고기의 세절에 쓰이는 기계

ANSWER
336 ② 337 ② 338 ① 339 ③
340 ④ 341 ② 342 ①

343 소시지 제조 시 silent cutter나 emulsifier를 사용해서 얻을 수 있는 효과가 <u>아닌</u> 것은?

① 세절(cutting)
② 혼합(blending)
③ 이기기(kneading)
④ 유화 결착력의 파괴

344 더메틱 소시지(훈연소시지)의 일반적인 제조 공정을 바르게 설명한 것은?

① 원료육 → 만육, 조미 → 건조, 훈연 → 충전 → 삶기, 냉각
② 원료육 → 만육, 조미 → 충전 → 건조, 훈연 → 삶기, 냉각
③ 원료육 → 충전 → 만육, 조미 → 삶기, 냉각 → 건조, 훈연
④ 원료육 → 건조, 훈연 → 만육, 조미 충전 → 삶기, 냉각

345 다음 소시지의 종류 중 가정용 소시지(domestic sausage)류에 해당되지 <u>않는</u> 것은?

① 생소시지(fresh sausage)
② 간장소시지(liver sausage)
③ 훈연소시지(smoked sausage)
④ 여름소시지(summer sausage)

346 등심고기를 원료로 만든 햄은?

① 피크닉 햄
② 롤드 햄
③ 로스 햄
④ 프레스 햄

347 Dry sausage의 일반적인 제법 설명 중 적당치 <u>못한</u> 것은?

① 원료육 → 세절 → 염지 → 혼합 → 충전 → 건조 → 훈연 → 건조 → 제품
② hard type과 soft type으로 나누며, soft type은 cooling 한다.
③ casing은 돼지창자, 소창자를 이용한다.
④ 저장성이 상당히 낮다.

348 Bacon 염지 작업에 관한 설명 중 적당하지 <u>않은</u> 것은?

① 염지실은 실온(20±2℃)으로 유지시켜 염지기간을 단축시킨다.
② 염지 용기 바닥면에 지방층이 향하게 쌓는다.
③ 공기접촉을 피하도록 vinyl 등으로 꼭 밀착시킨다.
④ 염지제를 골고루 혼합하여 원료 표면에 잘 문질러 실시한다.

---

343 342번 해설 참조

344 훈연소시지의 일반적인 제조 공정은 원료육 → 염지 → 만육 → 충전 → 건조 → 훈연 → 가열 → 냉각 순이다.

345 Domestic sausage의 종류
• fresh sausage, smoked sausage, cooked sausage, pork sausage, bologna sausage, frank-furt sausage, winner sausage, live sausage 등이 있다.
※ Summer sausage는 dry sausage 이다.

346 Roast ham은 돼지의 등심고기를 소금에 염지하여 조미한 후에 다듬고, 건조, 훈연하여 열탕 처리한 것이다.

347 Smoked dry sausage류
• 훈연 온도와 시간에 차이가 있다.
 – cervelat(summer sausage) : 10~20℃에서 1~3일간
 – Morotadella : 70℃에서 12시간
 – thuringer : 43℃에서 12시간, 그리고 50℃에서 4시간 훈연하며 저장성이 좋은 제품이다.

348 Bacon 염지 작업
• 염지제를 일정량 섞어 원료육 표면에 마사지하면서 바른다.
• 맨 바닥에는 지방층이 바닥쪽으로 향하게 한다.
• 염지 용기 위쪽에는 지방면이 위로 향하게 하고, 그 위를 눌러준다.
• 가능한 한, 공기 접촉을 방지하기 위해 vinyl로 밀착시켜 꼭 덮는다.
• 염지실은 냉장 온도로 유지시켜 원료육 1kg당 4~5일의 비율을 유지한다.

ANSWER
343 ④ 344 ② 345 ④ 346 ③
347 ④ 348 ①

출제예상문제

349 dry sausage
- 수분함량을 35% 이하로 건조한 소시지로 저장성이 높다.
- 일반 소시지는 수분 70% 정도
- 반건조 소시지는 수분 55% 이하

350 베이컨(Bacon)
- 돼지의 삼겹 부위 또는 특정 부위를 정형한 것을 염지한 후 훈연하거나 열처리 한 것으로
- 수분 60% 이하, 조지방 45% 이하의 제품이다.
- 원료육의 부위에 따라 복부육을 가공한 bacon류, 등심육을 가공한 loin bacon, 어깨육을 가공한 shoulder bacon류가 있다.

351 난황계수
- 난황계수 = $\dfrac{난황높이}{난황폭}$

$0.5 = \dfrac{x}{3}$ ∴ $x = 1.5\text{cm}$

- 신선란의 난황계수는 0.361~0.442이다.

352 계란을 저장 중에 중량 감소, 비중 감소, 난백의 pH 상승, 난황의 점도 저하 등의 변화가 생긴다.

353 할란시키지 않고 선도를 판정하는 방법으로 외관법, 진음법, 설감법, 투시법, 비중법 등이 있다.

354 계란의 품질등급 기준
- 외관판정 : 난각상태
- 투광 판정 : 기실크기, 난황의 위치 및 윤곽, 난백의 투명도 및 결착력
- 할란 판정 : 난황의 높이, 농후난백의 양, 난백의 수양화, 이물질, 호우 단위 등
- 계란의 품질등급은 1+, 1, 2, 3 등급으로 판정

349 장기간 저장할 목적으로 제조하는 소시지는?
① fresh sausage
② cooked sausage
③ dry sausage
④ bologna sausage

350 돼지의 갈비살 부위를 원료로 만든 제품은?
① 베이컨
② 소시지
③ 프레스 햄
④ 로스햄

PART 2-3. 알가공

351 난황계수가 0.5이고 난황폭이 3cm일 때, 노른자의 높이와 신선도를 맞게 표시한 것은?
① 높이 0.5cm인 부패란
② 높이 0.5cm인 신선란
③ 높이 1.5cm인 신선란
④ 높이 1.5cm인 부패란

352 계란이 오래되면 어떻게 되는가?
① 비중이 무거워진다
② 점도가 감소한다.
③ pH가 하락한다.
④ 껍질이 두꺼워진다.

353 계란의 신선도 검사와 관계 없는 것은?
① 외관법
② 진음법
③ 건조법
④ 비중법

354 계란의 품질등급을 결정하는 요소가 아닌 것은?
① 난각상태
② 난백의 수양화
③ 난황과 난백의 점도
④ 기실의 크기

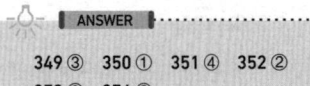

ANSWER
349 ③ 350 ① 351 ③ 352 ②
353 ③ 354 ③

355 계란의 중량규격으로 맞지 <u>않는</u> 것은?

① 왕란 68g 이상
② 대란 58g 미만 ~ 52g 이상
③ 중란 52g 미만 ~ 44g 이상
④ 소란 44g 미만

356 비중에 의한 계란의 선도 판정 내용 중 잘못된 것은?

① 8% 식염수에 떠오르는 것은 산란 직후의 알로 신선하다.
② 11%의 식염수 용액에 즉시 가라앉는 것은 신선란이다.
③ 11% 식염수 용액에 떠오르고 10% 식염수에서 가라앉는 것은 약간 신선하다.
④ 10% 식염수 떠오르고 8% 식염수에서 가라앉는 것은 부패 의심이 있다.

357 계란의 pH에 대한 설명 중 <u>잘못된</u> 것은?

① 신선 난백의 pH는 6.6 ~ 6.7 정도이다.
② 신선 난황의 pH는 6.32 정도이다.
③ 난백의 pH는 저장 중 CO_2의 상실로써 pH가 9.0 ~ 9.7로 높아진다.
④ 계란은 저장 중 pH의 변화가 발생하지 아니한다.

358 계란의 난각 구성물질 중 가장 풍부한 성분은?

① $Ca(PO_4)_2$ ② $MgCO_3$
③ $CaCO_3$ ④ organic matters

359 난백 단백질에 해당되지 <u>않는</u> 것은?

① ovalbumin   ② ovomucoid
③ flavoprotein   ④ lipovitellin

360 생 계란을 다량 섭취 시 난백 단백질 중 비오틴(biotin)과 결합하여 비타민(vitamin)을 불활성화 시키는 비타민 결핍증의 원인물질은?

① 아비딘(avidin)
② 오보뮤신(ovomucin)
③ 오보글로불린(ovoglobulin)
④ 오보뮤코이드(ovomucoid)

---

355 계란의 중량 규격[축산물등급판정 세부 기준]
- 왕란 68g 이상, 특란 68g 미만 ~ 60g 이상, 대란 60g 미만 ~ 52g 이상, 중란 52g 미만 ~ 44g 이상, 소란 44g 미만

356
- 8% 식염수에서 뜨는 것은 묵은 알, 부패란이다.
- 신선란의 비중은 1.0784 ~ 1.0914이며, 시간이 하루가 경과됨에 따라 매일 0.0017 ~ 0.0018씩 감소하게 된다.

357 저장 중 계란의 pH 변화
- 계란은 저장 중 난각 구멍을 통하여 CO_2가 방출된 채로 10일 경과하면 pH가 9.0 ~ 9.7로 높아진다.

358 난각의 조성은 $CaCO_3$ 93.7%, $Ca(PO_4)_2$ 0.8%, $MgCO_3$ 1.3%, 유기물질 4.2% 정도이다.

359 난백 구성 단백질
- ovalbumin, conalbumin, ovomucoid, lysozyme, ovoglobulin, ovomucin, avidin, ovoinhibitor, flavoprotein 등 적어도 13종 이상 함유된다.
- ※ lipovitellin은 난황 단백질이다.

360 난백 단백질
- 아비딘(avidin) : 난백 단백질 중의 함량은 0.05%로 미량이나 난황 중 biotin과 결합하여 비타민을 불활성화 시킨다.
- 오보뮤신(ovomucin) : 난백 단백질 중 1.5 ~ 2.9%를 차지하는 불활성 단백질이며, 인플루엔자 바이러스에 의한 적혈구의 응집 반응을 억제하는 물질이다.
- 오보글로불린(ovoglobulin) : 난백 단백질 중 8.0 ~ 8.9% 차지하며, 기포성이 우수한 포립제 역할을 한다.
- 오보뮤코이드(ovomucoid) : 단백질 분해 효소인 trypsin의 분해작용을 저해하는 trypsin inhibitor로 작용한다.

ANSWER
355 ② 356 ① 357 ④ 358 ③
359 ④ 360 ①

출제예상문제

361 Conalbumin
- 난백 단백질로 ovotransferrin이라고 한다.
- 열 응고 온도가 53~55℃로 가장 낮다.
- Fe^{3-}, Cu^{2+}, Zn^{2+} 등의 금속이온들과 결합하는 능력이 있어서 철요구성 미생물배지에 난백을 첨가하면 미생물은 철분을 이용할 수 없게 되어 미생물의 생육을 저지한다.

362 동결란 제품에서 대장균군은 음성이어야 한다.

363 액란을 동결 저장하였다가 해동하면
- 난황의 단백질이 응집하여 젤(gel)화되어 교반해도 분산되지 않고, 기계적으로 미세하게 마쇄하면 황색 반점이 분산된 모양으로 된다.
- 난황의 저온 보존 시 젤화를 방지하기 위해서 설탕이나 식염 농도 10% 정도 첨가 후 −10℃ 이하에서 보존하는 방법과 단백질 분해 효소인 protease가 유효하게 이용되고 있다.

364 동결란 제조 시 젤(gel)화 방지
- 현재 가장 널리 쓰이는 것은 설탕이나 식염 농도 10% 정도 첨가 후 −10℃ 이하에서 보존하는 것이다.
- 이외에 glycerin, diethyleneglycol, sorbitol, gum류, 인산염 등도 효과가 있으나 사용되지 않는다.

365 오래된 계란에서 나타나는 현상
- 난각의 두께는 0.31~0.34mm 정도이며, 저장기간이 지남에 따라 얇아지고 계란의 점도도 감소한다.
- 난황 계수는 저장 중 감소되는데 그 이유는 난백에서 난황으로 수분이 이행되기 때문이다.

---

361 Fe, Cu, Zn 등의 금속이온들과 결합하는 능력이 있어서 철요구성 미생물의 생육을 저지할 수 있는 난 단백질은?

① Ovomucoid
② Conalbumin
③ Lysozyme
④ Ovalbumin

362 동결란(frozen egg)에 대한 설명 중 적당하지 못한 것은?

① 동결란은 동결전란, 동결난황, 동결 난백으로 구분한다.
② 살균 처리한 난액을 −20℃~−30℃로 급속 동결 처리한다.
③ 난황의 경우에 glycerine, 식염, 설탕 등을 첨가하여 점도의 증가를 방지한다.
④ 동결란 제품은 총 생균수 50,000/g 이하, 대장균군은 10이어야 한다.

363 액란을 냉동 저장하였다가 해동하면 덩어리로 뭉치는 현상을 젤(gel)화라고 하는데 이를 방지하기 위하여 소금 또는 설탕을 첨가한다. 액란의 냉동에 의한 젤화가 생기는 주 원인으로 가장 적합한 것은?

① 지방의 응고로 인하여
② 얼음 입자가 녹지 않아서
③ 액란의 유화상태가 파손되어서
④ 단백질의 응집에 의하여

364 동결란 제조 시 젤(gel)화가 일어나 품질이 저하된다. 이를 방지하기 위하여 첨가되는 물질이 아닌 것은?

① 소금
② 설탕
③ 글리세린
④ 인산

365 다음 중 오래된 계란에서 나타나는 현상이 아닌 것은?

① 비중은 수분 증발과 기실의 확대로 인해서 가벼워진다.
② 난각은 두꺼워지고 점도는 상승한다.
③ pH는 알칼리 쪽으로 높아진다.
④ 난황계수는 감소하는 경향이 있다.

ANSWER

361 ② 362 ④ 363 ④ 364 ④
365 ②

366 건조 난백을 제조할 때 분무하기 전 효모 등을 이용하여 당분을 제거하기 위해 발효시키는 목적은?

① 갈변 방지
② 산화 방지
③ 제품의 풍미 증진
④ FeS에 의한 녹색 방지

367 계란의 분무건조과정에 갈변물질은?

① 난백의 glucose
② 난황의 carotene
③ 난황의 lecithin
④ 난각의 $CaCO_3$

368 계란의 유화성에 대한 설명 중 **틀린** 것은?

① 유화성은 난황, 난백 성분을 모두 가지고 있다.
② 유화성은 난황 성분만을 가지고 있다.
③ 난황의 유화성을 이용한 것은 마요네즈 제조이다.
④ 난황의 유화성은 보통 O/W형의 emulsion이 생성된다.

369 계란의 응고성에 대한 설명 중 **잘못된** 것은?

① 난백은 60℃ 전후에서 응고가 시작된다.
② 난황은 65℃ 전후에서 응고가 시작된다.
③ 계란을 통째로 65℃ 전후로 가열하면 난황 성분이 더 견고하게 응고된다.
④ 계란을 통째로 65℃ 전후로 가열할 경우 난백 성분이 더 견고하게 응고된다.

370 다음 마요네즈 제조에 쓰이는 재료 중 가장 큰 비율을 가진 것은?

① 향신료
② 난황
③ 조미료
④ 식물유

371 마요네즈 제조 시 유화제 역할을 하는 것은?

① 난황
② 식용유
③ Salads oil
④ 난백

---

366 건조란 제조 시 탈당처리
- 계란의 난황에 0.2%, 난백에 0.4%, 전란 중에 0.3% 정도의 유리 글루코오스가 존재하며 분무건조과정에 이 유리 글루코스가 아미노기와 반응하여 maillard 반응이 나타난다.
- 이 반응 결과 건조란은 갈변, 불쾌취, 불용화 현상이 일어나 품질저하를 일으키기 때문에 탈당처리가 필요하다.
- 탈당처리 방법에는 자연발효에 의한 방법, 효모에 의한 방법, 효소에 의한 방법 등이 있다.

367 366번 해설 참조

368 계란의 유화성
- 난황과 난백 양쪽에서 갖고 있다.
- 난황의 유화성이 난백에 비하여 상당히 크다.
- 난황의 유화성은 O/W(oil in water)형의 emulsion이 생성된다.

369 계란의 응고성
- 난백은 60℃에서 응고가 시작되고, 난황은 65℃ 전후에서 응고가 시작된다.
- 계란을 통째로 65℃ 전후로 가열하면 난백보다 난황 성분이 더 견고하게 응고하게 된다.

370 마요네즈(mayonnaise)
- 난황의 유화력을 이용하여 식용유에 식초, 겨자가루, 후추가루, 소금, 설탕 등을 혼합하여 유화시켜 만든다.
- 제품의 전체 구성 중 식물성 유지 65~90%, 난황액 3~15%, 식초 4~20%, 식염 0.5~1% 정도이다.
- 사용되는 기름은 주로 olive oil, 면실유, 콩기름, 옥수수기름 등이다.
- 제조 방법 : 난황 분리 → 균질 → 배합 → 교반 → 담기 → 저장 → 제품 순이다.

371 370번 해설 참조

ANSWER
366 ① 367 ① 368 ② 369 ④
370 ④ 371 ①

372 370번 해설 참조

373 370번 해설 참조

374 피단(pidan)
- 중국에서 오리알을 이용한 난 가공품이다.
- 생석회, 소금, 나무 태운 재, 왕겨 등을 반죽(paste) 모양으로 만들어 난 껍질 표면에 6~9mm 두께로 바르고, 왕겨에 굴려 항아리에 넣고, 공기가 통하지 않도록 밀봉시켜 15~20℃에서 5~6개월간 발효, 숙성시켜 제조한다.

375 피단(pidan)
- 중국에서 오리알로 만든 제품이다.
- 알 속에 소금과 함께 알칼리성 염류를 침투시켜 난황과 난백을 응고시키고 숙성 발효시킨 조미 계란이다.

376 굴비는 선도가 좋은 조기를 그대로 물간이나 마른 간을 한 다음 건조시킨 수산건제품이다.

377 알긴산(alginic acid)
- 해조류인 미역, 감태, 모자반 등의 갈조류의 세포막 사이를 채우고 있는 D-mannuronic acid(M)와 L-guluronic acid(G)가 다양한 비율로 결합된 polyuronic 다당류이다.
- 알긴산 조체 중에서는 대부분이 Ca염으로 존재하는데 이 Ca염은 물에 불용성이다.

ANSWER
372 ② 373 ④ 374 ③ 375 ④
376 ① 377 ①

---

372 마요네즈(Mayonnaise)의 제조방법의 설명 중 틀린 것은?
① 난황을 분리하여 원료로 사용한다.
② 난황과 난백을 분리하여 일정 비율로 혼합하여 식초와 식용유를 넣어서 만든다.
③ 난황을 분리하여 식초와 혼합하고 식용유와 나머지 식초를 넣으면서 유화, 균질화 한다.
④ 마요네즈의 배합비는 대체적으로 난황 10%, 조미료 3.5%, 향신료 1.5%, 식초 10%, 식용유 75% 정도이다.

373 마요네즈 제조의 재료에 속하지 않는 것은?
① 식초, 후추   ② 설탕, 소금
③ 식용유   ④ 우유

374 다음 중 발효시켜 만든 알가공품은?
① 마요네즈   ② 피단
③ 아이스크림   ④ 달걀 가루

375 피단 제조에 있어 관여되지 않는 작용은?
① 침투작용   ② 응고작용
③ 발효작용   ④ 휴면작용

PART 3-1. 수산물 가공

376 수산 가공품의 종류가 잘못 연결된 것은?
① 염장품 - 굴비
② 동건품 - 마른 명태(황태)
③ 연제품 - 부들어묵, 판붙이 어묵, 게맛어묵
④ 해조 가공품 - 카라기난, 알긴산

377 해조류에 존재하는 알긴산의 특성은?
① 조체 중에 대부분이 불용성인 Ca염으로 존재한다.
② 조체 중에 대부분이 수용성인 Ca염으로 존재한다.
③ 조체 중에 대부분이 불용성인 질산염으로 존재한다.
④ 조체 중에 대부분이 수용성인 Na염으로 존재한다.

378 빙장새우의 표면에 흑색 반점이 생기는 이유는?
① 효소 반응에 의한 색소의 형성 때문에
② 껍질색소가 표면에 노출하기 때문에
③ 황화수소에 의한 혈액색소의 변색 때문에
④ 껍질의 주성분인 키틴의 산화 때문에

379 물고기의 선도 감정법 중 화학적 방법에 속하지 않는 것은?
① 트리메틸아민 측정
② 휘발성 염기질소 측정
③ 어육의 전기전도도 측정
④ 수소이온 농도의 측정

380 건조미역, 다시마 등의 표면에 생기는 백분은?
① melanin
② taurine
③ tyrosine
④ mannite

381 패류의 대각근을 마비시키는 해삼의 독은?
① muscarine
② venerupin
③ holothurin
④ tetrodotoxin

382 마른 전복의 표면에 생성되는 백분의 주성분은?
① mannite
② taurine
③ betaine
④ sorbitol

383 다음 중 연결이 서로 잘못된 것은?
① 고래의 연골-chondromucoid
② 상어비늘 및 난각막-pseudo keratin
③ 패각 및 진주-conchiolin
④ 해면동물의 골격-chitin

384 황다랭이나 날개다랭이를 통조림했을 때 녹변육(green meat) 생성과 가장 관계가 깊은 것은?
① trimethylamine
② indole
③ H_2S
④ hemoglobin

---

378 빙장새우의 표면에 흑색 반점이 생기는 이유
• tyrosine이 tyrosinase의 효소적 산화를 받아 DOPA, DOPA quinone으로 되고, 다시 산화, 중합 등의 변화를 거쳐 melanin을 생성하기 때문이다.

379 물고기의 화학적 선도 감정법
• 휘발성 염기질소 측정, trimethylamine 측정, 휘발성 환원성물질 측정, pH 값에 의한 방법 등이 있다.

380
• 마른 미역이나 다시마 표면에 나타나는 백분의 주성분은 mannite이고, 아미노산이나 염화카리가 소량 섞여 있다.
• taurine은 자건 전복에 백분이고, tyrosine은 조미건제품이나 방어의 훈제 유적 통조림에 생성되는 백분이다.

381 holothurin
• 해삼의 독성분이다.
• 수용성이고 열에 약한 용혈성 독소이며 백만분의 1정도의 농도로서 어류를 죽이는 효과가 있다.

382
• 마른 전복의 백분의 주성분은 taurine이다.
• betaine은 상쾌한 감미를 가진 물질로 오징어, 문어, 새우 등의 무척추 동물의 근육에 많이 함유되어(엑스분의 5~11%) 있다.

383 chitin 질은 게, 가재 등의 갑각류 또는 곤충 등의 껍질에 많이 들어 있다.

384 황화수소 생산균에 의하여 생성되는 황화수소가 환원형 미오글로빈에 작용하여 적자색의 황화미오글로빈을 생성하고, 이것이 더욱 산화되어 녹변한다.

ANSWER
378 ① 379 ③ 380 ④ 381 ③
382 ② 383 ④ 384 ③

385
- 뱀장어의 혈청은 보통 어류와 달라서 청자자색이며, 혀에 닿으면 타 붙는 것 같은 자극이 있는데 이 독성물질을 ichthyotoxin이라 한다.
- tytamin은 문어, holothurin은 해삼, tetrodotoxin은 복어의 독성분이다.

386 어육을 자연 건조할 때 일어나는 변화
- 일종의 산패, 부패 초기로 볼 수 있다. 따라서 자동산화가 일어나고, 휘발성 염기질소량이 많아져 부피의 감소와 함께 육질이 경화된다.
- 단백질의 용해도는 산패되어 감에 따라 낮아진다.

387 스쿠알렌(squalene)
- 불포화 탄화수소이다.
- 어유 중의 불검화물의 중요성분이다.
- 심해성 상어의 간유에는 70~90% 정도 함유된다.
- cholesterol의 전구체이다.
※ 심해성 상어류에는 불검화물 중에 탄화수소를 가지고 있는데 포화탄화수소로 pristane이 있고, 불포화 탄화수소로는 squalene이 있다.

388 TMAO(Trimethylamine oxide)
- 신선한 생선에 많이 함유되어 있는 대표적 물질로 생체 내에서 NH_3^+ 해독물질로서 또는 요소와 함께 삼투압 조절 물질로서 이용된다.
※ TMA는 어류의 신선도가 떨어짐에 따라 증가하고 특히 어취의 주성분으로 존재한다.

389 헤모시아닌(hemocyanin)
- 갑각류의 새우, 게, 연체동물의 물오징어, 문어, 달팽이 등의 혈청에 함유된다.
- 고등동물의 헤모글로빈과 생리작용은 같지만 pyrrole핵을 함유하지 않고 또한 철 대신에 1분자 당 2원자의 구리를 함유한다.
- 구리함량은 종류에 따라 0.17~0.38% 정도이다.
- Hemocyanin의 환원형은 무색, oxy형은 청색이다.

390 경골어류는 배설의 형태에 있어서 암모니아의 형태로 배설하고 해산 연골어류에서는 요소의 형태로 배설한다.

---

385 뱀장어의 혈청에 들어 있는 독성분은?
① ichthyotoxin ② tytamin
③ holothurin ④ tetrodotoxin

386 어육을 자연 건조할 때 일어나는 변화를 <u>잘못</u> 설명한 것은?
① 지방질이 산화된다.
② 육단백질의 용해도가 높아진다.
③ 휘발성 염기질소량이 많아진다.
④ 부피가 감소하고 육질이 감소한다.

387 스쿠알렌(squalene)과 관계 없는 것은?
① 탄화수소이다.
② 어유 중의 불검화물의 중요성분이다.
③ 상어간유 중에 많이 함유되어 있다.
④ 비타민 A의 전구물질이다.

388 신선한 생선에 그 함량이 많은 물질은?
① V.B.N ② TMAO
③ TMA ④ IMP

389 게 보일드통조림의 청변 원인물질은?
① 헤모글로빈(hemoglobin)과 황화수소
② 미오글로빈(myoglobin)과 황화수소
③ 액토미오신(actomyosin)과 황화수소
④ 헤모시아닌(hemocyanin)과 황화수소

390 경골어류는 체내의 질소 성분을 어떤 형태로 배설하는가?
① 요소 ② 요산
③ 암모니아 ④ 아민

ANSWER
385 ① 386 ② 387 ④ 388 ②
389 ④ 390 ③

391 다음 중 해조류에서 얻을 수 없는 성분은?

① carrageenan ② alginic acid
③ inulin ④ mannitol

392 연골어류 탈아미노화 된 암모니아를 체외로 배설하는 형태는?

① 히스타민 배설형
② 암모니아 배설형
③ 요산 배설형
④ 요소 배설형

393 엑스분(extractives)에 속하지 않는 것은?

① 유리아미노산
② 유기산
③ TMAO
④ 단백질

394 연체류의 엑스분(extractives)의 함량은?

① 1~5%
② 4~8%
③ 6~10%
④ 8~12%

395 다음 중 엑스분의 함량이 비교적 많은 것은?

① 연골어
② 경골어
③ 갑각류
④ 연체류

396 수산 건제품의 처리방법에 대한 설명으로 틀린 것은?

① 자건품 : 수산물을 그대로 또는 소금을 넣고 삶은 후 말린 것
② 배건품 : 수산물을 그대로 또는 간단히 처리하여 말린 것
③ 염건품 : 수산물에 소금을 넣고 말린 것
④ 동건품 : 수산물을 동결·융해하여 말린 것

---

391 해조류에서 얻을 수 있는 성분
- carrageenan은 홍조류에서 추출된다.
- alginic acid는 갈조류에서 추출된다.
- mannitol은 갈조류에서 얻어지는 만니톨의 주요 성분이다.
※ inulin은 다알리아 뿌리나 돼지감자 등에 들어 있는 저장성 다당류이다.

392 암모니아를 체외로 배출하는 형태
- 생체 내에서 질소화합물의 최종 대사생성물의 하나로 생성되는 암모니아는 동물에 따라 배설형태가 다르다.
- 해산 경골어, 수서 무척추 동물 및 담수산 어류 등은 직접 암모니아 형태로 배설하나 해산 연골어에서는 요소의 형태로 배설한다.
- 경골어의 근육에는 요소가 극히 적으나 연골어의 근육에는 다량 함유된다.

393 엑스분(extractives)
- 잘게 썬 근육을 물로 추출하면 여러 가지 성분이 용출되는데, 이 추출액에서 단백질, 지질, 색소, 기타 고분자화합물을 제거한 나머지 즉 유리아미노산, 유기산, 저분자질소화합물, 저분자탄수화물 등을 통틀어 엑스분이라 한다.
- TMAO, urea, betaine, nucleotide, 유기산 및 당류 등이 여기에 속한다.

394 엑스분의 함량은 개략적으로 어류에서는 1~5%, 연체류에서는 4~8%, 갑각류에서는 6~10% 정도이다.

395 엑스분의 함량은 개략적으로 어류에서는 1~5%, 연체류에서는 4~8%, 갑각류에서는 6~10% 정도로 갑각류에 가장 많다

396 배건품은 도미, 복어, 모래무지, 붕장어, 가자미 등을 한 번 구워서 건조시킨 것이다.

ANSWER
391 ③ 392 ④ 393 ④ 394 ②
395 ③ 396 ②

출제예상문제

397 염장 간고등어의 저장원리는 소금에 의한 높은 삼투압으로 미생물 세포의 원형질 분리가 일어나 생육이 억제되든가 사멸되어 저장성이 높아진다.

397 염장 간고등어의 저장원리는?
① 삼투압
② 경건조
③ 진공
④ 훈연

PART 4-1. 유지 가공

398 유지 채취법
• 식물성 유지 : 압착법과 추출법 이용
• 동물성 유지 : 용출법 이용.
※ 착유율을 높이기 위해서 기계적 압착을 한 후 용매로 추출하는 방법이 많이 이용되고 있다.
※ 우지, 돈지, 어유, 경유 등의 용출법은 boiling process와 melting out process가 있다.

398 유지의 채취방법 중 적당하지 않은 것은?
① 압착법
② 추출법
③ 용출법
④ 증류법

399 398번 참조

399 유지 채취방법 중 동물성 유지 채취에 가장 좋은 방법은?
① 압착법
② 용출법
③ 용매추출법
④ 연속추출법

400 식용유지 추출용매
• 헥산(hexane), 석유 에테르, 벤젠, 사염화탄소(CCl₄), 이황화탄소(CS₂), 아세톤, ether, ethanol, CHCl₃ 등
※ 추출법 : 원료를 유기 용매에 담그고 유지를 용제에 녹여서 그 용제를 휘발시켜 유지를 채취한다.

400 유지 추출용매로 쓰이는 것은?
① toluene
② phenol
③ benzene
④ benzoic acid

401 400번 참조

401 식용유지 추출용매로 주로 사용되는 것은?
① 헥산(hexane)
② 에틸(ethyl)
③ 케톤(ketone)
④ 페놀(phenol)

402 398번 참조

402 식물성 유지를 추출할 때 착유율을 높이기 위한 방법으로 가장 적합한 것은?
① 기계적 압착을 한 후 용매로 추출한다.
② 용매로 먼저 추출한 후 기계적 압착을 한다.
③ 용매 추출방법으로만 추출한다.
④ 기계적 압착방법으로만 추출한다.

403 채유 시 가열처리를 하는 이유
• 세포막을 파괴하고, 단백질을 응고시켜, 유지의 점도를 낮게 하여 착유율을 높이는 데 있다.

403 유지 채유과정에서 열처리를 하는 근본적인 이유가 아닌 것은?
① 유지의 점도증가
② 원료의 수분조절
③ 산화효소의 불활성화
④ 착유 후 미생물의 오염 방지

ANSWER
397 ① 398 ④ 399 ② 400 ③
401 ① 402 ① 403 ①

404 경화유 제조에 사용되는 촉매는?

① Cu ② Ni
③ Mg ④ Fe

405 유지 가공에 있어 수소첨가의 목적이 아닌 것은?

① 경화유 제조 ② 불쾌미 불쾌취 제거
③ 색깔 개선 ④ 영양가 증대

406 샐러드 기름을 제조할 때 탈납처리(Winterization)는 어떤 목적으로 처리하는 방법인가?

① 냄새 제거 ② 액성지방 제거
③ 고체 지방 제거 ④ 수분 제거

407 동유처리법(winterization)은 어떤 기름에 주로 사용하는가?

① 면실유 ② 대두유
③ 유채유 ④ 미강유

408 탈납 공정(dewaxing)에 관한 기술 중 잘못된 것은?

① 고체 지방을 제거하기 위한 것이다.
② 유리지방산을 제거하기 위한 것이다.
③ 탈취 공정(deodering process) 전에 행한다.
④ 샐러드유(salad oil)를 만들기 위한 공정이다.

409 수산화나트륨을 가하여 유리되는 지방산을 비누화하여 제거하는 유지정제법은?

① 흡착법 ② 알칼리법
③ 황산법 ④ 활성탄법

410 다음 중 유지의 탈색방법으로 사용되지 않는 것은?

① 활성백토법 ② 산성백토법
③ 활성탄법 ④ 수증기 증류법

---

404 경화유
- 불포화 지방산의 이중 결합 부분에 Ni 등을 촉매로 수소를 부가시켜 포화지방산으로 만든 고체 지방이다.
- 불포화지방산의 냄새를 제거한 것이다.

405 경화유 제조 공정 중 유지에 수소를 첨가하는 목적
- 글리세리드의 불포화 결합에 수소를 첨가하여 산화 안정성을 좋게 한다.
- 유지에 가소성이나 경도를 부여하여 물리적 성질을 개선한다.
- 색깔을 개선한다.
- 식품으로서의 냄새, 풍미를 개선한다.

406 탈납처리(Winterization)
- salad oil 제조 시에만 실시한다.
- 기름이 냉각 시 고체 지방으로 생성이 되는 것을 방지하기 위하여 탈취하기 전에 고체 지방을 제거하는 공정이다.
- dewaxing이라고도 한다.
- 주로 면실유에 사용되며, 면실유는 낮은 온도에 두면 고체 지방이 생겨 사용할 때 외관상 좋지 않으므로 이 작업을 꼭 거친다.

407 406번 해설 참조

408 406번 해설 참조

409 탈산처리
- 원유에는 유리지방산이 0.5% 이상 함유되어 있다.
- 특히 미강유에는 10% 정도 함유되어 있어 산을 제거하기 위해서 탈산처리를 한다.
- 가장 많이 쓰이는 방법은 NaOH 용액으로 유리지방산을 중화하고 비누로 만들어 제거하는 알칼리 정제법이 있다.

410 유지의 탈색법
- 원유에는 카로티노이드, 클로로필 등의 색소를 함유하고 있어 보통 황록색을 띤다.
- 이들을 제거하는 방법으로는 가열탈색법과 흡착탈색법이 있다.
- 가열법은 기름을 200~250℃로 가열하여 색소류를 산화분해하는 방법이다.
- 흡착법은 흡착제인 산성백토, 활성탄소, 활성백토 등이 있으나 주로 활성백토가 쓰인다.

ANSWER

404 ② 405 ④ 406 ③ 407 ①
408 ② 409 ② 410 ④

출제예상문제

411 유지의 정제방법
- 원유에는 검, 단백질, 점질물, 지방산, 색소 섬유질, 탄닌, 납물질 등이 들어 있다.
- 물리적 방법 : 불순물 중에 흙, 모래, 원료의 조각 등과 같은 것은 정치법, 여과법, 원심분리법 등으로 쉽게 제거할 수 있다.
- 화학적 방법 : 단백질, 점질물, 검질 등과 같이 유지 중에 교질상태로 있는 것은 분리가 어려워 탈산법, 탈색법, 탈취법, 탈납법 등으로 제거하여야 한다.
- 유지의 정제 공정은 중화 → 탈검 → 탈산 → 탈색 → 탈취 → 탈납(윈터화) 순이다.

412 411번 해설 참조

413 411번 해설 참조

414 발연점은 높아야 좋으며, 튀김 온도는 160~180℃보다 210~240℃가 좋다.

415 천연 버터와 마가린의 차이점
- 버터 중에는 마가린 보다 휘발성 지방산 함량이 훨씬 많다.
- Reichert-Meissel number는 수용성 휘발성 지방산을 중화에 필요한 0.1N KOH의 ㎖수로 표시하고 수용성 휘발성 지방산의 양을 나타낸다.
  - 일반유지는 1 정도이지만 버터는 30 정도로 높다.
  - 버터의 위조검정에 이용한다.

416 쇼트닝(shortening)
- 마가린(수분 40%)과 달리 수분이 거의 없는 100% 유지이다.
- 야자유(식물성 유지), 돈지(동물성 유지), 경화유 등의 원료 유지에 유화제를 첨가하고 10~20%의 N_2 gas를 갖게 하여 제품의 가소성을 좋게 한다.
- 특징은 쇼트닝성, 크림성, 유화성, icing성, 흡수성, frying성 등이 요구된다.
- 넓은 온도 범위에서 가소성이 좋고 제품을 부드럽고 연하게 하여 공기의 혼합을 쉽게 한다.

417 쇼트닝 제조 공정
- 원료 → 배합 → 냉각 → 혼합의 순서로 되어 있다.
- 마가린 제조 공정과 거의 유사하지만 유화 과정이 없으며, 혼합에 중점을 둔다.

---

411 유지의 정제방법 중 화학적인 방법은?

① 정치법 ② 여과법
③ 탈색법 ④ 원심분리법

412 탈검, 탈산, 탈색, 탈취 등의 제조 공정과 관계가 있는 것은?

① 유지의 추출 ② 유지의 정제
③ 전분의 정제 ④ 경화유 제조

413 유지의 정제 공정으로 맞는 것은?

① 중화 → 탈취 → 탈색 → 탈검 → 탈납
② 탈색 → 탈검 → 중화 → 탈취 → 탈납
③ 탈검 → 탈취 → 중화 → 탈색 → 탈납
④ 중화 → 탈검 → 탈색 → 탈취 → 탈납

414 식품의 가공 및 조리 시 튀김용 기름의 발연점은?

① 낮은 것이 좋다.
② 높은 것이 좋다.
③ 낮은 것이 좋으나 너무 낮으면 나쁘다.
④ 높은 것이 좋으나 너무 높으면 나쁘다.

415 천연 버터와 마가린의 가장 큰 차이점은?

① 휘발성 지방산 ② 요오드가
③ 검화가 ④ 산가

416 쇼트닝은 다음 중 어디에 속하는가?

① 전분 가공품 ② 유지 가공품
③ 설탕 가공품 ④ 고기 가공품

417 쇼트닝(shortening) 제조과정에서 필요 없는 공정은?

① 혼합 ② 냉각
③ 유화 ④ 배합

ANSWER
411 ③ 412 ② 413 ④ 414 ②
415 ① 416 ② 417 ③

418 쇼트닝에 대한 설명으로 맞지 않는 것은?

① 광범위한 온도에서 끈기를 가지게 한다.
② 유지에 10~20%의 질소가스를 넣어 가소성을 좋게 한다.
③ 유지 80%에 물 및 우유제품 등을 약 20% 섞어 유화시켜 조제한다.
④ 제품의 촉감을 좋게 하고 잘 부서지도록 한다.

419 정제한 동물성 유지, 식물성 유지, 경화유 등을 급랭, 연화하여 가공한 크림상태 또는 고형상태의 것으로 정의되며, 제과·제빵 등에 널리 이용되는 제품의 명칭은?

① 쇼트닝(shortening)
② 마가린(margarine)
③ 라드(lard)
④ 마요네즈(mayonnaise)

420 쇼트닝의 가공 특성이 아닌 것은?

① 쇼트닝성 – 제품이 바삭바삭하게 되거나 바스러지기 쉬운 성질
② 크리밍성 – 공기를 잘 부착시키도록 하는 성질
③ 안정성 – 광범위한 온도에서 끈기를 갖는 성질
④ 전연성 – 제품 표면에 잘 펼쳐지는 성질

421 미강유 제조 시 쌀겨를 가열 건조하는 주된 이유는?

① 단백질을 변성시켜 착유량을 증가시키기 위하여
② lipase를 불활성화시켜 유리지방산의 생성을 억제하기 위하여
③ 섬유소를 파괴하여 착유를 용이하게 하기 위하여
④ protease를 불활성화하여 기름이 착색되는 것을 방지하기 위하여

422 식물성 유지가 동물성 유지보다 산패가 잘 일어나지 않는 이유는?

① 지방 분해 효소가 작게 들어 있다.
② 천연 항산화제와 산화 방지 보조물질이 들어 있다.
③ 당분함량이 높다.
④ 불포화도가 낮다.

---

418 416번 해설 참조

419 416번 해설 참조

420 쇼트닝의 가공 특성
- 가소성, 쇼트닝성, 크림성, 흡수성, 안정성 등을 들 수 있으나 용도에 따라 그 특성은 크게 달라진다.
  - 가소성(plasticity) : 고체와 같이 작은 힘에는 저항하지만 일정 이상의 힘 (항복응력)에 대하여 유동을 일으키는 성질
  - 쇼트닝(shortening)성 : 비스킷, 쿠키 등을 제조할 때 제품이 바삭바삭하게 잘 부서지도록 하는 성질
  - 크리밍(creaming)성 : 빵 반죽이나 버터, 크림 제조 시 공기를 잘 부착시키도록 하는 성질
  - 안정성(consistency) : 광범위한 온도에서 끈기를 갖는 성질

421 쌀겨를 가열 건조하는 주된 이유
- 쌀겨 중에 들어 있는 유지 분해 효소인 lipase가 쌀겨 기름에 작용하여 생기는 유리지방산은 식용유지에 불리하게 작용하므로 제거해야 한다.
- 지방 분해를 억제하는 방법은 쌀겨를 바로 가열, 건조하여 lipase를 불활성으로 하는 동시에 수분을 2~3% 정도로 하면 효과가 있다.

422 식물성 유지에는 동물성 유지보다 천연 항산화제가 많이 함유되어 산패가 잘 안되며, 항산화제로는 tocopherol(Vit E), 아스코르빈산(Vit C), gallic acid, quercetin, sesamol 등이 있다. 이들 물질은 산화 방지 보조물질(synergist)을 첨가하면 효과적이다.

ANSWER
418 ③ 419 ① 420 ④ 421 ②
422 ②

출제예상문제

423 416번 해설 참조

424 유지의 탈취 조건은 3~6mmHg의 감압하에서 200~250℃로 가열하고 수증기를 넣어 냄새를 제거한다.

425 식용유지의 탈색
- 원유에는 카로티노이드, 클로로필 등의 색소를 함유하고 있어 보통 황록색을 띤다.
- 제거 방법 : 가열탈색법, 흡착탈색법이 있다.
  - 가열법 : 기름을 200~250℃로 가열하여 색소류를 산화분해하는 방법
  - 흡착법 : 흡착제(산성백토, 활성탄소, 활성백토 등)가 있으나 주로 활성백토 사용

426 탈검 공정
- 불순물인 인지질(phospholipid) 같은 고무질이 주로 제거된다.
- 원유에 들어있는 불순물 중 인지질은 레시친으로 정제 공정을 어렵게 하므로 탈산하기 전에 제거해야 한다.

427 426번 해설 참조

428 원료로부터 보통 추출법에서 얻은 miscella는 증발과 스트리핑의 2가지 단계로 용제를 제거한다. 추출기에서 추출된 miscella는 25~30%이나 용제를 증발시켜 90~95%로 한다.

---

423 가공유지 중 마가린보다 가소성이 더 우수한 제품은?
① 샐러드유   ② 드레싱
③ 쇼트닝   ④ 야자유

424 유지의 탈취 정제 시 적당한 가열 온도와 감압의 조건은?
① 80~180℃, 1~3mmHg
② 200~250℃, 1~3mmHg
③ 80~180℃, 3~6mmHg
④ 200~250℃, 3~6mmHg

425 식용유지의 정제과정에서 활성백토, 활성탄 등 흡착제를 가하는 공정은?
① 탈산   ② 탈검
③ 탈취   ④ 탈색

426 유지 제조 시 탈검(degumming) 공정에서 주로 제거되는 성분은?
① phospholipid   ② aldehyde
③ ketone   ④ wax

427 식용유를 제조할 때 탈검(degumming) 공정을 거치는데 탈검 공정의 주된 목적은?
① 인지질을 제거한다.
② 유리지방산을 제거한다.
③ 색소를 제거한다.
④ 휘발성 물질을 제거한다.

428 유지를 추출하여 얻은 중간물인 miscella를 증류할 때 관계가 없는 것은?
① 스트립퍼   ② 진공
③ 백토   ④ 수증기

ANSWER
423 ③ 424 ④ 425 ④ 426 ①
427 ① 428 ③

429 경화유 제조 후 일어나는 물리적 성질의 변화 중 가장 중요한 것은?

① 빙점 하강
② 빙점 상승
③ 융점 하강
④ 융점 상승

430 트랜스지방에 대한 설명으로 옳지 않은 것은?

① 마요네즈는 옥수수유나 대두유 같은 식물성 유지를 사용하므로 트랜스지방 함량이 낮다.
② 커피 프림은 야자유를 100% 경화시켜 사용하므로 트랜스지방 함량이 높다.
③ 트랜스지방을 함유한 유지는 특유의 고소한 냄새와 맛을 내는 경화취를 가지고 있다.
④ 유지를 햇빛에 장시간 노출시키면 산패는 발생되지만 트랜스지방은 늘어나지 않는다.

PART 5-1. 식품 공정공학의 기초

431 식품 가공에서의 단위 조작 기술이 아닌 것은?

① 건조
② 농축
③ 가열살균
④ 품질관리(QC)

PART 5-2. 식품 공정공학의 응용

432 안지름 2.5cm의 파이프 안으로 21℃의 우유가 0.10㎥/min의 유속으로 흐를 때 이 흐름의 상태를 어떻게 판정하는가?(단, 우유의 점도 및 밀도는 각각 $2.1 \times 10^{-3} Pa \cdot S$ 및 1029kg/㎥이다)

① 층류
② 중간류
③ 난류
④ 경계류

429 경화유는 유지가 경화되어 요오드가가 점차 줄고, 녹는 온도가 높은 기름이 생성된다.

430 트랜스지방(trans fatty)
• 식물성 유지에 수소를 첨가하여 액체유지를 고체유지 형태로 변형한 유지(부분 경화유)를 말한다.
• 보통 자연에 존재하는 유지의 이중 결합은 cis 형태로 수소가 결합되어 있으나 수소첨가 과정을 거친 유지의 경우에는 일부가 trans 형태로 전환된다. 이렇게 이중 결합에 수소의 결합이 서로 반대방향에 위치한 trans 형태의 불포화 지방산을 트랜스지방이라고 한다. 일반적으로 쇼트닝과 마가린에 많이 함유되어 있다.
• 커피 프림에 사용하는 유지는 야자유이다. 야자유에는 포화지방산이 90% 정도 들어 있다. 프림에 사용할 때 야자유를 100% 경화시켜 사용하게 되는데 100% 경화시켰다는 말은 모든 지방이 포화지방산으로 전환되었다는 의미로 자체 포화지방산 함량이 높아 트랜스지방은 거의 존재하지 않는다.

431 식품 가공에 이용되는 단위 조작
• 액체의 수송, 저장, 혼합, 가열살균, 냉각, 농축, 건조에서 이용되는 기본 공정으로서, 유체의 흐름, 열전달, 물질이동 등의 물리적 현상을 다루는 것이다.
• 그러나 전분에 산이나 효소를 이용하여 당화시켜 포도당이 생성되는 것과 같은 화학적인 변화를 주목적으로 하는 조작을 반응 조작 또는 단위 공정이라 한다.

432 레이놀드수(Re)=Dvp/u(지름×속도×압력/점도)
• 관의 단면적 = (π/4)×D² = 3.14/4 × (0.025m)² = 4.9×10^{-4} ㎡
• 관 내 우유의 유속(유속/관의 단면적) = 0.10/60s × 1/ 4.9×10^{-4} ㎡ = 3.4m/s
• Re = 0.025m × 3.4m/s × 1029kg/㎥ / 2.1×10^{-3} Pa · S = 41650
• Re⟨2100 : 층류, 2100⟨Re⟨4000 : 중간류, Re⟩4000: 난류
• 즉, 레이놀드수(Re)가 4000보다 크므로 난류이다.

ANSWER

429 ④ 430 ② 431 ④ 432 ③

출제예상문제

433 상업적 살균법
- 가열에 의해 식품고유의 성분이 변화되어 품질을 저하시키기 때문에 식품품질이 가장 적게 손상되면서 미생물학적으로 안전성이 보장 되는 수준까지 살균하는 방법이다.
- 보통 100℃ 이하 70℃ 이상 조건에서 살균하며 주로 산성의 과일 통조림에 이용된다.

434 1000 × (80 − 10) × 3.90 = 273000kg/h

435 농축 과즙을 제조할 때 진공농축은 감압(진공도 74cm 전후)과 낮은 온도(50~60℃)에서 과일주스를 얇은 막 또는 거품상태로 하여 농축한다. 감압함으로써 증발능력이 높아지고 공기에 노출되지 않은 채 저온으로 처리되므로 품질이 저하되는 것을 최소한으로 막을 수 있다.

436 D값 : 균을 90% 사멸시키는 데 걸리는 시간, 균수를 1/10로 줄이는 데 걸리는 시간
포자 초기 농도(N_0)를 1이라하면 99.999%를 사멸시켰으므로 열처리 후의 생균의 농도(N)는 0.00001 N_0이다(100−99.999 = 0.001%, 0.001/100 = 0.00001).

$$D_{121.1} = \frac{t}{\log(N_0/N)}$$
$$= \frac{1.2}{\log(N_0/0.00001N_0)}$$
$$= \frac{1.2}{5} = 0.24분$$

(t : 가열 시간, N_0 : 처음 균수,
N : t시간 후 균수)

437 살균 온도의 변화 시 가열치사시간의 계산

$$F_o = F_T \times 10^{\frac{T-121}{Z}}$$

F_o : T=121℃에서의 살균시간
F_T : 온도 T에서의 살균시간
이 공식에 의해 138℃에서 5초이므로

$$F_{121} = 5 \times 10^{\frac{138-121}{8.5}} = 500초$$

438 치사율 값 계산식 :
$L = 10^{-(121.1-t)/z}$
$L = 10^{-(121.1-127)/10}$
$L = 10^{0.59}$
$L = 3.89$

ANSWER
433 ③ 434 ② 435 ② 436 ②
437 ④ 438 ①

---

433 상업적 살균법을 가장 잘 설명한 것은?
① 고온살균을 말한다.
② 저온 살균을 말한다.
③ 식품공업에서 제품의 유통기간을 감안하여 문제가 발생하지 않을 수준으로 처리하는 부분 살균을 말한다.
④ 간헐 살균을 말한다.

434 주스를 1000kg/h로 10℃에서 80℃까지 열교환 장치를 사용하여 가열하고자 한다. 주스의 비열이 3.90kJ/kg·k일때 필요한 열에너지는?
① 300000kg/h   ② 273000kg/h
③ 233000kg/h   ④ 180000kg/h

435 농축 과즙을 제조할 때 진공농축에 가장 알맞은 온도는?
① 70~80℃   ② 50~60℃
③ 30~40℃   ④ 10~20℃

436 *Clostridium botulinum* 포자현탁액을 121.1℃에서 열처리하여 초기 농도의 99.999%를 사멸시키는데 1.2분이 걸렸다. 이 포자의 $D_{121.1}$은 얼마인가?
① 0.28분   ② 0.24분
③ 1.00분   ④ 2.24분

437 z값이 8.5℃인 미생물을 순간적으로 138℃까지 가열시키고 이 온도를 5초 동안 유지한 후에 순간적으로 냉각시키는 공정으로 살균 열처리를 할 때, 이 살균 공정의 F_{121}값은?
① 125초   ② 250초
③ 375초   ④ 500초

438 *B. stearothermophilus*(z=10℃)를 121.1℃에서 열처리하여 균 농도를 1/10000로 감소시키는데 15분이 소요되었다. 살균 온도를 127℃로 높여 15분간 살균한다면 균의 치사율은 몇 배 커지겠는가?
① 3.89배   ② 4.34배
③ 5.45배   ④ 6.25배

439 1%w/v NaCl 수용액을 역삼투 공정에 투입하여 1400kPa의 압력에서 조업할 때 투과액의 배출속도를 예측하면 얼마인가? (단, 막의 투과계수는 0.028ℓ/m²·h·kPa이고 1%w/v NaCl의 삼투압은 862kPa이다.)

① 5.34ℓ/m²·h ② 6.23ℓ/m²·h
③ 7.53ℓ/m²·h ④ 15.06ℓ/m²·h

440 구 모양의 식품이 송풍식으로 냉동되고 있다. 식품의 초기온도는 10℃이며 송풍공기의 온도는 -15℃이다. 식품은 지름 7㎝, 밀도 1000kg/m³·K이며, 빙점은 -1.25℃이고 융해잠열은 250kJ/kg이다(단, 냉동식품의 열전도도는 1.2W/m·K, 대류열전달계수는 50W/m²·K이다.). 이때 냉동시간은 얼마인가?

① 2.04h ② 3.14h
③ 3.54h ④ 4.04h

441 동결에 대한 설명 중 틀린 것은?

① 공기냉동법은 완만동결에 속한다.
② 송풍동결법은 -40 ~ -30℃의 냉풍을 강제 순환시키는 급속동결이다.
③ -40 ~ -25℃로 냉각시킨 금속판 사이에 식품을 넣고 압착하면서 동결시키는 것은 금속판 접촉 냉동법이다.
④ 최대 빙결정 생성대를 통과하는 시간이 35분 이상이면 급속동결에 속한다.

442 냉동사이클의 순서가 맞는 것은?

① 팽창 - 증발 - 압축 - 응축
② 팽창 - 압축 - 응축 - 증발
③ 팽창 - 증발 - 응축 - 압축
④ 팽창 - 응축 - 증발 - 압축

443 개체식품에 냉각공기를 강하게 불어 넣어 냉동시키려는 물체를 떠 있는 상태로 냉동시키는 것은?

① 액체질소 냉동
② 유동층 냉동
③ 침지 냉동
④ 간접접촉 냉동

---

439 (1400-862) × 0.028 = 15.064 ℓ/m²·h

440 플랑크 방정식 θ = λρ/t-ta × {(Pa/hs) + (Ra²/k)}
(λ: 융해잠열, ρ: 식품밀도, t: 빙점, ta: 송풍공기 온도, hs: 대류열전달계수, a: 지름, k: 식품열전도도)
평판일 때 : P=1/2, R=1/8
긴 원통형 : P=1/4, R=1/16
육각형, 구형 : P=1/6, R=1/24
λ=250, ρ=1000, a=0.07, hs=0.05, k=0.0012
θ=250×1000/(-1.25)-(-15) × {(1/6 × 0.07 × 1/0.05) + (1/24 × (0.07)² × 1/0.0012)} = 7327
h 단위로 환산하면 7327 / 3600 = 2.035 약 2.04 h

441 동결방식
- -1~-5℃ 사이의 온도 범위로 동결율이 70~80%에 달하는 최대 빙결정생성대의 통과시간에 따라 분류할 수 있다.
- 일반적으로 급속동결이라 하면 이 최대 빙결정생성대를 30~35분 정도에 통과하는 동결방식 또는 품온강하(0~-15℃로)의 진행이 0.6~4cm/hr되는 동결속도를 갖는 동결방식을 말한다.

442 냉동의 원리에서 냉매는 냉동장치 내에서 압축, 응축, 팽창, 증발의 4가지 과정을 반복하면서 장치 내를 순환하여, 온도가 낮은 증발기에서 열을 빼앗아서 온도가 높은 응축기로 열을 이동시키는 역할을 한다.

443 냉동방법
- 완만동결법 : Dry ice 동결법, 공기동결법, 반송풍동결법 등
- 급속동결법
  - 액체질소동결법 : -196℃에서 증발하는 액체질소를 이용한 동결법
  - 유동층 냉동 : wire conveyer 벨트에 제품을 실어 냉동실로 보내면서 (제품은 벨트 위에 떠서 유동층을 형성하며 지나가게 된다) 벨트 하부로부터 -35~-40℃냉각 공기를 불어주어 냉동시키는 방법
  - 접촉식 동결법 : 제품을 -30~-40℃의 냉매가 흐르는 금속판 사이에 넣어 접촉하도록 하여 동결하는 방법
  - 침지식 동결법 : -25~-50℃ 정도의 brine에 제품을 침지시켜서 동결하는 방법
  - 송풍동결법 : 제품을 -30~-40℃의 냉동실에 넣고 냉풍을 3~5m/sec의 속도로 송풍하여 단시간에 동결하는 방법

ANSWER

439 ④ 440 ① 441 ④ 442 ①
443 ②

출제예상문제

444 냉동톤(RT)
- 0°C의 물1톤을 24시간 내에 0°C의 얼음으로 만드는 데 필요한 냉동능력
- 물의 동결잠열은 79.68kcal/kg 이므로 1톤은
  79.68×1000 = 79680kcal/24h
  (=3320kcal/h)
- 얼음의 비열은 0.5Kcal/kg.°C
  (20×(1)+(15×0.5)+79.68=107.18
- 동결 시 제거되는 전체 에너지=1톤×1000×107.18=107180kcal
- 냉동톤으로 환산하면 107180/79680 =1.345, 약 1.35냉동 톤

445 최대 얼음결정생성대
- 일반적으로 -1~-5°C의 범위이다.
- 짧은 시간(보통 30분까지)에 최대 얼음결정생성대를 통과하게 하는 냉동법을 급속냉동이라 하고 그 이상의 시간이 걸리는 냉동법을 완만동결이라고 한다.
- 동결 속도는 식품 내에 생기는 얼음결정의 크기와 모양에 영향을 준다.
- 완만동결을 하면 굵은 얼음결정이 세포 사이사이에 소수 생기게 되지만 급속동결을 하면 미세한 얼음결정이 세포내에 다수 생기게 된다.
- 완만동결을 하면 세포벽이 파손되어 해빙 시 얼음이 녹는 물과 세포 내용물이 밖으로 흘러나오게 되어 식품은 원상태로 되돌아가지 못한다.

446 냉동부하
- 물체를 냉동시키기 위해 제거되어야 할 열량
  5000kg×0.063W=315kW,
  W=J/s 이므로 315kJ/s와 같다.
- h 단위로 바꾸려면 분자에 3600을 곱한다.
  315kW × 3600 = 1134kJ/h
  (W=J/s, 1J=0.24cal,
  1kJ=240cal, kW=3600kJ/h)

447 전도(conduction)는 고체 또는 정지된 유체 내에 온도차가 있을 경우 분자의 열진동에 의하여 에너지가 전달되는 과정이다.

448 분무건조(spray drying)
- 건조실 내에 열풍을 불어 넣고 열풍 속으로 농축우유를 분무시키면 우유는 미세 입자가 되어 표면적이 크게 증가하여 수분이 순간적으로 증발한다.
- 열풍 온도는 150~250°C이지만 유적이 받는 온도는 50°C 내외에 불과하여 분유는 열에 의한 성분변화가 거의 없다.
- 실제 액체식품의 건조에 분무건조가 가장 많이 이용 되고 있다.

444 20°C의 물 1톤을 24시간 동안 -15°C의 얼음으로 만드는데 필요한 냉동능력은 약 얼마인가?

① 2.36 냉동톤
② 2.10 냉동톤
③ 1.78 냉동톤
④ 1.35 냉동톤

445 식품을 급속 냉동하면 완만 냉동한 것 보다 냉동식품의 품질(특히 texture)이 우수하다고 밝혀졌다. 그 이유로 가장 적합한 것은?

① 세포 내외에 미세한 얼음 입자가 생성된다.
② 냉동에 소요되는 시간이 길다.
③ 해동이 빨리 이루어진다.
④ 오래 보관할 수 있다.

446 5°C에서 저장중인 양배추 5000kg의 호흡열 방출에 의한 냉동부하는? (단, 5°C에서 양배추의 저장 시 열 방출량은 63W/ton이다.)

① 315kJ/h
② 454kJ/h
③ 778kJ/h
④ 1134kJ/h

447 물질의 이동없이 분자의 운동에 의하여 열이 전달되는 현상은?

① 전도　　　② 확산
③ 대류　　　④ 복사

448 다음 건조장치 중 액체식품을 건조하는 데 가장 적합한 것은?

① 터널 건조기(tunnel drier)
② 유동층 건조기(fluidized-bed drier)
③ 기류 건조기(flash drier)
④ 분무 건조기(spray drier)

ANSWER
444 ④　445 ①　446 ④　447 ①
448 ④

449 다음 중 대류형 건조기(convection type dryer)에 해당되지 않는 것은?

① 트레이 건조기(tray dryer)
② 터널 건조기(tunnel dryer)
③ 드럼 건조기(drum dryer)
④ 컨베이어 건조기(conveyor dryer)

450 복원성이 좋고 제품의 품질 및 저장성을 향상시키기 위한 건조방법으로 가장 적합한 것은?

① 가압건조
② 동결건조
③ 상압건조
④ 진공감압건조

451 동결방법의 특징에 대한 설명으로 틀린 것은?

① 침지식동결법(immersion freezing) : 급속동결방법으로 brine이 식품 내에 침입하므로 미리 포장한다.
② 접촉동결법(contact freezing) : 동결 속도가 빠르지만 동결장치 면적이 크다.
③ 공기동결법(air freezing) : 동결이 완만히 진행되나 한 번에 대량처리가 가능하다.
④ 액체질소동결법(liquid nitrogen freezing) : 급속동결로 품질향상에 좋으나, 경비가 과다하다.

452 동결진공 건조법의 공정에 속하지 않는 것은?

① 식품의 동결
② 건조실 내의 감압
③ 승화열의 공급
④ 건조실 내에 수증기의 송입

453 25℃의 공기(밀도 1.149kg/m³)를 80℃로 가열하여 10m³/s 의 속도로 건조기 내로 송입하고자 할 때 소요 열량은? (단, 공기의 비열은 25℃에서는 1.0048kJ/kg·K, 80℃에서는 1.0090kJ/kg·K이다.)

① 636kW
② 393kW
③ 318kW
④ 954kW

---

449 열풍건조(대류형 건조)
• 식품을 건조실에 넣고 가열된 공기를 강제적으로 송풍기나 선풍기 같은 기기에 의해 열풍을 불어 넣어 건조시키는 방법이다.
• 열풍건조기에는 킬른(Kiln)식 건조기, 캐비넷 혹은 쟁반식 건조기(cabinet or tray dryer), 터널식 건조기(tunnel dryer), 컨베이어 건조기(conveyor dryer), 빈 건조기(bin dryer), 부유식 건조기(fluidized bed dryer), 회전식 건조기(rotary dryer), 분무건조기(spray dryer), 탑 건조기(tower dryer) 등이 있다.
※ 드럼 건조기(drum dryer)는 열판접촉에 의한 건조기 형태이다.

450 동결건조(Freeze-Drying)
• 식품을 동결시킨 다음 높은 진공장치 내에서 액체상태를 거치지 않고 기체상태의 증기로 승화시켜 건조하는 방법이다.
• 일반의 건조방법에서 보다 훨씬 고품질의 제품을 얻을 수 있다.
• 동결된 상태에서 승화에 의하여 수분이 제거되기 때문에 건조된 제품은 가벼운 형태의 다공성 구조를 가지며, 원래 상태를 유지하고 있어 물을 가하면 급속히 복원이 될 뿐 아니라 비교적 낮은 온도에서 건조가 일어나므로 열적 변성이 적고, 향기 성분의 손실이 적은 장점이 있다.

451 접촉동결법(contact freezing)
• -40~-30℃로 냉각된 냉매가 흐르는 금속판 사이에 식품을 넣고 밀착시켜 동결하는 방법이다.
• 동결 속도가 빠르고 제품의 모양이 균일하고 동결능력에 비해서 동결장치의 면적이 작다.

452 동결진공 건조법
• 건조하고자 하는 식품의 색, 맛, 방향, 물리적 성질, 원형을 거의 변하지 않게 하며, 복원성이 좋은 건조식품을 만드는 가장 좋은 방법이다.
• 미리 건조식품은 −30~−40℃에서 급속히 동결시켜 진공도 1~0.1mmHg 정도 진공을 유지(감압)하는 건조실에 넣어 얼음의 승화에 의해서 건조한다.

453 열량
= 1.149kg/m³ × 10 × (1.0048 +1.009)/2 × 55
= 1.149 × 10 × 1.0069 × 55
= 636.3kW

449 ③ 450 ② 451 ② 452 ④
453 ①

출제예상문제

454 습량기준 함수율
- 물질 내에 포함되어 있는 부분을 그 물질의 총무게로 나눈 값
- $m = \dfrac{Wm}{Wt} = 100(\%)$
  m : 습량기준 함수율(%w, b)
  Wm : 물질 내 수분의 무게(g)
  Wt : 물질의 총무게(g)

건량기준 함수율
- 완전히 건조된 물질의 무게에 대한 수분의 백분율
- $M = \dfrac{Wm}{Wd} = 100(\%)$
  M : 건량기준 함수율(%w, b)
  Wd : 완전히 건조된 물질의 무게(g)
- $M = \dfrac{80}{20} \times 100 = 400(\%)$

455 상대습도(%, RH)
- 공기 중 실제 수증기량(P)와 포화수증기압(Po)의 상대적 비율
- $RH = \dfrac{P}{Po} \times 100 = Aw \times 100$
- $Aw = \dfrac{RH}{100}$
- 즉 그 상대습도와 평형을 이루고 있는 식품의 수분 활성도의 100배 값이다.
- $Aw = \dfrac{60}{100} = 0.6$

456 건량기준 함수율(%)
$= \dfrac{수분의\ 무게}{건조된\ 물질의\ 무게} \times 100$
건량기준 함수율(%) $= \dfrac{55}{45} \times 100 = 122.2\%$

457 온도계수(Q_{10})
- 저장 온도가 10°C 변동 시 여러 가지 작용이 어떻게 변하는가를 나타내는 숫자이다.
- 예를 들면 호흡량, 청과물 육질의 연화의 정도, 미생물의작용을 보면 보통 $Q_{10} = 2\sim3$이면 온도가 10°C 상승하고 변질이 2~3배 증가하며, 10°C 낮아지면 변질이 1/2~1/3로 낮아진다.
- Q_{10}값이 낮을 경우 온도의 변화가 안정성에 적은 영향을 준다는 것을 의미한다.

---

454 습량기준으로 수분함량이 80%인 사과의 수분을 건량기준의 수분함량으로 환산하면 얼마인가?

① 567% ② 400%
③ 233% ④ 100%

455 38.35% H_2SO_4 수용액이 담긴 밀폐용기 내의 곶감을 보관하였더니 평형상태에서 중량의 변화가 없었다. 곶감의 수분 활성도는?
(단, 38.35% H_2SO_4 수용액의 상대습도는 60%)

① 0.62 ② 0.60
③ 61.65 ④ 60.00

456 고형분 함량이 45%인 농축오렌지 주스의 건량기준 수분함량은 약 얼마인가?

① 55% ② 72%
③ 102% ④ 122%

457 Q_{10}값은 온도의 안정성에 대한 지침으로 사용될 수 있는 데 Q_{10}값이 낮을 때의 의미로 가장 적합한 것은?

① 온도가 낮을수록 저장일수가 짧다.
② 온도가 높을수록 안전성이 크다.
③ 온도의 변화가 안정성에 매우 큰 영향을 준다.
④ 온도의 변화가 안정성에 비교적 적은 영향을 준다.

ANSWER
454 ②　455 ②　456 ④　457 ④

458 20% 유지 성분을 함유하는 콩 200kg을 2%의 유지를 함유하는 용매 미셀라(miscella) 200kg으로 추출한 결과 20%의 유지를 함유하는 미셀라 160kg을 얻었다. 이때 추출잔사에 잔존된 유지량은 몇 kg인가?

① 8.2kg
② 9.6kg
③ 12.0kg
④ 15.2kg

459 다음의 막분리 공정 중 치즈훼이(whey)로부터 유당(lactose)을 회수하는데 적합한 공정은 어느 것인가?

① 정밀여과
② 한외여과
③ 전기투석
④ 역삼투

460 저압을 이용하여, 염류와 같은 저분자 물질은 막을 투과시키지만 단백질과 같은 고분자 물질은 투과시키지 못한다. 또한 고분자 물질을 각각 저·중·고분자 물질로 분리시킬 수 있는 특징을 지니고 있는 막 분리법은?

① 정밀여과법
② 한외여과법
③ 역삼투법
④ 전기투석법

461 다음의 막분리 공정 중 발효시킨 맥주의 효모를 제거하여 저장성을 부여함으로써 향미가 우수한 맥주의 생산에 이용되는 공정은 어느 것인가?

① 정밀여과
② 한외여과
③ 전기투석
④ 역삼투

---

458 추출잔사에 잔존된 유지량
- 콩 200kg(유지율 20%) 중에 함유하고 있는 유지량 : 40kg
- 미셀라 200kg(유지율 2%) 중에 함유하고 있는 유지량 : 4kg
- 총 유지량의 합 : 40kg+4kg = 44kg
- 추출결과 미셀라 160kg(유지율 20%) 중에 함유하고 있는 유지량 : 32kg
- 잔존된 유지량
  = 총 유지량의 합 − 결과물의 유지량
- 잔존된 유지량 : 44kg − 32kg
  = 12kg

459 역삼투(reverse osmosis)법
- 본래 바닷물에서 순수를 얻기 위해 시작된 방법으로서 반투막을 사이에 두고 고농도의 염류를 함유하고 있는 유청 쪽에 압력을 주어 물 쪽으로 염류를 투과시켜 탈염, 농축시킨다.
- 유청 중의 단백질을 한외여과법으로 분리하고 투과액으로부터 유당을 회수하기 위해 역삼투법으로 농축한 후 농축액에서 전기영동법에 의해 회분을 제거하는 종합 공정을 이용한다.

460 한외여과(ultrafiltration)
- 정밀여과와 역삼투의 중간에 위치하는 것으로 고분자 용액으로부터 저분자 물질을 제거한다는 점에서 투석법과 유사하다.
- 한편 물질의 분리에 농도차가 아닌 압력차를 이용한다는 점에서는 역삼투압과 근본적으로 동일하다.
- 역삼투압은 고압을 이용하며 염류 및 고분자 물질 모두를 배제시킬 수 있다. 반면에 한외여과는 저압을 이용하여, 염류와 같은 저분자 물질은 막을 투과시키지만 단백질과 같은 고분자 물질은 투과시키지 못한다.
- 한외여과는 고분자 물질을 각각 저·중·고분자 물질로 분리시킬 수 있는 특징을 지니고 있다.

461 숙성된 맥주는 여과하여 투명한 맥주로 만든다. 여과기에는 면여과기, 규조토여과기, schichten여과기, 정밀여과기(microfilter) 등이 있다. 정밀여과기(microfilter)는 millipore filter라고도 하며 직경 0.8~1.4μ의 미세한 구멍이 있는 cellulose ester나 기타의 중합체로 만든 막으로 써 여과하는 것이며 효모도 완전히 제거된다.

ANSWER

458 ③ 459 ④ 460 ② 461 ①

출제예상문제

462
P=pgh (압력=밀도×중력가속도×높이)
0.917×5.5×9.8=49.4263
1기압(1atm)=101.3kPa을 더하면 약 150.8kPa이고,
단위를 바꾸면 150800Pa이므로 1.508×10^5Pa이 된다.

463 분쇄는 각 성분의 분리와 혼합을 쉽게 하여 건조나 용해성을 높이고 기호성 증가를 목적으로 고체물질에 압축, 충격, 마찰, 비틀림(전단)의 힘을 가하여 성분의 변화없이 그 입도의 크기를 작게 하는 것이다.

464 디스크 밀(disc mill)은 분쇄 시료를 좁은 간격에 투입되면 디스크가 회전할 때 생기는 마찰력과 전단력에 의해 분쇄된다.

465 분쇄기를 선정할 때 고려할 사항
- 원료의 크기, 원료의 특성, 분쇄 후의 입자 크기, 입도분포, 재료의 양, 습·건식의 구별, 분쇄 온도 등이다.
- 특히 열에 민감한 식품의 경우에는 식품 성분의 열분해, 변색, 향기의 발산 등도 고려해야 한다.

466 혼합기에서 입자들은 대류(convection), 확산(diffusion), 전단(shear stress)작용 등 복합적인 혼합작용에 의해 혼합되는 동시에 입자들의 성질의 차이에 의해 분리되기도 한다. 고체-고체 혼합은 입자나 분체를 다루며 물질의 크기, 비중, 점착성, 유동성, 응집성 등과 같은 물성이 혼합조작에 영향을 준다. 균일한 혼합물을 얻기 위하여 가능한 각 성분 입자들의 밀도, 모양, 크기 등을 비슷하게 조합해야 한다.

467 물리적 성질이 비슷한 고체 입자의 혼합에 알맞다. 그러나 고체 입자의 모양, 크기, 밀도 등에 차이가 있을 경우는 고체 입자 사이에 분리되는 경우가 있어 문제가 된다.

468 고점도의 물체를 혼합할 때는 점도가 낮은 액체처럼 impeller에 의해 유동성이 생성되지 않으므로 물체와 혼합시키는 날개가 직접적으로 접촉해야 한다. 따라서 pan mixer가 가장 우수하며 고정식과 회전식의 두 가지가 있다.

---

462 원통형 저장탱크에 밀도가 0.917g/㎤인 식용유가 5.5m 높이로 담겨져 있을 때, 탱크 밑바닥이 받는 압력은 얼마나 되는가? (단, 탱크의 배기구가 열려져 있고 외부 압력이 1기압이다.)
① 0.495×10^5 Pa
② 0.990×10^5 Pa
③ 1.013×10^5 Pa
④ 1.508×10^5 Pa

463 식품을 분쇄하려면 식품조직을 파괴할 수 있는 힘이 작용하여야 한다. 분쇄에 작용하는 힘이 아닌 것은?
① 충격력
② 압축력
③ 전단력
④ 공동력

464 분쇄 시료를 주로 마찰력과 전단력에 의해 분쇄하는 분쇄기는?
① 로울 분쇄기
② 디스크 밀
③ 햄머 밀
④ 볼 밀

465 분쇄기를 선정할 때 고려할 사항은 아닌 것은?
① 원료의 크기
② 원료의 특성
③ 원료의 영양 성분
④ 습·건식의 구별

466 혼합기에서 고체-고체 입자를 혼합할 때 혼합조작에 영향을 주는 물성과 거리가 먼 것은?
① 물질의 크기
② 비중
③ 흡습성
④ 유동성

467 물리적 성질이 비슷한 고체-고체 입자의 혼합에 알맞은 혼합기는?
① 텀블러 혼합기
② 스크루 혼합기
③ 리본 혼합기
④ Z-blade 혼합기

468 Paste와 같이 점도가 대단히 큰 물질의 혼합용 기계는?
① turbine agitator
② pan mixer
③ propeller agitator
④ paddle agitator

ANSWER
462 ④ 463 ④ 464 ② 465 ③
466 ③ 467 ① 468 ②

PART 5-3. 식품의 포장

469 식품 포장용 재료의 조건으로 적합하지 않은 것은?

① 가스 및 증기이동에 대한 제어
② 독성 성분이 존재하지 않을 것
③ 제한된 사용온도 범위
④ 환경친화적 재료

470 식품 포장재료에 요구되는 기본 성질에 대한 설명으로 틀린 것은?

① 품질을 유지하기 위한 성질로 친수성, 친유성, 광택성이 있다.
② 식품을 보호하는 성질로 가스투과도, 투습도, 광차단성, 자외선방지, 보행성이 있다.
③ 상품가치를 높이는 성질로 투명성, 인쇄적성, 밀착성이 있다.
④ 포장 효과 및 생산성을 높이는 성질로 밀봉성, 기계적성, 내한성, 내열성, 위조 방지가 있다.

471 식품 포장 재료의 용출시험 항목이 아닌 것은?

① 포름알데히드(formaldehyde)
② 페놀(phenol)
③ 잔류농약
④ 중금속

472 PVDC(polyvinylidene chloride) 필름이 부패하기 쉬운 어육류 식품 포장에 좋은 이유가 되지 않는 것은?

① 내열성, 풍미 보호성이 우수
② 태양 광선에 저항성이 좋아 고기의 변색 방지에 좋다.
③ 내 약품성과 내유성의 식품 포장에 좋다.
④ 높은 gas 투과성

473 기체 비투과성, 방습성 등이 좋으며, 열수축성이 커서 햄, 소시지 등의 단위 포장에 주로 사용되는 포장 재료는?

① PE(polyethylene)
② PVC(polyvinyl chloride)
③ PVDC(polyvinylidene chloride)
④ OPP(oriented polypropylene)

---

469 식품 포장용 재료의 조건
- 소비자에게 호감을 주기위한 투명성 및 표면광택
- 수분 이동의 제어
- 가스 및 증기이동에 대한 제어
- 광범위한 사용 온도 범위
- 독성 성분이 존재하지 않을 것
- 저렴한 가격
- 완충작용에 의한 기계적 보호
- 환경친화적인 요소 등이다.

470 품질을 유지하기 위한 성질로 내수성, 내유성을 가지고 있어야 한다.

471 식품 기구 및 용기 포장의 용출시험 항목[식품공전]
① 합성수지제 : 중금속, 과망간산칼륨소비량, 증발잔류물, 페놀, 포름알데히드, 안티몬, 아크릴로니트릴, 멜라민 등
② 셀로판 : 비소, 중금속, 증발잔류물
③ 고무제 : 페놀, 포름알데히드, 아연, 중금속, 증발잔류물
④ 종이제 또는 가공지제 : 비소, 중금속, 증발잔류물, 포름알데히드, 형광증백제

472 PVDC의 특성
- 내열성, 풍미, 보호성이 우수
- 투명을 요하는 식품의 포장
- 내약품, 내유성이 우수
- 광선 차단성이 좋아 햄, 소시지 등 육제품의 포장에 사용
- gas의 투과성과 흡습성이 낮아 진공포장 재료로 사용

473 472번 해설 참조

ANSWER
469 ③ 470 ① 471 ③ 472 ④
473 ③

474 폴리에틸렌(polyethylene)의 특성
- 탄성이 크다.
- 반투명이며 가볍고 강하다.
- 인쇄 적성이 불량하다.
- 방습성이 좋다.
- gas 투과성이 크다.
- 저온과 유기약품에 안정하다.
- 내유성이 불량하다.
- 열접착성이 우수하다.

475 비닐 resin 막의 특성
- 냄새, 맛, 독성이 없다.
- gas 투과성이 약해 밀봉이 잘 된다.
- 열에 약하나 off set 인쇄가 잘 된다.

476 방습 cellophane
- 보통 셀로판의 결점을 보완하여 방습성, 내유성은 좋으나 광선 차단이 안 된다.
- 햄, 소시지 포장에 쓰인다.

477 PVC 필름이 위생상 나쁘다고 하는 것은 성형 조제로 쓰이는 vinyl chloride monomer의 유출, 가소제 및 안정제가 그 원인으로 모두 발암물질이 된다.

478 냉동식품 포장 재료
- 내한성, 방습성, 내수성이 있어야 한다.
- gas 투과성이 낮아야 한다.
- 가열 수축성이 있어야 한다.
- 종류: 저압 폴리에틸렌, 염화 비닐리렌 등이 단일 재료로써 사용한다.

479 478번 해설 참조

480 콜라겐(collagen) 케이싱
- 젤라틴과 젤리를 원료로 한 천연 동물성 단백질인 콜라겐을 대량생산 방식으로 분자상의 용액에 가용성화한 것이다.
- 콜라겐은 천연 케이싱과 같이 식용가능하다.

ANSWER
474 ④ 475 ① 476 ③ 477 ②
478 ④ 479 ④ 480 ③

---

474 폴리에틸렌의 특성이 아닌 것은?
① 방습성이 좋다. ② gas 투과성이 크다.
③ 사용 시 저장기간이 길다. ④ 내유성이 좋다.

475 비닐 resin 막의 특성이 아닌 것은?
① 열에 강하다. ② 인쇄가 잘 된다.
③ gas투과성이 없다. ④ 밀봉이 잘 된다.

476 방습 cellophane film의 특성으로 적당하지 않은 것은?
① 내유성 우수 ② 방습성 우수
③ 인쇄적성이 양호 ④ 광선 차단성 우수

477 PVC(polyvinyl chloride) 필름이 식품 포장에 위생상 적합하지 않은 이유는?
① 중합 촉매 때문
② 가소제나 안정제 때문
③ 열과 반응 압력 때문
④ vinyl chloride의 원료 때문

478 냉동식품 포장재로 지녀야 할 성질이 아닌 것은?
① 유연성이 있을 것
② 방습성이 있을 것
③ 가열 수축성이 있을 것
④ 가스 투과성이 높을 것

479 냉동 포장재로 가장 적합한 것은?
① 염화비닐리덴 ② 염산고무
③ 염화비닐 ④ 폴리에스테르

480 식육제품을 주로 포장하는 식용이 가능한 식품 포장재(casing)는?
① 셀룰로오스(cellulose) 케이싱
② 셀로판(cellophane) 케이싱
③ 콜라겐(collagen) 케이싱
④ 크레할론(kreharon) 케이싱

481 지방이 많은 식품의 포장재로 가장 적합하지 않은 것은?

① 염화비닐리덴(vinyliden chloride)
② 폴리에스테르(polyester)
③ 종이(paper)
④ 폴리아미드(polyamide)

482 우유의 포장용 tetra pack 중에서 광선을 차단하는 재료는?

① poly ester
② kraft paper
③ ionomer resin coating
④ polyethylene

483 Polyethylene film으로 과실류를 포장할 때의 설명으로 맞지 않는 것은?

① 위생적인 이점이 있다.
② 과실류의 호흡이 억제되어 저장 효과가 크다.
③ 위생적이고 미생물 오염은 적으나 자가 소화가 일어나 좋지 않다.
④ 미생물의 오염을 막아 저장 효과를 얻는다.

484 식품 포장용 착색 필름이 소시지 같은 육제품의 광선(300~600μm) 투과를 차단시켜 변색을 방지하는 데 효과가 큰 색상은?

① 황색
② 적색
③ 백색
④ 청색

485 플라스틱 포장재료 중 방습성이 크고 열 접착성이 좋은 것은?

① polyester film
② polyethylene
③ plain cellophane
④ nylon 6

486 플라스틱 포장재료의 물성 특징에 대한 설명으로 틀린 것은?

① 폴리에틸렌필름(PE)은 기체투과도가 낮아 산화 방지 용도로 사용된다.
② 폴리에스테르필름(PET)은 내열성이 강하여 레토르트용으로 사용된다.
③ 폴리프로필렌필름(PP)은 인쇄적성이 좋기 때문에 표면층 필름으로 사용된다.
④ 폴리스티렌필름(PS)은 내수성, 내산성, 내알카리성이 우수하여 유산균음료 포장에 사용된다.

---

481 식품 포장재료의 성질에 의한 분류
① 습기나 수분의 차단성을 필요로 할 때
  Al-foil, vinyliden chloride, polypropylene, polyethylene, polyester, 방습 cellophane
② O₂ 등 가스의 차단성을 필요로 할 때
  Al-foil, vinyliden chloride, 방습 cellophane, polyester, polyamide
③ 내유성을 필요로 할 때
  Al-foil, vinyliden chloride, cellophane, polyester, polyamide
④ 향기, 취기의 차단성을 필요로 할 때
  Al-foil, vinyliden chloride, polypropylene, polyester, polycarbonate, 방습 cellophane
⑤ 광선의 차단성을 필요로 할 때
  Al-foil, 종이
⑥ 열접착성을 좋게 할 때
  polyethylene

482 kraft paper
• 침엽수의 아황산 pulp로부터 만들며
• 기계적 강도가 크고, 질기며, 광선을 차단한다.

483 P.E film 포장
• 가볍고 투명해서 좋으나 가스 투과성과 습기 투과성이 있다.
• 청과물과 같은 호흡작용이 심한 식품의 포장에 적합하나.

484 흡수 스펙트럼으로 보아 효과가 기대되는 색조는 적색계통이며, 황색계통은 별로 효과가 없다.

485 폴리에틸렌(polyethylene)의 특성
• 탄성이 크다.
• 반투명이며 가볍고 강하다.
• 인쇄 적성이 불량하다.
• 방습성이 좋다.
• gas 투과성이 크다.
• 저온과 유기약품에 안정하다.
• 내유성이 불량하다.
• 열접착성이 우수하다.

486 폴리에틸렌필름(PE)은 수분차단성이 좋으며 내화학성 및 가격이 저렴한 장점이 있는 방면 기체 투과성이 큰 특징이 있다.

ANSWER

481 ③ 482 ② 483 ② 484 ②
485 ② 486 ①

출제예상문제

487 AI-foil
- 방습·방수성이 좋고, 열에 강하며, gas 투과성도 없으나, 산 알칼리에는 약하다.
- 초절임 식품이나 산이 많은 식품 등에는 이용할 수 없다.

488 동결 건조식품을 포장할 때 가장 중요한 것은 외부의 습기 차단이다.

489 Polyester의 특징
- 내열성(150℃)이 강하여 가열식품이나 냉동식품의 포장에 적합
- 장점 : 질기고, 광택이 있으며, 무색 투명하며, 사용 온도의 범위가 넓어 −60℃에서도 경화되지 않고, 150℃로 가열해도 연화하지 않는다.
- 단점 : 열 접착이 안되고, impuls 접착만 될 수 있다.

490 라미네이션(적층, lamination)
- 보통 한 종류의 필름으로는 두께가 얼마가 됐든 기계적 성질이나 차단성, 인쇄적성, 접착성 등 모든 면에서 완벽한 필름이 없기 때문에 필요한 특성을 위해 서로 다른 필름을 적층하는 것을 말한다.
- 인장강도, 인쇄적성, 열접착성, 빛 차단성, 수분차단성, 산소차단성 등이 향상 된다.

491 녹차의 비타민C의 산화 방지를 위해서는 질소가스를 치환 포장한다.

492 환경기체조절포장(MAP : Modified Atmosphere Packaging)
- 폴리에틸렌 필름이나 피막제를 이용하여 원예 생산물을 외부 공기와 차단하고 생산물의 호흡에 의한 산소 농도의 저하와 이산화탄소 농도의 증가로 품질 변화를 억제하는 기술이다.
- 이때 사용하는 필름이나 피막제는 가스 확산을 저해하므로 MA 처리는 극도로 압축된 CA 저장이라 할 수 있다.
- 생물에 있어서 활성기체로 O_2나 CO_2가 적절히 이용되고 있으며, 또 O_2가 존재하면 분유같은 지방식품은 산패가 일어나므로 N_2 가스 등으로 치환시켜 보존한다.

---

487 다음 중에서 내산성이 가장 약한 포장재료는 어느 것인가?
① vinyl resin film
② Al-foil
③ polyester film
④ polyethylene film

488 동결 건조한 당근을 포장할 때 포장재의 조건 중 특히 강조할 성질은?
① 광선투과성
② 투명성
③ 방습성
④ 내한성

489 내열성이 가장 강한 포장재료는?
① polyvinylidene chloride
② polyethylene
③ vinyl resin
④ polyester

490 라미네이션 필름(lamination film)을 사용하는 목적으로 맞지 않은 것은?
① 인쇄적성의 향상
② 밀봉성의 증대
③ 수분 차단성의 향상
④ 원가의 절감

491 가스치환을 이용한 식품 포장에서 이용되는 식품, 봉입가스, 목적 등의 연결이 잘못된 것은?
① 도시락 − CO_2 − 세균의 생육 억제
② 녹차 − CO_2 − 비타민C 산화 방지
③ 감자칩 − N_2 − 유지 산화 방지
④ 식용유 − N_2 − 유지 산화 방지

492 환경기체조절포장(MAP, modified atmosphere packaging)과 관계가 먼 것은?
① H_2
② N_2
③ O_2
④ CO_2

ANSWER
487 ② 488 ③ 489 ④ 490 ④
491 ② 492 ①

493 식품 가공에 사용되는 고주파에 대한 설명으로 맞지 않는 것은?

① 전자레인지는 고주파의 가열원리를 이용한 것이다.
② 고주파는 파장의 길이에 따라 단파, 초단파, 극초단파로 구분된다.
③ 주파수가 높은 전파일수록 파장은 짧다.
④ 식품에 사용되는 주파수는 물을 포함한 식품 성분과 금속을 통과한다.

493 고주파의 가열원리
- 식품에 사용되는 주파수(전자레인지는 915 혹은 2450MHz)는 식품표면으로부터 약 3.81cm(1.5 인치) 가량 뚫고 들어가서 물, 지방, 당분자들을 활성화시키는데 이것은 물, 지방 혹은 당분자 속의 쌍극자와 상호작용하는 하전의 진동 때문이다. 에너지파를 받은 분자들은 진동하여 분자간에 충돌과 마찰이 생기는데 이 때 생긴 열이 표면은 물론 식품 내부로 전달된다.
- 식품에 사용되는 주파수는 금속을 통과하지 않고 표면에만 국한된다.

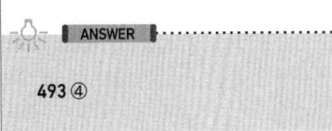

493 ④

제 4 과목

식품 미생물 및 생화학

01 식품 미생물
02 미생물의 생리
03 미생물의 분리 보존 및 균주개량
04 발효공학
05 생화학

◆ 출제예상문제

01 식품 미생물

1 미생물의 분류

 1. 미생물의 분류와 위치

미생물이란 인간의 육안으로는 볼 수 없고, 현미경(microscope)을 사용하여 볼 수 있는 미세한 생물의 일군을 총칭한다. 그러나 어떤 종류는 현미경으로써도 그의 존재를 확인할 수 없고, 전자현미경에 의해서만 볼 수 있는 생물과 육안으로 충분히 관찰할 수 있는 버섯과 미역까지를 포함한 생물군을 미생물이라 한다.

(1) 미생물의 분류와 위치

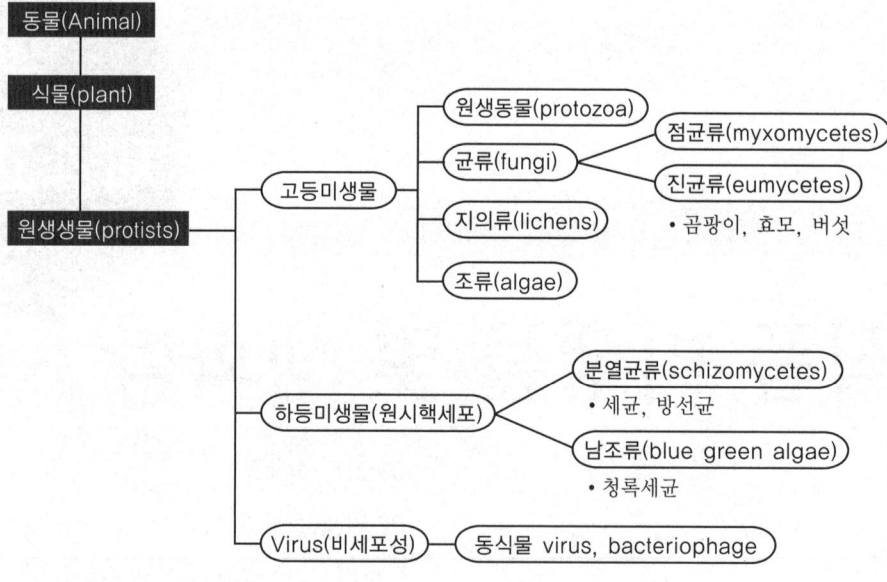

[Haeckel의 3계설에 의한 분류]

[원시핵 세포와 진핵 세포의 차이점]

보존료명	원핵세포(procaryotic cell)	진핵세포(Eucaryotic cell)
유전적 구조		
염색체수	1	> 1
핵막	없다	있다
분열	무사분열	유사분열
생식	감수분열이 없다	규칙적인 과정에서는 감수분열을 행함
원형질 구조		
ribosome	70s	80s
mitochondria	없다	있다
golgi체, 소포체, 인	없다	있다
size	3μ 이하(작다)	2~100μ 정도(크다)
화학적 조성		
원형질	없다	sterol 존재
세포벽	peptidoglycan 존재	없다
미생물 종류	Bacteria, 방선균, 남조류	진균류(곰팡이, 효모), 조류, 원생동물

(2) 미생물의 분류

[미생물의 분류 단계]

※ 미생물의 분류는 식물분류방법과 같다.

영 어 명	위 계 명	위계의 의미
division	1 부(문)	~mycota
subdivision	2 아부(아문)	~mycotina
class	3 강	~mycetes
subclass	4 아강	~mycetidae
order	5 목	~ales
suborder	6 아목	~ineae
family	7 과	~aceae
subfamily	8 아과	~oideae
tribe	9 족	~eae
subtribe	10 아족	~inae
genus	11 속	부정
species	12 종	부정
subspecies	13 아종	부정
variety	14 변종	부정
individual	15 개체	부정

(3) 미생물의 명명법(nomenclature)

① Linne의 2기명법에 의하여 속, 종을 표기한다.
② ISM의 규칙에 따라 명명하고 인정 승인을 받아야 한다.
③ 반드시 라틴어를 표시하되, 인쇄 시 이탤릭체로 써야 한다.
④ 쓰는 순서는 다음과 같다.

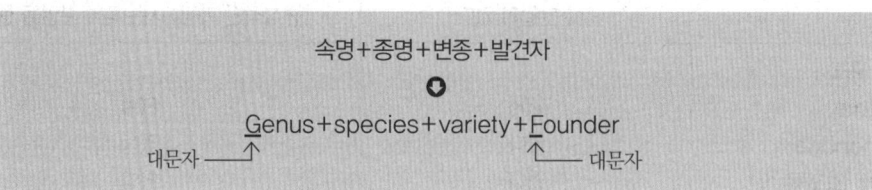

⑤ 다만, 같은 균이 여러 가지일 때는 번호를 붙인다.

2 식품미생물의 특징 및 이용

1. 세균(Bacteria)류

(1) 세균의 형태와 특성

세균은 분류학상 분열균류에 속하고, 다른 부류의 미생물과 달리 원시핵 세포를 가지고 있는 원시핵군에 속한다. 크기는 구균지름 0.5μ, 간균이 보통 0.2~0.5×1.0~2.0μ 정도이다. 세균은 그람 염색에 의하여 양성 또는 음성을 나타내는 것으로 크게 분류한다.

1) 세균의 기본 형태

세균의 기본 형태는 구균, 간균, 나선균의 3가지 종류가 있다.

① 구균(coccus, cocci) : 단구균(monococcus), 쌍구균(diplococcus), 4연구균(tetracoccus pediococcus), 8연구균(octacoccus, sarcina), 연쇄상구균(streptococcus), 포도상구균(staphylococcus) 등
② 간균(bacillus) : 단간균(short rod bacteria), 장간균(long rod bacteria), 방추형(clostridium), 주걱형(plectridium), 호형(vibrio) 등
③ 나선균(spirillum) : spring type, spirillum type 등

2) 세균 세포의 외부 구조

편모(flagellum, flagella)는 주로 세균에만 있는 운동기관으로서 편모의 유무와 종류는 세균 분류의 기준이 된다.

① 단모균 : 세포의 한 끝에 1개의 편모가 부착된 것
② 양모균 : 세포의 양 끝에 각각 1개씩 편모가 부착된 것
③ 속모균 : 세포의 한 끝 또는 양 끝에 다수의 편모가 부착된 것

④ 주모균 : 균체 주위에 많은 편모가 부착되어 있는 균
3) 세균 세포의 내부 구조
① 세포벽(cell wall)
- 주성분은 mucopeptide로 되어 있다.
- 세포벽의 화학적 조성에 따라 염색성이 달라진다.
- 일반적으로 그람양성세균은 그람음성세균에 비하여 mucopeptide 성분이 많다.

② 협막(capsule)
- 세균 세포벽을 둘러싸고 있는 점질물질(slime)이다.
- 화학적 성분은 다당류(polysaccharide)와 polypeptide의 중합체(polymer)이다.

③ 세포막(cell membrance)
- 단백질과 지질로 구성되어 있다.
- 선택적 투과성 막으로 세포 내외로 물질의 이동을 통제한다.

④ Ribosome
- 세포의 단백질 합성기관이다.
- 분자량 2.7×10^6 정도의 작은 과립이다.

⑤ 색소포(chromatophore)
- 광합성 색소와 효소를 함유하고 있다.
- 광합성을 하거나 효소작용을 하는 주체이다.

⑥ 세포핵(nucleus)
- 세균의 유전의 중심체이며, 생명 현상이 주체이다.
- 핵 속의 염색체를 가지고 있어 유전을 담당한다.
- 중심 물질은 DNA이다.

4) 세균의 포자
- 대부분의 세균은 포자를 형성하지 않지만, 생육 환경이 악화되면 세포 내에 포자(endospore)를 형성하는 세균이 있다.
- 포자 형성균으로 호기성의 *Bacillus* 속과 혐기성의 *Clostridium* 속이 있다.
- 포자는 내열성이 강하여 살균하기 어렵다.

5) 그람 염색성(Gram stain)
- 그람이 고안해낸 분별 염색법이다.
- 그람 염색이 되는 세균을 gram positive라 하고, 그람 염색이 되지 않는 세균을 gram negative라 한다.
- 그람 염색은 세균 분류의 가장 기본이 되며, 염색성에 따라 화학구조, 생리적 성질, 항생물질에 대한 감수성과 영양요구성 등이 크게 다르다.

(2) 세균의 분류

세균의 분류는 Bergeys Manual of Determinative Bacteriology 제8판(1974) 분류에 따라 원시핵 세포계(kingdom procaryotae)를 남조문(division cyanobacteria)과 세균문(division bacteria)으로 대별하고, 세균의 형태와 gram 염색성, 산소 의존성, 포자의 형성유무, 편모의 유무와 종류 등 5가지를 기준으로 하여 19부문(19 part)으로 분류한다.

세균은 그 종류가 대단히 많으므로 학문적인 분류보다는 용도에 따라 분류하는 것이 보편적이다. 즉 그 세균이 어떤 물질을 생산하고 어디에 사용하느냐에 따라 다음과 같이 5가지로 대별한다.

1) 젖산균(lactic acid bacteria)

- 당을 발효하여 다량의 젖산을 생성하는 세균을 젖산균이라고 한다.
- 젖산균은 그람양성, 무포자, 간균 또는 구균이고, 통성 혐기성 또는 편성 혐기성균이다.
- 구균은 *Streptococcus*, *Diplococcus*, *Pediococcus*, *Leuconostoc* 속이고, 간균은 *LactoBacillus* 속으로 분류한다.

젖산균에는 당류로부터 젖산만을 생성하는 정상발효젖산균(homo lactic acid bacteria)과 젖산 이외의 알코올, 초산 및 CO_2 가스 등 부산물을 생성하는 이상발효젖산균(hetero lactic acid bacteria)의 2가지가 있다.

- Home type

$$C_6H_{12}O_6 \longrightarrow 2CH_3CHOHCOOH$$

- Hetero type

$$C_6H_{12}O_6 \longrightarrow CH_3CHOHCOOH + C_2H_5OH + CO_2$$

$$2C_6H_{12}O_6 + H_2O \longrightarrow 2CH_3CHOHCOOH + CH_3COOH + C_2H_5OH + 2CO_2 + 2H_2$$

① 정상젖산균

㉠ *Streptococcus lactis*
  - 쌍구균 또는 연쇄상 구균이며, 우유 중에 잘 생육한다.
  - 생육 적온은 30℃, yoghurt, butter, cheese 제조에 starter로 사용된다.

㉡ *Sc. cremoris* : 생육 온도는 28℃, yoghurt, butter, cheese 제조에 starter로 사용된다.

㉢ *Lactobacillus bulgaricus*
  - 간균이고, 연쇄상으로 생육 적온은 40~50℃이다.
  - yoghurt 제조에 사용된다.

㉣ *L. acidophilus*
  - 유아의 장내에서 분리된 젖산간균이다.
  - 생육 적온은 37℃, 정장작용이 있어 정장제로서 이용된다.

㉤ *L. delbrueckii*
  - 곡류 등에 부착되어 있는 호열성 젖산간균으로서 생육 적온은 45~50℃이다.
  - 유당을 발효하지 않으며 포도당, maltose, sucrose 등으로부터 젖산을 생성한다.

ⓗ *L. plantarum*
　　　　• 식물계 널리 분포하고 있는 젖산간균으로 생육 적온은 30℃이다.
　　　　• 야채의 pikle, 김치 등에 잘 번식한다.
　② 이상젖산균
　　　㉠ *L. fermentum*
　　　　• 젖산간균으로 생육 최적 온도는 41~42℃이다.
　　　　• 포도당, 과당, 맥아당, sucrose, lactose, mannose, galactose, raffinose 등을 발효하여 젖산과 부산물로 초산, 알코올, CO_2를 생성시킨다.
　　　㉡ *L. heterohiochii* : 일본 청주를 부패시키는 hiochii균으로 생육 적온은 25~30℃이다.
　　　㉢ *Leuconostoc mesenteroides*
　　　　• 쌍구균 또는 연쇄상구균으로 생육 최적 온도는 21~25℃이다.
　　　　• dextran 생산에 이용된다.
　　　㉣ *Pediococcus halophilus*
　　　　• 15%의 식염 존재 하에 생육하며, pH 9.0에서 생육한다. 생육 최적 온도는 25~30℃이다.
　　　　• 호염균으로 간장, 된장 제조에 중요한 젖산균이다.

2) 초산균(acetic acid bacteria)

에탄올을 산화발효하여 acetic acid를 생성하는 세균을 식초산균이라 한다. 분류학상으로는 *Acetobacter* 속에 속하는 호기성 세균이다.
초산균은 그람음성, 무포자, 간균이고, 편모는 주모인 것과 극모인 것의 2가지가 있다. 초산균은 alcohol 농도가 10% 정도일 때 가장 잘 자라고, 5~8%의 초산을 생성한다. 18% 이상에서는 자랄 수 없고 산막(피막)을 형성한다.
　① *Acetobacter aceti*
　　　• 포도당, 알코올, glycerol을 동화하여 초산을 생성하는 식초산의 유용균으로 유명하다.
　　　• 8.75% 초산 생성, 생육 적온은 30℃이다.
　② *Acetobacter schuetzenbachii*
　　　• 독일의 식초 공장에서 분리한 속초용균으로 균막을 형성하지 않는다.
　　　• 알코올로부터 식초를 잘 생성하지만 포도당으로부터는 조금밖에 생성시키지 않는다.
　　　• 생육 적온은 25~27.5℃이다.
　③ *Acetobacter xylinum*
　　　• 포도과즙 중에 생육하며, 식초 양조에 유해한 균이다.
　④ *Acetobacter suboxydans*
　　　• 사과 과즙 중 포도당을 산화하여 glucon산을 생성하는 능력이 강한 균종이다.
　　　• Glucon산의 제조에 이용된다.

3) 프로피온산균(propionic acid bacteria)

당류 또는 젖산을 발효하여 propionic acid를 생성하는 균을 말한다. 그람양성, 통성 혐기성, 무포자, 단간균 또는 구균이고 균총은 회백색이다. Cheese 숙성에 관여하여 cheese에 특유한 향미를 부여한다.

다른 세균에 비하여 성장 속도가 매우 느리며, 생육인자로 propionic aicd와 biotin을 요구한다.

① *Propionibacterium shermanii*
- Swiss cheese 숙성에 관여한다.
- 구멍을 만들고, 풍미를 부여한다.

② *Propionibacterium freudenreichii*
- cheese 숙성에 관여하여, 풍미를 부여한다.
- 비타민 B_{12}를 생산한다.

4) 포자형성균(spore forming bacteria)

포자를 형성하는 세균은 part 15의 Bacillaceae과에 속하는 *Bacillus*, *Clostridium*, *Sporolactobacillus*, *Sporosarcina*, *Plectridium* 속이 있다. 이들 세균은 모두 내생포자인 자낭포자를 형성한다. 내구성이 강하여 간헐멸균해야 한다.

① *Bacillus*(호기성 포자형성세균)
- 그람양성, 호기성, 때로는 통성혐기성, 유포자 간균이다.
- 단백질 분해력이 강하며, 단백질 식품에 침입하여 산 또는 gas을 생성한다.

  ㉠ *Bacillus subtilis*(고초균)
  - 마른풀 등에 분포하며, 고온균으로서 α-amylase와 protease를 생산한다.
  - 항생물질인 subtilin을 만든다.

  ㉡ *Bacillus natto*(납두균, 청국장균)
  - 일본 청국장인 납두에서 분리되었다.
  - 생육인자로 biotin을 요구한다.

  ㉢ *Bacillus mesentericus*(마령서균) : 감자, 고구마를 썩게 하는 균이다.

  ㉣ *Bacillus polymyxa*
  - 산 또는 gas, 특히 ammonia를 많이 생성한다.
  - 항생물질인 polymyxin을 생성한다.

② *Clostridium*(혐기성 포자형성세균)
- 그람양성, 편성혐기성, 유포자 간균이다.
- 고기나 통조림 등에 혼입하여 식품을 부패하여 품질을 저하시킨다.
- Catalase는 대부분 음성이며, 단백질 분해력이 있고, 당화성과 발효성을 가지고 있어 butyric acid, 초산, CO_2, H_2 및 알코올, acetone 등을 생성한다.

  ㉠ *Clostridium butyricum*
  - 운동성, 당을 발효하여 butyric acid를 생성한다.

- cheese로부터 분리된 균으로 최적 온도는 35℃이다.
    ⓒ *Clostridium sporogenes* : 육류 등의 부패에 관여하며, 육류의 식중독 원인균으로 유명하다.
    ⓒ *Clostridium botulinum*
        - *Cl. sporogenes*와 비슷한 생리적, 형태적 특성을 가졌다.
        - 강력한 식중독 원인균으로 사망률이 대단히 높다.

5) 부패세균
    ① 대장균형 세균(Coli form bacteria)
        - 동물이나 사람의 장내에 서식하는 세균을 통틀어 대장균이라 한다.
        - 대장균은 제8부(Enterobacteriacease과)에 속하는 12속을 말한다. 대표적인 대장균은 *Escherichia coli*, *Acetobacter aerogenes*이다.
        - 대장균은 그람음성, 호기성 또는 통성혐기성, 주모성 편모, 무포자 간균이고, lactose를 분해하여 CO_2와 H_2 gas을 생성한다.
        - 대장균 자체는 인체에 그다지 유해하지는 않으나 식품위생지표균으로서 중요하다. 대장균이 검출되었다는 것은 병원성 및 식중독 세균들인 장티푸스균, *Salmonella* 식중독균, 이질균 등의 병원균이 오염되어 있다는 것을 뜻한다.
        ⓐ *Escherichia coli* : 포유동물의 변에서 분리되었으며, 식품의 일반적인 부패세균이다.
        ⓑ *Acetobacter aerogenes* : 본래 식물이 기원이며, 포유동물 변에서 분리된다.
    ② *Pseudomonas*
        - 제7부(Pseudomonadaceae과)에 속한다. 그람음성, 무포자 간균, 호기성이며 내열성은 약하다. 특히 형광성, 수용성 색소를 생성하고, 비교적 저온균으로 20℃에서 잘 자란다.
        - 육, 유가공품, 우유, 달걀, 야채 등에 널리 분포하여 식품을 부패시키는 부패세균이다. 대표적인 것으로는 *Pseudomonas fluorecens*. *Pseudomonas aeruginas*이다.

2. 곰팡이(Mold, Mould)류

곰팡이는 사상으로 분기되어 있는 균사(hyphae)가 모인 균사체(mycelium)로 되어 있고, 광합성능이 없으며, 균사나 포자를 만들어 증식하는 다세포 미생물을 총칭한다.

(1) 곰팡이의 형태

곰팡이는 균사, 균사체, 자실체, 포자로 구성되어 있다.

1) 균사(Hyphae)

여러 개의 분기된 사상의 다핵의 세포질로 되어 있는 구조이고, 곰팡이의 영양 섭취와 발육을 담당하는 기관이다.
    ① 균사에서 격벽(격막 septum, 복수 septa)이 있다.

② 균사는 기질(substrate)의 특성에 따라 기중균사(submerged hyphae), 영양균사(vegetative hyphae), 기균사(aerial hyphae)로 분류한다.

2) 균총(Colony)

균사체와 자실체를 합쳐서 균총이라 한다. 균사체(mycelium)는 균사의 집합체이고, 자실체(fruiting body)는 포자를 형성하는 기관이다.

① 균총은 종류에 따라 독특한 색깔을 가진다.
② 곰팡이의 색은 자실체 속에 들어 있는 각자의 색깔에 의하여 결정된다.

3) 포자(Spore)

곰팡이의 번식과 생식을 담당하는 기관이다.

① 고등식물의 씨앗(seed)에 해당한다.
② 곰팡이의 종류가 다르면 포자의 종류도 다르다.

(2) 곰팡이의 증식

곰팡이의 증식은 보통 포자를 만들어 포자에 의해 이루어진다. 곰팡이 포자에는 무성생식에 의해 만들어지는 포자와 유성생식에 의해 만들어지는 포자가 있다. 곰팡이의 증식은 주로 무성생식에 의해 이루어지나 어떤 특정한 환경, 특정한 경우에 유성생식으로 증식하기도 한다.

① 무성생식(asexual reproduction) : 무성포자(asexual spore)로 발아하여 균사를 형성한다. 무성포자에는 포자낭포자(sporangiospore), 분생포자(conidiospore), 후막포자(chlamydospore), 분열포자(oidium)가 있다.

② 유성생식(sexual reproduction) : 2개의 다른 성세포가 접합하여 2개의 세포핵이 융합하는 것으로 그 결과 형성된 포자는 유성포자(sexual spore)다. 유성포자에는 접합포자(zygospore), 자낭포자(ascospore), 담자포자(basidiospore), 난포자(oospore)가 있다.

1) 무성포자(Asexual spore)

① 포자낭포자(sporangiospore)
- 대표적인 무성포자로 포자낭 안에서 생기는 포자
- 포자낭 속에 무성포자를 형성하므로 내생포자(endospore)라고도 한다.
- 내생포자를 형성하는 곰팡이들을 조상균류(phycomycetes)라 한다.
- 대표적인 조상균류 : *Mucor*(털곰팡이), *Rhizopus*(거미줄곰팡이), *Absidia*(활털곰팡이) 등

② 분생포자(conidiospore)
- 균사의 끝에 생기는 포자
- 균사에서 뻗은 분생자병 위에 여러 개의 경자를 만들어 그 위에 분생포자를 외생한다. 외생포자(exospore)라고도 한다.
- 외생포자를 형성하는 곰팡이는 자낭균류(Ascomycetes)와 불완전균류의 일부가 있다.
- 대표적인 자낭균류 : *Aspergillus*(누룩곰팡이), *Penicillium*(푸른곰팡이), *Monascus*(홍국곰팡이), *Neurospore*(빨간곰팡이) 등

③ 후막포자(chlamydospore)
- 균사의 끝 혹은 중간이 두텁게 되어 내구성의 포자가 형성된다.
- 특징적으로 격막을 갖는다.
- 후막포자를 형성하는 곰팡이는 불완전균류 중의 *Scopulariopsis* 속이 있다.

④ 분절포자(arthrospore)
- 균사 자제에 격막이 생겨 균사 마디가 끊어져 내구성 포자가 형성된다. 분열자(oidium)라고도 한다.
- 분열포자는 불완전균류 *Geotrichum*과 *Moniliella* 속에서 볼 수 있다.

2) 유성포자(Sexual spore)

① 접합포자(zygospore)
- 2개의 다른 균사가 접합하여 양쪽의 균사와의 사이에 격막이 형성되고, 융합되어 두꺼운 접합자(zygote)를 만든다.
- 접합자 속에 접합포자를 형성한다.
- *Mucor*, *Rhizopus* 속 등이 있는 접합균류(Zygomycetes)에서 볼 수 있다.

② 자낭포자(ascospore)
- 다른 두 균사가 접합하여 자낭(ascus)을 만들고, 자낭 속에 자낭포자를 7~8개 내생하게 된다.
- 자낭균류에서 볼 수 있다.
- 자낭포자를 둘러싸고 있는 측사(側絲, paraphysis)의 끝에 자낭과(ascocarp)가 형성되는데 자낭과는 형태에 따라 다음 3가지가 있다.

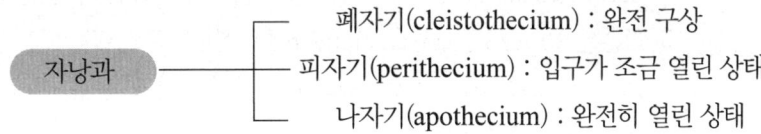

③ 담자포자(basidiospore)
- 자웅이주 또는 자웅동주의 2개의 균사가 접합하여 담자기(basidium)를 형성하고 끝에 있는 4개의 경자에 담자포자를 1개씩 형성한다.
- 담자균류(Basidiomycetes)에서 볼 수 있다.
- 주로 버섯에 많다.

④ 난포자(oospore)
- 다른 두 균사가 접합하여 조란기를 형성하여 조정기 중의 웅성 배우자와 조란기 중의 자성 배우자가 융합하여 난포자를 형성한다.
- 난균류(Oomycetes)에서 볼 수 있다.

(3) 조상균류

1) 조상균류(Phycomycetes)의 특징
① 균사에 격막이 없다.
② 무성생식 시에는 내생포자, 즉 포자낭 포자를 만들고 유성생식 시에는 접합포자를 만든다.
③ 균사의 끝에 중축이 생기고 여기에 포자낭이 형성되며 그 속에 포자낭 포자를 내생한다.

2) 주요한 조상균류의 곰팡이
① *Mucor* 속(털곰팡이)

Mucor 속의 특징은 가근과 포복지가 없고, 포자낭병의 형태에 따라 3가지로 대별한다.
- monomucor : 가지 모양으로 분기한 것
- racemomucor : 포도상으로 분기한 것
- cymomucor : 가축상으로 분기한 것

㉠ *Mucor rouxii* : 전분당화력이 강하고 알코올 발효력도 있다. 포자낭은 20~30μ, 포자낭병은 1mm 이하이며, 일명 amylomyces α라고 한다. 생육 적온은 30~40℃, cymomucor에 속한다.

㉡ *Mucor mucedo* : 야채, 과일, 마분 등에 잘 생육하며 대표적인 털곰팡이로서 포장낭병의 길이가 3cm 이상이고, 직경은 100~200μ, 생육 적온은 20~25℃, monomucor에 속한다.

㉢ *Mucor hiemalis* : pectinase 분비력이 강하고, 포자낭병의 길이는 1~2cm, 직경은 50~80μ이며, 중축은 난형, 균총은 황회색으로 후막포자를 형성한다. Monomucor에 속한다.

㉣ *Mucor racemosus* : 과일, 채소 등에 많이 생육하며, 균총은 회백색, 회황색이고, 생육 적온은 20~25℃, racemomucor에 속한다.

㉤ *Mucor pusillus* : 고초(枯草)에 많다. 치즈 응유 효소의 생산균주로 유망, recemomucor에 속한다.

② *Rhizopus* 속(거미줄 곰팡이 속)

Rhizopus 속의 특징은 가근과 포복지가 있고, 포자낭병은 가근에서 나오며, 중축바닥 밑에 자낭을 형성한다.

㉠ *Rhizopus nigricans*(빵곰팡이)
- 대표적인 거미줄곰팡이이다.
- 빵, 곡류, 과일 등에 잘 발생한다.
- 포자낭병의 길이 5cm, 구형, 직경 200μ이다.
- 균총은 회흑색, 접합포자를 만든다.
- 대량의 fumaric산을 생산하기도 한다.

㉡ *Rhizopus javanicus*

- 전분당화력이 강하여 amylo법의 당화균으로 이용되어 amylo균이라고도 한다.
- 균총은 백색, amylo균, 포자낭은 둥글고 표면에 가시, 자낭이 발달되어 있다.
- 생육 적온은 36~40℃이다.

ⓒ *Rhizopus delemar*
- 전분당화력이 강하여 포도당 제조와 당화 효소(glucoamylase) 제조에 사용되며, amylo균이다.
- 균총은 회갈색이다.
- 포자낭은 군생이다.
- 생육 적온은 25~30℃이다.

ⓔ *Rhizopus japonicus*
- 전분당화력이 강하며 raffinose를 발효한다.
- 일명 amylomyces β라고 한다.
- amylo균이다.
- 생육 적온은 30℃이다.

ⓜ *Rhizopus tonkinensis*
- 포도당을 발효시켜 lactic acid, fumaric acid를 만든다.
- 일명 amylomyces γ(amylo균)라고 한다.
- 생육 적온은 36~38℃이다.

Rhizopus 속과 Mucor 속의 차이점
① Rhizopus는 포자낭병과 중축의 경계가 뚜렷하지 못하다.
② Rhizopus는 포복균사를 가지고 있어 번식이 빠르다.
③ Rhizopus는 포자낭병에서 하나의 포자낭을 만든다.
④ Rhizopus는 가근을 가지며 포자낭병은 반드시 가근 위에 착생한다.

③ *Absidia* 속(활털곰팡이 속)
㉠ 포복지의 중간에서 포자낭병이 생긴다.
㉡ 균총의 색깔은 백색~회색이다.
㉢ 흙 속에 많으며 동물의 병원균으로서 부패된 통조림에서도 분리되므로 유해균이다.

(4) 자낭균류

1) 자낭균류(Ascomycetes)의 특징
① 균사에 격막이 있다.
② 무성생식 시에는 외생포자, 즉 분생포자를 만든다.
③ 유성생식 시에는 자낭포자를 만든다.

④ 분생포자병의 끝에 정낭을 만들고, 여기에 경자가 매달려 그 끝에 분생포자를 외생한다.
⑤ 대표적인 자낭균류 : *Aspergillus*, *Penicillium*, *Monascus*, *Neurospora*

2) 주요한 자낭균류의 곰팡이

① *Aspergillus*(누룩곰팡이)

㉠ *Aspergillus*의 특징
- 된장, 간장, 술 등의 양조공업에 대부분 이 속이 이용된다.
- 누룩(국)을 만드는 데 사용되므로 누룩곰팡이, 국곰팡이 또는 국균이라고 한다.
- 균총의 색은 백색, 황색, 흑색 등으로 색깔에 의하여 백국균, 황국균, 흑구균 등으로 나누기도 한다.
- 특히 강력한 당화 효소와 단백질 분해 효소 등을 분비한다.
- 병족세포(柄足細胞, foot cell)를 만들어 여기에서 분생포자(conidiospore)를 만든다. 특히 정낭의 형태에 따라 균종을 구별할 수 있다.

㉡ *Aspergillus glaucus*

  Asp. repens, *Asp. ruber*, *Asp. chevaleri* 등은 고농도의 설탕이나 소금에서도 잘 증식되어 식품을 변패시킨다.

㉢ *Aspergillus oryzae*
- 전분 당화력과 단백질 분해력이 강해 간장, 된장, 청주, 탁주, 약주 제조에 이용된다.
- 분비 효소는 amylase, maltase, invertase, cellulase, inulinase, pectinase, papain, trypsin, lipase이다.
- 황국균이라고 한다.
- 생육 온도는 25~37℃이다.

㉣ *Aspergillus sojae*
- 단백질 분해력 강하며 간장 제조에 사용된다.
- *Asp. oryzae*와 형태학적으로 비슷하나 포자의 표면에 작은 돌기가 있어 구별된다.

㉤ *Aspergillus niger*
- 전분 당화력(β-amylase)이 강하고, pectin 분해 효소(pectinase)를 많이 분비하며, glucose로부터 gluconic acid, oxalic acid, citric acid 등을 다량으로 생산하므로 유기산 발효공업에 이용된다.
- 균총은 흑갈색으로 흑국균이라고 한다.
- 경자는 2단으로 복경이다.

㉥ *Aspergillus awamori*
- 전분 당화력이 강하여 일본 Okinawa에서 소주제조용 국균으로 사용된다.
- 균총은 진한 회색으로 흑국균이다.

㉦ *Aspergillus flavus*
- 발암물질인 aflatoxin을 생성하는 유해균이다.

② *Penicillium*(푸른곰팡이)
　㉠ *Penicillium*의 특징
　　• 항생물질인 penicillin의 생산과 cheese 숙성에 관여하는 유용균이 많으나 빵, 떡, 과일 등을 변패시키는 종류도 많다.
　　• *Aspergillus*와 달리 병족세포와 정낭을 만들지 않고, 균사가 직립하여 분생자병을 발달시켜 분생포자를 만든다.
　　• 포자의 색은 청색 또는 청녹색이므로 푸른곰팡이라고 한다.
　㉡ *Penicillium chrysogenum*
　　• 미국의 melon으로부터 분리된 균으로 penicillin 생산에 이용된다.
　　• 균총은 선록색~회갈색이다.
　㉢ *Pen. notatum*
　　• Flemming에 의해 처음으로 penicillin을 발견하게 한 균이다.
　　• 현재는 penicillin 공업에 이용하지 않는다.
　㉣ *Pen. roqueforti*
　　• 푸른 치즈인 Roqueforti cheese의 숙성과 향미에 관여한다.
　　• 치즈의 casein을 분해하여 독특한 풍미를 부여한다.
　㉤ *Pen. camemberti*
　　• Camemberti cheese의 숙성과 향미에 관여한다.
　　• 균총은 양털 모양, 청록색, 회록색이다.
　㉥ *Pen. citrinum*
　　• 황변미의 원인균으로 신장장애를 일으키는 유독색소인 citrinin($C_{13}H_{14}O_5$)을 생성하는 유해균이다.
　㉦ *Pen. expansum*
　　• 사과 및 배의 연부병을 일으킨다.
③ *Monascus*(홍국곰팡이)
　㉠ *Monascus purpureus*
　　• 균사가 선홍색이다.
　　• 중국의 남부, 말레이시아반도 등지에서 홍주의 원료인 홍국을 만드는 데 이용한다.
④ *Neurospora*
　㉠ *Neurospora sitophila*
　　• 비타민 A의 원료로 이용된다.
　　• 무성포자를 생성하며 홍색의 분생자를 갖고 있다.

3. 효모(酵母, Yeast)류

진핵세포 구조를 갖는 고등미생물 중에서 단세포의 미생물을 효모라고 한다. 효모는 약한 산성에서 잘 증식하며, 생육 최적 온도는 중온균(25~30℃)이다.
식품 중 탁주, 약주, 소주, 청주, 맥주, 포도주 등 주류와 식빵 제조에 효모가 이용된다.

(1) 효모의 분류와 형태

1) 효모의 분류

효모는 포자를 형성할 수 있는 유포자 효모와 포자 형성 능력이 없는 무포자 효모로 크게 분류한다.

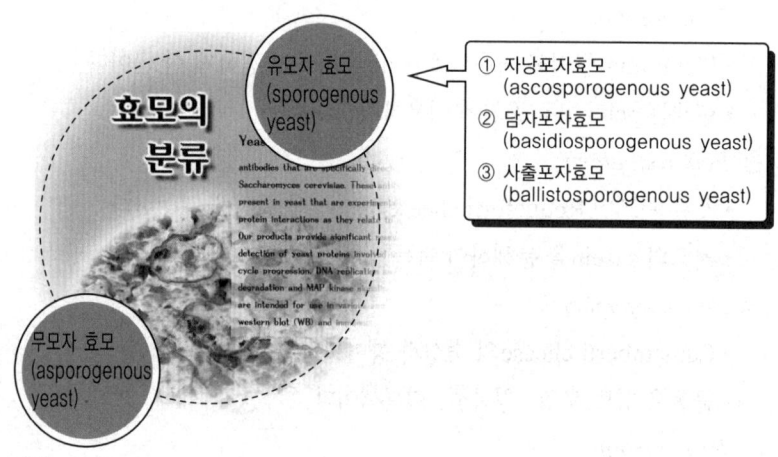

2) 효모의 기본 형태

효모는 종류에 따라 형태가 다르다.

① 난형(Cerevisiae type) : *Saccharomyces cerevisiae*(맥주효모)
② 타원형(Ellipsoideus type) : *Saccharomyces ellipsoideus*(포도주효모)
③ 구형(Torula type) : *Torulopsis versatilis*(간장후숙에 관여)
④ 레몬형(Apiculatus type) : *Saccharomyces apiculatus*
⑤ 소시지형(Pastorianus type) : *Saccharomyces pastorianus*
⑥ 위균사형(Pseudomycellium) : *Candida* 속 효모

(2) 효모의 세포구조

1) 세포벽(cell wall)

① glucan, mannan 등의 탄수화물, 단백질, 지방 등으로 구성되어 있다.
② 두께 : 0.1~0.4μ

2) 세포질막(cytoplasmic membrane)

① 반투막(삼투압)으로 되어 있다.

② 물질의 이동과 투과를 담당한다.
3) 세포질(cytoplasm) : 단백질을 함유한다.
4) 세포핵(nucleus)
① 가장 중요한 기관으로 생명의 근원이다.
② 핵산(nucleic acid), 단백질 등으로 구성되어 있다.
5) 미토콘드리아(mitochondria)
① 호흡 효소를 함유하고 있다.
② 세포의 호흡을 담당한다.
6) 저장립(granule) : 세포의 영양소 저장기관(사람의 간)이다.
7) 액포(vacule) : 세포의 노폐물 저장소이다.
8) 탄생흔(birthscar) : 모세포로부터 생긴 흔이다.
9) 출아흔(budscar) : 출아할 때 생긴 낭세포가 부착되었던 곳이다.

(3) 효모의 증식
효모 증식은 일반적으로 무성생식과 일부의 유성생식이 있다.
1) 무성생식
　① 출아법(budding)
　　• 효모의 증식은 대부분 출아법에 의하여 일어난다.
　　• 효모의 세포가 성숙하면 세포벽의 일부로부터 돌기가 생겨 아세포(bud cell)가 되고, 이것이 성숙하여 1개의 효모 세포가 되어 모세포로 분리된다.
　　• 출아 위치에 따라 양극출아와 다극출아 형태가 있다.
　② 분열법
　　• 세균와 같이 이분열법에 의해 증식한다.
　　• 세포의 중간에 격막이 생겨 동시에 2개의 새로운 세포를 증식하는 방법으로 분열효모(fission yeast)라고 한다.
　　• 가장 대표적인 분열효모는 Schizosaccharomyces이다.
　③ 출아분열법(budding-fission)
　　• 출아와 분열을 동시에 행하는 효모이다.
　　• 일단 출아된 다음 모세포와 낭세포 사이에 격막이 생겨 분열되는 효모이다.
2) 유성생식
두 세포가 접합하여 포자를 형성, 세포 자신이 자낭 역할을 하므로 유자낭 포자효모라고 한다.
　① Saccharomyces형
　　• 배수체(2n)가 길고 반수체기가 짧다.
　　• 일반적인 효모세포는 2배체(2n) 자낭포자 형성 직전에 감수분열을 2회 행하여 보통 4개의 1배체(1n)의 자낭포자를 형성한다.

- 이 자낭 포자는 발아하여 1배체의 영양세포가 되고, 몇 회 출아법으로 증식한 후 2개의 세포가 접합하여 대형의 2배체의 영양세포가 된다.

② Saccharomycodes형
- 포자가 발아와 동시에 자낭 내에서 접합하여 배수체 세포가 된다.
- 형성된 1배체의 자낭포자는 자낭 안에서 2개의 포자가 접합하여 핵융합한 후 발아하여 2배체의 영양세포로 증식한다.

③ Schizosaccharomyces형
- 배수체기는 접합자에서만 존재하고 대부분 반수체로 존재한다.
- 반수체(1n) 영양세포가 접합하여 접합관을 형성한다.
- 양쪽의 세포의 핵이 융합하여 접합자(2n) 감수분열을 일으켜 세포 내로 이동한 후 포자를 형성한다.

(4) 효모의 생리작용

효모는 호기성 및 통성 혐기성균으로 혐기상태나 호기상태의 좋은 조건에서 생육이 가능하다. 당액에 효모를 첨가하여 호기적 조건으로 배양하면 당을 자기증식에만 이용하여 CO_2와 H_2O만 생성하게 된다. 그러나 혐기적 조건으로 배양하면 발효작용에 의해 당을 energy로 이용하기 위해 유기물질을 생성한다.

효모는 당액 중에 혐기적으로 배양하면 알코올을 생성하므로 양조공업에 이용된다. 더욱이 발효작용의 조건을 달리하면 목적하는 물질이 달라진다. 여기에는 3가지 형식이 있으며 이것을 Neuberg의 발효형식이라 한다.

1) 제1 발효형식

① 호기적 발효(호흡작용, 산화작용)
- 효모를 호기적 상태에서 배양하면 한 분자의 포도당이 여섯 분자의 산소에 의하여 완전히 산화하게 된다.
- 이때 CO_2와 H_2O가 각각 여섯 분자씩 생성되고, 686cal와 32분자의 ATP가 생성된다.

$$C_6H_{12}O_6 + 6O_2 \xrightarrow[\text{호기상태}]{\text{효모}} 6H_2O + 6CO_2 + 686cal + 32ATP$$

② 혐기적 발효(alcohol 발효)
- 주류 발효는 효모를 이용한 혐기적 발효이다.
- 한 분자의 포도당으로부터 두 분자의 ethyl alcohol과 두 분자의 탄산가스, 그리고 58cal의 에너지와 두 분자의 ATP가 생성된다.

$$C_6H_{12}O_6 \xrightarrow[\text{혐기상태}]{\text{효모}} 2C_2H_5OH + 2CO_2 + 58cal + 2ATP$$

이 2가지 발효형식을 Neuberg의 '제1 발효형식'이라 한다.

2) 제2 발효형식

- 효모를 혐기적 상태로 발효하면 alcohol이 생성된다.
- 이때 알칼리를 첨가해 주면 알코올 생산량은 줄어들고, glycerol(glycerine)이 생성된다.
- 발효액의 pH를 5~6으로 하고, 아황산나트륨을 가하면 Neuberg의 '제2 발효형식'이 된다.

$$C_6H_{12}O_6 \xrightarrow[H_2O,\ Na_2SO_3]{\text{효모}} \underset{\text{(glycerol)}}{C_3H_5(OH)_3} + \underset{\text{(acetaldehyde)}}{CH_3CHO} + CO_2 \uparrow$$

3) 제3 발효형식

- 중탄산나트륨($NaHCO_3$), 제2 인산나트륨(Na_2HPO_4) 등을 가하여 pH를 8 이상의 알칼리성으로 발효시키면 제3 발효형식이 된다.
- 제2 발효형식과 같이 glycerol이 다량 생성되며, 소량의 알코올과 초산까지 생성된다.

$$2C_6H_{12}O_6 + H_2O \xrightarrow[\substack{NaHCO_3 \\ Na_2HPO_3}]{\text{효모}} \underset{\text{(glycerol)}}{2C_3H_5(OH)_3} + \underset{\text{(acetic acid)}}{CH_3COOH} + \underset{\text{(ethanol)}}{C_2H_5OH} + 2CO_2$$

(5) 효모의 종류

■ 유포자 효모(Ascosporogenous yeasts)

자낭균류의 반자낭균류에 속하는 효모균류이다.

1) *Schizosaccharomyces* 속

① *Schizosaccharomyces pombe*
- Africa 원주민의 pombe술에서 분리된 효모로 알코올 발효력이 강하다.
- glucose, sucrose, maltose를 발효하며, dextrin, inulin도 발효한다. Mannose는 발효하지 않는다.

2) *Saccharomycodes* 속

① *Saccharomycodes ludwigii*
- 떡갈나무의 수액에서 분리된 효모이다.
- glucose, sucrose는 발효하고, maltose는 발효하지 않으며, 질산염을 동화하지 않는다.

3) *Saccharomyces* 속

① 특징
- 발효공업에 가장 많이 이용되는 효모이다.
- 세포는 구형, 난형 또는 타원형이다.
- 무성생식은 다극출아법에 의하여 증식하며, 유성적으로 증식하기도 한다.

② *Saccharomyces cerevisiae*
- 영국의 맥주 공장에서 분리된 상면발효효모로 맥주 효모, 청주 효모, 빵 효모 등에 주로 이용된다.
- glucose, fructose, mannose, galactose, sucrose를 발효하나 lactose는 발효하지 않는다.

③ *Sacch. carlsbergensis*
- Carlsberg 맥주 공장에서 최초로 순수 배양된 균이다.
- 맥주의 하면효모로 생리적 성질은 *Sacch. cerevisiae*와 비슷하다.
- Lodder의 제2판에서 *Sacch. uvarum*에 통합

④ *Sacch. ellipsoideus*
- 전형적인 포도주 효모이다.
- 포도 과피에 존재한다.

⑤ *Sacch. sake* : 일본의 청주 양조에 사용되는 청주 효모이다.

⑥ *Sacch. pastorianus*
- 난형, 소시지형 효모이다.
- 맥주에 오염되면 불쾌한 냄새를 내는 유해효모이다.

⑦ *Sacch. diastaticus*
- Dextrin, 녹말을 분해 발효하는 효모이다.
- 맛을 싱겁게 하는 유해효모이다.

⑧ *Sacch. coreanus*
- 우리나라 약주, 탁주 효모로 누룩에서 분리된다.
- 젤라틴(gelatin)을 용해하지 않는다.

⑨ *Sacch. mali-duclaux*
- 사과주에서 분리한 상면효모이다.

⑩ *Sacch. fragilis*와 *Sacch. lactis*
- Lactose를 발효할 수 있는 젖산 발효성 효모이다.
- kefir(馬乳酒)와 치즈에서 분리한다.

⑪ *Sacch. rouxii*
- 18% 이상의 소금 농도에서 생육하는 내삼투압성 효모이다.
- 간장의 주된 발효효모로 간장의 특유한 향미를 부여한다.

⑫ *Sacch. mellis*
- 고농도 당에서 생육하는 내삼투압성 효모이다.
- 잼(jam), 설탕 등에서 번식하여 품질을 악화시키는 유해균이다.

4) *Zygosaccharomyces* 속
① 소금과 당분에 잘 견딘다.
② *Zygosaccharomyces major*와 *Zygosacch. soyae*
- 간장의 제조에 이용되는 하면효모이다.
- 고농도의 소금 용액에 잘 견딘다.

5) *Pichia* 속
① 산막효모이며, 유해균, 산염의 자화 능력이 없고 위균사를 잘 만든다.

② *Pichia membranefaciens*
- 발효성이 없으나 알코올을 영양원으로 왕성하게 생육한다.
- 맥주나 포도주의 유해균이다.

6) *Hansenula* 속
① 산막효모이며, 알코올 발효력은 약하나 알코올로부터 에스테르를 생성하여 포도주에서 방향을 부여한다. *Pichia* 속과 달리 산염을 자화하는 능력이 있다.
② *Hansenula anomala*
- 자연에 널리 분포되어 있고, 모자형의 포자가 형성된다.
- 일본 청주의 방향 생성에 관여하는 청주 후숙효모이다.

7) *Debaryomyces* 속
① 표면에 돌기가 있는 포자를 형성하고, 내염성의 산막효모가 많으며, 내당성이 강하다.
② *Debaryomyces hansenii* : 치즈, 소시지 등에서 분리된 균이다.

■ 무포자 효모(Asporogenous yeasts)
유성적으로나 무성적으로 포자 형성 능력이 없는 효모균이다.

1) *Torulopsis* 속
① 특징
- 무포자 효모의 대표적인 속이다.
- 난형, 구형으로 균사를 형성하지 않는다.
- 맥주, 포도주, 된장, 간장 등의 변패의 원인이 된다.

② *Torulopsis casoliana* : 15~20%의 고농도 식염에서 생육하는 고내염성 효모
③ *Torulopsis bacillaris* : 55% 당을 함유한 꿀에서 분리한 균으로 고내당성 효모
④ *Torulopsis versatilis* : 내염성 효모로서 간장에 특유한 풍미를 부여하는 유용균

2) *Candida* 속
① 특징
- 출아에 의해 무성적으로 증식한다.
- 위균사를 현저히 형성한다.
- 구형, 계란형, 원통형이다.
- 산막효모이다.

② *Candida utilis*
- pentose 당화력과 vitamin B_1 축적력이 강하여 사료효모 제조에 사용된다.
- 균체는 inosinic acid의 원료로 사용된다.

③ *Candida tropicalis*
- 사료효모로 이용된다.
- 균체 단백질 제조용의 석유효모로서 이용된다.

④ *Candida lipolytica*
- 탄화수소를 탄소원으로 생육한다.
- 균체를 사료효모 또는 석유단백질의 제조에 사용된다.
- 석유효모로서 사용된다.

3) *Rhodotorula* 속
① 특징
- Carotenoid 색소를 생성한다.
- 적색효모로 당류의 발효성은 없으나 산화적으로 자화한다.
② *Rhodotorula glutinis* : 50%의 지방을 축적하는 유지효모
③ *Rhodotorula gracilis* : 35~60%의 지방을 축적하는 유지효모

4. Bacteriophage

(1) Bacteriophage의 정의

1) Virus

동식물의 세포나 미생물의 세포에 기생하고, 숙주세포 안에서 증식하는 여과성 입자(직경 0.5μ 이하)를 virus라 한다.

2) Virus의 종류
① 동물 virus : 인간에서 발병원인이 되는 소아마비 virus와 천연두 virus, 곤충에 기생하는 곤충 virus 등
② 식물 virus : 담배 모자이크병 virus 등
③ 세균 virus : 대장균 등에 기생하는 virus 등

3) Bacteriophage의 정의

Virus 중 특히 세균의 세포에 기생하여 세균을 죽이는 virus를 bacteriophage(phage)라고 한다.

(2) Phage의 특징
① 생육 증식의 능력이 없다.
② 한 phage의 숙주균은 1균주에 제한되어 있다(phage의 숙주 특이성).
③ 핵산 중 대부분 DNA만 가지고 있다.

(3) Phage의 증식
① phage가 흡착되어 세포벽을 용해한다.
② phage의 DNA가 숙주 세포 내에 주입된다.
③ phage DNA와 단백질이 합성된다.
④ phage가 성숙한다.
⑤ 용균과 phage가 용출된다.

(4) Phage의 예방대책

숙주 세균과 phage의 생육조건이 거의 일치하기 때문에 일단 감염되면 대처하는 방법은 거의 없다. 그러므로 예방하는 것이 최선의 방법이다.

① 공장과 그 주변환경을 미생물학적으로 청결히 하고, 기기의 가열 살균, 약품 살균을 철저히 한다.
② phage의 숙주 특이성을 이용하여 숙주를 바꾸어 phage 증식을 사전에 막는 starter rotation system을 사용한다. 특히 치즈 제조에 사용되는데, 즉 starter를 2균주 이상 조합하여 매일 바꾸어 사용한다.
③ 약재 사용방법으로써 chloramphenicol, streptomycin 등 항생물질의 저농도에 견디고 정상 발효하는 내성균을 사용한다.

5. 방선균(Actinomycetes)

(1) 방선균의 형태와 특성

세균문(門) 중 제17부 Actinomycetales목(방선균목) 중에서 결핵균과(Mycobacteriaceae과)를 제외한 것을 방선균이라 한다. 방선균은 하등미생물 중에서 가장 형태적으로 조직분화의 정도가 진행된 균사상 세균이다.

세균과 곰팡이의 중간적인 미생물로 균사를 뻗치는 것으로 포자를 만드는 것 등은 곰팡이와 비슷하다. 주로 토양에 서식하며 흙냄새의 원인이 된다. 특히, 방선균은 항생물질을 만든다.

(2) 방선균의 증식

방선균은 무성적으로 균사가 절단되어 구균과 간균과 같이 증식하며 또한 균사의 선단에 분생포자를 형성하여 무성적으로 증식한다.

(3) 방선균의 분류와 종류

분류학상 Bergys Manual의 제8판에 의하면 part 17의 Actinomycetales목에 속하며, 식품미생물학에 관계있는 중요한 속은 다음과 같다.

1) Actinomyceteaceae
2) Mycobacteriaceae
   Mycobacterium tuberculosis : 결핵균
3) Nocardiaceae
4) Streptomycetaceae
   ① *Streptomyces griseus* : Streptomycin 생산균, gelatin 등의 단백질 분해력이 강하다.
   ② *Streptomyces aureofaciens* : Aureomycin의 생산균이다.
   ③ *Streptomyces venezuelze* : Chloramphenicol의 생산균이다.
   ④ *Streptomyces kanamyceticus* : Kanamycin의 생산균이다.

6. 버섯

(1) 버섯의 분류

1) 특징
   ① 버섯은 거대한 유성자실체로 되어 있고, 균사나 포자를 형성하는 미생물이다.
   ② 버섯은 분류학상 대부분 담자균류에 속하고, 일부는 자낭균류에 속한다.
   ③ 버섯은 분류학상 명명이 아니고 통속어이다.

2) 버섯의 구분
   편의상 버섯은 식용버섯, 약용버섯, 독버섯, 무용버섯으로 대별한다.

(2) 버섯의 형태

1) 특징
   ① 버섯의 형태는 곰팡이와 비슷하며 자실체, 균사체, 균사로 된 고등미생물이다.
   ② 일반적인 형태는 균사로부터 아기버섯(균뇌, young body)이 생성되어, 아기버섯의 피막이 성장에 따라 파열되어 균병(stem)이 형성된다.
   ③ 아기버섯은 성숙함에 따라 균병 밑부분에 각포(volva)가 된다.

2) 형태
   ① 균병 선단에 곰팡이 자실체와 비슷한 삿갓(cap)이 생긴다.
   ② 이 삿갓 밑에는 균습(gills)과 삿갓을 받치는 균륜(ring)이 있다.
   ③ 균습에는 육안으로 볼 수 없는 담자포자를 생성한다.

(3) 버섯의 증식

① 버섯은 대부분 포자에 의해서 증식한다.
② 담자균류는 자웅동주 혹은 이주의 2개의 균사가 접합하여 담자기(basidia)가 되고, 그 끝에는 보통 4개의 경자를 형성하여 각각 1개의 담자포자를 형성한다.
③ 자낭균류는 자웅동주 혹은 이주의 2개 균사가 접합하여 접합한 곳에서 공 모양으로 팽대하여 자낭포자를 형성한다.

(4) 버섯의 종류

① 표고버섯(*Contimellus edodes*)
   • 사물기생하며, 밤나무, 참나무에 기생한다.
② 송이버섯(*Tricholoma matsutake*)
   • 소나무 실뿌리에 생물기생하며, 식용버섯을 대표하는 버섯이다.
③ 느타리버섯(*Pleurotus ostreatus*)
   • 떡갈나무, 전나무에 많이 기생하며, 인공재배가 쉽다.

④ 싸리버섯(*Clavaria botrytis*)
  • 침엽수, 활엽수가 있는 지상에 잘 자란다.
⑤ 목이버섯(*Auricularia polytrica*)
  • 침엽수의 고목에서 생육한다.
⑥ 양송이버섯(*Mushroom, Agaricus bisporus*)
  • 싯갓은 살이 두텁고, 균병은 굵으나 삿갓과 균병의 육질의 사이가 있어 분리되기 쉽다.
  • 향기는 적으나 맛이 좋아 인공재배하여 통조림으로 사용된다.

(5) 독버섯

1) 독버섯의 성분
독버섯의 규정은 명확하지 않다. 그중 중요한 몇 가지 버섯의 독성분을 보자.

① Muscarine
  • 광대버섯(*Amanita muscaria*)의 독성분이다.
  • 독성이 강하여 치사량은 인체에 피하주사로 3~5mg, 경구투여로 0.5g이다.
  • 중독증상 : 1.5~2시간에 나타나며, 호흡곤란, 구토, 설사를 일으킨다.

② Amanitine
  • 알광대버섯(*Amanita phalloides*)의 독성분이다.
  • Amanitine은 환상 peptide 구조이며, α, β, γ-amanitine이 알려져 있다.
  • 가장 독성이 강한 것은 α-amanitine으로 치사량은 0.1 mg/kg이다.
  • 중독증상 : 6~12시간에 나타나며, 콜레라와 비슷한 증상으로 설사, 혼수 상태에 빠지기도 한다.

③ Psilocin, Psilocybin
  • 끈적버섯에 들어 있는 환상작용 물질이다.

④ Pilzatropin
  • 웃음버섯에 들어 있는 성분으로 뇌장애를 일으키는 물질이다.

2) 독버섯 감별법
① 악취가 있는 것이다.
② 색깔이 선명하거나 곱다.
③ 균륜이 있다. 양송이는 균륜이 존재하나 식용버섯이다.
④ 줄기가 세로로 갈라진 것이다.
⑤ 쪼개면 우유 같은 액체가 분비되거나 표면에 점액이 있는 것이다.
⑥ 조리할 때 은수저를 넣으면 검게 변색하는 버섯이다.

02 미생물의 생리

1 미생물의 증식과 환경인자

1. 미생물의 균체 성분

보통 미생물 세포가 가지는 원소의 종류는 C, H, O, P, K, N, S, Ca, Fe, Mg 등을 함유하고 분자상으로는 저분자 물질인 수분으로부터 고분자 물질인 핵산과 단백질에 이르기까지 광범위한 물질이 들어 있어 생명유지를 한다.

(1) 수분
① 식물 세포와 같이 75~85% 정도이다.
② 수분은 곰팡이가 85%, 세균 80%, 효모 75% 정도 함유한다.

(2) 무기질 함량
① 무기질은 세균이 1~14%, 효모 6~11%, 곰팡이 5~13% 정도 함유하고 있다.
② 대표적 무기질은 P이다. K, Mg, Ca, Cl, Fe, Zn, S 등이 상당히 존재하며, Na, Mn, Al, Cu, Ni, B, Si 등 미량 원소도 함유한다. 특히 철세균은 Fe, Mn을 다량 함유한다.

(3) 유기물
① 단백질, 당류, 지방, 핵산 등이 존재한다.
② 탄수화물은 세균 12~18%, 효모 25~60%, 곰팡이 8~40% 정도 함유한다.
③ 단백질은 세포의 구성물질로 대부분의 세포질을 이루며, 질소량은 세균 8~15%, 효모 5~10%, 곰팡이 12~17% 정도 함유한다.
④ 지방은 세균 5%, 효모 10~25% 함유하고 있으며, 40~50%의 지방을 함유한 미생물도 있다.

(4) 미생물 생육에 필요영양분
① energy원
② 탄소원
③ 질소원
④ vitamin
⑤ 무기질 등

2. 미생물의 증식

(1) 증식도의 측정

① 건조 균체량 : 미생물 균체를 배양액으로부터 여과 또는 원심분리에 의하여 모아서 가열, 감압 등의 방법으로 건조시킨 후 건조균체를 칭량하는 방법이다.

② 원심 침전법(packed volume) : 미생물 배양액을 packed volume 측정용 원심분리기에 넣어 3,000rpm으로 15~20시간 원심분리하여 원심분리된 균체를 생리식염으로 세척하고 다시 원심분리한다. 이러한 조작을 3회 반복하여 침전되는 균체량을 눈금으로 읽는다. 이 방법은 매우 간단하고 빠르나 정확도가 낮으므로 비탁법과 병행하면 정확한 균체량을 측정할 수 있다.

③ 총균 계수법 : Thoma의 혈구계수반(haematometer)을 이용하여 현미경으로 미생물을 직접 계수하는 방법으로 이때 0.1% methylene blue로 염색하면 생균과 사균까지 구별할 수 있다. 염색이 된 것은 사균이고 되지 않은 것은 생균이다. 효모의 경우에 잘 이용되는 방법이다.

④ 비탁법(turbidometry) : 배양된 미생물을 일정한 양의 증류수에 희석해 광전비색계(spectrophotometer)를 이용하여 탁도(turbidity)를 측정한다. 이 원리는 균체가 전혀 없는 증류수와 비교하여 광학적 밀도(optical density O.D)를 측정함으로써 균체량을 정확하게 알 수 있는 방법이다.

⑤ 생균 계수법 : 미생물을 평판배양하여 미생물 계수기(colony counter)로 직접 계수하는 방법이다.

⑥ 균체 질소량 : 균체를 구성하고 있는 질소의 양을 정량하여 균체량으로 환산하는 방법이다. 이 방법은 균체량과 질소량은 비례한다는 전제조건 하에 측정하는 방법이다. 그러나 균체의 증식은 배양 조건에 따라 많은 차이가 있으므로 정확한 방법이 될 수는 없다.

⑦ DNA량 정량법 : DNA량을 정량함으로써 미생물의 증식도를 정확히 측정할 수 있다.

(2) 증식의 세대시간

① 세대기간(generation time) : 1개의 미생물 세포가 2개로 증식하는 데 필요로 하는 시간을 말하며, 이 세대시간은 미생물의 종류, 환경에 따라 차이는 있으나 일반적으로 30분 이하이다.

② 세대시간을 계산하는 공식

$$총균수 = 기균수 \times 2^{세대기간}$$
$$b = a \times 2^n$$

(3) 미생물의 증식곡선(growth curve)

미생물의 증식과 대사는 여러 가지 환경 조건에 의해서 촉진되기도 하고, 저해되는 등의 영향을 받게 된다. 세균과 효모의 증식곡선은 일반적으로 4가지 시기로 나눌 수 있다.

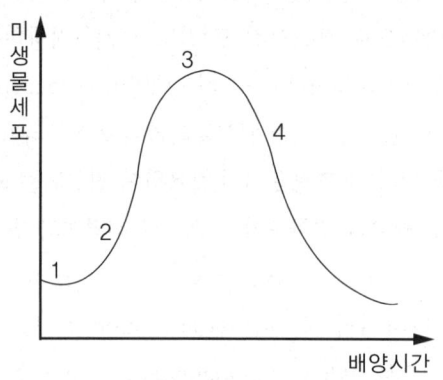

1) 유도기(잠복기, lag phase)
① 미생물이 새로운 환경(배지)에 적응하는 데 필요한 시간이다.
② 이 시기에는 증식은 거의 일어나지 않고, 세포 내에서 핵산(RNA)이나 효소단백의 합성이 왕성하고, 호흡활동도 높으며, 수분 및 영양물질의 흡수가 일어난다.
③ DNA 합성은 일어나지 않는다.

2) 대수기(증식기, logarithimic phase)
① 세포는 급격히 증식을 시작하여 세포 분열이 활발하게 되고, 세대시간도 짧고, 균수는 대수적으로 증가한다.
② 이 시기에는 RNA는 일정하고, DNA가 증가하고, 세포의 생리적 활성이 가장 강하고 예민한 시기이다.
③ 이때의 증식 속도는 환경(영양, 온도, pH, 산소 등)에 따라 결정된다.

3) 정상기(정지기, stationary phase)
① 이 시기의 생균수는 최대 생육량에 도달하고, 배지는 영양물질의 고갈, 대사생성물의 축적, pH의 변화, 산소부족 등으로 새로 증식하는 미생물수와 사멸되는 미생물수가 같아진다.
② 더 이상의 증식은 없고, 일정한 수로 유지된다.
③ 포자를 형성하는 미생물은 이때 형성된다.

4) 사멸기(감수기, death phase)
① 환경의 악화로 증식보다는 사멸이 진행되어 균체가 대수적으로 감소한다.
② 생균수보다 사멸균수가 증가된다.

3. 미생물의 증식과 환경

1) 화학적인 요인

① 수분
- 미생물의 영양세포는 75~85%의 수분으로 구성되어 있고, 세포 내에서 각 물질의 여러 가지 화학 반응은 물에 녹아 있는 상태에서만 이루어지기 때문에 반드시 필요한 물질이다.
- 자유수(free water) : 열역학적 운동이 자유로운 물, 물리적 방법으로 쉽게 제거되는 물, 건조시키면 쉽게 제거될 수 있는 물, 미생물이 이용할 수 있는 물이다.
- 결합수(bound water) : 식품 중의 단백질 또는 탄수화물과 수소 결합된 수분으로 미생물은 이용할 수 없다.

② 산소
- 곰팡이와 효모는 일반적으로 산소를 생육에 필요로 하지만 세균은 요구하는 것과 오히려 저해받는 것이 있다.
- 산소 요구 정도에 따라서 다음과 같이 나누어진다.
  - 편성호기성균 : 산소가 있는 곳에서만 생육
  - 통성호기성균 : 산소가 있거나 없거나 발육
  - 미호기성균 : 대기압보다 산소분압이 낮은 곳에서 잘 증식
  - 편성혐기성균 : 산소가 없어야 잘 발육

③ CO_2
- 독립 영양균의 탄소원으로 이용된다.
- 대부분 미생물은 생육 저해물질로서 작용하며, 살균 효과가 있다.

④ pH
- pH는 미생물의 생육, 체내의 대사, 화학적 활성도에 영향을 미친다.
- 일반적으로 곰팡이와 효모는 pH 5.0~6.5로 약산성에서 잘 생육하고, 세균과 방사선균은 pH 7.0~7.5 부근에서 잘 생육한다.

⑤ 식염(염류)
- 미생물의 생육을 위해서는 K, Mg, Mn, S, Ca, P 등의 무기염류가 필요하며, 이들 염류는 효소 반응, 세포막의 평행유지, 균체내의 삼투압조절 등의 역할을 한다.
- 비호염균(nonhalophiles) : 소금 농도 2% 이하에서 생육이 양호한 균
- 호염균(halophiles) : 소금 농도 2% 이상에서 생육이 양호한 균
- 미호염균(slight halophiles) : 2~5% 식염 농도에서 생육이 양호한 균
- 중등도호염균(moderate halophiles) : 5~20% 식염 농도에서 생육이 양호한 균
- 고도호염균(extreme halophiles) : 20~30% 식염 농도에서 생육이 양호한 균

⑥ 화학약품

2) 물리학적인 요인

① 온도
- 온도는 미생물의 생육 속도, 세포의 효소 조성, 화학적 조성, 영양 요구 등에 가장 큰 영향을 미치는 물리적 환경요인이다.
- 생육 가능 온도에 따라 3가지 그룹으로 나눈다.

[미생물의 생육 온도(℃)]

생육 온도	저온균	중온균	고온균
최저	-7~0	15	40
최적	12~18	25~37	50~60
최고	25	45~55	75

② 압력
- 미생물은 보통 상압(1기압)에서 생활하며, 다소의 기압 변동에는 별다른 영향을 받지 않는다.
- 자연계에 일반세균은 30℃, 300기압에서 생육에 저해를 받고, 400기압에서는 생육이 거의 정지된다.
- 심해세균은 600기압에서도 생육 가능한 균도 있다(호압세균).

③ 광선
- 광합성 미생물을 제외한 대부분의 미생물은 대부분 어두운 장소에서 잘 생육하며, 태양 광선은 모든 미생물 생육을 저해한다.
- 태양광선 중에서 살균력을 가지는 것은 단파장의 자외선(2,000~3,000Å) 부분이며, 가시광선(4,000~7,000Å), 적외선(7,500Å)은 살균력이 대단히 약하다.
- 자외선 중에서 가장 살균력이 강한 파장은 2,573Å 부근이다. 이것은 핵산(DNA)의 흡수대 2,600~2,650Å에 속하기 때문이다.

03 미생물의 분리 보존 및 균주개량

① 미생물의 분리 보존

1. 미생물의 분리

(1) 정의
자연계에는 형태, 생리적 특성, 여러 가지 종류의 물질을 생성할 수 있는 부가적 성질 등 서로 다른 미생물이 서식하고 있다. 많은 미생물로부터 특정한 성질 또는 능력을 가진 균주를 순수하게 분리하여 우리가 원하는 성질이나 능력을 최대한 발휘시키는 것을 미생물의 분리라 한다.

(2) 미생물의 확보
① 직접 자연계에서 균을 확보
② 미생물 보존기관에서 분양 받음

(3) 방법

> 시료의 채취 → 집적배양(enrichment) → 순수 분리 → 검색 → 배양 → 동정 및 명명

1) **시료의 채취**
   ① 분리 조건 결정 : 목적하는 미생물의 생리적 특성을 미리 예측할 수 있을 경우에는 미생물의 영양, 온도, 산소량, 염농도, pH 등 여러 인자를 고려하여 분리조건을 결정한다.
   ② 적당한 분리원의 선택 : 분리원으로는 토양, 해수, 오니, 퇴비, 분뇨 등을 사용하고 분리 목적에 적합한 균의 생리적 특성과 생태적인 분포를 고려하여 분리원을 선택한다.

2) **집적배양**
   ① 직접분리법(direct isolation) : colony가 서로 충분히 분리되어 외관이 대표적이라고 생각되는 colony를 선택 **예** 빨리 자라는 균 선별
   ② 집적 배양법(enrichment culture) : 분리하려는 미생물이 소수로 존재할 때, 선별 액체 배지와 선별 조건을 이용하여 미생물을 선택적으로 성장시키는 방법
   예
   Escherichia(항온동물에 존재, 소화기관의 담즙산에 대해 내성)와 *Aerobacter*(공기 중 존재) : 45℃ 또는 bile salts 첨가

3) 순수 분리기술

① 획선 평판 배양법(Streaked plate culture) : 평판 접시에 약 60도로 구부린 화염멸균한 백금이를 시료액에 적셔서 획선한 후 그은 선의 끝 부분을 획선 반복, 획선에 의한 균이 감소되는 것을 이용한다.

② 도말 평판 배양법(Spread plate culture) : 균을 단계적으로 희석한 후 시료액 0.1ml을 떨어뜨리고 유리 spreader로 배지표면을 골고루 도말하여 시료액을 잘 건조시킨다.

③ 희석 진탕 배양법(Dilute shake culture) : 균을 단계적으로 희석한 후 배지와 녹은 한천을 섞은 후 굳히고 배양(혐기균 선별)한다.

④ 단일세포분리법(Single cell isolation) : 현미경하에서 micromanipulator(500-1000배 배율에서 효과적으로 미생물을 분리하는 기계) 이용한다.

⑤ 막분리법(Membrane filter method) : 균수가 극히 적은 하천수 등에서 균을 분리한다.

4) 검색

많은 미생물들로부터 관심있는 미생물만 순수 분리하는 고도의 선별과정 : 저해환 생성법 사용

① 항생제 생산균 : 미리 피검균(시험균)을 접종시켜 둔 한천평판에 생산성을 검토하려는 균을 중복하여 접종하면 알 수 있다.

② 약리활성물질 생산균 : 인체의 대사계의 key 효소함유 배지에 약리활성물질을 넣고 저해지역 측정

③ 생육인자 생성균 : 아미노산 생산균의 경우 영양요구성 균주(auxotroph)가 포함된 배지 위에 아미노산 생산균을 도말

④ 다당균 생산균 : 점질물을 분리하는 colony 선별

⑤ 유기산 생성균 : pH 지시약 함유 배지로 색깔변화를 조사하거나 $CaCO_3$ 함유배지로 용해정도 측정

⑥ 세포 외 효소 생성균 : 색깔 형성이나 투명환 관찰

　예) Amylase : soluble starch의 분해 → iodine 염색
　　　Protease : casein의 용해 → 투명환
　　　Cellulase : cellulose의 용해 → 투명환

5) 동정 및 명명

① 동정 : 대상 미생물의 성질조사 결과로부터 분류체계에 따른 그 미생물의 분류 상의 위치 결정

② 명명 : 동정의 결과 새로운 미생물에 대하여 명명법에 따라 학명이 주어짐

2. 미생물의 보존

미생물 보존의 목적은 한 균주를 오염되지 않게 변화나 변이없이 가능한 한 원래의 분리된 그 상태를 순수하게 그대로 유지하는 것이다. 많은 보존방법들이 미생물 균주를 보존하는 데 사용할 수 있으나 하나의 방법에 의해서 모든 종류의 균주를 보관할 수 없다.

(1) 미생물 보존의 원리
미생물 보존의 원리는 세포 내에 함유되어 있는 수분을 조절함과 동시에 이 수분들이 관여하여 일어나는 생체대사를 조절하기 위하여 환경을 조절하는 것이다.

1) 대사 반응을 저하시키는 방법
① 저온 유지 : 계대 보존법
② 산소 제한 : 파라핀 증충법
③ 영양분 제한 : 현탁 보존법

2) 수분을 한정시켜 대사 반응을 정지시키는 방법
① 수분의 이동을 정지시키는 방법 : 냉동 보존법
② 수분을 제거시키는 방법 : 건조 보존법, 동결건조 보존법, 담체 보존법

3) 유의 사항
① 생존율 : 장기간 생존 가능하고, 보존 중 사멸을 방지할 것
② 형질 유지 : 보존 중 변이같은 형질변화가 없을 것
③ 경제성 : 비교적 적은 비용으로 보존 가능할 것
④ 간편성 : 보존 시료 조제의 조작이나 용기가 가능한 한 간단한 할 것
⑥ 안전성 : 오염이 되지 않고 접종원으로 반복사용이 가능 할 것

(2) 균주의 보존법

1) 계대 보존법
① 평판접시, 사면(slant), 천자(stab)를 사용하여 1~2 개월에 한 번씩 정기적으로 계대하여 냉장고 또는 실온에서 보관하는 단기 보존방법이다.
② 배지는 탄수화물, 단백질 등 영양분이 풍부하지 않은 것을 사용
③ 문제점 : 유전적 변이가 일어나기 쉽고 작업이 많고 잡균 오염가능성이 크고 균주 착오가 일어나기 쉽다.

2) 파라핀 증충법
① Cap tube 중에 사면배지, 천자배지에 실균된 파라핀을 중층하여 냉장 또는 실온보관
② 계대보존법을 개선한 방법으로 산소를 제한하여 대사를 억제하고 수분 증발을 방지하여 장기간 보존 가능

3) 현탁 보존법
① 세포 또는 포자를 유기 영양원이 함유되지 않은 완충액 등에 현탁
② 곰팡이, 효모, 방선균 등 동결건조에 의하여 장기보존이 어려운 경우 사용

4) 담체 보존법
대부분의 균체는 건조 시 사멸하지만 포자 형성 균주와 같은 특수한 경우에는 적당한 용제에 건조시켜 보존하면 대사기능이 정지되어 휴지 상태로 장기간 생존한다.

① 토양 보존법
  ㉠ 토양을 건조한 후 2회 정도 살균한 후 무균 검사를 하고 균액을 첨가한다.
  ㉡ 포자 형성 세균, 방선균, 곰팡이에 사용
② 모래 보존법, silica gel 보존법
  ㉠ 바다모래를 산, 알칼리, 물로 잘 세척하여 건열 멸균을 한다.
  ㉡ 균 배양액을 넣고 모래와 잘 혼합하여 진공건조 후 상압에서 밀봉하여 보존한다.

5) 동결 건조법
① 미생물의 장기보존방법 중 가장 보편적인 방법(ATCC ; American Type Culture Collection)
② 균액조제
  ㉠ 액체 배양 : 배양액을 원심분리하여 상등액은 버리고 분산매를 대신 채워서 균일한 균액을 얻는다.
  ㉡ 고체 배양 : 대수기를 지나 포자가 형성되면 분산매를 고체배지에 붓고 loop로 긁어서 포자액을 얻는다.
③ 방법
  ㉠ 조제된 균액을 미리 준비된 앰플에 주사기나 긴 모세관으로 연결된 스포이드를 이용하여 넣고 앰플입구를 면전한다.
  ㉡ Dry ice와 에탄올을 이용하여 균액을 동결시켜 수분을 고정시킨다(-78℃).
  ㉢ 동결건조기를 진공상태로한 후 앰플의 면전을 제거한 후 앰플을 동결건조기에 연결시킨다.
  ㉣ 진공건조를 한 후 burner를 이용하여 화염으로 봉하고 냉장고에 보존한다.
④ 분산매: 동결과정과 동결 후 건조과정에서 완충작용 및 보호작용을 한다.
  탈지유 10%, 탈지유 5%, 포도당 5%, 전분 20%

6) 냉동 보존법
① 건조조건에서 생존율이 현저히 떨어지는 균, 포자 형성이 어려운 곰팡이, 미세조류, 원생동물, 동식물세포, 적혈구, 암세포, 정자 등 보존에 사용
② 미생물의 적용 범위, 생존기간, 형질의 안정성 등이 뛰어난 보존법
③ 분산매: 20% glycerol, 10% dimethylsulfoxide, 탈지유, 혈청
④ 보존 온도
  ㉠ -20℃ : 냉동고(재결정화, 높은 염농도로 인한 용해 등 심한 피해 존재)
  ㉡ -70℃ : Deep freezer
  ㉢ -196℃ : 액체질소
⑤ 완만동결 : 급속히 동결시키면 세포 내에 얼음 결정이 생겨 생존율이 저하될 수 있다.

7) 건조 보존법
① 동결에 의한 장해를 받는 미생물에 사용(NCIB 영국, IFO 일본)
② 생존율이 좋고 장기보존이 가능 : 갑작스러운 온도 하강으로 균사멸 위험성 감소
③ 분산매와 균액제조 : 동결건조와 동일

② 미생물의 유전자 조작

유전자의 여러 가지 기능을 분석하거나 특정 유전자를작용시켜 단백질이나 펩티드를 발현시키기 위해서는 유전자를 특별한 효소로 절단해 연결하거나 또는 이렇게 하여 만든 재조합 DNA를 세포에 넣어 증식시키지 않으면 안 된다. 이와 같이 인위적으로 유전자를 재조합하는 조작을 유전자 조작이라고 한다.

(1) 유전자 조작의 개요

① 유전자 DNA를 세포에서 분리하여 정제하여 이것에 적당한 제한 효소를작용시켜 특정한 유전자를 함유한 작은 단편을 만들어 분리한다. 목적의 유전자 DNA를 다량으로 얻기 어려울 때에는 세포에서 m-RNA를 분리하여 여기에서 목적하는 유전자에 대응하는 m-RNA에 상보적인 DNA(cDNA)를 만든다.

② Passenger DNA에서 유래하는 세포와 동종 혹은 이종의 세포에서 그 세포질 중에 존재하여 자율적으로 증식하는 환상 2본쇄의 DNA를 분리 정제한다. 보통 플라스미드, 파지 DNA, 미토콘드리아(mitochondria) DNA 또는 어떤 종류의 바이러스 DNA 등이 사용되며 이것을 벡터라고 한다.

③ 벡터(vector) DNA의 한 곳을 제한 효소로 절단하고 여기에 DNA 연결 효소(ligase)를작용시켜 passenger DNA를 결합시켜 재조합체(Recombinant)를 만든다. 벡터를 절단할 때에는 그 자신의 자율적 증식에 필요한 부위를 파손시키지 않도록 제한 효소를 선택하지 않으면 안 된다.

④ 원래의 벡터가 생존, 증식될 수 있는 세포 중에 재조합 DNA(Recombinant DNA)를 주입하여 세포의 증식과 함께 증폭시킨다.

⑤ 증폭된 재조합체를 추출, 정제하여 목적으로 하는 유전자 부위를 끊어내어 모으고 이것을 유전자구조의 해석 등의 실험에 공급한다. 이것을 DNA 클로닝이라고 한다. 또는 숙주세포 중에 발현시켜 목적으로 하는 유용단백질을 얻는다.

1) 유전자 조작에 필요한 주요 효소

① 제한 효소 : DNA 분자 내에서 특정 염기서열을 인식 절단하는 효소
② 알칼리 포스파타아제 : DNA와 RNA의 5'말단의 인산기를 제거해 주는 효소
③ 폴리뉴크레오타이드 키나아제 : 인산기를 붙여 주는 효소
④ T4-DNA 리가아제 : 이인산에스터 공유 결합 형성

2) 유전자 조작의 산업적 이용 분야

① 단백질의 대량생산 : 인슐린, 생장호르몬, 인터페론
② 백신개발 : 인플루엔자, 간염
③ 혈액응고인자, 혈관생성억제제 등의 대량생산

④ 새로운 항생물질의 생산
⑤ 유전병 환자의 원인규명과 치료제 개발
⑥ 유용한 유기화합물을 산업적으로 생산
⑦ 효소의 대량생산
⑧ 품종 육종
⑨ 발효 공정의 개선

(2) 세포융합(cell fusion, protoplast fusion)

세포융합(cell fusion, protoplast fusion)이란 서로 다른 형질을 가진 두 세포를 융합하여 두 세포의 좋은 형질을 모두 가진 새로운 우량 형질의 잡종세포를 만드는 기술을 말한다.

1) 세포융합 유도과정
① 세포의 protoplast 화 또는 spheroplast화
② protoplast의 융합
③ 융합체(fusant)의 재생(regeneration)
④ 재조합체의 선택, 분리의 단계

2) 포마토(pomato)
포마토는 감자와 토마토의 플로토플라스트를 폴리에틸렌글리콜로 처리한 후, 알칼리성의 고농도 칼슘 용액으로 처리하여 세포를 융합시키고 그 융합 세포를 배양기에 키워서 식물체로 한 것이다. 이 식물체의 지상부에 토마토의 열매가 열리고 지하부의 줄기가 감자와 같이 되면 그야말로 일석이조인 셈이다.

3) 인공 키메라 동물
유전학이나 발생학에서는 2개 또는 그 이상의 수정란에서 유래하는 동물의 복합 개체를 키메라(chimera)라고 부른다.

(3) 돌연변이

생물의 유전적 변화를 넓은 의미로 변이라고 하며 이중에서 유전자 조작에 의하거나 분리의 법칙 등에 의하지 않는 유전자상의 변화를 돌연변이라 부른다. 즉, DNA의 염기서열의 변화에 의하여 유전정보에 변화가 생기는 경우를 말한다.

1) 자연돌연변이
자연적으로 일어나는 변이로 낮은 빈도($10^{-8} \sim 10^{-9}$)로 발생한다.

2) 인공돌연변이
여러 가지 변이원을 사용하여 물리적, 화학적으로 처리함으로써 발생한다.

돌연변이원(Mutagen)

① 방사선 : 전자기파, 소립자, X-선, 감마선, 알파선, 베타선, 자외선 등
② 화학적 돌연변이원(화학물질)
- 삽입성물질(intercalating agent) : purine*pyrimidine pair와 유사하므로 DNA stacking 사이에 끼게 된다. acridine orange, proflavin, acriflavin
- 염기유사물(base analogue) : 정상적인 뉴클레오티드와 매우 유사한 화합물로 자라고 있는 DNA 사슬에 쉽게 끼어들 수 있다. 5-bromouracil, 2-aminopurine
- DNA 변형물질(DNA modifying agent) : DNA와 반응하여 염기를 화학적으로 변화시켜 딸세포의 base pair를 변화시킨다. Nitrous acid, Hydroxylamine(NH_2OH), alkylating agent(EMS)

3) 유전자 돌연변이

① 미스센스 돌연변이(missense mutation) : DNA의 염기가 다른 염기로 치환되면 polypeptide 중에 대응하는 아미노산이 야생형과는 다른 것으로 치환되거나 또는 아미노산으로 번역되지 않은 짧은 peptide사슬이 된다. 이와 같이 야생형과 같은 크기의 polypeptide 사슬을 합성하거나 그중의 아미노산이 바뀌어졌으므로 변이형이 표현형이 되는 것

② 점 돌연변이(Point mutation) : 보통 염기쌍치환과 프레임쉬프트 같은 DNA 분자 중의 단일 염기쌍 변화로 인한 돌연변이의 총칭

③ 넌센스 돌연변이(nonsense mutation) : UAG, UAA, UGA codon은 nonsense codon이라고 불리어지며 이들 RNA codon에 대응하는 aminoacyl t-RNA가 없다. m-RNA가 단백질로 번역될 때 nonsense codon이 있으면 그 위치에 peptide 합성이 정지되고 야생형보다 짧은 polypeptide 사슬을 만드는 변이

④ 격자이동 돌연변이(frameshift mutation) : 유전자 배열에 1개 또는 그 이상의 염기가 삽입되거나 결실됨으로써 reading frame이 변화되어 전혀 다른 polypeptide chain이 생기는 돌연변이

4) DNA의 수복기구

① 광회복(photoreactivation) : 자외선에 의해 pyrimidine dimer의 생성(C-C, T-T, C-T) 가시광선(300-480nm)에 의하여 활성화되는 효소, 즉 PR 효소(photoreactivating enzyme or DNA photolyase)에 의해서 thymine dimer가 끊어진다.

② 제거수복(excision repair) : DNA 선상을 움직이는 효소가 한쪽 가닥에서 몇 개의 염기와 함께 이합체(dimer)를 절단 → DNA polymerase와 ligase가 반대쪽 가닥을 주형으로 사용하여 새로운 nucleotide를 만들어 그 gap(틈)을 채운다.
③ 재조합 수복(recombination repair) : 복제와 재조합에 의한 수복이다. 복제 중 gap 발생 시 유전자 재조합에 의해 gap을 수복하는 반응이다.
④ SOS 수복(transdimer synthesis) : error-prone repair system이다. DNA가 자외선이나 화학물질 등에 의해 DNA 손상이 막대하여 정상적인 복제가 저해될 때, 세포는 많은 단백질들을 유도시키는 반응을 촉진하게 된다.

5) DNA 수선

DNA 수선 방식은 손상복귀(damage reversal), 손상제거(damage removal), 손상무시(damage tolerance) 세 가지가 있다.

① DNA 손상복귀(damage reversal)
- Photoreactivation(광활성화) : 빛에 의한 pyrimidine dimers의 제거
- single-strand break의 연결 : X-ray나 peroxide와 같은 화학물질은 DNA의 절단유도

② DNA 손상제거(damage removal)
- Base excision repair : 손상된 염기를 deoxyribose에서 제거
- Mismatch repair : DNA replication이 끝난 후 복제의 정밀도(accuracy)를 검사하는 과정
- Nucleotide excision repair : DNA가닥에 나타난 커다란 (bulky) 손상을 치유

③ DNA 손상무시(damage tolerance)
- Recombinational repair : 유사한 DNA나 sister chromatid를 이용한 recombination을 통하여 daughter-strand에 생긴 gap을 수선하는 방식
- Mutagenic repair : pyrirmdine dimmer 등에 의하여 복제가 정지된 DNA polymerase가 dimmer 부분에 대한 특이성을 변화시켜 반대편에 아무 nucleotide나 삽입하여 복제를 계속하는 방법

04 발효공학

1 발효식품

1. 주류

청주, 맥주, 과실주, 증류주 등은 주류로서 당질을 알코올 발효시켜 만든 술이다. 주세법 제1조에 의하면 주류라 함은 주정과 알코올 1° 이상의 음료를 말한다. 제2조에서는 주류의 분류를 열거했다.

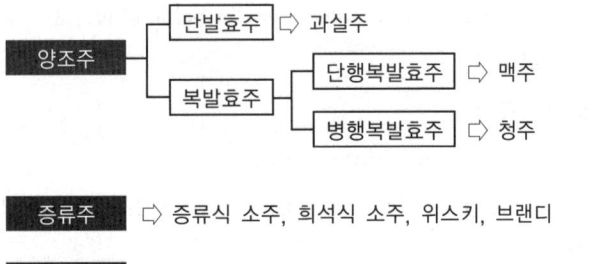

① **양조주**
발효에 의하여 직접 또는 청징시켜 마시는 술로서 EX분(엑기스)이 많이 함유된 술이다.

② **단발효주**
원료 속의 주성분이 당류로서 과실 중의 당류를 효모에 의하여 알코올 발효시켜 만든 술이다.

③ **복발효주**
전분질을 아밀라아제(amylase)로 당화시킨 뒤 알코올 발효를 거쳐 만든 술이다.

④ **단행복발효주**
맥주와 같이 맥아의 아밀라아제(amylase)로 전분을 미리 당화시킨 당액을 알코올 발효시켜 만든 술이다.

⑤ **병행복발효주**
청주와 같이 아밀라아제(amylase)로 전분질을 당화시키면서 동시에 발효를 진행시켜 만든 술이다.

⑥ **증류주**
양조주 또는 그 술의 찌꺼기를 증류하여 주정 함량을 높인 술이다.

⑦ 재제주

양조주 또는 증류주를 다시 가공하여 만든 술이다.

(1) 맥주

1) 맥주의 종류

① 발효시키는 효모의 종류에 따른 분류

㉠ 상면 발효맥주
- 상면 발효효모(*Saccharomyces cerevisiae*)로 발효한다.
- 지역 : 영국, 캐나다, 독일의 북부지방

㉡ 하면 발효맥주
- 하면 발효효모(*Saccharomyces carsbergensis*)로 발효한다.
- 지역 : 한국, 일본, 미국

② 맥아즙 농도에 따른 분류

맥아즙 농도에 따라 2~5% Einfachbier, 7~8% Schankbier, 11~14% Vollbier, 16% 이상 Starkbier로 분류한다.

③ 맥주의 색깔에 따른 분류

㉠ 농색 맥주 : Muchener Bier, Porter, Stout

㉡ 담색 맥주 : Pilsener Bier, Dortnund Bier, Korea Bier, Mild Ale

㉢ 중간색 맥주 : Wiener Bier

2) 맥주의 양조 공정

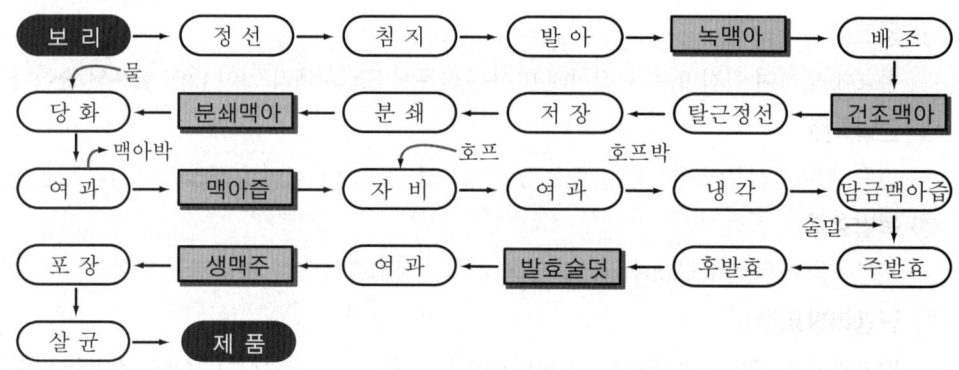

3) 맥주의 원료

① 맥주용 보리

㉠ 맥주용 보리의 조건
- 입자의 형태가 고르고, 전분질이 많고, 단백질이 적은 것이 좋다.
- 수분이 13% 이하인 것이 좋다.
- 곡피가 엷고, 발아력이 균일하고, 왕성한 것이 좋다.

- ⓒ 종류
  - 두 줄 보리 : 입자가 크고, 곡피가 엷어 맥주 양조에 적합하며, 우리나라에서는 Golden melon을 주로 사용한다.
  - 여섯 줄 보리 : 주로 미국에서 많이 사용한다.
- ⓒ 품종
  - 유럽 : Kenia, Union, Amsel, Procter, Balder, Wisa
  - 일본 : Golden melon, Swanhals, Hakada 2호

② 호프(Hop)
- ⓐ 맥주에 특유한 고미와 향미를 부여한다.
- ⓑ 저장성을 높인다.
- ⓒ 거품의 지속성, 항균성 등의 효과와 불안정한 단백질을 침전 제거하고 청징에 도움을 준다.
- ⓓ 유효성분
  - 호프(hop)의 향기 성분 : 유지성 humulene
  - 쓴맛의 주성분 : humulon, lupulon

③ 물
- ⓐ 담색 맥주는 염류가 대단히 적고, 경도가 낮은 물이 적합하다.
- ⓑ 농색 맥주는 경도가 높고, 산도가 낮은 물이 적당하다.

④ 맥아 제조(malting)
- ⓐ 목적
  - 당화 효소, 단백질 효소 등 맥아 제조에 필요한 효소들을 활성화 또는 생합성시키는 데 있다.
  - 맥아의 배조에 의해서 특유의 향미와 색소를 생성시키며, 동시에 저장성을 부여하는 데 있다.
- ⓑ 방법
  - 수확 후 6~8주일 충분히 후숙시킨 보리를 15℃에서 약 35시간 수침하여 발아에 필요한 수분인 42~45%가 되게 흡수시킨다.
  - 수침한 보리를 14~18℃에서 담색맥아는 7~8일간, 농색맥아는 8~11일간 발아시킨다.
  - 발아가 끝나고 건조시키지 않은 맥아를 녹맥아(green malt)라 한다.
  - 발아정지는 뿌리눈의 신장이 담색 맥주용 맥아일 때는 보리 길이의 1~1.5배 정도, 농색 맥주용 맥아는 약 2~2.5배 정도가 가장 양호하다.

⑤ 배조(Kilning)
- ⓐ 배조란, 녹맥아의 수분함량 42~45%에서 8~10%로 하는 건조와 다시 1.5~3.5%로 하는 배초(焙焦, curing)를 병행하여 행하는 공정을 말한다.
- ⓑ 녹맥아는 저장성이 없으므로 배 함으로써 건조시켜 부패 변질을 방지하여 저장성을 부여하고, 녹맥아의 생장을 억제하고, 뿌리눈의 이탈을 용이하게 하기 위해서 행한다.

4) 맥주의 제조

① 맥아즙 제조

　㉠ 맥아의 뿌리를 제거하여 분쇄한 후 물을 가하여 62~65℃에서 당화시킨다.

　㉡ 당화가 끝나면 여과하여 여과 맥아즙에 0.3~0.5% 호프(hop)를 첨가하여 1~2시간 끓여서 유효성분을 추출시킨다.

　㉢ 끓인 후 호프(hop)를 제거하여 냉각시킨다.

　㉣ 하면발효 맥주용 맥아즙은 5~10℃까지, 상면발효 맥주용 맥아즙은 10~20℃까지 냉각시킨다.

② 주발효

맥주의 발효 공정은 주발효와 후발효로 구별된다. 주발효는 일반적으로 개방식 탱크(tank)에서 후발효는 밀폐식 탱크에서 행한다.

　㉠ 청징된 맥아즙을 발효 탱크에 넣는다.

　㉡ 하면발효 맥주는 하면발효효모인 *Saccharomyces carsbergensis*를 접종시켜 5~10℃에서, 상면발효 맥주는 상면발효효모인 *Saccharomyces cerevisiae*를 접종시켜 10~20℃에서 10~12일간 발효시킨다.

　㉢ 발효성 당류로부터 알코올을 생성시킨다.

　㉣ 담색 맥주일 때는 5~8℃에서 8~12일간, 농색 맥주일 때는 7~12℃에서 9~13일간 발효시켜 최종적으로 4~5℃에서 발효를 종료시킨다.

③ 후발효

　㉠ 주발효가 끝난 맥주는 담백하고 CO_2 가스(gas)가 포화되어 있지 않다.

　㉡ 이 맥주로부터 침전된 효모를 제거하고, 밀폐된 발효 탱크에 넣어 0~2℃에서 1~3개월간 후발효시킨다.

　㉢ 후발효 시에 맥주의 특유한 향미를 완숙시키며 0.4%의 CO_2 가스를 맥주 중에 포화시킨다.

④ 여과 및 살균

　㉠ 후발효 및 숙성 후 여과하여 투명한 맥주로 한다.

　㉡ 여과하여 청징된 맥주를 그대로 통에 넣은 것이 생맥주이며, 68℃에서 20~40초간 순간 살균하여 압력 하에서 병조림한 것이 병맥주이다.

(2) 포도주

포도 과즙을 효모에 의해서 알코올 발효시켜 제조한 것이다.

1) 포도주의 종류

① 적포도주 : 적색 또는 흑색 포도의 과즙을 함께 발효시켜 포도주 중에 안토시아닌 색소가 용출된 것이다.

② 백포도주 : 적색의 포도 과피를 제거하거나 녹색 포도를 원료로 하여 발효시킨 것이다.

③ 생포도주 : 과즙의 당분을 거의 완전히 발효시켜 당분을 1% 이하로 낮게 한 것이다.

④ 감미 포도주 : 비교적 당도가 높은 과즙을 사용하여 당분을 완전히 발효시키지 않았거나 알코올 농도가 높은 브랜디를 첨가하여 발효를 중지시켜서 감미도를 높게 한 포도주이다.
⑤ 발포성 포도주 : 포도주 중에 CO_2를 용해시킨 것으로 마개를 따면 거품이 발생한다.
⑥ 비발포성 포도주 : 거품이 발생하지 않는 일반적인 포도주이다.
⑦ 식탁용 포도주 : 14% 이하의 알코올을 함유한 생포도주로 식사 중에 음용한다.
⑧ 식후 포도주 : 14~20% 정도의 알코올과 상당량의 설탕을 함유한 포도주로서 식사 후에 디저트(dessert)와 함께 마시는 포도주이다.

2) 적포도주

① 포도의 품종
- *Cabernet sauvignon, Pinot noir*종이 대표적이다.
- 포도를 완숙시켜 발효성 당분을 최대한 함유시키고, 과즙의 당 농도는 21~22%가 양호하다.

② 포도주 효모
- *Saccharomyces cerevisiae var. ellipsoideus*

③ 적포도주의 제조 공정

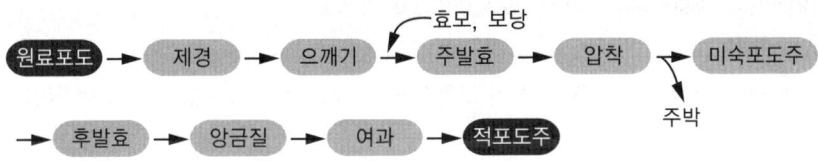

㉠ 으깨기 및 제경
- 포도는 씨가 부서지지 않게 으깨기를 하여 줄기를 분리한다.
- 과피와 과육을 분리한다.

㉡ 과즙의 개량
- 포도 으깨기를 행한 포도즙액을 안전하게 발효시키기 위해 메타중아황산칼리($K_2S_2O_2$)를 SO_2로써 100~200ppm 첨가한다.
- 과즙의 당도를 24~25% 정도로 보당한다.

 아황산 첨가의 효과

▶ 장점
- 유해균의 사멸 또는 증식 억제
- 술덧의 pH를 내려 산도를 높임
- 과피나 종자의 성분을 용출시킴
- 안토시안(anthocyan)계 적색 색소의 안정화
- 주석의 용해도를 높여 석출 촉진
- 백포도주에서의 산화 효소에 의한 갈변 방지

▶ 단점
- 과잉 사용 시 포도주의 향미 저하, 후숙 방해
- 기구에서 Cu와 같은 금속이온의 용출이 많아져 포도주 변질, 혼탁의 원인이 된다.

㉢ 발효(주발효)
- 효모균은 순수 배양된 주모를 과즙의 2~10% 첨가한다.

- 발효 온도는 25℃ 내외가 적당하다. 즉 20~25℃에서 7~10일, 15℃에서 3~4주일 정도면 알맞다.
- 적포도주는 과피 중의 적색 색소와 탄닌(tannin)을 용출시켜 적색을 띠게 하고 떫은맛을 내게 하는 것이 중요한 발효관리이다.

ㄹ. 박의 분리와 후발효
- 주발효가 끝나면 과피, 종자 등의 박(粕)을 분리한 후 10℃ 이하에서 서서히 후발효를 행한다.
- 후발효는 1~2%의 남아있는 잔당을 0.2% 이하가 될 때까지 후발효를 행한다.

ㅁ. 앙금질과 저장
- 후발효하는 동안 효모, 주석, 주석산, 칼슘, 단백질, 펙틴질, 탄닌 등이 침전하여 앙금이 생긴다.
- 앙금질을 행하여 혼탁되어 있는 술을 통 속에 넣어 10~15℃, 저온에서 1~5년 동안 저장하면 청징되어 향미가 형성된다.

3) 백포도주

① 포도의 품종

Delaware, Niagara, Neomuscat, Golden queen 등

② 과즙의 개량

발효 후의 잔당이 약 2% 정도 것이 보통이므로, 적도포주보다 2% 정도 더 당을 가한다.

③ 발효

적포도주와 다른 점은 과피와 과경을 발효 전에 분리하여 과즙만을 발효시키므로 발효 중 캡(cap)이 형성되지 않기 때문에 캡 조작이 필요없다.

(3) 사과주

사과 중의 당분을 이용하여 발효시킨 술로서 사이다(cider)라고 한다.

1) 원료

① 사과주 원료로서는 당 함량이 많고, 산을 상당히 함유한 품종이 좋다.

② 사과 품종 : 홍옥, 국광, *Delicious, Jonathan, Newton, Stayman winesap, Rome beauty* 등

2) 성분

① 탄닌, 산류, 펙틴, 회분 및 당분 등이며 당의 함량은 7~15%이다.

② 사과 중에 존재하는 당은 glucose(포도당), fructose(과당) 및 sucrose(자당)로 이 중에서 fructose(과당)이 가장 많다.

3) 효모

*Saccharomyces cerevisiae var. ellipsoideus*와 *Kloeckera apiculata* 등을 사용한다.

4) 제조 공정

① 과즙조제 : 압착한 과즙을 여과하여 당도를 24~25%가 되도록 보당한다.

② 발효 : 실온에서 10~14일에 주발효가 끝나며, 알코올 함량은 2.0~2.5% 정도이다.
③ 앙금질과 후발효
- 주발효가 끝나면 앙금과 액면의 부유물을 분리하기 위해 앙금질을 행한다.
- 실온 8~10℃에서 후발효를 행하고, 2~3개월 경과한 후 2차 앙금질을 행한다.
④ 저장 : 저장실 안의 온도는 8℃ 이하가 좋고, 2~3개월 후면 제품화 할 수 있다.

(4) 청주

쌀, 국과 물을 주원료로 하여 국균, 젖산균, 효모 등에 의하여 발효한 술로서 당화와 알코올 발효가 술덧 중에서 동시에 일어나는 병행복발효주다.
일본, 한국에서 양조되는 대표적인 양조주이다.

1) 원료

① 물
- 제품의 80% 이상을 차지하므로 주질에 가장 큰 영향을 미친다.
- Fe이 적은 경수가 좋고, P, Ca 등이 부족할 때 이들 염류를 첨가해야 한다.

② 백미
75%까지 정백된 쌀로 단백질과 지방분이 적은 것이 좋다.

③ 종국
- 황국균인 *Aspergillus oryzae*을 사용한다.
- 찐 주미에 목회를 3~5% 혼합시켜 10~20%의 순수 배양한 황국균을 살포한 후, 27~28℃에서 5일간 충분히 포자를 착생시킨다.

목회 사용 목적
① 주미에 잡균 번식을 방지한다. ② 무기물질을 공급한다. ③ 포자 형성이 잘 되게 한다.

④ 국(Koji)
 ㉠ 찐쌀에 황국균을 번식시켜 당화 효소(amylase)을 다량 생성시키는 것이 주목적이다.
 ㉡ 제법
- 주조미를 씻은 후에 수침시켜 27~30% 수분이 흡수되면 물을 뺀 후 찐다.
- 찐 백미를 국실에서 40℃까지 냉각시켜 황국균을 0.1% 정도 접종시킨 후, 다시 30~32℃로 36~45시간 배양시켜 균이 쌀 전체에 번식되면 방냉하여 정지시킨다.

⑤ 주모
- 안전한 청주 발효를 진행시키기 위해서 건전한 청주 효모균체를 많이 생성시키는 것을 주모라고 한다. 적당량의 유산이 필요하다.
- 청주 효모는 *Saccharomyces cerevisiae*이고, 이 효모는 Ca와 pantothenic acid를 생육에 필요로 한다.

2) 청주 발효(술덧 발효)

청주의 알코올 발효는 주모와 국과 찐쌀, 물을 초첨, 중첨, 유첨 순으로 3번에 나누어 첨가하여 술덧(moromi)을 만들어 10~18℃에서 20일간 발효시킨다. 그러면 전분질은 당화 효소에 의해 당화되고 당은 주모에 의해 알코올 발효가 되어 알코올 농도 20% 전후가 된다.

3) 제성 및 앙금질

① 발효가 끝난 술덧을 자루에 넣어 청주와 술 찌꺼기를 분리한다.
② 혼탁한 청주를 30~40일간 정치하여 부유물을 침전시켜 청징된 청주를 떠내어 옮김으로써 앙금질을 행한다.
③ 맑아진 청주를 55~60℃로 5~15분간 저온 살균한다. 그 목적은 다음과 같다.
  • 효소류를 파괴시킨다.
  • 청주효모, 젖산균, 화락균, 기타 잡균을 멸균시킨다.
  • 당분과 아미노산(amino acid)의 상호작용으로 자연숙성을 촉진시킨다.

4) 저장과 제품화

살균이 끝난 청주는 15~17℃에서 저장, 주세법상 알코올 함량은 16%이다.

(5) 약·탁주

우리나라의 술의 역사 중 가장 오래된 것이 탁주이고, 탁주에 용수를 넣어서 거르는 것이 약주이다.

1) 탁주

전분질 원료, 즉 쌀, 옥수수, 밀가루 등을 당화 과정과 발효과정을 동시에 행하는 병행복발효주 일종이다. 제법은 청주와 비슷하나 청주보다 고온에서 단시간에 발효하기 때문에 미완성 술덧이 된다. 미발효된 전분은 많은 양의 당류를 함유함으로써 어떤 주류보다 영양학적으로 높은 칼로리(calorie)을 가진 술이다.

① 원료
  ㉠ 물 : 수온이 일정하고, 오염되지 않은 양질의 물이 좋다.
  ㉡ 백미, 옥수수, 감자, 밀 등이 사용된다.
  ㉢ 발효제로서는 입국, 분국, 곡자 등이 있다.
    • 입국 : 청주와 거의 같은 방법으로 곡립에 균을 배양시킨 국을 사용한다. 입국 제조에는 *Aspergillus kawachii*(백국균)를 사용한 것이다.
    • 분국 : 밀기울을 주로 하여 *Aspergillus shirousamii*와 *Rhizopus* 속균을 배양시켜 분상 상태의 국을 사용한 것이다.
    • 곡자 : 밀을 조분쇄하여 물을 가해 반죽하여 일정한 형태로 성형한 후, 국실에 넣고 곰팡이를 착생시켜 자연 배양한 국을 사용한 것이다. 주된 균주는 *Mucor, Rhizopus* 속이다.
  ㉣ 주모
    멥쌀을 청주에서와 같이 수침, 증자하여 냉각하여 두고서, 누룩 입국을 수국으로 만들어

찐 멥쌀을 넣어서 배양한 탁주 효모인 *Saccharomyces coreanus*를 혼합하여 27~28℃에서 10~15일간 숙성시킨다.

② 발효(술덧)
  ㉠ 찐 밀가루와 입국, 물을 혼합한 후 여기에 주모를 2~5% 첨가한다.
  ㉡ 품온 24℃ 전후로 24시간 둔 후 적당한 비율로 찐 밀가루와 분국, 곡자, 물을 첨가하고, 30℃에서 발효시킨다.
  ㉢ 탁주의 담금은 초첨, 유첨의 2단 담금을 행한다.

③ 제성
  가장 왕성한 발효가 끝나면 물을 부어서 체로 술 찌꺼기를 분리한다. 주정 함량은 6~7%이다.

2) 약주

탁주의 제법과 비슷하지만, 제조상 다른 점은 탁주보다 저온인 15~20℃에서 발효시키기 때문에 발효시간이 더 길어 10~14일 걸린다. 약주는 독특한 향기를 가지고 있고 산미가 강하고 알코올 함량은 11%이다.

(6) 증류주(spirit)

증류주는 전분 혹은 당질을 원료로 하여 발효시킨 양조주를 증류하여 만든 술로 알코올 농도 20~35%이고, 무색 투명하다. 발효형식에 따라 3종류로 분류한다.

1) 병행복발효주를 증류한 것

① 증류식 소주
  ㉠ 우리나라 재래식 소주로서 발효액을 단식 증류기에 의하여 증류한 소주를 말한다.
  ㉡ 소주용 곰팡이는 흑국균인 *Aspergillus awamorii* 혹은 *Aspergillus usamii*를 사용한다.
  ㉢ 원료 : 옥수수, 감자 등을 사용한다.
  ㉣ 30℃ 정도의 발효 온도로 발효시켜 증류한다.

② 희석식 소주
  ㉠ 고구마, 감자 등 전분질 원료와 폐당밀을 발효시켜 연속 증류기에 의하여 증류한 94%의 알코올을 함유한 주정을 물에 첨가하여 희석시킨 술이다.
  ㉡ 알코올 이외의 불순물이 적고 향기도 적다.

③ 고량주
  ㉠ 수수를 주원료 하여 만든 증류주이다.
  ㉡ 파쇄한 수수를 증강하고, 분쇄한 누룩을 혼합한 후 물을 부어 반고체 상태로 만든다.
  ㉢ 이것을 땅 속에 묻은 발효조에 넣고, 뚜껑에 진흙을 발라 밀봉하여 혐기적 발효를 9~10일간 시킨다.
  ㉣ 발효 온도는 대략 34~45℃를 유지한다.
  ㉤ 알코올 함량은 45%로서 미산성이며, 특유한 고량주 향기를 가진다.
  ㉥ 누룩에 번식된 곰팡이는 *Aspergillus* 외에 *Rhizopus*, *Mucor* 등이 혼합되어 당화된다.

2) 단행복발효주를 증류한 것

① 위스키(Whisky)

㉠ 산지에 의한 분류
- Scotch Whisky : 스코틀랜드에서 제조
- Irish Whisky : 아일랜드에서 제조
- Canadian Whisky : 캐나다에서 제조
- American Whisky : 미국에서 제조

㉡ 원료에 의한 분류
- 맥아 위스키 : 곡류를 발아시킨 맥아만으로 제조한 술
- 곡류 위스키 : 맥아 이외에 감자, 호맥, 밀, 옥수수 등에 맥아를 첨가하여 당화, 발효시켜 증류하여 후숙시킨 술

㉢ 증류기에 의한 분류
- 단식 증류위스키 : 발효액을 단식 증류기로 증류하여 후숙시킨 술
- 연속식 증류위스키 : 발효액을 연속식 증류기로 증류하여 후숙시킨 술

㉣ 맥아 위스키
대표적인 위스키이고, 제조 공정은 맥주 제조 공정과 거의 비슷하나 몇 가지 다른 점이 있다.
- 맥아 제조 시 : 맥아의 유근의 신장도가 보리의 3/4(0.7~0.8배) 정도로 한다.
- 배조 공정 시
  - 녹맥아 이탄(토탄, peat)의 연기를 통과시킴으로써 smoked flavor의 특유한 향기를 부여한다.
  - 제법 : 맥아로부터 맥아즙을 만들고 여과하여 냉각한 후, 발효력이 강한 *Saccharomyces* 속의 효모를 넣어 30℃ 전후로 3~4일 발효시킨다. 발효액을 단식 증류기로 증류하면 알코올 농도가 18~22% 정도가 되고, 재증류하여 60~70%로 조절한다. 이것을 삼나무로 만든 통에 넣어 3년 동안 숙성시키고, 숙성된 위스키를 알코올 40~43%로 조절하여 시판한다.

② 보드카
러시아의 유명한 증류주로 라이맥과 보리의 맥아를 이용하여 양조한 그레인위스키(grain whisky)에 속하고, 알코올은 40% 정도이다.

③ 진(Gin)
영국, 캐나다 등지가 주산지다. 옥수수를 보리맥아로 당화시켜 발효한 후 증류를 하거나 잣을 넣고 재증류한 술로서 알코올 함량은 37~50%인 것은 드라이진(dry gin)이고, 드라이진에 2~3% 설탕과 1~2.5% 글리세린(glycerin)을 첨가하여 스위트진(sweet gin)을 만든다.

3) 단발효주를 증류한 것

과실주를 증류하여 장기간 저장하여 후숙시킨 증류주를 말한다.

① 브랜디(Brandy)

㉠ 포도, 사과, 버찌 등 과실주를 증류한 것을 총칭한다.
㉡ 단식 증류기로 증류하여 5~10년간 나무통에 넣어서 숙성시킨다.
㉢ 알코올 함량 60%이다.
④ 럼(Rum)
㉠ 고구마 즙액이나 폐당밀을 발효시켜서 증류한 술이다.
㉡ 증류액은 5년 이상 나무통에 넣어 숙성시킨다.
㉢ 알코올 함량 45~53%이다.

2 대사생성물의 생성

(1) 유기산 발효
알코올을 산화하여 초산을 생성하는 발효이다.

1) 초산(acetic acid) 발효
① 초산균
㉠ 초산균은 생육 및 산의 생성 속도가 빠르며, 수율이 높고 내산성이어야 한다.
㉡ 초산 이외의 여러 방향성 물질을 생성하고, 초산을 산화하지 않아야 한다.
㉢ 일반적으로 식초공업에 사용하는 유용균은 *Acetobacter. aceti, Acet. acetosum, Acet. oxydans, Acet. rancens*가 있으며, 속초균은 *Acet. schuetzenbachii*가 있다.

② 초산 발효기작
㉠ 호기적 조건에서는 에탄올(ethanol)을 알코올탈수소 효소에 의하여 산화 반응을 일으켜 아세트알데하이드(acetaldehyde)가 생산되고, 다시 아세트알데하이드는 탈수소 효소에 의하여 초산이 생성된다.

$$CH_3CH_2OH \xrightarrow{NAD \; NADH_2} CH_3CHO \xrightarrow[H_2O]{NAD \; NADH_2} CH_3COOH$$

㉡ 혐기적 조건에서는 2분자의 아세트알데하이드가 **aldehydemutase**에 의하여 촉매되어 초산과 에탄올을 생산하게 된다.

$$2CH_3CH_2OH \xrightarrow[H_2O]{2NAD \; 2NADH_2} 2CH_3CHO \xrightarrow{+H_2O} CH_3COOH + CH_3CH_2OH$$

즉, $2CH_3CH_2OH \xrightarrow{+H_2O} CH_3COOH + CH_3CH_2OH + 2H_3$

㉢ 초산이 더욱 산화되면 H_2O와 CO_2 가스로 완전 분해된다.

$$CH_3COOH \xrightarrow{2O_2} 2H_2O + 2CO_2$$

③ 생산 방법
  ㉠ 정치법(orleans process)
    - 발효통을 사용한다.
    - 대패밥, 목편, 코르크 등을 채워서 산소(공기) 접촉 면적을 넓혀준다.
    - 수율은 낮고, 기간도 길다.
  ㉡ 속양법(generator process)
    - 발효탑(generator)을 사용한다.
    - Frings의 속 법이라고도 하며, 대패밥은 탱크의 최상부까지(45cm) 채운다.
  ㉢ 심부배양법(submerged aeration process)
    - Frings의 acetator라 부른다.
    - 원료와 초산균의 혼합물에 공기를 송입하면서 교반하여 급속히 발효덧을 초산화시킨다.

2) 글루콘산(gluconic acid) 발효
글루콘산은 포도당(glucose)을 직접 1/2mol의 산소로 산화하여 얻을 수 있다. 글루콘산은 구연산과 젖산의 대용으로 산미료로 사용되고, 피혁 공업에도 사용되고 있다.

① 생산균 : 사용균주는 *Aspergillus niger, Asp. oryzae, Penicillium chrysogenum, Pen. perpurogenum* 등의 곰팡이와 *Acetobacter gluconicum, Aceto. oxydans, Gluconobacter* 속과 *Pseudomonas* 속 등의 세균도 있다.

② 발효기작

$$D\text{-glucose} \xrightarrow[\text{Glucose oxidase}]{1/2O_2} D\text{-glucono-}\delta\text{-lactone} \xrightarrow{\text{비효소적}} D\text{-gluconic acid}$$

3) 젖산(lactic acid) 발효
포도당을 혐기적으로 해당작용에 의하여 분해되어 젖산을 생성하는 발효를 젖산 발효라 한다.

① 젖산균
  ㉠ 간균과 구균이 있다.
  ㉡ 간균은 *LactoBacillus* 속이 있으며, 구균은 *Streptococcus, Pediococcus, Leuconostoc* 속의 세균이 있다.
  ㉢ 젖산은 L, D, DL형이 있는데 L-형이 인체에 이용된다.

② 젖산 생성 : 젖산 발효에 이용되는 당류로서는 6탄당과 5탄당이 있다. 6탄당으로부터 젖산 생성과정은 다음과 같다.
  ㉠ 정상 젖산 발효(Homo Lactic acid fermentation) : 당으로부터 젖산만 생성하는 발효
    $$C_6H_{12}O_6 \longrightarrow 2CH_3CHOHCOOH$$
    - Homo 젖산 세균은 *Lactobacillus delbruckii, L. bulgaricus, L. casei, Streptococcus lactis* 등이 있다.
  ㉡ 이상 젖산 발효(Hetero Lactic acid fermentation) : 당으로부터 젖산과 그 외의 부산물(알코올, 초산, CO_2, H_2 등)을 생성하는 발효

$$C_6H_{12}O_6 \longrightarrow CH_3CHOHCOOH + C_2H_5OH + CO_2$$
$$2C_6H_{12}O_6 \longrightarrow 2CH_3CHOHCOOH + CH_3COOH + C_2H_5OH + 2CO_2 + 2H_2$$

- Hetero 젖산 세균은 *L. fermentum, L. heterohiochii, Leuconostoc mesenteroides* 등이 있다.

③ 젖산생성 조건 : 10% 당 농도, pH 5.5~6.0, 발효 온도는 45~50℃에서 소비당의 80~90%의 젖산을 얻게 된다.

4) 구연산(citric acid) 발효

구연산은 식품과 의약품에 널리 이용되고 산미료, 특히 탄산음료에 사용되기도 한다.

① 생산균 : *Aspergillus niger, Asp. saitoi* 그리고 *Asp. awamori* 등이 있으나 공업적으로 *Asp. niger*가 사용된다.

② 구연산 생성기작 : 구연산은 당으로부터 해당작용에 의하여 피루브산(pyruvic acid)이 생성되고, 또 옥살초산(oxaloacetic acid)과 acetyl-CoA가 생성된다. 이 양자를 citrate sythetase의 촉매로 축합하여 시트르산(citric acid)를 생성하게 된다.

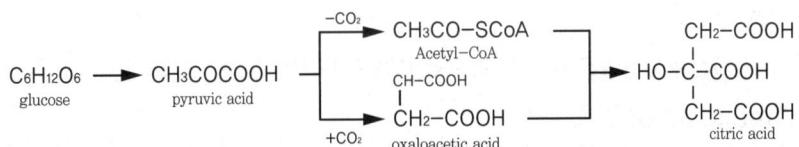

③ 구연산 생산 조건
  ㉠ 배양 조건으로는 강한 호기적 조건과 강한 교반을 해야 한다.
  ㉡ 당 농도는 10~20%이며, 무기영양원으로는 N, P, K, Mg, 황산염이 요하다.
  ㉢ 최적 온도는 26~35℃이고, pH는 염산으로 조절하며 pH 3.4~3.5이다.
  ㉣ 수율은 포도당 원료에서 106.7% 구연산을 얻는다.

5) 호박산(succinic acid) 발효

호박산은 구연산과 같이 식품 조미료로 이용되기도 하며, 향료 및 염료 공업에 이용되기도 한다.

① 생산균 : 곰팡이인 *Mucor rouxii*와 세균인 *Escherichia coli, Aerobactor aerogenes, Brevibacterium flavum* 등이 이용된다.

② 호박산(숙신산)
  ㉠ 숙신산(succinic acid)은 당으로부터 피루브산(pyruvic acid)이 생성된다.
  ㉡ TCA cycle의 역방향인 옥살초산(oxaloacetic acid), 사과산(malic acid), 푸마르산(fumaric acid)을 거쳐 탈수소 효소에 의하여 환원되어 호박산이 합성된다.

③ 생산 : 호박산은 *Brevibacterium flavum*으로 포도당으로부터 30% 이상 생산할 수 있다.

6) 푸마르산(fumaric acid) 발효

푸마르산은 합성수지의 원료이며, 아미노산인 aspartic acid의 제조 원료로 사용되고 있다.

① 생산균 : *Rhizopus nigricans*와 *Asp. fumaricus*가 사용된다.

② 푸마르산(fumaric acid) 생성기작 : 포도당으로부터 생성된 피루브산(pyruvic acid)이 옥

살초산(oxaloacetic acid)를 거치면서 사과산을 fumarate hydratase에 의하여 탈수되어 푸마르산을 합성한다.
③ 생산 : 푸마르산의 생산은 대당수율이 약 60%에 달한다.

7) 프로피온산(propionic acid) 발효
프로피온산은 향료와 곰팡이의 생육 억제제 등으로 사용되고, 치즈 숙성에 관여하기도 한다.
① 생산균
  ㉠ *Propionibacterium freudenreichii*와 *Propionibacterium Shermanii* 등이 사용된다.
  ㉡ 이들 균은 pantothenic acid와 biotin을 생육인자로 요구한다.
② 프로피온산 생성기작
  ㉠ 당 혹은 젖산으로부터 생성된 피루브산은 옥살초산, 사과산, 푸마르산을 거쳐 숙신산 (succinic acid)이 생성된다.
  ㉡ 숙신산을 succinate decarboxylase의 촉매로 탈탄산 되어 프로피온산(propionic acid)을 생합성한다.
③ 생산 : 30℃에서 3일간 액내 배양으로 60%(대당)의 수율을 얻는다.

8) 사과산(malic acid) 발효
① 생산균 : *Asp. flavus*(당), *Lac. brevis*(fumaric acid에서)
② malic acid 생성기작 : Fumaric acid에서 100%, 탄화수소에서는 70%가 생성된다.

$$\text{Fumaric acid} \xrightarrow[\text{fumarase}]{+H_2O} \text{malic acid}$$

(2) 아미노산 발효
아미노산(amino acid)은 단백질을 구성하는 기본 화합물로서 영양학적으로 중요한 물질이다. 아미노산 발효란 미생물을 이용하여 아미노산을 생산하는 제조 공정을 총칭한다.

1) 아미노산의 발효형식
미생물에 의한 아미노산의 생산방식은 다음과 같다.
① 직접법
  ㉠ 야생균주에 의한 방법
    일반 토양에서 분리, 선택하여 얻은 야생주로서 특정의 배양 조건에서 아미노산 발효를 하는 것이다.
    예 L-glutamic acid, L-valine, L-alanine, L-glutamine 등
  ㉡ 인공변이주(영양요구 변이주)에 의한 방법
    UV나 Co^{60} 조사에 의하여 인위적으로 대사를 시킨 변이주를 유도하여 이를 사용하여 특정의 배양 조건에서 아미노산 발효를 하는 것이다.
② 전구체의 첨가법 : 전구체를 첨가하여 대사의 방향을 조장하여 목적하는 아미노산을 발효시키는 것이다.

예 L-isoleucine, L-threonine, L-tryptophan, L-aspartic acid 등
③ 효소적 방법 : 특정 기질에다 효소를 작용시켜 아미노산을 얻는 방법이다.
예 L-aspartic acid, L-tyrosine, L-phenylalanine 등

2) Glutamic acid 발효

① 생산균 : *Corynebacterium glutamicum, Brev. flavum, Brev. lactofermentum, Microb. ammoniaphilum, Brev. thiogentalis*

② 생산
  ㉠ Glutamic acid의 축적은 배양과정에서 통기량, 배양액의 pH, NH_3의 양, acetic acid 양에 영향을 받으며, biotin의 양에 큰 영향을 받는다.
  ㉡ Glutamic acid 생산균의 생육 최적 biotin양은 약 10~25r/l가 요구되나 glutamic acid 축적의 최적 biotin양은 1.0~2.5r/l를 요구한다.

③ 배양 조건
  ㉠ 탄소원 : 포도당, 설탕, 과당, 맥아당, ribose 등
  ㉡ 질소원 : 황산암모늄, 염화암모늄, 인산암모늄, 암모니아수, 요소 등
  ㉢ 무기염
   • 양이온 : K^+, Mg^+, Fe^{++}, Mn^{++} 등
   • 음이온 : PO_4^{--}, SO_4^{--}, Cl^- 등

④ 생육인자 : biotin
⑤ pH : 7.0~8.0(미알칼리)
⑥ 통기교반 : 당질은 호기적
⑦ 온도 : 최적 온도는 30~35℃

3) Lysine 발효

① 생산균 : *Cory. glutamicum*으로부터 Co^{60}과 자외선 조사에 의하여 homo serine 영양요구 변이주를 만들어 사용한다.

② 발효 : 최근 공업적으로 lysine 발효는 one stage 방법과 two stage 방법이 있다.
  ㉠ One stage 방법
   • *Cory. glutamicum*의 homo serine 영양요구 변이주로서 직접 발효시켜 lysine을 생산하는 방법이다.
   • 탄소원으로는 폐당밀, 질소원으로는 NH_4를 첨가하면서 28℃에 96시간 정도 배양하면 다량의 lysine을 생산할 수 있다.
  ㉡ Two stage 방법
   • *E. coli*의 lysine 영양요구 변이주로 다량의 diamino pimelic acid를 생산시키는 제1단계가 있다.
   • 탄소원으로는 글리세롤(glycerol), 질소원으로는 ammonium phosphate를 첨가하여 중성에서 배양한다.
   • 다음 단계로 *Aerobacter aerogenes* 균체의 diaminopimelate decarboxylase에 의하여

생산한 diamino pimelate를 28℃에서 24시간 탈탄산시켜 lysine을 생산하는 제2단계가 존재한다.

(3) 핵산

1) 핵산과 지미 성분

핵산관련 물질 중에서 5'-IMP, 5'-GMP, 5'-dIMP 및 5'-dGMP 등과 6-hydroxy-5'-purine nucleotide가 정미성이 있는 것들이다. 이들 화합물은 생체 내의 핵산 합성에 중요한 역할을 한다. 조미료로서 이용가치가 있는 것은 GMP와 IMP이고, 이들은 단독으로 사용되기보다 MSG(Mono Sodium Glutamate)에 소량 첨가함으로써 감칠맛이 더욱 상승된다.

지미성 핵산관련 물질은 다음의 조건을 갖추어야 한다.

① nucleoside, 염기에는 정미성을 가진 것이 없고 nucleotide만 정미 성분을 가진다.
② purine계 염기만이 정미성이 있고, pyrimidine계의 것은 비정미성이다.
③ 당은 ribose나 deoxyribose에 관계없이 정미성을 가진다.
④ 인산은 당의 5'의 위치에 있지 않으면 정미성이 없다.
⑤ purine염기의 6의 위치 탄소에 -OH가 있어야 정미성이 있다.

2) 정미성 핵산 물질의 생산방법

① RNA를 미생물·효소로 분해하는 법 : 효모 균체에서 미생물 효소로 RNA를 분해하여 5-nucleotide을 얻는 방법이다.

 ㉠ 제조 공정

  • 원료 RNA는 아황산 펄프폐액 혹은 폐당밀에 *Candida* 속 효모를 배양시키면 RNA을 함유한 효모균체가 된다.

  • 효모 RNA를 추출하고 5'-phosphodiesterase로 RNA를 분해하면 AMP, GMP, UMP, CMP가 생성된다.

  • 이들을 분리정제하여 GMP는 직접 조미료를 사용하고, AMP는 adenilate deaminase로 deamination시켜 IMP를 얻어 조미료로 사용된다.

 ㉡ RNA 분해 효소 생산균

  Penicillium citrinum(푸른곰팡이)와 *Streptomyces aureus*(방선균)이 이용된다.

② 발효와 합성을 결합하는 법

 ㉠ 제조 공정

  Purine nucleotide을 생합성하는 계로는 2가지가 있다.

  • de novo 합성계

  Glucose ⟶ Ribose-5'-phosphate ⟶ AICAR ⟶ AMP ⟶ AMP
                       ⟶ AMP

  ※ AICAR(5-amino-imidazolcarboxydiamide riboside)

• Salvage 합성계

※ PRPP(5'-phosphoriboxyl-1-pyrophosphate)

② 사용균주 : *Bacillus subtilis*

③ 직접발효법 : 미생물을 직접 배양액에 발효시켜 nucleotide를 축적시키기 위해서는 다음 조건이 요구된다.
   ㉠ feedback 저해 현상을 제거할 것
   ㉡ 생성된 nucleotide를 다시 분해하여 nucleoside로 만드는 phophatase 혹은 nucleotidase 활성이 대단히 미약할 것
   ㉢ 균체내에서 생합성된 nucleotide를 균체외로 분비 촉진시켜야 한다. 사용균주는 *Corynebacterium glutamicum*과 *Bervibacterium ammoniagenes*가 사용된다.

(4) 효소 생산

공업적으로 효소 생산에 사용되는 미생물에는 세균, 방선균, 곰팡이, 효모, 조균류, 자낭균류 등이 있다. 세균과 효모는 발육과 효소의 생산 속도가 빠르기 때문에 1~2일에 배양이 완료되고, 곰팡이와 효모는 균체가 크기 때문에 균체분리가 용이하다는 장점이 있다.

[대표적인 효소 생산]

	미생물	효소
곰팡이	*Aspergillus oryzae* *Aspergillus niger* *Rhizopus delmer*	Amylase Protease Amylase
세균	*Bacillus subtilis*	Amylase
효모	*Saccharomyces cerevisiae*	Amylase
방사선균	*Streptomyces griseus*	Invertase

1) 효소의 생산 방식

미생물 효소의 생산 방식에는 액체 배양과 고체 배양이 있다.

① 액체배양법
   ㉠ 배지 성분을 물에 풀어 녹이고, 멸균 후 종균을 접종하여 배양하는 방식이다.
   ㉡ 액침통기배양(submerged culture)과 정치배양식(surface culture)이 있다.
   ㉢ 액침통기배양식은 잡균의 오염이 적고, 배양 조건의 조절이 용이하고, 장소와 노력의 요구가 적으며, 원료에 대한 생산량이 높다.

② 고체배양법
   ㉠ 밀기울 등 고형물에 물과 부족한 영양분을 보충적으로 첨가하여 가열, 살균한 후 종균을

접종하여 배양하는 방식이다.
ⓒ 국개식(tray method)과 회전 드럼식(rotary drum method)이 있다.
ⓒ 방열이 안되므로 온도 관리가 중요하고, 잡균 오염 결점이 있으나 고농도 효소를 회수할 수 있는 이점이 있다.

2) 효소의 분리 · 정제
① 코지에서 효소 추출
ⓐ 코지를 분쇄한 후, 추출통에 넣고 위에서 물을 가하여 밑에서 추출액을 채취한다.
ⓑ 최근에는 코지와 물은 counter current에서 추출하는 연속추출장치를 이용한다.
② 균체에서 효소 추출 : 균체 내 효소는 먼저 균체를 파괴시켜야 한다. 일반적으로 다음 방법이 이용된다.
ⓐ 자가소화법
  • 균체에서 ethyl acetate나 toluene 등을 첨가한다.
  • 20~30℃에서 자가소화시키면 균체 밖으로 효소가 용출된다.
ⓑ 동결 융해법 : dry ice로 동결건조한 후, 용해시켜 원심분리하여 세포 조각을 제거
ⓒ 초음파 처리법 : 초음파 발생 장치에 의해 10~60KHz의 초음파를 발생시켜 균체를 파괴하는 방법
④ 기계적 파괴법 : 균체를 유발이나 homogenizer로 파괴하여 추출하는 방법
⑤ 건조 균체의 조제 : acetone을 가하여 씻어 버리고 acetone을 건조, 제거하거나 동결균체를 그대로 동결건조하여 조제
③ 효소의 정제 : 효소의 정제법은 다음의 방법을 여러 개 조합하여 행한다.
ⓐ 유기용매에 의한 침전, 염석에 의한 침전, 이온 교환 chromatography, 특수 침전(등전점 침전, 특수시약에 의한 침전), gel 여과, 전기영동, 초원심분리 등이 있다.
ⓑ 이 중에 acetone이나 ethanol에 의한 침전과 황산암모늄에 의한 염석침전법이 공업적으로 널리 이용된다.

3) 고정화 효소(효소의 고체 촉매화)
효소는 일반적으로 물에 용해한 상태에서는 불안정하여 비교적 빨리 실활하게 된다. 그러므로 효소의 활성을 유지시키면서 물에 녹지 않는 담체(carrier)에 효소를 물리적, 화학적 방법으로 부착시켜 고체촉매화한 고정화 효소(또는 불용성 효소)를 공업적으로 이용하고 있다.
일반적으로 고정화 효소의 제법은 편의상 다음 3가지 방법으로 대별한다.
① 담체 결합법 : 물불용성의 담체에 효소를 결합시키는 방법이다.
ⓐ 공유 결합법
물에 불용성인 담체와 효소를 공유 결합에 의해 고체촉매화 한다.
• Diazo법 : 아미노기를 가지는 불용성 담체를 묽은 염산과 아질산나트륨으로 diazonium 화합물로 만들어 효소단백을 diazo 결합시키는 방법이다.

- Peptide법 : 효소단백질 중의 lysine의 ε-amino기 또는 N말단의 α-amino기와의 peptide 결합을 형성시켜 고체촉매화 하는 것이다.
- Alkyl화법 : 효소단백질 중 lysine의 ε-amino기 또는 N말단의 α-amin기, tyrosine의 phenol성 수산기 혹은 cysteine의 -SH를 halogen과 같은 관능기를 가진 담체를 사용하여 alkyl화시켜 고체촉매화시키는 방법이다.

ⓒ 이온 결합법
- 이온 교환기를 가진 불용성이며, 담체에 효소와 이온 결합시켜 효소 활성을 유지시킨 그대로 고체촉매화시키는 방법이다.
- 이온 교환성 담체 : DEAE-cellulose, CM-cellulose, TEAE-cellulose, Sephadex, Dowex-50 등

ⓒ 물리적 흡착법
활성탄, 산성백토, 표백토, Kaolinite 등의 담체에 효소단백을 물리적으로 흡착시켜 고체촉매화 한다.

② 가교법(cross linking method) : 2개의 관능기를 가진 시약에 의하여 효소단백질 자체를 가교화시켜 고체촉매화하는 방법이다.

③ 포괄법(entrapping method) : 효소 자체에는 결합 반응을 일으키지 않고, gel의 가는 격자 중에 효소를 집어넣는 격자형과 반투석막성의 polymer의 피막으로 효소를 피복시키는 microcapsule type으로 나눈다.

3 균체 생산

(1) 식·사료효모

1) 원료
탄소원으로 폐당밀, 아황산 펄프(pulp)폐액, 목재 당화액, 낙농폐액 등을 이용했으나, 최근에는 석유미생물 개발로 n-paraffin을 탄소원으로 사용되고 있다.

2) 균류
식용효모 혹은 사료효모의 제조는 *Endomyces, Hansenula, Saccharomyces, Candida, Torulopsis, Oidium* 속 등이 이용된다. 그러나 실제적으로는 *Candida utilis, Torulopsis utilis, Toulopsis utilis Var. major* 등이 사용된다.

3) 균의 배양
① 질소원으로 암모니아수, 요소, 과인산석회, KCl, $MgSO_4$ 등의 무기염을 첨가한다.
② 일반적으로 균체 증식에 필요한 산소는 배양액 중에 용존되어 있는 산소만 이용하므로 균체의 산소 요구량은 대단히 크다. 그러므로 waldhof형 발효조에서 배양한다.

4) 분리 및 건조
   배양이 끝난 배양액을 원심분리하여 균체와 액을 분리하고 균체는 압착, 탈수하여 건조시킨다.

5) 영양학적 가치
   ① 아황산 펄프 폐액으로부터 제조한 효모는 단백질, 비타민, 당류, 무기물 등이 풍부하여 영양학적 가치는 대단히 높다.
   ② 단백질 함유량은 *Saccharomyces cerevisiae*는 42~53%이며, *Torulopsis utilis*는 50% 정도이다.
   ③ 다양한 아미노산을 함유하며, 특히 리신(lysine) 함량이 높은 것이 특징이다. 소화율은 80% 정도이다.

(2) 빵 효모의 생산

빵 효모의 제조는 식용효모의 제조와 거의 비슷하며 충분한 무균공기를 불어넣어 효모 세포의 증식이 최대로 되게 한다.

1) 원료
   ① 폐당밀(주원료) : 폐당밀에는 사탕수수 당밀과 사탕무 당밀이 있다. 사탕수수 폐당밀이 사탕무 폐당밀보다 당 함량이 높다.
   ② 보리 : 종효모 배양에 일부 사용(폐당밀과 보리의 비는 9 : 1 정도) 한다.
   ③ 맥아근 : 맥아근에는 aspargine이 많이 함유되어 있어 술덧의 여과를 도와주는 중요한 원료이다.
   ④ 무기질(부원료) : 당밀은 0.2~0.4%의 질소를 함유하고 있으나 대부분 자화되기 어려운 형태로 존재하므로 황산암모늄, 암모니아수, 요소 등의 질소원을 별도 첨가한다.

2) 균주
   빵효모로 *Sacch. cerevisiae* 계통의 유포자 효모가 사용된다.

3) 배양
   ① 충분한 공기를 공급할 수 있는 통기 탱크배양을 한다.
   ② 배양 온도는 25~26℃가 가장 양호하나, 30℃ 이상되면 오히려 균의 증식이 저해 받게 된다.
   ③ 잡균 오염 방지를 위해 pH 4~5로 항상 일정하게 유지해야 한다.

4) 효모의 분리
   ① 배양액은 약 3000rpm으로 10분간 원심분리하여 효모균체를 분리한다. 효모 수량은 12시간 배양으로 사용한 당밀에 대하여 100%를 얻을 수 있다.
   ② 원심분리기로부터 균체를 모아 10℃ 이하로 냉각하면서 냉수로 씻은 후, 압력여과기(filter press)에 의하여 압착, 탈수하여 소량의 물과 레시틴(lecithin), 식물성기름, 지방산 에스테르(ester) 등의 유화제를 분무시키면서 성형시킨다.
   ③ 빵효모는 수분함량이 66~68%이며, 포장 후 0~4℃ 냉장고에 저장해야 한다.

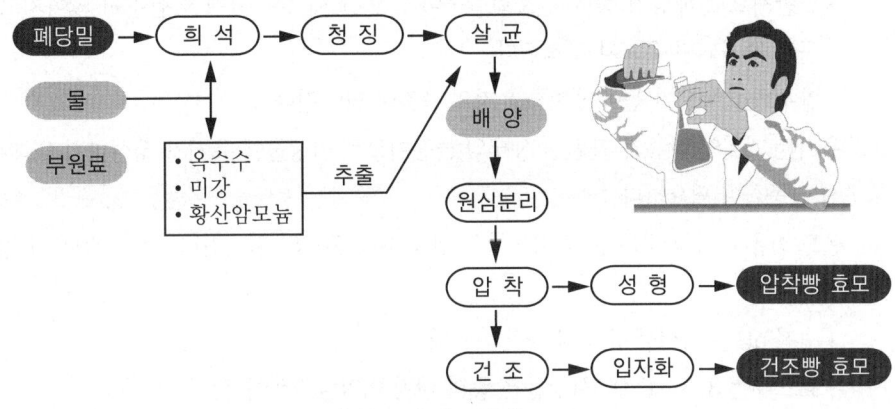

[빵효모의 제조 공정]

(3) 미생물 유지

1) 유지 미생물

보통 미생물의 균체는 2~3%의 지방을 함유하지만, 특정 미생물은 60% 이상의 유지를 축적하는 것이 있다.

[유지생산 미생물]

사상균	균 명	원 료	배양법	유지함량 (건물량%)	유지 생산율(%)
세균	Nocardia	n-Paraffin	심부배양	78	57
	Pseudomonas aeruginosa	n-Paraffin	심부배양	–	5.3
효모	Trichosporon pullulans	당밀, 펄프 폐액	정치또는심부배양	31~45	10~12
	Candida reukaufii	포도당, 당밀	심부배양	8~25	1~15
	Lipomyces starkeyi	포도당	심부배양	50~63	12~13
	Rhodotorula gracilis	포도당	심부배양	61~79	15~21
	Cryptococcus terricolus	포도당	심부배양	71	23
불완전균	Geotricum candidum	Whey	정치배양	25~42	12~19
	Fusarium lini	펄프폐액	심부배양	50	12~15
	Fusarium bulbigenum	포도당	심부배양	25~50	8~15
사상균	Penicillium spinulosum	자당	심부배양	63.8	16.1
	Asperillus nidulans	포도당, 자당	심부배양	61	17.2
	Mucor circinelloides	포도당	심부배양	46~65	10~14
녹조균	Chlorella pyrenoidosa	CO_2	–	85	–

2) 유지생산 조건

일반적으로 유지를 다량 생산하는 미생물의 유지 생산량은 배양 조건에 따라 현저히 다르다.

① 질소원의 농도와 C/N비

- 일반적으로 배양기 중에 질소화합물이 많으면 세포는 단백질 함량이 많아지고, 질소화합물이 결핍되면 유지가 축적된다.
- 탄수화물 농도가 높아질수록 유지의 축적이 많아진다.

② 유지는 기질인 당류가 환원된 상태의 물질이므로 미생물에 유지가 생성하기 위해서는 충분한 산소 공급이 필요하다.

③ 온도 : 유지 생성 적온은 그 미생물의 생육 최적 온도와 일치한다. 25℃ 전후가 많다.

④ pH
- 최적 pH는 미생물 종류에 따라 다르다.
- 효모류는 3.5~6.0, 사상균은 중성 내지 미알칼리성이다.

⑤ 염류
- 염류의 영향은 균주에 따라 다르다.
- *Asp. nidulans*는 Na, K, Mg, SO_4, PO_4 등의 이온량의 비를 조절하면 유지함량 25~26%이던 것을 유지함량 51%까지 증대시킬 수 있다.

⑥ 기타 : ethanol, acetic acid 등이 유지함량을 증대시키고, 비타민 B group을 요구하는 것도 있다.

05 생화학

효소

1. 효소의작용 – 촉매작용(특히 생체 촉매)

① 고분자 물질을 세포 내로 넣기 위한 세포 외 소화
② 저분자화 된 물질의 세포 내로의 수송
③ 에너지 공급을 위한 세포 내에서의 산화 환원
④ 생합성에 쓰이는 기질의 전환조립

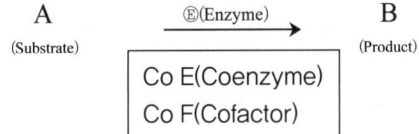

2. 효소의 본체

① 효소단백질은 단순단백질 혹은 복합단백질의 형태로 존재한다.
② 복합단백질에 분류된 효소의 경우, 저분자 화합물(coenzyme)과 결합해야 활성화된다.
③ 단백질 부분은 apoenzyme이라 하며, apoenzyme과 보조효소(coenzyme)가 결합하여 활성을 나타내는 상태를 holoenzyme이라고 한다.
  • apoenzyme + coenzyme → holoenzyme
④ 단순단백질계 효소는 보조효소를 필요로 하지 않는다.
  • pepsin, chymotrypsin 등

3. 효소의 명명

① Substrate(기질)의 이름 뒤에 -ase를 붙여 명명한다.
  예 amylase : amylose를 가수분해   urease : urea를 분해

② 오래 전부터 사용되는 관용명은 그대로 사용한다.
  예 pepsin, trypsin, chymotrypsin, catalase 등

4. 효소의 분류

(1) 산화 환원 효소(Oxidoreductase)
① $AH_2 + B \rightarrow A + BH_2$
② 산화 환원 반응에 관여
③ 탈수소 효소(dehydrogenase), 산화 효소(oxidase) 등

(2) 전이 효소(Transferase)
① $AX + B \rightarrow A + BX$
② 관능기의 전이, 즉 methyl기, acetyl기, amino기 등을 다른 물질로 전이하는 반응을 촉매
③ 아미노기 전이 효소(aminotransferase = transaminase) 등

(3) 가수분해 효소(Hydrolase)
① $AB + H_2O \rightarrow AH + BOH$
② Ester 결합, amide 결합, peptide 결합 등의 가수분해를 촉매(생체 내에서 탈수 생성된 고분자 물질에 수분을 가하여 분해하는 효소)
③ peptidase, lipase 등

(4) 탈이 효소(Lyase)
① $AB \rightarrow A + B$
② 비가수분해적으로 분자가 2개의 부분으로 나뉘는 반응에 관여
③ 탈탄산 효소(decarboxylase), 탈수 효소(dehydratase) 등

(5) 이성화 효소(Isomerase)
① 분자 내 변화를 일으켜 이성체로 만들어 주는 효소
② 분자 내 전이 반응의 mutase 등

(6) 합성 효소(Ligase)
① ATP의 고에너지를 이용하여 물질을 합성하는 효소
② $A + B + ATP \rightarrow AB + ADP + P$
③ 합성 효소인 synthetase 등

5. 효소 활성에 영향을 주는 인자

(1) 온도

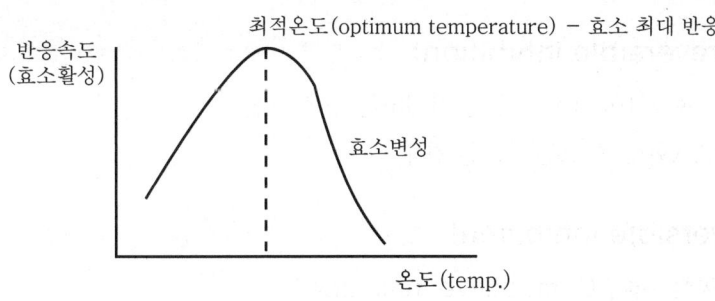

(2) pH

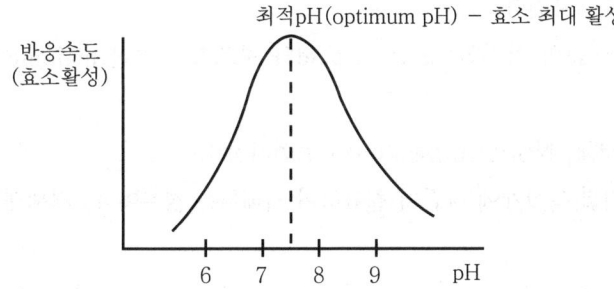

(3) 기질 농도

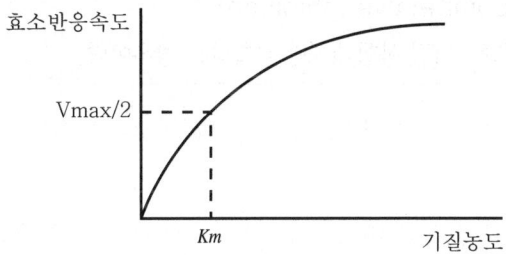

기질 농도가 낮을 때의 효소 반응은 반응 속도가 기질 농도에 비례하지만, 어느 일정치에 달하면 일정해진다(반응 속도와 기질 농도가 무관).

(4) 효소 농도

효소 농도가 높을수록 효소 반응은 신속히 일어난다.

6. 저해제(Inhibitor)

효소와 결합하여 그 활성을 저하 또는 실활시키는 물질을 말한다.

(1) 비가역적 저해(Irreversible inhibition)

효소와 공유 결합을 형성하여 효소 활성을 저해하는 경우이다.

예 Cyanide 화합물(CN화물) – 호흡 효소를 저해

(2) 가역적 저해(Reversible inhibition)

① 경쟁적 저해(길항적 저해, Competitive inhibition)

기질과 저해제가 서로 경쟁하여 기질을 물리치고 저해제가 결합함으로써 저해작용을 한다. 저해제는 기질과 유사 구조를 보인다.

예 Succinate dehydrogenase의 기질인 succinic acid와 구조가 비슷한 malonic acid가 TCA cycle을 저해

② 비경쟁적 저해(비길항적 저해, Noncompetitive inhibition)

저해제가 효소 또는 효소기질 복합체에 다같이 결합하여 저해하는 경우이다. 저해제는 기질과 구조상 유사하지 않다.

예 Hg, Ag, Cu 등의 중금속 – Urease, papain 등의 효소단백질과 염을 만들어 효소를 불활성화 시킴으로써 저해

③ 반경쟁적 저해(반길항적 저해, Uncompetitive inhibition)

저해제가 효소에는 결합하지 않고 효소–기질 복합체에만 결합하는 경우이다.

예 KCN

7. 효소의 기질 특이성

(1) 절대적 특이성(Absolute specificity)

효소가 특이적으로 한 종류의 기질에만 작용하고, 한 가지 반응만 촉매하는 경우이다.

예 Urease – urea(요소)만을 분해

Peptidase – Peptide 결합을 분해

Maltase – maltose 만을 분해

(2) 군 특이성(Group specificity)

효소가 특정한 작용기를 가진 기질군에 작용하는 특이성이다.

예 Phosphatase 군 – 반드시 인산기를 가진 기질군에 작용 가능.

(3) 결합 특이성(Linkage specificity)

효소가 특정의 화학 결합 형태에 대하여 갖는 특이성이다.

예 Esterase – ester 결합을 가수분해

(4) 입체적 특이성(Stereo specificity) = 광학적 특이성(Optical specificity)

효소가 기질의 입체이성체(광학이성질체)의 상위에 따라 어느 한쪽 이성체에만 작용하는 특이성이다.

예 Maltase – maltose 분해 시 α-glycoside는 가수분해 하지만 β-glycoside는 분해 못함
  Emulsin(β-glycosidase)은 β-glycoside만 분해하며 α-glycoside는 분해 못함

8. 부활체(Activator) = 부활물질

(1) 효소 활성을 강화시켜 주는 물질을 말한다.

① 효소 활성[없음 → 있음] : 효소작용의 발현
② 효소 활성[약함 → 강함] : 효소작용의 강화

　　Kinase(활소) – 불활성 상태의 zymogen을 활성화시켜 주는 효소

Zymogen(불활성)	Activator	Enzyme(활성)
· Pepsinogen(위액)	· 위액의 산(acid) 또는 유리 pepsin	· Pepsin(위에서 단백질 분해)
· Trypsinogen(췌액)	· 장활소(enterokinase)	· Trypsin(소장에서 단백질 분해)
· Chymotrypsinogen(췌액)	· active trypsin	· Chymotrypsin(소장에서 단백질 분해)

9. Coenzyme(보조 효소, 보효소, 조효소)

보조 효소	관련 Vt.	기　　능
NAD, NADP	niacin	산화 환원 반응
FAD, FMN	Vt. B_2	산화 환원 반응
Lipoic acid	Lipoic acid	수소, acetyl기 전이
TPP	Vt. B_1	탈탄산 반응(CO_2 제거)
CoA	Pantothenic acid	acyl기, acetyl기의 전이
PALP	Vt. B_6	Transamination
Biotin	Biotin	Carboxylation(CO_2 전이)
Cobamide	Vt. B_{12}	methyl기 전이
THFA	Folic acid	탄소 1개의 화합물 전이

2 탄수화물

1. 탄수화물의 대사

(1) 당 대사
① 혐기적 조건(anaerobic condition) : 해당(解糖, EMP, Glycolysis)
② 호기적 조건(aerobic condition) : TCA cycle(구연산 회로), 주로 energy 발생
③ 기타의 당질대사과정 : HMP shunt 등

(2) 당의 흡수 속도
모든 탄수화물은 단당류 상태에서 체내 흡수가 가능하다.
Galactose 110 > Glucose 100 > fructose 43 > mannose 19 > pentose 9~15이며, 숫자는 흡수 속도를 나타낸다.

(3) 포도당의 대사경로
① Glycolysis(해당, 혐기적 분해, Embden-Meyerhof Pathway, EMP 경로, Anaerobic glycolysis, 혐기적 해당)
  • Hexose가 분해해서 triose로 변하며, 분해과정에서 에너지가 발생된다.
② Glycogenesis : Glucose로부터 glycogen이 되는 과정이다.
  • Glucose → Glycogen(간에 6 %, 근육에 0.7 % 저장)
③ Glycogenolysis : Glycogen이 glucose로 분해되는 과정이다.
  •
  혈당치가 아무리 떨어져도 liver glycogen은 glucose가 될 수 있으나 muscle glycogen은 glucose가 될 수 없다. 그 이유는 muscle glycogen에는 glucose-6-phosphatase라는 효소가 없기 때문이다.
  • Muscle glycogen은 반드시 EMP 경로로 들어가야만 한다.
④ Gluconeogenesis : 당류 이외의 물질, 예를 들면 단백질, amino acid, lactate, pyruvate 등으로부터 glucose가 생성되는 것이다.
  예 protein → alanine → pyruvate → glucose

(4) 포도당의 처리

① 저장(Glycogenesis) : 항상 쓸 수 있게 glycogen 상태로 저장이 가능하다(간, 근육).

② 산화(Energy 발생)

Glucose → E.M.P → TCA cycle을 거치는 동안 CO_2와 H_2O로 완전 산화

③ 지방으로의 변환이 가능

Glucose → Pyruvate → Acetyl-CoA → Fatty acid → Lipid(피하에 축적)

④ 다른 당으로 이행이 가능 : 필요한 양이 있으면 변한다.

㉠ Ribose
　Deoxyribose ┤ Nucleic acid 합성에 이용

㉡ Glucosamine
　Galactosamine ┤ 물렁뼈 형성

㉢ Glucuronic acid : 해독제

⑤ 필요한 아미노산으로의 변화

(5) 혈당(血糖, Blood sugar)

혈액 속에 들어 있는 당을 말한다. 혈액 속의 당은 거의 D-glucose이지만, 소량의 glucose phosphate, 미량의 다른 hexose도 존재한다.

D-glucose의 양에 따라 혈당이 고혈당 또는 저혈당이 되며, 정상적인 혈당의 양은 70~100mg/dl로 되어 있다. 식후 혈당량은 130mg/dl로 급격한 상승을 가져오는데 1~2시간 후 정상적으로 되돌아오게 된다. 혈당량은 들어오고 나오는 양이 같아야 하며, 적으면 저혈당, 많으면 고혈당이 된다.

```
        Hyper state  >  Normal state  >  Hypo state
          고혈당           정상              저혈당
        당뇨(Glycosuria)
              Insulin   ←   췌장호르몬   →   Glucagon
```

(6) EMP 경로(Embden-Meyerhof Pathway)

= 혐기적 해당(解糖)과정(Anaerobic Glycolysis)

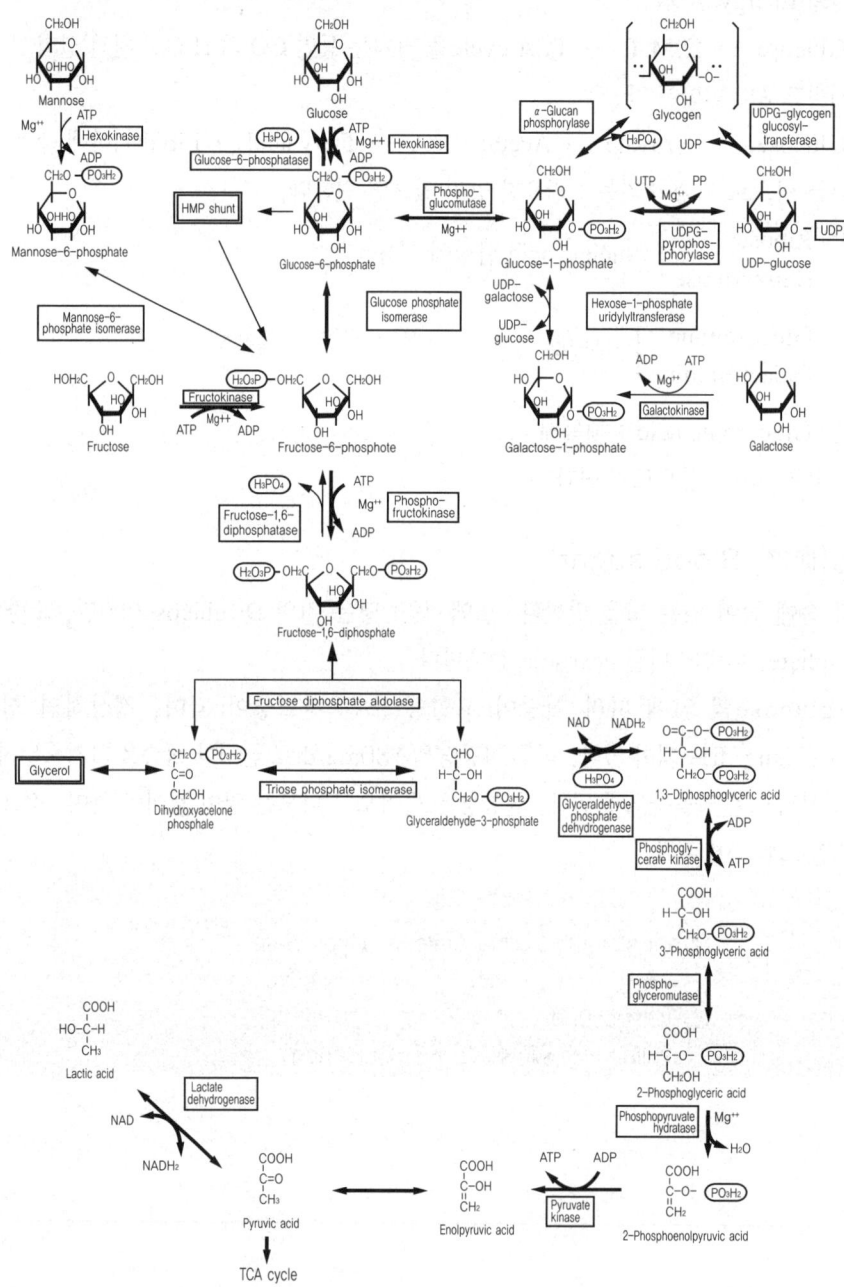

(7) 알코올 발효(Alcoholic fermentation)

① 대상 : 효모(yeast)

② 알코올 발효 경로를 통해서 glucose가 2분자의 ethanol과 2분자의 CO_2 가스로 분해되며 동시에 2개의 ATP가 생성된다.

③ Pyruvic acid를 대사하는 pyruvate decarboxylase는 pyruvic acid를 탈탄산, 즉 CO_2를 제거하여 acetaldehyde의 형성을 촉매하며, alcohol dehydrogenase라는 효소는 acetaldehyde를 ethanol로 환원하는 반응을 촉매한다.

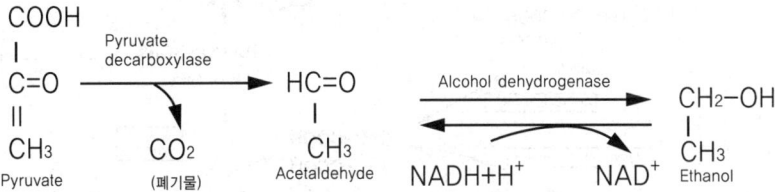

(8) TCA cycle(Tricarboxylic Acid Cycle, 구연산 회로)

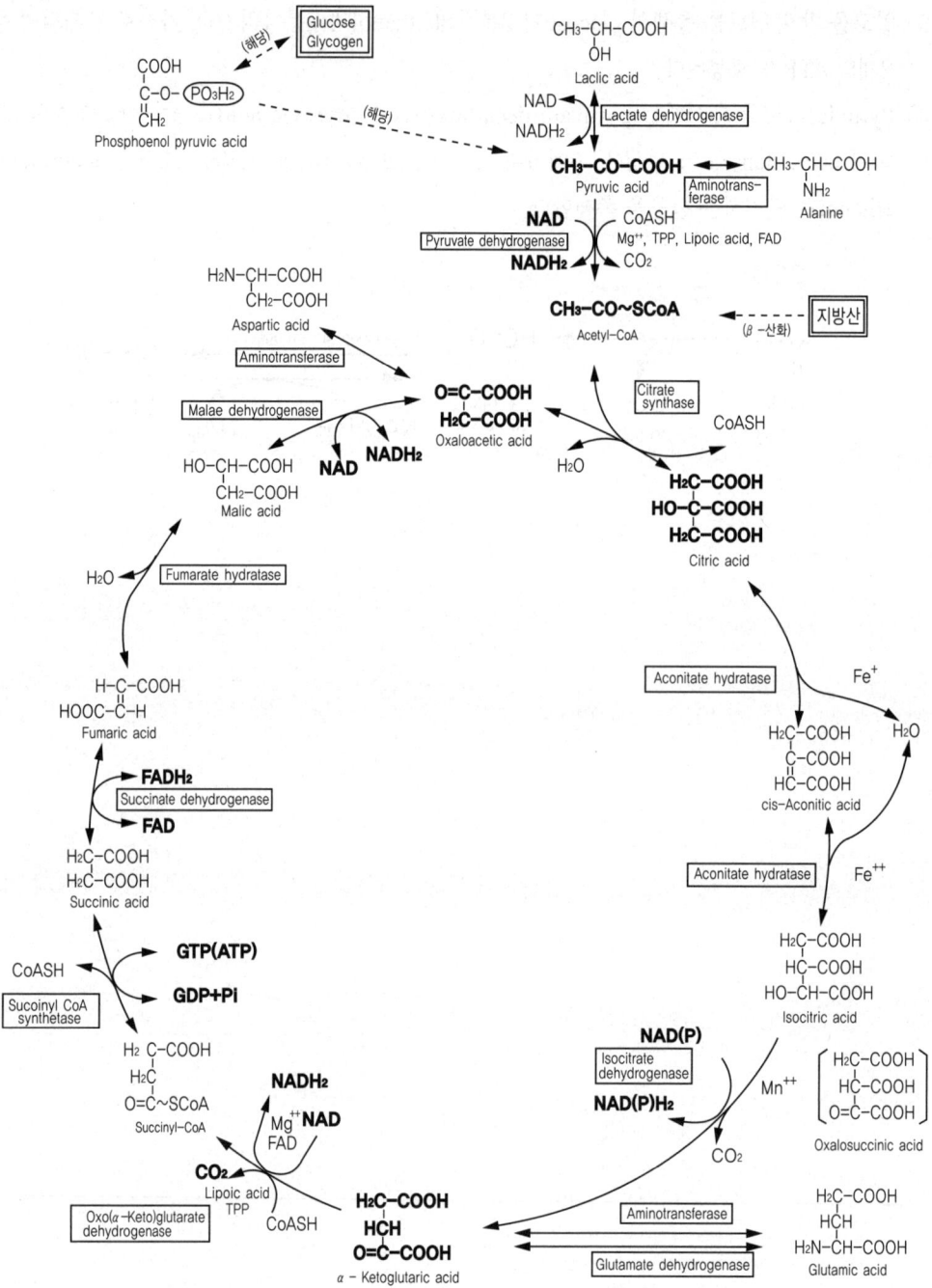

3 지질

1. 지질의 대사

(1) 지질의 소화와 흡수

1) 완전 가수분해설(Lipolytic hypothesis)

- Lipid $\xrightarrow{\text{lipase}}$ 3분자의 fatty acid + 1분자의 glycerol로 완전 가수분해되어 흡수된다.

2) 부분 가수분해설(Partition hypothesis)

- Lipase로 완전 가수분해가 되지 않고 monoglyceride, diglyceride 등으로 부분 가수분해 되어, 일단 가수분해된 fatty acid, glycerol이 그대로 흡수된다.

(2) Fatty acid의 β-oxidation(β-산화) cycle

= Fatty acid cycle(지방산 회로) = Lynen's cycle

1) 장소

mitochondria의 matrix

2) 결론

① Fatty acid β-oxidation cycle을 1회전 할 때마다 1분자의 acetyl-CoA와 탄소수 2개가 더 적은 acyl-CoA를 생성한다.

② 맨 마지막 회전에서는 acetyl-CoA가 한번에 2분자를 생성한다.

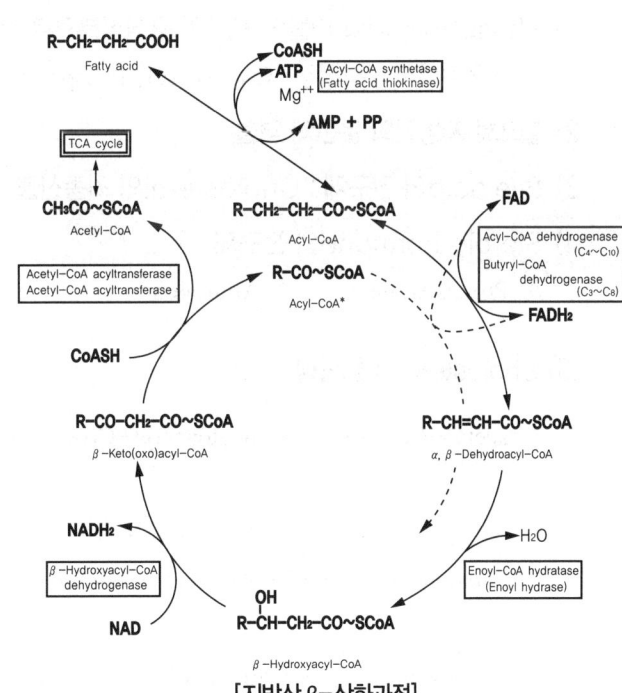

[지방산 β-산화과정]

(3) Ketogenesis(Ketone body 생성과정)

1) Ketone body가 생성되는 곳은 간장과 신장이다.

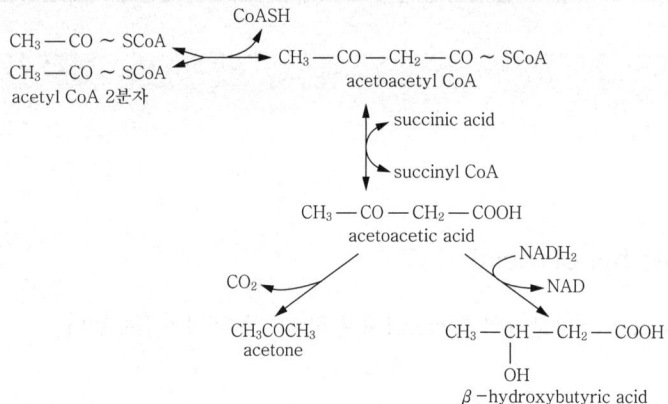

2) Ketone body 3대 물질

   acetoacetic acid, β-hydroxybutyric acid, acetone

(4) Cholesterol의 작용

저장소는 간이며, 혈장 cholesterol의 급원이다.

1) Phospholipid와 더불어 세포의 구성성분으로 중요

   ① 원형질막의 구성성분 : Cholesterol, Phospholipid, Protein

2) 불포화 지방산의 운반체 역할

3) Bile acid의 전구체 : Cholesterol의 최종산물

4) Steroid hormone의 전구체

   ① Progesterone   ② Androgen   ③ Testosterone   ④ Corticoid

(5) Cholesterol의 생합성

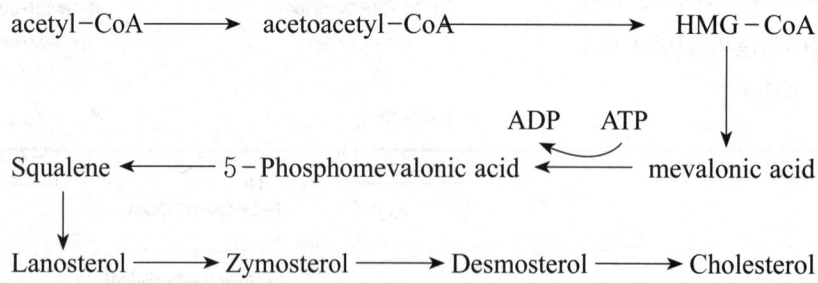

단백질

1. 단백질 및 아미노산의 대사

(1) 단백질 대사(Metabolism of protein)

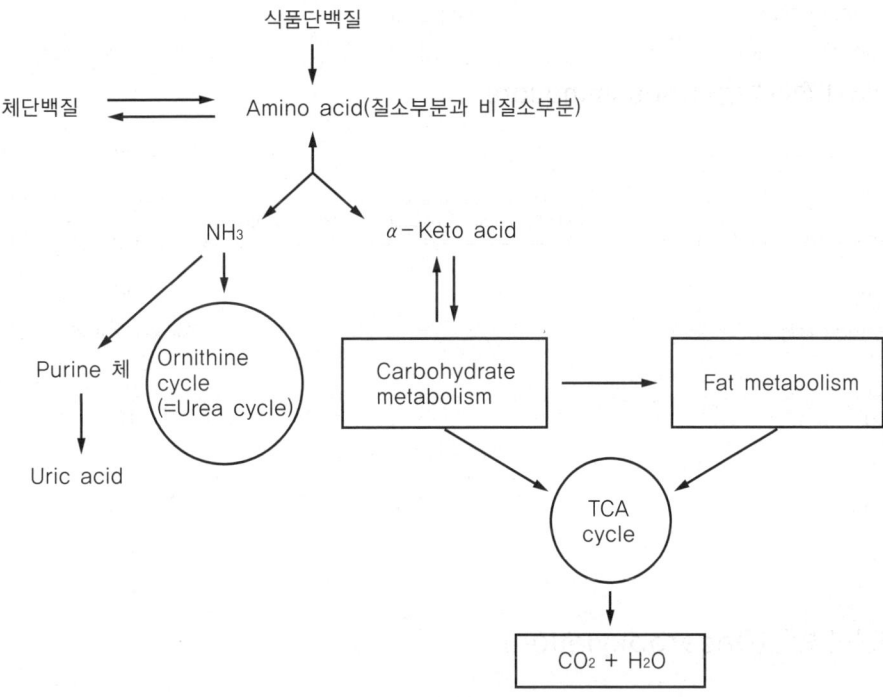

[단백질과 아미노산의 대사경로]

(2) 아미노산 대사(Metabolism of amino acid)

탄소골격으로부터 질소의 이탈 반응을 말한다.

1) 탈아미노 반응(Deamination)

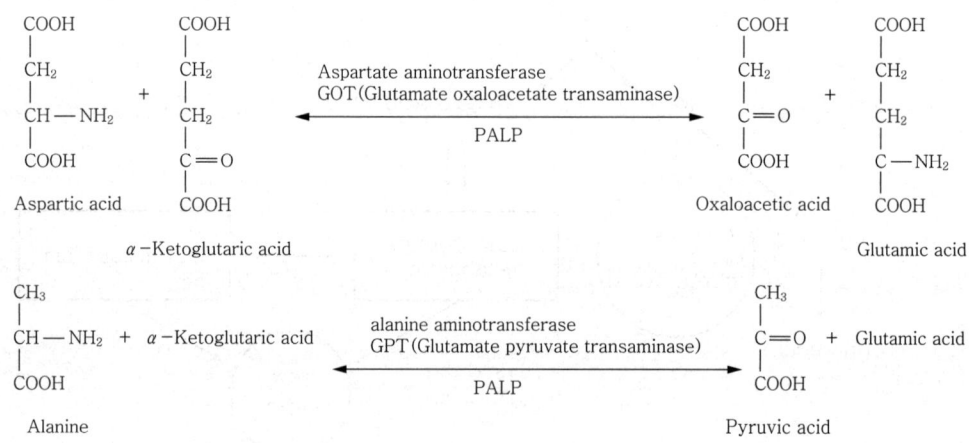

2) 아미노기 전이 반응(Transamination)

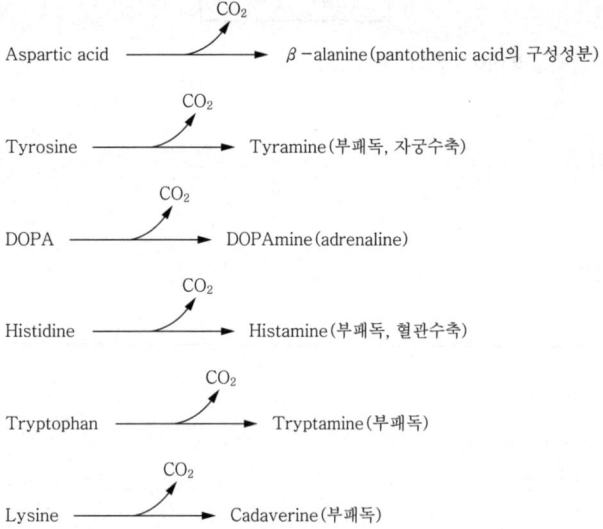

(3) 탈탄산 반응(Decarboxylation)

Aspartic acid $\xrightarrow{CO_2}$ β-alanine(pantothenic acid의 구성성분)

Tyrosine $\xrightarrow{CO_2}$ Tyramine(부패독, 자궁수축)

DOPA $\xrightarrow{CO_2}$ DOPAmine(adrenaline)

Histidine $\xrightarrow{CO_2}$ Histamine(부패독, 혈관수축)

Tryptophan $\xrightarrow{CO_2}$ Tryptamine(부패독)

Lysine $\xrightarrow{CO_2}$ Cadaverine(부패독)

(4) 질소의 행로

1) Amination(Amino acid 생성)
탈아미노기 전이의 역반응으로, 당질 대사산물인 α-keto acid와 결합하여 amino acid를 만든다.

2) Amidation(산 amide 형성)
NH_3의 유독성 때문에 세포에 축적되면 독성작용을 나타낸다. NH_3의 해독작용의 하나로 glutamine을 합성한다.

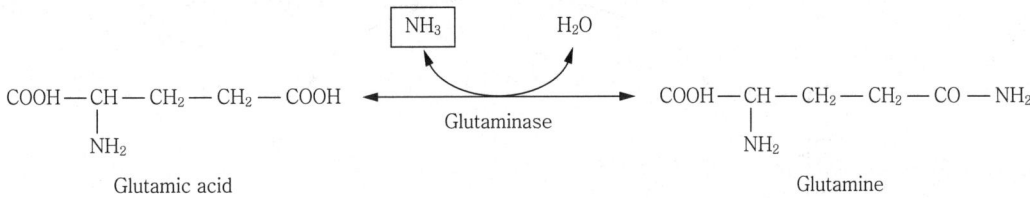

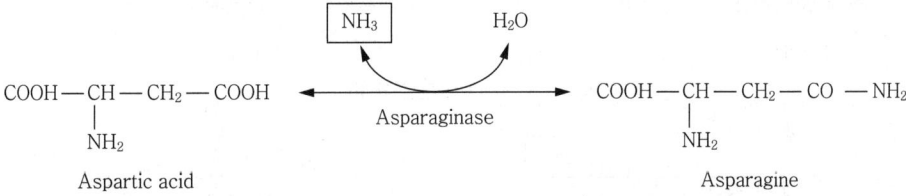

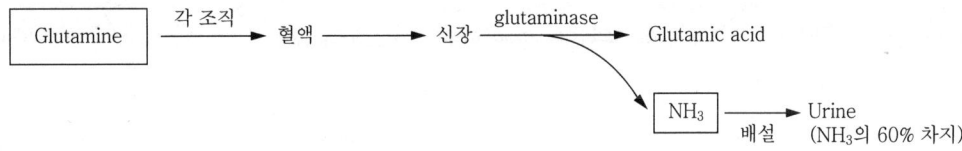

3) NH_3의 직접 배설
신장에서 이탈된 amino기로 인하여 생성된 NH_3가 생리적으로 필요가 없을 때 그냥 배설(소변 속의 NH_3의 약 40% 차지)한다.

4) Urea cycle(Ornithine cycle) – 요소의 합성과정

① Urea 합성 : 간(간에서 deamination에 의해 생성된 NH_3)

② 간 이외의 조직에서 생성된 NH_3는 glutamine 형태로 간으로 운반된 후 다시 NH_3로 되어 urea 합성에 이용된다.

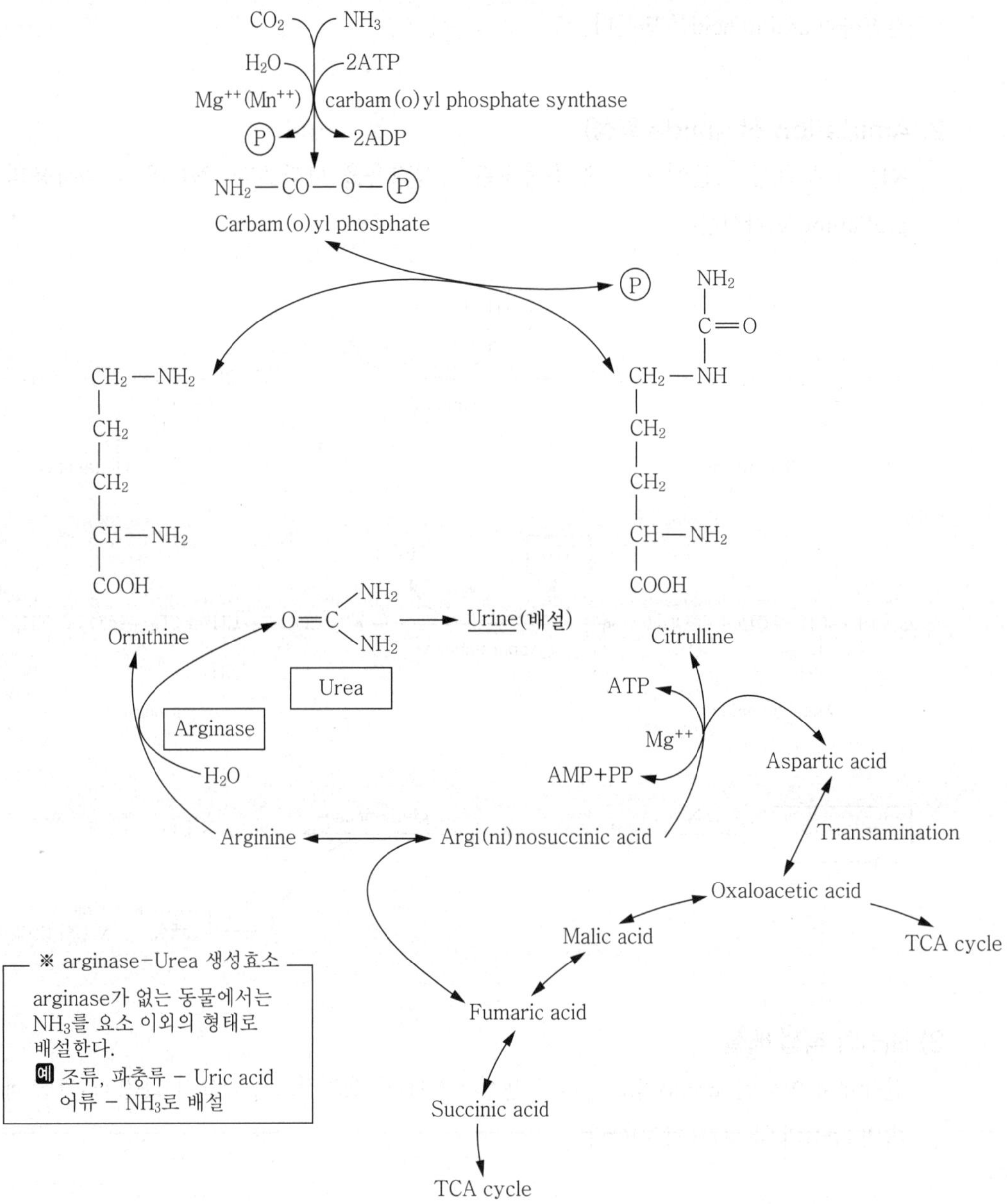

※ arginase-Urea 생성효소
arginase가 없는 동물에서는 NH_3를 요소 이외의 형태로 배설한다.
예) 조류, 파충류 – Uric acid
　어류 – NH_3로 배설

 arginase-Urea 생성 효소

arginase가 없는 동물은 NH_3를 요소 이외의 형태로 배설한다.
예) 조류, 파충류 – Uric acid
　어류 – NH_3으로 배설

5) Creatine의 생성

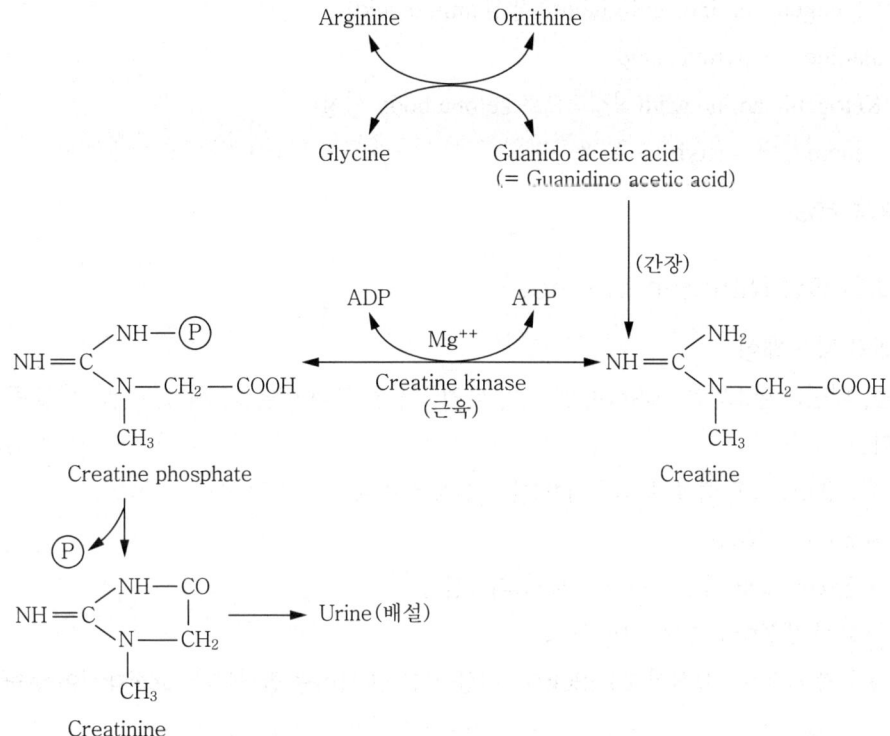

① Creatine phosphate
근육, 뇌에 다량 함유되는 고에너지 인산 결합의 저장체로서 중요하다. 탈인산으로 creatinine이 된다.

② Creatine
간장에서 합성되어 혈액에 의해 근육 또는 뇌 등에 운반되며, 거기서 인산화되어 creatine phosphate로서 저장된다.

③ Creatinine
Creatine의 무수물(탈수물질)로서 creatine phosphate의 탈인산으로 생성된다. 아미노산 질소의 배설형으로 중요하며, 소변으로 약 1~1.5g/日 정도 배설(신장환자는 10배 이상 배설)된다.

(5) 무질소 부분의 변화(α-keto acid의 변화)

1) Amino acid의 재합성
   ① Transamination
   ② Amination

2) TCA cycle로 진입 : energy 발생

3) Gluconeogenesis
① Glycogenic amino acid(glucose 생성 amino acid)

　　alanine → pyruvic acid

② Ketogenic amino acid(직접적으로 ketone body 생성)

　　Leucine → acetyl-CoA

4) 지질로 합성

(6) 질소의 출납(Nitrogen balance)

1) 체내의 질소 배설
오줌, 대변의 질소만을 고려하며 젖, 땀, 타액, 콧물, 표피 이탈물, 월경, 손톱, 발톱 등은 무시한다.

① 요소(Urea) : 단백질 대사의 최종산물, 신장에서 배설

② Ammonia(NH_3)

③ 요산(Uric acid) : Purine체의 대사 최종산물
- 요산 생성량 : 정상인 1g/日
- 통풍(Gout) : 요산이 15~20g/日 이상 배설 시 걸리는 질병이다. 요산대사이상증(요산 과잉 형성)으로 관절이나 연골에 요산염이 침착되어 관절염을 일으킨다.

④ Creatinine : creatine 대사의 최종산물

2) Nitrogen balance
① 질소평형(Nitrogen equilibrium)
- 섭취 질소 = 배설 질소
- 정상 성인이 정상적인 식사를 했을 때의 상태를 말한다.

② 정질소 출납(Positive nitrogen balance)
- 섭취 질소 > 배설 질소
- 새로운 조직이 합성될 경우에 필수적이며, 성장기 어린이, 임신부, 회복기의 환자 등이 해당된다.

③ 부질소 출납(Negative nitrogen balance)
- 섭취 질소 < 배설 질소
- 단백질의 섭취 부족상태를 말하며, 기아, 영양 부족, 위장 질환자 등이 해당된다.
- 실제로 필수 아미노산(essential amino acid)의 결핍으로 일어난다.

5 핵산

 1. 핵산의 구성성분과 분류

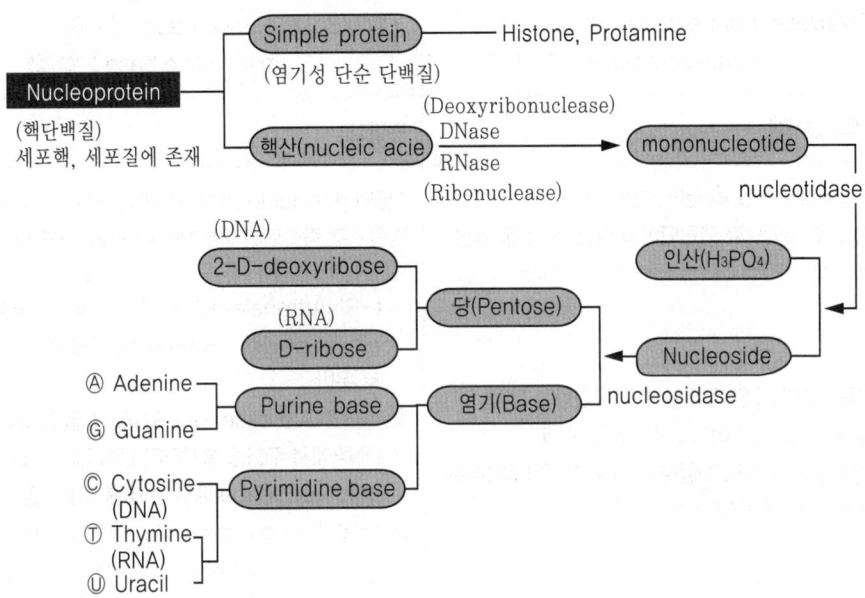

 2. 천연에 존재하는 nucleotide와 그 기능

(1) 핵산 구성의 기본 단위

① RNA, DNA
② mononucleotide가 중합된 고분자 화합물(polynucleotide)

(2) 생체 내에서 고에너지의 저축, 운반체로서작용

① 근육의 수축과 같은 기계적인 일
② 단백질 합성과 같은 화학적인 일
③ 능동 수송과 같은 침투성인 일
④ 신경자극 전달과 같은 전기적인 일 - ATP가 가장 중요

(3) 보효소로서작용

① NAD(Nicotinamide Adenine Dinucleotide)
② NADP(Nicotinamide Adenine Dinucleotide Phosphate)
③ FAD(Flavin Adenine Dinucleotide)
④ FMN(Flavin MonoNucleotide)
⑤ CoA(Coenzyme A)

3. DNA와 RNA의 비교

	DNA(Deoxyribonucleic acid)	RNA(Ribonucleic acid)
구성 성분	• 인산(H_3PO_4) • 당(Pentose) : 2-D-deoxyribose • 염기(Base) Purine base : Ⓐ Ⓖ 　　　　　　Pyrimidine base : Ⓒ Ⓣ	• 인산(H_3PO_4) • 당(pentose) : D-ribose • 염기(Base) Purine base : Ⓐ Ⓖ 　　　　　　pyrimidine base : Ⓒ Ⓤ
외양	백색의 견사상	분말상
구조	2본의 deoxyribonucleotide 사슬이 A=T, G≡C의 소수 결합으로 중합되어 이중나선구조를 형성	1본의 ribonucleotide 사슬이 A-U, G-C의 수소 결합으로 중합되어 국부적인 이중나선구조 형성
기능	① 세포 분열 시 염색체 형성 → 유전형질 전달 ② 단백질 합성 시 아미노산의 배열 순서(sequence)의 지령을 m-RNA(전달 RNA)에 전달 ⇒ 유전자의 본체	① t-RNA(transfer RNA, 전이 RNA) : 활성 amino acid를 ribosome의 주형(template)으로 운반 ② m-RNA(messenger RNA, 전달 RNA) : DNA에서 주형을 복사하여 단백질의 amino acid sequence(배열 순서)를 전달규정 ③ r-RNA(ribosome RNA) : m-RNA에 의하여 전달된 정보에 따라 t-RNA에 옮겨진 amino acid를 결합시켜 단백질을 합성하는 장소를 형성

4. 단백질의 생합성

(1) Amino acid의 활성화(ATP가 꼭 필요)
- 활성화 효소 : amino acyl t-RNA synthetase

(2) 활성화한 아미노산과 t-RNA와의 결합
- amino acyl t-RNA 생성

(3) DNA를 복사한 m-RNA의 합성
- 이 m-RNA는 단백질 합성에서 주형(template)의 역할을 함

(4) Ribosome 위에서 m-RNA와 t-RNA와의 결합 → 합성
- 단백질과 RNA로 되어 있는 ribosome은 단백질 합성 장소로 쓰인다.
- amino acid t-RNA는 주형인 m-RNA의 지시에 따라 ribosome 위에서 늘어서 유리 amono기 말단부터 점차 결합한다(GPT가 관여).

① Ribosome : 공장의 공작대
② m-RNA : 제작하려는 기계의 설계도
③ amino acyl t-RNA : 조립할 재료(활성단계 ATP 필요)
④ GTP : 동력 자원
⑤ enzyme : 공원

출제예상문제

001 세균
- 엽록소가 없고, 분열균류에 속한다.
- 너비가 1μ 이하의 단세포 생물이고, 세균 여과기를 통과하지 못한다.
- 대부분은 세포 분열에 의하여 증식한다.

002 생물계에 있어서 미생물의 분류상 위치(원생생물)
(1) 고등미생물
 ① 원생동물
 ② 균류
  ㉠ 점균류(변형균류)-아메바
  ㉡ 진균류
   • 조상균류-곰팡이(Mucor, Rhizopus)
   • 순정균류
    - 자낭균류 - 곰팡이, 효모
    - 담자균류 - 버섯, 효모
    - 불완전균류 - 곰팡이, 효모
 ③ 지의류
 ④ 조류
(2) 하등미생물
 ① 분열 균류 : 세균, 방선균
 ② 남조류 : 청록세균
(3) Virus

003 원핵세포의 특징
- 핵막, 인, 미토콘드리아가 없다.
- mesosome에 호흡 효소를 가지고 있다.
- 세포벽은 mucocomplex로 되어 있다.

004 하등미생물
- 원핵세포로 되어 있다.
- 세균, 방선균, 남조류 등이 있다.

005 고등미생물
- 진핵세포로 되어 있다.
- 균류, 일반조류, 원생동물 등이 있다.
- 진균류
  - 조상균류 : 곰팡이(Mucor, Rhizopus.)
  - 순정균류
    ㉠ 자낭균류 - 곰팡이, 효모
    ㉡ 담자균류 - 버섯, 효모
    ㉢ 불완전균류 - 곰팡이, 효모

006 진핵세포
- 핵막, 인, 미토콘드리아를 가지고 있다.
- 곰팡이, 효모, 조류, 원생동물 등은 고등미생물군에 속한다.

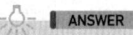
001 ② 002 ③ 003 ②
004 ① 005 ③ 006 ③

PART 1-1. 식품 미생물의 분류

001 미생물에 관한 설명 중 틀린 것은?
① 곰팡이는 일반적으로 포자로 증식한다.
② 세균은 단세포로서 대부분 세균 여과기를 통과하는 여과성 균체이다.
③ 원생동물은 최하등의 단세포 생물이다.
④ 바이러스는 생세포에만 생육하여 일반 광학현미경으로 볼 수 없다.

002 미생물의 분류에서 진균류에 속하지 않는 것은?
① 버섯, 효모   ② 곰팡이
③ 세균, 방사선균   ④ 담자 균류와 불완전 균류

003 원핵세포(procaryotic cell)와 관계가 없는 것은?
① 핵막이 없다.
② 인이 있다.
③ 미토콘드리아 대신 mesosome을 가지고 있다.
④ 세포벽은 muco 복합체로 되어 있다.

004 원시핵 세포를 갖는 것은?
① 남조류   ② 고등미생물
③ 곰팡이, 효모   ④ 남조류 이외의 조류

005 다음에서 진핵세포(ceucaryotic cell)에 속하지 않는 것은?
① 조균류   ② 담자균류
③ 분열균류   ④ 불완전균류

006 진핵세포의 설명 중 틀린 것은?
① 핵막(nuclear membrane)이 있다.
② mitochondria가 있다.
③ 메소좀(mesosome)을 가지고 있다.
④ 효모와 곰팡이는 진핵세포로 되어 있다.

007 진핵세포와 원시핵세포에 공통적으로 존재하는 것은?

① 인 ② 핵막
③ 세포질 ④ 미토콘드리아

008 진핵세포(고등미생물)에 속하는 것은?

① 구자류 ② 유자류
③ 남조류 ④ 녹조류(chlorella)

009 미생물의 크기에 따라 배열한 것 중 그 차례가 맞는 것은?

① 세균 > 효모 > 바이러스 > 곰팡이
② 곰팡이 > 효모 > 세균 > 바이러스
③ 효모 > 바이러스 > 세균 > 곰팡이
④ 바이러스 > 효모 > 세균 > 곰팡이

PART 1-2. 식품 미생물의 특징 및 이용

010 세균의 세포벽 구성에 관계가 있는 것은?

① pectin layer
② inulin layer
③ peptide layer
④ isomaltose layer

011 세균 세포의 구조에서 다른 세균에 부착하여 DNA가 이동하는 통로로 이용되는 것은?

① 편모 ② (성)선모
③ 세포막 ④ 협막

012 세균세포의 협막과 점질층의 구성물질은?

① DNA ② 펙틴(pectin)
③ 콜라겐 ④ 뮤코(muco) 다당류

---

007 핵막, 인, 미토콘드리아는 원시핵세포에는 없고, 진핵세포에 있다.

008 녹조류인 chlorella는 진핵세포에 속하고, 남조류, 구자류, 유자류는 원시핵 세포에 속한다.

009 미생물의 크기
- 세균 크기 : 직경과 폭이 0.5~1.0μ이다.
- 효모 크기 : 평균 8~7×6~5μ으로, 큰 것은 10~8μ, 작은 것은 3~2.2μ 정도이다.
- 곰팡이 균체의 기본요소는 폭 2~10μ 의 균사(hyphae)이다.
- 바이러스는 광학현미경으로 볼 수 없는 초여과성 입자(직경 0.5μ)를 말한다.

010 세균의 세포벽
- 보통 세균 세포벽의 기본 화학적 구조인 peptide-glucan은 세균 세포벽의 견고성을 유지해 주고 gram 양성균에서 세포벽의 주요 성분이다.
  - gram 양성균의 세포벽 : peptidoglycan 이외에 teichoic acid, 다당류, 아미노당류 등으로 구성된 mucopolysaccharide을 함유하고 있다.
  - gram 음성균의 세포벽 : 지질, 단백질, 다당류를 주성분으로 하고 있으며, 각종 여러 아미노산을 함유하고 있다.

011 세균 세포의 구조와 기능
- 편모 : 운동력
- 선모(pilli) : 유성적인 접합과정에서 DNA의 이동통로와 부착기관
- 세포막 : 투과와 수송능
- 협막(점질층) : 건조와 기타 유해요인에 대한 세포의 보호
- 세포벽 : 세포의 기계적 보호
- 메소솜 : 세포의 호흡이 집중된 부위로 추정
- 리보솜 : 단백질 합성

012 협막(slime layer)
- 대부분의 세균세포벽은 점성물질로 둘러싸여 있는데, 이것을 협막 또는 점질층(slime layer)이라고 한다.
- 협막의 화학적 성분은 다당류, polypeptide의 중합체, 지질 등으로 구성되어 있으며 균종에 따라 다르다.

ANSWER

007 ③ 008 ④ 009 ② 010 ③
011 ② 012 ④

출제예상문제

013 육류의 표면을 착색시키는 세균과 색소
- *Serratia marcescens* : 적색
- *Pseudomonas fluorescens* : 회녹색
- *Staphylococcus aureus* : 황색
- *Micrococcus varians* : 적색

014 세균의 번식
- 세균은 무성생식하며 분열법으로 증식한다.
- 간균이나 나선균은 먼저 세포가 신장하여 2배 정도로 길어지고, 중앙에 격막이 생겨 2개의 세포로 분열하게 된다.

015 세균 세포
- 원시핵 세포이다.
- 대부분 직경이나 폭이 0.5~1.0로 크기가 작다.
- 세포질 내에 막으로 싸여진 핵과 mitochondria를 가지지 않는다.

016 원시핵 세포를 가지는 미생물은 세균, 남조류, 방사선균 등이 있다. 세균, 방사선균은 분열균류에 속한다.

017 *Torulopsis versatilis*, *Candida utilis*는 효모이고, *Botrytis cinerea*는 곰팡이고 *Streptococcus lactis*는 세균이다. 세균은 원시핵세포를 가지는 미생물이다.

018 순정균류에는 자낭균류, 담자균류, 불완전균류 등이 있다

019 진균류
- 순정균류와 조상균류로 분류한다.
 - 순정균류 : 자낭균류(효모, 곰팡이), 담자균류(버섯, 효모), 불완전균류(곰팡이, 효모) 등
 - 조상균류 : 곰팡이(*Rhizopus*, *Mucor*) 등

ANSWER
013 ③ 014 ③ 015 ③ 016 ②
017 ④ 018 ④ 019 ③

---

013 육류의 표면을 착색시키는 세균과 색소가 바르게 연결된 것은?
① *Serratia marcescens* – 녹색
② *Pseudomonas fluorescens* – 청색
③ *Staphylococcus aureus* – 황색
④ *Micrococcus varians* – 흑색

014 세균의 번식에 대한 설명으로 옳은 것은?
① 세균은 유성생식(sexual reproduction)을 한다.
② 세균은 출아법(budding)으로 번식한다.
③ 세균은 분열법(fission)으로 번식한다.
④ 세균은 접합(zygote)으로 번식한다.

015 세균의 특징을 설명한 것으로 틀린 것은?
① 광 에너지를 이용하여 생활을 영위하는 광합성 세균도 있다.
② 단세포로 되어 있고 이분법으로 분열한다.
③ 보통 한 개의 핵을 가지고 있다.
④ 아포를 형성하며 좋지 못한 환경에서도 잘 견딘다.

016 세균은 분류학상 어디에 속하는가?
① 진균류   ② 분열균류
③ 불완전 균류   ④ 조균류

017 원시핵 세포를 가지는 미생물은?
① *Torulopsis versatilis*   ② *Botrytis cinerea*
③ *Candida utilis*   ④ *Streptococcus lactis*

018 균류의 분류에서 순정균류에 속하는 것은?
① 분열균류   ② 점균류
③ 조상균류   ④ 자낭균류

019 균류에서 순정균류에 속하지 않는 것은?
① 자낭균류 – 곰팡이, 효모
② 담자균류 – 버섯, 효모
③ 접합균류 – 곰팡이, 세균
④ 불완전균류 – 곰팡이, 효모

020 세균의 속명(屬名) 약자 표기 중 옳은 것은 어느 것인가?

① *Aspergillus niger* - *Asp. niger*
② *Saccharomyces sake* - *Sc. sake*
③ *Escherichia coli* - *Esch. coli*
④ *Bacillus natto* - *Ba. natto*

021 내생포자를 맺지 <u>않는</u> 세균은?

① *Clostridium*　　② *Bacillus*
③ *Sporolactobacillus*　　④ *Pseudomonas*

022 포자형성 세균이 <u>아닌</u> 것은?

① *Bacillus* 속　　② *Coccus* 속
③ *Sporosarcina* 속　　④ *Clostridium* 속

023 세균의 포자에 대한 설명 중 <u>틀린</u> 것은?

① 비교적 열에 강하다.
② 운동기관이다.
③ *Bacillus* 속은 아포를 갖는다.
④ 상당히 건조에 강하다.

024 *Clostridium botulinus* 설명 중 <u>틀린</u> 것은?

① 편성 호기성 세균이다.
② 통조림에 잘 번식하는 세균이다.
③ 포자를 형성하는 세균이다.
④ 혐기성 gram 양성 간균이다.

025 호기성 포자형성 세균은?

① *Clostridium*　　② *Bacillus*
③ *Aerobacter*　　④ *Vibrio*

026 내열성 균을 가지는 것은?

① *Salmonella*　　② *Pediococcus*
③ *Clostridium*　　④ *Lactobacillus*

---

020 미생물 명칭의 속명(genus) 이하는 이탤릭체로 표기하고, 학명(속·종명)은 다음과 같이 약자 표기한다.
- *Asperillus(Asp.)*, *Bacillus(Bac.)*, *Closteridium(Cl.)*, *Escherichia(E.)*, *Lactobacillus(L.)*, *Leuconostoc(Leuc.)*, *Micrococcus(Mc.)*, *Mucor(M.)*, *Pediococcus(Pc.)*, *Penicillium(Pen.)*, *Pseudomonas(Ps.)*, *Rhizopus(R.)*, *Saccharomyces(Sacch.)*, *Streptococcus(Sc.)*, *Staphylococcus(Staphy.)* 등으로 표시한다.

021 포자 형성균
- 무성적으로 내생포자를 형성한다.
- 주로 간균이다.
- 종류
  - 호기성균의 *Bacillus* 속
  - 혐기성균의 *Clostridium* 속
  - 드물게 *Sporosarcina* 속
  - 이외에도 *Sporolactobacillus* 속, *Desulfotomaculum* 속

022 21번 해설 참조

023 세균의 포자
- 포자 형성균 : 호기성의 *Bacillus* 속과 혐기성의 *Clostridium* 속에 한정되어 있다.
- 포자는 비교적 내열성 강하다.
- 포자에는 영양세포에 비하여 대부분 수분이 결합수로 되어 있어서 상당한 내건조성을 나타낸다.

024 *Clostridium botulinus*의 특징
- 혐기성 gram 양성 간균이다.
- 포자를 형성하는 세균이다.
- gelatin 액화력이 있다.
- 포자는 내열성인 것이 많다.
- 고기나 통조림 등에 번식하며 식중독을 일으킨다.

025 포자형성 세균
- 주로 간균이다.
- 호기성 세균인 *Bacillus* 속
- 혐기성인 세균인 *Clostridium* 속
- 드물게 *Sporosarcina* 속

026 *Clostridium* 속
- 그람양성 혐기성 유포자 간균이다.
- 단백질 분해성이 강하다.
- 보편적으로 1개의 세균 안에 1개의 포자를 형성한다.
- 포자는 내열성일 뿐만 아니라 내구기관으로서 특성을 가진다.

ANSWER

020 ①　021 ④　022 ②　023 ②
024 ①　025 ②　026 ③

출제예상문제

027 편모(flagella)
- 세포막에서 시작되어 세포벽을 뚫고 밖으로 뻗어 나와 있는 단백질로 구성되어 있는 구조이다.
- 지름은 20nm, 길이는 15~20μm 이다.
- 세균의 운동기관이다.
- 주로 간균이나 나선균에만 있으며, 구균에는 거의 없다.
- 위치에 따라 극모, 주모로 대별한다.
- 극모는 다시 단모, 양모, 주속모로 나눈다.
  - 극모(polar flagella) : 세균 세포의 한 쪽에만 편모가 난 것
  - 주모 : 세포 주위에 무수히 편모가 난 것

028 27번 해설 참조

029 세균의 세포벽
- gram 양성균의 세포벽 : peptidoglycan 이외에 teichoic acid, 다당류 아미노당류 등으로 구성된 mucopolysaccharide 을 함유하고 있다.
- Gram 음성균의 세포벽 : 지질, 단백질, 다당류를 주성분으로 하고 있으며, 각종 여러 아미노산을 함유하고 있다. 일반 양성균에 비하여 lipopolysaccharide, lipoprotein 등의 지질 함량이 높고, glucosamine 함량은 낮다.

030
- 그람양성세균 : *Micrococcus*, *Staphylococcus*, *Streptococcus*, *Leuconostoc*, *Pediococcus*, *Sarcina*, *Bacillus*, *Clostridium*, *Lactobacillus* 속 등이 있다.
- 그람음성세균 : *Pseudomonas*, *Gluconobacter*, *Acetobacter*, *Escherichia*, *Salmonella*, *Enterobacter*, *Erwinia*, *Vibrio* 속 등이 있다.

031 세균의 지질다당류 (lipopolysaccharide)
- 그람음성균의 세포벽 성분이다.
- 세균의 세포벽이 음(-)전하를 띠게 한다.
- 지질 A, 중심 다당체(core polysaccharide), O항원(O antigen)의 세 부분으로 이루어져 있다.
- 독성을 나타내는 경우가 많아 내독소로 작용한다.

---

027 균체 주위에 편모(flagella)를 가진 것은?
① 단극모균
② 주모균
③ 극속모균
④ 양모균

028 세균의 편모에 관한 설명으로 틀린 것은?
① 편모는 운동기관으로 단백질이 98%로 되어 있다.
② 간균보다 구균에서 많이 볼 수 있다.
③ 편모가 없는 것도 있다.
④ 극모는 단모, 양모, 속모로 나눈다.

029 Gram 양성 및 음성균의 세포벽 성분함량에 관한 설명 중 맞는 것은?
① 양성균은 chitosan이 많고, 음성균은 glucan, mannan이 많다.
② 양성균은 chitin이 많고, 음성균은 peptide glucan이 많다.
③ 양성균은 mucopetide와 chitosan이 많고, 음성균은 lipoprotein, 다당류가 많다.
④ 양성균은 mucopetide, teichoic acid가 많고, 음성균은 지질, lipoprotein이 많다.

030 다음 중 그람양성 균은?
① *Escherichia coli*
② *Acetobacter aceti*
③ *Pseudomonas aeruginosa*
④ *Streptococcus cremoris*

031 그람음성 세균의 세포벽을 구성하는 물질 중 내독소(endotoxin)로 작용하는 물질은?
① 펩티도글리칸(peptidoglycan)
② 테이코산(teichoic acid)
③ 지질(lipid A)
④ 펩티드(peptide)

 ANSWER
027 ② 028 ② 029 ④ 030 ④
031 ③

032 내염성이 강하고 김치에 존재하는 젖산균은?

① *Leuconostoc mensenteroides*
② *Streptococcus lactis*
③ *Pediococcus halophilus*
④ *Lactobacillus bulgaricus*

033 가열살균을 제대로 하지 않은 통조림에서 볼 수 있는 미생물은?

① *Clostrium botulinum*
② 장염 *Vibrio*균
③ 포도상구균
④ *Salmonella*균

034 Swiss 치즈 숙성에 관여하여 CO_2를 생성하여 치즈에 구멍을 내는 세균은?

① *Bacillus matto*
② *Propionibacterium shermanii*
③ *Propionibacterium freudeneichii*
④ *Bacillus subtilis*

035 쌀밥에 잘 번식하는 세균은?

① 부패균
② 젖산균
③ 고초균
④ 부티르산균

036 *Bacillus subtilis*의 성질이 <u>아닌</u> 것은?

① subtilin을 생산한다.
② amylase와 protease를 생산한다.
③ 포자를 생성한다.
④ biotin을 필요로 한다.

037 *Bacillus natto*의 필수 영양원은?

① Vitamin B_1
② biotin
③ niacin
④ riboflavin

---

032 *Pediococcus halophilus*는 내염성이 강하고 김치, 장유, 양조에 중요한 젖산균이다.

033 *Cl. botulinum*
- 혐기적 조건에서 잘 번식한다.
- 원인식품은 소시지, 육류, 특히 통조림과 밀봉식품이며, 살균이 불충분한 경우에 생성한다.
- ※ *Vibrio*의 원인식품은 생선회가 대표적이다.
- ※ 포도상구균은 화농성 염증을 가진 조리사가 감염원이다.
- ※ *Salmonella*균은 세균성 식중독으로 발열이 심하다. 전파 원인은 사람, 가축을 포함한 포유동물들의 2차감염이 우려된다.

034 Propionic acid bacteria
- 당류나 젖산을 발효하여 propionic acid, acetic acid, CO_2, 호박산 등을 생성하는 혐기성균이다.
- Pantothenic acid와 biotin을 생육인자로 요구한다.
- *Propionibacterium shermanii*는 swiss치즈 숙성 시 CO_2를 생성하여 치즈에 구멍을 형성하는 세균이다.

035 *Bacillus subtilis*의 특징
- 고초균으로 gram 양성, 호기성, 통성 혐기성 간균이다.
- 내생포자를 형성, 내열성이 강하다.
- 85~90℃의 고온 액화 효소로 protease와 α-amylase를 생산한다.
- Subtilin이라는 항생물질도 생산하지만 biotin은 필요로 하지 않는다.
- 취반 후에 공중 낙하균이나 식기 등에서 2차 오염으로 세균은 많아지며, 이 중에서도 *Bacillus* 속이 제일 많고 효모, *Micrococcus* 속, gram 음성균 등도 오염된다.

036 35번 해설 참조

037 *Bacillus natto*
- 청국장 제조에 관여하는 고초균이다.
- *Bacillus subtilis*와 형태적으로 같으나 biotin의 요구성이 다르다.

ANSWER

032 ③ 033 ① 034 ② 035 ③
036 ④ 037 ②

출제예상문제

038 젖산 발효형식
- 정상발효젖산균(homo type) : 당을 발효하여 젖산만 생성하는 균
  - 대부분의 *Lactobacillus* 속(*L. bulgaricus, L. delbruckii, L. acidophilus, L. casei, L. homohiochii* 등), *Streptococcus* 속(*Sc. lactis, Sc. cremoris* 등), *Pediococcus* 속(*Pc. cerevisiae, Pc. acidilactici* 등) 등이 있다.
- 이상발효젖산균(hetero type) : 젖산 이외에 여러 가지 부산물을 생성하는 균
  - 일부의 *Lactobacillus* 속(*L. fermentum, L. heterohiochii*), *Leuconostoc* 속(*Leuc. mesenteoides*), 일부의 *Pediococcus* 속(*Pc. halophilus*) 등이 있다.

039 38번 해설 참조

040 *L. fermenti*는 이상젖산균(hetero type)이다.

041 *L. delbruckii*는 젖산을 만드는 그람양성, 간균으로서 젖산 제조에 실용균이지만 lactose을 발효하지 못한다.

042 homo형 젖산균은 glucose을 발효하여 젖산만을 생성하고 다른 부산물은 거의 생성하지 않는다.

043 $C_6H_{12}O_6 \rightarrow 2CH_3CHOHCOOH$ (정상젖산발효, homo type lactic acid bacteria)

ANSWER
038 ② 039 ① 040 ④ 041 ③
042 ④ 043 ②

---

038 발효유 제조에서 이상젖산발효균은?
① *Streptococcus cremoris*
② *Leuconostoc mesenteroides*
③ *Lactobacillus bulgaricus*
④ *Lactobacillus thermophilus*

039 젖산균에서 정상젖산균(homo type)인 것은?
① *L. casei*, *L. acidophilus*
② *L. fermentum*
③ *Pediococcus sp.*
④ *Leuconostoc mesenteroides*

040 정상발효젖산균이 <u>아닌</u> 것은?
① *Lactobacillus fermenti*
② *Streptococcus thermophilus*
③ *Lactobacillus delbrueckii*
④ *Lactobacillus bulgaricus*

041 다음 유산균 중 유당(Lactose)을 발효하지 <u>못하는</u> 균은?
① *Lactobacillus bulgaricus*
② *Lactobacillus thermophilus*
③ *Lactobacillus delbrueckii*
④ *Lactobacillus acidophilus*

042 정상발효젖산균(homo lactic acid bacteria)이 당분으로부터 생성하는 것은?
① $2C_2H_5OH$, $2CO_2$
② $2CH_3CHOH$, C_2H_5OH, CO_2
③ $CH_3CHOHCOOH$, $2C_2H_5OH$, CH_3COOH, CO_2, H_2
④ $CH_3CHOHCOOH$

043 다음 젖산발효에서 정상 젖산발효식인 것은 어느 것인가?
① $C_6H_{12}O_6 \rightarrow CH_3CHOH + C_2H_5OH + CO_2$
② $C_6H_{12}O_6 \rightarrow 2CH_3CHOHCOOH$
③ $C_6H_{12}O_6 \rightarrow CH_3CHOHCOOH$
④ $C_6H_{12}O_6 \rightarrow CH_3COOH + H_2O$

044 요구르트 제조 시에 사용되는 균은?

① *Lactobacillus bulgaricus*
② *Aspergillus niger*
③ *Aspergillus flavus*
④ *Lactobacillus delbrueckii*

045 다음 젖산발효에서 이상젖산발효식인 것은?

① $C_6H_{12}O_6 \rightarrow 2CH_3CHOHCOOH$
② $C_6H_{12}O_6 \rightarrow CH_3CHOHCOOH + C_2H_5OH + CO_2$
③ $C_6H_{12}O_6 \rightarrow CH_3CHOH + 2CO_2$
④ $C_6H_{12}O_6 \rightarrow CH_3COOH + H_2O$

046 Neuberg의 제2발효형식으로 맞는 것은?

① $C_6H_{12}O_6 \rightarrow CH_3CH_2OH + CH_3COOH + CO_2 + H_2$
② $C_6H_{12}O_6 \rightarrow 2CH_3CH_2OH + 2CO_2$
③ $2C_6H_{12}O_6 \xrightarrow{alkali} 2C_3H_5(OH)_3 + CO_3COOH + C_2H_5OH + 2CO_2$
④ $C_6H_{12}O_6 \xrightarrow{Na_2SO_3} C_3H_5(OH)_3 + CH_3CHO + CO_2$

047 장내 증식이 양호하여 정장제로 이용되는 젖산균은?

① *Lactobacillus acidophilus*
② *Lactobacillus plantarum*
③ *Streptococcus cremoris*
④ *Streptococcus lactis*

048 Yoghurt에서 분리했고 젖산 제조, 정장제, 피혁의 탈석회제로 쓰여지는 젖산균은?

① *Lactobacillus delbruckii*
② *Lactobacillus bulgaricus*
③ *Lactobacillus homohiochi*
④ *Lactobacillus plantarum*

---

044 발효유제품에 사용되는 젖산균
- cheese의 starter : *Streptococcus lactis*, *Str. cremoris* 등
- butter의 starter : *L. bulgaricus*
- yoghurt의 starter : *L. bulgricus*, *Str. thermophilus* 등

045 hetero type bacteria 발효형식
- $C_6H_{12}O_6 \rightarrow CH_3CHOHCOOH + C_2H_5OH + CO_2$
- $2C_6H_{12}O_6 + H_2O \rightarrow 2CH_3CHOHCOOH + C_2H_5OH + CH_3COOH + 2CO_2 + 2H_2$

046 Neuberg 발효형식(제1, 2, 3 형식)
- 제1발효형식 :
  $C_6H_{12}O_6 \rightarrow 2CH_3OH + 2CO_2$
  (pH 산성~미산성)
- 제2발효형식 :
  $C_6H_{12}O_6 \rightarrow \underset{glycerol}{C_3H_5(OH)_3} + CH_3CHO + CO_2(Na_2SO_3 첨가)$
- 제3발효형식
  $2C_6H_{12}O_6 + H_2O \rightarrow 2\underset{glycerol}{C_3H_5(OH)_3} + CH_3COOH + C_2H_5OH + 2CO_2$(알킬리인 경우)
- ※ Neuberg 2, 3 발효형식의 주생산물은 glycerol이므로 글리세롤 발효라 한다.
  - Na_2SO_3를 첨가하는 방법(Neuberg의 제2발효형식)
  - $NaHCO_3$, Na_2HPO_4 등의 알칼리를 첨가하는 방법(Neuberg의 제3발효형식)

047 *L. acidophilus*
- 유아 장내에서 분리된 젖산균이다.
- 장내에서 증식이 양호하며, 다른 잡균을 억제하는 정장작용이 있으므로 정장제로서 이용된다.

048 *Lactobacillus bulgaricus*
- 우유 중에 존재하고 유당에서 대량의 젖산을 생산한다.
- 젖산균 중 산의 생성이 가장 빨라 yoghurt 제조에 널리 이용된다.
- 장내에 증식하여 젖산에 의해 유해세균의 생육을 억제하여 정장작용을 하므로 정장제로 이용된다.
- 피혁의 탈석회제로도 이용된다.

ANSWER

044 ① 045 ② 046 ④ 047 ①
048 ②

출제예상문제

049 Streptococcus faecalis
- 사람이나 동물의 장관에서 잘 생육하는 장구균의 일종이다.
- 분변 오염의 지표가 된다.
- 젖산균제제나 미생물정량에 이용된다.

050 Acetobacter 속(초산균)
- ethanol을 산화 발효하여 초산을 생성하는 세균의 총칭이다.
- 액체 배양 시 액면에 피막을 형성하는 호기적인 간균이다.

051 Escherichia coli(대장균)
- 일반적으로 gram 음성, 호기성 또는 통성 혐기성의 무포자 간균이다.
- 젖당이나 galactose를 발효하여 산과 가스를 생성한다.
- Citrobacter 속, Enterobacter 등의 균들도 여기에 속한다.

052 병원성 대장균 O157:H7의 의미
- 대장균은 혈청형에 따라 다양한 성질을 지니고 있다.
- O항원은 균체의 표면에 있는 세포벽의 성분인 직쇄상의 당분자 (lipopolysaccharide)의 당의 종류와 배열방법에 따른 분류로서 지금까지 발견된 173종류 중 157번째로 발견된 것이다.
- H항원은 편모부분에 존재하는 아미노산의 조성과 배열방법에 따른 분류로서 7번째 발견되었다는 의미이다.
- H항원 60여종이 발견되어 O항원과 조합하여 계산하면 약 2,000여종으로 분류할 수 있다.

053 Vibrio균
- 해수세균으로 원인식품은 대부분 어패류와 그 가공품이다.
- 특히 생선회, 다진 고기, 초밥 등을 생식했을 때 감염된다.

054 대장균
- 동물이나 사람의 장내에 서식하는 세균을 통틀어 대장균이라 한다.
- 그람음성, 호기성 또는 통성혐기성, 주모성 편모, 무포자 간균이고, lactose를 분해하여 CO_2와 H_2 가스를 생성한다.
- 대표적인 대장균은 Escherichia coli, Acetobacter aerogenes이다.

ANSWER
049 ②　050 ②　051 ④　052 ②
053 ②　054 ①

---

049 사람이나 동물의 장관에서 잘 생육하는 장구균의 일종이며 분변오염의 지표가 되는 균은?

① Streptococcus cremoris
② Streptococcus faecalis
③ Streptococcus lactis
④ Streptococcus thermophilus

050 액체 배지에서 초산균의 특징은?

① 피막을 형성치 않으며 혐기성이다.
② 피막을 형성하고 호기성이다.
③ 피막을 형성하고 혐기성이다.
④ 피막을 형성치 않으며 호기성이다.

051 Escherichia coli의 성질이 아닌 것은?

① 동물 장내에 기생한다.
② gram 음성이다.
③ 통성 혐기성 균이다.
④ 포자 형성 균이다.

052 대장균 O157 : H7이라는 균의 명칭 중 O와 H의 설명으로 맞는 것은?

① O : 편모항원, H : 체성항원
② O : 체성항원, H : 편모항원
③ O : 협막항원, H : 편모항원
④ O : 체성항원, H : 협막항원

053 다음 중 분뇨에 의해 오염되지 않은 균은 어느 것인가?

① Salmonella type
② Vibrio cholera
③ Shigella dysenteriae
④ Trigonopsis

054 유당(lactose)을 분해하여 CO_2와 H_2가스를 생성하는 세균은?

① 대장균　② 초산균
③ 젖산균　④ 고초균

055 식품위생상 세균학적 지표로 이용되고 있는 것은?

① 아크로모 박타　② 형광균
③ 초산균　　　　④ 대장균

056 식초 제조법 중 속초법으로 주로 사용하는 것은 무엇인가?

① *Acetobacter aceti*
② *Acetobacter schuetzenbachii*
③ *Acetobacter suboxydans*
④ *Acetobacter xylinum*

057 식초 제조 시 유해한 세균인 것은?

① *Acetobacter aceti*
② *Acetobacter schutzenbachii*
③ *Acetobacter oxydans*
④ *Acetobacter xylinum*

058 버터, 치즈 제조에 starter로 사용한 균주는?

① *Bac. natto*　　② *A. gluconicum*
③ *Sc. cremoris*　④ *Sacch. cerevisiae*

059 Bacillaceae과 세균의 설명으로 틀린 것은?

① 편모로 운동하고 그람양성이다.
② 포도당을 분해하여 산과 가스를 생성한다.
③ 포자형성 간균이다.
④ 내열성이 대단히 강하다.

060 다음에 열거해 놓은 세균 속 중 Entero bacteriaceae과에 속하지 않는 것은?

① *Eschrichia* 속　② *Salmonella* 속
③ *Streptococcus* 속　④ *Shigella* 속

061 식염 농도 10~20% alcohol, pH 등에 중요한 역할을 하는 구균은?

① 연쇄상구균(*Streptococcus*) ② 사련구균(*Pediococcus*)
③ 단구균(*Monococcus*)　④ 쌍구균(*Diplococcus*)

---

055 대장균군은 식품위생상 분뇨 오염의 지표균인 동시에 식품에서 발견되는 부패 세균이기도 하며, 음식물, 음료수 등의 위생 검사에 이용된다.

056
- *Acetobacter aceti* : 포도당, 알코올, glycerol을 동화하여 초산을 생성하는 식초산균이다.
- *A. schuetzenbachii* : 독일 식초공장에서 분리한 속초용균이고, 균막을 형성하지 않은 것이 특징이다.
- *A. suboxydans* : glucon산 제조에 이용된다.
- *A. xylinum* : 식초양조에 유해균이다.

057 *A. xylinum*
- 초산생성력은 약하고 초산을 분해하여 불쾌취를 생성한다.
- 액면에 두꺼운 cellulose 피막을 만드는 식초 양조의 유해균이다.
※ *Acetobacter oxydans, A. aceti, A. schutzenbachii*는 식초의 양조에 사용된다.

058 버터, 치즈의 starter로 가장 많이 이용하는 유산균은 *Sc. cremoris*와 *Sc. lactis* 등이다.

059 Bacillaceae과 세균
- 내생포자를 형성하는 gram 양성의 간균이다.
- 주모를 가지며 운동성인 것이 많다.
- 호기성 내지 통성 호기성인 *Bacillus* 속과 혐기성인 *Clostridium* 속이 있다.

060 대장균형 세균(Coli form bacteria)
- 동물이나 사람의 장내에 서식하는 세균을 통틀어 대장균이라 한다.
- 대장균은 제8부(Enterobacteriacease과)에 속하는 12속을 말한다.
- 이 과에서 식품과 관련이 있는 속은 *Eschrichia* 속, *Enterobacter* 속, *Klebslella* 속, *Citrobacter* 속, *Erwinia* 속, *Serratia* 속, *Proteus* 속, *Salmonella* 속 및 *Shigella* 속 등이다.
- 대장균은 그람음성, 호기성 또는 통성혐기성, 주모성 편모, 무포자 간균이고, lactose를 분해하여 CO_2와 H_2 gas을 생성한다.

061 *Pediococcus*(연구균) 속
- 맥주 변패 원인균으로 발견되었다.
- 근래에는 발효야채, 간장, 된장 등에서도 분리되고 있다.
- 호염균으로 15% 식염에서 생육한다.

ANSWER

055 ④　056 ②　057 ④　058 ③
059 ②　060 ③　061 ②

출제예상문제

062 *Penicillium roquefortii*는 푸른곰팡이 치즈로 유명한 roquefortii 치즈의 숙성과 향미에 관여한다.

063 청주 술밑에 사용되는 젖산균은 *Leuconostoc mesenteroides*와 *L. sake*로 포도주, 맥주 양조에도 관여하여 특유의 향미를 부여한다.

064
- *Bacillus natto*는 일본의 청국장인 납두로부터 분리된 호기성 포자 형성균으로 생육인자는 biotin을 필요로 한다.
- *Bacillus cereus*는 식중독의 원인균이다.
- *Bacillus mesentericus*는 *Bac. subtilis*와 비슷, *Bac. coagulans*는 유포자 젖산균이다.

065 젖산균
- 버터, 요구르트, 치즈, 젖산균음료, 김치류, Silage, 젖산의 제조, 청주와 간장 양조에 중요한 역할을 한다.
- 특히 정장제로서 젖산균제제, 아미노산이나 비타민의 미생물 정량에도 사용되는 균군이다.

066 김치에 많이 존재하는 젖산균
- 김치의 발효 젖산균인 *L. plantarum, L. brevis*이다.
- 이것은 간장, 된장에도 산미, 향기 성분이다.
- ※ *Sc. thermophilus, L. casei*와 *L. acidophilus* 등은 yoghurt, cheese의 제조에 이용되는 젖산균이다.

067 65번 해설 참조

068 Bacillaceae과에는 호기성 간균인 *Bacillus* 속, *Sporolactobacillus* 속과 혐기성 간균인 *Clostridium* 속 등이 있다.

---

062 치즈발효에 사용되는 균은?
① *Penicillium roqueforti*
② *Penicillium citrinium*
③ *Penicillium chrysoyenum*
④ *Penicillium notatum*

063 청주 술밑에 사용하는 젖산균은?
① *Leu. mesenteroides* ② *Str. thermophilus*
③ *L. bulgaricus* ④ *L. casei*

064 청국장 제조에 쓰이는 균은?
① *Bacillus mesentericus* ② *Bacillus cereus*
③ *Bacillus coagulans* ④ *Bacillus natto*

065 아미노산의 정량이나 비타민의 정량에 이용되는 균은?
① 고초균 ② 초산균
③ 젖산균 ④ 프로피온산균

066 김치에 많이 존재하는 젖산균은?
① *Sc. thermophilus* ② *L. casei*
③ *L. acidophilus* ④ *L. plantarum*

067 미생물을 이용한 비타민의 정량에 가장 널리 이용하는 균은?
① *Bacillus subtilis*(고초균) ② *E. coli*
③ *Lactobacillus* ④ *Acetobacter*

068 *Clostridium* 속은 어느 과에 속하는가?
① Bacillaceae 과
② Peptococcaceae 과
③ Lactobacillaceae 과
④ Micrococcaceae 과

ANSWER
062 ①　063 ①　064 ④　065 ③
066 ④　067 ③　068 ①

069 *Pseudomonas* 속의 특징이 아닌 것은?

① 혐기적으로 저장되는 식품의 부패에 주로 관여한다.
② 단백질, 유지 가수분해력이 강한 종이 많다.
③ 많은 균종이 저온에서 잘 증식한다.
④ 수용성의 형광색소를 생성하는 종도 있다.

070 쌀밥에서 쉰내를 내거나 식빵이 끈적끈적해지며 불쾌한 냄새를 내는 점질화(rope) 현상을 일으키는 미생물은?

① *Bacillus* 속
② *Penicillium* 속
③ *Rhizopus* 속
④ *Aspergillus* 속

071 콩과식물의 뿌리에 기생하며, 공중질소를 고정시켜서 콩과식물의 생육에 도움을 주는 뿌리혹박테리아는?

① *Gluconobacter* 속
② *Rhizobium* 속
③ *Acetobacter* 속
④ *Nitrobacter* 속

072 유리상태의 유황을 이용하여 생육하는 유황세균은?

① *Aspergillus niger*
② *Thiobacillus thioxidans*
③ *Penicillium oxalicum*
④ *Serratia marcescens*

073 *Clostridium butyricum*이 장내에서 정장작용을 나타내는 이유는?

① 항생물질을 생성하기 때문이다.
② 유기산을 생성하기 때문이다.
③ 강한 포자를 형성하기 때문이다.
④ 비타민을 합성하기 때문이다.

---

069 *Pseudomonas* 속
- 그람음성, 무포자 간균, 호기성이며 내열성은 약하다.
- 특히 형광성, 수용성 색소를 생성하고, 비교적 저온균으로 20°C에서 잘 자란다.
- 육, 유가공품, 우유, 달걀, 야채 등에 널리 분포하여 식품을 부패시키는 부패세균이다.
- *Pseudomonas* 속이 부패균으로서 중요한 생리적 성질
  - 증식 속도가 빠르다.
  - 많은 균종이 저온에서 잘 증식한다.
  - 암모니아 등의 부패생산물의 생산능력이 크다.
  - 단백질, 유지의 분해력이 크다.
  - 일부의 균종은 색소도 생성한다.
  - 대부분 균종은 방부제에 대하여 저항성이 강하다.

070 *Bacillus*(고초균)
- 단백질 분해력이 강하며 단백질 식품에 침입하여 산 또는 가스를 생성한다.
- *Bacillus subtilis*는 밥, 빵 등을 부패시키고 끈적끈적한 점질물질을 생산한다.

071 *Rhizobium* 속
- 질소를 고정하는 그람음성 토양세균이다.
- 고등식물의 뿌리에 공생하여 유리질소를 고정하는 박테리아로 식물체로부터 탄수화물 등을 흡수하여 공기 중의 질소를 고정하여 콩과 식물의 생육을 돕는다.
- 자연계에서 질소의 순환에 중요한 구실을 하며 콩과 식물의 뿌리혹박테리아로 특히 유명하다.

072 유황세균
- *Thiobacillus*에 속하는 균이다.
- 유화수소와 유리상태의 유황을 이용하여 생육한다.
- *Thiobacillus thioxidans*, *Thiobacillus ferroxidans* 등이 있다.

073 *Clostridium butyricum*
- 그람양성 유포자 간균으로 운동성이 있다.
- 당을 발효하여 butyric acid를 생성하고, cheese나 단무지 등에서 분리된다.
- 최적 온도는 35°C이다.
- 생성된 유기산은 장내 유해세균의 생육을 억제하여 정장작용을 나타낸다.
- 장내 유익한 균으로 유산균과의 공생이 가능하고 많은 종류의 비타민 B군 등을 생산하여 유산균이 이용할 수 있게 한다.

ANSWER

069 ① 070 ① 071 ② 072 ②
073 ②

출제예상문제

074 곰팡이(mold)
- 진균류에 속한다.
- 번식 순서 : 포자 → 균사 → 균사체 → 자실체 → 균총의 순이다.

075 진균류
- 사상의 영양세포인 균사가 분지, 집합하여 균사체와 포자를 착생하고 자실체를 이루며, 이의 발육 전체를 균총이라 한다.
- 균사는 영양균사가 생식기관인 자실체를 형성하기도 한다.
- ※ 편모는 세균의 운동기관이다.

076 곰팡이의 증식
- 유성포자 : 두 개의 세포핵이 융합한 후 감수 분열하여 증식하는 포자로 난포자, 접합포자, 담자포자, 자낭포자 등이 있다.
- 무성포자 : 세포핵의 융합이 없이 단지 분열 또는 출아증식 등 무성적으로 생긴 포자로 포자낭포자(내생포자), 분생포자, 후막포자, 분열포자 등이 있다.

077 곰팡이의 분류
- 진균류는 먼저 균사의 격벽(격막)의 유무에 따라 대별하고, 다시 유성포자 특징에 따라 나뉘어진다.
- 균사에 격벽이 없는 것을 조상균류라 하며, 균사에 격벽이 있는 것을 순정균류라 한다.
- 순정균류 중 자낭포자을 형성하는 것을 자낭균류, 담자포자를 형성하는 것을 담자균류라 부르며, 유성포자를 형성하지 않은 것을 일괄하여 불완전균류라고 한다.

078 진균류(Eumycetcs)의 분류
격벽의 유무에 따라 조상균류와 순정균류로 분류한다.
- 조상균류 : 균사에 격벽(격막)이 없다.
  - 호상균류 : 곰팡이
  - 난균류 : 곰팡이
  - 접합균류 : 곰팡이(*Mucor* 속, *Rhizopus* 속, *Absidia* 속)
- 순정균류 : 균사에 격벽이 있다.
  - 자낭균류 : 곰팡이(*Aspergillus* 속, *Penicillium* 속, *Monascus* 속, *Neurospora* 속), 효모
  - 담자균류 : 버섯, 효모
  - 불완전균류 : 곰팡이(*Aspergillus* 속, *Penicillium* 속, *Trichoderma* 속), 효모
- ※ *Rhizopus javanicus*는 격막이 없으며 녹말의 당화력과 알코올 발효력이 강한 amylo균이다.

---

074 곰팡이(mold)의 번식 순서로 옳은 것은?
① 자실체 – 균사체 – 포자 – 균사 – 균총
② 균총 – 균사 – 균사체 – 자실체 – 포자
③ 포자 – 균사 – 균사체 – 자실체 – 균총
④ 포자 – 자실체 – 균총 – 균사체 – 균사

075 다음 중에서 곰팡이의 구조와 관련되지 않은 것은?
① 균총
② 균사체
③ 자실체
④ 편모

076 곰팡이에 대한 설명으로 틀린 것은?
① 곰팡이는 주로 포자에 의해서 번식한다.
② 곰팡이의 포자에는 유성포자와 무성포자가 있다.
③ 곰팡이의 무성포자에는 난포자, 접합포자, 담자포자, 자낭포자 등이 있다.
④ 포자는 적당한 환경 하에서는 발아하여 균사로 성장하며 또한 균사체를 형성한다.

077 곰팡이를 분류할 때 가장 먼저 고려해야 할 사항은?
① 산소 요구도
② 균총의 색깔
③ 포자의 생성 유무
④ 균사의 격벽(septa)의 유무

078 균사 내에 격막(septa)이 없는 것은?
① *Monascus anka*
② *Rhizopus javanicus*
③ *Penicillium glaucum*
④ *Aspergillus niger*

ANSWER
074 ③ 075 ④ 076 ③ 077 ④
078 ②

079 곰팡이 균사에 격벽이 있는 것은?

① *Mucor* 속, *Rhizopus* 속
② *Aspergillus* 속, *Penicillium* 속
③ *Mucor* 속, *Aspergillus* 속
④ *Mucor* 속, *Absidia* 속

080 곰팡이 균총(colony)의 색깔은 곰팡이의 종류에 따라 다르다. 이 균총의 색깔은 어느 것에 의해서 주로 영향을 받게 되는가?

① 포자
② 기중균사(영양균사)
③ 기균사
④ 격막(격벽)

081 Rhizopus의 형태가 아닌 것은?

① 포자낭을 형성한다.
② 후막포자를 만들고 균총은 회백색이다.
③ 포자낭병은 두 개의 마디 사이에서 발생한다.
④ 가근을 가지고 있다.

082 곰팡이의 유성포자 종류에 속하지 않는 것은?

① 접합포자(zygospore)
② 자낭포자(ascospore)
③ 담자포자(basidiospore)
④ 후막포자(chlamydospore)

083 곰팡이의 분생포자는 다음 중 어느 것인가?

① 내생포자
② 후막포자
③ 출아포자
④ 외생포자

084 곰팡이의 무성생식 포자가 아닌 것은?

① 내생포자
② 후막포자
③ 자낭포자
④ 출아포자

085 외생포자인 분생포자에 속하는 것은?

① *Mucor* 속, *Rhizopus* 속
② *Aspergillus* 속, *Penicillium* 속
③ *Thamnidium* 속
④ *Absidia* 속

---

079 78번 해설 참조

080 균총(colony)
- 균사체와 자실체를 합쳐서 균총(colony)이라 한다.
- 균사체(mycelium)는 균사의 집합체이고, 자실체(fruiting body)는 포자를 형성하는 기관이다.
- 균총은 종류에 따라 독특한 색깔을 가진다.
- 곰팡이의 색은 자실체 속에 들어 있는 각자의 색깔에 의하여 결정된다.

081 *Rhizopus* 속
- 포복지와 가근을 가지고 있다.
- 가근에서 포자낭병을 형성하고, 중축바닥 밑에 포자낭을 형성한다.

082 곰팡이 포자
- 유성포자 : 두 개의 세포핵이 융합한 후 감수 분열하여 증식하는 포자
  - 난포자, 접합포자, 담자포자, 자낭포자 등
- 무성포자 : 세포핵의 융합이 없이 단지 분열 또는 출아증식 등 무성적으로 생긴 포자
  - 외생포자(*Pen*, *Asp*., 분생포자), 내생포자(*Mu*. *RH*., 포자낭포자), 분절포자(유절포자), 후막포자 등

083 분생포자
- 분생자병인 생식균사의 말단에 착생하는 포자이다.
- *Aspergillus* 속과 *Penicillium* 속 곰팡이에서 볼 수 있고, 포자가 그냥 노출되어 있으므로 외생포자라고도 한다.

084 82번 해설 참조

085 82번 해설 참조

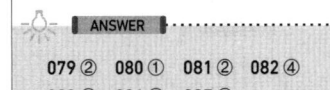

079 ② 080 ① 081 ② 082 ④
083 ④ 084 ③ 085 ②

출제예상문제

086 분절포자
- 불완전균류 *Geotrichum* 속과 *Moniliella* 속에서 흔히 볼 수 있다.
- 균사 자체에 격막이 생겨 균사 마디가 끊어져 내구성 무성포자(유절포자, geotricum spore)가 형성된다.
- 분열자(oidium)라고도 한다.

087 *Penicillium* 속과 *Aspergillus* 속 곰팡이는 생식균사인 분생자 병의 말단에 분생포자를 착생하여 무성적으로 증식한다. 포자가 밖으로 노출되어 있어 외생포자라고도 한다.

088 접합균류
- 유성적으로 2개의 배우자낭이 융합하여 이루어지고, 접합포자(zygospore)를 형성한다.
- 무성적으로 포자낭을 형성하여 그 안에 포자낭포자를 형성한다.

089 접합균류
- 유성적으로 2개의 배우자낭이 융합하여 이루어지고, 접합포자(zygospore)를 형성한다.
- 무성적으로 포자낭을 형성하여 그 안에 포자낭포자를 형성한다.
- 곰팡이에서 접합균류는 *Mucor* 속, *Rhizopus* 속, *Absidia* 속 등이 있다.
※ *Aspergillus* 속, *Penicillium* 속 등은 불완전균류이다.

090 자낭균류
- 유성포자를 자낭 중에 보통 8개씩 내장한다.
- 균사에 격벽이 있고, 격벽은 구멍이 있다.
- 격벽 근처에 새의 부리 모양 돌기(취상돌기, clamp connection)가 있는 것은 담자균류이다.

091 조상균류는 균사에 격막이 없고, 자낭균류는 균사에 격막이 있다.

092 담자균류, 자낭균류, 불완전균류의 균사에는 격막이 있고, 조상균류나 접합균류의 균사에는 격막이 없다.

---

086 분절포자(arthrospore)를 갖는 것은?
① 외생포자(exospore)
② 포자낭포자(sporangiospore)
③ 유절포자(geotricum spore)
④ 홍국균(monascus spore)

087 푸른곰팡이(Penicillium)가 무성적으로 형성하는 포자는?
① 분생포자 ② 포자낭포자
③ 후막포자 ④ 접합포자

088 접합균류와 관계가 있는 것은?
① 가근(rhizoid)   ② 경자(sterigmata)
③ 병족세포(foot cell) ④ 포자낭(sporangium)

089 다음 중 접합균류(Zygomycotina)에 속하지 않는 곰팡이는?
① *Absidia* 속   ② *Penicillium* 속
③ *Rhizopus* 속   ④ *Mucor* 속

090 자낭균류에 대한 설명 중 잘못된 것은?
① 균사에 있는 격벽은 간단한 구조로 구멍이 있다.
② 격벽 근처에 새의 부리 모양의 돌기가 있다.
③ 자낭을 갖고 있다.
④ 자낭 속에 자낭포자가 생긴다.

091 균사의 격막(septa) 유무로써 분류한 것은?
① 조균류와 불완전균류
② 조균류와 자낭균류
③ 담자균류와 자낭균류
④ 불완전균류와 점균류

092 균사에 격막이 없는 것은?
① 조상균류   ② 자낭균류
③ 담자균류   ④ 불완전균류

ANSWER
086 ③　087 ①　088 ④　089 ②
090 ②　091 ②　092 ①

093 자낭균류 자낭과의 유형에서, 성숙했을 때 자실층이 외부로 노출되는 것은?

① 폐자기
② 나자기
③ 정낭
④ 피자기

094 포자낭병(sporangiophore)이 포복지(stolen)의 중간 부분에서 분지되는 곰팡이는?

① *Mucor mucedo*
② *Rhizopus delemar*
③ *Absidia licheimi*
④ *Aspergillus glaucus*

095 다음에서 설명하는 균종은 무엇인가?

- 코지 곰팡이의 대표적인 균종이다.
- 전분당화력이 강하여 청주, 된장, 간장, 감주 등의 제품에 이용된다.
- 처음에는 백색이나 분생자가 착생하면 황색에서 황녹색으로 되고 더 오래되면 갈색을 띤다.

① *Aspergillus awamori*
② *Aspergillus oryzae*
③ *Aspergillus niger*
④ *Aspergillus flavus*

096 *Aspergillus* 속과 *Penicillium* 속의 분생자두(分生子頭)의 차이점은?

① 정낭(vesicle)
② 경자(sterigmata)
③ 분생자(conidia)
④ 분생자병(conidiophore)

097 *Aspergillus niger*의 특징이 <u>아닌</u> 것은?

① 구연산을 비롯해 글루콘산, 옥살산, 호박산 등 유기산제조에 이용된다.
② pectinase를 분비하므로 과즙 청징제 생산에 이용된다.
③ 아플라톡신(aflatoxin)을 생성한다.
④ 분생자의 색깔이 흑갈색이다.

---

093 자낭균류 자낭과
- 외형에 따라 3가지 형태로 분류한다.
  - 폐자기(폐자낭각, cleistothecium) : 완전 구상으로 개구부가 없는 상태
  - 피자기(자낭각, perithecium) : 플라스크 모양으로 입구가 약간 열린 상태
  - 나자기(자낭반, apothecium) : 성숙하면 컵 모양으로 내면이 완전히 열려 있는 상태

094 *Absidia* 속의 균사체
- *Rhizopus* 속과 같이 포자성으로 기질과 접합한 점에서 분지되어 가근이 생긴다.
- 포자낭병은 포복지 중간 부위에서 생긴다.

095 *Aspergillus oryzae*(황국균)
- 국균 중에서 가장 대표적인 균종이다.
- 전분당화력이 강하므로 간장, 된장, 청주, 탁주, 약주, 감주 등의 제조에 사용한다.
- colony의 색은 초기에는 백색이나 분생자가 착생하면 황색에서 황녹색으로 되고 더 오래되면 갈색을 띤다.
- 생육 온도는 25~37℃이다.

096 *Aspergillus* 속은 *Penicillum* 속과는 달리 분생자병의 선단에 정낭을 형성하며, 정낭 주위에 경자가 생성되어 그 끝에 분생자가 착생한다.

097 *Aspergillus niger*(흑국균)
- 구연산을 비롯해 글루콘산, 옥살산, 호박산 등 유기산 제조에 이용된다.
- pectinase를 분비하므로 과즙 청징제 생산에 이용되는 흑국균이다.
- 분비 효소는 α-amylase, glucoamylase, invertase, pectinase이다. 생육적온은 35~37℃이다.

ANSWER
093 ② 094 ③ 095 ② 096 ①
097 ③

출제예상문제

098
- *Mucor* 속은 균사에서 포장낭병이 성립되고 그의 선단이 팽대하여 중축으로 되고 주위에 구상의 포자낭을 형성, 그 속에 다수의 포자낭 포자를 형성한다.
- *Rhizopus* 속은 *Mucor* 속과 비슷하지만, 수 cm까지 포복지를 가진 점과 포복지에 가근을 형성하는 *Mucor* 속과 구별된다.

099 *Absidia*는 가근과 가근 사이의 중앙부위 균사에서 포자낭병이 생성된다.

100 *Absidia* 속의 균사체
- *Rhizopus* 속과 같이 포복성으로 기질과 접합한 점에서 분지되어 가근이 생긴다.
- 포자낭병은 가근과 가근 사이의 포복지 중간 부위에서 생긴다.
- 포자낭은 서양배 모양이고 중축은 반구형 또는 원추형이다.
- 포자는 소원형 또는 난형으로 무색 혹은 청녹색을 나타낸다.
- 녹말당화력이 있어서 고량주의 국에서 분리되기도 한다.

101 진균류(Eumycetcs)
- 조상균류 : *Rhizopus*, *Mucor*, *Absidia*, *Tarnnicdium* 속 등
- 자낭균류 : *Aspergillus*, *Penicillium*, *Monascus*, *Neurospora* 속 등

102 *Mucor* 속의 특징
- 대표적인 접합균류이고, 털곰팡이다.
- 균사에서 포자낭병이 직립되어 포자낭을 형성한다.
- 포자낭병은 monomucor, racemomucor, cymomucor 3종류가 있다.
- 균사에 격막이 없다.
- 유성, 무성으로 내생포자를 형성한다.
- *Mucor rouxii*는 amylo법에 의한 알코올 제조에 의한 알코올 제조에 처음 사용된 균으로 포자낭병은 cymomucor에 속한다.

103 조상균류는 격벽이 없고, 순정균류는 격벽이 있다.

---

098 포자낭 포자를 무성적으로 형성하는 것은?

① *Mucor* 속, *Rhizopus* 속
② *Mucor* 속, *Aspergillus* 속
③ *Rhizopus* 속, *Aspergillus* 속
④ *Aspergillus* 속, *Penicillium* 속

099 다음 *Rhizopus*와 *Absidia*의 설명 중 틀린 것은?

① *Rhizopus*는 가근과 포복지를 갖는다.
② *Absidia*는 포자낭병이 가근 위에 생성된다.
③ *Rhizopus*는 격벽이 없다.
④ *Absidia*는 가근과 가근 사이에서 포자낭병이 생성된다.

100 활털곰팡이(*Absidia* 속)에 대한 설명으로 옳은 것은?

① 대칭과 비대칭으로 포자낭병을 형성한다.
② 폐자기를 형성하는 특징이 있다.
③ 소포자낭을 형성한다.
④ 가근과 가근 사이의 포복지 중간에 포자낭병이 있다.

101 조상균류가 아닌 것은?

① *Mucor*   ② *Rhizopus*
③ *Absidia*   ④ *Monascus*

102 *Mucor* 속에 대한 설명이다. 잘못된 것은?

① 대표적인 접합균류로 기균사가 털 모양이다.
② 포자낭병의 분지 여부, 길이, 중축 형태, colony 형태, 색깔로 균종을 구별한다.
③ 포자낭병은 monomucor, racemomucor, cymomucor의 3종류가 있다.
④ *Mucor rouxii*는 monomucor에 속한다.

103 진균류를 조상균류와 순정균류로 분류하는 것은?

① 격막의 유무   ② 자낭포자 생성유무
③ 핵 형성유무   ④ 편모상태

ANSWER
098 ① 099 ② 100 ④ 101 ④
102 ④ 103 ①

104 다음 곰팡이 속들 중 불완전균류가 아닌 것은?

① *Cladosporium* 속
② *Aspergillus* 속
③ *Mucor* 속
④ *Trichoderma* 속

105 고구마 연부(soft decay)의 원인균은?

① *Rhizopus. niger*
② *Rh. delemar*
③ *Rh. nigricans*
④ *Rh. flavus*

106 전분 당화력이 강해서 유기산 생성 및 소주 제조에 사용되는 곰팡이는?

① *Asp. tamari*
② *Pen. citrinum*
③ *Mon. purpurens*
④ *Rhizopus* 속

107 분생자병과 끝에 직접 분기하여 경자가 빗자루나 붓 모양의 취상체를 형성하는 것은?

① *Aspergillus* 속
② *Mucor* 속
③ *Rhizopus* 속
④ *Penicillium* 속

108 *Penicillium* 속과 *Aspergillus* 속의 특징이 잘못 짝지어진 것은?

① *Penicillium* — 항생물질 생산
   Aspergillus — 당화 효소 생산
② *Penicillium* — 황변미의 원인
   Aspergillus — 고농도의 설탕식품 변패
③ *Penicillium* — 치즈 제조
   Aspergillus — 양조공업
④ *Penicillium* — 병족 세포
   Aspergillus — 정낭

109 가근과 포복지를 갖는 곰팡이는?

① 조상균류
② 불완전균류
③ 담자균류
④ 분열균류

110 *Rhizopus delemar*가 생산하는 당화 효소는?

① α-amylase
② glucoamylase
③ β-amylase
④ γ-amylase

---

104 곰팡이 속들 중 불완전균류
- *Aspergillus* 속, *penicillum* 속, *Cladosporium* 속, *Fusarium* 속, *Trichoderma* 속, *Monilia* 속 등이 있다.
※ *Mucor* 속은 조상균류에 속한다.

105 *Rh. nigricans*
- 대표적인 거미줄곰팡이다.
- 연부(軟腐)의 원인이고, 딸기 등의 과일, 곡류, 빵의 부패 원인균이다.

106 *Rhizopus* 속은 대부분 pectin 분해력과 전분질 분해력이 강하므로 당화 효소 및 유기산 제조용으로 이용되는 균종이 많다.

107 *Penicillium* 속은 *Aspergillus* 속과 분류학상 가까우나 분생자병 끝에 정낭을 만들지 않고, 직접 분기하여 경자가 빗자루 모양으로 배열하고 취상체(penicillus)를 형성하는 점이 다르다.

108
- *Aspergillus* 속은 균사의 일부가 팽대한 병족 세포에서 분생자병이 수직으로 분지하고, 선단이 팽대하여 정낭(vesicle)을 형성하며, 그 위에 경자와 아포자를 착생한다.
- *Penicillium*은 병족 세포가 없고 취상체(Penicillus)를 형성한다.

109 가근(rhizoid)과 포복지(stolon)를 갖고 있는 곰팡이는 *Rhizopus* 속(거미줄 곰팡이속) 등으로 조상균류(Phycomycetes)에 속한다.

110 *Rhizopus delemar* 등에 의해서 대량 생산되는 glucoamylase는 전분의 비환원성 말단으로부터 glucose를 절단하는 당화형 amylase이다.

| ANSWER |
| 104 ③ 105 ③ 106 ④ 107 ④ |
| 108 ④ 109 ① 110 ② |

출제예상문제

111 Aflatoxin
- 곰팡이로부터 생산되는 곰팡이 독으로 강력한 발암물질이다.
- aflatoxin을 분비하는 곰팡이 : *Asp. flavus*, *Asp. parasiticus*, *Asp. nomius* 등

112 *Penicillium citrinum*
- 황변미의 원인균으로 알려져 있다.
- 신장장애를 일으키는 유독한 황색색소 시트리닌(citrinin, $C_{13}H_{14}O_5$)을 생성한다.

113 *Mucor rouxii*
- 중국 누룩에서 분리되었다.
- 전분 당화력이 강하며, α-amylo법에 의한 알코올 제조에 이용된다.
- 생육적온은 30~40℃이다.

114 *Asp. oryzae*(황국균)
- 누룩곰팡이로서 대표적인 국균으로 청주, 된장, 간장, 감주, 절임류 등의 양조공업, 효소제 제조 등에 오래 전부터 사용해온 곰팡이이다.
- 녹말 당화력, 단백질 분해력도 강하고 특수한 대사산물로서 koji acid를 생성하는 것이 많다.
- ※ *Rhizopus japonicus*는 일본산 코지에서 분리되었다.
- ※ *Sacch. sake*는 일본 청주 효모이다.

115 *Trichoderma* 속
- 불완전균류에 속하는 곰팡이다.
- cellulase 생성력이 강하여 효소 생산에 이용되기도 한다.

116 *Monascus purpureus*
- 중국과 말레이 지역에서 홍주의 제조에 사용하는 홍곡에 중요한 곰팡이이다.
- 우리나라 누룩에서도 많이 검출된다.
- 집락은 적색이나 적갈색이다.

117 *Absidia* 속은 녹말 당화력이 있어서 고량주의 국에서 분리되기도 한다.

118 *Asp. niger*(흑국균)
- pectin 분해력이 가장 강하다.
- 주스 청징제, 유기산 공업에 이용된다.

ANSWER
111 ② 112 ② 113 ① 114 ④
115 ② 116 ① 117 ③ 118 ①

---

111 Aflatoxin을 분비하지 않는 곰팡이는?
① *Aspergillus flavus*
② *Aspergillus oryzae*
③ *Aspergillus parasiticus*
④ *Aspergillus nomius*

112 황변미의 원인이 되는 균으로서 유독한 색소 시트리닌을 생산하는 균주가 속해있는 속은?
① 활털곰팡이 속
② 푸른곰팡이 속
③ 거미줄곰팡이 속
④ 누룩곰팡이 속

113 Amylo법에 이용되며, 특히 전분 당화력이 강한 곰팡이는?
① *Mucor rouxii*
② *Mucor mucedo*
③ *Mucor hiemalis*
④ *Mucor pusillus*

114 간장, 된장, 청주 등 코지 제조에 이용되는 코지(koji) 곰팡이는?
① *Rhizopus japonicus*
② *Saccharomyces sake*
③ *Mucor mucedo*
④ *Aspergillus oryzae*

115 Cellulase 생산력이 강한 곰팡이는?
① *Monascus purpureas*
② *Trichoderma viride*
③ *Penicillium notatum*
④ *Cladosporium herbarum*

116 분홍색 색소를 생성하는 누룩곰팡이로 홍주의 발효에 이용되는 것은?
① *Monascus purpureus*
② *Neurospora crassa*
③ *Aspergillus awamori*
④ *Botrytis cinerea*

117 중국 고량주에서 분리한 곰팡이는?
① *Asp. oryzae*
② *Rh. delemar*
③ *Ab. lichtheimi*
④ *Mu. mucedo*

118 흑국균으로 불리며 pectin 분해 효소인 pectinase를 만들고 유기산 공업(구연산)에 이용되는 곰팡이는?
① *Aspergillus niger*
② *Aspergillus glaucus*
③ *Aspergillus flavus*
④ *Aspergillus oryzae*

119 마분에서 분리한 곰팡이는?

① *Mucor hiemalis* ② *Mucor racemosus*
③ *Mucor rouxii* ④ *Mucor mucedo*

120 구연산을 생성하는 곰팡이는?

① *Asp. niger* ② *Bac. natto*
③ *Asp. oryzae* ④ *Asp. sojae*

121 후막포자를 만드는 삼(森) 정련 곰팡이는?

① *Mucor hiemalis*
② *Mucor racemosus*
③ *Rhizopus delemar*
④ *Rhizopus nigricans*

122 피자기속에 자낭포자가 4~8개가 순서대로 나열되어 있고 분생자가 반달 모양으로 빵조각 등에 생육하여 연분홍색을 띠므로 붉은빵곰팡이라고도 하며, 미생물 유전학의 연구재료로도 많이 사용되는 곰팡이 속은?

① *Aspergillus* 속 ② *Absidia* 속
③ *Neurospora* 속 ④ *Penicillium* 속

123 *Botrytis* 속에 대한 설명으로 옳은 것은?

① 사과에 번식하여 신맛이 상승한다.
② 배에 번식하여 단맛이 감소한다.
③ 포도에 번식하면 신맛이 없어지고 단맛이 상승한다.
④ 채소류에 번식하여 고사시킨다.

---

119 *Mucor mucedo*
- 마분곰팡이로 중축이 서양배 모양이다.
- 접합포자는 흑색 구형이며 식품공업에는 이용성이 없다.

120
- *Bac. natto* : 대두(콩)의 단백질 전분을 분해하며, 장류(청국장, 된장 등) 제조에 사용된다.
- *Asp. niger*는 전분 당화력이 강하고, 당액을 발효하며, 구연산이나 글루콘산을 많이 생산하는 균주이다.
- *Asp. oryzae*는 전분 당화력과 단백질 분해력이 강하다.
- *Asp. sojae*는 단백질 분해력이 강하다.

121 *Mucor hiemalis*
- 토양에 번식하고, 후막포자를 형성한다.
- Pectinase 분비력이 강하고 삼(森) 정련에 이용된다.

122 *Neurospora* 속
- 대부분 자웅이체로 갈색 또는 흑색의 피자기를 만들고 그중에 원통형의 자낭 안에 4~8개의 자낭을 형성한다.
- 무성세대는 오랜지색 또는 담홍색의 분생자가 반달 모양의 덩어리로 되어 착색하며 타진나무, 옥수수심, 빵조각에 생육하여 연분홍색을 띠므로 붉은 곰팡이라고 한다.
- *Neurospora crassa*는 미생물 유전학의 연구재료로 많이 쓰인다.

123 *Botrytis cinerea*
- 포도 수확기에 포도에 번식하면 신맛이 없어지고 수분이 증발하여 단맛이 증가하므로 귀부포도주 양조에 이용된다.
- 이 균에 의해 생성된 글리세린과 글크론산 등의 여러 가지 물질은 복잡한 풍미의 포도주를 만든다.
- 귀부 포도로 만든 와인은 단맛과 향기가 풍부해 디저트 와인으로 주로 마신다.

ANSWER
119 ④ 120 ① 121 ① 122 ③
123 ③

출제예상문제

124 효모의 기본형태
- 난형(Cerevisiae type) : *Saccharomyces cerevisiae*(맥주 효모)
- 타원형(Ellipsoideus type) : *Saccharomyces ellipsoideus*(포도주 효모)
- 구형(Torula type) : *Torulopsis versatilis*(간장 후숙에 관여)
- 레몬형(Apiculatus type) : *Saccharomyces apiculatus*
- 소시지형(Pastorianus type) : *Saccharomyces pastorianus*
- 위균사형(Pseudomycellium) : *Candida* 속 효모

125 효모의 세포벽
- 효모의 세포형을 유지하고 세포 내부를 보호한다.
- 주로 glucan, glucomannan 등의 고분자 탄수화물과 단백질, 지방질 등으로 구성되어 있다.
- 두께가 0.1∼0.4μ 정도 된다.

126 효모(yeast)의 증식방법
- 대부분 출아법(budding)으로서 증식한다.
- 출아방법 : 다극출아와 양극출아 방법이 있다.
- 종에 따라서는 분열, 포자 형성 등으로 생육하기도 한다.

127 효모는 출아, 분열 및 양자 혼합의 출아분열 등의 영양 증식과 자낭포자의 형성의 2가지 방법으로 증식한다.

128 효모(yeast)
- 진핵세포의 고등미생물로 진균류에 속한다.
- 대부분의 효모는 출아법(budding)으로써 증식하고 출아방법은 다극출아와 양극출아방법이 있다.
- 종에 따라서는 분열, 포자 형성 등으로 생육하기도 한다.
- 유기 탄소원으로 당질, 탄화수소를 필요로 한다.
- Torulopsis 속은 무포자 효모로서 다극성 출아 증식을 한다.

129 유포자 효모의 생활환
- 충분한 영양을 섭취하여 왕성하게 번식하는 시대와 주위의 환경이 불리하여 포자를 형성하는 시대가 있다.
- 염색체가 반수체(1배체, haploid, n)인 기간과 배수체(2배체, diploid, 2n)인 기간이 있다.

---

124 다음 중에서 효모의 기본형태에 속하지 않는 것은?
① 난형 ② 타원형
③ 코마형 ④ 위균사형

125 효모의 세포벽에 일반적으로 가장 많이 들어 있는 화합물은?
① Glucomannan ② Protein
③ Lipid ④ Glucosamine

126 대표적인 효모(yeast)의 증식방법은?
① 이분법 ② 다분법
③ 출아법 ④ 포자법

127 효모의 증식과 관계가 없는 것은?
① 출아법 ② 분생포자 형성
③ 출아분열법 ④ 자낭포자 형성

128 효모에 대한 설명 중 옳지 않은 것은?
① 대부분 출아법으로 증식한다.
② 진핵세포이며 단일세포로 되어 있다.
③ 유기 탄소원을 필요로 한다.
④ Torulopsis 속은 대표적인 유포자 효모이다.

129 효모의 생활환(life cycle)은 접합에 의해서 2배체가 된다. 유포자 효모(sporogenous yeast)의 영양세포는 보통 몇 배체인가?
① 1배체 ② 2배체
③ 1배체 또는 2배체 ④ 3배체

ANSWER
124 ③ 125 ① 126 ③ 127 ②
128 ④ 129 ②

130 효모에 있어서 호흡계 효소를 함유하고 있는 곳은?

① 핵
② 미토콘드리아
③ 액포
④ 세포질막

131 효모의 미세구조를 볼 때 다음 중 효모와 관련이 없는 부분은?

① 액포가 있다.
② 핵섬유와 핵 부위가 있다.
③ 핵은 핵막으로 둘러 싸여 있다.
④ 세포벽 안에는 원형질막이 있다.

132 효모의 무성포자에 속하지 않는 것은?

① 분절포자(arthrospore)
② 동태접합(isogamic conjugation)
③ 사출포자(ballistospore)
④ 위접합(pseudocopulation)

133 다음 효모 중 모자형의 포자를 형성하는 것은 어느 것인가?

① *Bullera* 속
② *Debaryomyces* 속
③ *Hansenula* 속
④ *Cryptococcus* 속

134 무포자 효모는 다음 중 어느 것인가?

① *Pichia menbranaefacieus*
② *Bullera allba*
③ *Torulopsis utilis*
④ *Debaryomyces hansenii*

135 다음의 효모 중 무포자 효모가 아닌 것은?

① *Rhodotorula* 속
② *Shizosaccharomyces* 속
③ *Torulopsis* 속
④ *Candida* 속

---

130 효모의 미토콘드리아
- 직경 0.3~1μ, 길이 0.4~3μ 과립으로서 세포 내에는 여러 개 존재한다.
- 고등동식물의 미토콘드리아와 같이 호흡계 효소가 집합되어 존재하는 장소로서 여러 물질을 산화하여 ATP를 만든다.

131 효모의 내부구조
- 세포벽(cell wall)과 내측에 세포질 막을 가지며, 그 내부에 세포질이 충만되어 있다.
- 세포질 중에는 핵, 액포, mitochondria, ribosome, 지방립 등이 존재한다.
- 핵은 핵막으로 싸여져 내부에 인(nucleolus) 및 염색체(chromosome)가 들어 있어 생명현상의 충주적인 역할을 하는 중요한 기관이다.

132 효모가 무성적으로 포자를 형성하는 경우
- 단위생, 위접합, 사출포자, 분절포자 및 후막포자 등이 있다.
  - 단위생 : *Saccharomyces cerevisiae* 단일 세포가 직접 포자를 형성한다.
  - 위접합 : *Schwanniomyces* 단위생식으로 포자를 형성한다.
  - 사출포자 : 영양세포 위에서 돌출한 콩팥 모양으로 떨어져 나간다. *Bullera*, *sporobolomyces*, *sporidiobolus* 속 등
  - 분절포자(후막포자) : 위균사 말단에서 분절포자 형성한다. *Endomycopsis*, *Hansenula*, *Nematospora*, *Candida Trichosporon*속 등

133
- *Hansenula*의 자낭포자는 구형, 토성형, 모자형이고, 산막효모로서 KNO$_3$를 동화한다.
- *Pichia* 속도 모자형이지만, KNO$_3$를 동화하지 않는다.

134 *Torulopsis* 속
- 무포자 효모로서 다극성 출아증식을 한다.
- inositol을 동화하지 않는다.

135 무포자 효모
- *Cryptococcus* 속, *Torulopsis* 속, *Candida* 속, *Rhodotorula* 속, *Kloeckera* 속 등이 있다.
- ※ *Shizosaccharomyces* 속은 자낭 속에 4~8개의 포자를 내장하는 유포자 효모이다.

ANSWER
130 ② 131 ② 132 ② 133 ③
134 ③ 135 ②

출제예상문제

136 효모의 유성포자
- 동태접합과 이태접합이 있다.
- 동태접합은 배우자간에 접합자를 만든다.
- 이태접합은 크기가 다른 세포간의 접합으로 자낭을 형성한다.
- ※ *Sacch. cerevisiae*는 무성생식은 출아법에 의하며 효모가 접합 후 자낭 포자를 형성하여 유성적으로 증식하기도 한다.

137 불완전 효모류
- 무포자효모목 : *Candida*, *Cryptococcus*, *Kloeckera*, *Rhodotorula*, *Torulopsis* 속
- 사출포자효모목 : *Sporobolomyces* 속

138 *Candia* 속은 출아에 의하여 무성적으로 증식하고 위균사를 형성하는 특징이 있다.

139 *Saccharomyces*형 유성생식
- 빵 효모 등의 일반적인 효모의 세포는 2배체(2n)이지만 자낭포자 형성 직전에 감수 분열을 2회 행하여 보통 4개의 1배체(1n)의 자낭포자를 세포 내에 만든다.
- 이 자낭포자는 그대로 발아하여 1배체의 작은 영양세포가 되어 몇 회 출아법으로 증식한 후 2개의 세포가 접합하여 대형의 2배체의 영양세포가 되어 다시 자낭포자를 형성한다.
- 영양세포(2n) → 자낭포자 형성(1n) → 포자발아(1n) → 접합자(2n) → 대형의 영양세포(2n)

140 불완전 효모균류
① Cryptococaceae과
- 자낭, 사출포자를 형성하지 않는 불완전균류에 속한다. *Candida* 속, *Kloeclera* 속, *Rhodotorula* 속, *Torulopsis* 속, *Cryptococcus* 속 등
② Sporobolomycetaceae과(사출포자효모)
- 사출포자 효모는 돌기된 포자병의 선단에 액체 물방울(소적)과 함께 사출되는 무성포자를 형성한다. *Bullera* 속, *Sporobolomyces* 속, *Sproidiobolus* 속 등

141 효모의 무성포자는 단위생식, 위접합, 사출포자, 분절포자 등이 있다.

---

136 효모의 무성포자에 속하는 것은?
① *Sacch. cerevisiae*
② *Schizosacch. pombe*
③ *Debaryomyces sp.*
④ *Nadsonia sp.*

137 다음 중 불완전 효모류에 속하는 것은?
① *Pichia* 속
② *Saccharomyces* 속
③ *Torulopsis* 속
④ *Hansenula* 속

138 다음 중 포자를 형성하지 <u>않는</u> 것은?
① *Saccharomyces cerevisiae*
② *Schizosaccharomyces pombe*
③ *Candida utilis*
④ *Hansenula anonala*

139 자낭에서 포자가 나와 포자발아를 한 후 포자끼리 접합하여 2배체를 형성하는 효모 속은?
① *Nadsonia* 속
② *Debaryomyces* 속
③ *Candida* 속
④ *Saccharomyces* 속

140 다음 중 사출포자를 형성하지 <u>않는</u> 효모는?
① *Torulopsis* 속
② *Bullera* 속
③ *Sporobolomyces* 속
④ *Sproidiobolus* 속

141 효모의 유성포자에 속하는 것은?
① 단위생식
② 위접합
③ 사출포자
④ 동태접합 – 이태접합

ANSWER
136 ① 137 ③ 138 ③ 139 ④
140 ① 141 ④

142 효모의 증식에서 분열법(fission)으로 분열하는 것은?

① *Mucor* 속
② *Shizosaccharomyces* 속
③ *Candida* 속
④ *Endomyces* 속

143 포도주 제조에 쓰이는 효모는?

① *Saccharomyces sake*
② *Saccharomyces fragilis*
③ *Saccharomyces pastorianus*
④ *Saccharomyces ellipsoideus*

144 크실로오스(xylose)를 자화(資化)하며 아황산 폐액에 배양되는 효모는?

① *Candida lipolytica*   ② *Candida tropicalis*
③ *Candida utilis*   ④ *Candida vini*

145 자일로스(xylose)를 잘 동화하므로 사료효모로 사용되며 탄화수소 자화성이 강하여 석유 효모도 사용되는 균주는?

① *Saccharomyces cerevisiae*
② *Candida tropicalis*
③ *Hansenula anomala*
④ *Shizosaccharomyces pombe*

146 다음 중에서 양극 출아로 번식하는 효모는 어느 것인가?

① *Hanseniaspora* 속   ② *Saccharomyces* 속
③ *Canaida* 속   ④ *Tourlopsis* 속

147 식용 또는 사료용 효모로 사용되며 어떤 종은 병원성일 수도 있는 것은?

① *Candida* 속   ② *Torulopsis* 속
③ *Cryptococcus* 속   ④ *Hansenula* 속

---

142 분열법
- 세포의 원형질이 양분되면서 격막이 생겨 2개의 세포로 분열(fission)하는 방법이다.
- *Shizosaccharomyces* 속은 분열효모이다.

143
- *Sacch. sake* : 일본 청주 효모
- *Sacch. fragilis* : Lactose을 발효하는 젖산발효성 효모
- *Sacch. pastorianus* : 맥주에 불쾌한 취기를 주는 유해 효모
- *Sacch. ellipsoideus* : 포도주 효모

144 *Candida utilis*
- pentose 중 크실로오스(xylose)를 자화한다.
- 아황산 펄프, 폐액 등을 기질로 배양하여 사료효모, inosinic acid 및 guanylic acid 제조의 원료로서 사용된다.

145 *Candida tropicalis*
- 세포가 크고, 짧은 난형으로 위균사를 잘 형성한다.
- 이들은 자일로스(Xylose)를 잘 동화하므로 사료효모로 사용된다.
- 탄화수소 자화성이 강하여, 균체 단백질 제조용 석유 효모로서 사용되고 있다.

146 양극 출아 효모
- 세포의 양극에서만 출아하는 효모
- *Hanseniaspora* 속, *Wickerhamia* 속, *Nadsonia* 속, *Kloechera* 속, *Trigonopsis* 속이 있다.

147 *Candida* 속
- 대부분 다극출아를 한다.
- 위균사를 만들고 알코올 발효력이 있는 것도 있다.
 - *Candida tropicalis*는 식, 사료효모이며, 또한 이들은 탄화수소 자화성이 강하여 균체 단백질 제조용 석유 효모로서 주목되고 있다.
 - *Candida albicans*는 사람의 피부, 인후 점막 등에 기생하여 candidiasis를 일으키는 병원균도 있다.

| ANSWER |
142 ② 143 ④ 144 ③ 145 ②
146 ① 147 ①

출제예상문제

148 Candida lipolytica
- 탄화수소를 탄소원으로 생육하므로 석유를 사용하여 대량으로 배양하여 균체를 사료효모 또는 석유단백질 제조에 사용된다.
- 강한 리파아제(lipase) 생성력이 있어서 버터와 마가린의 부패에 관여한다.

149
- Arizona 균, Escherichia, Freundii, Proteus 등 : 식품을 감염시켜 식중독을 일으킬 수 있는 세균류이다.
- Saccharomyces : 식품 중에 번식하는 효모로서 발효공업에 이용된다.

150 Saccharomyces 속의 특징
- 알코올 발효력이 강한 것이 많다.
- 각종 주류의 제조, 알코올의 제조, 제빵 등에 이용되는 효모는 거의 이 속에 속하며, 효모 중에서 가장 중요한 속이다.
- 효모 형태 : 구형, 달걀형, 타원형, 원통형으로 다극출아를 하는 자낭포자 효모이다.

151 Kluyveromyces 속
- 다극출아를 하며 보통 1~4개의 자낭포자를 형성한다.
- 이 효모는 lactose를 발효하여 알코올을 생성하는 특징이 있는 유당발효성 효모이다.

152 Sacch. cerevisiae의 특징
- 처음 영국의 Edinburg 맥주 공장에서 분리된 알코올 발효력이 강한 상면발효의 맥주 효모이다.
- 맥주, 포도주, 청주, 알코올, 빵 등의 제조에 사용되는 유효한 효모이다.

153 Saccharomyces 속의 특징
- 발효공업에 가장 많이 이용된다.
- 세포는 구형, 난형 또는 타원형이고, 위균사를 만드는 것도 있다.
- 무성생식은 출아법 또는 다극출아법에 의하여 증식하며, 접합 후 자낭포자를 형성하여 유성적으로 증식하기도 한다.
- 빵 효모, 맥주 효모, 알코올 효모, 청주 효모 등이 있다.

148 리파아제(lipase) 생성력이 있어서 버터와 마가린의 부패에 관여하는 효모는?
① *Candida lipolytica*　② *Candida versatilis*
③ *Candida utilis*　　　④ *Candida tropicalis*

149 식품 중에 번식하는 효모는?
① *Escherichia*　② *Arizona*
③ *Saccharomyces*　④ *Proteus*

150 알코올 발효력이 강해 주류, 알코올 제조, 제빵 등 발효공업에 이용되는 대부분의 효모가 거의 이 속에 포함되고, 효모 중에서 가장 중요한 속은 어느 것인가?
① *Pichia* 속
② *Saccharomyces* 속
③ *Schizosaccharomyces* 속
④ *Torulopsis* 속

151 유당(lactose)을 발효하여 알코올을 생성하는 유당발효성 효모는?
① *Torulopsis* 속　② *Kluyveromyces* 속
③ *Candida* 속　　　④ *Pichia* 속

152 *Saccharomyces cerevisiae*와 가장 관계가 깊은 것은?
① 피막 형성　② 알코올 제조
③ 유지 생산　④ 젖산 생성

153 *Sacchramyces* 속에 대한 설명으로 맞지 않는 것은?
① 자낭포자를 형성한다.
② 다극출아법으로 분열한다.
③ 위균사를 형성하지 않는다.
④ 발효공업에 가장 많이 이용되는 효모이다.

ANSWER
148 ① 149 ③ 150 ② 151 ②
152 ② 153 ③

154 *Pichia* 속과 *Hansenula* 속의 차이점은?

① *Hansenula* 속은 질산염을 동화한다.
② 포도당의 분해력은 *Pichia* 속이 약하다.
③ *Hansenula* 속은 산막효모이다.
④ *Pichia* 속의 포자는 구형이다.

155 *Torulopsis* 속과 다른 효모의 비교 설명으로 맞지 <u>않는</u> 것은?

① *Rhodotorula* 속과 달리 carotenoid 색소를 생성하지 않는다.
② *Debaryomyces* 속과 달리 내염성이 약하다.
③ *Candida* 속과 달리 위균사를 형성하지 않는다.
④ *Crytococcus* 속과 달리 전분과 같은 물질을 만들지 않는다.

156 사료효모로 이용되며 탄화수소 자화성이 강한 효모는?

① *Nadsonia fulvescens*
② *Candida tropicalis*
③ *Torulopsis versatilis*
④ *Lipomyces starkeyi*

157 Amylo법에 의한 주정발효에 사용하는 효모균은?

① *Saccharomyces cerevisiae*
② *Saccharomyces coreanus*
③ *Saccharomyces formosensis*
④ *Saccharomyces thermantitonum*

158 빵효모 세포는 형태학적으로 어느 것에 속하는가?

① 난형   ② 막대형
③ 구형   ④ 균사형

154
① *Pichia* 속의 특징
• 자낭포자가 구형, 토성형, 모자형이다.
• 에탄올을 소비하고, 당 발효성이 없거나 미약하다.
• KNO_3을 동화하지 않는다.
• 주류나 간장에 피막을 형성하는 유해 효모이다.
② *Hansenula* 속의 특징
• 산막효모이다.
• 알코올로부터 ester를 생성하지 못하는 것이 많다.
• KNO_3을 동화한다.

155 *Torulopsis* 속의 특징
• 세포는 일반적으로 소형의 구형 또는 난형이며 대표적인 무포자 효모이다.
• 황홍색 색소를 생성하는 것이 있으나 carotenoid 색소는 아니다.
• *Candida* 속과 달리 위균사를 형성하지 않는다.
• *Crytococcus* 속과 달리 전분과 같은 물질을 생성하지 않는다.
• 내당성 또는 내염성 효모로 당이나 염분이 많은 곳에서 검출된다.

156 *Candida tropicalis*
• 세포가 크고, 짧은 난형이다.
• 위균사를 잘 형성하고, 이들은 탄화수소 자화성이 강하다.
• 균체 단백질 제조용 석유 효모로서 사용되고 있다.

157
• *Saccharomyces cerevisiae* : 상면발효효모, 맥주 효모, 청주 효모, 빵효모 등이 여기에 속한다.
• *Sacch. coreanus* : 한국의 약·탁주 효모로서 누룩에서 분리한다.
• *Sacch. formosensis* : 대만에서 분리한 효모로서 알코올 제조에 이용된다.
• *Sacch. thermantitonum* : 전분으로부터 알코올을 제조하는 amylo법에 사용되는 유용균으로 내열성이 강하다.

158 cerevisiae 형 효모
• 효모의 기본형 중의 하나로써 달걀형으로 맥주 효모, 빵 효모, 청주 효모 등 유포자 효모는 거의 이 모양에 속한다.
• *Saccharomyces cerevisiae* : 맥주 효모, 청주 효모, 빵 효모 등이 대부분 이 효모에 속한다.

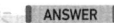

154 ① 155 ② 156 ② 157 ④
158 ①

출제예상문제

159 위균사형으로 carotenoid 색소를 생성하는 효모인 것은?
① Torulopsis 속
② Pichia 속
③ Candida 속
④ Rhodotorula 속

160 위균사를 형성할 수 없는 것은?
① Pichia
② Candida
③ Torulopsis
④ Saccharomyces

161 위균사형 효모로 사료효모나 이노신산(inosinic acid)의 제조 원료로 사용되는 것은?
① Saccharomyces lactis
② Rhodotorula glutinis
③ Candida utilis
④ Hansenula anomala

162 효모 중 지방이 많고 빨간 색소를 갖는 것은 어느 것인가?
① Bullera 속
② Candida 속
③ Rhodotorula 속
④ Debaryomyces 속

163 지방을 축적하는 유지효모는?
① Saccharomyces fragilis
② Torulopsis versatilis
③ Rhodotorula glutinis
④ Saccharomyces rouxii

164 전분을 분해하여 발효하는 능력이 있는 효모는?
① Sacch. cerevisiae
② Sacch. sake
③ Sacch. diastaticus
④ Sacch. pastorianus

165 고농도(18%) 식염, 잼 같은 높은 농도의 내삼투압성 효모인 것은?
① Sacch. carlsbergensis
② Sacch. cerevisiae Var. ellipsoideus
③ Sacch. rouxii
④ Sacch. coreanus

159 Rhodotorula 속의 특징
· 원형, 타원형, 소시지형, 위균사를 만든다.
· carotenoid 색소를 생성하여 적황색 내지 홍색을 띤다.
· 점성, 당류발효성이 없으면서 산화성 자화를 한다.
· 육류, 침채류에 적색 반점을 형성하고, 식품 착색의 원인균이다.

160 위균사를 형성하는 효모
· Pichia, Candida, Saccharomyces, Roclotorula, Endomycopsis, Trichosporoon 속 등
※ Torulopsis 속은 위균사를 형성하지 않는다.

161 위균사를 형성하는 효모
· Pichia, candida, Roclotorula 속 등이다.
· Candida utilis는 pentose 당화력과 vitamin B_1 축적력이 강하여 사료효모 제조에 사용되고 균체는 inosinic acid의 원료로 사용된다.

162 Rhodotorula 속의 특징
· 원형, 타원형, 소시지형이 있다.
· 위균사를 만든다.
· 출아 증식을 한다.
· carotenoid 색소를 현저히 생성한다.
· 빨간 색소를 갖고, 지방의 집적력이 강하다.
· Rhodotorula glutinis는 적색을 띠며 건조중량으로 35~60%에 상당하는 다량의 지방을 축적하는 유지효모이다.

163 162번 해설 참조

164 Saccharomyces diastaticus
· dextrin이나 전분을 분해해서 발효하는 효모이다.
· 맥주양조에 있어서는 엑스분(고형물)을 감소시키므로 유해균으로 취급한다.

165 Sacch. rouxii
· 18%의 식염, 잼같은 고농도의 내삼투압성 효모(osmophilic yeast)이다.
· 세포는 구형, 난형, 알코올 발효력은 약하다.
· Glucose, matlose.는 발효하고, sucrose. galactose. fructose.는 발효하지 못한다.

ANSWER
159 ④ 160 ③ 161 ③ 162 ③
163 ③ 164 ③ 165 ③

166 고농도의 식염에서 가장 잘 견디는 효모는?

① *Zygosaccharomyces japonicus*
② *Zygosaccharomyces priovianus*
③ *Zygosaccharomyces mellis acid*
④ *Zygosaccharomyces mandahuricus*

167 산막효모의 특징을 설명한 것으로 바르지 못한 것은?

① 알코올 발효력이 강하다.
② 대부분 양조과정에서 유해균으로 작용한다.
③ 산화력이 강하다.
④ 다극출아로 증식하는 효모가 많다.

168 산막효모인 것은?

① *Lipomyces starlceyi*
② *Hansenula anomala*
③ *Debaryomyces hanenii*
④ *Saccharomyces coreanus*

169 산막효모의 특징을 잘못 설명한 것은?

① 산소를 요구한다.
② 산화력이 강하다.
③ 액의 내부에 발육한다.
④ 피막을 형성한다.

170 대표적인 맥주의 하면효모(bottom yeast)는?

① *Saccharomyces cerevisiae*
② *Saccharomyces ellipsoideus*
③ *Saccharomyces carlsbergensis*
④ *Saccharomyces sake*

171 취상돌기(clamp connection)를 가진 균은?

① 자낭균　　② 접합균
③ 담자균　　④ 조상균

---

166 *Zygosaccharomyces japonicus*
- *Z. soja*, *Z. major* 등과 *Sacch. rouxii*로 Lodder에 의해 통합 분류되었다.
- *Sacch. rouxii*는 간장이나 된장의 발효에 관여하는 효모로서, 18% 이상의 고농도의 식염이나 잼같은 당 농도에서 발육하는 내삼투압성 효모이다.

167 산막효모의 특징
- 다량의 산소를 요구하고, 액면에 발육하며 피막을 형성하고, 산화력이 강하다.
- 산막효모에는 *Hansenula* 속, *Pichia* 속, *Debaryomyces* 속 등이 있다.
- 이들은 다극출아로 증식하는 효모가 많고 대부분 양조공업에서 알코올을 분해하는 유해균으로작용한다.

168 *Hansenula* 속
- 액체 배양 시 액면에 분상 피막을 형성하여 생육하는 산막효모이다.
- *Hansenula anomala*는 양조공업에서 알코올을 분해하는 유해균이다.

169 산막효모
① 산막효모의 특징
- 산소를 요구한다. ・산화력이 강하다.
- 액면에 발육하며 피막을 형성한다.
- 산막효모 : *Hansenula* 속, *Pichia* 속, *Debaryomyces* 속
② 비산막효모의 특징
- 산소요구가 적다. ・발효력이 강하다.
- 액의 내부에 발육한다.
- 비산막효모 : *Saccharomyces* 속, *Schizosaccharomyces* 속

170
- *Sacch. cerevisiae* : 맥주의 상면효모
- *Sacch. ellipsoideus* : 전형적인 포도주 효모
- *Sacch. sake* : 일본 청주 효모
- *Sacch. carlsbergensis* : 맥주의 하면효모

171 담자균의 2차 균사에서 2개의 1핵 균사가 접합하여 세포질은 융합하지만 핵은 융합하지 않고 세포 분열 시 취상돌기를 형성한다.

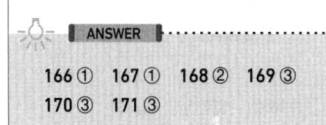

166 ①　167 ①　168 ②　169 ③
170 ③　171 ③

출제예상문제

172 방선균
- 하등미생물(원시핵 세포) 중에서 가장 형태적으로 조직분화의 정도가 진행된 균사상 세균이다.
- 세균과 곰팡이의 중간적인 미생물로 균사를 뻗치는 것, 포자를 만드는 것 등은 곰팡이와 비슷하다.
- 주로 토양에 서식하며 흙냄새의 원인이 된다.
- 특히 방선균은 대부분 항생물질을 만든다.
- 0.3~1.0μ 크기이고 무성적으로 균사가 절단되어 구균과 간균과 같이 증식하며 또한 균사의 선단에 분생포자를 형성하여 무성적으로 증식한다.

173 Streptomycin을 생산하는 방선균은 *Streptomyces griseus*이다.

174 171번 해설 참조

175 버섯의 성분
- 채소류와 일반성분이 비슷하다.
- 생 것의 수분은 90%, 조단백질 함량 1.8% 내외이다.
- 고형물의 주성분은 탄수화물이고, 당질이 60% 이상 차지하고 있다.
- 비타민류로서는 비타민 B_1, B_2, nicotin 산이 많이 함유되어 있다. 그리고 ergosterol을 비교적 많이 함유하고 있는 것이 특징이다. 송이버섯, 표고버섯에는 0.08% 정도 함유되어 있다.

176 버섯
- 대부분의 분류학상 담자균류에 속한다.
- 담자균은 여러 개의 담자기를 형성하고 그 선단에 보통 4개의 경자가 생겨 그 위에 담자포자가 1개씩 외생한다.
- 균사는 격막이 있고 세포질에는 chitin질을 갖는다.
- 담자균류는 이(hetero)담자균류와 동(homo)담자균류가 있다.

177 버섯균사의 뒷면 자실층의 주름살에는 다수의 담자기가 형성되고, 그 선단에 보통 4개의 경자가 있고 담자포자를 1개씩 착생한다.

178 3차 균사는 2차 균사가 발육하여 조직분화를 일으켜 버섯으로서의 형태를 갖추게 되는 시기이다. 즉, 이때부터 버섯으로 취급된다. 식용버섯의 경우 버섯을 채취하는 시기는 핵융합이 이루어지기 전(3차 균사)이라야 한다.

ANSWER
172 ④ 173 ② 174 ③ 175 ④
176 ② 177 ① 178 ③

---

172 방선균에 대한 설명으로 옳지 <u>않은</u> 것은?
① 항생물질을 생산하는 종이 많다.
② 원시핵 세포 생물이다.
③ 주로 토양에 서식하며 흙냄새의 원인균이다.
④ 포자를 형성하지 않는 세균이다.

173 항생물질과 그 항생물질의 생산에 이용되는 균이 <u>잘못</u> 연결된 것은?
① Chloramphenicol - *Streptomyces venezuelae*
② Streptomycin - *Streptomyces aureus*
③ Teramycin - *Streptomyces rimosus*
④ Kanamycin - *Streptomyces kanamyceticus*

174 담자균류 균사의 특징인 균반(취상돌기, clamp connection)이 형성되는 시기는?
① 1차 균사 ② 2차 균사
③ 3차 균사 ④ 4차 균사

175 버섯의 성분 중 가장 특징적인 것은?
① protein ② mineral
③ vitamin ④ ergosterol

176 버섯에 대한 설명 중 <u>틀린</u> 것은?
① 대부분은 담자균류에 속한다.
② 담자균류는 균사에 격막이 없다.
③ 4개의 담자포자를 외생한다.
④ 동담자균류와 이담자균류가 있다.

177 다음의 버섯 각 부위 중 담자기(basidium)가 형성되는 곳은?
① 주름(gills) ② 균륜(ring)
③ 자주(stem) ④ 균사체(mycelium)

178 버섯의 균사 중 식용할 수 있는 것은?
① 제1차 균사 ② 제2차 균사
③ 제3차 균사 ④ 제4차 균사

179 버섯이 형성하는 포자는?

① 자낭포자 ② 담자포자
③ 접합포자 ④ 후막포자

180 송이버섯목, 목이균목 등과 같은 대부분의 버섯은 미생물 분류학상 어디에 속하는가?

① 접합균류 ② 자낭균류
③ 편모균류 ④ 담자균류

181 버섯에 포자가 있는 곳은?

① 갓 ② 주름
③ 각호 ④ 균륜

182 설사, 호흡곤란, 경련, 마비 등을 일으키는 버섯의 독성분은?

① Neurine ② Muscarine
③ Amanitatoxin ④ Phaline

183 버섯 재배의 설명이 틀린 것은?

① 1차 균사의 생육 온도는 25~27℃이다.
② 자실체의 발생과 생육의 최적 온도는 15℃ 내외이다.
③ 버섯의 가장 좋은 배양기는 퇴비이다.
④ 1차 자실체의 최적 습도는 모두 80~90%이다.

184 독버섯의 감별법으로 맞지 않은 것은?

① 줄기가 세로로 찢어지면 독이 있다.
② 색깔이 아름다우면 유독하다.
③ 쓴맛이나 신맛이 나면 유독하다.
④ 찢었을 때 유즙같은 액즙을 분비하거나 표면에 점액이 있으면 유독하다.

185 곤충이나 곤충의 번데기에 기생하는 동충하초균 속인 것은?

① *Botrytis* 속 ② *Neurospora* 속
③ *Gibberella* 속 ④ *Cordyceps* 속

---

179 176번 해설 참조

180 176번 해설 참조

181 버섯균사의 뒷면 자실층의 주름살(gill)에는 다수의 담자기가 형성되고, 그 선단에 보통 4개의 병자가 있고 담자 포자를 한개씩 착생한다.

182 버섯의 독성분
- neurine는 마비, 유연, 호흡장해, 설사, 경련 등을 일으킨다.
- muscarine는 유연, 발한, 위경련, 구토, 설사를 일으킨다.
- amanitatoxin은 내열성이 강한 물질로 보통, 심한 설사를 일으킨다.
- phaline은 용혈작용이 있다.

183 버섯 재배
- 버섯 재배용 배양기는 버섯의 종류에 따라 다르며, 버섯 재배에서 가장 중요한 것은 온도와 습도 조건이다.
- 제1차 균사의 생육 온도는 25~27℃가 적당하고, 자실체의 발생과 생육의 최적 온도는 15℃ 내외이다.
- 제1차 균사나 자실체 습도는 모두 80~90%가 알맞다.

184 버섯의 감별법
- 쓴맛, 신맛이 나면 유독하다.
- 줄기에 마디가 있으면 유독하다.
- 균륜이 칼날 같거나, 악취가 나면 유독하다.
- 줄기가 부서지면 유독하다.
- 끓일 때 은수저의 반응($H_2S+Ag \rightarrow Ag_2S$)으로 흑색이 나타나면 유독하다.
※ 줄기가 세로로 찢어지는 것은 독이 없다.

185 동충하초균 속
- 대표적인 속으로는 자낭균(Ascomycetes)의 맥간균과(Clavicipitaceae)에 속하는 *Cordyceps* 속이 있다.
- 이밖에도 불완전 균류의 *Paecilomyces* 속, *Torrubiella* 속, *Podonecitria* 속 등이 있다.

ANSWER
179 ② 180 ④ 181 ② 182 ①
183 ③ 184 ① 185 ④

출제예상문제

186 muscaridine은 뇌증상을 일으켜 일시적으로 미친 상태가 된다.

187 조류(algae)
- 바닷물에 서식하는 해수조와 담수 중에 서식하는 담수조가 있다.
- 세포 내에 엽록체를 가지며, 공기 중의 CO_2와 물로부터 태양에너지를 이용하여 포도당을 합성하는 광합성 미생물이다.
- 남조류는 특정한 엽록체가 없고 엽록소가 세포 전체에 분포한다.

188
- 조류는 엽록체를 가지고 광합성을 하지만 남조식물에는 특정의 엽록체가 없고 엽록소는 세포 전체에 분산되어 있다.
- 조류의 광합성은 기타 식물과 본질적으로 같은 것이고, 빛은 chlorophyll 혹은 carotenoid 등의 색소에 흡수된다.

189 홍조류(red algae)
- 엽록체를 갖고 있어 광합성을 하는 독립영양생물이다.
- 거의 대부분의 식물이 열대, 아열대 해안 근처에서 다른 식물체에 달라붙은 채로 발견된다.
- 세포막은 주로 셀룰로오스와 펙틴으로 구성되어 있으나 칼슘을 침착시키는 것도 있다.
- 홍조류가 빨간색이나 파란색을 띠는 것은 홍조소(phycoerythrin)와 남조소(phycocyanin)라는 2가지의 피코빌린 색소들이 엽록소를 둘러싸고 있기 때문이다.
- 김, 우뭇가사리 등이 홍조류에 속한다.

190 Chlorella의 특징
- 구형 또는 난형의 단세포 녹조류인데 한 개의 오목한 엽록체와 1 핵, 1 pyrenoid를 가지고 있다.
- 양질의 단백질을 대량 함유하고 있으므로 식사료화를 시도하고 있으며, 소화율이 다른 균보다 떨어진다.
- 크기는 2~12 정도의 구형 또는 난형이다.
- 현미경뿐만 아니라 눈으로도 볼 수 있다.
- 건조물 중 단백질이 40~50% 정도이고, 비타민 A와 C가 많다.
- 태양 에너지의 이용률은 농작물에서는 겨우 1.2%인데 Chlorella는 이에 비하여 5~10배 이상이다.
- 자주 쓰이는 종류는 *Chlorella ellipsoidea*, *Chlorella pyrenoidosa* 등이다.

---

186 버섯에서 신경 이상 증상을 나타내는 성분은?
① amanitine
② muscarine
③ muscaridine
④ pilzatropin

187 조류에 관한 설명 중 틀린 것은?
① 해수조와 담수조가 있다.
② 남조류는 특정한 염색체를 가지며 엽록소는 엽록체구조 속에만 있다.
③ 색소의 성상, 종류, 생식방법으로 분류한다.
④ 광합성작용

188 일반적으로 조류는 세포 내 엽록체를 갖고 광합성을 한다. 특정의 엽록체가 없고 세포 전체에 엽록소가 분산되어 있는 조류는?
① 갈조류
② 홍조류
③ 남조류
④ 녹조류

189 홍조류에 대한 설명으로 잘못된 것은?
① 엽록체를 갖고 있어 광합성을 하는 독립영양생물이다.
② 열대 및 아열대 지방의 해안에 주로 서식하며 한천을 추출하는 원료가 된다.
③ 세포막은 주로 셀룰로오스와 알긴으로 구성되어 있다.
④ 클로로필 이외에 피코빌린이라는 색소를 갖고 있다.

190 클로렐라(chlorella)는 어느 부류에 속하는가?
① 홍조류
② 갈조류
③ 녹조류
④ 염색조류

ANSWER
186 ③ 187 ② 188 ③ 189 ③
190 ③

191 클로렐라(chlorella)에 관한 설명 중 맞는 것은?

① 건조물은 약 50%가 단백질이고 아미노산과 비타민이 풍부하다.
② 태양 에너지의 이용률은 일반 재배식물과 같다.
③ 클로렐라는 현미경으로만 볼 수 있고 담수에서 자란다.
④ 소화율이 다른 균체보다 높다.

192 다음 중 virus에 대하여 감수성이 있는 것은 어느 것인가?

① 곰팡이 ② 세균
③ 효모 ④ 버섯

193 박테리오파지에 대한 설명 중 틀린 것은 어느 것인가?

① 지름 0.5μ 이하의 여과성 미생물이다.
② 주로 당질과 지질로 되어 있다.
③ 세균에 기생하는 바이러스를 말한다.
④ 독자적으로 증식·생육 능력이 없고 기생성이다.

194 Bacteriophage는 다음 어느 것에 속하는가?

① 바이러스 ② 곰팡이
③ 방선균 ④ 세균

195 용균성 박테리오파지(virulent bacteriophage)의 증식과정으로 바르게 된 것은?

① 흡착 – 용균 – 침입 – 핵산 복제 – phage 입자 조립
② 흡착 – 침입 – 용균 – phage 입자 조립 – 핵산 복제
③ 흡착 – 침입 – 핵산 복제 – phage 입자 조립 – 용균
④ 흡착 – 용균 – 침입 – phage 입자 조립 – 핵산 복제

196 식품공장의 phage 대책으로 옳지 않은 것은?

① 공장 주변을 미생물학적으로 청결히 한다.
② 사용용기의 살균처리를 철저히 한다.
③ 2종 이상의 균주 조합계열을 만들어 2~3일마다 바꾸어 사용한다.
④ 공장 내의 공기를 자주 바꾸어 준다.

---

191 190번 해설 참조

192 virus
- 동식물의 세포나 세균, 세포에 감염하여 기생적으로 증식한다.
- 그 중에서 세균에 기생하는 바이러스를 박테리오파지라 한다.

193 Bacteriophage(phage)
- 두부에는 DNA와 RNA 중 어느 한 쪽의 핵산과 단백질이 나선상으로 늘어서 있다.
- 그 내부의 중심초는 속이 비어 있다.
- 세균 세포에 기생하여 증식하고 독자적인 대사 기능을 갖지 못한다.

194 phage는 세균에 기생하는 virus의 일종이고, 크기는 0.2~0.4μ이다.

195 바이러스
- 동식물의 세포나 세균세포에 기생하여 증식한다.
- 광학현미경으로 볼 수 없는 직경 0.5μ 정도로 대단히 작은 초여과성 미생물이다.
- 바이러스 증식과정: 부착(attachment) → 주입(injection) → 핵산복제(nucleic acid replication) → 단백질 외투의 합성(synthesis of protein coats) → 조립(assembly) → 방출(release) 순이다.

196 phage 오염 예방대책
- 공장과 그 주변 환경을 청결히 한다.
- 잔치나 기구의 가열살균 또는 약제로 철저히 살균한다.
- phage 숙주특이성을 이용하여 2균 이상을 매번 바꾸어 starter rotation system을 행한다.
- chloramphenicol, streptomycin 등 항생물질의 낮은 농도에 견디고 정상 발효를 행하는 내성 균주를 사용하기도 한다.

ANSWER

191 ① 192 ② 193 ② 194 ①
195 ③ 196 ④

197 최근 미생물을 이용하는 발효공업 즉, yoghurt, amylase, acetone butanol, glutamate, cheese, 납두, 항생물질, 핵산관련 물질의 발효에 관여하는 세균과 방선균에 phage의 피해가 자주 발생한다.

198 젖산균 음료 제조 시 파지 오염 방지를 위하여 파지의 숙주특이성을 이용 starter를 2종 이상 조합하여 계열을 만들어 2~3일마다 이 조합을 변화시켜 바꾸어서 phage의 오염을 대비한다.

199 bacteriophage(phage)
- 파지(phage)에는 독성파지(virulent phage)와 용원파지(temperate phage)의 두 종류가 있다.
- 독성파지(virulent phage):
  - 숙주세포 내에서 증식한 후 숙주를 용균하고 외부로 유리한다.
  - 독성파지의 phage DNA는 균체에 들어온 후 phage DNA의 일부 유전정보가 숙주의 전사효소(RNA polymerase)의 작용으로 messenger RNA를 합성하고 초기 단백질을 합성한다.
- 용원파지(temperate phage):
  - 세균 내에 들어온 후 숙주 염색체에 삽입되어 그 일부로 되면서 증식하여 낭세포에 전하게 된다.
  - phage가 염색체에 삽입된 상태를 용원화(lysogenization)되었다 하고 이와 같이 된 phage를 prophage라 부르고, prophage를 갖는 균을 용원균이라 한다.

200 용원파지(phage)
- 바이러스 게놈이 숙주세포의 염색체와 안정된 결합을 해 세포 분열 전에 숙주세포 염색체와 함께 복제된다.
- 이런 경우 비리온의 새로운 자손이 생성되지 않고 숙주를 감염시킨 바이러스는 사라진 것 같이 보이지만, 실제로는 바이러스의 게놈이 원래의 숙주세포가 새로 분열할 때마다 함께 전달된다.
- 용원균은 보통 상태에서는 일반 세균과 마찬가지로 분열, 증식을 계속한다.

197 Phage에 의한 피해가 없는 발효공업은 어느 것인가?
① 핵산관련 물질의 발효
② alcohol 발효
③ 항생물질 발효
④ 낙농식품 발효

198 젖산 음료를 발효시킬 때 2종 이상의 균주를 혼합 사용하는 이유는?
① 다른 세균의 오염을 방지하기 위하여
② 우유에 오염된 항생제를 발견하기 위하여
③ 박테리오파지의 오염에 대비하여
④ 맛을 좋게 하기 위해

199 독성 파지(virulent phage)에 대한 설명 중 틀린 것은?
① 살아있는 세균에 기생한다.
② 세균에 주입된 DNA는 세균 세포 내에서 새로이 합성된다.
③ 세균에 주입된 DNA는 염색체에 부착하여 세균의 증식에 따라 합성한다.
④ 용균작용이 있다.

200 파지(phage)에 감염되었으나 그대로 살아가는 세균세포를 무엇이라고 하는가?
① 용원성세포
② 숙주세포
③ 비론(viron)
④ 조혈세포

ANSWER
197 ② 198 ③ 199 ③ 200 ①

PART 2-1. 미생물의 증식과 환경인자

201 다음 미생물의 생육 곡선에서 b의 시기를 무엇이라 하는가?

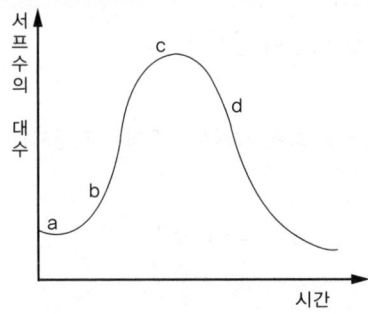

① 대수 증식기로서 균수가 시간에 비례하여 증식하는 시기
② 대수 증식기로서 균수가 시간에 반비례하여 증식하는 시기
③ 대수 증식기로서 세포분열이 지연된 시기
④ 유도기로서 세포분열이 왕성한 시기

202 미생물의 증식곡선에 세포의 생리적 활성이 강하고 세포의 크기가 일정하며 세균수가 급격히 증가하는 기(期)는?

① 유도기　　② 대수기
③ 정상기　　④ 사멸기

203 유도기(lag phase)에 대한 설명으로 옳지 않은 것은?

① 새로운 환경에 적응하려고 한다.
② 어느 범위 내에서 접종량에 따라 그 장단이 있다.
③ 각종 효소의 단백질을 합성하는 시기이다.
④ 대수 증식기 다음에 일어난다.

204 발효 미생물의 일반적인 생육곡선에서 정상기(stationary phase)가 형성되는 이유가 아닌 것은?

① 영양분의 고갈
② 대사산물의 축적
③ 포자의 형성
④ pH의 변화 등의 불리한 환경조건으로 생균수가 증가하지 않기 때문

---

201 미생물의 증식과 대사
- 여러 가지 환경에 의해서 촉진되기도 하고 저해되는 등 영향을 받게 된다.
- 세균과 효모의 증식곡선은 4가지 시기로 나눌 수 있다.
  - 유도기: 미생물이 새로운 환경에 적응하는 시기
  - 대수기: 세포 분열이 활발하게 되고 균수가 대수적으로 증가하는 시기
  - 정상기: 영양물질의 고갈, 대사생성물의 축적, 산소 부족 등으로 생균수와 사균수가 같아지는 시기
  - 사멸기: 환경 악화로 증식보다 사멸이 진행되어 생균수보다 사멸균수가 증가하는 시기

202 대수기
- 세포수가 급히 증가하고, 대사물질이 세포질 합성에 가장 잘 이용되는 시기이다.
- 세포질의 합성 속도는 생균의 증가율과 일치하고, 세대 시간도 가장 짧아지고 일정해진다.
- 세균의 경우는 이 대수기에서 일정의 생육 속도로 세포가 분열하여 n세대 후 세포는 2^n으로 된다.

203 생육 곡선은
- 유도기 → 대수기 → 정지기 → 사멸기의 순으로 진행된다.
- 유도기는 균이 새로운 환경에 적응하는 시기이며, 균의 접종량에 따라 그 기간의 장단이 있으며, 각종 효소단백질이 합성되는 시기로 세포가 성장하는 시기이다.

204 미생물의 생육곡선에서 정상기간 형성되는 이유
- 배지 중의 영양물질이 소비되고 배지 자체의 pH가 변화되며, 또한 대사산물이 축적되고 산소의 부족 등 생육환경이 악화되어 균의 발육이 저해되면서 사멸 세포가 증가되어 결국에는 정지된다.
- 정상기는 보통 수 시간에서 수 일간 계속되고, 내생 포자를 형성하는 세균에서는 일반적으로 이 시기에 포자가 형성된다.

ANSWER

201 ①　202 ②　203 ④　204 ④

출제예상문제

205 유도기에 일어나는 세포의 변화
- 균이 새로운 환경에 적응하는 시기이다.
- RNA 함량이 증가하고, 세포대사 활동이 활발하게 되고 각종 효소단백질을 합성하는 시기이다.
- 세포의 크기가 2~3배 또는 그 이상으로 성장하는 시기이다.

206 총균수 = 초기균수 × $2^{세대기간}$
30분씩 3시간이면 세대기간은 6
초기균수 5이므로
$5 × 2^6 = 320$

207
세대기간(G) = $\frac{\text{분열에 소요되는 총시간}(t)}{\text{분열의 세대}(n)}$
30분씩 3시간이면
세대기간(G) = $\frac{180}{30} = 6$
총 균수 = 초기균수 × $2^{세대기간}$
$1 × 2^6 = 64$

208 유도기
- 균은 형태적 변화 외에 RNA 함량은 증가하고, 세포대사 활성이 왕성해지고, DNA은 일정하다.
- 세포가 새로운 환경에서 증식하는 데 필요한 단백질을 합성하는 시기이다.

209
주정발효는 glucose로부터 EMP 경로를 거쳐 생성된 pyruvic acid가 CO_2의 이탈로 acetaldehyde로 되고 다시 환원되어 주정(alcohol)을 생성하게 된다.

210 EMP 경로는 포도당을 혐기적 조건하에서 발효하여 2 lactate, ethanol, glycerol 등을 생성하는 당분해과정이다.

211 세대시간(generation time)
- 세균과 효모의 생육 속도(분열 속도)는 1개의 세포가 분열을 시작하여 2개의 세포가 되는 데 소요되는 시간을 말한다.
- 최초의 균수를 a개로 하면 분열 횟수 n과 균수 b의 관계는 b = a × 2^n으로 표시된다.

 ANSWER
205 ③ 206 ④ 207 ② 208 ①
209 ① 210 ① 211 ④

---

205 다음 중 유도기에 일어나는 세포의 변화가 아닌 것은?
① RNA 함량이 증가한다.
② 간균 세포의 크기가 길어진다.
③ 최대 속도로 분열된다.
④ 핵산 합성과 단백질 합성이 왕성하다.

206 30분마다 분열하는 세균의 최초 세균수가 5개일 때 3시간 후의 세균수는?
① 90개   ② 120개
③ 240개   ④ 320개

207 *Bacillus natto*(1개)가 30분마다 분열한다면 3시간 후에는 몇 개가 되는가?
① 10개   ② 64개
③ 1024개 ④ 2048개

208 미생물의 생육곡선에서 세포 내의 RNA는 증가하여 대사활성이 활발하고 DNA가 일정한 시기는?
① 유도기   ② 대수기
③ 정상기   ④ 사멸기

209 주정발효는 주로 어느 대사에서인가?
① EMP 경로   ② HMP 경로
③ TCA 회로   ④ Glyoxalate 회로

210 EMP 경로에서 생성되지 않는 물질은?
① Acetate   ② Ethanol
③ Lactate   ④ Glycerol

211 세대시간(generation time)이란?
① 유도기에서 사멸기까지의 시간
② 정상기에서 사멸기까지의 시간
③ 대수기에서 사멸기까지의 시간
④ 분열이 끝나서 다음 분열이 끝날 때까지 요하는 시간

212 10개의 효모를 배지에 접종하여 72시간 배양한 다음 균수를 측정하였더니 그 수가 640개였다. 세대수와 평균 세대 시간은 얼마인가?

① 세대수=6, 평균 세대시간=12
② 세대수=4, 평균 세대시간=12
③ 세대수=2.5, 평균 세대시간=19.2
④ 세대수=7.5, 평균 세대시간=6.4

213 세대시간이 30분인 어떤 미생물 12마리를 3시간 배양하면 몇 개가 되는가?

① 620개　　② 630개
③ 640개　　④ 768개

214 영양세포 원형질 속에 가장 많이 포함되어 있는 성분은?

① 단백질　　② 당분
③ 지방　　　④ 수분

215 미생물 공업에 있어서 citric acid 생성의 대사과정 중 oxaloacetic acid는 다음 어느 것으로부터 만들어지는가?

① pyruvic acid　　② malic acid
③ α-ketoglutaric acid　　④ succinic acid

216 미생물의 에너지 생성 반응으로서 중요한 것은?

① HMP 경로　　② EMP 경로
③ TCA 회로　　④ Urea 회로

217 중온세균(mesophiles)의 온도 범위는?

① 0~5℃　　② 20~25℃
③ 25~37℃　④ 37~45℃

218 종속영양균이 <u>아닌</u> 것은?

① *Nitrosomonas*　　② *Azotobacter* 속
③ *Clostridium* 속　　④ *Rhizobium* 속

---

212 세대수와 평균세대시간
- 균수 = 최초 균수 × $2^{세대수}$
- 세대수 $640 = 10 \times 2^n$, $64 = 2^n$
- ∴ n=6(세대수)
- 평균 세대시간 72÷6=12(시간)

213 균수 = 최초균수 × $2^{세대수}$
세대수 180÷30=6
b = 12×2^6 = 768

214 영양세포의 원형질
- 수분 90%, 단백질 7~10%, 지질 1~2%, 그 밖의 유기물 1~1.5%, 무기이온 1~1.5% 함유되어 있다.
- 복잡한 콜로이드 상태로 되어 있어 브라운 운동이나 원형질 유동성을 나타낸다.

215 citric acid 생성의 대사
- 구연산은 당으로부터 해당작용에 의하여 pyruvate가 생성되고, 또 oxaloacetic acid와 acetyl-CoA가 생성된다.
- 이 양자를 citrate synthetase의 촉매로 축합하여 citric acid를 생성하게 된다.

216 TCA cycle
- 호기적 당산화과정이다.
- 1회전하는 사이에 1mole의 acetyl-CoA가 산화되어 CO_2와 H_2O로 된다($C_6H_{12}O_6 \rightarrow 2CH_3COCOOH \rightarrow 6CO_2 + 6H_2O$).
- 이때 1mole의 glucose는 32mole의 ATP를 ADP에서 생성되어 에너지가 방출된다.

217 중온세균(mesophiles)의 온도 범위
- 최저 온도는 0~7℃이고 최적 온도는 25~37℃이며, 최고 온도는 35~45℃이다.
- 대부분의 세포, 효모, 곰팡이가 중온균에 속한다.

218 *Nitrosomonas*는 독립영양의 아질산균으로 NH_3를 아질산으로 산화하여 에너지를 획득한다.

ANSWER
212 ①　213 ④　214 ④　215 ①
216 ③　217 ③　218 ①

219 무기 영양균의 에너지원에 따른 분류
- 광합성균
  $2H_2S+CO_2 \rightarrow 2S+(CH_2O)+H_2O$
- 화학합성균
  $6H_2+2O_2+CO_2 \rightarrow 5H_2O+(CH_2O)$
  $2H_2S+O_2 \rightarrow 2S+2H_2O$
  $2NH_3+3O_2$
  $\rightarrow 2HNO_2+2H_2O+79cal$
- 기생균(기생영양균)은 에너지가 숙주세포에 의하여 공급되는 것으로 동식물에 기생하여 생활을 영위한다.

220 광합성균
- 광합성 무기물 이용균과 광합성 유기물 이용균으로 나눈다.
- 세균의 광합성 무기물 이용균
  - 편성 혐기성균으로 수소수용체가 무기물이다.
  - 대사에는 녹색 식물과 달라 보통 H_2S를 필요로 한다.
  - 녹색황세균과 홍색황세균으로 나누어지고, 황천, 오수, 토양 등에서 발견된다.
  - 황세균은 기질에 황화수소 또는 분자 상황을 이용한다.

221 핵산(nucleic acid)
- 세포 내 단백질의 대부분을 차지하고 RNA와 DNA가 있다.
- 미생물은 일반적으로 세포 내에 핵산을 많이 함유하는데 세균 포자의 RNA 및 DNA 함량은 영양세포의 약 반분에 지나지 않는다.

222 효소의 부활(activation)
- 효소의작용이 어떤 물질의 첨가로 촉진되는 현상을 말한다.
- 이와 같은작용을 가진 물질을 활성제라 한다.
  - 예를 들면, carboxylase에 Mg^{++} 이온을 첨가하면 활성도가 높아진다.
  - Amylase와 trypsin에 대한 Ca^{++} 이온 등은 부활물질은 아니지만 어떤 물질을 첨가함으로써 효소의 실활(失活)을 방지할 수 있다.

223 미생물의 세포질에 있는 DNA
- 세포핵의 세포 분열, 증식 등 유전에 관여하는 유전자의 구성물질로서 주로 핵 중에 들어 있다.
※ TPN은 dehydrogenase의 coenzyme이고, FAD와 NAD도 수소 전달체로서작용한다.

---

219 무기 영양 세균의 energy 획득 반응이 아닌 것은?
① $6H_2+2O_2+CO_2 \rightarrow 5H_2O+(CH_2O)$
② $C_2H_5OH+3O_2 \rightarrow 2CO_2+3H_2O$
③ $H_2S+O \rightarrow H_2O+S$
④ $2NH_3+3O_2 \rightarrow 2HNO_2+2H_2O$

220 광합성 무기물 이용균(photolithotroph)과 관계 없는 것은?
① 녹색황세균과 홍색황세균이 이에 속한다.
② 보통 H_2S를 수소수용체로 한다.
③ 황세균은 기질에 황화수소를 이용한다.
④ 통성 혐기성균이다.

221 동식물의 세포보다 미생물의 세포 내에 비교적 많이 함유되어 있는 것은?
① 인산(phosphoric acid)
② 지방산(fatty acid)
③ 아미노산(amino acid)
④ 핵산(nucleic acid)

222 효소와 부활물질과의 관계가 아닌 것은?
① amylase – Ca^{++}
② arginase – Mn^{++}, Cu^{++}
③ carboxylase – Mg^{++}, Co^{++}
④ phenolase – Cu^{++}

223 미생물의 세포질 유전자의 구성물질은?
① FAD
② NAD
③ TPN
④ DNA

ANSWER
219 ② 220 ④ 221 ④ 222 ①
223 ④

224 저온성 세균으로 알맞은 것은?

① *Pseudomonas* 속 세균
② *Salmonella* 속 세균
③ *Lactobacillus* 속 세균
④ *Corynebacterium* 속 세균

225 산소가 없어도 생성 가능한 균은?

① 고초균, 초산균
② 대장균, 비브리오균
③ 납두균, 황국균
④ 낙산균, 고초균

226 유리 질소고정균이나 질산염 동화균은 모두 아미노산을 생합성하기 위해 N 화합물을 NH_3로 환원한다. 다음 중 TCA cycle의 성분은?

① α-keto glutaric acid와 fumaric acid
② pyruvic acid와 alanine
③ citric acid와 aspartic acid
④ keto acid와 stearic acid

227 곰팡이는 산소의 요구성으로 보아 어느 것에 분류되는가?

① 편성 호기성
② 통성 혐기성
③ 편성 혐기성
④ 약 호기성

228 종속영양균(heterotrophic microbe)의 탄소원과 질소원에 관한 설명 중 옳은 것은?

① 탄소원으로 유기물을, 질소원으로 유기 또는 무기질소화합물을 이용한다.
② 탄소원으로 무기물을, 질소원으로 유기 또는 무기질소 화합물을 이용한다.
③ 탄소원과 질소원 모두 무기물만으로써 생육한다.
④ 탄소원과 질소원 모두 유기물만으로써 생육한다.

229 효모 세포 내에서의 단백질 생합성이 일어나는 곳은?

① ribosome
② nucleus membrane
③ mitochondria
④ cytoplasm

---

224 *Pseudomonas* 속 세균
- 증식 속도가 빠르고, 호랭 세균(최적 온도 20℃ 이하)이다.
- 어패류, 고기류, 육가공 제품, 생육, 계란, 채소 등 여러 식품에 대한 부패 세균이다.
- 특히 저온에서 호기적으로 저장되는 식품의 부패에 제일 큰작용은 한다.

225 산소 요구성에 따른 분류
- 호기성균 : 산소가 없으면 생육하지 못하는 균(고초균, 결핵균, 초산균)이다.
- 혐기성균 : 산소의 존재로 생육이 저해되는 균(낙산균, *Clostridium botulinum*)이다.
- 통성 혐기성 균 : 산소가 있거나 없거나 생육하는 균(대장균, 비브리오균, 유산균)이다.

226 TCA cycle의 경로
- citrate → cis-aconitate → Isocitrate → oxalosuccinate → α-ketoglutarate → succinyl-S-CoA → succinate → fumarate → L-malate → oxaloacetatecitrate의 과정을 거친다.

227 산소의 요구성에 따른 분류
- 편성 호기성균(절대호기성균) : 유리산소의 공급이 없으면 생육할 수 없는 균
  – 곰팡이, 산막효모, *Acetobacter*, *Micrococcus*, *Bacillus*, *Sarcina*, *Achromobacter*, *Pseudomonas* 속의 일부
- 통성 혐기성균 : 산소가 있거나 없거나 생육하는 균
  – 대부분의 효모와 세균으로 *Enterobacteriaceae*, *Staphylococcus*, *Aeromonas*, *Bacillus* 속의 일부
- 절대 혐기성균(편성혐기성균) 산소가 없어야 잘 발육하는 균
  – *Clostridium*, *Bacteriodes*, *Desulfotomaculum* 속 등

228 종속영양균
- 생물에만 기생하여 생활하는 활물기생균과 생물이 아닌 유기물에만 생육하는 사물기생균이 있다.
- 대부분 필수 유기대사 산물을 합성할 능력이 없기 때문에 하나 이상의 필수 대사 산물을 요구한다.
- 유기물을 탄소원으로 하고 질소원으로는 무기 또는 유기의 질소화합물을 이용한다.

229 세포내에서의 단백질을 합성하는 곳은 ribosome이고, 호흡은 mitochondria에서 일어난다.

 ANSWER

224 ① 225 ② 226 ① 227 ①
228 ① 229 ①

230 광합성균
- 광합성 무기물 이용균과 광합성 유기물 이용균으로 나눈다.
- 세균의 광합성 무기물 이용균
  - 편성 혐기성균으로 수소수용체가 무기물이다.
  - 대사에는 녹색 식물과 달라 보통 H2S를 필요로 한다.
  - 녹색황세균과 홍색황세균으로 나누어지며, 황천, 오수, 토양 등에서 발견된다.
  - 황세균은 기질에 황화수소 또는 분자 상황을 이용한다.

231 생물그룹의 에너지원과 탄소원
- 독립영양 광합성 생물 : 태양광, CO_2
- 종속영양 광합성 생물 : 태양광, 유기물
- 독립영양 화학 합성생물 : 화학 반응, CO_2
- 종속영양 화학 합성생물 : 화학 반응, 유기물

232
operater gene과 구조유전자 복합체를 operon이라 하고, 조절유전자는 유도물질이나 억제물과 특이적으로 결합하여 m-RNA에 유전 정보를 전사하거나 억제한다.

233 Feedback repression
- 최종산물이 DNA의 전사, m-RNA 합성의 제어 단백질인 repressor(억제제)와 결합하여 이것을 활성화시켜 전사를 억제하여 효소 생산을 중지시킴으로써 생합성을 저해하는 메커니즘을 말한다.

234 종속영양균의 생육에 필요한 영양소
- 탄소원, 질소원, 무기염류, 생육인자가 필요하다.
- 탄소원으로서는 glucose 등의 당류를 필요로 하고 질소원으로서는 질산 및 NH_3 등의 무기염이나 아미노산 등을 요구한다. 어떤 종류의 미생물은 비타민 등 생육인자를 요구하는 것도 있다.
  - 질소원은 단백질 합성의 소재가 되는 각종 아미노산의 생합성을 위해서 반드시 필요하고, 배지 중의 질소원의 양에 따라 그 미생물의 증식량은 영향을 받게 된다.

---

230 세균의 광합성에 있어서 수소 공여체가 될 수 있는 것은?

① H_2S ② H_2O
③ CO_2 ④ CH_3COOH

231 독립영양 광합성생물(photoautotrophs)이 탄소원으로 이용하는 것은?

① $KHCO_3$ ② $C_6H_{12}O_6$
③ CO_2 ④ CH_4

232 Operon설에서 억제물이나 유도물질이 다음 중 어느 것과 결합하는가?

① 조절유전자 ② 작동유전자
③ 구조유전자 ④ m-RNA

233 $A \xrightarrow{EA} B \rightarrow C \rightarrow P$의 대사경로에서 최종생산물 P가 배지에 다량 측정되었을 때, P가 A → B로 되는 반응에 관여하는 효소 EA의 생합성을 억제하는 것을 무엇이라고 하는가?

① feedback repression
② feedback inhibition
③ competitive inhibition
④ activation

234 단백질 합성의 근원이 되는 아미노산 합성을 위해 필수적인 영양소는?

① 탄소원 ② 질소원
③ 무기염류 ④ 생육인자

ANSWER
230 ① 231 ③ 232 ① 233 ①
234 ②

235 미생물 대사산물을 효율적으로 대량 생산하기 위한 요건이 아닌 것은?

① 대사조절 기구의 해제
② 목적 반응계 이외로 부반응이 정지될 것
③ 대사 반응에 관여하는 효소의 활성이 낮을 것
④ 기질이 세포로의 투과가 충분할 것

236 고층 한천배양(staleculture)에서 배지의 표면보다도 약간 하층에서 더욱 잘 생육하는 균은?

① 미 호기성균
② 통성 혐기성균
③ 편성 혐기성균
④ 편성 호기성균

237 협막과 점질층의 구성물이 아닌 것은?

① polypeptide
② 다당류
③ 지질
④ 인산

238 생육 온도에 따른 미생물의 대별 시 thermophile의 최적 생육 온도의 범위에 해당하는 것은?

① 30~40℃
② 45~60℃
③ 70~80℃
④ 80~90℃

239 미생물의 영양소에 대한 다음 설명 중 틀린 것은?

① 세균은 일반적으로 당 농도 5~10%가 발육의 최적이다.
② 자력 영양균은 CO_2를 탄소원으로 이용한다.
③ 효모와 곰팡이는 당 농도 2~10%가 발육의 최적이다.
④ 타력 영양균은 유기물을 energy원으로 이용한다.

240 $C_6H_{12}O_6 + 6O_2 \rightarrow 6CO_2 + 6H_2O + 688cal$는 다음 어느 작용인가?

① 발효작용
② 호흡작용
③ 증식작용
④ 증산작용

241 분열기간을 측정할 수 없는 균은?

① 유산균
② 흑국균
③ 젖산균
④ 대장균

---

235 대사 산물을 효율적으로 대량 생산하기 위한 조건
- 대사 제어의 해제와 대사 조절을 목적 물질의 생성에 유리하게 변경하여 대사 반응이 효율적으로 진행될 것
- 기질이 대사 반응계로 들어가기 위하여 세포로의 투과가 충분할 것
- 기질 및 전구물질이 목적 반응계 이외로 흐르는 부반응을 끝낼 것
- 생성물이 분해 또는 변화하지 않고, 그 반응을 끝낼 것
- 생성물이 세포 외로 투과 배출하여 세포 내의 반응계에서의 농도를 낮게 할 것 등이다.

236 미 호기성균
- 적은 양의 산소를 요구하며, 산소의 양이 많아질 때 생육이 억제되는 균이다.
- 젖산균이 있으며, 생육에는 대기압 보다 낮은 산소 분압이 필요하다.

237
- 협막은 일부 세균과 남조류의 세포벽이 점액이나 고무상으로 둘러싸여 있다.
- 협막과 점질층의 화학성분은 다당류를 주체로 하는 것과 polypeptide, 지질로 된 것이 있다.

238 미생물의 생육 온도 범위
- 저온균의 최적 온도는 15~30℃, 최고 온도 30~40℃이다.
- 중온균의 최적 온도는 25~37℃이고, 최고 온도는 45~55℃이다.
- 고온균의 최적 온도는 45~60℃이며, 최고 온도는 70~80℃이다.

239 세균의 당 농도 0.5~2% 정도가 알맞고, 효모나 곰팡이의 당 농도는 2~10%가 보통이다.

240 TCA 회로는 EMP 경로 등에 의해 생성된 pyruvic acid가 호기적으로 완전 산화되어 CO_2와 H_2O로 된다.
$C_6H_{12}O_6 \xrightarrow{EMP} 2CH_3COCOOH \xrightarrow{TCA} 6CO_2 + 6H_2O$

241 흑국균은 곰팡이로 균사 또는 포자에 의해 번식하므로 분열기간을 잴 수 없다.

ANSWER
235 ③ 236 ① 237 ④ 238 ②
239 ① 240 ② 241 ②

출제예상문제

242 미생물이 탄소원으로 많이 이용하는 당질
- 효모, 곰팡이, 세균 등 일반적인 미생물의 탄소원으로서는 glucose, dextrose, fructose 등 단당류와 설탕, 맥아당 등의 2당류가 잘 이용되고, xylose, arabinose 등의 5탄당, Lactose, raffinose 등과 같은 oligosaccharide을 이용하기도 한다.
- 젖당은 장내 세균과 유산균의 일부에 잘 이용되나 효모의 많은 균주는 이용하지 못한다.

243 수분 활성도(A_w)를 낮추는 방법
- 용질을 가한다 : 식염, 설탕 등 첨가
- 용매를 줄인다 : 건조시키거나 소금 첨가
- 동결시킨다 : 냉동 온도를 조절

244 영양요구성에 의한 미생물의 구분
- 독립 영양균 : 유기물이 필요하지 않고, 광에너지, 무기물, 탄산가스를 이용, 암모니아, 황 등에 의해 에너지를 획득하는 미생물
  - 유황세균, 질화세균, 수소세균, 철세균 등
- 종속 영양균 : 무기물을 이용하지 못하고 유기화합물을 필요로 하는 미생물
  - Azotobacter 속, 대장균, Pseudomonas 속, Clostridium 속, Acetobacter butylicum 등
  - 활물 기생균과 사물 기생균

245 미생물의 최적 pH
- Sacch. cerevisiaes : pH 4.0~5.0
- Bac. subtilis : pH 6.8~7.2
- E. coli : pH 6.0~8.0
- Asp. niger : pH 3.0~6.0

246 식염이 세균의 증식을 억제하는 이유
- 삼투압 때문에 원형질의 분리를 일으킨다.
- 탈수작용으로 세포 내의 수분을 빼앗는다.
- 효소의 활성을 저해하여 대사계를 혼란시킨다.
- 산소 용해도를 감소시킨다.
- 세포의 CO_2 감수성을 높인다.
- Cl^-의 작용 때문이다.

---

242 미생물이 탄소원으로서 많이 이용되는 당질은 무엇인가?
① lactose ② xylose
③ glucose ④ raffinose

243 식품 중에 미생물의 발육을 억제하기 위하여 수분 활성도(A_w)를 낮추는 방법으로 쓰이지 <u>않는</u> 것은?
① 건조시킨다. ② 소금을 첨가한다.
③ 동결시킨다. ④ 항생제를 첨가한다.

244 생육에 유기물을 필요로 하지 않고, 무기물만으로 생육하는 미생물은?
① 종속 영양균 ② 독립 영양균
③ 활물 기생균 ④ 사물 기생균

245 최적 pH가 <u>틀린</u> 것은?
① *Asp. niger* = 7.0
② *Sacch. cerevisiae* = 5
③ *Bac. subtilis* = 7
④ *E. coli* = 7

246 미생물의 생리적 조건에 대한 식염의 작용이 <u>아닌</u> 것은?
① Cl^- 작용
② 산소 용해도 감소
③ 삼투압으로 인한 원형질 분리
④ 효소의 활성 증대

ANSWER
242 ③ 243 ④ 244 ② 245 ①
246 ④

247 *Lactobacillus leichmanii*는 어떤 생육인자를 정량할 때 이용하는가?

① 비타민 B_1　　② 비타민 B_6
③ 비타민 B_{12}　④ 비오틴(biotin)

248 미생물의 증식도 측정방법으로 부적합한 것은 무엇인가?

① 총균 계수법　　② 증식세대 측정량
③ 원심침전법　　④ 균체질소량

249 미생물의 생육에 필요한 무기원소로서 미량으로 필요한 것은?

① K　　② Ca
③ Mg　④ Mn

250 미생물에서 무기염류의 역할과 관계가 없는 것은?

① 물질대사의 보효소
② 핵산의 구성분
③ 세포의 구성분
④ 세포 내의 삼투압 조절

251 미생물생육에 필요한 생육인자(growth factor)에 해당되지 않는 것은?

① 비타민
② 세포 내에서 합성되지 않는 필수 유기화합물
③ purine, pyrimidine 염기
④ 탄소원, 질소원

252 다음 중 미생물이 생산하는 효소의 특징이 아닌 것은?

① 생체 촉매로서 무기 촉매와 같은 특성이 있다.
② 한 효소는 어떤 기질이나 여러 반응을 촉매할 수 없다.
③ 한 효소는 한 효소에 맞는 최적 온도와 최적 pH를 갖는다.
④ 효소는 고분자 물질로서 열이나 금속에 의해 변성응고 된다.

---

247 일반적으로 세균, 곰팡이, 효모의 많은 것들은 비타민류의 합성 능력을 가지고 있다. 유산균류는 비타민 B군을 요구한다.
※ 유산균이 요구하는 비타민류
• vit. B_1 : *L. fermentii*
• vit. B_2 : *L. casei*, *L. lactis*
• vit. B_6 : *L. casei*, *str. faecalis*
• vit. B_{12} : *L. leichmanii*, *L. casei*
• Biotin : *Leuc. mesenteroides*
• folic acid : *L. casei*

248 미생물의 증식도 측정법
• 건조균체량, 균체질소량, 원심침전법(packed volume), 광학적 측정법, 총균 계수법, 생균 계수법, 생화학적 방법 등

249 무기염류
• 세포의 구성성분, 물질대사의 보효소, 세포내 삼투압의 조절에 중요하며, 또한 배지의 완충작용에도 중요한 역할을 한다.
• Ca, Na, P, Mg, K, S 등은 대량으로 필요한 다량 원소이다.
• Fe, Mn, F, Zn, Cu, Co, Mo 등은 일반적으로 극미량을 필요로 하는 미량 원소들이다.

250 미생물에서 무기염류의 역할
• 세포의 구성분
• 물질대사의 보효소
• 세포 내의 pH 및 삼투압 조절 등

251 미생물 생육에 필요한 생육인자
• 미생물의 종류에 따라 다르나 아미노산, purine 염기, pyrimidine 염기, vitamin 등이다.
• 미생물은 세포 내에서 합성되지 않는 필수 유기화합물들을 요구한다.
• 일반적으로 세균, 곰팡이, 효모의 많은 것들은 비타민류의 합성 능력을 가지고 있으므로 합성배지에 비타민류를 주지 않아도 생육한다.
• 영양요구성이 강한 유산균류는 비타민 B군을 주지 않으면 생육하지 않는다.

252 미생물이 생산하는 효소의 특징
• 생체 유기촉매로서 일반 무기촉매와 다른 점은 단백질로 구성되어 있으므로 단백질의 특유한 성질을 갖고 있다.
• 따라서 강산, 강알칼리, 고온, 고압, 중금속 등에 의하여 변성되어 효소 활성을 잃게 된다.

ANSWER
247 ③　248 ②　249 ④　250 ②
251 ④　252 ①

출제예상문제

253 미생물의 생육에 필요한 무기원소
- P, S, Mg, K, Na, Ca, 등을 비교적 많이 필요로 하며, 그 이외에 Fe, Mg, Co, Zn, Cu, Mo, Cl 등은 극히 미량으로 필요로 한다.
- S은 methionine, cystine 등의 아미노산의 중요한 구성성분으로서 작용한다.

254 미생물은 거의 상압 하에 서식하고 있으므로 강한 압력은 별로 받지 못하며, 다소 기압의 변화에도 그 생육에 별로 영향을 받지 않는다.

255 페니실린(penicillins)
- 베타-락탐(β-lactame)계 항생제이다.
- 보통 그람양성균에 의한 감염의 치료에 사용한다.
- lactam계 항생제는 세균의 세포벽 합성에 관련 있는 세포질막 여러 효소(carboxypeptidases, transpeptidases, entipeptidases)와 결합하여 세포벽 합성을 억제한다.

256 미생물과 압력
- 일반세균은 압력에 내성이 강해 생육을 억제하는 방법으로는 적당하지 못하다. 그러나 가압에 의해서는 생육 속도에 영향을 줄 수는 있다.
- 세균은 300기압에서부터 생육은 서서히 저해받아 400기압에서는 생육이 거의 정지된다.

257 미생물의 생육과 수분 활성도
- 미생물이 식품 속에 들어 있는 수분을 어느 정도까지 이용할 수 있는가를 나타내는 것이 수분 활성도(Aw)이다.
- Aw 한계를 보면 세균은 0.86, 효모는 0.78, 곰팡이는 0.65 정도이다.

258 미생물의 증식에서 포자
- 내생 포자를 형성하는 세균은 일반적으로 정상기에 포자가 형성되고, 효소 분비도 대수기 후반에 걸려 일어나는 경우가 많다.
- 저항력이 대단히 강하며, 식품 공업에서 변질의 요인이 되고 있다.

259 세균 포자
- 수분함량이 대단히 적고, dipicolinic acid은 5~12% 함유하고 있다.
- dipicolinic acid은 영양세포에 발견되지 않는다.

ANSWER
253 ① 254 ② 255 ③ 256 ②
257 ④ 258 ③ 259 ④

---

253 미생물의 성장에 비교적 많이 필요한 무기원소이며 메티오닌, 시스테인 등 아미노산의 구성성분인 것은?
① S
② Ca
③ Co
④ Fe

254 미생물의 생리로 보아 증식에 큰 영향을 받지 않는 환경 요소는?
① 온도
② 압력
③ 광선
④ 수분

255 미생물의 증식을 억제하는 항생물질 중 세포벽 합성을 저해하는 것은?
① streptomycin
② tetracycline
③ penicillin
④ chloramphenicol

256 미생물의 생육을 억제하는 방법으로 가장 옳지 못한 것은?
① 온도의 변화
② 압력의 변화
③ 수분의 변화
④ pH의 변화

257 다음 중 건조식품에 문제가 되는 미생물은?
① virus
② yeast
③ bacteria
④ mold

258 미생물의 증식에서 아포의 설명이 잘못된 것은 어느 것인가?
① 일시적 방어장치이다.
② 세포질의 일부가 농축되어 생긴 것이다.
③ 증식과 직접 관계가 있다.
④ 정상기에 생성된다.

259 세균의 영양세포에는 없고 포자에만 함유된 물질은?
① muco complex
② teichoic acid
③ glucan
④ dipicolinic acid

260 공기를 좋아하는 균으로 알맞은 것은?

① 통성 혐기성 ② 호기성
③ 혐기성 ④ 미 호기성

261 산소가 있으나 없으나 잘 자라는 균은?

① 통성 혐기성균 ② 편성 혐기성균
③ 편성 호기성균 ④ 통성 호기성균

262 혐기성 미생물이 산소가 전혀 없는 조건에서 전자전달체로 이용하여 생육할 수 있는 화합물은 다음 중 어떤 것인가?

① $CaCO_3$ ② $NaNO_3$
③ $NaSO_3$ ④ KH_2PO_4

263 호기성 세균이 산소가 없을 때 대용할 수 있는 것은?

① SO_3^- ② CO_3^-
③ NO_3^- ④ PO_4^-

264 미생물의 생육에 직접적으로 관계하는 요소가 <u>아닌</u> 것은?

① 수분 ② 탄소
③ 산소 ④ pH

265 건조에 대한 저항성이 강한 순으로 미생물의 종류를 나열한 것은?

① 곰팡이 - 세균 - 효모 ② 세균 - 곰팡이 - 효모
③ 효모 - 세균 - 곰팡이 ④ 곰팡이 - 효모 - 세균

PART 3-1. 미생물의 분리 보존

266 일반적으로 사용되는 생산균주의 보관방법이 <u>아닌</u> 것은?

① 저온(냉장)보관
② 상온보관
③ 냉동보관
④ 동결건조

---

260 산소의 요구성에 따른 분류
- 혐기성균 : 산소를 싫어하는 균
- 통성 혐기성균 : 산소가 있으나 없으나 생육하는 미생물
- 편성 호기성균 : 산소가 절대로 필요한 경우의 미생물
- 편성 혐기성균 : 산소가 절대로 존재하지 않을 때 증식이 잘되는 미생물
- 호기성균 : 산소가 없으면 생육할 수 없는 균
- 미 호기성균 : 대기 중의 산소 분압보다 낮은 분압일 때 더욱 잘 생육되는 미생물

261 260번 해설 참조

262 혐기성 호흡은 호기성 호흡과 같은 생리학적 대사과정을 갖는다. 다만 전자전달계에서 최종 전자를 받는 물질이 산소 분자 대신에 질산염, 황산염, 탄산염 등과 같은 무기물이다. 질산염, 황산염 및 탄산염은 최종 전자 받개로 이용되면서 물질의 지구화학적 순환과정에 참여하게 된다.

263 호기성 세균이 산소가 없을 때 대용할 수 있는 것은 질산이온(NO_3^-)이다.

264 미생물의 생육에 미치는 요인
- 물리적 요인 : 온도, 내열성, 압력, 삼투압, 광선과 방사선, pH, 산화 환원 전위 등
- 화학적 요인 : 수분, 산소, 탄산가스, 식염(염류), 화학약품 등
- 생물학적 요인 : 상호공생, 공동작용, 편리공생, 길항과 경합항생 등

265 미생물 생육과 수분 활성도
- 미생물이 이용하는 수분은 주로 자유수(free water)이며, 이를 특히 활성 수분(active water)이라 한다.
- 활성 수분이 부족하면 미생물의 생육은 억제된다.
- Aw 한계를 보면 세균은 0.86, 효모는 0.78, 곰팡이는 0.65 정도이다.

266 균주의 보존법
- 계대배양 보존법
- 유동파라핀 중층 보존법
- 동결보존법
  - 냉동고 : 최고 -20℃, 최저 -80℃
  - 드라이아이스 : 액상, -70℃
  - 액체질소 : 액상 -196℃,
  - 기상 : -150~170℃
- 동결건조 보존법
- 건조법

ANSWER

260 ② 261 ① 262 ② 263 ③
264 ② 265 ④ 266 ②

267 발효 후 배양물의 정제에서 주된 분리방법에는 침전법, 염석법, 용매 추출법, 흡착법 등이 있다.

268 평판 배양법은 미생물의 순수 분리뿐만 아니라 식품 중의 오염 미생물 등을 조사할 때도 사용된다.

269 호기성 내지 통성 호기성균의 순수 분리법
- 평판배양법(plate culture method), 묵즙 점적배양법, Linder씨 소적배양법, 현미경 해부기(micro-manipulator) 이용법 등이 있다.
- ※ 모래배양법(토양배양법)은 acetone-butanol균과 같이 건조해서 잘 견디는 세균 또는 곰팡이의 보존에 쓰인다.

270 효모의 분류 동정
- 형태학적 특징, 배양학적 특징, 유성생식의 유무와 특징, 포자형성 여부와 형태, 생리적 특징으로써 질산염과 탄소원의 동화성, 당류의 발효성, 라피노스(raffinose) 이용성, 피막형성 유무 등을 종합적으로 판단하여 분류 동정한다.

271 염기배열 변환의 방법에는 염기첨가(addition), 염기결손(deletion), 염기치환(substitution) 등이 있다.

267 발효 후 배양물의 정제에서 주된 분리방법이 아닌 것은?
① 침전법　　　　② 염석법
③ 용매 추출법　　④ 여과법

268 미생물의 순수 분리에 적합한 배양은?
① 액체 배양　　② 천자 배양
③ 소적 배양　　④ 평판 배양

269 미생물의 순수 분리방법이 아닌 것은?
① 평판 배양법
② Lindner의 소적 배양법
③ 현미경 해부기를 이용하는 방법
④ 모래배양법(토양배양법)

270 효모균의 분류 동정(同定)과 관계 없는 것은?
① 포자형성의 여부와 모양　　② 라피노스(raffinose) 이용성
③ 편모염색　　　　　　　　　④ 피막형성 유무

PART 3-2. 미생물의 유전자 조작

271 돌연변이에 대한 설명으로 옳지 않은 것은?
① 번역 시 어떠한 아미노산도 대응하지 않는 triplet(UAA, UAG, UGA)을 갖게 되는 변이를 nonsense 변이라 한다.
② DNA상 nucleotide 배열의 변화는 단백질의 아미노산 배열에 변화를 일으킨다.
③ nucleotide에서 염기쌍 변화에 의한 변이에는 치환, 첨가, 결손 및 역위가 있다.
④ 돌연변이의 근본 원인은 DNA상의 nucleotide 배열의 변화이다.

ANSWER
267 ④　268 ④　269 ④　270 ③
271 ③

272 돌연변이원에 대한 설명 중 틀린 것은?

① 알킬(alkyl)화제는 특히 구아닌(guanine)의 7위치를 알킬(alkyl)화 한다.
② NTG(N-Methyl-N′-nitro-nitrosoguanidine)는 DNA 중의 구아닌(guanine) 잔기를 메틸(methyl)화 한다.
③ 아질산은 아미노기가 있는 염기에 작용하여 아미노기를 이탈시킨다.
④ 5-Bromouracil(5-BU)은 보통 엔올(enol)형으로 아데닌(adenine)과 짝이 되나 드물게 케토(keto)형으로 되어 구아닌(guanine)과 짝을 이루게 된다.

273 다음 중에서 미생물의 인공변이에 이용되지 않는 것은?

① nitrogen mustard ② X선
③ 적외선 ④ 자외선

274 다음 중 변이유기제(變異誘起劑)가 아닌 물질은?

① 자외선 ② 아질산(HNO$_2$)
③ H$_2$S ④ nitrosoguanidine

275 다음 중 세균의 유전적 재조합 방법이 아닌 것은?

① 돌연변이(mutation)
② 형질전환(transformation)
③ 형질도입(transduction)
④ 접합(conjugation)

276 유전자 재조합에서 목적하는 DNA 조각을 숙주세포의 DNA 내로 도입시키기 위하여 사용하는 자율 복제기능을 갖는 매개체를 무엇이라 하는가?

① 중합 효소(polymerase) ② 벡터(vector)
③ 마커(marker) ④ 프라이머(primer)

277 특정유전자 서열에 대하여 상보적인 염기서열을 갖도록 합성된 짧은 DNA 조각을 일컫는 용어는?

① 프라이머(primer) ② 벡터(vector)
③ 마커(marker) ④ 중합 효소(polymerase)

---

272 5-Bromouracil(5-BU)
- thymine의 유사물질이고 호변변환(tautomeric shift)에 의해 케토형(keto form) 또는 엔올형(enol form)으로 존재한다.
- keto form은 adenine과 결합하고, enol form은 guanine과 결합한다.
- A:T에서 G:C로 돌연변이를 유도한다.

273 돌연변이원(mutagen)
- 인공적으로 균을 처리해서 그 형체 성질을 변화시키는 방법을 인공돌연변이라고 하고, 이것이 일어나게 하는 것을 변이 유기제(mutagen)라고 한다.
- 여기에는 자외선, X선, γ선(Co^{60}) 조사, nitrogen mustard, acenaphthene, camphor, acryflavin, nitrosoguanidine 등이 있다.

274 인공적으로 돌연변이를 일으키는 수법으로는 자외선이나 방사선 조사, 아질산(HNO$_2$) 처리, nitrosoguanidine 등과 같은 alkyl화제의 처리가 알려져 있다.

275 세균의 유전적 재조합(genetic recombination)
- 형질전환(transformation), 형질도입(transduction), 접합(conjugation) 등이 있다.

276 운반체(Vector)
- 유전자 재조합 기술에서 원하는 유전자를 일정한 세포(숙주)에 주입시켜서 증식시키려면 우선 이 유전자를 숙주세포 속에서 복제될 수 있는 DNA에 옮겨야 한다. 이때의 DNA를 운반체(백터)라 한다.
- 운반체로 많이 쓰이는 것에는 플라스미드(plasmid)와 바이러스(virus)의 DNA 등이 있다.

277 프라이머(primer)
- 특정 유전자 서열에 대하여 상보적인 짧은 단선의 유전자 서열 즉, oligonucleotide로 PCR진단, DNA sequencing 등에 이용할 목적으로 합성된 것이다.
- DNA 중합 효소에 의해 상보적인 유전자 서열이 합성될 때 전체 유전자 서열 중에서 primer에서 부터 합성이 시작되는 기시절이 된다.
- 일반적으로 20~30base-pair의 길이로 합성하여 사용한다.

ANSWER
272 ④ 273 ③ 274 ③ 275 ①
276 ② 277 ①

278 미생물의 영양요구성 변이균주(auxotroph)
- 평판 배지에서 25~30℃로 2일간 배양 시에 완전 배지, 보족 배지에는 생육되나 최소 배지에는 생육되지 않은 colony를 찾아내어 완전 배지에 이식하는 균을 말한다.
- 이 변이주는 특정한 영양물질을 절대적으로 요구한다.

279 DNA가 다른 세포에 전달되는 양식(3가지 방식)
- 형질전환(transformation)은 공여세포로부터 유리된 DNA가 직접 수용세포 내로 들어가 일어나는 DNA 재조합 방법으로, A라는 세균에 B라는 세균에서 추출한 DNA를 작용시켰을 때 B라는 세균의 유전형질이 A라는 세균에 전환되는 현상을 말한다.
- 형질도입(transduction)은 숙주세균 세포의 형질이 phage의 매개로 수용균의 세포에 운반되어 재조합에 의해 유전형질이 도입된 현상을 말한다.
- 접합(conjugation)은 두 개의 세균이 서로 일시적인 접촉을 일으켜 한 쪽 세균이 다른 쪽에게 유전물질인 DNA를 전달하는 현상을 말한다.

280 세포융합(cell fusion, protoplast fusion)
- 서로 다른 형질을 가진 두 세포를 융합하여 두 세포의 좋은 형질을 모두 가진 새로운 우량형질의 잡종세포를 만드는 기술이다.
- 세포융합과정
  ① 세포의 protoplast화 또는 spheroplast화
  ② protoplast의 융합
  ③ 융합체(fusant)의 재생(regeneration)
  ④ 재조합체의 선택, 분리

281 세포융합의 방법
- 미생물의 종류에 따라 다르다.
- 공통되는 과정은 적당한 한천 배지에서 증식시킨 적기(보통 대수증식기로부터 정상기로 되는 전환기)의 균체를 모아서 sucrose나 sorbitol와 같은 삼투압 안정제를 함유하는 완충액에 현탁하고 세포벽 용해 효소로 처리하여 protoplast로 만든다.
- 이때의 효소로서는 효모의 경우 달팽이의 소화 효소(snail enzyme), Arthrobacter luteus가 생산하는 zymolyase 그리고 β-glucuronidase, laminarinase 등이 사용된다.

 ANSWER
278 ④ 279 ① 280 ② 281 ④

---

278 미생물의 변이균주 중 영양 요구주(auxotrophic mutant)란?
① 질소원과 무기질의 일정 비율이 요구된다.
② 특별한 영양물질이 필요없고, 여러 가지 물질의 혼합비가 요구된다.
③ 탄소원과 질소원의 일정비율이 요구된다.
④ 특정 영양물질을 절대적으로 요구한다.

279 공여세포로부터 유리된 DNA가 직접 수용세포 내로 들어가 일어나는 DNA 재조합 방법을 무엇이라 하는가?
① 형질전환(transformation)
② 형질도입(transduction)
③ 접합(conjugation)
④ 세포융합(cell fusion)

280 세포융합(cell fusion)의 유도절차로 바르게 된 것은?
① 재조합체 선택 및 분리 → 융합체의 재생 → protoplast의 융합 → 세포의 protoplast화
② 세포의 protoplast화 → protoplast의 융합 → 융합체의 재생 → 재조합체 선택 및 분리
③ protoplast의 융합 → 세포의 protoplast화 → 융합체의 재생 → 재조합체 선택 및 분리
④ 융합체의 재생 → protoplast의 융합 → 재조합체 선택 및 분리 → 세포의 protoplast화

281 효모의 protoplast 제조 시 세포벽을 분해시킬 수 없는 것은?
① snail enzyme
② β-glucuronidase
③ laminarinase
④ β-glucosidase

282 제한 효소(restriction enzyme)에 대해 맞게 설명한 것은?

① DNA 조각들을 연결시키는 효소
② 특정 염기서열을 가진 소량의 DNA 단편을 대량 합성하는데 사용되는 효소
③ 최종 산물의 존재에 의해 활성이 억제, 제한되는 효소
④ DNA의 두가닥 사슬의 특정 염기배열을 식별하여 절단하는 효소

283 미생물의 유전에 관계되는 현상 중 바이러스에 의한 것은?

① 형질도입(transduction)
② 형질전환(transformation)
③ 재조합(recombination)
④ 치환(substitution)

284 다음 중 DNA의 수복기구가 아닌 것은?

① 염기수복
② 광회복
③ 제거수복
④ 재조합수복

PART 4-1. 발효공학의 기초

285 미생물의 발효배양을 위하여 필요로 하는 배지의 일반적인 성분이 아닌 것은?

① 질소원
② 무기염
③ 탄소원
④ 수소 이온

286 조작형태에 따른 발효형식의 분류에 해당되지 않는 것은?

① 회분배양
② 고체배양
③ 유가배양
④ 연속배양

---

282 제한 효소(restriction enzyme)
- 세균 속에서 만들어져 DNA의 특정 인식부위를 선택적으로 분해하는 효소를 제한 효소라고 한다.
- 세균의 세포 속에서 제한 효소는 외부에서 들어온 DNA를 선택적으로 분해함으로써 병원체를 없앤다.
- 세균의 세포로부터 분리하여 실험실에서 유전자를 포함하고 있는 DNA 조각을 조작하는 데 사용할 수 있다.

283 형질도입(transduction)
- 어떤 세균 내에 증식하던 bacteriophage가 그 세균의 염색체 일부를 빼앗아 방출하여 다른 새로운 세균 숙주 속으로 침입함으로서 처음 세균의 형질이 새로운 세균의 균체 내에 형질이 전달되는 현상을 말한다.
- *Salmonella typhimurium*과 *Escherichia coli* 등에서 볼 수 있다.

284 DNA의 수복기구
① 광회복(photoreactivation)
② 제거수복(exison repair)
③ 재조합수복(recornbination repair)
④ SOS 수복(transdimer systhesis)

285 미생물을 증식하기 위한 배지는 미생물에 따라 그 조성이 다르다. 그러나 공통적으로 탄소원, 질소원, 무기염류, 증식인자 및 물 등이 필요하다.

286 발효형식(배양형식)의 분류
① 배지상태에 따라 액체배양과 고체배양
- 액체배양 : 표면배양(surface culture), 심부배양(submerged culture)
- 고체배양 : 밀기울 등의 고체 배지 사용
  - 정치배양 : 공기의 자연환기 또는 표면에 강제통풍
  - 내부 통기배양(강제통풍배양, 퇴적배양) : 금속 망 또는 다공판을 통해 통풍
② 조작상으로는 회분배양, 유가배양, 연속배양
- 회분배양(batch culture) : 제한된 기질로 1회 배양
- 유가배양(fed-batch culture) : 기질을 수시로 공급하면서 배양
- 연속배양(continuous culture) : 기질의 공급 및 배양액 회수가 연속적 진행

ANSWER
282 ④ 283 ① 284 ① 285 ④
286 ②

287 연속배양의 장단점

	장점	단점
장치	장치 용량을 축소할 수 있다.	기존 설비를 이용한 전환이 곤란하여 장치의 합리화가 요구된다.
조작	작업시간을 단축할 수 있다. 전공정의 관리가 용이하다.	다른 공정과 연속시켜 일관성이 필요하다.
생산성	최종 제품의 내용이 일정하고 인력 및 동력 에너지가 절약되어 생산비를 절감할 수 있다.	배양액 중의 생산물 농도와 수득율은 비연속식에 비하여 낮고, 생산물 분리 비용이 많이 든다.
생물	미생물의 생리, 생태 및 반응기구의 해석수단으로 우수하다.	비연속배양 보다 밀폐성이 떨어지므로 잡균에 의해서 오염되기 쉽고 변이의 가능성이 있다.

288 회분식 배양(batch culture)
- 처음 공급한 원료기질이 모두 소비될 때까지 발효를 계속하는 방법이다.
- 기질의 농도, 대사생성물의 농도, 균체의 농도 등이 시간에 따라 계속 변환다.
- 작업시간이 길지만 조작의 간편성 때문에 대부분의 발효공업이 회분식 배양 형식을 택하고 있다.

289 미생물의 배양법
- 정치배양(stationary culture) : 호기성균은 액량을 넓고 얇게, 혐기성균은 액층을 깊게 배양한다.
- 진탕배양(shaking culture) : 호기성균을 보다 활발하게 증식시키기 위하여 액체배지에 통기하는 방법이다. 진탕배양법은 왕복진탕기(120~140rpm)나 회전진탕기(150~300rpm) 위에 배지가 든 면전플라스크를 고정시켜 놓고 항온에서 사카구치 플라스크를 쓴다.
- 사면배양(slant culture) : 호기성균의 배양에 이용되며 백금선으로 종균을 취해서 사면 밑에서 위로 가볍게 직선 또는 지그재그로 선을 긋는 방법이다.
- 통기교반배양 (submerged culture) : 호기성 미생물 균체를 대량으로 얻고자 할 때 사용한다. 발효조 내의 배양액에 스파저를 통해서 무균공기를 주입하는 동시에 교반하여 충분히 호기적인 상태가 되도록하여 배양하는 방법이다. 주로 Jar fermentor를 이용하여 진탕배양한다.

290 공기 송입장치
- 통기배양 시 공기는 sparger를 통해서 액내에 분산 취입된다.
- Tube형, ring형, 방사형 등이 있다.

---

287 연속배양의 장점이 아닌 것은?

① 장치 용량을 축소할 수 있다.
② 전공정의 관리가 용이하다.
③ 생산성이 증가한다.
④ 배양액 중 생산물의 농도가 훨씬 높다.

288 회분배양의 특징이 아닌 것은?

① 다품종 소량 생산에 적합하다.
② 작업시간을 단축할 수 있다.
③ 잡균오염에 대처하기가 용이하다.
④ 운전조건의 변동 시에 쉽게 대처할 수 있다.

289 호기성 미생물을 사용하여 균체를 다량 생산하고자 할 때 많은 양의 배지를 사용한다. 가장 적당한 배양방법은?

① 정치배양법
② 진탕배양법
③ 사면배양법
④ 통기교반배양법

290 통기배양 시의 공기 송입장치는?

① baffle plate
② paddle
③ sparger
④ turbine

ANSWER

287 ④ 288 ② 289 ④ 290 ③

291 발효장치 중 기계적인 교반에 의해 산소가 공급되는 통기교반형 배양장치가 아닌 것은?

① Air-lift형 발효조
② 표준형 발효조
③ Waldhof형 발효조
④ Vogelbusch형 발효조

292 주정 제조 시 단식 증류기와 비교하여 연속식 증류기의 일반적인 특징이 아닌 것은?

① 연료비가 많이 든다.
② 일정한 농도의 주정을 얻을 수 있다.
③ 알데히드(aldehyde)의 분리가 가능하다.
④ fusel유의 분리가 가능하다.

291 발효조
- 통기교반형 발효조, 기포탑형 발효조, 유동층 발효조 등이 있다.
- 통기교반형 발효조
  - 기계적으로 교반한다.
  - 교반과 아울러 폭기(aeration)를 하여 세포를 부유시키고 산소를 공급하며, 배지를 혼합시켜 배지 내의 열전달을 효과적으로 이루어지게 한다.
  - 미생물뿐만 아니라 동물세포 및 식물세포의 배양에 사용할 수 있다.
  - 표준형 발효조, Waldhof형 발효조, Acetator와 cavitator, Vogelbusch형 발효조
- 기포탑형 발효조(air lift fermentor)
  - 산소 공급이 필요한 호기적 배양에 사용되는 발효조이다.
  - 공기방울을 작게 부수는 기계적 교반을 하지 않고 발효조 내에 공기를 아래로부터 공급하여 자연대류를 발생시킨다.
- 유동층 발효조
  - 응집성 효모의 덩어리가 배지의 상승운동에 의하여 현탁상태로 유지된다.
  - 탑의 정상에 있는 침강장치에 의하여 탑 본체로 다시 돌려보내게 되므로 맑은 맥주를 얻을 수 있다.

292 주정의 증류장치
- 단식 증류기
  - 고형물(흙, 모래, 효모, 섬유, 균체)이나 불휘발성 성분(호박산, 염류, 단백질, 탄수화물)만이 제거된다.
  - 알데히드류나 에스테르류 또는 fusel류, 휘발산(개미산, 초산) 등은 제거되지 않고 제품 중에 남게 되어 특이한 향미성분으로 기능을 한다.
  - 비연속적이며, 증류 시간이 경과함에 따라 농도가 낮아져서 균일한 농도의 주정을 얻을 수 없다.
  - 연료비가 많이 드는 등 비경제적이다.
- 연속식 증류기
  - 알코올을 연속적으로 추출할 수 있고 일정한 농도의 주정을 얻을 수 있다.
  - 고급 알코올(fusel oil), 알데히드류, 에스테르류 등의 분리가 가능하다.
  - 생산 원가가 적게 든다.
  - 방향 성분을 상실할 수 있다.

291 ① 292 ①

293 생산물의 생성 유형
- 증식 관련형 : 에너지대사 기질의 1차 대사경로(분해경로)
  - 균체생산(SCP 등), 에탄올 발효, 글루콘산 발효 등
- 중간형 : 에너지대사 기질로부터 1차 대사와는 다른 경로로 생성(합성경로)
  - 유기산, 아미노산, 핵산관련 물질
- 증식 비관련형 : 균의 증식이 끝난 후 산물의 생성
  - 항생물질, 비타민, glucoamylase 등

294 항생제는 미생물이 만들어내는 천연 발효산물이고, 합성 항생제는 항생제 성분의 전부를 화학적으로 합성한 항생제이다.

295 발효주
- 단발효주 : 원료속의 주성분이 당류로서 과실 중의 당류를 효모에 의하여 알코올 발효시켜 만든 술이다. 예 과실주
- 복발효주 : 전분질을 아밀라아제(amylase)로 당화시킨 뒤 알코올 발효를 거쳐 만든 술이다.
  - 단행복발효주 : 맥주와 같이 맥아의 아밀라아제(amylase)로 전분을 미리 당화시킨 당액을 알코올 발효시켜 만든 술이다. 예 맥주
  - 병행복발효주는 청주와 탁주 같이 아밀라아제(amylase)로 전분질을 당화시키면서 동시에 발효를 진행시켜 만든 술이다. 예 청주, 탁주

296 295번 참조

297 295번 참조

298 295번 참조

ANSWER
293 ④ 294 ② 295 ① 296 ①
297 ② 298 ②

출제예상문제

293 생산물의 생성 유형 중 생육과 더불어 생산물이 합성되는 증식 관련형(growth associated) 발효산물이 아닌 것은?

① SCP(Single Cell Protein)
② 에탄올
③ 글루콘산
④ 비타민

294 산업적으로 미생물에 의해 생산되는 중요한 발효산물과 거리가 먼 것은?

① 미생물 균체(microbial cell)
② 합성 항생제(synthetic antibiotic)
③ 변형 화합물(transformed compound)
④ 대사산물(metabolite)

PART 4-2. 발효식품

295 주정발효에 대한 설명 중 틀린 것은?

① 단발효주의 원료는 꼭 당화해야 한다.
② 단행복발효주의 원료는 꼭 당화해야 한다.
③ 병행복발효주의 원료는 당화와 알코올 발효가 병행된다.
④ 복발효주는 단행복과 병행복발효주로 나눈다.

296 양조주 중 알코올 발효과정만을 거친 것은?

① 단발효주 – 포도주
② 복발효주 – 탁주
③ 증류주 – 럼
④ 혼성주 – 인삼주

297 단행복발효주에 속하는 것은?

① 포도주   ② 맥주
③ 약주   ④ 청주

298 다음 중 제조방법에 따라 병행복발효주에 속하는 것은?

① 맥주   ② 약주
③ 사과주   ④ 위스키

299 증류주에 속하는 것은?
① 소주
② 막걸리
③ 맥주
④ 청주

300 주류와 원료의 관계가 잘못된 것은?
① 청주 – 정백미
② 소주(희석식) – 고구마
③ 럼주 – 당밀
④ 브랜디 – 맥아

301 맥주 발효에서 보리를 발아한 맥아를 사용하는 목적이 아닌 것은?
① 보리에 존재하는 여러 종류의 효소를 생성하고 활성화시키기 위하여
② 맥아의 탄수화물, 단백질, 지방 등의 분해를 쉽게 하기 위하여
③ 효모에 필요한 영양원을 제공해 주기 위하여
④ 발효 중 효모 이외의 균의 성장을 저해하기 위하여

302 맥아 아밀라제의 당화에 적합한 온도는?
① 40~55℃
② 60~65℃
③ 65~75℃
④ 75~80℃

303 맥주 제조 시 첨가되는 hop의 효과로서 틀린 것은?
① 효모의 증식을 촉진시켜 알코올 농도를 높인다.
② 항균 효과가 있다.
③ 맥주의 거품에 관여한다.
④ 맥주 특유의 향미를 부여한다.

304 다음 중 맥주 제조 공정에서 hop 첨가 시기로 옳은 것은?
① 맥아 제조 – 분쇄 후
② 당화 후 – 자비와 같이
③ 발효 – 저장과 같이
④ 발효 후 – 여과와 같이

305 맥주에서 주로 고미를 부여하는 성분은?
① isohumulon
② lupulon
③ humulon
④ hop tannin

---

299 증류주
- 양조주 또는 그 술의 찌꺼기를 증류하여 주정함량을 높인 술로서 EX분 함량이 적은 것이 특징이다.
- 증류식 소주, 희석식소주, 위스키, 브랜디가 있다.

300 브랜디(Brandy)
- 포도, 사과, 체리 등 과일을 주 원료로 해서 만들어진 와인을 증류시킨 술이 브랜디이다.

301 맥주 발효에서 맥아를 사용하는 목적
- 당화 효소, 단백질 효소 등 맥아 제조에 필요한 효소들을 활성화 또는 생합성 시킨다.
- 맥아의 배조에 의해서 특유의 향미와 색소를 생성시키며, 동시에 저장성을 부여한다.
- 맥아의 탄수화물, 단백질, 지방 등의 분해를 쉽게 한다.
- 효모에 필요한 영양원을 제공해 준다.

302 맥아 amylase
- 60~65℃에서 발효성 당을 더욱 많이 분해한다.
- 70~75℃에서는 녹말의 분해가 빠르지만 60~65℃에서 dextrin 생성이 많다.
- 40~45℃에서는 함질소 물질이 가장 잘 분해된다.

303 호프의 효과
- 호프는 맥주에 고미와 상쾌한 향미를 부여하고, 거품의 지속성, 항균성 등의 효과가 있다.
- Hop의 tannin은 양조 공정에서 불안정한 단백질을 침전 제거하고, 맥주의 청징에도 도움이 된다.

304 hop 첨가 시기
- 당화가 끝나면 곧 여과하여 여과 맥아즙에 0.3~0.5%의 hop을 첨가한 다음, 1~2시간 끓여 유효성분을 추출한다.

305 humulon은 고미의 주성분이지만, 맥아즙이나 맥주에서 거의 용해되지 않고, 맥아즙 중에서 자비될 때 iso화되어 가용성의 isohumulon으로 변화되어야 비로소 맥아즙과 맥주에 고미를 준다.

ANSWER
299 ① 300 ④ 301 ④ 302 ②
303 ① 304 ② 305 ①

출제예상문제

306 맥주 제조 시 hop의 기능
- 고미와 상쾌한 향미 부여
- 거품의 지속성, 향균성 등의 효과

307 hop유
- terpene류가 함유되어 지방산과 ester를 형성하여 저장 중 이들 ester는 서서히 가수분해되어 향기가 발생한다.
- 맥아즙에 넣고 끓이면 대부분은 휘발하고 방향성인 소량의 hop 유가 남아서 맥주에 특유한 향기를 부여한다.

308 맥아 제조 공정
- 정선기 → 침지조(침맥) → 발아관 → 건조실(배조) 등의 순서로 이행되어 제조된다.
- 세척, 침맥, 발아, 배조를 자동 연속화한 장치들이 고안되고 있다.

309 우리나라 맥주는 하면맥주인 담색 맥주이다.

310 맥아즙의 자비 목적
- 맥아즙의 소정농도로 농축
- hop의 유효성분 침출
- 응고성 단백질 석출
- 맥아즙 살균 및 효소 실활 등
※ 맥아즙은 5~6℃로 냉각한다(담색 맥주).

311 맥주의 hop
- hop oil은 hop 방향의 주체가 된다.
- humulon은 맥주 고미의 주체이다.
- lupulon은 고미가 거의 없다.

312 후발효의 목적
- 발효성의 엑기스 분을 완전히 발효시킨다.
- 발생한 CO_2를 저온에서 적당한 압력으로 필요량만 맥주에 녹인다.
- 숙성되지 않은 맥주 특유의 미숙한 향기나 용존되어 있는 다른 gas를 CO_2와 함께 방출시킨다.
- 효모나 석출물의 침전 분리 : 맥주의 여과가 용이하다.
- 거친 고미가 있는 hop 수지의 일부 석출 분리 : 세련, 조화된 향미로 만든다.
- 맥주의 혼탁 원인물질을 석출·분리한다.

---

306 맥주 제조 시 hop의 기능은?
① 고미 부여
② 효모 증식 촉진
③ 알코올 농도를 높임
④ 착색 효과

307 맥주에 특유한 향기를 주는 hop 성분의 근원물질은?
① hop 유
② hop 수지
③ lupulon
④ hop 탄닌

308 맥아 제조 공정 순서가 가장 옳게 배열된 것은 어느 것인가?
① 정선기 → 침지조 → 발아관 → 건조실
② 발아관 → 침지조 → 정선기 → 건조실
③ 정선기 → 발아관 → 침지조 → 건조실
④ 침지조 → 발아관 → 정선기 → 건조실

309 우리나라 맥주는 어디에 속하는가?
① 담색 맥주
② 진한 맥주
③ 농색 맥주
④ 중등색 맥주

310 맥아즙의 자비 목적으로 틀린 것은?
① 불쾌취 제거
② Hop 성분 침출
③ 단백질 석출(제거)
④ 효소를 불활성화시킴

311 맥주의 hop 중 특히 향기 성분을 부여하는 것은?
① hop oil
② humulon
③ hop 수지
④ lupulon

312 맥주 후발효의 목적이 아닌 것은?
① 발효성 엑기스 분을 완전히 발효시킨다.
② 발생된 CO_2를 저온 하에서 필요한 양만 맥주에 녹인다.
③ 맥주 혼탁의 원인물질을 석출시켜 제거한다.
④ 맥주 고유의 색깔을 진하게 착색시킨다.

ANSWER
306 ① 307 ① 308 ① 309 ①
310 ① 311 ① 312 ④

313 맥주 발효에 대한 다음 설명 중 <u>틀린</u> 것은?

① 효모는 Saccharomyces 속을 이용한다.
② 병행 복발효주이다.
③ 두 줄 보리를 사용한다.
④ 단맥아를 사용한다.

314 상면효모와 하면효모를 설명한 것 중 <u>잘못된</u> 것은?

① 상면효모의 발효액은 혼탁하다.
② 상면효모는 소량의 효모점질물(polysaccharide)을 함유한다.
③ 하면효모는 발효작용이 빠르다.
④ 하면효모는 균체가 산막을 형성하지 않는다.

315 맥주 제조 공정 중 당화의 주요 목적은?

① 거품의 생성 유지, 방부작용
② 유해 효모 증식 억제, 유해 세균 살균
③ 당분의 생성, 수용성 아미노산의 생성
④ 맥주 특유의 향미 생성, 알코올 생성

316 맥주 제조용 보리의 보편적인 침맥 방법은 무엇인가?

① 냉수 침맥 ② 온수 침맥
③ 냉온수 침맥 ④ 고온 침맥

317 맥주용 제맥아 작업상 균등 발아를 할 수 있는 적온은?

① 4~5℃
② 6~12℃
③ 14~18℃
④ 22~30℃

318 녹맥아(함수율 42~45%)의 배조(焙燥)는 농색맥아와 담색맥아의 수분을 각각 몇 %까지 내리는 것이 적당한가?

① 농색맥아 : 1.5%, 담색맥아 : 3.5%
② 농색맥아 : 2.5%, 담색맥아 : 5%
③ 농색맥아 : 4.5%, 담색맥아 : 6%
④ 농색맥아 : 6%, 담색맥아 : 8%

313
• 효소력이 센 맥아가 요구될 때는 장맥아를 쓰고, 맥주용 맥아는 효소와 전분이 요구되므로 단맥아를 쓴다.
• 맥주 양조는 단행 복발효주에 속한다.

314 하면효모는 발효작용이 늦고, 상면효모는 발효작용이 빠르다.

315 맥주 제조 공정 중 당화의 주요 목적
• 맥아 중의 당화 효소(α-amylase, β-amylase)에 의하여 당류를 생성시킨다.
• 특히 녹맥아에 많은 단백질 분해 효소(proteinase, peptidase)에 의하여 불용성 단백질을 분해하여 수용성 아미노산 등을 생성시키는 것이다.

316 맥주 제조용 보리의 침맥
• 보리껍질과 배유 사이의 공기를 제거하고 발아에 필요한 수분을 공급하면서 곡립의 색소나 효모의 저해물질을 침출시키는 데 목적이 있다.
• 침맥 흡수율은 담색맥아는 대략 42~44%, 농색맥아는 44~46%가 적당하다.
• 수온이 높을수록 침맥시간이 단축되지만 20℃ 이상에서 침맥할 경우 발아에 유해한 미생물의 번식이 될 수 있으므로 냉수 침맥법(12~16℃)을 실시한다. 온수침맥은 20~30℃의 물을 사용하므로 시간이 단축되는 장점이 있다.

317 보리의 발아
• 적당한 온도, 습도, 산소 공급으로 이루어진다.
• 발아 최적 온도는 3~4℃, 최고 30℃이지만 균등한 발아를 위한 최적 온도는 14~18℃이다.
• 발아에 필요한 보리의 함수량은 대략 45% 정도가 적당하다.

318 배조
• 녹맥아의 건조와 배초(焙焦)를 병행하는 작업이다.
• 농색맥아는 수분을 1.5%, 담색맥아는 3.5%까지 감소시킨다.

 ANSWER

313 ② 314 ③ 315 ③ 316 ①
317 ③ 318 ①

출제예상문제

319 맥아즙의 공정
- 맥아 분쇄, 담금, 맥아즙 여과, 맥아즙 자비와 hop 첨가, 맥아즙 여과이다.
- 여기서 맥아즙 제조의 주목적은 맥아를 당화시키는 데 있다.

320 과일주 향미
- 과일주는 과즙을 천연 발효시켜 숙성 여과한 술로 과일 자체의 향미가 술의 품질에 많은 영향을 준다.
- 과일주 향미는 알코올과 산이 결합하여 여러 esters를 형성한다.
- Ethyl alcohol, amyl alcohol, isobutyl alcohol, butyl alcohol 등과 malic acid, tataric acid, succinic acid, lactic acid, capric acid, caprylic acid, caproic acid, acetic acid 등의 ethylacetate, ethylisobutylate, ethylsuccinate가 주 ester류이다.

321 포도주 제조과정에서 앙금 떠내기
- 후발효가 끝난 포도주는 발효통에 채우고 방치하면 효모, 주석, 단백질, 고무질, pectin질, tannin류 등이 침전하여 앙금이 생긴다.
- 이 앙금을 분리하여 청징을 시키는 앙금질을 하여 포도주를 용기와 접촉시킴으로서 산화를 촉진시켜 숙성을 조장시킨다.

322 포도주 제조 중 아황산 첨가
- 포도 과피에는 포도주 효모 이외에 야생효모, 곰팡이, 유해세균(초산균, 젖산균)이 부착되어 있으므로 과즙을 그대로 발효하면 주질이 나빠질 수 있다.
- 으깨기 공정에서 아황산을 가하여 유해균을 살균시키거나 증식을 저지시킨다.
- 아황산을 첨가하는 목적
  – 유해균의 사멸 또는 증식 억제
  – 술덧의 pH를 내려 산소를 높임
  – 과피나 종자의 성분을 용출시킴
  – 안토시안(anthocyan)계 적색색소의 안정화
  – 주석의 용해도를 높여 석출 촉진
  – 산화를 방지하여 적색소의 산화, 퇴색, 침전을 막고, 백포도주에서의 산화 효소에 의한 갈변 방지
- 아황산에는 아황산나트륨, 아황산칼륨, 메타중아황산칼륨($K_2S_2O_5$) 등이 있다.

323 322번 해설 참조

324 322번 해설 참조

ANSWER
319 ① 320 ③ 321 ④ 322 ①
323 ① 324 ③

---

319 맥아즙 제조의 주목적은?

① 당화
② 효모의 생산
③ 변질 방지
④ 효모의 증식

320 과일주 향미의 주성분이라고 할 수 있는 것은?

① 알코올(alcohol)
② 에테르 유도체(ether derivatives)
③ 에스테르 및 유도체(esters and derivatives)
④ 카보닐 화합물(carbonyl compound)

321 포도주 제조과정에서 앙금에서 떠내기를 하는 목적은?

① 주정을 많이 생성하기 위해서
② 저장성을 높이기 위해서
③ 산을 제거하고 효모를 왕성하게 발육시키기 위해서
④ 침전물을 제거하고 늙은 효모 냄새를 방지하기 위해서

322 포도주 제조 시 잡균의 증식을 억제시키거나 살균시키기 위해서 첨가하는 것은?

① $K_2S_2O_5$
② $NaNO_3$
③ KH_2PO_4
④ NH_4NO_3

323 포도주 제조 중 아황산 첨가의 목적이 아닌 것은?

① 에탄올만 생성하는 과정으로 하기 위해서
② 포도주 발효 시에 유해균의 사멸 및 증식 억제를 위해서
③ 포도주의 산화 방지를 위해서
④ 적색 색소의 안정화를 위해서

324 포도주 제조 공정 중 아황산을 첨가하는 공정은 어느 것인가?

① 과즙 개량 공정
② 후발효 공정
③ 으깨기 공정
④ 앙금질 공정

325 포도주의 발효 적온은?

① 20℃ 이하 　　② 30℃ 이하
③ 40℃ 이하 　　④ 50℃ 이하

326 적포도주용 포도 과즙의 당 농도는 몇 %로 조성하는 것이 좋은가?

① 12~15% 　　② 16~20%
③ 21~24% 　　④ 24~28%

327 포도주 발효에서 발효가 정지되거나 늦어지면 어떻게 하는가?

① 통기하거나 인산암모늄 0.02% 정도를 첨가한다.
② 발효조를 밀폐하거나, 인 1~5% 정도를 첨가한다.
③ 온도를 갑자기 저하시킨다.
④ 온도를 갑자기 상승시킨다.

328 적포도주의 후발효 적온과 기간은?

① 8~10℃, 10~14일
② 14~19℃, 9~12일
③ 22~29℃, 7~11일
④ 32~35℃, 3~5일

329 포도주에 철분이 용해되었을 때 미치는 영향은 무엇인가?

① 색이 좋아진다.
② 여과를 용이하게 된다.
③ 혼탁의 원인이 된다.
④ 향미가 좋아진다.

330 사과주에 방향을 주는 효모는?

① *Sacch. maliducleaux* 　　② *Sacch. delbrueckii*
③ *Sacch. cremoris* 　　④ *Sacch. cerevisiae*

331 사과주에서 산의 역할이 아닌 것은?

① 혼탁 방지 　　② 풍미 향상
③ 갈변 방지 　　④ 항산화제의 작용

---

325 포도주의 발효 온도
- 발효기간 동안 27℃ 이하로 유지해야 한다.
- 우량품질의 것은 20℃ 이하에서 발효시켜야 한다.
- 여름철 저장, 숙성 적온은 15~20℃이다.

326 적포도주용 포도
- 색이 붉고 선명해야 하며, 과즙은 18% 이상의 당도와 0.4~0.6%의 유기산이 함유되어야 한다.
- 설탕을 가하여 21~24%의 당 농도를 유지하는 것이 좋다.

327 포도주 발효
- 발효 온도는 15℃에서 3~4주간이고, 20~25℃에서는 7~10일이다. 30℃에서는 수일만에 주발효가 끝난다.
- 포도주 발효(주발효)에서 발효정지 또는 늦어지면 통기하거나 인산암모늄 0.02%를 첨가한다.

328 적포도주의 후발효
- 포도주 박을 분리하면 1~2%의 발효성 당분이 함유되어 있으므로 21.5~29.4℃에서 7~11일간 밀폐 용기에 넣고 발효시켜 최종 당분이 0.2% 이하가 되도록 하는 것이 후발효이다.
- 발효가 지연되면 통기하거나 인산암모늄 0.02%를 첨가하면 효과적이다.

329 철분 등 금속제 기구에서 금속이온의 용출되거나 과산화가 일어나면 포도주의 변질 혼탁의 원인이 된다.

330 사과주 효모
- *Sacch. maliducleaux*는 방향을 주는 효모
- *Sacch. malirisler*는 좋은 맛을 주는 효모
※ 사과 과피에는 *Sacch. cerevisiae var. ellipsoideus*와 *Kloeckera apiculata* 등 효모균이 붙어 있다.

331 사과주에서 산의 역할
- 제품의 풍미 향상
- 항산화제의작용
- 과즙의 갈변 방지
※주로 사과산, 구연산 등이다.

ANSWER
325 ① 　326 ③ 　327 ① 　328 ③
329 ③ 　330 ① 　331 ①

332 사과주에서 탄닌의 역할
- 단백질을 침전시켜 청징 효과가 있다.
- 저장성을 높이는 작용을 한다.

333 이강주(梨薑酒)
- 담황갈색의 감미 주정 음료이다.
- 배, 생강, 계피 등을 첨가하여 제조한 혼성주이다.

334 탁·약주 제조용 입국
- 전부 백국을 사용하고 있다.
- 이는 황국보다 산생성이 강하므로 술덧에서 잡균의 오염을 방지할 수 있다.
- 현재 널리 사용되고 있는 백국균은 흑국균의 변이주로서 *Aspergillus kawachii*이다.
- 입국의 중요한 세 가지 역할은 녹말의 당화, 향미부여, 술덧의 오염방지 등이다.

335 입국(粒麴)의 목적
- 전분이 당화되면서 효모균이 자연적으로 번식한다.
- 동시에 젖산균이 번식하여 젖산이 생성됨으로써 그 산에 의해 잡균번식이 억제된다.
- koji의 향미는 술의 품위를 높여 준다.

336 약·탁주용 곡자의 사용 시기
- 곡자는 내산성이고 당화력이 약하므로 입국만으로 담금하는 1단 담금 시에는 사용하지 않고, 산의 농도가 많이 희석되는 2단 담금 때에 사용해야 한다.
- 곡자는 많은 효모를 가지고 있으므로 주모의 모체 역할을 겸한 발효제의 일종이다.

337 약·탁주의 주모
- 효모균을 증식시키기 위하여 사용한다.
- 약주는 찐쌀에 누룩과 물을 혼합한 수국 주모를 사용한다.

338 좋은 청주 코지를 제조하기 위해서는 적당한 온도와 습도로 조절된 공기를 원료 증미 층을 통하게 하여 발생된 열과 탄산가스를 밖으로 배출시키고 품온 조절과 산소공급을 적당히 해야 한다.

---

332 사과주에서 tannin의 역할이 아닌 것은?
① 단백질 침전 ② 청징 효과
③ 저장성 증가 ④ 산도 조절

333 담황갈색의 감미 혼성주는?
① 이강주 ② 매실주
③ 백일주 ④ 두견주

334 탁·약주 제조 시 당화과정을 담당하는 미생물은?
① *Aspergillus* ② *Saccharomyces*
③ *Lactobacillus* ④ *Penicillium*

335 약·탁주 양조 시 입국(粒麴)의 목적이 아닌 것은?
① 전분질의 당화 ② 향미 부여
③ 오염 방지 ④ 주정 발효

336 약·탁주용 곡자의 적당한 사용 시기는?
① 1단 담금 시 ② 2단 담금 시
③ 주모의 담금 ④ 어느 때 사용해도 좋다.

337 약·탁주의 주모로서 적당한 것은?
① 곡자주모 ② 술덧주모
③ 수국주모 ④ 증식주모

338 다음의 청주 제조에 대한 설명으로 잘못된 것은?
① 쌀, 코지, 물을 주 원료로 제조되는 병행복발효주이다.
② 코지는 황국균인 *Aspergillus oryzae*가 사용된다.
③ 좋은 코지를 제조하기 위해서는 산소와의 접촉을 차단해야 한다.
④ 청주효모는 *Saccharomyces cerevisiae*를 사용한다.

ANSWER
332 ④ 333 ① 334 ① 335 ④
336 ② 337 ③ 338 ③

339 앙금질이 끝난 청주를 가열(火入)하는 목적과 관계가 없는 것은?

① 저장 중 변패를 일으키는 미생물의 살균
② 청주 고유의 색택형성 촉진
③ 용출되어 잔존하는 효소의 파괴
④ 향미의 조화 및 숙성이 촉진

340 주정에서 옥수수와 같은 곡류의 증자 시 옳은 조치는?

① 증자 시 pH를 8.6으로 올린다.
② 증자 시 pH를 4.6으로 내린다.
③ pH는 필요 없다.
④ 탄산칼슘을 넣는다.

341 청주 주모에 증식되는 미생물의 순서로 맞는 것은?

① 질산 환원균, 젖산균, 효모균
② 젖산균, 질산 환원균, 효모균
③ 효모균, 젖산균, 질산 환원균
④ 효모균, 질산 환원균, 젖산균

342 청주 압조에서 나오는 유출액은?

① 수조　　　　　② 착양
③ 황주　　　　　④ 중수

343 청주 증미로 좋은 것은?

① 외연내연인 것　　② 외강내강인 것
③ 외연내강인 것　　④ 외강내연인 것

344 고량주의 제법으로 옳은 것은?

① 누룩은 보리와 팥을 사용
② 술덧과 숙성 술덧을 분리 증자
③ 쌀과 수수로 제조
④ 옥수수와 쌀로 제조

---

339 앙금질이 끝난 청주를 가열(火入)하는 목적
- 앙금질이 끝난 청주는 60~63℃에서 수 분간 가열(火入)한다.
- 가열하는 목적은 변패를 일으키는 미생물의 살균, 잔존하는 효소의 파괴, 향미의 조화 및 숙성의 촉진 등이다.

340 옥수수는 산을 첨가(황산, 염산)하여 pH를 4.6으로 낮추지 않으면 점도가 떨어지지 않아 증자가 어렵다. 즉, 옥수수는 산을 첨가하여 pH를 4.6으로 낮추어야 증자가 잘 된다.

341 청주 주모에 증식되는 미생물
- 담금 시 사용한 물이나 koji에서 유래된 질산 환원균이 작용하여 술밑 중의 질산을 아질산으로 환원한다. 이 아질산은 야생효모의 증식을 저지시키는 작용을 한다.
- 이어서 koji에서 유래된 젖산균이 증식하여 산이 생성된다. 이 젖산에 의해 질산 환원균은 점차 사멸한다.
- 젖산균도 자신이 생산한 젖산과 효모에 의한 알코올에 의해 도태되어 마침내 술밑은 순수한 상태로 된다.
- 아질산 반응이 소실되고 젖산이 0.5% 정도에 달하였을 때 순수 배양한 종효모를 $10^5 \sim 10^6$ 효모수/술밑 1g이 되노록 첨가하면 효모는 급속히 증식을 시작한다.

342
- 중수(中垂) : 청주 압조(狎槽)에서 나오는 유출액
- 황주(荒走) : 청주의 발효 후 착양(搾揚)에서 처음 나오는 백탁액

343 청주 증미로 좋은 것
- 청주 원료인 쌀은 입자가 크고 연하며 탄수화물 함량이 많고 지방과 단백질의 함량이 적은 것이 좋다.
- 이들 쌀을 골라 25% 이상 도정하여 찐 것으로 외강내연인 것이 가장 좋다.

344 고량주는 수수를 주원료로 하고, 누룩은 보리와 팥을 사용한다.

ANSWER
339 ②　340 ②　341 ①　342 ④
343 ④　344 ①

출제예상문제

345 고량주의 양조 순서
① 주원료인 수수를 이미 발효가 끝난 술덧과 혼합한다.
② 이것을 증류 장치가 있는 시루에 넣어 수수의 증강과 술덧의 증류를 동시에 한다.
③ 술덧의 주성분이 전부 유출되고, 동시에 혼합한 세 원료의 증강이 충분히 되었을 때 꺼내어 식힌다.
④ 여기에 빻은 누룩의 적당량을 혼합하여 담금을 하는 것이 보통이다.

346 소주용 제국
- 처음에는 흑국, 백국, 및 황국을 모두 사용하였으나, 최근에는 흑국균(Asp. awamori)을 주로 사용한다.
- 흑국을 사용할 때는 흑국균 자체가 구연산을 생산하므로 제1차 담금을 흑국과 같은 양의 물을 넣어서 술밑을 만든다.

347 조국
- 원료밀을 거칠게 부순 것을 말한다.
- 그 중에서 특히 소주용으로 제조하여 증류를 쉽게 하기 위한 것을 추곡이라 한다.

348 젖산균을 이용한 식품
- 치즈 : 우유에 유산균, 단백질 응유 효소, 유기산 등을 가하여 응고시킨 후에 유청을 제거하여 제조한 것
- 요구르트 : 우유, 산양유 및 마유 등과 같은 포유동물의 젖을 원료로 하여 젖산균이나 효모 또는 이 두 종류의 미생물을 이용하여 발효시켜 제조한 것
- 김치 : 소금에 절인 배추나 무 따위를 고춧가루, 파, 마늘 따위의 양념에 버무린 뒤 *Leuconostoc mesenteroides* 등의 젖산균에 의해 발효과정을 거쳐 제조된 것
※포도주 : 포도과즙을 효모(*Saccharomyces ellipsoideus*)에 의해서 알코올 발효시켜 제조한 것

349 *Leuconostoc mesenteroides*
- 그람양성, 쌍구균 또는 연쇄상 구균이다.
- 생육 최적 온도는 21~25℃이다.
- 설탕(sucrose)액을 기질로 dextran 생산에 이용된다.
- 내염성을 갖고 있어서 김치의 발효 초기에 주로 발육하는 균이다.

---

345 원료 증자와 숙성 술덧 증류를 동시에 같이 행하는 것은?
① 소주
② 브랜디
③ 청주
④ 고량주

346 소주를 제조할 때 가장 많이 사용되는 미생물은 무엇인가?
① *Asp. awamori*
② *Asp. oryzae*
③ *Sacch. ellipsoideus*
④ *Sacch. cerevisiae*

347 소주 제조용 누룩으로 가장 적당한 것은?
① 추곡
② 분곡
③ 조곡
④ 백곡

348 젖산균을 이용한 식품이 아닌 것은?
① 치즈
② 요구르트
③ 포도주
④ 김치

349 설탕 용액에서 생장할 때 dextran을 생산하는 균주는?
① *Leuconostoc mesenteroides*
② *Aspergillus oryzae*
③ *Lactobacillus delbrueckii*
④ *Rhizopus oryzae*

 ANSWER

345 ④ 346 ① 347 ① 348 ③
349 ①

PART 4-3. 대사생성물의 생성

350 식초 제조에 이용하는 세균의 특성이 아닌 것은?

① 알코올에 대한 내성이 강할 것
② 내산성일 것
③ 초산을 산화할 것
④ 산생산이 많을 것

351 초산균을 사용하여 식초를 만들 때에 주원료는?

① 포도당　　　② 당밀
③ ethyl alcohol　④ 녹말

352 다음 중 종초(種醋)가 갖추어야 할 구비 조건이 맞지 않는 것은?

① 내구성이 강해야 한다.
② 산의 생성 속도와 양이 좋아야 한다.
③ 초산을 산화 분해해야 한다.
④ 방향성 에스테르와 불휘발산을 생성해야 한다.

353 다음 초산균 중 포도주 식초 양조에 이용되는 것은?

① Acetobacter aceti
② Acetobacter schutzenbachii
③ Acetobacter oxydans
④ Acetobacter vini acetati

354 ethyl alcohol 200g을 초산 발효시켜 얻을 수 있는 이론적 초산량은?

① 180g　　② 100.2g
③ 240g　　④ 260.9g

355 직접 산화에 의하여 유기산을 발효하는 것은?

① 구연산 발효
② 식초산 발효
③ 호박산 발효
④ 푸말산 발효

---

350 초산균을 선택하는 일반적인 조건
- 산 생성 속도가 빠르다.
- 산 생성이 많으며, 가능한 한 초산을 다시 산화하지 않는다.
- 초산 이외의 유기산류나 향기 성분인 에스테르류를 생성한다.
- 알코올에 대한 내성이 강하며, 잘 변성되지 않는 것이 좋다.

351 초산 발효는 Acetobacter 속의 세균을 이용하여 알코올을 산화하여 초산을 생산한다.

352 식초 양조에서 종초에 쓰이는 초산균의 구비 조건
- 산 생성 속도가 빠르고, 생성량이 많으며, 가능한 한 다시 초산을 산화하지 않는다.
- 초산 이외의 유기산류나 에스테르류를 생성한다.
- 알코올에 대한 내성이 강하며, 잘 변성되지 않는 것이다.

353 식초 양조에 이용되는 초산균
- Acetobacter aceti는 포도당, 알코올, glycerol을 동화하여 초산을 생성하는 식초산의 유용균으로 유명하다.
- Acetobacter schutzenbachii은 속초용균으로 11.5%의 많은 초산을 생성하며 균막을 형성한다. 포도과즙 중에 생육하고 식초 양조에 유해한 균이다.
- Acetobacter oxidans은 하면발효 맥주에서 분리되고 병맥주를 혼탁시키기도 한다. 균주에 따라 7.6%의 acetate, 8%의 gluconate을 생산하는 것이 있고, 생성 초산은 재분해하지 않는다.
- Acetobacter vini acetati은 포도주 식초 양조에 이용되는 초산균이다.

354 $C_2H_5OH + O_2 \rightarrow CH_3COOH + H_2O$의 식에서 C_2H_5OH의 분자량 46, CH_3COOH의 분자량 60이므로,
46 : 60 = 200 : X
X = 260.9g

355 초산 발효
- 알코올을 직접산화에 의하여 초산을 생성한다.
- 호기적 조건에 의해서는 에탄올을 알코올 탈수소 효소에 의하여 산화 반응을 일으켜 아세트알데하이드가 생산되고, 다시 아세트알데하이드는 탈수소 효소에 의하여 초산이 생성된다.

ANSWER
350 ③　351 ③　352 ③　353 ④
354 ④　355 ②

출제예상문제

356 젖산 발효로 혐기적 발효과정에 의하여 유산균이 유당을 발효하여 유산을 생성시킨다.

357 심부 배양법으로 구연산을 생산하는 과정에서 발효액 조제 중 가장 중요시 되는 것은 Fe ion의 양을 조절하여 생기는 isocitric acid를 억제시켜 구연산의 수율을 높이는 데 있다.

358 미생물을 이용한 아미노산 제조법
- 전구체 첨가에 의한 발효법
- Analoge 내성 변이주에 의한 발효법
- 영양 요구 변이주에 의한 발효법
- 효소법에 의한 아미노산 발효법
- 야생주를 이용하는 방법

359 구연산 분리방법
- 발효액을 가열한 후 $CaCO_3$를 가하고, 중화하여 구연산 석회를 침전시킨다.
- 침전물에 다량의 황산을 가하여 구연산을 유리시키고, 황산석회로 분리한다.
- 그런 후 농축하여 유리의 구연산으로 회수한다.

360 *Asp. niger*
- 산성에 강한 곰팡이고 흑국균이다.
- Pectin 분해 효소(pectinase)를 많이 분비하며, 포도당으로부터 gluconic acid, oxalic acid, citric acid 등의 유기산을 다량 분비한다.
- ※ 구연산 발효생산균은 산 생산량이나 부생산물 등을 고려하여 흑국균인 *Asp. niger*가 이용되나 *Asp. awamori*, *Asp. saitoi*를 이용하기도 한다.

361 *Asp. niger* 등에 의한 구연산 발효
- 배지 중에 Fe^{++}, Zn^{++}, Mn^{++} 등의 금속 이온량이 많으면 산생성이 저하된다.
- 특히 Fe^{++}의 영향이 크다.
- Fe^{++} 등의 금속함량을 줄이기 위하여
  - 미리 원료를 이온 교환수지로 처리한다.
  - 2~3%의 메탄올, 에탄올, 프로판올과 같은 알코올을 첨가한다.
  - Fe^{++}의 농도에 따라 Cu^{++}의 첨가량을 높여 준다.

---

356 다음 발효과정 중에 산소의 공급이 필요치 <u>않은</u> 것은?
① 구연산 발효 ② 글루탐산 발효
③ 초산 발효 ④ 젖당 발효

357 심부 배양법(submerged fermentation)으로 구연산(citric acid)을 생산하는 과정에서 발효액 조제 중 현재 가장 중요시되고 있는 것은?
① Fe^{++}량의 조절 ② pyruvate량의 조절
③ Cu^{++}량의 조절 ④ thiamine의 조절

358 미생물을 이용한 아미노산 발효법의 종류로서 <u>틀린</u> 것은?
① 전구체 첨가에 의한 발효법
② 격자법에 의한 발효법
③ Analoge 내성 변이주에 의한 발효법
④ 영양요구 변이주에 의한 발효법

359 구연산을 발효한 후, 균체를 분리한 액에 무엇을 가해야 구연산을 분리할 수 있는가?
① $CaCO_3$ ② Na_2CO_3
③ H_2PO_4 ④ $MgSO_4$

360 구연산의 생산에 관여하는 주요 곰팡이는?
① *Aspergillus oryzae* ② *Aspergillus niger*
③ *Aspergillus glaucus* ④ *Aspergillus flavus*

361 구연산 발효 시 철분의 저해를 방지하기 위해 첨가하는 금속 이온은?
① Ca ② Cu
③ Mg ④ Na

ANSWER
356 ④ 357 ① 358 ② 359 ①
360 ② 361 ②

362 Glutamic acid의 생산 균주는?

① *Rhodotorula glutinis*
② *Corynebacterium glutamicum*
③ *Cory. amagasakii*
④ *Candida utilis*

363 Glutamic acid 생산균의 생육 필수 인자는?

① folic acid
② riboflavin
③ niacin
④ biotin

364 n-paraffin에서 구연산을 발효법으로 만들 경우 사용되는 균은?

① *Aspergillus* 균
② *Penicillin* 균
③ *Saccharomyces* 균
④ *Candida* 균

365 해당계 분해 및 TCA 회로와 관련되는 유기산 발효의 종류는?

① 젖산 발효
② 식초산 발효
③ T-주석산 발효
④ Fatty acid 발효

366 쌀을 배지로 한 고체 배지에 *Asp. oryzae*에 의해 생성되고 유기산으로 살미제, 살충제로 이용되고 있는 것은?

① lactic acid
② citric acid
③ kojic acid
④ Tartaric acid

367 젖산, 구연산은 발효액에서 실제로 어떤 형태로 만들어 회수하는가?

① 마그네슘염
② 칼슘염
③ 나트륨염
④ 칼륨염

---

362 Glutamic acid 발효 시 사용되는 균주
- *Cory. glutamicum*, *Brev. flavum*, *Brev. lactofermentum*, *Microb. ammoniaphilum*, *Brev. thiogemitalis* 등이 있다.

363 Glutamic acid 발효 배지에 첨가되는 미량 생육인자 중에는 biotin을 요구하는 특성이 있으나 biotin 양을 제한할 때 glutamic acid가 다량 축적된다.

364 n-paraffin으로부터의 구연산 생산에 이용되는 미생물
- *Arthrobacter* 속의 세균, *Candida* 속의 효모, *Penicillin* 속의 곰팡이가 우수한 생산균이다.
- 이 중에서도 *Candida lipolytia*는 Fe^{2+}의 양을 조절함으로써 부생하는 isocitric acid를 억제하여 원료에 대해서 140~150% 구연산을 생성 측적할 수 있다.

365 해당계(EMP 경로)와 TCA cycle 상의 유기산류는 oxaloacetic acid를 제외하고는, 대개의 미생물에서는 많은 양의 산이 축적되나 구연산과 젖산이 많이 쓰인다.

366 *Asp. oryzae*의 특징
- 황국균으로 청주, 간장, 된장 등 제조에 사용되는 코지 곰팡이의 대표적 균종이다.
- 효소 활성이 강하여 추출하여 소화제로 이용한다.
- 특수대사 산물로 kojic acid를 생산한다.
- 녹말 당화력, 단백질 분해력 강하며, protease, amylase, pectinase 생산한다.

367 발효액 중의 균체를 분리하고, 젖산과 구연산은 생석회, 소석회, 탄산칼슘으로 중화하여 젖산칼슘과 구연산칼슘으로서 회수하고, 황산으로 젖산, 구연산으로 분해하여 농축하면 제품이 된다.

ANSWER
362 ② 363 ④ 364 ④ 365 ①
366 ③ 367 ②

출제예상문제

368 유산 발효형식
① 정상 발효형식(homo type) : 당을 발효하여 젖산만 생성
- EMP경로(해당과정)의 혐기적 조건에서 1mole의 포도당이 효소에 의해 분해되어 2mole의 ATP와 2mole의 젖산 생성된다.
- $C_6H_{12}O_6 \longrightarrow 2CH_3CHOHCOOH$
  포도당 2ATP   젖산
- 정상 발효 유산균은 *Str. lactis*, *Str. cremoris*, *L. delbruckii*, *L. acidophilus*, *L. casei*, *L. homohiochii* 등이 있다.
② 이상 발효형식(hetero type): 당을 발효하여 젖산 외에 알코올, 초산, CO_2 등 부산물 생성
- $C_6H_{12}O_6 \rightarrow$ $CH_3CHOHCOOH+C_2H_5OH+CO_2$
- $2C_6H_{12}O_6+H_2O \rightarrow$ $2CH_3CHOHCOOH+C_2H_5OH+$ $CH_3COOH+2CO_2+2H_2$
- 이상 발효 유산균은 *L. brevis*, *L fermentum*, *L. heterohiochii*, *Leuc.*, *mesenteoides*, *Pediococcus halophilus* 등이 있다.

369 368번 해설 참조

370 368번 해설 참조

371
- *Lactobacillus plantarum* : 침채류의 주 젖산균
- *Lactobacillus casei*, *Lactobacillus bulgaricus*, *Lactobacillus acidophilus* 등 : 발효유 제조에 주로 이용

372 itaconate 발효는 매실 식초로부터 분리한 *Asperglillus itaconicus* 를 이용하여 sucrose 농도가 높은 배지에서 itaconic acid 를 생산하는 발효법이다.

373 전분질 원료, 특히 고구마 원료의 고압 증자를 장시간 하면
- 당의 분해로 알코올 수득률이 저하되고, amylo균 등에 대한 저해물질이 생성된다.
- 즉, 고구마는 상당량의 β-amylase 가 있어서 증자 시에 순간적으로 강력하게 작용하므로 효소의 작용을 충분히 이용하도록 증자 조건을 정해야 한다.

ANSWER
368 ④ 369 ① 370 ④ 371 ②
372 ④ 373 ③

---

368 정상 발효형식(homo type)와 관계 <u>없는</u> 것은?

① glucose → 2 lactic acid
② *Lactobacillus acidophilus*
③ *Lactobacillus delbrueckii*
④ glucose → lactic acid + ethanol + CO_2

369 정상형 젖산 발효에서 포도당 1kg에 의해 생성되는 젖산의 양은?

① 1000g
② 1500g
③ 2000g
④ 2500g

370 다음 젖산균 중 Hetero균은 어느 것인가?

① *Lactobacillus bulgaricus*
② *Lactobacillus delbruckii*
③ *Streptococcus cremoris*
④ *Leuconostoc mesenteroides*

371 김치에서 주로 나타나는 젖산균은?

① *Lactobacillus casei*
② *Lactobacillus plantarum*
③ *Lactobacillus bulgaricus*
④ *Lactobacillus acidophilus*

372 다음 중 발효방법과 미생물의 연결이 <u>틀린</u> 것은?

① lactate 발효 – *Streptococcus lactis*
② citrate 발효 – *Asperglillus niger*
③ α-ketoglutarate 발효 – *Pseudomonas fluorescence*
④ itaconate 발효 – *Streptococcus cremoris*

373 전분질 원료에서 주정 제조 시 고압 증자를 장시간 할 때의 단점은?

① pH 조정 불량
② 호화 불량
③ 알코올 수득률 저하
④ 잡균 침입

374 주정 발효 생산에 있어서 곰팡이를 이용하여 당화하는 것이 아닌 것은?

① 당밀
② 옥수수
③ 고구마
④ 쌀겨, 밀기울

375 주류 발효 시, 안전한 발효를 유도시키기 위하여 건전한 효모 균체를 많이 번식시킨 것을 무엇이라고 하는가?

① 종국
② 주모(술밑)
③ 술덧
④ 앙금

376 당밀의 원료에서 주정을 제조하는 일반 과정은?

① 원료 – 희석 – 살균 – 당화 – 효모 접종 – 발효 – 증류
② 원료 – 희석 – 살균 – 효모 접종 – 발효 – 증류
③ 원료 – 증자 – 살균 – 효모 접종 – 발효 – 증류
④ 원료 – 증자 – 살균 – 당화 – 효모 접종 – 증류

377 전분질 원료에서 주정을 제조할 경우의 제조과정으로 옳은 것은?

① 호정화 → 증류 → 당화 → 발효
② 호정화 → 당화 → 발효 → 증류
③ 산당화 → 증류 → 호정화 → 발효
④ 산당화 → 발효 → 호정화 → 증류

378 알코올 발효에 쓰이지 않는 균은?

① *Rhizopus delemer*
② *Bacillus subtilis*
③ *Saccharomyces cerevisiae*
④ *Aspergillus oryzae*

379 주정발효는 어느 대사경로를 거쳐 ethyl alcohol이 생합성되는가?

① EMP
② TCA
③ HMP
④ DCA

---

374 주정 발효에 있어서 원료의 당화
- 녹말질 원료(곡류, 고구마 등)는 녹말을 산 혹은 효소에 의하여 가수분해(당화)시켜 발효성 당류로 분해해야 한다. 여기에는 국법, 아밀로법, 산당화법이 있다.
  - 국법: *Aspergillus usamii, Asp. awamorii* 등을 증식시켜 당화 효소로 이용
  - 아밀로법: *Mucor rouxii, Rhizopus delemer, Rh. japvanicus* 등의 곰팡이를 이용하여 당화
- 당밀원료는 당화하지 않는다.

375 주모(술밑)
- 주류 발효 시 효모 균체를 건전하게 대량 배양시켜 발효에 첨가하여 안전한 발효를 유도시키기 위한 물료이다.
- 주모에는 다량의 산이 존재하므로 유해균의 침입, 증식을 방지시킬 수 있는 특징이 있다.

376 당밀 원료의 제조 공정
당밀→희석→발효 조성제→살균→발효→증류→제품의 순이다.

377 전분질 원료의 제조 공정
원료→수세(건조)→증자(호정화)→당화→발효→증류→제품의 순이다.

378
- *Rhizopus delemer*: Amylo법에 의한 알코올 제조에 사용되는 이른바 amylo균이고, 전분 당화력이 강하여 포도당 제조에 사용된다.
- *Bacillus subtilis*: 고초균으로 α-amylase와 protease를 강력히 생산한다.
- *Sac. cerevisiae*: 맥주, 포도주, 청주, 알코올, 빵 등의 제조에 사용되는 유효한 효모로서 상면 발효의 맥주 효모이다.
- *Asp. oryzae*: 코지 곰팡이의 대표적인 황국균으로 청주, 된장, 감주, 절임류 등의 제품에 오래 전부터 중요시된 곰팡이다.

379 주정 발효
- 전분 혹은 당류를 효모에 의하여 발효시켜 ethyl alcohol을 생성하는 것이다.
- 즉, 주정 원료를 곰팡이에 의하여 포도당으로 당화시키고, 포도당은 효모에 의하여 해당작용(EMP경로)으로 발효되어 pyruvic acid가 생성되고 pyruvic acid는 혐기적으로 alcohol dehydrogenase에 의하여 ethyl alcohol이 생합성된다.

ANSWER
374 ① 375 ② 376 ② 377 ②
378 ② 379 ①

380 Mucor reuxii
- 전분 당화력이 강하고, 알코올 발효력도 있으므로
- amylo법에 의한 알코올 제조에 처음 사용된 균이다.

381 Hilderbrandt-Erb법(two stage)
- 당밀 폐액 중에서 증류하는 동안 비발효성 물질의 가수분해로 생기는 당분으로 충분히 효모균이 증식할 수 있기 때문에 호기 배양법으로 증류 폐액에 효모균을 번식시키면 발효에 필요한 효모량을 충분히 얻을 수 있다.
- 효모 증식에 소비되는 발효성당의 손실을 방지한다.
- 폐액의 BOD를 저하시킬 수 있다.

382 381번 해설 참조

383 Reuse법
- 발효가 끝난 후 효모를 분리하여 다음 발효에 사용
- 고농도 담금, 당소비 절감
- 원심 분리로 잡균 제거에 용이
- 폐액의 60% 재이용
※ Two stage법
- 증류 폐액에 효모를 배양하여 사용
- 당소비 절감
- 폐액의 BOD 처리

384 amylo법의 장단점
- 장점
  - 순수 밀폐 발효이므로 발효율이 높다.
  - 코지(koji)를 만드는 장소와 노력이 전혀 필요 없다.
  - 다량의 담금이라도 소량의 종균으로 가능하므로 담금을 대량으로 하여 대공업화 할 수 있다.
  - koji를 쓰지 않으므로 잡균의 침입이 없다.
- 단점
  - 당화에 비교적 장시간 걸린다.
  - 곰팡이를 직접 술덧에 접종하므로 술덧의 점도가 관계된다.
  - 점도를 낮추면 결국 담금 농도는 묽어진다.

385 연속 배양의 장점
- 장치의 용량을 축소할 수 있다.
- 작업시간의 단축, 전공정의 관리가 용이하다.
- 에너지 절약으로 생산비를 경감할 수 있다.
- 미생물의 생리, 생태 및 반응 기구의 해석수단으로 우수하다.

ANSWER
380 ② 381 ② 382 ④ 383 ②
384 ④ 385 ①

---

380 전분질로부터 amylo법에 의한 주정제조에 이용된 곰팡이는?

① Mucor mucedo
② Mucor rouxii
③ Rhizopus nigricans
④ Aspergillus flavus

381 Hilderbrandt-Erb(two stage)법은?

① 고농도 담금법이다.
② 증류 폐액에 효모를 배양하는 것이다.
③ 발효 후 효모를 분리하는 것이다.
④ 연속발효법이다.

382 당밀의 특수 발효법 중 two stage법이란?

① 발효가 끝난 후 효모를 분리하여 다음 발효에 사용하는 방법
② 고정 효모법으로 몇개의 구획된 발효조 안에서 발효하는 방법
③ 내당성 효모를 순양하여 고농도로 발효하는 방법
④ 효모를 증류 폐액으로 배양하여 사용하는 방법

383 Reuse법은?

① 폐액의 60% 사용법
② 발효가 끝난 후 효모를 분리하여 재사용하는 법
③ 증류 폐액에 효모 배양법
④ 고농도 담금법

384 주정 제조 중 amylo process의 장점이 아닌 것은?

① 제국 장소와 노력이 필요 없다.
② 발효율이 높다.
③ 코지(koji)를 쓰지 않으므로 코지로부터 오는 잡균 오염이 없다.
④ 대량으로 담금할 수 없다.

385 연속 배양의 장점에 관한 설명 중 틀린 것은?

① 잡균의 오염을 막을 수 있다.
② 발효 시간이 단축된다.
③ 전공정의 관리가 용이하다.
④ 발효장치의 용량을 줄일 수 있다.

386 비당화 발효법으로 알코올 제조가 가능한 원료는?

① 섬유소
② 곡류
③ 당밀
④ 고구마 · 감자 전분

387 주정 발효($C_6H_{12}O_6 \rightarrow 2CO_2+2C_2H_5OH$)는 주로 어느 대사에서인가?

① EMP 경로
② HMP 경로
③ TCA 회로
④ DCA 회로

388 Jar. fermentor에서 균을 배양할 때 발효조 내의 압력을 옳게 표현한 것은?

① 대기압보다 높아야 한다.
② 대기압과 같게 하여야 한다.
③ 대기압보다 낮아야 한다.
④ 발효조의 압력에 상관없다.

389 주정 제조에서 효모균 증식에 소비되는 발효성 당의 손실을 방지하고 폐액의 BOD를 떨어뜨릴 수 있는 이점이 있는 특수 발효법은?

① 고농도 술덧 발효법
② Hilderbrandt – Erb법(Two stage법)
③ Urises de Melle법(Reuse법)
④ 연속 발효법

390 amylo 법에 의한 주정 발효에 사용하는 효모균은?

① *Saccharomyces formosensis*
② *Saccharomyces coreanus*
③ *Saccharomyces cerevisiae*
④ *Saccharomyces peka*

391 당밀 원료에서 주정을 제조하는 일반적인 과정으로 옳은 것은?

① 원료 → 희석 → 살균 → 효모 접종 → 발효 → 증류
② 원료 → 희석 → 당화 → 살균 → 효모 접종 → 발효 → 증류
③ 원료 → 살균 → 증자 → 효모 접종 → 발효 → 증류
④ 원료 → 증자 → 살균 → 효모 접종 → 당화 → 증류

---

386 주정 발효 시
- 당화작용이 필요한 원료 : 섬유소, 곡류, 고구마·감자 전분
- 당화작용이 필요 없는 원료 : 당밀, 사탕수수, 사탕무

387 주정 발효
- 전분 혹은 당류를 효모에 의하여 발효시켜 ethyl alcohol을 생성하는 것이다.
- 주정 발효과정
  - 주정 원료를 곰팡이에 의하여 포도당으로 당화시킨다.
  - 포도당은 효모에 의하여 해당작용(EMP경로)으로 발효되어 pyruvic acid가 생성된다.
  - pyruvic acid는 혐기적으로 alcohol dehydrogenase에 의하여 ethyl alcohol이 생합성된다.

388 Jar. fermentor에서 균을 배양할 때
- 발효조 내의 압력은 대기압(외기압)보다 높아야 한다.
- 반대로 발효조의 내부 압력이 외기압보다 낮으면, 외부에서 공기가 흡입되어 잡균이 침입할 우려가 있으므로 어느 정도 높게 내부 압력을 유지할 필요가 있다.

389
- Hilderbrandt-Erb 법(Two stage 법) : 효모의 증식에 소비되는 발효성 당의 손실을 방지하고, 폐액의 BOD를 떨어뜨릴 수 있어서 폐액처리가 문제되는 공장에서는 유리한 방법이다.
- Urises de Melle법(Reuse법) : 발효가 끝난 후 효모균을 분리하여 그대로 다음 발효에 재차 사용하여 효모 증식에서 오는 당의 소비를 절약하는 방법이다.

390 amylo법에 의한 주정 발효에 사용되는 효모는 고온에 견딜 수 있는 *Saccharomyces thermantitonum*, *Saccharomyces peka* 등이 적합하다.

391 당밀 원료의 제조과정
- 당밀 → 희석 → 발효 조성제 → 살균 → 발효 → 증류 → 제품의 순이다.
- 당밀 원료에서 주정을 제조할 때 당화과정이 필요없다.

ANSWER
386 ③ 387 ① 388 ① 389 ②
390 ④ 391 ①

출제예상문제

392 알코올 발효법
① 전분이나 섬유질 등을 원료로 이용하여 맥아, 곰팡이, 효소, 산을 이용하여 당화시키는 방법
② 당화방법
- 고체국법(피국법, 밀기울 코지법)
  - 고체상의 코지를 효소제로 사용
  - 밀기울과 왕겨 6 : 4로 혼합한 것에 국균(Asp. oryza, Asp. shirousami) 번식시켜 국 제조
  - 잡균 존재(국으로부터 유래)때문 왕성하게 단시간에 발효
- 액체국법
  - 액체상의 국을 효소제로 사용
  - 액체배지에 국균(A. awamori, A. niger, A. usami)을 번식시켜 국 제조
  - 밀폐된 배양조에서 배양하여 무균적 조작이 가능, 피국법보다 능력이 감소
- amylo법
  - koji를 따로 만들지 않고 발효조에서 전분원료에 곰팡이를 접종하여 번식시킨 후 효모를 접종하여 당화와 발효가 병행해서 진행
- amylo 술밑 · koji 절충법
  - 주모의 제조를 위해서는 amylo법, 발효를 위해서는 국법으로 전분질 원료를 당화
  - 주모 배양 시 잡균오염 감소, 발효속도 양호, 알코올 농도 증가
  - 현재 가장 진보된 알코올 발효법으로 규모가 큰 생산에 적합

393 1mol glucose를 효모에 의하여 EMP경로로 발효시키면 2mol의 pyruvic acid가 생성되고, 2mol pyruvic acid는 혐기적으로 각각 2mol의 ethanol과 2mol lactic acid가 생성된다.

394 포도당 1kg으로부터 이론적인 ethanol 생성량
$C_6H_{12}O_6 \rightarrow 2C_6H_5OH + 2CO_2$
 (180)   (2×46)
180 : 46×2 = 1000 : X
∴ X = 511.1g

395 1mol glucose를 효모에 의하여 EMP경로로 발효시키면 2mol의 ethanol이 생성되고, ethanol은 호기적 조건에서는 2mol의 acetic acid가 생성된다.

---

392 알코올 발효의 원료로 전분을 이용할 경우 곰팡이 효소를 이용하는 방법은?

① 맥아법
② 산당화법
③ 국법
④ 합성법

393 1mol의 glucose를 효모로 발효시켜 EMP 경로로 발효되었을 때 몇 mol의 ethanol이 생기는가?

① 1mol
② 2mol
③ 3mol
④ 4mol

394 포도당 1kg에서 생성될 수 있는 Ethanol은?(C=12, H=1, O=16)

① 180(glucose) : 2×46(Eth.) = 103 : χ
② 180(glucose) : 46(Eth.) = 103 : χ
③ 92(glucose) : 46(Eth.) = 103 : χ
④ 92(glucose) : 2×46(Eth.) = 103 : χ

395 1mole의 포도당을 발효시켰을 때, 생성되는 ethanol과 acetic acid는 몇 mole인가?

① 1mole의 ethanol과 1mole의 acetate
② 2mole의 ethanol과 2mole의 acetate
③ 3mole의 ethanol과 3mole의 acetate
④ 4mole의 ethanol과 4mole의 acetate

ANSWER
392 ③ 393 ② 394 ① 395 ②

396 Ethanol 생성식 $C_6H_{12}O_6 \rightarrow 2C_2H_5OH + 2CO_2$에서 glucose 100g을 발효시켜 얻을 수 있는 ethanol 량은?

① 71.1g　　② 51.1g
③ 41.1g　　④ 31.1g

397 탄소원으로 포도당 1kg에 *Saccharomyces cerevisiae*를 배양하여 발효시켰을 때 얻어지는 ethyl alcohol의 이론적인 생성량은? (단, 원자량 : H=1, C=12, O=16)

① 421g　　② 511g
③ 642g　　④ 784g

398 glucose 180g을 발효시켜 얻을 수 있는 ethanol의 이론적 수량은?(C=12, H=1, O=16)

① 83g　　② 82g
③ 92g　　④ 93g

399 Glucose 1kg으로부터 얻어지는 이론적인 초산 생성량은?

① 537g　　② 557g
③ 600g　　④ 667g

400 술덧의 전분함량 16%에서 얻을 수 있는 탁주의 알코올 도수는?

① 약 8도　　② 약 18도
③ 약 28도　　④ 약 45도

401 식초 제조를 위해 *Streptococcus lactis*를 사용했을 때 식초가 생성되지 않았다. 옳은 이유는?

① 배양 온도가 옳지 않았다.
② pH가 맞지 않았다.
③ 젖산균 사용
④ 구연산균 사용

402 알코올 발효에 있어서 $CH_3CHO \rightarrow CH_3CH_2OH$ 반응에 관여하는 alcohol dehydrogenase의 Coenzyme은?

① FAD　　② NAD
③ TPP　　④ ADP

---

396 Gay Lusacc식에 의하면 이론적으로는 glucose로부터 51.1%의 수득률로 알코올이 생성된다.

397 Gay Lusacc식에 의하면
• 이론적으로는 glucose로부터 51.1%의 알코올이 생성된다.
• $C_6H_{12}O_6 \rightarrow 2C_2H_5OH + 2CO_2$
위 식에서 이론적인 ethanol 수득률이 51.1%이므로
$1000 \times 51.1/100 = 511g$

398 $C_6H_{12}O_6 \rightarrow 2C_2H_5OH + 2CO_2$
의 식에서 이론적인 ethanol 수득률이 51.1%이므로
$180 \times 51.1/100 = 91.98g$

399 포도당으로부터 초산생성 반응식
• $C_6H_{12}O_6 \rightarrow 2CH_5OH + 2CO_2$
　(180)　　(2×46)
• $C_2H_5OH + O_2 \rightarrow CH_3COOH + H_2O$
　(46)　　　　(60)
① 포도당 1kg으로부터 이론적인 ethanol 생성량
180 : 46×2 = 1000 : x
x=511.1g
② 포도당 1kg으로부터 초산생성량
180 : 60×2 = 1000 : x
x=666.6g

400 Gay Lusacc식에서
• glucose로부터 이론적인 ethanol 수득률은 51.1%이다.
• 전분 함량 16%에서 얻을 수 있는 탁주의 알코올 도수
16×51.11/100=8.2%
약 8%

401 *Streptococcus lactis*는 젖산균으로 발효유 제조에 주로 이용되고, 식초 제조에 이용되는 초산균은 *Acet. aceti*, *Acet. acetosum*, *Acet. oxydans*, *Acet. schutzenbachii* 등이다.

402 $CH_3CHO \rightarrow CH_3CH_2OH$ 반응식에서 NAD는 alcohol dehydrogenase의 Coenzyme이다.

ANSWER
396 ②　397 ②　398 ③　399 ④
400 ①　401 ③　402 ②

출제예상문제

403 코지(koji) 제조의 목적은?
① 당화
② pH 조절
③ 냄새와 색을 양호하게
④ 효소 생성

404 물과 주정 혼합물의 공비점은?
① 비점이 78.15℃ 응축점이 78.3℃이다.
② 비점이 78.15℃ 응축점이 97.2℃이다.
③ 비점이나 응축점 다같이 78.15℃이다.
④ 공비혼합물의 조성에 따라 다르다.

405 주정 생산 시 공정인 증류에 있어 공비점(K점)에 관한 설명으로 옳은 것은?
① 공비점에서의 알코올 농도는 97.2%(v/v), 물의 농도는 2.8%이다.
② 공비점 이상의 알코올 농도는 어떤 방법으로도 만들 수 없다.
③ 99%의 알코올을 끓이면 발생하는 증기의 농도가 높아진다.
④ 공비점이란 술덧의 비등점과 응축점이 88.15℃로 일치하는 지점이다.

406 주정의 제조에 있어서 fusel oil은 어느 공정에서 분리하는가?
① 증류
② 초류
③ 후류
④ 정류

407 주정의 제조에 있어서 알데히드(aldehyde)는 어느 공정에서 분리되는가?
① 숙성 술덧의 증류 시
② 초류(初留) 구분의 분리 시
③ 후류(後留) 구분의 분리 시
④ 정류(精留) 시

408 주정 발효 시 술덧에 존재하는 성분으로 불순물인 퓨젤유(fusel oil)의 성분이 아닌 것은?
① methyl alcohol
② n-propyl alcohol
③ isobutyl alcohol
④ isoamyl alcohol

---

403 찐쌀에 국균을 번식시키면 국균(Aspergillus)이 분비하는 효소의 작용으로 쌀 중의 성분을 분해하고, 특히 전분을 당분으로 만들어 발효시켜 각종 효소를 생산하는 것이다.

404 주정과 물의 혼합액의 주정 농도는 97.2v/v%(95.75 w/v%)로서 비점이나 응축점은 78.15℃이다.

405 공비점
- 알코올 농도는 97.2%, 물의 농도는 2.8%이다.
- 비등점과 응축점이 모두 78.15℃로 일치하는 지점이다.
- 이 이상 가열하여 끓이더라도 농도는 높아지지 않는다.
- 99% 알코올을 가열 냉각하면 오히려 농도는 낮아진다.
- 97.2 v/v% 이상의 농도는 탈수법으로 한다.

406 연속식 증류기의 장치를 작업상 구분하면
- 첫째, 술덧의 증류 잔사와 묽은 주정의 분리
- 둘째, 초류 구분의 분리 및 aldehyde 분리
- 셋째, 후류 구분의 분리 및 fusel oil 분리
- 넷째, 정류

407 406번 해설 참조

408 퓨젤유(fusel oil)
- 알코올 발효의 부산물인 고급 알코올의 혼합물이다.
- 불순물인 fusel oil은 술덧 중에 0.5～1.0% 정도 함유되어 있다.
- 주된 성분은 n-propyl alcohol(1～2%), isobutyl alcohol(10%), isoamyl alcohol(45%), active amyl alcohol(5%)이며 미량 성분으로 고급 지방산의 ester, furfural, pyridine 등의 amine, 지방산 등이 함유되어 있다.
- 이들 fusel oil의 고급 알코올은 아미노산으로부터 알코올 발효 시의 효모에 의한 탈아미노기 반응과 동시에 탈카르복시 반응에 의해서 생성되는 aldehyde가 환원되어 생성된다.

ANSWER
403 ④　404 ③　405 ①　406 ③
407 ②　408 ①

409 Acetone butanol 발효에 사용되는 균주는?

① *Lactobacillus* ② *Luconostoc*
③ *Bacillus* ④ *Clostridium*

410 amino acid 발효와 균주 간에 관계가 없는 것은?

① lysine 발효와 *Brevibacterium flavum*
② valine 발효와 *Aerobacter cloacae*
③ isoleucine 발효와 *Escherichia coli*
④ asparticacid 발효와 *Escherichia coli*

411 *Coryebacterium glutamicum*에 biotin을 과량 넣어 발효하였더니 균체 및 젖산이 많이 생산되었다. 이 배지를 사용하여 glutamic acid를 생산할 때 첨가하는 것은?

① 페니실린 ② 포도당
③ 엽산 ④ 효소

412 Glutamic acid 발효 시 원료당의 흡수를 높이기 위하여 첨가하는 것은?

① 포도당 ② 페니실린
③ 염산 ④ 이스트 추출물

413 다음 중 미생물의 발육 인자가 되지 않는 것은 어느 것인가?

① paraaminobenzoic acid ② inositol
③ benzoic acid ④ biotin

414 글루탐산(glutamic acid) 발효에서 통기가 부족될 때 생성되는 물질은?

① lactic acid ② lysine
③ fumarate ④ α-ketoglutaric acid

415 글루탐산 발효 시 사용되는 생산 균주는?

① *Micrococcus glutamicus* ② *Bacillus subtilis*
③ *Micrococcus cryophilus* ④ *Aspergillus oryza*

---

409 Acetone butanol이 생성균주는 *Clostridium acetobutylicum*와 *Cl. saccharoacetobutylicum*이 사용된다.

410 amino acid 발효와 균주
- lysine 발효 균주로는 *Corynebacterium glutamicum*, *Brevibacterium flavum* 등이 있다.
- valine 발효 균주는 *Aerobacter cloacae*, *A. aerogenes* 등이 관여한다.
- isoleucine 발효 균주는 *Bacillus subtilis*가 관여한다.
- Aspartic acid 발효 균주는 *Escherichia coli*, *Bacillus subtilis* 등이 관여한다.

411 비오틴(biotin)의 농도가 높을 경우 배양 시간의 적당한 시기에 penicillin을 첨가하여 효율적으로 글루탐산의 생성이 축적되도록 한다.

412 glutamic acid 발효 시
- 포도당과 설탕이 가장 좋은 탄소원이고, 배지의 당 농도는 일반적으로 5~10%이나 공업적인 생산에서는 당 농도를 12~16%까지 높여 발효시킨다.
- 이렇게 함으로써 glutamic acid는 6~8%의 높은 농도 발효액을 얻을 수 있다.

413 미생물의 발육 인자
- biotin, inositol, VB_1, VB_6, pantothenic acid, paraaminopenobenzoic acid 등이 있다.
- ※ benzoic acid는 살균성이 상당히 강해서 미생물이 생육할 수 없다.

414 글루탐산(glutamic acid) 발효
- 산소의 공급이 필요한데 산소가 부족할 때는 젖산이나 호박산으로 되고, 과도할 경우는 α-ketoglutaric acid로 발효 전환을 일으킨다.

415 글루탐산(glutamic acid) 발효에 사용되는 균주
- *Corynebacterium glutamicum* (*Micrococcus glutamicus*), *Brevibacterium flavum*, *Brev. divaricatum*, *Brev. lactofermentum*, *Microbacterium ammoniaphilum* 등이 있다.

ANSWER
409 ④ 410 ③ 411 ① 412 ①
413 ③ 414 ① 415 ①

출제예상문제

416 글루탐산(glutamic acid) 생산균
- biotin의 suboptimal 조건하에서 글루탐산(glutamic acid)의 정상 발효가 이루어진다.
- 배지 중의 biotin 농도는 0.5~2.0r/ℓ가 적당하나 이보다 많으면 균체만 왕성하게 증가되어 젖산만 축적하고 glutamic acid는 생성되지 않는다.

417 글루탐산(glutamic acid) 발효 조건에서
- biotin 첨가량이 적으면 생육하지 않으므로 글루탐산이 축적되지 않고, biotin 농도가 높으면 당 대사는 EMP가 주 경로이다.
- Biotin을 과량 첨가하면 글루탐산의 축적은 거의 없고, 균체의 증식과 젖산 생성이 왕성해진다.

418 lysine 직접 발효 시 변이주 이용
- 탄소원과 질소원을 함유하는 배지에서 1가지 균주를 배양하여 리신(lysine)을 직접 생성하고, 축적하는 방법에 사용하는 변이주에는 3종류가 있다.
  - 영양요구성 변이주(homoserine 요구성 변이주, threonine+methionine 요구성 변이주)
  - threonine, methionine 감수성 변이주
  - lysine analog 내성 변이주

419 homoserine은 영양요구성 변이주로 리신(lysine)을 직접 발효시킬 때 첨가하는 물질이다.

420 미생물을 이용한 아미노산 제조법
- 야생주에 의한 발효법 : glutamic acid, L-alanine, valine
- 영양요구성 변이주에 의한 발효법 : L-lysine, L-threonine, L-valine, L-ornithine, L-citrulline
- Analog내성 변이주에 의한 발효법 : L-arginine, L-histidine, L-Tryptophan
- 전구체가에 의한 발효법 : glycine→L-serine, D-threoine →isoleucine
- 효소법에 의한 아미노산의 생산 : L-alanine, L-aspartic acid

---

416 다음 중 글루탐산(glutamic acid) 생산균은 어떤 성질을 갖고 있는가?

① biotin이 많으면 세포벽이 두꺼워질 뿐 글루탐산의 생산에는 관계가 없다.
② biotin은 증식에 필요하고 글루탐산 생산은 biotin이 적을수록 많다.
③ biotin이 많을수록 증식이 잘되고 글루탐산의 축적도 많아진다.
④ 최적량의 biotin 존재 하에서 최대의 글루탐산을 생산한다.

417 글루탐산(glutamic acid) 발효 조건에 있어서 영양원에 관한 설명 중 틀린 것은?

① biotin의 농도가 높으면 당 대사는 EMP가 주경로이다.
② biotin의 농도가 높으면 균체 증식이 높다.
③ biotin의 농도가 높으면 젖산만 축적한다.
④ biotin의 농도가 높으면 글루탐산의 축적이 많아진다.

418 리신(lysine) 발효에서 변이주를 이용하는 직접 방법이 아닌 것은?

① homoserine 요구성 변이주
② threonine, methionine 감수성 변이주
③ oleic acid 요구성 변이주
④ lysine analog 내성 변이주

419 영양요구성 변이주로 리신(lysine)을 직접 발효할 때 첨가해야 할 물질은?

① glutamic acid   ② serine
③ methionine   ④ homoserine

420 다음 중 미생물 발효로 생산하는 아미노산이 아닌 것은?

① L-Cystine   ② L-threonine
③ L-Valine   ④ L-Tryptophan

ANSWER
416 ④ 417 ② 418 ③ 419 ④
420 ①

421 아미노산 발효의 종류가 아닌 것은?

① 야생균주 이용법
② 영양요구 변이주에 의한 발효법
③ Analog 내성 변이주에 의한 발효법
④ D.L – Lysine 합성법

422 glutamic acid 발효 생산균의 특징이 아닌 것은?

① Gram 음성이다.
② 운동성이 없다.
③ Biotin 요구성이다.
④ 포자를 형성하지 않는다.

423 비오틴(Biotin) 과잉 배지에서 glutamic acid 발효 시 첨가하여 주는 물질은 무엇인가?

① 리보플라민(riboflavin)
② 티아민(Thiamin)
③ 페니실린(Penicillin)
④ 비타민(Vitamin) C

424 핵산분해법에 의한 5'-nucleotides의 생산에 주원료로 쓰이지 않는 것은 무엇인가?

① Ribonucleic acid
② Deoxyribonucleic acid
③ 효모균제 중 핵산
④ Guanylic acid

425 소고기의 맛난 맛 성분인 5'-이노신산(5'-inosinic acid)의 전구물질(precursor)은?

① 하이포크산틴(hypoxanthin)
② 구아닐산(5'-guanylic acid)
③ 아데닐산(5'-adenylic acid)
④ 이노신(inosine)

426 다음 중 정미성이 없는 Nucleotide는?

① 5'– Deoxyguanylic acid
② 5'– Deoxyadenylic acid
③ 5'– Deoxyinosinic acid
④ 5'– Deoxyxanthylic acid

---

421 420번 해설 참조

422 glutamic acid 발효 생산균의 특징
- 호기성이다.
- 구형, 타원형 내지 단간균이다.
- 운동성이 없다.
- 포자를 형성하지 않는다.
- Gram 양성이다.
- 생육인자로서 biotin을 요구한다.

423 glutamic acid 발효 시 penicillin 첨가
- biotin 과잉 함유 배지에서 배양 도중에 penicillin을 첨가함으로써 대량의 glutamic acid의 발효 생산이 가능하다.
- Penicillin의 첨가 효과를 충분히 발휘하기 위해서는 첨가시기(약 6시간 배양 후)와 적당량(배지 1ml당 1~5IU) 첨가하는 것이 중요하다.

424
핵산분해법에 의한 5'-nucleo-tides의 생산에 주원료로 쓰이는 것은 ribonucleic acid, deoxyribonucleic acid, 효모균제 중 핵산 등이 있다.

425 생체 내에서 중요한작용을 하는 것은 5'-이노신산이다. 중요한 퓨린뉴클레오티드인 5'-아데닐산, 5'-구아닐산은 5'-이노신산을 거쳐서 생합성 된다. 또 ADP와 ATP는 5'-아데닐산이 인산화된 것이므로, 5'-이노신산은 ADP와 ATP의 전구체이다. 5'-이노신산은 핵산, 조효소, ATP 등을 합성하는 데 중요한 물질이다. 동물의 근육 속에는 5'-아데닐산이 다량으로 함유되어 있는데, 동물이 죽은 후에는 5'-아데닐산디아미나아제가작용하여 5'-이노신산으로 변한다. 5'-이노신산은 음식의 맛을 강하게 하므로 그 나트륨염이 화학조미료로 사용되고 있다.

426 정미성을 가지고 있는 nucleotide
- 5'-guanylic acid(guanosine-5'-monophosphate, 5'-GMP), 5'-inosinic acid(inosine-5'-monophosphate, 5'-IMP), 5'-xanthylic acid(xanthosine-5'-phosphate, 5'-XMP)이다.
- XMP〈IMP〈GMP의 순서로 정미성이 증가한다.
- ※5'-adenylic acid(adenosine-5'-phosphate, 5'-AMP)는 정미성이 없다.

ANSWER

421 ④ 422 ① 423 ③ 424 ④
425 ③ 426 ②

427 핵산관련 물질이 정미성을 갖기 위해서는
- 고분자 nucleotide, nucleoside 및 염기 중에서 mononucleotide만 정미성분을 가진다.
- purine계 염기만이 정미성이 있고 pyrimidine계는 정미성이 없다.
- 당은 ribose나 deoxyribose에 관계없이 정미성을 가진다.
- ribose의 5'의 위치에 인산기가 있어야 정미성이 있다.
- purine염기의 6의 위치 탄소에 – OH가 있어야 정미성이 있다.

428 리보오스(D-ribose)
- 핵산(RNA), ATP(adenosine triphosphate), riboflavin(vit. B_2) 및 NAD, CoA 등 조효소(coenzyme), 핵산계 조미료인 IMP, GMP 등의 구성성분이다.
- 효모에 의하여 발효되지 않는다.

429 정미성 핵산(뉴클레오티드)의 제조방법
① RNA를 미생물 효소로써 또는 화학적으로 분해하는 방법(RNA 분해법)
② purine nucleotide 합성의 중간체를 배양액 중에 축적시킨 다음 화학적으로 nucleotide를 합성하는 방법(발효와 합성의 결합법)
③ 생화학적 변이주를 이용하여 당으로부터 직접 nucleotide를 생산하는 방법 (de novo 합성)

430 핵산의 무질소 부분 대사
- 인산은 음식물 또는 체내 급원으로부터 쉽게 얻어지고, 대사 최종산물로서 무기인산염으로 되어 소변으로 배설된다.
- ribose와 deoxyribose는 glucose와 다른 대사 중간물로부터 직접 얻어진다.
- pentose의 분해경로는 명확치 않으나 최종적으로 H_2O와 CO_2로 분해된다.

431 RNA는 모든 생물에 널리 존재하지만 RNA의 공업적 원료로서는 미생물 중에서도 효모균체 RNA가 이용되고 있다. RNA 원료로서 효모가 가장 적당하다는 것은 RNA의 함량이 비교적 높고 DNA가 RNA에 비해서 적으며 균체의 분리, 회수가 용이할 뿐 아니라 아황산펄프폐액, 당밀, 석유계 물질 등 값싼 탄소원을 이용할 수 있다는 등의 이유 때문이다.

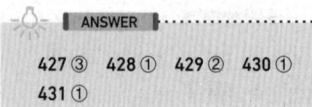

427 ③   428 ①   429 ②   430 ①
431 ①

---

427 핵산관련 물질의 정미성(呈味性)에 관한 내용 중 틀린 것은?

① Ribose의 5' 위치에 인산기가 붙는다.
② Monoucleotide에 정미성이 있다.
③ 정미성은 pyrimidine계의 것에는 있으나, purine계의 것에는 없다.
④ Nucleotide의 당은 deoxyribose, ribose이다.

428 효모에 의하여 발효되지 않으며 핵산계 조미료인 IMP, GMP 등의 구성성분을 이루는 당은?

① 리보오스(ribose)
② 만노오스(mannose)
③ 갈락토오스(galactose)
④ 글루코오스(glucose)

429 정미성 핵산의 제조방법이 아닌 것은?

① RNA 분해법
② DNA 분해법
③ 생화학적 변이주를 이용하는 방법
④ Purine nucleotide 합성의 중간체를 축적시켜 화학적으로 합성하는 방법

430 핵산의 무질소 부분 대사에 대한 설명으로 옳은 것은?

① 인산은 대사 최종산물로서 무기인산염 형태로 소변으로 배설된다.
② 간, 근육, 골수에서 요산이 생성된 후 소변으로 배설된다.
③ NH_3를 방출하면서 분해되고 요소로 합성되어 배설된다.
④ pentose는 최종적으로 분해되어 allantoin으로 전환되어 배설된다.

431 미생물 균체를 이용한 정미성 핵산 물질을 얻는 데 가장 유리한 미생물은?

① 효모
② 세균
③ 방선균
④ 곰팡이

432 다음 대사산물의 회수방법 중 특히 항생물질 생산에 중요한 방법은?

① 염석법
② 침전법
③ 흡착법
④ 용매추출법

433 발효에 관여하는 미생물에 대한 설명 중 옳지 <u>않은</u> 것은?

① 글루타민산 발효에 관여하는 미생물은 주로 세균이다.
② 당질을 원료로 한 구연산 발효에는 주로 곰팡이를 이용한다.
③ 항생물질 스트렙토마이신(streptomycin)의 발효 생산은 주로 곰팡이를 이용한다.
④ 초산 발효에 관여하는 미생물은 주로 세균이다.

434 세포벽 합성(cell wall synthesis)에 영향을 주는 항생물질은?

① Streptomycin
② Oxytetracycline
③ Chloramphenicol
④ Penicillin G

435 β-lactam 계열의 항생물질인 것은?

① penicillin
② tetracycline
③ mitomycin
④ kanamycin

436 세린을 글리신으로 전환시키는 데 소요되는 비타민에 해당되는 것은?

① 엽산+피리독살포스페이트
② 엽산+비타민 B_{12}
③ 피리독살페이트+비타민 B_6
④ 비타민 B_{12}+나이아신

---

432 미생물 대사산물
- 대사산물의 종류
  - 균체 내 물질 : 핵산, 비타민, 일부의 효소, 항생제 등
  - 균체 외 물질 : 아미노산, 구연산, 알코올, 효소(amylase, protease 등), 항생제(penicillin, streptomycin 등) 등
- 대사산물의 회수방법
  - 침전법 : glutamic acid 등의 등전점 침전
  - 염석법 : 효소 등의 고분자 단백질이나 peptide류에 거의 한정
  - 용매추출법 : 항생물질의 정제에 있어서 극히 중요한 방법
  - 흡착법 : streptomycin의 정제 이며 항생물질 이외에도 아미노산, 핵산관련 물질, 효소, 유기산 분리

433 스트렙토마이신(streptomycin)은 당을 전구체로 하는 항생물질의 대표적인 것으로 그 생합성은 방선균인 *Streptomyces griceus*에 의해 D-glucose로부터 중간체로서 myoinositol을 거쳐 생합성 된다.

434 벤질페니실린(페니실린G)
- 산에 불안정하여 위를 통과하면서 대부분 분해되므로 충분한 약효를 얻기 위해서는 근육 내 주사로 투여해야 한다.
- 일부 반합성 페니실린은 산에 안정하기 때문에 경구 투여할 수 있다.
- 모든 페니실린류는 세균의 세포벽 합성을 담당하고 있는 효소의 작용을 방해하고 또한 유기체의 방어벽을 부수는 다른 효소를 활성화시키는 방법으로 그 효과를 나타낸다. 그러므로 이들은 세포벽이 없는 미생물에 대해서는 효과가 없다.

435 페니실린(penicillins)
- 베타-락탐(β-lactame)계 항생제로서, 보통 그람 양성균에 의한 감염의 치료에 사용한다.
- lactam계 항생제는 세균의 세포벽 합성에 관련 있는 세포질막 여러 효소(carboxypeptidases, transpeptidases, entipeptidases)와 결합하여 세포벽 합성을 억제한다.

436 serine을 glycine으로 전환시키는데 folic acid(엽산)가 관여하며, transferlase로는 pyridoxal phosphate (PALP)를 보효소로 필요하다.

ANSWER

432 ④ 433 ③ 434   435 ①
436 ①

출제예상문제

437 nicotinic acid(niacin)은 조효소로 수소를 운반하고, B₂의 복합체에서 분리된 것으로 tryptophan에서 niacin으로 전환되어 이용된다.

438 vitamin B₁₂의 생산균
- Streptomyces griseus, Streptomyces olivaceus, Propionibacter freudenreichii, Streptomyces fradiae, Bacillus megaterium 등이다.

439 Vitamin C(L-ascorbic acid)의 특징
- 강력한 환원력을 가지고 있어서 효과적인 항산화제 역할을 한다.
- 야채, 과실, 과즙 등의 갈색화 방지를 위하여 널리 사용되고 있다.
- 생체 내에서는 산화 환원계에 작용한다.
- 결핍증은 괴혈병을 유발한다.

440 비타민 C의 발효
- Reichsten의 방법으로 합성되고 있다.
- 이 중에서 중간체인 D-sorbitol로부터 L-sorbose로의 산화는 화학적 방법에 의하면 라세미 형이 생성되어 수득량이 반감하기 때문에 산화세균인 Acetobacter suboxydan, Gluconobacter roseus 등을 이용하여 90% 이상의 수득률로 L-sorbose를 생성한다.

441 근육당인 inositol
- 포도당의 이성체이면서 산, 알칼리에 매우 안정하다.
- 동물의 근육 안에 있는 비타민의 하나이다.

442 발효법으로 생산되는 식물 생장 호르몬은 gibberellin과 herminthosporiul 등이 있다.

443
- Eremothecium ashbyii : vitamin B₂를 생성한다.
- Streptomyces fradiae, Streptomyces olivaceus : 모두 vitamin B₁₂의 생산균이다.
- Penicillium roquefortii : 푸른곰팡이 치즈인 roquefortii cheese의 숙성과 향미에 관여한다.

---

437 아미노산인 트립토판이 전구체인 비타민은?
① 비타민 B₂ ② 나이아신
③ 비타민 A ④ 비타민 B₁₂

438 Vitamin B₁₂의 생산균은?
① *Lactobacillus casei*
② *Streptomyces olivaceus*
③ *Streptococcus faecalis*
④ *Clostridium botulinum*

439 다음 중 항산화제로 사용되는 vitamin은?
① vitamin B₁ ② vitamin B₂
③ vitamin C ④ folic acid

440 비타민(Vitamin) C 생산과 가장 관계가 있는 것은?
① Glycine 발효 ② Propionic acid 발효
③ Glutamic acid 발효 ④ Sorbose 발효

441 포도당의 이성체이면서 산, 알칼리에 안정하고 동물의 근육 안에 있는 비타민의 하나인 근육 설탕(muscle sugar)은?
① inositol ② choline
③ biontin ④ riboflavin

442 발효법으로 생산되는 식물 호르몬은?
① xanthan ② dextrin
③ gibberellin ④ seratin

443 다음 미생물 중 비타민(vitamin) 생산균이 아닌 것은?
① *Eremothecium ashbyii*
② *Penicillium roquefortii*
③ *Streptomyces olivaceus*
④ *Streptomyces fradiae*

ANSWER
437 ② 438 ② 439 ③ 440 ④
441 ① 442 ③ 443 ②

444 Vitamin B₂의 생산 균주가 아닌 것은?

① *Eremothecium ashbyii*
② *Asbbya gossypii*
③ *Candida flaveri*
④ *Pseudomonas denitrificans*

445 효소 생산에서 지미성분을 얻고자 할 때, 어떤 효소를 작용시켜야 하는가?

① 2 - phosphodiesterase
② 3 - phosphodiesterase
③ 5 - phosphodiesterase
④ phosphodiesterase

446 효소의 고정화법으로 적당치 않은 것은?

① 포괄법　　② 가교법
③ 담체 결합법　　④ 흡착법

447 효소의 고정화 방법 중 담체 결합법에 속하지 않는 것은?

① 가교법　　② 공유 결합법
③ 이온 결합법　　④ 물리적 흡착법

448 효소 생산에 있어서 일반적으로 고체 배양법으로 생산하지 않는 것은?

① *Rhizopus delemar*에 의한 glucoamylase의 생산
② *Streptomyces griseus*에 의한 protease의 생산
③ *Aspergillus oryzae*에 의한 amylase의 생산
④ *Trichoderma viride*에 의한 cellulase의 생산

449 다음 미생물 중 amylase를 생산하지 않는 것은 어느 것인가?

① *Bacillus mesentericus*
② *Acetobacter suboxydans*
③ *Aspergillus oryzae*
④ *Rhizopus delemar*

---

444 Vit. B₂(riboflavin)
- 생체 내에서 호흡계의 수소전달체로서 중요한 역할을 한다.
- 자낭균류에 속하는 *Eremothecium ashbyii*와 *Asbbya gossypii* 그리고 *Pseudomonas denitrificans*는 많은 flavin을 균체 내에 축적하므로 공업적으로 비타민 B₂의 생산 균주로 이용된다.

445 RNA의 효소 분해
- RNA는 nucleotide가 C₃'와 C₅'간의 phosphodiester 결합에 의해서 중합된 polynucleotide이다. 따라서 RNA를 가수분해 하면 nucleotide를 얻을 수 있다.
- 5'-phosphodiesterase로 가수분해하면 GMP, UMP, CMP 등 정미 성분을 얻을 수 있다.
- *Penicillium citrinum* 등의 곰팡이, *Streptomyces aureus* 등의 방선균, 세균, 분얼전균, 효모 등 많은 미생물에 의해서 5'-phosphodiesterase가 생산된다.

446 고정화 효소의 제법
- 담체 결합법, 가교법, 포괄법의 3가지 방법이 있다.
  - 담체 결합법은 공유 결합법, 이온 결합법, 물리적 흡착법이 있다.
  - 포괄법은 격자형, microcapsule법이 있다.

447 담체 결합법
- 물에 녹지 않은 담체에 효소 또는 미생물을 물리·화학적 방법으로 결합시켜 고체 촉매화하는 방법이다.
- 그 결합 양식에 따라 공유 결합법, 이온 결합법, 물리적 흡착법으로 나눈다.
- 이 중 공유 결합법이 가장 많은 종류의 효소에 이용되고 있다.

448 효소 생산에 있어서 일반적인 배양법
- 보통 곰팡이를 균주로 할 경우에는 고체 배양으로 한다.
- 세균, 효모, 방사선균 경우에는 액체 배양으로 한다.
- 효소 역가는 액체 배양법이 고체 배양법보다 높다.

449 amylase를 생산하는 미생물
- *Asp. niger*, *Asp. oryzae*, *B. mesentericus*, *B. subtilis*, *Rhizopus delemar*, *R. oryzae*, *Endomycopsis fibuliger* 등이 있다.

ANSWER

444 ③　445 ③　446 ④　447 ①
448 ②　449 ②

출제예상문제

450 hemicellulase는 식물 세포막 성분 중 셀룰로오스를 제외한 갖가지 다당류 혼합물인 헤미셀룰로오스를 가수분해 하는 효소이다.

451 naringinase와 hesperidinase
- Asp. niger가 생산한다.
- naringinase는 귤 등의 과피의 쓴맛을 제거한다.
- hesperidinase는 과즙의 백탁 방지에 이용된다.

452 요소 분해 효소 urease의 저해 물질을 제거하기 위한 첨가제로는 H_2S가 적당하다.

453 Rhizopus delemar가 생성하는 효소는 glucoamylase이고, 전분을 glucose로 거의 분해시킨다.

454 5'-IMP(5'inosinic acid)를 직접 생산하기 위한 생산 균으로서의 갖추어야 할 성질
- SAMP synthetase와 IMP dehydrogenase의 두 효소의 결여 내지 미약하다.
- 5'-IMP의 생합성계에 대한 조절 기구의 해제이다.
- 5'-IMP에 대한 세포 투과성의 증가 등을 생각할 수 있다.

455 균체 외 효소는 균체를 제거한 배양액을 그대로 정제하면 되나 균체 내 효소는 세포의 마쇄, 세포벽 용해 효소처리, 자기소화, 건조, 용제처리, 동결융해, 초음파 파쇄, 삼투압 변화 등의 방법으로 효소를 유리시켜야 한다.

456 효소의 정제법
- 유기용매에 의한 침전, 염석에 의한 침전, 이온 교환 chromatography, 특수 침전(등전점 침전, 특수 시약에 의한 침전), gel 여과, 전기영동, 초 원심분리 등이 있다.
- 이 중 acetone이나 ethanol에 의한 침전과 황산암모늄에 의한 염석 침전법이 공업적으로 널리 이용된다.
※ 이와 같은 방법을 여러개 조합하여 행한다.

ANSWER
450 ② 451 ③ 452 ③ 453 ②
454 ② 455 ③ 456 ③

---

450 겉보리의 외피에 존재하는 섬유질 다당류를 분해하는 효소는?
① glucoamylase　② hemicellulase
③ cellulase　④ melibiase

451 Naringinase. Hesperedinase 생성 균주는?
① Bac. subtilis　② Asp. oryzae
③ Asp. niger　④ Sacch. pombe

452 요소 분해 효소(urease)의 저해물질을 제거하기 위한 첨가제로 가장 적당한 것은?
① $CaCO_3$　② $AgNO_3$
③ H_2S　④ $KMnO_4$

453 전분을 glucose로 거의 100% 분해시키는 Rhizopus delemar가 생성하는 효소는?
① cellulase　② glucoamylase
③ β-amylase　④ dextrinase

454 5'-IMP를 직접생산하기 위한 생산균으로서 갖추어야 할 성질이 아닌 것은?
① SAMP synthetase와 IMP dehydrogenase의 두 효소의 결여 혹은 미약
② 5'-IMP에 대한 세포 투과성의 감소
③ 5'-IMP에 생합성계에 대한 조절기구의 해제
④ 5'-IMP 분해 효소의 결여

455 균체 내 효소를 추출하는 방법 중 가장 부적당한 것은?
① 초음파 파쇄법　② 기계적 마쇄법
③ 염석법　④ 동결 융해법

456 다음 중 효소의 정제법이 아닌 것은?
① 염석에 의한 침전
② acetone이나 ethanol에 의한 침전
③ 라이소자임(lysozyme) 처리법
④ 이온 교환 크로마토그래피(chromatography)

457 액체 배양법에 의하여 효소를 생산하고자 한다. 다음 중 관계 <u>없는</u> 것은?

① 액체 배양법은 세균, 효모 배양에 적합하다.
② 고체 배양법보다 일반적으로 역가가 떨어진다.
③ 대량의 박(粕)이 부생된다.
④ 좁은 면적을 활용할 수 있다.

PART 4-4. 균체 생산

458 다음은 단세포 단백질(single-cell protein) 생산의 기질과 미생물을 나타낸 것이다. 잘못 연결된 것은?

① n-paraffin - fungi
② methane - yeast
③ methanol - bacteria
④ CO_2 - algae

459 균체를 배양한 SCP(single cell protein)를 식·사료로 이용하고자 한다. 배양 원료와 이용 균주를 잘못 연결한 것은?

① 폐당밀 - *Saccharomyces cerevisiae*
② 아황산 펄프 폐액 - *Candida tropicalis*
③ 메탄올 - *Leuconostoc mesenteroides*
④ 석유 - *Candida lipolytica*

460 전분으로부터 포도당을 제조하고자 한다. 여기에 필요한 당화용 효소인 glucoamylase를 생성시키는 데 사용되지 <u>않는</u> 균주는?

① *Endomycopsis fibliger*
② *Aspergillus niger*
③ *Aspergillus awamori*
④ *Candida albicans*

461 다음 중에서 효모에 대한 발효성 당만을 짝지은 것은?

① glucose, fructose, galactose
② fructose, sucrose, starch
③ galactose, maltose, starch
④ arabinose, xylose, cellulose

457 효소 생산에 있어서 고체 배양법과 액체 배양법(심부 배양)의 비교

	고체 배양	액체 배양
균주	일반적으로 곰팡이에 적합	일반적으로 세균, 효모, 방사선균에 적합
효소역가	고역가의 효소액이 얻어진다.	고체 배양의 추출액보다 약간 떨어진다.
실치면적	넓은 면적이 필요하다.	좁은 면적이 좋다.
생산관계	기계화가 어렵다. 노력이 들고 배양관리가 어렵다.	관리가 쉽고 기계화가 가능하다. 대량생산에 알맞다.
기타	대량의 박(粕)이 부생된다.	박(粕)이 없다.

458 단세포 단백질(SCP) 생산기질과 미생물
- n-paraffin : yeast, bacteria
- methane : bacteria, yeast
- methanol : bacteria
- ethanol : yeast
- CO_2 : algae

459 균체단백을 제조할 때 배양 원료와 이용 균주
- 폐당밀 : *Saccharomyces cerevisiae*
- 아황산 펄프 폐액 : *Candida utilis*, *Candida utilis var. major*, *Candida tropicalis* 등
- 석유계 탄화수소 : *Candida tropicalis*, *Candida lipolytica*, *Candida tintermedia* 등
※ *Leuconostoc mesenteroides* : 이상발효 젖산균이고, dextran제조에 이용된다.

460 당화 효소인 glucoamylase를 생성시키는 데 사용 균주는 *Asp. awamori*, *Asp. oryzae*, *Asp. niger*, *Asp. usami*, *Rhizopus delemar*, *Endomycopsis fibliger* 등이 있다.

461
glucose, fructose, mannose, galactose 등은 감미 무색 화합물로 이러한 당은 효모에 의하여 발효되고, 강한 환원력을 가지고 있다.

 ANSWER

457 ③ 458 ① 459 ③ 460 ④
461 ①

462 효모 배양 중 배양액
- pH는 3.5~4.5 범위에서 배양하는 것이 안전하다.
- pH가 높으면 잡균이 오염되기 쉽다.
- 적당한 온도는 26~30℃이다.
- 효모균의 번식이 왕성하면 온도가 상승하므로 냉각시켜야 한다.

463 효모에 의한 알코올 발효 실험
- 당액에서 발생하는 CO_2량으로 측정한다.
- 측정법 : Einhorn tube에 의한 방법, Lindner의 소발효법, Meissel의 중량법, Hayduck의 용량법 및 검압법 등
- 일반적으로 Einhorn 관법이 사용된다.

464 효모 연속배양법
- 유가법을 더 장기간 행하며 유가액과 같은 양의 배양액을 연속적으로 빼내고, 이것을 숙성포에서 숙성시키는 것이다.
- 이 방법은 수득량이 높아져 좋지만 장시간 계속적으로 배양하기 때문에 오염되기 쉽다.

465 발효 빵에 사용되는 효모는 *Saccharomyces cerevisiae*인데, 발효 빵이 부푸는 이유는 *Sacch. cerevisiae*의 EMP 경로에서 탈탄산 반응의 CO_2 때문이다.

466 효모의 증식상태
$x_2 = x_1 e^{\mu(t_2-t_1)}$ 단, x_1, x_2는 각각 시간 t_1, t_2에 있어서의 효모량이다. μ는 단위 균체량당 증식 속도를 나타내며, 효모는 세대 시간에 역비례한다. 그러므로,

$\mu = \dfrac{2.303 \log(x_1/x_2)}{(t_2-t_1)}$

$= \dfrac{2.303 \log(10^3/10^2)}{10}$

$= 0.2303$

467 빵 효모의 배양 중 배지의 pH
- 배양기간 중에는 항상 pH를 일정하게 유지시켜 주어야 한다.
- 빵 효모의 최적 pH는 균주에 따라 약간 다르지만, 보통 3.5~4.5 범위에서 배양하는 것이 안전하다.
- 효모는 이정도의 산성에서는 영향을 받지 않으나, 세균에서는 이 보다 중성 혹은 알칼리성을 좋아하는 것이 많고 잡균 오염의 억제에 효과가 크기 때문이다.
- pH가 너무 낮으면 효모의 색깔이 변하게 되므로 배양기간 중에는 항상 pH를 일정하게 유지시키지 않으면 안 된다.

ANSWER

462 ② 463 ② 464 ④ 465 ③
466 ② 467 ②

---

462 효모 배양액의 적당한 온도는?
① 10~22℃　　② 26~30℃
③ 32~40℃　　④ 42~48℃

463 효모에 의한 발효성 당의 탄산가스를 계측할 수 있는 것은?
① durham　　② einhorn tube
③ spectrometer　　④ mass flask

464 연속 배양의 장점 중 틀린 것은?
① 발효장치의 용량을 줄일 수 있다.
② 발효시간 단축
③ 생산비 절감
④ 잡균의 오염을 막을 수 있다.

465 발효 빵이 부푸는 이유는 어떤 미생물의 무슨 작용 때문인가?
① *Lactobacillus brevis*가 TCA cycle에서 생성되는 CO_2 때문이다.
② *Propionibacterium shermanii*가 TCA cycle에서 생성된 CO_2 때문이다.
③ *Saccharomyces cerevisiae*의 EMP scheme에서 탈탄산 반응의 CO_2 때문이다.
④ *Pseudomonas fluoresence* 탈 amino 반응의 NH_3 때문이다.

466 빵 효모 발효 시 발효 1시간 후(t_1=1)의 효모량이 10^2g, 발효 11시간 후(t_2=11)의 효모량이 10^3g이라면 단위 균체량 당의 증식 속도(μ)는 얼마인가?
① 0.0303/h　　② 0.2303/h
③ 0.3301/h　　④ 0.4301/h

467 빵 효모의 배양에 있어서 배지의 pH를 4 정도로 하는 주된 이유는?
① 빵 효모의 풍미가 좋아진다.
② 배양 중의 잡균 오염을 억제한다.
③ 빵 효모 제품의 발효력이 향상된다.
④ 빵 효모의 증식에 적당하다.

468 효모생산의 배양관리 중 가장 <u>부적당한</u> 것은?

① 배양 중 포말(formal) 도수, 온도, pH 등을 측정한다.
② pH는 5.5 ~ 6.5 범위에서 안정하다.
③ 배양 온도는 일반적으로 25~26℃이다.
④ 매분 배양액의 약 1/10량의 공기를 통기한다.

469 균체 내 효소의 추출법으로 적당치 <u>않은</u> 것은?

① 효소처리법
② 동결융해법
③ 추출기법
④ 초음파 파쇄법

470 빵 효모의 배양에 있어서 알코올 발효를 억제하고 효모의 증식을 촉진하기 위해서 사용하는 방법은?

① 통기하여 배지의 당 농도를 낮게 한다.
② 통기하지 않고 배지의 당 농도를 높게 한다.
③ 통기하지 않고 배지의 당 농도를 낮게 한다.
④ 통기하여 배지의 당 농도를 높게 한다.

471 빵 효모(*Sacch. cerevisiae*) 균주의 구비조건이 <u>아닌</u> 것은?

① 장기간에 외관이 손상되지 않아야 한다.
② 생화학적 성질이 우수해야 한다.
③ 발효력이 강하여 밀가루의 팽창력이 우수해야 한다.
④ 자가 소화에 대한 내성이 적어야 한다.

---

468 효모생산의 배양관리
- 온도 : 최적 온도는 일반적으로 25~26℃이다.
- pH : 일반적으로 pH: 3.5~4.5의 범위에서 배양하는 것이 안전하다.
- 당 농도 : 당 농도가 높으면 효모는 알코올 발효를 하게 되고 균체 수득량이 감소한다. 최적 당 농도는 0.1% 전후이다.
- 질소원 : 증식기에는 충분한 양이 공급되지 않으면 안 되나 배양 후기에는 질소농도가 높으면 제품효모의 보존성이나 내당성이 저하하게 된다.
- 인산농도 : 낮으면 효모의 수득량이 감소되고 너무 많으면 효모의 발효력이 저하되어 제품의 질이 떨어지게 된다.
- 통기교반 : 알코올 발효를 억제하고 능률적으로 효모균체를 생산하기 위해서는 배양 중 충분한 산소공급을 해야 한다. 매분 배양액의 약 1/10량의 공기를 통기한다.

469 균체 내 효소의 추출법
- 기계적 파쇄법, 압력차법, 초음파 파쇄법, 동결융해법, 자기소화법, 효소처리법, 삼투압차법, 건조 균체의 조제법 등이 있다.

470
- 효모는 무산소 상태에서는 알코올 발효를 하지만, 산소의 공급이 충분하면 산화적 대사과정으로 호흡을 하게 되어 증식의 속도가 현저히 증가된다.
- 효모는 배양액 중의 당 농도가 높으면, 호기적 조건 하에서도 알코올 발효를 일으켜 균체의 대략 수량은 감소된다. 거꾸로 당이 부족하면 자기 소화를 일으켜 제품의 품질이 떨어진다.

471 빵 효모(*Sacch. cerevisiae*) 구비조건
- 발효력이 강하여 밀가루 반죽의 팽창력이 우수해야 한다.
- 물에 잘 분산되어야 한다.
- 생화학적 성질이 일정해야 한다.
- 자가소화에 대한 내성이 있어서 보존성이 좋아야 한다.
- 장기간에 걸쳐 외관이 손상되지 않아야 한다.
- 당밀 배지에서 증식 속도가 빠르고 수득률이 높아야 한다.

ANSWER

468 ② 469 ③ 470 ① 471 ④

출제예상문제

472
- 압착기에서 나온 효모는 수분함량이 약 70%이며, 건조 효모 제조에 사용하거나 그대로 쓰기도 한다.
- 압착 효모를 그대로 사용할 경우에는 혼합기에서 혼합하며, 이때 lecithin을 첨가하지만 건조 효모를 만들 때는 첨가하지 않는다.

473 빵 효모를 생산할 때는 배양 중 충분한 산소를 공급해 주어야 한다.

474 효모에서는 일반적으로 n-paraffin의 $C_{14} \sim C_{18}$의 것이 $C_9 \sim C_{13}$의 것보다 자화가 잘 되고 C_8 이하의 것은 거의 자화가 잘 되지 않는다. 세균은 $C_9 \sim C_{22}$에서 탄소수가 높은 것일수록 자화를 잘한다.

475 pentose를 함유한 목재 당화액이나 아황산 펄프 폐액을 원료로 식·사료효모를 제조할 경우 가장 적합한 효모는 pentose의 이용성이 높아야 하므로, *Torulopsis utilis*가 적당하다.

476 균주의 보존법
- 계대배양 보존법
- 유동파라핀 중층 보존법
- 동결보존법
  - 냉동고 : 최고 −20℃, 최저 −80℃
  - 드라이아이스 : 액상 : −70℃
  - 액체 질소 : 액상 : −196℃, 기상 : −150~170℃
- 동결건조 보존법
- 건조법

472 빵 효모 제조 시 압착 효모를 그대로 사용할 경우 첨가하는 것은?
① glycerine
② lecithin
③ glucose
④ glycine

473 *Saccharomyces cerevisiae*를 사용하여 glucose를 발효시킬 때의 설명으로 틀린 것은?
① 통기 발효 시 반응산물은 $6CO_2$, $6H_2O$이다.
② 혐기적 발효 시 반응산물은 $2CH_3CH_2OH$, $2CO_2$이다.
③ 통기 발효할 때는 혐기적 발효 때보다 효모의 균체가 많이 생긴다.
④ 빵 효모를 생산할 때는 혐기조건하에서 발효시킨다.

474 *Candida* 속의 무포자 효모가 가장 잘 자화할 수 있는 normal-paraffin은?
① $C_1 \sim C_7$
② $C_8 \sim C_{13}$
③ $C_{14} \sim C_{18}$
④ $C_{19} \sim C_{24}$

475 목재 당화액이나 아황산 펄프 폐액을 이용하여 식·사료효모를 제조할 때 가장 적합한 효모균은?
① *Torulopsis utilis*
② *Endomyces vernalis*
③ *Candida arborea*
④ *Saccharomyces fragilis*

476 일반적으로 사용되는 생산균주의 보관방법이 아닌 것은?
① 저온(냉장)보관
② 상온보관
③ 냉동보관
④ 동결건조

ANSWER
472 ② 473 ④ 474 ③ 475 ①
476 ②

PART 5-1. 효소

477 효소에 관한 설명으로 맞지 <u>않는</u> 것은?

① 효소는 생체 내 반응을 촉매한다.
② 한 개의 효소는 몇 가지 기질의 특이성을 갖는다.
③ 단백질 외에 다른 물질이 결합된 것도 있다.
④ Apoenzyme+coenzyme=holoenzyme

478 효소의 특이성이 <u>아닌</u> 것은?

① 절대적 특이성　　② 선택적 특이성
③ 상대적 특이성　　④ 광학적 특이성

479 효소작용에 있어 경쟁적 방해작용에 관한 설명으로 맞는 것은?

① k_m치는 보통보다 커진다.
② V_{max}는 보통보다 커진다.
③ k_m치는 변함없다.
④ V_{max}는 보통보다 적다.

480 k_m에 관한 설명이다. 틀린 것은?

① ES-복합체의 해리정수　　② 최대 속도(V_{max})
③ Michaelis 상수　　④ 기질정수

481 미카엘리스 상수(Michaelis constant)를 바르게 설명한 것은?

① [S]=k_m이라면 V=2V이다.
② ES 복합체의 기질정수이다.
③ k_m가 결정되더라도 [S]에서 V%를 측정할 수 없다.
④ k_m의 단위는 mole/liter이다.

482 Michaelis constant Km의 값이 낮은 경우는 무엇을 의미하는가?

① 기질과 효소의 친화력이 크다.
② 기질과 효소의 친화력이 작다.
③ 기질과 저해제가 경쟁한다.
④ 기질과 저해제가 결합한다.

---

477 효소
- 생체 내 반응에 촉매작용을 하며, 활성화 에너지가 낮고, 기질 특이성이 높으며, 온화한 조건에서 작용한다.
- 효소의 성질은 단백질이 갖고 있는 일반적인 성질과 공통된다. 그리고 효소는 특수한 기질 분자와 결합하여 효소의 활성 위치에 꼭 들어맞는 특이성을 갖고 있다.

478 효소의 특이성
- 절대적 특이성 : 특이적으로 한 종류의 기질에만 촉매하는 경우
- 상대적 특이성 : 어떤 기질에는 우선적으로 작용하고 다른 기질에는 약간만 반응할 경우
- 광학적 특이성 : 효소가 기질의 광학적 구조의 상위에 따라 특이성을 나타내는 경우

479 가역적 저해
- 경쟁적 저해작용(competitive inhibition) : 효소단백질의 활성 부위에 대하여 기질과 경쟁적으로 결합하여 저해작용을 나타내며, k_m치는 보통보다 커지고 V_{max}는 변함이 없다.
- 비경쟁적 저해는 k_m치는 변함이 없고, V_{max}는 저하된다.

480
$$\frac{[E]}{ES} = \frac{k_m}{[S]}$$
로 표시되는 것은 ES-복합체의 생성과 분해 속도가 같은 상태이다.
- k_m은 최대 속도의 1/2이 되었을 때의 기질 농도 [S]로도 표시한다.
- 효소-기질의 복합체(ES-Complex)의 해리정수로도 표시되는 k_m은 Michaelis 상수이기도 하다.

481 속도가 최대 속도(V_{max})의 1/2일 때의 기질 농도는 [S]이고, 단위는 mole/liter를 쓰는 Michaelis constant(k_m)은 ES의 생성 정수와 해리 정수의 비로서 나타낸다.

482 Michaelis 상수 Km
- 반응 속도 최대 값의 1/2일 때의 기질 농도와 같다.
- Km은 효소-기질 복합체의 해리 상수이기 때문에 Km값이 작을 때에는 기질과 효소의 친화성이 크며, 역으로 클 때는 작다.
- Km값은 효소의 고유 값으로서 그 특성

ANSWER

477 ②　478 ②　479 ①　480 ④
481 ④　482 ①

을 아는데 중요한 상수이다.

483 Michaelis-Menten 식
- [S]=Km이라면 V=1/2Vmax이 된다.
- 15mM/min = 1/2Vmax
- Vmax = 30mM/min

484 Feedback inhibition(최종산물저해)
- 최종 생산물이 그 반응 계열의 최초 반응에 관여하는 효소 EA의 활성을 저해하여 그 결과 최종 산물의 생성, 집적이 억제되는 현상을 말한다.
- ※Feedback repression(Feedback 억제)은 최종 생산물에 의해서 효소 EA의 합성이 억제되는 것을 말한다.

485 최종산물 저해(feedback inhibition)
- 최종산물이 그 반응 계열의 최초 반응에 관여하는 효소 반응을 저해하여 그 결과 최종산물의 생성, 집적이 억제되는 현상을 말한다.

486 반경쟁적 저해
- 기질과 결합하여 있는 효소에만 결합하여 효소 반응을 저해하는 것이다.
- 저해제가 효소와는 결합하지 않고 효소 - 기질복합체에만 결합하는 경우이다.

487 활성자리(active site)
- 효소의 한 부분으로, 기질과 결합하여 화학 반응을 일으키는 자리를 의미한다.
- 활성 부위 또는 촉매 부위라고도 불린다.
- 즉, 효소는 활성자리를 통해 효소-기질 복합체를 형성한다.
- 일반적으로 활성자리는 효소 표면상의 주머니나 홈 등의 갈라진 형태를 띠고 있다.
- 활성자리의 아미노산과 같은 잔기가 기질을 인식하여 옳은 기질에 효소가 붙을 수 있도록 돕는다.

---

483 효소의 미켈리스-멘텐(Michaelis-Menten) 반응 속도에 기질 농도[S]=Km일 때 효소 반응 속도 값이 15mM/min이다. Vmax는?

① 5mM/min
② 7.5mM/min
③ 25mM/min
④ 30mM/min

484 아래의 대사경로에서 최종 생산물 P가 배지에 다량 축적되었을 때 P가 A→B로 되는 반응에 관여하는 효소 EA의 작용을 저해시키는 현상을 무엇이라고 하는가?

$$A \xrightarrow{EA} B \rightarrow C \rightarrow D \rightarrow P$$

① feed back repression
② feed back inhibition
③ competitive inhibition
④ noncompetitive inhibition

485 Feedback inhibition의 설명이다. 관계 없는 것은?

① 최종 반응 억제
② 최종산물의 생성억제
③ 최초 반응 억제
④ Allosteric enzyme

486 저해제가 효소와는 결합하지 않고 효소-기질복합체에만 결합하는 경우를 무엇이라고 하는가?

① 경쟁적 저해   ② 상대성 저해
③ 반경쟁적 저해 ④ 비경쟁적 저해

487 효소작용의 기전 중 활성 부위(active site)에 관한 설명 중 잘못된 것은?

① 저해제가 효소와 결합하면 활성 부위의 모양이 변한다.
② 기질은 효소의 활성 부위에 결합한다.
③ 효소의 표면에 있는 효소작용의 기능적 장소이다.
④ 효소의 작용을 방해하는 저해제가 결합하는 장소이다.

ANSWER
483 ④ 484 ② 485 ① 486 ③
487 ④

488 효소의 반응 속도에 영향을 미치는 요소와 가장 거리가 먼 것은?

① 저해제　　② 수소 이온 농도
③ 기질의 농도　　④ 반응액의 용량

489 효소 촉매 반응의 속도에 크게 영향을 미치는 인자와 관계 없는 것은?

① 온도　　② 습도
③ 효소의 농도　　④ 기질의 농도

490 nicotinamide에 관한 설명으로 틀린 것은?

① NADH 또는 NADPH의 구성요소가 된다.
② 아미노기 전이 반응에서 중요한 역할을 한다.
③ alcohol dehydrogenase의 전자수용체의 구성요소가 된다.
④ 개의 흑설병(blacktongue)을 예방하는 물질이다.

491 조효소로 사용되면서 산화 환원 반응에 관여하는 비타민으로 짝지어진 것은?

① 니코틴산, 티아민　　② 엽산, 비타민 B_{12}
③ 리보플라빈, 니코틴산　　④ 리보플라빈, 엽산

492 다음 중 Co-carboxylase로 되는 것은?

① α-lipoic acid　　② pantothenic acid
③ riboflavin　　④ thiamine

---

488 효소 반응에 영향을 미치는 인자
- 온도, pH(수소이온 농도), 기질 농도, 효소의 농도, 저해제 및 부활제 등이다.

489 효소 촉매 반응의 속도에 영향을 주는 인자
- 기질의 농도 : 효소 농도가 일정하고 기질의 농도가 낮을 경우의 반응 속도는 기질 농도에 비례하지만 어느 범위을 넘으면 정비례되지 않는다.
- 효소의 농도 : 기질의 농도가 일정하고 반응 초기의 효소 반응 속도는 효소의 농도에 직선적으로 비례 증가한다.
- 온도의 영향 : 반응 온도의 상승과 더불어 증대되나 열에 의하여 변성이나 불활성화가 일어나면 그 속도는 감소한다.
- pH의 영향 : 효소는 단백질이므로 그의 성질은 pH에 따라 영향을 받는다.

490 nicotinamide
- NAD(nicotinamide adenine dinucleotide), NADP(nicotinamide adenine dinucleotide phosphate)의 구성 성분으로 되어 있다.
- 주로 탈수소 효소의 보효소로써 작용한다.

491 보조 효소의 종류와 그 기능

보조 효소	관련 비타민	기능
NAD, NADP	Niacin	산화 환원 반응
FAD, FMN	Vit. B_2	산화 환원 반응
Lipoic acid	Lipoic acid	수소, acetyl기의 전이
TPP	Vit. B_1	탈탄산 반응 (CO_2 제거)
CoA	Pantothenic acid	acyl기, acetyl기의 전이
PALP	Vit. B_6	아미노기의 전이 반응
Biotin	Biotin	Carboxylation (CO_2 전이)
Cobamide	Vit. B_{12}	methyl기 전이
THFA	Folic acid	탄소 1개의 화합물 전이

492 thiamin pyrophosphate(TPP)
- 수용성 비타민인 B_1(thiamin)은 당 대사에 필수적이며 조직에서 ATP, Mg^{2+}의 존재하에서 thiamin pyrophosphokinase에 의해서 thiamin pyrophosphate(TPP)로 인산화 된 상태로 존재한다.
- TPP는 cocarboxylase라고도 부른다.

ANSWER

488 ④　489 ②　490 ②　491 ③
492 ④

출제예상문제

493 효소도 일종의 단백질이므로 가열, 강산, 강알칼리, 유기용매를 처리하면 단백질이 변성된다. 5℃ 냉장처리는 효소의 보존방법이다.

494 광합성과정
① 제1 단계 : 명반응
- 그라나에서 빛에 의해 물이 광분해되어 O_2가 발생되고, ATP와 $NADPH_2$가 생성되는 광화학 반응이다.

② 제2 단계 : 암반응(calvin cycle)
- 스트로마에서 효소에 의해 진행되는 반응이며 명반응에서 생성된 ATP와 $NADPH_2$를 이용하여 CO_2를 환원시켜 포도당을 생성하는 반응이다.
- 칼빈회로(Calvin cycle)
 - 1단계 : CO_2 의 고정
   $6CO_2 + 6\,RuDP + 6\,H_2O \rightarrow 12\,PGA$
 - 2단계 : PGA의 환원 단계
   $12PGA \xrightarrow{12ATP\ 12ADP} 12DPGA \xrightarrow{12NADPH_2\ 12NADP}$
   $12PGAL + 12H_2O$
 - 3단계 : 포도당의 생성과 RuDP의 재생성 단계
   $2PGAL \longrightarrow$ 과당2인산 $\longrightarrow$
   포도당 $C_6H_{12}O_6$
   $10PGAL \xrightarrow{6ATP\ 6ADP} 6RuDP$

※ 광합성에 소요되는 에너지는 햇빛(가시광선 영역)이다. 엽록체 안에 존재하는 엽록소에서는 특정한 파장의 빛(청색파장(450nm 부근)과 적색파장 영역(650nm 부근))을 흡수하면 엽록소 분자 내 전자가 들떠서 전자전달계에 있는 다른 분자에 전달된다.

495 494번 해설 참조

496 광합성 명반응에서는 수소전달분자(NADP)에 수소가 흡수되어 $NADPH_2$로 되고, ADP와 Pi를 결합하여 ATP를 생성한다.

497 494번 해설 참조

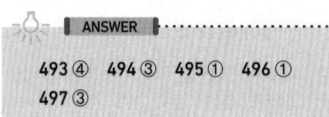
493 ④　494 ③　495 ①　496 ①
497 ③

---

493 효소단백질의 변성시험으로 부적당한 조건은?
① 8℃ 요소액(urea) 처리
② 알칼리 처리
③ 고온처리
④ 5℃ 냉장처리

 PART 5-2. 탄수화물의 대사

494 광합성 반응에 대한 설명 중 옳지 <u>않은</u> 것은?
① 엽록소(chlorophyll)와 더불어 카로티노이드(carotenoids), 피코빌린(phycobilins) 색소가 필요하다.
② 암반응과 광반응으로 나눌 수 있다.
③ 단파장(400nm) 이하인 자외선이 가장 효과적으로 광합성을 일으킨다.
④ 광합성에서도 화학삼투작용에 의해 ATP를 생산한다.

495 광합성의 명반응(light reaction)에서 생성되어 암반응(dark reaction)에 이용되는 물질은?
① ATP
② NADH
③ O_2
④ PGAL

496 녹색식물의 광합성과정이다. 이 중에서 명반응의 생성물은 무엇인가?
① $NADPH_2$와 ATP
② CO_2와 H_2O
③ Carbohydrate
④ NADP와 ADP

497 광합성 중 암반응에서 CO_2를 탄수화물로 환원시키는 데 필요한 것은?
① NADPH와 ADP
② NADP와 ATP
③ NADPH와 ATP
④ NADP와 NADPH

498 다음 중 해당과정(glycolysis)을 바르게 설명한 것은?

① glucose에서 CO_2와 H_2O로 분해
② pyruvic acid에서 CO_2와 H_2O로 분해
③ glucose에서 2분자의 젖산을 생성
④ glycogen에서 pyruvic acid까지 분해

499 탄수화물의 혐기적 대사과정은?

① EMP pathway ② TCA cycle
③ HMP shunt   ④ Creatine cycle

500 생체 내에서 glucose가 혐기적 해당과정을 거쳐 최종 생성되는 물질은?

① succinic acid   ② acetic acid
③ lactic acid   ④ CO_2

501 Fructose-6-Ⓟ가 fructose-1,6-diⓅ로 될 때 관여하는 효소는?

① pyruvate kinase
② aldolase
③ phosphofructokinase
④ hexokinase

502 해당과정 중 ATP가 소모되는 반응은?

① fructose-6-Ⓟ → fructose-1,6-diⓅ
② 2-phosphoglycerate → phosphoenol pyruvate
③ fructose-1,6-diⓅ → glyceraldehyde-3-Ⓟ
④ glucose-6-Ⓟ → fructose-6-Ⓟ

503 Pentose phosphate pathway의 첫 시발물질은?

① D-glucose-6-phosphate
② α-D-glucose
③ Xylulose-5-phosphate
④ 6-phosphogluconic acid

498 해당과정은 glycogen이 생체 내에서 혐기적으로 분해되어 pyruvic acid까지 분해되는 과정이다.

499 생체 내에서 해당과정
- 혐기적인 경우와 호기적인 경우로 구분된다.
- 혐기적 조건에서는 glucose가 pyruvic acid를 거쳐 2분자의 젖산이 형성되는 과정이다. 이 과정을 EMP라 한다.
- EMP 과정
  ① 초기의 인산화
  ② glycogen의 합성
  ③ 3탄당으로 변화
  ④ 산화과정
  ⑤ pyruvic acid를 거쳐 젖산이 생성된다.

500 Glucose가 심한 운동을 했을 경우처럼 혐기적 해당과정을 거치면 2분자의 lactic acid가 생성된다. 그러나 산소량이 충분하면 젖산의 생성 축적량이 감소된다.

501
- 해당과정의 첫 단계로서 당이 산화 분해되려면 인산화되어야 한다.
- 이 반응은 ATP가 요구된다.

fructose-6-Ⓟ+ATP
Mg^{++} ↓ phosphofructokinase
fructose-1,6-diⓅ+ADP

502 501번 해설 참조

503 Pentose phosphate pathway(HMP shunt)
- glucose-6-phosphate가 먼저 산화되어 6-phosphogluconolactone으로 되고, 탈탄산되어 ribulose-5-phosphate를 거쳐 ribose-5-phosphate가 된다.
- 이 경로의 특색으로는 EMP 경로에서는 NAD가 사용되었으나 여기에서는 NADP가 작용하여 2분자의 NADPH를 생성한다.

ANSWER
498 ④ 499 ① 500 ③ 501 ③
502 ① 503 ①

출제예상문제

504 hexokinase
- 포도당(glucose)의 인산화는 ATP의 존재로 hexokinase와 Mg^{++}에 의해서 glucose-6-phosphate을 생성한다.
- hexokinase의 작용은 성장호르몬이나 glucocoticoid에 의하여 저해된다.
- Insulin은 이 저해를 제거한다.

505 혐기적 해당과정 중 생성되는 ATP 분자(glucose→2pyruvate)

반응	중간 생성물	ATP 분자수
1. hexokinase	–	1
2. phosphofructokinase	–	–1
3. glyceraldehyde 3-phosphate dehydrogenase	2NADH	5
4. phosphoglycerate kinase	–	2
5. pyruvate kinase	–	2
total		7

506 당의 호기적 산화는 해당과정에서 생성된 pyruvic acid가 acetyl-CoA에 의해 활성화되어 TCA cycle(citric acid cycle)이라고 하는 호기적 산화경로를 거쳐 CO_2와 H_2O로 완전하게 분해된다.

507 Pyruvate가 호기적 탈탄산 반응에 의해 Acetyl-CoA로 될 때 관여하는 것으로는 coenzyme A, NAD^+, lipoic acid, FAD, Mg^{++}, thiamine pyrophosphate(TPP) 등이다.

508 TCA cycle 주된 반응
- acetyl-CoA + 3NAD + FAD + GDP + Pi + 2H_2O → 2CO_2 + 3$NADH_2$ + $FADH_2$ + GTP + 2H^+ + CoA

509 TCA cycle(호기적 해당과정)
- 해당과정에서 생성된 pyruvic acid는 미토콘드리아로 운반되어 거기서 이산화탄소와 물로 완전히 분해된다.
- pyruvic acid는 탈 탄산되어 acetyl-CoA로 전환되어 oxaloacetic acid와 작용해서 citric acid를 생성함으로써 진행된다.

---

504 ATP+glucose → ADP+glucose-6-ⓟ의 반응을 촉매하는 효소는?

① fructokinase ② aldolase
③ hexokinase ④ isomerase

505 포도당 1mole이 혐기상태에서 해당작용될 때 몇 mole의 ATP가 생성되는가?

① 2mole ② 5mole
③ 12mole ④ 31mole

506 탄수화물의 호기적 산화과정은 어떤 회로를 거치는가?

① Urea cycle
② Embden-Meyerhof pathway
③ Pentose phosphate pathway
④ Tricarboxylic acid cycle

507 Pyruvate의 호기적 탈탄산작용에 필요한 것은?

① FAD
② NADP
③ Pyridoxal phosphate
④ Cytochrome

508 Acetyl-CoA 1분자가 TCA cycle에서 완전 산화될 때 $NADH_2$와 $FADH_2$는 각각 몇 분자가 생성되는가?($NADH_2 : FADH_2$)

① 1 : 2 ② 2 : 1
③ 3 : 1 ④ 4 : 1

509 TCA cycle이 시작되는 물질은?

① pyruvic acid
② glucose-6-phosphate
③ lactic acid
④ glucose

ANSWER
504 ③ 505 ① 506 ④ 507 ①
508 ③ 509 ①

510 말론산(Malonate)이 TCA cycle을 억제하는 이유는?

① succinate의 대사작용을 억제하기 때문
② fumarate의 대사작용을 억제하기 때문
③ acetate와 oxaloacetate의 축합을 억제하기 때문
④ cis-aconitate의 대사작용을 억제하기 때문

511 TCA cycle에서 acetyl-CoA 한 분자가 산화할 때 몇 개의 고에너지 인산 결합(high energy phosphate bond)이 만들어지는가?

① 10개 ② 12개
③ 14개 ④ 16개

512 동물체 내에서 탄수화물의 혐기적 대사과정인 glycolysis(A)와 호기적 대사과정인 TCA cycle(B)에 관여하는 효소들이 존재하는 곳은?

① A에 관여하는 효소는 cytosol에, B에 관여하는 효소는 mitochondria에 위치한다.
② A에 관여하는 효소는 mitochondria에, B에 관여하는 효소는 cytosol에 위치한다.
③ A에 관여하는 효소와 B에 관여하는 효소 둘 다 mitochondria에 위치한다.
④ A에 관여하는 효소와 B에 관여하는 효소 둘 다 cytosol에 위치한다.

513 Glucose 한 분자가 완전히 산화되었을 때 생성되는 ATP의 수는 몇 개인가?

① 8개   ② 18개
③ 24개 ④ 32개

514 탈수소 효소의 활성도를 측정할 때 일반적으로 사용되는 물질은?

① NADPH$_2$ ② TPN
③ NAD   ④ FAD

515 Pyruvate가 탄산가스를 잃어버리고 acetyl-CoA로 산화되는 반응에 관여하는 pyruvate dehydrogenase complex의 보조 효소로 작용하지 <u>않는</u> 물질은?

① FAD   ② NAD
③ PALP ④ TPP

---

510 Succinate dehydrogenase는 succinic acid를 fumaric acid로 산화하는 효소이지만, malonic acid는 succinic acid와 그 구조가 비슷하여서 이 효소와 결합한다. 그리하여 malonic acid를 가하면 succinate dehydrogenase가 succiic acid를 fumaric acid로 산화하는 활성이 저하된다. 그러므로 malonate는 TCA cycle을 억제한다.

511 Acetyl-CoA 한 분자가 TCA cycle에서 완전히 산화될 때 10개의 고에너지 인산 결합이 생성된다.

512 해당 반응(Glycolysis)은 세포 내의 가용성인 세포질에 녹아 있는 11종의 효소에 의하여 진행되고, TCA cycle에 관계하는 효소들은 mitochondria에 위치되어 있다.

513 Glucose가 완전히 산화되었을 때 생성되는 ATP의 수
- 혐기적 대사에 의해 7 ATP가 생성된다.
- 호기적 대사(pyruvic acid 완전 산화)에 의해 25 ATP가 생성된다.
  $2CH_3COCOOH + 5O_2$
  $\rightarrow 6CO_2 + 4H_2O + 25ATP$,
  pyruvate $\rightarrow$ citrate($\times 2$)5ATP,
  isocitrate
  $\rightarrow$ oxalosuccinate($\times 2$)5ATP,
  α-ketoglutarate
  $\rightarrow$ succinyl-CoA($\times 2$)-5ATP,
  succinyl-CoA $\rightarrow$ succinate($\times 2$)2ATP,
  succinate $\rightarrow$ fumarate($\times 2$)3ATP,
  malate $\rightarrow$ oxaloacetate($\times 2$)5ATP
- 총 합계 32ATP가 생성된다.

514
- 탈수소 효소에는 pyridine계 효소와 flavine계 효소가 있다.
- Pyridine계 효소는 단백질 부분에서 쉽게 유리되는 조효소로서 pyridine nucleotide인 nicotinamide adenine dinucleotide(NAD)나 nicotinamide adenine dinucleotide phosphate (NADP)를 가지고 있다.

515 Pyruvate가 탈탄산하여 acetyl-CoA로 산화되는 반응은 lipoic acid, TPP, Mg^{++}, CoA, NAD 등에 의해 진행된다.

ANSWER

510 ① 511 ① 512 ① 513 ④
514 ① 515 ③

516 Kreb's cycle
- pyruvic acid가 citrate를 거쳐 cis-aconitate, oxalosuccinate, α-ketoglutarate, succinate, fumaratae, malate, oxloacetate에 이르는 회로이다.

517
구연산은 당으로부터 해당작용에 의하여 pyruvate가 생성되고, 또 oxaloacetic acid와 acetyl-CoA가 생성된다. 이양자를 citrate synthase의 촉매로 축합하여 citric acid를 생성하게 된다.

518
당질대사에 vitamin B_1 (thiamine)이 많이 소모된다. Vitamin B_1은 thiamine pyrophosphate(TPP) 혹은 diphosphothiamine(DPT)으로 되어 cocarboxylase, cotransketolase로서 당질대사에 관여한다.

519
Pyruvic acid에서 oxaloacetic acid로 변화되는 반응은 Pyruvate caboxylase, ATP, Mg^{++}, biotin 등에 의해서 진행된다.

520
Insulin은 당 대사에 필수적인 인자로서 다음과 같은 작용을 한다.
- glucose의 지방으로서 전환 반응을 촉진
- glucose의 산화 촉진
- glycogen 생성 촉진 및 다른 호르몬에 의한 glycogenolysis 저해
- 단백질에서의 당산생 저해
- ketone body의 과잉생성 저해
- 세포 외액의 glucose를 세포막으로 통과시켜 세포 내에 들어가게 하는 sugar transfer mechanism에 관여

521 산화적 인산화(호흡쇄, 전자전달계) 반응
- 진핵세포 내 미토콘드리아의 matrix와 cristae에서 일어나는 산화 환원 반응이다.
- 이 반응에 있어서 산화는 전자를 잃은 반응이며 환원은 전자를 받는 반응이다.
- 이 반응을 촉매하는 효소계를 전자전달계라고 한다.

---

516 크렙스회로(Kreb's cycle)와 관계 없는 것은?
① lactic acid
② pyruvic acid
③ fumaric acid
④ α-ketoglutaric acid

517 Citrate synthase의 작용에 의해 acetyl-CoA와 어떤 물질이 작용하여 구연산이 생성되는가?
① malate
② pyruvate
③ oxaloacetate
④ isocitrate

518 당질의 대사에 특히 많이 필요한 비타민은?
① biotin
② riboflavin
③ niacin
④ thiamine

519 Pyruvic acid에서 oxaloacetic acid로 변화되는 데 필요한 보조 효소는?
① 비타민 C
② riboflavin
③ tocopherol
④ biotin

520 Insulin이 혈당을 감소시키는 기작과 관계 없는 것은?
① 지방으로의 전환 반응 촉진
② 단백질에서의 당 산생 저해
③ glucose의 산화 촉진
④ 당의 신형작용 촉진

521 생체 내 산화 환원 반응이 일어나는 곳은?
① 세포벽(cell wall)
② 미토콘드리아(mitochondria)
③ 골지체(golgi apparatus)
④ 리보솜(ribosome)

ANSWER
516 ① 517 ③ 518 ④ 519 ④
520 ④ 521 ②

522 다음 중 ATP를 합성하는 기관은?

① 마이크로솜(microsome)
② 리소솜(lysosome)
③ 미토콘드리아(mitochondria)
④ 핵(nucleus)

523 ATP(Adenosine triphosphate)가 고에너지 화합물인 이유는?

① ATP는 화학구조상 음전하가 몰려있고 여러 가지 공명체가 존재하므로 에너지를 많이 저장할 수 있기 때문이다.
② 탄수화물 대사에서 해당작용과 시트르산 회로를 통해 많이 생성되기 때문이다.
③ 열량을 많이 생산하는 지방의 산화에 의해 많이 생산되기 때문이다.
④ 물과작용하여 가수분해가 잘 되기 때문이다.

524 생체 내 고에너지 화합물과 거리가 먼 것은?

① porphyrin
② pyrophosphate
③ acyl phosphate
④ β-Keto acid

522 ATP의 생성
- 주로 세포의 미토콘드리아 내에서 전자전달계를 수반한 산화적 인산화 반응에 의한다.
- 그러나 그 전 단계에서 영양소의 소화, 흡수물이 혐기적인 해당계에 들어가 보다 더 저분자화되는 때의 인산화 반응에 의해서도 약 5%를 넘지 않은 양이지만 생성된다.

523 ATP(고에너지 인산화합물)
- 세포의 에너지 생성계와 요구계 사이에서 중요한 화학적 연결을 하는 운반체로 전구체로부터 생체분자 합성, 근 수축, 막 운동 등에 사용된다.
- ATP가 가수분해 시 표준 자유에너지 감소 값을 갖는 이유
  - pH 7에서 ATP의 세 개의 인산기는 네 개의 음전하를 갖기 때문에 정전기적 반발력이 발생한다.
  - ATP 말단 부분의 형태는 정전기적으로 불리하기 때문에 두 인원자는 산소 원자의 전자쌍과 경쟁한다. ADP와 Pi는 공명에 의해 전체적으로 에너지 수준이 낮아지므로 안정화된다.
  - ATP 가수분해의 역반응은 ADP와 Pi 사이의 음전하 반발로 정반응보다 일어나기 어렵다.
  - ATP의 β, γ의 인원자는 강한 electron-withdrawing 경향 때문에 phosphoric anhydride 결합이 잘 분해된다.
  - ADP와 Pi는 ATP보다 수화가 더 잘 일어난다.

524 생체 내 고에너지 화합물

결합양식	대표적 화합물
β-Keto acid	Acetoacetic acid
Thiol ester	Acetyl-CoA
Pyrophosphate	ATP
Guanidine phosphate	Creatine phosphate
Enol phosphate	Phosphoenol pyruvic acid
Acyl phosphate	Diphosphoglyceric acid의 1위 인산

ANSWER

522 ③　523 ①　524 ①

출제예상문제

525 세포내 미토콘드리아에서 진행되는 전자전달계
① 먼저 탈수소 효소에 의해 기질 H_2의 2H 원자가 NAD에 옮겨져 $NADH_2$로 된다.
② 다시 2H 원자는 FAD로 이행되어 환원형의 $FADH_2$로 된다.
③ $FADH_2$로 이행되어 온 2H 원자는 ubiquinone(UQ)을 환원하여 hydroquinone(UQH$_2$)으로 된다.
④ 여기에서 cristae에 존재하는 cytochrome b(heme 단백질)에 의해 산화되어 2H$^+$를 떼어내 산화 환원을 전자전달로 변화시킨다.
⑤ 전자가 cytochrome c_1, a, a_3와 순차 산화 환원 된다.
⑥ Heme 단백질 최후의 cytochrome a_3의 전자가 산소분자 O_2로 옮겨진다.
⑦ 이때 $1/2O_2$가 $2H^+$와 반응하여 H_2O를 생성한다.
※ 전자전달계 중 산화적 인산화가 일어나는 장소
  - $NADH_2$와 FAD의 사이
  - cytochrome b와 cytochrome c_1 사이
  - cytochrome a와 a_3의 사이의 3군데이고 각각 1분자씩의 ATP를 생성한다.

526 산화 환원 효소계의 보조인자(조효소)는 NAD$^+$, NADP$^+$, FMN, FAD, ubiquinone(UQ. Coenzyme Q), cytochrome, L-lipoic acid 등이 있다.

527 산화 반응으로 생기는 free energy가 ATP로서 저장되는 현상을 산화적 인산화 반응이라 하며, 연합해제(uncoupling)는 어떤 물질에 의해서는 전자 전달이 방해되지 않으나, 다만 ATP 생성 반응만 크게 방해받는 현상을 말한다. 즉, ATP생성은 중지되나 호흡은 계속되는 현상을 말한다.

528
- 산화적 인산화(Oxidative phosphorylation)는 NADH의 산화와 공역하에서 ATP를 생산하는 과정을 말한다.
- ADP는 creatin phosphate에서 고energy 인산 결합을 이루고 ATP로서 재생된다.

525 미토콘드리아에서 진행되는 전자전달계에서 ATP가 합성될 때 수소의 최종 공여체와 수용체를 바르게 연결한 것은?

① cytochrome a_3 - O_2
② cytochrome b - H_2O
③ cytochrome c - H_2
④ cytochrome c_1 - O_3

526 산화 환원 효소계의 보조인자(조효소)가 아닌 것은?

① NADH + H
② NADPH + H$^+$
③ 판토텐산(Panthothenate)
④ FAD

527 산화적 인산화 반응의 연합해제로 영향을 받는 것은 무엇인가?

① ATP 생성
② ATPase 활성
③ 전자교환
④ 발열 반응

528 Oxidative phosphorylation(산화적 인산화)에서 특수한 기질은 무엇인가?

① AMP
② GDP
③ ADP
④ ATP

ANSWER 525 ① 526 ② 527 ① 528 ③

529 High energy 화합물에 속하지 않는 인산염은 무엇인가?

① acetoacetic acid
② 1,3-diphosphoglycerate
③ adenosine-5'-triphosphate
④ glyceraldehyde-3-phosphate

530 ATP 1mole이 발생하는 열량은 얼마인가?

① 10kcal ② 9kcal
③ 7kcal   ④ 3kcal

531 다음 중 고에너지 인산화합물이 아닌 것은?

① GDP   ② ADP
③ CDP   ④ TMP

532 근육 내에서의 energy 축적상태는 무엇인가?

① fructose-6-phosphate ② GDP
③ creatine phosphate   ④ AMP

533 다음 회로의 이름은?

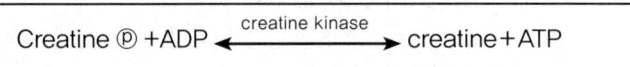

① TCA cycle   ② Lehninger 회로
③ Lohmann 회로   ④ EMP 회로

534 전자전달계에 대한 설명으로 틀린 것은?

① NADH dehydrogenase에 의해 NADH로부터 2개의 전자를 수용하여 FMN에 전자를 전달함으로써 개시된다.
② Flavoprotein(FeS)은 전자를 수용하여 Fe^{3+}를 Fe^{2+}로 환원시킨다.
③ 전자전달의 결과 ADP와 Pi로부터 총 7개의 ATP가 합성된다.
④ 최종 전자수용체인 산소는 물로 환원된다.

---

529 고에너지 화합물
- 체내에서 생성된 energy의 대부분은 고energy 인산 결합에 저장되어 그것은 생체 내 반응에 이용된다.
- acetoacetic acid, acetyl-CoA, ATP, creatine phosphate, phosphenol pyruvate, diphosphoglyceric acid 등이 있다.

530 ATP는 인산과 ADP가 고에너지 결합을 한 것이다. 이 결합에 필요한 energy는 ATP 1mole당 약 7kcal 정도이다.

531 해당과정에서 생성되는 phos-phoenolpyruvate와 1,3-diphosphoglycerate, 근육에서 일시적 고에너지 저장형인 creatine phosphate도 고에너지 인산화합물이다.

532 Lohmann reaction(로만 반응) 생체 내에서 생성된 과잉의 고에너지 인산은 ATP에서 creatine에 옮겨져 creatine phosphate의 형태로 근육이나 간장에 저장된다.
Creatine ⓟ +ADP
  ↑ creatine kinase
creatine+ATP
는 가역적 반응으로 이루어진다.
- 근육 활동은 ATP를 ADP와 인산으로 가수분해할 때 생성되는 에너지를 이용하는 것이다.
- ADP는 곧 creatine phosphate에서 고에너지 인산을 받아 ATP로 재생된다.

533 532번 해설 참조

534 전자전달계
- 전자전달의 결과 ADP와 Pi로부터 ATP가 합성되는 곳은 3군데이고 각각 1분자씩의 ATP를 생성한다.
 - $NADH_2$와 FAD의 사이
 - cytochrome b와 cytochrome c_1 사이
 - cytochrome a(a_3)와 O_2의 사이

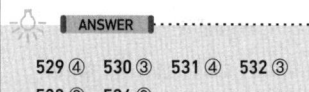

529 ④ 530 ③ 531 ④ 532 ③
533 ③ 534 ③

535 시토크롬(cytochrome)
- 혐기적 탈수소 반응의 전자 전달체로서 작용하는 복합단백질로 heme과 유사하여 Fe 함유 색소를작용 족으로 한다.
- 이 효소는 cytochrome a, b, c 3종이 알려져 있으며 C가 가장 많이 존재한다.
- Cytochrome c는 0.34~0.43%의 Fe을 함유하고, heme 철의 $Fe^{2+} \rightleftarrows Fe^{3+}$의 가역적 변환에 의하여 세포 내의 산화 환원 반응의 중간 전자전달체로서 작용한다.
- Cytochrome c의 산화 환원 반응에서 특이한 점은 수소를 이동하지 않고 전자만 이동하는 것이다.

536 525번 해설 참조

537 cytochrome에서는 전자만이 cytochrome b → c_1 → c → a → a_3로 옮겨지는데 최후에 전자를 받은 cytochrome a_3는 cytochrome oxidase에 의하여 $\frac{1}{2}O_2$ → H_2O를 생성하고 산화과정이 끝나게 된다.

538 호흡 연쇄 반응에서의 전자전달은 mitochondria와 chloroplast에서 광합성 Hill 반응이 일어나는데 모두 산화 환원 전위차가 낮은 곳에서 높은 곳으로 전자전달이 일어난다.

539 세포내 전자전달계에서 보편적인 전자 운반체는 NAD^+, $NADP^+$, FMN, FAD, ubiquinone(UQ, Coenzyme Q), cytochrome, 수용성 플라빈, 뉴클레오티드 등이다.

540 글루코네오제네시스(gluconeogenesis)
- 당생성(glucogenesis)이라고도 하며 세포 속에서 다른 종류의 화합물로부터 포도당과 같은 탄수화물을 만드는 것이다.
- 당신생에 이용되는 물질로는 음식물 산화과정의 마지막 단계인 트리카르복실산회로(TCA회로)에 관계하는 화합물, 젖산(lactate)이나 피루브산(pyruvate)과 여러 가지 아미노산이 있다.
- 당신생은 주로 간과 신장에서 일어나는데 예를 들면 격심한 근육운동을 하고 난 뒤 회복기 동안 간에서 젖산을 이용한 혈당 생성이 매우 활발히 일어난다.

ANSWER
535 ④ 536 ① 537 ④ 538 ②
539 ④ 540 ②

---

535 Cytochrome의 구조에서 가장 필수 원소는?
① Cu   ② Na
③ Mg   ④ Fe

536 Flavoprotein과 cytochrome b 사이에서 전자전달을 촉매하는 것은?
① ubiquinone   ② ADP
③ cytochrome a ④ FAD

537 전자전달 연쇄과정에서 최종과정($\frac{1}{2}O_2$ → H_2O)의 cytochrome인 것은?
① cytochrome b ② cytochrome c
③ cytochrome a ④ cytochrome a_3

538 다음 보기의 차이점을 바르게 설명한 것은?

> Mitochondria에서 일어나는 호흡 연쇄 반응에서의 전자전달(A)과 chlorophast에서 일어나는 광합성 Hill 반응에서의 전자전달(B)

① (A)는 산화 환원 전위차가 낮은 곳에서 높은 곳으로 전자전달이 일어나지만 (B)는 반대이다.
② (A), (B) 모두 산화 환원 전위차가 낮은 곳에서 높은 곳으로 전자전달이 일어난다.
③ (A), (B) 모두 산화 환원 전위차가 높은 곳에서 낮은 곳으로 전자전달이 일어난다.
④ (A)는 산화 환원 전위차가 높은 곳에서 낮은 곳으로 전자전달이 일어나며, (B)는 그 반대이다.

539 다음 중 전자전달 사슬에 관여하지 않는 물질은?
① NAD   ② FMN
③ cytochrome   ④ PALP

540 글루코네오제네시스(Gluconeogenesis)라 함은 무엇을 의미하는가?
① 포도당이 혐기적으로 분해하는 과정
② 포도당이 젖산이나 아미노산으로부터 합성되는 대사과정
③ 포도당이 산화되어 ATP를 합성하는 과정
④ 포도당이 지방이나 아미노산으로 전환되는 과정

541 HMP 경로의 중요한 생리적 의미는?

① 핵산 대사를 촉진시킨다.
② 저혈당과 피로회복에 도움을 준다.
③ 조직 내로의 혈당 침투를 촉진시킨다.
④ 지방산과 스테로이드 합성에 이용되는 NADPH를 생성한다.

542 핵산의 생합성에 필요한 당을 공급해 주는 과정은?

① TCA cycle
② EMP scheme
③ Pentose phosphate pathway
④ Urea cycle

543 생체 내 글리코겐 대사에 대한 설명으로 틀린 것은?

① 탈인산화된 glycogen synthetase는 비활성형이다.
② glycogen synthetse는 UDP-glucose로부터 α-1,4 결합으로 전이시킨다.
③ 글리코겐을 분해하는 가인산 분해 효소(phosphorylase)는 phosphorylase kinase에 의해 활성화된다.
④ 근육세포는 glucose-6-phosphatase를 함유하지 않아 glucose-6-phosphate를 유리 glucose로 바꿀 수 없다.

544 글리코겐(glycogen)의 합성에 이용되는 nucleotide는?

① NAD
② NADP
③ UTP
④ FMN

---

541 Pentose phosphate(HMP) 경로(Pathway)의 중요한 기능

- 여러 가지 생합성 반응에서 필요로 하는 세포질에서 환원력을 나타내는 NADPH를 생성한다. NADPH는 여러 가지 환원적 생합성 반응에서 수소 공여체로작용하는 특수한 dehydrogenase들의 보효소가 된다. 예를 들면 지방산, 스테로이드 및 glutamate dehydrogenase에 의한 아미노산 등의 합성과 적혈구에서 glutathione의 환원 등에 필요하다.
- 6탄당을 5탄당으로 전환하며 3-, 4-, 6- 그리고 7탄당을 당 대사경로에 들어 갈 수 있도록 해 준다.
- 5탄당인 ribose 5-phosphate를 생합성하는데 이것은 RNA 합성에 사용된다. 또한 deoxyribose 형태로 전환되어 DNA 구성에도 이용된다.
- 어떤 조직에서는 glucose 산화의 대체 경로가 되는데, glucose 6-phosphate의 각 탄소원자는 CO_2로 산화되며, 2개의 NADPH분자를 만든다.

542 541번 해설 참조

543
글리코겐의 합성이 일어날 때에 glycogen synthetase 분자는 phosphorylase에 의해 먼저 탈인산화되어 분자를 활성화한다.

544 포도당이 글리코겐으로 변환되는 과정

- 글루코오스는 hexokinase의 촉매작용으로 glucose-6-phosphate가 되고, phospoglucomutase의작용으로 glucose-1-phosphate가 된다.
- 여기에서 glucose-1-phosphate은 UDP-glucose pyrophosphorylase와 UTP(uridine triphosphate), Mg^{++}에 의해 UDP-glucose가 된다.
- UDP-glucose는 글리코겐 합성 효소의작용으로 primer에 α-1,4 결합한다.
- 그러나 그것만으로는 직쇄 성분만 되기 때문에 가지 제조 효소(아밀로 (1,4→1,6) transglucosidase)의 촉매에 의해 가지구조를 가진 글리코겐이 생성된다.

ANSWER

541 ④ 542 ③ 543 ① 544 ③

PART 5-3. 지질의 대사

545 지방산의 β-산화에 관한 설명으로 맞지 않는 것은?

① β-산화를 하면 지방산은 탄소수가 2개 적은 acyl-CoA가 된다.
② acetyl-CoA를 생성한다.
③ β-산화의 주생성물은 acetoacetic acid이다.
④ mitochondria에서 일어난다.

546 지방산화과정에서 일반적으로 일어나는 β-oxidation의 설명으로 틀린 것은?

① acyl-CoA는 carnitine 과 결합하여 mitochondria 내부로 이동된다.
② 세포의 세포질 속으로 운반된 지방산은 CoA와 ATP에 의해서 활성화된다.
③ 짝수지방산은 산화 후 acetyl-CoA만을 생성하지만 홀수지방산은 acetyl-CoA와 propionic acid를 생성한다.
④ 포화지방산의 산화에는 isomerization과 epimerization의 보조적인 반응이 필요하다.

547 다음 중 지방산이 분해되어 마지막에 생기는 기본 단위의 물질은 무엇인가?

① acetyl-CoA
② acetoacetic acid
③ lactic acid
④ succinyl-CoA

548 지방산의 β-산화에 관여하지 않는 효소는?

① thiokinase
② citrate synthase
③ acyl dehydrogenase
④ β-ketoacyl thiolase

---

545 지방산의 β-산화
- 1회전할 때마다 2분자의 탄소가 떨어져 나간다.
- 지방산의 -COOH 말단기로부터 두 개의 탄소 단위로 연속적으로 분해되어 acetyl-CoA를 생성한다.
- mitochondria에서 일어난다.

546 지방산 산화 반응의 3단계
① 활성화
FFA가 ATP와 CoA 존재 하에 acyl-CoA synthetase (thiokinase)에 의해 acyl-CoA로 활성화 된다.
② mitochondria 내막 통과
mitochondria 외막을 통과해 들어온 long-chain acyl-CoA은 mitochondria 외막에 있는 carnitine palmitoyl-transferase I에 의해 acylcarnitine이 되고 mitochondria 내막에 있는 carnitine-acylcarnitine translocase에 의해 안쪽으로 들어와 한 분자의 carnitine과 교환된다.
③ β-oxidation에 의한 분해
carboxyl 말단에서 2번째 (α)탄소와 3번째 (β)탄소 사이 결합이 절단되어 acetyl-CoA가 한 분자씩 떨어져 나오는 cycle을 반복한다. 홀수개의 탄소로 된 지방산은 최종적으로 acetyl-CoA와 함께 propionyl-CoA(C_2) 한 분자를 생산한다.
- 불포화지방산의 산화
이중 결합(Δ^3-cis, Δ^4-cis)이 나오기까지 β-oxidation이 진행되다가 이중 결합의 위치에 따라 이성화 반응, 산화, 환원 등을 거쳐 최종적으로 Δ^2-trans-enoyl-CoA로 전환되어 β-산화로 처리된다.
- 포화지방산의 β산화
Fatty acid + ATP + CoA →
Acyl-CoA + PPi + AMP
포화지방산 산화는 이성화를 거치지 않고 β-산화가 일어난다.

547 천연지방산은 대부분 우수 탄소화합물이므로 분해되면 전부 acetyl-CoA가 되지만, 기수 탄소화합물은 최종적으로 탄소가 3개인 propionic acid가 된다.

548 지방산의 β-산화에 관여하는 효소
- acyl-CoA synthetase (thiokinase), enoylhydrase, acyl dehydrogenase, β-hydroxy acyl dehydrogenase, β-keto acyl thiolase가 있다.

ANSWER

545 ③ 546 ④ 547 ① 548 ②

549 지방산의 β산화과정에서 탄소는 몇 분자씩 산화 분해되는가?
① 2　　② 3
③ 4　　④ 5

550 Palmitic acid가 아세틸-CoA까지 산화되는 동안 몇 mol의 ATP가 생성되는가?
① 28mol
② 33mol
③ 35mol
④ 129mol

551 지방질이 몸 안에서 불완전하게 산화 분해되어 생기는 중간 대사산물을 무엇이라 하는가?
① 케톤체
② 젖산
③ 초산
④ 아미노산

552 케톤체(kotone body)에 관한 설명 중 맞지 않은 것은?
① acetyl-CoA가 잘 이용이 안되면 축합하여 만들어지기도 한다.
② ketone체는 주로 근육에서 만들어진다.
③ 이들은 말초조직에서 쉽게 산화된다.
④ ketone체는 산성이므로 이들의 축적은 acidosis가 된다.

553 ketosis란 무엇인가?
① 지방대사의 부진
② 당질대사의 부진
③ 단백질대사의 부진
④ 요소대사의 부족

554 산패된 지방의 냄새는 무슨 성분에 의한 것인가?
① glycerine
② phenol
③ 휘발성 지방산(VFA)
④ acrolein

---

549 β-산화과정에 의해서 1회전할 때마다 2분자의 탄소가 떨어져 나간다.

550 Palmitic acid는 탄소수가 16이므로 β-산화를 7회전하고 난 뒤의 생성된 ATP 수를 계산하면 된다.
∴ 5×7-2(최초 활성 시)=33ATP

551 케톤체(ketone body)
- 단식, 기아상태, 당뇨병, 저탄수화물 식이를 하게 되면 저장지질이 분해되어 acetyl-CoA를 생성하게 되고 과잉 생성된 acetyl-CoA는 간에서 acetyl-CoA 2분자가 축합하여 아세토아세트산(acetoacetate), β-히드록시부티르산(β-hydroxybutyrate), 아세톤(acetone) 등의 케톤체를 생성하게 된다.
- 케톤체는 당질을 아주 적게 섭취하는 기간 동안에 말초조직과 뇌에서 대체 에너지로 이용한다.
- 혈중에 케톤체 농도가 너무 높게 되면 ketoacidosis가 되어 혈중 pH가 낮게 된다.
- 식욕 부진, 두통, 구통 등의 증상이 나타난다.

552 551번 해설 참조

553 ketosis란
- 당질대사장해(당뇨병, 기아 등)의 경우는 간 glycogen의 감소로 지방 분해가 촉진되어 간의 처리 능력 이상으로 acetyl-CoA를 생성한다.
- 과다한 acetyl-CoA를 간이 분해할 수 없게 되어 과잉의 acetyl-CoA를 ketone체로 만들어 혈류로 들어가 간의 조직에서 이용되나 케톤체가 과잉으로 생성되면 혈중 농도가 증가되는데 이 상태를 ketone증, 즉 ketosis라 한다.

554 산패된 지방의 냄새
- 지방의 산화에 의해서 휘발성 지방산, aldehyde, ketone 등의 자극물이 생겨 좋지 못한 냄새와 맛을 발생시킨다.
※ acrolein은 유지를 150℃ 정도로 가열하면 자극성 연기를 내면서 분해되기 시작하는데 이때의 자극성 원인물질을 말한다.

ANSWER
549 ①　550 ②　551 ①　552 ②
553 ②　554 ③

출제예상문제

555 지질 합성
① 지방산의 합성
- 간장, 신장, 지방조직, 뇌등 각 조직의 세포질에서 acetyl-CoA로부터 합성된다.
- 거대한 효소복합체에 의해서 이루어진다. 효소복합체 중심에 ACP(acyl carrier protein)이 들어 있다.
- acetyl-CoA가 ATP와 비오틴의 존재하에서 acetyl-CoA acrboxylase의 작용으로 CO_2와 결합하여 malonyl-CoA로 된다.
- 이 malonyl-CoA와 acetyl-CoA가 결합하여 탄소수가 2개 많은 지방산 acyl-CoA로 된다.
- 이 반응이 반복됨으로써 탄소수가 2개씩 많은 지방산이 합성된다.
- 지방산합성에는 지방산 산화과정에서는 필요 없는 NADPH가 많이 필요하다.
- 생체 내에서 acetyl-CoA로 전환될 수 있는 당질, 아미노산, 알코올 등은 지방산 합성에 관여한다.

② 중성지방의 합성
- 중성지방은 지방대사산물인 글리세롤로부터 또는 해당과정에 있어서 글리세롤-3-인산으로부터 합성된다.
- acyl-CoA가 글리세롤-3-인산과 결합하여 1,2-디글리세라이드로 된다. 여기에 acyl-CoA가 결합하여 트리글리세라이드가 된다.

556 천연 지방산은 대부분 짝수 개의 탄소원자(우수탄소)이므로 분해 반응의 반복으로 전부 acetyl-CoA로 분해되어 지방산 생합성이 되지만, 기수탄소의 지방산은 최후에 3탄소의 propionic acid가 남게 된다.

557 Linoleic, linolenic, arachidonic acid와 같이 -CH=CH-CH=CH-CH=CH-와 같은 구조를 가진 지방산과 이의 glyceride는 체내에서 합성하지 않으므로 필수 지방산(essential fatty acid)이라 한다.

558 지방산 생합성
- 간과 지방조직의 세포질에서 일어나며 malonyl-CoA를 통해 지방산 사슬이 2 개씩 연장되는 과정이다.
- 즉, palmitic acid 1분자를 합성하는데 지방산 합성 효소(fatty acid synthase)에 의하여 이루어지며 acetyl-CoA 1분자, malonyl-CoA 7분자, ATP 7분자, NADPH 14분자가 필요하다.
- 지방산 합성에 필요한 대량의 NADPH는 주로 hexose monophosphate(HMP) 경로로부터 공급된다.

---

555 지질 합성에 관한 설명으로 잘못된 것은?
① 지질의 합성은 세포질에서 일어난다.
② 지질의 합성은 acetyl-CoA로부터 시작된다.
③ 거대한 효소복합체에 의해서 이루어진다.
④ NADH가 사용된다.

556 다음 중 지방산 생합성의 기본 단위 물질은?
① acetoacetic acid
② propionic acid
③ succinyl-CoA
④ acetyl-CoA

557 생체 내에서 합성되지 않는 지방산은?
① oleic acid
② linoleic acid
③ palmitic acid
④ caproic acid

558 지방산 합성에 필요한 인자들로 옳은 것은?
① 비오틴 - NAD^+
② FAD - acetyl-CoA
③ acetyl-CoA - NADPH
④ NAD^+ - 지방산 합성 효소

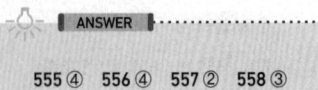
ANSWER
555 ④ 556 ④ 557 ② 558 ③

559 acetyl-CoA로부터 생합성될 수 없는 물질은?

① 담즙산
② 엽산
③ 지방산
④ 콜레스테롤

560 지방산의 생합성 속도를 결정하는 효소는?

① ACP-아세틸기 전이 효소(ACP-acetyl transferase)
② 아세틸-CoA 카르복실화 효소(acetyl-CoA carboxylase)
③ 시트르산 분해 효소(Citrate lyase)
④ ACP-말로닐기 전이 효소(ACP-malonyl transferase)

561 지질합성과정에서 Malonyl-CoA 합성에 관여하는 효소는?

① acetyl-CoA dehydrogenase
② acetyl-CoA carboxylase
③ Acyl-CoA synthase
④ Fatty acid synthase

562 prostaglandin의 생합성에 이용되는 지방산은?

① stearic acid
② oleic acid
③ arachidonic acid
④ palmitic acid

563 대장균에서의 지방산은 지방산 생성 효소에 의해서 생합성되며 이 효소의 기질로 acetyl-CoA와 다음 어느 물질이 쓰여지는가?

① succinyl-CoA
② butyl-CoA
③ palmityl-CoA
④ malonyl-CoA

559 acetyl-CoA로부터 지방산(fatty acid), 콜레스테롤(cholestero), 담즙산(bile acid), ketone body, citric acid 등이 만들어지고, 엽산(folic acid)는 수용성 비타민으로 acetyl-CoA로부터 만들어지지 않는다.

560 지방산 생합성
• 간과 지방조직의 세포질에서 일어나며 말로닐-ACP(malonyl-ACP)를 통해 지방산 사슬이 2개씩 연장되는 과정이다.
• 지방산 생합성 중간체는 ACP(acyl carrier protein)에 결합되며 속도 조절단계는 acetyl-CoA carboxylase가 관여한다.

561 지방산 생합성은 간과 지방조직의 세포질에서 일어나며 말로닐-ACP(malonyl-ACP)를 통해 지방산 사슬이 2개씩 연장되는 과정이다. 지방산 생합성 중간체는 ACP(acyl carrier protein)에 결합되며 속도 조절단계는 acetyl-CoA carboxylase가 관여한다.

562 프로스타글란딘(prostaglandin)의 생합성
• 20개의 탄소로 이루어진 지방산 유도체로서 20-C(eicosanoic) 다가 불포화 지방산(즉 arachidonic acid)의 탄소 사슬 중앙부가 고리를 형성하여 cyclopentane 고리를 형성함으로써 생체 내에서 합성된다.
• 동물에 호르몬 같은 다양한 효과를 지닌 생리활성물질 호르몬이 뇌하수체, 부신, 갑상선과 같은 특정한 분비샘에서 분비되는 것과는 달리 프로스타글란딘은 신체 모든 곳의 세포막에서 합성된다.
• 심장혈관 질환과 바이러스 감염을 억제할 수 있는 강력한 효과로 인해 큰 관심을 끌고 있다.

563 대장균에서의 지방산 생합성
• microsome에서 일어난다.
• 먼저 acetyl-CoA와 CO_2가 biotin, Mn^{++}, ATP의 도움으로 carboxylase의작용에 의해 탄산화되어 malonyl-CoA로 축합된다.
• 이것은 다시 1분자의 acetyl-CoA로, 이것은 D-β-hydroxybutyl-CoA로, ciscrotonyl-CoA로, 그리고 다시 butyryl-CoA로 변성된다.

ANSWER
559 ② 560 ② 561 ② 562 ③
563 ④

출제예상문제

564 인지질의 생합성에 관여하는 요소
- 1,2-diglyceride, choline phosphate, CDP-choline, choline, choline kinase, choline phosphate cytidyltransferase, choline phosphate transferase, ATP 및 CTP 등이 관여한다.

565 cholesterol의 생합성 경로
- acetyl-CoA → L-mevalonic acid → squalene → lanosterol → cholesterol의 단계를 거친다.

566 사람 체내에서 콜레스테롤(Cholesterol)의 생합성 경로
- acetyl-CoA→HMG-CoA→L-mevalonate→mevalonate pyrophosphate→isopentenyl pyrophosphate→dimethylallyl pyrophosphate→geranyl pyrophosphate→farnesyl pyrophosphate→squalene→lanosterol→cholesterol

567 cholesterol의 합성
- 포유동물에서 cholesterol의 합성은 세포 내의 cholesterol 농도와 glucagon, insulin 등의 호르몬에 의해서 조절된다.
- cholesterol 합성의 개시단계는 3-히드록시-3-메틸글루타린 CoA 환원효소(HMG-CoA reductase)가 촉매하는 반응이다.
- 이 효소의 작용은 세포의 콜레스테롤 농도가 크면 억제된다.
- 이 효소는 인슐린에 의해서 활성화되지만 글루카곤에 의해서 불활성화 된다.

568 항지간인자 (lipotroopic factor)
- 간지질의 이동을 촉진하는 물질을 말하며, 지간을 예방, 치료하는 데 쓰인다.
- 항지간인자에는 choline, methionine, inositol, betaine 등이 있다.

---

564 인지질의 생합성에 관여하는 요소 중 불필요한 것은?

① choline phosphate
② kinase, transferase, ATP 및 CTP
③ phospholipase A, B, ATP 및 CTP
④ 1,2-diglyceride

565 콜레스테롤 생합성의 중간체는?

① 베타히드록시-부티르산
② 호박산
③ 아세톤
④ 메발론산

566 사람 체내에서의 콜레스테롤(cholesterol) 생합성 경로를 순서대로 표시한 것으로 옳은 것은?

① acetyl-CoA→L-mevalonic acid→lanosterol→squalene→cholesterol
② acetyl-CoA→L-mevalonic acid→squalene→lanosterol→cholesterol
③ acetyl-CoA→squalene→lanosterol→L-mevalonic acid→cholesterol
④ acetyl-CoA→lanosterol→L-mevalonic acid→cholesterol

567 cholesterol 합성에 관여하는 HGM-CoA(beta-hydroxy-beta-methylglutaryl-CoA) redutase의 인산화(불활성화)와 탈인산화(활성화)에 관여하는 호르몬이 순서대로 바르게 짝지어진 것은?

① glucagon - insulin
② insulin - glucagon
③ thyroxine - androgen
④ androgen - thyroxine

568 다음 중에서 항지간인자(lipotropic factor)가 아닌 것은?

① choline
② threonine
③ methionine
④ betaine

ANSWER

564 ③ 565 ④ 566 ② 567 ①
568 ②

PART 5-4. 단백질의 대사

569 Lysine이 탈탄산(decarboxylation)되면 다음 중 어떤 성분이 형성되는가?

① histamine ② cadaverine
③ tyramine ④ cystathione

570 아미노산으로부터 아미노기가 제거되는 반응과 조효소를 바르게 연결한 것은?

① 산화적 탈아미노 반응(PALP)과 요소회로(NADPH)
② 아미노기 전이 반응(FMN/FAD)과 탈탄산 반응(PALP)
③ 아미노기 전이 반응(PALP)과 산화적 탈아미노 반응(FMN/FAD, NAD)
④ 탈탄산 반응(NADP)과 요소회로(MADP)

571 아미노산의 탈아미노 반응으로 유리된 NH_3^+의 일반적인 경로가 아닌 것은?

① α-keto acid와 결합하여 아미노산을 생성
② 해독작용의 하나로서 glutamine을 합성
③ α-ketoglutarate와 결합하여 glutamate를 합성
④ 간에서 당신생(gluconeogenesis)과정을 거침

572 Amino acid는 중간 경로를 거쳐 TCA cycle로 들어가 산화되지만 phenylalanine은 다음 중 어느 것을 거쳐 TCA cycle에 들어가는가?

① fumaric acid ② citric acid
③ ketoglutaric acid ④ succinyl-CoA

573 아미노기 전이 효소(transferase)의 보조 효소는 무엇인가?

① PALP ② TPP
③ FAD ④ NAD

574 미생물에 의한 아미노산 생성 계열 중 aspartic acid 계열에 속하지 않는 것은?

① valine ② isoleucine
③ homoserine ④ methionine

569 염기성 아미노산의 일종인 lysine은 $NH_2(CH_2)_4CH(NH_2)COOH$의 구조로 되어 있고, 탈탄산(decarboxylation)되면 독성이 강한 cadaverine($NH_2(CH_2)_5NH_2$)이 형성된다.

570
- 산화적 탈아미노 반응 : FMN/FAD, NAD
- 요소회로 : ATP
- 아미노기 전이 반응 : PALP
- 탈탄산 반응 : PALP

571 탈아미노 반응
- amino acid의 amino기(-NH₂)가 제거되어 α-keto acid로 되는 반응을 말한다.
- 탈아미노 반응으로 유리된 NH_3^+의 일반적인 경로
  - keto acid와 결합하여 아미노산을 생성
  - α-ketoglutarate와 결합하여 glutamate를 합성
  - glutamic acid와 결합하여 glutamine을 합성
  - carbamyl phosphate로서 세균에서는 carbamyl kinase에 의하여 합성
  - 간에서 요소회로를 거쳐 요소로 합성

572 Phenylalanine, tyrosine은 fumaric aicd를 경유하며 산화된다.

573 Amino transferase(아미노기 전이 효소)
- 아미노산의 α-amino기를 keto acid에 전이시켜 아미노산은 keto acid로 되고, keto acid는 아미노산으로 변하게 하는 반응이다.
- 아미노기 전이 효소의 보조 효소는 PALP (pyridoxal phosphate)이다.

574 아미노산 생합성계
- glutamic acid 계열 : proline, hydroxyproline, ornithine, citrulline, arginine이 생합성
- aspartic acid 계열 : lysine, homoserine, threoine, isoleucine, methionine이 생합성
- pyruvic acid 계열 : alanine, valine, leucine이 생합성
- 방향족 amino acid 계열 : phenylalanine, tyrosine, tryptophane이 생합성

ANSWER

569 ② 570 ③ 571 ④ 572 ①
573 ① 574 ①

575 지질의 중간대사의 산물인 ketone기를 직접적으로 생성하는 ketone체를 생성하는 amino acid는 leucine이다.

576 Glucose와 glycogen를 합성하는 아미노산을 glucogenic 아미노산이라 불리고, ketone체를 생성하는 아미노산을 ketogenic 아미노산이라 불리며 그 분류는 다음과 같다.

Glycogen (glycogenic amino acids)	Fat (ketogenic amino acid)	Both glycogen and fat (glycogenic and ketogenic amino acids)
L-alanine L-arginine L-aspartate L-cystine L-glutamate L-glycine L-histidine L-hydroxyprline L-methionine L-proline L-serine L-threonine L-valine	L-leucine	L-isoleucine L-lysine L-phenylalanine L-tyrosine L-tryptophan

577
- glycogenic amino acid : glycine, alanine, vaine, serine, threonine, arginine, glutamic acid, aspartic acid, histidine, cysteine, cystine, proline 등
- ketogenic amino acid : leucine
- glycogenic and ketogenic amino acids : isoleucine, lysine, phenylalanine, tyrosine, tryptophan 등

578 Phenylalanine, tyrosine은 fumaric aicd를 경유하며 산화된다.

579 아미노산의 대사과정 중 아미노산으로부터 특정 생성물의 전환
- 알라닌(alanine) : β-alanine은 pantothenic acid의 구성성분
- 글리신(glycine) : heme, purine, glutathione의 합성, glycine과의 포합 반응, creatine의 합성
- 시스테인(cysteine) : coenzyme A 합성에 있어 분자말단의 thio-ethanolamine 성분의 전구물질로작용하며, taurocholic acid를 형성하는 taurine의 전구물질
- 메티오닌(methionine) : S-adenosylmethionine의 형태로서 이것은 체내에 있어서 메틸기(CH_3^-)의 주공급원

575 체내에서 분해되어 ketone기를 가진 ketone체를 생성하는 아미노산은?

① cysteine ② valine
③ methionine ④ leucine

576 다음 중 케토제닉 아미노산(ketogenic amino acid)은 어느 것인가?

① 알라닌(alanine)
② 프롤린(proline)
③ 로이신(leucine)
④ 메티오닌(methionine)

577 glycogenic amino acid가 <u>아닌</u> 것은?

① L – glutamic acid
② L – alanine
③ L – methionine
④ L – leucine

578 Amino acid는 중간 경로를 거쳐 TCA cycle로 들어가 산화되지만 phenylalanine은 다음 중 어느 것을 거쳐 TCA cycle에 들어가는가?

① fumaric acid
② citric acid
③ ketoglutaric acid
④ succinyl-CoA

579 아미노산의 대사과정 중 메틸기(CH_3^-) 공여체로서 중요한 구실을 하는 아미노산은?

① 알라닌(alanine)
② 글리신(glycine)
③ 시스테인(cysteine)
④ 메티오닌(methionine)

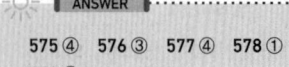

575 ④ 576 ③ 577 ③ 578 ①
579 ④

580 요소 회로(Urea cycle)에 관계 없는 것은 무엇인가?

① arginine
② methionine
③ ornithine
④ citrulline

581 요소회로의 최종 반응에서 arginine을 urea와 ornithine으로 분해하는 효소는?

① arginase
② kinase
③ catalase
④ urease

582 인체 내에서 단백질(질소)대사의 최종산물은?

① creatine
② urea
③ ammonia
④ uric acid

583 아미노산을 운반하는 물질은?

① cystathione
② carnitine
③ histamine
④ glutathione

584 포유류 동물세포에서 protein 합성이 가장 활발하게 일어나는 곳은?

① mitochondria
② endoplasmic reticulum
③ lysosome
④ ribosome

585 단백질의 생합성에 대한 설명으로 틀린 것은?

① 리보솜(ribosome)에서 이루어진다.
② 아미노산의 배열은 DNA에 의해 결정된다.
③ 각각의 아미노산에 대한 특이한 t-RNA가 필요하다.
④ RNA 중합 효소에 의해서 만들어진다.

586 단백질의 생합성에 있어서 중요한 첫 단계 반응은?

① 아미노산의 carboxyl group의 활성화
② peptidyl t-RNA 가수분해 후 단백질과 t-RNA 유리
③ peptidyl t-RNA의 P site 이동
④ 아미노산의 환원

---

580 요소의 합성과정
- ornithine이 citrulline로 변성되고, citrulline은 arginine으로 합성되면서 urea가 떨어져 나오는 과정을 urea cycle이라 한다.
- 아미노산의 탈아미노화에 의해서 생성된 암모니아는 대부분 간에서 요소회로를 통해서 요소를 합성한다.

581 요소회로의 최종 반응
- arginine은 간에 존재하는 arginase와 Mn++에 의하여 가수분해 되어 urea와 ornithine으로 된다.
- arginase가 없는 동물에서는 NH3를 요소이외의 형태로 배설한다.
- 조류에서는 요산으로, 어류에서는 NH3로 배설한다.

582 단백질 대사의 최종산물은 요소이며, 간에서 형성되어 혈액을 통하여 신장으로부터 배설된다.

583 Glutathione
- tripeptide로서 γ-glutamyl cysteiny glycine이다.
- 아미노산을 γ-glutamyl transferase라 부르는 막결합 효소가 세포막을 통과하여 세포 내로 운반하고 세포 내로 운반할 때는 glutathione(GSH)이라 부르는 효소를 이용한다.

584 세포 내에서 단백질을 합성하는 장소를 ribosome이라고 한다. m-RNA는 DNA에서 주형을 복사하여 단백질의 아미노산 배열 순서를 전달 규정한다.

585 단백질의 생합성
- 세포 내 ribosome에서 이루어진다.
- m-RNA는 DNA에서 주형을 복사하여 단백질의 아미노산 배열 순서를 전달 규정한다.
- t-RNA은 다른 RNA와 마찬가지로 RNA polymerase(RNA 중합 효소)에 의해서 만들어진다.
- aminoacyl-t-RNA synthetase에 의해 아미노산과 t-RNA로부터 aminoacyl-t-RNA로 활성화되어 합성이 개시된다.

586 단백질 생합성에서 첫 단계 반응
- N-말단 쪽에서 C-말단 쪽으로 아미노산이 순차적으로 결합함으로써 진행된다.
- 이 때 아미노산은 t-RNA의 3'-OH 말단에 카르복시기가 결합한 aminoacyl-t-RNA의 형태로 활성화되어 단백질 생합성 장소인 ribosome으로 운반된다.

ANSWER
580 ② 581 ① 582 ② 583 ④
584 ④ 585 ④ 586 ①

587 단백질 합성
- 생체 내에서 DNA의 염기서열을 단백질의 아미노산 배열로 고쳐 쓰는 작업을 유전자의 번역이라 한다. 이 과정은 세포질 내의 단백질 리보솜에서 일어난다.
- 리보솜에서는 m-RNA(messenger RNA)의 정보를 근거로 이에 상보적으로 결합할 수 있는 t-RNA(transport RNA)가 날라 오는 아미노산들을 차례차례 연결시켜서 단백질을 합성한다.
- 아미노산을 운반하는 t-RNA는 클로버 모양의 RNA로 안티코돈(anticodon)을 갖고 있다.
- 합성의 시작은 메티오닌(Methionine)이 일반적이며, 합성을 끝내는 부분에서는 아미노산이 결합되지 않는 특정한 정지 신호를 가진 t-RNA가 들어오면서 아미노산 중합 반응이 끝나게 된다.
- 합성된 단백질은 그 단백질이 갖는 특정한 신호에 의해 목적지로 이동하게 된다.

588
단백질 생합성을 개시하는 코돈(initiation codon)은 AUG이고, ribosome과 결합한 m-RNA의 개시 코돈(AUG)에 anticodon을 가진 methionyl-t-RNA가 결합해서 개시 복합체가 형성된다.

589 587번 해설 참조

590 유전자 정보의 전달에 관여하는 핵산물질
- DNA : 단백질 합성 시 아미노산의 배열 순서의 지령을 m-RNA에 전달하는 유전자의 본체
- t-RNA : 활성 amino acid를 ribosome의 주형(template)쪽으로 운반
- m-RNA : DNA에서 주형을 복사하여 단백질의 아미노산 배열 순서를 전달 규정
※ NAD : 산화 환원 반응을 촉매하는 탈수소 효소(dehydrogenase)의 보조 효소

587 단백질 합성 시 anti codon site를 갖고 있어 m-RNA에 해당하는 아미노산을 운반해 주는 것은?
① DNA
② r-RNA
③ NAD
④ t-RNA

588 단백질 생합성에서 시작 코돈(initiation codon)은?
① UGA
② AGU
③ AUG
④ AAU

589 DNA로부터 단백질 합성까지의 과정에서 t-RNA의 역할에 대한 설명으로 옳은 것은?
① m-RNA 주형에 따라 아미노산을 순서대로 결합시키기 위해 아미노산을 운반하는 역할을 한다.
② 핵 안에 존재하는 DNA정보를 읽어 세포질로 나오는 역할을 한다.
③ 아미노산을 연결하여 protein을 직접 합성하는 장소를 제공한다.
④ 합성된 protein을 수식하는 기능을 한다.

590 유전자 정보의 전달과정에서 관여하는 핵산물질이 <u>아닌</u> 것은?
① DNA
② t-RNA
③ m-RNA
④ NAD

ANSWER
587 ④ 588 ③ 589 ① 590 ④

PART 5-5. 핵산 및 대사

591 핵산에 대한 설명으로 옳은 것은?

① RNA의 이중나선은 각 가닥의 방향이 서로 반대이다.
② B-DNA의 사슬은 왼손잡이 이중나선구조를 갖고 있다.
③ RNA는 알칼리 용액에서 가열하면 빠르게 분해된다.
④ DNA 이중나선에서 아데닌(adenine)과 티민(thymine)은 3개의 수소 결합으로 연결되어 있다.

592 Nucleotide를 구성하는 성분이 아닌 것은?

① H_3PO_4
② 아미노산
③ deoxyribose
④ 염기

593 핵산을 구성하는 염기의 성분으로 틀린 것은?

① A – adenine
② G – guanine
③ U – uracil
④ C – cytochrome

594 핵산의 가수분해 산물이 아닌 것은 다음 중 무엇인가?

① uracil
② purine
③ pentose
④ 인산

595 핵산과 결합하여 존재하는 단백질은?

① lysine
② glycine
③ albumin
④ protamine 또는 histone

591
- RNA의 구조는 하나의 ribonucleotide 사슬이 꼬여서 아데닌과 우라실(uracil), 구아닌과 시토신의 수소 결합으로 조립되므로 국부적으로 2중 나선 구조를 형성한다.
- B-DNA의 사슬은 위에서 아래로 오른쪽으로 감은 이중나선구조를 갖고 있다.
- DNA 이중나선에서 아데닌(adenine)과 티민(thymine)은 2개의 수소 결합, 구아닌(guanine)과 시토신(cytosine)은 3개의 수소 결합으로 연결되어 있다.

592 Nucleotide의 구성성분
- 인산(H_3PO_4), 5탄당(deoxyribose, ribose), 염기(pyrimidine, purine)

593 핵산을 구성하는 염기
- pyrimidine의 유도체 : cytosine (C), uracil(U), thymine(T) 등
- purine의 유도체 : adenine(A), guanine(G) 등

594 핵산의 가수분해물
- 핵산의 기본 단위는 nucleotide이고, nucleotide를 가수분해하면 함질소 염기, 당분, 인산이 생성된다.
- 3개의 특정한 성분으로 구성된 핵산은 pyrimidine이나 purine의 유도체인 질소를 함유한 hetero cyclic base, 5탄당, 인산 한 분자로 이루어져 있으며, 가수분해하면 이들 구성성분으로 분해된다.

595 핵단백질
- 단순단백질에 핵산이 결합한 고분자 화합물이다.
- protamine은 어류의 정자 핵 중에서 DNA와 결합형으로 존재하고 histone은 동물의 체세포 핵이나 정자 핵 중에서 DNA와 결합형으로 존재한다.
- 이들은 염기성 단백질로서 arginine과 lysine의 함량이 높다.

 ANSWER

591 ③ 592 ② 593 ④ 594 ①
595 ④

출제예상문제

596 핵단백질의 가수분해 순서

① 핵 단백질(nucleoprotein)은 핵산(nucleic acid)과 단순단백질(histone 또는 protamine)로 가수분해 된다.
② nucleic acid(polynucleotide)은 RNase나 DNase에 의해서 mononucleotide로 가수분해 된다.
③ nucleotide는 nucleotidase에 의하여 nucleoside와 인산(H_3PO_4)으로 가수분해 된다.
④ nucleoside는 nucleosidase에 의하여 염기(purine이나 pyrmidine)와 당(D-ribose나 D-2-Deoxyribose)으로 가수분해 된다.

597 DNA deoxyribonucleotide의 3′ 탄소가 다음 deoxyribonucleotide의 5′ 탄소와의 phosphodiester 결합(bond)하여 5′ → 3′ 의 방향으로 연결된다. RNA경우도 마찬가지다.

598 597번 해설 참조

599 Nucleotide로 구성된 보효소
• ATP : adenosine triphosphate
• cAMP : cyclic adenosine 5'-phosphate
• IMP : inosine 5'-phosphate
• NADP : nicotinamide adenine dineucleotide phosphate
• FAD : flavin adenine dineucleotide
※ TPP : thiamine pyrophosphate

600 보효소로서의 유리 nucleotide와 그 작용

염기	활성형	작용
Adenine	ADP, ATP	에너지 공급원, 인산 전이화
Hypoxanthine	IDP/ITP	CO_2의 동화(oxaloacetic carboxylase), α-ketoglu-tarate 산화의 에너지 공급
Guanine	GDP/GTP	α-ketoglutarate 산화와 단백질 합성의 에너지 공급
Uracil	UDP-glucose UDP-galactose	Waldenose, lactose의 합성
	UDP-galactosamine	Galactosamine 합성
Cytosine	CDP-choline	Phospholipid 합성
	CDP-ethanolamine	Ethanolamine 합성
Niacine +Adenine	NAD, NADH2	산화 환원
	NADP, NADPH2	산화 환원
Flavin +Adenine	FMN, FMNH2	화합 환원
	FAD, FADH2	산화 환원
Pantotheine +Adenine	Acyl-CoA	Acyl기 전이

---

596 핵 단백질의 가수분해 순서는?

① 핵단백질 → nucleotide → nucleoside → base → 핵산
② 핵단백질 → nucleoside → 핵산 → nucleotide → base
③ 핵단백질 → nucleoside → nucleotide → 핵산
④ 핵단백질 → 핵산 → nucleotide → nucleoside → base

597 DNA와 RNA의 pentose와 nucleotide의 연결되어 있는 위치는?

① 2와 3
② 2와 4
③ 3과 4
④ 3과 5

598 DNA와 RNA에서 nucleotide는 어떤 결합으로 이루어져 있는가?

① glycosidic acid
② hydrophobic bond
③ phosphate ester bond
④ phosphodiester bond

599 Nucleotide로 구성된 보효소가 아닌 것은?

① ATP
② TPP
③ FAD
④ NADP

600 보효소로서의 유리 nucleotide와 그 작용을 잘못 연결한 것은?

① ADP/ATP : 인산기 전달
② UDP-glucose : lactose의 합성
③ GDP/TP : phospholipid 합성
④ IDP/ITP : α-ketoglutarate 산화의 에너지 공급

ANSWER
596 ④ 597 ④ 598 ③ 599 ②
600 ③

601 Glycogen 합성에 이용되는 nucleotide는 무엇인가?

① FAD
② NAD
③ ATP
④ UTP

602 다음 중 정미성이 없는 물질은 무엇인가?

① 5'-cytidylic acid
② 5'-inosinic acid
③ 5'-guanylic acid
④ 5'-xanthylic acid

603 핵산계 정미물질의 제조에 있어서 원료핵산을 얻는 데 가장 적당한 균주는 무엇인가?

① *Stretococcus thermophilus*
② *Bacillus subtilis*
③ *Aspergillus niger*
④ *Saccharomyces cerevisiae*

604 효모생산(RNA)에서 지미 성분을 얻고자 할 때 어떤 효소를 작용시켜야 하는가?

① phosphotransferase
② 2'-phosphodiesterase
③ 3'-phosphodiesterase
④ 5'-phosphodiesterase

605 핵산 분해법에 의한 5'-nucleotide의 생산에 주원료로 쓰이지 않는 것은 무엇인가?

① adenylic acid
② deoxyribonucleic acid
③ 효모균체 중 핵산
④ ribonucleic acid

606 핵산의 구성성분인 purine 고리 생합성에 관련이 없는 아미노산은?

① glycine
② tyrosine
③ fumarate
④ glutamine

607 Purine base에서 uric acid의 형성을 촉매하는 효소는?

① adenylic acid deaminase
② uricase
③ xanthine oxidase
④ nuclease

601 Glycogen은 glucose로부터 만들어지는 것으로 다른 당은 일단 glucose 모양으로 변하지 않으면 glycogen의 구성 단위가 되지 못한다. 따라서 galactose가 glucose로 될 때 직접 G-1-ⓟ가 되지 못하고 UDP-glucose가 개재되며 UDP-glucose는 무기인산과 반응하여 UTP와 G-1-ⓟ가 된다.

602 정미성을 가지고 있는 nucleotide

· 5'-guanylic acid(guanosine-5'-monophosphate, 5'-GMP), 5'-inosinic acid(inosine-5'-monophosphate, 5'-IMP), 5'-xanthylic acid(xanthosine-5'-phosphate, 5'-XMP)이다.
· XMP〈IMP〈GMP의 순서로 정미성이 증가한다.
※ 5'-cytidylic acid는 정미성이 없다.

603 핵산계 정미물질의 제조에 있어서 원료핵산을 얻는 데 쓰는 균주는 *Saccharomyces cerevisiae*가 적당하다.

604 효모 생산(RNA)에서 지미성분의 생성 방법

· 효모핵산을 5'-phosphodiesterase에 의하여 분해하는 방법
· 미생물의 RNA와 DNA를 자기분해하여 nucleoside와 nucleotide를 균체 밖으로 배출시키는 방법
· 화학적으로 핵산염기에서 미생물로 nucleoside를 생합성시키는 방법

605 핵산 분해법에 의하여 5'-nucleotide를 생산하는 데 주원료로 쓰이는 것은 ribonucleic acid, deoxyribonucleic acid, 효모 균체 중 핵산 등이 있다.

606 purine 고리 생합성에 관련이 있는 아미노산 : glycine, aspartate, glutamine, fumarate 등이다.

607 purine base는 xanthine oxidase에 의해 탈아미노산되어 xanthine으로 된 다음 요산(uric acid)을 형성한다.

ANSWER
601 ④ 602 ① 603 ④ 604 ④
605 ① 606 ② 607 ③

출제예상문제

608 퓨린 분해대사
- 사람 등의 영장류, 개, 조류, 파충류 등의 퓨린(purine)은 요산(uric acid)으로 분해되어 오줌으로 배설된다.
- 즉, 퓨린 유도체인 adenine과 guanine은 대사를 거쳐 uric acid가 되어 소변으로 배설된다.

609 purine체의 골격인 원자 혹은 원자단은 다른 대사물의 glycine, NH₃, CO₂, formate, glutamine 등에서 합성된다.

610 인체 내에서 purine체는 탈아미노 반응에 의하여 xanthine을 거쳐 요산으로 산화된다. 또 요산은 포유류와 파충류 체내에서 분해되면 allantoin으로 되어 배설되고, 물고기는 요소로 배설되지만 중풍증과 같이 병적인 상태에서는 관절에 축적되는 경우도 있다.

611 핵산의 무질소 부분 대사
- 인산은 음식물 또는 체내 급원으로부터 쉽게 얻어지고, 대사 최종산물로서 무기인산염으로 되어 소변으로 배설된다.
- ribose와 deoxyribose는 glucose와 다른 대사 중간물로부터 직접 얻어진다.
- pentose의 분해경로는 명확치 않으나 최종적으로 H₂O와 CO₂로 분해된다.

612 DNA를 구성하는 염기
- 피리미딘(pyrimidine)의 유도체 : cytosine(C), uracil(U), thymine(T) 등
- 퓨린(purine)의 유도체 : adenine(A), guanine(G) 등
※ DNA 이중나선에서
  - 아데닌(adenine)과 티민(thymine) : 2개의 수소 결합
  - 구아닌(guanine)과 시토신(cytosine) : 3개의 수소 결합

613 Pyrimidine의 생합성
- Pyrimidine체의 골격 원자단은 NH₃, CO₂, aspartic acid 등의 저분자 화합물이다.
- 먼저 CO₂와 NH₃로부터 carboxyl phosphate를 생성하고, 이것은 다시 aspartate와 축합한 다음 또 폐환, 산화 등의 과정을 거쳐 uracil이 생성된다.

608 퓨린(purine)분해대사의 최종 생성물은?
① uric acid
② orotic acid
③ nucleic acid
④ urea

609 핵산의 구성성분인 purine base의 생합성 시작물질은?
① glycine
② phosphoric acid
③ ribose
④ pyrimidine

610 핵산의 대사산물인 purine체의 분해산물이 아닌 것은 무엇인가?
① histidine
② uric acid
③ allantoin
④ xanthine

611 핵산의 무질소 부분 대사에 대한 설명으로 옳은 것은?
① 인산은 대사 최종산물로서 무기인산염 형태로 소변으로 배설된다.
② 간, 근육, 골수에서 요산이 생성된 후 소변으로 배설된다.
③ NH₃를 방출하면서 분해되고 요소로 합성되어 배설된다.
④ pentose는 최종적으로 분해되어 allantoin으로 전환되어 배설된다.

612 피리미딘(pyrimidine) 유도체로서 핵산 중에 존재하지 않는 것은?
① 시토신(cytosine)
② 우라실(uracil)
③ 티민(thymine)
④ 구아닌(guanine)

613 Pyrimidine이 생합성될 때의 출발물질은 무엇인가?
① ribose-5'-phosphate
② ADP
③ carboxyl phosphate
④ D-deoxyribose

ANSWER
608 ① 609 ① 610 ① 611 ①
612 ④ 613 ③

614 DNA에 대한 설명으로 <u>틀린</u> 것은?

① DNA는 이중나선구조로 되어 있다.
② DNA염기간의 결합에서 A와 T는 수소 3중 결합, G와 C는 수소 이중 결합으로 되어 있다.
③ DNA에는 유전정보가 저장되어 있다.
④ DNA분자는 중성에서 음(-) 전하를 나타낸다.

615 DNA에 들어 있지 <u>않은</u> 것은 무엇인가?

① adenosine ② guanine
③ adenine ④ cytosine

616 DNA의 2중 나선과 관계가 있는 수소 결합은 어느 것인가?

① C=T, A≡G ② A=T, C≡G
③ A≡C, G=T ④ T=C, A≡T

617 DNA 분자의 purine과 pyrimidine 염기쌍 사이를 연결하는 결합은?

① 이온 결합 ② 수소 결합
③ 공유 결합 ④ 인산 결합

618 DNA의 2중 나선형 구조의 구조적 안전성은 무엇인가?

① 겹쳐 쌓인 purine과 pyrimidine 핵 사이의 소수성 결합 때문이다.
② purine과 pyrimidine 염기 사이의 수소 결합 때문이다.
③ 인접한 purine 염기 사이의 수소 결합 때문이다.
④ 인접한 pyrimidine 염기 사이의 수소 결합 때문이다.

619 다음 중 자가복제(self-replication)가 가능한 것은?

① DNA ② r-RNA
③ t-RNA ④ m-RNA

---

614 DNA 이중나선에서 염기쌍
• 아데닌(adenine)과 티민(thymine)은 2개의 수소 결합(A:T)
• 구아닌(guanine)과 시토신(cytosine)은 3개의 수소 결합(G:C)
• DNA 염기쌍은 A:T, G:C의 비율이 1:1이다.

615 DNA는 adenine, guanine, cytosine, thymine 등으로 구성되어 있다.

616
• Thymine과 adenine은 2개의 수소 결합을 형성하고, guanine과 cytosine은 3개의 수소 결합을 형성한다. 이 수소 결합들의 배열과 거리는 염기들 사이의 강한 상호작용을 이루는 데 제일 적합한 것이다.

617
• DNA을 구성하는 염기
- 피리미딘(pyrimidine)의 유도체 : cytosine(C), thymine(T), uracil(U)
- 퓨린(purine)의 유도체 : adenine(A), guanine(G)
• DNA 이중나선에서
- 아데닌(adenine)과 티민(thymine) : 2개의 수소 결합으로 연결
- 구아닌(guanine)과 시토신(cytosine) : 3개의 수소 결합으로 연결

618 DNA가 2개 이상의 polynucleotide purine 사슬이 이중나선구조를 하고 있는 것은 purine과 pyrimidine 염기에 있는 adenine과 thymine, guanine과 cytosine 사이의 수소 결합에 의하여 이루어진다.

619
세포가 분열할 때 DNA는 자신과 동일한 DNA를 복제(replication)하는데 DNA의 2중 나선구조가 풀려 한 가닥의 사슬로 되고 DNA polymerase가 작용한다. chromosomal DNA 이외에 작고 동그란 DNA인 plasmid가 있다. 이 DNA는 세포 내의 복제 장비를 이용해서 chromosomal DNA와는 상관없이 자가복제(self-replication)할 수 있다.

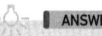 **ANSWER**

614 ② 615 ① 616 ② 617 ②
618 ② 619 ①

출제예상문제

620 DNA 조성에 대한 일반적인 성질 (E. Chargaff)
① 한 생물의 여러 조직 및 기관에 있는 DNA는 모두 같다.
② DNA 염기조성은 종에 따라 다르다.
③ 주어진 종의 염기 조성은 나이, 영양상태, 환경의 변화에 의해 변화되지 않는다.
④ 종에 관계없이 모든 DNA에서 adenine(A)의 양은 thymine(T)과 같으며(A=T) guanine(G)은 cytosine(C)의 양과 동일하다(G=C).
※ A의 양이 991개이면 T의 양도 991개이고, AT의 양은 1,982개가 되며, G의 양이 456개이면 C의 양도 456개이고 GC의 양은 912개가 된다.

621 DNA의 흡광도
• DNA의 염기(base)는 방향족고리화합물의 하나이다.
• OD 260nm의 파장에서는 DNA의 염기가 잘 흡수할 수 있는 빛의 파장이다.
• DNA의 파장에 따른 흡광도를 조사해보면 260nm에서 높은 흡광도를 보이는 것을 알 수 있다.

622 유전암호(genetic code)
• DNA를 전사하는 m-RNA의 3염기 조합 즉 m-RNA의 유전암호의 단위를 코돈(codon, triplet)이라 하며 이것에 의하여 세포 내에서 합성되는 아미노산의 종류가 결정된다.
• 염색체를 구성하는 DNA는 다수의 뉴클레오티드로 이루어져 있다. 이 중 3개의 연속된 뉴클레오티드가 결과적으로 1개의 아미노산의 종류를 결정한다.
• 이 3개의 뉴클레오티드를 코돈(트리플렛 코드)이라 부르며 뉴클레오티드는 DNA에 함유되는 4종의 염기, 즉 아데닌(A)·티민(T)·구아닌(G)·시토신(C)에 의하여 특징이 나타난다.
• 이 중 3개의 염기 배열 방식에 따라 특정 정보를 가진 코돈이 조립된다. 이 정보는 m-RNA에 전사되고, 다시 t-RNA에 해독되어 코돈에 의하여 규정된 1개의 아미노산이 만들어진다.

623 뉴클레오티드(nucleotide)의 개수
• 15s⁻¹의 turnover number는 1초에 15개의 뉴클레오티드(nucleotide)를 붙인다는 의미이다.
• 1분간(60초) 반응시키면 15 × 60 = 900

620 어떤 미생물의 DNA를 분리하여 분석한 결과 단편의 염기농도가 A=991개, G=456개였다면 G+C의 염기의 개수는?

① 912개　　　　② 1447개
③ 1535개　　　④ 1982개

621 DNA의 함량은 260nm의 파장에서 자외선의 흡광 정도로 측정할 수 있다. 이러한 흡광은 DNA의 구성성분 중 어느 물질의 성질에 기인한 것인가?

① 염기(base)
② 인산 결합
③ 리보오스(ribose)
④ 데옥시리보오스(deoxyribose)

622 아래의 유전암호(genetic code)에 대한 설명에서 (　) 안에 알맞은 것은?

> 유전암호는 단백질의 아미노산 배열에 대한 정보를 (　)상의 3개 염기 단위의 연속된 염기배열로 표기한다.

① DNA　　　　② r-RNA
③ t-RNA　　　④ m-RNA

623 DNA 중합 효소는 15s⁻¹의 turnover number를 갖는다. 이 효소가 1분간 반응하였을 때 중합되는 뉴클레오티드(nucleotide)의 개수는?

① 15　　　　② 180
③ 900　　　④ 1800

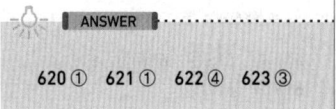

ANSWER　620 ①　621 ①　622 ④　623 ③

624 t-RNA에 대한 설명으로 **틀린** 것은?
① 활성화된 아미노산과 특이적으로 결합한다.
② 역코돈(anti-codon)을 가지고 있다.
③ codon을 가지고 있어 r-RNA와 결합한다.
④ codon의 정보에 따라 m RNA와 결합한다.

625 단백질 합성에 있어서 주형(template)이 되는 것은 무엇인가?
① t-RNA ② m-RNA
③ r-RNA ④ DNA

626 아미노산 배열 순서를 전달 규정하는 것은?
① DNA ② r-RNA
③ m-RNA ④ t-RNA

624 t-RNA
- s-RNA(soluble RNA)라고도 한다.
- 일반적으로 클로버잎 모양을 하고 있고 핵산 중에서는 가장 분자량이 작다.
- 5′말단은 G, 3′말단은 A로 일정하며 아미노아실화 효소(아미노아실 t-RNA리가아제)의 작용으로 이 3′말단에 특정의 활성화된 아미노산을 아데노신의 리보오스 부분과 에스테르 결합을 형성하여 리보솜으로 운반된다.
- m-RNA의 염기배열이 지령하는 아미노산을 신장중인 펩티드사슬에 전달하는 작용을 한다.
- t-RNA분자의 거의 중앙 부분에는 m-RNA의 코돈과 상보적으로 결합할 수 있는 역코돈(anti-codon)을 지니고 있다.

625 단백질 합성에 관여하는 RNA
- t-RNA(s-RNA)는 활성아미노산을 ribosome의 주형쪽에 운반한다.
- r-RNA는 m-RNA에 의하여 전달된 정보에 따라 t-RNA에 옮겨진 amino산을 결합시켜 단백질 합성을 하는 장소를 형성한다.
- m-RNA는 DNA에서 주형(template)을 복사하여 단백질의 amino acid 배열 순서를 전달 규정한다.

626 625번 해설 참조

ANSWER
624 ③   625 ②   626 ③

식품안전기사 모의고사 문제

1~3

식품안전기사 모의고사 문제 1

1과목 식품안전

01 다음 중 식품위생법상 화학적 합성품으로 볼 수 없는 것은?
① 산화반응에 의하여 제조한 것
② 중화반응에 의하여 제조한 것
③ 분해반응에 의하여 제조한 것
④ 축합반응에 의하여 제조한 것

02 위해평가(risk assessment)의 주요 대상이 아닌 것은?
① 위험성 확인   ② 위험성 결정
③ 노출 평가   ④ 위해 치료

03 식품의약품안전처장은 HACCP 의무적용 대상 업소가 필요하다고 요청한 경우에는 의무적용 시기를 유예할 수 있다. 의무적용 시기를 유예할 수 있는 경우로 맞는 것은?
① 어묵·어육소시지 제조업소가 신규로 식품유형을 추가하려는 경우
② 피자류·만두류·면류 제조업소가 신규로 식품유형을 추가하려는 경우
③ 과자·캔디류·빵류·떡류 제조업소가 신규로 식품유형을 추가하려는 경우
④ 전년도 매출액이 100억원 이상이 되어 해당연도에 신규 의무적용 대상이 된 경우

04 장기보존식품의 기준 및 규격에서 저산성식품과 산성식품을 구분하는 기준은?
① pH 5 초과 시 저산성식품, pH 5 이하 시 산성식품
② pH 4.6 초과 시 저산성식품, pH 4.6 이하 시 산성식품
③ 산도 10% 이하 시 산성식품, 산도 10% 초과 시 저산성식품
④ 산도 20% 이하 시 산성식품, 산도 20% 초과 시 저산성식품

05 식품 및 축산물 제조업의 HACCP 적용을 위한 선행요건 설명이 맞지 않은 것은?
① 작업장은 누수, 외부의 오염물질이나 해충·설치류 등의 유입을 차단할 수 있도록 밀폐 가능한 구조이어야 한다.
② 작업장은 배수가 잘 되어야 하고 배수로에 퇴적물이 쌓이지 아니 하여야 한다.
③ 선별 및 검사구역 작업장의 밝기는 220 룩스 이상을 유지하여야 한다.
④ 원·부자재의 입고부터 출고까지 물류 및 종업원의 이동동선을 설정하고 이를 준수하여야 한다.

06 식품공장의 식품취급 시설에 관한 설명으로 옳지 않은 것은?
① 식품과 직접 접촉하는 부분은 내수성 및 내부식성 재질이어야 한다.
② 냉장시설은 내부의 온도를 5℃ 이하, 냉동시설은 −18℃ 이하로 유지한다.
③ 식품과 직접 접촉하는 부분은 열탕, 증기, 살균제 등으로 소독·살균이 가능한 재질이어야 한다.
④ 식품취급시설·설비는 정기적으로 점검·정비를 하여야 하고 그 결과를 보관하여야 한다.

07 식품 제조 가공에 사용되는 용수로 지하수를 사용하는 경우 먹는물 수질기준 전 항목에 대한 검사 주기는 얼마인가?

① 월 1회 이상　② 반기에 2회 이상
③ 연 1회 이상　④ 연 2회 이상

08 식품안전관리인증기준(HACCP)의 7원칙에 해당하지 <u>않는</u> 것은?
① 위해요소 분석(HA)
② 개선조치방법 수립
③ 한계기준 설정
④ 작업공정도 작성

09 HACCP 팀을 구성할 때 가장 중요한 것은 경영자의 의지이다. 다음 중 경영자의 의지라고 할 수 <u>없는</u> 사항은?
① HACCP 팀장 및 팀원 지정
② 회사의 HACCP 혹은 식품 안전성 정책의 승인
③ 전문지식 습득 및 교육
④ 프로젝트가 현실적이고 달성 가능하도록 보장

10 다음 보기에서 위해요소 분석 시 위해요소 분석 절차가 바르게 나열된 것을 고르시오.

ⓐ 예방조치 및 관리방법 결정
ⓑ 잠재적 위해요소 도출 및 원인규명
ⓒ 위해평가(심각성, 발생가능성)
ⓓ 위해요소분석 목록표 작성

① ⓐ-ⓑ-ⓒ-ⓓ　② ⓑ-ⓒ-ⓐ-ⓓ
③ ⓒ-ⓐ-ⓑ-ⓓ　④ ⓓ-ⓑ-ⓐ-ⓒ

11 중요관리점(CCP) 결정도에서 사용되는 5가지 질문에 포함하지 <u>않는</u> 내용은?
① 확인된 위해요소를 관리하기 위한 선행요건이 있으며 잘 관리되고 있는가?
② 발생가능성이 있는 위해요소를 제어하거나 허용수준까지 감소시킬 수 있는가?
③ 확인된 위해요소의 오염이 허용할 수 없는 수준으로 증가하는가?
④ 위해요소가 완전히 없어졌는가?

12 HACCP 관리에서 개선조치 보고서 내용에 포함되지 <u>않는</u> 사항은?
① 이탈의 내역
② 이탈 발생 시간
③ 이탈 중 생산된 제품의 최종 처리
④ 제품에 사용된 용수의 수질

13 HACCP 관리에서 모니터링(Monitoring)의 목적으로 바르게 표현 된 것은?
① 중요관리점의 한계기준 이탈 감시
② HACCP 추진의 범위 통제
③ 위해물질이 정확히 관리되고 있는지 여부 확인
④ 위해 허용 한도의 이탈 감시

14 포도상 구균에 의한 식중독의 특징이 <u>아닌</u> 것은?
① 잠복기는 2~6시간으로 짧다.
② 사망률이 다른 식중독에 비해 비교적 낮다.
③ 장내 독소(enterotoxin)에 의한 독소형 식중독이다.
④ 열이 39℃이상으로 지속된다.

15 인체 내에서 농약성분인 유기인제에 의한 중독 현상의 원인은?
① nucleotide의 축적 현상 때문이다
② shileimic acid의 축적 현상 때문이다
③ acetylcholine의 축적 현상 때문이다
④ agumatin의 축적 현상 때문이다

16 Amygdalin은 어떠한 식물에서 나타나는 독성분인가?
① 면실유　② 청매, 살구씨
③ 복어　④ 독미나리

17 사과쥬스에 곰팡이가 생성 하는 독소로 오염된 맥아뿌리를 사료로 먹은 젖소가 집단식중독을 일으켰다면 그 곰팡이 독소는?
① Afaltoxin　② Patulin
③ Ochratoxin　④ Ergotoxine

18 관능검사에 영향을 주는 심리적 요인이 아닌 것은?
① 기대오차   ② 순위오차
③ 대조오차   ④ 억제

19 식품에서 대장균 검사가 갖는 의의와 거리가 먼 것은?
① 분변에 의한 오염여부 판단
② 황색포도상구균의 존재 가능성 타진
③ 냉동식품의 오염지표
④ 이질균의 존재 가능성 타진

20 식품 중의 포름알데히드 검사에서 formaldehyde은 chromotropic acid와 반응하여 무색 띠는가?
① 가온 시에 적색으로 변한다.
② 가온 시에 자색으로 변한다.
③ 냉각 시에 청색으로 변한다.
④ 냉각 시에 백색으로 변한다.

2과목 식품화학

21 결합수의 설명 중 옳지 않은 사항은?
① 용질에 대해 용매로서 작용하지 않는다.
② 0°C에서는 물론 그 보다 낮은 온도(-20°C ~ -30°C)에서도 잘 얼지 않는다.
③ 보통의 물보다 밀도가 크다.
④ 미생물 번식과 발아에 이용된다.

22 등온흡습곡선에 있어서 식품의 안정성이 가장 좋은 영역은?
① 대기수분 영역   ② 단분자층 영역
③ 다분자층 영역   ④ 모세관응고 영역

23 설탕을 가수분해하면 포도당과 과당이 생성되는데 이 혼합물을 무엇이라 하는가?
① 환원당   ② 호정
③ 맥아당   ④ 전화당

24 전분의 호화에 영향을 미치는 요인이 아닌 것은?
① 온도   ② 염류
③ 수분함량 ④ 전분분자량

25 다음 지방산 중 융점이 가장 낮은 것은?
① stearic acid   ② palmitic acid
③ oleic acid   ④ linolenic acid

26 옥수수 기름을 고온으로 장시간 가열할 때 기름의 변화를 옳게 설명한 것은?
① 산가와 과산화물가가 모두 증가된다.
② 산가와 과산화물가가 모두 감소된다.
③ 산가는 감소되고, 과산화물가는 증가된다.
④ 산가는 증가되고, 과산화물가는 감소된다.

27 다음 중 필수아미노산이 아닌 것은?
① threonine   ② lysine
③ valine   ④ tyrosine

28 단백질의 구조와 관계 없는 것은?
① peptide 결합   ② S-S 결합
③ 이온 결합   ④ 이중 결합

29 단백질의 열변성에 관한 다음 설명 중 틀린 것은?
① 단백질은 보통 60~70°C 부근에서 변성이 일어난다.
② 단백질의 열변성에는 수분이 필요 없다.
③ 단백질의 등전점에서 가장 잘 응고된다.
④ 단백질에 전해질이 들어 있으면 더 낮은 온도에서 변성된다.

30 Ca의 흡수를 방해하는 인자는?
① 수산   ② 단백질
③ 구연산   ④ 주석산

31 Ca, P의 비율을 조정해 주는 vitamin은?
① Vit-A   ② Vit-D
③ Vit-C   ④ Vit-E

32 설탕에 소금 0.15%를 가했을 때 단맛이 증가되는 현상은?
① 맛의 변조 현상 ② 맛의 소실 현상
③ 맛의 상쇄 현상 ④ 맛의 강화 현상

33 어류의 특유의 비린내 성분이 아닌 것은?
① 트리메틸아민(trimethylamine)
② 피페리딘(piperidine)
③ δ-아미노바레르산(δ-aminovaleric acid)
④ n-카프로알데히드(n-caproaldehyde)

34 다음 carotenoid계 색소 중에서 provitamin A가 아닌 것은?
① α-carotene ② γ-carotene
③ lycopene   ④ cryptoxanthin

35 아마도리 전위(amadori rearrangement)는 Maillard 반응(amino-carbonyl reaction)의 어느 단계에서 일어나는가?
① 초기단계 ② 중간단계
③ 최종단계
④ 초기와 중간단계의 사이

36 물속에 기름이 분산된 수중유적형(O/W)의 대표적인 유화 식품은?
① 우유   ② 버터
③ 마아가린 ④ 치즈

37 유체 속에 막대를 세워 회전시켰을 때, 막대를 따라 올라가는 성질을 무엇이라 하는가?
① 예사성   ② weissenberg의 효과
③ 경점성   ④ 점조성

38 훈연식품이나 커피 등에서 생성되기 쉬운 발암성 물질은?
① 아우라민(auramine)
② 다환 방향족 탄화수소(polycyclic aromatic hydrocarbon)
③ 피.씨.비(PCB, polychlorinated biphenyl)
④ 니트로스아민(nitrosamine)

39 다음 중 버터, 마가린 등 유지식품에 사용이 허가된 보존료는?
① 안식향산 나트륨(sodium benzoate)
② 소르브산 칼륨(potassium sorbate)
③ 데히드로초산(dehydroacetic acid)
④ 프로피온산(propionic acid)

40 식용 착색제로서의 구비조건이 아닌 것은?
① 독성이 없을 것
② 체내에 축적되지 않을 것
③ 미량으로 착색효과가 클 것
④ 영양소를 함유하지 않을 것

3과목 식품가공·공정공학

41 밀의 제분공정에서 가수(조질)하는 목적이 아닌 것은?
① 협잡물 제거
② 밀가루의 품질 향상
③ 배유의 분쇄조장
④ 외피와 배유의 분리 조장

42 옥수수 전분 제조 시 배아의 분리를 쉽게 하기 위하여 사용되는 것은?
① 황산   ② 수산
③ 질산   ④ 아황산

43 두유가 무기염류에 의하여 응고되는 것은 콩의 어떤 성분 때문인가?
① 아스코르빈산 ② 글루텐
③ 미오신   ④ 글리시닌

44 코오지 곰팡이는 다음 중 어느 효소의 역가가 커야 하는가?
① amylase 및 pectinase
② amylase 및 lipase
③ protease 및 isomerase
④ amylase 및 protease

45 감의 떫은맛을 제거하는 탈삽의 원리는?
① Shibuol(diosprin)을 용출 제거
② Shibuol(diosprin)을 당분으로 전환
③ Shibuol(diosprin)을 불용성으로 변화
④ Shibuol(diosprin)을 분해

46 Climacteric rise를 나타내는 청과물에 해당하는 것은?
① 서양배 ② 감자
③ 오이   ④ 양파

47 지방구 막에 존재하면서 우유 내 지방구가 안정하게 유화(emulsion)상태로 유지하는데 크게 기여하는 성분은?
① 단백질 ② triglyceride
③ 인지질 ④ 유리지방산

48 다음 중 버터의 일반적인 제조공정으로 알맞은 것은?
① 원료유→크림분리→살균→연압→중화→교동→노화
② 원료유→크림분리→살균→연압→중화→노화→교동
③ 원료유→크림분리→살균→중화→연압→교동→노화
④ 원료유→크림분리→중화→살균→숙성→교동→연압

49 소고기 육량등급을 판정하기 위한 기준이 아닌 것은?
① 등지방두께 ② 배최장근단면적
③ 도체중량   ④ 근내지방도

50 육고기를 소금에 절여 염지(curing)하는 주된 목적과 관련성이 가장 적은 것은?
① 신선한 육색소 유지
② 보존성 향상
③ 보수성 및 결착성 증가
④ 자가소화 촉진

51 계란의 pH에 대한 설명 중 잘못된 것은?
① 신선 난백의 pH는 6.6~6.7 정도이다.
② 신선 난황의 pH는 6.32 정도이다.
③ 난백의 pH는 저장 중 CO_2의 상실로서 pH가 9.0~9.7로 높아진다.
④ 계란은 저장 중 pH의 변화가 발생하지 아니한다.

52 다음 중 엑스분의 함량이 비교적 많은 것은?
① 연골어 ② 경골어
③ 갑각류 ④ 연체류

53 동유처리법(winterization)은 어떤 기름에 주로 사용하는가?
① 면실유 ② 대두유
③ 유채유 ④ 미강유

54 식품가공에서의 단위조작기술이 아닌 것은?
① 건조   ② 농축
③ 가열살균 ④ 품질관리(QC)

55 안지름 2.5cm의 파이프안으로 21℃의 우유가 0.10m³/min의 유속으로 흐를 때 이 흐름의 상태를 어떻게 판정하는가?(단, 우유의 점도 및 밀도는 각각 2.1×10^{-3} Pa·S 및 1029kg/m³이다.)
① 층류   ② 중간류
③ 난류   ④ 경계류

56 상업적 살균법을 가장 잘 설명한 것은?
① 고온살균을 말한다.
② 저온살균을 말한다.
③ 식품공업에서 제품의 유통기간을 감안하여 문제가 발생하지 않을 수준으로 처리하는 부분 살균을 말한다.
④ 간헐살균을 말한다.

57 20℃의 물 1톤을 24시간 동안 −15℃의 얼음으로 만드는데 필요한 냉동능력은 약 얼마인가?
① 2.36 냉동톤 ② 2.10 냉동톤
③ 1.78 냉동톤 ④ 1.35 냉동톤

58 다음의 막분리공정 중 치즈훼이(whey)로부터 유당(lactose)을 회수하는데 적합한 공정은 어느 것인가?
① 정밀여과 ② 한외여과
③ 전기투석 ④ 역삼투

59 분쇄기를 선정할 때 고려할 사항은 아닌 것은?
① 원료의 크기 ② 원료의 특성
③ 원료의 영양성분 ④ 습·건식의 구별

60 PVDC(Poly VinyliDene Chloride) 필름이 부패하기 쉬운 어육류 식품포장에 좋은 이유가 되지 않는 것은?
① 내열성, 풍미 보호성이 우수
② 태양광선에 저항성이 좋아 고기의 변색 방지에 좋다.
③ 내 약품성과 내유성의 식품포장에 좋다.
④ 높은 gas 투과성

4과목 식품 미생물 및 생화학

61 미생물의 분류에서 진균류에 속하지 않은 것은?
① 버섯, 효모
② 곰팡이
③ 세균, 방사선균
④ 담자 균류와 불완전 균류

62 발효유 제조에서 이상젖산발효균은?
① *Streptococcus cremoris*
② *Leuconostoc mesenteroides*
③ *Lactobacillus bulgaricus*
④ *Lactobacillus thermophilus*

63 황변미의 원인이 되는 균으로서 유독한 색소 시트리닌을 생산하는 균주가 속해있는 속은?
① 활털곰팡이 속 ② 푸른곰팡이 속
③ 거미줄곰팡이 속 ④ 누룩곰팡이 속

64 알코올 발효력이 강해 주류, 알코올 제조, 제빵 등 발효공업에 이용되는 대부분의 효모가 거의 이 속에 포함되고, 효모 중에서 가장 중요한 속은 어느 것인가?
① *Pichia* 속
② *Saccharomyces* 속
③ *Schizosaccharomyces* 속
④ *Torulopsis* 속

65 곤충이나 곤충의 번데기에 기생하는 동충하초균 속인 것은?
① *Botrytis* 속 ② *Neurospora* 속
③ *Gibberella* 속 ④ *Cordyceps* 속

66 식품공장의 phage 대책으로 옳지 않은 것은?
① 공장 주변을 미생물학적으로 청결히 한다.
② 사용용기의 살균처리를 철저히 한다.
③ 2종 이상의 균주 조합계열을 만들어 2~3일 마다 바꾸어 사용한다.
④ 공장 내의 공기를 자주 바꾸어 준다.

67 미생물의 증식곡선에 세포의 생리적 활성이 강하고 세포의 크기가 일정하며 세균수가 급격히 증가하는 기(期)는?
① 유도기 ② 대수기
③ 정상기 ④ 사멸기

68 독립영양 광합성생물(photoautotrophs)이 탄소원으로 이용하는 것은?
① $KHCO_3$ ② $C_6H_{12}O_6$
③ CO_2 ④ CH_4

69 효모균의 분류 동정(同定)과 관계 없는 것은?
① 포자형성의 여부와 모양
② 라피노스(raffinose) 이용성
③ 편모염색
④ 피막형성 유무

70 공여세포로부터 유리된 DNA가 직접 수용세포 내로 들어가 일어나는 DNA 재조합 방법을 무엇이라 하는가?
① 형질전환(transformation)
② 형질도입(transduction)
③ 접합(conjugation)
④ 세포융합(cell fusion)

71 회분배양의 특징이 아닌 것은?
① 다품종 소량 생산에 적합하다.
② 작업시간을 단축할 수 있다.
③ 잡균오염에 대처하기가 용이하다.
④ 운전조건의 변동 시에 쉽게 대처할 수 있다.

72 단행복발효주에 속하는 것은?
① 포도주 ② 맥주
③ 약주   ④ 청주

73 앙금질이 끝난 청주를 가열(火入)하는 목적과 관계가 없는 것은?
① 저장 중 변패를 일으키는 미생물의 살균
② 청주 고유의 색택형성 촉진
③ 용출되어 잔존하는 효소의 파괴
④ 향미의 조화 및 숙성의 촉진

74 다음 중 종초(種醋)가 갖추어야 할 구비조건이 맞지 않는 것은?
① 내구성이 강해야 한다.
② 산의 생성속도와 양이 좋아야 한다.
③ 초산을 산화분해해야 한다.
④ 방향성 에스테르와 불휘발산을 생성해야 한다.

75 주정 생산 시 공정인 증류에 있어 공비점(K점)에 관한 설명으로 옳은 것은?
① 공비점에서의 알코올 농도는 97.2%(v/v), 물의 농도는 2.8%이다.
② 공비점 이상의 알코올 농도는 어떤 방법으로도 만들 수 없다.
③ 99%의 알코올을 끓이면 발생하는 증기의 농도가 높아진다.
④ 공비점이란 술덧의 비등점과 응축점이 88.15℃로 일치하는 지점이다.

76 효소작용에 있어 경쟁적 방해작용에 관한 설명으로 맞는 것은?
① k_m치는 보통 보다 커진다.
② V_{max}는 보통 보다 커진다.
③ k_m치는 변함없다.
④ V_{max}는 보통 보다 적다.

77 Pyruvate의 호기적 탈탄산작용에 필요한 것은?
① FAD
② NADP
③ Pyridoxal phosphate
④ Cytochrome

78 palmitic acid가 아세틸-CoA까지 산화되는 동안 몇 mol의 ATP가 생성되는가?
① 28mol   ② 33mol
③ 35mol   ④ 129mol

79 단백질 합성 시 anti codon site를 갖고 있어 m-RNA에 해당하는 아미노산을 운반해 주는 것은?
① DNA   ② r-RNA
③ NAD   ④ t-RNA

80 효모생산(RNA)에서 지미성분을 얻고자 할 때 어떤 효소를 작용시켜야 하는가?
① phosphotransferase
② 2'-phosphodiesterase
③ 3'-phosphodiesterase
④ 5'-phosphodiesterase

식품안전기사 모의고사 문제 2

1과목 식품안전

01 식품위생법상 국가 또는 지방자치단체가 영양성분의 과잉섭취로 인하여 국민 건강에 발생할 수 있는 위해를 예방하기 위하여 관리하는 건강 위해가능 영양성분이 아닌 것은?
① 나트륨 ② 당류
③ 트랜스지방 ④ 콜레스테롤

02 아래의 식품위생법에 의한 자가품질검사에 대한 기준에서 ( )안에 알맞은 것은?

- 자가품질검사주기의 적용시점은 (A)을 기준으로 산정한다.
- 자가품질검사에 관한 기록서는 (B) 보관하여야 한다.

① (A) : 제품판매일, (B) : 1년간
② (A) : 제품판매일, (B) : 2년간
③ (A) : 제품제조일, (B) : 1년간
④ (A) : 제품제조일, (B) : 2년간

03 HACCP 인증서를 한국식품안전관리인증 원장에게 지체없이 반납하여야 하는 경우가 아닌 것은?
① 식품안전관리인증기준을 지키지 아니한 경우
② 거짓이나 그 밖의 부정한 방법으로 인증을 받은 경우
③ 영업정지 1개월 이상의 행정처분을 받은 경우
④ 영업자와 그 종업원이 교육훈련을 받지 않은 경우

04 식품의 기준 및 규격에서 곰팡이 독소의 총 아플라톡신에 해당하지 않는 것은?
① B_1 ② G_1
③ F_1 ④ G_2

05 식품 및 축산물 안전관리인증기준에 의거하여 식품(식품첨가물 포함) 제조·가공소, 건강기능식품제조업소, 집단급식소식품판매업소, 축산물작업장·업소의 선행요건 관리 대상이 아닌 것은?
① 위생관리
② 회수 프로그램 관리
③ 차단방역관리
④ 입고·보관·운송관리

06 식품 제조 가공에 사용되는 용수검사에 대한 설명으로 올바른 것은?
① 미생물학적 항목에 대한 검사는 간이검사키트를 이용하여 자체적으로 실시할 수 없다.
② 음료류 등 직접 마시는 용도의 경우는 월 1회 이상 검사를 실시하여야 한다.
③ 먹는물 수질기준에 정해진 미생물학적 항목에 대한 검사를 월 1회 이상 실시하여야 한다.
④ 지하수를 사용하는 경우에는 먹는물 수질기준 전 항목에 대하여 반기 1회 이상 검사를 실시하여야 한다.

07 HACCP 팀장의 역할에 해당하지 않는 사항은?
① HACCP 추진의 범위 통제
② 예산 편성 및 승인
③ HACCP 시스템의 계획과 이행 관리
④ 모든 문서의 기록을 유지 내부 감사 계획의 유지 및 이행

08 HACCP의 적용 시 4단계인 공정흐름도 작성에서 작업자의 도면에 표시하지 않아도 되는 사항은?
① 공정 단계의 순서
② 포장 및 보관방법
③ 통풍 및 공기의 흐름
④ 물 공급 및 배수

09 HACCP 관리에서 중요관리점(CCP)의 결정도에 대한 설명이 바르게 된 것은?
① 질문1 : 확인된 위해요소를 관리하기 위한 선행요건이 있으며 잘 관리되고 있는가? - (예) → CP임
② 질문3 : 이 공정은 이 위해의 발생가능성을 제거 또는 허용수준까지 감소시키는가? - (아니요) → CCP
③ 질문4 : 확인된 위해요소의 오염이 허용수준을 초과하여 발생할 수 있는가? 또는 오염이 허용할 수 없는 수준으로 증가할 수 있는가? - (예) → CP임
④ 질문5 : 이후의 공정에서 확인된 위해를 제거하거나 발생가능성을 허용수준까지 감소시킬 수 있는가? - (예) → CCP 아님

10 HACCP 관리에서 모니터링을 할 수 없는 사람은 누구인가?
① 적절한 교육을 받은 사람
② 관련 부분의 전문가
③ 제조에 이용하는 기계기구의 조작 담당자
④ 특별한 감각을 가진 사람

11 HACCP의 7원칙 중 다음의 설명에 해당하는 일련의 활동을 무엇이라 하는가?

- 기기 고장 시 즉시 작업 중단 및 수리를 의뢰한다.
- 가열 온도 및 시간 이탈 시 해당 제품을 즉시 재가열한다.
- 이탈에 대한 원인 규명 및 재발을 방지하기 위한 방법을 결정한다.

① 위해요소 분석
② 한계기준 설정
③ 개선조치방법 수립
④ 모니터링 체계 확립

12 검증 절차는 다음 3가지의 형태의 활동으로 구성된다. 보기의 ( )에 들어갈 검증 활동 내용은?

㉠ 기록의 확인 → ㉡ ( ) → ㉢ 시험·검사

① 현장 확인
② 중요관리점 확인
③ 위생관리 기준 확인
④ 위해도 확인

13 식중독균인 황색포도상구균(*Stapylococcus aureus*)과 이 구균이 생산하는 독소인 enterotoxin에 대한 다음 설명 중 옳은 것은?
① 이 균은 coagulase 양성이고 mannitol을 분해한다.
② 포자를 형성하는 내열성 균이다.
③ 독소 중 A형만 중독증상을 일으킨다.
④ 일반적인 조리방법으로 독소가 쉽게 파괴된다.

14 리스테리아균에 대한 설명으로 가장 부적당한 것은?
① 사람에게만 감염된다.
② 무포자 간균이다.
③ 패혈증과 자궁내막염을 일으킨다.
④ 잠복기는 수일~수주이다.

15 다음 중 신경장애 증상을 나타내는 식중독균은?
① 보툴리눔균　　② 장염비브리오균
③ 병원성 대장균　④ 포도상구균

16 1952년 일본에서 발생한 미나마타병은 수은에 의한 중독 사고였는데 그 발생 원인은?
① 식품첨가물중의 협잡물로 존재하는 수은에 의한 것이다.
② 농약중의 수은에 의한 것이다.
③ 식품의 용기 및 포장에서 용출된 수은에 의한 것이다.
④ 공장폐수에서 배출된 수은이 어패류에 축적되었기 때문이다.

17 식물성 식중독 중 연결이 잘못된 것은?
① 독미나리-cicutoxin
② 청매-amygdaline
③ 감자-solanine
④ 피마자류-gossypol

18 아래 보기와 같은 목적으로 실시하는 독성 시험은?

- LD_{50} 값을 측정하여 독성비교를 위하여
- 급성독성의 임상적 표현을 확인하기 위하여

① 아급성독성시험　② 급성독성시험
③ 만성독성시험　　④ 유전독성시험

19 관능검사 중 묘사분석법의 종류가 아닌 것은?
① 스펙트럼 묘사분석
② 질적 묘사분석
③ 향미 프로필
④ 정량적 묘사분석

20 일반세균수 검사에서 세균수의 기재보고 방법으로 맞지 않은 내용은?
① 일반적으로 표준평판법에 의해 검체 1㎖ 중의 세균수를 기재한다.
② 유효숫자를 2단계로 끊어 이하를 0으로 한다.
③ 1평판에 있어서의 집락수는 상당 희석배수로 곱한다.
④ 숫자는 높은 단위로부터 2단계에서 4사5입한다.

2과목 식품화학

21 유리수에 관한 설명 중 옳은 것은?
① 탄수화물이나 단백질 분자의 일부분을 형성하는 물
② 미생물의 번식과 발아에 이용되지 못하는 물
③ 0℃ 이하에서도 잘 얼지 않는 물
④ 식품을 건조시키면 쉽게 제거되는 물

22 수분활성도(Aw)가 가장 낮은 것은?
① 신선한 어패류　② 염장멸치
③ 어육 소시지　　④ 베이컨

23 비타민의 일종이며, 근육당이라고 불리는 당은 다음 중 어느 것인가?
① mannitol　　② sorbitol
③ inositol　　 ④ ribitol

24 전분 분자가 호화(gelatinization)될 때 일어나는 주요 변화는?
① 사슬이 절단되어 분자량이 작은 dextrin이 된다.
② 요오드에 의하여 정색 반응이 일어나지 않는다.
③ 사슬 사이에 이루어졌던 수소 결합이 끊어진다.
④ 수소 결합을 형성하여 결정성을 갖는다.

25 다음 중 동물성 스테롤(sterol)은 어느 것인가?
① cholesterol
② ergosterol
③ dehydrositosterol
④ sitosterol

26 지방의 산패를 촉진하는 인자로서 부적당한 것은 무엇인가?
① 광선
② heme 화합물
③ tocopherol
④ 금속

27 다음 중에서 가장 단맛이 강한 아미노산은?
① alanine
② serine
③ lysine
④ histidine

28 다음 중 단백질의 열 변성에 영향을 주는 요인이 아닌 것은?
① 수분
② 전해질의 존재
③ 전기음성
④ 수소이온농도

29 Collagen에 전혀 함유되어 있지 않은 필수 아미노산은?
① methionine
② cystine
③ valine
④ tryptophan

30 대부분이 세포내액(intracellular fluid)에 존재하며, 체액의 산·알칼리 평형 및 세포의 삼투압 조절의 기능을 가지는 것은?
① K
② Na
③ P
④ Ca

31 혼합야채를 주 원료로 만든 야채쥬스에 retinol 30㎍, α-carotene 120㎍, β-carotene 60㎍, lycopene 160㎍이 함유되어 있다면 RE(retinol equivalent)는 얼마인가?
① 50 RE
② 60 RE
③ 70 RE
④ 80 RE

32 양파를 삶을 때 단맛을 내는 성분은?
① allicin의 생성
② allicin이 Vit-B_1과 결합물 형성
③ propylmercaptan 생성
④ allinase의 작용

33 양파나 마늘의 조직을 파괴할 때 자극성 최루 성분은?
① allylisothiocyanate
② propenyl sulfenic acid
③ acetaldehyde
④ allylmercaptan

34 Chlorophyll 포르피린(porphyrin ring)의 Mg^{2+}이 H^+로 치환되면 그 색깔은?
① 담황색
② 남청색
③ 황록색
④ 갈색

35 Maillard 반응의 단계 중 아미노산인 alanine의 분해에 의해서 acetaldehyde와 CO_2 gas를 형성하는 반응은?
① amadori 전위
② aldol 축합반응
③ strecker 분해반응
④ amino 화합물의 축합반응

36 Polyoxyethylene sorbitan oleate(HLB=15)와 Sorbitan oleate(HLB=4.3)을 혼합하여 HLB가 10인 유화제 혼합물을 만들려면 각각 얼마씩 첨가하여야 하는가?
① Polyoxyethylene sorbitan oleate 53%, Sorbitan oleate 47%
② Polyoxyethylene sorbitan oleate 70%, Sorbitan oleate 30%
③ Polyoxyethylene sorbitan oleate 80%, Sorbitan oleate 20%
④ Polyoxyethylene sorbitan oleate 92%, Sorbitan oleate 8%

37 내분비계 장애물질에 대한 설명으로 틀린 것은?
① 내분비계 장애물질은 환경 오염으로부터 먹이사슬을 통하여 식품에 오염되기 때문에 환경호르몬이라고도 부른다.
② 대표적인 내분비계 장애물질로는 PCB(PolyChlorinated Biphenyl)와 다이옥신이 있으며 가소제, 절연제, 페인트, 윤활유 등 산업현장으로부터 주로 오염이 된다.
③ 내분비계 장애물질에 의한 대표적인 증상은 여드름 형태 발진, 간 비대증, 체중 감소 등이 있다.
④ 식육 중 다이옥신은 절대 검출되어서는 안 된다.

38 식품의 방사능오염에서 가장 문제되는 핵종들로 되어 있는 것은?
① Sr-89, Ru-106 ② Fe-59, Ce-141
③ Sr-90, Cs-137 ④ Ba-140, I-131

39 다음 중 보존료로서의 구비조건이 아닌 것은?
① 독성이 없고 값이 저렴할 것
② 무색, 무취, 무미일 것
③ 색깔이 양호 할 것
④ 미량으로 효과가 있을 것

40 다음과 같은 목적과 기능을 갖는 식품첨가물은 무엇인가?

- 부패균이나 식중독 원인균을 억제하는 식품 보존제
- 식품의 제조과정이나 최종제품의 pH 조절을 위한 완충제
- 유지의 항산화제나 갈색화 반응 억제 시의 상승제
- 밀가루 반죽의 점도 조절제

① 보존료   ② 산미료
③ 호료   ④ 유화제

3과목 식품가공 · 공정공학

41 백미성분 중 도정률이 높아짐에 따라 가장 큰 비율로 감소하는 것은?
① 탄수화물   ② 지방
③ 단백질   ④ 비타민

42 밀가루 반죽의 개량제로 비타민 C를 사용하는 주된 이유는?
① 향미를 부여하기 위하여
② 밀가루의 숙성을 위하여
③ 영양성의 향상을 위하여
④ 밀가루의 점도을 높이기 위하여

43 고구마 전분 제조공정 중 마쇄 작업을 할 때 석회수를 첨가하는데 이렇게 하면 전분의 백도(百度)가 높아지는 이유는?
① 전분입자의 수분이 많아지기 때문에
② 폴리페놀의 흡착이 적어지기 때문에
③ 단백질이 응고하지 않기 때문에
④ 석회가 펙틴과 결합되기 때문에

44 두부 제조 시 원료 콩에 대하여 몇 배의 물을 첨가하여 마쇄하는 것이 좋은가?
① 4배   ② 8배
③ 10배   ④ 12배

45 간장 달임의 주요 목적이 아닌 것은?
① 염의 농도를 조정
② 생간장 중의 미생물을 살균
③ 생간장에 잔존하는 국균 효소를 실활
④ 생간장의 향, 색을 부여

46 과실을 가공할 때 열처리(데치기, blanching) 하는 이유가 아닌 것은?
① 변색 및 변질방지
② 산화효소의 불활성화
③ 살균
④ 외피의 점질물 및 왁스(wax) 물질 제거

47 토마토케첩이 검게 변하는 가장 큰 이유는?
① 탄닌산철의 생성
② 레코펜의 변화
③ 산화철의 생성
④ 카로틴의 변성

48 우리나라 식품공전상 우유류 규격으로 맞지 않은 것은?
① 지방 3.0% 이상
② 세균수 n=5, c=2, m=10,000, M=50,000
③ 포스파타제 음성
④ 대장균 음성

49 자연치즈의 숙성도와 가장 관련이 있는 성분은?
① 유당   ② 유리지방산
③ 수용성 질소   ④ 무기물

50 근육의 사후변화 중 pH에 대한 설명으로 바르지 않은 것은?
① 사후 pH의 저하는 미생물의 번식을 억제하는 효과가 있어 고기 보존상 도움을 준다.
② 도체의 체온이 아직 높은 상태에서 pH가 급속히 떨어지면 육단백질의 변성이 많이 일어나 단백질의 용해도가 저하된다.
③ 사후 pH가 높을 때에는 보수력이 높고 미생물의 번식이 억제된다.
④ 사후 pH가 높을 때에는 육색이 검어서 늙은 가축의 고기나 부패육으로 오해를 받기 쉬워 신선육으로서의 가치가 떨어진다.

51 햄이나 베이컨을 만들 때 질산염과 아질산염이 첨가된 염지액을 처리한다. 질산염과 아질산염의 기능과 관계가 가장 깊은 것은?
① 수율 증진
② 정균작용
③ 독특한 향기의 생성
④ 고기색의 고정

52 건조 난백을 제조할 때 분무하기 전 효모 등을 이용하여 당분을 제거하기 위해 발효시키는 목적은?
① 갈변 방지
② 산화 방지
③ 제품의 풍미 증진
④ FeS에 의한 녹색 방지

53 샐러드 기름을 제조할 때 탈납처리(winterization)는 어떤 목적으로 처리하는 방법인가?
① 냄새제거   ② 액성지방 제거
③ 고체 지방 제거 ④ 수분 제거

54 주스를 1000kg/h로 10℃에서 80℃까지 열교환 장치를 사용하여 가열하고자 한다. 주스의 비열이 3.90kJ/kg·k일때 필요한 열에너지는?
① 300,000kg/h   ② 273,000kg/h
③ 233,000kg/h   ④ 180,000kg/h

55 *Clostridium botulinum* 포자현탁액을 121.1℃에서 열처리하여 초기농도의 99.999%를 사멸시키는데 1.2분이 걸렸다. 이 포자의 $D_{121.1}$은 얼마인가?
① 0.28분   ② 0.24분
③ 1.00분   ④ 2.24분

56 식품을 급속 냉동하면 완만 냉동한 것 보다 냉동식품의 품질(특히 texture)이 우수하다고 밝혀졌다. 그 이유로 가장 적합한 것은?
① 세포 내외에 미세한 얼음 입자가 생성된다.
② 냉동에 소요되는 시간이 길다.
③ 해동이 빨리 이루어진다.
④ 오래 보관할 수 있다.

57 복원성이 좋고 제품의 품질 및 저장성을 향상시키기 위한 건조방법으로 가장 적합한 것은?
① 가압건조   ② 동결건조
③ 상압건조   ④ 진공감압건조

58 저압을 이용하여, 염류와 같은 저분자 물질은 막을 투과시키지만 단백질과 같은 고분자 물질은 투과시키지 못한다. 또한 고분자 물질을 각각 저·중·고분자 물질로 분리시킬 수 있는 특징을 지니고 있는 막 분리법은?
① 정밀여과법   ② 한외여과법
③ 역삼투법   ④ 전기투석법

59 분쇄시료를 주로 마찰력과 전단력에 의해 분쇄하는 분쇄기는?
① 로울 분쇄기   ② 디스크 밀
③ 햄머 밀   ④ 볼 밀

60 플라스틱 포장재료 중 방습성이 크고 열 접착성이 좋은 것은?
① polyester film   ② polyethylene
③ plain cellophane ④ nylon 6

4과목 식품 미생물 및 생화학

61 원핵세포(procaryotic cell)와 관계가 없는 것은?
① 핵막이 없다.
② 인이 있다.
③ 미토콘드리아 대신 mesosome을 가지고 있다.
④ 세포벽은 muco 복합체로 되어 있다.

62 쌀밥에서 쉰내를 내거나 식빵이 끈적끈적 해지며 불쾌한 냄새를 내는 점질화(rope) 현상을 일으키는 미생물은?
① *Bacillus* 속
② *Penicillium* 속
③ *Rhizopus* 속
④ *Aspergillus* 속

63 *Aspergillus niger*의 특징이 아닌 것은?
① 구연산을 비롯해 글루콘산, 옥살산, 호박산 등 유기산제조에 이용된다.
② pectinase를 분비하므로 과즙 청징제 생산에 이용된다.
③ 아플라톡신(aflatoxin)을 생성한다.
④ 분생자의 색깔이 흑갈색이다.

64 자일로스(xylose)를 잘 동화하므로 사료 효모로 사용되며 탄화수소 자화성이 강하여 석유 효모도 사용되는 균주는?
① *Saccharomyces cerevisiae*
② *Candida tropicalis*
③ *Hansenula anomala*
④ *Shizosaccharomyces pombe*

65 홍조류에 대한 설명으로 잘못 된 것은?
① 엽록체를 갖고 있어 광합성을 하는 독립 영양 생물이다.
② 열대 및 아열대 지방의 해안에 주로 서식하며 한천을 추출하는 원료가 된다.
③ 세포막은 주로 셀룰로오스와 알긴으로 구성되어 있다.
④ 클로로필 이외에 피코빌린이라는 색소를 갖고 있다.

66 용균성 박테리오파지(virulent bacteriophage)의 증식과정으로 바르게 된 것은?
① 흡착 - 용균 - 침입 - 핵산 복제 - phage 입자 조립
② 흡착 - 침입 - 용균 - phage 입자 조립 - 핵산 복제
③ 흡착 - 침입 - 핵산 복제 - phage 입자 조립 - 용균
④ 흡착 - 용균 - 침입 - phage 입자 조립 - 핵산 복제

67 Bacillus natto(1개)가 30분 마다 분열한다면 3시간 후에는 몇 개가 되는가?
① 10 ② 64
③ 1024 ④ 2048

68 Lactobacillus leichmanii는 어떤 생육인자를 정량할 때 이용 하는가?
① 비타민 B_1 ② 비타민 B_6
③ 비타민 B_{12} ④ 비오틴(biotin)

69 일반적으로 사용되는 생산균주의 보관방법이 아닌 것은?
① 저온(냉장)보관 ② 상온보관
③ 냉동보관 ④ 동결건조

70 세포융합(cell fusion)의 유도절차로 바르게 된 것은?
① 재조합체 선택 및 분리 → 융합체의 재생 → protoplast의 융합 → 세포의 protoplast화
② 세포의 protoplast화 → protoplast의 융합 → 융합체의 재생 → 재조합체 선택 및 분리
③ protoplast의 융합 → 세포의 protoplast화 → 융합체의 재생 → 재조합체 선택 및 분리
④ 융합체의 재생 → protoplast의 융합 → 재조합체 선택 및 분리 → 세포의 protoplast화

71 생산물의 생성 유형 중 생육과 더불어 생산물이 합성되는 증식 관련형(growth associated)발효산물이 아닌 것은?
① SCP(Single Cell Protein)
② 에탄올
③ 글루콘산
④ 비타민

72 맥주 후발효의 목적이 아닌 것은?
① 발효성 엑기스 분을 완전히 발효시킨다.
② 발생된 CO_2를 저온 하에서 필요한 양만 맥주에 녹인다.
③ 맥주 혼탁의 원인물질을 석출시켜 제거한다.
④ 맥주 고유의 색깔을 진하게 착색시킨다.

73 포도주 제조 중 아황산 첨가의 목적이 아닌 것은?
① 에탄올만 생성하는 과정으로 하기 위해서
② 포도주 발효 시에 유해균의 사멸 및 증식 억제를 위해서
③ 포도주의 산화 방지를 위해서
④ 적색 색소의 안정화를 위해서

74 ethyl alcohol 200g을 초산 발효시켜 얻을 수 있는 이론적 초산량은?
① 180g ② 100.2g
③ 240g ④ 260.9g

75 주정 제조에서 효모균 증식에 소비되는 발효성 당의 손실을 방지하고 폐액의 BOD를 떨어뜨릴 수 있는 이점의 특수발효법은?
① 고농도 술덧 발효법
② Hilderbrandt-Erb법(Two stage법)
③ Urises de Melle법(Reuse법)
④ 연속 발효법

76 Michaelis constant Km의 값이 낮은 경우는 무엇을 의미하는가?
① 기질과 효소의 친화력이 크다.
② 기질과 효소의 친화력이 작다.
③ 기질과 저해제가 경쟁한다.
④ 기질과 저해제가 결합한다.

77 TCA cycle이 시작되는 물질은?
① pyruvic acid
② glucose-6-phosphate
③ lactic acid
④ glucose

78 지방산의 생합성 속도를 결정하는 효소는?
① ACP-아세틸기 전이 효소(ACP-acetyl transferase)
② 아세틸-CoA 카르복실화 효소(Acetyl-CoA carboxylase)
③ 시트르산 분해 효소(Citrate lyase)
④ ACP-말로닐기 전이 효소(ACP-malonyl transferase)

79 단백질의 생합성에 있어서 중요한 첫 단계 반응은?
① 아미노산의 carboxyl group의 활성화
② peptidyl tRNA 가수분해 후 단백질과 tRNA 유리
③ peptidyl tRNA의 P site 이동
④ 아미노산의 환원

80 Pyrimidine이 생합성될 때의 출발물질은 무엇인가?
① Ribose-5'-phosphate
② ADP
③ Carboxyl phosphate
④ D-deoxyribose

식품안전기사 모의고사 문제 3

1과목 식품안전

01 식품위생법상 집단급식소에 관한 내용으로 옳은 것을 모두 고르시오.

> ㄱ. 1회 50명 이상에게 식사를 제공할 것
> ㄴ. 영리를 목적으로 하지 아니할 것
> ㄷ. 불특정 다수인에게 계속하여 음식물을 공급할 것

① ㄱ, ㄴ ② ㄴ, ㄷ
③ ㄱ, ㄷ ④ ㄱ, ㄴ, ㄷ

02 다음 중 음식류를 조리, 판매하고 부수적으로 주류 판매가 허용되는 영업은?
① 휴게음식점
② 일반음식점
③ 즉석판매식품업
④ 유흥주점

03 제조일과 제조시간을 함께 표시하여야 하는 식품이 아닌 것은?
① 도시락
② 김밥
③ 샌드위치
④ 유산균 음료

04 식품 안전관리인증기준(HACCP) 적용업소 영업자 및 종업원이 받아야 하는 신규 교육훈련시간으로 맞지 않은 것은?
① 영업자 교육 훈련 : 2시간
② HACCP 팀장 교육 훈련 : 8시간
③ HACCP 팀원 : 4시간
④ HACCP 기타 종업원 교육 훈련 : 4시간

05 기구 및 용기 · 포장의 일반기준으로 옳은 것은?
① 전분, 글리세린, 왁스 등 식용물질이 식품과 접촉하는 면에 접착되어 있는 용기 포장에 대해서는 총 용출량의 규격 적용을 아니 할 수 있다.
② 기구 및 용기 · 포장의 식품과 접촉하는 부분에 사용하는 도금용 주석은 납을 1%이상 함유하여서는 아니 된다.
③ 식품의 용기 · 포장을 회수하여 재사용하고자 할 때에는 먹는물 관리법의 수질기준에 적합한 물로 깨끗이 세척하고 즉시 사용한다.
④ 검체 채취 시 상자 등에 넣어 유통되는 기구 및 용기포장은 반드시 개봉하여 채취한다.

06 식품공장의 바닥 및 배수구 등에 관한 설명 중 맞지 않은 것은?
① 바닥은 내수성이고 불침투성이어야 하며 청소가 쉬워야 한다.
② 바닥은 물이 잘 빠지도록 경사가 필요하다.
③ 배수구는 벽과 평행하여 밀착되게 설치하되 깊이는 20cm이상 되게 한다.
④ 배수구는 U자형으로 하는 것이 좋다.

07 식품제조 · 가공업소의 영업장 관리 방법으로 옳지 않은 것은?
① 작업장의 출입구에는 구역별 복장 착용 방법을 게시하여야 하고, 개인위생관리를 위한 세척, 건조, 소독 설비 등을 구비하여야 한다.
② 작업장은 배수가 잘 되어야 하고 배수로에 퇴적물이 잘 쌓이도록 하며, 배수구, 배수관 등은 역류가 되지 아니 하도록 관리하여야 한다.

③ 작업장은 청결구역(식품의 특성이 따라 청결구역은 청결구역과 준청결구역으로 구별할 수 있다.)과 일반구역으로 분리하고 제품의 특성과 공정에 따라 분리, 구획 또는 구분할 수 있다.
④ 창의 유리는 파손 시 유리조각이 작업장 내로 흩어지거나 원·부자재 등으로 혼입되지 아니하도록 하여야 한다.

08 HACCP의 적용 순서 중 3단계에 해당되는 것은?
① 제품의 용도 확인
② 제품설명서 작성
③ HACCP팀 구성
④ 공정흐름도의 현장확인

09 HACCP의 적용 시 2단계인 제품설명서 작성 내용에 포함되지 않아도 되는 사항은?
① 제품유형 및 성상
② 섭취 방법
③ 제품용도 및 소비기간
④ 작성자 및 작성연월일

10 HACCP 관리에서 미생물학적 위해분석을 수행할 경우 평가사항과 거리가 먼 것은?
① 위해의 발생 후 사후조치 평가
② 위해의 중요도 평가
③ 위해의 위험도 평가
④ 위해의 원인분석 및 확정

11 다음 HACCP 결정도에서 중요관리점(CCP) 표시가 잘못 된 것은?

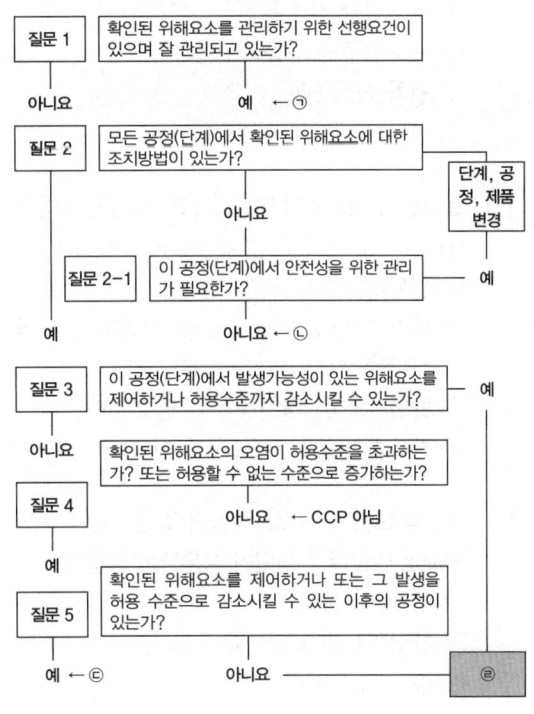

① ㉠ : CCP 아님   ② ㉡ : CCP
③ ㉢ : CCP 아님   ④ ㉣ : CCP

12 HACCP의 중요관리점에서 모니터링의 측정치가 허용한계치를 이탈한 것이 판명될 경우, 영향을 받은 제품의 배제하고 중요관리점에서 관리상태를 신속, 정확히 정상으로 원위치 시키기 위해 행해지는 과정은?
① 모니터링(Monitoring)
② 기록유지(record keeping)
③ 검증(verification)
④ 개선조치(corrective action)

13 HACCP 관리에서 새로운 위해정보가 발생 시, 해당식품의 특성 변경 시, 원료·제조공정 등의 변동 시, HACCP 계획의 문제점 발생 시 실시하는 검증을 무엇이라 하는가?
① 최초검증   ② 일상검증
③ 특별검증   ④ 정기검증

14 다음 식중독 중 먹기 전에 가열해도 식중독을 예방할 수 없는 것은?
① 살모넬라 식중독
② 포도상구균 식중독
③ 웰치균 식중독
④ 병원성 대장균 식중독

15 살모넬라 식중독에 대한 설명으로 틀린 것은?
① 균은 60℃에서 20분 정도 가열하면 사멸된다.
② 독소를 생성하는 독소형 식중독을 유발한다.
③ 발열, 복통, 설사증상을 일으킨다.
④ 잠복기간은 12~24시간 정도이다.

16 통, 병조림, 진공포장식품과 같은 밀봉식품의 부패로 인하여 발생되기 쉬운 식중독은?
① 대장균 식중독
② 장염비브리오 식중독
③ *Botulinus*균 식중독
④ *Welchii*형균 식중독

17 식물성 식중독을 일으키는 원인물질과 연결이 잘못된 것은?
① 피마자-리신(ricin)
② 목화씨-고시폴(gossypol)
③ 독미나리-시큐톡신(cicutoxin)
④ 청매-우루시올(urushiol)

18 아플라톡신(aflatoxin)에 관한 설명 중 틀린 내용은?
① 강한 간암 유발물질이다.
② *Aspergillus parasiticus* 균주도 생산한다.
③ 탄수화물이 풍부한 곡류에서 잘 생성된다.
④ 수분이 15% 이하의 조건에서 잘 생산된다.

19 식품의 관능검사에서 특성 차이검사에 해당하는 것은?
① 단순 차이검사 ② 일-이점검사
③ 이점비교검사 ④ 삼점검사

20 곤충 및 동물의 털과 같이 물에 잘 젖지 아니하는 가벼운 이물검출에 적용하는 이물검사는?
① 체분별법
② 여과법
③ 와일드만 플라스크법
④ 침강법

2과목 식품화학

21 30%의 수분과 20%의 설탕(sucrose)을 함유하고 있는 어떤 식품의 수분활성도(Aw)는? (단, 분자량은 H_2O : 18, $C_6H_{12}O_6$: 342이다.)
① 약 0.98 ② 약 0.97
③ 약 0.82 ④ 약 0.76

22 등온흡습곡선에 대한 다음 설명 중 틀린 것은 어느 것인가?
① 등온흡습곡선은 식품의 건조과정 중에 매우 중요한 척도로 사용된다.
② 등온흡습곡선과 식품의 포장 조건 설정과는 특별한 관련이 없다.
③ 등온흡습곡선의 측정은 식품가공제품의 안정성을 산출하는데 있어서 필수적이다.
④ 등온흡습곡선은 같은 식품이라고 하여도 측정방법 등에 따라 달라진다.

23 전화당의 설명 중 옳지 않은 것은?
① 선광성이 변하여 좌선성을 나타낸다.
② 포도당과 과당의 등량혼합물이다.
③ 반응에 관여하는 효소는 invertase이다.
④ 용해도와 단맛이 감소한다.

24 호화전분의 노화를 억제하는 방법으로 옳지 않은 것은?
① 설탕을 첨가한다.
② 유화제를 첨가한다.
③ 수분을 15% 이하로 줄인다.
④ 냉장고에 보관한다.

25 linolenic acid에 수소를 첨가하였을 때 생성되지 않는 지방산은?
① linoleic acid   ② isolinoleic acid
③ stearic acid   ④ palmitic acid

26 유지의 가열산화에 의한 물리·화학적 변화에 대한 설명으로 <u>틀린</u> 것은?
① 중합체의 형성으로 점도가 낮아진다.
② 카르보닐화합물이 형성된다.
③ 산가는 높아지고 발연점은 낮아진다.
④ 가열산화에 의해 생성된 중합체는 요소와 내포화합물을 형성하지 않는다.

27 다음 중 함유황아미노산이 <u>아닌</u> 것은?
① lysine   ② cysteine
③ methionine ④ cystine

28 단백질의 변성을 설명한 것 중 옳지 <u>않은</u> 것은 어느 것인가?
① 대부분의 경우 용해도가 감소되는 반면 점도가 증가하여 응고현상을 일으킨다.
② peptide 결합의 가수분해로 성질이 크게 변화한다.
③ 단백질에서 볼 수 있는 효소작용, 독성, 면역성 등의 생물학적 특성을 잃는다.
④ 가열, 동결, 표면장력, 고압 등의 물리적 원인과 산, 알칼리, 염류, 효소 등의 화학적 원인에 의해 일어난다.

29 인체에 유해한 dipeptide인 lysinoalanine이 형성되는 경우가 <u>아닌</u> 것은?
① 분유의 제조
② 식물성 단백질의 알칼리 추출과정
③ 육류의 가열 조리
④ 유지의 장시간 가열

30 산성 식품과 알칼리성 식품을 설명한 것으로 <u>틀린</u> 것은?
① 지방은 P를 많이 함유하고 있어 산성식품이다.
② 곡류는 탄수화물이 많아 생체 내에서 H_2CO_3를 생성하여 산성 식품이다.
③ 단백질은 S를 적게 함유하고 있어 알칼리성식품이다.
④ 과실류나 야채는 Ca, Fe, Mg 등을 많이 함유하고 있어 알칼리성 식품이다.

31 Avidin과 결합하여 장에서 흡수되지 않는 vitamin은?
① Vit-C   ② Vit-D
③ biotin   ④ folic acid

32 오래된 청국장은 단백질 분해로 쓴맛을 띠게 되는데 이 쓴맛의 원인 물질은?
① 펩톤   ② 케톤
③ 티라민   ④ 알데히드

33 황을 함유한 향기성분이 들어있는 식품은?
① 계피   ② 무
③ 커피   ④ 사과

34 새우, 게 등 갑각류의 가열이나 산 처리 시에 적색으로 변하는 것은?
① chlorophyll이 pheophytin으로 변화한다.
② astaxanthin이 astacin으로 변화한다.
③ myoglobin이 nitrosomyoglobin으로 변화한다.
④ anthocyan이 anthocyanidin으로 변화한다.

35 감을 칼로 절단하면 절단면이 흑변하는 이유는 무엇인가?
① tannin 성분이 탈수되기 때문에
② tannin 성분이 공기와 접촉하기 때문에
③ tannin 성분이 제2철염과 반응하기 때문에
④ tannin 성분이 Cu 이온과 반응하기 때문에

36 고체식품에서 항복응력(yield stress)을 초과할 때까지 영구변형이 일어나지 <u>않는</u> 것은?
① 탄성체   ② 가소성체
③ 점탄성체   ④ 점성체

37 먹는 물의 안정성을 확보하기 위한 방편으로 관리되고 있는 유해물질로서, 유기물 또는 화학물질에 염소를 처리하여 생성되는 발암성 물질은?
① 니트로사민
② 다환방향족 탄화수소류
③ 트리할로메탄
④ 다이옥신

38 식품을 통하여 방사능 핵종이 인체에 들어왔을 때 특히 반감기가 길고 뼈의 칼슘 성분과 친화성이 있어서 문제되는 것은?
① Cs-137　② Sr-90
③ I-131　④ Co-60

39 식품첨가물의 허용량을 결정하는데 있어서 가장 중요한 사항은?
① 1일 섭취 허용량　② 사람의 성별
③ 식품의 가격　④ 사람의 수명

40 다음 중 식품에 허용된 유화제가 아닌 것은?
① 레시틴
② 글리세린지방산에스테르
③ 소르비탄지방산에스테르
④ 에리소르빈산나트륨

3과목 식품가공 · 공정공학

41 건면류를 제조할 때 소금을 사용하는 주목적이 아닌 것은?
① 제품의 변색 방지
② 밀가루의 점탄성 증진
③ 면선의 건조 속도 조절
④ 제품의 변질 방지

42 45% 전분유 1000ml를 산분해시켜 D.E 45가 되는 물엿 제조 시 생성된 환원당량은?
① 150g　② 176.4g
③ 202.5g　④ 284.0g

43 다음은 두부 제조 시 사용하는 응고제와 제조된 두부의 특성을 연결한 것이다. 잘못된 것은?
① 염화마그네슘 – 응고시간이 더디다.
② 황산칼슘 – 두부 표면이 거칠 수도 있다.
③ 글루코노델타락톤 – 두부 조직이 부드럽다.
④ 염화칼슘 – 물 빠짐이 좋다.

44 아미노산 간장에 대한 설명으로 가장 알맞은 것은?
① 화학 간장에 발효 간장을 혼합한 것
② 간장 제조 시 대두를 많이 첨가한 것
③ 재래식 간장에 아미노산을 첨가한 것
④ 대두를 염산 등 산으로 분해한 후 소금, 착색제 등을 첨가한 것

45 Methoxyl기 함량이 7% 이하인 펙틴의 경우 젤리의 강도를 높이기 위하여 첨가하는 물질은 무엇인가?
① 칼슘　② 소금
③ 설탕　④ 인산

46 침채류(沈菜類) 제조 시 정제염보다 호염으로 절이는 것이 좋은 이유는?
① 조직을 단단하게 하여 씹히는 맛을 좋게 해준다.
② 마그네슘과 칼슘이 함유되어 방부작용이 크다.
③ 숙성 속도를 빠르게 하고 맛을 좋게 해준다.
④ 비타민의 파괴를 방지한다.

47 Casein의 등전점은?
① pH 4.2　② pH 4.6
③ pH 4.9　④ pH 5.6

48 Cheese제조 시 curd 가온(cooking) 목적 중 맞지 않는 것은?
① Whey 배출이 빨라진다.
② 수분조절이 된다.
③ 유산발효가 억제 된다.
④ Curd가 수축되어 탄력성 있는 입자가 된다.

49 사후강직 중에 일어나는 현상으로 옳은 것은?
① 글리코겐(glycogen) 함량이 증가한다.
② ATP 함량이 감소한다.
③ 사후근육의 pH가 높아진다..
④ 젖산이 분해되고, 알칼리 상태가 된다.

50 훈연의 목적이 아닌 것은?
① 제품의 색과 향미의 향상
② 건조에 의한 저장성 향상
③ 연기의 방부성분에 의한 잡균 방지
④ 식육의 pH를 내림으로 잡균오염 방지

51 마요네즈 제조 시 유화제 역할을 하는 것은?
① 난황   ② 식용유
③ Salads oil ④ 난백

52 황다랭이나 날개다랭이를 통조림했을 때 녹변육(green meat) 생성과 가장 관계가 깊은 것은?
① trimethylamine   ② indole
③ H_2S ② hemoglobin

53 유지 제조 시 탈검(degumming) 공정에서 주로 제거되는 성분은?
① phospholipid ② aldehyde
③ ketone   ④ wax

54 B. stearothermophilus(z=10℃)를 121.1℃에서 열처리하여 균농도를 1/10000로 감소시키는데 15분이 소요되었다. 살균 온도를 127℃로 높여 15분간 살균한다면 균의 치사율은 몇 배 커지겠는가?
① 3.89배   ② 4.34배
③ 5.45배   ④ 6.25배

55 5℃에서 저장중인 양배추 5000kg의 호흡열 방출에 의한 냉동부하는?(단, 5℃에서 양배추의 저장 시 열 방출량은 63W/ton이다)
① 315kJ/h   ② 454kJ/h
③ 778kJ/h   ④ 1134kJ/h

56 다음 중 대류형 건조기(convection type dryer)에 해당하지 않는 것은?
① 트레이 건조기(tray dryer)
② 터널 건조기(tunnel dryer)
③ 드럼 건조기(drum dryer)
④ 컨베이어 건조기(conveyor dryer)

57 다음의 막분리공정 중 발효시킨 맥주의 효모를 제거하여 저장성을 부여함으로써 향미가 우수한 맥주의 생산에 이용되는 공정은 어느 것인가?
① 정밀여과   ② 한외여과
③ 전기투석   ④ 역삼투

58 식품을 분쇄하려면 식품조직을 파괴할 수 있는 힘이 작용하여야 한다. 분쇄에 작용하는 힘이 아닌 것은?
① 충격력   ② 압축력
③ 전단력   ④ 공동력

59 Q_{10}값은 온도의 안정성에 대한 지침으로 사용될 수 있는데 Q_{10}값이 낮을 때의 의미로 가장 적합한 것은?
① 온도가 낮을수록 저장일수가 짧다.
② 온도가 높을수록 안전성이 크다.
③ 온도의 변화가 안정성에 매우 큰 영향을 준다.
④ 온도의 변화가 안정성에 비교적 적은 영향을 준다.

60 냉동식품 포장재로 지녀야 할 성질이 아닌 것은?
① 유연성이 있을 것
② 방습성이 있을 것
③ 가열 수축성이 있을 것
④ 가스 투과성이 높을 것

과목 4 식품 미생물 및 생화학

61 진핵세포의 설명 중 틀린 것은?
① 핵막(nuclear membrane)이 있다.
② mitochondria가 있다.
③ 메소좀(mesosome)을 가지고 있다.
④ 효모와 곰팡이는 진핵세포로 되어 있다.

62 사람이나 동물의 장관에서 잘 생육하는 장구균의 일종이며 분변 오염의 지표가 되는 균은?
① *Streptococcus cremoris*
② *Streptococcus faecalis*
③ *Streptococcus lactis*
④ *Streptococcus thermophilus*

63 간장, 된장, 청주 등 코오지 제조에 이용되는 코오지(koji) 곰팡이는?
① *Rhizopus japonicus*
② *Saccharomyces sake*
③ *Mucor mucedo*
④ *Aspergillus oryzae*

64 *Saccharomyces cerevisiae*와 가장 관계가 깊은 것은?
① 피막 형성 ② 알코올 제조
③ 유지 생산 ④ 젖산 생성

65 항생물질과 그 항생물질의 생산에 이용되는 균이 잘못 연결 된 것은?
① Chloramphenicol - *Streptomyces venezuelae*
② Streptomycin - *Streptomyces aureus*
③ Teramycin - *Streptomyces rimosus*
④ Kanamycin - *Streptomyces kanamyceticus*

66 Phage에 의한 피해가 없는 발효공업은 어느 것인가?
① 핵산관련 물질의 발효
② alcohol 발효
③ 항생물질 발효
④ 낙농식품 발효

67 다음 중 유도기에 일어나는 세포의 변화가 아닌 것은?
① RNA 함량이 증가한다.
② 간균 세포의 크기가 길어진다.
③ 최대 속도로 분열된다.
④ 핵산 합성과 단백질 합성이 왕성하다.

68 미생물의 증식도 측정 방법으로 부적합한 것은 무엇인가?
① 총균 계수법   ② 증식세대측정량
③ 원심침전법   ④ 균체질소량

69 돌연변이원에 대한 설명 중 틀린 것은?
① 알킬(alkyl)화제는 특히 구아닌(guanine)의 7위치를 알킬(alkyl)화 한다.
② NTG(N-Methyl-N'-nitro-nitrosoguanidine)는 DNA 중의 구아닌(guanine) 잔기를 메틸(methyl)화 한다.
③ 아질산은 아미노기가 있는 염기에 작용하여 아미노기를 이탈시킨다.
④ 5-Bromouracil(5-BU)은 보통 엔올(enol)형으로 아데닌(adenine)과 짝이 되나 드물게 케토(keto)형으로 되어 구아닌(guanine)과 짝을 이루게 된다.

70 클로렐라(chlorella)에 관한 설명 중 맞는 것은?
① 건조물은 약 50%가 단백질이고 아미노산과 비타민이 풍부하다.
② 태양 에너지의 이용률은 일반 재배식물과 같다.
③ 클로렐라는 현미경으로만 볼 수 있고 담수에서 자란다.
④ 소화율이 다른 균체보다 높다.

71 조작형태에 따른 발효형식의 분류에 해당되지 않는 것은?
① 회분배양 ② 고체배양
③ 유가배양 ④ 연속배양

72 약·탁주 양조 시 입국(粒麴)의 목적이 아닌 것은?
① 전분질의 당화 ② 향미 부여
③ 오염방지 ④ 주정발효

73 설탕용액에서 생장할 때 dextran을 생산하는 균주는?
① *Leuconostoc mesenteroides*
② *Aspergillus oryzae*
③ *Lactobacillus delbrueckii*
④ *Rhizopus oryzae*

74 심부 배양법(submerged fermentation)으로 구연산(citric acid)을 생산하는 과정에서 발효액 조제 중 현재 가장 중요시되고 있는 것은?
① Fe^{++}량의 조절
② pyruvate량의 조절
③ Cu^{++}량의 조절
④ thiamine의 조절

75 핵산관련 물질의 정미성(呈味性)에 관한 내용 중 틀린 것은?
① Ribose의 5' 위치에 인산기가 붙는다.
② Monoucleotide에 정미성이 있다.
③ 정미성은 pyrimidine계의 것에는 있으나, purine계의 것에는 없다.
④ Nucleotide의 당은 deoxyribose, ribose이다.

76 효소의 미켈리스-멘텐(Michaelis-Menten) 반응 속도에 기질농도[S]=Km일 때 효소 반응 속도 값이 15mM/min이다. V_{max}는?
① 5mM/min ② 7.5mM/min
③ 25mM/min ④ 30mM/min

77 글루코네오제네시스(Gluconeogenesis)라 함은 무엇을 의미하는가?
① 포도당이 혐기적으로 분해하는 과정
② 포도당이 젖산이나 아미노산으로부터 합성되는 대사과정
③ 포도당이 산화되어 ATP를 합성하는 과정
④ 포도당이 지방이나 아미노산으로 전환되는 과정

78 지방산화과정에서 일반적으로 일어나는 β-oxidation의 설명으로 틀린 것은?
① acyl-CoA는 carnitine과 결합하여 mitochondria 내부로 이동된다.
② 세포의 세포질 속으로 운반된 지방산은 CoA와 ATP에 의해서 활성화된다.
③ 짝수지방산은 산화 후 acetyl-CoA만을 생성하지만 홀수지방산은 acetyl-CoA와 propionic acid를 생성한다.
④ 포화지방산의 산화에는 isomerization과 epimerization의 보조적인 반응이 필요하다.

79 요소회로의 최종반응에서 arginine을 urea와 ornithine으로 분해하는 효소는?
① arginase ② kinase
③ catalase ④ urease

80 어떤 미생물의 DNA를 분리하여 분석한 결과 단편의 염기농도가 A=991개, G=456개였다면 G+C의 염기의 개수는?
① 912 ② 1447
③ 1535 ④ 1982

식품안전기사 모의고사 문제 정답 및 해설

식품안전기사 모의고사 문제 1

01	02	03	04	05	06	07	08	09	10
③	④	③	②	③	②	③	④	③	②
11	12	13	14	15	16	17	18	19	20
④	④	③	④	③	②	②	④	③	②
21	22	23	24	25	26	27	28	29	30
④	③	④	④	④	①	④	④	②	①
31	32	33	34	35	36	37	38	39	40
②	④	④	③	①	①	②	②	③	④
41	42	43	44	45	46	47	48	49	50
①	④	④	④	④	④	③	④	④	④
51	52	53	54	55	56	57	58	59	60
④	④	①	③	④	③	④	②	④	②
61	62	63	64	65	66	67	68	69	70
③	②	②	②	④	②	③	③	③	①
71	72	73	74	75	76	77	78	79	80
②	②	②	③	①	①	①	②	④	④

01 식품위생법 제2조(정의)
  • 화학적 합성품이란 화학적 수단으로 원소 또는 화합물의 분해 반응 외의 화학 반응을 일으켜서 얻은 물질을 말한다.

02 식품위생법 시행령 제4조(위해평가의 대상) 제3항 위해평가의 순서
  ㉠ 위해요소의 인체 내 독성을 확인하는 위험성 확인과정
  ㉡ 위해요소의 인체노출 허용량을 산출하는 위험성 결정과정
  ㉢ 위해요소가 인체에 노출된 양을 산출하는 노출평가과정
  ㉣ 위험성 확인과정, 위험성 결정 과정 및 노출평가과정의 결과를 종합하여 해당 식품등이 건강에 미치는 영향을 판단하는 위해도(危害度) 결정 과정

03 식품 및 축산물 안전관리인증기준 4조(적용품목 및 시기 등)
식품의약품안전처장은 다음 각 호 중 어느 하나에 해당하는 「식품위생법 시행규칙」 제62조제13호에 따른 안전관리인증기준(HACCP) 의무적용 대상 업소가 필요하다고 요청한 경우에는 6개월 범위 내에서 의무적용 시기를 유예할 수 있다. 제2호의 경우 전년도 생산실적보고 완료일 이전에 요청하여야 한다.
  1. 안전관리인증기준(HACCP) 적용업소가 신규로 식품유형을 추가하려는 경우. 다만, 「식품위생법 시행규칙」제62조 제1항제1호부터 제12의2호에 해당하는 식품은 제외한다.
  2. 전년도 매출액이 100억원 이상이 되어 해당연도에 신규 의무적용 대상이 된 경우
  * 「식품위생법 시행규칙」제62조 : 이론 19쪽 참조

04 식품공전 제4. 장기보존식품의 기준 및 규격 1. 통·병조림식품
  • 병·통조림식품 제조, 가공기준
  – 멸균은 제품의 중심온도가 120℃ 4분간 또는 이와 동등이상의 효력을 갖는 방법으로 열처리하여야 한다.
  – pH 4.6 이상의 저산성식품(low acid food)은 제품의 내용물, 가공장소, 제조일자를 확인할 수 있는 기호를 표시하고 멸균공정 작업에 대한 기록을 보관하여야 한다.
  – pH가 4.6 이하인 산성식품은 가열 등의 방법으로 살균처리 할 수 있다.
  • 규격
  – 성상·관 또는 병 뚜껑이 팽창 또는 변형되지 아니하고, 내용물은 고유의 색택을 가지고 이미·이취가 없어야 한다.
  – 주석(mg/kg) : 150 이하(알루미늄 캔을 제외한 캔제품에 한하며, 산성 통조림은 200 이하 이어야 한다.)
  – 세균 : 세균발육이 음성이어야 한다.

05 식품 및 축산물 안전관리인증기준 제5조(선행요건 관리) [별표1]
  • 선별 및 검사구역 작업장 등은 육안확인에 필요한 조도(540룩스 이상)를 유지하여야 한다.
  • 채광 및 조명시설은 내부식성 재질을 사용하여야 하며, 식품이 노출되거나 내포장 작업을 하는 작업장에는 파손이나 이물낙하 등에 의한 오염을 방지하기 위한 보호장치를 하여야 한다.

06 식품 및 축산물 안전관리인증기준 제5조(선행요건 관리) [별표1] 냉장·냉동시설·설비 관리
  • 냉장시설은 내부의 온도를 10℃ 이하(다만, 신선편의식품, 훈제연어, 가금육은 5℃ 이하 보관 등 보관온도 기준이 별도로 정해져 있는 식품의 경우에는 그 기준을 따른다.), 냉동시설은 –18℃ 이하로 유지하고, 외부에서 온도변화를 관찰할 수 있어야 하며, 온도 감응 장치의 센서는 온도가 가장 높게 측정되는 곳에 위치하도록 한다.

07 식품 및 축산물 안전관리인증기준 제5조(선행요건 관리) [별표1] 용수관리
  • 식품 제조·가공에 사용되거나, 식품에 접촉할 수 있는 시설·설비, 기구·용기, 종업원 등의 세척에 사용되는 용수는 다음 각호에 따른 검사를 실시하여야 한다.
  – 지하수를 사용하는 경우에는 먹는물 수질기준 전 항목에 대하여 연1회 이상(음료류 등 직접 마시는 용도의 경우는

반기 1회 이상) 검사를 실시하여야 한다.
- 먹는물 수질기준에 정해진 미생물학적 항목에 대한 검사를 월 1회 이상 실시하여야 하며, 미생물학적 항목에 대한 검사는 간이검사키트를 이용하여 자체적으로 실시할 수 있다.

08 HACCP의 7원칙 및 12절차
- 준비단계 5절차
- 절차 1 : HACCP팀 구성
- 절차 2 : 제품설명서 작성
- 절차 3 : 용도 확인
- 절차 4 : 공정흐름도 작성
- 절차 5 : 공정흐름도 현장확인
- HACCP 7원칙
- 절차 6(원칙 1) : 위해요소 분석(HA)
- 절차 7(원칙 2) : 중요관리점(CCP) 결정
- 절차 8(원칙 3) : 한계기준(Critical Limit; CL) 설정
- 절차 9(원칙 4) : 모니터링 체계 확립
- 절차 10(원칙 5) : 개선조치방법 수립
- 절차 11(원칙 6) : 검증절차 및 방법 수립
- 절차 12(원칙 7) : 문서화 및 기록유지

09 HACCP에서 경영자의 역할
- 예산 승인
- 회사의 HACCP 혹은 식품 안전성 정책의 승인 및 추진
- HACCP 팀장 및 팀원 지정
- HACCP팀이 적절한 자원을 활용할 수 있도록 보장
- HACCP팀이 작성한 프로젝트 승인 및 프로젝트가 지속적으로 추진되도록 보장,
- 보고체계를 수립
- 프로젝트가 현실적이고 달성 가능하도록 보장

10 위해요소분석 절차

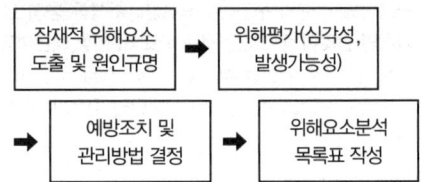

11 CCP 결정도에서 사용하는 질문 5가지
- 질문 1 : 확인된 위해요소를 관리하기 위한 선행요건이 있으며 잘 관리되고 있는가?
- 질문 2 : 모든 공정(단계)에서 확인된 위해요소에 대한 조치방법이 있는가?
- 질문 2-1 : 이 공정(단계)에서 안전성을 위한 관리가 필요한가?
- 질문 3 : 이 공정(단계)에서 발생가능성이 있는 위해요소를 제어하거나 허용수준까지 감소시킬 수 있는가?
- 질문 4 : 확인된 위해요소의 오염이 허용수준을 초과하는가 또는 허용할 수 없는 수준으로 증가하는가?
- 질문 5 : 확인된 위해요소를 제어하거나 또는 그 발생을 허용수준으로 감소시킬 수 있는 이후의 공정이 있는가?

12 개선조치 보고서 내용
- 제품 식별, 이탈의 내역 및 발생시간, 이탈 중 생산된 제품의 최종 처리를 포함한 이행된 시정 조치 등

13 모니터링(Monitoring)의 목적
- CCP에서 위해물질이 정확히 관리되고 있는지 여부를 명확히 한다.
- CCP에서의 관리상태가 부적절하여 CL에 위반된 것을 인식한다.
- 공정관리 시스템에서 문서에 의한 증거를 남긴다.

14 포도상 구균에 의한 식중독
- 잠복기는 1~6시간이며 보통 3시간 정도이다.
- 증상은 가벼운 위장증상이며 사망하는 예는 거의 없다. 불쾌감, 구토, 복통, 설사 등이 나타나고, 발열은 거의 없고, 보통 24~48시간이내에 회복된다.
- 독소는 enterotoxin이며, 120℃에서 20분 가열해도 완전히 파괴되지 않는다.

15 유기인제의 독성
- acetylcholine을 분해하는 효소인 choline esterase와 결합하여 활성이 억제된다.
- 신경조직 내에 acetylcholine의 축적 현상이 나타나기 때문에 신경전달이 중절되고, 심하면 경련, 흥분, 호흡곤란 증상이 나타난다.

16 amygdalin
- 청매(덜익은 매실), 살구씨 등의 독성분이다.
*면실류의 독성분 : gossypol
*복어의 독성분 : tetrodotoxin
*독미나리의 독성분 : cicutoxin

17 파튤린(Patulin)
- *Penicillium*, *Aspergillus* 속의 곰팡이가 생성하는 독소이다.
- 주로 사과를 원료로 하는 사과주스에 오염되는 것으로 알려져 있다.
- 사과주스, 사과주스 농축액의 잔류허용량은 50㎍/㎏이하이다.

18 관능검사에 영향을 주는 심리적 요인
- 중앙경향오차
- 순위오차
- 기대오차
- 습관오차
- 자극오차
- 후광효과
- 대조오차

19 분변오염의 지표세균
- 대장균군과 장구균군이 있다.
- 대장균군 검사
- 식품이 분변에 오염되었을 가능성과 분변에서 유래하는 병원균의 존재 가능성을 판단할 수 있다.
- 특수한 가공식품에 있어서 제품의 가열, 살균 여부의 확실성 판정지표가 된다.
- 장구균군 검사

- 특히 냉동식품에서의 생존율이 높기 때문에 냉동식품의 오염지표가 된다.

20 식품 중의 포름알데히드(formaldehyde)검사
- formaldehyde를 함유한 식품에 chromotropic acid 용액을 가하고 가열하면 formaldehyde은 chromotropic acid와 반응하여 자색을 띤다.

21 결합수의 특징
- 용질에 대하여 용매로 작용하지 않는다.
- 100°C 이상으로 가열하여도 제거되지 않는다.
- 0°C보다 낮은 온도(-20°C ~ -30°C)에서도 얼지 않는다.
- 보통의 물보다 밀도가 크다.
- 미생물의 번식과 발아에 이용되지 못한다.

22 등온흡습곡선
- 단분자층 영역, 다분자층 영역, 모세관응고 영역으로 나뉘어 진다.
- 단분자층 영역 : 식품성분 중의 carboxyl기나 amino기와 같은 이온그룹과 강한 이온결합을 하는 영역으로 식품 속의 물 분자가 결합수로 존재한다.(흡착열이 매우 크다)
- 다분자층 영역 : 식품의 안정성에 가장 좋은 영역이다. 최적 수분함량을 나타낸다. 수분은 결합수로 주로 존재하나 수소결합에 의하여 결합되어 있다.
- 모세관응고 영역 : 식품의 세관에 수분이 자유로이 응결되며 식품성분에 대해 용매로서 작용하며 따라서 화학, 효소 반응들이 촉진되고 미생물의 증식도 일어날 수 있다. 물은 주로 자유수로 존재한다.

23 전화당(invert sugar)
- 설탕은 묽은산, 알칼리, 또는 효소 invertase의 작용에 의해서 포도당과 과당으로 가수분해된다.
- 이때 설탕의 선광성은 우선성이 좌선성으로 반전되기 때문에 이 설탕의 가수분해 과정을 전화(inversion)라고 한다.
- 형성된 포도당과 과당의 혼합물을 전화당이라 한다.

24 전분의 호화에 영향을 미치는 요인
- 전분의 종류, 온도, 수분, pH, 염류, amylose와 amylopectin 함량 등이다.

25 지방산의 융점
- 포화지방산보다 불포화지방산이 융점이 낮으며, 불포화지방산은 이중 결합수에 따라 낮아진다.
- Stearic acid($C_{18:0}$, 70°C)>palmiticacid ($C_{16:0}$, 63.1°C)>oleic acid($C_{18:1}$, 40°C) >linoleic acid($C_{18:2}$, -5°C)>linolenic acid($C_{18:3}$, -11°C)

26 유지(기름)를 장시간 가열하면
- 자동산화로 산패를 유발시켜 중간 생성체인 hydroperoxide를 형성하여 산가와 과산화물가의 증가를 초래한다.

27 필수아미노산
- 인체 내에서 합성되지 않아 외부에서 섭취해야 하는 아미노산을 말한다.
- 성인에게는 valine, leucine, isoleucine, threonine, lysine, methionine, phenylalanine, tryptophan 등 8종이 있고 어린이나 회복기 환자에게는 arginine, histidine이 더 참가된다.

28 단백질의 구조에 관련되는 결합
- 1차 구조 : peptide 결합
- 2차 구조 : 수소결합
- 3차 구조 : 이온결합, 수소결합, S-S 결합, 소수성 결합, 정전적인 결합 등

29 단백질의 열 변성에 영향을 주는 요인(온도, 수분, 전해질, pH 등)
- 온도는 60~70°C가 최적이다.
- 수분이 많으면 낮은 온도에서 열 변성이 일어나고 적으면 높은 온도에서 응고된다.
- 염화물, 황산염, 인산염, 젖산염 등의 전해질이 있으면 변성 온도가 낮아질 뿐 아니라 변성 속도가 가속된다.
- 단백질의 등전점에서 가장 잘 응고된다.

30 Ca의 흡수를 방해하는 인자
- 수산과 피틴산, 탄닌, 식이섬유 등
* 비타민 D는 Ca의 흡수를 촉진한다.

31 vitamin D
- Ca, P의 흡수를 돕고 혈액 중에 P량을 일정하게 유지시키고, 치아에 인산칼슘의 침착을 촉진한다.
- 간유, 버터, 난황, 청색어류, 표고버섯에 존재한다.

32 맛의 대비 현상(강화 현상)
- 서로 다른 정미성분이 혼합되었을 때 주된 정미성분의 맛이 증가하는 현상을 말한다.
- 설탕용액에 소금용액을 소량 가하면 단맛이 증가하고, 소금용액에 소량의 구연산, 식초산, 주석산 등의 유기산을 가하면 짠맛이 증가하는 것은 바로 이 현상 때문이다.
- 예로서 15% 설탕용액에 0.01% 소금 또는 0.001% quinine sulfate를 넣으면 설탕만인 경우보다 단맛이 세어진다.

33 어류의 비린내 성분
- 선도가 떨어진 어류에서는 트리메틸아민(trimethylamine), 암모니아(ammonia), 피페리딘(piperidine), δ-아미노바레르산(δ-aminovaleric acid) 등의 휘발성 아민류에 의해서 어류 특유의 비린내가 난다.

34 provitamin A
- 카로테노이드계 색소 중에서 provitamin A가 되는 것은 β-ionone 핵을 갖는 carotene류의 α-carotene, β-carotene, γ-carotene과 xanthophyll류의 cryptoxanthin이다.
* lycopene은 두 개의 pseudo-ionone핵만을 가지고 있어 vitamin A 효력이 없다.

35 Maillard reaction
- 초기단계는 당류와 아미노화합물의 축합 반응과 아마도리 전위가 일어난다.
- 즉 glucose와 amino compound가 축합하여 질소배당체인 glucosylamine이 형성된다(축합 반응).
- 다시 glucosylamine은 amadori 전위를 일으켜 대응하는 fructosylamine으로 이성화된다(아마도리 전위).

36 식품의 유화형태
- 수중유적형(O/W) : 물속에 기름이 분산된 형태
 – 우유, 마요네즈, 아이스크림 등
- 유중수적형(W/O) : 기름 중에 물이 분산된 형태
 – 마아가린, 버터 등

37 Weissenberg 효과
- 가당연유 속에 젓가락을 세워서 회전시키면 연유가 젓가락을 따라 올라간다. 이와 같은 현상을 말한다.
- 이것은 액체에 회전운동을 가했을 때에 흐름과 직각방향으로 현저한 압력이 생겨서 나타나는 현상이다.

38 3, 4-benzopyrene
- 발암성 방향족 탄화수소이다.
- 구운 쇠고기, 훈제어, 대맥, 커피, 채종유 등에 미량 함유되어 있다.
- 공장지대의 대맥에는 농촌지대의 대맥에서 보다 약 10배나 함량이 많은 것으로 알려졌으며, 이는 대기 오염의 영향 때문으로 판단된다.

39 데히드로초산
- 치즈, 버터, 마가린에 데히드로초산으로서 0.5g/kg 이하를 허용할 수 있다.
- 치즈, 버터류, 마가린류 이외의 식품에는 사용할 수 없다.

40 식용착색제의 구비조건
- 인체에 독성이 없을 것
- 체내에 축적되지 않을 것
- 미량으로 착색효과가 클 것
- 식품위생법에 허용된 것,
- 물리, 화학적 변화에 안정할 것
- 영양소를 함유하면 더욱 좋다.

41 밀의 조질(調質)
- 밀알의 내부에 물리적, 화학적 변화를 일으켜서 밀기울부(외피)와 배젖(배유)가 잘 분리되게 하고 제품의 품질을 높이기 위하여 하는 공정이다.
- 템퍼링(tempering)과 컨디셔닝(conditioning)이 있다.

42 아황산 침지
- 옥수수를 선별기에서 불순물을 제거하고 0.2~0.5%의 아황산(H_2SO_3) 용액에 50℃로 유지하면서 담그면 조직이 부풀고 녹말에 결합한 단백질을 파괴하며 미생물의 번식을 억제시킬 수 있다.
- 이때에 옥수수의 가용성 물질은 용출되는데 젖산균이 발육하여 당분을 젖산으로 변화시킨다.
- 이 젖산과 아황산은 단백질을 파괴하므로 녹말과 단백질의 결합을 느슨하게 하여 녹말 분리를 돕는다.

43 두유의 무기염류에 의한 응고
- 대두 단백질의 주성분은 묽은 염류에 가용성인 글리시닌(glycinin)이다.
- glycinin은 70℃ 이상에서 간수($MgCl_2$, $CaCl_2$, $CaSO_4$)에 의하여 변성 응고되는 원리로 만든 것이 두부이다.

44 코지(koji)
- Aspergillus균을 곡류(밀기울), 감자(전분) 등에 배양시켜 각종 효소를 생성하게 한 것으로 당화력, 단백질 분해력이 강하다.
- 된장, 간장용은 콩 단백질을 분해시켜야 하기 때문에 protease와 amylase가 강하여야 한다.

45 감의 탈삽의 원리
- 탄닌(tannin)의 주성분인 가용성 shibuol(diosprin)을 불용성으로 변화시켜 떫은맛(삽미)을 느끼지 못하게 한다.

46 전환기적 상승(Climacteric rise, C.R)
- 보통 대부분의 과실이 미숙기에서 완숙기에 가까워질 때 또는 완숙기 호흡량이 한때 증가하여 peak를 나타냈다가 그 후 차츰 감소되는 현상을 말한다.
- 서양배, 바나나, 사과, 망고, 타파이야, 토마토 등의 청과물에서 나타난다.

47 지방구 막
- 지방구 표면을 둘러싸고 있는 막이다.
- 막 구성성분 : 인지질, 단백질, 비타민 A, 카로티노이드, 콜레스테롤 및 각종 효소로 구성되어 있다.
- 특히 인지질이 친수성으로써 지방구를 유탁액(emulsion) 상태로 유지시킨다.

48 버터의 일반적인 제조공정
- 크림분리 → 중화 → 살균 → 숙성→ 색소첨가 → 교동→ 수세 → 가염 → 연압 → 포장 → 저장 순이다.

49 소도체 등급 판정[축산물등급판정 세부기준]
- 육량등급 : 배최장근단면적, 등지방두께, 도체중량을 육량지수에 의해 A, B, C 등급으로 판정
- 육질등급 : 근내지방도, 육색, 지방색, 조직감, 성숙도 등에 따라 1^{++}, 1$^+$, 1, 2, 3 등급으로 판정
* 소도체의 최종 등급표시 : 육질등급을 1^{++}, 1$^+$, 1, 2, 3 등급으로 표시하고 등외 등급으로 판정된 경우에는 등외로 표시한다. 신청인 등이 희망하는 경우는 육량등급도 함께 표시할 수 있다.

50 육고기를 염지하는 주된 목적
- 육색소를 고정시켜 신선한 고기색을 그대로 유지
- 육단백질의 용해성을 높여 보수성, 결착성을 증가
- 보존성을 향상시키고, 독특한 풍미를 갖도록 한다.

51 저장 중 계란의 pH 변화
- 계란은 저장 중 난각 구멍을 통하여 CO_2가 방출된 채로 10일 경과하면 pH가 9.0~9.7로 높아진다.

52 엑스분의 함량(개략적)
- 어류에서는 1~5%, 연체류에서는 4~8%, 갑각류에서는 6~10% 정도로 갑각류에 가장 많다.

53 탈납처리(winterization)
- salad oil 제조 시에만 실시한다.
- 기름이 냉각 시 고체지방으로 생성이 되는 것을 방지하기 위하여 탈취하기 전에 고체 지방을 제거하는 공정이다.
- dewaxing이라고도 한다.
- 주로 면실유에 사용되며, 면실유는 낮은 온도에 두면 고체지방이 생겨 사용할 때 외관상 좋지 않으므로 이 작업을 꼭 거친다.

54 식품가공에 이용되는 단위조작
- 액체의 수송, 저장, 혼합, 가열살균, 냉각, 농축, 건조에서 이용되는 기본공정으로서, 유체의 흐름, 열전달, 물질이동 등의 물리적 현상을 다루는 것이다.
- 그러나 전분에 산이나 효소를 이용하여 당화시켜 포도당이 생성되는 것과 같은 화학적인 변화를 주목적으로 하는 조작을 반응조작 또는 단위공정이라 한다.

55 레이놀드수(Re)=Dvp/u(지름×속도×압력/점도)
- 관의 단면적 = $(\pi/4) \times D^2 = 3.14/4 \times (0.025m)^2 = 4.9 \times 10^{-4} m^2$
- 관 내 우유의 유속(유속/관의 단면적) = $0.10/60s \times 1/4.9 \times 10^{-4} m^2 = 3.4 m/s$
- Re=$0.025m \times 3.4m/s \times 1029kg/m^3 / 2.1 \times 10^{-3} Pa \cdot S$ = 41650
- Re〈2100 : 층류, 2100〈Re〈4000 : 중간류, Re〉4000: 난류
- 즉 레이놀드수(Re)가 4000보다 크므로 난류이다.

56 상업적 살균법
- 가열에 의해 식품고유의 성분이 변화되어 품질을 저하시키기 때문에 식품품질이 가장 적게 손상되면서 미생물학적으로 안전성이 보장 되는 수준까지 살균하는 방법이다.
- 보통 100℃ 이하 70℃ 이상 조건에서 살균하며 주로 산성의 과일 통조림에 이용된다.

57 냉동톤(RT)
- 0℃의 물 1톤을 24시간 내에 0℃의 얼음으로 만드는데 필요한 냉동능력
- 물의 동결잠열은 79.68kcal/kg 이므로 1톤은 79.68×1,000=79,680kcal/24h(=3,320kcal/h)
- 얼음의 비열은 0.5Kcal/kg.℃ (20×1)+(15×0.5)+79.68=107.18
- 동결 시 제거되는 전체 에너지=1톤×1,000×107.18=107,180kcal
- 냉동톤으로 환산하면 107,180/79,680=1.345 약 1.35 냉동 톤

58 역삼투(reverse osmosis)법
- 본래 바닷물에서 순수를 얻기 위해 시작된 방법으로서 반투막을 사이에 두고 고농도의 염류를 함유하고 있는 유청 쪽에 압력을 주어 물 쪽으로 염류를 투과시켜 탈염, 농축시킨다.
- 유청 중의 단백질을 한외여과법으로 분리하고 투과액으로부터 유당을 회수하기 위해 역삼투법으로 농축한 후 농축액에서 전기영동법에 의해 회분을 제거하는 종합공정을 이용한다.

59 분쇄기를 선정할 때 고려할 사항
- 원료의 크기, 원료의 특성, 분쇄 후의 입자 크기, 입도분포, 재료의 양, 습·건식의 구별, 분쇄 온도 등이다.
- 특히 열에 민감한 식품의 경우에는 식품성분의 열분해, 변색, 향기의 발산 등도 고려해야 한다.

60 PVDC의 특성
- 내열성, 풍미, 보호성이 우수
- 투명을 요하는 식품의 포장에 좋음
- 내약품, 내유성이우수
- 광선 차단성이 좋아 육제품의 포장에 사용
- gas의 투과성과 흡습성이 낮아 진공 포장 재료로 사용

61 생물계에 있어서 미생물의 분류상 위치(원생생물)
(1) 고등미생물
① 원생동물
② 균류
　㉠ 점균류(변형균류)
　　- 아메바
　㉡ 진균류
　　- 조상균류
　　　- 곰팡이(*Mucor, Rhizopus*)
　　- 순정균류
　　　- 자낭균류-곰팡이, 효모
　　　- 담자균류-버섯, 효모
　　　- 불완전균류-곰팡이, 효모
③ 지의류
④ 조류
(2) 하등미생물
① 분열 균류 : 세균, 방선균
② 남조류 : 청록세균
(3) Virus

62 젖산 발효형식
- 정상발효젖산균(homo type) : 당을 발효하여 젖산만 생성하는 균
　- 대부분의 *Lactobacillus* 속(*L. bulgaricus*, *L. delbruckii*, *L. acidophilus*, *L. casei*, *L. homohiochii* 등), *Streptococcus* 속(*Sc. lactis*, *Sc. cremoris* 등), *Pediococcus* 속(*Pc. cerevisiae*, *Pc. acidilactici* 등) 등이 있다.
- 이상발효젖산균(hetero type) : 젖산 이외에 여러 가지 부산물을 생성하는 균
　- 일부의 *Lactobacillus* 속(*L fermentum, L. heterohiochii*), *Leuconostoc* 속(*Leuc., mesenteoides*), 일부의 *Pediococcus* 속(*Pc. halophilus*) 등이 있다.

63 *Penicillium citrinum*
- 황변미의 원인균으로 알려져 있다.
- 신장장애를 일으키는 유독한 황색소 시트리닌(citrinin, $C_{13}H_{14}O_5$)을 생성한다.

64 *Saccharomyces* 속의 특징
- 알코올 발효력이 강한 것이 많다.
- 각종 주류의 제조, 알코올의 제조, 제빵 등에 이용되는 효모는 기의 이 속에 속하고 효모 중에서 가장 중요한 속이다.
- 효모형태 : 구형, 달걀형, 타원형 또는 원통형으로 다극출아를 하는 자낭 포자효모이다.

65 동충하초균 속
- 대표적인 속으로는 자낭균(Ascomycetes)의 맥각균과(Clavicipitaceae)에 속하는 *Cordyceps* 속이 있다.
- 이밖에도 불완전 균류의 *Paecilomyces* 속, *Torrubiella* 속, *Podonecitria* 속 등이 있다.

66 phage 오염 예방대책
- 공장과 그 주변 환경을 청결히 한다.
- 장치나 기구의 가열살균 또는 약제로 철저히 살균한다.
- phage 숙주 특이성을 이용하여 2균 이상을 매번 바꾸어 starter rotation system을 행한다.
- chloramphenicol, streptomycin 등 항생물질의 낮은 농도에 견디고 정상발효를 행하는 내성 균주를 사용하기도 한다.

67 대수기
- 세포수가 급격히 증가하고, 대사물질이 세포질 합성에 가장 잘 이용되는 시기이다.
- 세포질의 합성속도는 생균의 증가율과 일치하고 세대시간도 가장 짧아지고 일정해진다.
- 세균의 경우는 이 대수기에서 일정의 생육 속도로 세포가 분열하여 n세대 후 세포수는 2^n으로 된다.

68 생물 그룹의 에너지원과 탄소원
- 독립영양 광합성생물 : 태양광, CO_2
- 종속영양 광합성생물 : 태양광, 유기물
- 독립영양 화학합성생물 : 화학 반응, CO_2
- 종속영양 화학합성생물 : 화학 반응, 유기물

69 효모의 분류 동정
- 형태학적 특징, 배양학적 특징, 유성생식의 유무와 특징, 포자형성 여부와 형태, 생리적 특징으로서 질산염과 탄소원의 동화성, 당류의 발효성, 라피노스(raffinose) 이용성, 피막형성 유무 등을 종합적으로 판단하여 분류 동정한다.

70 DNA가 다른 세포에 전달되는 양식(3가지 방식)
- 형질전환(transformation) : 공여세포로부터 유리된 DNA가 직접 수용세포 내로 들어가 일어나는 DNA 재조합 방법으로, A라는 세균에 B라는 세균에서 추출한 DNA를 작용시켰을 때 B라는 세균의 유전형질이 A라는 세균에 전환되는 현상을 말한다.
- 형질도입(transduction) : 숙주세균 세포의 형질이 phage의 매개로 수용균의 세포에 운반되어 재조합에 의해 유전 형질이 도입된 현상을 말한다.
- 접합(conjugation) : 두 개의 세균이 서로 일시적인 접촉을 일으켜 한 쪽 세균이 다른 쪽에게 유전물질인 DNA를 전달하는 현상을 말한다.

71 회분식배양(batch culture)
- 처음 공급한 원료기질이 모두 소비될 때까지 발효를 계속하는 방법이다.
- 기질의 농도, 대사생물의 농도, 균체의 농도 등이 시간에 따라 계속 변화한다.
- 작업시간이 길지만 조작의 간편성 때문에 대부분의 발효공업이 회분식 배양 형식을 택하고 있다.

72 발효주
- 단발효주 : 원료속의 주성분이 당류로서 과실 중의 당류를 효모에 의하여 알코올 발효시켜 만든 술이다. 예) 과실주
- 복발효주 : 전분질을 아밀라아제(amylase)로 당화시킨 뒤 알코올 발효를 거쳐 만든 술이다.
  - 단행복발효주 : 맥주와 같이 맥아의 아밀라아제(amylase)로 전분을 미리 당화시킨 당액을 알코올 발효시켜 만든 술이다. 예) 맥주
  - 병행복발효주는 청주와 탁주 같이 아밀라제(amylase)로 전분질을 당화시키면서 동시에 발효를 진행시켜 만든 술이다. 예) 청주, 탁주

73 앙금질이 끝난 청주를 가열(火入)하는 목적
- 앙금질이 끝난 청주는 60~63℃에서 수 분간 를 가열(火入)한다.
- 가열하는 목적은 변패를 일으키는 미생물의 살균, 잔존하는 효소의 파괴, 향미의 조화 및 숙성의 촉진 등이다.

74 식초양조에서 종초에 쓰이는 초산균의 구비조건
- 산생성속도가 빠르고, 생성량이 많으며 가능한 한 다시 초산을 산화하지 않는다.
- 초산 이외의 유기산류나 에스테르류를 생성한다.
- 알코올에 대한 내성이 강하며 잘 변성되지 않는 것이다.

75 공비점
- 알코올 농도는 97.2%, 물의 농도는 2.8%이다.
- 비등점과 응축점이 모두 78.15℃로 일치하는 지점이다.
- 이 이상 가열하여 끓이더라도 농도는 높아지지 않는다.
- 99% 알콜을 가열 냉각하면 오히려 농도는 낮아진다.
- 97.2 v/v% 이상의 농도는 탈수법으로 한다.

76 가역적 저해
- 경쟁적 저해작용(competitive inhibition) : 효소단백질의 활성 부위에 대하여 기질과 경쟁적으로 결합하여 저해 작용을 나타내며 k_m치는 보통 보다 커지고 V_{max}는 변함이 없다.
- 비경쟁적 저해 : k_m치는 변함이 없고, V_{max}는 저하된다.

77 Pyruvate의 호기적 탈탄산작용
- Pyuvate가 호기적 탈탄산 반응에 의해 Acetyl CoA로 될 때 관여하는 것으로는 coenzyme A, NAD^+, lipoic acid, FAD, Mg^+, thiamine pyrophosphate(TPP) 등이다.

78 ATP 수 계산
- palmitic acid는 탄소수가 16이므로 β-산화 7회전하고 난 뒤의 생성된 ATP 수를 계산하면 된다.
  ∴ 5×7-2(최초 활성 시)=33ATP

79 단백질 합성
- 생체 내에서 DNA의 염기서열을 단백질의 아미노산 배열로 고쳐 쓰는 작업을 유전자의 번역이라 한다. 이 과정은 세포질 내의 단백질 리보솜에서 일어난다.
- 리보솜에서는 mRNA(messenger RNA)의 정보를 근거로 이에 상보적으로 결합할 수 있는 tRNA(transport RNA)가 날라 오는 아미노산들을 차례차례 연결시켜서 단백질을 합성한다.
- 아미노산을 운반하는 tRNA는 클로버 모양의 RNA로 안티코돈(anticodon)을 갖고 있다.
- 합성의 시작은 메티오닌(Methionine)이 일반적이며, 합성을 끝내는 부분에서는 아미노산이 결합되지 않는 특정한 정지 신호를 가진 tRNA가 들어오면서 아미노산 중합 반응이 끝나게 된다.
- 합성된 단백질은 그 단백질이 갖는 특정한 신호에 의해 목적지로 이동하게 된다.

80 효모 생산(RNA)에서 지미성분의 생성방법
- 효모핵산을 5'-phosphodiesterase에 의하여 분해하는 방법
- 미생물의 RNA와 DNA를 자기분해하여 nucleoside와 nucleotide를 균체 밖으로 배출시키는 방법
- 화학적으로 핵산염기에서 미생물로 nucleoside를 생합성시키는 방법

식품안전기사 모의고사 문제 2

01	02	03	04	05	06	07	08	09	10
④	④	③	③	③	②	②	②	①	④
11	12	13	14	15	16	17	18	19	20
③	①	①	①	①	④	④	④	②	④
21	22	23	24	25	26	27	28	29	30
④	②	③	①	③	①	③	④	③	①
31	32	33	34	35	36	37	38	39	40
①	③	②	④	③	①	④	③	③	②
41	42	43	44	45	46	47	48	49	50
②	②	③	①	③	①	③	②	③	③
51	52	53	54	55	56	57	58	59	60
④	①	②	②	②	③	②	②	②	②
61	62	63	64	65	66	67	68	69	70
②	①	③	④	④	③	②	③	②	②
71	72	73	74	75	76	77	78	79	80
④	④	①	④	②	①	③	②	①	③

01 식품위생법 제70조의7(건강 위해가능 영양성분 관리) 제1항
국가 및 지방자치단체는 식품의 나트륨, 당류, 트랜스지방 등 영양성분(이하 "건강 위해가능 영양성분"이라 한다)의 과잉섭취로 인하여 국민 건강에 발생할 수 있는 위해를 예방하기 위하여 노력하여야 한다.

02 자가품질검사에 대한 기준
- 자가품질검사주기는 처음으로 제품을 제조한 날을 기준으로 산정한다[식품위생법 시행규칙 31조 별표12]
- 자가품질검사에 관한 기록서는 2년간 보관하여야 한다[식품위생법 시행규칙 31조 4항]

03 식품 및 축산물 안전관리인증기준 제14조(인증서의 반납)
㉠「식품위생법」제48조제8항 또는「축산물 위생관리법」제9조의4에 따라 안전관리인증기준(HACCP) 인증취소를 통보 받은 영업자 또는 영업소 폐쇄처분을 받거나 영업을 폐업한 영업자는 제11조제3항 또는 제12조제3항에 따라 발급된 안전관리인증기준(HACCP) 적용업소 인증서를 한국식품안전관리인증원장에게 지체 없이 반납하여야 한다.
㉡ 이하생략
  * [식품위생법 제48조제8항]
  - 식품안전관리인증기준을 지키지 아니한 경우
  - 거짓이나 그 밖의 부정한 방법으로 인증을 받은 경우
  - 제75조 또는「식품 등의 표시·광고에 관한 법률」제16조 제1항·제3항에 따라 영업정지 2개월 이상의 행정처분을 받은 경우
  - 영업자와 그 종업원이 제5항에 따른 교육훈련을 받지 아니한 경우
  - 그 밖에 제1호부터 제3호까지에 준하는 사항으로서 총리령으로 정하는 사항을 지키지 아니한 경우

04 식품공전 제2. 식품일반에 대한 공통기준 및 규격 3. 식품일반의 기준 및 규격 5) 오염물질 (3) 곰팡이독소 기준
• 총 아플라톡신(B_1, B_2, G_1 및 G_2의 합)

대상식품	기준(μg/kg)
곡류, 두류, 땅콩, 견과류	15.0 이하 (단, B_1은 10.0 이하)
곡류가공품 및 두류가공품	
장류 및 고춧가루 및 카레분	
육두구, 강황, 건조고추, 건조파프리카	
밀가루, 건조과일류	
영아용 조제식, 영·유아용 곡류조제식, 기타 영·유아식	- (B_1은 0.10 이하)

05 식품 및 축산물 안전관리인증기준 제5조(선행요건 관리)
• 영업장 관리
• 제조·가공시설·설비관리
• 냉장·냉동시설·설비관리
• 위생관리
• 용수관리
• 입고·보관·운송관리
• 검사관리
• 회수관리 프로그램 관리

06 식품 및 축산물 안전관리인증기준 제5조(선행요건 관리) [별표1] 용수관리
• 식품 제조·가공에 사용되거나, 식품에 접촉할 수 있는 시설·설비, 기구·용기, 종업원 등의 세척에 사용되는 용수는 다음 각호에 따른 검사를 실시하여야 한다.
  - 지하수를 사용하는 경우에는 먹는물 수질기준 전 항목에 대하여 연 1회 이상(음료류 등 직접 마시는 용도의 경우는 반기 1회 이상) 검사를 실시하여야 한다.
  - 먹는물 수질기준에 정해진 미생물학적 항목에 대한 검사를 월 1회 이상 실시하여야 하며, 미생물학적 항목에 대한 검사는 간이검사키트를 이용하여 자체적으로 실시할 수 있다.

07 HACCP 팀장의 역할
• HACCP 추진의 범위 통제
• HACCP 시스템의 계획과 이행 관리
• 팀 회의 조정 및 주제
• 시스템이 기준(Codex 지침)에 적합하고, 법적 요구를 충족하여 효과적인지를 결정
• 모든 문서의 기록을 유지 내부 감사 계획의 유지 및 이행

08 공정흐름도 작성
• 시설 도면, 공정 단계의 순서, 시간/온도의 조건, 통풍 및 공기의 흐름, 물 공급 및 배수, 칸막이, 장비의 형태, 용기의 흐름 및 세척/소독, 출입구, 손 소독, 발 소독조, 저장 및 분배 조건 등이 포함된다.

09 중요관리점(CCP)의 결정도
질문1 : 확인된 위해요소를 관리하기 위한 선행요건이 프로그램이 있으며 잘 관리되고 있는가?
• 예 → CP임
• 아니오 → 질문2
질문2 : 이 공정이나 이후 공정에서 확인된 위해의 관리를 위한 예방조치 방법이 있는가?
• 예 → 질문3
• 아니오 → 이 공정에서 안전성을 위한 관리가 필요한가?
→ 아니오 → CP임
질문3 : 이 공정은 이 위해의 발생가능성을 제거 또는 허용수준까지 감소시키는가?
• 예 → CCP
• 아니오 → 질문4
질문4 : 확인된 위해요소의 오염이 허용수준을 초과하여 발생할 수 있는가? 또는 오염이 허용할 수 없는 수준으로 증가할 수 있는가?
• 예 → 질문5
• 아니요 → CP임
질문5 : 이후의 공정에서 확인된 위해를 제거하거나 발생가능성을 허용수준까지 감소시킬 수 있는가?
• 예 → CP임
• 아니오 → CCP

10 모니터링(Monitoring)
① 모니터링(Monitoring) 담당자
제조현장의 종사자 또는 제조에 이용하는 기계기구의 조작 담당자
② 모니터링 담당자가 갖추어야 할 요건
• CCP의 모니터링 기술에 대하여 적절한 교육을 받아둘 것
• CCP 모니터링의 중요성에 대하여 충분히 이해하고 있을 것
• 모니터링을 하는 장소, 이용하는 기계기구에 쉽게 이동(접근)할 수 있을 것
• CL을 위반한 경우에는 신속히 그 내용을 신속히 보고하고 개선조치를 취하도록 할 것

11 HACCP 개선조치의 설정
• HACCP 시스템에는 중요관리점에서 모니터링의 측정치가 관리기준을 이탈한 것이 판명된 경우, 관리기준의 이탈에 의하여 영향을 받은 제품을 배제하고, 중요관리점에서 관리상태를 신속, 정확히 정상으로 원위치 시켜야 한다.
• 개선조치에는 다음의 것들이 있다.
  - 제조과정을 다시 관리 가능한 상태로 되돌림
  - 제조과정이 통제를 벗어났을 때 생산된 제품의 안전성에 대한 평가
  - 재 위반을 방지하기 위한 방법 결정

12 검증 활동
검증활동은 크게 ㉠ 기록의 확인 ㉡ 현장 확인 ㉢ 시험·검사로 구분할 수 있다.
㉠ 기록의 확인
- 현행 HACCP 계획, 이전 HACCP 검증보고서, 모니터링 활동, 개선조치사항 등의 기록 검토
- 모니터링 활동의 누락, 결과의 한계기준 이탈, 개선조치 적절성, 즉시 이행 및 유지에 대해 검토

㉡ 현장 확인
- 설정된 CCP의 유효성 확인
- 담당자의 CCP 운영, 한계기준, 모니터링 활동 및 기록관리 활동에 대한 이해 확인
- 한계기준 이탈 시 담당자가 취해야 할 조치사항에 대한 숙지 상태 확인

㉢ 시험·검사
- CCP가 적절히 관리되고 있는지 검증하기 위하여 주기적으로 시료를 채취하여 실험분석을 실시

13 황색포도상구균(Stapylococcus aureus)
- 그람 양성, 무포자 구균이고 통성혐기성 세균이다.
- coagulase 양성, mannitol 분해성, ribitol 양성, protein A 양성이다.
- Enterotoxin은 면역학적으로 형을 분류하면 A, B, C(C_1, C_2), D, E 형으로 나뉘나 모두 독작용을 나타낸다.

14 리스테리아균(Listeria monocytogenes)
- 그람음성, 무포자 간균이다.
- 감염원 및 감염경로는 소, 말, 양, 염소, 돼지 등의 가축이나 닭, 오리 등의 가금류에서도 널리 감염된다.
- 잠복기는 수일~수주이며 일반 세균성 식중독 보다 길다.
- 증상은 다양하며 수막염, 패혈증, 임신부는 자궁내막염을 일으킨다.

15 Botulinus(보툴리눔균) 식중독
① 원인균
- Clostridium botulinum이다.
- 그람양성 간균이고, 주모성 편모를 가지며 아포를 형성한다.
- A, B형 균의 아포는 내열성이 강해 100℃에서 6시간 정도 가열해야 파괴되고, E형 균의 아포는 100℃에서 5분 가열로 파괴된다.

② 독소 : neurotoxin(신경독소)으로 특징은 열에 약하여 80℃에서 30분간이면 파괴된다.

③ 감염원
- 토양, 하천, 호수, 바다흙, 동물의 분변
- A~F형 중에서 A, B, E형이 사람에게 중독을 일으킨다.

④ 원인식품 : 강낭콩, 옥수수, 시금치, 육류 및 육제품, 앵두, 배, 오리, 칠면조, 어류훈제 등

*세균성 식중독 중에서 가장 치명률이 높다.

16 수은에 의한 중독 사고
- 일본 미나마타에서 1952년에 발생한 중독사고이다.
- 하천 상류에 위치한 신일본 질소주식회사에서 방류하는 폐수에 수은이 함유되어 해수를 오염한 결과 메틸수은으로 오염된 어패류를 먹은 주민들에게 심한 수은 축적성 중독을 일으킨 예이다.

17 피마자류의 독성분
- 피마자 종자 중에는 alkaloid 계통인 ricinine와 유독한 단백체인 ricin이 함유되어 있다.

*Gossypol은 면실유의 독성분이다.

18 물질의 독성시험
- 아급성독성시험 : 생쥐나 쥐를 이용하여 치사량(LD_{50}) 이하의 여러 용량을 단시간 투여한 후 생체에 미치는 작용을 관찰한다. 시험기간은 1~3개월 정도이다.
- 급성독성시험 : 생쥐나 쥐 등을 이용하여 검체의 투여량을 저농도에서 일정한 간격으로 고농도까지 1회 투여 후 7~14일간 관찰하여 치사량(LD_{50})의 측정이나 급성 중독증상을 관찰한다.
- 만성 독성시험 : 비교적 소량의 검체를 장기간 계속 투여한 그 영향을 관찰하고 검체의 축적 독성이 문제가 되는 경우이나, 첨가물과 같이 식품으로서 매일 섭취 가능성이 있을 경우의 독성 평가를 위하여 실시하며, 시험기간은 1~2년 정도이다.

19 관능검사 중 묘사분석
- 정의 : 식품의 맛, 냄새, 텍스쳐, 점도, 색과 겉모양, 소리 등의 관능적 특성을 느끼게 되는 순서에 따라 평가하게 하는 것으로 특성별 묘사와 강도를 총괄적으로 검토하게 하는 방법이다.
- 묘사분석에 사용하는 방법
  - 향미 프로필(flavor profile)
  - 텍스처 프로필(texture profile)
  - 정량적 묘사분석(quantitative descriptive analysis)
  - 스펙트럼 묘사분석(spectrum descriptive analysis)
  - 시간-강도 묘사분석(time-intensity descriptive analysis)

20 세균수의 기재보고
- 표준평판법에 있어서 검체 1㎖ 중의 세균수를 기재 또는 보고할 경우에 그것이 어떤 제한된 것에서 발육한 집락을 측정한 수인 것을 명확히 하기 위하여 1평판에 있어서의 집락수는 상당 희석배수로 곱하고 그 수치가 표준평판법에 있어서 1㎖ 중(1g 중)의 세균수 몇 개라고 기재보고하며 동시에 배양온도를 기록한다.
- 이 산출법에 의하지 않을 때에는 "표준"이란 문자를 사용해서는 아니 된다.
- 숫자는 높은 단위로부터 3단계를 4사5입하여 유효숫자를 2단계로 끊어 이하를 0으로 한다.

21 유리수의 특징
- 식품을 건조시키면 쉽게 제거된다.
- 미생물 번식에 이용된다.,
- 0℃ 이하에서 잘 얼게 되는 보통 형태의 물을 말한다.
- 식품 중에서 당류, 염류, 수용성 단백질 등을 용해하는 용매로서 작용한다.

22
- 염장멸치 : Aw 0.6 이하
- 어육소시지와 베이컨 : 0.9 이상
- 신선한 어패류 : 0.98~0.99

23 Inositol
- 비타민의 일종이며 근육당이라고 불린다.
- 과실류, 식물조직, 동물의 근육조직에 존재하는 환상 당알코올이다.

24 호화(gelatinization)
- 전분을 물 속에서 가열하면 수소 결합이 절단되어 micelles이 붕괴되고, 전분입자가 팽윤되어 점도가 매우 큰 투명한 colloid 용액으로 된다. 이와 같은 전분입자의 변화를 호화라고 한다.

25 스테롤(sterol)의 종류
- 동물성 sterol : cholesterol, coprosterol, 7-dehydrocholesterol, lanosterol 등
- 식물성 sterol : sitosterol, stigma sterol, dihydrositosterol 등
- 효모가 생산하는 sterol : ergosterol

26 지방 산패 촉진인자
- 온도, 금속, 광선, 산소분압, 수분, heme 화합물, chlorophyll 등의 감광물질 등
* 지방산패 억제 항산화제 : sesamol, gossypol, lecithin, tocopherol(Vit. E) 등

27 알라닌(alanine)
- 물에 잘 녹으나 알코올에는 잘 녹지 않으며 ether에는 녹지 않고 견사나 gelatin을 알칼리 가수 분해하여 얻는다.
- 감미성이 있는 아미노산은 alanine, glycine, proline, lysine이 있다.

28 단백질의 열 변성에 영향을 주는 요인(온도, 수분, 전해질, pH 등)
- 온도는 60~70°C가 최적이다.
- 수분이 많으면 낮은 온도에서 열 변성이 일어나고 적으면 높은 온도에서 응고된다.
- 염화물, 황산염, 인산염, 젖산염 등의 전해질이 있으면 변성 온도가 낮아질 뿐 아니라 변성 속도가 가속된다.
- 단백질의 등전점에서 가장 잘 응고된다.

29 Collagen의 구성성분
- collagen은 glycine, proline과 기타 아미노산으로 구성되어 있다.
- 기타 아미노산은 alanine, leucine, valine, phenylalanine, lysine, methionine, serine, cystine 등이다.

30 세포 내액과 외액에 존재하는 K, Na의 역할
- 주로 체액의 산·알칼리 평형과 세포의 삼투압 조절을 하며, 근육의 수축과 신경의 자극전달 및 신경의 흥분을 억제하는 무기물은 K, Na 이다.
- K는 세포 내액 중에 그리고 Na는 세포 외액에 염화물, 인산염, 탄산염으로 존재한다.

31 total vitamin A (R.E.)
= retinol(μg) + β-carotene(μg)/6 + 기타 pro-vitamin(μg)/12 = 30 + 60/6 + 120/12 = 50

32 양파를 삶을 때 나는 단맛 성분
- 파나 양파를 삶을 때 매운맛 성분인 diallyl sulfide나 diallyl disulfide가 단맛이 나는 methylmercaptan이나 propylmercaptan으로 변하기 때문에 단맛이 증가한다.

33 양파의 최루성분은 l-propenyl sulfenic acid가 이성화된 thiopropanal-s-oxide으로 이물질은 쉽게 분해가 일어나서 2-methyl-2-pentenal을 생성한다.

34 chlorophyll은 산에 불안정한 화합물이며 산으로 처리하면 porphyrin에 결합하고 있는 Mg^{2+}이 H^+로 치환되어 갈색의 pheophytin을 형성한다.

35 Strecker 분해반응
- α-dicabonyl 화합물과 α-아미노산과의 산화적 분해반응이다.
- 이때 아미노산은 탈탄산 및 탈아미노 반응이 일어나 탄소수가 하나 적은 aldehyde와 이산화탄소가 생성된다.

36 HLB(hydrophilic-lipophilic balance)
- 유화제는 분자 내에 친수성기와 친유성기를 가지고 있으므로 이들 기의 범위 차에 따라 친수성 유화제와 친유성 유화제로 구분하고 있으며 이것을 편의상 수치로 나타낸 것이다.
- HLB가 다른 유화제를 서로 혼합하여 자기가 원하는 적당한 HLB를 가진 것을 만들 수 있다.
- 즉 HLB가 15와 4.3인 유화제를 혼합하여 HLB가 10인 유화제 혼합물을 만들려고 할때 다음 식에 의하여 구한다.

$$10 = \frac{15x + 4.3(100-x)}{100}$$

- 여기서 x=53.3가 되므로, HLB 15의 것을 53.3%, HLB가 4.3인 것을 46.7% 혼합하면 된다.

37 식육 중 다이옥신 허용기준[식품공전]
- 소고기 : 4.0 pg TEQ/g fat 이하
- 돼지고기 : 2.0 pg TEQ/g fat 이하
- 닭고기 : 3.0 pg TEQ/g fat 이하

38 식품 오염에 문제가 되는 방사선 물질
- 생성률이 비교적 크고 반감기가 긴 것 : Sr-90(28.8년), Cs-137(30.17년) 등
- 생성률이 비교적 크고 반감기가 짧은 것 : I-131(8일), Ru-106(1년) 등
* C에서 문제되는 핵종은 C-12가 아니고 C-14이다.

39 보존료의 구비조건
① 미생물의 발육 저지력이 강할 것
② 지속적이어서 미량의 첨가로 유효할 것
③ 식품에 악영향을 주지 않을 것
④ 무색, 무미, 무취일 것

⑤ 산이나 알칼리에 안정할 것
⑥ 사용이 간편하고 값이 저렴할 것
⑦ 인체에 무해하고 독성이 없을 것
⑧ 장기적으로 사용해도 해가 없을 것

40 산미료(acidulant)
- 식품을 가공하거나 조리할 때 적당한 신맛을 주어 미각에 청량감과 상쾌한 자극을 주는 식품첨가물이며, 소화액의 분비나 식욕 증진효과도 있다.
- 산미료는 보존료의 효과를 조장하고, 향료나 유지 등의 산화방지에 기여한다.
- acetic acid, citric acid, malic acid, succinic acid, lactic acid, tartaric acid, fumaric acid 등의 유기산이다.
- HCl, HNO_3, H_2SO_4 등의 무기산은 맹독성으로 산미료로 사용되지 않는다.

41 현미의 도정
- 현미는 최외각 층에 과피가 있고, 그 내부에 종피, 외배유, 내배유가 있는데 외피에 지방, 단백질, 비타민 등이 함유되어 있다.
- 특히 지방이 많이 함유되어 있어서 도정률이 높아지면 그만큼 지방이 많이 떨어져 나간다.

42 밀가루 반죽에 비타민 C를 사용하는 이유
- 비타민C는 밀가루 반죽의 개량제로서 숙성 중 글루텐의 S-S결합으로 반죽의 힘을 강하게 하여 가스 보유력을 증가시키는 역할을 해 오븐팽창을 양호하게 한다.

43 전분제조 시 석회처리
- 고구마를 마쇄할 때 폴리페놀 성분의 일부가 액 속에 녹아서 산화중합이 일어나 멜라닌 색소가 형성되어 착색된다.
- 전분 제조 시 마쇄액에 0.5% 석회수를 사용하여 pH를 5.5~6.5로 조절하면 polyphenol의 흡착을 억제하여 전분의 백도가 높아지는데 보통 6% 정도 높아진다.
- 또한 펙틴산 석회염을 형성하고 전분박의 교질을 파괴하여 전분수율(10~20% 향상)을 좋게 하고 단백질의 혼입을 막아 순도를 높이게 된다.

44 두미 제조
- 증자 솥 또는 증기 취입식 탱크 솥에서 가열하여 단백질을 용출시킨다.
- 가열 시간은 보통 10~15분 길어야 30분 정도이다.
- 마지막으로 생콩에 대하여 무게로 약 10배 물을 첨가하는 것이 좋다.

45 간장의 달이기
- 농축살균과 후숙 효과를 얻기 위해서이다.
- 우수 간장은 70℃, 보통 간장은 80℃ 이상에서 달인다.
- 간장을 달이는 주요목적
  - 미생물의 살균 및 효소 파괴
  - 단백질의 응고로서 생성된 앙금 제거
  - 향미(aldehyde, acetal 생성) 부여
  - 갈색을 더욱 짙게 함

46 과일의 데치기 목적
- 부피감소, 박피용이
- 기포제거, 변색 및 변질방지
- 이미·이취 제거
- 산화효소의 불활성화
- 외관, 맛 변화 방지
- 통·병조림 후 용액이 조여지는 것 방지, 등

47 토마토케첩이 검게 변하는 이유
- 케첩 제조 시 향신료 등의 첨가물이 들어갔을 때 철 및 구리와 접촉하게 되면 그 속에 들어 있는 탄닌(tannin)이 탄닌철로 변화하여 흑색이 되어 제품의 색깔을 나쁘게 한다.
- 케첩을 담는 용기로 철과 구리는 절대로 피해야 함은 물론 또 장시간 가열하면 리코펜(lycopene)도 갈색으로 변하게 되므로 가열에도 주의하여야 한다.

48 우유류 규격(식품공전, 2024년 11월 현재)
- 산도(%) : 0.18 이하(젖산으로서)
- 유지방(%) : 3.0 이상(다만, 저지방제품은 0.6~2.6, 무지방제품은 0.5 이하)
- 세균수 : n=5, c=2, m=10,000, M=50,000
- 대장균군 : n=5, c=2, m=0, M=10(멸균제품은 제외한다.)
- 포스파타제 : 음성이어야 한다(저온장시간 살균제품, 고온단시간 살균제품에 한)
- 살모넬라 : n=5, c=0, m=0/25g
- 리스테리아 모노사이토제네스 : n=5, c=0, m=0/25g
- 황색포도상구균 : n=5, c=0, m=0/25g

49 자연치즈의 숙성도
- 우유의 주요 단백질인 카제인은 Ca-caseinate의 형태로 존재하는 데 레닌에 의하여 dicalciumparacaseinate으로 분해되어 치즈가 만들어진다.
- 불용성인 디칼슘파라카제인은 치즈의 숙성이 진행됨에 따라 수용성으로 변하며, 그 비율이 점차 증가됨으로 수용성 질소화합물의 양은 치즈의 숙성도를 나타낸다.

50 사후근육의 pH가 증가함에 따라 보수력이 증가하지만 미생물의 생육, 증식의 억제효과는 떨어진다.

51 육색고정제(발색제)
- $NaNO_3$, $NaNO_2$, KNO_3, KNO_2를 주로 사용하며 육색고정 보조제로는 ascorbic acid가 있다.
- 육색소를 고정시켜 고기 육색을 그대로 유지하는 것이 주목적이고 또한 풍미를 좋게 하고, 식중독 세균인 *Clostridium botulium*의 성장을 억제하는 역할을 한다.

52 건조란 제조 시 탈당처리
- 계란의 난황에 0.2%, 난백에 0.4%, 전란 중에 0.3% 정도의 유리 글루코오스가 존재하며 분무건조 과정에 이 유리 글루코스가 아미노기와 반응하여 maillard 반응이 나타난다.
- 이 반응 결과 건조란은 갈변, 불쾌취, 불용화 현상이 일어나 품질저하를 일으키기 때문에 탈당처리가 필요하다.
- 탈당처리 방법에는 자연발효에 의한 방법, 효모에 의한 방

법, 효소에 의한 방법 등이 있다.

53 탈납처리(winterization)
- salad oil 제조 시에만 실시한다.
- 기름이 냉각 시 고체지방으로 생성이 되는 것을 방지하기 위하여 탈취하기 전에 고체 지방을 제거하는 공정이다.
- dewaxing이라고도 한다.
- 주로 면실유에 사용되며, 면실유는 낮은 온도에 두면 고체 지방이 생겨 사용할 때 외관상 좋지 않으므로 이 작업을 꼭 거친다.

54 1,000×(80−10)×3.90=273,000kg/h

55 D값 : 균을 90% 사멸시키는 데 걸리는 시간, 균수를 1/10로 줄이는 데 걸리는 시간

포자 초기농도(N_0)를 1이라하면 99.999%를 사멸시켰으므로 열처리 후의 생균의 농도(N)는 $0.00001 N_0$이다(100−99.999 = 0.001%, 0.001/100 = 0.00001).

$$D_{121.1} = \frac{t}{\log(N_0/N)} = \frac{1.2}{\log(N_0/0.00001 N_0)} = \frac{1.2}{5} =$$

0.24분 (t : 가열 시간, N_0 : 처음 균수, N : t시간 후 균수)

56 최대 얼음 결정생성대
- 일반적으로 −1 ~ −5℃의 범위이다.
- 짧은 시간(보통 30분까지)에 최대 얼음 결정생성대를 통과하게 하는 냉동법을 급속냉동이라 하고 그 이상의 시간이 걸리는 냉동법을 완만동결이라고 한다.
- 동결 속도는 식품 내에 생기는 얼음결정의 크기와 모양에 영향을 준다.
- 완만동결을 하면 굵은 얼음결정이 세포 사이사이에 소수 생기게 되지만 급속동결을 하면 미세한 얼음결정이 세포내에 다수 생기게 된다.
- 완만동결을 하면 세포벽이 파손되어 해동 시 얼음이 녹는 물과 세포 내용물이 밖으로 흘러나오게 되어 식품은 원상태로 되돌아가지 못한다.

57 동결건조(Freeze-Drying)
- 식품을 동결시킨 다음 높은 진공장치 내에서 액체상태를 거치지 않고 기체상태의 증기로 승화시켜 건조하는 방법이다.
- 일반의 건조방법에서 보다 훨씬 고품질의 제품을 얻을 수 있다.
- 동결된 상태에서 승화에 의하여 수분이 제거되기 때문에 건조된 제품은 가벼운 형태의 다공성 구조를 가지며, 원래 상태를 유지하고 있어 물을 가하면 급속히 복원이 될 뿐 아니라 비교적 낮은 온도에서 건조가 일어나므로 열적 변성이 적고, 향기성분의 손실이 적은 장점이 있다.

58 한외여과(ultrafiltration)
- 정밀여과와 역삼투의 중간에 위치하는 것으로 고분자 용액으로부터 저분자 물질을 제거한다는 점에서 투석법과 유사하다.
- 한편 물질의 분리에 농도차가 아닌 압력차를 이용한다는 점에서는 역삼투압과 근본적으로 동일하다.
- 역삼투압은 고압을 이용하며 염류 및 고분자 물질 모두를 배제시킬 수 있다. 반면에 한외여과는 저압을 이용하여, 염류와 같은 저분자 물질은 막을 투과시키지만 단백질과 같은 고분자 물질은 투과시키지 못한다.
- 한외여과는 고분자 물질을 각각 저·중·고분자 물질로 분리시킬 수 있는 특징을 지니고 있다.

59 디스크 밀(disc mill)
- 디스크 밀은 분쇄시료를 좁은 간격에 투입되면 디스크가 회전할 때 생기는 마찰력과 전단력에 의해 분쇄된다.

60 폴리에틸렌(polyethylene)의 특성
- 탄성이 크다.
- 반투명이며 가볍고 강하다.
- 인쇄 적성이 불량하다.
- 방습성이 좋다.
- gas 투과성이 크다.
- 저온과 유기약품에 안정하다.
- 내유성이 불량하다.
- 열접착성이 우수하다.

61 원핵세포의 특징
- 핵막, 인, 미토콘드리아가 없다.
- mesosome에 호흡효소를 가지고 있다.
- 세포벽은 mucocomplex로 되어 있다.

62 *Bacillus*(고초균)
- 단백질 분해력이 강하며 단백질 식품에 침입하여 산 또는 가스를 생성한다.
- *Bacillus subtilis*은 밥, 빵 등을 부패시키고 끈적끈적한 점질물질을 생산한다.

63 *Aspergillus niger*(흑국균)
- 구연산을 비롯해 글루콘산, 옥살산, 호박산 등 유기산 제조에 이용된다.
- pectinase를 분비하므로 과즙 청징제 생산에 이용되는 흑국균이다.
- 분비 효소는 α-amylase, glucoamylase, invertase, pectinase이다. 생육적온은 35~37℃이다.

64 *Candida tropicalis*
- 세포가 크고, 짧은 난형으로 위균사를 잘 형성한다.
- 이들은 자일로스(Xylose)를 잘 동화하므로 사료 효모로 사용된다.
- 탄화수소 자화성이 강하여, 균체 단백질 제조용 석유 효모로서 사용되고 있다.

65 홍조류(red algae)
- 엽록체를 갖고 있어 광합성을 하는 독립영양생물이다.
- 거의 대부분의 식물이 열대, 아열대 해안 근처에서 다른 식물체에 달라붙은 채로 발견된다.
- 세포막은 주로 셀룰로오스와 펙틴으로 구성되어 있으나 칼슘을 침착시키는 것도 있다.

- 홍조류가 빨간색이나 파란색을 띠는 것은 홍조소 (phycoerythrin)와 남조소(phycocyanin)라는 2가지의 피코빌린 색소들이 엽록소를 둘러싸고 있기 때문이다.
- 김, 우무가사리 등이 홍조류에 속한다.

66 바이러스
- 동식물의 세포나 세균세포에 기생하여 증식한다.
- 광학현미경으로 볼 수 없는 직경 0.5μ 정도로 대단히 작은 초여과성 미생물이다.
- 바이러스 증식과정 : 부착(attachment)→주입(injection)→핵산복제(nucleic acid replication)→단백질 외투의 합성(synthesis of protein coats)→조립(assembly)→방출(release) 순이다.

67 총 균수 = 초기균수 × $2^{세대시간(G)}$

세대시간(G) = $\frac{\text{분열에 소요되는 총 시간(t)}}{\text{분열의 세대(n)}}$

30분씩 3시간(180분)이면

세대시간(G) = $\frac{180}{30}$ = 6

∴ 1(초기균수)×2^6=64

68 일반적으로 세균, 곰팡이, 효모의 많은 것들은 비타민류의 합성 능력을 가지고 있다. 유산균류는 비타민 B군을 요구한다.
* 유산균이 요구하는 비타민류
  - vit. B_1 : L. fermentii
  - vit. B_2 : L. casei, L. lactis
  - vit. B_6 : L. casei, Str. faecalis
  - vit. B_{12} : L. leichmanii, L. lactis
  - biotin : Leuc. mesenteroides
  - folic acid : L. casei

69 균주의 보존법
- 계대배양 보존법
- 유동파라핀 중층 보존법
- 동결보존법
  - 냉동고 : 최고 -20℃, 최저 -80℃,
  - 드라이아이스 : 액상, -70℃),
  - 액체질소 : 액상-196℃, 기상 : -150~170℃
- 동결건조 보존법
- 건조법

70 세포융합(cell fusion, protoplast fusion)
- 서로 다른 형질을 가진 두 세포를 융합하여 두 세포의 좋은 형질을 모두 가진 새로운 우량형질의 잡종세포를 만드는 기술이다.
- 세포융합 과정
  ① 세포의 protoplast화 또는 spheroplast화
  ② protoplast의 융합
  ③ 융합체(fusant)의 재생(regeneration)
  ④ 재조합체의 선택, 분리

71 생산물의 생성 유형
- 증식 관련형 : 에너지대사 기질의 1차대사경로(분해경로)
  - 균체생산(SCP 등), 에탄올 발효, 글루콘산 발효 등
- 중간형 : 에너지대사 기질로부터 1차대사와는 다른 경로로 생성(합성경로)
  - 유기산, 아미노산, 핵산관련물질
- 증식 비관련형 : 균의 증식이 끝난 후 산물의 생성
  - 항생물질, 비타민, glucoamylase 등

72 후발효의 목적
- 발효성의 엑기스 분을 완전히 발효시킨다.
- 발생한 CO_2를 저온에서 적당한 압력으로 필요량만 맥주에 녹인다.
- 숙성되지 않는 맥주 특유의 미숙한 향기나 용존되어 있는 다른 gas를 CO_2와 함께 방출시킨다.
- 효모나 석출물의 침전분리 : 맥주의 여과가 용이하다.
- 거친 고미가 있는 hop 수지의 일부 석출 분리 : 세련, 조화된 향미로 만든다.
- 맥주의 혼탁 원인물질을 석출·분리한다.

73 포도주 제조 중 아황산 첨가
- 포도 과피에는 포도주 효모 이외에 야생효모, 곰팡이, 유해세균(초산균, 젖산균)이 부착되어 있으므로 과즙을 그대로 발효하면 주질이 나빠질 수 있다.
- 으깨기 공정에서 아황산을 가하여 유해균을 살균시키거나 증식을 저지시킨다.
- 아황산을 첨가하는 목적
  - 유해균의 사멸 또는 증식 억제
  - 술덧의 pH를 내려 산소를 높임
  - 과피나 종자의 성분을 용출시킴
  - 안토시안(anthocyan)계 적색색소의 안정화
  - 주석의 용해도를 높여 석출 촉진
  - 산화를 방지하여 적색색소의 산화, 퇴색, 침전을 막고, 백포도주에서의 산화 효소에 의한 갈변 방지
- 아황산에는 아황산나트륨, 아황산칼륨, 메타중아황산칼륨($K_2S_2O_5$) 등이 있다.

74 $C_2H_5OH + O_2 \rightarrow CH_3COOH + H_2O$의 식에서 C_2H_5OH의 분자량 46, CH_3COOH의 분자량 60이므로
46 : 60 = 200 : X
X = 260.9g

75 설명
- Hilderbrandt-Erb 법(Two stage 법)은 효모의 증식에 소비되는 발효성 당의 손실을 방지하고 폐액의 BOD를 떨어뜨릴 수 있어서 폐액의 처리가 문제되는 공장에서는 유리한 방법이다.
- Urises de Melle법(Reuse법)은 발효가 끝난 후 효모균을 분리하여 그대로 다음 발효에 재차 사용하여 효모증식에서 오는 당의 소비를 절약하는 방법이다.

76 Michaelis 상수 Km
- 반응속도 최대 값의 1/2일 때의 기질농도와 같다.
- Km은 효소-기질 복합체의 해리상수이기 때문에 Km값이 작을 때에는 기질과 효소의 친화성이 크며, 역으로 클 때는 작다.
- Km값은 효소의 고유 값으로서 그 특성을 아는데 중요한 상수이다.

77 TCA cycle(호기적 해당과정)
- 해당과정에서 생성된 pyruvic acid는 미토콘드리아로 운반되어 거기서 이산화탄소와 물로 완전히 분해된다.
- pyruvic acid는 탈 탄산되어 acetyl CoA로 전환되어 oxaloacetic acid와 작용해서 citric acid를 생성함으로 써 진행된다.

78 지방산 생합성
- 간과 지방조직의 세포질에서 일어나며 말로닐-ACP(malonyl-ACP)를 통해 지방산 사슬이 2개씩 연장되는 과정이다.
- 지방산 생합성 중간체는 ACP(Acyl Carrier Protein)에 결합되며 속도 조절단계는 acetyl-CoA carboxylase가 관여한다.

79 단백질 생합성에서 첫 단계 반응
- N-말단 쪽에서 C-말단 쪽으로 아미노산이 순차적으로 결합함으로써 진행된다.
- 이 때 아미노산은 tRNA의 3'-OH 말단에 카르복시기가 결합한 aminoacyl-tRNA의 형태로 활성화되어 단백질 생합성 장소인 ribosome으로 운반된다.

80 Pyrimidine의 생합성
- Pyrimidine체의 골격 원자단은 NH_3, CO_2, aspartic acid 등의 저분자 화합물이다.
- 먼저 CO_2와 NH_3로부터 carboxyl phosphate를 생성하고, 이것은 다시 aspartate와 축합한 다음 또 폐환, 산화 등의 과정을 거쳐 uracil이 생성된다.

식품안전기사 모의고사 문제 3

01	02	03	04	05	06	07	08	09	10
①	②	④	②	①	③	②	①	②	①
11	12	13	14	15	16	17	18	19	20
②	④	②	②	②	②	②	④	③	③
21	22	23	24	25	26	27	28	29	30
②	②	④	④	④	①	②	②	④	③
31	32	33	34	35	36	37	38	39	40
③	①	②	②	③	②	③	②	①	④
41	42	43	44	45	46	47	48	49	50
①	③	①	④	①	①	②	③	②	④
51	52	53	54	55	56	57	58	59	60
①	③	①	①	①	③	①	④	④	④
61	62	63	64	65	66	67	68	69	70
③	②	②	②	④	②	①	②	②	③
71	72	73	74	75	76	77	78	79	80
②	④	①	①	③	④	②	④	①	①

01 식품위생법 제2조(정의)
"집단급식소"란 영리를 목적으로 하지 아니하면서 특정 다수인에게 계속하여 음식물을 공급하는 곳의 급식시설로서 대통령령으로 정하는 시설(1회 50명 이상에게 식사를 제공하는 급식소)을 말한다.

02 식품위생법 시행령 제21조(영업의 종류)
식품접객업 영업형태 비교

업종	주 영업형태	부수적 영업형태
휴게음식점영업	음식류 조리·판매	- 음주행위금지
일반음식점영업	음식류 조리·판매	- 식사와 함께 부수적인 음주행위 허용
단란주점영업	주류 조리·판매	- 손님 노래허용
유흥주점영업	주류 조리·판매	- 유흥접객원, 유흥시설 설치 허용 - 공연 및 음주가무 허용
위탁급식영업	음식류 조리·판매	- 음주행위 금지
제과점영업	음식류 조리·판매	- 음주행위 금지

03 식품등의 표시기준 Ⅲ. 개별표시사항 및 표시기준
① 즉석식품류 : 소비기한(즉석섭취식품 중 도시락, 김밥, 햄버거, 샌드위치, 초밥은 제조연월일 및 소비기한, 제조연월일 표시는 제조일과 제조시간을 함께 표시하여야 한다.
② 음료류 : 소비기한[고체식품(다류 및 커피에 한함) 및 멸균한 액상제품은 소비기한 또는 품질유지기한, 침출차 중 발효과정을 거치는 차의 경우 소비기한 또는 제조연월일로 표시할 수 있다.

③ 빙과류 : 소비기한(아이스크림류, 빙과, 식용얼음은 제조
  연월일, 단, 아이스크림류, 빙과는 "제조연월"만을 표시
  할 수 있다).
⑤ 주류 : 제조연월일(탁주 및 약주는 소비기한, 맥주는 소비기
  한 또는 품질유지기한). 다만, 제조번호 또는 병입연월일을
  표시한 경우에는 제조일자를 생략할 수 있다.

04 식품 및 축산물 안전관리인증기준 제20조(교육훈련)
① 안전관리인증기준(HACCP) 적용업소 영업자 및 종업원이
   받아야 하는 신규교육훈련시간은 다음 각 호와 같다. 다만,
   영업자가 안전관리인증기준(HACCP) 팀장 교육을 받은 경
   우에는 영업자 교육을 받은 것으로 본다.
㉠ 식품
  • 영업자 교육 훈련 : 2시간
  • 안전관리인증기준(HACCP) 팀장 교육 훈련 : 16시간
  • 안전관리인증기준(HACCP) 팀원, 기타 종업원 교육 훈
    련 : 4시간
㉡ 축산물
  • 영업자 및 농업인 : 4시간 이상
  • 종업원 : 24시간 이상

05 기구 및 용기·포장 공전 Ⅱ. 공통기준 및 규격
• 전분, 글리세린, 왁스 등 식용물질이 식품과 접촉하는 면
  에 접착되어 있는 용기포장에 대해서는 총 용출량의 규격
  적용을 아니 할 수 있다.
• 기구 및 용기·포장의 식품과 접촉하는 부분에 사용하는
  도금용 주석은 납을 0.1% 이상 함유하여서는 아니 된다.
• 식품의 용기·포장을 회수하여 재사용하고자 할 때에는
  「먹는 물 관리법」의 수질기준에 적합한 물, 「위생용품관리
  법」에 따른 세척제 등으로 깨끗이 세척하여 일체의 불순물
  등이 잔류하지 아니하였음을 확인한 후 사용하여야 한다.
• 검체 채취 시 상자 등에 넣어 유통되는 기구 및 용기포장은
  가능한 한 개봉하지 않고 그대로 채취한다.

06 식품공장의 배수구
• 배수구는 측벽으로부터 15㎝ 떨어진 곳에 벽과 평행하게
  설치하고 실외 배수구와 통하는 곳은 금속망 등을 설치하
  여 쥐가 하수구를 통하여 침입하지 못하도록 방서에 신경
  쓴다.

07 식품 및 축산물 안전관리인증기준 제5조(선행요건 관리)
[별표1] 영업장 관리
• 작업장은 배수가 잘 되어야 하고 배수로에 퇴적물이 쌓이
  지 아니 하여야 하며, 배수구, 배수관 등은 역류가 되지 아
  니 하도록 관리하여야 한다.

08 HACCP의 7원칙 및 12절차
• 준비단계 5절차
 -절차 1 : HACCP팀 구성
 -절차 2 : 제품설명서 작성
 -절차 3 : 용도 확인
 -절차 4 : 공정흐름도 작성
 -절차 5 : 공정흐름도 현장확인
• HACCP 7원칙
 -절차 6(원칙 1) : 위해요소 분석(HA)
 -절차 7(원칙 2) : 중요관리점(CCP) 결정
 -절차 8(원칙 3) : 한계기준(Critical Limit; CL) 설정
 -절차 9(원칙 4) : 모니터링 체계 확립
 -절차 10(원칙 5) : 개선조치방법 수립
 -절차 11(원칙 6) : 검증절차 및 방법 수립
 -절차 12(원칙 7) : 문서화 및 기록유지

09 제품설명서 작성 내용
• 제품명, 제품유형 및 성상, 품목제조보고연월일, 작성자 및
  작성연월일, 성분(또는 식자재)배합비율 및 제조(또는 조리)
  방법, 제조(포장)단위, 완제품의 규격, 보관·유통(또는 배
  식)상의 주의사항, 포장방법 및 재질, 표시사항, 기타 필요
  한 사항이 포함되도록 작성한다.

10 HACCP관리에서 미생물학적 위해분석을 수행할 경우 평가사항
• 위해의 중요도 평가
• 위해의 위험도 평가
• 위해의 원인분석 및 확정 등

11 CCP 결정도

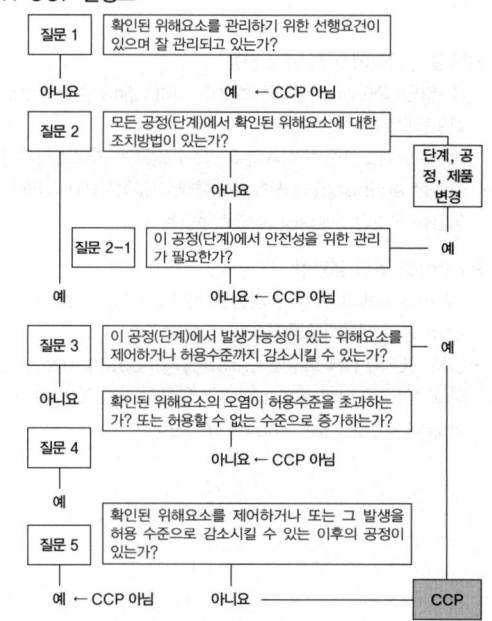

12 HACCP 개선조치의 설정
• HACCP 시스템에는 중요관리점에서 모니터링의 측정치
  가 관리기준을 이탈한 것이 판명된 경우, 관리기준의 이탈
  에 의하여 영향을 받은 제품을 배제하고, 중요관리점에서
  관리상태를 신속, 정확히 정상으로 원위치 시켜야 한다.
• 개선조치에는 다음의 것들이 있다.
 -제조과정을 다시 관리 가능한 상태로 되돌림
 -제조과정이 통제를 벗어났을 때 생산된 제품의 안전성에
  대한 평가
 -재 위반을 방지하기 위한 방법 결정

13 검증주기에 따른 분류
- 최초검증 : HACCP 계획을 수립하여 최초로 현장에 적용할 때 실시하는 HACCP 계획의 유효성 평가(Validation)
- 일상검증 : 일상적으로 발생되는 HACCP 기록문서 등에 대하여 검토·확인하는 것
- 특별검증 : 새로운 위해정보가 발생시, 해당식품의 특성 변경 시, 원료·제조공정 등이 변동 시, HACCP 계획이 문제점 발생 시 실시하는 검증
- 정기검증 : 정기적으로 HACCP 시스템의 적절성을 재평가 하는 검증

14 포도상구균(Staphylococcus aureus)
- 균체 독소인 장독소(enterotoxin)를 생성한다.
- 열에 약하지만 장독소는 내열성이 강하다.
- 120°C에서 20분간 가열해도 독성을 잃지 않으며, 220~250°C에서 30분간 가열하면 비로서 활성을 잃는다.
- enterotoxin이 생성 되었을 경우 일반적인 조리방법으로는 이 독소는 파괴되지 않는다.

15 살모넬라 식중독의 특징
- Salmonella균은 동물계에 널리 분포하며 무포자 그람음성 간균이고 편모가 있다.
- 호기성, 통성 혐기성균으로 최적 온도는 37°C, 최적 pH는 7~8이다.
- Salmonella균은 열에 약하므로 60°C에서 20분 가열하면 사멸된다.
- 주요증상은 오심, 구토, 설사, 복통, 발열(38~40°C) 등이며
- 잠복기간은 12~24시간이다.

16 Cl. botulinum은 살균이 불충분한 통조림, 병조림, 진공포장식품 등의 혐기적 조건에서 잘 번식하고, 독소를 생성한다.

17 식물성 식중독
- 청매 – 아미그달린(amygdaline)
- 감자 – solanine(발아, 녹색부위), sepsine (부패감자)
- 독미나리 – cicutoxin,
- 피마자 – ricin, ricinin
- 목화씨 – 고시폴(gossypol)
- 옻나무 – 우루시올(urushiol)

18 아플라톡신(aflatoxin)
- Asp. flavus가 생성하는 대사산물이다.
- 기질의 생육조건은 탄수화물이 풍부하고, 수분이 16%이상, 상대습도 80~85%이상, 최적온도 30°C이다.
- 땅콩, 밀, 쌀, 보리, 옥수수 등의 곡류에 오염되기 쉽다.
- 간암을 유발하는 강력한 간장독성분이다.
- Aflatoxin의 종류에는 B_1, B_2(blue 형광색), G_1, G_2(green색 형광) 주요 4종류 외에 M_1, M_2등 17종이 알려져 있다.
  - 가장 독성이 강한 아플라톡신은 B_1와 M_1이고 양자 모두 경구 투여했을 때 강력한 발암성이 있으며 그 다음은 G_1, B_2, G_3 순이다.

19 식품의 관능검사
① 차이식별검사
- 종합적인 차이검사 : 단순 차이검사, 일-이점검사, 삼점검사, 확장삼점검사
- 특성 차이검사 : 이점비교검사, 순위법, 평점법, 다시료 비교검사

② 묘사분석
- 향미프로필 방법
- 텍스쳐프로필 방법
- 정량적 묘사 방법
- 스펙트럼 묘사분석
- 시간-강도 묘사분석

③ 소비자 기호도 검사
- 이점비교법
- 기호도척도법
- 순위법
- 적합성 판정법

20 이물 시험법
- 체분별법, 여과법, 와일드만 플라스크법, 침강법 등이 있다.
- 체분별법
  - 검체가 미세한 분말 속의 비교적 큰 이물일 때
  - 체로 포집하여 육안검사
- 여과법
  - 검체가 액체이거나 또는 용액으로 할 수 있을 때의 이물
  - 용액으로 한 후 신속여과지로 여과하여 이물검사
- 와일드만 플라스크법
  - 곤충 및 동물의 털과 같이 물에 젖지 않는 가벼운 이물
  - 원리 : 검체를 물과 혼합되지 않는 용매와 저어 섞음으로서 이물을 유기용매 층에 떠오르게 하여 취함
- 침강법
  - 쥐똥, 토사 등의 비교적 무거운 이물

21

$$Aw = \frac{Nw}{Nw+Ns} = \frac{\frac{30}{18}}{\frac{30}{18} + \frac{20}{342}} = \frac{1.667}{1.667+0.058}$$

= 0.97 (Aw : 수분활성도, Nw : 물의 몰수, Ns : 용질의 몰수)

22 식품의 등온흡습곡선
- 측정방법, 식품의 화학적인 조성, 측정온도, 측정시간 등에 따라 그 모양이 달라지며 건조공정에서 건조에 필요한 건조 조건의 설정, 건조의 최적 단계설정 등의 건조 조건을 확립하는데 필수적인 것이다.
- 등온 흡·탈습곡선은 식품의 저장 및 포장조건을 설계하는 데에도 중요한 요소로 작용하고, 식품을 변패시키지 않고 안전하게 저장할 수 있는 최대의 수분함량 결정 등에 널리 이용된다.

23 전화당(invert sugar)
- 자당은 우선성인데 산이나 효소(invertase)에 의해 가수분해되면 glucose와 fructose의 등량혼합물이 되고 좌선성으로 변한다.
- 이것은 fructose의 좌선성이 glucose의 우선성([α] D는 -92°)보다 크기 때문이며, 이와 같이 선광성이 변하는 것을 전화라 하고 생성된 당을 전화당이라 한다.

24 노화의 방지방법
- 수분함량을 15% 이하로 급격히 줄인다.
- 냉동법은 -20 ~ -30℃의 냉동상태에서 수분을 15% 이하로 억제한다.
- 설탕을 첨가하여 탈수작용에 의해 유효수분을 감소시킨다.
- 유화제를 사용하여 전분 교질용액의 안정도를 증가시켜 노화를 억제하여 준다.

25 linolenic acid에 수소를 첨가하면
- linoleic acid, isolinoleic acid, oleic acid, isooleic acid, stearic acid 등이 생성된다.

26 유지의 가열산화
- 유지를 공기 중에서 200~300℃ 정도로 가열하면 유리기가 서로 결합하여 점차 점도가 증가하게 되는데 이것은 열산화 중합 때문이다.

27 함유황아미노산
- cysteine, cystine, methionine 등이 있다.
- * lysine은 지방족 염기성 아미노산에 속한다.

28 단백질의 변성
- 단백질 분자가 물리적 또는 화학적 작용에 의해 비교적 약한 결합으로 유지되고 있는 고차구조가 변형되는 현상을 말한다.
- 이 변화는 대부분의 경우 용해도가 감소하여 응고 현상이 일어난다.
- 변성의 특징
  - 생물학적기능의 상실 : 효소활성이나 독성 및 면역성, 항체와 항원의 결합능력을 상실한다.
  - 용해도의 감소 : 용해도가 감소하고 보수성도 떨어진다.
  - 반응성의 증가 : -OH기, -SH기, -COOH기,
  - NH2기 등의 활성기가 표면에 나오게 되므로 반응성이 증가한다.
  - 분해 효소에 의한 분해용이 : 외관은 견고해지나 내부는 단백질 가수분해효소에 의해 분해되기 쉽게 된다.
  - 결정성의 상실 : pepsin, trypsin과 같은 결정성의 효소는 그 결정성이 소실된다.
  - 이화학적 성질 변화 : 구상단백질이 변성하여 풀린 구조가 되기 때문에 점도, 침강계수, 확산계수 등이 증가하게 된다.

29 dipeptide인 lysinoalanine의 형성
- 식물성 단백질의 알칼리 추출 과정 또는 육류 가열조리, 분유의 제조, 달걀의 가열 등 동물성 단백질의 가열 가공 과정에서 형성된다.
- 한 단백질의 구성아미노산으로 존재하는 L-lysine과 다른 단백질의 구성성분으로 존재하는 alanine 사이의 상호작용에 의해서 형성된다.

30 산성 식품과 알칼리성 식품
- 알칼리성 식품 : Ca, Mg, Na, K 등의 원소를 많이 함유한 식품. 과실류, 야채류, 해조류, 감자, 당근 등
- 산성 식품 : P, Cl, S, I 등 원소를 함유하고 있는 식품. 고기류, 곡류, 달걀, 콩류 등

31 난백단백질인 avidin은 비타민 B 복합체 일종인 biotin과 결합하여 비타민을 불활성화 한다.

32 청국장
- 끈적끈적한 실 모양의 점질물질이 생성된다.
- 이 물질은 면역 증강 효과가 있는 고분자 핵산, 항산화 물질, 혈전용해 효과가 있는 단백질 분해 효소 등을 함유하고 있다.
- 오래된 청국장은 단백질 분해가 더 진행되어 쓴맛(peptone 등)이 생긴다.

33 유황화합물을 함유한 엽채류와 근채류의 향기성분
- methylmercaptan(무우), propylmercaptan(양파, 마늘), dimethylmercaptan(단무지), S-methylcysteine sulfoxide(양배추), β-methylmercaptopropyl alcohol(간장), alkylsulfide(고추냉이, 아스파라거스) 등이 있다.

34 새우, 게 등의 갑각류의 생체에는 carotenoid 색소인 astaxanthin이 단백질과 약하게 결합되어 청록색을 띤다. 그러나 가열하면 astaxanthin이 단백질과 분리되고 공기에 의하여 산화되어 적색의 astacin으로 변화된다.

35 과일을 칼로 절단하면 절단면이 흑변하는 이유
- 야채와 과일에 많이 함유된 tannin성분은 제2 철염과 반응하면 흑색으로 변한다.
- Tannin 자체는 무색이지만, 식품 체내에는 polyphenol oxidase의 존재로 산화되기 쉽고, 또한 중합되기 쉬워 적갈색으로 변화 후 흑색으로 변화한다.

36 가소성 물체
- 어떤 항복력(yield stress)을 초과할 때까지는 영구변형이 일어나지 않는 것을 말한다.
- 탄성이 없는 완전한 가소성체는 응력-strain 특성을 나타낸다.
- 작은 응력의 영향 하에서는 변형이 일어나지 않으며, 응력이 증가하면 물체는 작용된 응력(항복응력)에서 갑자기 흐르기 시작한다.
- 그 물체는 같은 응력에서 응력이 제거될 때까지는 계속하여 흐르며 그의 전체 변형을 유지한다.

37 트리할로메탄(trihalomethane)
- 물속에 포함돼 있는 유기물질이 정수과정에서 살균제로 쓰이는 염소와 반응해 생성되는 물질이다.
- 유기물이 많을수록, 염소를 많이 쓸수록, 살균과정에서 반

응과정이 길수록, 수소이온농도(pH)가 높을수록, 급수관에서 체류가 길수록 생성이 더욱 활발해진다.
- 인체에 암을 일으키는 발암성 물질로 알려져 있다.
- 우리나라의 기준치는 0.1ppm 이하이다.

38 식품오염에 문제가 되는 방사선 물질
- 생성률이 비교적 크고 반감기가 긴 것 : Sr-90(뼈), Cs-137(근육) 등
- 생성률이 비교적 크고 반감기가 짧은 것 : I-131(갑상선), Ru-106(신장) 등
- Sr-90은 주로 뼈에 침착하여 17.5년이란 긴 유효반감기를 가지고 있기때문에 한번 침착되면 조혈기관인 골수 장애를 일으킨다. 그러므로 Sr-90은 식품위생상 크게 문제가 된다.

39 식품첨가물은 의약품과 달리 일생동안 섭취하므로 만성독성 시험이라든가 발암성 시험 등이 추가되어 사용량 및 사용할 수 있는 대상 식품이 검토되며 물질의 조성, 순도 등 여러 가지 시험을 통해 각각의 식품첨가물에 대한 일일 섭취 허용량(ADI)을 정한다.

40 식품에 사용할 수 있는 유화제[식품첨가물공전]
- 글리세린지방산 에스테르, 소리비탄지방산 에스테르, 대두인지질(대두레시친), 폴리소르베이트 등 40종이 있다.
* 에리소르빈산 나트륨은 산화방지제이다.

41 건면 제조에서 소금을 사용하는 주목적
- 밀가루의 점탄성을 높인다.
- 면선의 건조 속도를 조절한다.
- 제품의 변질을 방지한다.
* 조미효과에 있는 것이 아니다.
* 소금의 사용량은 밀가루의 3~4%이다.

42

$$DE = \frac{\text{직접환원당(glucose)}}{\text{고형분}} \times 100$$

$$45 = \frac{X}{450} \times 100 \ / \ x = 202.5g$$

43 두부 응고제
- 염화마그네슘($MgCl_2$) : 응고 반응이 빠르고 압착 시 물이 잘 빠진다.
- 황산칼슘($CaSO_4$) : 응고 반응이 염화물에 비하여 대단히 느리나 두부의 색택이 좋고, 보수성과 탄력성이 우수하며, 수율이 높다. 불용성이므로 사용이 불편하다.
- 글루코노델타락톤(glucono-δ-lactone) : 물에 잘 녹으며 수용액을 가열하면 글루콘산(gluconic acid)이 된다. 사용이 편리하고, 응고력이 우수하고 수율이 높지만 신맛이 약간 있고, 조직이 대단히 연하고 표면을 매끄럽게 한다.
- 염화칼슘($CaCl_2$) : 칼슘분을 첨가하여 영양가치가 높은 것을 얻기 위하여 사용하는 것으로 응고시간이 빠르고, 압착 시 물이 잘 빠진다. 보존성이 좋으나 수율이 낮고, 두부가 거칠고 견고하다.

44 아미노산 간장
- 단백질을 염산으로 가수분해 시킨 후 NaOH로 중화시켜 얻은 아미노산액을 원료로 만든 화학간장이다.
- 중화제는 수산화나트륨 또는 탄산나트륨을 쓴다.
- 단백질 원료에는 콩깻묵, 글루텐 및 탈지대두박, 면실박 등이 있고 동물성 원료에는 어류 찌꺼기, 누에, 번데기 등이 사용된다.

45 펙틴 성분의 특성
- 저메톡실 펙틴(Lowmethoxy pectin)
  - Methoxy(CH_3O) 함량이 7% 이하인 것
  - 고메톡실 펙틴의 경우와 달리 당이 전혀 들어가지 않아도 젤리를 만들 수 있다.
  - Ca과 같은 다가이온이 펙틴 분자의 카르복실기와 결합하여 안정된 펙틴겔을 형성한다.
  - methoxyl pectin의 젤리화에서 당의 함량이 적으면 칼슘을 많이 첨가해야 한다.
- 고메톡실 펙틴(High methoxy pectin)
  - Methoxy(CH_3O) 함량이 7% 이상인 것

46 침채류 제조 시 절이는 목적
- 수분을 적당히 탈수하고 간을 배게하는 동시에 배추가 물러지지 않게 하기 위해서이다.
- 정제염 보다 호염으로 절이는 것이 좋은데 그 이유
  - 호염 중에는 마그네슘과 칼슘이 함유되어 있어서 배추의 팩틴질과 결합하여 아삭아삭한 맛을 더해주어 씹히는 맛을 좋게 해준다.
  - 호염은 빛이 지나치게 검지 않은 것을 사용하고 정제염은 흰색인 것을 고른다.

47 카제인(casein)은 우유에 산을 가하여 pH를 4.6으로 하면 등전점에 도달하여 물에 녹지 않고 침전되므로 쉽게 분리할 수 있다.

48 curd가온(cooking) 목적
- Whey 배출이 빨라진다.
- 수분조절이 된다.
- 유산발효가 촉진된다.
- curd가 수축되어 탄력성 있는 입자가 된다.

49 사후강직의 기작
① 당의 분해(glycolysis)
- 글리코겐의 분해 : 근육 중에 저장된 글리코겐은 해당 작용에 의해서 젖산으로 분해되면서 함량이 감소한다.
- 젖산의 생성 : 글리코겐이 혐기적 대사에 의해서 분해되어 젖산이 생성된다.
- pH의 저하 : 젖산 축적으로 사후근육의 pH가 저하된다.
② ATP의 분해 : ATP 함량은 사후에도 일정 수준유지 되지만 결국 감소한다.

50 훈연의 주요목적
- 제품에 연기성분을 침투시켜 보존성 향상
- 특유의 색과 풍미 증진
- 육색의 고정화 촉진
- 지방산화 방지 등

51 마요네즈(mayonnaise)
- 난황의 유화력을 이용하여 식용유에 식초, 겨자가루, 후추가루, 소금, 설탕 등을 혼합하여 유화시켜 만든다.
- 제품의 전체 구성 중 식물성유지 65~90%, 난황액 3~15%, 식초 4~20%, 식염 0.5~1% 정도이다.
- 사용되는 기름은 주로 olive oil, 면실유, 콩기름, 옥수수기름 등이다.
- 제조방법 : 난황분리→균질→배합→교반→담기→저장 →제품 순이다.

52 황화수소 생산균에 의하여 생성되는 황화수소가 환원형 미오글로빈에 작용하여 적자색의 황화미오글로빈을 생성하고, 이것이 더욱 산화되어 녹변한다.

53 탈검(degumming) 공정
- 불순물인 인지질(phospholipid) 같은 고무질이 주로 제거된다.
- 원유에 들어있는 불순물 중 인지질은 레시친으로 정제공정을 어렵게 하므로 탈산하기 전에 제거해야 한다.

54 치사율 값 계산식 : $L=10^{-(121.1-t)/z}$
$L=10^{-(121.1-127)/10}$
$L=10^{0.59}$
$L=3.89$

55 냉동부하
- 물체를 냉동시키기 위해 제거되어야 할 열량
  $5000kg \times 0.063W = 315kW$,
  $W=J/s$ 이므로 $315kJ/s$와 같다.
- h단위로 바꾸려면 분자에 3600을 곱한다.
  $315kW \times 3600 = 1134kJ/h$
  ($W=J/s$, $1J=0.24cal$, $1kJ=240cal$, $kW=3600kJ/h$)

56 열풍건조(대류형 건조)
- 식품을 건조실에 넣고 가열된 공기를 강제적으로 송풍기나 선풍기 같은 기기에 의해 열풍을 불어 넣어 건조시키는 방법이다.
- 열풍건조기에는 킬른(Kiln)식 건조기, 캐비넷 혹은 쟁반식 건조기(cabinet or tray dryer), 터널식 건조기(tunnel dryer), 컨베이어 건조기(conveyor dryer), 빈 건조기(bin dryer), 부유식 건조기(fluidized bed dryer), 회전식 건조기(rotary dryer), 분무건조기(spray dryer), 탑 건조기(tower dryer) 등이 있다.
- * 드럼 건조기(drum dryer)는 열판접촉에 의한 건조기 형태이다.

57 숙성된 맥주는 여과하여 투명한 맥주로 만든다. 여과기에는 면여과기, 규조토여과기, schichten여과기, 정밀여과(microfilter) 등이 있다. 정밀여과(microfilter)는 millipore filter라고도 하며 직경 0.8~1.4μ의 미세한 구멍이 있는 cellulose ester나 기타의 중합체로 만든 막으로써 여과하는 것이며 효모도 완전히 제거된다.

58 분쇄는 각 성분의 분리와 혼합을 쉽게 하여 건조나 용해성을 높이고 기호성 증가를 목적으로 고체물질에 압축, 충격, 마찰, 비틀림(전단)의 힘을 가하여 성분의 변화없이 그 입도의 크기를 작게 하는 것이다.

59 온도계수(Q_{10})
- 저장 온도가 10℃ 변동 시 여러 가지 작용이 어떻게 변하는가를 나타내는 숫자이다.
- 예를 들면 호흡량, 청과물 육질의 연화의 정도, 미생물의 작용을 보면 보통 $Q_{10}=2~3$이면 온도가 10℃ 상승하고 변질이 2~3배 증가하며, 10℃ 낮아지면 변질이 1/2~1/3로 낮아진다.
- Q_{10}값이 낮을 경우 온도의 변화가 안정성에 적은 영향을 준다는 것을 의미한다.

60 냉동식품 포장재료
- 내한성, 방습성. 내수성이 있어야 한다.
- gas 투과성이 낮아야 한다.
- 가열 수축성이 있어야 한다.
- 종류 : 저압 폴리에틸렌, 염화 비닐리덴 등이 단일 재료로서 사용된다.

61 진핵세포
- 핵막, 인, 미토콘드리아를 가지고 있다.
- 곰팡이, 효모, 조류, 원생동물 등은 고등미생물군에 속한다.

62 *Streptococcus faecalis*
- 사람이나 동물의 장관에서 잘 생육하는 장구균의 일종이다.
- 분변오염의 지표가 된다.
- 젖산균제재나 미생물정량에 이용된다.

63 *Asp. oryzae*(황국균)
- 누룩곰팡이로서 대표적인 국균으로 청주, 된장, 간장, 감주, 절임류 등의 양조공업, 효소제 제조 등에 오래 전부터 사용해온 곰팡이다.
- 녹말 당화력, 단백질 분해력도 강하고 특수한 대사산물로서 koji acid를 생성하는 것이 많다.
- * *Rhizopus japonicus*는 일본산 코오지에서 분리되었다.
- * *Sacch. sake*는 일본 청주 효모이다.

64 *Sacch. cerevisiae*의 특징
- 처음 영국의 Edinburg 맥주 공장에서 분리된 알코올 발효력이 강한 상면 발효의 맥주 효모이다.
- 맥주, 포도주, 청주, 알코올, 빵 등의 제조에 사용되는 유효한 효모이다.

65 Streptomycin을 생산하는 방선균은 *Streptomyces griseus*이다.

66 Phage에 의한 피해가 있는 발효공업
- 최근 미생물을 이용하는 발효공업 즉, yoghurt, amylase, acetone butanol, cheese, 납두, 항생물질, 핵산관련 물질의 발효에 관여하는 세균과 방사선균에 phage의 피해가 자주 발생한다.

67 유도기에 일어나는 세포의 변화
- 균이 새로운 환경에 적응하는 시기이다.
- RNA 함량이 증가하고, 세포대사 활동이 활발하게 되고 각종 효소단백질을 합성하는 시기이다.
- 세포의 크기가 2~3배 또는 그 이상으로 성장하는 시기이다.

68 미생물의 증식도 측정법
- 건조 균체량(dry weight), 균체 질소량, 원심침전법(packed volume), 광학적 측정법, 총균 계수법, 생균 계수법, 생화학적 방법 등

69 5-Bromouracil(5-BU)
- thymine의 유사물질이고 호변변환(tautomeric shift)에 의해 케토형(keto form) 또는 엔올형(enol form)으로 존재한다.
- keto form은 adenine과 결합하고, enol form은 guanine과 결합한다.
- A:T에서 G:C로 돌연변이를 유도한다.

70 Chlorella의 특징
- 구형 또는 난형의 단세포 녹조류인데 한 개의 오목한 엽록체와 1 핵, 1 pyrenoid를 가지고 있다.
- 양질의 단백질을 대량 함유하고 있으므로 식사료화를 시도하고 있으며, 소화율이 다른 균보다 떨어진다.
- 크기는 2~12 정도의 구형 또는 난형이다.
- 현미경뿐만 아니라 눈으로도 볼 수 있다.
- 건조물 중 단백질이 40~50% 정도이고, 비타민 A와 C가 많다.
- 태양 에너지의 이용률은 농작물에서는 겨우 1.2%인데 Chlorella는 이에 비하여 5~10배 이상이다.
- 자주 쓰이는 종류는 *Chlorella ellipsoidea*, *Chlorella pyrenoidosa* 등이다.

71 발효형식(배양형식)의 분류
① 배지상태에 따라 액체배양과 고체배양
- 액체배양 : 표면배양(surface culture), 심부배(submerged culture)
- 고체배양 : 밀기울 등의 고체 배지 사용
  - 정치배양 : 공기의 자연환기 또는 표면에 강제통풍
  - 내부 통기배양(강제통풍배양, 퇴적배양) : 금속 망 또는 다공판을 통해 통풍

② 조작상으로는 회분배양, 유가배양, 연속배양
- 회분배양 (batch culture) : 제한된 기질로 1회 배양
- 유가배양 (fed-batch culture) : 기질을 수시로 공급하면서 배양
- 연속배양 (continuous culture) : 기질의 공급 및 배양액 회수가 연속적 진행

72 입국(粒麴)의 목적
- 전분이 당화되면서 효모균이 자연적으로 번식한다.
- 동시에 젖산균이 번식하여 젖산이 생성됨으로써 그 산에 의해 잡균번식이 억제된다.
- koji의 향미는 술의 품위를 높여 준다.

73 *Leuconostoc mesenteroides*
- 그람양성, 쌍구균 또는 연쇄상 구균이다.
- 생육 최적 온도는 21~25°C이다.
- 설탕(sucrose)액을 기질로 dextran 생산에 이용된다.
- 내염성을 갖고 있어서 김치의 발효 초기에 주로 발육하는 균이다.

74
심부 배양법으로 구연산을 생산하는 과정에서 발효액 조제 중 가장 중요시되는 것은 Fe ion의 양을 소설하여 생기는 isocitric acid를 억제시켜 구연산의 수율을 높이는 데 있다.

75 핵산관련 물질의 정미성
- 고분자 nucleotide, nucleoside 및 염기 중에서 mononucleotide만 정미성분을 가진다.
- purine계 염기만이 정미성이 있고 pyrimidine계는 정미성이 없다.
- 당은 ribose나 deoxyribose에 관계없이 정미성을 가진다.
- ribose의 5'의 위치에 인산기가 있어야 정미성이 있다.
- purine염기의 6의 위치 탄소에 -OH가 있어야 정미성이 있다.

76 Michaelis-Menten 식
- $[S]=K_m$이라면 $V=1/2V_{max}$이 된다.
- $15mM/min = 1/2V_{max}$
- $V_{max} = 30mM/min$

77 글루코네오제네시스(gluconeogenesis)
- 당생성(glucogenesis)이라고도 하며 세포 속에서 다른 종류의 화합물로부터 포도당과 같은 탄수화물을 만드는 것이다.
- 당신생에 이용되는 물질로는 음식물 산화과정의 마지막 단계인 트리카르복실산회로(TCA회로)에 관계하는 화합물, 젖산(lactate)이나 피루브산(pyruvate)이나 여러 가지 아미노산이 있다.
- 당신생은 주로 간과 신장에서 일어나는데 예를 들면 격심한 근육운동을 하고 난 뒤 회복기 동안 간에서 젖산을 이용한 혈당 생성이 매우 활발히 일어난다.

78 지방산 산화 반응의 3단계
① 활성화
FFA가 ATP와 CoA 존재 하에 acyl-CoA synthetase (thiokinase)에 의해 acyl-CoA로 활성화 된다.
② mitochondria 내막 통과
mitochondria 외막을 통과해 들어온 long-chain acyl-CoA는 mitochondria 외막에 있는 carnitine palmitoyl-transferase I 에 의해 acylcarnitine이 되고 mitochondria 내막에 있는 carnitine-acylcarnitine translocase에 의해 안쪽으로 들어와 한 분자의 carnitine과 교환된다.
③ β-oxidation에 의한 분해
carboxyl 말단에서 2번째 (α)탄소와 3번째 (β)탄소 사이 결합이 절단되어 acetyl-CoA가 한 분자씩 떨어져 나오

는 cycle을 반복한다. 홀수 개의 탄소로 된 지방산은 최종적으로 acetyl-CoA와 함께 propionyl-CoA(C_2) 한 분자를 생산한다.
- 불포화지방산의 산화
  이중결합(Δ^3-cis, Δ^4-cis)이 나오기까지 β-oxidation이 진행되다가 이중결합의 위치에 따라 이성화 반응, 산화, 환원 등을 거쳐 최종적으로 Δ^2-trans-enoyl-CoA로 전환되어 β-산화로 처리된다.
- 포화지방산의 β산화
  Fatty acid + ATP + CoA ⟶ Acyl-CoA + PP_i + AMP 포화지방산 산화는 이성화를 거치지 않고 β-산화가 일어난다.

79 요소회로의 최종 반응
- arginine은 간에 존재하는 arginase와 Mn^{++}에 의하여 가수분해 되어 urea와 ornithine으로 된다.
- arginase가 없는 동물에서는 NH_3를 요소이외의 형태로 배설한다.
- 조류에서는 요산으로, 어류에서는 NH_3로 배설한다.

80 DNA 조성에 대한 일반적인 성질(E. Chargaff)
① 한 생물의 여러 조직 및 기관에 있는 DNA는 모두 같다.
② DNA 염기조성은 종에 따라 다르다.
③ 주어진 종의 염기 조성은 나이, 영양상태, 환경의 변화에 의해 변화되지 않는다.
④ 종에 관계없이 모든 DNA에서 adenine(A)의 양은 thymine(T)과 같으며(A=T) guanine(G)은 cytosine(C)의 양과 동일하다(G=C).
  * A의 양이 991개이면 T의 양도 991개이고, AT의 양은 1,982개가 되며, G의 양이 456개이면 C의 양도 456개이고 GC의 양은 912개가 된다.

식품안전기사
필기시험문제

발 행 일	2026년 1월 10일 개정15판 1쇄 인쇄
	2026년 1월 20일 개정15판 1쇄 발행
저 자	식품생명과학연구회
발 행 처	크라운출판사 http://www.crownbook.com
발 행 인	李尙原
신고번호	제 300-2007-143호
주 소	서울시 종로구 율곡로13길 21
공 급 처	(02) 765-4787, 1566-5937
전 화	(02) 745-0311~3
팩 스	(02) 743-2688, 02) 741-3231
홈페이지	www.crownbook.co.kr
I S B N	978-89-406-4988-6 / 13570

저자협의
인지생략

특별판매정가 38,000원

이 도서의 판권은 크라운출판사에 있으며, 수록된 내용은 무단으로 복제, 변형하여 사용할 수 없습니다.
Copyright CROWN, ⓒ 2026 Printed in Korea

이 도서의 문의를 편집부(02-6430-7028)로 연락주시면 친절하게 응답해 드립니다.